DA-II-41

2. Ex.

VERHANDLUNGEN DES DEUTSCHEN GEOGRAPHENTAGES

BAND 41

41. DEUTSCHER GEOGRAPHENTAG MAINZ

31. Mai bis 2. Juni 1977

Tagungsbericht

und wissenschaftliche Abhandlungen

im Auftrag

des Zentralverbandes der Deutschen Geographen

herausgegeben von

EUGEN WIRTH und GÜNTER HEINRITZ

Redaktion: MANFRED SCHNEIDER

264 Abbildungen

72 Tabellen

FRANZ STEINER VERLAG GMBH · WIESBADEN

1978

CIP-Kurztitelaufnahme der Deutschen Bibliothek

Deutscher Geographentag ‹41, 1977, Mainz›

Tagungsbericht und wissenschaftliche Abhandlungen / Deutscher Geographentag Mainz: 31. Mai–2. Juni 1977 / im Auftr. d. Zentralverb. d. Dt. Geographen hrsg. von Eugen Wirth u. Günter Heinritz. – Wiesbaden: Steiner, 1978.

(Verhandlungen des Deutschen Geographentages; Bd. 41)
ISBN 3-515-02625-8
NE: Wirth, Eugen [Hrsg.]

Alle Rechte vorbehalten

Ohne ausdrückliche Genehmigung des Verlages ist es auch nicht gestattet, das Werk oder einzelne Teile daraus nachzudrucken oder photomechanisch (Photokopie, Mikrokopie usw.) zu vervielfältigen. Gedruckt mit Unterstützung der Deutschen Forschungsgemeinschaft, des Bundesministeriums für Forschung und Technologie sowie des Kultusministeriums von Rheinland-Pfalz. © 1978 by Franz Steiner Verlag GmbH, Wiesbaden. Satz: LibriSatz, Kriftel/Ts., Druck: Proff & Co., Bad Honnef.

Printed in Germany

VORWORT

Der 41. Deutsche Geographentag, über den in vorliegendem Band berichtet wird, hat in der Pfingstwoche 1977 in Mainz stattgefunden. Der Geographentag kann auf eine fast hundertjährige Tradition zurückblicken. Dabei läßt sich in vieler Hinsicht eine erstaunliche Kontinuität feststellen: Schon der 1. Deutsche Geographentag 1881 zu Berlin wurde in der Woche nach Pfingsten abgehalten, schon damals wurden auch Fragen der Schulgeographie eingehend diskutiert, schon damals mußte sich die Geographie gegen Hegemonie-Ansprüche der Geschichte zur Wehr setzen, schon damals war die Tagung von Ausstellungen begleitet, und schließlich sind schon damals die wichtigsten Vorträge in einem Verhandlungsband veröffentlicht worden.

Andererseits haben sich unsere Geographentage bis heute eine erfreuliche Anpassungsfähigkeit bewahrt. Dies gilt auch für organisatorische Fragen; einige Lösungen, die Anfang der siebziger Jahre neu eingeführt wurden, können mittlerweile als bewährte und allgemein anerkannte Regelungen gelten. So sind auch für Mainz die Grundzüge der Programmgestaltung im Einvernehmen zwischen dem Vorstand des Zentralverbandes und dem Ortsausschuß festgelegt worden, und die Vorträge der Sitzungen wurden nach einer öffentlichen Ausschreibung des Rahmenthemas in eigener Verantwortung von Fachkommissionen ausgewählt, denen während der Tagung auch die Sitzungsleitung oblag.

Der durch die beiden Herausgeber vertretene Zentralverband der Deutschen Geographen möchte hier an erster Stelle der Deutschen Forschungsgemeinschaft und dem Herrn Bundesminister für Forschung und Technologie danken, ohne deren großzügige Druckkostenbeihilfe der vorliegende Verhandlungsband nicht hätte veröffentlicht werden können. Großer Dank gebührt auch der Frau Kultusminister von Rheinland-Pfalz, welche nach mühevollen Verhandlungen den Weg zu einem Landeszuschuß geebnet hat. Die tatkräftige Beihilfe des Mainzer Ortsausschusses auch zur Lösung dieses Problems waren dabei ebenso wertvoll wie seine insgesamt sparsame Haushaltsführung. Den Sitzungsleitern, Vortragenden und Diskussionsrednern sei für das termingerechte Einreichen der Manuskripte sowie für den Verzicht auf kostenintensive Farbbeigaben, Abbildungstafeln und Klappkarten gedankt.

Zu besonderem Dank verpflichtet sind die beiden Herausgeber Herrn Manfred Schneider, der mit größter Umsicht und erheblichem Zeitaufwand die Schriftleitung dieses Verhandlungsbandes besorgte; er hat dabei nicht nur den größeren, sondern auch den undankbareren Teil der insgesamt anfallenden Arbeiten und Verpflichtungen auf sich genommen. Angesichts der in beängstigendem Umfang zunehmenden Unachtsamkeit und Flüchtigkeit im Umgang mit wissenschaftlichen Druckwerken und Veröffentlichungen – die eine oft ärgerliche Häufung von Druckfehlern, sprachlichen Schlampereien, Auslassungen, Verstellungen usw. zur Folge haben – bemühten sich Verlag, Schriftleiter und Herausgeber in besonderem Maße um gründliche und gewissenhafte Durchsicht und Korrektur. Desungeachtet verbleibt natürlich die Verantwortung für die Texte und die Abbildungen der einzelnen Beiträge bei den jeweiligen Autoren.

Sehr herzlich möchten wir schließlich dem Franz Steiner Verlag danken für die so gute Zusammenarbeit und für das Eingehen auf unsere Wünsche bei der Drucklegung. Die Herausgabe und verlegerische Betreuung unserer Verhandlungsbände konnte auf eine neue vertragliche Grundlage gestellt werden. Besonders erfreulich war es auch, daß sich für alle Subskribenten eine Preiserhöhung gegenüber den vorangegangenen Bänden vermeiden ließ. Die sehr knappe Terminsetzung der Herausgeber wurde vom Verlag so nachdrücklich unterstützt, daß der vorliegende Verhandlungsband schon im Frühjahr 1978 erscheinen kann.

Eugen Wirth								Günter Heinritz

Als Festschrift zum Geographentag Mainz konnten die Teilnehmer den Band „Mainzer Geographische Studien" Heft 11 erwerben.

MAINZ UND DER RHEIN-MAIN-NAHE-RAUM

FESTSCHRIFT

zum 41. Deutschen Geographentag vom 31. Mai bis 2. Juni 1977 in Mainz

Herausgegeben von
M. Domrös, H. Eggers, E. Gormsen, O. Kandler, W. Klaer

Schriftleitung
D. Uthoff

H. Eggers: Geographische Bemerkungen zu Mainz

R. Kreth u. H.-O. Waldt: Die Entwicklung der funktionalen Struktur des Mainzer Stadtzentrums im Zuge des Wiederaufbaus nach 1945

H. Hildebrandt: Die Mainzer Altstadtsanierung. Strukturdaten – Ziele – Probleme

H. J. Büchner: Die Mainzer Neustadt. Eine wilhelminische Stadterweiterung im Kräftefeld städtebaulicher Leitbilder der letzten hundert Jahre

H. Lücke: Bretzenheim – Marienborn – Lerchenberg. Siedlungsentwicklung, Bevölkerungs- und Sozialstruktur und Planung in der südwestlichen Entwicklungsachse von Mainz

A. Herold: Mainz und Wiesbaden – ein verkehrsgeographischer Vergleich

H. Olbert und H. Eggers: Das Jenaer Glaswerk Schott & Genossen, der größte Industriebetrieb in Mainz. Ansiedlung – Produktion – Außenbeziehungen

E. Gormsen und H. Schürmann: Stadt und Universität in Mainz

M. Domrös und V. Heidt: Untersuchungen zum Ökosystem Mainz

W. Klaer: Grundzüge der Naturlandschaftsentwicklung von Rheinhessen

H. Brüning: Zur Oberflächengenese im zentralen Mainzer Becken

G. Abele: Morphologie und Entwicklung des Rheinsystems aus der Sicht des Mainzer Raumes

N. Beck: Fußflächen im unteren Nahegebiet als Glieder der quartären Reliefentwicklung im nördlichen Rheinhessen

W. Andres: Hangrutschungen im Zellertal (Südrheinhessen) und die Ursachen ihrer Zunahme im 20. Jahrhundert

M. Ludwig: Zur Bodengeographie des rheinhessischen Tafel- und Hügellandes

O. Kandler: Das Klima des Rhein-Main-Nahe-Raumes

W. Peters: Untersuchungen zum Geländeklima und seinen Auswirkungen auf die Agrarlandschaft im nördlichen Rheinhessen

M. Krieter: Standortökologische Untersuchungen in rheinhessischen Weinbaukulturen

E. Gormsen: Die Bevölkerungsentwicklung des Rhein-Main-Nahe-Raumes in den letzten hundert Jahren

H.-D. May: Verstädterung und Industrialisierung im westlichen Untermaingebiet

H. Beeger und H. Krenn: Strukturschwache Gebiete im Westen des Mainzer Verdichtungsraumes mit grundsätzlichen Überlegungen zum Verhältnis unterschiedlich strukturierter Räume

H.-O. Waldt: Veränderungen der Agrarstruktur im Rheingau seit 1948

H. Kanz: Fremdenverkehr und Naherholung im Rheingau und Rheingaugebirge

D. Haun: Wald- und Forstwirtschaft in der heutigen Kulturlandschaft – Beispiele aus dem westlichen Rhein-Main-Gebiet

I. Schickhoff: Die Erreichbarkeit zentraler Orte in der Planungsregion Rheinhessen. Veränderungen des gegenwärtigen Zustandes durch den geplanten Ausbau des Straßennetzes

E. Hein: Regionalplanung in Rheinhessen. Sozioökonomische Probleme und Voraussetzungen

INHALT

Vorwort V

I. Leitung 1

II. Verlauf der Tagung 3

   1. Tagungsfolge 3

   2. Ansprachen zur Eröffnung des Geographentages 6

      Zusammenfassung des Grußwortes von Frau Kultusminister Dr. Laurien anläßlich des 41. Deutschen Geographentages, Mainz 31. Mai 1977 6

      Begrüßungsansprache des Präsidenten der Johannes Gutenberg-Universität zu Mainz, Prof. Dr. Peter Schneider 7

      Eröffnungsansprache des 1. Vorsitzenden des Zentralverbandes der Deutschen Geographen, Prof. Dr. Eugen Wirth (Erlangen), über die Situation der deutschen Geographie im Jahre 1977 8

   3. Ansprachen zum Abschluß des Geographentages 17

      Schlußansprache des scheidenden 1. Vorsitzenden des Zentralverbandes der Deutschen Geographen, Prof. Dr. Eugen Wirth, Erlangen 17

      Laudatio des 1. Vorsitzenden des Zentralausschusses für Deutsche Landeskunde e. V., Herrn Prof. Dr. Gerold Richter (Trier), zur Verleihung der Robert-Gradmann-Medaille 18

      Laudatio des 1. Vorsitzenden des Verbandes Deutscher Schulgeographen, StD. Dr. Willi Walter Puls (Hamburg), zur Verleihung der Julius-Wagner-Medaille 19

      Erklärung der Studenten anläßlich der Abschlußveranstaltung des 41. Deutschen Geographentages Mainz 1977. Vorgetragen durch Norbert Braumüller (Hannover) 20

      Ansprache des neugewählten 1. Vorsitzenden des Zentralverbandes der Deutschen Geographen, Prof. Dr. G. Sandner, Hamburg 22

III. Abhandlungen 25

Festvortrag

      W. Weischet, Das ökologische Handicap der Tropen in der Wirtschafts- und Kulturentwicklung 25

Inhalt

Ballungsgebiete – Verdichtungsräume

Leitung: C. Borcherdt, H. J. Buchholz, G. Kluczka und K. Wolf

K. Wolf, Einleitungsworte zu Ballungsgebiete – Verdichtungsräume 43

W. Fricke, H.-H. Bott, R. Henkel und W. Herden, Ergebnisse quantitativer Untersuchungen zur meso- und mikroregionalen Bevölkerungsgeographie des Rhein-Neckar-Raumes 45

    W. Fricke, Die Differenzierung der räumlichen Bevölkerungsbewegung als Rahmen für die Detailanalyse eines Ballungsgebietes 45

    H.-H. Bott und R. Henkel, Analyse und Modellbildung im mesoregionalen Maßstab für den linksrheinischen Teil des Untersuchungsgebietes 49

    W. Herden, Schichtenspezifische Wohnbewertungsvariationen im suburbanen Bereich des westlichen Rhein-Neckar-Raumes 56

    W. Fricke, Planungsrelevante Folgerungen aus meso- und mikroregionalen Untersuchungen, insbesondere aus der suburbanen Zone des Rhein-Neckar-Raumes 66

F. Schaffer, G. Peyke, W. Poschwatta und H.-J. Schiffler, Veränderungen im Gefüge der Wohnstandorte als Problem der Raumordnung und Stadtentwicklung – Beispiel Augsburg ... 72

    F. Schaffer, Vorbemerkung 72

    G. Peyke und F. Schaffer, Gewandelte Wohnvorstellungen – Einflüsse auf die Siedlungsentwicklung und ihre Steuerung 78

    W. Poschwatta, Innovation citynahen Wohnens – Aktionsräumliche Gesichtspunkte ... 88

    H.-J. Schiffler, Verbesserung der Wohnbedingungen durch Umgestaltung zentraler Verkehrsknoten und Reaktivierung von Nebenbahnlinien 98

J. Maier, Sozialräumliche Kontakte und Konflikte in der dynamisch gewachsenen Peripherie des Verdichtungsraumes. Beispiele aus dem westlichen Umland Münchens 104

D. Höllhuber, „Zurück in die Innenstädte?" – Gründe und Umfang der Rückwanderung der großstädtischen Bevölkerung in die Stadtzentren 116

E. Tharun, Wohnungsbaudisparitäten in der Verstädterungsregion Untermain 125

E. Gormsen, Die Stadt Mainz und ihre Raumbeziehungen als Ausdruck geographischer Lagebewertung im historischen Wandel (Öffentlicher Abendvortrag) 139

V. Kreibich, Die funktionale Differenzierung der Verdichtungsräume als Determinante sozial-räumlicher Segregation 160

J. Tesdorpf, Zur Kritik des punkt-axialen Systems der Landesplanung mit Beispielen aus Württemberg 176

H.-G. v. Rohr, Bevölkerungssuburbanisierung und kommunale Ausgaben – Ein Beitrag zur Erklärung der Kostenänderungen der öffentlichen Hand in Verdichtungsräumen 183

W. Gaebe, Industrie in Verdichtungsräumen. Räumliche und zeitliche Unterschiede der Standortbewertung 192

D. Wiebe, Zur angewandten Kriminalgeographie der Ballungsgebiete – Stadtgeographische Analyse subkultureller Phänomene 207

J. Bähr, Suburbanisierungsprozesse am Rande des Ballungsraumes Groß-Santiago (Chile) 228

K. Wolf, Schlußwort 248

Bevölkerungswachstum und Ernährungsspielraum der Erde
Leitung: H. Boesch, G. Kohlhepp und G. Sandner

G. Kohlhepp, Einführung in die Thematik der Fachsitzung 249

W. Weischet, Die Grundlagen des ernährungswirtschaftlichen Hauptgegensatzes auf der Erde 255

H. Wilhelmy, Reisanbau und Nahrungsspielraum in Südostasien 288

B. Mohr, Bodennutzung, Ernährungsprobleme und Bevölkerungsdruck in Minifundienregionen der Ostkordillere Kolumbiens 299

K. Grenzebach, Potentielle agrarische Entwicklungs- und Erschließungsräume Südnigerias und Westkameruns 311

B. Hofmeister, Ernährungsgrundlagen und Einkommensquellen bei zunehmendem Bevölkerungsdruck in den US-amerikanischen Indianer-Reservationen 331

D. Uthoff, Endogene und exogene Hemmnisse in der Nutzung des Ernährungspotentials der Meere 347

Mensch und morphodynamische Prozesse
Leitung: K. Fischer, C. Rathjens und G. Richter

W. Sperling, Anthropogene Oberflächenformung: Bilanz und Perspektiven in Mitteleuropa .. 363

G. Richter, Bodenerosion in den Reblagen an Mosel–Saar–Ruwer. Formen, Abtragungsmengen, Wirkungen 371

K. Heine, Mensch und geomorphodynamische Prozesse in Raum und Zeit im randtropischen Hochbecken von Puebla/Tlaxcala, Mexiko 390

H. Mensching, Anthropogene Einwirkungen auf das morphodynamische Prozeßgefüge in der Sahelzone Afrikas 407

A. Semmel, Ursachen und Folgen der Bodenerosion im Grund- und Deckgebirge Äthiopiens 417

G. Richter, Schlußwort 422

Raumwissenschaftliches Curriculum-Forschungsprojekt (RCFP) 1974–1976
Leitung: R. Hahn, G. Kirchberg und E. Kroß

J. Engel, Dezentrale Curriculumentwicklung – Erfahrungen und Ergebnisse der Entwicklungsphase des RCFP 1974–1976 423

H. Haubrich und H. Nolzen, Tatort Rhein – Ein Unterrichtsprojekt des RCFP 432

H. Jungfer, Curriculumvaluation – Verfahren der Informationsgewinnung und die Revision der Unterrichtseinheiten im RCFP 456

R. Geipel, Schlußwort 466

Ökologische und biogeographische Raumbewertung

Leitung: R. Herrmann, P. Müller und A. Semmel

O. Fränzle, Die Struktur und Belastbarkeit von Ökosystemen 469

P. Nagel, Speziesdiversität und Raumbewertung 486

H. E. Müller, Belastung und Belastungsdynamik in See – Umland – Systemen 499

H. H. Rump, Städtische und stadtnahe Oberflächengewässer und ihre Belastbarkeit 518

W. Symader, Räumliche Verteilungsmuster von Nährstoffgehalten in Fließgewässern am Nordrand der Eifel 531

A. Schäfer, Organismen – Exposition und Wasserqualität 537

W. Knabe, Ermittlung und Benutzung geeigneter Wirkungskriterien an der Vegetation für die Beurteilung der Immissionsbelastung eines Raumes 548

E. Schrimpff, Räumliche Verteilung von Schwermetallniederschlägen, angezeigt durch Epiphyten im Cauca-Tal/Kolumbien – Zur Schwermetallbelastung eines tropischen Raumes 567

M. Thomé, Ökologische Kriterien für die Raumbewertung von Saarbrücken 568

L. Finke und J. Fiolka, Ökologische Kriterien für die Verkehrsplanung 580

W. Riedel, Ökologische Kriterien zur Bewertung von Küstenbereichen im nördlichen Schleswig-Holstein 594

P. Müller, Zusammenfassung 604

Geographiedidaktische Forschungsergebnisse in ihrer Relevanz für den Unterricht

Leitung: R. Hahn, G. Kirchberg und E. Kroß

E. Kroß, Einführungsworte zur Vortragssitzung 607

B. Kreibich, Voreinstellungen von Schülern zu Planungsproblemen 609

H. Schrettenbrunner, Die Bedeutung räumlicher Vorstellungsfähigkeit der Schüler für den Unterricht mit Karten 619

H. Haubrich, Analyse geographischer Planungsspiele 630

F. Jäger, Quantifizierende Methoden zur Prozeßanalyse geographischen Unterrichts 652

G. Niemz, Computerunterstützte Evaluation geographischer Lernziele 668

H. Hendinger, Transfer und eigene Urteilsbildung als abiturbezogene Leistungsforderung im Fach Geographie 678

D. Stonjek, Wirksamkeit des Schulfunks im Geographieunterricht 695

DEUTSCHER GEOGRAPHENTAG

MAINZ 1977

I. LEITUNG

Die wissenschaftliche, organisatorische und technische Planung für den 41. Deutschen Geographentag in Mainz sowie dessen Durchführung oblagen dem Vorstand des Zentralverbandes der Deutschen Geographen, den federführenden Sitzungsleitern und dem Ortsausschuß des Geographentages in Mainz.

Vorstand des Zentralverbandes der Deutschen Geographen

Prof. Dr. E. Wirth (Erlangen), 1. Vorsitzender
StD. Dr. W. W. Puls (Hamburg), Stellvertretender Vorsitzender
Prof. Dr. G. Heinritz (München), Schriftführer
Prof. Dr. H. Liedtke (Bochum), Kassenwart
OStD. Dr. H. W. Friese (Berlin)
Prof. Dr. H. Haubrich (Freiburg)
Prof. Dr. G. Kluczka (Berlin)
Prof. Dr. R. Krüger (Oldenburg)
Prof. Dr. W. Meckelein (Stuttgart)
Prof. Dr. R. Meyer (Gießen)
Stadtrat Dr. H. Michaelis (Kassel)
Prof. Dr. U. Streit (Münster)
Prof. Dr. H. Uhlig (Gießen)

Federführender Sitzungsleiter

StD. G. Kirchberg (Speyer)
Prof. Dr. G. Kohlhepp (Frankfurt)
Prof. Dr. P. Müller (Saarbrücken)
Prof. Dr. C. Rathjens (Saarbrücken)
Prof. Dr. K. Wolf (Frankfurt)

Ortsausschuß des 41. Deutschen Geographentages

StD. Dr. D. Börsch	Prof. Dr. O. Kandler
Prof. Dr. H. Brüning	Prof. Dr. W. Klaer
Prof. Dr. H. Eggers	Dr. M. Ludwig
Prof. Dr. K. E. Fick	Dr. H. Lücke
Prof. Dr. E. Gormsen	OStR. Dr. M. Topp
Dr. E. Hein	

II. VERLAUF DER TAGUNG

1. Tagungsfolge

Das Programm des 41. Deutschen Geographentages lief nach folgendem Plan ab[1]:

Montag, 30. 5. 1977

Vormittags,
nachmittags und
abends   Mitgliederversammlungen der Teilverbände und Sitzungen von Verbandsvorständen, -Gremien und -Ausschüssen

Dienstag, 31. 5. 1977

Vormittags: Eröffnungssitzung: Begrüßungsansprachen, Bericht des 1. Vorsitzenden des Zentralverbandes, Festvortrag

Nachmittags: Vortragssitzung: Ballungsgebiete – Verdichtungsräume I
Kolloquium: History of Geographical Thought

Abends: Öffentlicher Abendvortrag

Mittwoch, 1. 6. 1977

Vormittags und
nachmittags: Vortragssitzung: Bevölkerungswachstum und Ernährungsspielraum der Erde

Vormittags: Vortragssitzung: Mensch und morphodynamische Prozesse

Nachmittags: Vortragssitzung: Raumwissenschaftliches Curriculum-Forschungsprojekt (RCFP) 1974–1976
Vortragssitzung: Ballungsgebiete – Verdichtungsräume II

Nachmittags und
abends: Mitgliederversammlungen der Teilverbände

---

[1] Themen und Reihenfolge der in den einzelnen Sitzungen gehaltenen Vorträge siehe Inhaltsverzeichnis sowie ergänzend S. 6 (Eggers), 7 (Fuchs), 246 (Bartels) und 406 (Klaer).

Verlauf der Tagung

Donnerstag, 2. 6. 1977

Vormittags:	Vortragssitzung: Geographiedidaktische Forschungsergebnisse in ihrer Relevanz für den Unterricht
	Kolloquium: IGU-Working Group on Market-Place Exchange Systems
Vormittags und nachmittags:	Vortragssitzung: Ökologische und biogeographische Raumbewertung
Nachmittags:	Mitgliederversammlung des Zentralverbandes der Deutschen Geographen
Nachmittags:	Schlußversammlung des 41. Deutschen Geographentages
Abends:	Geselliger Abschlußabend

EXKURSIONEN

A) Stadtexkursionen

Am Dienstag, Mittwoch und Donnerstag fanden halbtägige Stadtexkursionen in Mainz statt.

B) Exkursionen im Anschluß an den 41. Deutschen Geographentag

Eintägige Exkursionen

Freitag, 3. 6. 1977

Oberes Mittelrheintal (unter besonderer Berücksichtigung der physischen Geographie).
Leiter: Abele (Mainz)

Vorderer Hunsrück und unteres Nahetal.
Leiter: Beeger und Görg (Mainz)

Ingelheim und Umgebung. Stadtwerdungsprozeß ländlicher Gemeinden unter dem Einfluß eines industriellen Großbetriebes, Sonderkulturen.
Leiter: Büchner (Mainz)

Nördliches Rheinhessen, Nahetal, Glantal. Waldfunktionen im Umland von Mainz und Bad Kreuznach.
Leiter: Haun (Ebernburg) und Hildebrandt (Mainz)

Donnersberg. Probleme des ländlichen Raumes.
Leiter: Kremb (Darmstadt)

Nördliches Rheinhessen (unter besonderer Berücksichtigung der physischen Geographie).
Leiter: Beck (Mainz)

Worms, Biblis. Standortprobleme von Kernkraftwerken.
Leiter: Peters (Mainz)

Wiesbaden. Stadtgeographie.
Leiter: Schürmann (Mainz)

Frankfurt/M. und Umgebung. Urbanisierung und Suburbanisierung im Kern und Kernrandbereich von Verdichtungsräumen.
Leiter: Wolf (Frankfurt/M.)

Verlauf der Tagung

Samstag, 4. 6. 1977

Südöstliches Untermaingebiet. Planung und Realität neuer Siedlungen.
Leiter: Niemz (Frankfurt/M.)

Mannheim – Ludwigshafen. Probleme des Umweltschutzes.
Leiter: Domrös (Mainz)

Rheingau und Rheingaugebirge. Fremdenverkehr und Naherholung.
Leiter: Gormsen (Mainz)

Oberes Mittelrheintal (unter besonderer Berücksichtigung wirtschafts- und sozialgeographischer Probleme).
Leiter: Kreth (Mainz)

Zweitägige Exkursionen

Freitag/Samstag, 3./4. 6. 1977

Daun-Manderscheid (Westeifel). Alter, Entstehung und Umgestaltung vulkanischer Formen.
Leiter: Andres (Marburg) und Lorenz (Mainz)

Naheraum zwischen Kreuznach und Idar-Oberstein. Raumordnungskonzept Naheraum, Fremdenverkehr, Flugplatz Pferdsfeld (Umsiedlungsaktion), Edelstein- und Schmuckindustrie.
Leiter: Hein (Kreuznach) und Krenn (Mainz)

Problemgebiet Westpfalz. Landwirtschaft, Industrie, Stationierungsstreitkräfte im Raum Kaiserslautern.
Leiter: Budde (Neustadt a. d. W.) und Klingel (Kaiserslautern)

Samstag/Sonntag, 4./5. 6. 1977

Mannheim – Ludwigshafen, Weinstraße, Pfälzer Wald. Stadt- und Wirtschaftsentwicklung einer Doppelstadt, Wein- und Forstwirtschaft.
Leiter: Lücke (Mainz)

Dreitägige Exkursionen

Freitag/Samstag/Sonntag, 3./4./5. 6. 1977

Hochvogesen. Ländliche Siedlungsstruktur, Glazialmorphologie.
Leiter: Eggers und Ludwig (Mainz)

Rheinhessen, Rheingau, Mittelrheintal, Mosel, Saar, Nahe. Probleme südwestdeutscher Weinbaugebiete, ihr Standort im EWG Wettbewerb.
Leiter: Jätzold (Trier) und Klaer (Mainz)

2. Ansprachen zur Eröffnung des Geographentages

Die festliche Eröffnungssitzung des 41. Deutschen Geographentages Mainz in der Rheingoldhalle wurde durch eine kurze Begrüßung des Vorsitzenden des Mainzer Ortsausschusses, Herrn Prof. Dr. Heinz Eggers, eingeleitet. Als weitere Ansprachen folgten:

Zusammenfassung des Grußwortes von Frau Kultusminister Dr. Laurien anläßlich des 41. Deutschen Geographentages, Mainz 31. Mai 1977

Das Programm Ihrer Tagung ist Spiegelbild der Vielschichtigkeit und Reichhaltigkeit des Faches Geographie. Vielleicht wird der eine oder andere sich bei den verschiedenen Themen fragen, was sie mit Geographie, mit Erdkunde überhaupt zu tun haben. Solche Fragen sind Ausdruck der seit vielen Jahren auch bei den Geographentagen geführten Grundsatzdiskussionen um das Selbstverständnis der Geographie.

Jede Wissenschaft lebt von der Freiheit der Forschung und Lehre, vom Widerstreit der verschiedenen Auffassungen. Wie die unterschiedlichen Meinungen nebeneinander bestehen können, sich gegenseitig befruchten, wie einmal diese, in einer anderen Zeit jene Konzeption Vorrang gewinnt, dafür ist Geographie beredtes Zeugnis. Die historische Betrachtungsweise in der Geographie, ihre jeweilige Entstehung aus den kulturellen, gesellschaftlichen und wissenschaftlichen Gegebenheiten ihrer Zeit, sind Ausdruck menschlichen Seins und deshalb auch Teil politischer Bildung. Sieht man die verschiedenen Konzeptionen der Geographie als Spiegelbild der Kulturgeschichte des Menschen, als Ausdruck menschlichen Denkens, menschlichen Seins, könnte die Vermittlung dieses Wettstreits der Auffassungen durchaus auch Platz in der gymnasialen Oberstufe haben.

Wir haben uns nicht von der Theologie als Mutter aller Wissenschaften befreit, um nun die Herrschaft der Soziologie zu etablieren. Die Soziologisierung aller Bereiche hat diesen *und* der Soziologie geschadet. Im Augenblick beobachten wir das Vorrücken der Geschichte, schon setzen sich andere Fächer wieder dagegen zur Wehr. Unser Konzept ist: Zusammenarbeit in Selbständigkeit.

Die spezifische und fachliche Eigenart Ihres Faches muß gewahrt bleiben, es kann aber in einen größeren Zusammenhang schulischer Bildungs- und Erziehungsarbeit gestellt werden. Der unterschiedliche methodische Zugang kann nur so erfahren und erarbeitet werden.

Sieht man sich Lehrpläne einzelner Bundesländer an, so kann man sich des Eindrucks nicht erwehren, daß man der Gefahr bereits erlegen ist, die Welt aus einer begrenzten Sicht zu sehen, die Geographie nur noch als Hilfswissenschaft zur Soziologie zu verstehen. Geographie hat ihren berechtigten Platz in der Sekundarstufe I und sie hat ihn auch in der Gemeinschaftskunde; Erdkunde, Geschichte und Sozialkunde sind gleichberechtigt!

Geographie hat die Ergebnisse ihrer Forschung mit den anderen Fächern einzubringen.

Ich stehe auch, allein schon wegen der Freiheitlichkeit unseres Bildungssystems, für einen Pluralismus der Methoden und Arbeitsweisen. Auf dem 38. Deutschen Geographentag in Erlangen hat der damalige rheinland-pfälzische Kultusminister, der heutige Ministerpräsident Dr. Bernhard Vogel, gesagt: „Ein Fach wird in seinem Wert für das Bildungswesen durch sein wissenschaftliches, geistiges und gesellschaftliches Angebot legitimiert. Je entschiedener und sicherer sich ein Fach darauf besinnt, was es an Erkenntnissen, Einsichten und lebensbezogenen Fähigkeiten vermitteln kann, umso unbestrittener wird seine Stellung und sein Stellenwert auch im Rahmen der Veränderung des Curriculums in der Schule sein." Das damals Gesagte hat auch heute noch Gültigkeit. Mit Recht wehrt sich Ihr Verband seit Jahren gegen Bestrebungen, in Ihrem Fach fachfremde Aspekte bestimmend werden zu lassen. Sie lehnen es ab, Ihr Fach unter einen wissenschaftlich nicht fundierbaren „Überbau" stellen zu lassen. Ein klares Ja zur Kooperation und Koordination im Rahmen des gesellschaftlichen Bereiches. Aber mit aller Entschiedenheit spreche ich mich für die Eigenständigkeit der Fächer dieses Bereiches, der Erdkunde und der Geschichte aus.

Es folgte eine kurze, ebenso herzlich wie humorvoll gehaltene Begrüßung durch den Oberbürgermeister der Stadt Mainz, Herrn Jockel Fuchs, die als freigehaltene Rede leider nicht im Wortlaut erhalten ist.

Begrüßungsansprache des Präsidenten der Johannes Gutenberg-Universität zu Mainz, Prof. Dr. Peter Schneider

Meine Damen und Herren,

erlauben Sie, daß ich zunächst an die Bemerkung von OB Fuchs über das Schicksal von Studentendemonstrationen in Mainz mit einer Reminiszenz an die Zeit anknüpfe, in der noch die Professoren demonstrierten: Damals wurde die Rektoratsfeier im hergebrachten Rahmen, d. h. in Robe und Talar durchgeführt. Prächtig und bedächtig formierte sich der Zug von der domus universitatis zum Theater, wo der Festakt stattfand. Die Mainzer strömten zusammen, und schrien angesichts des feierlich schönen Aufzugs freudig Helau. So gehts den Demonstrationen in dieser Stadt!

Meine Damen und Herren, zu den vielen gegenüber der Universität und ihren Wissenschaften geäußerten Vorurteilen gehört dieses, daß die Universität und ihre Wissenschaften sich der Probleme „Vorort" nur unzureichend annehmen, daß sie sich von solchen Problemen distanzierten, sich ins Ghetto autistischer Wissenschaftlichkeit zurückzögen und deshalb in der Öffentlichkeit mehr und mehr auf Verständnislosigkeit stießen.

Dieses Vorurteil ist durch die Festschrift zum 41. Deutschen Geographentag eindrucksvoll widerlegt, welche, einer Tradition der Deutschen Geographentage entsprechend, sich mit den geographischen Bedingungen des Tagungsortes befaßt. Für diese Festschrift sind wir nicht zuletzt deshalb dankbar, weil sie eindrucksvoll ein Hauptziel unserer 500-Jahr-Feier veranschaulicht:
Öffentlich sichtbar zu machen, welchen Beitrag Wissenschaft im Dienste des Gemeinwohls zu leisten vermag.

In der Einleitung zu dieser Festschrift findet sich eine Erklärung dafür, weshalb der 41. Deutsche Geographentag der erste in Mainz stattfindende Geographentag ist. Es hat dies mit der Geschichte unserer Universität zu tun, welche keineswegs kontinuierlich verlaufen ist. Die alte Universität, welche zu Beginn des 19. Jahrhunderts mehr oder minder eingeschlafen und erst 1946 durch die Franzosen „wachgeküßt" wurde und auf einen Schlag sich in eine moderne Universität wandelte, die alte Universität hat Geographie nicht als selbständiges Fach, sondern als Disziplin im interdisziplinären Bezug verstanden.

Im „Hochschulgesetz" von 1784 wird die „Erdbeschreibung" insbesondere der Geschichtswissenschaft zugeordnet. Im Rahmen der sog. Statistik steht Geographie in Bezug zu Geschichte, Staatsrecht und Politik, nach Kant gehört sie zur „Humanistik", zu den empirischen Wissenschaften, zu denen Geschichte und Naturgeschichte, sowie die Sprachwissenschaften gezählt werden. Was hat sich bis heute geändert: nach wie vor steht Geographie im Spannungsfeld von Sozial- und Naturwissenschaften, nach wie vor läßt sie sich weder dem einen noch dem andern Pol einseitig zuordnen; nach wie vor bewahrt sie Eigenständigkeit in einem Komplex von Disziplinen, in einem integrativen Gesamtzusammenhang. Als Integrationsfaktor dürfte auch heute das gelten, was Kant unter „Humanistik" verstand.

In der alten Universität, wie sie sich 1784 im Zeichen der Aufklärung konstituierte, war Geographie kein ausgegliedertes Fach, kein Spezialfach. So konnte sich vom Fachlichen her kein Genius loci bilden. Anders liegen die Dinge, wenn wir von Personen ausgehen. Der Bibliothekar und Geograph, man nannte ihn den „Weltumsegler", Georg Forster, dürfte demgegenüber als Schöpfer eines geographiebezogenen Genius loci angesprochen werden.
Exemplarisch verband er den globalen und den regionalen Aspekt der geographischen Wissenschaft – die Entdeckungsreise mit Cook und die Rheinreise mit Alexander von Humboldt dürfen genannt werden. Durch seine Freundschaft mit beiden Humboldts – Goethe und der junge Metternich verkehrten in seinem Hause – entstand in Mainz ein Zentrum der Aufklärung und der Bildungsreform, welche über die Ereignisse von 1784 hinauswiesen. Zugleich wurde Forster zum Beispiel für die

tragischen Risiken, welche mit dem Zusammenstoß zwischen Wissenschaft und Politik verbunden sind. Forster war von der französischen Revolution fasziniert. An dem Tag, an welchem Mainz von den „Alliierten" wiedererobert und, wie man so sagte, von den Revolutionären, den freiheitsbegeisterten Clubisten befreit wurde, erklärte er vor der französischen Nationalversammlung die Bereitschaft des linksrheinischen Rheinlandes, zum Bestandteil der grande nation zu werden. Forster, der Aufklärer, hatte sich gegen die Aufklärung und für den Volkswillen und dafür erklärt, diesem Willen mit allen Mitteln, auch denen, welche seiner Mitmenschlichkeit und Humanität widersprachen, zum Durchbruch zu verhelfen. In der Folge gerät der Wissenschaftler in die schreckliche Mühle des politischen Terrors. Er ging in ihr elend zugrunde.

Das Verhältnis zwischen Wissenschaft und Politik ist heute keineswegs geklärt; die Gegensätze von damals keineswegs ausgetragen. Eine Illusion ist die politikfreie Wissenschaft. Wissenschaft muß sich mit den Anforderungen und Versuchungen der Politik auseinandersetzen. Sie bildet nicht aus sich heraus Neutralität, Objektivität, Unparteilichkeit. All das will erarbeitet, erlitten und erstritten sein.

Mit Albert Camus halte ich dafür, daß es nicht die Aufgabe des Menschen ist, Hoffnung und Angst blind auszuleben und herauszuschreien, daß es vielmehr darauf ankommt, sich auf die Hoffnungen und Ängste einer Zeit einzulassen – und im letzten: *sie auszuhalten*. Das ist der Ort, von dem aus das Verhältnis zwischen Wissenschaft und Politik gültig beschrieben werden kann.

Eröffnungsansprache des 1. Vorsitzenden des Zentralverbandes der Deutschen Geographen, Prof. Dr. Eugen Wirth (Erlangen), über die Situation der deutschen Geographie im Jahre 1977

Verehrte Gäste, meine Damen und Herren!

Im Namen des Zentralverbandes der Deutschen Geographen eröffne ich hiermit den 41. Deutschen Geographentag 1977. Ich heiße Sie alle herzlichst willkommen, die Sie als Gäste oder als Fachkollegen bei unseren Veranstaltungen zugegen sind. Mit insgesamt etwa 2100 eingeschriebenen Teilnehmern kommt Mainz ganz nahe an die bisherige Rekordzahl des Innsbrucker Geographentages heran. Ein solch unerwartet großes Interesse resultiert zunächst einmal aus dem genius loci dieser Stadt, von dem wir aus berufenem Munde bereits gehört haben. Darüber hinaus ist es aber auch das Verdienst des Ortsausschusses, der mit viel Idealismus an die Vorbereitung unseres Treffens herangegangen ist, sowie der Programmkommissionen, die für die Gestaltung der wissenschaftlichen Sitzungen verantwortlich waren. Ihnen gilt unser aller Dank ebenso wie Frau Kultusminister Dr. Laurien, die nicht nur die Schirmherrschaft der Tagung übernommen, sondern die trotz dringender konkurrierender Termine soeben auch persönlich zu uns gesprochen hat. Mit meinem aufrichtigen Dank an das Ministerium darf ich gleichzeitig die dringende Bitte verbinden, es mögen nun doch noch Mittel und Wege gefunden werden, den Druck unseres Verhandlungsbandes durch einen Zuschuß des Landes Rheinland-Pfalz zu unterstützen. Wir können uns eigentlich kaum vorstellen, daß die Landesregierung eine Hilfe verweigert, welche bei ausnahmslos allen bisherigen Deutschen Geographentagen vom Bundesland des Austragungsortes gewährt worden ist. Sehr herzlich begrüße ich schließlich auch die Vertreter von Presse und Rundfunk; wir sind Ihnen überaus dankbar dafür, daß Sie eine breitere interessierte Öffentlichkeit über die Arbeit und die Sorgen der Geographen informieren wollen. –

Es gehört zur guten alten Tradition unserer Geographentage, daß der 1. Vorsitzende des Zentralverbandes einen Bericht über die Lage und über die Probleme der deutschen Geographie vorlegt. Ich möchte dabei ganz bewußt davon absehen, in einem möglichst lückenlosen Überblick alle Vorgänge der vergangenen zwei Jahre nochmals ins Gedächtnis zurückzurufen, die für unser Fach von Bedeutung waren oder mit denen wir uns auseinanderzusetzen hatten. Viele jener Einzelereignisse sind ja nur ein Symptom für allgemeinere, größere Zusammenhänge, in welche auch die Geographie in Forschung und Lehre, in Schule und praktischer Berufsanwendung unlösbar verstrickt erscheint. Eine kritische und illusionslose Betrachtung dieser unserer gegenwärtigen Grundsituation ist beängstigend, ja beklemmend. Im Gegensatz etwa zum Kieler Geographentag 1969, der durch die damalige Unruhe an unseren Hochschulen bis in seinen äußeren Verlauf hinein nachhaltig geprägt wurde, erscheint im Augenblick oberflächlich zwar alles ruhig. Viele sehr ernst zu nehmende Beobachter beurteilen die Zukunft heute, im Jahre 1977, aber viel pessimistischer und sorgenvoller als noch 1969. Entscheidend ist dabei, daß die für die Geographie wirklich existenzbedrohenden Probleme nicht aus unserem Fach selbst herauskommen, sondern daß sie uns von außen, von fachfremden Kräften und Entwicklungen aufgezwungen werden. Nach einem Überblick über die Situation der Geographie im deutschen Sprachbereich und über die Stellung der deutschen Geographie im internationalen Rahmen muß ich deshalb gerade auch auf diese unser Fach weit übergreifenden Zusammenhänge eingehen.

1. Ich beginne mit der *Geographie im deutschen Sprachbereich*. „In einem Auditorium doziert ein großer, stark ausgearbeiteter Mann mit einem kräftigen Gesicht und einer hohen Stirne in geübter Rede. Er hat die Geographie erfunden. Es ist Carl Ritter. Vor ihm war sie eine Tabellenkenntnis, durch ihn ist sie eine Wissenschaft geworden, und zwar vielleicht die interessanteste der Welt. Die Erde hat in seinen Händen tausendfaches geistiges Leben gewonnen. Der Baum spricht, das Blatt lehrt, der Stein, das fremde Tier, das Meer und die fremden Völkerschaften erwecken Gedanken und helfen der Forschung. . . . Ritter belebt die Erde vor seinem Auditorium so interessant, wie es die üppigste Idealistik nicht vermöchte. Er handhabt sie wie eine leichte Kugel auf dem Katheder. . . . . Die Kriegs- und Völkerzüge, die den Landstrich hier belebten, hört man vorüberrauschen, man sieht die Tiere jener Gegenden vorüberschreiten, die Menschen treten in ihrer Besonderheit auf, die Sternenwelt, Nebel und Winde geben der Landschaft ihr Gepräge, eine farbige, lebendige, schattierte Welt wird innerhalb einer Viertelstunde neu geboren" (Heinrich Laube, Reise durch das Biedermeier, Hamburg 1965, S. 317 f.). Diese Schilderung der faszinierenden Ausstrahlungskraft und Publikumswirksamkeit eines großen deutschen Geographen stammt von Heinrich Laube, dem man als einem der bedeutendsten Journalisten, Kritiker und Theaterpraktiker des vergangenen Jahrhunderts sicherlich ein kompetentes Urteil zutrauen darf. Der zweite Begründer unserer geographischen Wissenschaft, Alexander von Humboldt, genoß wohl noch größeres Ansehen; er war einer der berühmtesten Männer seiner Zeit, Präsident und Organisator des Deutschen Naturforscher- und Ärztetages sowie Mitbegründer und erster Kanzler der Friedensklasse des Ordens Pour le Mérite.

Nun, diese Zeiten des Glanzes einer aufbrechenden Wissenschaft liegen schon lange zurück. Heute steht die Geographie in Forschung und Lehre, Schule und Beruf sicherlich nicht mehr im Mittelpunkt des öffentlichen Interesses. Während der repräsentativen Großveranstaltungen anderer Fachdisziplinen – denken Sie z. B. an Chirurgenkongresse, an Soziologentage oder an Zusammenkünfte von Germanisten – in Presse, Funk und Fernsehen meist ausführlich gewürdigt werden, sind Berichte über unsere Geographentage noch heute mehr die Ausnahme als die Regel. Darüber brauchen wir nicht traurig zu sein; solide, nüchterne, sachliche Arbeit ist nun einmal in der Öffentlichkeit schwer zu verkaufen, und die deutsche Geographie hat im Jahre 1977 wenig Spektakuläres vorzuweisen: Unser Fach produziert keine Nobelpreisträger und wir haben keine prestigefördernden Max-Planck-Institute, als Geograph kann man kaum zu einem die Welt bewegenden Einkommen oder Vermögen gelangen, die Vorsitzenden unserer Verbände sind keine schillernden, in die öffentliche Tagesdiskussion einbezogenen Persönlichkeiten, wir haben in der Geographie keinen aufsehenerregenden Krach zwischen sich unversöhnlich gegenüberstehenden Flügeln, und als sachbezogene Empiriker sind es Geographen auch nicht gewohnt, die Bedeutung ihres Faches voll Pathos in der erhebenden Sprache von Festreden zu rühmen, oder ihre Arbeit mit den ausgeklügelten Methoden von Werbeagenturen publikumswirksam zu verkaufen. Wir brauchen aber unser Licht auch nicht unter den Scheffel zu stellen; selbst wenn die *Öffentlichkeitsarbeit der Geographie* noch in vieler Hinsicht zu wünschen übrig läßt – die *Arbeit der Geographie für die Öffentlichkeit*, für die Allgemeinheit kann sich durchaus sehen lassen, und auf längere Sicht zählt dann doch nur die tatsächliche Leistung eines Faches, nicht Publicity oder Imagepflege oder eine mächtige Lobby.

Was will und was kann die Geographie? Eine jede *Orientierung des Menschen in seiner Umwelt* erfolgt lebensnotwendig in vierfacher Hinsicht: Orientierung im Raum – Orientierung in der Zeit – Orientierung gegenüber der umgebenden Natur – Orientierung gegenüber der Gesellschaft. Uns betrifft hier die Orientierung im *Raum*. Der Säugling, der mit der Hand den Vorhang seiner Wiege zu ergreifen versucht, orientiert sich bereits ebensosehr im Raum wie die in eine Stadt neu zugezogene Familie, welche nach den Standorten der zuständigen Ämter, nach günstig gelegenen Einkaufsmöglichkeiten, nach zentrumsnahen Parkplätzen oder nach schönen Spazierwegen und Ausflugsmöglichkeiten in der Umgebung sucht. Solange ein solches Sich-Zurechtfinden im Raum in der näheren, bald schon anschaulich gegenwärtigen und vertrauten Umgebung einer heimatlichen vorindustriellen Welt erfolgte, bewegte es sich noch außerhalb jeder wissenschaftlichen Reflexion im direkten persönlichen Erlebnis- und Erfahrungsbereich. In unserer modernen technisch-industriellen Welt der zweiten Hälfte des 20. Jahrhunderts muß sich der Mensch aber immer mehr auch mit Sachverhalten auseinandersetzen, die sich räumlich weit entfernt befinden, oder die räumlich überaus komplex sind. Aus der unmittelbaren vorwissenschaftlichen Anschauung und Erfahrung heraus ist hier kein Zugang mehr möglich; nur die Wissenschaft kann die zum Leben erforderlichen Informationen liefern, und nur sie kann heute dazu verhelfen, auch unseren heimatlichen Nahbereich zu verstehen und sinnvoll zu gestalten.

Eine sachgemäße Orientierung des Menschen im Raum auch über größere Entfernungen hinweg und eine Orientierung in der Umwelt unseres technisch-industriellen Zeitalters zu ermöglichen – das ist eine der wichtigsten Aufgaben der Geographischen Wissenschaft. Angesichts unserer immer stärker werdenden Abhängigkeit von hochkomplexen Umweltsystemen und von weit entfernt liegenden, uns fremden Welten, Kulturen, Wirtschafts- und Sozialsystemen kommt ihr eine grundlegende, ja eine lebensnotwendige Bedeutung zu. Geographie ist heute nötiger denn je zuvor. Auf unseren Hochschulen und Schulen wie in der praktischen Berufstätigkeit leisten die deutschen Geographen ohne viel Aufsehens eine auch auf die Anforderungen der Gegenwart hin orientierte Arbeit, deren thematische Spannweite schon Peter Schöller auf dem Erlanger Geographentag 1971 klar umrissen hat: Fragen unserer natürlichen Umwelt in ihrem ökologischen Gefüge und in ihrer Eignung für menschliche Nutzung stehen neben Fragen der Organisation des Raumes durch staatliche Instanzen und gesellschaftliche Gruppen. Die Raumansprüche unserer stark verdichteten industriellen Stadtgesellschaft, welche zunehmend über die engeren Ballungsgebiete hinausgreifen, sind ebenso sehr Thema der Geographie wie die brennenden Probleme vieler von starker Abwanderung betroffener strukturschwacher Räume überwiegend agrarischer Prägung. Nicht zuletzt ist die deutsche Geographie dann aber auch an der Entwicklungsländerforschung beteiligt; sie bemüht sich darum, die vielschichtigen Probleme naturräumlicher, wirtschaftsräumlicher und sozialräumlicher Verflechtungen und Regelkreise in den Ländern der Dritten und Vierten Welt aufzuzeigen, um damit eine solide, tragfähige Grundlage für Entwicklungsplanung und Raumordnung zu schaffen. Feldforschung und langjährige Landeskenntnis bewahren dabei gerade den Geographen vor ideologischen Scheuklappen und vor schnellen Verallgemeinerungen, und sie geben ihm ein gesundes Mißtrauen gegenüber allen Patentrezepten.

Daß diese Aufgabenbereiche der deutschen Geographie nicht nur einen leeren, im Grunde genommen unerfüllten Anspruch darstellen, konnte soeben an dem Beispiel der geographischen Forschung in einem ganz zufällig herausgegriffenen deutschen Bundesland gezeigt werden. Wenn dieses Land Bayern ist, so tut dies ausnahmsweise einmal gar nichts zur Sache; wir hätten genauso gut auch jedes andere deutsche Bundesland wählen können. In einer kleinen, gerade im Druck befindlichen Schrift über die Tätigkeiten und Forschungsschwerpunkte der geographischen Institute in Bayern wird an ganz konkreten Beispielen nachgewiesen, in welch großem Umfang die Geographie schon heute mit dazu beiträgt, Gegenwartsprobleme der Auseinandersetzung des Menschen mit seiner Umwelt und in der Raumgestaltung durch den Menschen zu lösen. Einen Teilauszug dieser Aufstellung habe ich im Vorabdruck mitgebracht; er kann anschließend der Presse gerne zur Verfügung gestellt werden.

Wir sind uns wohl alle klar darüber, daß eine zuverlässige geographische Information der Öffentlichkeit heute möglicherweise schwerer zu realisieren ist als zu den Zeiten von Carl Ritter und Alexander von Humboldt. Oberflächliche oder interessengefärbte Rauminformation beherrscht die Szene. Zwar werden als Hintergrund und Kulisse der Tagesschau des Fernsehens in der Mehrzahl aller Fälle Kartendarstellungen mit irgendwelchen Ausschnitten von Kontinenten oder Ländern gezeigt, und man kann darin sogar eine großartige, kostenlose Schleichwerbung für die Geographie sehen; die tieferen, maßgebenden geographischen Zusammenhänge bleiben aber meist im Dunkeln. Zwar ist das Wort „Landschaft" heute in aller Munde: Unsere Bauern wollen die Kulturlandschaft pflegen und erhalten, einflußreiche Bürgerinitiativen tun sich zum Schutz der Landschaft zusammen, man spricht sogar davon, daß irgend etwas gut oder gar nicht in die politische oder wirtschaftliche Landschaft passe. Solche gängigen Scheidemünzen der Alltagssprache dienen aber eher zur Vernebelung als zur Erhellung der Sachverhalte. Zwar kann man fast täglich lesen, daß mit irgendeiner geplanten Maßnahme die Grenze der Belastbarkeit des Raumes überschritten sei, oder daß dieser oder jener Ökotop oder irgendein traditionelles Stadtviertel erhalten werden müsse, oder daß die Aufrechterhaltung der ökologischen Situation ernstlich gefährdet wäre, oder daß irgendeine Siedlung unbedingt als Mittelzentrum einzustufen sei; wer solches behauptet oder fordert, ist dann aber fast nie in der Lage, die verwendeten Begriffe klar zu definieren, oder überzeugende Gründe für die postulierten Schwellenwerte anzugeben.

In dieser Situation ist es eine wesentliche Aufgabe der Geographie, bei der Diskussion um Nutzen oder Schaden irgendwelcher Planungsvorhaben zur sachlichen Argumentation zurückzuführen, die Ausgangspositionen der jeweiligen Interessenvertreter oder Ideologien aufzudecken und damit im besten Sinne dieses Wortes aufklärend zu wirken. Die konservative Bewahrung des ländlichen Lebensraumes von Dorf und Flur am Stadtrand wird eben problematisch, wenn eine geographische Untersuchung ergibt, daß kein Angehöriger der jüngeren Generation mehr bereit ist, den väterlichen Hof zu übernehmen; die Forderung nach Erhaltung einer ursprünglichen Heidelandschaft erhält einen anderen Akzent, wenn der Pflanzengeograph nachweist, daß diese Heide erst durch Raubbau, Mißwirtschaft und Waldverwüstung früherer Generationen entstanden ist. Gerade der Geograph kann demzufolge wesentlich mit dazu beitragen, die Notwendigkeit und die Grenzen von Denkmalschutz, Landschaftsschutz, Umweltschutz, Naturschutz sowohl gegenüber rücksichtslosen Technologen als auch gegenüber weltfremden Naturaposteln abzugrenzen. Und besser als jede andere Wissenschaft kann dann die Geographie auch zu einem vernünftigen Kompromiß verhelfen, der sozial zumutbar, wirtschaftlich vertretbar, politisch durchsetzbar, ökologisch tragbar und ästhetisch annehmbar ist. –

Wenn ich nach diesem ganz skizzenhaften Überblick über einige wichtige Aufgaben der Geographie nun noch einige Teilaspekte herausgreife, so kann ich mich dabei ganz kurz fassen; Herr Uhlig hat ja vor zwei Jahren hierüber auf dem Innsbrucker Geographentag bereits sehr ausführlich berichtet. Was die *wissenschaftliche Diskussion* anbelangt, so hält die sehr lebhafte Auseinandersetzung über Aufgaben, Grundlagen, Forschungsschwerpunkte und Ziele der Geographie nach wie vor an. Sie ist ein erfreuliches Zeichen für die lebendige Weiterentwicklung unseres Faches und bestimmt nicht Zeichen für eine existenzbedrohende Krise. Die Stellungnahmen für eine bestimmte wissenschaftliche Richtung haben sich in den letzten Jahren zweifelsohne versachlicht, die Offenheit für rückhaltlose Kritik an der eigenen Position und für grundlegend neue Fragestellungen ist gewachsen. Während manche andere altberühmte und scheinbar festetablierte Wissenschaftsdisziplin in ihrem Selbstverständnis zutiefst erschüttert erscheint und die bisherigen wissenschaftstheoretischen und methodischen Grundlagen zu wanken beginnen, spricht manches dafür, daß die Geographie schon einen Schritt weiter ist. Die Gründung eines neuen Arbeitskreises unseres Zentralverbandes, der sich mit fruchtbaren Theorieansätzen und mit dem Problem quantitativer Methoden in der Geographie auseinandersetzen will, erscheint mir in dieser Beziehung als ein sehr ermutigendes Zeichen.

In ihren fachwissenschaftlichen Forschungen findet die deutsche Geographie nach wie vor eine verläßliche Stütze in der *Deutschen Forschungsgemeinschaft*. Gut begründete, erfolgversprechende wissenschaftliche Vorhaben mit angemessenem Aufwand sind von ihr im Fach Geographie noch niemals abschlägig beschieden worden. Auch an dieser Stelle der DFG für ihre stete treue Förderung unseren herzlichsten Dank! Bis heute ist auch die Situation der geographischen *Zeitschriften und Veröffentlichungsreihen* im deutschen Sprachbereich noch durchaus ermutigend; Aufsätze hoher wissenschaftlicher Qualität konnten noch immer ohne längere Wartezeiten publiziert werden. Die geographische *Fachdidaktik* hat sich in den vergangenen beiden Jahren weiter konsolidiert. Mit berechtigtem Stolz kann der Zentralverband der Deutschen Geographen auch auf sein *Raumwissenschaftliches Curriculum-Forschungsprojekt* verweisen; mit dieser beispielhaften Gemeinschaftsarbeit von Fachwissenschaftlern, Fachdidaktikern, Schulpraktikern und Berufsgeographen ist die Geographie allen anderen Fächern ein gutes Stück voraus.

Auch auf vielen anderen Bereichen arbeiten die Teilverbände des *Zentralverbandes* eng zusammen; offensichtlich ist die Geographie eines jener wenigen großen Fächer, bei denen über die Grenzen unserer Bundesländer hinweg noch ein enger Zusammenhalt und eine wirkungsvolle Koordination aller aktiven Fachvertreter in Hochschule, Schule und Beruf besteht. Angesichts der desintegrierenden Kulturautonomie unserer Bundesländer, die in vieler Hinsicht zu auseinanderstrebenden Entwicklungen führt, kann eine solche Zusammenarbeit gar nicht hoch genug eingeschätzt werden. Sie machte den Zentralverband zu einem recht schlagkräftigen Instrument, wo es um die Lebensinteressen unseres Faches ging: Dank rascher, zuverlässiger Informationen und vertrauensvoller Zusammenarbeit konnten in den vergangenen beiden Jahren manche für die Geographie sehr bedrohliche Entwicklungen abgewendet oder zumindest gedämpft werden. Aber auch positiv wurde einiges erreicht; ich nenne hier nur die Ausarbeitung von Rahmenstudienordnungen für das Diplomstudium und für das Lehramtsstudium als einen konstruktiven Beitrag zur Studienreform, oder die Überlegungen zur Neugestaltung unserer Geographentage, oder nochmals das RCFP. –

2. Bei meinem zweiten Hauptpunkt, der *Stellung der deutschen Geographie im internationalen Rahmen*, kann ich mich kurz fassen. Der Internationale Geographentag in Moskau im Sommer 1976 hat bestätigt, daß die Geographie des deutschen Sprachbereichs gleichrangig und gleichberechtigt zu den sechs bis acht wissenschaftlich führenden Geographienationen zählt. Geographen aus der Bundesrepublik sind in erfreulich großer Zahl als Vorsitzende, Ordentliche Mitglieder und Korrespondierende Mitglieder in Kommissionen und Arbeitsgruppen der International Geographical Union tätig. Mit fast allen Stimmen sowohl der westlichen Welt als auch der Entwicklungsländer wurde unser Freiburger Kollege, Prof. Dr. Walter Manshard, als Nachfolger von Chauncy Harris zum Generalsekretär und Schatzmeister der International Geographical Union gewählt. Nach Carl Troll, der von 1960 bis 1964 Präsident der IGU gewesen war, ist damit nun schon zum zweiten Male während der vergangenen 20 Jahre ein Geograph der Bundesrepublik in einer der beiden maßgeblichen Führungspositionen der International Geographical Union tätig. Soeben ist uns übrigens ein Telegramm des Präsidenten der IGU, Michael Wise, mit folgendem Text zugegangen: ,,Dem Deutschen Geographentag in Mainz wünscht das Exekutiv-Komitee der Internationalen Geographenunion viel Erfolg und gutes Gelingen!"

Die internationale Geltung der deutschen Geographie zeigt sich aber nicht nur im organisatorischen Rahmen der IGU, sondern auch in der täglichen wissenschaftlichen Arbeit. In einem bekannten Informationsdienst für Politiker und Manager stand kürzlich folgendes zu lesen: ,,Die USA bauen ihre führende Stellung auf wissenschaftlichem und geistigem Gebiet aus. Europa fällt weiter zurück. Nahezu alles, was in der Technik, Elektronik, aber auch in der Nationalökonomie und Naturwissenschaft neu entdeckt, erforscht, erfunden wird, hat seine Wurzeln drüben". Einer der wesentlichen Gründe hierfür ist ,,die Sprache. In der Wissenschaft gilt heute praktisch nur noch, was auf englisch publiziert wird. Veröffentlichungen in anderen Sprachen finden meist nur sekundäre Resonanz, wenn sie nämlich in englischen Publikationen zitiert und damit ,amerikanisiert' werden" (Fuchsbriefe 15. 12. 1976). Bezüglich der Geographie trifft diese Feststellung höchstens in ganz wenigen Teilbereichen zu. Die meisten Fragestellungen und Probleme kann man mit englischen Sprachkenntnissen allein erheblich weniger gut bearbeiten, als wenn man neben dem Englischen auch noch Deutsch und Französisch beherrscht und damit direkten Zugang zu den jeweils einschlägigen Veröffentlichungen hat. Wer die jüngsten Ergebnisse z. B. der deutschen oder französischen Forschung nicht kennt, kann in vielen Teildisziplinen der Geographie nicht an vorderster Forschungsfront mitarbeiten. Für die Geographie gilt damit in vollem Maße, was ein berühmter Wissenschaftler, der vor vielen Jahrzehnten aus Europa in die USA emigriert ist, kürzlich einmal im persönlichen Gespräch folgendermaßen formulierte: ,,Die meisten angelsächsischen Wissenschaftler sind fremdsprachliche Analphabeten, die aus der Not eine Tugend machen, indem sie dreist behaupten, das in anderen Sprachen Geschriebene verdiene ohnehin keine Beachtung".

Wie in allen anderen Ländern ist natürlich auch bei uns in Deutschland nur ein gewisser Prozentsatz aller Geographen forschend produktiv und originell, didaktisch wegweisend und innovativ, in der praktischen Arbeit kritisch und für unkonventionelle Lösungen aufgeschlossen. Diese Geographen stehen aber fast alle in engem wissenschaftlichen und persönlichen Kontakt mit Kollegen anderer Länder – in einem Kontakt, der nicht nur einen intensiven wissenschaftlichen Gedankenaustausch beinhaltet, sondern auch gemeinsame Feldforschungen und gemeinsame Veröffentlichungen, gegenseitige Besuche mit Vorträgen und Diskussionen sowie Gastprofessuren und Forschungsstipendien. Das raumwissenschaftliche Curriculum-Forschungsprojekt des Zentralverbandes baut auf den Erfahrungen eines ähnlichen großen Vorhabens in den USA auf, und in den gemeinsamen Kommissionen zur

Abstimmung von Geographie-Schulbüchern arbeiten heute deutsche Geographen nicht nur mit Kollegen westeuropäischer Staaten, sondern auch mit Kollegen aus dem Ostblock und aus Entwicklungsländern kompromißbereit und erfolgreich zusammen. –

3. Damit komme ich nun schon zum dritten und letzten Teil meines Berichts. Er muß – wenn auch nur in ganz kurzen, skizzenhaften Strichen – einige derjenigen *Probleme* aufzeigen, welche auf unser Fach *von außerhalb* aufgrund übergreifender sozialer, wirtschaftlicher und politischer Entwicklungen zukommen. Ich sagte bereits eingangs, daß diese Probleme besorgniserregend, ja bedrückend sind. Das *Fach Erdkunde an unseren Schulen* muß immer mehr ums Überleben kämpfen, obwohl kaum ein anderes Schulfach mit so großem Schwung und mit so ausgezeichnetem Erfolg sowohl an die Ausarbeitung als auch anschließend an die Erprobung moderner curricularer Lehrpläne herangegangen ist. Der Kampf der Geographie an der Schule gleicht dabei einem Zweifrontenkrieg: In einigen Bundesländern mit progressiverer Kulturpolitik, z. B. in Hessen, droht der Erdkundeunterricht immer mehr in einen pseudomodernen Gesellschaftskundeunterricht aufzugehen, dessen Schwerpunkt in der Behandlung politisch-soziologischer Tagesfragen liegt. In anderen Bundesländern mit mehr konservativer Kulturpolitik, z. B. in Bayern, wird der Unterricht in Geschichte immer stärker auf Kosten des Erdkundeunterrichts ausgedehnt, da man von der sogenannten „Besinnung auf die Werte der Vergangenheit" stabilisierende Tendenzen erhofft. Demgegenüber sollten wir nicht müde werden, darauf hinzuweisen, daß gerade die Geographie als eine moderne Erfahrungswissenschaft *beiden* Anliegen gerecht wird: Die Beschäftigung mit Problemen aktueller Raumgestaltung und Umweltbeziehungen gewährleistet Gegenwartsbezug sowie politische, gesellschaftliche und wirtschaftliche Relevanz. Der streng empirische Zugang zu allen Fragen und die direkte Auseinandersetzung mit der tatsächlichen realen Situation hingegen erzieht zu Nüchternheit und Realitätssinn, und er schützt sehr solide vor Ideologien, radikalen Patentrezepten und weltverbessernden Heilslehren.

Wie alle anderen wissenschaftlichen Fächer ist des weiteren auch die Geographie seit Jahren einem *zunehmenden Druck und einer zunehmenden Einflußnahme von seiten politischer Instanzen und von seiten der Verwaltungsbürokratie* ausgesetzt. Dabei setzen sich sachfremde Überlegungen immer stärker durch: Bei der Festlegung des Curricularfaktors für Geographie z. B., welcher die Zahl der Studenten pro Lehrperson bestimmt, wurden alle überzeugend begründeten Argumente nicht nur des Zentralverbandes der Deutschen Geographen und der Universitäten, sondern auch der Kultusministerien aus ganz vordergründigen politischen Opportunitätsüberlegungen heraus in einer Kampfabstimmung vom Tisch gefegt. Die Ministerien und die Vertreter der Kultusverwaltungen ihrerseits schränken durch auch die letzte Einzelheit reglementierende Anordnungen und durch zunehmende Bürokratisierung von Hochschule und Schule den lebensnotwendigen Freiheitsraum immer weiter ein. Oft gilt nur noch der praxisbezogene Aspekt, daß man sich nach Möglichkeit gegen Verwaltungsgerichtsprozesse absichern will. Eine unheilvolle Rolle bei dieser Entwicklung spielen die ganz wenigen Fälle, in denen irgendeine Entscheidung im Schul- oder Hochschulbereich mit allen Registern des juristischen Instanzenwegs angefochten wird. Wer dieserart bis zum äußersten um sein Recht oder um sein vermeintliches Recht kämpft, sollte doch auch einmal die *Konsequenzen seines Verhaltens für andere* überdenken: Als fast unvermeidliche Reaktion erlassen die Verwaltungsinstanzen immer härtere, detailliertere, möglichst prozeßabgesicherte Vorschriften; dadurch werden die menschlichen Beziehungen zwischen Älteren und Jüngeren, zwischen Lehrenden und Lernenden, zwischen Vorgesetzten und Untergebenen sowie das Eingehen auf die je persönliche Situation in unerträglicher Weise eingeschränkt: Summum ius, summa iniuria, oder: Fiat iustitia, pereat humanitas. Dies führt schon heute in einigen Bundesländern zu der absurden Situation, daß bei allen Prüfungen für die Qualifikation von Erdkundelehrern die verwaltungsgerichtlich weniger anfechtbaren schriftlichen Leistungen viel stärker gewichtet werden als die mündlichen Prüfungen, obwohl sich der spätere Erdkundelehrer dann in seinem ganzen weiteren Berufsleben fast ausschließlich im mündlichen Vortrag und nicht etwa mit schriftlichen Leistungen bewähren und ausweisen muß.

Das mit Abstand brennendste Problem auch der Geographie ist aber die *Sorge um unseren Nachwuchs in Wissenschaft, Schule und angewandt-praktischer Tätigkeit*. Der Beruf des Geographen setzt eine wissenschaftliche Ausbildung und eine akademische Abschlußprüfung voraus. Fast alle Studenten, die in den vergangenen Jahren und Jahrzehnten eine solche Prüfung abgelegt haben, konnten einer angemessenen beruflichen Position sicher sein. Dies wird sich nunmehr grundlegend ändern. Nach den Prognosen der Bund-Länder-Kommission für Bildungsplanung wird sowohl an den Realschulen als auch an den Gymnasien im Jahre 1980 kein Bedarf an Erdkundelehrern mehr bestehen, und im Jahr 1985 rechnet man bereits mit ganz erheblichen Überschüssen an Erdkundelehrern. Ganz analog hat eine Studie des Europarats für den akademischen Nachwuchs folgendes ergeben: In den sechziger Jahren bestand für einen wissenschaftlichen Assistenten an der Universität noch eine Chance von mehr als 70%, später einmal eine Planstelle an der Hochschule als Lebenszeitbeamter zu erhalten; im Jahre 1975 betrug diese Chance nur noch 9%. Nach neuesten Schätzungen muß man davon ausgehen, daß auch von den derzeit studierenden Diplomgeographen allenfalls 10% die Möglichkeit haben, eine ihrer Qualifikation entsprechende berufliche Position zu finden; eine Denkschrift des Verbands Deutscher Berufsgeographen wies darauf bereits 1975 eindringlich hin.

Die Hintergründe einer solchen Entwicklung sind Ihnen allen bekannt: In den vergangenen 15 bis 20 Jahren wurde an den Hochschulen, an den weiterführenden Schulen und in der Landes-, Regional- und Stadtplanung die Zahl der zu besetzenden Stellen rasch vermehrt. In unserer Freude über die vielen neuen Stellen haben wir alle seinerzeit wohl zu wenig gebremst; denn es zeigte sich schon bald, daß die Zahl voll geeigneter Bewerber nicht in gleichem Umfang gesteigert werden konnte. Auf jenen Boom folgt jetzt eine Phase der Stagnation, stellenweise sogar der Stellenstreichungen. Durch Pensionierung oder natürlichen Abgang werden aber in den kommenden Jahren nur wenige Stellen zur Wiederbesetzung frei; denn die Mehrzahl aller Stellen ist durch junge Geographen im Alter zwischen 30 und höchstens 50 Jahren blockiert.

Die Konsequenzen dieser Situation sind in vieler Hinsicht kaum auszudenken. Kann ein Universitätslehrer der Geographie noch mit gutem Gewissen akademische Lehrveranstaltungen abhalten, wenn er fast sicher weiß, daß 90% der Geographiestudenten mit dem, was er sie lehrt, beruflich nichts werden anfangen können? Ist ein Kollegium von Lehrern in der Schule oder von Planern in einer Behörde oder von Wissenschaftlern an einer Universität noch lebens- und arbeitsfähig, wenn es zwanzig Jahre lang durch keinerlei Neuzugänge jüngerer Jahrgänge mehr ergänzt wird? Droht da nicht frühe Erstarrung, ja Vergreisung? Eine Studie des Europarats hat ,,das entmutigende Bild eines Europa um 1985 vor Augen, in dem die Bewältigung der Rohstoff-, Energie-, Nahrungs-, Gesundheits- und Umweltprobleme ein äußerst aktives und innovatives wissenschaftliches Personal verlangt, dessen Durchschnittsalter dann aber bei 60 Jahren liegt" (G. Elstermann, Die Altersstruktur der Forscher, Bonn 1977, S. 44).

Die oft geäußerte Behauptung, Wissenschaftler seien ab 30, spätestens ab 40 Jahren nicht mehr kreativ tätig, ist zwar empirisch eindeutig falsifiziert worden; gerade die dynamischen und wissenschaftlich noch überaus produktiven Geographen aus der Generation der heute Vierzig- und Fünfzigjährigen betonen aber immer wieder, daß für sie die tägliche Diskussion und wissenschaftliche Auseinandersetzung mit dem Nachwuchs der jüngeren Doktoranden, Assistenten und Habilitanden unabdingbare Voraussetzung geistiger Arbeit sei. Die stete innere Verpflichtung, sich vor der nachfolgenden Generation zu bewähren, und die Fülle der Fragen und Anregungen von seiten wissenschaftlich noch ganz unbefangener Nachwuchskräfte kann durch nichts ersetzt werden. Oder stellen Sie sich einmal das Lehrerkollegium einer Schule vor, in welchem der jüngste Lehrer 25, ja 30 Jahre älter als der älteste Schüler ist; wären hier nicht viele Möglichkeiten des gegenseitigen Verständnisses zwischen den Generationen einfach abgeschnitten? Kollegien von Wissenschaftlern, Lehrern, im praktischen Beruf stehenden Geographen, denen auf zwei Jahrzehnte hinaus jede Ergänzung durch die jüngere Generation verwehrt ist, gleichen den Zedernhainen im Libanon oder den Wacholderbeständen im Antilibanon, die sich ganz ähnlich schon seit Jahrzehnten nicht mehr durch Jungwuchs ergänzen: Als Baumveteranen oder Baumruinen sind sie fossile Zeugen einer vergangenen Zeit; zusammen mit ihnen ist auch der ganze Bestand rettungslos zum Sterben verurteilt.

Zu einem unerträglichen Unrecht wird diese Situation nun aber unter dem Aspekt der *beruflichen Qualifikation*. Wir alle wissen, daß bei der raschen Vermehrung von Stellen für Geographen in den vergangenen beiden Jahrzehnten manche Position in Hochschule, Schule und Beruf mit Kompromißkandidaten mittlerer Qualifikation besetzt werden mußte, weil die Zahl der zu besetzenden Stellen größer war als die Zahl der hochqualifizierten Bewerber. Das aber bedeutet im Klartext: Ein ehemaliger Referendar z. B., der vor 10 Jahren mit der Note 4,4 sein Examen knapp ausreichend bestanden hat, blockiert nun als Beamter auf Lebenszeit für 30 Jahre eine Stelle und trägt mit dazu bei, daß im Jahre 1985 ein anderer Referendar selbst mit einer Examensnote von 1,2 keine Anstellung mehr findet. Und gleichermaßen ist manche Planstelle noch für 30 Jahre von einem jungen Lehrer besetzt, dem fast jede Unterrichtsstunde zur körperlichen und seelischen Qual wird, während 1985 auch Assessoren, die mit Begeisterung für ihren Beruf und mit großem didaktischem und pädagogischem Geschick unterrichten, im Schuldienst nicht mehr unterkommen können.

Diese Entwicklung müssen wir im Interesse unserer kommenden Generation unter allen Umständen verhindern. Wir dürfen nicht müde werden, immer wieder mit größtem Nachdruck darauf hinzuweisen, daß hier umgehend und sofort durchgreifende Maßnahmen eingeleitet werden müssen, wenn ihre Wirkung noch einigermaßen rechtzeitig zum Tragen kommen soll. Gerade die Generation der schon etwas Älteren, die heute in einflußreicheren Stellungen tätig ist, muß sich zum Anwalt unserer Kinder, unserer Jugend, unserer Schüler, unserer Studenten machen. Es genügt wahrhaftig, daß meine eigene Generation durch den ungeheuren Aderlaß des Zweiten Weltkrieges zur „lost generation" geworden ist. Eine zweite verlorene Generation können wir uns nicht mehr leisten. In einem Staat, der *Chancengleichheit* zu einem seiner tragenden Grundprinzipien erhoben hat, darf zwischen den einzelnen Generationen keine extreme Chancenungleichheit auftreten. Und eine Wirtschafts- und Sozialordnung, die das *Leistungsprinzip* auf ihre Fahnen geschrieben hat, darf nicht durch die jahrzehntelange Blockierung fast aller hochqualifizierter Stellen zu einer Privilegien- und Pfründengesellschaft degradieren. Natürlich können wir künftig nicht mehr für alle Universitätsabsolventen Positionen einer akademischen Laufbahn schaffen; die Zahl der freien Stellen darf aber auch künftig nicht unter die Größenordnung der vergangenen beiden Jahrzehnte absinken. Wenn wir für die berufliche Tätigkeit als Geograph bis zur Erreichung der Altersgrenze etwa 35 aktive Jahre ansetzen, dann müssen also auch in den kommenden beiden Jahrzehnten jährlich etwa 3% aller vorhandenen Stellen zur Neubesetzung frei werden.

Die Lösung dieses Grundproblems der kommenden Jahre und Jahrzehnte wird sicherlich unkonventionelle Mittel erfordern. Über sie rechtzeitig nachzudenken, ist nicht Aufgabe des Geographen, sondern Aufgabe des Politikers. Immerhin wird möglicherweise gerade der Bevölkerungs- und Sozialgeograph darauf verweisen müssen, daß die Bundesrepublik im Jahre 1966 noch 1 050 000 Geburten zählte, im Jahre 1976 hingegen nur noch knapp 600 000 Geburten, wovon fast 100 000 Geburten auf Gastarbeiter entfielen. Möglicherweise würde schon ein Bruchteil jener 16 Mrd. DM, welche gegenwärtig zur Ankurbelung der Konjunktur vorgesehen sind, genügen, um in den kommenden Jahren die Zahl der Geburten wieder kräftig ansteigen zu lassen. Dies aber hätte nicht nur neue Investitionen zur Folge, sondern auch viele neue Stellen und Arbeitsplätze.

Sie werden jetzt erstaunt fragen: Was hat das mit Geographie zu tun? Die Antwort darauf ist ganz einfach: Moderne Geographie beinhaltet auch die Erforschung räumlicher Systeme, und in allen Systemmodellen, welche künftige Trends und Tendenzen von städtischen Ballungszentren, Wirtschaftsregionen oder Staaten prognostizieren, gehören Bevölkerungszahl und Bevölkerungsentwicklung mit zu den grundlegenden Parametern. Das berühmteste dieser Prognosemodelle ist das Weltmodell von Jay Forrester, mit dessen Hilfe der Club of Rome im Jahre 1972 seinen aufsehenerregenden Bericht über die Grenzen des Wachstums erstellt hat. Sehr viel weniger bekannt als diese praktische Anwendung des Weltmodells ist eine Erkenntnis Forresters, welche für die meisten unserer hochkomplexen räumlichen, wirtschaftlichen, politischen und sozialen Systeme gilt: Fast alle Maßnahmen, welche unerwünschte Systemreaktionen kurzfristig mildern, bremsen oder beheben sollen, führen auf längere Sicht zu noch viel unerwünschteren und viel schwerer zu beherrschenden Entwicklungen. Umgekehrt dagegen wirken sich Maßnahmen, welche auf längere Sicht die Systeme in einer gewünschten Richtung zu beeinflussen vermögen, kurzfristig oftmals als ein schmerzlicher Eingriff aus. Der Politiker und der Praktiker wird zunächst einmal dazu tendieren, nur bis zur nächsten Wahl zu planen; er bevorzugt dementsprechend kurzfristige Lösungen. Aufgabe des *Geographen* als eines wissenschaftlich ausgebildeten Fachmanns in Hochschule, Schule und Beruf muß es demgegenüber sein, mit Nachdruck für *langfristige Lösungen* zu plädieren. Schon in der antiken Mythologie konnte sich der Mensch nur dadurch mit Erfolg von den Göttern lösen und seine eigene Welt bauen, daß er Pro-metheus war – also ein Wesen, das die Dinge langfristig voraus bedenkt und plant. Geographie erfüllt gerade dann am besten ihre Verpflichtungen gegenüber der Gesellschaft, wenn sie sich mit Nachdruck gegen kurzfristige Scheinlösungen wehrt und statt dessen langfristig erfolgreiche Alternativen anbietet. Dies gilt für Umweltschutz und Ökologie ebenso wie für Stadt- und Verkehrsplanung oder für eine sinnvolle Organisation und Planung der Entwicklungshilfe.

Ganz analog verhält es sich aber auch mit der Bildungs- und Forschungsplanung: Wenn im Interesse eines ganz kurzfristigen Kurierens von Symptomen gefordert wird, die Geographen an Universitäten sollten im Interesse zusätzlicher Lehrkapazität für einige Zeit auf Forschung verzichten, dann bedeutet das eben längerfristig bestenfalls wissenschaftlichen Provinzialismus, wahrscheinlich aber den Tod jeder Wissenschaft. Wissenschaft und Forschung lassen sich nicht wie ein Wasserhahn für einige Zeit abdrehen und dann nach Belieben wieder anstellen; sie müssen dauernd fließen. Und wenn, um ein anderes Beispiel zu nennen, von verschiedener Seite aus massiv interveniert wird, um in diesem oder dem nächsten Jahr noch *alle* Referendare mit einem wie auch immer abgeschlossenen Examen in eine Planstelle zu bringen, dann bedeutet das längerfristig eine Verstopfung der letzten vorhandenen Stellenreserven, welche anderenfalls in einigen Jahren für die bestqualifizierten Bewerber offen gestanden hätten.

Ich komme zum Schluß: Wenn unser Fach, die Geographie, im kommenden Jahrzehnt überleben will, dann bedarf es dazu nicht nur, wie in den Jahrzehnten vorher, einer lebendigen wissenschaftlichen Auseinandersetzung über Grundlagen, Forschungsschwerpunkte, Methoden und Ziele der Geographie. Auch eine wache, offene, kritische Einstellung gegenüber unserer eigenen Wissenschaft und gegenüber unseren eigenen Positionen wird nicht mehr genügen, wenn sie auch nach wie vor unentbehrlich bleibt. Dringendes Gebot der Stunde ist es vielmehr, auch gegenüber den von *außen* kommenden Gefahren, Bedrohungen und Fehlentwicklungen nicht zu resignieren. Nur wenn wir – jeder an seinem Platz und jeder innerhalb seiner Einflußmöglichkeiten – immer und immer wieder warnen und uns wehren, wenn wir nicht müde werden, positive Lösungsalternativen in die Diskussion einzubringen, und wenn es uns dabei gelingt, die Öffentlichkeit mit guten Argumenten auch zu überzeugen – nur dann werden die Geographie und die Geographen auch in Zukunft sachkundig und sachbezogen mit dazu beitragen können, die immer komplexer werdenden Probleme menschlicher Umweltgestaltung zu lösen.

Ich danke Ihnen.

3 Ansprachen zum Abschluß des Geographentages

Schlußansprache des scheidenden 1. Vorsitzenden des Zentralverbandes der Deutschen Geographen, Prof. Dr. Eugen Wirth, Erlangen

Meine Damen und Herren!

Nach drei arbeitsreichen und anregenden Tagen geht das Vortragsprogramm des 41. Deutschen Geographentages in Mainz seinem Ende entgegen. Bevor viele von Ihnen nun morgen früh zu den Exkursionen aufbrechen, haben wir Sie nochmals zu einer abschließenden Plenarsitzung zusammengerufen. Zunächst darf ich Sie über die künftige Zusammensetzung des Vorstandes unseres Zentralverbandes informieren – also desjenigen Gremiums, welches für die kommenden beiden Jahre die Arbeit der Teilverbände koordinieren wird, und welches die übergeordneten Interessen unseres Faches Geographie gegenüber der Öffentlichkeit verantwortlich vertritt:

Der neue 1. Vorsitzende des Zentralverbandes der Deutschen Geographen ist Prof. Dr. Gerhard Sandner, Hamburg; er fungiert gleichzeitig auch als 1. Vorsitzender des Verbandes Deutscher Hochschullehrer der Geographie. Stellvertretender Vorsitzender des Zentralverbandes bleibt Studiendirektor Dr. Willi Walter Puls, Hamburg; er ist gleichzeitig auch 1. Vorsitzender des Verbandes Deutscher Schulgeographen. Zum Schriftführer des Zentralverbandes der Deutschen Geographen wurde satzungsgemäß Priv. Doz. Dr. Helmut Nuhn, Hamburg, gewählt, der auch als Schriftführer für den Verband Deutscher Hochschullehrer der Geographie tätig wird. Kassenwart des Zentralverbandes bleibt weiterhin Prof. Dr. Herbert Liedtke, Bochum.

Darüber hinaus gehören dem Vorstand des Zentralverbandes folgende Herren an: OSt. Dir. Dr. Heinz Friese, Berlin, als 2. Vorsitzender des Verbandes Deutscher Schulgeographen; Prof. Dr. Eugen Wirth, Erlangen, als 2. Vorsitzender des Verbandes Deutscher Hochschullehrer der Geographie; als 1. und 2. Vorsitzender des Verbandes Deutscher Berufsgeographen die Herren Dr. Hans Gottfried von Rohr, Hamburg, und Dr. Jürgen Tesdorpf, Schwäbisch-Gmünd; als Vorsitzender und Beisitzer des Hochschulverbandes für Geographie und ihre Didaktik Prof. Dr. Hartwig Haubrich, Freiburg, und Prof. Dr. Rainer Krüger, Oldenburg; als Vorsitzender und Schriftführer des Verbandes Deutscher Hochschulgeographen Prof. Dr. Rolf Meyer, Gießen, und Dr. Hans-Heinrich Blotevogel, Bochum; als Vertreter der Geographischen Gesellschaften nach wie vor Prof. Dr. Wolfgang Meckelein, Stuttgart.

Am Ende meiner Amtszeit als 1. Vorsitzender des Zentralverbandes ist es mir ein ganz persönliches Anliegen, allen Herren des Vorstandes nochmals sehr herzlich für ihr Vertrauen, für ihr Verständnis und für ihre Hilfe zu danken. Ohne jenen Vertrauensvorschuß wäre in der überaus schwierigen Ausgangssituation vor zwei Jahren jede sinnvolle und konstruktive Tätigkeit des Zentralverbandes zum Scheitern verurteilt gewesen. Meine große Bitte geht dahin, diese tatkräftige Unterstützung auch meinem Nachfolger im Amt, Herrn Prof. Sandner, nicht zu versagen.

Weiter gilt der aufrichtige Dank des Zentralverbandes dem Mainzer Ortsausschuß und allen Mitarbeitern, die zum Gelingen des Geographentages beigetragen haben. Wieviel Arbeit und Mühe, wieviel Idealismus und persönliches Engagement hinter einem solchen Kongreß stehen, kann ein Außenstehender ja kaum beurteilen. Ich persönlich werde es auch nie vergessen, daß mir die Mainzer Kollegen ein monatelanges nervenaufreibendes Suchen nach einem Austragungsort des Geographentages 1977 erspart haben: sie kamen zu mir und erklärten sich spontan bereit, das Abenteuer und die Last einer solchen Veranstaltung auf sich zu nehmen. Ich darf hier nochmals wiederholen, was ich am Ende des Innsbrucker Geographentages schon zum Ausdruck gebracht habe: Solange wir Geographen noch Kollegen haben, die bereit sind, Geographentage auszurichten, die sich jenseits allen persönlichen Ehrgeizes nur um der Sache willen zur Mitarbeit in unseren Selbstverwaltungsgremien der geographischen Verbände zur Verfügung stellen, die die heute fast schon erdrückende Arbeitslast eines Fachgutachters bei der Deutschen Forschungsgemeinschaft oder der Stiftung Volkswagenwerk auf sich nehmen oder die einen erheblichen Teil ihrer Arbeitskraft auf viele Jahre hinaus als Schriftleiter oder Herausgeber unserer großen wissenschaftlichen Zeitschriften binden – solange wird die Geographie in Forschung und Lehre, in Schule und Beruf nicht untergehen. Es war für mich beglückend und faszinierend zugleich, zu sehen, wie die vielfältigen Tätigkeiten und Verpflichtungen des Komplexes „Deutsche Landeskunde" aus dem Erbe Emil Meynens trotz aller damit zusammenhängender Belastungen lückenlos in freiwilliger Mitarbeit von Fachkollegen übernommen wurden. Allen denjenigen, die auf solche Weise zum Wohle unseres Faches mitwirken, gilt deshalb nochmals unser aufrichtiger Dank!

Mit diesem Dank darf ich nun mein Amt als 1. Vorsitzender des Zentralverbandes in jüngere, ausgeruhte Hände übergeben. Lieber Herr Sandner, ich wünsche Ihnen von ganzem Herzen ein möglichst erfolgreiches Wirken für das Fach, das für viele von uns zum Lebensschicksal geworden ist – für unsere Geographie. Bevor ich Sie nun aber bitte, mit einem Schlußwort Ihr Amt anzutreten, möchte ich das Wort noch an den Vorsitzenden des Zentralausschusses für Deutsche Landeskunde, Prof. Richter, und an den 1. Vorsitzenden des Verbandes Deutscher Schulgeographen, Dr. Puls, erteilen. Im Anschluß daran hat dann noch eine kleinere Gruppe von Studenten für 5 Minuten ums Wort gebeten[1].

Laudatio des 1. Vorsitzenden des Zentralausschusses für Deutsche Landeskunde e. V., Herrn Prof. Dr. Gerold Richter (Trier), zur Verleihung der Robert-Gradmann-Medaille an die Herren Prof. Dr. Erich Otremba und Prof. Dr. Josef Schmithüsen

Herr Vorsitzender,
meine sehr verehrten Damen und Herren!

Es ist guter Brauch, die Verdienste älterer Kollegen um unsere Wissenschaft anläßlich ihres Geburtstagsjubiläums oder vor der Vollversammlung des Deutschen Geographentages zu ehren.

Der Zentralausschuß für deutsche Landeskunde hat eine solche Ehrung für besondere Verdienste um die geographische Landesforschung in Deutschland, um die deutsche Landeskunde zu vergeben. Es ist die Robert-Gradmann-Medaille.

Ich habe die Ehre und Freude Ihnen mitzuteilen, daß diese Medaille heute auf Beschluß der Mitglieder des Zentralausschusses an die Herren Prof. Dr. Erich Otremba und Prof. Dr. Josef Schmithüsen verliehen wird.

Beide haben der Sache der deutschen Landeskunde in hervorragender Weise gedient, wenn auch mit sehr unterschiedlichen Arbeitsrichtungen. Anläßlich ihres 65. Geburtstages wurden ausführliche Laudationes gehalten. Hier muß ich mich auf einige wenige Bemerkungen beschränken.

Josef Schmithüsen hat sich von Anfang an der Vegetationsgeographie und Erforschung der Landschaft gewidmet. Räumlich gelten seine Arbeiten in Mitteleuropa besonders der Landeskunde des Rheinischen Schiefergebirges und seiner westlichen Randlandschaften. Sachlich reichen sie von der Pflanzensoziologie über den Naturraum und seine Gliederung in logischer Folge bis zur Landschaft,

---

[1] Seit dem Kieler Geographentag 1969 bis zum Jahre 1974 waren Vertreter der Geographiestudenten sehr aktiv an der Arbeit des Zentralverbands der Deutschen Geographen beteiligt gewesen. Dann schwand das Interesse. In der Vorstandssitzung des Zentralverbands der Deutschen Geographen am 30. 11. 1974 haben die beiden anwesenden Vertreter des Vorstands des Studentischen Fachverbandes Geographie – die Herren Hans Koster und M. Hauck aus Heidelberg – offiziell erklärt, daß „sie eine Mitarbeit im Zentralverband ablehnen sowie eine studentische Mitgliedschaft im Zentralverband weder sinnvoll noch erwünscht sei". Im Zusammenhang mit dieser Erklärung überreichten sie eine Resolution vom 8. 11. 1974, in welcher die aktive Mitarbeit im Zentralverband abgelehnt wird.

Am Tag vor der Schlußsitzung des Mainzer Geographentags, am 1. 6. 1977, haben Vertreter von einigen Fachschaften der Geographiestudenten ganz unerwartet wieder großes Interesse an der Tätigkeit des Zentralverbandes gezeigt und darum gebeten, in dieser Sitzung kurz zu Wort zu kommen. Obwohl das Programm der Schlußsitzung bereits seit langem feststand und unter erheblichem Zeitdruck stand, hat die Mitgliederversammlung des Zentralverbandes hierzu ihr Einverständnis erklärt.

ihrer Stellung und Gliederung. Naturraum und Landschaftsraum – in diesem Forschungsbereich verbindet Schmithüsen physisch-geographische und kulturgeographische Arbeitsrichtungen zu einer eindrucksvollen Synthese. Besonders hervorzuheben ist seine Arbeit am Handbuch der naturräumlichen Gliederung Deutschlands. An der Grundlegung und Vollendung dieses Werkes hat er maßgeblichen Anteil. Wir danken ihm für dies alles, ebenso wie für seine langjährige, so wirksame Mitarbeit im Zentralausschuß für deutsche Landeskunde.

In Erich Otremba dagegen sehen wir einen Großen der deutschen Wirtschaftsgeographie vor uns. Seine landeskundlichen Studien gelten vor allem dem fränkischen Raum. Die Behandlung der Agrargeographie Deutschlands beginnt mit seiner Dissertation über die Ackernahrung. Besonders zeichnet er sich in der Herausgabe des ,,Atlas zur deutschen Agrarlandschaft" als umfassende Dokumentation aus. Seine Schrift über ,,die deutsche Agrarlandschaft" wurde ebenso zum Standardwerk für Geographiestudenten wie seine wirtschaftsgeographischen Lehrbücher. Sein Streben nach den Ordnungsprinzipien des Wirtschaftsraumes als räumlicher Ausdruck der wirtschaftlichen Kräfte führte ihn zum maßgeblichen Mitwirken am Handbuch der ,,wirtschaftsräumlichen Gliederung der Bundesrepublik Deutschland". Auch später stehen wirtschaftsräumliche Fragen und Strukturanalysen in der Bundesrepublik immer wieder im Mittelpunkt sowie ihre Konsequenzen für Landesplanung und Raumordnung.

Daneben widmete sich Otremba weiterhin den Fragen der deutschen Landeskunde in Schriften wie in praktischer Mitarbeit im Zentralausschuß für deutsche Landeskunde. Ihm gebührt unser Dank!

Wir ehren heute zwei Große der deutschen Landeskunde, der deutschen Geographie. Wir wünschen ihnen noch viele gute und erfüllte Jahre.

Die Verleihungsurkunden lauten:

Der Zentralausschuß für deutsche Landeskunde verleiht
Herrn Prof. Dr. Josef Schmithüsen
o. Professor em. der Universität Saarbrücken
die
ROBERT-GRADMANN-MEDAILLE
in Würdigung seiner zahlreichen Beiträge zur Vegetationsgeographie und zur naturräumlichen Gliederung Deutschlands sowie zur Landschaftsforschung.

Er hat sich in Forschung und Lehre große Verdienste erworben.
Trier, den 2. Juni 1977

Der Zentralausschuß für deutsche Landeskunde verleiht
Herrn Prof. Dr. Erich Otremba
o. Professor em. der Universität Köln
die
ROBERT-GRADMANN-MEDAILLE
in Würdigung seiner zahlreichen Beiträge zur Agrar- und Wirtschaftsgeographie Deutschlands und zur wirtschaftsräumlichen Gliederung.

Er hat sich in Forschung und Lehre große Verdienste erworben.
Trier, den 2. Juni 1977

Laudatio des 1. Vorsitzenden des Verbandes Deutscher Schulgeographen, StD. Dr. Willi Walter Puls (Hamburg), zur Verleihung der Julius-Wagner-Medaille an die Herren Prof. Dr. Wilhelm Groteslüschen und Prof. Dr. Max Wocke

Aus Anlaß des 41. Deutschen Geographentages in Mainz wird heute zum ersten Mal die Julius-Wagner-Medaille des Verbandes Deutscher Schulgeographen verliehen. Sie ist zum Andenken an den 1970 verstorbenen Geographen Julius Wagner gestiftet worden, der dem Erdkunde-Unterricht nach 1945 durch zahlreiche Veröffentlichungen, durch seine Tätigkeit an der Universität Frankfurt in

Lehrerausbildung und -fortbildung und durch die Wiederzusammenführung der deutschen Geographielehrer nach 1945 starke Impulse gegeben hat.

Die Medaille soll Persönlichkeiten verliehen werden, die durch ihren persönlichen Einsatz und ihre Veröffentlichungen in Methodik und Didaktik des geographischen Unterrichts das Ansehen der Geographie im Bildungswesen entscheidend gefördert haben.

Die beiden ersten Medaillen werden verliehen an:

Professor Dr. Wilhelm Grotelüschen – Oldenburg/O. für hervorragende Verdienste um die Didaktik der Geographie.

Professor Grotelüschen hat nicht nur zahlreiche Studenten zum Lehrberuf geführt, sondern auch in mehreren Unterrichtswerken dem Geographieunterricht neue Wege gewiesen. Dabei hat er sich vor allem bemüht, dem Alter und der Begabung des Kindes gemäße Wege zu gehen, ohne dabei die wissenschaftliche Entwicklung des Faches aus dem Auge zu verlieren. Seine grundsätzlichen Überlegungen zu einer neuen Gliederung der Stoffe im Erdkunde-Unterricht hat er in den letzten Jahren in einem eigenen Lehrbuch und einem von ihm entworfenen Atlas niedergelegt. Der Heimatkunde gab er eine neue Begründung.

Professor Dr. Max Wocke – Lüneburg für hervorragende Verdienste um die Methodik der Geographie.

Als Hochschullehrer führte er Generationen von Studenten auf dem Wege ins Lehramt. Er wies ihnen in seiner vielbeachteten Methodik neue Wege zum Fach Heimatkunde und Erdkunde und erinnerte an bewährte Formen des Unterrichts. Seine aus langjähriger Erfahrung erwachsenen weitergehenden Überlegungen zum exemplarischen Unterricht, zur Gruppenarbeit und zum Einsatz der Medien befruchteten die Diskussion und gaben den Lehrern wirksame Hilfe.

Erklärung anläßlich der Abschlußveranstaltung des 41. Deutschen Geographentages Mainz 1977
Ausgearbeitet von den Geographiefachschaften PH Berlin, Bochum, Darmstadt, Gießen, Göttingen, Hannover, Heidelberg, Hamburg, TU München, Marburg, Münster, Mainz, Oldenburg, Tübingen, Frankfurt (Initiative), Stuttgart.
Vorgetragen durch Norbert Braumüller (Hannover)

Meine Damen und Herren!

Ich spreche als Vertreter von Geographiestudenten von 16 Hochschulen der Bundesrepublik, die sich auf Initiative der Fachschaft Mainz getroffen haben, um am Geographentag teilnehmen zu können. Bei unserem dreitägigen Zusammensein haben wir Erfahrungen austauschen und gleichgelagerte Interessen feststellen können. Daher halten wir es für nötig, im Rahmen dieser Schlußveranstaltung eine Stellungnahme zur Situation der Geographie aus studentischer Sicht zu geben, die sich wahrscheinlich etwas von den anderen Beiträgen dieser Veranstaltung abheben wird. Wir bedauern, daß uns lediglich einige wenige Minuten dafür eingeräumt wurden, ohne die Möglichkeit zur Diskussion zu geben.

Wir haben in diesen Tagen oftmals die Frage stellen müssen, ob die Art und Weise der hier gezeigten Aufarbeitung wissenschaftlicher Forschungen tatsächlich relevant ist.

Nicht in den Verlauf dieser Tagung eingreifen zu können, führte zu einem Gefühl der Machtlosigkeit. Dies liegt zum einen an der fehlenden notwendigen *eigenen* Vorbereitung, die erst eine spezielle Kritik ermöglicht hätte. Zum anderen mußten wir aber feststellen, daß Kritik am Vorverständnis der dargebotenen Methoden und Inhalte kaum möglich gemacht wurde.

So mußte uns ein Gefühl der Ohnmacht beschleichen, keine alternativen Verfahrensweisen aufzeigen zu können. Dies ist unsere Motivation für die folgenden Ausführungen:

Wenn man sich nun zum 41. Male unter Gleichgesinnten trifft, so kann es einem schon warm ums Herz werden; denn man ist wieder einmal unter sich. Aus allen Richtungen schwirren sie dann ein – die Geographen, um, wie es scheint, in harmonischer Eintracht ihr Fest zu begehen: Den Deutschen Geographentag.

Nur, wer sich ein bißchen in der Geographie auskennt, der weiß, daß von Harmonie und Eintracht unter den Geographen eigentlich keine Rede sein kann, und für denjenigen ist die Überraschung groß, eine so einträchtige und – verzeihen Sie – manchmal ziemlich langweilige Versammlung vorzufinden.

Es scheint, als ob für die Zeit des Geographentages ein Burgfrieden abgeschlossen wurde, der eine grundsätzliche Auseinandersetzung über wissenschaftliche Forschungsansätze verbietet. Genau diese Auseinandersetzung haben wir aber erhofft.

Der Geographentag findet alle zwei Jahre statt, um zum einen die geleistete wissenschaftliche Arbeit während dieser zwei Jahre vorzustellen und zu kritisieren, und zum anderen die Situation der Geographie zu reflektieren. Wissenschaftliche Aufarbeitung erfordert
1. eine eindeutige Fragestellung,
2. durchsichtige Überlegung der Voraussetzungen, der verwendeten Methoden und Verfahrensweisen sowie
3. der Ziel- und Zwecksetzung.
Dies wurde leider nur in wenigen Vorträgen erfüllt.

Die Geographie präsentierte sich als problemlose Wissenschaft, die rein deskriptiv verfährt. Die Anwendung ihrer anscheinend wertfreien Ergebnisse überläßt sie anderen, zum Beispiel den Politikern. Dadurch werden Forschungsergebnisse, die auf der Basis geographischer Faktoren gewonnen wurden, ohne Kontrolle zweckentfremdet, indem sie nach politischen Kriterien verwendet werden. Somit entziehen sich die Geographen ihrer gesellschaftlichen Aufgabe und Verantwortung.

Nicht nur inhaltlich haben uns viele Vorträge enttäuscht, sondern sie waren auch didaktisch und methodisch nicht ausreichend aufbereitet. So wird die Verwendbarkeit der Vorträge für die zahlreich vertretenen Lehrer und Lehrerstudenten noch reduziert durch die Art des Vortrages, den schlechten Einsatz von Dias sowie die Verwendung einer unnötig hochgeschraubten Terminologie. Es stellt sich somit die Frage, ob man so die Interessen *aller* Teilnehmer des Geographentages berücksichtigt hat.

So wurde unter anderem nicht darauf eingegangen, daß durch die gegenwärtigen Studienverschärfungen von staatlicher Seite wie das Hochschulrahmengesetz (HRG) und dessen Ausfüllung durch die Landeshochschulgesetze (LHG) die Ausbildung aller Studenten, also auch der Geographiestudenten noch mehr verschlechtert wird.

Die Hochschullehrer werden es sein, die die gesetzlichen Bestimmungen des HRG und der LHG's z. B. auf Prüfungs- und Studienordnungen umsetzen, das Ordnungsrecht anwenden sollen und die Bedingungen in den einzelnen Seminaren festlegen.

Die Studenten sind durch diese Ausbildung nicht mehr in der Lage, sich mit den Lehrinhalten kritisch auseinanderzusetzen. Ein Aspekt dieser Verschlechterung ist die Unfähigkeit, die Geographie inhaltlich weiterzuentwickeln oder zu kritisieren. Weiterhin führt diese Minderqualifikation zu der Unfähigkeit, gesellschaftlich notwendige Berufspositionen wie Planer oder Lehrer auszufüllen und allgemein verwertbare Ergebnisse zu produzieren.

Hinzu kommen die sich ständig verschlechternden *Berufsperspektiven* von Diplomgeographen und Lehrern, die sich verschärfende soziale Lage der Studenten sowie *Einsparungen* bei Stellen, Exkursions- und Forschungsmitteln!

Hieraus ergeben sich für uns am Schluß folgende Forderungen:
1. Grundsätzlich muß die *gleichberechtigte Mitarbeit* an der Vorbereitung zu einem Geographentag von *allen* in der Geographie Tätigen garantiert sein, also auch von Lehrern und Studenten. Ich kann erklären, daß die hier teilnehmenden Fachschaften ernsthaft dazu bereit sind.
2. Geographentage müssen inhaltlich eine möglichst *breite Diskussionsbasis* gewährleisten. Dazu sollten kleinere Arbeitsgruppen eingerichtet werden. Die Möglichkeiten zu mehr Diskussion werden hierdurch erweitert, und die Teilnehmer intensiver in die Problematik eines Sachgebietes eingeführt.
3. Während des Geographentages sollen in Form von Podiumsdiskussionen geographische Fragestellungen in *kontroversen Standpunkten* vor dem Hintergrund der gesellschaftlichen und historischen Bedingungen dargestellt und diskutiert werden. Ebenso sollte dieser Teil die Darstellung des *aktuellen* Forschungsstandes gewährleisten.
4. Im Tagungsverlauf soll jeweils im *Zusammenhang* mit der Darstellung der geographischen Praxis eine wissenschaftstheoretische Diskussion stattfinden.
5. Ein weiterer Bereich muß den *Bedingungen und Inhalten des Geographiestudiums*, den Problemen der *Berufsaussichten* und der *Berufspraxis* für Geographen gewidmet sein.

Nur unter diesen Bedingungen haben künftige Geographentage für uns einen Sinn!
Ich danke Ihnen.

Ansprache des neugewählten 1. Vorsitzenden des Zentralverbandes der Deutschen Geographen, Prof. Dr. G. Sandner, Hamburg

Meine Damen und Herren,

mit dem Schlußwort zum Geographentag tritt der neue Vorsitzende unseres Zentralverbandes in sein Amt ein. Ich möchte die ersten Minuten meiner Amtszeit nutzen, um meinem Vorgänger zu danken für die Art und Weise, wie er diesen Verband geführt hat.

In Ihrer Schlußansprache zum Innsbrucker Geographentag haben Sie, lieber Herr Wirth, darauf hingewiesen, daß Sie dieses Amt in einer für Sie sehr schwierigen Situation antreten würden, nachdem die Neuorganisation unseres Zentralverbandes unmittelbar vorher gescheitert war. Sie haben damals versprochen, alles in Ihrer Macht liegende zu tun, die Teilverbände zu einer möglichst engen, vertrauensvollen Zusammenarbeit hinzuführen und gleichzeitig nach neuen Wegen des Miteinander zu suchen. Wir danken Ihnen dafür, daß und vor allem wie Sie dieses Versprechen eingelöst haben, daß Sie es immer wieder verstanden haben, Konflikte abzubauen und Grundsatzfragen nicht die praktische Alltagsarbeit überwuchern zu lassen. Wir danken Ihnen zugleich für die Konsequenz und die Reaktionsfähigkeit, mit der Sie die Interessen unseres Faches vor allem gegenüber den Kultusbehörden vertreten haben, für die mühevolle Kleinarbeit in Satzungs- und Organisationsfragen und für die Einleitung der Vorplanungen nicht nur für den nächsten, sondern sogar schon für den übernächsten Geographentag. Ihr Einsatz macht es einem Nachfolger leicht, die Bürde dieses Amtes zu übernehmen, dafür danke ich Ihnen persönlich sehr herzlich.

Dieser Dank schließt Herrn Heinritz ein, der trotz der Erschwernisse durch die Übernahme eines Lehrstuhles in München die Lasten des Schriftführers getragen hat und der immer zugleich ein hervorragender Geschäftsführer und Organisator war. Ebenso herzlich danken wir allen Mitgliedern des Zentralverbandes und seiner Teilverbände, die mit dem heutigen Tage nach oft langjährigem Einsatz für unser Fach ihr Amt in andere Hände legen.

Zu den wichtigsten Aufgaben unseres Zentralverbandes der Deutschen Geographen gehört laut Satzung die „Förderung der geographischen Forschung und Lehre in Deutschland und ihre Nutzbarmachung für das öffentliche Wohl" und die „Vertretung der deutschen Geographie in der Öffentlichkeit und gegenüber den Behörden". Jeder dieser beiden Aufgabenbereiche enthält zwei Aufträge, die sich letztlich an jeden Einzelnen von uns richten und an denen wir alle, immer wieder neu, unser Tun messen sollten. Lassen Sie mich diese vier Teilaufträge noch einmal deutlich herausstellen.

„Förderung der geographischen Forschung und Lehre" als Auftrag bedeutet Einsatz für die Entfaltung und Weiterentwicklung der Geographie als einer lebendigen und darum in ständigem Umbau begriffenen Wissenschaft, als einem zu stetem Wandel bereiten Lehrfach oder als Berufszweig, der sich immer wieder von neuem bewähren muß. Dieser Einsatz muß zwangsläufig auf äußere und innere Widerstände stoßen. In den von außen kommenden Hemmnissen, die die Entfaltung der Geographie in Schule, Hochschule und Berufspraxis erschweren, wirkt auch immer etwas von dem mit, was andere von uns halten. Die Überwindung dieser Widerstände muß darum auch immer die Bereitschaft enthalten, dieses Bild zu korrigieren durch Überzeugungskraft und Leistung. Herr Wirth hat in seiner Eröffnungsrede einen Lagebericht gegeben, der die von außen kommenden Bedrängnisse für die Geographie sehr deutlich gemacht hat. Keiner von uns kann in dieser Situation Patentrezepte anbieten. Wir müssen gemeinsam versuchen, in Beharrlichkeit und Anpassungsbereitschaft mit den Problemen fertig zu werden, wie sie sich uns stellen.

Dazu gehört aber auch, die inneren Hemmnisse zu verringern, die der Entwicklung der geographischen Forschung und Lehre entgegenstehen. Ich sehe durchaus solche Hemmnisse. Sie äußern sich in unserem Verhältnis zueinander, in der Art, wie wir voneinander reden und in der Versuchung, von einer Auffassung her für das Ganze sprechen zu wollen. Sie äußern sich auch in ständig von uns selbst ausgehenden Überforderungen der Geographie, beispielsweise wenn wir Kritik daran üben, daß ein Vortrag beim Geographentag eben nicht zugleich den Erwartungen interessierter Schulgeographen, bewußt kritischer Studenten und auf Forschungsfortschritt ausgerichteter Wissenschaftler entspricht. Die inneren Hemmnisse können durchaus damit zusammenhängen, daß unser Verantwortungsbewußtsein und unsere Sorge um die Geographie es uns immer wieder schwer machen, über den Mut zur Selbstsicherheit die Kraft zur Toleranz zu finden. Wir sollten nicht unterschätzen, wie sehr jede Art von Dogmatismus und Intoleranz, jeder Aufbau von Verteidigungs- und Legitimationsstellungen für diese oder jene Auffassung eine breite und fruchtbare Entwicklung der Geographie hemmen muß. Aber wir haben auch keinen Anlaß, die Wandlungs- und Entwicklungsfähigkeit der Geographie als lebendiger Wissenschaft und als Gesamtheit der Forschenden und Lehrenden zu unterschätzen, gerade auch wenn diese Gesamtheit keine Einheit und erst recht nicht Einheitlichkeit ist.

Die Nutzbarmachung der Geographie für das Öffentliche Wohl als zweiter Auftrag hängt eng mit den übrigen Aufgabenbereichen zusammen: sie setzt die Entfaltung und ständige Weiterentwicklung geographischer Fragestellungen und Arbeitsmethoden ebenso voraus wie eine breite Öffentlichkeitsarbeit und die Vertretung unseres Faches gegenüber den Behörden. Das Programm dieses Geographentages und die in den letzten Jahren geleistete Arbeit einer großen Zahl von Geographen im Inland wie im Ausland zeigen eine breite Ausrichtung auf Umsetzbarkeit, Anwendbarkeit, Praxisbezug. Wie weit das große Wort vom Öffentlichen Wohl damit berechtigt ist, muß hier schon deswegen dahingestellt bleiben, weil wir hier nicht in eine Begriffserläuterung dieses Wohls eintreten wollen. Gerade weil ich persönlich für eine derartige Praxisorientierung eintrete, möchte ich auch an dieser Stelle an uns alle appellieren, hier keine neuen Intoleranzen oder Dualismen im Sinne einer Wertung zwischen den Praxisrelevanten und den „nur" Forschungsrelevanten aufkommen zu lassen. Wir benötigen nicht den Alibibegriff zweckfreier Grundlagenforschung um anzuerkennen, daß Geographie ein vielräumiges Gebäude ist.

Der dritte Aufgabenbereich, die Vertretung der Geographie in der Öffentlichkeit, gewinnt heute immer mehr an Bedeutung. Herr Rathjens hat in seinem Schlußwort zum Geographentag Erlangen-Nürnberg 1971 gesagt: „Auf dem Gebiet der Öffentlichkeitsarbeit liegt unsere wichtigste Zukunftsaufgabe. Sie ist nur auf dem Weg über die Lehrer, die Studenten als künftige Lehrer und die Schüler als künftige Staatsbürger zu bewältigen . . .". Es ist meine Überzeugung, daß wir heute neben diesem langen Weg der Breitenwirkung sehr viel kürzere, direktere Wege der Öffentlichkeitsarbeit nicht zuletzt im Sinne der Pressearbeit ausbauen müssen. Wir alle wissen, wie schwierig das ist, und wir sind dankbar für jede erfolgreiche Initiative von Teilverbänden und einzelnen Kollegen, die in Presse, Rundfunk und Fernsehen zu einer wenn auch noch so gekürzten Präsenz unserer Geographie führt. Wir müssen auch hier bereit sein, neue Wege zu suchen und die Anflüge von berechtigter oder nur bequemer Resignation zu verdrängen. Ich werde mich, auch aus den Erfahrungen der letzten Tage heraus, dafür einsetzen unter den Stichworten: bessere Vorbereitung von Pressekonferenzen, gut vorbereitete Presseinformation auch bei regionalen und fachlich spezialisierten Symposien, bessere gegenseitige Information und Koordination – auch wenn der Weg zur Professionalisierung unserer Öffentlichkeitsarbeit noch weit ist.

Die Vertretung der Geographie gegenüber Behörden als vierter unter den genannten Aufgabenbereichen macht uns heute besondere Sorgen. Wir können allzu oft nur noch knapp oder gar nicht mehr effektiv reagieren auf Thesenpapiere und Sparverordnungen, Festlegung von Curricularfaktoren und Zuweisungsquoten, Denkmodelle und sogenannte Vorüberlegungen, die im Grunde gar nicht mehr zur Disposition stehen. Wir haben nicht, wie einige andere Fachverbände, eine gut organisierte Lobby, wir sind angewiesen auf die Reaktionsfähigkeit und die Überzeugungskraft Einzelner. Bei aller Sorge sollten wir mit Dankbarkeit zur Kenntnis nehmen, daß es durch diesen Einsatz einzelner Kollegen in vielen Fällen gelungen ist, schwerere Schäden für die Geographie abzuwenden. Auch hier wird es für die Zukunft darauf ankommen, daß unsere Verbände noch deutlicher und direkter und in der jeweils besten Koordination tätig werden und die vielfältigen Rückkoppelungen verstärken, die etwa zwischen Berufseinsatz und Diplomgeographenausbildung, Lehrplan, Curriculum und Lehrerausbildung bestehen.

Diese vier aus unsererer Satzung herausgegriffenen Gesichtspunkte umspannen sicher nicht die ganze Breite der vor uns liegenden Aufgaben und Probleme, aber sie markieren vier Kernbereiche, die wir stets neu gestalten müssen. Ich bitte Sie alle, mitzutragen und mitzuwirken an der Förderung der Geographie in genau diesem Sinne. Wir sind gemeinsam verantwortlich für die Geographie und für das, was aus ihr wird. Ich übernehme mein Amt mit der Versicherung, mich nach bestem Vermögen in diesem Sinne einzusetzen. Ich übernehme es mit Zuversicht, weil ich weiß, daß andere, Erfahrenere, mithelfen werden und daß der gute Wille zur Zusammenarbeit in der Bewältigung der auf uns zukommenden Aufgaben besteht. Ich übernehme es mit Optimismus für die Entwicklung unserer Wissenschaft, weil ich auch bei diesem nun zu Ende gehenden Geographentag wieder das gesehen habe, was eine lebendige Wissenschaft ausmacht – die Vielfalt von Themen und Forschungsansätzen, das ständige Bemühen um Weiterentwicklung und Vertiefung von Fragestellung und Erkenntnis, die Bereitschaft zu Diskussion und Kritik und vor allem den Einsatz so vieler Kollegen und Helfer, die diesen Geographentag organisiert und gestaltet haben.

Lassen Sie uns den Mainzer Geographentag abschließen mit dem gemeinsamen Dank an den Ortsausschuß und an alle Mitarbeiter und Helfer, die die Vorbereitungsarbeit getragen und die sich in diesen Tagen in selbstloser Weise für einen guten Ablauf eingesetzt haben.

Es ist mir eine Freude, Ihnen heute schon mitteilen zu können, daß die Tübinger Kollegen sich bereit erklärt haben, den Geographentag 1981 auszurichten und die damit verbundenen Lasten auf sich zu nehmen. Inzwischen sind die Göttinger Kollegen schon sehr intensiv an die Vorbereitungen für den Geographentag 1979 gegangen, der dem Genius loci des Standortes Rechnung tragen und in der organisatorischen Form zugleich neue Wege einschlagen wird.

Auf Wiedersehen 1979 in Göttingen. Ich schließe den 41. Deutschen Geographentag.

III. ABHANDLUNGEN

FESTVORTRAG

DAS ÖKOLOGISCHE HANDICAP DER TROPEN IN DER WIRTSCHAFTS- UND KULTURENTWICKLUNG

Von Wolfgang Weischet (Freiburg)

Ich möchte Ihnen ohne viel einleitende Worte und ziemlich konzentriert[*] einen Gedankengang vortragen, aus dem sich m. E. als zwingender Schluß folgende These ergibt:
Als Folge des Zusammenwirkens der drei klimaabhängigen Faktoren Wasserhaushalt, Bodenbildung und Großformung der Erdoberfläche unterliegen die tropischen Lebensräume einer naturgeographisch vorgegebenen Benachteiligung hinsichtlich des agrarwirtschaftlichen Produktionspotentials im Vergleich zu den Subtropen und hohen Mittelbreiten. Die Benachteiligung ist von solcher Dimension, daß sie die heutzutage mit „Nord-Süd-Gefälle im Entwicklungszustand der Länder und Gesellschaften" bezeichnete Problemsituation in der Welt in ihrer kulturhistorischen Anlage verständlich zu machen vermag.
Der erste Teil der These läßt sich mit naturwissenschaftlichen Beweisverfahren ableiten, der zweite Teil – die kulturhistorische Begründung des Nord-Süd-Gefälles – unterliegt den Regeln sozial-ökonomischer Interpretation. Da der erste Teil die Grundlage für den zweiten bildet, werde ich mich auf ihn besonders konzentrieren. Die Ergebnisse werden sowieso die wesentlichen Fragen nach den sozio-ökonomischen Konsequenzen in Richtung des zweiten Teils der These alleine stellen.
Wir wissen aus vielen Einzelinformationen und die Statistiken der internationalen Organisationen belegen es in Maß und Zahl, daß die Länder mit den größten Ernährungsproblemen sich fast ausschließlich auf die Erdzone zwischen dem nördlichen und südlichen Wendekreis, also die Tropen, konzentrieren, und daß sie dort einen fast lückenlosen Gürtel formieren. In Schlagzeilen-Formulierung kennzeichnet man diesen Bereich als „Hungergürtel der Erde".
Die hinter diesem Tatbestand stehende Problematik wird aber erst richtig deutlich, wenn man sich vor Augen hält, daß in dem vorauf umrissenen Gürtel die Zahl der Menschen pro Quadratkilometer landwirtschaftlich nutzbarer Fläche im Normalfall besonders klein ist. Regional eng begrenzte Ausnahmen von dieser Regel wie im Nigerdelta, am Kamerunberg, in der Nähe der Ostafrikanischen Gräben oder auf Java und in Teilen Hinterindiens wollen wir erst einmal beiseite lassen. Die Interpretation der Ursache dieser Ausnahmen kann man

---

[*] Alle beim Vortrag verwendeten Diagramme, Tabellen, Karten und Schemata sind mit ausführlichen Kommentaren enthalten in Weischet: Die ökologische Benachteiligung der Tropen. Teubner Stuttgart 1977.

als Prüfung für die Argumente nehmen, welche für den flächenhaft dominierenden Normalfall angeführt werden. Für diesen Normalfall lassen sich folgende Gegebenheiten feststellen:

1. Die Gebiete, in denen in Tropisch-Afrika über großen Räumen die größten Bevölkerungsdichten herrschen, liegen abseits vom Äquator in den Äußeren Tropen, genauer gesagt in den Guinea-Ländern.
2. Aber auch hier in den relativ stark bevölkerten Gebieten ist die Zahl der aus dem Lande zu ernährenden Menschen bei Dichten von normalerweise 10 bis 20 oder allenfalls 20 bis 40 Einwohnern pro km² bemerkenswert klein im Vergleich zu den Subtropen und Außertropen der Alten Welt, nämlich höchstens ¼ von denen, für die in Großbritannien oder in der Bundesrepublik von gleich großer nutzbarer Fläche tatsächlich die Nahrungsmittel produziert werden.
3. Im Vergleich zu den relativen Dichtegebieten in den Äußeren Tropen sind in den Ländern der Inneren Tropen Afrikas (Kamerun, Gabun und die Kongorepubliken z. B.) mit 2 bis 5 Einwohner pro km² noch einmal 10- bis 5mal weniger Menschen aus dem Lande zu ernähren. Mangel an agrarisch nutzbarer Fläche kann hier wie dort also nicht der Grund für die unzureichende Agrarproduktion sein.
4. Gebiete mit hohen Bevölkerungsdichten sind in Tropisch-Afrika kleinräumig begrenzte Inseln. Rwanda und Burundi, flächenmäßig die kleinsten afrikanischen Staaten, haben mit 133 bzw. 125 Menschen auf den km² die größten mittleren Bevölkerungsdichten.
5. In Südasien fällt der krasse Gegensatz zwischen dem intensiv bevölkerten Java und den klimatisch ungefähr gleichartigen, aber dünn besiedelten benachbarten Tropeninseln auf.
6. Auf dem Dekkan-Plateau des indischen Subkontinents, bereits in den äußeren Tropen gelegen, ist die Relation Mensch zu Ernährungsfläche in großen Teilen nicht so kraß verschieden von den europäischen. Dort waren in den 30er Jahren bereits 80 bis 100 Einwohner pro km² weithin typische Werte für die agrarische Besiedlung. Dafür sind die Ernährungsprobleme aber seit Generationen umso katastrophaler.

Konfrontiert man diese Fakten mit der landläufigen Vorstellung von der Fruchtbarkeit der Tropen, dann sind die Weichen gestellt auf jene Holzwege, an denen nicht nur Miß- oder Unverständnis von den geographischen Realitäten angesiedelt sind, sondern respektable Gebäude sozialökonomischer Fehlinterpretationen mit ihren kostspieligen entwicklungspolitischen Fehlinvestitionen stehen.

Die feuchten Tropen galten bis Anfang der 30er Jahre unbestritten als die potentiell tragfähigsten Landschaftsgürtel auf agrarwirtschaftlicher Basis. Albrecht Penck, einer der Altmeister der Geographie, hat 1924 in den Sitzungen der Preußischen Akademie der Wissenschaften eine Kalkulation vorgetragen, wonach für die Zone der feuchtwarmen Urwaldgebiete auf agrarwirtschaftlicher Basis eine potentiell mögliche Bevölkerungsdichte von 200 Einwohner pro km² anzusetzen ist, gegenüber nur 100 im Bereich der außertropischen Waldregion in Nordamerika, in West- und Mitteleuropa z. B. Anfang der 70er Jahre berechnet Hans Carol, Wirtschaftsgeograph und guter Kenner Afrikas, noch für Tropisch-Afrika allein eine „theoretische Ernährungskapazität" von mindestens 3 Milliarden Menschen, also ¾ der gegenwärtigen Weltbevölkerung. Und im Septemberheft 1976 des Scientific American vertritt der renomierte Bevölkerungswissenschaftler Roger Revelle, Professor an der Harvard-University und Berater der früheren amerikanischen Präsidenten in Bevölkerungsfragen, die Ansicht, daß mit der düngerintensiven modernen Agrartechnologie auf rund 4,2 Milliarden Hektar Nutzfläche in den Tropen bei teilweise mehrfacher

Ernte pro Jahr Nahrungsmittel für so viele Menschen produziert werden können, daß die Weltbevölkerung bei gleichmäßiger Verteilung der Nahrungsmittel bis auf 40 Milliarden ansteigen kann, also auf ungefähr das Zehnfache von heute; eine geradezu phantastische Möglichkeit, wenn sie stimmen würde.

Es fehlt zwar nicht an Gegendarstellungen aus dem Lager der Pedologen und Ökologen, doch kommen sie mit ihrer naturwissenschaftlichen, ökologisch auch komplizierten und anspruchsvollen Argumentation gegen die Vorstellung von der Fruchtbarkeit der Tropen nur mühsam an, zumal die Üppigkeit der natürlichen tropischen Wälder und Gräsländer jedermann die vegetabilische Produktionskraft in diesen Formationen vor Augen führt.

Die Produktionskraft der Naturformationen läßt sich sogar durch fundierte Kalkulationen aus jüngster Zeit belegen. Rodin und Baselivič von der Akademie der Wissenschaften in Moskau kalkulieren die jährliche Produktion an Biomasse im tropischen Regenwald auf 32,5 t/ha gegenüber 13 t/ha im außertropischen Buchenwald und 7 t/ha im borealen Nadelwald. Auch die Nettoproduktion ist mit 7,5 t/ha im tropischen Regenwald ungefähr doppelt so groß wie bei den 4 t/ha im Buchenwald der Außertropen. Odum gibt auf der Kalorienbasis das Verhältnis mit 20 000 zu 8000 kcal/m² und Jahr an. Lieth kommt zu ähnlichen Ergebnissen, so daß man von der genügend abgesicherten Erkenntnis ausgehen kann, daß die Nettoproduktion an Biomasse in natürlichen Waldformationen der feuchten Tropen doppelt so groß ist als diejenige in den gemäßigten Breiten.

Die naheliegende, bei oberflächlicher Betrachtungsweise bis heute praktizierte, aber – wie sich herausstellen wird – falsche Schlußfolgerung ist nun:

Wenn die natürlichen Systeme nachweisbar eine solch hohe vegetabilische Produktionskraft aufweisen, dann müssen richtig gehandhabte künstliche agrarische Nutzungssysteme sich wenigstens ähnlich verhalten. Tun sie es nicht, so stimmt mit den Nutzungssystemen etwas nicht.

Gewöhnt an die Überlegenheit unserer Wirtschaftssysteme, kann man es uns Angehörigen der sog. entwickelten Länder gar nicht so sehr verdenken, daß selbstverständlich gerade diese Schlußfolgerung gezogen und mit entsprechenden Entwicklungsratschlägen gekoppelt wurde.

Die weitere Analyse muß sich jetzt zunächst mit den in den Eingeborenenlandwirtschaften praktizierten Nutzungssystemen auseinandersetzen.

Das für die Regenfeldbaugebiete der Tropen charakteristische und entscheidende autochthone Landnutzungssystem ist die sog. shifting cultivation und ihre Weiterentwicklung, die Wald-Feld-Wechselwirtschaft ohne Siedlungsverlegung. Beide zusammengenommen sind in Tropisch-Afrika arealmäßig ebenso absolut vorherrschend wie in Südamerika. In den Südasiatischen Tropen nehmen sie allerdings nur ein Drittel der landwirtschaftlichen Nutzfläche ein. Auf diesen Unterschied wird in der Gesamtargumentation noch zurückzukommen sein. Zunächst seien schwerpunktmäßig die Verhältnisse in Afrika ins Auge gefaßt.

Bei der shifting cultivation handelt es sich um eine düngerlose Busch-Feld-Wechselwirtschaft, die mit episodischen Siedlungsverlegungen verbunden ist. Das wichtigste Gerät zur Bodenbearbeitung ist die Hacke. Die deutsche Bezeichnung für shifting cultivation ist Wanderhackbau.

Will man dieses System kritisch werten, müssen a) seine Funktionsweise und b) seine agrarwirtschaftlichen und -geographischen Konsequenzen an den entscheidenden Punkten beleuchtet werden.

Die genaueste quantifizierende Dokumentation dafür hat Pierre de Schlippe auf Grund jahrelanger praktischer Erfahrungen unter den shifting cultivators der Azande im Grenzgebiet zwischen nordöstlichem Kongo und südlichem Sudan geliefert. Das Gebiet liegt im Bereich des laubwerfenden Feuchtwaldes, also im großen Klimagürtel der wechselfeuchten Tropen mit kurzer passatischer Trockenzeit. Die Verhältnisse sind charakteristisch und repräsentativ für die shifting cultivation ganz allgemein.

Die agrarische Tätigkeit beginnt damit, daß ein Stück Wald oder Busch, meist in der Größe von ¼ bis ½ ha, durch Ringeln, Schlagen und Brennen so weit frei gemacht werden muß, daß zwischen die verbliebenen Stubben und halbverkohlten Reste die Samen einer zu kultivierenden Körnerfrucht, heute größtenteils Mais, mit Hilfe eines Grabstocks ungefähr 5 cm tief in die humushaltige, poröse obere Bodenzone eingebracht werden kann, die sich unter der Waldbrache entwickelt hat. Durch das Brennen der Naturvegetation ist der Bodenoberfläche eine respektable Menge von pflanzlichen Aufbauelementen in Form von Carbonaten, Phosphaten und Silikaten zugeführt worden. Wieviel davon allerdings letztlich noch den Kulturpflanzen zugute kommt, hängt weitgehend von der Intensität der einsetzenden Regen und dem Grad der Abspülung ab.

Kurz vor oder nach der Ernte der ersten Frucht pflanzt der Bauer nach entsprechender Säuberung des nachgeschossenen Unkrauts und der Strauchvegetation auf dasselbe Feld mehrjährige Knollen- und Fruchtgewächse, meist Casava und Bananen. In der nächsten Ernteperiode wird auf dem Stück ein Teil der Knollengewächse geerntet, während der Rest zusammen mit den Bananen für die dritte Kulturperiode bleibt. Im allgemeinen muß dann bereits, spätestens nach dem vierten Jahr das genannte Feldstück als Brache der nachwachsenden Sekundärvegetation überlassen bleiben. Der Grund dafür ist, daß die Erträge der Nutzpflanzen in der Zwischenzeit so rapide zurückgegangen sind, daß weiterer Anbau sich nicht mehr lohnt. So muß der Bauer während des geschilderten Ablaufes auf dem einen Feld gleichzeitig dieselbe Arbeit auf zwei bis drei weiteren mit der zeitlichen Verzögerung von jeweils einer Ernteperiode vornehmen. Nach einer Reihe von Jahren kommt er bei dieser Wald-Feld-Wechsel-Wirtschaft wieder an die erste Parzelle, deren Grenzen sich inzwischen aber im Sekundärbusch verloren haben.

Die bisher geschilderte Pseudorotation – wie de Schlippe es nennt – im Umkreis einer bäuerlichen Ansiedlung kann nicht verhindern, daß die gesamte bewirtschaftete Fläche im Laufe der Zeit immer ertragsärmer wird und schließlich zur Aufgabe von Hofstelle und Wirtschaftsfläche und zum Neubeginn an anderer Stelle zwingt. Shifting away mit allen neuen Belastungen ist im Regelfall ein Ereignis, das sich 1- bis 2 mal im Leben eines Azande-Bauern als notwendig erweist.

Zwei Folgerungen sind evident:
1. Shifting cultivation ist eine arbeitsaufwendige Wirtschaftsweise. Der Aufwand an reiner Freilegungs- und Säuberungsarbeit schlägt sich im Arbeitskalender mit rund ⅓ der Arbeitszeit nieder, wobei zu bedenken ist, daß es sich nicht um Anstrengungen zur systematischen Verbesserung der Produktionsgrundlage Boden handelt, sondern um eine Notwendigkeit, die mehr den Charakter einer Sysiphusarbeit trägt.
2. Shifting cultivation ist flächenaufwendig. Sie beansprucht eine vielfach größere Fläche pro landwirtschaftlicher Betriebseinheit als ein Dauerfeld-Nutzungssystem und kann deshalb nur eine relativ dünne Bevölkerung auf der Fläche tragen.

Daran ändert sich im Prinzip auch nichts beim Übergang von der shifting cultivation zu der als Fortschritt gewerteten Busch-Feld-Wechselwirtschaft *ohne* Siedlungsverlegung, wie sich in entsprechenden Aufnahmen von Morgan in Zentralnigeria aus der Tatsache ergibt, daß in einem gewissen Stadium die Kulturflächen der Wechselwirtschaft in ringförmiger Anordnung zum Teil über 3 Meilen vom Dorf entfernt auftreten, während die Zwischenzone von Buschbrache eingenommen wird.

Zieht man diese Eigenschaften, flächenaufwendig und arbeitsmäßig unrationell, zusammen, so nimmt es nicht Wunder, daß shifting cultivation und Land-Feld-Wechselwirtschaft auf all jene, die sich mit den Ernährungsproblemen der Menschheit befassen, so ungefähr wie ein rotes Tuch wirken. FAO-Experten haben es einmal so formuliert: ,,Shifting cultivation in the humid tropical countries is the greatest obstacle to the immediate increase of agricultural production".

Aber muß man über den reinen Produktionsgesichtspunkt hinaus nicht eine lange Kette sozial-ökonomischer und kultureller Konsequenzen miteinkalkulieren? Meines Erachtens hat de Schlippe es richtiger ausgedrückt, wenn er feststellt: ,,The periodic dying of the homesteads is one of the most important features of shifting cultivation, and as a traditional limitation of general character it is the greatest obstacle in the way of Africa's progress".

Nun fragt man sich natürlich seit langem, warum shifting cultivation oder Feld-Busch-Wechselwirtschaft trotz der offenkundigen Nachteile bis heute in solch großer Verbreitung in den Tropen betrieben wird. Der Tenor der Antworten, welcher von den in der Öffentlichkeit dominierenden Wirtschafts- und Gesellschaftswissenschaften gegeben wird, ist – auf einen knappen Nenner gebracht, – daß shifting cultivation eine Pionierform der Landwirtschaft ist, Ausdruck einer bestimmten Entwicklungsphase, welche auch die meisten der leistungsstärkeren Landwirtschaften der Außertropen irgendwann in ihrer Geschichte nachweisbar einmal durchlaufen haben. Sie sei ein im ganzen unzureichendes, aber mit dem Fortschritt der sozialökonomischen Gesamtbedingungen in den Tropenländern auf alle Fälle überwindbares Relikt unterentwickelter Agrarkultur.

Aber was ist, wenn dieses ,,größte Hindernis auf dem Weg des Fortschritts" nicht in erster Linie die Folge verbesserungsfähiger Unzulänglichkeiten des wirtschaftenden Menschen bzw. unterentwickelter sozioökonomischer Bedingungen ist, sondern auf einen ökologisch begründbaren Zwang der Naturgegebenheiten, anders ausgedrückt auf einen mit autochthonen Mitteln nicht überwindbaren forcing factor zurückgeht, der in den Gebieten der Außertropen so nicht existiert. Dann ist wohl die Folgerung zwangnotwendig, daß die einengenden naturgeographischen Gegebenheiten eine ökologische Benachteiligung für die Tropenbewohner mit all ihren Konsequenzen im Hinblick auf die agrarische Produktion, wahrscheinlich sogar im Hinblick auf die ganze Kulturentwicklung darstellen.

Das Vorhandensein eines solchen ökologisch begründbaren Zwanges zur shifting cultivation oder allenfalls Busch-Feld-Wechselwirtschaft in den Tropen abzuleiten, ist die Aufgabe der folgenden Ausführungen.

Bisher war meist von den Tropen im Sinne regenfeuchter Tropen ganz allgemein die Rede. Eine genauere Prüfung der ökologisch wichtigen Faktoren im Wasserhaushalt, bei den Bodenbildungsprozessen und bei der Großformung der Erdoberfläche erfordert zunächst einmal eine Differenzierung innerhalb der Tropen nach den entscheidenden Klimaelementen.

Unabhängig von der noch notwendigen Untergliederung nach hygrischen Gesichtspunkten kann man die Tropen thermisch durch die 18°-Isotherme des kältesten Monats eingrenzen. So wird ein Gebiet umschrieben, in welchem die Temperatur in der kältesten Jahreszeit ungefähr derjenigen der Hochsommermonate in Südwestdeutschland entspricht. Von der Temperatur her gesehen herrschen also ganzjährig Wachstumsbedingungen wie bei uns nur im Sommer.

Die für die Ausgestaltung der verschiedenen Lebensräume innerhalb der Tropen entscheidende hygrisch-klimatische Untergliederung ist am übersichtlichsten in Afrika, dem Prototyp eines Tropenkontinents. Als allgemein bekannt kann man die Tatsache voraussetzen, daß von den äquatorialen Gebieten zu den äußeren Tropen hin Dauer und Ergiebigkeit der Regenzeit abnehmen. Im Gebiet mit mittleren Mengen von 400 bis 500 mm, verteilt auf eine Regenzeit von vier bis fünf Monaten, ist die Polargrenze des Regenfeldbaues anzusetzen. Wichtig hinzuzufügen ist noch, daß in der gleichen Richtung wie die mittlere Jahressumme der Niederschläge kleiner wird, deren Unsicherheit von Jahr zu Jahr zunimmt.

Seinen physiognomisch am besten faßbaren Ausdruck findet dieser großräumige zonale Wandel von den immerfeuchten inneren zu den periodisch humiden und seminariden äußeren und endlich vollariden Rand-Tropen im Wandel der klimatisch bedingten Vegetationsgürtel vom immergrünen tropischen Regenwald über die halblaubwerfenden Feuchtwälder bzw. deren Ersatzformation, die Feuchtsavannen, die lichten regengrünen Trockenwälder bzw. Trockensavannen und den Dorn- und Sukkulentenbusch bis hin zur zwergstrauchbestandenen Halbwüste und endlich zur pflanzenleeren Wüste am Rand der Tropen. Im Grenzgebiet von Trocken- und Dornsavanne liegt die Polargrenze des Regenfeldbaues.

Wenn man die zahlreichen Einzelinformationen über die normale Abfolge von Anbau- und Brachperioden und damit das Verhältnis von Nutz- zu Brachfläche in eine regionale Ordnung bezüglich dieser Vegetationsformation bringt, so zeigt sich deutlich, daß die intensivere Flächenbeanspruchung in den trockeneren Teilen der afrikanischen Savanne liegt. Die feuchten Regenwälder gestatten nach Schlagen und Brennen trotz größerer Aschenausbeute aus ihrer relativ größeren Biomasse nur die relativ kürzeste Anbauzeit. Bei einem normalen Verhältnis von 1:8 gegenüber 1:5 in den Trockensavannen beansprucht die Waldbrache der feuchten Tropen erheblich mehr an Fläche als die Trocken-Busch- oder Kurz-Gras-Brache der Trockensavannen.

Das gleiche Ergebnis gewinnt man unabhängig von der vorherigen Betrachtung aus der kartographischen Darstellung der von der autochthonen Bevölkerung in Anspruch genommenen agrarischen Wirtschaftsfläche. Sie hat ihren Schwerpunkt nicht in den bezüglich der Wasserversorgung günstigeren Gebieten der natürlichen Feuchtwälder oder Feuchtsavannen, sondern in der regenunsicheren Trockensavanne. Dabei kann man speziell aus der besonders starken Konzentration nahe der Trockengrenze des Feldbaues noch den zusätzlichen Hinweis auf das Bestreben der Menschen entnehmen, bis an die äußerste Grenze tragbaren klimatischen Risikos vorzustoßen.

Die Tatsache, daß ausgerechnet dort die ausgedehntesten agrarischen Wirtschaftsflächen angelegt wurden, wo der eine der natürlichen Produktionsfaktoren, das Klima, schon nicht mehr optimale Bedingungen bietet, führt bei der Suche nach den Gründen zunächst konsequenterweise zu dem zweiten natürlichen Produktionsfaktor, dem Boden.

Wenn man die bereits zitierte zonale Abfolge der klimatischen Vegetationsgürtel vom Regenwald bis zur Wüste zusammensieht mit der regionalen Verteilung der klimatisch bedingten zonalen Bodentypen, wie sie Ganssen und Hädrich aufgrund der intensiven Vorarbeiten besonders französischer Pedologen zusammengestellt haben, so kann man – eigentlich nicht überraschend – eine weitgehende Parallelisierung der beiden Geofaktoren Vegetation und Boden feststellen. Während der Bereich des immergrünen Regenwaldes beherrscht wird von den mehr oder weniger ausgeprägten ferrallitischen Böden mit der petrographisch bedingten Abwandlung der Ferrisole, liegt das Verbreitungsgebiet der Trockensavanne über der Zone fersiallitischer Böden. Zur Dornsavanne hin gehen diese in braune und rotbraune Steppenböden über. Die weiter äquatorwärts gelegene Feuchtsavanne deckt sich fast genau mit dem Überschneidungsbereich von schwach ferrallitischen Böden des Regenwaldgebietes und den fersiallitischen Böden der Trockensavanne.

Die auf relativ kleinen Arealen sonst noch vorkommenden sog. Vertisole bilden eine jener azonalen Ausnahmen, die auf spezielle Untergrundbedingungen zurückgehen, und auf die als Überprüfungsmöglichkeit der abzuleitenden allgemeinen Regeln später noch zurückzukommen sein wird.

Die genannten klimatischen Bodentypen sind als solche systematisierte natürliche Systeme, deren wissenschaftliche Namen allenfalls beim Fachmann bestimmte Gedankenassoziationen zu ihrer ökologischen Bewertung zulassen. Für eine naturwissenschaftliche Ableitung der ökologischen Bedeutung dieser Systeme bedarf es daher einer genaueren Analyse der Funktionsmechanismen.

Von den zahlreichen Eigenschaften, welche die Qualität eines Bodens ausmachen, spielen im ökologischen System folgende drei die entscheidende Rolle als limitierende Faktoren: Erstens der Restmineralgehalt, d. h. die nach der physikalischen und chemischen Gesteinsaufbereitung im sog. „Bodenskelett" verbliebene Menge an Mineralbruchstücken des Muttergesteins. Er ist die eigentliche Reserve und Quelle der für das Pflanzenwachstum unabdingbaren mineralischen Nährstoffkationen wie u. a. Ca, Mg, K, Na und P.

Zweiter entscheidender Faktor ist der Gehalt des Oberbodens an organischen Substanzen. Sie liefern bei der Mineralisierung eine gewisse Menge in ihr enthaltener mineralischer Nährstoffe, die beim sog. recycling wieder in den Nährstoffkreislauf der lebenden Pflanze einbezogen werden können. Und außerdem entstehen bei der Humifizierung verschiedene Huminsäuren, welche die eine Trägerin der dritten entscheidenden Bodenqualität, nämlich der Kationenaustauschkapazität, sind.

Dritter Faktor ist die Kationenaustauschkapazität als Maß für die Fähigkeit des Bodens, ihm zugeführte Pflanzennährstoffe durch Anlagerung an bestimmte Bodenbestandteile vorübergehend zu speichern, zu sorbieren, um sie später an die Bodenlösung oder im Wirkungsfeld der Nährwurzeln der Pflanzen an diese abzugeben (Vereinbarte Meßgröße ist das Milliäquivalent pro 100 g Bodensubstanz. Was sie genau bedeutet, spielt im Ableitungszusammenhang keine wesentliche Rolle und kann übergangen werden).

Der Mensch mag nun alle möglichen, vor allem die hier gleich übergangenen Textureigenschaften der Böden im Interesse verbesserter Agrarproduktion manipulieren können; der die Pflanzennährstoffe tragende Restmineralgehalt läßt sich nicht erhöhen. Er ist eine nach oben unverrückbare naturgegebene Größe, die auf dem Weg über Anbau und Entnahme von Nahrungsgewächsen nur verringert werden kann. Und der Versuch, den Mangel an natürlicherweise verfügbaren Nährstoffen durch künstlich zugeführte, also durch Düngung zu ersetzen, findet seine Grenzen an der Kationenaustauschkapazität des jeweiligen Bodens. Sie gibt die maximale Möglichkeit dessen, was ein Boden an zugeführten Nährstoffen pro Gewichtseinheit festhalten, was einem auf dem jeweiligen Boden fußenden Pflanzenkollektiv also maximal zur Verwertung bereitgestellt werden kann. Alles was mehr an künstlichem Dünger eingebracht wird, geht mit dem Regen- und Sickerwasser ungenutzt durch und erscheint letztlich als unerwünschte Düngung in den Fließgewässern.

Materiell gebunden ist die im Boden steckende Austauschkapazität außer an die bereits genannten Huminsäuren an die Tonsubstanz in den verschiedenen Bodenhorizonten.

Mit der Rolle der Tonsubstanz als Austauschmaterial müssen wir uns nun etwas näher befassen.

Einen der entscheidenden Fortschritte für das bessere Verständnis ihrer ökologischen Funktion brachte die erst in den letzten zwei bis drei Jahrzehnten gewonnene Erkenntnis.

daß es sich bei dem früher im wesentlichen nach Korngrößenkriterien abgegrenzten Bodenbestandteil Ton
1) um Mikrokristalle handelt, die erst im Zuge der Verwitterungs- und Bodenbildungsprozesse entstehen, daß es
2) kristallographisch verschiedene Tonminerale mit sehr unterschiedlichen physikalischen und chemischen Eigenschaften gibt und daß
3) die Entscheidung, welche Tonminerale wo entstehen, neben einer rezessiven Abhängigkeit von der chemischen Zusammensetzung des Ausgangsgesteines und der topographisch bedingten Bodendränage eine streng gesetzmäßige, dominante Abhängigkeit von klimatischen Einflußfaktoren aufweist.

Im Ableitungszusammenhang interessiert vor allem
welche Unterschiede zwischen den verschiedenen Tonmineralen bezüglich der im ökologischen Funktionsmechanismus als limitierender Faktor auftretenden Kationenaustauschkapazität bestehen, und
wie die Klimaabhängigkeit der Tonmineralneubildung genau ist.

Zum ersten Punkt gelten für die verschiedenen Tonmineralgruppen die folgenden Kationen-Austausch-Kapazitäts-Werte:

Tonmineralgruppe	Kationenaustauschkapazität m val/100 g	
	Carroll and Starkey (1964) Mittelwerte	Ganssen (1965) Bunting (1969)
Kaolinite	5	3– 15
Illite	20	10– 40
Chlorite		10– 40
Montmorillonite	80	60–150

Die Werte zwischen den austauscharmen Kaoliniten und den -starken Montmorilloniten differieren also um rund eine Zehnerpotenz. Die von Illiten und Chloriten sind 3–4mal größer als beim Kaolinit.

Bezogen auf einen vorgegebenen Boden hängt also die ihm eigene Austauschkapazität
a) vom Mengenanteil der Tonsubstanz am gesamten Bodenvolumen
und
b) von der kristallographischen Zusammensetzung des Tonanteils ab.

Bevor auf die Klimaabhängigkeit der Tonmineralneubildung eingegangen wird, seien zur Unterstützung des Verständnisses dafür die wesentlichsten mineralisch-kristallographischen Unterschiede der Tonmineralgruppen in wenigen Worten schematisch dargelegt.

Tonminerale sind Schichtkristalle. Sie bestehen im Prinzip aus dem Zusammenbau von Silikon (Si_2O_3) – Tetraeder- und Aluminium-Hydroxyl- ($Al_2O_2OH_2$)-Oktaederschichten. Beim Kaolinit als Zweischichtentonmineral sind jeweils eine Si-Tetraeder- mit einer Al-Oktaederschicht über einem gemeinsamen Sauerstoffatom in jedem Tetraeder miteinander verbunden. Der Abstand zur nächsten Doppelschicht beträgt nur 7 Ångström, die Bindung ist stark, der Ersatz des Aluminiums durch elektrisch geringwertige Ionen und damit die Schaffung von freien Valenzen für die Adsorption von anderen Kationen schwer. Praktisch kommen freie Valenzen für die Austauschkapazität nur an Bruchstellen des Kristallgitters vor.

Das Drei-Schichten-Tonmineral Montmorillonit verbindet zwei Si-Tetraeder-Schichten mit jeweils einer Al-Oktaederschicht. Der Abstand zum nächsten Schichtenkomplex ist 14 Å, auf den Schichtflächen befinden sich leicht austauschbare Kalium – als Zwischenschichtionen und außerdem ist die Fehlbesetzung im Al-Oktaeder und auch im Si-Tetraeder die Regel, wodurch sich freie Valenzen für den Kationenaustausch ergeben. Aus dem größeren Bindungsabstand resultiert eine leichtere Aufweitbarkeit der Minerale und dementsprechend größere Quellfähigkeit.

Die entscheidenden Unterschiede kann man also simplifiziert darin sehen, daß beim Kaolinit nur halb so viel Si-Oxyd-Schichten vorhanden sind und die einzelnen Schichten kristallographisch perfekter struiert sind.

Die Tonminerale der Illit- und Chlorit-Gruppen sind ebenfalls dreischichtig und stehen zwischen Kaolinit und Montmorillonit.

Und nun zu der Frage der Klimaabhängigkeit der Tonmineralbildung. Man wußte schon seit langem, daß die Böden in den voll- und semihumiden Tropen nicht nur besonders tiefgründige, skelettarme, steinfreie Feinerdeböden mit relativ geringem Humusgehalt sind, sondern auch, daß selbst bei petrographisch gleichem Ausgangsgestein der Verwitterungsmantel eine ganz andere chemische Zusammensetzung aufweist als in den Außertropen. Während z. B. in Großbritannien das prozentuale Verhältnis der chemischen Hauptkomponenten im Verwitterungsmantel eines Doleritbasaltes nicht sehr verschieden von demjenigen im Ausgangsgestein ist, fehlt unter den Bedingungen tropischer Roterdebildung im Extremfall neben allen chemischen Substanzen, die als Pflanzennährstoffe in Frage kommen, auch noch fast die gesamte Kieselsäure. Man bezeichnet den Vorgang des Kationenverlustes als Auswaschung, den des Si-Abbaus als Desilifizierung und den Unterschied im Endergebnis als den zwischen siallitischer Verwitterung in den humiden Außertropen und allitischer in den feuchten Tropen. In welchen Bestandteilen des Bodens sich die Desilifizierung letztlich manifestiert und welche folgenschweren Veränderungen der Materialeigenschaften damit verbunden sind, hat aber erst die Anwendung der Elektronenmikroskopie auf die genauere Analyse der Tonsubstanz in den letzten 20 Jahren ans Licht gebracht.

Eine vollständige mineralogische Analyse des Bodens und Verwitterungsmantels eines ganz ähnlichen Gesteins wie des vorher herangezogenen Doleritbasaltes zeigt nämlich an der feuchttropischen Malabarküste Indiens, daß die Tonfraktion vom austauscharmen Zweischichten-Tonmineral Kaolinit beherrscht wird. Sonst kommt noch das Eisen-Hydroxit-Mineral Goethit und ein bißchen Illit vor. Entsprechend niedrig sind mit maximal 7,0 in den obersten 25 cm und 4,2 bis 4,5 mval/100 g in den tieferen Schichten die Werte der Austauschkapazität. Demgegenüber enthalten die fersiallitischen Böden, die braunen Steppen- und gelben Mediterranböden eine wachsende Menge an austauschstarken Dreischichtentonmineralen.

Inzwischen liegen aus vielen Teilen der Welt Bodenanalysen in ausreichender Zahl vor, die folgende verallgemeinernde Aussagen sichern:

In den Außertropen reichen die Verwitterungstiefen im Normalfall nur mehrere Dezimeter, zuweilen 1 bis 1½ m unter die Oberfläche. In den feuchten Tropen dagegen sind es immer mehrere Meter, nicht selten mehrere Zehner von Metern. Während in den Außertropen die mehr oder weniger stark zerkleinerten Reste des Ursprungsgesteins mengenmäßig deutlich bis an die Oberfläche in Erscheinung treten, besteht das in den feuchten Tropen von der Verwitterung gebildete Material fast ausschließlich aus steinlosem Feinlehm, in welchem der Anteil noch nicht chemisch zersetzter Restminerale des ursprünglichen Gesteins sehr gering ist. Die Böden der feuchten Tropen sind als Folge rund 100fach schneller ablaufender chemischer Verwitterung „verarmt, ausgewaschen", wie man sagt. Und darüberhinaus bestehen die Tonminerale in außertropischen Böden im Normalfall aus einem Bouquet von Illiten, Chloriten und Montmorilloniten, also den relativ siliziumreichen Zwischenstadien der Tonmineralentwicklungskette, während in den Tropen die kieselsäurearmen Endprodukte Kaolinit und Gibbsit absolut dominieren. Das bewirkt relativ hohe tonmineralgebundene Austauschkapazitäten in den Außertropen und sehr niedrige in den feuchten Tropen.

Wenn nun die Böden der feuchtwarmen Tropen arm an Restmineralen und Austauschkapazität sind, dann interessiert für die weitere ökologische Ableitung zunächst die Frage, wo die noch vorhandenen Nährstoffe und Austauschkapazitäten im Boden lokalisiert sind. Mikrostratigraphische Auswertungen von van Baaren z. B. zeigen ganz deutlich um ein Vielfaches höhere Werte an austauschbaren Kationen in den obersten 15 Bodenzentimetern als in den tieferen Schichten. Und aus Untersuchungen Sombroeks ergibt sich, daß die Austauschkapazität amazonischer Böden sich mit wachsendem Tongehalt kaum ändert (die Werte schwanken zwischen 2 und 4 mval/100 g), hingegen mit wachsendem Kohlenstoffgehalt, d. h. also mit wachsendem Gehalt an Material organischer Herkunft, in eindeutiger Weise rasch zunimmt (bis 30–40 mval/100 g Boden bei 3 bis 4 % Kohlenstoffgehalt).

Daraus ist die Information zu ziehen, daß sowohl die tatsächlich vorhandenen austauschbaren Kationen als auch das potentielle Austauschvermögen für künstlich oder natürlich zugeführte Nährstoffe bei Böden der feuchten Tropen erstens an wenige oberflächennahe Zentimeter und dort zweitens im wesentlichen an die Huminstoffe gekoppelt sind.

Bei den in den feuchten Tropen auftretenden hohen Niederschlägen muß diese Lokalisierung an der Oberfläche eigentlich zusätzlich zur Auswaschung im Zuge der chemischen Verwitterung noch die Gefahr der Erosion, also des Kationenverlustes durch oberflächlich abfließendes Wasser implizieren. Sioli, Fittkau, Klinge und Mitarbeiter vom Max-Planck-Institut für Hydrobiologie und Tropenökologie haben durch systematische chemische Analysen amazonischer Fließgewässer die Probe aufs Exempel gemacht. Das Ergebnis war zunächst überraschend, fügt sich aber inzwischen sehr gut in einen ökologisch schlüssigen Zusammenhang.

Im Bereich unberührter, nicht durch Rodungsunternehmen gestörter Einzugsgebiete hat das Bach- und Flußwasser fast keinen Gehalt an mineralischen Nährstoffen. Sioli hat es etwas überspitzt so ausgedrückt, daß das Wasser von autochthonen Klar- und Schwarzwasserflüssen wesentlich mehr Ähnlichkeit mit reinem Regenwasser als mit Bach- oder Flußwasser der Außertropen hat. Nach neueren Messungen kann man sogar davon ausgehen, daß z. B. im Einzugsbereich des Rio Negro „die Nährstoffgehalte des Niederschlags jene der Gewässer oft erheblich übertreffen" (Klinge in Anonymus). Ausdrücklich auszunehmen sind die sog. Weißwasserflüsse, die allerdings Fremdlingsflüsse in dem Sinne sind, daß sie ihre suspendierte Fracht aus der Bodenabspülung über den Gebrgsflanken abseits der tropischen Tieflandswälder beziehen. Ihre Ablagerungen bilden dementsprechend auch ökologische Ausnahmegassen, auf die noch zurückzukommen sein wird. Alle Klar- und Schwarzwasserflüsse enthalten dagegen fast keine aus dem Verwitterungsboden stammenden Nährelemente.

Die Erklärung dafür ist noch jünger als die Erkenntnis über Struktur und physikochemische Eigenschaften der Tonminerale. Sie stammt von Botanikern und Pflanzenökologen durch die Entdeckung der Mycorrhizae und des Wurzelmutualismus zwischen ihnen und den Bäumen des Regenwaldes.

Mycorrhizae sind Wurzelpilze, welche sich in Form von Geflechten, Mänteln oder Anhäufungen rund um die Wurzeln tropischer und außertropischer Bäume legen und die mit den höheren Pflanzen in Form eines Mutualismus, eines Dienstes auf Gegenseitigkeit, leben. Die Pilze bekommen von der Pflanze die notwendigen Photosynthate und helfen dafür dieser in zweifacher Weise, ihre Nährstoffversorgung über mineralarmen Böden zu sichern. Nach den Untersuchungen von Wilde transformieren manche Mycorrhizae Mineralverbindungen, die sonst den Pflanzen nicht zugänglich sind, in solche, die von den Wurzeln aufgenommen werden können. Das betrifft insbesondere das Phosphor, sowieso ein Mangelelement in vielen tropischen Urwaldböden. Vor allem aber wirken die Pilze als „nutrient traps", als lebende Nährstoff-Fallen, wie durch entsprechende Laboratoriumsexperimente schwedischer Biologen bewiesen wurde. Man hat dabei steril gehaltene Kiefernsetzlinge zum Teil mit Mycorrhizae geimpft, zum Teil mycorrhizae-frei gelassen. In sterilen Sand eingepflanzt, wurde radioaktiv markierte Nährstofflösung zugegeben. Bei den Kiefern mit Wurzelpilzen wurden über 90% davon sofort im Wurzelraum aufgefangen und wanderten von dorther langsam in die Pflanzenorgane. Ohne Mycorrhizae sickerte der größte Teil der Nährelemente durch.

Umgekehrt kann man mit radioaktiv markiertem CO_2 im Gasraum über den Kiefern zeigen, daß nach einiger Zeit die in Photosynthate eingebauten tracer in den Mycorrhizae auftauchen. Diese jüngsten Entdeckungen trugen entscheidend dazu bei, zunächst den scheinbaren Widerspruch zwischen der eindeutig nachweisbaren hohen Produktionskraft natürlicher tropischer Waldgesellschaften und der ebenso klar beweisbaren Produktionsschwäche bei Nahrungsgewächsen zu verstehen.

Im unberührten tropischen Wald funktioniert die Biomassenproduktion in einem direkten geschlossenen Mineralkreislauf. Dabei stecken nach Angaben von Nye and Greenland von dem im System Boden + Vegetation enthaltenen Gesamtnährstoffvorrat außer ³/₄ des Kohlenstoffs und mehr als der Hälfte des Stickstoffs auch der weitaus größere Anteil an Phosphor, Kalium, Kalzium und Magnesium in der Biomasse einschließlich der Waldstreu und den Wurzeln. Die Erde selbst weist nur einen geringen Teil der Nährelemente auf. Durch Regenauswaschung und niederfallende abgestorbene Pflanzensubstanz werden die mineralischen Nährstoffe über die Waldstreu und deren Zersetzung zum Boden gebracht, hier aber bereits in den obersten Schichten in der Nährstoff-Falle der Mycorrhizae abgefangen, um auf kurzem Weg wieder in die Biomasse zurückzugelangen. Durch die Zufuhr kleiner Mengen neuer Nährstoffe von außen über den Regen und in geringem Maße auch aus der Mineralverwitterung in den tiefsten Bodenschichten kann zusätzlich noch eine Nettorücklage erfolgen, die nur deshalb relativ groß bleibt, weil der Nährstoffverlust durch Auswaschung und Erosion extrem klein gehalten wird. Es bleibt so im wesentlichen ein abgeschlossenes ökologisches System ohne Verlustquote.

Wird nun der Wald geschlagen und gebrannt, so wird der im Naturzustand gegen Verlust abgesicherte Kreislauf an der entscheidenden Stelle aufgerissen. Einmal wird die austauschstarke oberflächennahe Humussubstanz zum großen Teil direkt zerstört und zum anderen wird den tiefer reichenden Mycorrhizae ihr Mutualismuspartner genommen. Sie sterben deshalb ab. Mit den verbrannten Humusstoffen verliert der Boden den entscheidenden Teil seiner Austauschkapazität. Mit den Mycorrhizae werden die Nährstoff-Fallen beseitigt; die Mineralabfuhr über die Erosion kann verstärkt einsetzen. Desweiteren erlaubt die Kurzlebigkeit der eingebrachten Kulturgewächse keinen Neuaufbau der Pilzwurzelflora, welche dem Nährstoffverlust wenigstens bald wieder Einhalt gebieten könnte. Abhilfe kann nur die Rückkehr zu quasi natürlichen Zuständen in Form des Sekundärwaldes während jahrelanger Brachperioden schaffen.

Daß in den Waldgebieten der feuchten Außertropen geklappt hat und weiterhin klappt, was offensichtlich in den humiden Tropen nicht geht, nämlich Dauerfeldbau statt Busch-Feld-Wechselwirtschaft zu betreiben, liegt in der Anfangsphase an der völlig anderen Verteilung des Gesamtnährstoffvorrates im System Boden-natürlicher Wald und beim weiteren Ausbau der Agrarnutzung an der für kulturtechnische Maßnahmen viel günstigeren Tonmineralausstattung. Im normalen außertropischen Wald-Boden-Ökosystem befindet sich der weitaus größte Anteil des Mineralstoffvorrates im physikalischen Teil, also im Boden, und bleibt dort unberührt erhalten, wenn der biologische Teil, der Wald, beseitigt wird. Auf den freigemachten Flächen kann dann die Nährstoffpflanzen-Monokultur erst einmal von dem relativ großen Vorrat zehren. Wenn später bei länger dauernder Nutzung Düngung erforderlich wird, kommt der zweite Vorteil der außertropischen Mineralböden zum Tragen: Ihre natürliche Ausstattung mit relativ austauschstarken Tonmineralen der Illit- und Chloritgruppen. Die Austauschkapazität brauner Waldböden in Europa beträgt in den obersten 30 cm größenordnungsmäßig 20 bis 35 mval/100 g Feinboden, gegenüber nur 5 bis günstigstenfalls 9 mval/100 g in ferrallitischen Böden der feuchten Tropen. Da dieser Austauschmangel nicht agrartechnisch manipulierbar ist, bleibt in den feuchten Tropen jede künstliche Düngung ohne den in den Außertropen wie selbstverständlich erwarteten großen Erfolg, wie aus entsprechenden Feldversuchen im feuchttropischen Afrika und Südamerika hervorgeht, über die z. B. Nye and Greenland bzw. Sombroek berichten.

Zusammenfassende Konsequenz: Mit der voraufgegangenen Argumentation ist wohl erst einmal sicher abgeleitet, daß die ferrallitischen Böden der feuchten inneren Tropen für die Produktion von Nahrungsmitteln in Form von Monokulturen kurzlebiger Getreide- oder Knollengewächse wesentlich ungünstiger sind als die außertropischen Waldböden und daß das Fortbestehen von shifting cultivation oder Busch-Feld-Wechselwirtschaft nicht das Ergebnis menschlicher Unzulänglichkeiten, sondern natürlicher Zwänge ist. *Unter den vorherrschenden pedologischen Gegebenheiten ist Busch-Feld-Wechselwirtschaft mit all ihren vorher dargelegten Konsequenzen für das Produktionsaufkommen und die Tragfähigkeit die optimale Möglichkeit, wie viele Bodenkundler und Ökologen seit Jahren behaupten.*

Da das Areal der betreffenden ferrallitischen Böden nach einer Evaluierung James G. Horsfalls et al. mit ungefähr ²/₃ den größten Anteil an der dem Regenfeldbau zugänglichen Fläche innerhalb der Tropen aufweist, kann man dieses Handikap als charakteristisch für die inneren Tropen klassifizieren.

Ausnahmegebiete bestätigen in diesem Fall wirklich einmal die Regel. Sie treten vor allem überall dort auf, wo den Böden permanent neuer Restmineralgehalt zugeführt wird, der durch die schnell ablaufende Verwitterung aufgeschlossen werden kann. Das geschieht einerseits in den Gebieten mit rezentem Vulkanismus durch Aschendüngung bei Vulkanexplosionen. Ist der Untergrund zudem noch aus relativ jungen basischen Vulkaniten zusammengesetzt, wirken vulkanische Mineraldüngung und Basisverwitterung dahingehend zusammen, daß relativ nährstoffreiche und austauschstarke, im ganzen also fruchtbare ,,Andosole" entwickelt werden. Als pedologische Vorzugsgebiete zeichnen sie sich dadurch aus, daß in ihnen bereits der Übergang von der Feld-Busch-Wechselwirtschaft zu Dauerkulturen vollzogen wurde, wie die eingangs zitierten Gebiete Rwanda und Burundi in Ostafrika. Ein besonders lehrreiches Beispiel ist das vulkanische Java im Vergleich zum dünn besiedelten nichtvulkanischen Sumatra oder Borneo.

Andererseits schaffen Weißwasserflüsse in ihren periodischen Überschwemmungsbereichen Rohböden mit feinstratigraphischem Aufbau aus sedimentierter mineralischer Materialfracht. So sind besonders die Dammufer entlang der Weißwasserströme im Congo- und Amazonasgebiet durch Dauerkulturen über den jungen Mineralböden ausgezeichnet und manifestieren sich als Gassen relativ hoher Bevölkerungsdichten.

Aber auch stark hängige Geländeteile sind gegenüber weniger reliefierten feuchttropischen Hügelländern bevorzugt. Zwar sieht man überall an den Bergflanken die Folgen der Bodenabspülung, doch wird durch diese gleichzeitig der verarmte Oberboden abgetragen und die Verwitterung auf die frische Gesteinssubstanz des Untergrundes ausgedehnt, was den Gebirgs-Skelettböden einen relativ hohen Gehalt an mineralischer Restsubstanz mit den daraus verwertbaren Pflanzennährstoffen garantiert. Die Bodenerosion muß nicht notwendigerweise immer von agrarwirtschaftlichem Nachteil sein. Tropengebiete mit einem großen Flächenanteil von Hochgebirgen sind im Endeffekt Vorzugsgebiete agrarwirtschaftlicher Aktivität, da einerseits die Gebirgs-Skelettböden und andererseits die korrespondierenden Rohböden über dem von Flüssen wieder abgelagerten Abtragungsmaterial bessere Produktionsbedingungen liefern als die tiefgründig aufbereiteten und verarmten alten Kaolisole tropischer Flachländer. Nicht ohne natürlichen Grund konzentrieren sich zwei Drittel der Tropenbewohner im asiatischen Teil mit seinen Hochgebirgen, Stromebenen und Vulkanlandschaften.

Schließlich gibt es noch sehr kleinräumig auftretende sog. „Vertisole", die auch zu den tropischen Schwarzerden zählen und sich durch hohen Humusgehalt und Dominanz von austauschstarkem Montmorillonit in der Tonsubstanz auszeichnen. Sie verdanken ihre Bildung der Zusammenschwemmung stark tonhaltigen Feinmaterials und periodischer Überstauung durch stehendes Wasser in kleinen Hohlformen des Geländes. So ist ihre relativ hohe Fruchtbarkeit systemnotwendig mit sehr schlechten physikalischen Bodeneigenschaften und Bearbeitungsschwierigkeiten verbunden. Sie werden meistens von den Eingeborenenwirtschaften gemieden, weil ihnen mit dem Grabstock allein nicht beizukommen ist. Erst maschineller Bearbeitung sind sie zugänglich.

Die Ausnahmesituationen unterstützen zusammengefaßt also tatsächlich die Argumentation für den großflächigen Regelfall.

Die bisherigen Aussagen bezogen sich alle auf die inneren, dauernd feuchten Tropen mit ihren stark ferrallitischen Kaolisolen. Im folgenden müssen nun der zonale Wandel der Bodentypen im Zusammenhang mit dem entsprechenden Klimawandel sowie die daraus zu ziehenden Konsequenzen dargelegt werden.

Mit wachsender Trockenheit nimmt die Wirksamkeit der chemischen Verwitterung ab. Als Folge davon wird die Aufbereitungstiefe der Böden geringer, ihr Gehalt an Bodenskelett und Restmineralen größer. Die Desilifizierung, die Kieselsäurelösung, ist wesentlich weniger intensiv mit der Folge, daß in der Tonsubstanz der Anteil der austauschstärkeren Drei-Schichten-Tonminerale auf Kosten der Kaolinite zunimmt. So entstehen die fersiallitischen Böden, die im Bereich der Kurzgras- oder Trockensavanne über vergleichbaren Ausgangsgesteinen wegen des höheren Restmineralgehaltes und der größeren Austauschkapazität eine wesentlich größere potentielle Fruchtbarkeit aufweisen als die mehr oder weniger stark ferrallitischen Regenwald- oder Feuchtsavannenböden.

Im Wandel vom Regenwald zur Trockensavanne verhalten sich also die entscheidenden natürlichen Faktoren Bodenqualität und Wasserdargebot gegensinnig in ihrer Wirkung auf die agrarischen Produktionsmöglichkeiten. Wo die hygrischen Bedingungen optimal sind, sind die Bodenbedingungen für Dauerfeldbau nicht geeignet. Und wo die Böden potentiell am tragfähigsten sind, wird die Nutzung durch unsichere Regenverhältnisse beeinträchtigt. Dabei muß aus der eingangs gezeigten Tatsache, daß das Maximum des in Kultur genommenen Anteils an der Gesamtfläche im Bereich der Trockensavanne liegt, der Schluß gezogen werden, daß von den Eingeborenenlandwirten die Bodenqualität höher geschätzt wird als Klimasicherheit. Gerade das bringt aber zusammen mit den für diesen Bereich inzwischen nachgewiesenen mittelfristigen Klimaschwankungen die besonders große Gefahr von Hungerkatastrophen. In der relativ feuchten Phase wird nämlich unter dem wachsenden Bevölkerungsdruck die Feldbaugrenze immer weiter gegen die Dornsavanne vorgetrieben. Das geht z. B. 10 bis 15 Jahre lang gut. Die Bevölkerung wächst, bis dann die trockene Phase den Rückschlag mit seinen verheerenden Konsequenzen bringt. Die Vorgänge der letzten Jahre in der Sahel-Zone sind ein mahnendes Beispiel.

So weist also auch die Trockensavanne ihre naturgegebene Limitierung auf, bestehend in der alljährlichen normalen Restriktion des Anbaues wegen der kurzen Niederschlagszeit sowie in den zyklisch wiederholten Mißernten mit der Folge von Hungerkatastrophen als Konsequenz mittelfristiger Klimaschwankungen.

Der Ausweg wäre: Übergang zu künstlicher Bewässerung. Aber damit ist eine weitere naturgeographische Problematik tropischer Umweltbedingungen verbunden, diesmal regionalisiert auf die Halbtrockengebiete der äußeren Tropen. Sie läßt sich am eindrucksvollsten am Beispiel des Dekkan-Plateaus Vorderindiens darlegen. Besonders der nordwestliche Teil des Dekkan-Hochlandes weist über einem Gesteinsuntergrund aus Trapp-Basalt in ausgedehnten Gebieten relativ mineralreiche, z. T. ausgesprochen fruchtbare tropische Schwarzerden auf, die black cotton soils. Anstatt Busch-Feld-Wechselwirtschaft wird dementsprechend Dauerfeldbau betrieben. Die ländliche Bevölkerungsdichte ist mit 100 bis 120 Menschen/km² besonders groß. Aber das Monsunklima läßt nur *eine* Ernte im Jahr zu, weil die Regenzeit auf vier bis fünf Monate beschränkt ist. Insgesamt fallen zwar 800 bis 1200 mm Niederschlag, doch fließt der größte Teil ungenutzt ab, da die Zahl der Regentage mit 40 bis 70 relativ klein ist. Bevölkerungsdruck und Gefahr von Dürren machten die Einführung künstlicher Bewässerung seit Generationen dringend notwendig. Faktum ist aber, daß nach einer Zusammenstellung von Rouvé mit Ausnahme von elf älteren 40 der heute existierenden Staudämme im Bereich des Dekkan-Plateaus erst nach 1951 erstellt worden sind.

Man fragt sich natürlich, warum das erst jetzt passiert, wo doch schon seit Jahrhunderten die Notwendigkeit zur intensiveren Nutzung der vorhandenen Flächen besteht. Die in Indien populäre Antwort, daß die englische Kolonialverwaltung sich nicht für das Problem interessiert hätte, kann nicht befriedigen, da lange vor der englischen Okkupation die Problematik bereits bestand. Der Grund liegt tiefer. Wenigstens einen der ausschlaggebenden Gründe stellt die klimagenetisch mit den wechselfeuchten Tropen verbundene Gestaltung des fluvialen Abtragungsreliefs dar.

Um die naturgeographischen Randbedingungen in den wechselfeuchten Tropen ganz zu verstehen, müssen also noch die Charakteristika der Erdoberflächengestaltung herangezogen werden. In der modernen klimagenetischen Geomorphologie werden die Gebiete der wechselfeuchten äußeren Tropen nach dem Vorschlag von Julius Büdel als die „randtropische Zone exzessiver Flächenbildung" bezeichnet.

Wir Bewohner der Außertropen halten es für eine Selbstverständlichkeit, daß die Täler aller großen Flüsse in die Gebirgskörper eingeschnitten sind, und daß man z. B. auf dem Rhein per Schiff von Rotterdam quer durch das Hindernis des Rheinischen Schiefergebirges bis nach Mannheim oder nach Basel gelangen kann. Wir übertragen das auch wie selbstverständlich auf andere Länder der Erde. Aber das ist falsch. Wo auf vielen Atlaskarten wechselfeuchter Tropengebiete Täler dargestellt sind, da gibt es die gar nicht. Auch auf dem mittleren und östlichen Dekkan-Plateau fließen die großen Ströme nicht in Tälern unserer Vorstellung, also eingeschnitten in mehr oder weniger engen, langgestreckten Hohlformen, sondern in extrem flachen und weiten Mulden *auf* dem Gebirgskörper, selbst wenn dieser über 1000 m hoch liegt.

Nach entsprechenden topographischen Detailaufnahmen, die Herbert Louis und Friedrich Wilhelm durchgeführt haben, muß man sich das sog. „Flachmuldental" eines Flusses von der Dimension des Rheines auf den Rumpfflächen der wechselfeuchten Tropen ungefähr so vorstellen, daß von den Flußufern aus das Gelände jeweils auf 30 bis 50 km Horizontalentfernung so flach ansteigt, daß bei einem Horizontalabstand zwischen den begleitenden Wasserscheiden von rund 80 km die Tiefe des Tales nur 200 bis 300 m beträgt. Solche Hohlformen erkennt man im Gelände nicht mehr als Flußtal. Es dürfte nicht schwer fallen, sich die Dimensionen eines Staudammes vorzustellen, der quer durch ein solches Tal gebaut werden soll.

Die Techniker suchen natürlich die günstigsten topographischen Verhältnisse heraus. Aber auch dann ist z. B. der Hirakut-Staudamm am Mahanadi im nördlichen Dekkan-Plateau bei einer maximalen Höhe von 64 m insgesamt 26 km lang. Mehr als 1 Million m^3 faßt der 4,6 km lange Betondamm und rund 17 Millionen m^3 kompaktierten Lehm und Steine haben die beiden Erddämme aufgenommen. Zusammen sind das mehr als 2 Millionen Lastwagenladungen.

Alle möglichen Schwierigkeiten bei der Verwirklichung eines solchen Projektes mag eine Gesellschaft mit einfachen technischen Mitteln unter Zuhilfenahme des Faktors Zeit überwinden. Für die entscheidende letzte Bauphase geht das aber nicht. Der Mahanadi schwillt nämlich nach Einsetzen der tropischen Monsunregen regelmäßig binnen weniger Tage auf die ungeheuren Abflußmengen von 20 000, gar 30 000 m^3 pro Sekunde an. Das höchste Hochwasser, welches am Niederrhein jemals gemessen worden ist, betrug demgegenüber nur 12 000 m^3 pro Sekunde.

Die Konsequenz ist klar: Die letzte Million m^3 des Baumaterials in so kurzer Zeit einzubringen, daß man den Damm rechtzeitig vor der nächsten Hochwasserwelle schließen kann, ist nur mit Hilfe jener gewaltigen Transporttechnologie möglich, die in Nordamerika entwickelt wurde und die gegen Ende des 2. Weltkrieges sogar wir Europäer mit Staunen zur Kenntnis genommen haben.

Das Ergebnis des technischen Aufwandes am Hirakut-Staudamm ist ein See von rund 750 km^2 Oberfläche (der Bodensee hat 539 km^2) mit weniger als 6 Milliarden m^3 nutzbaren Wassers. Die davon zu bewässernde Fläche ist nur drei mal so groß wie der See selbst, keine günstige cost-benefit-Relation.

Nun ist der Hirakut-Staudamm gewiß ein besonders eindrückliches Beispiel. Aber er ist keine falsch orientierende Ausnahme. Wenn man für die verschiedenen Dekkan-Staaten alle inzwischen vorhandenen Dämme nach Länge und maximaler Höhe mittelt, so kommen für Andra-Pradesch fast 6 km und 61 m, für Mysore 4,7 km und 65 m und Maharaschtra knapp 3 km und 40 m heraus.

Auch ein Damm von mehreren km Länge ist von einer Gesellschaft im vortechnischen Entwicklungszustand gegen die Flüsse mit den genannten monsunalen Abflußverhältnissen nicht zu verwirklichen.

Auf dem Dekkan-Plateau konnten also die Menschen aufgrund der relativ günstigen Bodenbedingungen zwar das Stadium der Wald-Feld-Wechselwirtschaft überwinden, der

Übergang vom Dauerfeldbau zur Bewässerungslandwirtschaft gelang aber nur auf relativ eng begrenzten Flächen mit Hilfe der kleinen Stauweiher, den weltbekannten tanks.

In den ebenfalls bewässerungsbedürftigen sommertrockenen Subtropen rings um das europäische Mittelmeer ist es demgegenüber wesentlich einfacher, Staudämme für die Einrichtung eines künstlichen Bewässerungssystems anzulegen. Erstens sind die Subtropen eine Zone, in welcher eine kräftige Tal- statt Flächenbildung stattfindet. Zweitens sind die Niederschläge als Ganzes weniger intensiv. Sie fallen zudem flächenhaft als Frontalniederschläge und in höheren Lagen als Schnee, was zusammen mit den in allen subtropischen Hochgebirgen anzutreffenden Verschüttungsmänteln aus Lockermaterial zu wesentlich gedämpfteren Abflußregimen in den Flüssen führt. Enge Täler bei weniger reißenden Strömen sind allemal ein entscheidender Vorteil, wenn man mit einfachen technischen Möglichkeiten einen Staudamm errichten will. So wurden im Mittelmeerbereich davon bereits in den antiken Kulturen von Spanien bis zum Orient eine große Zahl angelegt.

Zusammengenommen ergeben sich also folgende *Schlußfolgerungen:*

In den feuchten inneren Tropen ist die Feld-Wald-Wechselwirtschaft auf flächenhaft dominierenden Arealen die ökologisch optimale Möglichkeit agrarischer Nutzung. Flächenextensive Agrarwirtschaft, relativ dünne agrarische Besiedlungsdichte, Sisyphusarbeit und wenig Ertrag pro Arbeitskraft sind die zwangsnotwendigen Konsequenzen. Das muß ein Handicap für den kulturellen Fortschritt sein, der ja immer eine gewisse Mindestkonzentration der Menschen in der Fläche sowie die Möglichkeit arbeitsteiliger Diversifizierung der Gesellschaft zur Voraussetzung hat. Dies ist in den größten Teilen der dauernd feuchten Tropen nicht zu erreichen, da das Verhältnis von Brach- zu Nutzfläche zu ungünstig ist und da außerdem fast jedes Mitglied der Gesellschaft für die Erarbeitung der täglichen Nahrung benötigt wird.

Im Bereich der wechselfeuchten Äußeren Tropen ist der Schritt zum Dauerfeldbau und damit zur intensiveren Landnutzung vollziehbar unter der Voraussetzung, daß das Wasser für den Kulturpflanzenbau ausreicht. Wegen der gesetzmäßigen Gegenläufigkeit von hygrischen Klimabedingungen und Bodeneigenschaften sind aber mit den potentiell ertragreichen Böden kurze Regenzeit mit Schauerniederschlägen großer regionaler und zeitlicher Veränderlichkeit verbunden, die regelmäßig zu drastischen Rückschlägen der Agrarwirtschaft, häufig zu Hungerkatastrophen und damit zu Beeinträchtigung der Bevölkerungsentwicklung führen.

Der Schritt zur Absicherung und zur Produktionssteigerung durch künstliche Bewässerung mit all seinen möglichen Folgen für die Gesellschaftsentwicklung kann nur über eine technische Entwicklungsstufe getan werden, deren „Tritthöhe" aus klimatisch-geomorphologischen Gründen wesentlich höher ist als in den bevorzugteren Subtropen. Er kann mit den in dem betreffenden Lebensraum selbst entwickelten und entwickelbaren technischen Mitteln nicht bewältigt werden.

Wenn in dem bekannten Werk von Bauer und Yamey „The Ecomics of the Underdeveloped Countries" der Satz steht, daß der Schöpfer die Welt nicht in zwei Sektoren geteilt habe, wobei der entwickelte reichlicher mit natürlichen Ressourcen gesegnet wurde als der unterentwickelte, so muß man dem wohl inzwischen die naturwissenschaftliche Einsicht entgegenhalten: Er hat in der Tat zwei verschiedene Sektoren geschaffen, einen leichter, den anderen schwerer entwickelbar. Unter den vielen sonstigen Ungleichheiten auf der Welt gibt es auch diese als eine der geographisch gravierendsten. Die Zeit drängt, sie zum Nutzen der Benachteiligten nüchtern zur Kenntnis zu nehmen.

Literatur

Anonymuos (1972): Regenanalysen aus Zentralamazonien, ausgeführt in Manaus, Amazonas, Brasilien, von Dr. Harald Ungemach. Amazonia III, 1972. S. 186–198.

van Baaren, F. A. (1961): The pedological aspects of the reclamation of tropical, and particularly volcanic, soils in humid regions. In: Tropical Soils and Vegetation. UNESCO Paris 1961. S. 65–67.

Bauer, P. T. and Yamey, B. S. (1957): The Economics of Underdeveloped Countries. Cambridge 1957.

Büdel, J. (1971): Das natürliche System der Geomorphologie, mit kritischen Gängen zum Formenschatz der Tropen. Würzburger Geogr. Arbeiten, Heft 34.

Carol, H. (1973): The Calculation of Theoretical Feeding Capacity for Tropical Africa. Geogr. Zeitschr. 61, S. 80 ff.

Ganssen, R. und F. Hädrich (1965): Atlas zur Bodenkunde. B. I.-Hochschulatlanten 301a–301e. Mannheim 1965.

Horsfall, J. G. et al. (1967): Tropical Soils and Climates. In: The World Food Problem. Chap. 8. Washington 1967.

Lieth, H. (1964): Versuch einer kartographischen Darstellung der Produktivität der Pflanzendecke auf der Erde. Geogr. Taschenbuch 1964/65. Wiesbaden 1964. S. 72–80.

Louis, H. (1964): Über Rumpfflächen- und Talbildung in den wechselfeuchten Tropen, besonders nach Studien in Tanganyika. Zeitschr. f. Geomorph. N. F. 8, Sonderh. 1964, S. 43–70.

Morgan, W. B. (1969): The zoning of land use around rural settlements in tropical Africa. In: M. F. Thomas und G. W. Whittington (eds.): Environment and Land Use in Africa. London 1969. S. 317.

Nye, P. H. and D. J. Greenland (1960): The soil under shifting cultivation. Commonw. Bureau of Soils. Techn. Comm. No. 51. Commonw. Agric. Bureaux Farnham Royal. Bucks, Engl. 1960.

Odum, E. P. (1971): Fundamentals of Ecology. 3. Ed. Tab. 3–7, S. 51, Philadelphia 1971.

Penck, A. (1924): Das Hauptproblem der physischen Anthropogeographie. Sitzungsber. der Preuß. Ak. d. Wiss., Phys.-Math. Kl., 24, 1924. S. 249–257.

Revelle, R. (1976): The Resources Available for Agriculture. Scient. American 235, 1976, S. 165–178.

Rodin, L. E. und N. J. Basilevič (1968): World distribution of plant biomass. In: Functioning of terrestrial ecosystems at the primary production level. Proc. of the Copenhagen Symposium. UNESCO-Paris 1968. S. 45–50.

Rouvé, G. (1965): Ein Überblick über die Wasserwirtschaft Indiens. Die Wasserwirtschaft 55, 1965, S. 396–404.

de Schlippe, P. (1956): Shifting cultivation in Africa. London 1956.

Schmithüsen, J. (1972): Karte der Vegetationsgürtel in: Großes Duden-Lexikon. Bd. 8, Mannheim 1968.

Sombroek, W. G. (1966): Amazon Soils. Centre of Agricultural Publications. Wageningen 1966.

Wilde, S. A. (1968): Mycorrhizae and Tree Nutrition. Bio. Science 18, 1968. S. 23–31.

BALLUNGSGEBIETE – VERDICHTUNGSRÄUME

Leitung: C. BORCHERDT, H. J. BUCHHOLZ, G. KLUCZKA und K. WOLF

EINLEITUNGSWORTE ZU BALLUNGSGEBIETE – VERDICHTUNGSRÄUME

Von K. Wolf (Frankfurt)

Sehr geehrte Damen und Herren.

Die Sitzung „Ballungsgebiete – Verdichtungsräume", die ich hiermit eröffne, steht sicher nicht zuletzt deshalb am Beginn der Fachsitzungen des 41. Deutschen Geographentages, weil Mainz als eine der Kernstädte des rhein-mainischen Verstädterungsgebietes besonders dazu aufforderte, sich mit den Problemen von Ballungsgebieten und Verdichtungsräumen auseinanderzusetzen, bestimmt die Lebenssituation in diesen Regionen doch weitgehend die Entwicklung nicht nur der Bundesrepublik Deutschland oder Europas, sondern in zunehmendem Maße auch der Welt. Sich mit ihnen noch stärker als bisher auseinanderzusetzen, muß daher vordringliche Aufgabe der Geographen sein. Besonders die Strukturen und Prozesse der kernstadtnahen und peripheren Urbanisierungsräume sind in ihren Ursachen und Folgen noch zu wenig erforscht, um tragfähige raumordnungspolitische Leitbilder vermitteln zu können.

Die vom Zentralverband der Deutschen Geographen eingesetzte Kommission zur Vorbereitung der Sitzung ging daher bei der Ausschreibung von der Überlegung aus, daß von geographischer Seite diesen suburbanen und peripheren Gebieten der Verdichtungsräume besonderes Interesse zuteil werden müsse, um die hier einerseits in den vergangenen Jahren gravierenden Veränderungen der Siedlungs- und Wirtschaftsstruktur zu analysieren und andererseits wissenschaftliche Erkenntnisse für die Weiterentwicklung der noch unzureichenden ordnungs- und entwicklungspolitischen Konzepte und Instrumentarien der Raumordnungspolitik solcher Räume vorzulegen.

Themen, die sich etwa mit der Veränderung von Beziehungsgefügen, Veränderung der Bevölkerungsstrukturen im Verdichtungsraum in ihren Ursachen und Wirkungen, Hintergründen der Wohn- und Arbeitsstandortbe- und umbewertungen befassen, schienen uns etwa adäquate Inhalte einer anwendungsrelevanten Analyse dieser Problemräume. Trotz Verdoppelung des ursprünglich vorgesehenen Zeitvolumens und einer dadurch bedingten unumgänglichen Aufteilung der Sitzung in zwei Nachmittagsprogramme konnte nur knapp die Hälfte der erfreulicherweise so zahlreichen Referatanmeldungen berücksichtigt werden.

Soweit es die eingereichten Kurzfassungen erkennen ließen, wurden Referate ausgewählt, die aufgrund empirisch gewonnener Erkenntnisse die oben genannten Fragekreise entweder im suburbanen und peripheren Verdichtungsraum behandeln oder diese Zonen funktional mit den Kerngebieten der Ballung zusammen analysieren.

Da Geographie als Wissenschaft nicht nur von der Gesellschaft, sondern auch für die Gesellschaft sich mehr und mehr nicht allein von der universitären Forschung mit den

Problemen der Raumordnung auseinandersetzt, sondern durch ihre Vertreter auch in praktische Entscheidung von Regionalplanung und Raumordnung gestellt wird, ist es erfreulich festzustellen und sicher für die wissenschaftliche Diskussion sehr fruchtbar, daß Geographen der Hochschule und der Praxis zur Analyse des Forschungsgegenstands Ballungsraum/Verdichtungsgebiet beitragen, sicher nicht zuletzt ein Beleg für die Praxisorientierung heutiger Geographie!

Wir hoffen und wünschen, daß der Anspruch, anwendungsrelevante empirisch-analytische Erkenntnisse zum Problemfeld Ballungsgebiet/Verdichtungsraum besonders im suburbanen und peripheren Bereich vorzulegen, durch die Referate, trotz aller zeitlicher Beschränkung, die ich alle Beteiligten noch einmal eindringlich zu bedenken bitte, eingelöst wird und so die wissenschaftliche und raumordnungspolitische Diskussion über den Tag hinaus anzuregen imstande ist.

ERGEBNISSE QUANTITATIVER UNTERSUCHUNGEN ZUR MESO- UND MIKROREGIONALEN BEVÖLKERUNGSGEOGRAPHIE DES RHEIN-NECKAR-RAUMES

Mit 17 Abbildungen und 1 Tabelle

Von Werner Fricke, Heinz-Henning Bott, Reinhard Henkel und Wolfgang Herden
(Heidelberg)

DIE DIFFERENZIERUNG DER RÄUMLICHEN BEVÖLKERUNGSBEWEGUNG ALS RAHMEN FÜR DIE DETAILANALYSE EINES BALLUNGSGEBIETES

Von W. Fricke

Es war das Ziel eines von der DFG geförderten bevölkerungsgeographischen Schwerpunktprogrammes am Geographischen Institut Heidelberg, den Prozeß der allochthonen Wohnvorortbildung in einem Ballungsgebiet aufgrund der amtlichen Statistik durch den Einsatz von EDV gestützen Analysetechniken zu erfassen und die raumzeitlichen Gesetzmäßigkeiten wenigstens partiell durch quantitativ belegte Modelle darzustellen[1]. Dieser mesoregionale Ansatz bedurfte der erklärenden Analyse mit Hilfe sozialgeographischer Feldarbeit im mikroregionalen Maßstab. Meine Aufgabe ist es nun, für zwei daraus ausgewählte Themenkreise den Rahmen vorzustellen und die Ergebnisse dann in die regionalplanerische Problematik einzufügen. Auf der Abb. 1 ist u. a. der von Boustedt, Müller und Schwarz (1968) auf Grund der Einwohnerarbeitsplatzdichte 1961 und eines starken Bevölkerungswachstums 1961–63 abgegrenzte Verdichtungsraum dargestellt. Einen Überblick über die Siedlungsflächen des Rhein-Neckar-Raumes im Jahre 1961 gibt die Karte von P. Loest (1967)[2], die im Rahmen der Untersuchungen über „Die Ansprüche der modernen Industriegesellschaft an den Raum" des Ausschusses „Raum und Natur" der Akademie für Raumforschung und Landesplanung veröffentlicht wurde. Geht man von der Siedlungsfläche aus, ist nur das zentrale Gebiet von Mannheim-Ludwigshafen-Frankenthal und die von Heidelberg ausgehende Bergstraßenachse als verdichtet zu bezeichnen.

Die weiten landwirtschaftlich genutzten Flächen zwischen den Siedlungen lassen Zweifel an der Verwendung des Begriffes „Verdichtungsraum" gerechtfertigt erscheinen. Wir werden damit auf die Problematik der Abgrenzung einer wie auch immer benannten Siedlungs- und Bevölkerungsverdichtung durch wenige Daten (U. Eichenberger, 1968, 30) hingewiesen.

Die Grenze der Stadtregion 1970 überschreitet die des Verdichtungsraumes 1961–63 besonders im W und O, was sowohl aus der zeitlichen Entwicklung als auch den verwendeten Methoden zu erklären ist. Durch ein Rechteck ist das von dem Ausschuß „Raum und Natur" untersuchte Gebiet eingezeichnet, die Zackenlinien stellen die naturräumliche

---

[1] Auch an dieser Stelle sei der Deutschen Forschungsgemeinschaft für die Förderung gedankt.
[2] Auf die Wiedergabe der im Vortrag verwendeten, an anderem Ort veröffentlichten Karten wird hier verzichtet.

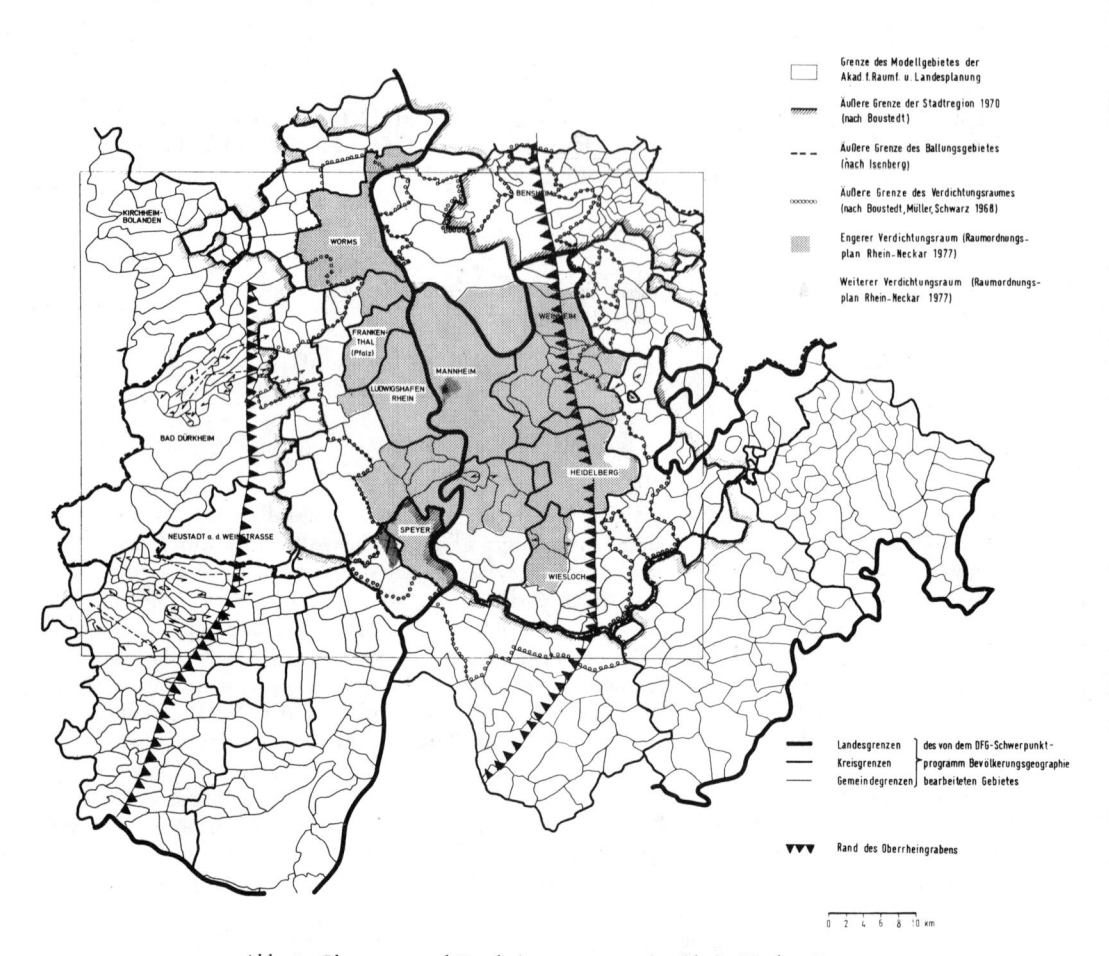

Abb. 1 Planungs- und Bearbeitungsgrenzen im Rhein-Neckar-Raum

Begrenzung des Oberrheingrabens dar. Ich möchte besonders auf die asymmetrische Lage der Verdichtung im Oberrheingraben hinweisen. Das Muster der Gemeindegrenzen deckt das im DFG-Programm am Geographischen Institut der Universität Heidelberg in die Untersuchung einbezogene Gebiet.

Bei der Abgrenzung der Stadtregion 1970 nach O. Boustedt besteht der Vorteil, neben strukturellen Daten auch die funktionale Zuordnung der Ergänzungsgebiete, der verstädterten Zone und der Randzone zu den Kernstädten Heidelberg, Mannheim, Ludwigshafen,

Frankenthal und Worms herauszuarbeiten. In einer jüngeren Veröffentlichung synchorologisiert Boustedt (1975a, 264) die suburbane Zone nur mit dem Raum von der Kernstadt bis in die Randzone der Stadtregion, eine nach unseren Ergebnissen zu enge Begrenzung. Zumindest in dem speziellen Fall unseres Untersuchungsgebietes erweist sich die Grenze des Ballungsgebietes nach Isenberg als brauchbarer, da sie mit Ausnahme des Gebietes um Eisenberg – westlich von Ludwigshafen – und des Kraichgaus, die durch die Pendelwanderung mit dem Rhein-Neckar-Raum verflochtenen Gemeinden erfaßt. Die Kommunale Arbeitsgemeinschaft Rhein-Neckar hat das gleiche Gebiet 1968 in ihren Raumordnungsplan einbezogen. In ihm wohnen Ende 1966 1,65 Mill. Menschen auf 3220 km², hiervon allein in den Oberzentren Mannheim, Ludwigshafen, Frankenthal und Heidelberg 41%. Neun Jahre später sind es 100 000 Bewohner mehr. Hinsichtlich der wirtschaftlichen Bedeutung weist 1. die geringe Größe der Kernstädte, 2. der von P. Klemmer (1971) für 1961 errechnete Metropolisierungsgrad, 3. der starke Anteil von Industriebeschäftigten an den Erwerbspersonen 1966–72 (54,6 auf 57,2%) und am BIP auf die erst nach Frankfurt und Stuttgart folgende Stellung hin, (G. Isenberg 1974, Raumordnungsplan Rhein-Neckar 1977 und Entwurf 1968). Noch gravierender ist der von Isenberg (1974) hervorgehobene geringe Anteil an Großunternehmen, an Führungspositionen von Entscheidungsträgern der „Wirtschaftsmacht und Wirtschaftskraft" für die Beurteilung der wirtschaftlichen Tendenz. Auch

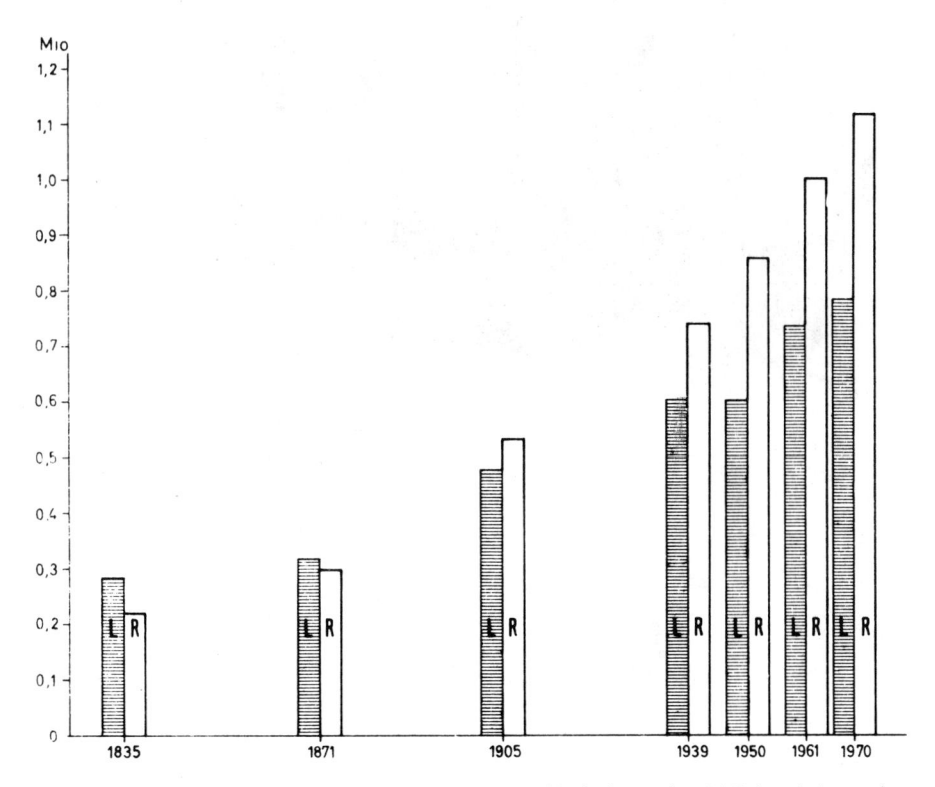

Abb. 2 Entwicklung der Einwohnerzahlen im rechts- und linksrheinischen Teil des Rhein-Neckar-Gebietes 1835–1970

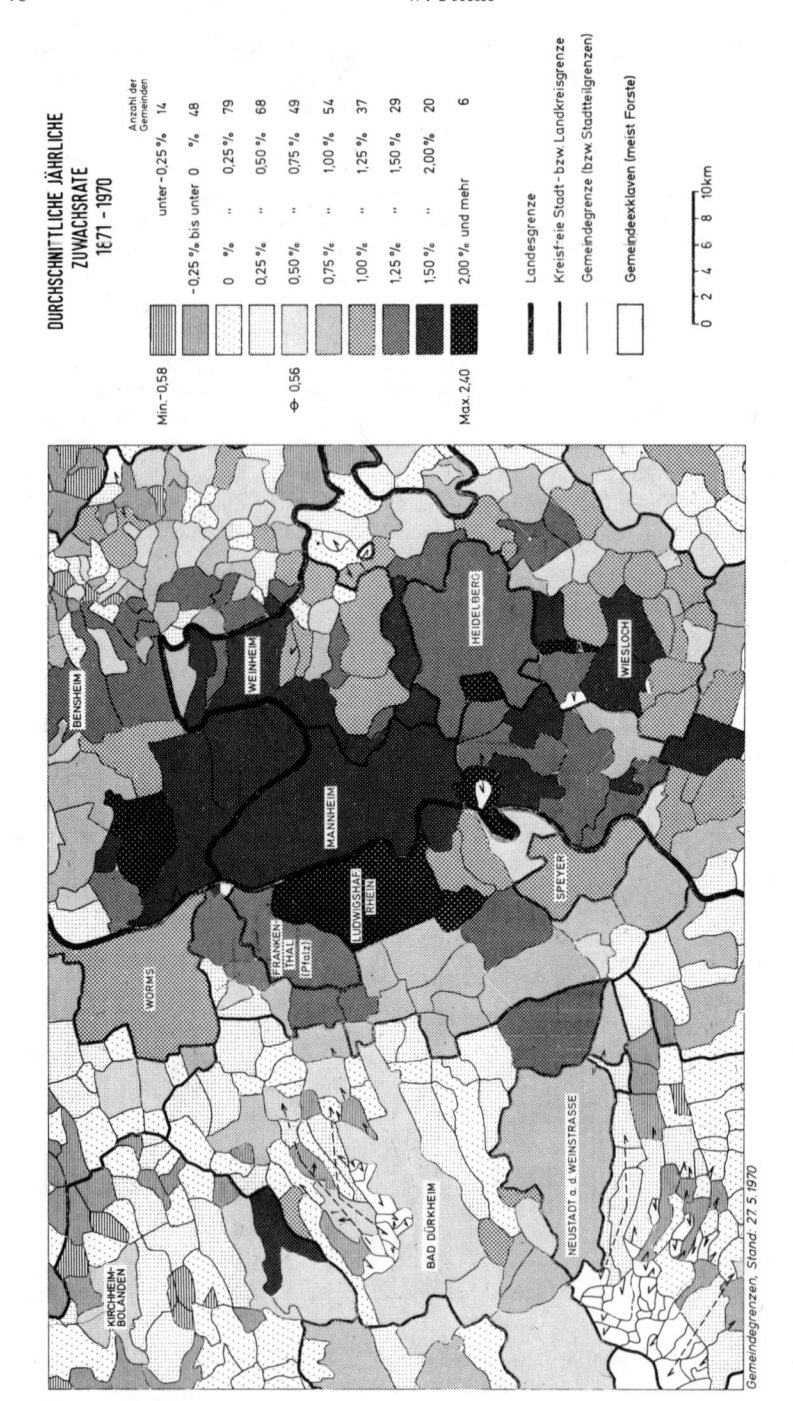

Abb. 3 Bevölkerungsentwicklung der Gemeinden des Rhein-Neckar-Raumes seit der Phase der Hochindustrialisierung

der 1970 gegründete Regionalverband Rhein-Neckar kann die Folgen der peripheren Lage des Ballungsgebietes in den drei an ihm beteiligten Ländern Rheinland-Pfalz im W, Hessen im NO und Baden-Württemberg im O nicht ausgleichen.

Die Analyse der räumlichen Bevölkerungsbewegung seit Beginn der Industrialisierung 1835 – getrennt für den rechts- und linksrheinischen Teil in einem Säulendiagramm (Abb. 2) – zeigt uns die Umkehrung der Proportionen im Rhein-Neckar-Raum: Wohnten anfangs 3 von 5 Bewohnern westlich des Rheines, so hat sich durch das starke Bevölkerungswachstum, insbesondere infolge mehrerer Zuwanderungsschübe, das Gewicht auf den rechtsrheinischen Teil verschoben. Die unterschiedliche raumwirksame Staatstätigkeit des rheinbayerischen Bezirks bis hin zur französischen Besatzungszone gegenüber der Badens und die daraus erwachsene Lage großräumiger Verkehrsachsen waren für die Industrie- und damit Bevölkerungsentwicklung entscheidende Allokationsfaktoren (W. Fricke, 1976a). Das unterdurchschnittliche Wachstum der Randzonen, insbesonders aber die Mehrzahl der Gemeinden des westlichen Teiles, kommt auf der Abb. 3 mit der durchschnittlichen jährlichen Zuwachsrate zwischen 1871 und 1970 besonders deutlich zum Ausdruck.

Als ein Ausschnitt aus der vorletzten Phase des Entwicklungsprozesses wird auf die Abb. der Attraktivitätsziffer – berechnet aus den Wanderungssalden je 1000 Einwohner zwischen 1961 und 1970 – verwiesen (W. Fricke, 1976a, Karte 7). Sie zeigt für Heidelberg, die meisten Mittelstädte und den ländlichen Raum negative Werte. Nur schwachen Gewinn trotz stärkeren Ausländerzustromes hatten Mannheim und Ludwigshafen. Dafür schälen sich die Gewinner in der intra- und interregionalen Wanderungsbewegung mit über 300% in allen Außenzonen der Stadtregion und darüber hinaus in landschaftlichen Vorzugsräumen heraus. In diesen Gemeinden ist 1970 eine erhebliche Verdichtung der Bevölkerung erreicht, wie aus der Abb. der bereinigten Bevölkerungsdichte (W. Fricke, 1976a, Karten) zu erkennen ist. Nur auf die Gemarkungsfläche ohne Wald bezogen, werden zwischen Rhein und Bergstraße, von Bürstadt und Bensheim im N bis Ketsch und Wiesloch im S Werte von über 700 Menschen auf dem km² registriert. Die Dichte der Großstädte mit über 1000 Einwohner je km² weisen auch bereits die angrenzenden Gemeinden auf. Mit dem Ziel Modellbildung im mesoregionalen Maßstab wurde nun das linksrheinische Gebiet im Rahmen des DFG-Programmes genauer untersucht. Das sich nun anschließende Referat von Herrn Dr. Reinhard Henkel faßt die im wesentlichen von Herrn Heinz-Henning Bott und ihm betriebenen Studien zusammen und konzentriert sich auf den westlichen Teil des Rhein-Neckar-Raumes.

ANALYSE UND MODELLBILDUNG IM MESOREGIONALEN MASSTAB FÜR DEN LINKSRHEINISCHEN TEIL DES UNTERSUCHUNGSGEBIETS

Von H.-H. Bott und R. Henkel

Ein erster Schritt, um das Untersuchungsgebiet in seiner Grobstruktur in den Griff zu bekommen, war eine Gemeindetypisierung mit Hilfe der Faktorenanalyse und anschließender Distanzgruppierung. 107 Variablen aus den Themenbereichen Wirtschaftsstruktur, Wohn- und Haushaltsstruktur, Bildung, Altersgliederung, Bevölkerungsbewegung, Infrastruktur und Finanzstruktur wurden ausgewählt, von denen angenommen wurde, daß sie genügend Informationen über das Gefüge der Agglomeration enthielten. 201 Gemeinden des linksrheinischen Rhein-Neckar-Raums wurden in die Analyse einbezogen. Die Distanzgruppierung, die auf Grund der Faktorenwerte der insgesamt 6 extrahierten Faktoren durchgeführt wurde, wurde bei einer Einteilung in 8 Gruppen abgebrochen. Bei der kartographischen Darstellung des Typisierungsergebnisses (Abb. 4) stellt sich heraus, daß sich um die Verdichtungskerne, die selbst zur Gruppe 1 gehören, ein Ring von Umlandgemeinden (Gruppen 2 bis 4) legt. Dabei ist ein Unterschied zwischen der Vorderpfalz im Norden des Untersuchungsraumes, die vorwiegend auf Ludwigshafen, Frankenthal und Worms ausgerichtet ist, und der Südpfalz (den heutigen Landkreisen Landau – Bad Bergzabern und Germersheim) zu beobachten: Während im Norden die Umlandgemeinden vorwiegend zur Gruppe 3 gehören, dominiert in der Südpfalz Gruppe 4. Die Gemeinden der letzteren Gruppe sind vor allem bestimmt durch hohe Werte auf Faktor 2. Dieser hinwiederum wird hoch geladen von Variablen, die über das „generative Verhalten" der Gemeinden im weitesten Sinne Auskunft geben. Hier schlägt sich die Tatsache nieder, daß etwa die Gemeinden um den linksrheinischen „Brückenkopf" von Karlsruhe, Wörth, die erst nach 1961 stärker in die Wohnvorortbildung einbezogen wurden, offenbar stärker reproduktiven Bevölkerungsanteil unter den Zugezogenen aufweisen als die älteren Wohnvororte Ludwigshafens. Auffällig ist weiterhin, daß offenbar Worms im Norden und Westen kein Ergänzungsgebiet ausgebildet hat, da hier keine Gemeinden der Gruppen 2 bis 4 auftauchen. Die 5 Gemeinden der kleinsten Gruppe 2 weisen alle einen äußerst starken Bevölkerungszuwachs in den letzten Jahren auf und sind zu reinen Wohnvororten oder selbst zu Arbeitsstandorten geworden.

Will man in der Analyse von Ballungsgebieten oder anderen größeren Regionen zu raumzeitlichen Gesetzmäßigkeiten im mesoregionalen Maßstab vordringen, so werden meistens selbst Untersuchungen mit Hilfe von so aufwendigen Methoden wie der Faktorenanalyse dadurch belastet, daß die herkömmliche verwaltungsmäßige Gliederung der Raumeinheiten die Ergebnisse verfälscht. Die Hauptnachteile sind:
1. Die Gemeinden als Bezugseinheiten weisen sehr unterschiedliche Formen und Größen auf.
2. Die Begrenzungen der Bezugseinheiten sind starken zeitlichen Veränderungen unterworfen, so daß eine Vergleichbarkeit oft nur mit sehr viel Mühe erreicht werden kann. Besonders die mittlerweile in fast allen Bundesländern durchgeführte Gebietsreform wird sich hier bemerkbar machen.

Hägerstrand (1970, S. 280 f.) beklagt dieses bei allen Geographen bekannte Übel und beneidet die Bevölkerungs- und die Wirtschaftswissenschaften um ihre weitaus bessere Position in dieser Beziehung:

„In Augenblicken der Unzufriedenheit mit dem Stand der Geographie ist es trostreich, darüber nachzudenken, welche Art von Demographie oder Ökonometrie wir hätten, wenn die Geburtenzahl oder das Produktionsvolumen für Regierungsperioden der Premierminister oder Bürgermeister oder für ähnlich willkürliche Zeiteinheiten ausgewiesen würden."

Als Alternative bieten sich systematische Raumeinteilungen an (vgl. Dheus 1970, S. 10 ff.), von denen die einfachste, das Quadratraster, aufgegriffen wurde. Es vermeidet die oben angegebenen Nachteile der verwaltungsmäßigen Raumgliederung und hat zusätzlich den Vorteil, daß die Werte jeder geographischen Variablen dadurch, daß das Raster sie in Form einer Matrix anordnet, unmittelbar der Auswertung und Darstellung mit Hilfe der EDV zugänglich gemacht werden können. Diese „Raummatrix" (wohl zu unterscheiden von der „Geomatrix" oder geographischen Matrix im Sinne von Berry [1964]) dürfte damit eins der elementaren Werkzeuge geographischer Forschung sein.

Bisher wurden in Deutschland Raumanalysen mit Hilfe von Rastereinteilungen fast ausschließlich im mikroregionalen Maßstab (meist nur innerstädtisch) durchgeführt (siehe Überblick bei Dheus 1970), während wir ein recht ausgedehntes Gebiet auf Grund von rasterbezogenen Daten untersuchten. Eine Maschenweite von 500 m wurde gewählt und

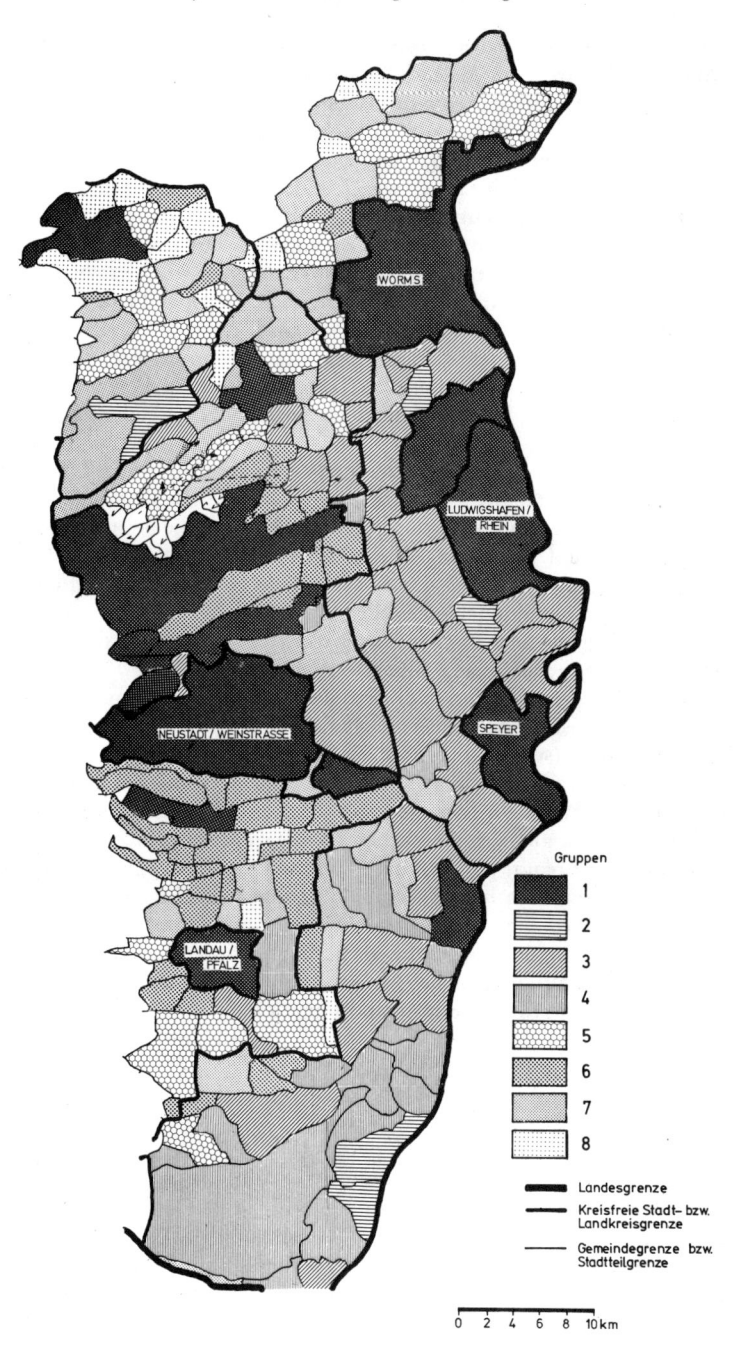

Abb. 4 Distanzgruppierung in acht Gruppen

sämtliche Wohngebäude des Untersuchungsgebietes, das auf einer Fläche von 2963 km² 920 685 Einwohner (1970) hat, im Gelände bzw. wenn es möglich war, anhand von Topographischen Karten, Katasterkarten und Plänen, den Rastern zugeordnet. Anschließend erfolgte in Zusammenarbeit mit dem Statistischen Landesamt Rheinland-Pfalz (Bad Ems) die Zuordnung jeder von der Volkszählung 1970 erfaßten Person zu den Rastern. So hatten wir schließlich, nachdem einige Daten aus Gründen der Geheimhaltung gemäß dem Datenschutzgesetz gelöscht waren, Zugriff zu den gesamten Informationen der Volkszählung 1970 auf Rasterbasis. Im Gegensatz zu den meisten auch quantitativen Untersuchungen der Geographie, die mit Stichproben arbeiten, stand uns damit also eine Gesamterhebung in einem recht großen Raum zur Verfügung. Es zeigte sich, daß das Landesamt unseren Untersuchungen durchaus aufgeschlossen gegenüberstand. Von seiten der Geographie müßte hier darauf gedrungen werden, daß grundsätzlich in die staatlichen statistischen Erhebungen (etwa der nächsten Volkszählung 1980) eine Verrasterung dieser oder ähnlicher Art oder gar eine Zuordnung von Raumkoordinaten zu den Wohngebäuden aufgenommen wird.

Mit diesen Daten können nun zunächst mit dem Programm RASTER (Autor: G. Rathmann, URZ Heidelberg) thematische Karten durch einen Plotter automatisch hergestellt werden. Absolute und relative Darstellungen sind möglich (siehe Beispiel Abb. 5). Die absoluten Darstellungen sind gleichzeitig Dichtekarten, da jeweils gleiche Flächen als Bezugsbasis zugrundeliegen. Die Wahl des 500 x 500 m-Rasters ermöglicht hier eine Verknüpfung von regionaler und innergemeindlicher Analyse.

Nun war die Herstellung von thematischen Karten nicht das alleinige Ziel des Programms. Vielmehr sollten räumliche Trends herausgefiltert werden. Die Grundhypothesen der Arbeit lassen sich kurz so formulieren: Wir fassen die Erdoberfläche als Kontinuum auf, auf dem sich der Wandel geographischer Merkmale als Funktion der Distanz nach bestimmten Gesetzmäßigkeiten vollzieht (standorttheoretischer bzw. chorologischer oder raumwissenschaftlicher Ansatz). Diese Gesetzmäßigkeiten werden auch räumliche Trends genannt (Chorley and Haggett 1965). Es gilt nun, sie durch Trendgleichungen im mesoregionalen Maßstab zu definieren. Diese globalen räumlichen Trends werden deutlich von den mikroregionalen Verhältnissen getrennt, die nach der Definition des mesoregionalen Trends als Abweichungen von letzterem identifiziert werden. Die allgemeine Fragestellung lautet: In welcher Abhängigkeit stehen die jeweils betrachteten Variablen zu den unabhängigen Größen geographische Länge x und geographische Breite y, aufgegliedert in den mesoregionalen und den lokalen bzw. mikroregionalen Effekt. Allgemein und übersichtlich kann dies folgendermaßen formuliert werden: Gesucht sind Funktionen

$$f(x, y) = z = z_r + z_l,$$

wobei
z_r = regionaler Anteil
z_l = lokaler Anteil
(vgl. Berlyant 1970, S. 839).

In einem ersten Arbeitsgang wird eine quasikontinuierliche Oberfläche nach der Methode der gleitenden Durchschnitte („moving averages") geschaffen. Bei dieser Methode wird einem Raster jeweils der Mittelwert der Variablenwerte aller Raster in einer je zu definierenden „Umgebung" (etwa eines Fensters von 5 x 5 Rastern) zugeordnet. Auf diese Weise erhalten auch die nicht mit Siedlungsfläche belegten Raster Werte. Die Ausgleichsfläche der Variablen „Anteil der Auspendler an den Erwerbstätigen" (Abb. 6) etwa, die aus Abb. 5 erstellt wurde, vermittelt einen ersten Eindruck der Gesetzmäßigkeit eines zentral-periphe-

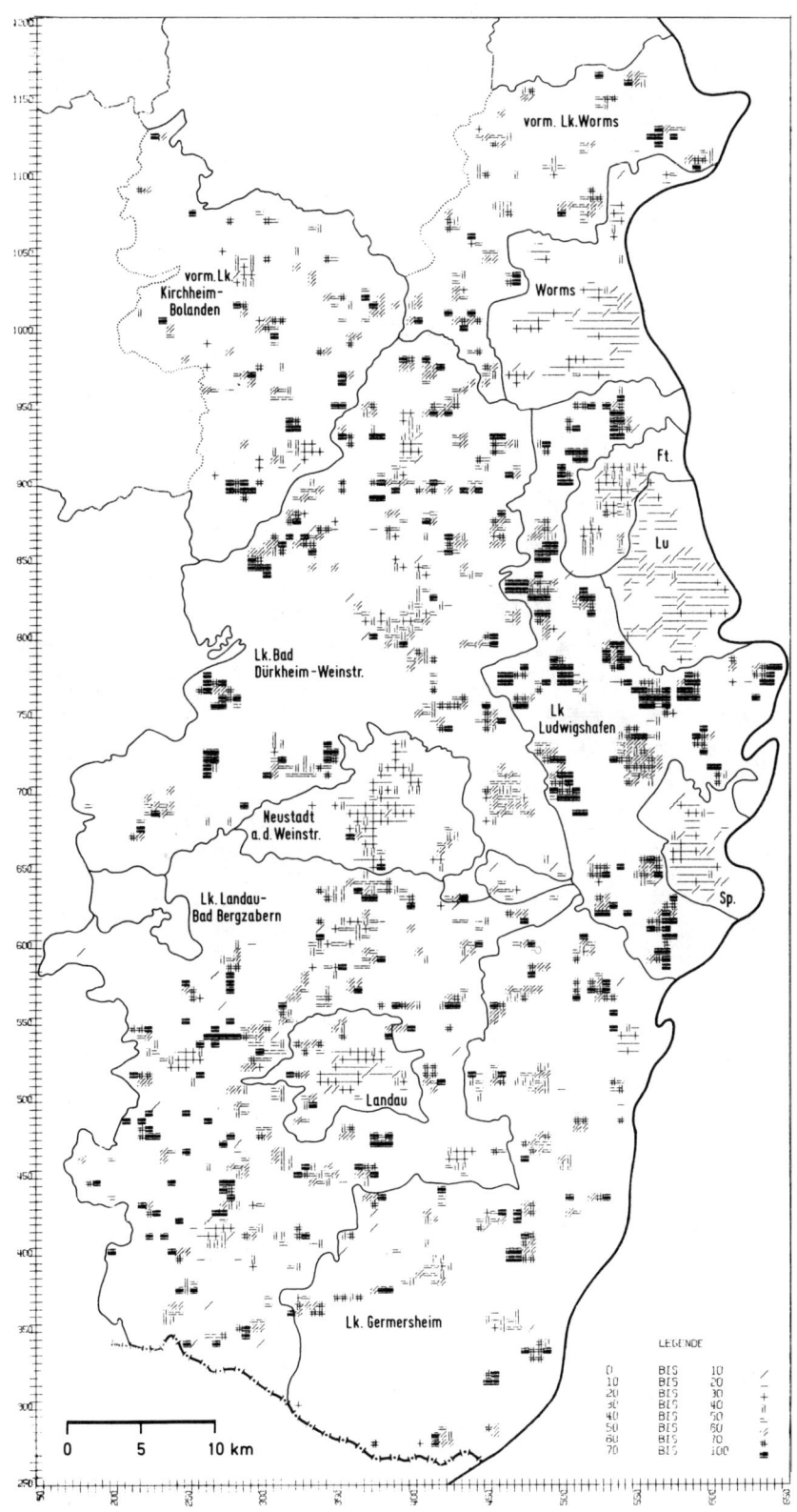

Abb. 5 Anteil (%) der Auspendler an den Erwerbstätigen 1970

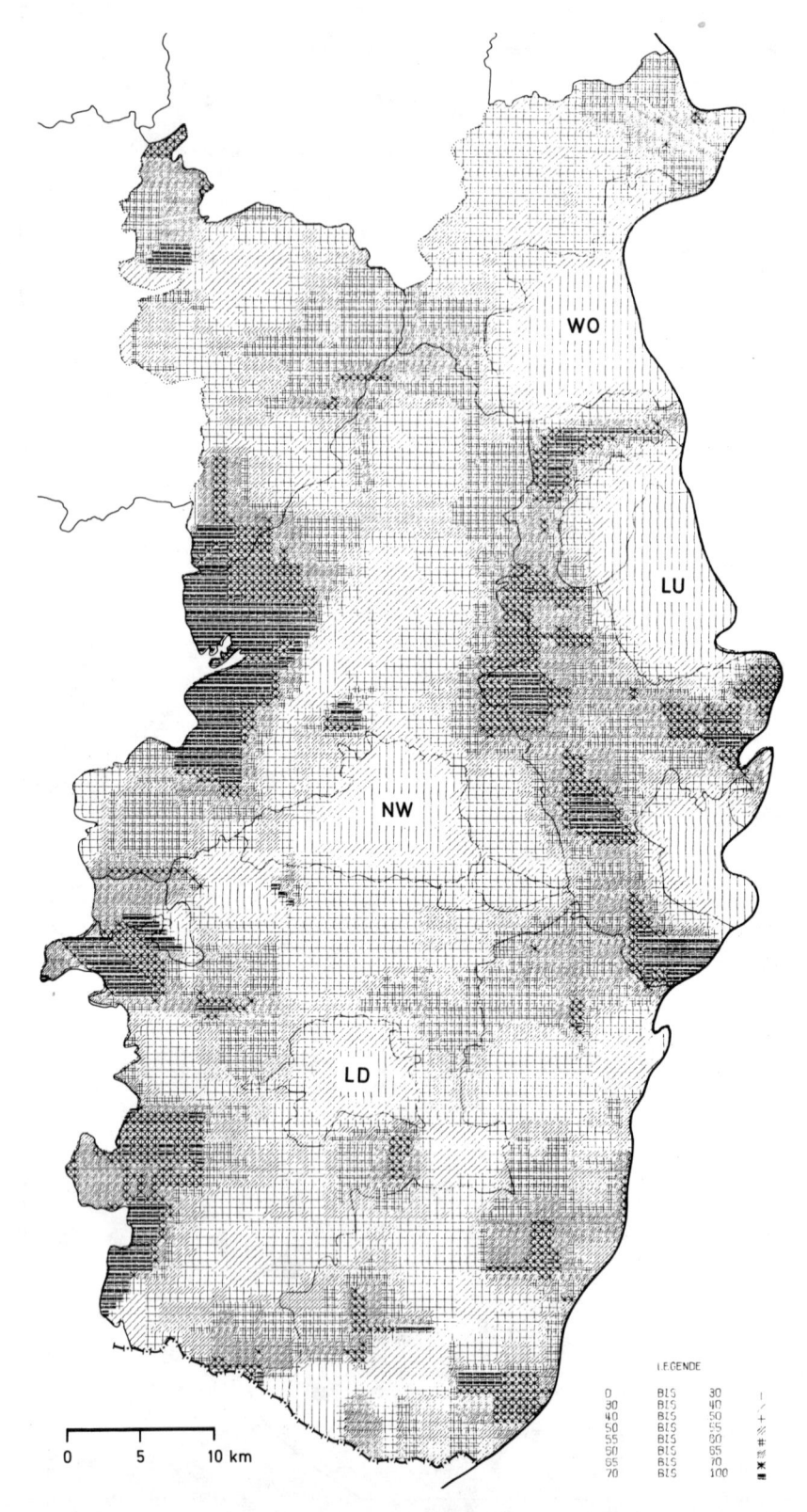

Abb. 6 Anteil (%) der Auspendler an den Erwerbstätigen 1970, Ausgleichsfläche nach der Methode der gleitenden Durchschnitte

ren Wandels. Die Darstellung nach Gemeindegrenzen ist hierbei überwunden zugunsten einer Heraushebung der Gesamtstruktur des Raumes.

Solche quasi-kontinuierliche Flächen können auch dann erzeugt werden, wenn Daten nur in der herkömmlichen Art vorliegen, also nach Verwaltungseinheiten gegliedert. Man überzieht das Untersuchungsgebiet mit einem Quadratgitter und ordnet jedem Raster, das überwiegend besiedelt ist, den Variablenwert der Gemeinde, zu der dieses Raster gehört, zu. Eine Gewichtung nach Gemeindegrößen wird hierbei dadurch erreicht, daß größere Gemeinden durch mehrere Raster vertreten sind.

Mit Hilfe der diesen Abbildungen zugrunde liegenden Raummatrizen werden nun auf der Fläche mit ihren Nord-Süd- und Ost-West-Koordinaten aus den gegebenen Variablenwerten Funktionen berechnet, die die lokalen Singularitäten ausgleichen und den regionalen Trend (also den Hauptverlauf) der Variablen klar herausarbeiten und gleichzeitig definieren. Dies geschieht mit der Methode der orthogonalen Polynome von Tschebyscheff (vgl. Berlyant 1970, Lorenz 1970). Wiederum an der Variablen ,,Anteil der Auspendler an den Erwerbspersonen 1950" wird dies für einen Teilraum von 22 x 15 km westlich von Ludwigshafen demonstriert, der vom Kern des Ballungsgebietes bis in den ländlichen Raum außerhalb der

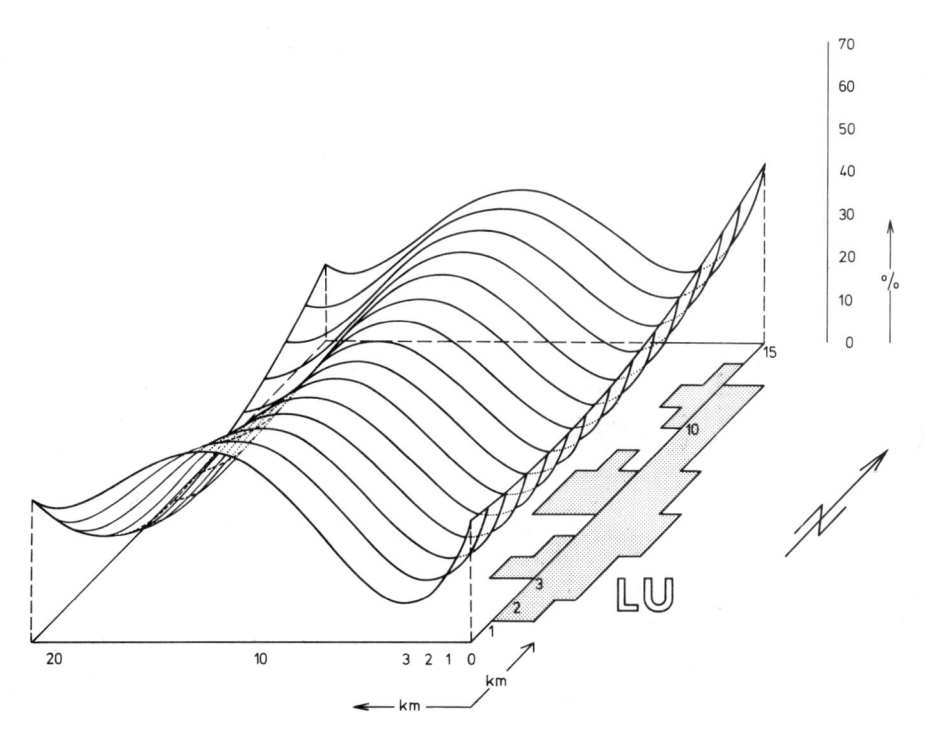

Abb. 7   Anteil der Auspendler an den Erwerbspersonen in % 1950, Darstellung der Trendoberfläche 4. Grades

Stadtregion reicht (Abb. 7). Man erkennt, wo die Fläche Maxima oder Minima aufweist; auch ein Sattelpunkt ist vorhanden, an dem die Fläche in Nord-Süd-Richtung ein Minimum, in Ost-West-Richtung ein Maximum hat. Diese Beobachtungen geben Anlaß zu mikroregionalen Untersuchungen. Bei der entsprechenden Darstellung für 1970 (Abb. 8) ist zunächst

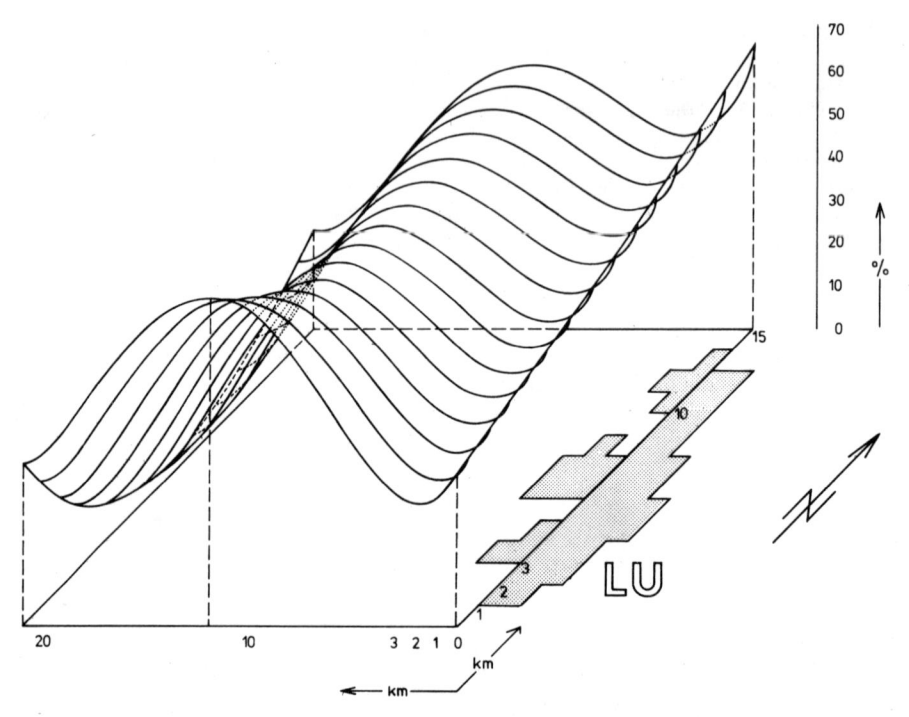

Abb. 8 Anteil der Auspendler an den Erwerbstätigen in % 1970, Darstellung der Trendoberfläche 4. Grades

das allgemeine starke Wachstum der Pendlertätigkeit im gesamten Gebiet festzustellen. Doch lassen sich auch deutlich räumliche Differenzierungen des Wachstumsausmaßes beobachten, wie die Differenzfläche 1950–1970 (Abb. 9) zeigt. Die Maximallinie des Wachstums beschreibt eine deutliche Kurve um Ludwigshafen mit einem Radius von etwa 8 bis 10 km, öffnet sich aber nach Norden in Richtung Worms.

Bei dem Ansatz zu einer Trendoberfläche bleibt es dem Bearbeiter selbst überlassen zu entscheiden, welchen Grad (= höchste auftretende Potenz) er für die Trendfunktion wählt. Dies wird jeweils vom Datenmaterial und von der Größe des Untersuchungsgebietes abhängen. Für die Betrachtung des lokalen Effekts werden Abbildungen der Differenzen zwischen den Werten der Trendoberfläche und den Aktualwerten herangezogen. Auch diese Residualflächen lassen sich wieder einer Trendoberflächenanalyse unterwerfen. Man kann so bestimmen, wo die großen Abweichungen, also die sehr „atypischen" Gebiete liegen und sie genauer charakterisieren.

SCHICHTENSPEZIFISCHE WOHNBEWERTUNGSVARIATIONEN
IM SUBURBANEN BEREICH DES WESTLICHEN RHEIN-NECKAR-RAUMES

Von W. Herden

Lokale Anomalien des meso-regionalen Entwicklungstrends sollen im folgenden anhand von Detailuntersuchungen einiger Auswahlgemeinden des westlichen Rhein-Neckar-

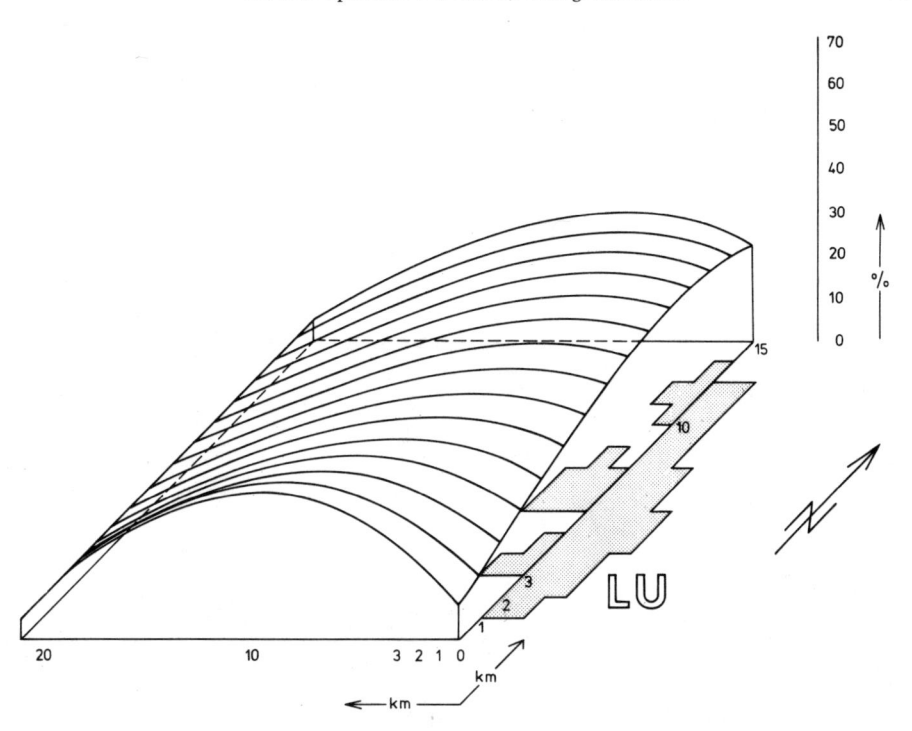

Abb. 9 Zuwachs des Auspendleranteils an den Erwerbspersonen 1950 bis 1970, Darstellung der Trendoberfläche 4. Grades

Raumes vorgestellt werden. Dabei wird speziell auf die Wohngebäudeentwicklung nach 1960 und auf schichtenspezifische Wohnbewertungsvariationen der Neuzugezogenen abgehoben.

Als begleitende Hintergrundinformation für die zu behandelnde Thematik dient Abb. 10, die den Anteil der Wohngebäude mit nur einer Wohnung an allen Wohngebäuden 1968 zeigt. Neben der trivialen Feststellung äußerster Asymmetrie beider Teilräume der Agglomeration Rhein-Neckar, ist gezielt auf den hohen Grad der Vereigenheimung des westlichen Teilgebietes hinzuweisen. Wohngebäudeverdichtung ohne verdichtetes Wohnen ist die treffende Bezeichnung für den fortdauernden Prozeß der Zersiedelung in Form von eingeschossiger Eigenheimbauweise. Die Gemeinde Limburgerhof, 7 km südlich Ludwigshafens (Abb. 11, 17°) erreicht mit 71% den höchsten Anteilwert aller suburbanen Gemeinden.

Da sich der Prozeß extremer Vereigenheimung u. a. aufgrund einer Wanderungsstromanalyse 1967–71[1] als räumliches Korrelat abkerniger Nahdistanzwanderungen deutscher Haushalte herausstellte, erschien es sinnvoll, bei den Neuzugezogenen in den Hauptzielgemeinden Haushaltsbefragungen durchzuführen. Erklärtes Untersuchungsziel war, die Zuwanderungsmotive offenzulegen, Besitz- und Mietverhältnisse abzuklären und Bewertungsunterschiede der Funktion Wohnen zwischen altem und neuem Wohnstandort aufzudecken.

---

[1] Die Wanderungsdaten für die Untersuchungsgemeinden wurden mir freundlicherweise von Herrn Hubert Stoll, Mitarbeiter in unserem bevölkerungs-geogr. Forschungsprogramm, zur Verfügung gestellt.

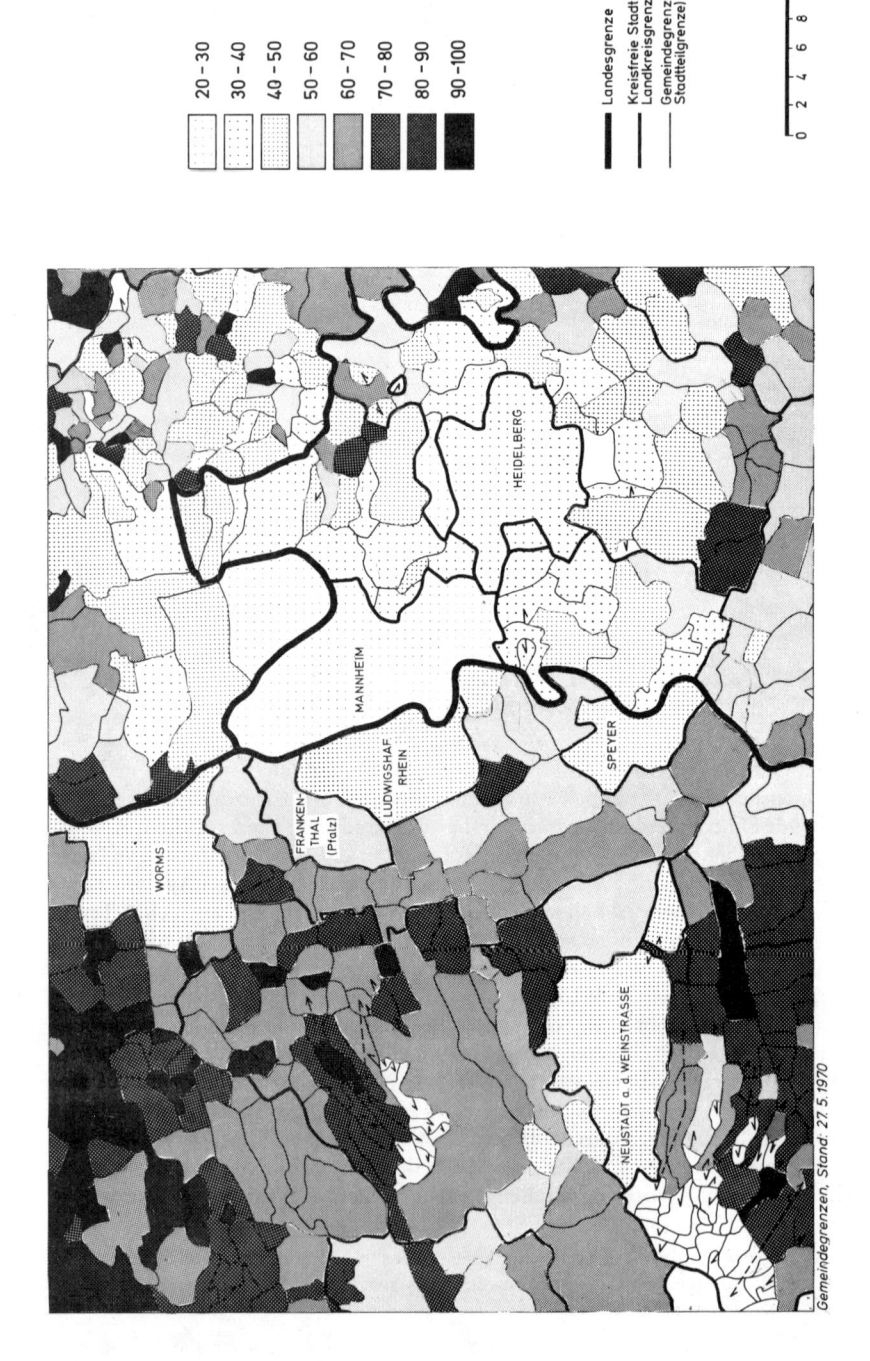

Abb. 10 Anteil (%) der Wohngebäude mit einer Wohnung an allen nichtlandwirtschaftlichen Wohngebäuden 1968

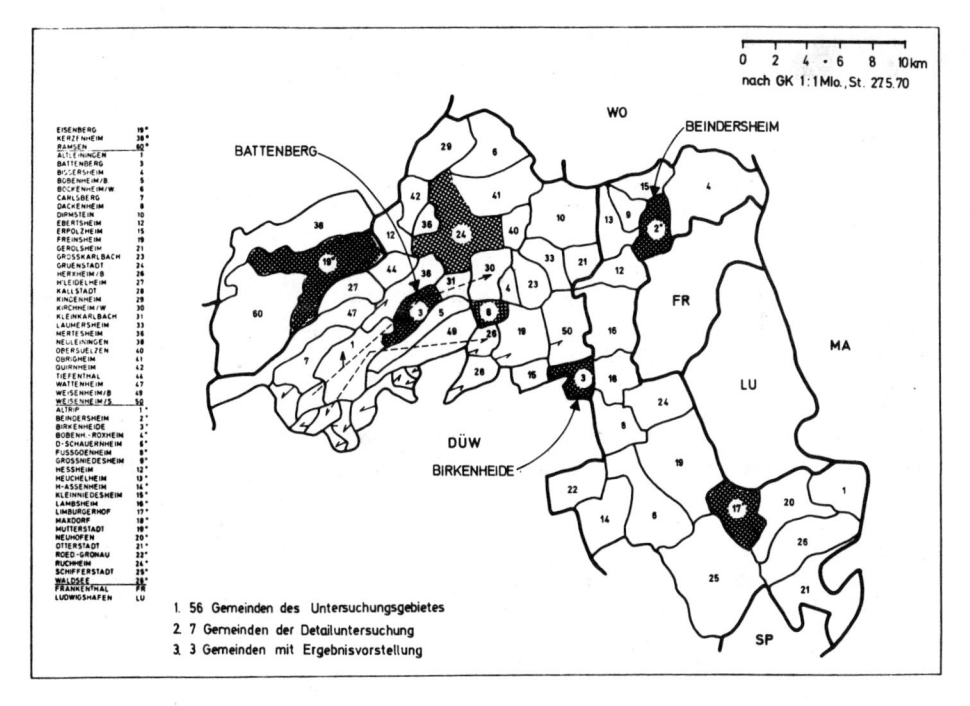

Abb. 11 Untersuchungsgemeinden

Zunächst wurde ein Ausschnitt von 56 Gemeinden des Kern-Rand-Gefälles wohnungs- und gebäudestatistisch analysiert (Abb. 11). Dabei handelt es sich im wesentlichen um die ersten drei Umlandgemeindenketten Ludwigshafens und ein Gemeindeband entlang der Bundesautobahn Mannheim-Saarbrücken. Die westlichste Gemeinde, Ramsen (60*), liegt nur 35 km vom Verdichtungskern entfernt. Mit Hilfe elementar-statistischer Kenngrößen, wie der Attraktivitätsziffer, der Mobilitätsziffer, des Anteils der Auspendler an den Erwerbspersonen etc. wurden 7 der 56 Gemeinden für eine Einzelanalyse ermittelt (Abb. 11).

Die Überprüfung der Auswahl durch eine nachgeschaltete Faktorenanalyse mit 107 Variablen und anschließender Distanzgruppierung nach 6 Faktoren (s. Beitrag H. H. Bott und R. Henkel) bestätigte die traditionell erzielten Resultate. Ein Vergleich mit der Distanzgruppierung nach D. Bartels und W. Gaebe aus dem sogenannten „Ernst-Gutachten" (1972) führte zur endgültigen Absicherung der Auswahl.

Ergebnisse von 3 der 7 Gemeinden (Abb. 11) werden nachfolgend vorgestellt. Die ersten beiden, Birkenheide und Beindersheim, lassen sich nach D. Bartels und W. Gaebe (1972) dem dynamischen Agglomerationstyp zuordnen, Battenberg dem stagnativen Peripherietyp. Das Attribut „stagnativ" für die periurbane Gemeinde Battenberg hat heute allerdings keine Gültigkeit mehr, wie das Ergebnis der Detailanalyse zeigen wird.

Nach einer Totalerhebung auf Wohngebäudebasis, z. T. anhand von Brandversicherungspolicen, wurden aus den Plotterkarten unseres Forschungsprogramms (Maschenweite 500 x 500 m) wichtige Grundinformationen über interessante Raster für die jeweiligen Haushaltsbefragungen gesammelt. Dem stilisierten Ortsgrundriß von Birkenheide (Abb. 12) ist zu entnehmen, wie das Großraster 500 x 500 m (in durchbrochenen Linien markiert) die Siedlungskörper der einzelnen Gemeinden zerschneiden kann.

Die 1936er Neugründung Birkenheide hat sich in der Nachkriegszeit, vor allem nach der gemeindlichen Verselbständigung 1952, zu einem quasi reinen Wohnvorort Ludwigshafens entwickelt, mit starker allochthoner Siedlungskörpererweiterung nach 1960. Mit ca. 2300 Einwohnern (1975) vertritt Birkenheide den dominanten Größenklassentyp 2000–5000 E. der suburbanen Gemeinden des westlichen Rhein-Neckar-Raumes (Herden, 1976).

Die repräsentative Haushaltsbefragung wurde in Form einer Zufallsstichprobe in den nach 1960 erstellten Wohngebäuden angesetzt (Abb. 12). Im Vergleich zu den Gemeindedaten 1970 gingen in die Stichprobe leicht überhöhte Anteile von Arbeiter- und Angestelltenhaushalten ein, was aber durch die detailliertere Information einer gleichthematischen 500 x 500 m Rasterkarte als korrekt abgesichert ist. Das Verhältnis von Arbeiter- zu Angestellten- und Beamtenhaushalten von 2,3:1 zeigt die starke Arbeiter-geprägte sozialstrukturelle Zusammensetzung der Gemeinde.

63% der befragten Haushalte waren nach 1960 zugezogen, 18% nach 1970. Von den Zugezogenen kamen 42% aus Ludwigshafen mit Hauptquellgebiet Ludwigshafen-Oppau. Das entspricht in etwa dem Gemeindeergebnis der Wanderungsstromanalyse 1967–71, wonach 49% der Zuwanderer aus Ludwigshafen kamen mit altersspezifischer Dominanz in den Gruppen der 21–34, 35–49jährigen und deren Kindern unter 15 Jahren. Das Verhältnis Besitzer/Mieter betrug bei den Zugezogenen 3:1. Als Hauptzuzugsmotiv wurde in 38% der Fälle der „Erwerb von Haus- und Grundbesitz" genannt. Mit weitem Abstand folgten die Nennungen „größere Wohnung", „Heirat bzw. Einheirat" und „schöne Wohngegend". Gegenüber der 1970er Gemeindezahl 21,8 m² WF/P[1] weist das Stichprobenmittel von 28,5 m² auf das differenziertere Wohnraumanspruchsniveau der zuletzt zugezogenen mittleren und höheren Sozialschichten an der Westperipherie hin. Neben sozialstatistischen Kriterien läßt sich dieses Neubaugebiet vor allem durch die Höhe der Versicherungssummen pro Wohngebäude gegenüber der durch Arbeiter getragenen Ausbauphase 1966–70 abgrenzen.

Bei einer jungen Wohngemeinde wie Birkenheide, die sich durch starken Zuzug nach 1960 von einer einseitig arbeiter-lastigen Sozialstruktur allmählich zu einem sozial-strukturell heterogenen Gemeinwesen entwickelt hat, sind die Fragen der Einstellung der Bewohner zu ihrer neuen Wohngemeinde und vor allem die Bewertungsunterschiede zwischen altem und neuem Wohnstandort hinsichtlich der Funktion Wohnen von Interesse. Das Verhältnis von Positiv- zu Negativnennungen für Birkenheide lag bei 2,5:1 mit Priorität „Eigenheim" in der Positivliste und Erstnennung „schlechte Nahverkehrsverbindungen" im Negativkatalog. Um die Bewertung des Wohnens im Vergleich zur Bewertung anderer Primärbedürfnisse zu sehen, wurde ein bestimmter Komplex des Fragebogens mit Hilfe des sogenannten Polaritätsprofils ausgewertet, das seit den Veröffentlichungen von C. E. Osgood (1952, 1957) in den Sozialwissenschaften ein breites Anwendungsfeld gefunden hat. Es wird hier in modifizierter Form vorgestellt, und zwar für die Nennungen der stärksten Stichprobengruppe, die Arbeiterhaushalte (Abb. 13; 1 = beste Bewertung, 6 = schlechteste Bewertung). Das Ergebnis zeigt eine relativ homogene Kurve für den früheren Wohnstandort mit einem Maximum für die Verkehrsverhältnisse und einem Minimum für den Bereich des Wohnens. Diesen Wohnstandort mit durchschnittlicher Bewertung hat der Zugezogene aufgegeben, um dominant ein Ziel zu verfolgen, besser zu wohnen. Die Kurve für den neuen Wohnstandort Birkenheide ist viel heterogener, zeigt vor allem viel stärkere negative Extreme als die des früheren Wohnstandortes. Ein Vergleich der mit „+" und „-" belegten Flächenstücke

---
[1] Wohnfläche je Person

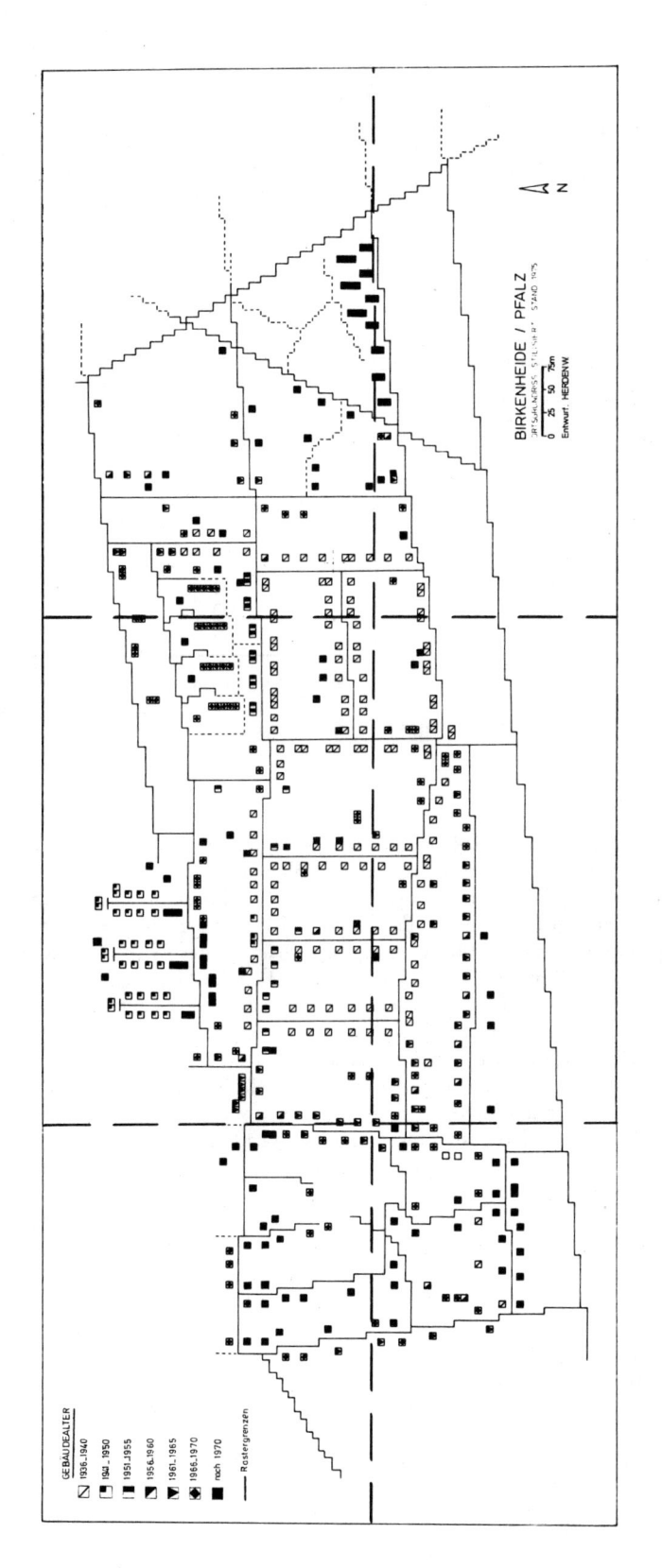

Abb. 12   Alter der Wohngebäude in Birkenheide 1975

```
                                    ——— früherer Wohnstandort
                                    ––– Birkenheide
```

Wohnungsmöglichkeiten insgesamt
Verkehrsverhältnisse
Einkaufsmöglichkeiten
berufliche Aufstiegsmöglichkeiten
Arbeitsmöglichkeiten überhaupt
Erholungs- und Freizeitmöglichkeiten
landschaftliche Schönheit
kulturelles Niveau
Unterhaltung und Gaststätten
Aufgeschlossenheit der Bevölkerung
Kontaktfreudigkeit der Bevölkerung

1 2 3 4 5 6
Bewertungsklassen

Abb. 13 Birkenheide: Polaritätsprofil

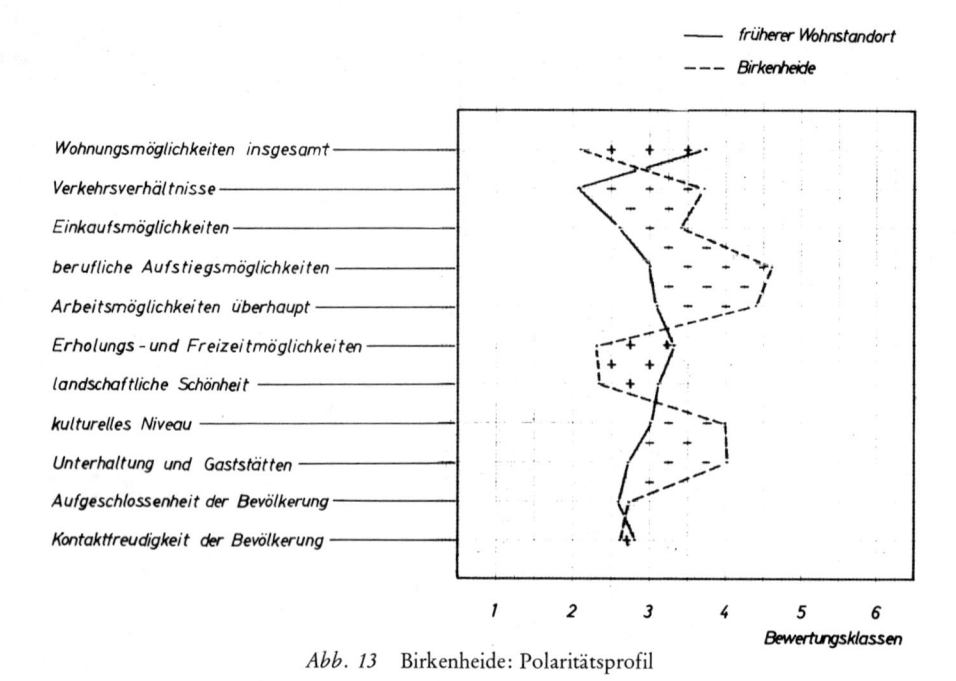

zeigt, daß die Aufbruchsbereitschaft zur abkernigen Nahdistanzwanderung einseitig wohnorientiert war. Wesentliche Verschlechterungen aller anderen Daseinsbereiche wurden bewußt akzeptiert. Dem hier positiv bewerteten Komplex „Freizeitmöglichkeiten" liegt eine lokale Besonderheit zugrunde. Im Fall, daß keine derartigen Möglichkeiten vorhanden sind, stellt er keinen Hinderungsgrund für Umzüge von Gruppen der Arbeiter, mittleren Angestellten und mittleren Beamten dar, wie das Beispiel Beindersheim zeigt.

Diese Befragungsergebnisse in den Hauptzielgemeinden abkerniger Nahdistanzwanderungen stützen die aus Quellgebietssicht formulierte Hypothese des Amtes für Stadtentwicklung der Stadt Ludwigshafen, wonach der Wunsch nach dem Wohnen in einem Einfamilienhaus so stark sein kann, daß andere Nachteile, wie z. B. höherer Verkehrsaufwand oder schlechtere Infrastrukturausstattung in Kauf genommen werden, wenn dieser Wunsch nur in peripherer Lage zu realisieren ist (Amt für Stadtentwicklung der Stadt Ludwigshafen 75). Die Befragungsergebnisse in der Gemeinde Beindersheim nordwestlich von Frankenthal führten zu einem ähnlichen Ergebnis.

Im Gegensatz zu Birkenheide besitzt Beindersheim, mit 86% Bevölkerungszunahme zwischen 1961 und 1970 stärkste Wachstumsgemeinde des westlichen Rhein-Neckar-Raumes, einen historisch gewachsenen Ortskern, der sich markant gegenüber der extremen allochthonen äußeren Wohnvorortbildung im Sinne von J. Kaltenhäuser (1955) absetzt.

Abbildung 14 verdeutlicht, daß sich die starke bevölkerungs- und baukörperverändernde Phase 1961–70 in den Jahren nach 1970 fast ungebremst fortgesetzt hat. Die als Vollraster gekennzeichneten 120 Wohngebäude sind erst nach 1972 erstellt worden. Die Polarität „moderne neue Wohnfraktion – physiognomisch intaktes Bauerndorf" ist in keiner der

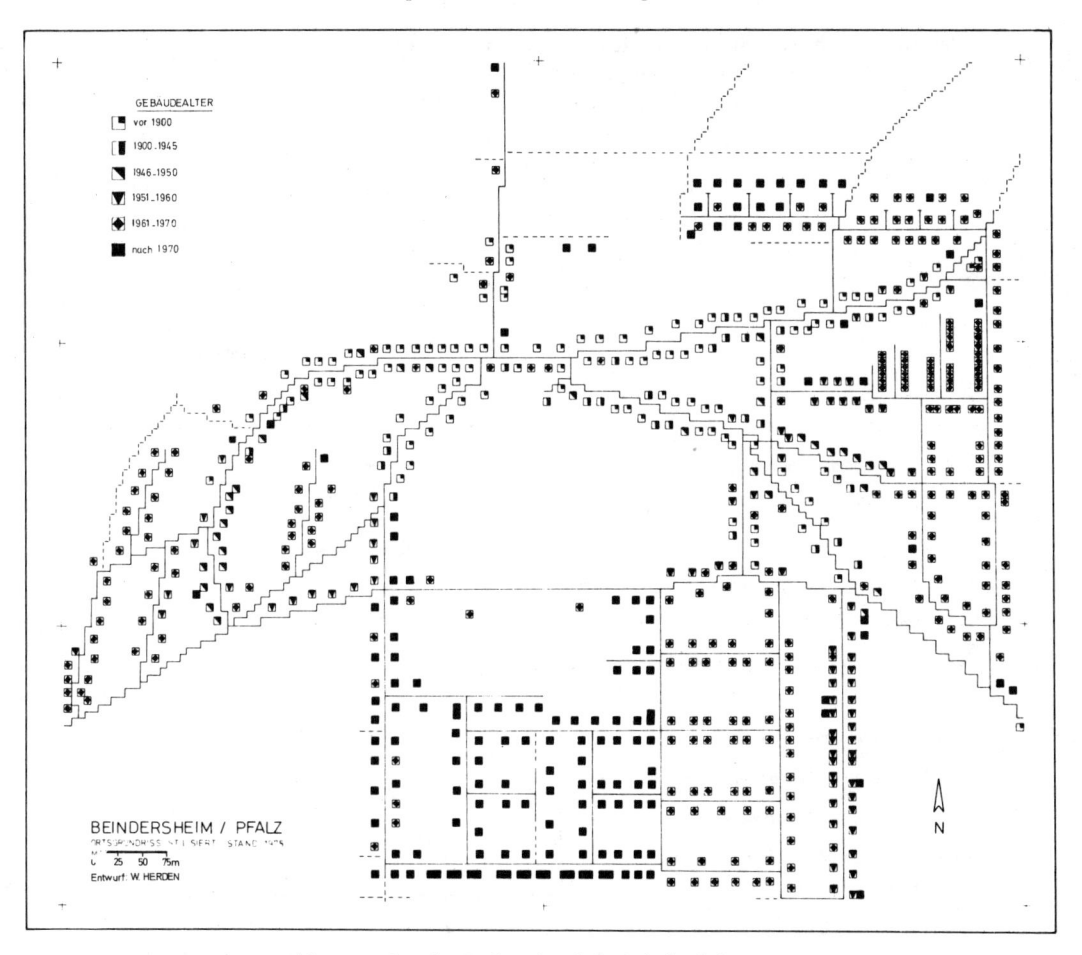

Abb. 14 Alter der Wohngebäude in Beindersheim 1975

suburbanen Gemeinden des westlichen Rhein-Neckar-Raumes stärker ausgeprägt als in Beindersheim. Der Aufbruch der sozialen Struktur der Gemeinde wird transparent, wenn man die Anteilswerte für die Angestellten und Beamten in den Neubaugebieten nach 1960 einer entsprechenden Rasterkarte 500 x 500 m entnimmt. Sie zeigt Werte von $\geq$ 55% pro Raster. In die repräsentative Stichprobe der Haushaltsbefragung gingen 41% Arbeiterhaushalte und 47% Angestellten- und Beamtenhaushalte ein. Sie ist damit sozial wesentlich anders strukturiert als die Stichprobe in Birkenheide.

75% der befragten Haushalte zogen nach 1960 zu, 37% nach 1970. Bis 1967 war Frankenthal Hauptquellgemeinde, seit 1968 dominieren Ludwigshafen und Mannheim. Die Besitzer/Mieter-Relation der Zugezogenen ist mit 5,5:1 erheblich höher als in Birkenheide. Die Physiognomie der Neubaugebiete wird geprägt durch deutlich differenziertere und aufwendigere Bauformen. Mit 1,32 hat Beindersheim die höchste Wohnflächenzahl

– den besten zahlenmäßigen Indikator für reines Wohnen – aller Gemeinden des westlichen Rhein-Neckar-Raumes (Herden, 1976).

Als Hauptzuzugsmotiv wurde mit 38% Erstnennungen wie in Birkenheide der „Erwerb von Haus- und Grundbesitz" genannt. Das kategorielle Ja/Nein Nennungsverhältnis für Beindersheim ist mit 1,7:1 aber erheblich kleiner als das analoge in Birkenheide, mit den Positivschwerpunkten „Eigenheim", „ruhige Wohngegend", „Großstadtnähe" und den Negativschwerpunkten „schlechte Einkaufsmöglichkeiten" und „schlechte Nahverkehrsverhältnisse". Insgesamt ist die Kategorie „sich wohlfühlen im neuen Wohnort" wesentlich schwächer ausgeprägt als in Birkenheide.

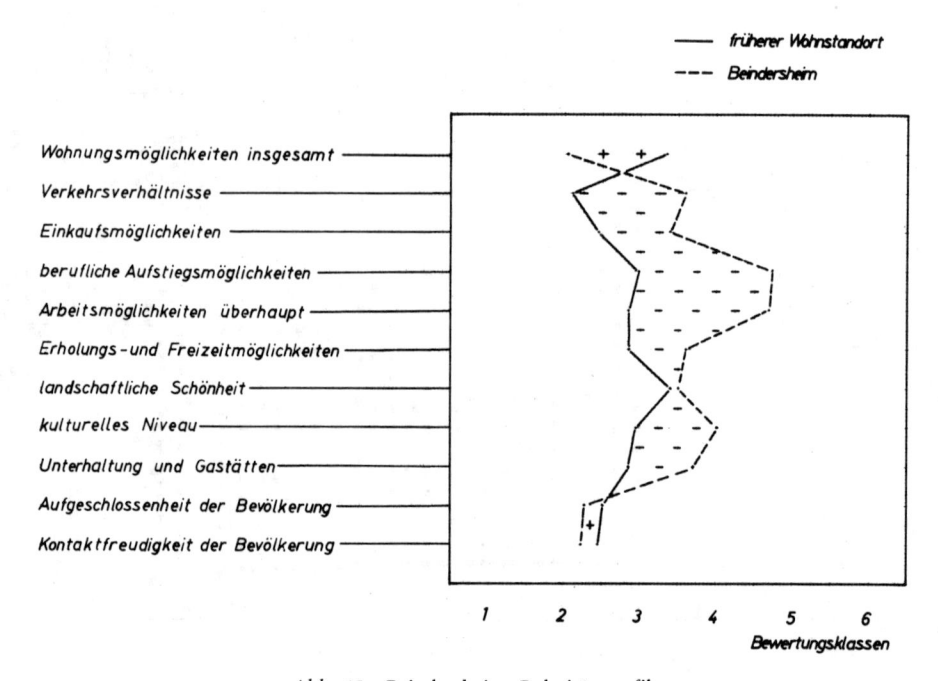

Abb. 15 Beindersheim: Polaritätsprofil

Das Polaritätsprofil (Abb. 15), in das die Nennungen der 47% Angestellten- und Beamtenhaushalte eingingen, zeigt, daß gegenüber Birkenheide ein Wohnstandortwechsel nach Beindersheim mit einem noch stärkeren Qualitätsverlust hinsichtlich aller Daseinsgrundfunktionen außer der des Wohnens verbunden ist. Selbst für die Bereiche „Erholungs- und Freizeitmöglichkeiten" und „landschaftliche Schönheit" bestehen keine Überschneidungen zwischen den Profilkurven des alten und neuen Wohnstandortes.

Die Bewertung des Wohnens in Form von „nicht mehr so beengt wohnen" (Birkenheide) wird in Beindersheim substituiert durch die Bewertung „komfortableres Wohnen", das sich in differenzierteren Bauformen manifestiert. Der Verlust in den Kategorien „landschaftliche Schönheit, Erholungs- und Freizeitmöglichkeiten" (– externes Wohnen –) wird bei der

Nicht das bessere Wohnen in Form von „nicht mehr so beengt wohnen" (Birkenheide) oder das bessere Wohnen in Form von „komfortablerem Wohnen" (Beindersheim) ist in Gruppe der Angestellten und Beamten in Beindersheim ersetzt durch größeren Komfort im Wohnen (– internes Wohnen –), gekoppelt mit einer weitgehenden Konstanz des alten Verkehrskreises trotz Umzugs.

Eine sozialschichtenspezifisch bedingte andere Bewertung des Wohnens zeigt das Befragungsergebnis in den Neubaugebieten der periurbanen Gemeinde Battenberg, wo nach 1970 in exponierter Lage mit weitem Blick über den Oberrheingraben Wohnfraktionen der Kategorie „bel etage" entstanden sind. Mit 50,4% Bevölkerungszunahme nach 1970 ist Battenberg die Gemeinde mit dem stärksten relativen Wachstum des gesamten Rhein-Neckar-Raumes geworden. Als Bestätigung und Trendverlängerung der Ergebnisse der Wanderungsstromanalyse 1967–71 ergab die Haushaltsbefragung, daß über 60% der Zugezogenen aus Ludwigshafen und Mannheim kommen.

Anders als in Beindersheim und Birkenheide wurde der „Erwerb von Haus- und Grundbesitz" erst an zweiter Stelle der Zuzugsmotive genannt. Das Maximum der Erstnennungen entfiel auf „schöne Wohngegend". 36% der Befragten hatten schon vorher ein eigenes Haus besessen. Außerdem ist die Altersgruppe der Zuziehenden nicht identisch mit der in Birkenheide und Beindersheim. Es dominieren die 35–49jährigen. Die Analyse der Berufszugehörigkeit zeigte, daß in 60% der Fälle „Leitender Angestellter" explizit genannt wurde, in 12% Freie Berufe (Architekt, Rechtsanwalt) und in 18% mittlere und höhere Angestellte. 65% der Haushaltsvorstände führen einen Doktortitel.

Daß am Beispiel Battenbergs eine sozialschichtenspezifisch andere Bewertung der Funktion Wohnen vorliegt, soll abschließend anhand des Polaritätsprofiles (Abb. 16) diskutiert werden.

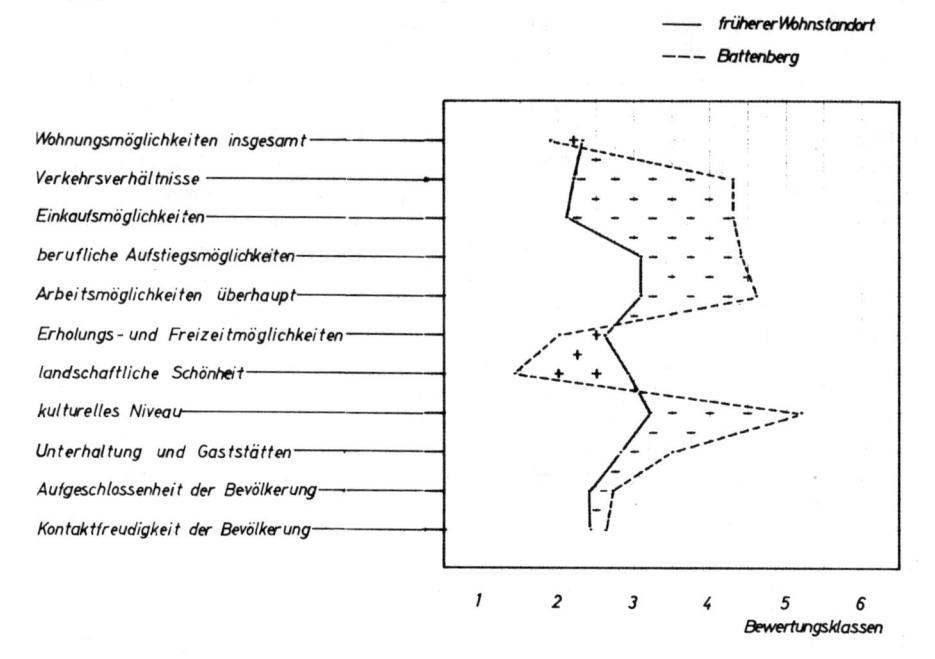

Abb. 16 Battenberg: Polaritätsprofil

Battenberg Interpretationsschwerpunkt. Alle Zugezogenen hatten in ihren Quellgemeinden bereits gut gewohnt. Die entscheidenden Unterschiede liegen in der Bewertung der Kategorien „internes Wohnen" (exklusive Wohnburgen) und in den positiven Bewertungen für das externe Wohnen (reizvolles Landschaftspanorama und Möglichkeiten der individuellen Freizeitgestaltung).

Neben räumlicher Separierung aber sozialräumlicher Integration von Ortskern und Neubaugebieten (Birkenheide), neben räumlicher und sozialräumlicher Textur von Ortskern und Neubaugebieten (Beindersheim) zeigt die Wohnfunktion in den Neubaugebieten Battenbergs überdies eine extreme Haushaltsindividualisierung innerhalb derselben sozialen Schicht. Das nenne ich „introvertiertes Wohnen".

PLANUNGSRELEVANTE FOLGERUNGEN AUS MESO- UND MIKROREGIONALEN UNTERSUCHUNGEN, INSBESONDERE AUS DER SUBURBANEN ZONE DES RHEIN-NECKAR-RAUMES

Von W. Fricke

Die massenstatistische und von der Zufälligkeit der Gemeindegrenze unabhängige Datenanalyse hat uns klar die Distanzabhängigkeit der Wohnvorortbildung gezeigt. Um im von H.-H. Bott u. R. Henkel zitierten Bilde von Hägerstrand fortzufahren, können die Initiative des Bürgermeisters, der Einfluß von Grundbesitzern im Gemeinderat positive, die Verankerung der Gemarkungsfläche in intensiv wirtschaftenden bäuerlichen Familienbetrieben negative Einwirkungen auf die Ausweisung von Bauland haben. Sie sind aber – wie ich auch schon früher im nördlichen Umland von Frankfurt nachweisen konnte (W. Fricke 1961 und 1971) – lediglich die Lagefunktionen modifizierende Struktureinflüsse.

Bemerkenswert deutlich konnte in dem Beitrag von W. Herden der Einfluß schichtenspezifischer Reichweite, insbesondere bei den distanz-gefilterten exklusiven Wohnlagen herausgearbeitet und somit aufgezeigt werden, daß der Urbanisierungsprozeß weit über die herkömmlichen Grenzen des Verdichtungsraumes hinausgreift. Wenn dieser günstig zur Kernstadt gelegene landschaftliche Vorzugsraum erst jetzt von diesem Prozeß erfaßt wird, so liegt es daran, daß er von der im östlichen Rhein-Neckar-Raum fortgeschritteneren Verstädterung durch den Rhein getrennt ist. Pendel-, Informations- und Wanderungsfelder werden – wie wir durch die Analyse von etwa 1,8 Millionen Wanderungsfällen zwischen 1967 und 1972 feststellen konnten – durch ihn scharf geschieden.

Für Mannheim stellten W. Schultes und D. Walker 1976 fest, daß die in den letzten Jahren Abgewanderten, überwiegend jungen Familien abhängig Beschäftigter, vom Facharbeiter bis zum höheren Beamten und leitenden Angestellten zuzurechnen sind. Zu $3/5$ ziehen sie in mehrstöckige Mietwohnungen jenseits der Großstadtgrenze, weil ihnen Wohnung und Wohnumfeld in Mannheim nicht mehr ausreichen. Auch hier läßt sich das quantitative Modell der Distanzabhängigkeit und seine Modifizierung durch die landschaftliche Vorzugslage, in diesem Falle die Bergstraße, herausarbeiten. Aus den Untersuchungen von Traute Neubauer in einer von mir angeregten und jetzt vor dem Abschluß stehenden Dissertation über diesen Raum wissen wir, daß ein großer Teil der Zuwanderer nach wenigen Jahren in ein Eigenheim umzieht.

Wie ist der Trend zum Eigenheim und die flächenhafte Zersiedlung unter dem Einfluß der Stagnation von Bevölkerung und Wirtschaft für die Zukunft zu beurteilen? Die Bevölkerungsentwicklung 1970–1975 (Abb. 17) zeigt noch das anhaltende Wachstum durch Zuwanderung in den Randzonen insbesondere der rechtsrheinischen Verstädterungsregion. Hier

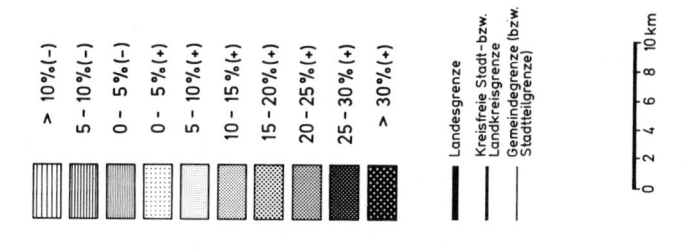

Abb. 17 Bevölkerungsveränderung (%) 1970–1975

Tab. 1: *Bevölkerungs-Richtwerte und Prognosen der Länder (in Tausend)*

Gebiet	Wohnbevölkerung				Beschäftigte			
	1.1.1975	1985/90	Diff. abs.	%	VZ/AZ 70	1985/90	Diff. abs.	%
Vorderpfalz (ohne Worms)	555	544	−11	−1,98	238	254	+16	6,72
unterer Neckar	1034	1041	+ 7	+0,67	480	531	+51	10,63
Landkreis Bergstraße	237	248	+11	+4,64	66	84	−18	27,27
Worms	76	75	− 1	−1,32	33	36	+ 3	9,09
RVO Rhein-Neckar und Neckar-Odenwaldkreis	1898	1908	+10	+0,53	827	916	+89	+10,76

Quelle: Raumordnungsplan Rhein-Neckar, Entwurf Februar 1977

war auch bereits 1970, wie aus der Karte Lossnitzer hervorgeht, reichlich Bauland ausgewiesen. Die Ziele der Gemeinden waren aber noch viel weiter gesteckt. Eigene Ausplanimetrierung der 1973 von den Gemeinden beschlossenen Flächennutzungspläne ergab eine Reserve an Bauland, die bei Berücksichtigung aller notwendiger Flächenbedürfnisse noch eine Verdichtung der Bevölkerung im rechtsrheinischen Rhein-Neckar-Raum um 25% ermöglicht hätte. Insbesondere die Randgemeinden hätten ihre Bevölkerung bis zu 70-90% aufstocken können. Wir sehen darin den Niederschlag der unreflektierten, spekulativen Projektion des Trends der vorangegangenen Periode in der kommunalen Siedlungsplanung. Daß sie nicht verwirklicht werden kann, ist ein Lernprozeß, den die Gemeindevertreter zur Zeit durchmachen. Er erfolgt nur unter dem Druck, der von den Landesregierungen in Baden-Württemberg und Rheinland-Pfalz vorgegebenen und den Regionalverbänden verbindlich auferlegten Richtwerte, einer bei Null liegenden Bevölkerungsentwicklung bis 1990, vgl. Tab. 1. Die anhaltende individuelle Nachfrage nach Bauland für Einfamilienhäuser läßt es den Gemeinden schwerfallen, von der bisherigen Linie abzuweichen.

Noch bedenklicher wird diese Beharrungstendenz unter dem Gesichtspunkt eines bisher überhaupt noch nicht beachteten Entwicklungsmomentes in den Gebieten älterer Wohnvorortbildung: Er leitet sich aus dem raschen Überalterungsprozeß der Neubauviertel ab, der durch die generell geringe Bindung der Suburbaniten an den Wohnort verstärkt wird. Denn aus zahlreichen über den Rhein-Neckar-Raum gestreuten Einzeluntersuchungen des Heidelberger Geographischen Instituts wissen wir, daß besonders die Zuwanderer nur wenig oder gar nicht in ihre Wohngemeinde integriert sind. Zwar steigt die Bindung an den Wohnort, gemessen an der Ortsbezogenheit der räumlichen Symbole (Treinen 1974), den nachbarschaftlichen Kontakten, der Teilnahme am kommunalen Leben etc. im Laufe der Wohnzeit, jedoch ist besonders in der Randzone der Stadtregion mit 20-44% der Anteil derjenigen unter den Zugezogenen hoch, der als Mieter oder Hausbesitzer bereit wäre, bei entsprechend preiswertem Angebot den Ort zu verlassen. Hierbei würde ein Drittel dieser Umzugsbereiten in eine größere Nähe der Kernstadt oder in diese selbst zurückziehen. Das Alter der allochthonen Wohnvorortbildung hat neben der wachsenden Integrationschance aber auch einen bisher noch nicht genügend beachteten negativen Aspekt. Er läßt sich zusammenfassen in der Frage: Was wird aus den vor 15 bis 20 Jahren angelegten allochthonen Neubauvierteln, deren Bewohner aus Altersgründen das Haus aufgeben müssen?

Bereits die von Autochthonen bis Ende der 50er Jahre errichteten Ausbauviertel machen heute einen Nutzungswandel durch: Es leben fast nur noch Einpersonenhaushalte bzw. Mieter sozialer Randgruppen, wie Ausländer, in ihnen. Die Kinder der Autochthonen haben sich am Rande des Ortes moderne Neubauten errichtet. Für die späteren und aufwendigeren Bauten der allochthonen Bewohner zeichnet sich eine ähnliche Entwicklung ab, weil deren Kinder inzwischen mit der schichtenspezifischen Ausbildung auch den Wohnort verlassen haben. Bauten aus der Zeit bis in die Mitte der 60er Jahre sind schwerer vermietbar, weil ihre Baugestaltung nicht mehr den gegenwärtig vorherrschenden Ansprüchen entspricht. Das von Neubauer geforderte „Recicling" dieser Siedlungen in der suburbanen Zone ist unabdingbar. Damit erhöht sich aber auch das Angebot des potentiellen Baulandes. Zur Zeit wird – als ein begrüßenswerter Beginn – die Siedlungsentwicklung mit Hilfe der Richtwerte planerisch beeinflußt. Problematisch ist hierbei der allen Gemeinden zugebilligte Eigenbedarf. Auch gibt es noch zu viele Siedlungsachsen und Siedlungsschwerpunkte (Raumordnungsplan Rhein-Neckar 1977, W. Fricke 1976b), insbesondere am Rande des Rhein-Neckar-Raumes, um zu einer wünschenswerten Konzentration und damit zur Verbesserung der infrastrukturellen Versorgung einschließlich der Entwicklung eines leistungsfähigen Nahverkehrssystems zu kommen.

Dies könnte m. E. nur durch eine aktive Planungspolitik erreicht werden. Hierzu gehörte eine restriktivere Ausweisung von Siedlungsschwerpunkten – also die Rückstufung der zu viel ausgewiesenen – und damit auch das Einfrieren bereits genehmigter aber noch nicht bebauter Flächen. Gleichzeitig müßte die Erneuerung der Altbausubstanz einschließlich der Nachkriegsbauten auch außerhalb der Ortskerne angegangen werden. Die Großstädte haben dieses Problem der Wohnungserneuerung in ihren Stadtkernen bereits erkannt. Wenn allein für Mannheim hierfür bis 1985 jährlich ein Bedarf von 400 Mio DM veranschlagt wird, läßt sich das Ausmaß der insgesamt notwendigen Mittel erkennen.

Wir haben uns also in naher Zukunft nicht nur mit den Schwächeproblemen der Kernstädte und des entleerten ländlichen Raumes, sondern auch mit denen der suburbanen Zone zu befassen.

Literatur

Amt für Stadtentwicklung der Stadt Ludwigshafen am Rhein (Hrsg.), (o. J.): Informationen zur Stadtentwicklung Ludwigshafen 75, Nr. 2; Entwicklung von Bevölkerung und Wohnungsversorgung 1960 bis 1974.

Arndt, F. (1974): Die elektronische Datenverarbeitung in ihrem Wert für die sozialgeographische Strukturanalyse. In: Rhein-Mainische Forschungen, Heft 77, Frankfurt.

Bartels, D. und Gaebe, W. (1973): Abgrenzung der Agglomerationen Rhein-Main, Rhein-Neckar und Karlsruhe. In: Materialien zum Bericht der Sachverständigenkommission für die Neugliederung des Bundesgebietes; Der Bundesminister des Inneren (Hrsg.), Bonn.

Berlyant, A. M. (1970): Trendsurface and residual-surface mapping and its application in geographical research. In: Soviet Geography: Review and Translation, 11, S. 839–849.

Berry, B. J. L. (1964): Approaches to regional analysis: a synthesis. In: Annals Ass. Am. Geogr., 54, S. 2–11.

Boustedt, O., Müller, G. und Schwarz, K. (1968): Zum Problem der Abgrenzung von Verdichtungsräumen. Inst. f. Raumordnung in der Bundesforschungsanstalt f. Landesk. u. Raumordnung, Bad Godesberg.

Boustedt, O. (1975a): Grundriß der empirischen Regionalforschung, Teil 3: Siedlungsstrukturen. Taschenbücher zur Raumplanung, 6, Hannover.

Boustedt, O. (1975b) (Hrsg.): Beiträge zum Problem der Suburbanisierung. Veröffentlichungen der Akademie für Raumforschung und Landesplanung, Forschungs- und Sitzungsberichte, Band 102, Hannover.

Chorley, R. J. and Haggett, P. (1965): Trend-surface mapping in geographical research. In: Institute of British Geographers, Transactions, 37, S. 47–68.

Dheus, E. (1970): Geographische Bezugssysteme für regionale Daten. Stuttgart.

Eichenberger, U. (1968): Die Agglomeration Basel in ihrer raumzeitlichen Struktur. Basler Beiträge zur Geographie, Heft 8, Basel.

Fricke, W. (1961): Lage und Struktur als Faktoren des gegenwärtigen Siedlungswachstums im nördlichen Umland von Frankfurt. In: Rhein-Mainische Forschungen, 50, S. 45–83, Frankfurt.

Fricke, W. (1971): Sozialgeographische Untersuchungen zur Bevölkerungs- und Siedlungsentwicklung im Frankfurter Raum. In: Rhein-Mainische Forschungen, 71, Frankfurt.

Fricke, W. (1976a): Bevölkerung und Raum eines Ballungsgebiets seit der Industrialisierung. Eine geographische Analyse des Modellgebietes Rhein-Neckar. In: Veröffentlichungen der Akademie für Raumforschung und Landesplanung, Forschungs- und Sitzungsberichte, Bd. 111, S. 1–68, Hannover.

Fricke, W. (1976b): Thesenpapier zum Referat: Räumliche Bevölkerungsbewegung im Rhein-Neckar-Raum im Industriezeitalter. In: Veröffentlichungen der Akademie für Raumforschung und Landesplanung, Forschungs- und Sitzungsberichte, Bd. 117, S. 32–37, Hannover.

Hägerstrand, T. (1970): Der Computer und der Geograph. In: Bartels, D. (Hrsg.): Wirtschafts- und Sozialgeographie, S. 278–300. Köln.

Herden, W. (1976): Quantitative und qualitative Analyse des Stadt-Umland-Feldes von Ludwigshafen im Spiegel der Bevölkerungs- und Wohngebäudeentwicklung seit 1950. Diss. Heidelberg, unveröff. Manuskript.
Innenminister des Landes Baden-Württemberg (1975): Richtwerte für die künftige Entwicklung von Bevölkerung und Arbeitsplätzen in den Regionen Baden-Württembergs. Landtagsdrucksache 8/7348. Stuttgart.
Isenberg, G. (1970): Ballungsgebiete in der BRD. In: Handwörterbuch der Raumforschung und Raumordnung, Sp. 114–125. Hannover.
Isenberg, G. (1974): Wirtschaftsstruktur. In: Das Land Baden-Württemberg, Bd. 1, S. 632–666. Stuttgart.
Isenberg, G. (1976): Die Bedeutung der neueren ökonomischen Tendenzen für Baden-Württemberg. Akademie für Raumforschung und Landesplanung, Landesarbeitsgemeinschaft Baden-Württemberg, Arbeitsmaterial 1976 – 6, Hannover.
Isenberg, G. (o. J.): Wirtschaftliche Zusammenhänge zwischen Verdichtungsräumen und entfernteren ländlichen Räumen Baden-Württembergs und Folgerungen für den Ansatz von Industriebetrieben. Forschungsaufgabe 1971–1973, Manuskript.
Kaltenhäuser, J. (1955): Taunusrandstädte im Frankfurter Raum. In: Rhein-Mainische Forschungen, Heft 43, Frankfurt.
Klemmer, P. (1971): Der Metropolisierungsgrad der Stadtregionen. Veröffentlichungen der Akademie für Raumforschung und Landesplanung, Abhandlungen, Bd. 62, Hannover.
Loest, P. (1967): Die Kulturlandschaft im südöstlichen Rhein-Neckar-Raum. Untersuchungen eines Profilbandes vom Rhein zum Kraichgau. In: Akademie für Raumforschung und Landesplanung, Forschungs- und Sitzungsberichte, Bd. 33, S. 39–56. Hannover.
Lorenz, P. (1970): Der Trend. Orthogonale Polynome als Werkzeug für die Forschung. Berlin.
Lossnitzer, H. (1976): Karte „Entwicklung der Kulturlandschaft im mittleren Rhein-Neckar-Raum 1960/61–1970". In: Veröffentlichungen der Akademie für Raumforschung und Landesplanung, Forschungs- und Sitzungsberichte, Bd. 111, Hannover.
Nellner, W. (1969): Die Entwicklung der inneren Struktur und Verflechtung in Ballungsgebieten – dargestellt am Beispiel der Rhein-Neckar-Agglomeration. Veröffentlichungen der Akademie für Raumforschung und Landesplanung, Beiträge 4, Hannover.
Osgood, C. E. (1952): The nature and measurement of meaning. In: Psychological Bulletin, 49.
Osgood, C. E., Suci, G. J., and Tannenbaum, P. H. (1957): The measurement of meaning. Urbana.
Raumordnungsplan Rhein-Neckar, Entwurf (Teil I, II 1968, Teil III 1970), Kommunale Arbeitsgemeinschaft Rhein-Neckar. Mannheim.
Raumordnungsplan Rhein-Neckar (1977) mit Einführung, Planungsgrundsätzen sowie Begründungen und Anlagen. Raumordnungsverband Rhein-Neckar, Mannheim.
Schultes, W. (1973): Tendenzen siedlungsstruktureller Veränderungen im Mannheimer Mittelbereich als Folge raumwirksamer Staatstätigkeit – politisch-geographische Bestandsaufnahme für die Stadtentwicklungsplanung. Tagungsbericht und wissenschaftliche Abhandlungen des Deutschen Geographentages 1973 Kassel, S. 396–408. Wiesbaden.
Schultes, W. und Walker, D. (Bearb.) (1976): Einwohnerentwicklung und Wohnungsbedarf in den Mannheimer Stadtteilen. Bestandsaufnahme für die Einwohner- und Wohnungsbedarfsprognose. Berichte zur Mannheimer Stadtentwicklung, 1, Mannheim.
Treinen, H. (1974): Symbolische Ortsbezogenheit. In: Atteslander, P. und Hamm, B. (Hrsg.): Materialien zur Siedlungssoziologie, S. 234–259. Köln.

VERÄNDERUNGEN IM GEFÜGE DER WOHNSTANDORTE ALS PROBLEM DER RAUMORDNUNG UND STADTENTWICKLUNG BEISPIEL AUGSBURG

Von F. Schaffer, G. Peyke, W. Poschwatta und H.-J. Schiffler (Augsburg)

VORBEMERKUNG

Mit 4 Abbildungen

Von F. Schaffer (Augsburg)

Am Lehrstuhl für Sozial- und Wirtschaftsgeographie der Universität Augsburg konnten in den vergangenen drei Jahren Grundlagenuntersuchungen durchgeführt werden, deren Ergebnisse in den laufenden Arbeiten am Stadtentwicklungsplan der Stadt Augsburg berücksichtigt wurden. Die Studien behandeln in erster Linie aktionsräumliche Verhaltensweisen der Bevölkerung, die zu Veränderungen im Gefüge der Wohnstandorte und dadurch zu bestimmten raumordnerischen Problemen im Großraum Augsburg führen.

Das Untersuchungsgebiet umfaßt nach Definition der Landesplanung den „großen Verdichtungsraum Augsburg", ein Gebiet mit etwas mehr als einer halben Million Menschen, von der die Hälfte in der Kernstadt lebt. Es handelt sich im wesentlichen um den „Mittelbereich Augsburg", bestehend aus der Stadt und den beiden Landkreisen Augsburg und Aichach-Friedberg (LEP Bayern Teil C, 1974, S. 327). Der Siedlungsraum Augsburg ist in den letzten Jahren weit über die Gemarkung der Stadt in diese beiden Anrainerlandkreise hinausgewachsen (König, K. 1968). Überlegungen einer Beeinflussung der Wohnstandorte dürfen deshalb nicht an den Grenzen der Stadt haltmachen, sie müssen vielmehr die Entwicklungen im Umland mit einbeziehen.

Unsere Beiträge können wegen der knapp bemessenen Zeit keineswegs eine umfassende Zusammenstellung möglicher Steuerungsinstrumente zur Beeinflussung der Siedlungsentwicklung vermitteln. Bei aller Vereinfachung wären dafür mindestens drei aufeinander aufbauende Schritte erforderlich:
1. Raumanalyse mit dem Ziel, z. B. die Ursachen, Prozesse und Verhaltensweisen bei der Wahl der Wohnstandorte darzustellen;
2. Prognose der Entwicklungen, z. B. von Bevölkerungszahl, Bedarf an Wohnungen und Infrastruktur vor allem aus kleinräumlicher Sicht;
3. Bewertung und Zieldiskussion der Entwicklung aus kommunal- und regionalpolitischer Perspektive. Hier käme es vor allem auf stadtteilspezifische Vorstellungen an. Kleinräumliche, viertelsbezogene „Siedlungsleitbilder", eingebunden in die übergeordnete Stadt- und Regionalentwicklung, wären zu diskutieren.

Mit den Möglichkeiten einer planerischen Beeinflussung der Siedlungs- und Wanderungsentwicklung in Verdichtungsgebieten befassen sich zahlreiche Gutachten (z. B. Difu 1977; Gewos e. V. 1975; Prognos AG 1976 a/b) und Fachveröffentlichungen (z. B. Baehr, Baldermann, Hecking, Knauß, Seitz 1977; Baldermann, Hecking, Knauß 1976 a/b; Heuer,

Veränderungen im Gefüge der Wohnstandorte 73

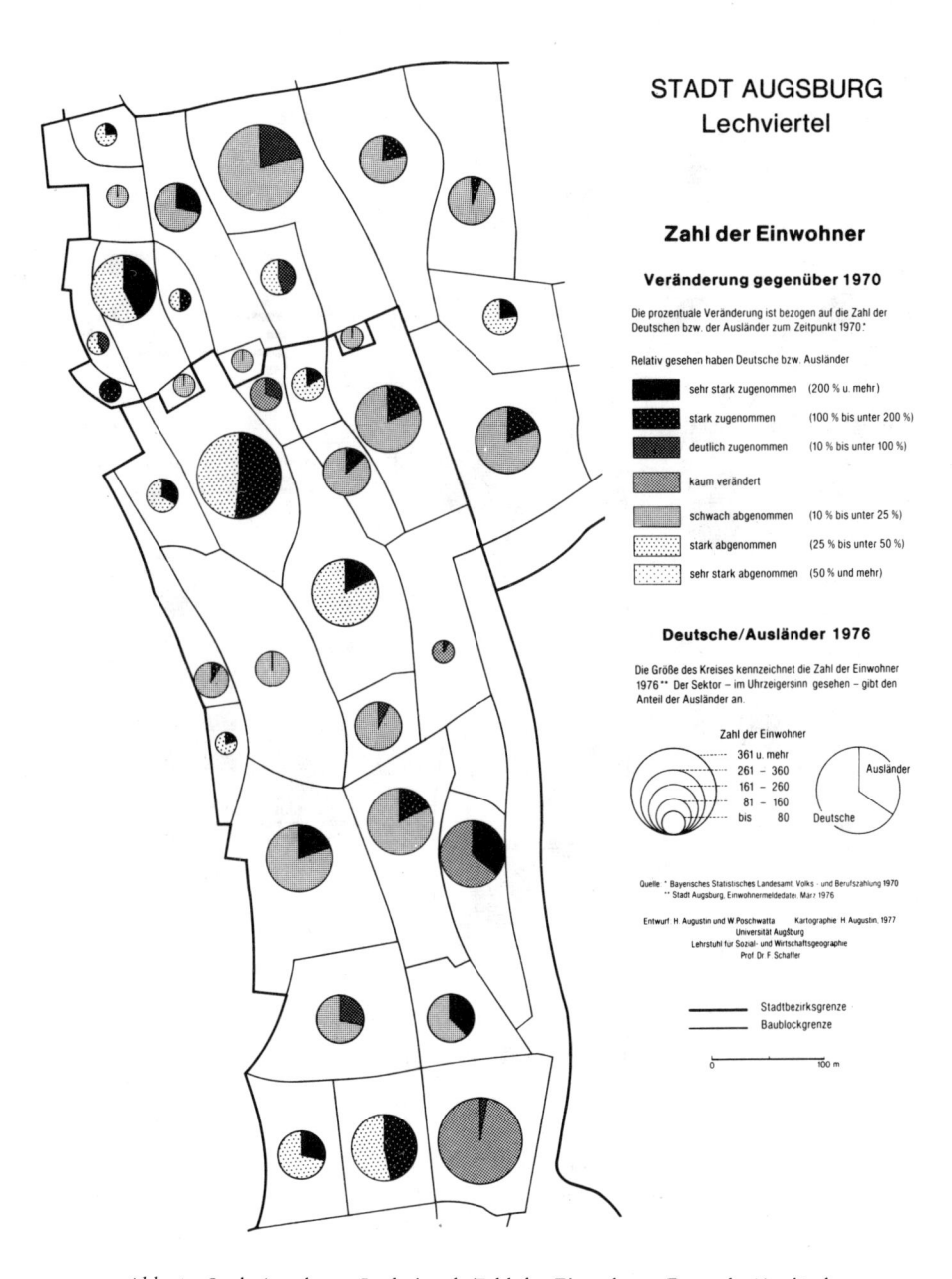

Abb. 1 Stadt Augsburg, Lechviertel. Zahl der Einwohner, Deutsche/Ausländer, Veränderung 1970/76

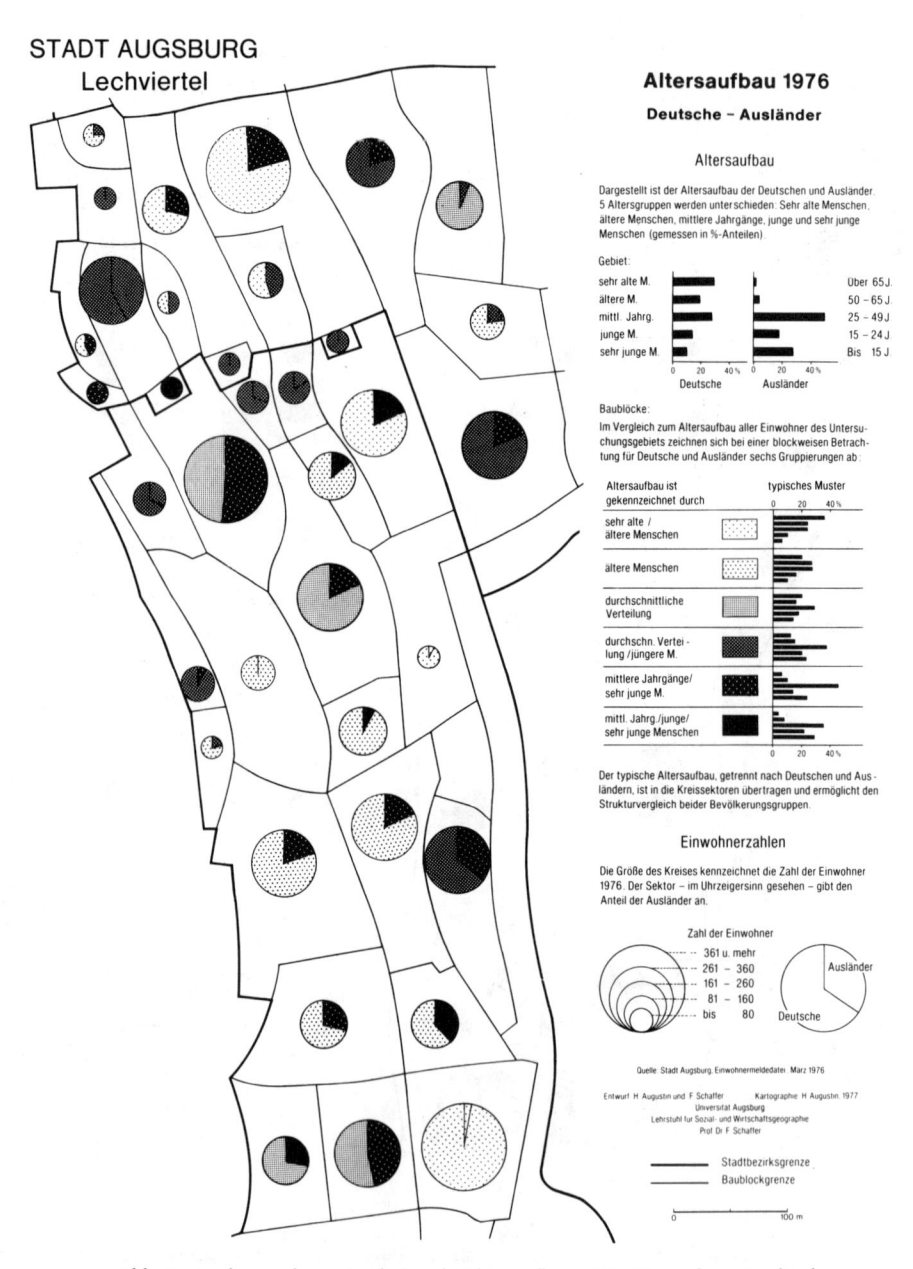

Abb. 2 Stadt Augsburg, Lechviertel. Altersaufbau 1976. Deutsche – Ausländer

Vorbemerkung 75

STADT AUGSBURG
Lechviertel

**Parkende Kraftfahrzeuge
3 – 5 Uhr**

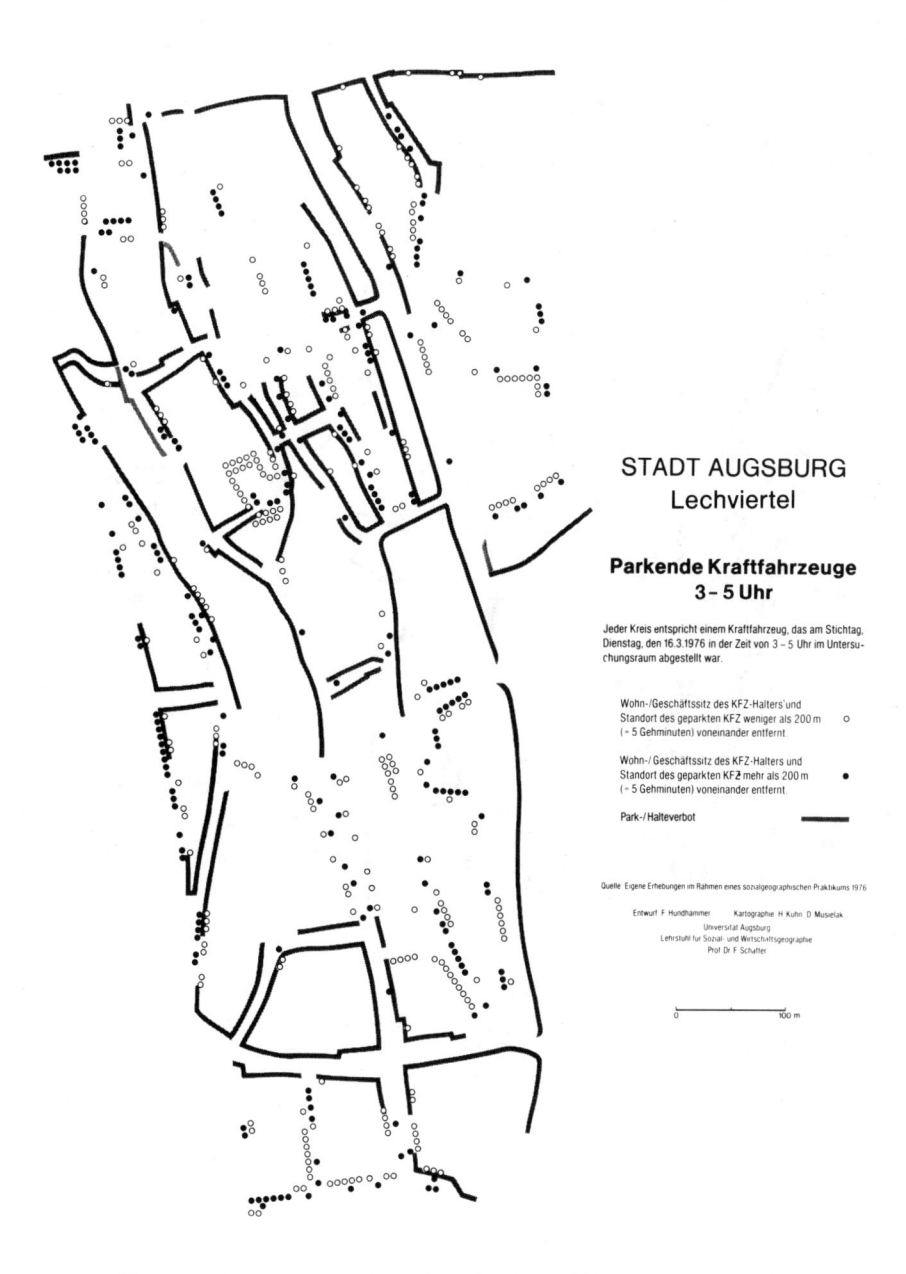

Jeder Kreis entspricht einem Kraftfahrzeug, das am Stichtag,
Dienstag, den 16.3.1976 in der Zeit von 3 – 5 Uhr im Untersuchungsraum abgestellt war.

Wohn-/Geschäftssitz des KFZ-Halters und
Standort des geparkten KFZ weniger als 200 m   ○
(= 5 Gehminuten) voneinander entfernt.

Wohn-/Geschäftssitz des KFZ-Halters und
Standort des geparkten KFZ mehr als 200 m   ●
(= 5 Gehminuten) voneinander entfernt.

Park-/Halteverbot   ━━━

Quelle: Eigene Erhebungen im Rahmen eines sozialgeographischen Praktikums 1976

Entwurf F. Hundhammer   Kartographie H. Kuhn, D. Muselak
Universität Augsburg
Lehrstuhl für Sozial- und Wirtschaftsgeographie
Prof. Dr. F. Schaffer

0 ─── 100 m

Abb. 3 Stadt Augsburg, Lechviertel. Parkende Kraftfahrzeuge von 3–5 Uhr

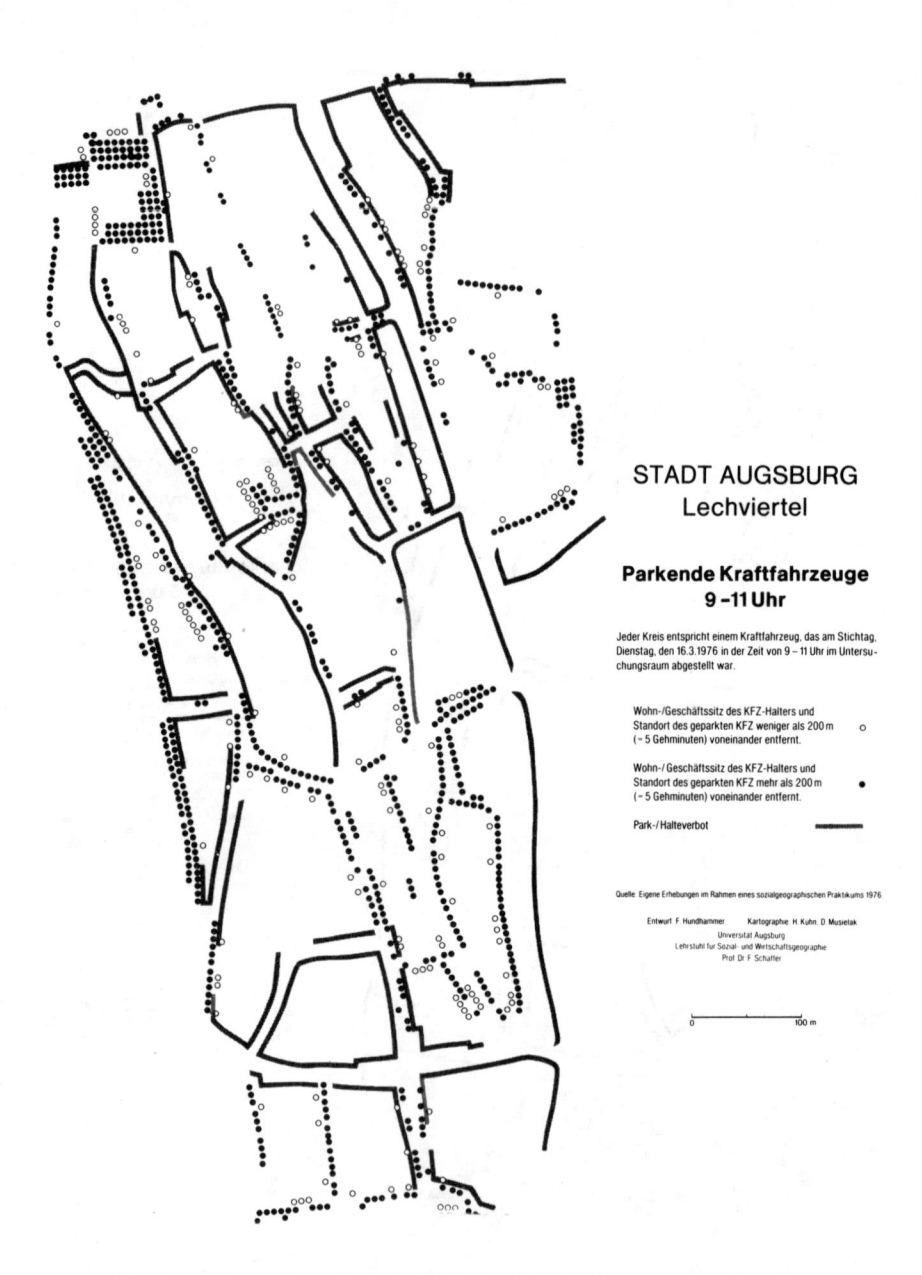

Abb. 4 Stadt Augsburg, Lechviertel. Parkende Kraftfahrzeuge von 9–11 Uhr

Schäfer 1976; Jürgensen, Iblher, Schlüter 1973; Schultes, Walker 1976). Die hier vorgetragenen Fallstudien behandeln im wesentlichen die sozialgeographische Verhaltens- und Prozeßanalyse dieser Erscheinungen am Beispiel Augsburgs. Gesichtspunkte der Vorausschätzung von Entwicklungen und mögliche zum Teil „wohnumfeldbezogene" Leitbilder können dagegen nur angedeutet werden.

Die Auswirkungen der veränderten Wahl der Wohnstandorte auf das funktionale Gefüge der Stadt konnte darüberhinaus durch verschiedene Abbildungen in einer kleinen Ausstellung verdeutlicht werden. Hier sei lediglich auf vier Abbildungen aus einem Innenstadtgebiet Augsburgs, dem Lechviertel, hingewiesen. Es handelt sich um ein sanierungsbedürftiges Baugebiet, in dem z. B. durch die Siebungswirkungen der Stadt-Umland-Wanderung die deutsche Bevölkerung stark abgenommen hat und die Alten und Ausländer zur bestimmenden Bevölkerungsgruppe geworden sind (vgl. Abb. 1 u. 2). Die starke Beeinträchtigung der Wohnumwelt durch den aus der Region einströmenden Pkw-Verkehr zeigt ein Vergleich der Parkraumbeanspruchung im Lechviertel während der Nacht und der Hauptgeschäftszeit. Untertags wird hier die Funktion der Innenstadt als „Parkhaus der Region" nur allzu deutlich (vgl. Abb. 3 u. 4). Rückschlüsse auf dringend erforderliche Verbesserungen der Wohnumfeldgegebenheiten z. B. durch eine Reduzierung des nicht viertelsgebundenen Verkehrs drängen sich geradezu auf.

Literatur

Baehr, V.; Baldermann, J.; Hecking, G.; Seitz, U. (1977): Bevölkerungsmobilität und kommunale Planung, Konsequenzen kleinräumlicher Bevölkerungsmobilität für die kommunale Infrastrukturplanung, Schriftenreihe 7 des Städtebaulichen Instituts der Universität Stuttgart.
Baldermann, J.; Hecking, G.; Knauß, E. (1976): Wanderungsmotive und Stadtstruktur. Empirische Fallstudie zum Wanderungsverhalten im Großraum Stuttgart. Stuttgart 1976. Schriftenreihe 6 des Städtebaulichen Instituts der Universität Stuttgart.
Baldermann, J.; Hecking, G.; Knauß, E. (1976b): Bevölkerungsmobilität im Großstadtraum, Motive der Gewanderten und Folgerungen für die Planung, in: Raumforschung und Raumordnung, H. 4, 1976, S. 145–156.
Difu (1977): Deutsches Institut für Urbanistik, Arbeitshilfe, Räumliche Entwicklungsplanung Teil 2: Auswertung, Innenstadtnahes Wohnen.
Gewos e. V. (1975) (Hellberg, H.; Henne, W.; von Rohr, H.-G.): Entlastung der Verdichtungsräume. Chancen und Kritik eines Konzepts der Entwicklung schwach strukturierter ländlicher Räume. Hamburg.
Heuer, H.; Schäfer, R. (1976): Möglichkeiten der Beeinflussung kleinräumlicher Wanderungsprozesse in großstädtischen Verdichtungsgebieten, in: Raumforschung und Raumordnung, H. 4, 1976, S. 157–167.
Jürgensen, H.; Iblher, P.; Schlüter, K.-P. (1973): Möglichkeiten einer Stabilisierung der Züricher Stadtentwicklung – weitere Optionen des politischen Handelns. Vorschläge für ein Entwicklungsprogramm der Stadt Zürich. Zürich.
König, K. (1968): Die Abwanderung in die Umgebung der Stadt. In: Augsburg in Zahlen. Sonderbeiträge. S. 55–91.
LEP Bayern (1974): Teil C, Landesentwicklungsprogramm Bayern, Bayerische Staatsregierung.
Prognos AG (1976a): Qualitativer und quantitativer Wohnungsbedarf und Wanderungen in der Freien und Hansestadt Hamburg. Kurzbericht und Abschlußbericht. April 1976; März 1976.
Prognos AG (1976b): Analyse der Wanderungsgründe und des künftigen Wohnungsbedarfs. Gutachten Hamburg. 2. Bde. Februar 1976.
Schultes, W.; Walker, D. (1976): Einwohnerentwicklung und Wohnungsbedarf in den Mannheimer Stadtteilen. Bestandsaufnahme für die Einwohner- und Wohnungsbedarfsprognose. Berichte zur Mannheimer Stadtentwicklung, H. 1.

GEWANDELTE WOHNVORSTELLUNGEN – EINFLÜSSE AUF DIE SIEDLUNGSENTWICKLUNG UND IHRE STEUERUNG

Mit 7 Abbildungen

Von Gerd Peyke und Franz Schaffer (Augsburg)

Wanderungsverluste gegenüber dem nahen Umland und starke Geburtenrückgänge werden weiterhin unseren Großstädten beträchtliche Einbußen bei der Zahl der deutschen Einwohner bringen. Nach realistischen Schätzungen werden unsere Großstädte z. B. in der Zeit von 1973 bis 1983 fast 3 Millionen Menschen verlieren. Überträgt man diese Entwicklung auf Augsburg, so ist im gleichen Zeitraum mit einem Rückgang von mehr als 30 000 Menschen zu rechnen. Der Wanderungsverlust Augsburgs von heute (1976) etwa 3000 wird zur Hälfte bereits von weggezogenen Ausländern zur anderen Hälfte von abgewanderten Einheimischen bestimmt, die ins nahe Umland gezogen sind. Zusammen mit dem Sterbefallüberschuß erleidet Augsburg im Jahr 1976 einen jährlichen Bevölkerungsrückgang von etwa 1,6%, d. h. 4000 Personen (König, K. 1977).

Vor allem die in unmittelbarer Nähe zu Augsburg gelegenen großen Stadtrandgemeinden – zu erkennen an den großen Kreisen mit schwarzem Vollton – wie z. B. Neusäß, Friedberg oder Königsbrunn bestimmen die Wanderungsverflechtung mit Augsburg (vgl. Abb. 1). Das gilt nicht nur für die Mobilität, sondern auch für die Salden der Stadt-Umland-Wanderung. Die zweite Abbildung kennzeichnet sowohl die unterschiedlich starke Wanderungsverflechtung der insgesamt 184 Umlandgemeinden mit Augsburg als auch die daraus sich ergebende Wanderungsbilanz (vgl. Abb. 2). Die am stärksten über die Stadt-Umland-Mobilität verflochtenen Gemeinden mit den höchsten Gewinnen sind die mit dunklen Rastern gekennzeichneten Gemeindegebiete unmittelbar am östlichen bzw. westlichen Stadtrand. Nur 5% aller Umlandgemeinden vereinigen über 70% des Randwanderungsgewinns auf sich, es sind dies die bereits angesprochenen großen Stadtrandorte wie Neusäß, Friedberg, Königsbrunn. Besonders auffallend bleibt die flächenhafte Ausweitung der Siedlungstätigkeit nach Osten und Westen – hier vor allem in den geplanten Naturpark „Westliche Wälder" hinein.

Die von der Landesplanung neuerdings in Richtung Norden und Süden vorprogrammierten Entwicklungsachsen zur Steuerung der Siedlungstätigkeit zeigen auch nicht andeutungsweise den gewünschten Effekt (LEP Bayern, Teil C, S. 327, 1974). Die angestrebte Ordnung wird von vielen kleineren Gemeinden – gerade in den Zwickelzonen zwischen den geplanten Entwicklungsachsen –, z. B. durch vermehrte Ausweisung neuen Baurechts unterlaufen. Die Absicht der Landesplanung, die Siedlungsentwicklung nach dem Zentrale-Orte- und Entwicklungsachsen-Prinzip über „Bevölkerungsrichtzahlen" zu beeinflussen, setzt gut abgesicherte Angaben über die Bevölkerungsumverteilung durch Wanderungen voraus (Baudrexel 1975).

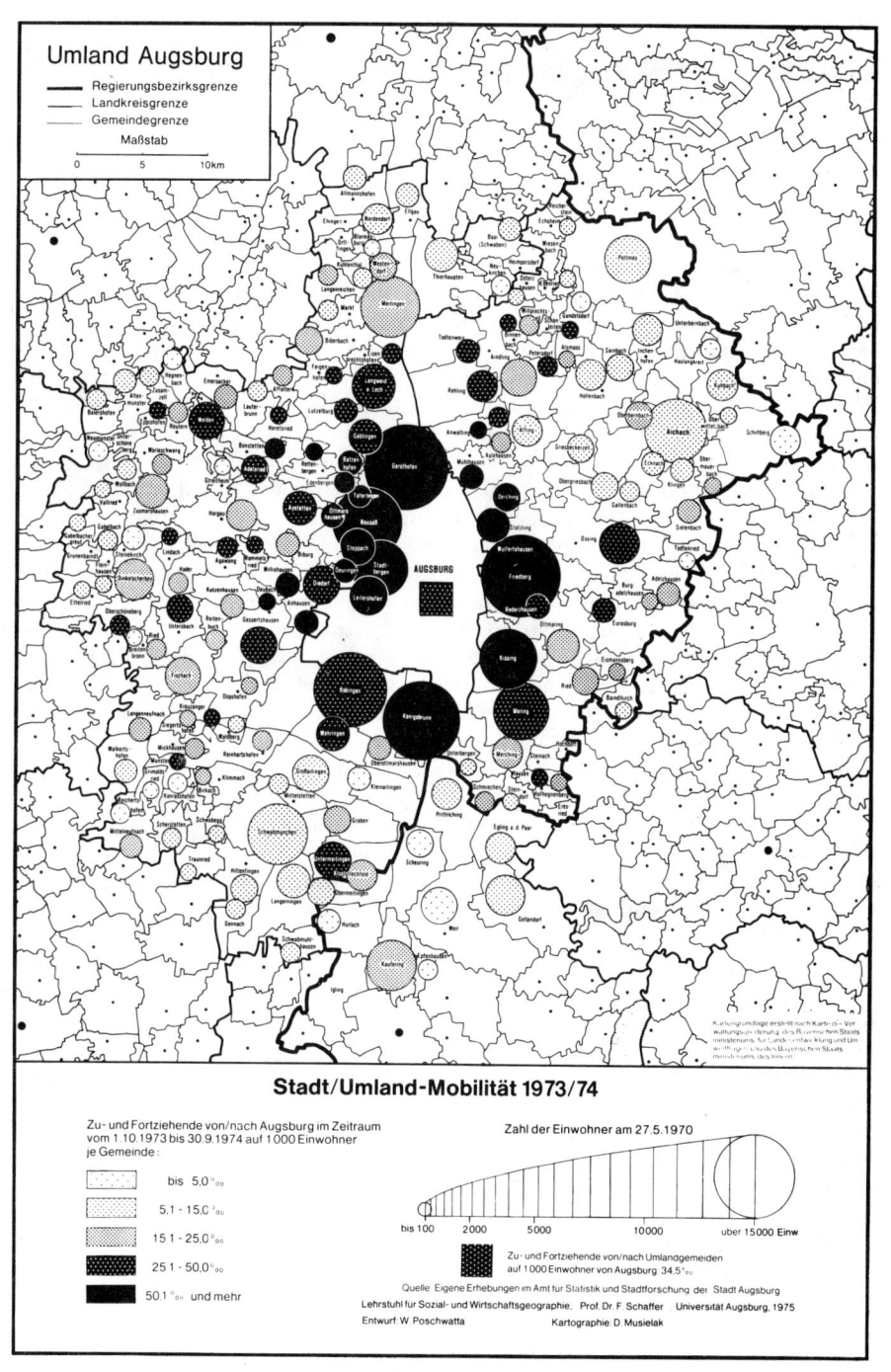

Abb. 1 Umland Augsburg. Stadt/Umland-Mobilität 1973/74

Um dafür Wanderungsdaten analysieren und Aussagen über mögliche Entwicklungen machen zu können, wird der Begriff der „Attraktivität" definiert:

Attraktivität $a_\pm := \dfrac{m_\pm}{\bar{m}_\pm}$; $m_\pm :=$ Zuzugs(Wegzugs-)raten der untersuchten räuml. Einheiten
$\bar{m}_\pm :=$ Zuzugs(Wegzugs-)rate des übergeordneten Raumes

Unter „Attraktivität" (a) wollen wir im folgenden den Quotienten aus einer Wanderungsrate (m) für die untersuchten räumlichen Einheiten und der entsprechenden Rate ($\bar{m}$) für den übergeordneten Raum (hier Land Bayern) verstehen. Das Wanderungsverhalten einer untersuchten räumlichen Einheit – wir beziehen uns hier auf Nahbereiche – läßt sich also durch zwei Koeffizienten beschreiben: Eine Zuzugsattraktivität a_+, die angibt, wie hoch die Zuzugsrate im Vergleich zum übergeordneten Raum (die bayerische Entwicklung ist in Abbildung 3 oben dargestellt) ist und eine Wegzugsattraktivität a_-, die die Wegzugsrate des Nahbereichs mit dem Landesdurchschnitt vergleicht. Der Wert 1 markiert „durchschnittliches Verhalten", höhere Werte eine starke „Zuzugs- bzw. Wegzugsattraktivität", niedrigere Werte als 1 entsprechend geringere „Zuzugs- bzw. Wegzugsattraktivität".

Der entscheidende Vorteil bei der Betrachtung mit Hilfe dieser Koeffizienten liegt darin, daß das Bild der kleinräumlichen Entwicklungen differenziert von der Situation im übergeordneten Raum beurteilt werden kann. Wenn ein Ort beispielsweise eine von 1967 bis 1970 um 15% steigende Zuzugsrate bei in etwa gleichbleibender Wegzugsrate hatte, so änderte sich dennoch an seinen Attraktivitäten a_+ und a_- nichts, da das Land Bayern als übergeordneter Raum eine ebensolche Entwicklung aufwies und sich dieser Effekt bei der Berechnung der Attraktivitätskoeffizienten gerade herausdividiert. Eine solche Art der „relativierten Darstellung" bietet sich auch in vielen anderen Bereichen, da durch das Eliminieren „allgemeiner Effekte" der Blick frei wird auf die lokal bedeutsamen Veränderungen (z. B. Somermeijer 1961).

In den beiden unteren Diagrammen (Abb. 3) ist die Attraktivitätsentwicklung zweier etwa in der Mitte zwischen München und Augsburg liegender Nahbereiche, Olching und Odelzhausen dargestellt. Olching wird von der Münchner S-Bahn angedient, während Odelzhausen von der Autobahn erschlossen wird. Die gesamtbayerische Entwicklung, auf die Bezug genommen wird, ist durch die gepunktete Gerade markiert (Abb. 3). Für den erstgenannten Nahbereich ergab sich seit 1957, als die Planung der S-Bahn anlief, bis zur Inbetriebnahme 1972 eine starke Aufwärtsentwicklung bei den Attraktivitäten. Das autobahnerschlossene Odelzhausen zeigt sich dagegen eher mit einer stagnierenden Verlaufskurve.

Die räumliche Verteilung der Attraktivitäten im Raum Augsburg ist in Abbildung 4 für den Zeitraum 1969 bis 1974 dargestellt. Die äußeren Kreise markieren mit ihrer Größe die Bevölkerung am Ende der Sechsjahresperiode, die inneren den Gesamtsaldo für diesen Zeitraum (schwarz: positiv, weiß: negativ). Die Zuzugsattraktivitäten sind jeweils im oberen, die Wegzugsattraktivitäten im unteren Kreisring dargestellt. Dunkle Raster kennzeichnen sehr hohe, helle Töne sehr niedrige Attraktivitäten. Wie bereits angedeutet, fällt auf, daß die im Landesentwicklungsprogramm benannten künftigen Entwicklungsachsen jeweils nach Norden (Gersthofen, Meitingen) und nach Süden (Bobingen, Schwabmünchen, bzw. Kissing, Mering) sich durchaus noch nicht im Sinne planerischer Vorstellungen präsentieren.

Zur Abschätzung der künftigen Entwicklung sind zwei Wanderungssimulationen dargestellt, wiederum für einen Sechsjahreszeitraum, nämlich von 1975 bis 1980. Variante 1 ist als

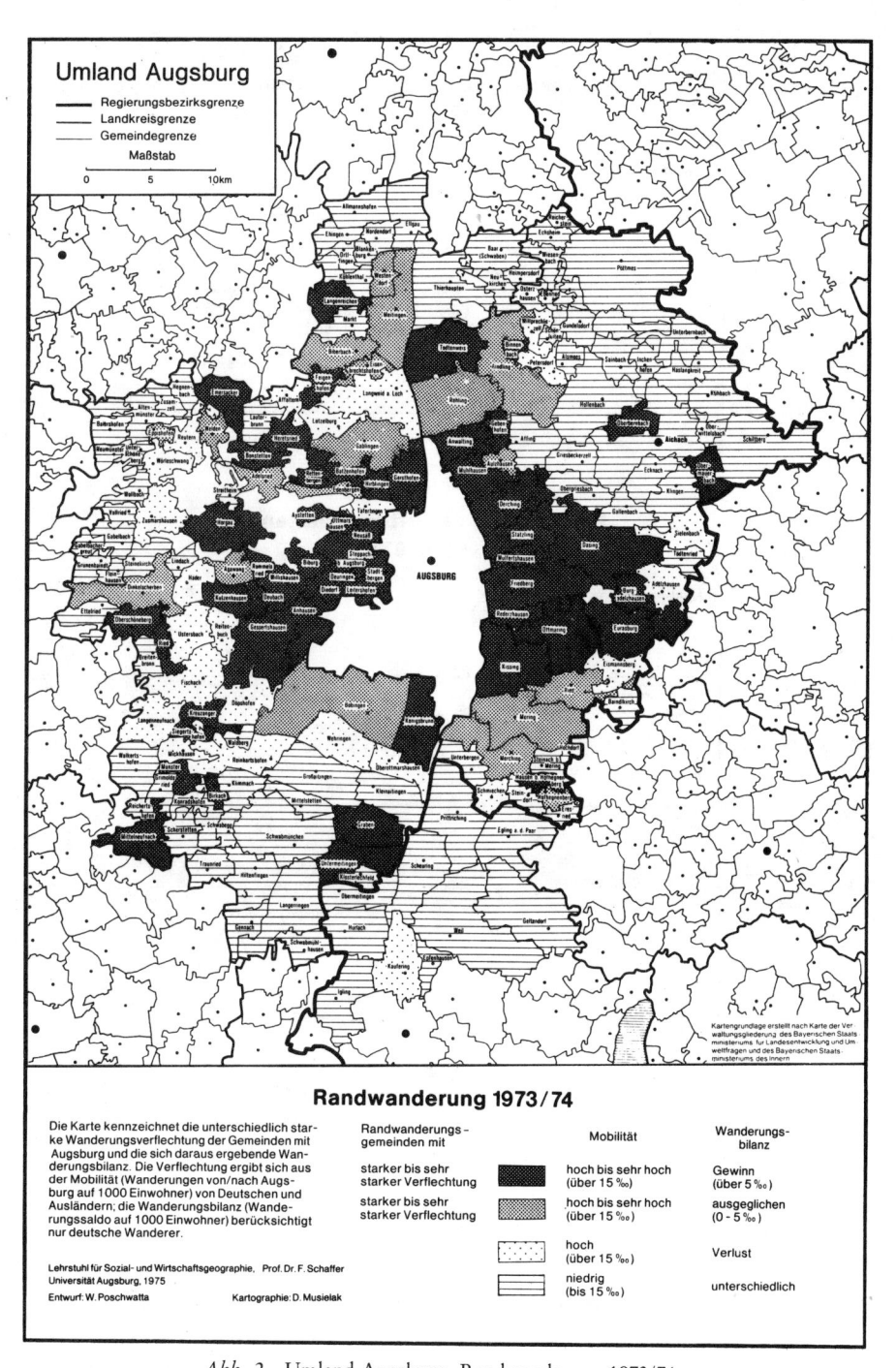

Abb. 2 Umland Augsburg. Randwanderung 1973/74

Wanderungen Bayern insgesamt
1957 - 1974

× = Wegzugsrate,   ○ = Zuzugsrate in %

Entwicklung der Attraktivitäten
1957 - 1974

a) Nahbereich Odelzhausen

b) Nahbereich Olching

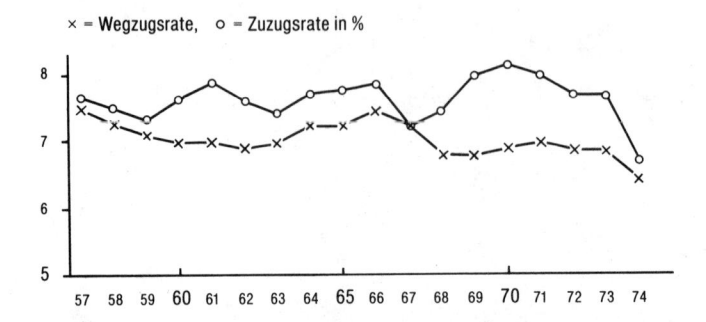

───── = Zuzugsattraktivität   ------- = Wegzugsattraktivität

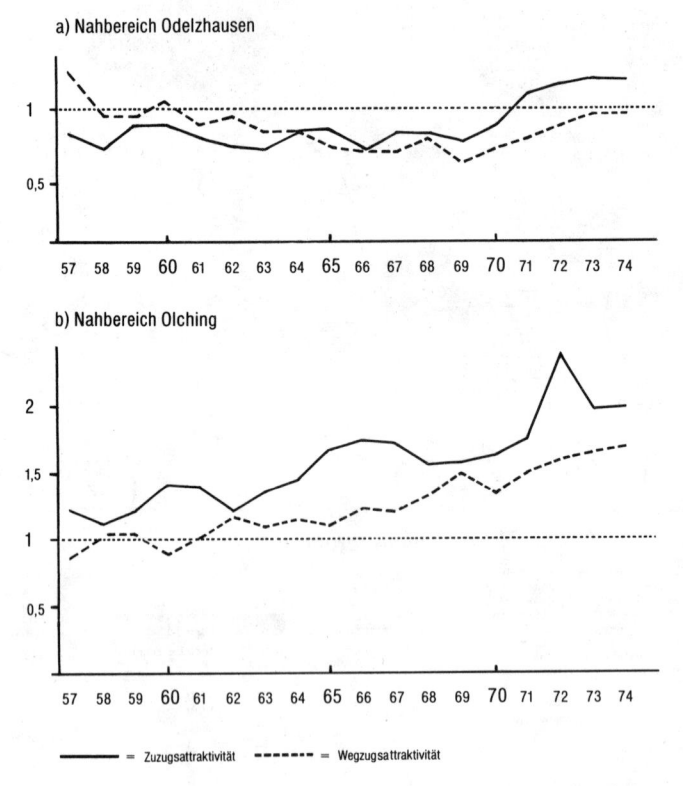

Abb. 3   Wanderungen Bayern insgesamt 1957–1974 und Entwicklung der Attraktivitäten 1957–1974 (Nahbereiche Odelzhausen und Olching)

Gewandelte Wohnvorstellungen 83

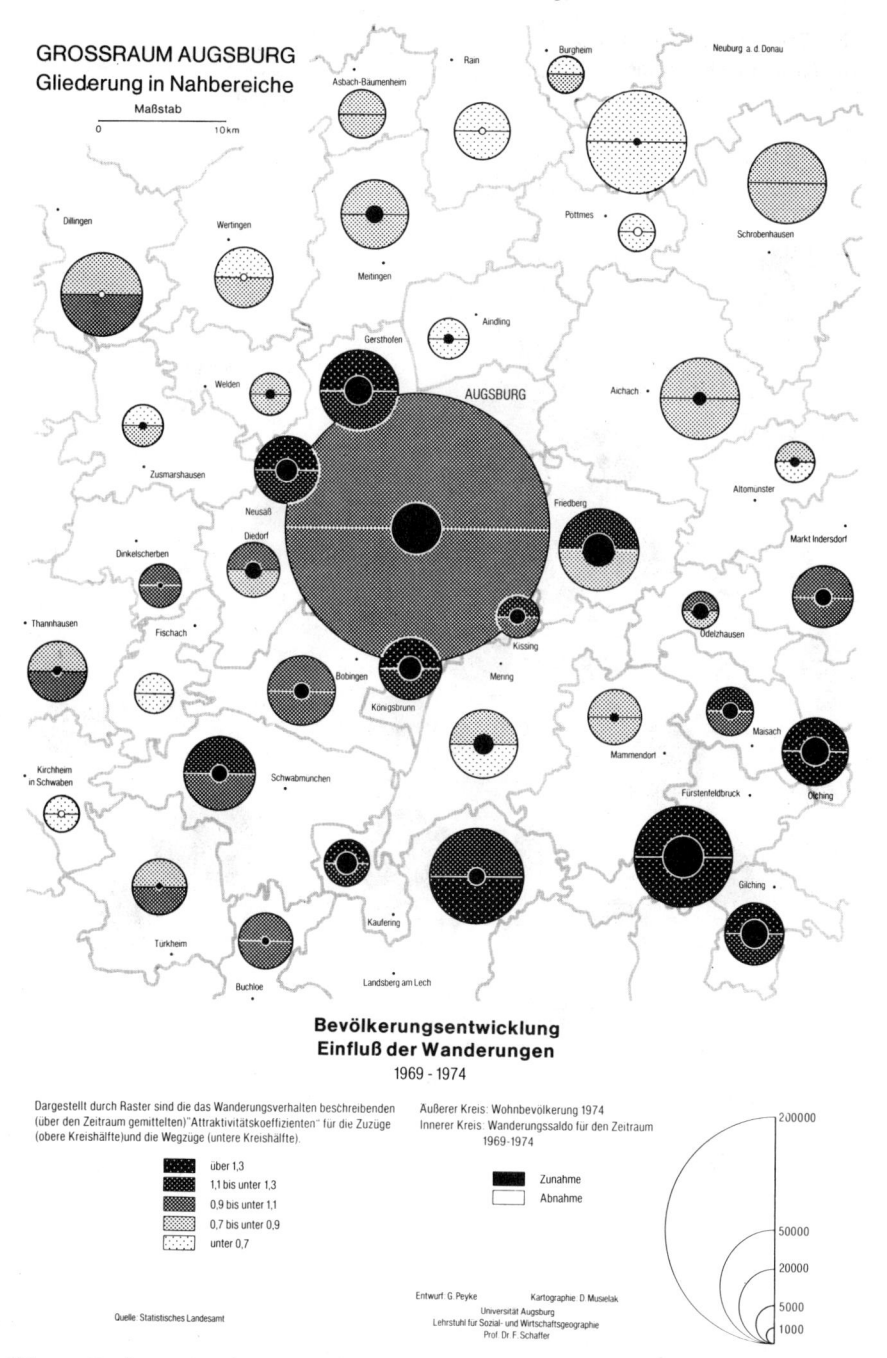

Abb. 4 Großraum Augsburg. Bevölkerungsentwicklung. Einfluß der Wanderungen 1969–1974

Abb. 5 Großraum Augsburg. Simulation der Bevölkerungsentwicklung. Einfluß der Wanderungen, Variante 1, 1975–1980

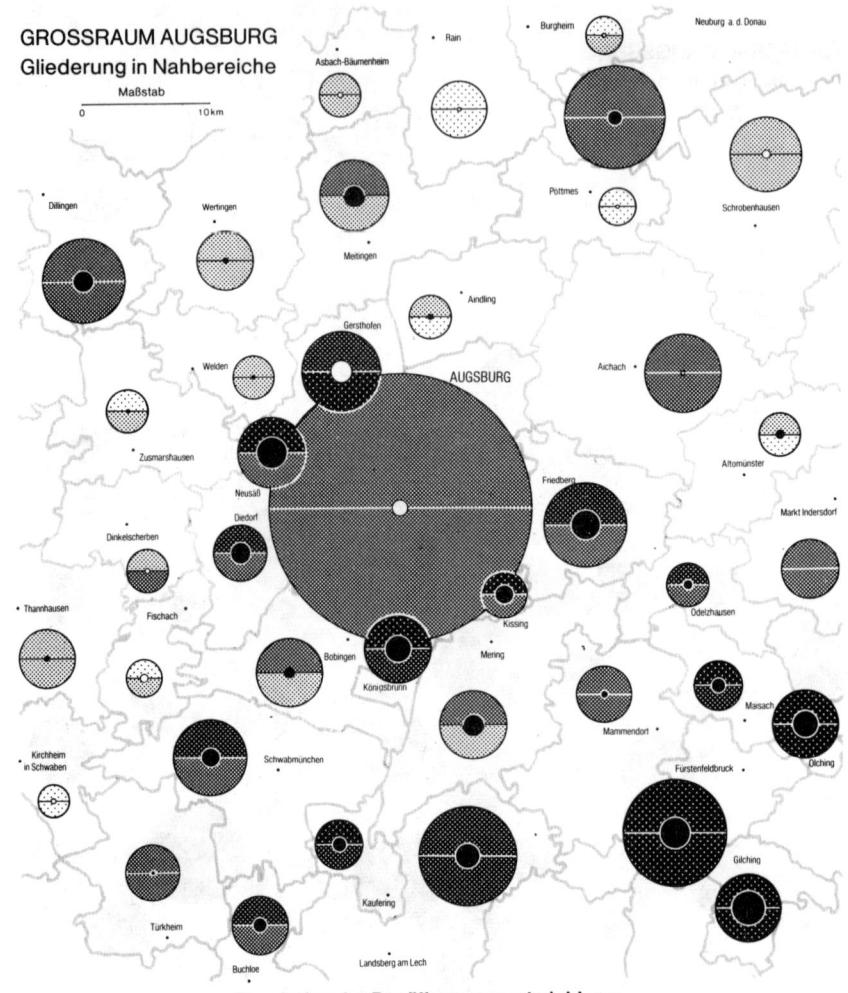

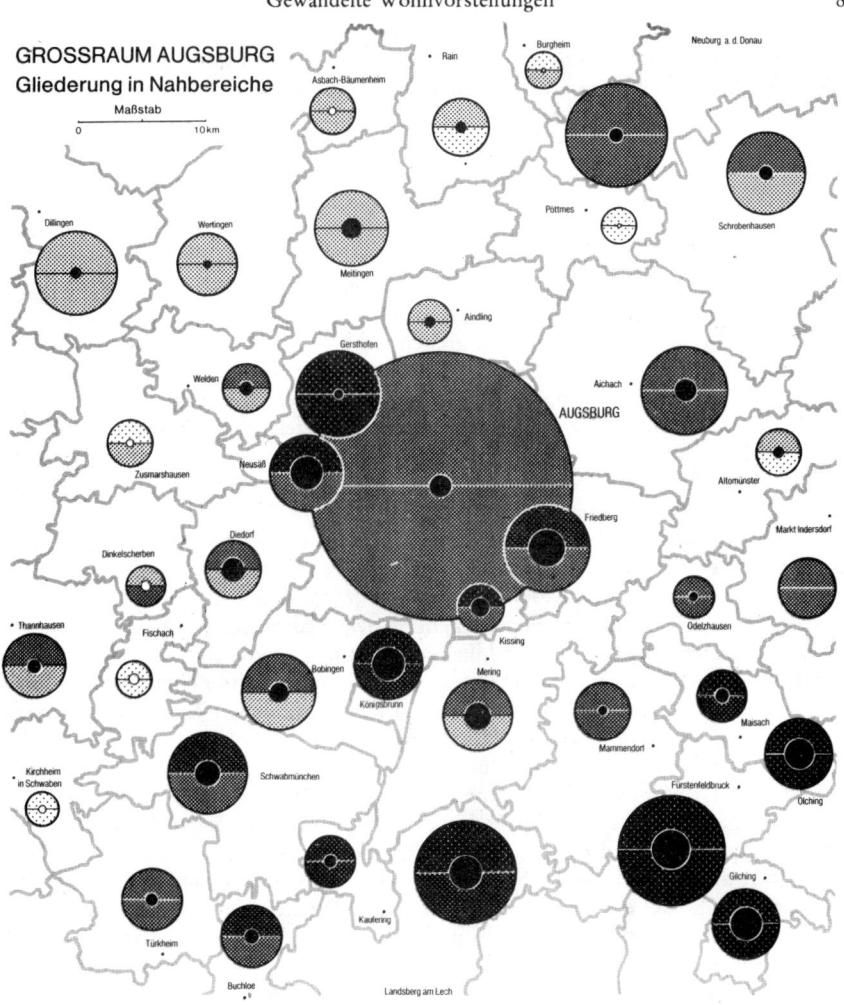

Gewandelte Wohnvorstellungen

GROSSRAUM AUGSBURG
Gliederung in Nahbereiche

Simulation der Bevölkerungsentwicklung
Einfluß der Wanderungen
Variante 2 1975 - 1980

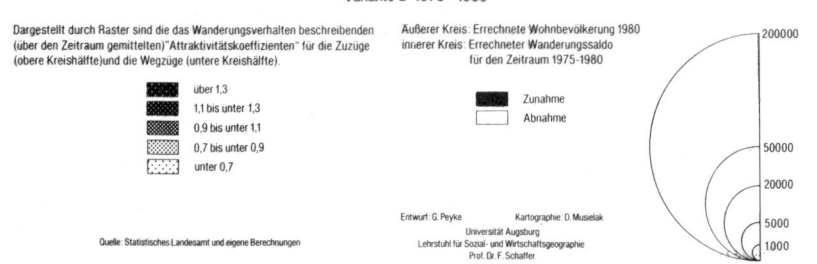

Dargestellt durch Raster sind die das Wanderungsverhalten beschreibenden (über den Zeitraum gemittelten) "Attraktivitätskoeffizienten" für die Zuzüge (obere Kreishälfte) und die Wegzüge (untere Kreishälfte).

Äußerer Kreis: Errechnete Wohnbevölkerung 1980
innerer Kreis: Errechneter Wanderungssaldo für den Zeitraum 1975-1980

- über 1,3
- 1,1 bis unter 1,3
- 0,9 bis unter 1,1
- 0,7 bis unter 0,9
- unter 0,7

- Zunahme
- Abnahme

Quelle: Statistisches Landesamt und eigene Berechnungen

Entwurf: G. Peyke   Kartographie: D. Musielak
Universität Augsburg
Lehrstuhl für Sozial- und Wirtschaftsgeographie
Prof. Dr. F. Schaffer

Abb. 6 Großraum Augsburg. Simulation der Bevölkerungsentwicklung. Einfluß der Wanderungen, Variante 2, 1975–1980

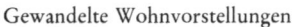

Trendberechnung dritter Ordnung durchgeführt und zeigt, daß zumindest für die nördliche Entwicklungsachse die angestrebte Verdichtung nicht erwartet werden kann (Abb. 5). Die Variante 2 im Gegensatz dazu ist unter Berücksichtigung der Zielsetzungen des Landesentwicklungsprogrammes berechnet worden: stärkere Entwicklung entlang der überregional und regional bedeutsamen Entwicklungsachsen auf Kosten der dazwischenliegenden Bereiche, eine Attraktivitätszunahme insbesondere bezüglich Wachstum bei den ausgewiesenen Mittel- und Unterzentren; beides quantifiziert aufgrund empirisch ermittelter, tatsächlich gelaufener Entwicklungen. Die nicht in gewünschter Weise sich einstellenden Salden (Beispiel Gersthofen) zeigen jedoch, welch langwieriger Prozeß das Wirksamwerden von landesplanerischen Zielvorstellungen im Einzelfall sein kann, selbst wenn angenommen wird, daß die getroffenen Maßnahmen greifen (Abb. 6).

Um hier einen möglichen Aspekt der Diskussion vorwegzunehmen: Es soll nicht der zweifelhafte Versuch einer langfristigen Prognose auf der Grundlage kleiner räumlicher Einheiten unternommen werden, die methodischen Mängel dieser Ansätze sind allbekannt. Von uns wird lediglich ein Paket von Rechenprogrammen vorgeschlagen, mit dem sich mögliche Entwicklungen quantitativ darstellen lassen (Peyke, laufendes Arbeitsprogramm 1977). Für die Planungsregion Augsburg können so Möglichkeiten der Regionalisierung der Bevölkerungsrichtzahlen diskutiert werden. Die Programme sind darauf abgestellt, dieses Verteilungsmodell auch auf Bayern insgesamt anzuwenden.

Während es im Umland im wesentlichen darum geht, das Bevölkerungswachstum räumlich wirkungsvoll zu steuern, stehen die Zentren der Verdichtungsgebiete vor weit schwierigeren Problemen, z. B. vor der Stabilisierung der Bevölkerungszahlen und Wiederbelebung der Wohnfunktion vor allem im Innenstadt- und Innenstadtrandbereich. 1976 konnten die Vortragenden räumliche Unterschiede und Beweggründe der Wandernden im Großraum Augsburg ermitteln (Schaffer, Hundhammer, Peyke, Poschwatta 1976). Die Ergebnisse einer in diesem Zusammenhang durchgeführten Repräsentativerhebung konnten durch die Augsburger Kommission für Stadtentwicklung in erste Maßnahmen zur Reduzierung des Augsburger Wanderungsverlustes umgesetzt werden (Mahnkopf 1976).

Abbildung 7 greift ein Ergebnis der Umfrage heraus. Die obere Hälfte der Abbildung schildert für die Zuwanderer in die Stadt die Beurteilung des jetzigen und des vorherigen Wohnumfeldes sowie das Resultat aus der Gegenüberstellung einer Bewertung beider Standorte in einer Art Differenzbetrachtung. Die untere Hälfte des Diagramms verdeutlicht den gleichen Sachverhalt bei jenen, die aus der Stadt ins Umland gezogen sind. Mit Wohnumfeld (Abb. 7) ist hier der Bereich bis zu 15 Gehminuten um die Wohnung der Befragten gemeint. Drei größere Gruppen von Bewertungsmerkmalen werden unterschieden: Vielseitiges Angebot modern ausgestatteter Wohnungen; positive Merkmale der Umweltgegebenheiten und Freizeitmöglichkeiten; infrastrukturelle Vorzüge, wie z. B. gute Versorgung mit privaten und öffentlichen Diensten. Die Zuzügler in die Stadt verbessern ihr Wohnumfeld im zuletzt genannten Merkmalsbereich „Infrastruktur". Aus der Differenzbetrachtung vorher/nachher wird dies sehr deutlich. Das Gegenteil, d. h. im ganzen gesehen eine Verschlechterung der Versorgungslage in den Wohnumfeldern der Region, ergibt sich bei den Randwanderern.

Bei den Abwanderern aus der Kernstadt überwiegen junge Familien der Mittelschicht sowie sogenannte „soziale Aufsteiger", die im Umland leichter Wohnungseigentum erwerben können. Für die Planungsverantwortlichen, die z. B. den Wegzug solcher Bevölkerungsgruppen einschränken wollen, könnte dies durch ein verstärktes Angebot „verhaltensgerechter Wohnumfelder" in der Innenstadt erfolgen.

Gewandelte Wohnvorstellungen 87

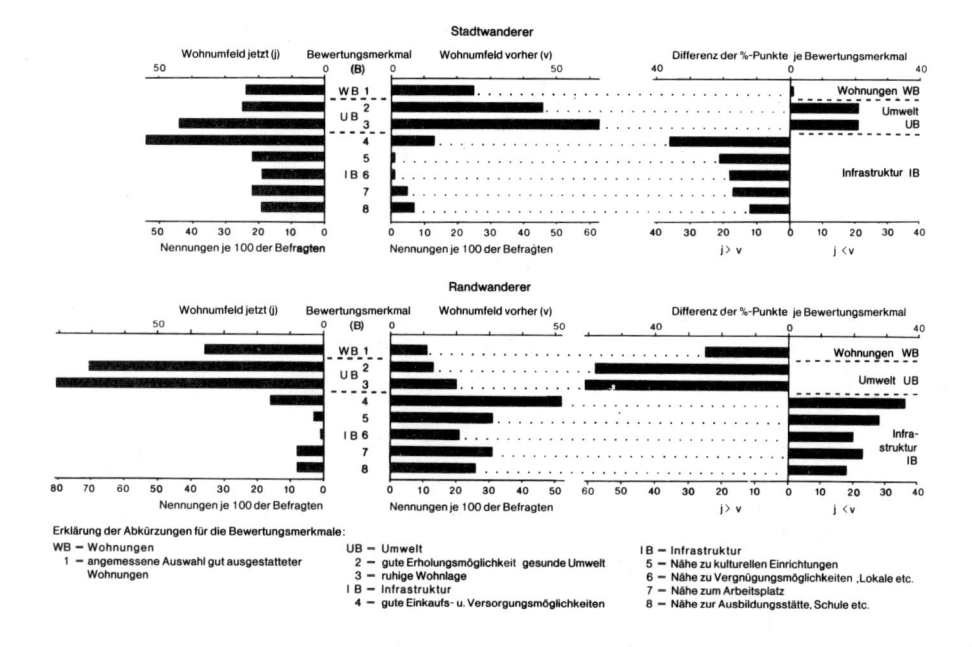

Abb. 7 Raum Augsburg, Beurteilung des jetzigen bzw. vorherigen Wohnumfeldes bei Rand- und Stadtwanderern*

* Umfrage 1975, Raum Augsburg, deutsche Bevölkerung. Ergebnis gilt für 2800 Haushalte der Randwanderer (= 4900 Pers.) und 1900 Haushalte der Stadtwanderer (= 2800 Pers.), die von Okt. 73 bis Sept. 74 die Wohnung gewechselt haben. (Maximal 3 Antworten konnten gegeben werden, je 100 der Randwanderer erfolgten 231 Nennungen, je 100 der Stadtwanderer 246 Nennungen, Befragter = Haushaltsvorstand).

Literatur

Baudrexel, L. (1975): Richtzahlen der Bevölkerung und der Arbeitsplätze im Landesentwicklungsprogramm und in Regionalplänen in Bayern, Informationen zur Raumentwicklung 4/5, 1975, S. 177–188.
König, K. (1977): Augsburger Bevölkerungsentwicklung unter der Lupe der Statistik, Amtsblatt der Stadt Augsburg, Nr. 10, 18. März 1977.
LEP Bayern, Teil C (1974): Landesentwicklungsprogramm Bayern, Bayerische Staatsregierung.
Mahnkopf, W. (1976): Maßnahmen zur Reduzierung des Augsburger Wanderungsverlustes. Eine Analyse von Bedingungen und Möglichkeiten für die Stadt, die beobachtete Entwicklung zu steuern, Kommission für Stadtentwicklung der Stadt Augsburg.
Peyke, G. (1977): Simulation der Bevölkerungsverteilung in Bayern, ein Beitrag zur Diskussion des Richtzahlenproblems, in Arbeit befindliche Diss., Lehrstuhl für Sozial- und Wirtschaftsgeographie der Universität Augsburg.
Schaffer, F.; Hundhammer, F.; Peyke, G.; Poschwatta, W. (1976): Wanderungsmotive und Stadt-Umland-Mobilität. Sozialgeographische Untersuchungen zum Wanderungsverhalten im Raum Augsburg, in: Raumforschung und Raumordnung, H. 4, 1976, S. 134–145.
Sommermeijer, W. H. (1961): Een analyse van de binnenlands migratie in Nederland tot 1947 en van 1947–1957. Statistische en econometrische onderzoekingen.

INNOVATION CITYNAHEN WOHNENS – AKTIONSRÄUMLICHE GESICHTSPUNKTE

Mit 5 Abbildungen und 1 Tabelle

Von Wolfgang Poschwatta (Augsburg)

Die Stabilisierung der Wohnfunktion in den Kernbereichen unserer Großstädte ist aus schon dargelegten Gründen eines der vordringlichen Ziele der Stadtentwicklung (vgl. u. a. Harfst, H. u. v. Schaewen, M. 1975). Zu einem erfolgversprechenden Vorgehen gehören im Rahmen dieser Zielsetzung auch die zunehmend geforderten Verbesserungen der Wohnumfeldqualitäten, welche auf die Verhaltensweisen der Bevölkerung abgestimmt sein sollen. Aber gerade hinsichtlich Planung und Gestaltung attraktiver Wohnbereiche in Innenstadtgebieten fehlen bislang weitgehend wissenschaftlich abgesicherte und durch empirische Untersuchungen belegte Erkenntnisse. Zudem sind allgemeingültige Lösungsansätze kaum denkbar, denn Maßnahmen der Stadtentwicklung sollten stets auf die Bedürfnisse unterschiedlicher Bevölkerungsgruppen in ihrer jeweiligen räumlichen Situation abgestellt sein.

In der sozialgeographischen Fallstudie über das Wohnen in der Innenstadt Augsburg wird, neben der umfassenden Darstellung sozialräumlicher Strukturen und Entwicklungen, den räumlichen Verhaltensweisen der Bevölkerung, auch in Abhängigkeit von abweichenden Standortbedingungen, besondere Beachtung geschenkt (vgl. Poschwatta, W. 1977). Die Stadt Augsburg erscheint aus demographischen und wirtschaftshistorischen Gründen als Beispiel besonders geeignet. Die Rückläufigkeit der Einwohnerzahlen mit den Auswirkungen auf die Zusammensetzung der Bevölkerung entspricht im Untersuchungszeitraum von 1964 bis 1974 der durchschnittlichen Entwicklung aller bundesdeutschen Großstädte (vgl. König, K. 1974). Die Besonderheit der Umwidmung von Gewerbeflächen der Textilindustrie entlang der östlichen Altstadtgrenzen in Wohnbauflächen ermöglicht eine exemplarische Untersuchung neuer Wohnstandorte im citynahen Bereich.

Nach der Baufallstatistik und den einschlägigen Zeitungsannoncen gestaltet sich das Wohnungsangebot in Neubauten im Zeitablauf durchaus unterschiedlich. Bis etwa 1968 überwiegen Appartements, deren Bau großteils ohne Rücksicht auf bestehende Stadtbildqualitäten im Altstadtbereich erfolgt. Die Erstellung größerer Wohnungen beschränkt sich meist auf exklusive Einzelfälle, die von Architekten, Ärzten oder Rechtsanwälten in Verbindung mit den jeweiligen Praxisräumen nachgefragt werden. Später und zunehmend in den 70er Jahren steigt der Anteil von größeren, auch familiengerechten Wohneinheiten, vor allem in den Großbauten entlang der Wallanlagen, stark an. Es ist ein Kennzeichen für das Angebot dieser Wohnungen, daß die Vorteile der citynahen Lage in der Werbung besonders herausgestellt werden. Angesprochen sind vorzugsweise zahlungskräftige Miet- und Kaufinteressenten mit außergewöhnlichen Ansprüchen.

Zwischen 1964 und 1974 sind im Innenstadtbereich von Augsburg insgesamt 2500 Wohneinheiten neu erstellt worden, was einem Flächenanteil von mehr als 30% an der gesamten Neubaufläche entspricht. Zwar reicht die Wohnbautätigkeit keineswegs aus, auch nur den Ersatz- und Erweiterungsbedarf der ca. 40 000 Innenstadtbewohner zu decken, aber sie genügt für eine relative Behauptung der Wohnfunktion in größeren Teilbereichen.

In einer Befragung von über 350 Haushalten konnten neben den sozialdemographischen Merkmalen der Bewohner und ihren Motiven für das Wohnen in der Innenstadt auch ihre aktionsräumlichen Verhaltensmuster erfaßt werden.

Im Vergleich zur Innenstadtbevölkerung insgesamt sind die Bewohner der Neubauten ausgezeichnet durch höhere Anteile von jüngeren Altersgruppen, Familienhaushalten, qualifizierten Berufsgruppen, Absolventen weiterführender Schulen und Wohnungseigentümern. Zugezogen sind die Haushalte zu 40% aus dem Innenstadtbereich selbst, zu 40% aus dem Stadtrand- und Umlandbereich und zu 20% aus entfernten Gemeinden. Die Standortwahl ist weitgehend abhängig von den Wohnerfahrungen an früheren Standorten: Umzügler innerhalb der Innenstadt haben eine größere und besser ausgestattete Wohnung gesucht, Zuwanderer aus dem Umland haben ihre alte Wohnung vorwiegend wegen der Versorgungsmängel im Wohnumfeld aufgegeben. Besonders hoch eingeschätzt werden insgesamt die Vorteile der Citynähe, vor allem die fußläufige Erreichbarkeit von privaten und öffentlichen Versorgungseinrichtungen sowie des Arbeitsplatzes. Ein nicht unbedeutendes Motiv für die Wohnungswahl im Altstadtbereich kann allgemein in der starken, auch emotionalen Bindung an die Stadt Augsburg gesehen werden. Die neuen Wohnungen und das Versorgungsangebot am neuen Standort werden überwiegend positiv beurteilt. Dagegen entsprechen die jeweiligen Wohnlagen den Wunschvorstellungen bezüglich Ruhe und Abgeschiedenheit nur bedingt. Verkehrslärm, Abgase, Staub, störende Gewerbebetriebe, zu dichte Bebauung und fehlende Freiflächen sind die häufigsten Ursachen von Unzufriedenheit.

Die sozialgeographische Typisierung der Bewohner von Neubauten beruht auf der haushaltsweisen Kombination von sozial-demographischen Strukturmerkmalen und aktionsräumlichen Verhaltensmerkmalen (vgl. Tabelle) (zur Typisierung vgl. u. a. Dürr, H. 1972). Sie schließt somit unterschiedliche Ansprüche an Wohnung und Wohnumfeld, entsprechend der jeweiligen demographischen Lage, ebenso ein wie unterschiedliche Möglichkeiten der Bedürfnisbefriedigung, entsprechend der jeweiligen sozialen Position. Als Indikatoren für räumliche Verhaltensmuster spielen die unterschiedliche Inanspruchnahme der Versorgungseinrichtungen im fußläufigen Bereich und die unterschiedliche Ausprägung von Kommunikationsbereichen eine übergeordnete Rolle. Berücksichtigung finden aber ebenso Arbeitsplatz- und Naherholungsbeziehungen wie auch die Bereitschaft zur Beibehaltung oder Veränderung von räumlichen Verhaltensweisen:

— Durch die Dreiecksignaturen gekennzeichnet sind ältere Haushalte der unteren Sozialschichten mit überwiegend stabilen räumlichen Beziehungen und Neigung zur Einschränkung ihrer Aktionsbereiche. Sie können nach den unterschiedlichen Reichweiten bei den täglichen Aktivitäten, wie Versorgungs- und Spaziergänge, zusätzlich unterteilt werden.
— Durch die Quadratsignaturen gekennzeichnet sind jüngere Alleinstehende der unteren Sozialschichten mit teilweise starker Veränderungsbereitschaft in ihren räumlichen Beziehungen und mobilem Verhalten. Sie können nach den unterschiedlichen Reichweiten bei den periodischen Aktivitäten, wie Besuche von Bekannten und Verwandten sowie Teilnahme am Naherholungsverkehr, zusätzlich unterteilt werden.
— Durch die Kreissignaturen gekennzeichnet sind jüngere Ehepaare und Familien der oberen Sozialschichten mit teilweise wechselnden Raumbeziehungen und dynamischem Verhalten. Auch sie können nach den unterschiedlichen Reichweiten bei den periodischen Aktivitäten zusätzlich unterteilt werden.

Die begrenzten bzw. erweiterten Aktionsräume bei den unterschiedenen Gruppen können hinsichtlich der Aktivitäten „Täglicher Einkauf" und „Kommunikation" besonders deutlich gemacht werden. Die regelmäßig, mehrmals wöchentlich aufgesuchten Einkaufsstandorte und der Verlauf der Einkaufsgänge wurden in der Befragung über sogenannte Wegeprotokolle ermittelt. Mit dem Begriff „Kommunikation" sind hier die regelmäßigen, mehrmals monatlich stattfindenden Kontakte mit Bekannten, Freunden oder Verwandten gemeint.

Stark eingeschränkte räumliche Aktionsbereiche zeichnen besonders die älteren Haushalte der unteren Sozialschichten aus, wohingegen überwiegend erweiterte Aktionsräume ein Kennzeichen für jüngere Familien der oberen Sozialschichten sind. Bei den Älteren decken 50% der Haushalte ihren täglichen Bedarf ausschließlich in der unmittelbaren Nähe zur Wohnung. Bei den Einkäufern in der City mit Fußgängerzone und Stadtmarkt sind die zurückgelegten Wege nur auf die kürzestmögliche Distanzüberwindung gerichtet (vgl. Abb. 1). Bei den Jüngeren beschränken nur mehr 20% ihren Einkauf auf den Nahbereich der Wohnung. Der in der Gesamtheit breit ausgeprägte, auf die City gerichtete Aktionsraum bezieht zusätzlich auch abseits des direkten Weges gelegene Altstadtbereiche ein (vgl. Abb. 2).

Für die regelmäßigen Kontakte ergeben sich entsprechende Begrenzungen bzw. Ausweitungen. Bei den Älteren entfallen auf 10 Befragte nur 14 Haushalte, mit denen man regelmäßig zusammenkommt. Über 70% der Begegnungen spielen sich innerhalb der Innenstadt selbst ab, nahezu die Gesamtheit bleibt auf das Stadtgebiet beschränkt (vgl. Abb. 3). Bei den Jüngeren entfallen auf 10 Befragte immerhin 21 Haushalte, mit denen man regelmäßigen Kontakt pflegt. Mehr als 70% der Zusammenkünfte führen über die Innenstadt und mehr als 30% über das Stadtgebiet hinaus (vgl. Abb. 4).

Über die Bewertung und Inanspruchnahme der vorhandenen Versorgungseinrichtungen und Erholungsflächen können die wohnumfeldbezogenen aktionsräumlichen Muster für die unterschiedenen Haushaltstypen bestimmt werden. Eingeschlossen sind in diesem Zusammenhang auch die im allgemeinen durch Kindergarten- und Schulstandorte festgelegten räumlichen Beziehungen der Kinder sowie die mit Fußgängen verbundenen Wege von und zur Arbeit. Unter „Wohnumfeld" wird hier jener räumliche Bereich verstanden, der die täglichen oder zumindest häufig wiederkehrenden, zu Fuß durchgeführten Aktivitäten der Mitglieder eines Haushaltes außerhalb seiner Wohnung umfaßt (vgl. Abb. 5).

Die Gliederung der Innenstadt nach derartigen „verhaltensbedingten Raumzellen" zeigt gerade bei den Haushalten mit tendenziell regressivem Verhalten eine besondere Abhängigkeit vom Versorgungs- und Freiflächenangebot in unmittelbarer Nähe der Wohnung. Ausweitungen des räumlichen Aktionsbereiches in Richtung auf die City erfolgen nur infolge unzureichender Standortgegebenheiten. Dagegen gehören für bestimmte Gruppen der jüngeren Angehörigen oberer Sozialschichten weite Altstadt- und Citybereiche auch dann zum Wohnumfeld, wenn die Standortbedingungen im Wohnviertel selbst als durchaus befriedigend empfunden werden.

In den angedeuteten Verhaltensweisen der Bewohner werden Vorzüge und Mängel unterschiedlicher Wohnbereiche der Innenstadt sichtbar. Es erscheint zweckmäßig, die notwendigen Maßnahmen zur Stabilisierung der Wohnfunktion, wie Förderung des Wohnungsbaus, Ausbau von Wohnfolgeeinrichtungen, Verkehrsberuhigung u. ä. gezielt auf „verhaltensorientierte Raumzellen" abzustimmen.

Tab. 1: *Sozialgeographische Haushaltstypisierung*

Merkmalsstrukturen		Aktionsräumliche Konfigurationen			Veränderungstendenzen		Signatur	Prozentanteil*
Sozialstatus	Demographische Situation	tägliche Aktivitäten	periodische Aktivitäten	überwiegende Orientierung	Funktionsstandortsystem	Verhaltensmuster		
Unterschicht, Mittelschicht	Ein- und Zweipersonenhaushalte, HV über 50 Jahre	begrenzt	begrenzt	Viertel	überwiegend stabil	teilweise regressiv	△	15
Unterschicht, Mittelschicht	Ein- und Zweipersonenhaushalte, HV über 50 Jahre	erweitert	begrenzt	Viertel, Innenstadt	überwiegend stabil	teilweise regressiv	▲	25
Unterschicht, Mittelschicht	Einpersonenhaushalt, HV bis 50 Jahre	teilweise erweitert	begrenzt	Viertel, Innenstadt, Stadtgebiet	teilweise labil	teilweise mobil	▦	8
Unterschicht, Mittelschicht	Einpersonenhaushalt HV bis 50 Jahre	überwiegend erweitert	erweitert	Innenstadt, Stadtgebiet, Umland	teilweise labil	teilweise mobil	■	9
Mittelschicht, Oberschicht	Mehrpersonenhaushalt, HV bis 50 Jahre	überwiegend erweitert	begrenzt	Innenstadt, Stadtgebiet	teilweise indifferent	teilweise dynamisch	⊕	15
Mittelschicht, Oberschicht	Mehrpersonenhaushalt, HV bis 50 Jahre	überwiegend erweitert	erweitert	Innenstadt, Stadtgebiet, Umland	teilweise indifferent	teilweise dynamisch	●	15
unbestimmt	unbestimmt	unbestimmt	unbestimmt	unbestimmt	unbestimmt	unbestimmt	–	13

* Prozentanteil aus der Befragung von 353 Haushalten.

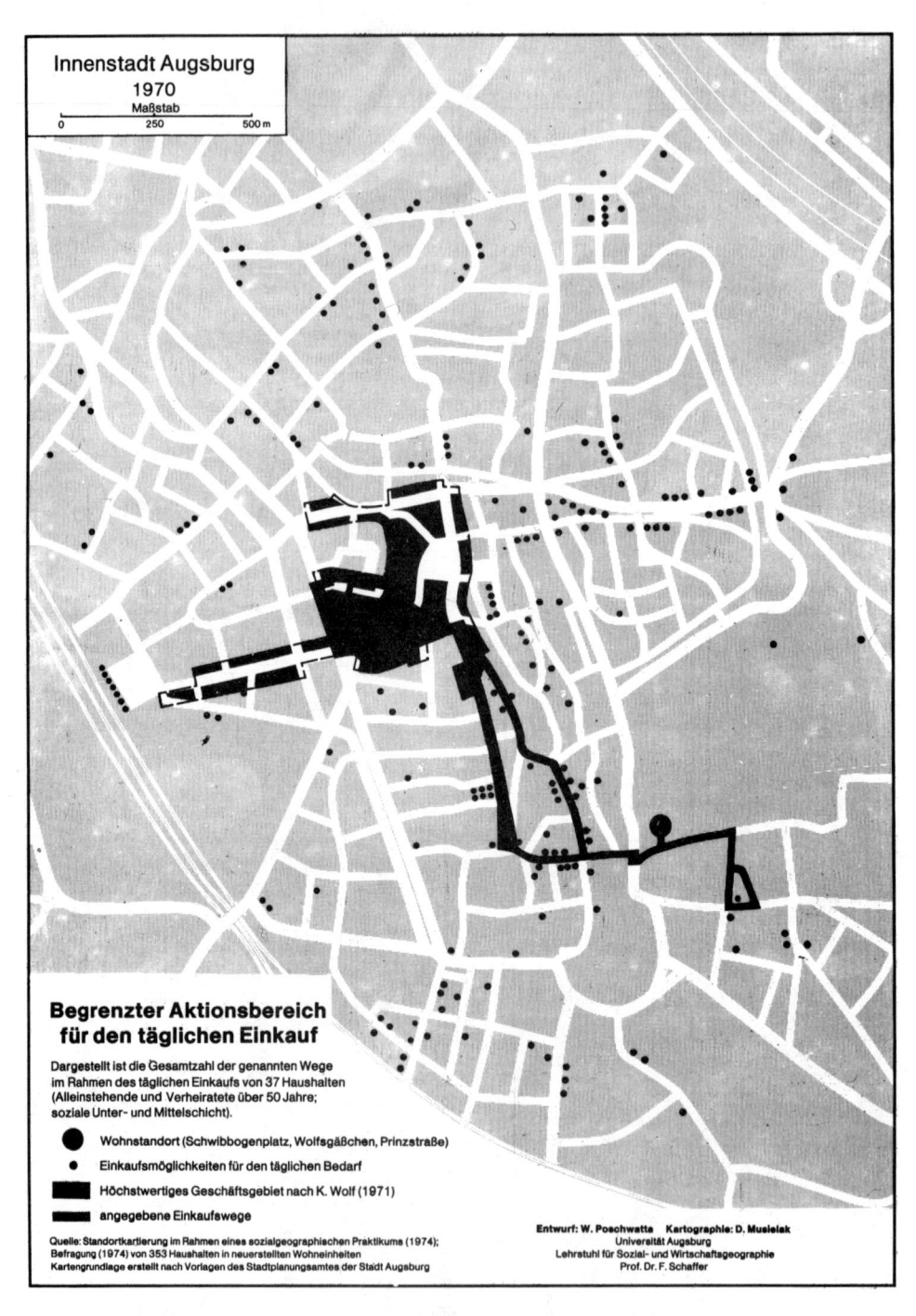

Abb. 1 Innenstadt Augsburg. Begrenzter Aktionsbereich für den täglichen Einkauf

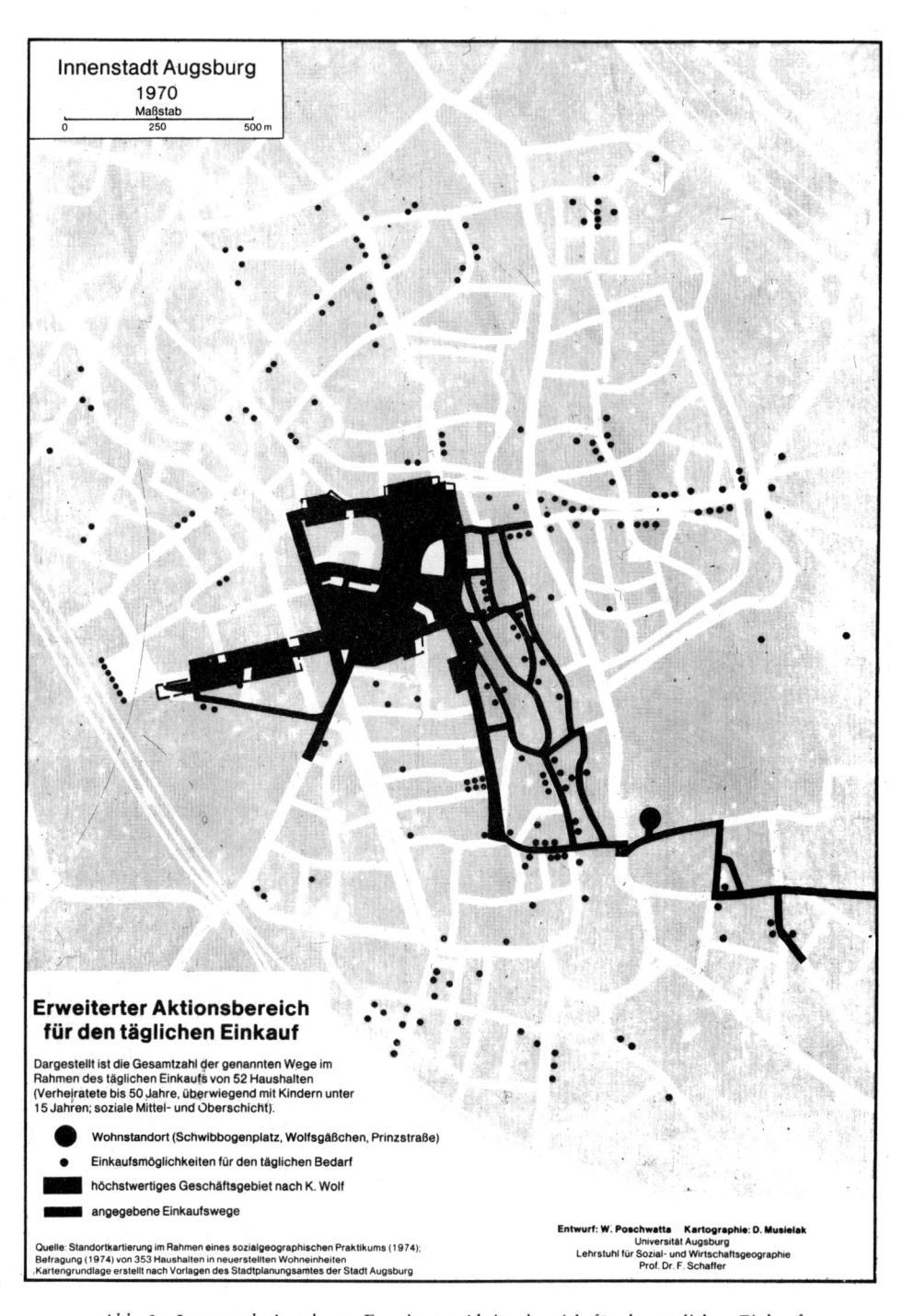

Abb. 2 Innenstadt Augsburg. Erweiterter Aktionsbereich für den täglichen Einkauf

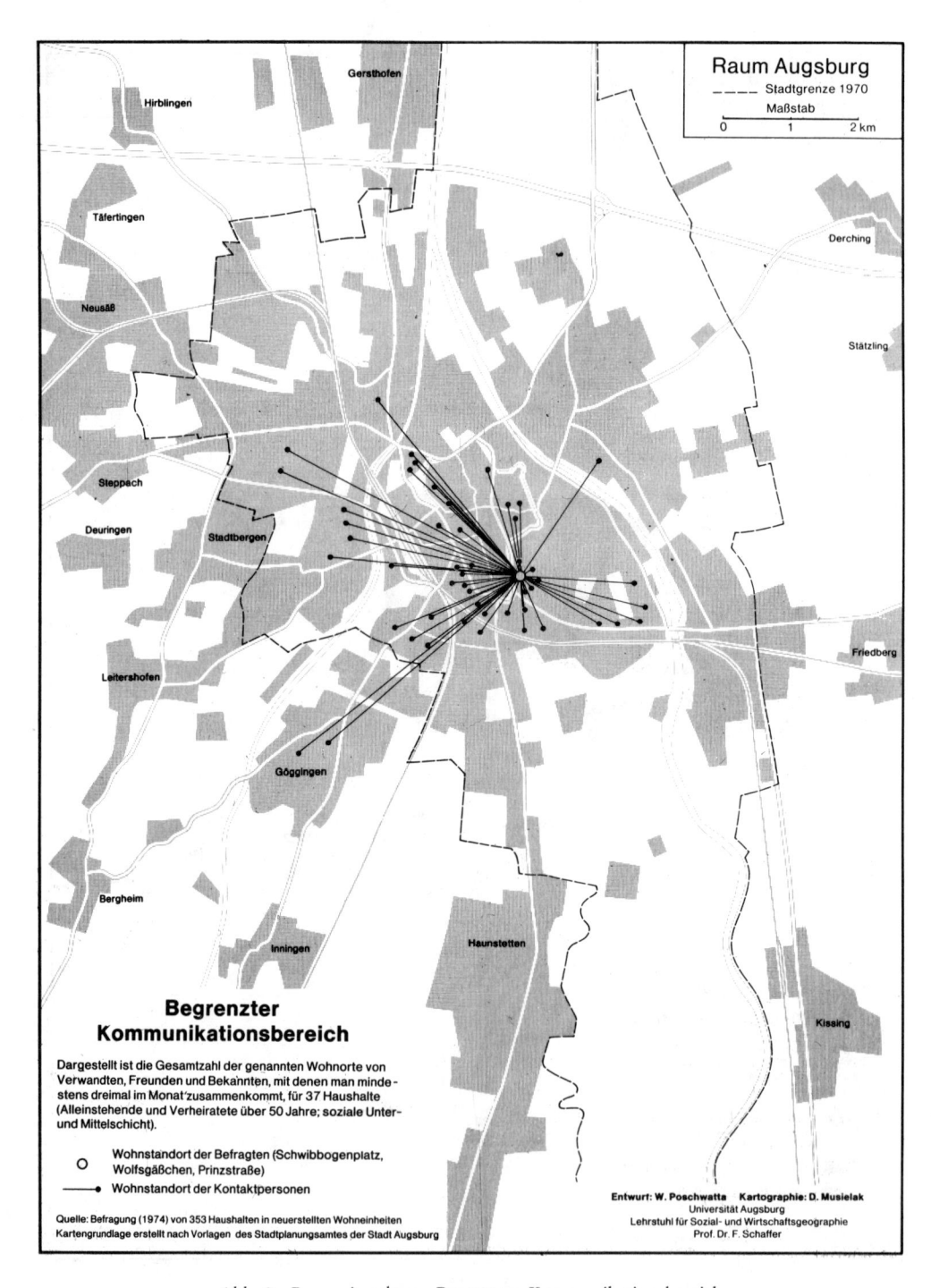

Abb. 3 Raum Augsburg. Begrenzter Kommunikationsbereich

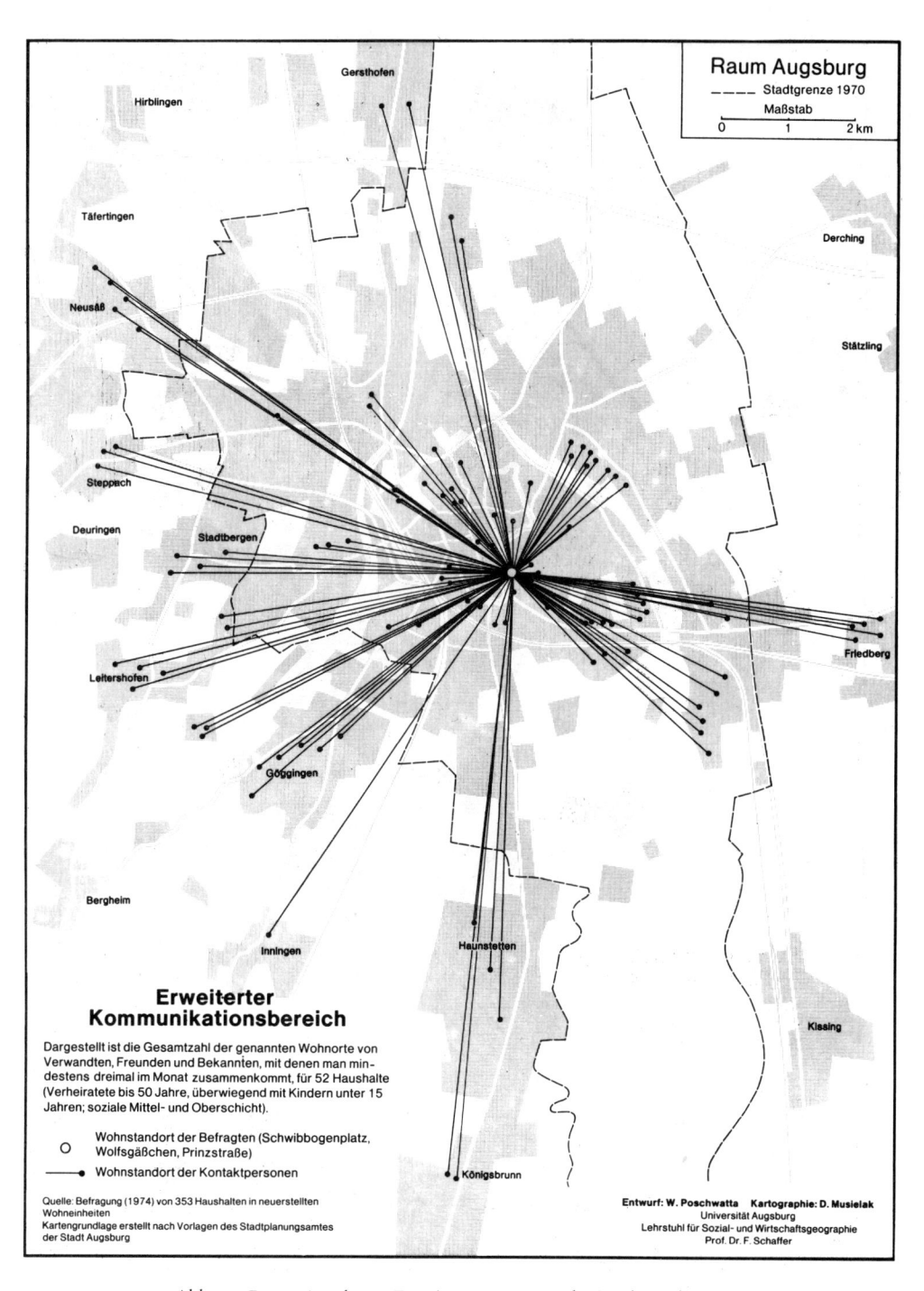

Abb. 4 Raum Augsburg. Erweiterter Kommunikationsbereich

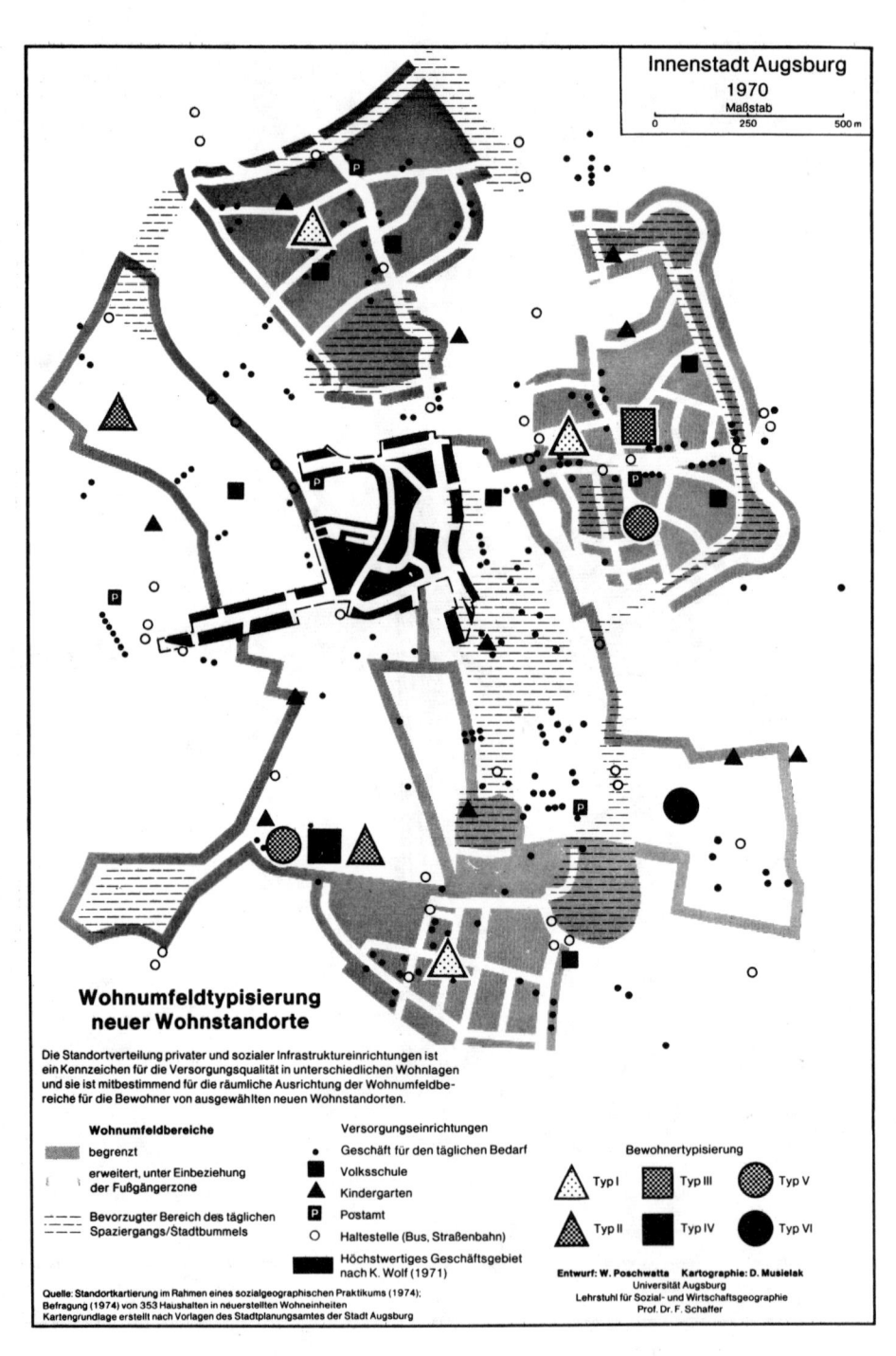

Abb. 5 Innenstadt Augsburg. Wohnumfeldtypisierung neuer Wohnstandorte

Literatur

Dürr, H.: Empirische Untersuchungen zum Problem der sozialgeographischen Gruppe: Der aktionsräumliche Aspekt. In: Münchner Studien zur Sozial- und Wirtschaftsgeographie; Bd. 8, 1972; S. 71–81.

Harfst, H. u. v. Schaewen, M.: Die Bevölkerungsabnahme in den Großstädten. In: Nürnberg im Städtevergleich. Amt für Stadtforschung und Statistik der Stadt Nürnberg (Hrsg.), 1975; S. 75–88.

König, K.: Bedeutung der demographischen Entwicklungstendenzen in städtischen Agglomerationen für die Städte und die Stadtentwicklung. In: Beiträge zur Statistik und Stadtforschung; Amt für Statistik und Stadtforschung der Stadt Augsburg (Hrsg.); Nr. 3, 1974; S. 7–32.

Poschwatta, W.: Wohnen in der Innenstadt: Strukturen, neue Entwicklungen, Verhaltensweisen – dargestellt am Beispiel der Stadt Augsburg. Augsburger Sozialgeographische Hefte; Nr. 1, 1977.

VERBESSERUNG DER WOHNBEDINGUNGEN DURCH UMGESTALTUNG ZENTRALER VERKEHRSKNOTEN UND REAKTIVIERUNG VON NEBENBAHNLINIEN

Mit 3 Abbildungen

Von Hans-Jürgen Schiffler (Augsburg)

Regionales Wanderungsverhalten und Wohnen in der Innenstadt stehen in engem Zusammenhang mit dem Verkehrssystem. Eine Abbildung in unserem Ausstellungsbeitrag z. B. zeigt die Belastung eines innerstädtischen Wohngebietes durch quartiersfremde Dauerparker. Die städtische Verkehrspolitik verlangt heute – nach zwei Jahrzehnten Anpassungsplanung an die Motorisierungswelle – die Einschränkung des arbeitsplatzbezogenen Autoverkehrs und den Ausbau der öffentlichen Verkehrsmittel. Der Städtebau hat den Wert „urbaner" Straßen und Plätze als multifunktionale, öffentliche Räume wiederentdeckt (Wolf 1967; Peters 1973).

Dieser Wandel bei den Zielvorstellungen wird am Beispiel der Neugestaltung des zentralen Königsplatzes in Augsburg deutlich. Ursprünglich Nahtstelle zwischen Altstadt und Gründerzeit-Stadterweiterung mit großbürgerlichem Wohnungsbau, gestaltet als Parkanlage, wurde er zum Knotenpunkt der städtischen Nahverkehrslinien und später zur zentralen Kreuzung zwischen den Durchgangsstraßen aus dem Süden und Norden und den Radialen von Westen und Südwesten. Während 40 verschiedene Lösungsversuche bis 1972 dem hochgerechneten Bedarf des Straßenverkehrs genügen wollten, konnte sich vor zwei Jahren eine anders konzipierte Planung durchsetzen (Schiffler 1974; Engel, Hansjakob, Pfister, Schiffler 1976). Sie geht vom städtebaulich-gestalterischen Ansatz aus und widmet bisher vom Autoverkehr belegte Flächen vorwiegend den Funktionen „innerstädtischer Erholungsraum" und „öffentlicher Nahverkehr". Die verschiedenen Planungsvarianten und die neue Konzeption wurden im Vortrag durch Situationsfotos und Pläne erläutert.

Eine zielorientierte Verkehrsplanung sollte jedoch die verkehrlichen Verflechtungen des gesamten Verdichtungsraumes berücksichtigen. Die Kenntnis der Zusammenhänge zwischen der Verkehrsbelastung der Kernstadt, der sozialräumlichen Struktur der großstadtnahen und ländlichen Gebiete und der vorhandenen Verkehrsinfrastruktur ermöglicht die Beurteilung der räumlichen Wirkung von Investitionen in das Verkehrssystem. Für den Nord-West-Sektor der Region Augsburg, den „Kordon Welden", einer Ortekette von 11 Gemeinden, wurde am Stichtag, dem 21. Oktober 1976, eine Totalerhebung der verkehrsräumlichen Aktivitäten durchgeführt. Bei 70% Rücklaufquote wurde in einer Fragebogenaktion neben Fragen zur Person und zum Haushaltstypus in Tabellenform ein Fahrtenprotokoll verlangt. Pro Person wurden am Stichtag alle Fahrten nach den 9 Zwecken „Weg zur Arbeit oder Geschäft", „Weg zur Schule oder anderer Ausbildungsstätte", „Ausübung von Arbeit oder Geschäft", „Behördengang", „Arzt, Krankenhaus", „Besuch, Erholung, Vergnügen", „Einkauf", „Heimfahrt zur Wohnung" und „Sonstiges" erfaßt (Kessel 1971). Weitere Spalten im Fragebogen betreffen die Wahl des Verkehrsmittels, den Fahrtbeginn, den Ausgangspunkt der Fahrt nach Ort und Straße, ebenso das Fahrtziel und die Ankunfts-

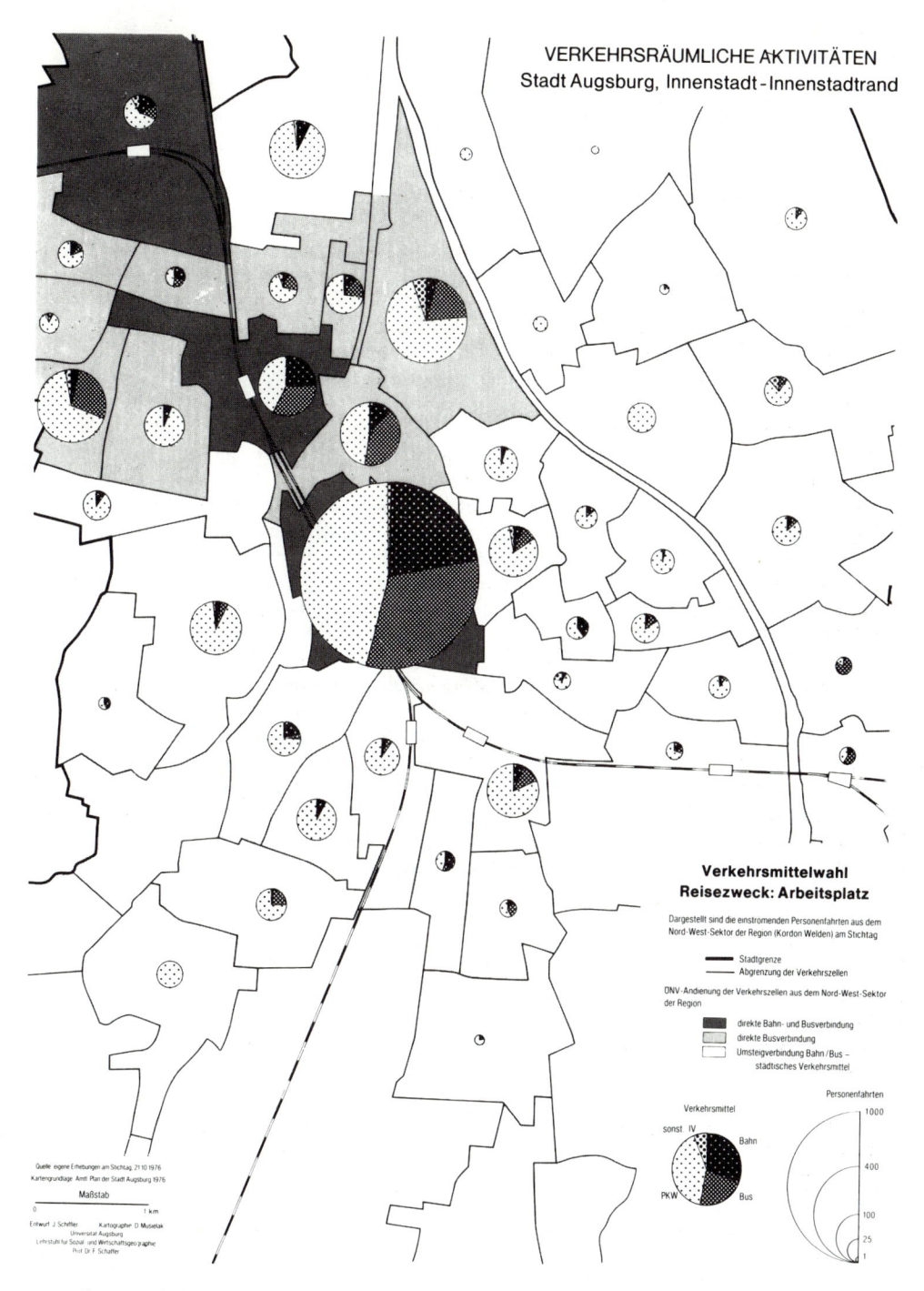

Abb. 1 Verkehrsräumliche Aktivitäten. Stadt Augsburg, Innenstadt – Innenstadtrand. Verkehrsmittelwahl, Reisezweck: Arbeitsplatz

zeit. Am Tag der Befragung wurden darüberhinaus in allen Zügen und Bussen durch mitfahrendes Zählpersonal die Ein- und Aussteiger nach Haltestellen erhoben.

Die Abbildungen 1 und 2 zeigen einen Ausschnitt des Augsburger Stadtgebietes nach Verkehrszellen gegliedert. Der Flächenumriß der Zellen ergibt sich aus der verkehrsräumlichen Erschließung durch Haltestellen öffentlicher Verkehrsmittel. Der Verlauf der Außengrenzen zeichnet das Gefüge der Baublöcke nach. Struktur- und funktionsräumliche Aussagen auf der Basis von Baublöcken können dadurch in zusammengefaßter Form auf die Verkehrszellen übertragen werden. Das dunkle Raster kennzeichnet Zellen mit direkter Bahn- und Buserschließung aus dem Untersuchungsraum. Der mittlere Grauton verdeutlicht Zellen mit direkter Buserschließung aber ohne Bahnandienung und das helle Grauraster Zellen, die aus dem Untersuchungsraum nur über Umsteigen auf innerstädtische Verkehrsmittel erreicht werden können. Abbildung 1 zeigt den einströmenden Verkehr für den Reisezweck „Weg zum Arbeitsplatz" nach Gesamtumfang und Verkehrsmittelwahl in der Abstufung dunkle Raster für den öffentlichen Nahverkehr (ÖNV) – helle Raster für den Individualverkehr (IV). Die Abhängigkeit zwischen Verkehrsmittelwahl und Angebotsstruktur wird im Vergleich der direkt und indirekt erschlossenen Zellen deutlich. Obwohl im Osten und Süden der Stadt größere Gewerbegebiete bestehen, wird eine deutliche Präferenz für Arbeitsstätten in verkehrsgünstiger Lage zum Einzugsgebiet sichtbar. Aus diesem Verhalten z. B. kann geschlossen werden, daß trotz der Dezentralisierung von Arbeitsplätzen im Stadtgebiet von Augsburg keine Verbesserung für die innerstädtischen Wohnumfelder etwa durch Verminderung des Verkehrsaufkommens erreicht werden kann, solange die nach wie vor zentripedalen Verkehrsströme nicht wirkungsvoller abgeleitet werden. Ein gezielter Ausbau der Verkehrsinfrastruktur wird so zur Voraussetzung für die Entwicklung der allgemein geforderten polyzentrischen Stadtstrukturen. Für die Reisezwecke „Behördengang, Einkauf, Arzt etc." (Abb. 2) hat nur die City verkehrliche Bedeutung. Erstaunlich hoch ist der Anteil der ÖNV-Benutzer und dabei wieder der Anteil des Omnibusses. Für diese Gelegenheitsfahrten erscheint trotz langer Fahrzeiten der Bus wegen des starren Fahrplanes und der dichten Wagenfolge attraktiver als die Bahn.

Die Verkehrsmittelwahl in den Gemeinden des Kordons (Abb. 3, unten) zeigt deutlich die Umorientierung vom öffentlichen Verkehrsmittel zum Individualverkehr in den kernstadtnahen „Randwanderungsgemeinden" Neusäß, Aystetten und Ottmarshausen. Ein gleicher offensichtlich von der Sozialstruktur abhängiger Trend zeichnet sich in der Gemeinde Bonstetten ab, wo seit zwei Jahren ein Villengebiet in Hanglage im Entstehen ist. Die Gemeinden mit den größten Gewinnen aus der Randwanderung sind damit auch die Hauptverursacher der Belastung innerstädtischer Wohnumfelder durch den Autoverkehr. Neben einer Erklärung aus dem gruppentypischen Verhalten und der Wirkung der hohen Motorisierung der Haushalte (Abb. 3, oben) in diesen Orten kann auch die Angebotsstruktur im öffentlichen Nahverkehr als Begründung für dieses Verhalten herangezogen werden. Das straßenabhängige System Omnibus wird mit zunehmender Verkehrsdichte langsamer, worunter die Fahrzeiten aus den direkt an die Kernstadt angelagerten Gemeinden am meisten leiden. Die günstige Erschließungswirkung der Bahn vor allem in der Großgemeinde Neusäß – 80% des Fahrgastaufkommens der Buslinien entsteht im Einzugsbereich der Bahnhöfe – und die Fahrtzeit von nur 11 Minuten mit dem Zug gegenüber 25 Minuten Busfahrt lassen den Ausbau der Schiene als geeignetes Mittel zur Reduzierung des Autoverkehrs erscheinen. Erstaunlich hoch ist der Reisezweck „Behördengang, Arzt, Einkauf" etc. in Welden vertreten (Abb. 3, unten). Es zeigt sich, daß bei zentralörtlichen Wegebeziehungen dieser Art der Anteil der öffentlichen Verkehrsmittel im Außenbereich stärker ist als bei den „Randwanderungsgemeinden". Die Bedeutung für die Wahl öffentlicher Verkehrsmit-

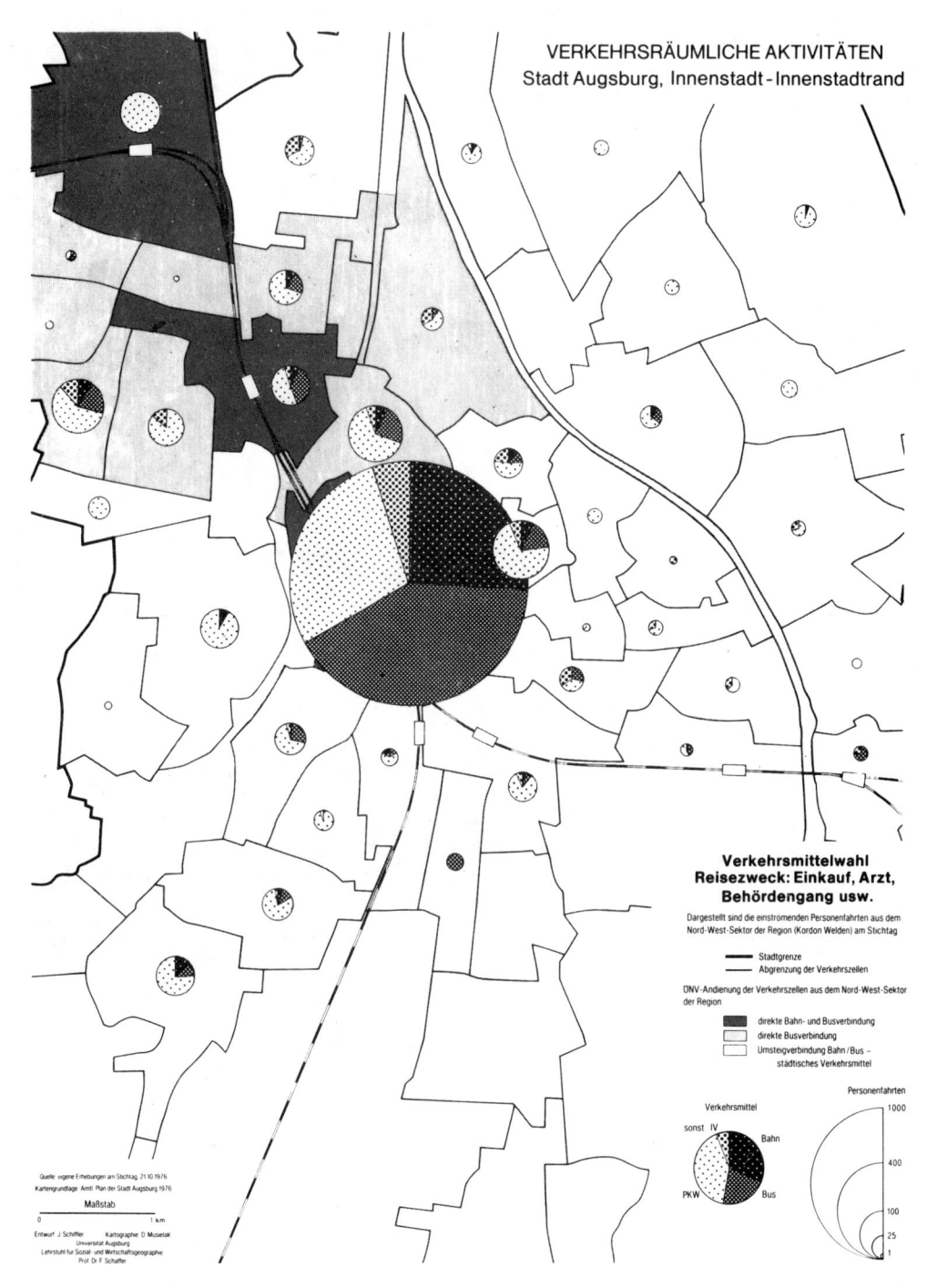

Abb. 2 Verkehrsräumliche Aktivitäten. Stadt Augsburg, Innenstadt – Innenstadtrand. Verkehrsmittelwahl, Reisezweck: Einkauf, Arzt, Behördengang usw.

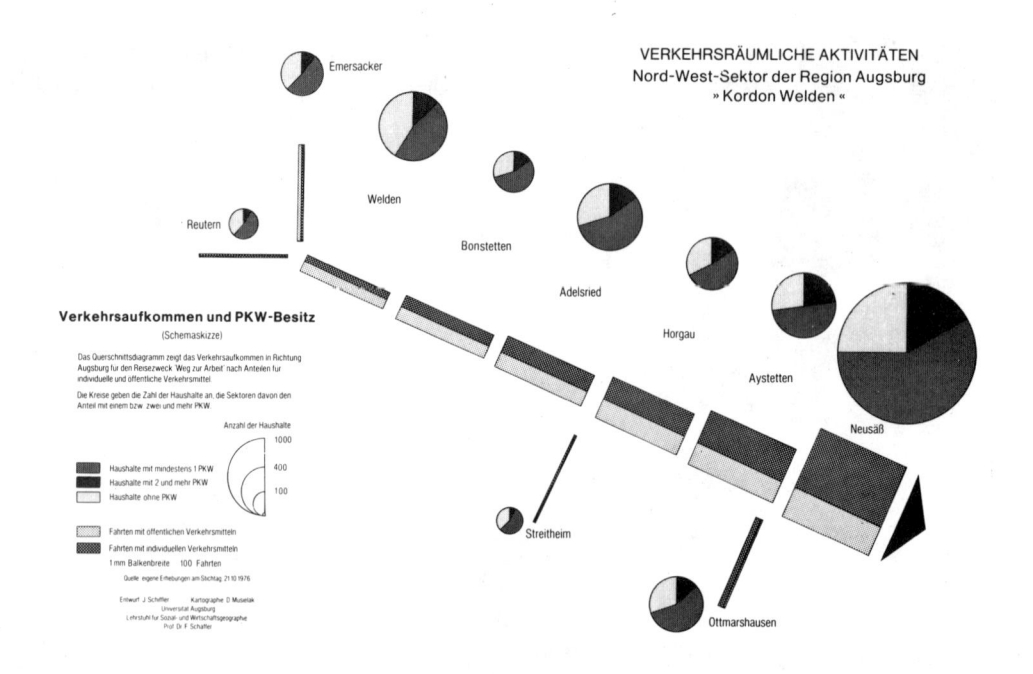

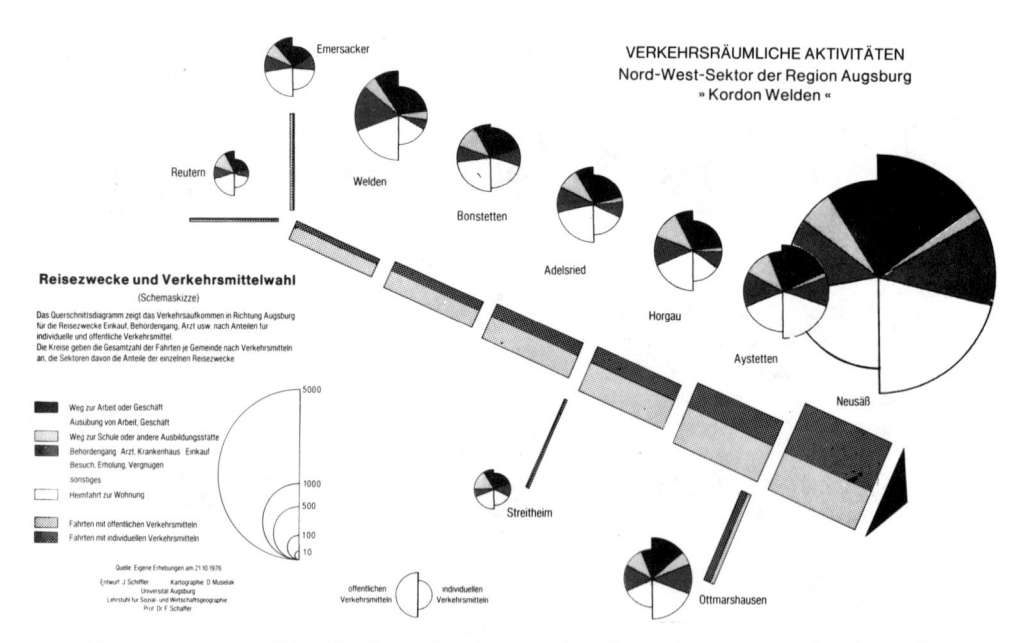

Abb. 3 Verkehrsräumliche Aktivitäten. Nord-West-Sektor der Region Augsburg, ‚Kordon Welden'

tel wird durch das Angebot – 5 Züge und 10 Busse pro Tag – nicht gerechtfertigt. Hier kann eine Erklärung aus der Motorisierung und dem verkehrsräumlichen Verhalten der Regionsbevölkerung weiterhelfen (Infas 1970).

Aus der Verknüpfung „aktionsräumlicher Verhaltensweisen" mit Modellvorstellungen der Verkehrsmittelwahl sind weiterführende Lösungen zu erwarten. Deshalb liegt bei der Auswertung der umfangreichen Befragungs- und Zählungsergebnisse das Hauptaugenmerk auf der Ermittlung gruppen- und regionalspezifischer Unterschiede der Verkehrsmittelwahl in ihrer Abhängigkeit von Herkunft, Ziel, Zweck, Dauer und Häufigkeit täglich durchgeführter Fahrten in die Stadt. Die Kenntnis solcher „aktionsräumlicher Haushaltstypen" eröffnet neue Möglichkeiten für die Beantwortung der Frage, welche Verkehrsmengen aufgrund der regionalen Situation durch neu einzurichtende Nahverkehrsstrecken – z. B. durch Reaktivierung der Nebenbahnlinie im Untersuchungsraum – vom Auto abgeworben werden können. Die für Verkehrsinvestitionen bedeutsame Frage nach dem Einfluß auf den Modal-Split dürfte sich damit wesentlich exakter beantworten lassen, als dies die bisher von der Verkehrswissenschaft verwendeten rechnerischen Modelle gestatteten (Pfeifle 1976).

Literatur

Engel, H.; Hansjakob, G.; Pfister, F.; Schiffler, H.-J. (1976): Fußgängerbereiche Augsburg, Gestaltung Königsplatz, Manuskriptdruck Stadt Augsburg 1976.
Infas (1970): Aufteilung des Personenverkehrsaufkommens auf verschiedene Verkehrsmittel in Abhängigkeit von Einkommen, sozialem Status, Lage im Gebiet der Gemeinde, Fahrtzeit, Fahrtkosten, Fahrtzweck, Angebot an Verkehrsmitteln, Bonn/Bad Godesberg.
Kessel, P. (1971): Beitrag zur Beschreibung des werktäglichen Personenverkehrs von Städten und Kreisen durch beobachtete Verhaltensmuster und deren mögliche Entwicklung. Diss. Aachen.
Maier, J. (1976): Zur Geographie verkehrsräumlicher Aktivitäten, Münchner Studien zur Sozial- und Wirtschaftsgeographie, Bd. 17, Kallmünz/Regensburg.
Peters, P. (1973): Stadt für Menschen – ein Plädoyer für das Leben in der Stadt, München.
Pfeifle, M. (1976): Ableitung eines Verfahrens zur Verkehrsaufteilung (Modal-Split) des Gesamtfahrtenaufkommens auf öffentl. Personennahverkehr und Individualverkehr, in: Straßen- und Verkehrstechnik 4/76, S. 132.
Schiffler, H.-J. (1974): Maßnahmen zur Verbesserung der Bedienung mit dem ÖPNV im Raum Augsburg, 3 Bde., I. Teil: Langfristige Maßnahmen, II. Teil: Mittelfristige Maßnahmen, III. Teil: Kurzfristige Maßnahmen, Gutachten-Manuskriptdruck Stadt Augsburg 1974.
Wolff, H. (1967): Straße und Platz als städtebauliche Elemente SIN-Studienhefte 20/21, Nürnberg.

SOZIALRÄUMLICHE KONTAKTE UND KONFLIKTE IN DER DYNAMISCH GEWACHSENEN PERIPHERIE DES VERDICHTUNGSRAUMES, BEISPIELE AUS DEM WESTLICHEN UMLAND MÜNCHENS

Mit 6 Abbildungen

Von Jörg Maier (Bayreuth)

1. RÄUMLICHE AUSWIRKUNGEN DER STADT-RAND-WANDERUNG

a. Die intraregionale Differenzierung

Im Anschluß an die Wanderungsanalysen der vorhergehenden Studien befaßt sich dieser Bericht nun mit den räumlichen Auswirkungen dieser Mobilitätserscheinungen. Dabei unterscheidet sich die Ausgangssituation in München nur wenig von der anderer Städte (vgl. u. a. Beck, Boustedt, Heller, a. d. Heide, Schaffer). So entfielen 1974 30% aller Fortzüge aus München auf das nähere Umland, insbesondere auf die Landkreise München und Fürstenfeldbruck (vgl. auch Dheuss). Vor allem die München nächstgelegenen und/oder an den S-Bahn-Linien aufgereihten Gemeinden, besonders in Richtung der bevorzugten Naherholungsgebiete im Südwesten, profitierten davon. Aus teilweise bescheidenen Siedlungsansätzen oder Weilern mit stark landwirtschaftlicher Orientierung wurden somit in nur wenigen Jahren Gemeinden in der Größe von Kleinstädten, mit hohem Anteil an Neubürgern, dadurch veränderter Sozial- und Wirtschaftsstruktur, neuen sozialräumlichen Kontakten, aber auch Konflikten zwischen den verschiedenen Bevölkerungsgruppen (vgl. Abb. 1). Ein einheitlicher, etwa durch homogene Sozial- und Wirtschaftsstruktur gekennzeichneter Gemeindetypus von Vorortgemeinde entstand dadurch jedoch nicht, wenngleich Ansätze sozialer Segregation etwa in Gestalt des Kriteriums Anteil der Bevölkerung mit Hochschulabschluß in Standorten im Südwesten, in Richtung des Starnberger und des Ammersees bzw. sonstiger Gemeinden mit hohem Stellenwert als Naherholungsziele durchaus zu erkennen sind (Abb. 2).

b. Die topographische Dimension sozialräumlicher Differenzierung

Auch in den übrigen Stadt-Rand-Gemeinden im Westen von München sind vergleichbare Tendenzen festzustellen, wobei die sozialen Siebungseffekte ebenso zu einem überdurchschnittlichen Anwachsen der beruflichen Grundschicht (Olching) bzw. sogar der ausländischen Arbeitnehmer (Karlsfeld) führen können (vgl. dazu die unterschiedlichen Ergebnisse der Studien in den suburbs der USA, etwa von Wellmann oder Holzner). In den Gemeinden selbst besteht zwar häufig eine große Breite unterschiedlicher Berufsgruppen. Dies zeigt sich sowohl bei der Sozialkartierung in Gröbenzell als Beispiel einer siedlungshistorisch jungen Gemeinde als auch in Olching als Beispiel einer durch die Stadt-Rand-Wanderung an Bevölkerung nur weiter aufgefüllten, historisch gewachsenen Gemeinde. Abgesehen vom Vorherrschen der Landwirte als Grundeigentümer im Bereich unbebauter

Regionale Struktur- und Prozeßmuster in den Gemeinden der Landkreise
Dachau, Fürstenfeldbruck, München und Starnberg

Quelle: Bayer. Statist. Landesamt;
Gemeindedaten 1975,
München 1975
Kartengrundlage: Bayer. Staatsmin.
f. Landesentwicklung u.
Umweltfragen
Entwurf: J. Maier
Kartographie: H. Sladkowski
Wirtschaftsgeographisches Institut
der Universität München 1976/77
Vorstand: Prof. Dr. K. Ruppert

Bevölkerungsveränderung in %

- −45 bis u. −20
- −20 bis u. −5
- −5 bis u. 5
- 5 bis u. 30
- 30 bis u. 65
- 65 bis u. 135
- 200 bis u. 320

Wohnbevölkerung 1974

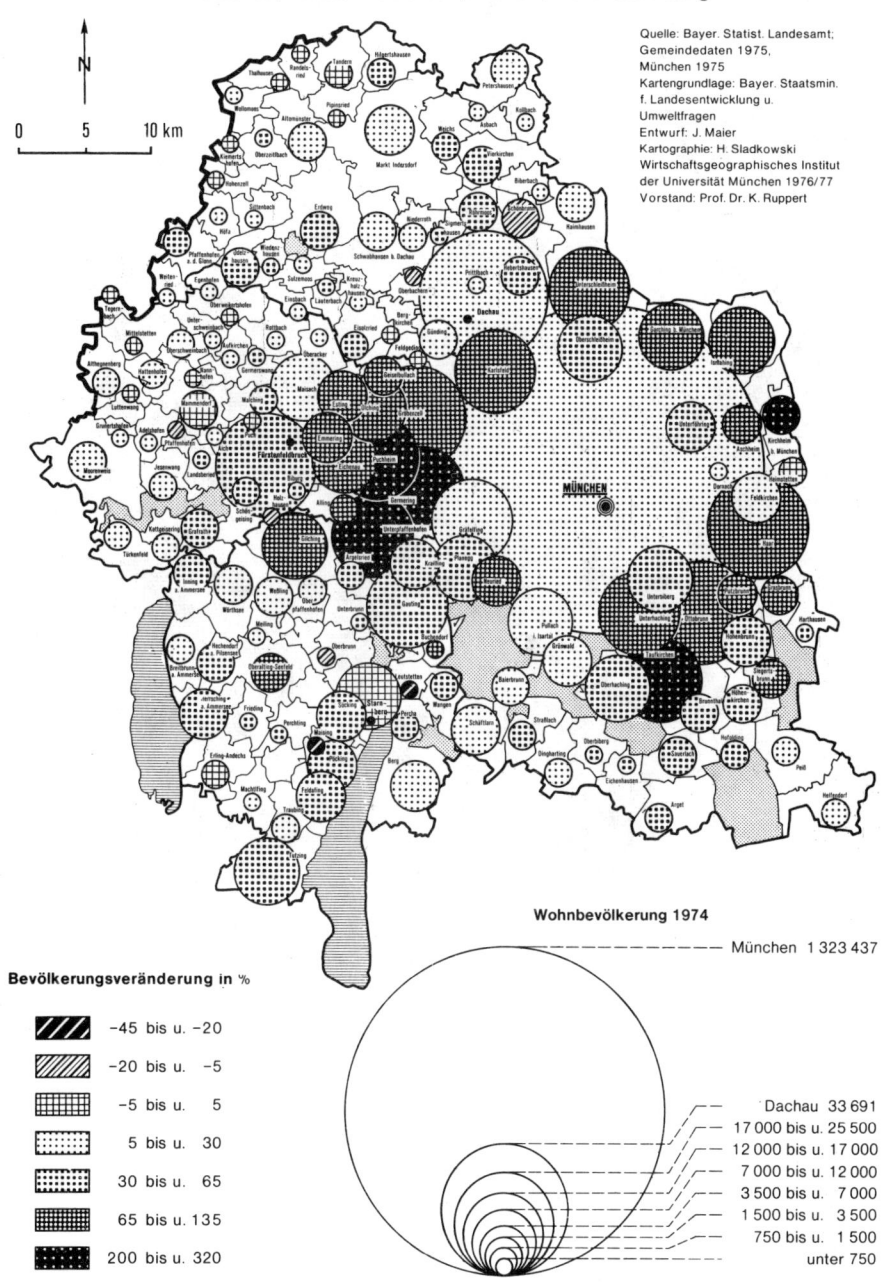

- München 1 323 437
- Dachau 33 691
- 17 000 bis u. 25 500
- 12 000 bis u. 17 000
- 7 000 bis u. 12 000
- 3 500 bis u. 7 000
- 1 500 bis u. 3 500
- 750 bis u. 1 500
- unter 750

Abb. 1 Bevölkerungsveränderung 1961–1974 im Westen von München

Regionale Struktur- und Prozeßmuster in den Gemeinden der Landkreise Dachau, Fürstenfeldbruck, München und Starnberg

Quelle: Bayer. Statist. Landesamt,
Volks- und Berufszählung 1970
Kartengrundlage: Bayer. Staatsmin.
f. Landesentwicklung u.
Umweltfragen, Stand: 1972
Entwurf: J. Maier
Kartographie: H. Sladkowski
Wirtschaftsgeographisches Institut
der Universität München 1976/77
Vorstand: Prof. Dr. K. Ruppert

Anteil der Bevölkerung mit Hochschulabschluß an der Wohnbevölkerung insgesamt in %

- 0
- unter 2,0
- 2,0 bis u. 4,0
- 4,0 bis u. 6,5
- 6,5 bis u. 8,5
- 8,5 bis u. 11,0

Wohnbevölkerung 1970

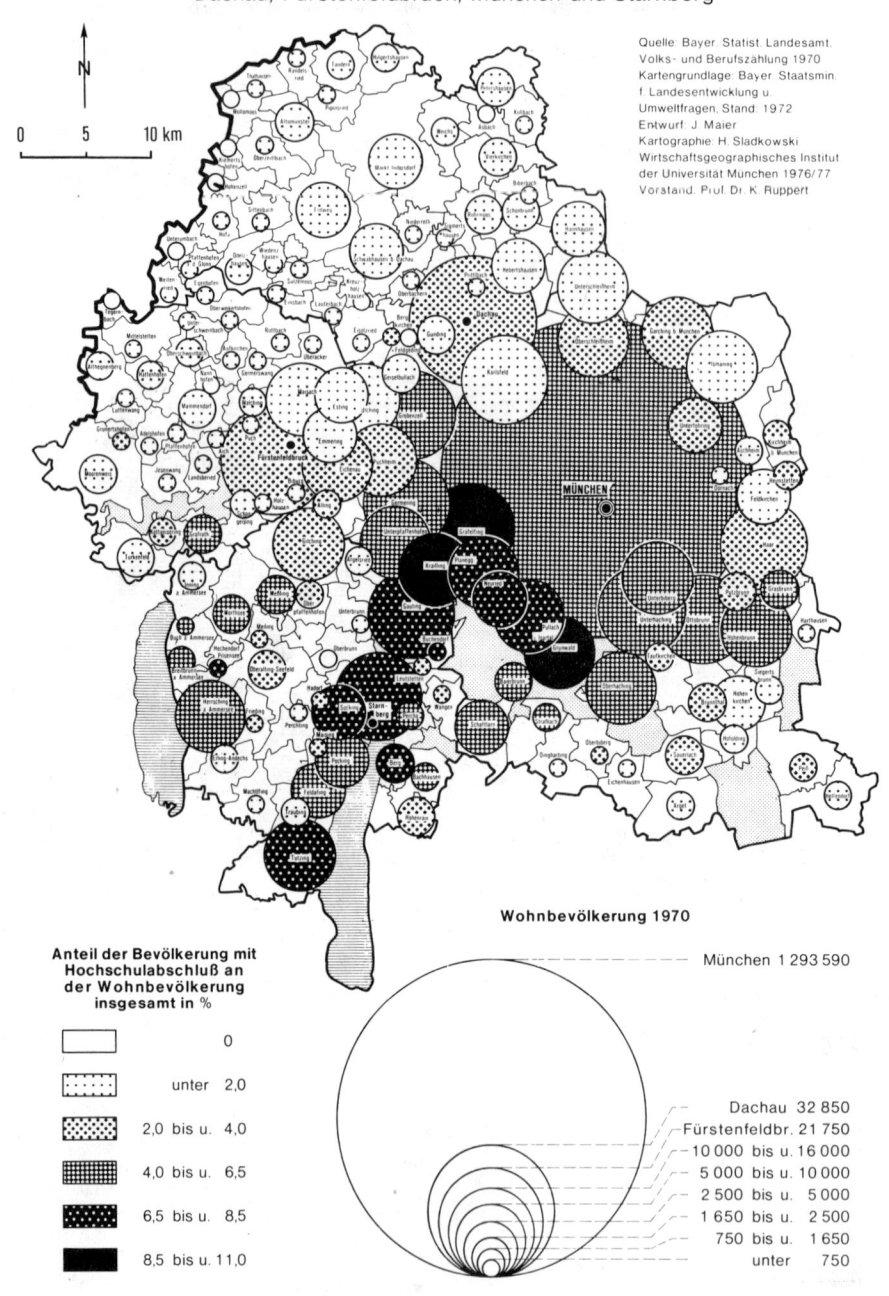

- München 1 293 590
- Dachau 32 850
- Fürstenfeldbr. 21 750
- 10 000 bis u. 16 000
- 5 000 bis u. 10 000
- 2 500 bis u. 5 000
- 1 650 bis u. 2 500
- 750 bis u. 1 650
- unter 750

Abb. 2 Soziale Differenzierung der Bevölkerung im Westen von München nach dem Indikator Hochschulabschluß 1970

Grundstücke und besonderer Repräsentanten der autochthonen Bevölkerungsgruppe ist für Gröbenzell jedoch ein relatives Hervortreten der mittleren und höheren Angestellten und für Olching eine vergleichbare Erscheinung bei den gewerblichen Unternehmern und den Arbeitern zu beobachten (vgl. auch Wehling/Werner).

Greift man im Sinne einer sozialräumlichen Differenzierung topographischer Dimension den Anteil der Beamten und Angestellten an der Wohnbevölkerung etwa von Gröbenzell heraus (Abb. 4), so ist unschwer zu erkennen, daß in verschiedenen Gemeindeteilen Anteilswerte von 70% und mehr erreicht werden. Diese schichtenspezifische Viertelsbildung, durch relativ einheitliche Bauweise noch unterstrichen, ist mit wenigen Ausnahmen in den Jahren 1968–1972 entstanden (Abb. 3). Gegenüber den autochthonen Bevölkerungsgruppen und den vor 1968 bzw. in den letzten Jahren zugewanderten Personen stellen die Bewohner dieser Viertel eine zahlenmäßig beträchtliche Gruppe dar, was sich nicht zuletzt beim Wechsel der führenden politischen Partei in der Gemeinde auswirkte. Sie entsprechen nach Familiengröße, Alters- und Berufsstruktur auch am ehesten dem in verschiedenen Mobilitätsstudien vorgeführten Typus von Stadt-Rand-Wanderern (Schaffer). Da sich diese Personengruppe auch in ihrem aktivitätsräumlichen Verhalten von den anderen Bevölkerungsgruppen abhebt, z. B. im berufsorientierten Bereich fast ausschließlich, im mittelfristigen Versorgungsbereich noch stark auf Standorte in München ausgerichtet und im Freizeitbereich besonders hoch am Naherholungsverkehr nach außerhalb der Wohngemeinde beteiligt ist, kann sie als typischer Vertreter der außenorientierten Verhaltensgruppen angesehen werden (vgl. Dürr, Maier). Inwieweit kann dieses Nebeneinander räumlich unterschiedlich agierender Gruppen nun durch Kontakte verändert und damit Konflikte in bezug auf räumlich relevante Entscheidungen in der Gemeinde abgebaut werden?

2. SOZIALRÄUMLICHE KONTAKTE UND KOMMUNIKATIONSMUSTER

a. Räumliche Kontaktfelder und ihre geographische Analyse

Bevor wir zur Beantwortung dieser Fragen kommen, ist kurz auf die Einbeziehung derartiger räumlicher Kontaktfelder in geographischen Arbeiten einzugehen. Ausgehend von den früheren Arbeiten über „Heiratskreise", den im deutschen Sprachraum besonders von Hartke untersuchten Einzugsbereichen von Zeitungen, den von Schöller und Buchholz analysierten Bereichen gleicher Vereinszugehörigkeit oder den sozialen Kommunikationsnetzen bei Hägerstrand soll versucht werden, die Beziehungen zwischen und innerhalb der Bevölkerungsgruppen in Stadt-Rand-Gemeinden nach ihrer Intensität und Reichweite darzustellen. Um der Frage nach der Integration und Identifikation der Bewohner in und mit ihrer Wohngemeinde nachzugehen, sind neben den bereits genannten funktionalen Sozialräumen die Raummuster der Nachbarschafts-, Bekannten- und Verwandtenkreise zu analysieren. Aus der Vielzahl möglicher Einflußfaktoren wird dabei vor allem auf die Dauer der Anwesenheit in der Wohngemeinde als Differenzierungskriterium räumlichen Verhaltens abgestellt, weil es sich zeigte, daß gerade in den Stadt-Rand-Gemeinden mit ihrem hohen Anteil an Neubürgern aufgrund der im allgemeinen drei bis fünf Jahre dauernden Eingewöhnungszeit, des nicht oder nur wenig gegebenen Zusammengehörigkeitsgefühls unter den Neubürgern und der noch starken Orientierung auf die Großstadt in den bescheiden ausgeprägten Kommunikationsstrukturen Ansätze für aktuelle bzw. mögliche Konflikte in der Gemeinde liegen.

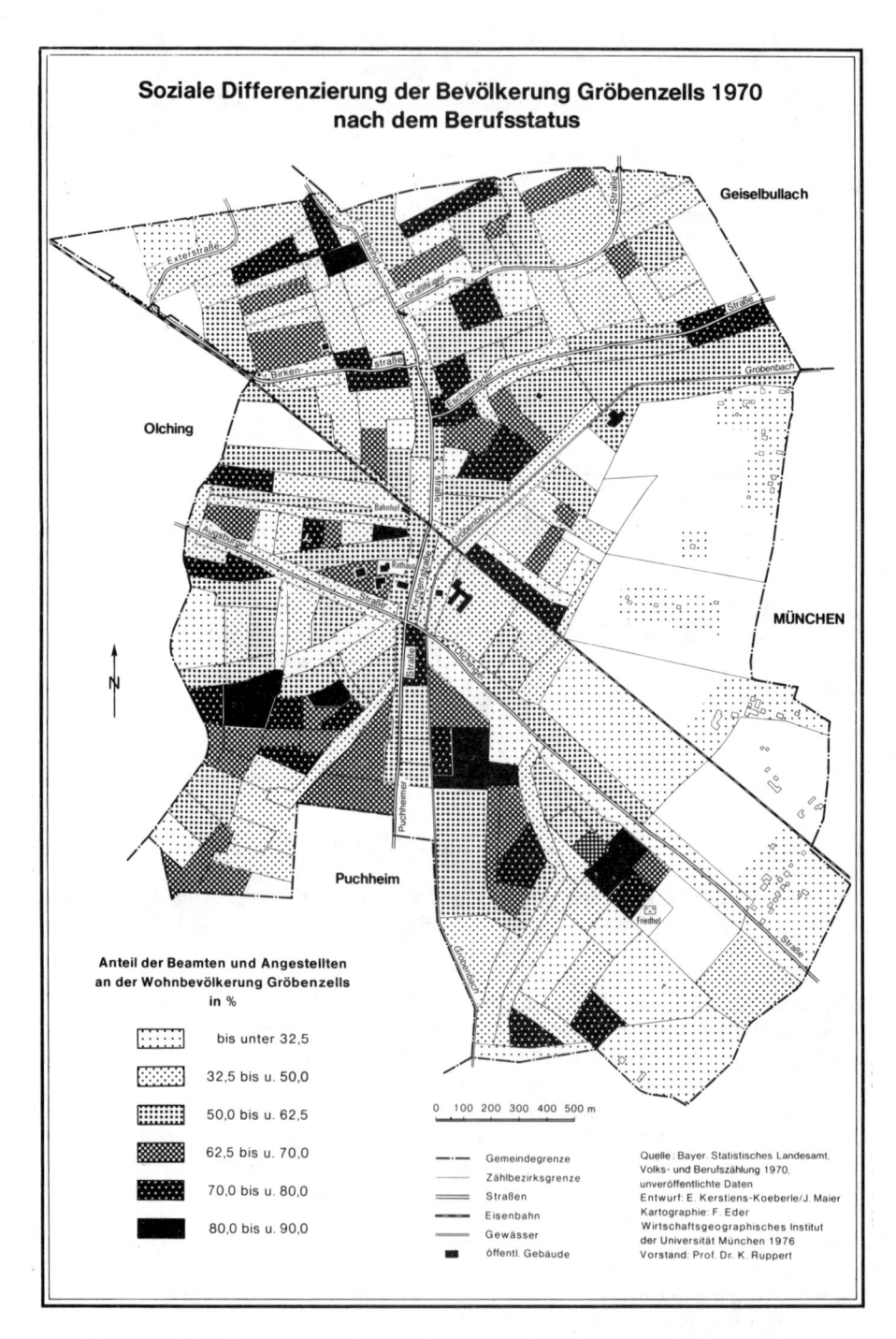

Abb. 3 Soziale Differenzierung der Bevölkerung Gröbenzells 1970 nach dem Berufsstatus

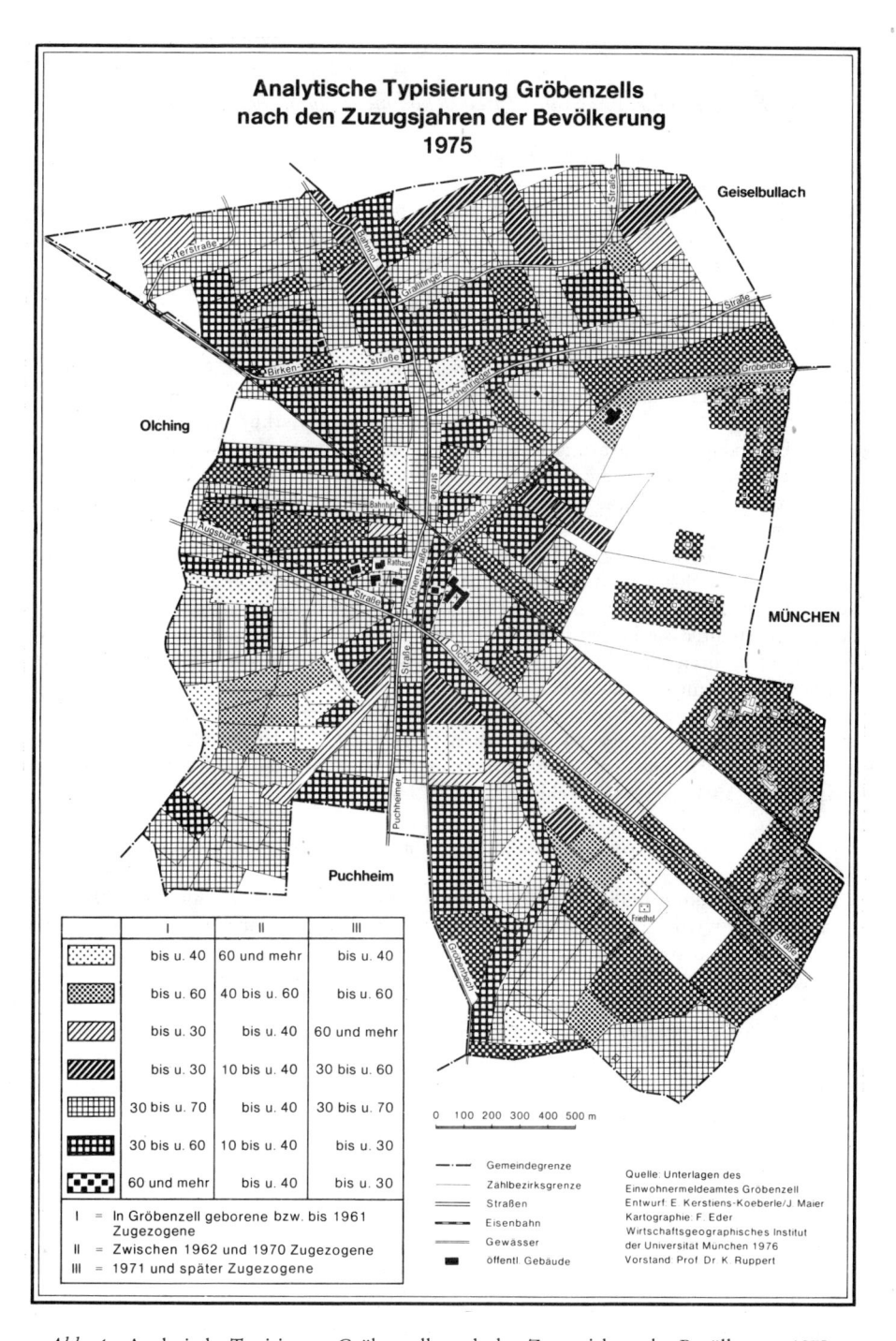

Abb. 4 Analytische Typisierung Gröbenzells nach den Zuzugsjahren der Bevölkerung 1975

b. Formen und Faktoren des Zustandekommens räumlicher Kontaktfelder

Die Basis der Untersuchungen ist darin zu sehen, daß durch die Veränderung der sozialen Umwelt im Rahmen der Stadt-Rand-Wanderung zu den Beziehungen unter der autochthonen Bevölkerungsgruppe neue, urbanisierte Lebensformen hinzugetreten sind. Die Diffusion städtischer Lebensstile in Verbindung mit einem nur teilweisen Interesse für die neuen Wohngebiete bei den Neubürgern in den ersten Jahren zeigt sich etwa bei der räumlichen Ausbreitung der Tageszeitungen in der Region München. Während die „Süddeutsche Zeitung" als eher überregional orientierte Zeitung einen relativ hohen Verbreitungsgrad in den stadtnah gelegenen und durch berufliche Mittel- bis Oberschicht eher geprägten Rand-Gemeinden aufweist, besitzt der stärker lokal informierende „Münchner Merkur" einen weit darüber hinausreichenden Einflußbereich. Auch innerhalb der Gemeinden läßt sich dieses Ergebnis weiter verfolgen, wird der „Münchner Merkur" doch von der autochthonen Bevölkerung anteilsmäßig weit häufiger gelesen wie von der allochthonen Gruppe. So erreicht die „Süddeutsche Zeitung" in Neubaugebieten Gröbenzells 50% und mehr Leseranteil unter den Tageszeitungen, während dies in umgekehrter Richtung für den „Münchner Merkur" in den traditionelleren Siedlungsteilen gilt.

Die stärkere Orientierung besonders der berufstätigen Neubürger auf München zeigt sich auch beim Zustandekommen der ersten Kontakte in der neuen Wohngemeinde, die in der Regel über die Kinder und Hausfrauen erfolgen. Im Gegensatz zu großstädtischen Neubausiedlungen erhalten sie in den Randgemeinden durch ihre Beteiligung an Vereinen bzw. Vereinigungen breiter Motivationsstruktur eine wichtige Funktion für die Integration der Familie in die Gemeinde. Dies verstärkt andererseits die Rolle der Vereine als Entscheidungen vordiskutierende und vorausbestimmende Institutionen. Daraus wird auch verständlich, daß in Neubausiedlungen, wie München-Perlach nur 33% der Bevölkerung in Vereinen organisiert ist, während dieser Anteilswert in den ausgewählten Stadt-Rand-Gemeinden zwischen 42–55% liegt (vgl. Wehling/Werner, Heller).

c. Räumliche Muster der Verwandten- und Bekanntenkreise

Bislang unerwähnt, muß als dritte Form der Kontaktaufnahme noch die der Nachbarschaft genannt werden. Sie bleibt, obwohl als erste Informationsquelle über die Gemeinde und ihre Funktionsstandorte nach dem Zuzug von großer Bedeutung, in der Regel meist auf zeremonielles Verhalten sowie – distanziell gesehen – das Wohnhaus und die direkt anschließenden Wohngebäude beschränkt. Da, im Gegensatz zur Situation im ländlichen Bereich, die Raummuster der Verwandten- und Bekanntenkreise im städtischen Bereich damit nicht deckungsgleich sind, konnte z. B. Stutz nachweisen, daß bei Kontakten mit Nachbarn eine größere Häufigkeit in unmittelbarer Nähe besteht, die danach jedoch stark abfällt. Demgegenüber beginnt der raumdistanzielle Kontaktbereich mit Freunden und Bekannten mit geringer Häufigkeit in nächster Umgebung des Wohngebäudes, steigt mit zunehmender Distanz an, um dann stufenartig wieder abzusinken. Die Verwandtschaftskontakte andererseits besitzen im Vergleich zu den beiden anderen Verkehrskreisen (Pfeil) nur wenig Abhängigkeit von der Distanz.

Bei der Übertragung dieser Fragestellung auf das Untersuchungsobjekt Stadt-Rand-Gemeinde zeigte es sich, daß hier derzeit doch Unterschiede gegenüber der historisch gewachsenen Stadt festzustellen sind (vgl. Abb. 5). So ist für die Verwandtenkreise in den beiden Testgemeinden Gröbenzell und Karlsfeld zu ersehen, daß eine deutliche Beziehung zur ursprünglichen Herkunftsgemeinde besteht, da ein Großteil der Befragten seine Ver-

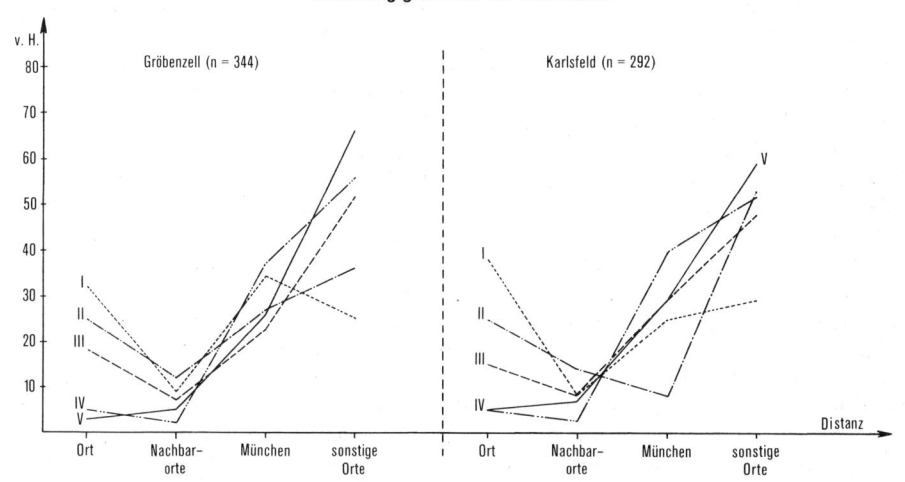

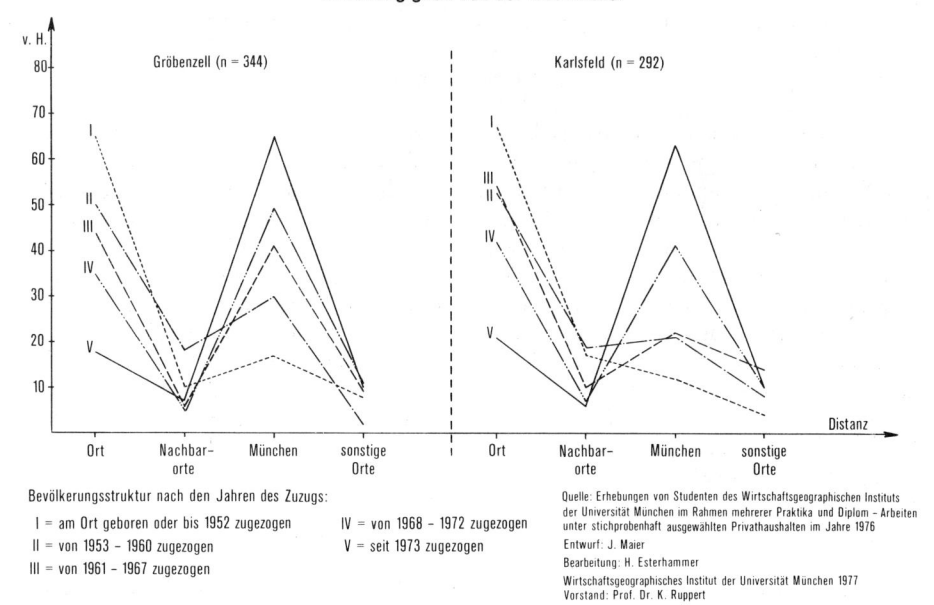

Abb. 5 Sozialräumliche Aktivitäten in Stadt-Rand-Gemeinden: das Beispiel der Bekannten- und Verwandtenkreise

wandten außerhalb der Wohngemeinde, teilweise sogar in erheblichen Distanzen hat. Andererseits ist in beiden Gemeinden zu beobachten, daß die Dauer der Anwesenheit in den Testgemeinden zu einer räumlichen Verlagerung der Verwandtenkreise beiträgt, durchaus ein Ausdruck für die zunehmende Integration in die Wohngemeinde. Dies wirkt sich in Karlsfeld als einer durch Ortsbürtige bzw. bereits in den 50er Jahren zugezogene Heimatvertriebene geprägten Gemeinde, also größerer Bedeutung autochthoner oder als solche bereits anzusehender Bevölkerungsgruppen gegenüber Gröbenzell insoweit aus als hier die Verwandtenkreise anteilsmäßig bereits deutlicher auf Karlsfeld orientiert sind.

Wird bei den raumdistanziellen Beziehungen der Verwandtenkreise in Verbindung mit der Anwesenheitsdauer die Bedeutungszunahme der Wohngemeinde von einer gewissen Bedeutungsabnahme unter den sonstigen Orten begleitet, so gilt dies bei den Bekanntenkreisen in vergleichbarer Weise für die Rolle Münchens als Standort der Bekannten. Während insgesamt gesehen bei der Bevölkerung etwa von Gröbenzell 46% der Bekannten in München, 45% in der Gemeinde selbst wohnen, verschiebt sich dieses Verteilungsbild bei den Ortsbürtigen bzw. vor 1952 Zugezogenen auf 17% in München bzw. 65% im Ort, während die erst nach 1973 Zugezogenen fast genau das umgekehrte Verhältnis bezüglich der Bekanntenstandorte aufweisen. Die innergemeindliche Differenzierung bestätigt dies, treten eben hohe Anteilswerte Münchner Bekannter besonders in den geschlossen errichteten Neubaugebieten auf, deren Bewohner zum großen Teil erst in den letzten Jahren aus München zugewandert sind. Auch für diesen Teil der Verkehrskreise ist damit zu schließen, daß sich mit längerer Anwesenheit die Beziehungen stärker auf die Wohngemeinde und damit in Richtung Integration und Identifikation verlagern, was zumindest mittel- bis langfristig zum Abbau bestehender Interessenkonflikte beiträgt (vgl. Zapf/Heil/Rudolph).

3. ANALYSE BESTEHENDER RAUMRELEVANTER KONFLIKTBEREICHE

a. Allgemeine Aspekte

Diese raumrelevanten Konflikte als Ausdruck etwa der unterschiedlichen Vorstellungen von der Wohngemeinde kommen in den Stadt-Rand-Gemeinden durch das überaus rasche Bevölkerungswachstum einerseits und die Herausbildung sozialstrukturell und aktivitätsräumlich verschiedenartig agierender Gruppen besonders zum Ausdruck. Sie belegen damit erneut, daß das Phänomen Stadt ein Prozeßfeld ist, unterschiedliche Interessenslagen, ökonomische und soziale Zwänge bzw. Abhängigkeiten widerspiegelnd. Die Auswirkungen sind nicht nur in den schichtenspezifischen Veränderungen der Zusammensetzung politischer Gremien und Vereinsvorstandschaften abzulesen, sondern auch – als Meinungsbilder erfaßbar – in unterschiedlichen Einstellungen zu raumordnerischen bzw. raumplanerischen Maßnahmen. Konkret kann dies etwa bei Entscheidungen über die zukünftige Größe und Funktion der Gemeinde, d. h. also dem Siedlungsleitbild oder über die Priorität notwendiger Einzelmaßnahmen sowie über die Sozialstruktur der Bevölkerung festgestellt werden (vgl. Janelle/Millward).

b. Gruppenspezifische Leitbildvorstellungen

Dies zeigt sich z. B. in verschiedenen Stadt-Rand-Gemeinden (z. B. in Krailling, Gröbenzell) bei der Diskussion über Errichtung oder Ausdehnung vorhandener Industrie- und Gewerbeflächen, wobei häufig die autochthonen Bevölkerungsgruppen und insbesondere die Gewerbetreibenden, im Hinblick auf eine Erweiterung der wirtschaftlichen Aktivität der

Sozialräumliche Kontakte und Konflikte 113

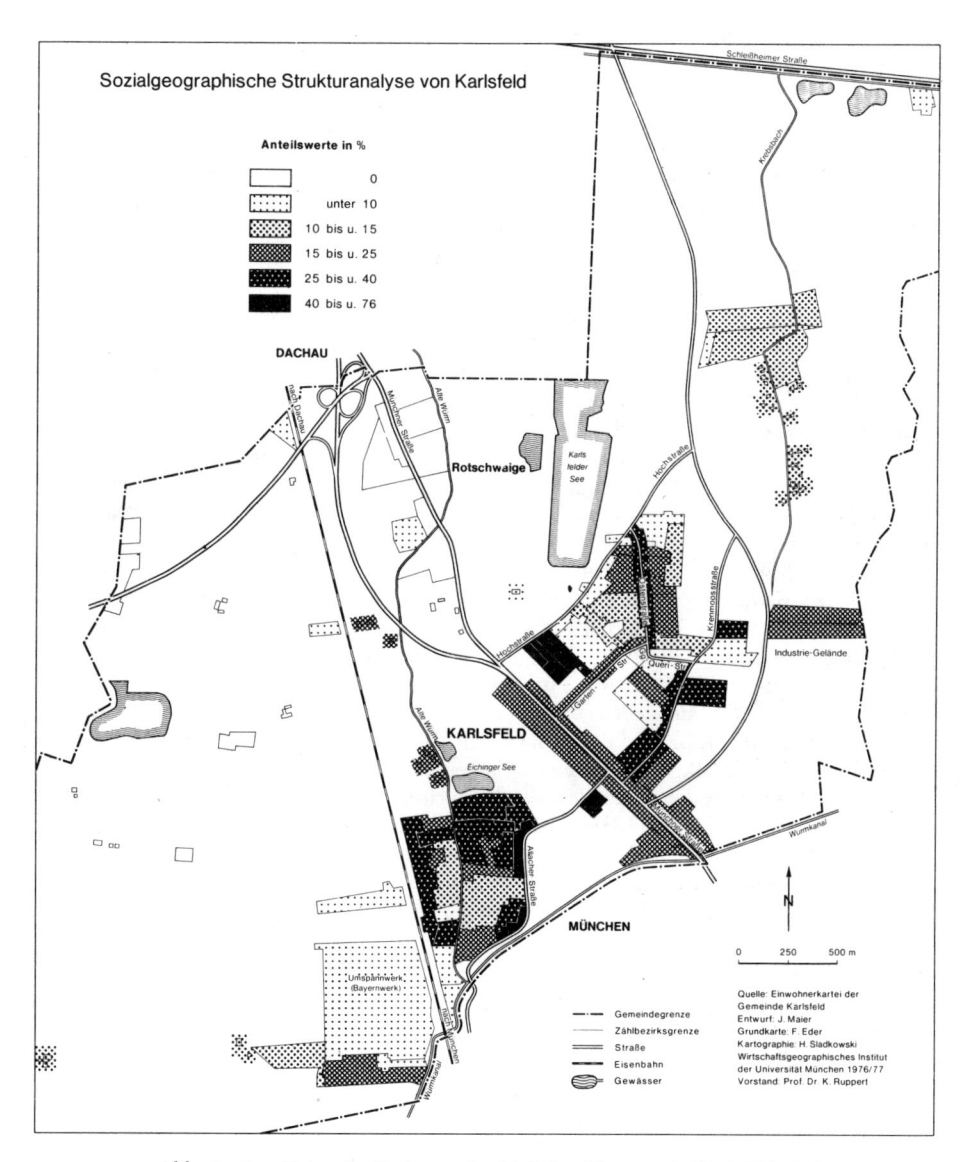

Abb. 6 Anteil der Ausländer an der Wohnbevölkerung in Karlsfeld 1976

Gemeinde, für einen Ausbau plädierten, während die neuzugezogenen Gruppen aus der Vorstellung vom „Wohnen im Grünen", von „sauberer" und ruhiger Umwelt, sich meist gegen eine weitere Industrieansiedlung aussprachen. Das sich in mehreren Gemeinden durchsetzende Siedlungskonzept einer „Gartenstadt" als Leitbild der Zukunft ist deshalb als ein typisches Ergebnis der zahlenmäßig bedeutsameren allochthonen Gruppen anzusehen. Dabei bleibt jedoch weiterhin das Problem zwischen bescheidenen kommunalen Einnahmen der Stadt-Rand-Gemeinden einerseits und den gerade von seiten der allochthonen Gruppen geäußerten Wünschen nach Errichtung und/oder Komplettierung der Infrastruktureinrichtungen mittleren bis gehobenen Bedarfs, z. B. weiterbildende Schulen, Schwimmbäder oder spezialisierte Bereiche des Handels und der Dienstleistungen bestehen.

c. Lage- und schichtenspezifische Variation der Leitbilder

Für die praktische Planung von Bedeutung ist allerdings, daß dieser allgemeine Wunschkatalog bei einer innergemeindlichen Differenzierung in starkem Maße lagespezifische Komponenten aufweist, so etwa in verkehrsungünstig gelegenen Ortsteilen die fehlenden Busverbindungen kritisiert werden (Puchheim-Ort), während im Siedlungskern (Puchheim-Bahnhof) z. B. die Errichtung einer Unterführung anstelle des stark belasteten Bahnübergangs weit wichtiger erscheint. Dadurch entsteht insgesamt eine nur mit erheblichem Finanzaufwand zu bewältigende Auflistung notwendiger Planungsmaßnahmen für die Gemeindeverwaltung, die nur mittel- bis langfristig und in Zusammenarbeit mit Nachbargemeinden lösbar ist.

Erschwerend wirken sich dabei nicht nur die innergemeindlich stark variierenden Wunschkategorien, sondern auch deren schichtenspezifische Überlagerung aus. So entstehen Konflikte einmal zwischen den Altersschichten, da insbesondere für die Jugendlichen der beruflichen Grund- und Mittelschicht in den Stadt-Rand-Gemeinden wenig oder keine Kommunikations- und Freizeiteinrichtungen zur Verfügung stehen. Noch deutlicher sind die latent vorhandenen oder bereits effektiv sich zeigenden Konflikte bezüglich der ausländischen Arbeitnehmer festzustellen, insbesondere dann, wenn diese – wie in Karlsfeld – 40% und mehr an der Bevölkerung einzelner Gemeindeteile ausmachen (vgl. Abb. 6). Zwar kommt es von seiten der deutschen Bevölkerung nicht zu einer direkten Ablehnung, sondern die Haltung ist eher als neutral zu bezeichnen, aber die Kontakte mit den ausländischen Mitbürgern erfolgen überwiegend nur am Arbeitsplatz, lediglich 20% der deutschen Bevölkerung hat darüberhinaus noch Kontakt mit Ausländern. Damit ist für die geographische Analyse von Stadt-Rand-Gemeinden jedoch festzuhalten, daß es für das Verständnis dieser neuen dynamischen Strukturen am Rand der Großstadt notwendig ist, im Sinne einer sozialräumlichen Differenzierung neben der Darstellung der sozialstatistischen Daten auch die Kontakträume und Konfliktbereiche zwischen den verschiedenen Bevölkerungsgruppen zu analysieren. Dem Ziel der Geographie, die hinter den Strukturen stehenden Kräfte und ihre Beweggründe aufzuspüren, kann damit ein Stück nähergerückt werden.

Literatur

Dieser Bericht baut zu wesentlichen Teilen auf Ergebnissen zweier Praktika mit Studenten sowie Arbeiten von Mitgliedern der Projektgruppe „Stadt-Rand-Gemeinden" am Wirtschaftsgeographischen Institut der Universität München auf. Der Verfasser ist daher besonders dem Vorstand des Instituts, Herrn Prof. Dr. K. Ruppert sowie Frau E. Kerstiens-Koeberle und den beteiligten Studenten zu großem Dank verpflichtet.

Baier, E., Olching und Gröbenzell – Sozialgeographische Strukturanalyse zweier Stadt-Rand-Gemeinden im Westen von München, unveröff. Zul.-Arbeit am Wirtschaftsgeographischen Institut der Universität München (Betreuung: WR u. Prof. Dr. J. Maier), München 1976

Beck, H., Neue Siedlungsstrukturen im Großstadt-Umland, aufgezeigt am Beispiel von Nürnberg-Fürth, in: Nürnberger Wirtschafts- und Sozialgeographische Arbeiten, Bd. 15, Nürnberg 1972

Boustedt, O., Gedanken und Beobachtungen zum Phänomen der Suburbanisierung, in: Bd. 102 d. Forsch.- u. Sitz.ber. d. Akad. f. Raumforschung und Landesplanung, Hannover 1975, S. 1–39

Buchholz, H. J., Formen städtischen Lebens im Ruhrgebiet, Bochumer Geographische Arbeiten, H. 8, Bochum 1970

Dheuss, E., Die regionale Bevölkerungsentwicklung in der Stadtregion München, in: Münchner Statistik, 1975, H. 3, S. 68 ff.

Dürr, H., Boden- und Sozialgeographie der Gemeinden um Jesteburg/Nördliche Lüneburger Heide, H. 26 d. Hamburger Geographische Studien, Hamburg 1971

Hägerstrand, T., Aspekte der räumlichen Struktur von sozialen Kommunikationsnetzen und der Informationsausbreitung, in: Wirtschafts- und Sozialgeographie (hrsg. v. D. Bartels), Köln-Berlin 1970, S. 367–379

Hartke, W., Die Zeitung als Funktion sozialgeographischer Verhältnisse im Rhein-Main-Gebiet, in: Rhein-Mainische Forschungen, H. 32, Frankfurt 1952, S. 7–32

a. d. Heide, U., Citybildung und Suburbanisation im Kölner Raum, in: Kölner Forschungen z. Wirtschafts- und Sozialgeographie, Bd. 21, Wiesbaden 1975, S. 41–60

Heller, W., Zur Urbanisierung einiger ländlicher Gemeinden im Landkreis Göttingen, in: Neues Archiv für Niedersachsen, Bd. 23, 1974, H. 1, S. 51–77 sowie H. 2, S. 163–178

Holzner, L., Sozialsegregation und Wohnviertelsbildung in amerikanischen Städten; dargestellt am Beispiel Milwaukee, Wisconsin, in: Würzburger Geographische Arbeiten, H. 37, Würzburg 1972, S. 153–182

Janelle, D. G., Millward, H. A., Locational conflict patterns and urban ecological structure, in: Tijdschrift voor economische en sociale geografie, 1976, H. 2, S. 102–113

Maier, J., Zur Geographie verkehrsräumlichen Verhaltens, Bd. 17 d. Münchner Studien z. Sozial- und Wirtschaftsgeographie, Kallmünz 1976

Pfeil, E., Die Familie im Gefüge der Großstadt, Hamburg 1965 (insbes. S. 47 ff.)

Schaffer, F., Probleme der Bevölkerungsentwicklung in Verdichtungsgebieten Bayerns, in: Arbeitsmaterialien 1976-9 der LAG Bayern d. Akad. f. Raumforschung u. Landesplanung, Hannover 1976, S. 66–112

Schöller, P., Einheit und Raumbeziehungen des Siegerlandes, Versuche zur funktionalen Abgrenzung, in: Das Siegerland, Münster 1955, S. 75–122

Schüler, J., Die Wohnsiedlung im Ruhrgebiet, in: Ökologische Forschungen, Bd. 1, Bochum 1971

Stutz, F. P., Distance and network effects on urban social travel fields, in: Economic Geography, Vol. 49, 1973, No. 1, S. 134–144

Wagner, W., Sozialökonomische Strukturanalysen und aktionsräumliche Verhaltensmuster in Stadt-Rand-Gemeinden, Beispiel Puchheim, unveröff. Diplom-Arbeit am Wirtschaftsgeographischen Institut der Universität München unter Leitung von Prof. Dr. K. Ruppert, München 1977

Wehling, H. G., Werner, A., Kleine Gemeinden im Ballungsraum, Gelnhausen/Berlin 1975

Wellmann, K. F., Suburbanismus, Lebensform und Krankheit der amerikanischen Mittelklasse, in: Deutsche Medizinische Wochenschrift, Nr. 84, H. 2, 1959, S. 2031–2037

Zapf, K., Heil, K., Rudolph, J., Stadt am Stadtrand, Frankfurt/M. 1969

"ZURÜCK IN DIE INNENSTÄDTE?" – GRÜNDE UND UMFANG DER RÜCKWANDERUNG DER GROSSTÄDTISCHEN BEVÖLKERUNG IN DIE STADTZENTREN

Mit 1 Abbildung und 3 Tabellen

Von Dietrich Höllhuber (Karlsruhe)

Seit sich die Umweltbedingungen in den Innenstädten verbessert haben, ist in vielen mitteleuropäischen Großstädten verstärkte Wohnbautätigkeit in Citynähe zu beobachten. Insbesondere sind altverbaute Bereiche mit historischen Gebäuden betroffen, wie etwa im Kölner Bereich Alter Markt und speziell der Verbauung ‚Groß St. Martin'.

Die neuerrichtete oder renovierte Bausubstanz ist mit wenigen Ausnahmen nur den gehobenen Einkommensschichten zugänglich, erkennbar schon durch die Opulenz der Planung. Dies kann sich in zunehmender Unzufriedenheit der noch ansässigen Bevölkerung mit ihrer sich absolut wie relativ verschlechternden Situation niederschlagen.

Das Ausmaß dieses Phänomens des citynahen Wohnungsbaus und der dadurch ausgelösten Innenstadtwanderung eines Teils der gehobenen Einkommensschichten ist im Vergleich zu den gleichzeitigen Randwanderungsbewegungen zahlenmäßig unbedeutend. Für die Erhaltung urbaner Lebensqualität der Städte ist das Phänomen aber von größter Bedeutung, zeigt es doch, daß bestimmte planerische Eingriffe wie die Errichtung von abgasfreien Fußgängerzonen oder die großzügige Sanierung städtebaulicher Kleinräume möglicherweise trendsetzend gewirkt haben.

Als Auslöser der Innenstadtwanderung bzw. Rückwanderung kommen eine ganze Reihe von planerischen Eingriffen in Frage. Die teilweise Ausschließung des Individualverkehrs durch Errichtung von Fußgängerzonen wie im Wiener Bereich um Graben, Kohlmarkt und Kärtnerstraße oder durch komplizierte Einbahnsysteme, wie das etwa London versucht, haben nicht nur zur Lärm- und Abgasverringerung beigetragen, sondern auch Plätze wieder geöffnet, die seit Beginn der Motorisierung ihrer Kommunikationsfunktion beraubt waren. Dazu hat sie Gelegenheit zur städtebaulichen Auflockerung durch kleine Grünflächen gebracht, die wesentlich zur Verbesserung des Mikroklimas beigetragen haben. Andere Auslöser sind wohl verstärkte Arealsanierung und Durchgrünung dicht versiedelter Gebiete wie in der Karlsruher Süd- und Oststadt.

Für uns wie für den Stadtplaner stellt sich die Frage nach den Motiven der Rückwanderer. Wir dürfen die Auslöser, die verbesserten Wohn- und Wohnumfeldbedingungen, nicht mit den Motiven verwechseln, die sich aus Vorstellungen des Individuums über seinen optimalen Lebenszuschnitt ergeben. Wir können zumindest zwei Typen von Rückwanderern nach ihrer Grundmotivation unterscheiden. Der eine Typ kommt auch bei voller Freiheit der Wohnstandortwahl nicht deshalb, weil die Umweltqualität gestiegen ist, sondern, weil er in der Innenstadt bestimmte Aktivitäten sucht. Er kommt nicht *wegen* der Innenstadt, wegen ihrer urbanen Lebensqualität, sondern er kommt *trotz* vieler Charakteristika dieser Raumkategorie. Nur liegen die ihm negativ erscheinenden Charakteristika heute knapp unterhalb seiner Toleranzschwelle, während sie sich noch vor wenigen Jahren knapp darüber befanden. Der andere Typ kommt gerade *wegen* des Charakters der Innenstadt und hat nur deshalb in den Sechziger Jahren nicht in der Innenstadt gewohnt, weil er keine seinem Lebenszuschnitt angemessene Wohnung finden konnte. Heute werden diese Wohnungen angeboten und er nimmt das Angebot an. Er ist der echte Innenstädter, der vermutlich bei geeignetem Wohnungsangebot auch beim Wechsel seines Standes im Lebenszyklus den innerstädtischen Wohnstandort beizubehalten versuchen wird, im Gegensatz zum erstgenannten Typ, den nichts mit der Innenstadt verbindet. Somit ist aber der zweite Typ jener, den die Städte gezielt ansprechen sollten, da er am sichersten ein Element der Stabilität in die allzu mobile Szene bringen würde.

Aber gibt es diesen Typ? Und welchen Anteil hat er an der Rückwanderung? Diese unter anderen ist die Frage, die ich mir in einer Untersuchung der Rückwanderung der großstädtischen Bevölkerung in die Innenstädte gestellt habe.

Die Grundhypothese der Untersuchung ist die Annahme, daß die Rückwanderer sowohl in Bezug auf ihre sozio-ökonomischen Charakteristika, und damit ihr durchschnittliches Anspruchsniveau, als auch in bezug auf ihre Einstellung zur Innenstadt unterschiedlichen Gruppen angehören. Die das Anspruchsniveau betreffenden Charakteristika habe ich Zielvariable genannt, die letzteren Beschreibungsvariable. Geht man davon aus, daß hohes Anspruchsniveau und niedrige Einschätzung der Innenstadt eine mobilitätsfördernde Diskrepanz darstellen, dann kann der Vergleich dieser beiden Variablengruppen zu Erkenntnissen über diejenigen Variablen führen, die vom Individuum oder der Gruppe als ungenügend oder unbefriedigend empfunden werden. Ein planerischer Eingriff zur Verbesserung dieser unbefriedigenden Erscheinungen sollte dann die Stabilität der Bevölkerung der Innenstadt vergrößern helfen.

In einer noch laufenden, von der Deutschen Forschungsgemeinschaft finanzierten Befragung in den Städten Karlsruhe, Köln, Bremen und Wien, wurden die beiden Variablengruppen ermittelt, neben den sozio-ökonomischen Charakteristika der Befragten. Die Rücklaufquote betrug etwa 50%, was für eine rein postalisch durchgeführte Aktion mit detaillierten Fragen über Einkommens- und Mietverhältnisse recht hoch ist. Aus dem Karlsruher Subsample, das bisher als einziges völlig bearbeitet ist, darf ich Ihnen eine Stichprobe von 100 Personen vorstellen.

Die 1976 in die Innenstadt zugezogenen Probanden wurden nach sozio-ökonomischen Charakteristika gruppiert; verwendet wurden Beruf, Ausbildung und Einkommen. Die *erste* Gruppe umfaßt Freie Berufe, Selbständige und Beamte mit gehobenem Einkommen, die *zweite* Studenten, die *dritte* Arbeiter, Beamte und Angestellte mit niedrigem Einkommen, die *vierte* Arbeiter und Angestellte mit höherem Einkommen, nämlich über DM 1800,– netto, aber mit Ausbildung ohne Abitur. Die *fünfte* Gruppe umfaßt Angestellte mit höherem Einkommen, aber mit Ausbildung Abitur und Hochschulabschluß. Dies sind die hier hauptsächlich interessierenden und statistisch relevanten Gruppen.

Die Frage zum Anspruchsniveau ist eine Rangordnung von zehn Eigenschaften der Wohnsituation. Mit den Rängen 1–10 sollen die folgenden Eigenschaften belegt werden: Die Wohnung soll . . .

1. . . . . gut mit öffentlichen Nahverkehrsmitteln erreichbar sein,
2. . . . . gute Einkaufsmöglichkeiten in der Nähe haben,
3. . . . . ruhig liegen,
4. . . . . nahe dem Stadtzentrum liegen,
5. . . . . nahe zu Kinos, Restaurants und Theater liegen,
6. . . . . groß und geräumig sein,
7. . . . . Balkon und/oder Terrasse besitzen,

8. .... in einem dicht verbauten Viertel liegen,
9. .... in einem locker verbauten Viertel liegen,
10. .... in einem Neubau liegen.

Es wurden also Eigenschaften des innerstädtischen Wohnumfeldes und des Wohnumfeldes des Stadtrandes einander gegenübergestellt, zum Teil von neutralen Eigenschaften, wie jener der Größe und Geräumigkeit, etwas aufgelockert. In der vom Individuum diesen Eigenschaften aufgrund seines Anspruchsniveaus zugewiesenen Rangskala, liegt nun ein Schlüssel für die vom Individuum empfundene Übereinstimmung von Wunsch und Realität. Je stärker seine Rangskala mit einer Rangskala der objektiven Eigenschaften der Innenstadt korreliert, desto höher ist der Grad der Zufriedenheit dieses Individuums mit seinem Wohnstandort. Um dies überprüfen zu können, müssen wir zunächst die Rangskalen der Gruppen kennenlernen.

Tab. 1: *Rangordnung der zehn Zielvariablen nach Gruppen*

	Zielvariable, Rangordnung nach Gruppen										
	Ränge										
	1	2	3	4	5	6	7	8	9	10	n
Gruppe 1	7	4	2	6	9	1	3	10	5	8	18
Gruppe 2	6	4	1	5	7	2	3	10	8	9	24
Gruppe 3	3	5	1	6	8	2	4	10	7	9	18
Gruppe 4	3	4	5	2	9	1	6	10	7	8	18
Gruppe 5	5	3	2	6	9	1	4	10	7	8	14
Mittelwert (einschl. Gruppen 6, 7 u. 8)	6	3	2	5	8	1	4	10	7	9	100

Tabelle 1 zeigt die Rangordnung der zehn Zielvariablen nach Gruppen, die Ränge ergaben sich als Rangordnung der durch die Gruppenmitglieder verliehenen Ränge im Mittel. Die Schwankungsbreite der Mittelwerte ist niedrig, so daß die kleinen Probandenzahlen ausreichend sind. Deutlich zeigt sich völlige Übereinstimmung der Gruppen in der Bewertung der Variablen 6 (Größe und Geräumigkeit der Wohnung), 8 (Lage in dicht verbautem Gebiet) und 10 (Lage in einem Neubau). Während etwa die Größe und Geräumigkeit der Wohnung als eine gruppenübergreifende Standardbedingung anzusehen ist, trifft dies auf die anderen Variablen nur in geringerem Maße zu. Insbesondere erkennt man deutlich Abweichungen der Ränge für die Gruppe vier. Diese Gruppe wertet speziell die Variable 3 (Ruhige Lage) als erheblich weniger wichtig als die anderen Gruppen und die Variable 4 (Nähe zum Stadtzentrum) als wesentlich wichtiger. Das heißt, daß diese Gruppe bereit ist, für eine zentrumsnahe Wohnung auch einige Lärmbelästigung in Kauf zu nehmen.

Nimmt man die Gruppe vier, also Arbeiter und Angestellte mit höherem Gehalt, aber Ausbildung ohne Abitur, so zeigt sich, daß diese Gruppe den höchsten Anteil kinderloser Ehepaare aufweist, nämlich rund zwei Drittel, bei einem durchschnittlichen Alter des Haushaltsvorstandes von 35 Jahren. Die Gruppe wirkt nicht so stark aktivitätsorientiert wie die der Studenten, die die Nähe zu Kinos, Restaurants und Theatern von allen Gruppen am besten beurteilt; jedoch genügt die Beurteilung dieser Einzelvariable nicht für eine signifikante Aussage.

Es ist bei der kleinen Probandenzahl die Frage, wieweit die ermittelten Rangplätze signifikant sind. Und ganz konkret dreht es sich um Unterschiede zwischen Gruppe vier und anderen Gruppen. Der Mann-Whitney'sche U-Test des Vergleichs von Gruppen erbringt zwischen allen fünf Gruppen signifikante Unterschiede auf dem 95%-Niveau, zwischen Gruppe eins und zwei und zwischen Gruppe vier und allen anderen auch auf dem 99%-Niveau. Wie auch alle folgenden Tests und Verfahren ist dieser Test ein non-parametrischer Test, das heißt, er kommt ohne die Grundannahme der Normalverteilung der Variablen aus, die ja bei Rangdaten nicht gegeben ist.

Nimmt man nicht die gesamte Rangskala, sondern untersucht man nur, ob die Variablen 3 und 4 von Gruppe vier unterschiedlich zu anderen Gruppen bewertet werden, so läßt sich dies mittels eines Vierfelder-Mediantests mit dem Chiquadratmodell bestimmen. Der Unterschied ist hier auf dem 95%-Niveau signifikant, nicht aber auf dem 99%-Niveau, das heißt, daß die Gruppe nicht so einheitlich ist, wie der U-Test nahelegte. Immerhin ist der besondere Status dieser Gruppe gegenüber den anderen in bezug auf die gesamte Rangskala, wie auch in bezug auf die beiden Variablen der Ruhe und der Nähe zum Stadtzentrum, mit 99%iger bzw. 95%iger Wahrscheinlichkeit belegt.

Es ist nun möglich, die Übereinstimmung von Zielvorstellungen der Gruppen über das Wohnen in der Innenstadt mit der Realität des Wohnens in der Innenstadt zu vergleichen. Zu diesem Zweck wurden die zehn Variablen in eine Reihenfolge gebracht, die der Rangordnung der objektiven Gegebenheiten in ihrer Bedeutung für die Innenstadt entspricht. Die zehn Variablen wurden wie folgt geordnet: An der ersten Stelle steht Variable 4 (Nähe zum Stadtzentrum), gefolgt von 1 (gute Erreichbarkeit durch den öffentlichen Nahverkehr) und 2 (gute Einkaufsmöglichkeiten), gefolgt von Größe der Wohnung, Ruhe und Verbauungsdichte und schließlich den für die Innenstadt untypischen Variablen wie 7 (Ausstattung mit Balkon oder Terrasse), 10 (Neubaugebiet) und 9 (lockere Verbauung), die in ansteigendem Maße Randbereiche charakterisieren. Diese objektive Rangskala der Zielvariablen wurde nun mit den jeweiligen Rangskalen der Gruppen verglichen. Der Einsatz des Spearman'schen Rangkorrelationskoeffizienten brachte die in Tab. 2 wiedergegebenen Werte der Wahrscheinlichkeit der Unabhängigkeit beider Rangskalen.

Tab. 2: *Wahrscheinlichkeit der Unabhängigkeit von Rangskalen der Zielvariablen der einzelnen Gruppen und der Rangordnung dieser Variablen für die Beschreibung der objektiven Realität der Innenstädte.*

Gruppe	1	2	3	4	5	7
D	124	98	88	34	88	107
P	.5092	.3218	.2467	.0184	.2467	.4050

Wie man deutlich erkennt, sind die beiden Rangskalen nur in einem einzigen Fall, nämlich dem der Gruppe vier, voneinander abhängig. Die Gruppe vier bewertet mit mindestens 95%iger Wahrscheinlichkeit die Wohnsituation in der Innenstadt in Übereinstimmung mit der Realität der Innenstadt! Am wenigsten ist das bei Gruppe eins der Fall, also bei Selbständigen und Freien Berufen mit hohem Einkommen. Deren Ansprüche werden am geringsten durch die Realität der Innenstadt gedeckt. Wenn sie dennoch in die Innenstadt zuwandern, so tun sie es nicht *wegen* der Innenstadt, sondern *trotz* der Innenstadt.

Nunmehr ist es notwendig, die aus den Zielvariablen resultierenden Einschätzungsmuster der Innenstadt zu überprüfen. Dieser Teil der Untersuchung wurde durch die Aufstellung eines Polaritätsprofils von dreizehn Behauptungen über die Innenstadt ermöglicht. Zu jeder der dreizehn Behauptungen konnte auf einer Skala von 1 bis 5 Stellung genommen werden. Im einzelnen wurden Behauptungen zur Wohnqualität der Innenstadt aufgestellt, zur Wohnumfeldqualität und zu den in der Innenstadt durchführbaren Aktivitäten. Die dreizehn Behauptungen lauteten wie folgt:
1. Das Wohnen in der Nähe der Innenstadt besitzt im Vergleich mit dem „Wohnen im Grünen" im großen und ganzen mehr Vorteile als Nachteile.
2. Wer in der Innenstadtnähe wohnt hat es wesentlich leichter Bekanntschaften und Freundschaften anzuknüpfen, als wer am Stadtrand wohnt.
3. Das Wohnen am Stadtrand oder in einer Umlandgemeinde ist allein schon deswegen ungünstig, weil man um abends Theater, Restaurants, Gaststätten, Bars und Tanzlokale zu besuchen, erst wieder in die Stadt hineinfahren muß.
4. Die Luftverschmutzung ist am Stadtrand auch nicht geringer als in der Innenstadt.
5. Stadtviertel mit Einfamilienhäusern und ohne Einkaufs- und Unterhaltungsmöglichkeiten führen zur Vereinsamung der dortigen Bevölkerung.
6. In der Innenstadt kann man nicht mehr wohnen, da sie schon viel zu stark durch Gastarbeiter überfremdet ist.
7. Wer sich außerhalb der Stadt eine Wohnung oder ein Haus kauft, tauscht einen wenig niedrigeren Kaufpreis gegen wesentlich höhere Fahrtkosten ein.
8. Ein Haus mit Garten ist jeder anderen Wohnform (z. B. Reihenhauswohnung mit Balkon) vorzuziehen.
9. Eine große, geräumige und helle Wohnung wiegt viele Nachteile der Umgebung auf.
10. In der Innenstadt (meines Wohnortes) ist in den letzten drei bis fünf Jahren eine Menge geschehen, um sie attraktiver zu machen.
11. Wenn es in der Innenstadt mehr Grünflächen und Fußgängerbereiche gäbe, würden wieder mehr Leute in die Innenstadt ziehen wollen.
12. Die beste Wohnlage in der Stadt ist ein Villenbereich in unmittelbarer Citynähe.
13. Die beste Wohnlage in der Stadt ist ein Villenbereich am Stadtrand in unmittelbarer Nähe von Wald und offener Erholungslandschaft.

Die Berechnung der mittleren Positionen ergab Gruppenpolaritätsprofile dieser dreizehn Beschreibungsvariablen der Innenstadt. Um die Profile leichter vergleichbar zu machen, wurden die Variablen so angeordnet, daß die durchschnittlich höchstgewertete Beschreibungsvariable zu oberst, die niedrigstgewertete zu unterst angeordnet wurde.

Abb. 1 zeigt dieses Profil und wie die Variablen angeordnet sind; man vergleiche die kräftig ausgezogene Linie, die die Mittelwerte für alle Befragten darstellt. Zunächst zur Ordnung der Variablen. An erster Stelle steht Variable 6 (Überfremdung durch Gastarbeiter). Die bei dieser Variable erhaltenen Werte wurden (wie auch bei den Variablen 8 und 13) umgedreht, also ein Wert von 5, eine krasse Ablehnung der Behauptung, zu einer 1 gemacht, da dies einer positiven Einschätzung der Innenstadt entspricht. An zweiter Stelle steht Variable 9 (Größe der Wohnung), hier zeigt sich für alle Gruppen eine deutliche Zustimmung, die in starkem Kontrast zu den Ergebnissen einer vom Verfasser durchgeführten Befragung bei Randwanderern steht. An dritter Stelle steht Variable 12 (Villenbereich in Citynähe), eine Variable, die für Karlsruhe mit seinem innenstadtnahen Weststadtvillenviertel oder für Bremen mit Bürgerparkviertel und Schwachhausen, aber auch für Hamburg mit den Villenvierteln um die Außenalster sinnvoll ist, weniger für Wien und Köln mit ihren

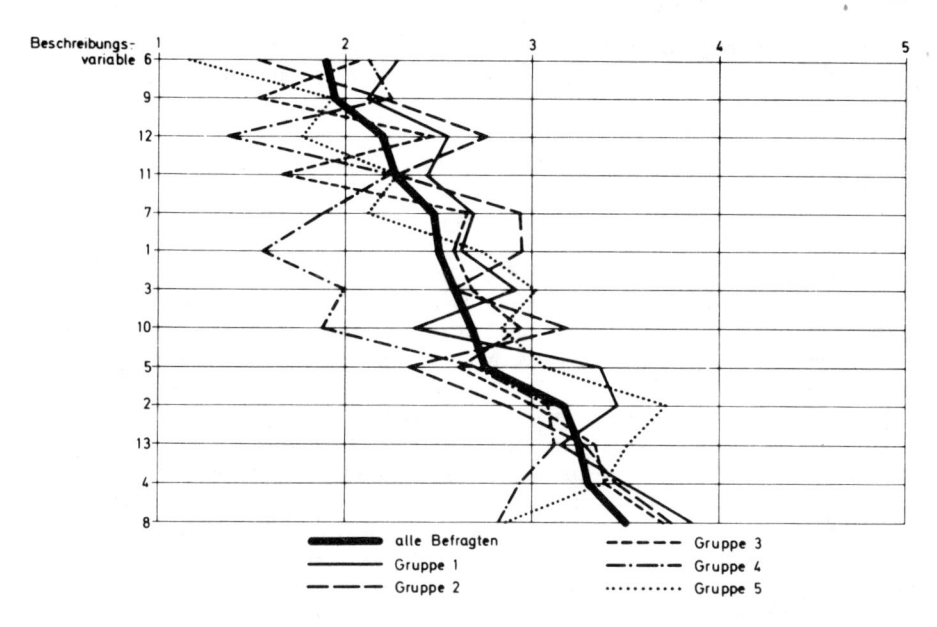

Abb. 1 Profil der Einschätzungen der Innenstadt (Karlsruhe)

riesigen historischen Innenstädten, die heute noch größere Wohnbereiche umfassen. Es folgt Variable 11 (Fußgängerbereiche), 7 (Kaufpreis versus Fahrtkosten), 1 (Vorteile/Nachteile) und weitere; ganz am Ende liegt Variable 8 (Haustyp).

Betrachtet man die einzelnen Gruppen, so fällt wieder eine deutlich innenstadtpositive Haltung der Gruppe vier auf, die die Variablen 12, 1, 3, 10 deutlich positiver bewertet als die Vergleichsgruppen. Auch die Luftverschmutzung (4) wird geringer eingeschätzt; das Haus mit Garten, das andere Gruppen vorziehen, obwohl sie in der dichtverbauten Innenstadt wohnen, wird, wie auch von Gruppe fünf, als nicht so wichtig eingestuft.

Hier haben wir nun im Vergleich von Anspruchsniveau und Einschätzung der Innenstadt ein Teilergebnis vor uns: Wir können die Gruppe der überdurchschnittlich gut verdienenden Arbeiter und Angestellten, deren Schulbildung das Abitur nicht erreicht, und die in der Mehrzahl aus kinderlosen Ehepaaren besteht – was für diese Gruppe im gesamtstädtischen Rahmen, wie auch für das durchschnittliche Lebensalter des Haushaltsvorstandes nicht zutrifft! – als jene Gruppe bezeichnen, die den Typ des Innenstädters darstellt. Nur bei dieser Gruppe stimmen Anspruchsniveau und Realität der Innenstadt überein. Verbunden ist dies mit einer deutlich gegenüber anderen Gruppen erhöhten Einschätzung der Lebensqualität in der Innenstadt. Obwohl diese Gruppe nur etwa 20% aller Zuwanderer ausmacht, ist sie doch die einzige, die tatsächlich wegen der charakteristischen Qualitäten der Innenstadt zuzieht.

Zwei Fragen bleiben zu beantworten. 1. Ist die anfängliche Gruppeneinteilung ausreichend gewesen, oder hat sie uns Gruppierungen verdeckt, die sich nicht aus sozio-ökonomischen Charakteristika ergeben, sondern beispielsweise aus soziologischen, charakterlichen? Wer sagt uns, daß die Zugehörigkeit zu einer sozialen Gruppe die Einstellung zu

Raumkategorien beeinflussen muß? Nehmen wir hier nicht ein Postulat der Sozialgeographie in unseren gesamten Untersuchungsaufbau als a priori gegeben hinein? 2. Anspruchsniveau und Einschätzung der Innenstadt wurden für die Untersuchung in Einzelvariable zerlegt, deren Anzahl ziemlich willkürlich einmal mit 10 und einmal mit 13 festgelegt wurde. Aber nach wievielen Dimensionen beurteilt das Individuum die Innenstadt, nach wievielen Dimensionen läßt sich sein Anspruchsniveau festlegen? Sicher sind es nicht gerade zufällig zehn oder dreizehn Dimensionen, weil wir zehn oder dreizehn Fragen gestellt haben. Also muß versucht werden, die Rangskalen nach zugrundeliegenden Dimensionen zu untersuchen. Dazu könnte man die Faktorenanalyse verwenden, wenn die Daten metrisch wären, aber wir haben es hier mit Rangdaten zu tun. Wir müssen also zunächst unter Beibehaltung der Relationen zwischen den Rängen einen metrischen Raum konstruieren und dann erst nach Dimensionen suchen, die die gegebenen Variablen erklären. Das Guttman-Lingoes-Programmpaket zur Smallest Space Analysis führt diese Aufgabe aus, benötigt aber bei hohen Variablenzahlen wesentlich längere Computerzeiten als konventionelle Computerprogramme zur metrischen Faktorenanalyse.

Für die erste Frage nach möglicherweise informationsverdeckender Einteilung der Beurteilungsgruppen in die fünf ad hoc definierten Gruppen bietet sich das Programm SSA – I an. SSA – I konstruiert den kleinsten metrischen Raum für ordinal und nominal skalierte Daten, also z. B. für unsere Rangdaten nach Personen. Das Programm stellt z. B. alle Personen aufgrund ihrer Rangskalen in einen ein-, zwei- oder mehrdimensionalen Raum und ermöglicht damit, die Gruppeneinteilung aufgrund sozio-ökonomischer Merkmale mit einer Dimensionierung aufgrund der Rangskalen selbst zu vergleichen.

Eine Dimensionierung von 94 der 100 Personen für die dreizehn Beschreibungsvariablen der Innenstadt erfolgte auf einer Dimension. Die Dimensionierung sollte, wenn sie mit der sozio-ökonomischen Typisierung voll übereinstimmte, Individuen mit hoher positiver Einstellung zur Innenstadt auf der einen Seite einer von -100 bis +100 verlaufenden Achse vereinigen, Individuen mit negativer Einstellung auf der anderen Seite. Die Ergebnisse entsprechen nur bedingt den Erwartungen: zwar befinden sich die meisten Probanden der Gruppe vier im negativen Teil, doch werden gerade die Extremwerte von Individuen anderer Gruppen eingenommen, während auch im positiven Teil hohe Werte von der Gruppe vier eingenommen werden. Hier zeigt sich deutlich, daß sozio-ökonomische Charakteristika nur ein nicht immer befriedigender Ersatz für sozialpsychologische Charakteristika darstellen, die leider sehr viel schwerer zu beschaffen und zu typisieren sind.

Zur zweiten Frage: welche sind die Grunddimensionen des Anspruchsniveaus, welche der Bewertung der Innenstadt? Da sie einander entsprechen, was wohl ein wichtiges Ergebnis der Untersuchung ist, darf ich mich auf einen Teil beschränken, nämlich die Ermittlung der Grunddimensionen des Anspruchsniveaus in bezug auf die Innenstadt und zwar für alle Befragten. Der Einsatz des Programms SSA-III brachte die in Tab. 3 wiedergegebenen Dimensionen.

Dimension 1 setzt die Variable 1, den Öffentlichen Nahverkehr und die Variable 2, die Einkaufsmöglichkeiten, als Elemente der Erreichbarkeit gegen Variable 6, die Größe der Wohnung ab. Da die Größe und Geräumigkeit, wie wir gesehen haben, einen Grundanspruch aller Befragten darstellt und diese Variable auch auf eine andere Dimension hoch ladet, kann man ihr geringere Bedeutung beimessen und diese Dimension als Dimension der bequemen Erreichbarkeit der Innenstadteinrichtungen bezeichnen.

Dimension 2 polarisiert die Variablen 9, Lockere Verbauung, 3, Ruhe und 7, Balkon und Terrasse mit 4, der Nähe zum Stadtzentrum und 5, der Nähe zu Kinos, Theater und anderen Aktivitäten dieses Typs. Als deutliche Abwertung der Ruhe gegenüber den Aktivitäten des

Tab. 3: *Dimensionen der Bewertung der Innenstadt: 3 – Dimensionslösung mit SSA – III*

Variable	Dimensionen		
	1	2	3
1	1.0396	−.0631	.0389
2	.8049	−.0182	.0256
3	.0407	.2429	−.1536
4	.0661	−.3342	−.1078
5	−.0017	−.2994	.0322
6	−.1055	.0473	−.3128
7	−.0474	.2347	−.1715
8	−.0797	−.1966	.1899
9	−.0294	.3402	.0616
10	−.0561	.1252	.4634

Wohnumfeldes können wir diese Dimension als Dimension der Aktivitäten des Wohnumfeldes bezeichnen.

Dimension 3 stellt einander gegenüber die Variablen 10, Neubauten und Variable 6, Größe und Geräumigkeit der Wohnung, bzw. 7, Balkon und Terrasse. Offensichtlich wird hier die Innenstadtlage mit größeren Wohnungen gegenüber Randlage mit kleineren Neubauwohnungen polarisiert; wir haben es auch hier mit einer echten Abwertungsfunktion zu tun. Ich nenne diese Dimension Dimension der Wohnqualität.

Diese drei Dimensionen, die voneinander unabhängig sind, beschreiben das Anspruchsniveau der Innenstadtwanderer. Zusammen mit den Ergebnissen über die gruppentypischen Anspruchsniveaus und Einschätzungen der Innenstadt ermöglichen sie Aussagen darüber, welche Bedingungen Rückwanderer erwarten und welche Konzessionen für einen Wohnstandort in der Innenstadt sie bereit sind zu machen. Während sie optimale Erreichbarkeit suchen, abendliche Aktivitäten und auch vor weniger ruhigen Lagen nicht zurückschrecken, schätzen sie doch große und geräumige Wohnungen, wie uns die nichtmetrische Faktorenanalyse verrät. Aber obwohl dies für alle Gruppen zutrifft, triffes doch in unterschiedlichem Maße zu. Während es echte Innenstädter gibt, wie das Einschätzungsprofil der Innenstadt zeigte, die den Zustand der Innenstädte als ihrem Anspruchsniveau entsprechend empfinden, gibt es andere – und die sind in der Überzahl – die in vielem eine Wohnung in Randlage vorziehen würden, wenn es für sie nicht so wichtig wäre, aufgrund ihrer täglichen Aktivitäten im Zentrum zu wohnen, wie die Diskrepanz zwischen gleichartigen Variablen zur Beschreibung des Anspruchsniveaus und der Innenstadteinschätzung zeigte, z. B. die Variable der abendlichen Aktivitäten. Für die Städte ist es kaum sinnvoll, Gruppen für die Innenstädte zu werben, wie dies getan wird, wenn immer stärker wohlhabende, freiberuflich Tätige angesprochen werden, deren Anspruchsniveau und Innenstadteinschätzung einander nicht entsprechen. Nur: ob die Städte auf die Wohnungsmarktentwicklung Einfluß nehmen können, die zu immer teureren und exklusiveren Wohnungen tendiert – das ist eine ganz andere Frage.

Literatur

Kriz, Jürgen: Statistik in den Sozialwissenschaften; Einführung und kritische Diskussion; Hamburg 1973
Lehmann, E. L. und H. J. M. D'Abrera: Nonparametrics. Statistical Methods Based on Ranks; San Franciso 1975
Lingoes, James C.: The Guttman-Lingoes Nonmetric Program Series; (Ann Arbor) 1973
Überla, Karl: Faktorenanalyse. Eine systematische Einführung für Psychologen, Mediziner, Wirtschafts- und Sozialwissenschaftler; 2. Aufl., Berlin 1972

Diskussion zum Vortrag Höllhuber

R. Freist (München)

Eine Bemerkung zum Referat von Herrn Höllhuber! – Sie haben in Ihrem Referat anklingen lassen, daß den a priori gebildeten „sozio-ökonomischen Gruppen" das räumliche Verhalten nicht genau zugeordnet werden kann. Das können diese Gruppen auch gar nicht leisten, denn sie sind konstruiert zur Erklärung der Gesellschaft, nicht zur Erklärung des Raumes! Diese Erklärung kann nur über die Raumwirksamkeit erfolgen; die Raumwirksamkeit wird damit zum konstituierenden Element der sozialgeographischen Gruppe. In einer so definierten Gruppe haben Individuen, Haushalte, Organisationen usw. Platz. – Ist von Ihnen eine Gruppenbildung evtl. unter diesem Aspekt vorgesehen?

Dr. D. Höllhuber (Karlsruhe)

Sozial-ökonomische *Attribute*, wie sie zur Gruppenbildung verwendet wurden, und sozial-psychologische *Attituden*, Einstellungen, wie sie Gruppen in Ihrer Raumwirksamkeit charakterisieren, sind zweifelsohne getrennte Aspekte eines Gruppierungsproblems. Da die Aussage von Gruppierungen von Personen nach deren Einstellung jedoch recht beschränkt ist, muß zunächst eine Gruppierung nach den Attributen vorgenommen werden – mit der mehr oder weniger hoffnungsvollen Unterstellung, daß die Attribute Erklärungen für Attituden ergeben, was – bezieht man die engen Bindungen zwischen Status und Rolle ein – immerhin wahrscheinlich erscheint.

Im übrigen wurde an einer Stelle des Referats auf eine Gruppierung aus den Attituden heraus verwiesen, nämlich bei der Gruppierung nach den Einstellungen zum Wohnen in der Innenstadt selbst mittels des SSA I-Programms. Die weiteren Untersuchungen werden sich gerade mit dem Problem der Erklärung von Gruppierungen nach gleichen Attituden zur Innenstadt befassen.

WOHNUNGSBAUDISPARITÄTEN IN DER VERSTÄDTERUNGS-REGION UNTERMAIN

Mit 7 Abbildungen

Von E. Tharun (Frankfurt)

Die vorliegenden Ausführungen, die sich mit Aspekten des Wohnungsbaus, dem sichtbarsten Indikator wirtschaftlichen Wachstums eines Gebietes, befassen, wollen über regionale Informationen hinaus einerseits gewisse *Regelmäßigkeiten* im Urbanisierungsprozeß aufzeigen, andererseits aber auch auf die Bedeutung von *Organisationen* bei der Standortfindung und sozialräumlichen Gestaltung hinweisen. Die Bedeutung solcher Organisationen oder Interessenvertretungen, die man – in Ergänzung zu den bisher im Vordergrund der Forschung stehenden Formen sozialgeographischer Gruppen – als *Sekundär*gruppen bezeichnen kann, die sich zur Erreichung bestimmter politischer, sozialer, ökonomischer, kultureller usw. Ziele zusammengeschlossen haben, ist nicht zu unterschätzen.

Hier wird am Beispiel der Standortentscheidungen der bedeutendsten Wohnungsbauträgergesellschaft des südhessischen Raumes, der Nassauischen Heimstätte, und eines Aspektes der Wohnungsbaupolitik der Stadt Frankfurt der Frage nachgegangen, inwieweit gemeinnütziger Wohnungsbau und Stadt Mitverursacher räumlicher Disparitäten in der Verstädterungsregion sind.

Wohnungsbaudisparitäten werden zu diesem Zwecke unter zwei Aspekten betrachtet:
1. dem Aspekt quantitativ unterschiedlicher Wohnungsbauaktivitäten in einzelnen Teilräumen und
2. dem Aspekt räumlich unterschiedlicher Trägerschaften des Wohnungsbaus.

Den Rahmen dieser Untersuchung bildet die Verstädterungsregion Untermain. Was verstehe ich darunter?

Der Begriff „Stadt" erscheint für Verdichtungsräume überholt, da er nicht mehr einen mehr oder minder geschlossenen Funktionsraum umfaßt, sondern nur noch eine überkommene administrative Einheit bezeichnet. Durch die hohe Zugänglichkeit des alten Stadtraumes und seine Agglomerationsvorteile kommt es dort zu starken räumlichen Konzentrationserscheinungen der Wirtschaft und zu funktionalen Differenzierungsprozessen. Das Gebiet der Kernstadt wird zunehmend zum Arbeitsstandort. Wohn-, Freizeit- und z. T. auch Versorgungsfunktionen werden verdrängt. Der alte Funktionsraum Stadt erhält damit andere Dimensionen. Für diesen neu dimensionierten Funktionsraum setze ich den Begriff „Verstädterungsregion". Unter Verstädterungsregion verstehe ich also einen Verflechtungsraum sozio-ökonomischer Beziehungen, das aktuelle Stadium der Stadtentwicklung.

Das Herausbilden von differenzierten Aktivitätszentren und räumlichen Disparitäten ist wirtschaftlichen Wachstums- und Veränderungsprozessen immanent. Es ist das Ergebnis räumlich selektiven Wachstums und des Abbaus bestimmter Funktionen in der Kernstadt. In den Abb. 1, 2 und 3 lassen sich Wachstum und Differenzierung der Verstädterungsregion zwischen 1950, 1961 und 1970 ablesen. Dennoch darf man räumliche Disparitäten weder als durch den wirtschaftlichen Prozeß „natur" gegeben hinnehmen, noch darf man sie – unter dem Vorwand, daß sie der Chancengleichheit hinderlich seien – in jedem Falle auszugleichen versuchen (nivellieren). Der Begriff „Disparität" sollte nur *beschreibend* und nicht wertend gebraucht werden.

Da Frankfurt durch Lagewert, Kapitalpotential und aufgrund seiner Agglomerationsvorteile der Motor der Entwicklung der Verstädterungsregion ist, soll die Skizzierung des Frankfurter Wohnungsbaus an den Anfang gestellt werden. Damit ist der *erste*, der *quantitative Aspekt* disparaten Wohnungsbaus angesprochen.

Zwischen 1950 und 1961 hatte Frankfurt eine Zunahme von 94 223 Wohneinheiten zu verzeichnen, während im übrigen Gebiet der Verstädterungsregion – in der Ausdehnung von 1970 – nur 69 343 neue Wohneinheiten errichtet wurden. Frankfurt erstellte damit für 51,4% der in die Verstädterungsregion zuziehenden Bevölkerung 55,2% der neu errichteten Wohnungen. Bis 1970 kehrte sich die Entwicklung um: In Frankfurt wurden nur noch 31% (= 32 000) der im Untersuchungsgebiet erstellten Wohnungen lokalisiert. Da der Anteil der Kleinwohnungen (1–3 Räume einschließlich Küche) am Gesamtwohnungsbestand sehr hoch ist (Frankfurt 48%, Hessen 34%), größere, aber meist schlecht ausgestattete Altbauwohnungen zunehmend von nur ein oder zwei meist älteren Personen bewohnt werden, sank trotz des Wohnungsbaus die Zahl der Wohnbevölkerung. Frankfurt verlor zwischen 1961 und 1970 55 000 deutsche Einwohner. Dieser Bevölkerungsverlust wurde nur zu einem Teil kompensiert durch das Einströmen von 40 000 Ausländern. Diese Entwicklung hält an. Bis Ende 1975 verlor Frankfurt in den Grenzen von 1970 – trotz der Ansiedlung von über 30 000 Ausländern – weitere 45 000 Einwohner.

Diese disparate Wohnungsbau- und Bevölkerungsentwicklung erklärt sich durch die Tatsache, daß
– die Stadt Frankfurt aus Gründen des Wirtschaftswachstums, der Arbeitsplatzbeschaffung und im Wettbewerb mit anderen großstädtischen Standorten den Standortwünschen ansiedlungswilliger Betriebe großzügig entgegenkam. So wurden von den zwischen 1961 und 1970 in der Verstädterungsregion 99 926 neu geschaffenen Arbeitsplätzen mehr als die Hälfte (51 977) in Frankfurt lokalisiert. Es handelt sich dabei ausschließlich um Arbeitsplätze des tertiären Sektors. Der sekundäre Sektor, dessen Standortbedingungen sich durch die sich ständig verstärkende Verdichtung und größere Bedeutung des tertiären Sektors immer mehr verschlechtern, weist eine rückläufige Tendenz auf. – Dieses insgesamt festzustellende Arbeitsplatzwachstum steht im Gegensatz zu der von Boesler (1976, S. 75) aufgezeigten Entwicklung im Rhein-Neckar-Raum, wo die Kernstädte nur noch ein geringes Arbeitsplatzwachstum aufweisen.
– der mietgünstige Wohnungsbau in Frankfurt mit dem Hinweis auf Baulandknappheit vernachlässigt wurde, städtische Wohnungsbaumittel aber an Umlandgemeinden vergeben wurden, um der Stadt Belegungsrechte zu garantieren (vgl. Abb. 4).
– das Hineindrängen neugeschaffener Arbeitsplätze in zentrale Innenstadtlagen zu einem Verdrängungswettbewerb führte, der große, gut ausgestattete und günstig gelegene Wohnungen verloren gehen ließ. Die Kommunalpolitik Frankfurts ermöglichte durch entsprechende Grundstückspolitik (z. B. Verkauf des ehemaligen Rothschildschen Geländes am Opernplatz) und Flächennutzungsplanung am Rande der Innenstadt solche Anpassungen an die Bedürfnisse der Expansion und förderte somit die funktionale Segregation.
– die Wohnbevölkerung aufgrund sich verschlechternder Umweltbedingungen in der Innenstadt, eines inadäquaten Wohnungsangebotes und zur Realisation von Wohnungseigentum in die Außenbezirke der Verstädterungsregion zog.

Das Ergebnis dieses Prozesses ist
- eine Überalterung der Wohnbevölkerung der Kernstadt Frankfurt (1970: sind 14,5% der Wohnbevölkerung ≥ 65 Jahre (Hessen: 13,3%) und nur 15,9% < 15 Jahre (Hessen: 22,1%); der in diesem Prozentsatz enthaltene Anteil der Ausländerkinder ist hoch).
- eine unzureichende Infrastrukturauslastung in den Innenstadtbereichen (Schulen),
- ein steigender Infrastrukturbedarf in den Zielgebieten der Zuwanderung und
- der Versuch, durch den Bau neuer und breiterer Straßen (Stadtautobahn!) des individuellen Pendelverkehrs Herr zu werden.

An dem durch die beschriebenen Prozesse ausgelösten starken Wachstum in den äußeren Teilen der Verstädterungsregion war der *soziale Wohnungsbau* in bedeutendem Maße beteiligt. Der *zweite Aspekt* disparaten Wohnungsbaus soll daher anhand der Bautätigkeit der Nassauischen Heimstätte erläutert werden. Es soll damit versucht werden, die Bedeutung der Standortentscheidungen des gemeinnützigen Wohnungsbaus für die Entwicklung der Verstädterungsregion aufzuzeigen.

Sieht man sich die Verteilung der Bautätigkeit der Nassauischen Heimstätte seit 1950 an, fällt eine deutliche Zonierung ihrer Aktivitäten auf (vgl. Abb. 4): Eine rege Bautätigkeit dieser Gesellschaft ist
- entlang der Industriegasse am Main, westlich und östlich von Frankfurt
- südlich Frankfurts an der B 3 und
- im Taunusvorland und am Taunusrand
festzustellen. In der Wetterau (nördlich von Frankfurt) und im Rodgau (südöstlich Frankfurts) wird von dieser Organisation fast kein Wohnungsbau betrieben.

Es zeigt sich, daß im Gegensatz zu dem in den 20er und 30er Jahren betriebenen sozialen Wohnungsbau, der sich in verkehrlich schlecht erschlossenen Stadtrandgebieten vollzog, die Standorte des sozialen Wohnungsbaus nach 1950 in unmittelbarer Nähe des Wirtschaftszentrums Frankfurt gelegen sind. Als Leitlinien der Entwicklung wurden die schon vorhandenen Strecken des öffentlichen Nahverkehrs (Stichbahnen und Straßenbahnen zum Taunusrand, Bahnstrecke Frankfurt/Darmstadt und Frankfurt/Hanau) benutzt. Das bedeutet für den Westen Frankfurts, daß sich zwischen Frankfurt und die Taunusrandstädte, die sich aufgrund ihrer Agglomerationsvorteile als alte Industrie- bzw. Dienstleistungsstandorte durch starke Arbeitsplatzneugründungen des tertiären Sektors und aufgrund ihrer topographisch bevorzugten Lage durch privaten Eigenheimbau selbst stark verdichten, eine Zone ständig wachsender Wohnvororte schiebt. – Auch die im Süden Frankfurts an der B 3 gelegenen Städte weisen den gleichen Selbstverstärkungseffekt auf. Man kann daher feststellen, daß das Zusammenwirken ökonomischer Kräfte und (historisch) gegebener Siedlungsstrukturen eine weitgehende Persistenz in der Verteilung der Arbeitsplätze und der darauf bezogenen Wohnbevölkerung bewirkt und daß die Bautätigkeit der sozialen Wohnungsbaugesellschaften diesen Selbstverstärkungseffekt noch unterstützt, indem eine in Frankfurt beschäftigte Bevölkerung in den an der B 3 gelegenen Städten angesiedelt wird.

Die durch öffentliche Nahverkehrsmittel schlecht erschlossenen Gebiete des *Rodgaus* und der *Wetterau* zeigen nur einen geringen Anteil des sozialen Wohnungsbaus am Gesamtwohnungsbau. Die Nassauische Heimstätte ist in diesen Gebieten kaum tätig geworden.

Aus zeitlicher Distanz betrachtet hat die geschilderte Standortwahl des sozialen Wohnungsbaus, die *kurzfristig* als günstig bezeichnet werden konnte, da sie an bestehende Infrastruktureinrichtungen anknüpfte, die schon vorhandene Verdichtung und Zersiedlung noch verstärkt. Dies ist umso bemerkenswerter, als die Nassauische Heimstätte das „Organ staatlicher Wohnungspolitik" ist. Damit oblag und obliegt ihr die Aufgabe, Bodenvorratswirtschaft zu betreiben, die ihrer eigenen Wohnungsbaugesellschaft, dem Nassauischen Heim oder anderen von ihr betreuten gemeinnützigen Wohnungsbaugesellschaften zugute kommt und sich in deren Bautätigkeit langfristig niederschlägt. Heute muß man bedauern, daß die Chance verpaßt wurde, die staatliche Wohnungsbaupolitik nach raumordnerischen Gesichtspunkten auszurichten und eine Koordination aller staatlichen raumwirksamen Maßnahmen zu erreichen.

Die einseitige Entwicklung Frankfurts zum Arbeitszentrum (täglich ~ 220 000 Einpendler), die dem wirtschaftlichen Prozeß immanente wechselseitige Beeinflussung von Wirtschaft- und Bevölkerungsstruktur (vgl. Abb. 5 und 6) und die noch verstärkend wirkende Lokalisierung des gemeinnützigen Wohnungsbaus in traditionell auf Frankfurt bezogenen Gebieten führte schließlich auch zu *qualitativen* Disparitäten in der Bevölkerungsstruktur. So stellt man
– eine *soziale* Segregation (Abb. 5) der Wohnbevölkerung fest. In den alten Städten südlich Frankfurts und am Taunusrand überwiegt eine im tertiären Sektor beschäftigte Wohnbevölkerung. Im Südosten der Verstädterungsregion und im Rodgau herrscht dagegen Arbeiterbevölkerung vor. Die schlechte verkehrliche Anbindung an Frankfurt – sowohl was öffentliche Nahverkehrsmittel als auch Straßenanbindung betraf – ließ den Rodgau für die in Frankfurt beschäftigten Angestellten unattraktiv bleiben. So siedelte sich hier eine stärker auf das industrielle Offenbach und Hanau und die expandierenden einheimischen Industriebetriebe bezogene Wohnbevölkerung an.
– Die soziale Segregation läßt sich auch an einem Indikator der *Bildungsstruktur* ablesen. In Abb. 7 wurden die Gemeinden kartiert, deren Wohnbevölkerung zu > 40% weiterführende Schulen besucht hat.
– Weiterhin läßt sich auch eine *altersmäßige* Segregation der Wohnbevölkerung feststellen. Abb. 7 zeigt, daß Frankfurt ringförmig von Gemeinden umgeben wird, die einen Bevölkerungsanteil von > 40% in der Altersklasse der 21–44jährigen aufweisen. Diese Gemeinden, die temporäre infrastrukturelle Belastungen auf sich nehmen müssen, sind meist durch den gemeinnützigen Wohnungsbau groß geworden.

Welche Folgerungen lassen sich für die Disparitätendiskussion ableiten?
– Disparitäten, wie sie in der Darstellung der Verstädterungsregion Untermain deutlich wurden, können der Ausdruck notwendiger funktionaler Differenzierungen sein. Der Begriff „Disparität" muß also keineswegs negativ besetzt sein.
– Das Aufzeigen von Disparitäten muß folglich nicht notwendigerweise zur Forderung nach Abbau dieser Disparitäten führen. Man sollte aber diese kleinräumigen Disparitäten zur Kenntnis nehmen und Stellung dazu beziehen.
– Die in der Verstädterungsregion festgestellte soziale Segregation der Bevölkerung verlangt nach einer politisch-normativen Stellungnahme von Wissenschaft und Raumordnungspolitik und der Schaffung eines planerischen Leitbildes. Die verantwortlich Planenden müssen sich in Kenntnis der relevanten wissenschaftlichen Untersuchungen darüber klar werden, wie sie in der Wohnungsbauplanung den vielzitierten Leitbegriff der „gleichen Lebensbedingungen" operationalisieren wollen: meinen sie damit eine prinzipielle Gleichheit, die etwa im Sinne der Charta von Athen durch „Städtebau als Gesellschaftsreform" (Schmidt-Relenberg 1968, S. 34), also durch planerische, „soziologisch richtige" Mischung der Bevölkerung erreicht werden soll – was konsequenterweise auch zu Veränderungen in der Bodenordnung führen muß (vgl. Doktrin 93–95 der Charta) –, oder versteht man unter gleichen Lebensbedingungen Chancengleichheit? Wenn dies der Fall ist, muß man die notwendigen Mindeststandards bereitstellen, aber eine natürliche Segregation und soziale Homogenität von Wohngebieten anerkennen (vgl. Pfeil 1963).

Wie sind nun die Steuerungsmöglichkeiten
a. der Regionalplanung in bezug auf die aufgezeigten Zersiedlungstendenzen im Verdichtungsraum und
b. der Stadtplanung Frankfurt zur Überwindung des Bevölkerungsrückganges in der Kernstadt einzuschätzen?

a. *Regionalplanung:* In einem Aufsatz „Zur Situation der Regionalplanung im Agglomerationsraum Frankfurt" haben wir (Dietrich, Geelhaar, Tharun 1975) versucht zu zeigen, daß die Instrumente der Regionalplanung zur Lenkung der Siedlungsstruktur
– Siedlungsschwerpunkte und zentrale Orte
– Maschennetz der Verkehrswege und
– Regionale Grünzüge
nicht greifen konnten. Dies ist zurückzuführen auf
– die mangelnden Kompetenzen der Regionalplanung,
– die fehlende finanzielle Unterstützung bei der Realisierung von regionalen Planungszielen durch das Land,
– die mangelnde Koordination raumwirksamer staatlicher Maßnahmen,
– die der Regionalplanung zuwiderlaufenden Anstrengungen der Stadt Frankfurt nach Standortanpassungen, um mit anderen Großstädten des In- und Auslandes konkurrenzfähig zu bleiben (Erreichbarkeit der Innenstadt durch Ausbau von Straßen und U-Bahn) und schließlich
– die Vorsorge der Gemeinden, die sich bei der „drohenden" Installierung der Regionalplanung (1965) schnell noch mit großzügig bemessenen Bebauungsplänen eingedeckt hatten.

Der seit dem 1. 1. 1975 installierte Umlandverband Frankfurt, der als wichtigste Kompetenz die Flächennutzungsplanung für das gesamte Verbandsgebiet hat, birgt aufgrund der fehlenden Finanzhoheit des Verbandes die Gefahr, daß die stärkste Gruppe die Flächennutzungsplanung nach Steuerinteressen betreiben wird.

b. *Stadtplanung:* Das Ziel der Kommunalpolitik Frankfurts, die Zahl der Wohnbevölkerung konstant zu halten oder gar zu steigern ist vor dem Hintergrund von 500 000 m² freistehender Bürofläche zu sehen, d. h. der Möglichkeit ~ 17 000 neue Arbeitsplätze zu schaffen (~ 30 m² Raumbedarf pro Büro-Arbeitsplatz), ohne neuen Verdrängungswettbewerb heraufzubeschwören. Inwieweit das angesprochene Ziel allerdings unter veränderten wirtschaftlichen Bedingungen aufrecht erhalten wird, ist zumindest fraglich.

Durch Bautätigkeit in den Randgebieten der Stadt und Arrondierung der peripheren Stadtteile ist das Ziel der Steigerung bzw. Konstanthaltung der Wohnbevölkerung für die *Gesamt*stadt zu erreichen. Für die *Innen*stadtbereiche ist eine skeptische Beurteilung angebracht.

In Gebieten, die nach BauNVO als Kerngebiet oder Mischgebiet ausgewiesen sind, hat die Wohnnutzung im Wettbewerb mit anderen Nutzungen keine Chance. Die aktuelle Wirtschaftslage nutzend, könnte man allenfalls Teile von Mischgebieten in allgemeine Wohngebiete umwidmen. Wenn man Glück hat, werden keine Entschädigungsforderungen gestellt werden.

Da aber für die meisten Bereiche der Innenstadt kein rechtsgültiger Bebauungsplan vorhanden ist (§ 34 BBauG), sind die Eingriffsmöglichkeiten der Planung noch geringer. In diesen Gebieten der intensiven Funktionsmischung kann kaum eine Nutzung verboten werden. Selbst das Instrument der Beschränkung des Nutzungsmaßes versagt, wenn nur ein Präzedenzfall höherer Nutzung vorhanden ist.

Es bleibt das aus dem Jahre 1971 stammende Zweckentfremdungsverbot von Wohnraum, das bei restriktiver Anwendung den Bestand an Wohnungen erhalten kann. Die *Attraktivität* und *Instandhaltung* dieser Wohnungen kann aber nicht gewährleistet werden.

So verspricht man sich viel von den Modernisierungsprogrammen des Bundes und der Länder. Doch auch diese Programme scheinen nicht die Zielgruppe der privaten Haus- bzw. Wohnungseigentümer zu erreichen. Abgesehen von dieser Tatsache läßt sich nach Abschluß der Modernisierung häufig ein Rückgang der Wohnbevölkerung feststellen, da die alten Mieter aufgrund gestiegener Mieten ausziehen. Neue Mieter realisieren ihre höheren Flächenansprüche. So wird wegen steigender Flächenansprüche – selbst bei gleichbleibendem Wohnungsangebot – die Wohnbevölkerung in den Innenstadtbereichen sinken.

Wohnungsbaudisparitäten in der Verstädterungsregion Untermain 131

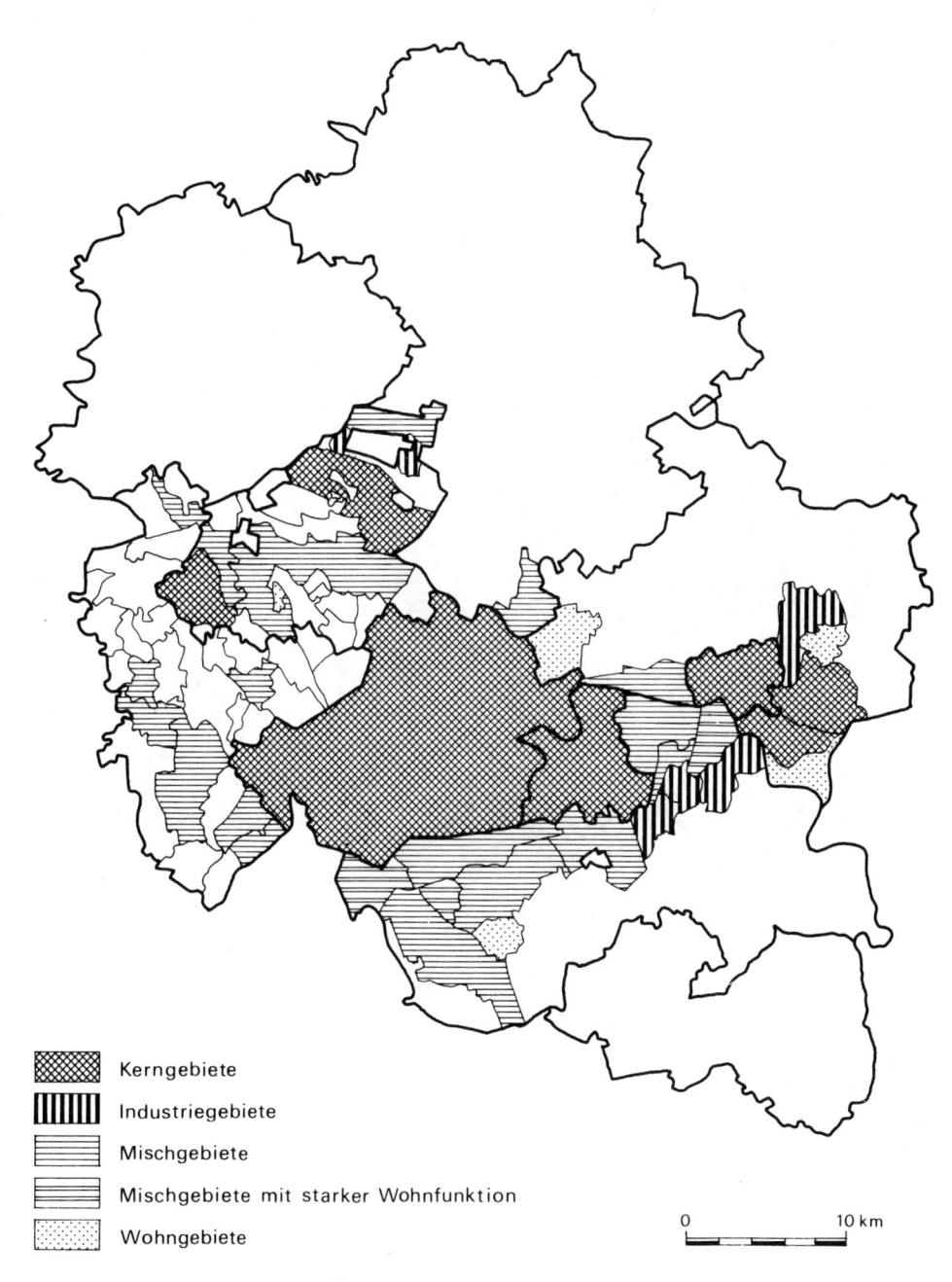

Kerngebiete
Industriegebiete
Mischgebiete
Mischgebiete mit starker Wohnfunktion
Wohngebiete

Abb. 1 Verstädterungsregion 1950

132   E. Tharun

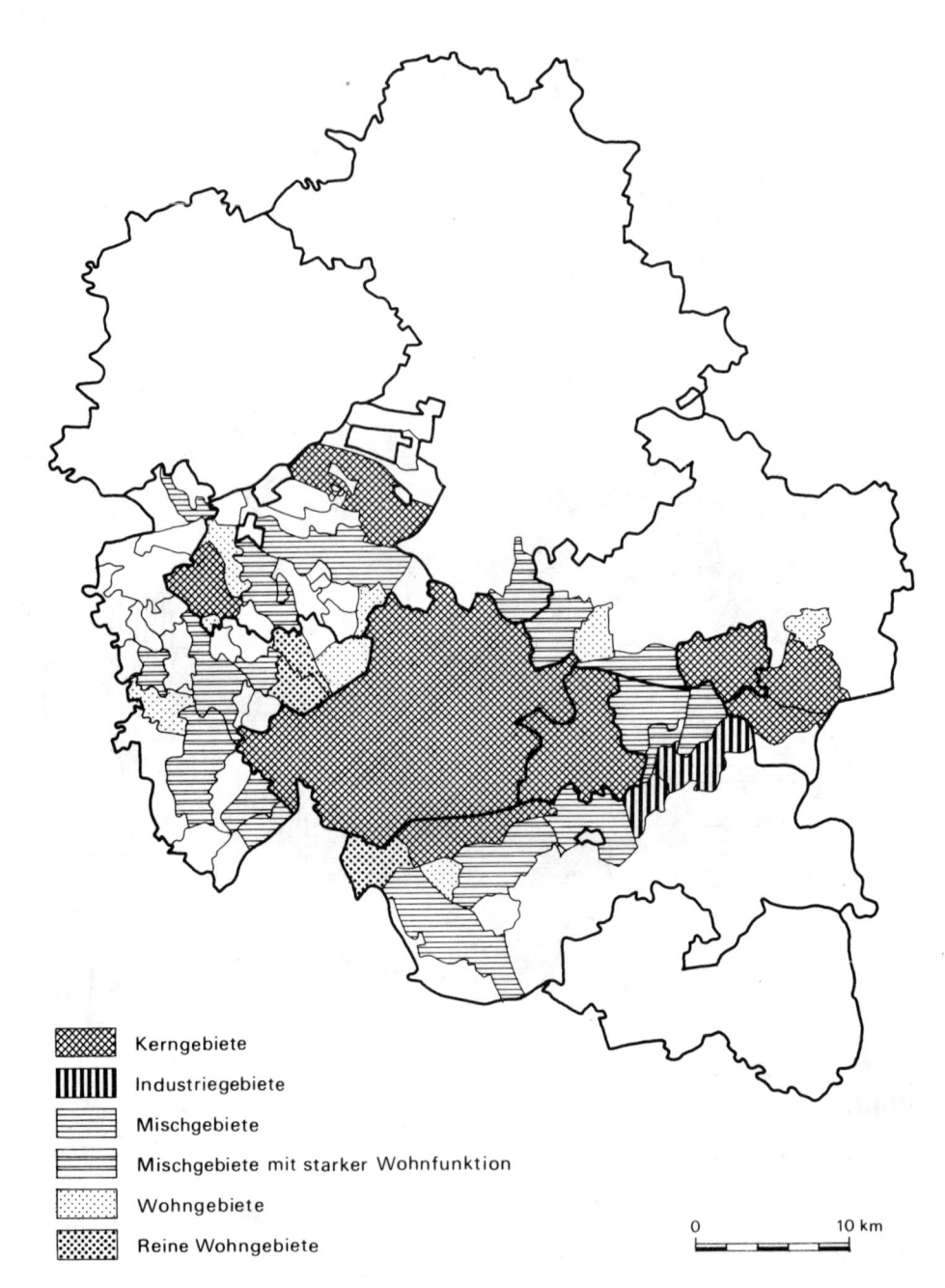

▨ Kerngebiete
▥ Industriegebiete
▤ Mischgebiete
▤ Mischgebiete mit starker Wohnfunktion
▨ Wohngebiete
▨ Reine Wohngebiete

0   10 km

Abb. 2 Verstädterungsregion 1961

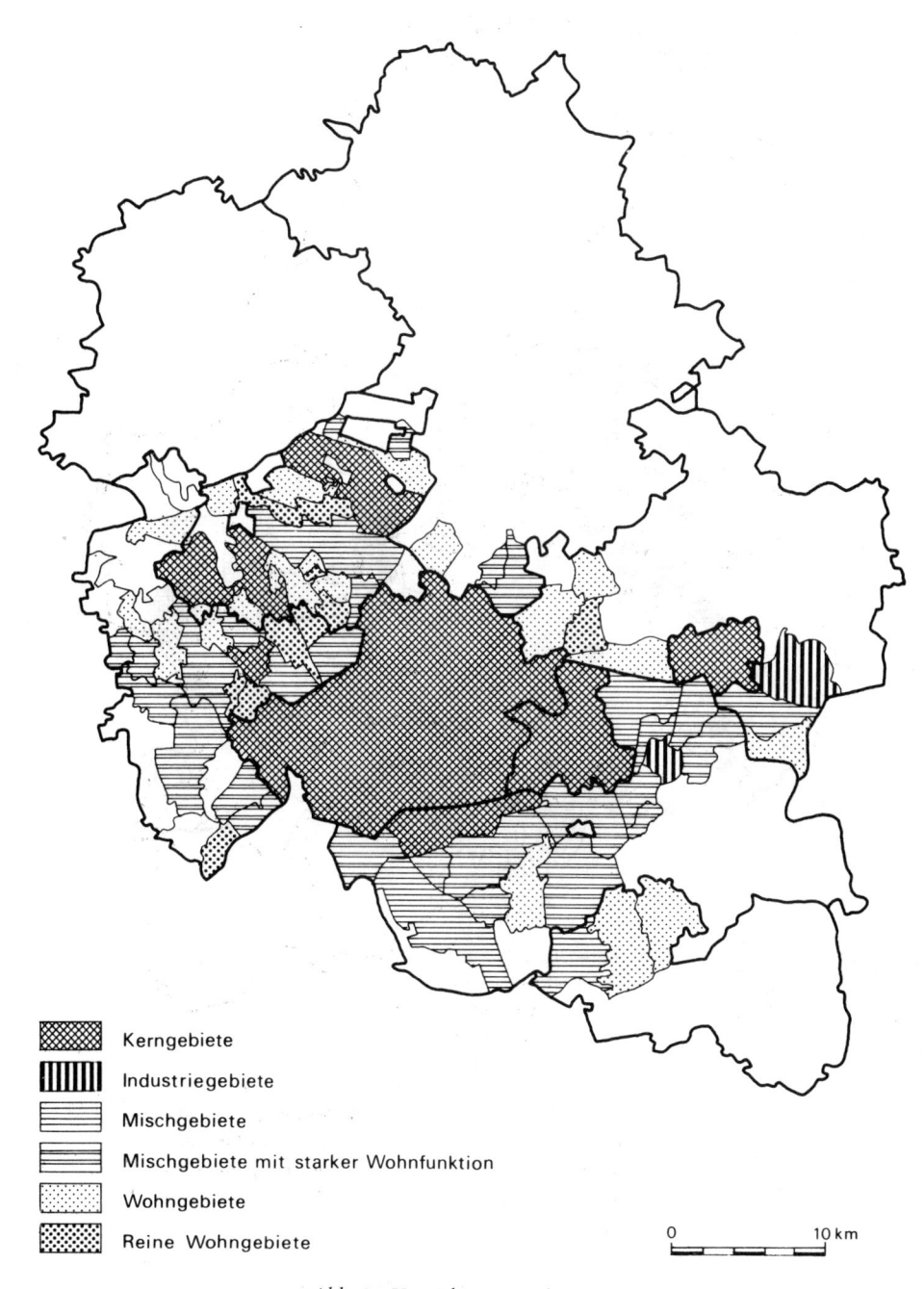

Kerngebiete
Industriegebiete
Mischgebiete
Mischgebiete mit starker Wohnfunktion
Wohngebiete
Reine Wohngebiete

Abb. 3 Verstädterungsregion 1970

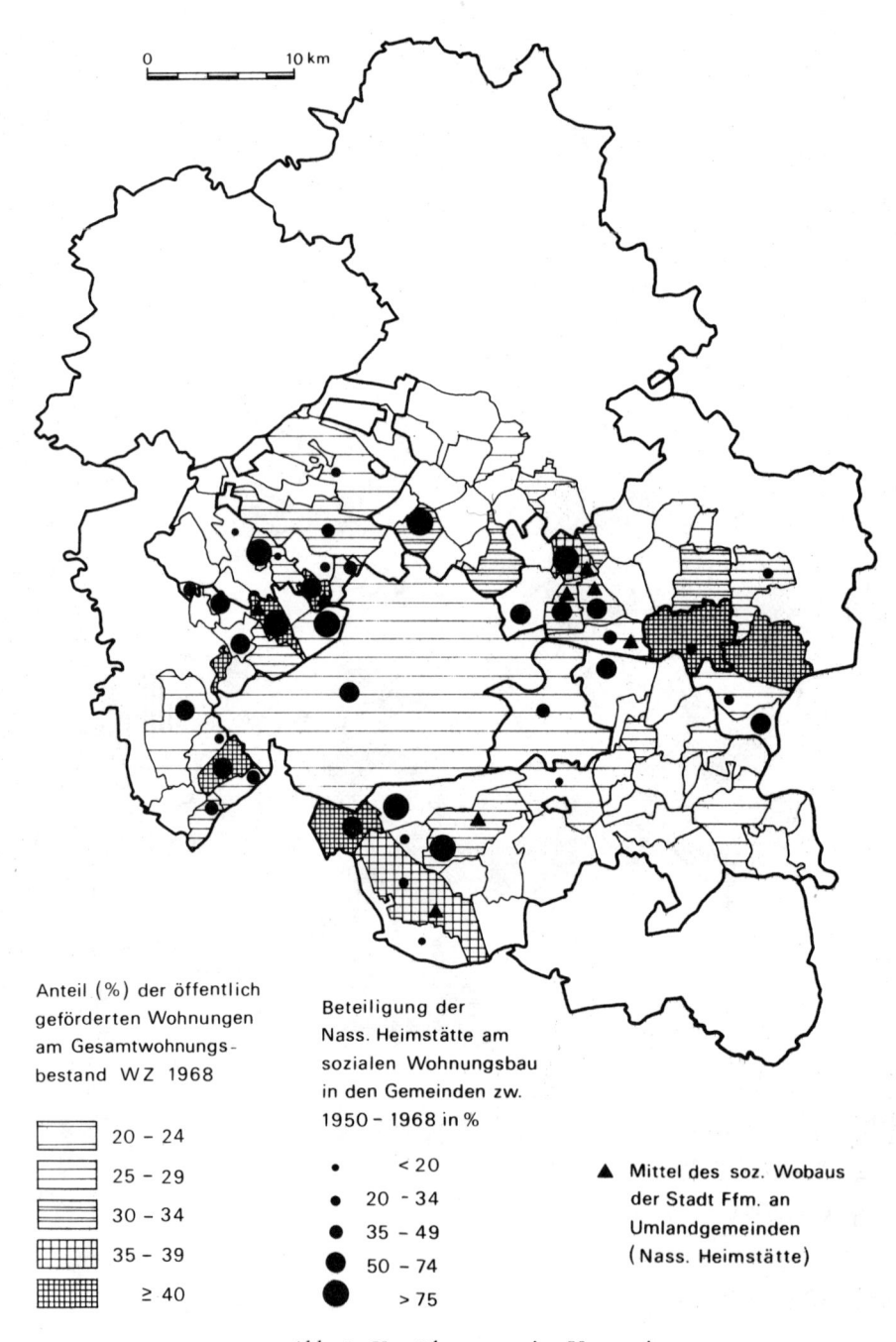

Anteil (%) der öffentlich
geförderten Wohnungen
am Gesamtwohnungs-
bestand WZ 1968

	20 – 24
	25 – 29
	30 – 34
	35 – 39
	≥ 40

Beteiligung der
Nass. Heimstätte am
sozialen Wohnungsbau
in den Gemeinden zw.
1950 – 1968 in %

•   < 20
●   20 – 34
●   35 – 49
●   50 – 74
●   > 75

▲ Mittel des soz. Wobaus
der Stadt Ffm. an
Umlandgemeinden
(Nass. Heimstätte)

Abb. 4   Verstädterungsregion Untermain

Wohnungsbaudisparitäten in der Verstädterungsregion Untermain 135

Beschäftigte in Gemeinden mit Arbeitsplatzindex > 50

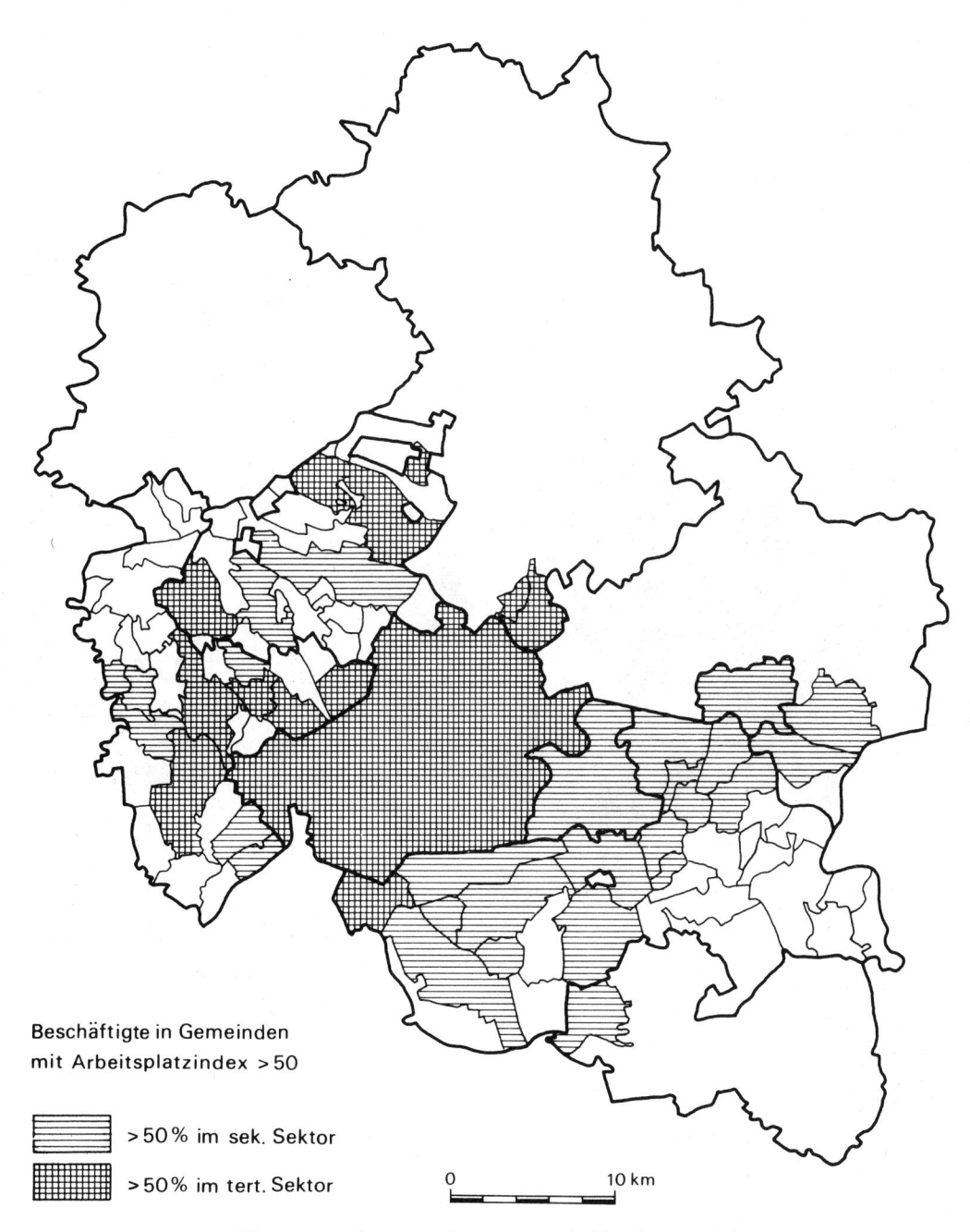

▤ > 50 % im sek. Sektor
▦ > 50 % im tert. Sektor

0 10 km

Abb. 5 Verstädterungsregion 1970. Beschäftigte in Gemeinden

Erwerbstätige am Wohnort

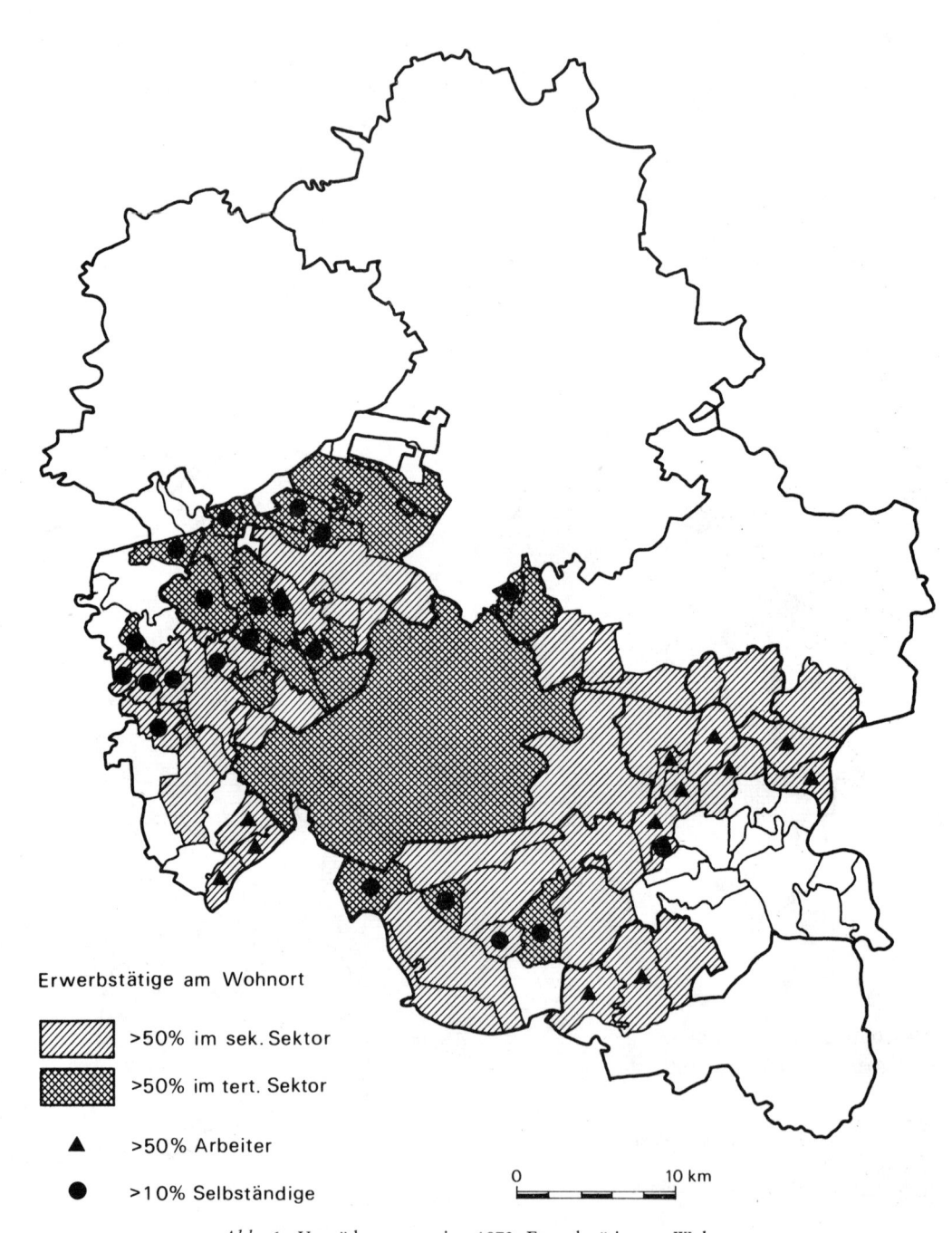

	>50% im sek. Sektor
	>50% im tert. Sektor
▲	>50% Arbeiter
●	>10% Selbständige

Abb. 6 Verstädterungsregion 1970. Erwerbstätige am Wohnort

Wohnungsbaudisparitäten in der Verstädterungsregion Untermain 137

Wohnbevölkerung

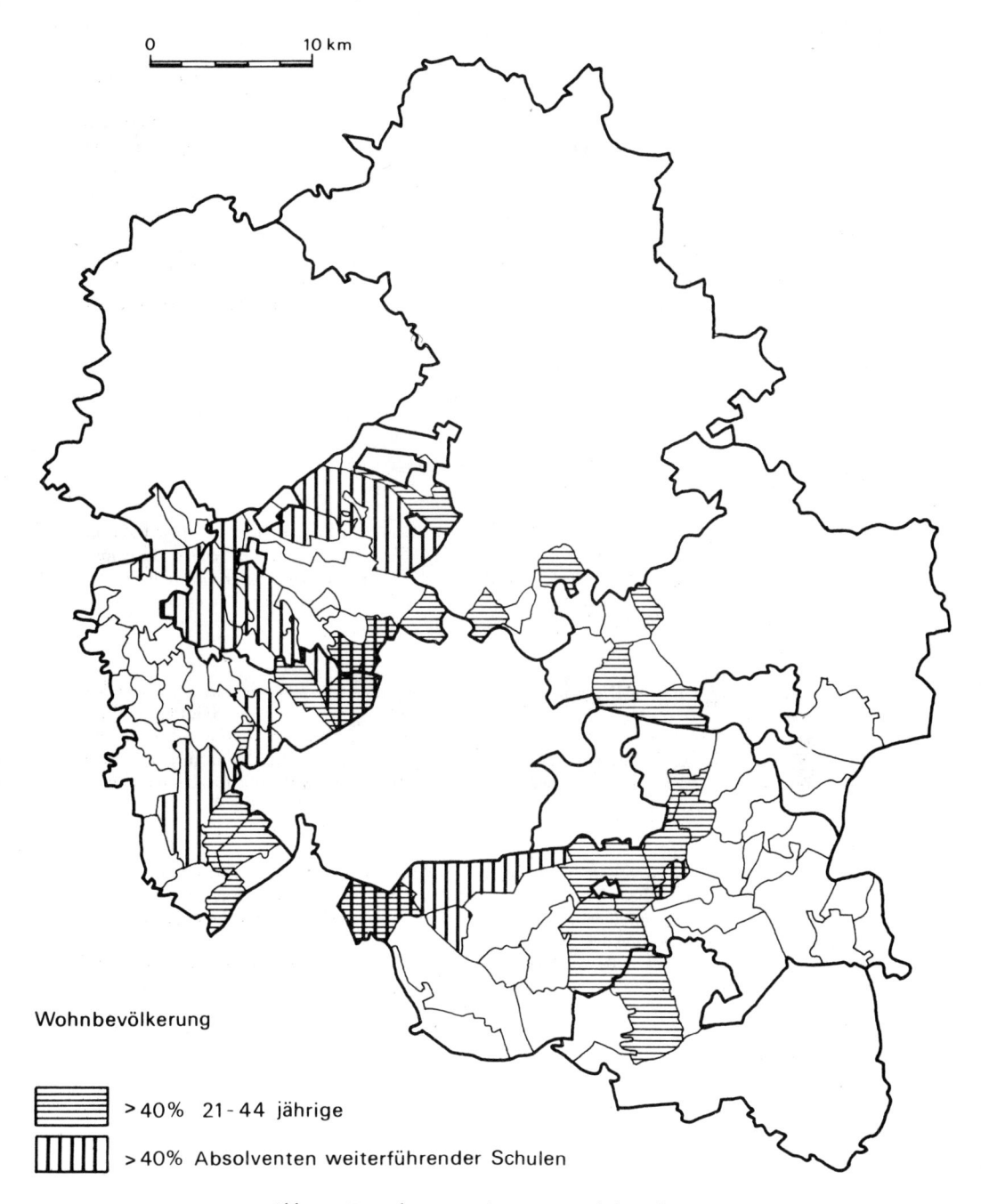

▭ >40% 21-44 jährige

▯ >40% Absolventen weiterführender Schulen

Abb. 7 Verstädterungsregion 1970. Wohnbevölkerung

Literatur

Boesler, K.-A. und Schultes, W. (1976): Wandlungen in der räumlichen Struktur der Standortqualitäten durch die öffentlichen Finanzen im Mittel- und Südteil des Modellgebietes. In: Die Ansprüche der modernen Industriegesellschaft an den Raum (7. Teil) – dargestellt am Beispiel des Modellgebietes Rhein-Neckar. Forschungs- und Sitzungsberichte der Akademie für Raumforschung und Landesplanung, Bd. 111, Raum und Natur 7, Hannover, S. 69–96
Dietrich, R., Geelhaar, F., Tharun, E. (1975): Zur Situation der Regionalplanung im Agglomerationsraum Frankfurt. In: Stadtbauwelt 47, S. 178–182
Le Corbusier (1957): La Charte d'Athène, 2. Auflage, Paris
Pfeil, E. (1963): Zur Kritik der Nachbarschaftsidee. In: Archiv f. Kommunalwissenschaften, Jg. 2
Schmidt-Relenberg, N. (1968): Soziologie und Städtebau, Stuttgart/Bern
Tharun, E. (1975): Die Planungsregion Untermain – Zur Gemeindetypisierung und inneren Gliederung einer Verstädterungsregion. Rhein-Mainische Forschungen, H. 81, Frankfurt.
Hessische Gemeindestatistik 1950, H. 1, 2, 3. Wiesbaden.
Hessische Gemeindestatistik 1960/61, H. 1, 2, 3. Wiesbaden.
Hessische Gemeindestatistik 1970, H. 1, 2, 3. Wiesbaden.
Unveröffentlichte Unterlagen der Nassauischen Heimstätte: Bauprogramme 1950–1975

Diskussion zum Vortrag Tharun

K. Krüger (Berlin)

Nach meiner Ansicht ist es nicht sinnvoll, den Begriff „Räumliche Disparitäten" lediglich deskriptiv zu fassen, denn dieser Terminus hat implizit wertenden Charakter. Außerdem haben nur die empirischen Arbeiten eine hohe raumwissenschaftliche Relevanz, die sich mit Phänomenen und Sachverhalten beschäftigen, deren räumlich disparitäre Verteilung im Widerspruch zu einem vorgegebenen sozioökonomischen Wertsystem steht.

Dr. H.-G. v. Rohr (Hamburg)

Der Begriff der „Räumlichen Disparitäten" sollte nicht nur beschreibend verwendet werden, er kann gar nicht anders benutzt werden, gleichgültig ob man nun die Disparitäten vor dem Hintergrund eines Zielsystems für zielkonform oder -diskonform hält, insoweit möchte ich Frau Tharun voll zustimmen.

Nur: Man sollte sich keine Illusionen darüber machen, daß man mit dem Begriff nur einen derzeitigen Modeterminus verwendet, anstelle dessen man früher schlicht von „Räumlichen Unterschieden" sprach.

Dr. E. Tharun (Frankfurt)

Ich danke den Diskussionsrednern für ihre Bemerkungen. – Im Gegensatz zu Herrn Krüger möchte ich daran festhalten, daß der Begriff „Räumliche Disparität" nur beschreibend gebraucht werden sollte. Da Begriffe völlig beliebig sind, beinhalten sie „an sich" noch keine Wertungen; allerdings führt unser subjektives Interesse oder subjektive Bewertung zu Wertbesetzungen, die aber nur subjektive Gültigkeit haben. Erst der Einsatz von Begriffen in theoretische Aussagesysteme, die auch explizit Wertprämissen aufstellen und normative Aussagen machen, führt zu einer – dann auch intersubjektiv nachprüfbaren – Wertbesetzung der Inhalte. – Solange aber sowohl politisch-normative Leitbilder als auch überhaupt der Hinweis auf eine dahinterstehende Planungstheorie fehlen, fehlt auch jeder nachvollziehbare Begründungszusammenhang für eine dem Begriff implizite Wertung.

DIE STADT MAINZ UND IHRE RAUMBEZIEHUNGEN ALS AUSDRUCK GEOGRAPHISCHER LAGEBEWERTUNG IM HISTORISCHEN WANDEL[1]

Mit 6 Abbildungen und 2 Tabellen

Von E. Gormsen (Mainz)

Die Wahl des Schwerpunktes „Ballungsgebiete – Verdichtungsräume" im Programm des 41. Deutschen Geographentages geschah ganz bewußt im Hinblick auf den Veranstaltungsort Mainz als Teil der rhein-mainischen Städteagglomeration. Es lag daher nahe, den öffentlichen Abendvortrag, der ja auf vielen Geographentagen einer stadtgeographischen Betrachtung des Tagungsortes gewidmet war, unter ein Thema zu stellen, das Mainz und seine räumlichen Bezugssysteme in den Mittelpunkt rückt.

Zum Problem der geographischen Lage der Stadt Mainz

Wer allerdings nach der heutigen Rolle der Stadt Mainz und damit nach ihrem Wirkungsbereich im Raum fragt, stößt auf Abgrenzungsschwierigkeiten, denn mit der Zugehörigkeit zum Rhein-Main-Gebiet (vgl. Krenzlin 1961, Wolf 1964) ist nur ein Teilaspekt angesprochen (Abb. 1).

Als Großstadt mit gut 180 000 Einwohnern (1976) bildet Mainz zwar einen wichtigen Bevölkerungs- und Arbeitsplatz-Schwerpunkt in diesem mehrkernigen Verdichtungsraum, jedoch, gemeinsam mit Wiesbaden, in einer ausgesprochenen Randlage, so daß es weit weniger dynamisch erscheint als die zentralen Bereiche dieses Raumes. Das zeigt nicht nur die Bevölkerungsentwicklung (Gormsen 1977), sondern auch die Geländebeobachtung, etwa beim Blick vom Lerchenberg (ZDF), wo der Gegensatz zwischen der dichten städtischen Besiedlung von Mainz-Wiesbaden, die sich am jenseitigen Hang des Taunus schon hoch hinaufzieht, und den ausgedehnten Agrarflächen des Rheinhessischen Tafellandes sehr deutlich herauskommt.

Als eigenständiges Oberzentrum steht Mainz in der zentralörtlichen Hierarchie mit einem weit nach Westen ausgreifenden Verflechtungsbereich in Verbindung (vgl. Kluczka 1970), während die Diözese von Mainz als ehemaliges Landesbistum des Großherzogtums Hessen-Darmstadt außer Rheinhessen nur rechtsrheinische Gebiete umfaßt (Gottron 1950, S. 63 ff.).

Als Landeshauptstadt von Rheinland-Pfalz liegt Mainz wiederum am östlichen Rand dieses Bundeslandes.

Diese kurze Auflistung zeigt schon, daß Mainz Bezugspunkt für höchst unterschiedliche Raummuster geworden ist. So hat gerade die Frage nach der Erklärung dieser Mehrfach-

---

[1] Für freundliche Hinweise und kritische Bemerkungen bei der Ausarbeitung dieses Themas danke ich mehreren Kollegen und Mitarbeitern, insbesondere Herrn Prof. Dr. H. Overbeck und Herrn H. J. Büchner.

orientierung der Stadt im politisch-administrativen und funktionalen Sinne dazu motiviert, die Stellung der Stadt Mainz im Westen des Rhein-Main-Raumes in ihrer Genese zu untersuchen.

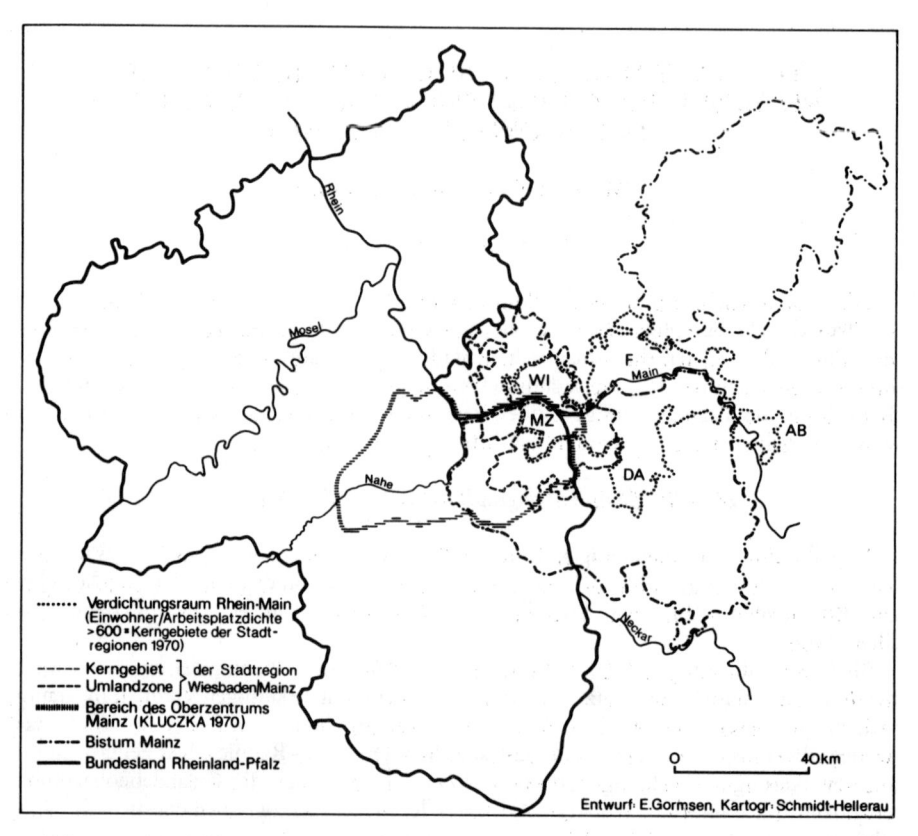

Abb. 1 Politisch-administrative und funktionale Raumbeziehungen der Stadt Mainz um 1970

Schon mehrfach ist der Versuch unternommen worden, diese Stellung der Stadt aus ihrer geographischen Lage heraus zu erklären. Hierzu seien lediglich zwei Beispiele zitiert[2]:

W. Gley (1934, S. 486): „Wo der Rhein im stattlichen Bogen nach W umschwenkt, um seinen Eintritt in das Schiefergebirge zu erzwingen, da nähert sich auch von O her höheres Land dem Strom und legt seinen Lauf, der oberhalb in der weiten Ebene hin und her pendeln konnte, an dieser Stelle fest. Hier mußte also der beide Ufer verbindende Brückenkopf entstehen, der die Landstraßen vom Ober- und Niederrhein und aus Lothringen einerseits, aus der Wetterau, dem Kinzigtal und vom Obermain andererseits an sich ziehen konnte, solange nicht Eingriffe des Menschen diese natürlichen Verbindungen abbogen oder unterbrachen. Es ist also nicht zuviel behauptet, wenn A. Penck sagt, daß Mainz der ‚naturgemäße Vorort der nördlichen Oberrheinischen Tiefebene ist'."

---

[2] vgl. ferner J. Schmid 1962, S. 19; H. Klug 1962, S. 123; H. Förster 1968, S. 63 u. a.

D. Bartels (1960, S. 81): ,,Hier am nördlichen Ende der Oberrheinebene, in der Verknüpfungszone mehrerer Großlandschaften, zugleich im politischen und geistigen Zentrum des damaligen Mitteleuropa . . . stand die Entwicklung einer der größten Städte Deutschlands zu erwarten . . ."

Alle Autoren sind sich darin einig, dieser Stadt eine ausgezeichnete Lagegunst zuzuschreiben. Sie betonen die greifbaren Vorzüge einer landschaftsverbindenden Brückenlage, die zur Bildung eines höchstwertigen zentralen Ortes geradezu herausforderte. Sie deuten aber auch an, daß sich der Rheinstrom in wesentlichen Epochen der Geschichte als politische Grenze darstellte, so daß Mainz aufgrund seiner strategischen Position immer wieder in seiner Stadtentwicklung behindert wurde.

Es bleibt allerdings zu fragen, ob die in der Literatur angeführten Lagekriterien als vorgegebene räumliche Dispositionen den Prozeß der Stadtentwicklung geprägt haben, wie es bei einigen Autoren anklingt. Bei genauerer Betrachtung läßt sich vielmehr zeigen, daß sehr verschiedene politisch-strategische und ökonomische Interessen innerhalb historisch abgrenzbarer Epochen die räumlichen Prozesse gesteuert haben. Im folgenden soll daher versucht werden, einige der wichtigen Impulse, die die Stellung der Stadt bestimmt haben, im Laufe wechselnder kulturgeographischer Situationen aufzuzeigen. Dabei soll die Stadt jeweils in ihrem territorialen Zusammenhang betrachtet werden, so daß die höchst unterschiedlichen Raum- und Lagebewertungen entsprechend den sich wandelnden politischen und sozio-ökonomischen Rahmenbedingungen sichtbar werden. In diesem Sinne ist geographische Lage keine festliegende Raumqualität, sondern das Ergebnis von Bewertungen des räumlichen Potentials[3].

Städtebauliche Entwicklungen und Erscheinungsbilder sollen dabei lediglich als Indikatoren für die prägende Wirkung dieser Bewertungsvorgänge herangezogen werden.

In einem zusammenfassenden Schema (Abb. 6) kann schließlich demonstriert werden, wie sich für Mainz im Laufe seiner 2000jährigen Geschichte immer wieder zwei meist konkurrierende Lagebewertungen durchgesetzt haben:
– Mainz als eine der wichtigsten strategischen Positionen in Mitteleuropa und
– Mainz als Zentrum großräumiger territorialer Einheiten.

Mainz als römische Stadt

Mit der Anlage der Grenzfestung Moguntiacum (um 38 v. Chr.) auf einem Sporn des rheinhessischen Plateaus, von dem aus die Mainmündung und der Zugang zu den hessischen Senken kontrolliert werden konnten, beginnt die Stadtgeschichte von Mainz. Durch den vorgeschobenen Limes wurde dieses Legionslager von der unmittelbaren Grenzverteidigung entlastet, so daß sich am Fuß des Kastells eine voll ausgebaute Stadt entfalten konnte. Mainz wurde Hauptstadt von Obergermanien (Abb. 2) und um das Jahr 100 durch eine feste (!) Brücke mit dem rechten Rheinufer verbunden. Diese erste Blütezeit hinterließ einige bedeutsame Zeugnisse, z. B. die ,,Römersteine", Reste eines Aquäduktes, der das Zaybachtal überspannte (Abb. 3). Allerdings wurde Mainz gegen Ende des 3. Jh. nach dem Limesdurchbruch der Germanen wieder Grenzstadt und mußte ummauert werden.

---

[3] Dementsprechend unterscheidet schon Gley in Anlehnung an Ratzel (1897, S. 238) und Vogel (1922, S. 55 u. 123) zwischen der geopolitischen und der geographischen Lage eines Ortes. ,,Verschiebt sich das politische Kräfteverhältnis, so verschiebt sich auch die geopolitische Lage. Diese ist also einem dauernden Wandel unterworfen" (Gley 1936, S. 155–156). Vgl. Otremba 1950, S. 28–29 u. 125–126; Schöller 1967, S. 13.

Insgesamt lag die Bedeutung der Stadt während der über vierhundertjährigen Römerherrschaft in ihrer militärisch-strategischen Position. Sie bildete einen der markantesten Fixpunkte an der Rheinlinie, die damit zum ersten Mal als wichtige europäische Grenze in Funktion trat.

Mainz als Erzbistum und kurfürstliche Residenz

Trotz der Zerstörungen der Völkerwanderungszeit hat sich in Mainz eine Siedlungskontinuität erhalten, auf der schon im frühen Mittelalter die Wiederbelebung der Stadt aufbauen konnte. Von grundlegender Bedeutung für die Mainzer Entwicklung wurde allerdings die Errichtung des Erzbistums Mainz mit dem ersten Erzbischof Bonifatius (746–754), der durch seine Missionsreisen die Basis für die Entwicklung dieser Kirchenprovinz legte. Sie schloß im Norden noch Verden, im Süden Chur und im Osten bis 1344 Prag und Olmütz ein und war damit die ausgedehnteste Kirchenprovinz nach der römischen (Gottron 1950, S. 5; Abb. 2). In der zentralen Lage von Mainz konnte die Sonderstellung des Mainzer Erzbischofs als „Primas Germaniae", als Hofbischof des Kaisers und Erzkanzler des Reiches besonders wirksam werden. So war es nur zu verständlich, daß er auch Mitglied des Kurfürstenkollegiums wurde.

Das Bistum Mainz im engeren Sinne reichte vom Hunsrück-Nahe-Raum über große Teile Hessens bis weit nach Thüringen hinein. Innerhalb dieses Gebietes entwickelte sich das kurfürstliche Territorium, seitdem Willigis (975–1011) auch weltliches Oberhaupt der Stadt geworden war (Stimming 1915). Wie andere mittelalterliche Herrschaftsbereiche war es in eine Unzahl von Teilgebieten zerlegt (Geschichtlicher Atlas von Hessen, Karte 16) mit Schwerpunkten im Rheingau, im Spessart (Aschaffenburg), in der Wetterau (Amöneburg), im Eichsfeld und in Thüringen, wo Erfurt das Mainzer Rad im Wappen führt, und wo 1392, also 85 Jahre vor Mainz selbst, die erste Universität auf Mainzer Territorium gegründet wurde. Auf dem berühmten Erfurter Domplatz ist noch heute an einem Denkmal die Huldigung der Stadt an Kurfürst Friedrich Karl Joseph von Erthal aus dem Jahr 1777 nachzulesen.

Die 800 Jahre kurfürstlicher Herrschaft schlossen mehrere Epochen höchster Blüte, aber auch Zeiten des Niedergangs der Stadt Mainz ein, die eng mit der Lage und der politischen Rolle von Mainz verknüpft sind und sich im Stadtbild durchgepaust haben.

Die Zeit des „Goldenen Mainz" im hohen Mittelalter (vgl. Falck 1973) wird weithin geprägt durch ihre Funktion als eine der bedeutendsten Handels- und Messestädte Mitteleuropas. Neben der natürlichen Lagegunst, d. h. vor allem der Schiffahrt auf Rhein und Main, haben gewiß die an den Erzbischofssitz gebundenen Krönungsfeierlichkeiten, Reichstage und andere Feste zur Stärkung dieser Funktion beigetragen; gleichzeitig jedoch behinderte der Landesherr die volle Entfaltung bürgerlicher Freiheiten, wie sie den Reichsstädten, darunter auch dem benachbarten Frankfurt, zu Gebote standen. So mußte die Mainzer Bürgerschaft jahrhundertelang um ihre Privilegien kämpfen. Immerhin stammt die älteste deutsche Zunft-Urkunde aus Mainz (Aubin 1931, S. 532), und neben den kirchlichen Bauten und dem erzbischöflichen Ausbau von Stadt und Befestigung zeugte das Kaufhaus (von 1314) auf dem ehemaligen „Brand" von der Handelsbedeutung.

In dieser Stellung konnte Mainz im 13. Jahrhundert einer der Vororte im Rheinischen Städtebund werden, und noch 1348 läßt sich Mainz ausdrücklich durch Karl IV. die Messeprivilegien bestätigen. Doch inzwischen hatte Frankfurt seine Vorrangstellung längst voll ausgebaut.

Die Stadt Mainz und ihre Raumbeziehungen 143

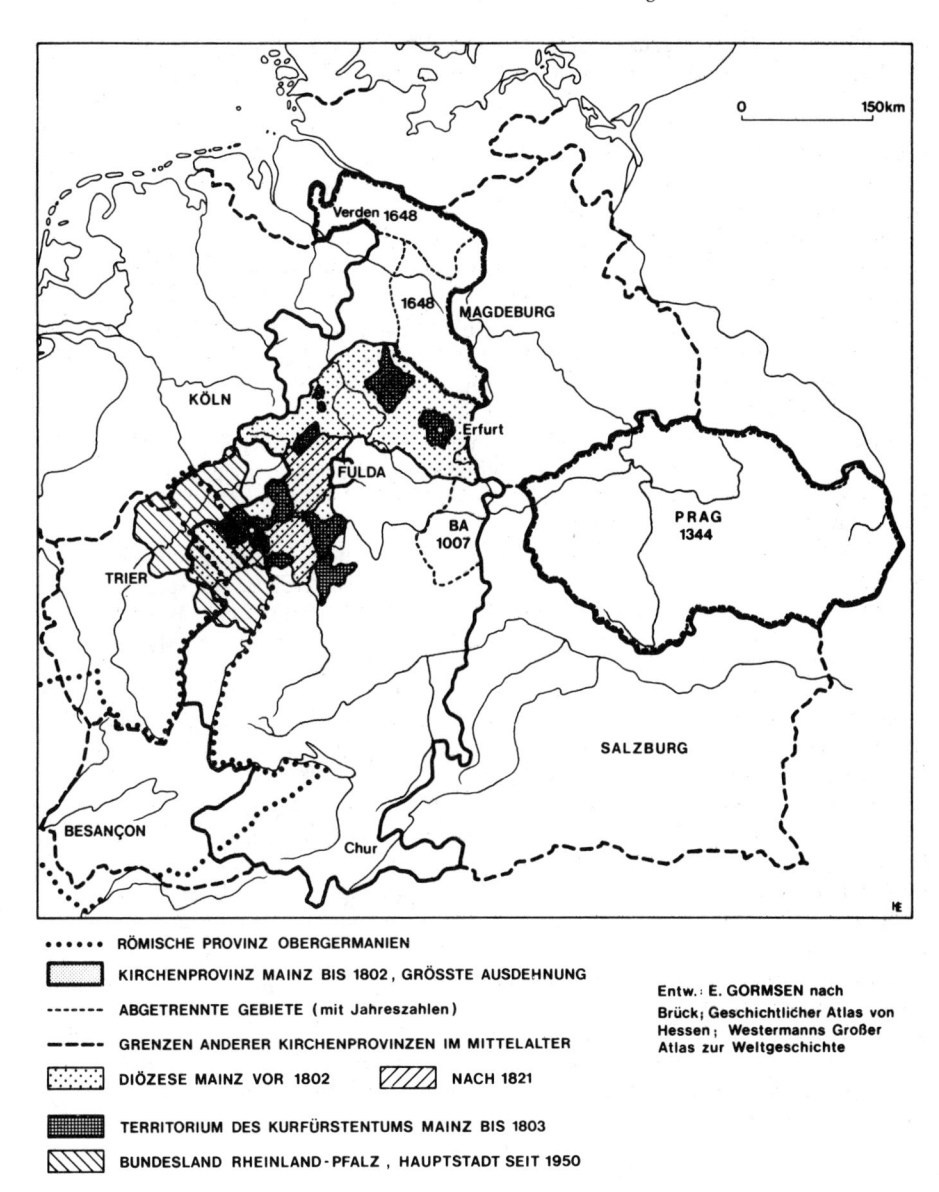

• • • • • RÖMISCHE PROVINZ OBERGERMANIEN
▭ KIRCHENPROVINZ MAINZ BIS 1802, GRÖSSTE AUSDEHNUNG
------- ABGETRENNTE GEBIETE (mit Jahreszahlen)
— — — GRENZEN ANDERER KIRCHENPROVINZEN IM MITTELALTER
⋮⋮⋮⋮ DIÖZESE MAINZ VOR 1802   ▨ NACH 1821
▓ TERRITORIUM DES KURFÜRSTENTUMS MAINZ BIS 1803
▧ BUNDESLAND RHEINLAND-PFALZ, HAUPTSTADT SEIT 1950

Entw.: E. GORMSEN nach
Brück; Geschichtlicher Atlas von
Hessen; Westermanns Großer
Atlas zur Weltgeschichte

Abb. 2 Mainz und seine kirchlichen und weltlichen Territorien im historischen Wandel

Aubin (1931, 535 ff.) hat überzeugend herausgearbeitet, daß es bei der Konkurrenz beider Städte, die auf Jahrhunderte für die Mainzer Entwicklung entscheidend war, weder auf die vorgegebenen relativ geringen Lageunterschiede, noch auf die Handelsprivilegien als Rechtstitel ankam. Entscheidend war vielmehr der grundlegende Unterschied in der politischen Situation, das heißt der Grad der Selbstbestimmung innerhalb der Stadt, der sich auf die kurze Formel bringen läßt: ,,Frankfurt ist des Kaisers und der Kaiser ist fern; Mainz ist des Bischofs und der Bischof ist nah".

Tatsächlich hat Mainz, nach jahrhundertelangen Auseinandersetzungen, in der sog. ,,Bischofsfehde" von 1462 gegen Adolf von Nassau alle Freiheiten verloren. Nicht nur die Juden, sondern auch die meisten Patrizier und Bürger wurden der Stadt verwiesen, die Stadt größtenteils niedergebrannt. Mainz wurde damit ,,die erste große deutsche Freistadt, welche dem absoluten Fürstentum erlag . . ." (Aubin)[4]. Noch 1478 wurde die Martinsburg an Stelle des heutigen Schlosses als Zwingburg errichtet, ,,um den Hang zur Widerspenstigkeit" bei den Mainzer Bürgern zu unterdrücken (Brück 1972, S. 12).

Als gewisser Ausgleich blieb lediglich die Funktion der kurfürstlichen Landeshauptstadt, allerdings bei einem in mehrere Teile zersplitterten Territorium mit eigenen, z. T. bedeutenden Zentren. Als neue, überregional wirksame Funktion eröffnete Diether von Isenburg 1477 die kurfürstliche Universität.

Im Dreißigjährigen Krieg wird Mainz trotz des Ausbaus der Befestigungsanlagen und dem Bau der Zitadelle 1631 von Gustav Adolf von Schweden erobert. Er spielte mit dem Gedanken, sich ausgerechnet am Sitz eines der bedeutendsten katholischen Fürsten von den protestantischen Kurfürsten zum römischen König wählen zu lassen, und Mainz in seiner zentralen Lage innerhalb Mitteleuropas zu seiner Residenz zu machen (Brück 1972, S. 48–49). Die schwedische Herrschaft über die Stadt dauerte über seinen Tod hinaus bis 1635. Die letzten Kriegsjahre sahen 1644 bis 1648 zum ersten Mal die Franzosen in der Stadt, die hier eine Schlüsselstellung zur Kontrolle des Rheinverkehrs und vor allem zur Festigung ihrer Ostgrenze sahen (Brück 1972, S. 56–57).

Der Neuaufbau wurde durch den Kurfürsten Johann Philipp von Schönborn (1647–73) geprägt, der nicht nur das bastionäre Festungssystem ausbauen ließ, sondern auch die barocke Stadterweiterung (Bleichenviertel) anlegte, die letzten offenen Flächen innerhalb des römischen Mauerringes mit Ausnahme der Weinberge am Kästrich.

Doch wurde die friedliche Entwicklung durch den Pfälzischen Erbfolgekrieg (1688–89) mit einer französischen Besetzung noch einmal unterbrochen, bevor eine fast hundertjährige Blütezeit barocker Prachtentfaltung mit allen Attributen einer absolutistischen Residenz durch den Kurfürsten Franz Lothar von Schönborn (1695–1729) eingeleitet wurde. Auf den Terrassenhängen im Süden der Stadt entstand nach französischen Vorbildern das 1793 schon wieder zerstörte Lustschloß Favorite. Das ganze Stadtbild wurde im Barockstil überprägt, wobei eine große Zahl von ,,Adelshöfen" die wieder gestärkte Position der kurfürstlichen Residenz dokumentiert.

Mainz unter französischer Herrschaft

Mit der französischen Revolution wurde ein militärischer Konflikt in Europa ausgelöst, in dem Mainz eine Schlüsselstellung zukam. 1792 ging die kurfürstliche Residenz fast kampflos an die französische Revolutionsarmee über, und die ,,Clubisten" unter Georg

[4] Im Gegensatz dazu ist es Köln gelungen, dem Erzbischof und Kurfürsten die volle Stadtfreiheit abzuringen und ihn sogar aus der Stadt zu verdrängen (Klinkenberg 1961, S. 107).

Die Stadt Mainz und ihre Raumbeziehungen 145

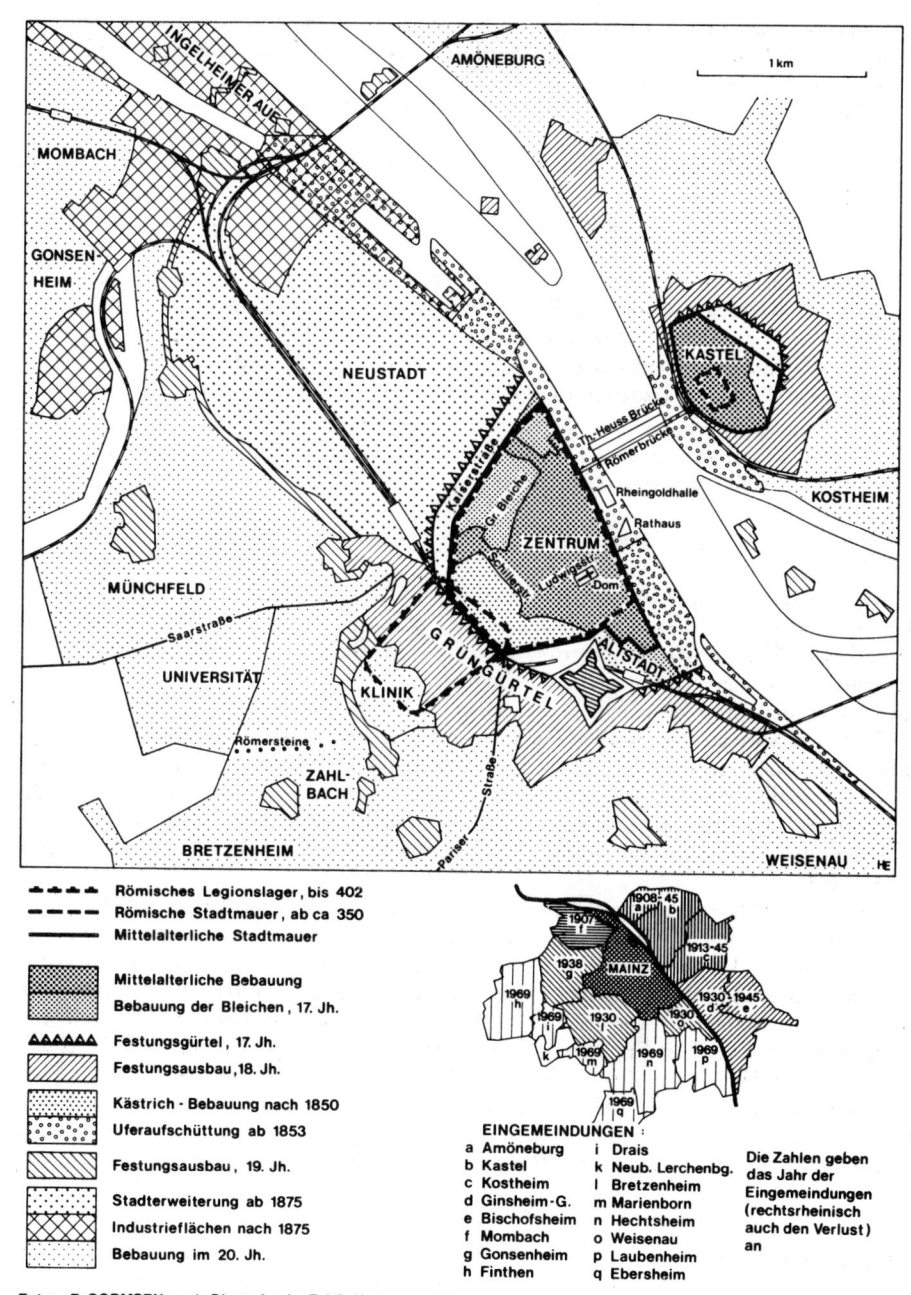

- - - - Römisches Legionslager, bis 402
- - - - Römische Stadtmauer, ab ca 350
―――― Mittelalterliche Stadtmauer

Mittelalterliche Bebauung
Bebauung der Bleichen, 17. Jh.
△△△△△△ Festungsgürtel, 17. Jh.
Festungsausbau, 18. Jh.
Kästrich - Bebauung nach 1850
Uferaufschüttung ab 1853
Festungsausbau, 19. Jh.
Stadterweiterung ab 1875
Industrieflächen nach 1875
Bebauung im 20. Jh.

EINGEMEINDUNGEN:
a Amöneburg   i Drais
b Kastel   k Neub. Lerchenbg.
c Kostheim   l Bretzenheim
d Ginsheim-G.   m Marienborn
e Bischofsheim   n Hechtsheim
f Mombach   o Weisenau
g Gonsenheim   p Laubenheim
h Finthen   q Ebersheim

Die Zahlen geben das Jahr der Eingemeindungen (rechtsrheinisch auch den Verlust) an

Entw.: E. GORMSEN nach Diepenbach, Falck, Hartmann, Klug u. a.

Abb. 3 Entwicklung der Stadt Mainz

Forster, einem der Hauptvertreter der „katholischen Aufklärung" an der Mainzer Universität, riefen die Republik Mainz aus (vgl. Mathy 1977 sowie P. Schneider im vorl. Band). Die Stadt wurde allerdings im folgenden Jahr nach verheerender Beschießung durch die alliierten deutschen Truppen zurückerobert[5], um 1797, entsprechend dem Friedensvertrag von Campo Formio, erneut von der französischen Armee besetzt zu werden.

Diese Besetzung bedeutete freilich mehr als manche andere Eroberungen der napoleonischen Zeit oder als die Errichtung neuer Flächenstaaten nach der „Flurbereinigung" im Gefolge des Reichsdeputationshauptschlusses. Vielmehr hatte Frankreich das seit Jahrhunderten verfolgte Ziel erreicht, das gesamte linksrheinische Gebiet dem französischen Staat einzuverleiben. Mainz wurde Hauptstadt des Departements „Mont Tonnère", das Rheinhessen und die Pfalz einschloß. Dabei kam es zu massiven Eingriffen der neuen Machthaber in die Stadtstruktur. Sie betrafen nicht nur den Ausbau der Befestigungsanlagen, sondern eine Neugestaltung des Stadtzentrums mit dem Gutenbergplatz und der geradlinig durchgebrochenen Achse der Ludwigstraße (rue Napoléon).

Die schmerzliche Konsequenz der napoleonischen Epoche für Mainz bildete der endgültige Verlust seiner Stellung als Erzbischofsitz und kurfürstliche Residenz, nachdem seine Vorherrschaft als Handelsplatz schon lange an Frankfurt übergegangen war.

Mainz als Bundes- und Reichsfestung

Auch das Ende der gut 16jährigen französischen Herrschaft brachte keinerlei Restitution der vorherigen Verhältnisse. Mainz wurde als Sitz des Provinzialdirektors für den Regierungsbezirk Rheinhessen dem neuen Großherzogtum Hessen-Darmstadt angegliedert. Im Rahmen der anschließenden kirchlich-administrativen Neuordnung wurde es Bischofssitz für das Landesbistum desselben Territoriums (Abb. 1 u. 2).

Trotz der Verluste an zentralen Funktionen bestanden für Mainz aufgrund seiner Lage und Größe günstige Voraussetzungen für eine aufstrebende Stadtentwicklung im Rahmen der Industrialisierung des 19. Jahrhunderts. Immerhin zählte Mainz 1816 bereits 25 000 Einwohner, Darmstadt dagegen nur 10 000, Wiesbaden 2500 und Frankfurt 41 000 (1811). Es hatte den Vorzug der Lage am Rhein mit dem vom Wiener Kongreß erneut bestätigten Stapelrecht.

Doch konnte Mainz diese Möglichkeiten nicht voll ausnutzen. Ausschlaggebender Faktor für die Benachteiligung während des ganzen 19. Jahrhunderts war seine strategische Bedeutung. Mainz wurde nun als einer der wichtigsten gegen Westen gerichteten Brückenköpfe zur Bundesfestung erklärt und unter gemeinsamer preußisch-österreichischer Verwaltung nach damals modernen Prinzipien mit einer Reihe von Außenforts erweitert, wobei strenge Rayonbestimmungen die Freihaltung eines ausgedehnten Glacis rings um die Stadt erforderten. So wurde in einer Zeit, in der sonst allenthalben die Stadtmauern fielen, um Platz für Industrieflächen, Wohngebiete aber auch Regierungsgebäude, Krankenhäuser oder Schulen zu schaffen, in Mainz jegliche räumliche Ausweitung unterbunden. Darüber hinaus mußte eine Garnison mit rund 4000 Mann in der Stadt untergebracht werden (Pott 1968).

---

[5] Goethe hat ja diese Kannonade ausführlich beschrieben und bei anderer Gelegenheit in bezug auf die Lage von Mainz geäußert: „Der Bewohner von Mainz darf sich nicht verbergen, daß er für ewige Zeiten einen Kriegsposten bewohnt, alte und neue Ruinen erinnern ihn daran" (Calmes 1934, S. 7). Vgl. die eindringlichen Klagen über den Niedergang der Stadt von Ernst Moritz Arndt (1804, Bd. 4) nach seiner Rheinreise 1799.

Lediglich am Hang des Kästrich ergab sich die Möglichkeit für eine geringfügige Erweiterung von Wohn- und Gewerbeflächen. Unter diesen Verhältnissen konnte der Bevölkerungszuwachs in Mainz mit demjenigen vergleichbar großer Städte bei weitem nicht Schritt halten (Pott 1968, S. 29). Doch selbst das relativ geringe Wachstum (1816 25 000, 1864 42 000 Einw.), das den Geburtenüberschuß kaum überstieg, führte zu unerträglichen Wohnverhältnissen, ganz abgesehen von der Unmöglichkeit zur Erweiterung oder Neuanlage von Fabriken innerhalb der Stadt. So gingen Mainz wesentliche Impulse der wirtschaftlichen Entwicklung durch den Wegzug von Betriebszweigen in andere Städte verloren, z. B. bei der Lederfabrikation, die nach Offenbach und Worms übersiedelte. Eine andere Möglichkeit bot sich freilich durch den Bau von Fabriken am gegenüberliegenden Rheinufer in Amöneburg, Kastel und Kostheim.

Gewiß zog Mainz weiterhin einen Nutzen aus seiner Lage am Rhein, etwa durch die Aufnahme der regelmäßigen Personendampfschiffahrt der Köln-Düsseldorfer 1827. Doch der erneut aufblühende Handel wurde nach 1831 durch die Rheinschiffahrtsakte (Verlust der Stapelrechte) und den Ausbau des Mannheimer Hafens gefährdet. Dabei waren innerhalb des Festungsgürtels die Ausbaumöglichkeiten für einen Hafen gering. Daher drängte in den 1860er Jahren alles nach einer großzügigen Lösung, die allerdings erst in der Wilhelminischen Stadterweiterung der Mainzer Neustadt gefunden werden konnte (Büchner 1977). Die Verhandlungen zwischen der Stadt, der hessischen Regierung und dem Kriegsministerium in Berlin um die dadurch notwendige Verschiebung des Festungsringes wurden durch den deutsch-französischen Krieg unterbrochen, so daß mit der Verwirklichung erst 1872 begonnen werden konnte.

Die Entwicklung von Mainz zur Industriestadt

Damit war die Basis für eine völlige Neuorientierung des funktionalen Gefüges der Stadt Mainz gelegt, obwohl ihr Charakter als Festungsstadt mit einer bis zu 8000 Mann umfassenden Garnison durchaus noch erhalten blieb, denn die Neustadt wurde durch Bollwerke auf der Terrassenkante sowie durch einen Sperriegel bis zur Ingelheimer Aue in den Befestigungsgürtel mit einbezogen.

An der Nordspitze der Stadterweiterung, die etwa eineinhalbmal so groß war wie die Altstadt, wurde ein neuer Hafen geschaffen, der die Anlage des ersten zusammenhängenden Industriegeländes der Stadt ermöglichte.

Zur gleichen Zeit wurden allerdings die schon in beachtlichem Umfang industrialisierten Vororte Mombach (linksrheinisch) sowie Amöneburg, Kastel und Kostheim (rechtsrheinisch) eingemeindet. Mainz wurde dadurch wesentlich später, als nach der hervorragenden Lage zu erwarten, zu einer Industriestadt, die sich durch die Eingemeindungen von Ginsheim-Gustavsburg und Bischofsheim in den zwanziger Jahren noch vergrößerte.

Das Ende des Ersten Weltkrieges brachte für Mainz zwei direkte Folgen mit sich, einerseits die Rheinland-Besetzung durch französische Truppen, die zeitweise auch einen Brückenkopfbereich im Umkreis von 30 km um Mainz einschloß und eine Beeinträchtigung des Wirtschaftslebens bedeutete, andererseits die endgültige Schleifung der Festung, wodurch gute Wohnlagen in einem Grüngürtel auf den Terrassen oberhalb der Stadt bebaut werden konnten. Durch Eingemeindung der schon stark verstädterten Dörfer Weisenau, Bretzenheim und Gonsenheim war 1939 schließlich eine Einwohnerzahl von 154 000 erreicht. Mainz war als Industriestadt konsolidiert, hatte einen beachtlichen Einzugsbereich in Rheinhessen und im Rheingau und besaß in der Reichsbahndirektion wenigstens eine überregional wirksame Funktion des Tertiären Sektors.

Mainz als Hauptstadt des Landes Rheinland-Pfalz

Im Zweiten Weltkrieg wurde Mainz nicht nur, wie viele andere Städte, durch Bombardierungen schwer getroffen, so daß in der Innenstadt rund 80% aller Häuser zerstört waren und die Bevölkerung von 84 000 (1942) auf 28 000 (Mai 1945) zurückgegangen war. Noch gravierender wirkte sich die Grenzziehung der Besatzungszonen aus, denn das bedeutete erneut den französischen Zugriff auf das linksrheinische Gebiet, das zum neuen Lande Rheinland-Pfalz zusammengefaßt wurde und die bayerische Pfalz, Rheinhessen sowie erhebliche Teile der preußischen Rheinprovinz mit Trier und Koblenz einschloß. Der Rhein wurde wieder zur politischen Grenze und Mainz verlor dadurch 52% seiner Fläche, 25% seiner Einwohner und 35% seiner Industrie (Bartels 1960, S. 85).

Es schien fast aussichtslos, aus diesem Dilemma herauszukommen. Doch die französische Besatzungsmacht tat den ersten Schritt zu einer Neuorientierung in Mainz, indem sie schon im März 1946 die seit der napoleonischen Zeit stillgelegte Universität wieder eröffnete. In ihrem linksrheinischen Besatzungsgebiet fand sich nämlich keine einzige wissenschaftliche Hochschule. Diese Neugründung hat heute fast 20 000 Studierende und ist zur größten Arbeitsstätte der Stadt aufgestiegen. Zusammen mit dem Lehr- und Dienstpersonal sowie der zugehörigen Mantelbevölkerung sind mittlerweile rund ein Fünftel der Mainzer Einwohner direkt oder indirekt vom Vorhandensein der Universität abhängig (vgl. Gormsen und Schürmann 1977).

Eine zweite, und für die regionalen Verflechtungen noch bedeutendere Funktion im Gefolge der politischen Nachkriegsverhältnisse stellt die Landesregierung dar, die allerdings erst 1950 nach langwierigen Auseinandersetzungen von ihrem provisorischen Sitz in Koblenz nach Mainz verlegt wurde.

Wie stark die französische Besatzungsmacht daran interessiert war, die Stellung von Mainz als Hauptstadt ihres linksrheinischen Territoriums und damit ihre eigene Position zu stärken, geht u. a. aus dem 1947 erteilten Auftrag an den französischen Le Corbusier-Schüler Marcel Lods hervor, Mainz zur modernsten Stadt Europas auszubauen (vgl. Erdmannsdörffer 1951, S. 389). Der 1949 vorgelegte Entwurf wurde allerdings vom Stadtrat einstimmig abgelehnt.

Statt dessen erfolgte der Wiederaufbau überwiegend in vorgezeichneten Bahnen, wobei im Stadtkern zwar die wesentlichen Baudenkmäler mit öffentlichen Mitteln recht bald restauriert wurden, andererseits die Wiederherstellung von Wohn- und Geschäftshäusern relativ langsam in Gang kam. Sie wurde in den letzten Jahren durch bedeutende Neubauten und die Einrichtung einer sehr ausgedehnten Fußgängerzone weitgehend abgeschlossen (vgl. Kreth und Waldt 1977). Aufgrund der Funktionserweiterungen als Landeshauptstadt erlebte lediglich das Gebiet zwischen Kaiserstraße und Rheinbrücke unter Einbeziehung bedeutender Renaissance- und Barockbauten eine Umstrukturierung zum Regierungsviertel.

Die Eingemeindungen von Finthen, Drais, Marienborn, Hechtsheim, Laubenheim und Ebersheim im Rahmen der rheinland-pfälzischen Gemeindereform (1969) brachten der Stadt ausgedehnte Erweiterungsflächen, auch für Gewerbegebiete. Die Stadt Mainz begnügte sich nämlich nicht mit der von der Besatzungsmacht verliehenen neuen Rolle als Universitätsstadt und Sitz einer Landesregierung einschließlich aller jener Folge-Organisationen im Tertiären Sektor, die auf entsprechende Fühlungsvorteile angewiesen sind (Parteien, Verbände, SWF-Landesstudio usw.). Sie bemühte sich vielmehr mit beachtlichem Erfolg, das vorgegebene Mainzer Lagepotential bei der Ansiedlung von Industrie- und Dienstleistungsbetrieben auszuspielen, wobei unter der Vielzahl der Standortfaktoren nicht in jedem Einzelfall die ausschlaggebenden Gesichtspunkte nachgezeichnet werden können.

Für den größten Mainzer Industriebetrieb, das Jenaer Glaswerk Schott & Genossen (rund 5000 Beschäftigte) haben Olbert und Eggers (1977) dies sehr ausführlich getan und dabei die zentrale Lage als wohl bedeutendsten Standortvorteil hervorgehoben (S. 141). Das gilt jedenfalls auch für den Makro-Standort Rhein-Main des IBM-Computerwerkes, mit 3400 Beschäftigten das größte seiner Art in Europa. Hierbei bestand eine ernstzunehmende Konkurrenz im Stuttgarter Raum mit dem IBM-Büromaschinenwerk Böblingen. Einen wichtigen Nebeneffekt des IBM-Werkes bilden die Schulungskurse, die in einem derartigen Umfang durchgeführt werden, daß das neben dem Werk errichtete MAG-Hotel (Mainzer Aufbau-Gesellschaft) mit 600 Betten fast ständig ausgebucht ist, was einen nicht unwesentlichen Einfluß auf die Mainzer Fremdenverkehrsstatistik hat.

Im übrigen hat die Industrialisierungspolitik unter Ausnutzung der günstigen Lagebedingungen dazu geführt, daß der Verlust der rechtsrheinischen Fabrikationsstätten durch den Ausbau und die Neuansiedlung im heutigen Stadtgebiet weit mehr als ausgeglichen wurde. So wurde von der Mainzer Industrie 1974 bei 24 000 Beschäftigten ein Umsatz von 320 Mio DM erzielt gegenüber 285 Mio DM bei 31 500 Beschäftigten in Wiesbaden, einschließlich der AKK-Orte (Amöneburg, Kastel, Kostheim).

Mainz ist also insgesamt gestärkt aus den Zerstörungen und Amputationen des Krieges hervorgegangen. Die Stadt hat einerseits einen Funktionszuwachs als Regierungssitz und Universitätsstandort erhalten, der ihr ganz neue Einflußbereiche erschloß; andererseits hat sie aus den traditionellen Lagevorteilen vollen Nutzen gezogen, wobei die Zugehörigkeit zum Rhein-Main-Raum, und dabei vor allem die Nähe des größten deutschen Flughafens, einen zusätzlichen wesentlichen Faktor für die Standortwahl von Betrieben darstellt.

Die heutige Stellung von Mainz im Rhein-Main-Raum

Wir kommen damit zurück auf die anfangs aufgeworfene Frage der heutigen Stellung der Stadt im Raum, auf ihre Lagebeziehungen zu übergeordneten und nachgeordneten Zentren und Bereichen. Diese Frage kann hier nur anhand weniger, nicht in allen Fällen operationalisierbarer Kriterien diskutiert werden, und zwar nach drei Aspekten:
1. den Arbeits- und Versorgungsbeziehungen der Bevölkerung,
2. den Standortüberlegungen von Wirtschaftsunternehmen und
3. den Verwaltungsbezirken der staatlichen und kirchlichen Administration.

1. Für den ersten Aspekt lassen sich die verschiedenen Pendlerbereiche heranziehen, und zwar nach Berufs-, Ausbildungs- und Einkaufsbeziehungen.

Die Karte der Pendlerverflechtungen 1970 (Abb. 4, vgl. Tab. 1) läßt auf den ersten Blick deutliche Unterschiede zwischen einem östlichen (rechtsrheinischen) und einem westlichen Beziehungssystem erkennen. In Rheinhessen und seinen Randgebieten gibt es kaum eine Gemeinde, aus der nicht eine erhebliche Anzahl von Berufstätigen nach Mainz zur Arbeit fährt (Orte unter 10 Pendlern sind nicht dargestellt). Dabei nehmen nur wenige Orte, vor allem längs der Rheinfront und an der Entwicklungsachse Alzey-Kaiserslautern, Auspendler aus Mainz auf. Rechtsrheinisch dagegen ist bei einer viel geringeren Gesamtzahl an Pendlerorten der Anteil der Auspendler aus Mainz wesentlich höher. Eine genauere Betrachtung lehrt, daß unter den Einpendlern aus diesem östlichen Bereich ein hoher Prozentsatz an Ausbildungspendlern (Studenten und Schülern) ist.

Tab. 1: *Pendlerbilanz von Mainz 1970*

EINPENDLER	gesamt	Beruf	Ausbildung	
aus Rheinland-Pfalz	25 601	22 300	3 301	12,9%
aus Hessen u. a.	12 774	9 810	2 964	23,2%
insgesamt	38 375	32 110	6 265	16,3%
AUSPENDLER	gesamt	Beruf	Ausbildung	
nach Rheinland-Pfalz	1 599	1 453	146	9,1%
nach Hessen u. a.	8 623	8 223	400	4,6%
insgesamt	10 222	9 676	546	5,3%
PENDLERBILANZ	gesamt	Beruf	Ausbildung	
mit Rheinland-Pfalz	+24 002	+20 847	+3 155	
mit Hessen u. a.	+ 4 151	+ 1 587	+2 564	
insgesamt	+28 153	+22 434	+5 719	

Bei den Berufspendlern besteht mit dem rechtsrheinischen Bereich bei 9800 Einpendlern und 8200 Auspendlern nur ein geringer Einpendler-Überschuß von 1600. Gegenüber Rheinland-Pfalz dagegen beträgt der Überschuß 20 850 bei insgesamt nur 1450 Auspendlern aus Mainz.

Wir haben es also mit einem stark asymmetrischen Pendlerbereich zu tun, was ganz allgemein für Einpendlerzentren im Randbereich übergeordneter Zentralorte gilt (vgl. Geipel 1969, S. 101 für das Rhein-Main-Gebiet), z. B. auch für die Unterzentren westlich von Mainz (Hein 1977). Für Mainz bedeutet dies eine Zwischenstellung zwischen dem höherwertigen Zentrum Frankfurt und den nachgeordneten Bereichen im Westen, wobei ein ausgeglichenes Verhältnis zum benachbarten ähnlich strukturierten Wiesbaden besteht.

Im Verhältnis zu diesem Stadtkreis, also Wiesbaden selbst mit den ehemals Mainzer Vororten Amöneburg, Kastel, Kostheim (AKK) ergibt sich nämlich ein beachtlicher Einpendlerüberschuß für Mainz (vgl. Tab. 2). Ohne AKK ist er schon wesentlich geringer. In bezug auf die Berufspendler ist das Verhältnis aber ausgeglichen, wobei freilich die größere Einwohnerzahl (für das Jahr 1970) Wiesbadens (224 096 ohne AKK) gegenüber Mainz (172 195) zu berücksichtigen ist.

Im Rahmen der Pendlerverflechtungen spielt die Universität als Zentrum für Ausbildungspendler offensichtlich eine wesentliche Rolle, und zwar besonders im Verhältnis zum rechtsrheinischen Gebiet. Dies trifft in noch höherem Maße für den Patienten-Einzugsbereich der Universitätskliniken zu. Im Jahr 1975 kamen von 25 190 Patienten nur 30,3% aus der Stadt Mainz gegenüber 37,6% aus Rheinland-Pfalz und 29,0% aus Hessen[6]. Hier sind also die Verbindungen mit beiden Rheinseiten viel ausgeglichener, denn auch bei der Aufschlüsselung nach einzelnen Kreisen folgt Groß-Gerau mit 8,0% der Patienten an zweiter Stelle nach dem Landkreis Mainz-Bingen mit 16,4%.

[6] Der Rest (3,1%) kam aus der übrigen Bundesrepublik und dem Ausland (Information des Inst. f. Medizinische Statistik und Dokumentation der Universität Mainz).

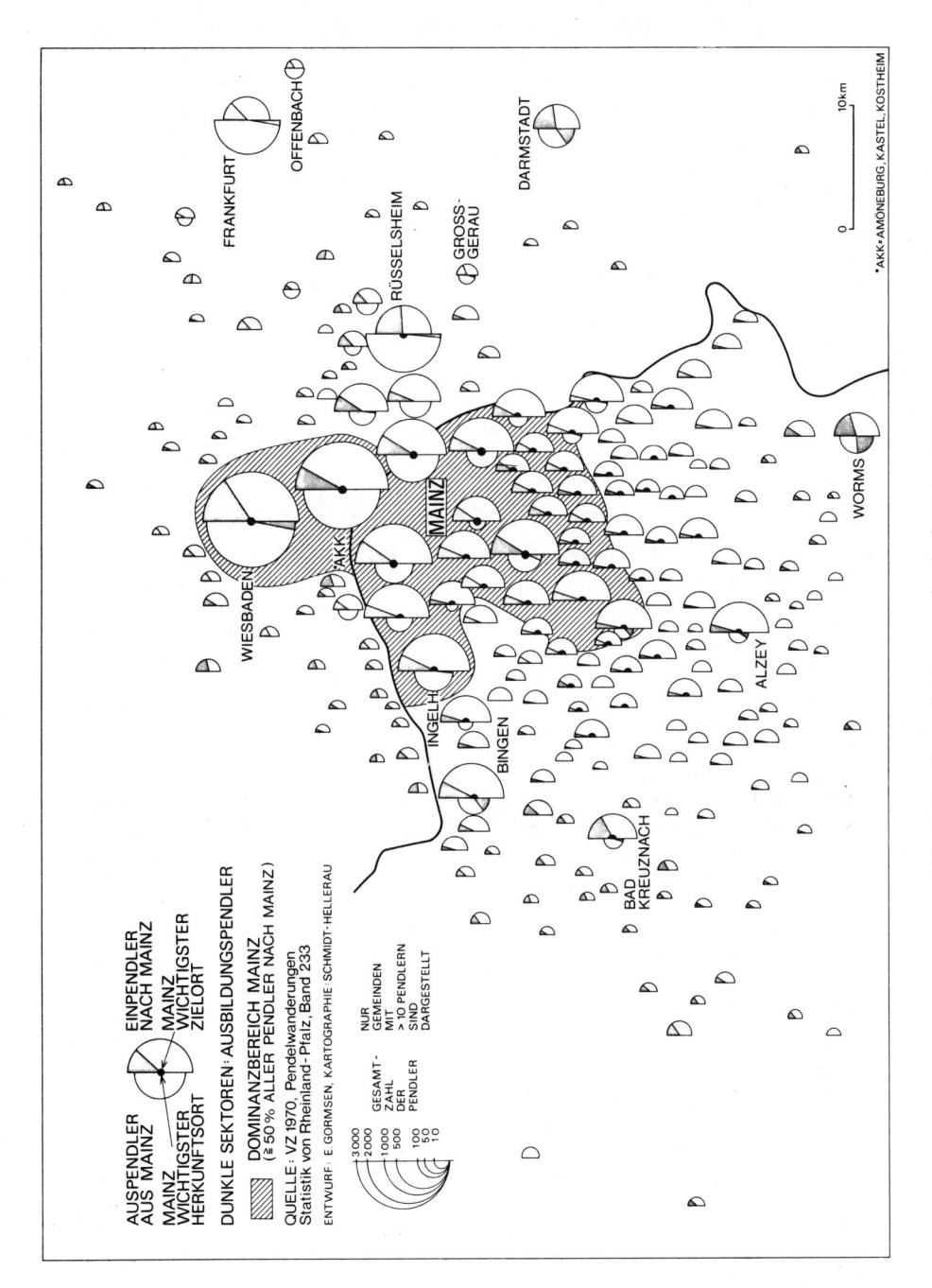

Abb. 4 Pendlerverflechtungen der Stadt Mainz 1970

Tab. 2: *Pendlerbeziehungen zwischen Mainz und Wiesbaden 1970*

EINPENDLER	gesamt	Beruf	Ausbildung	
aus Wiesbaden*	3 464	2 387	1 077	31,1%
aus AKK**	2 987	2 498	489	16,4%
insgesamt	6 451	4 885	1 566	24,3%
AUSPENDLER	gesamt	Beruf	Ausbildung	
nach Wiesbaden*	2 681	2 441	240	9,0%
nach AKK**	1 412	1 412	–	0,0%
insgesamt	4 093	3 853	240	5,9%
PENDLERBILANZ	gesamt	Beruf	Ausbildung	
mit Wiesbaden*	+ 783	– 54	+ 873	
mit AKK**	+1 575	+1 086	+ 489	
insgesamt	+2 358	+1 032	+1 326	

* Stadt Wiesbaden ohne AKK; ** ehemals Mainzer Vororte Amöneburg, Kastel, Kostheim, die seit 1945 zum Stadtkreis Wiesbaden gehören.

Von ähnlicher Bedeutung erscheint die Frage nach den Einkaufsbeziehungen im westlichen Rhein-Main-Gebiet (Abb. 5)[7]. Hier zeigt sich zunächst unerwartet ein Überwiegen von Mainz (mit 320 000 Einkaufspendlern) über Wiesbaden (266 000) bei einer selbstverständlichen Vorrangstellung von Frankfurt (565 000), das allerdings in einigen „shopping centers" auf den Gemarkungen Eschborn (108 000), Sulzbach (75 000) und Hattersheim (87 000) beträchtliche Konkurrenz erhalten hat. In geringerem Umfang gilt dies für die Zentren in Bauschheim (52 000), Alzey (99 000) und Gensingen (40 000). Davon abgesehen kommt auch hier das Prinzip asymmetrischer Einzugsbereich und, damit im Zusammenhang, unterschiedlicher Reichweiten zur Geltung; denn einerseits spielt Frankfurt für Käufer aus Mainz und Wiesbaden so gut wie gar keine Rolle, andererseits wird sein Einzugsbereich durch diese beiden Städte eingeengt. Umgekehrt erhält Mainz selbst einen beträchtlichen Zustrom von Käufern aus den weit entfernten westlichen Randbereichen.

Gegenüber dem Stadtkreis Wiesbaden besteht übrigens eine ausgesprochen positive Bilanz, allerdings unter Einschluß der AKK-Orte, die hier nicht getrennt erfaßt wurden. Dabei wurde als Begründung für die Bevorzugung von Mainz vor allem das günstige Preisniveau genannt, während für Frankfurt und Wiesbaden die größere Auswahl hervorgehoben wurde. Alte Mainzer Beziehungen kommen übrigens darin zum Ausdruck, daß wesentlich mehr Rheingauer in Mainz kaufen als Rheinhessen in Wiesbaden. Dies wird in Gesprächen mit älteren Rheingauer Bürgern immer wieder bestätigt, für die Mainz noch immer „die Stadt" ist, der man sich enger verbunden fühlt als der „mondänen Kurstadt" Wiesbaden.

[7] Das Einkaufsverhalten im Rhein-Main-Gebiet, Media Markt Analysen, Frankfurt 1974 (Erhebung in den Quellgebieten, November 1973).

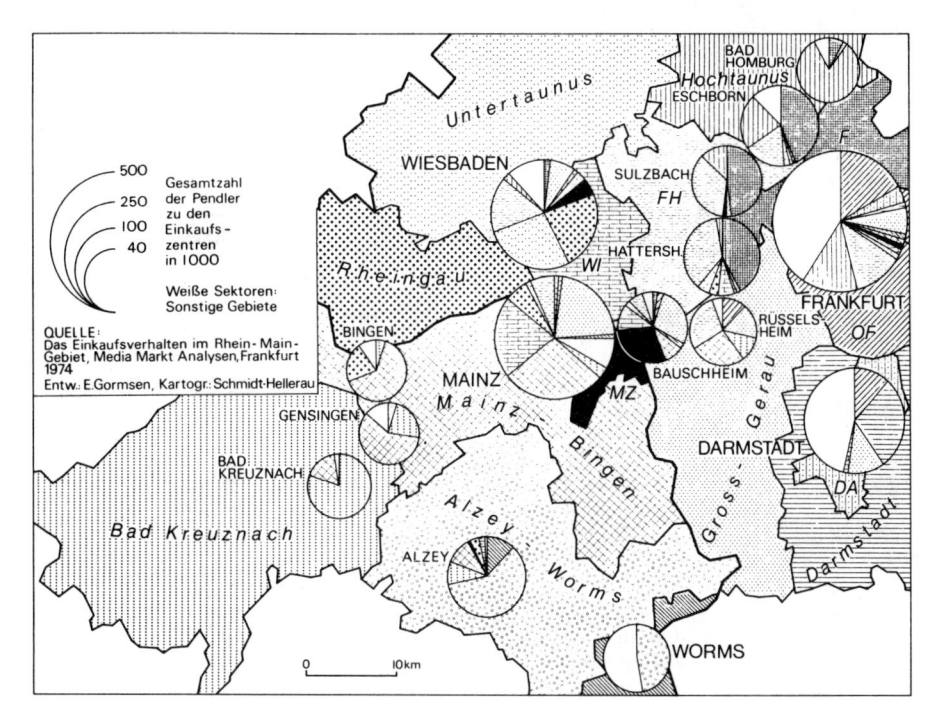

Abb. 5 Rhein-Main-Nahe-Raum. Einkaufszentren und ihre Einzugsgebiete nach Land- und Stadtkreisen, November 1973

2. Zur Frage der Standortwahl von Wirtschaftsunternehmen wurden schon Beispiele genannt. Sie können etwa durch das Hilton-Hotel ergänzt werden, dessen Existenz wesentlich von der Nähe zum Flughafen abhängt, das aber in Verbindung mit der Rheingoldhalle auch einen wichtigen Impuls für die Bedeutung von Mainz als Kongreßstadt gegeben hat. Die Verkehrslage und die Nähe von Frankfurt haben die Entscheidung zum Aufbau der Zentralen Transportleitung der Deutschen Bundesbahn in Mainz (1969) wesentlich beeinflußt, wobei freilich eine Basis in der ehemaligen Bundesbahndirektion vorhanden war, die im Rahmen einer allgemeinen Reorganisation im gleichen Jahr aufgelöst wurde.

Die Gewinnung des ZDF für Mainz (1961) im Rahmen eines Staatsvertrages der Deutschen Länder entsprach wohl ganz überwiegend damaligen innenpolitischen Überlegungen und ist letztlich als Folge der politischen Umstrukturierung nach dem Krieg anzusehen. Dabei hat sich die zentrale Lage innerhalb der Bundesrepublik jedenfalls günstig ausgewirkt.

Die Zugehörigkeit zum Rhein-Main-Verdichtungsraum kann also im funktionalen Sinne gewiß als positiver Faktor für Mainz gewertet werden, wobei die Entfernung zum Großzentrum Frankfurt offensichtlich gerade so groß ist, daß daraus keine direkte Konkurrenz erwächst. Vielmehr erfährt die günstige Verkehrslage von Mainz (Herold 1977) eine willkommene Ergänzung in der leichten Erreichbarkeit des Flughafens sowie einiger besonders seltener Güter und Dienstleistungen (vgl. auch Wolf 1964).

Hauptphasen großräumiger Territorialbildungen	Phasen raumpolitischer Instabilität	Strategische Rolle von Mainz
Römisches Weltreich	Eroberungszüge der Römer	Grenzfestung am Rhein
	Germanenüberfälle Völkerwanderung	
Fränkische Reichsbildung Kirchenprovinzen		
Aufbau von Territorialstaaten mittelalterlich-feudalistischer bis absolutistischer Prägung	Landesherr (Erzbischof) gegen Bürgerfreiheit	(Rheinischer Städtebund)
	Reformation 30jähriger Krieg Schweden in Mainz	Festungsbau und -erweiterung unter wechselnden Besatzungen
	Französische Übergriffe	
	Französische Revolution Napoleon	
Entwicklung moderner Nationalstaaten		Ausbau der Bundesfestung
	I. Weltkrieg Rheinlandbesetzung	Schleifung der Festung
	II. Weltkrieg Besatzungszonen	Rheingrenze
Ausbildung föderativer Bundesländer		

Abb. 6 Schema zum Wandel geographischer Lagebewertung der Stadt Mainz

Administrative Bedeutung von Mainz	Funktionalräumliche Qualität im Rhein-Main-Raum	Städtebauliche Indikatoren
	Garnison	Römerlager
Hauptstadt von Obergermanien	Brückenort Handelsplatz	Aquädukt Stadtmauer
	Friesischer Fernhandel	Johanneskirche
Erzbistum		Kirchen (Dom), Klöster
Reichsstädtische Privilegien	Stapelrecht der Rheinschiffahrt Messestadt (Konkurrenz von Frankfurt)	Kaufhaus
Kurfürstliche Residenz	Universität	Martinsburg
		Adelshöfe Bleichenviertel Favorite
Französisches Department	Ende der Universität	Durchbruch der Ludwigstraße
Provinzialhauptstadt für Rheinhessen Landesbischof für Hessen-Darmstadt	Bedeutungsverlust des Handels Verzögerte Industrialisierung	Theater, Kästrich Stadterweiterung Hafen, Industrie Eingemeindungen
		Grüngürtel
Französische Militärregierung Landesregierung Rheinland-Pfalz	Universität Kliniken Oberzentrum im Westen des mehrkernigen Verdichtungsraumes	Wiederaufbau Citybildung Großwohnsiedlungen Eingemeindungen Innenstadterneuerung

3. Als dritter Aspekt der Lagebeziehungen muß die Administration genannt werden, deren Einflußbereich ja durch Verwaltungsgrenzen eindeutig festgelegt ist. Sie ist für die Wandlungen der Mainzer Funktionalstruktur von einer fast reinen Industriestadt zu einem im weitesten Sinne multifunktionalen Zentrum mit Landesregierung, Universität, ZDF usw. und damit für die insgesamt positive Entwicklung der Stadt nach den schweren Kriegsfolgen von entscheidender Bedeutung gewesen. Dabei leitet sich diese Wirkung letztlich von den strategischen bzw. machtpolitischen Intentionen der früheren Besatzungsmächte ab[8].

Das Problem geographischer Raum- und Lagebewertung am Beispiel von Mainz

Seit Hettner (1895, S. 364) wird der Begriff der geographischen Lage eingesetzt, um durch ihn typische Verteilungsmuster städtischer Siedlungen zu deuten. Dabei sind es die im Landschaftsrahmen vorgegebenen exponierten Örtlichkeiten, die durch eine gute Verkehrserschließung einen intensiven großräumigen Kontakt (vor allem für den Handel) ermöglichen und somit eines der bestimmenden städtischen Attribute gewährleisten sollen. Diese als „natürliche Lagegunst" hervorgehobene Kennzeichnung wird dann herangezogen, um den Werdegang und die funktionale Ausrichtung von Städten zu erklären (vgl. Schwarz [3]1966, S. 493 ff., Hofmeister 1969, S. 15 ff. u. a.).

Unsere heutigen, aus der funktionalen und prozessualen Arbeitsrichtung der Geographie erwachsenen Erfahrungen legen es allerdings nahe, „Lagegunst" nicht mehr als festliegende Raumqualität zu behandeln, sondern in ihr das Ergebnis von differenzierten, zum Teil widerläufigen Lage- und Raumbewertungsprozessen zu sehen, die es zu entschlüsseln gilt[9]. Dabei haben ganz verschiedene, großenteils allochthone Impulse (politisch-strategisches Ziel einer „natürlichen" Grenze, Innovationen im Militär- oder Verkehrswesen, Industrialisierung, administrative Organisationstypen etc.) innerhalb der einzelnen Stadtepochen dazu beigetragen, daß bestimmte gesellschaftlich-politische Träger-Gruppen Elemente des vorgegebenen Lagepotentials angenommen und durch ihre Investitionen sich nutzbar gemacht haben.

Im vorliegenden Beitrag wurde der Versuch unternommen, diese Fragestellungen auf die Stadtentwicklung von Mainz zu übertragen. Die von vielen Autoren beschriebene „Lagegunst" dieser Stadt hat im Laufe ihrer 2000jährigen Geschichte recht unterschiedliche Bewertungen erfahren, bei denen die eigentliche Verkehrslage nur selten die tragende Rolle gespielt hat.

Das Schema (Abb. 6) verdeutlicht, daß sich im Grunde nur zwei politisch motivierte Raumkonstellationen als konsistent ausgeprägt haben, und zwar im Wechsel zwischen stabilisierenden Phasen großräumiger Territorialbildung und Störfaktoren raumpolitischer Umwertungsprozesse, nämlich
– Mainz als Hauptstadt geistlicher und weltlicher Territorien, was freilich kaum jemals eine Mittelpunktslage innerhalb der jeweiligen Territorien bedeutete, und
– Mainz in seiner strategischen Position in Mitteleuropa, was eine Instabilität bei nationalen Konflikten zur Folge hatte mit allen Nachteilen für die Stadtentwicklung, sei es durch

---

[8] Übrigens hat sich bis heute an den kirchlichen Verwaltungsgrenzen der Diözese Mainz nichts geändert, d. h. der Bischof von Mainz ist nach wie vor für das Gebiet des ehemaligen Großherzogtums Hessen-Darmstadt zuständig, das innerhalb von Rheinland-Pfalz nur die frühere Provinz Rheinhessen umfaßt (Abb. 1).
[9] Dies wird im Ansatz schon von Hettner (1895, S. 366 f.) angesprochen. Vgl. Schöller 1967, S. 13–15.

Zerstörungen oder wegen fehlender Ausdehnungsmöglichkeiten aufgrund des ständigen Ausbaus der Befestigungsanlagen.

Diese beiden Haupt-Impulse haben auch den Prozeß beeinflußt, der seit der Industriellen Revolution zur Ausbildung einer funktionsräumlichen Gliederung in Mitteleuropa führte. So haben strategisch-politische Faktoren im 19. Jh. die Industrialisierung der Stadt Mainz verzögert und dann die später entwickelten Produktionsstätten weitgehend abgetrennt. Doch hat sich gezeigt, daß der Funktionsgewinn als Landeshauptstadt im Grunde noch ein Erbe der zunächst negativ zu bewertenden Grenzziehung im Rahmen der strategischen Bedeutung darstellt.

Dieser Funktionsgewinn hat seit den 50er Jahren die Verstärkung der Wirtschaftsleistung im Sinne einer Multifunktionalität unterstützt, so daß sich Mainz in Verbindung mit seiner Teilhabe an dem Makro-Standort Rhein-Main zu einem dynamischen Schwerpunkt dieses Verdichtungsraumes entwickeln konnte, der mit seinen Aufgaben als Oberzentrum einen weit nach Westen ausgreifenden Bereich an sich gebunden hat.

In Weiterführung der Gedanken von Schöller zum Lagemoment im Städtewesen[10] läßt sich also am Beispiel von Mainz zeigen, daß nicht die geographische Lage als solche, sondern die politisch-geographischen Raumkonstellationen und damit die Bewertung der Lage den Erklärungsrahmen bieten, von dem aus die Entfaltung der Stadt verständlich wird.

Literatur

Arndt, E. M. (1804): Reisen durch einen Theil Teutschlands, Ungarns, Italiens und Frankreichs in den Jahren 1798 und 1799. 2. Verb. und verm. Aufl., 4 Bde., Leipzig (Rheinfahrt mit Kapitel über Mainz wiederabgedruckt in: Chr. G. Schütz d. J.: Eine malerische Rheinreise von Köln nach Mainz. Köln 1977).

Aubin, H. (1931): Mainz und Frankfurt, Vergleich zweier Städteschicksale. In: Historische Vierteljahrschrift, 25, S. 529–546

Bartels, D. (1960): Nachbarstädte. Forsch. z. dt. Landesk., 120

Bockenheimer, K. G. (1890): Geschichte der Stadt Mainz während der zweiten franz. Herrschaft. Mainz

Boustedt, O., G. Müller u. K. Schwarz (1968): Zum Problem der Abgrenzung von Verdichtungsräumen. Inst. für Raumforschung, Bad Godesberg

Brede, H. u. C. Ossorio-Capella (1967): Die Agglomerationsräume in der Bundesrepublik Deutschland. München

Brück, A. P. (1961): Mainz. In: Lexikon für Theologie und Kirche, Hrsg. v. J. Höfer u. K. Rahner, 2. Aufl., Bd. 6, S. 1300–1305

Brück, A. P. (1972): Mainz vom Verlust der Stadtfreiheit bis zum Ende des Dreißigjährigen Krieges (1462–1648). Düsseldorf (Gesch. d. Stadt Mainz V)

Büchner, H. J. (1977): Die Mainzer Neustadt. In: Mainz und der Rhein-Main-Nahe-Raum (Mainzer Geogr. Studien, 11) Mainz, S. 51–85

Calmes, H. (1934): Das wirtschaftsgeographische Einzugsgebiet der Stadt Mainz. Diss. Gießen

Demandt, D. (1977): Stadtherrschaft und Stadtfreiheit im Spannungsfeld von Geistlichkeit und Bürgerschaft in Mainz (11.–15. Jh.). (Geschichtliche Landeskunde 8)

---

[10] „Es gibt wenige ‚zwingende' Stadtlagen, auch für den Fernverkehr, wohl aber eine Fülle von Möglichkeiten, die genutzt werden können" (Schöller 1967, S. 14). Vgl. Anm. 3.

Diepenbach, W. (1928): Die Stadtbefestigung von Mainz. In: Mainz, ein Heimatbuch, S. 21–42
– (1948): Die topographische Entwicklung von Mainz und das Stadtbild im Jahre 1848. In: Idee, Gestalt und Gestalter des ersten deutschen Katholikentages in Mainz 1848. Mainz, S. 3–30
Eggers, H. (1972): Eine stadtgeographische Einführung. In: May, H.-D. und H. J. Büchner (Hrsg.): Mainz im Luftbild. Mainz, S. 9–19
Das Einkaufsverhalten im Rhein-Main-Gebiet. Media Markt Analysen, Frankfurt 1974
Ein- und Auspendler Wiesbaden (1970). Statistische Berichte der Landeshauptstadt Wiesbaden, Sonderheft 21
Erdmannsdörffer, K. (1951): Ist Mainz auf dem richtigen Weg? In: Baumeister, 48, 6, S. 389–394
Falck, L. (1972): Mainz im frühen und hohen Mittelalter. Düsseldorf (Gesch. d. Stadt Mainz II)
– (1973): Mainz in seiner Blütezeit als freie Stadt (1244–1328). Düsseldorf, (Gesch. d. Stadt Mainz III)
Förster, H. (1968): Die funktionale und sozialgeographische Gliederung der Mainzer Innenstadt. Bochumer Geogr. Arb., 4
Gassner, H. (1904): Zur Geschichte der Festung Mainz. Mainz
Geipel, R. (1969): Industriegeographie als Einführung in die Arbeitswelt. Braunschweig
Geschichte der deutschen Länder, Territorien-Ploetz. 2 Bde. Würzburg 1964
Geschichtlicher Atlas von Hessen. Landesamt für geschichtliche Landeskunde, Marburg 1961 ff.
Gley, W. (1934): Mainz. Eine stadtgeographische Skizze. In: Geogr. Wochenschrift, 2, S. 485–495
– (1936): Die geopolitische Lage der Stadt Mainz im Wandel der Zeiten. Geographischer Anzeiger, 37, S. 155–162
Gormsen, E. (1977): Die Bevölkerungsentwicklung des Rhein-Main-Nahe-Raumes in den letzten hundert Jahren. In: Mainz und der Rhein-Main-Nahe-Raum (Mainzer Geogr. Studien 11) Mainz, S. 315–325
– u. H. Schürmann (1977): Stadt und Universität in Mainz. In: Mainz und der Rhein-Main-Nahe-Raum (Mainzer Geogr. Studien, 11) Mainz, S. 163–188
Gottron, A. B. (1950): Mainzer Kirchengeschichte. Mainz
Hartmann, E. (1963): Mainz, Analyse seiner städtebaulichen Entwicklung. Diss. Darmstadt
Hein, E. (1977): Regionalplanung in Rheinhessen. In: Mainz und der Rhein-Main-Nahe-Raum (Mainzer Geogr. Studien 11) Mainz, S. 407–421
Herold, A. (1977): Mainz und Wiesbaden, ein verkehrsgeographischer Vergleich. In: Mainz und der Rhein-Main-Nahe-Raum (Mainzer Geogr. Studien 11) Mainz, S. 109–138
Hettner, A. (1895): Die Lage der menschlichen Ansiedelungen. In: Geographische Zeitschrift, 1, S. 361–375
Hofmeister, B. (1969): Stadtgeographie. Braunschweig
Isenberg, G. (1957): Die Ballungsgebiete in der Bundesrepublik. Inst. f. Raumforschung, Vorträge 6, Bad Godesberg
Kahlenberg, F. P. (1961): Die Festung Mainz als Objekt mittelrheinischer Territorialpolitik. In: Mitt. z. rheinhessischen Landesk., 10, S. 309–312
– (1963): Kurmainzische Verteidigungseinrichtungen u. Baugeschichte der Festung Mainz im 17. u. 18. Jh. (Beiträge z. Gesch. d. Stadt Mainz, 19) Mainz
Keyser, E. (Hrsg.) (1964): Städtebuch Rheinland-Pfalz und Saarland. Stuttgart
Klinkenberg, H. M. (1961): Aufstieg und Niedergang des mittelalterlichen Köln. In: Köln und die Rheinlande. Festschrift zum 33. Deutschen Geographentag in Köln. Wiesbaden, S. 105–111
Kluczka, G. (1970): Zentrale Orte und zentralörtliche Bereiche in der Bundesrepublik Deutschland. Forschungen z. dt. Landeskunde, 194, Bad Godesberg
Klug, H. (1962): Mainz, Grundzüge der stadtgeographischen Entwicklung. In: Mainzer Almanach, S. 123–144
Krenzlin, A. (1961): Werden und Gefüge des rhein-mainischen Verstädterungsgebietes. In: Frankfurter Geogr. Hefte, 37, S. 311–387
Kreth, R. u. H. O. Waldt (1977): Die Entwicklung der funktionalen Struktur des Mainzer Stadtzentrums im Zuge des Wiederaufbaus nach 1945. In: Mainz und der Rhein-Main-Nahe-Raum (Mainzer Geogr. Studien 11) Mainz, S. 17–36
Mainz, ein Heimatbuch. (Hrsg. v. H. Wothe) Mainz 1928

Mainz, Führer zu vor- und frühgeschichtlichen Denkmälern, 11, Mainz 1973
Mainz, Geschichte und Stadtbauentwicklung. (Rheinische Kunststätten 5/6) Köln 1966
Mainzer Almanach (1962): Beiträge aus Vergangenheit und Gegenwart. Mainz
Mathy, H. u. a. (1977): Die Universität Mainz 1477–1977. Mainz
Olbert, H. u. H. Eggers (1977): Das Jenaer Glaswerk Schott & Genossen, der größte Industriebetrieb in Mainz. In: Mainz und der Rhein-Main-Nahe-Raum (Mainzer Geogr. Studien 11) Mainz. S. 139–162
Otremba, E. (1950): Nürnberg, Forsch. z. dt. Landesk., 48
Partzsch, D. (1969): Die Struktur der großflächigen Verdichtungsräume. Informationsbriefe für Raumordnung, R 2.3.1 Mainz
Pendelwanderung und Arbeitszentren in Rheinland-Pfalz (1970) (Statistik von Rheinland-Pfalz, 233) Bad Ems 1974
Pott, R. (1968): Die wirtschaftliche Entwicklung der Stadt Mainz unter dem Großherzogtum Hessen 1815–1914. Diss. Mainz
Ratzel, F. (1897): Politische Geographie. München und Leipzig
Rhein-Mainischer Atlas, Hrsg. v. W. Behrmann u. O. Maull, Frankfurt 1929
Schmid, J. (1962): Mainz in seiner geographischen Landschaft. In: Mitt. z. rheinhessischen Landesk., 11, S. 19–28
Schöller, P. (1967): Die deutschen Städte. Wiesbaden
Schumacher, K. (1913): Materialien zur Besiedlungsgeschichte Deutschlands. Kataloge d. röm.-germ. Zentral-Museums Nr. 5. Mainz
Schwarz, G. (1966): Allgemeine Siedlungsgeographie. Berlin, 3. Aufl.
Stadtregionen in der Bundesrepublik Deutschland. Forschungs- und Sitzungsberichte der Akademie für Raumforschung und Landesplanung, 14, Bremen 1960
Stadtregionen in der Bundesrepublik Deutschland (1961). Forschungs- und Sitzungsberichte der Akademie für Raumforschung und Landesplanung, 32, Hannover 1967
Stadtregionen in der Bundesrepublik Deutschland (1970). Forschungs- und Sitzungsberichte der Akademie für Raumforschung und Landesplanung, 103, Hannover 1975
Stimming, M. (1915): Die Entstehung des weltlichen Territoriums des Erzbistums Mainz. Quellen und Forschungen zur Hessischen Geschichte, 3, Darmstadt
Textor, F. (1937): Entfestigungen und Zerstörungen im Rheingebiet während d. 17. Jh. In: Rheinisches Archiv, 31, Bonn
Vogel, W. (1922): Politische Geographie. Leipzig und Berlin
Wirtschaftsstrukturprogramm Mainz-Wiesbaden, Teil 1, Analyse und Prognose. Stadtverwaltungen Mainz und Wiesbaden 1976
Wolf, K. (1964): Die Konzentration von Versorgungsfunktionen in Frankfurt am Main. Rhein-Mainische Forschungen, 55.

DIE FUNKTIONALE DIFFERENZIERUNG DER VERDICHTUNGS-RÄUME ALS DETERMINANTE SOZIAL-RÄUMLICHER SEGREGATION

Mit 9 Abbildungen

Von Volker Kreibich (Dortmund)

Der Bundesminister für Raumordnung, Bauwesen und Städtebau stellte zu Beginn dieses Jahres in einer Rede zur Wohnungs- und Städtebaupolitik in der 8. Legislaturperiode[1] die unerwünschte räumliche Trennung sozialer Schichten und demographischer Gruppen heraus, die sich aus der Randwanderung in den Verdichtungsräumen ergibt. Er führte als Gründe die ungleichmäßige Auslastung der Infrastruktureinrichtungen an, die Auswirkungen auf das Steueraufkommen der Gemeinden und die Steigerung des Verkehrsaufkommens. Auch im Städtebaubericht der Bundesregierung wird auf die nachteiligen Folgen der sozialräumlichen Segregation hingewiesen, und die Entwicklungspläne der meisten Großstädte greifen das Problem in ähnlichen Argumenten auf. Im Blickfeld stehen dabei fast übereinstimmend die Folgewirkungen und nicht die Ursachen des Phänomens (Abb. 1).

In einem Forschungsprojekt zur Segregation der Wohnbevölkerung unter dem Einfluß von Wachstumsvorgängen[2] untersuchte ich am Beispiel der Stadtregion München die Zusammenhänge zwischen der Verlagerung von Funktionen in einem Verdichtungsraum und der damit verbundenen sozialräumlichen Entmischung der Bevölkerung.

[1] Pressemitteilung des BMBau zur Rede des Bundesministers für Raumordnung, Bauwesen und Städtebau, Karl Ravens, anläßlich der Vortrags- und Diskussionsveranstaltung des Instituts für Siedlungs- und Wohnungswesen der Universität Münster am 16. 2. 1977, Bonn-Bad Godesberg 1977, S. 18.

[2] Das Projekt wurde von der DFG gefördert. Die Arbeitsgruppe bestand aus M. Szymanski, E. Steinberg und A. Münscher. Teilergebnisse wurden an folgenden Stellen veröffentlicht:
M. Szymanski: Wohnstandorte am nördlichen Stadtrand von München – sozialgeographische Planungsgrundlagen (Dissertation am Wirtschaftsgeographischen Institut der Universität München, 1975). Veröffentlichung in: Münchner Studien zur Sozial- und Wirtschaftsgeographie (in Druck).
E. Steinberg: Wohnstandortwahlverhalten mobiler Haushalte bei intraregionaler Mobilität (Dissertation am Geographischen Institut der Technischen Universität München, 1975). Veröffentlichung in: Informationen zur Raumentwicklung, Heft 10/11, 1975, S. 407–416.
A. Münscher: Der kommunale Anteil an der Einkommensteuer – raumordnungspolitische Konsequenzen des Verteilungssystems und des geplanten Hebesatzrechtes (Dissertation am Geographischen Institut der Universität München in Vorbereitung). Veröffentlichung eines Teilergebnisses in: A. Münscher, V. Kreibich: Das Gemeindefinanzreformgesetz als Instrument der Raumentwicklung – Regionale Mobilität und der Anteil der Gemeinden an der Einkommensteuer, in: Informationen zur Raumentwicklung, Heft 10/11, 1975, S. 417–426.
A. Münscher, V. Kreibich, B. Verhaag: Die Zweckentfremdungsverordnung als Instrument der Stadtentwicklung, Heft 7/8, 1975, S. 291–300.
V. Kreibich: Die Münchner S-Bahn als Instrument der Wachstumsentwicklung. Vortrag bei ARPUD 76; Veröffentlichung in den Dortmunder Beiträgen zur Raumplanung, Heft 5, 1977.
Die Veröffentlichung des Endberichtes ist in den Dortmunder Beiträgen zur Raumplanung vorgesehen.

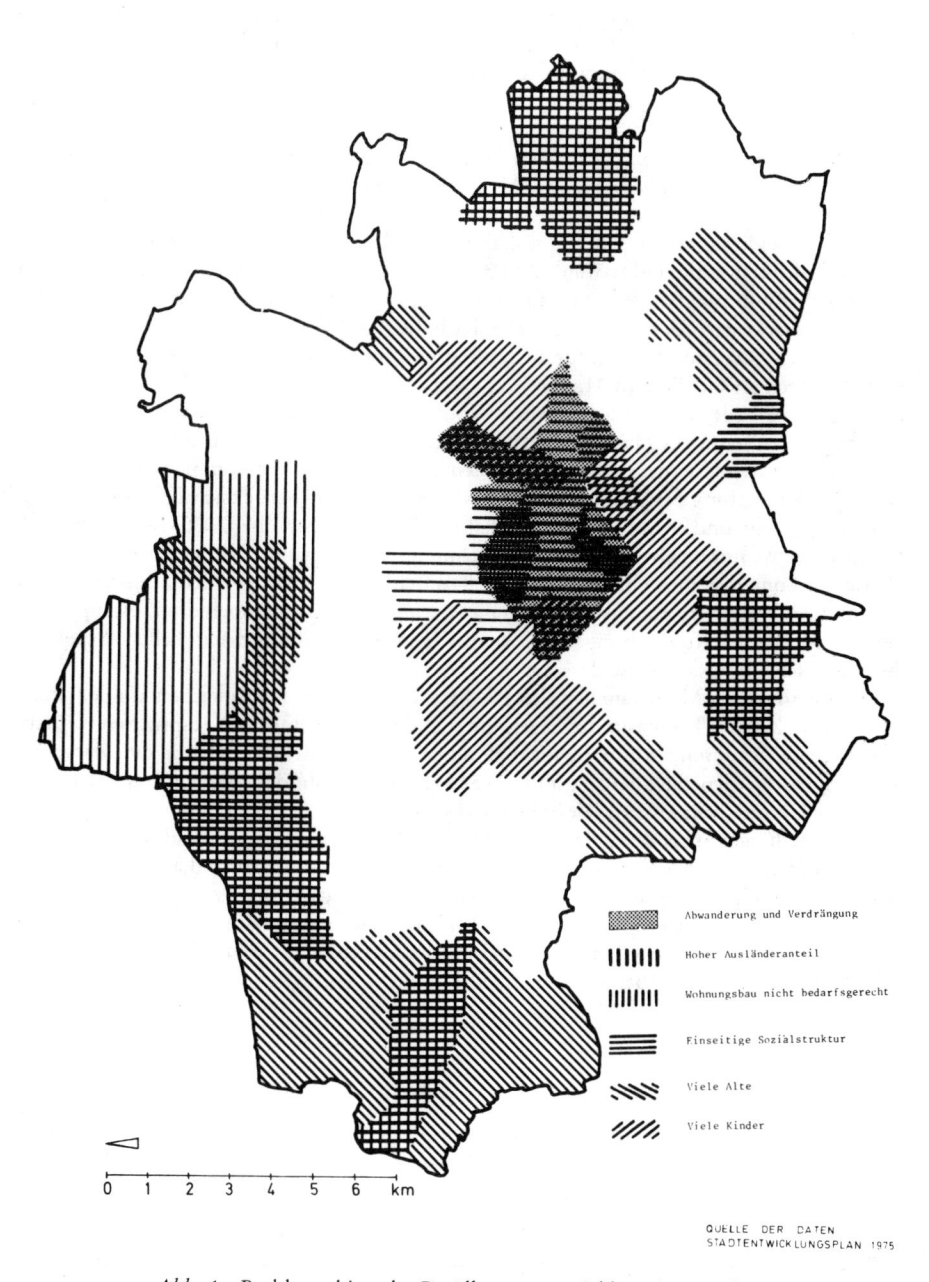

Die funktionale Differenzierung der Verdichtungsräume 161

Abb. 1 Problemgebiete der Bevölkerungsentwicklung in München

In repräsentativen Interviews, in Leitfadengesprächen und Gruppendiskussionen mit Haushalten, die aus Wohnungen im Innenstadtrandbereich ausgezogen waren, wurden die Entscheidungssituation und der Entscheidungsprozeß im Zusammenhang mit dem Umzug erfaßt. Die Auswertung einer 50% Stichprobe aller Meldefälle eines Jahres lieferte die Basis für Hochrechnungen und kleinräumige Aussagen.

1. Randwanderung und punktuelle Konzentration von Bevölkerungsgruppen in der Innenstadt werden von Mobilitätszwängen beherrscht

Die Entscheidungssituation der Haushalte mit geringem bis mittlerem Einkommen läßt keine Möglichkeit zur Standortwahl. Nur 3% der Befragten konnten gleichzeitig zwischen 4 oder mehr Wohnungsangeboten wählen, nur für diese kleine Minderheit richtet sich der Wohnungsmarkt nach der Nachfrage. 8% der befragten Mieter hatten die Wahl zwischen 2 Wohnungen, 89% mußten sich für die erstbeste Wohnung entscheiden, die ihren Mindestanforderungen an Größe und Mietpreis entsprach.

Die Kriterien für die Wahl der neuen Wohnung sind bei den einkommensschwachen Haushalten (monatliches Haushaltsnettoeinkommen unter 800,- DM) auf Mietpreis und Sicherheit vor Kündigung reduziert. Bei den nächsthöheren Einkommensgruppen wird zuerst die Ausstattung der Wohnung als wichtigstes Kriterium berücksichtigt, dann folgt die Wohnungsgröße, und erst bei einem Haushaltsnettoeinkommen über 2000,- DM steht auch die Lage der Wohnung als wichtigstes Kriterium im Vordergrund. Nur einkommensstarke Haushalte können daher eine Standortwahl treffen. Diese Gruppe, deren Anteil an der Gesamtbevölkerung im Innenstadtrandgebiet gering ist, stellt dennoch die Zielgruppe der meisten Mobilitätsuntersuchungen, da sie als einzige den raum-distanziellen Aspekt in ihrem Entscheidungskalkül widerspiegelt.

Von einem echten Markt, in dem sich Nachfrage und Angebot ausgleichen können, kann nur bei dem kleinen Teilmarkt der Eigentums- und Luxuswohnungen gesprochen werden. Leerstehende Wohnungen dürfen nicht darüber hinwegtäuschen, daß für die Masse der wohnungssuchenden Bevölkerung nur sehr begrenzte Wahlmöglichkeiten bestehen. Dies führt zur Unterdrückung von Wohnbedürfnissen.

Die Verteilungsmuster der umziehenden Haushalte lassen daher nicht auf sozial-psychologische Präferenz- oder Vermeidungshaltungen schließen, sondern sind auf die räumliche Differenzierung des Wohnungsangebotes und des Wohnungsstandards zurückzuführen. Sie liefern daher auch keinen Spiegel der tatsächlichen Standortbedürfnisse. Damit stehen die Ergebnisse der hier vorgestellten Untersuchung im Gegensatz zu den Erklärungsversuchen der meisten Forschungsarbeiten über sozial-räumliche Segregation[3].

---

[3] Zu ähnlichen Ergebnissen gelangten die folgenden Untersuchungen: *Arbeitsgruppe Altstadtsanierung:* Altstadterneuerung Regensburg. Vorbereitende Untersuchung im Sanierungsgebiet I, Sozialbericht (Teil 1), Regensburg 1975 (= Regensburger Geographische Schriften, Heft 6).
J. Baldermann, G. Hecking und E. Knauß: Wanderungsmotive und Stadtstruktur, Stuttgart 1976 (= Schriftenreihe 6 des Städtebaulichen Instituts der Universität Stuttgart).
V. Baehr, J. Baldermann u. a.: Bevölkerungsmobilität und kommunale Planung, Stuttgart 1977 (= Schriftenreihe 7 des Städtebaulichen Instituts der Universität Stuttgart).

2. Die Vernichtung innerstädtischen Wohnraums trifft vor allem die sozial Schwachen

Bei 12% der befragten Haushalte war die Entscheidungssituation beim Umzug wegen Kündigung zusätzlich belastet. Sie gehörten sozial schwachen Bevölkerungsgruppen (Rentner, Einkommensschwache, kinderreiche Familien, ledige Mütter) an, die von der Vernichtung zentral gelegenen und preisgünstigen Wohnraums besonders betroffen sind.

Die Hälfte dieser Gruppe hatte daher die neue Wohnung wieder im Innenstadtrandbereich gesucht. Diese Haushalte waren aus sozialen oder ökonomischen Gründen gezwungen, die Standortvorteile der zentralen Lage wahrzunehmen, mußten dafür aber in den meisten Fällen eine Verschlechterung ihrer Wohnsituation trotz höherer Mieten in Kauf nehmen.

Die zweite Hälfte der gekündigten Haushalte war an den Stadtrand oder ins Münchner Umland verdrängt worden. Fast alle Haushalte dieser Gruppe gaben an, daß ihnen durch die Randwanderung schwerwiegende Nachteile entstanden waren: Die Versorgungswege waren länger, die sozialen Kontakte unterbrochen, die Mieten gestiegen.

An der Randwanderung sind junge, aktive und einkommensstarke Haushalte stärker beteiligt, als ihr Anteil an der Wohnbevölkerung erwarten läßt. Beim Umschichtungsprozeß innerhalb der Stadtgrenzen (Abb. 2) zeigen die mittleren und oberen Berufsgruppen eine deutliche Tendenz, die Innenstadtrandgebiete zu verlassen. Bei 100 innerstädtischen Umzügen gibt das Innenstadtrandgebiet 2 Angehörige dieser Berufsgruppen an das übrige Stadtgebiet ab; im Jahre 1971 waren das in München 2500 beruflich hochqualifizierte Einwohner.

Auch die Bereitschaft zum Wegzug aus der Stadt steigt im Innenstadtrandgebiet mit der Sozialschicht. Von allen in diesem Bereich aufbrechenden Arbeitern zogen 19%, von allen aufbrechenden leitenden Angestellten, Beamten und Selbständigen dagegen 47% ins Stadtumland.

Ungünstige Bedingungen des Wohnumfeldes und der Umwelt waren der Anlaß für 20–30% aller Umzüge in den Innenstadtrandgebieten. Lärm und Luftverschmutzung durch das steigende Verkehrsaufkommen, die ungünstige Ausstattung der Wohngebiete mit Spiel- und Erholungsmöglichkeiten und der unzureichende Wohnungsstandard vieler Altbauwohnungen waren die vorherrschenden Umzugsgründe. Bezeichnenderweise können aber nur die einkommensstärkeren Haushalte auf die Verschlechterung der Wohnbedingungen reagieren und wegziehen.

3. Die regionale Mobilität im Verdichtungsraum wird vom Wohnungsangebot gesteuert

In einem expandierenden Verdichtungsraum mit stark ausgeprägter Konkurrenz um zentrale Standorte wird der Wohnungsmarkt – abgesehen von den kleineren Teilmärkten der Eigentums- und Luxuswohnungen – vom Wohnungsangebot beherrscht. Die Wohnfunktion wird aus der Innenstadt und ihren Randgebieten verdrängt, und familiengerechte Wohnungen werden nur noch an peripheren Standorten errichtet.

Einkommensstärkere Haushalte können ihre Ansprüche an Größe und Ausstattung der neuen Wohnung in Neubauwohnungen am Stadtrand oder in den Umlandgemeinden befriedigen, während die einkommensschwächeren Haushalte an die Standorte des öffentlich geförderten Wohnungsbaus gebunden oder auf unzureichend ausgestattete Altbauwohnungen in der Innenstadt und ihren Randgebieten angewiesen sind, die im Zuge eines „Sickerprozesses" freigesetzt wurden.

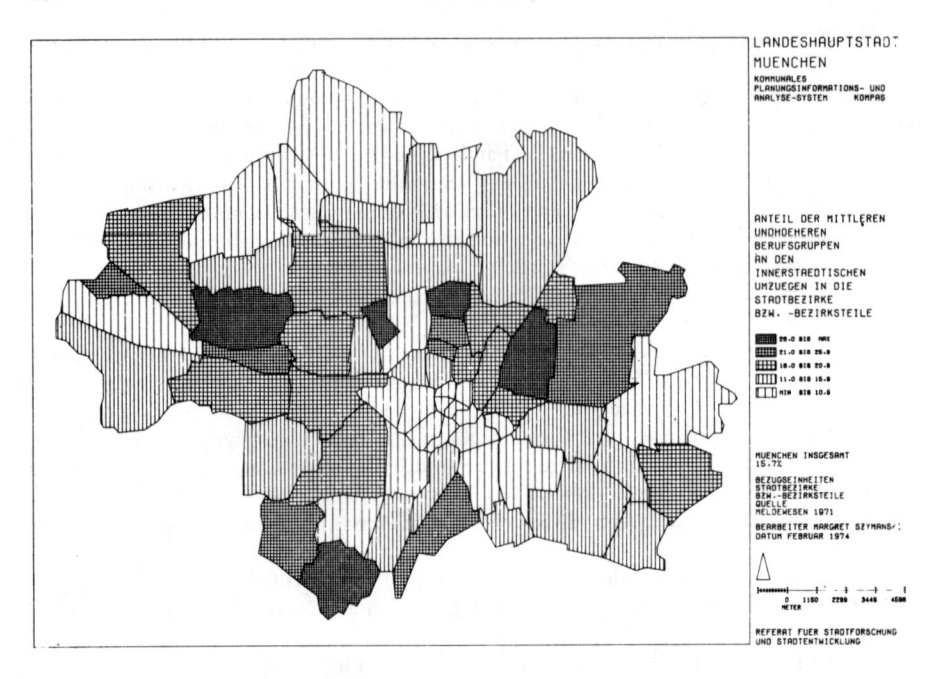

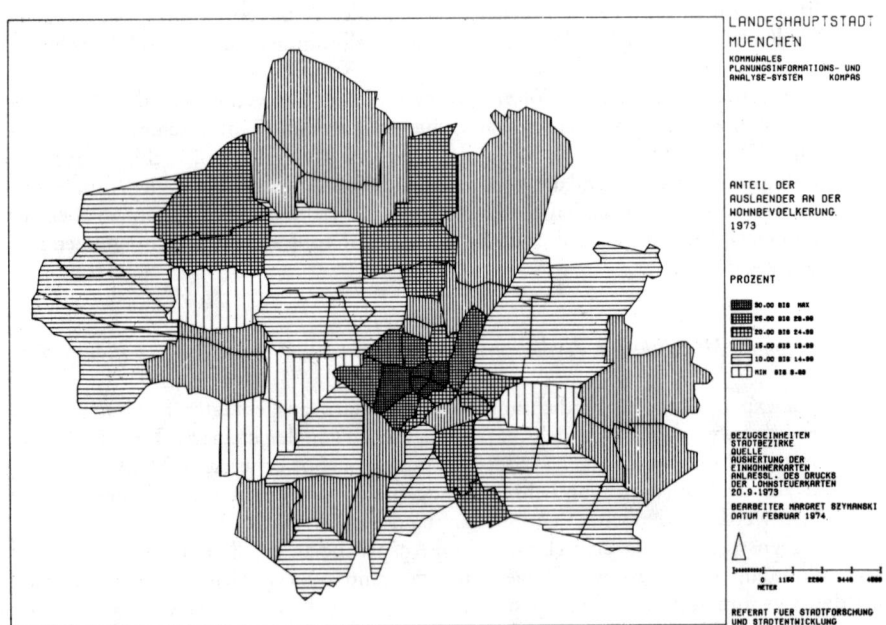

Abb. 2 Anteil der mittleren und höheren Berufsgruppen an den innerstädtischen Umzügen in die Stadtbezirke bzw. -bezirksteile sowie Anteil der Ausländer an der Wohnbevölkerung 1973

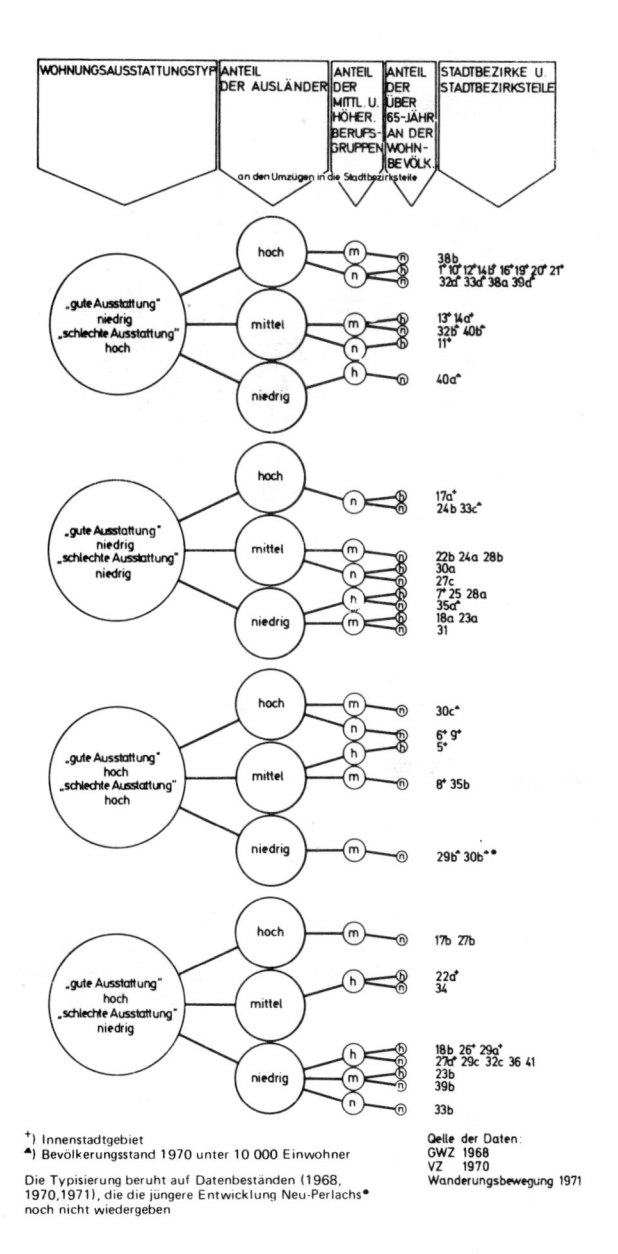

Die funktionale Differenzierung der Verdichtungsräume 165

Abb. 3 Typisierung der Stadtbezirke bzw. -bezirksteile nach Merkmalen der Sozialstruktur, der Wohnungsausstattung und der Wanderungsbewegung

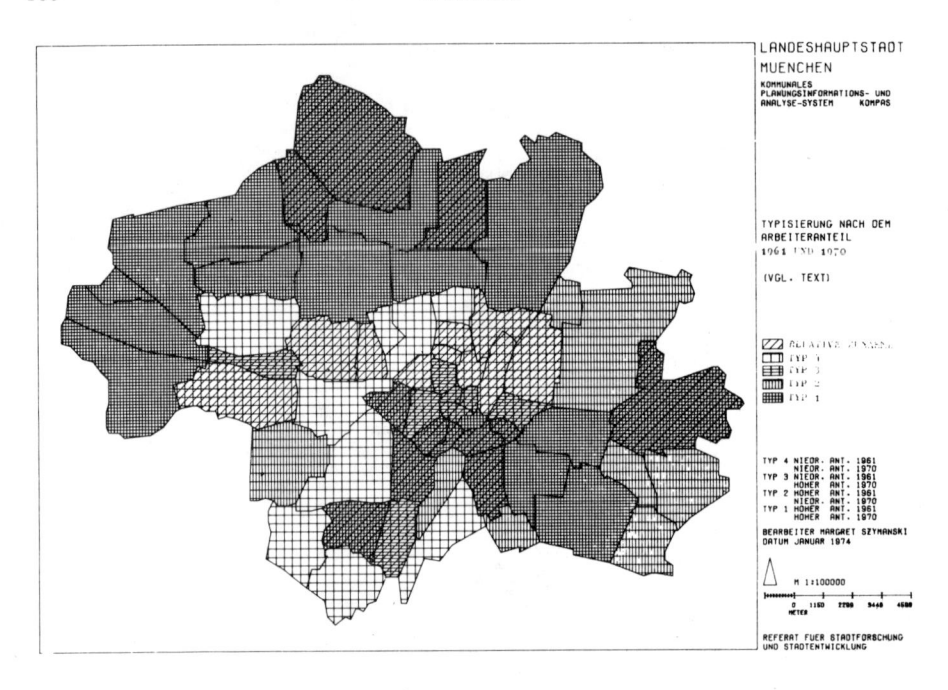

Abb. 4 Typisierung nach dem Arbeiteranteil 1961 und 1970 sowie Anteil der Wohnungen ohne Bad, ohne WC und ohne Sammelheizung am Wohnungsbestand

Die funktionale Differenzierung der Verdichtungsräume 167

Zieht ein Arbeiterhaushalt um, so besteht eine Wahrscheinlichkeit von 7 zu 3, daß er in Bezirke mit einem niedrigen Anteil gut ausgestatteter Wohnungen zieht (Abb. 3), während sich die Haushalte der unteren Mittelschicht (untere Angestellte und Beamte) gleichmäßig über das Stadtgebiet verteilen. Haushalte der mittleren Mittelschicht (mittlere Angestellte und Beamte) ziehen bereits weniger häufig in Gebiete mit einem hohen Anteil schlechter Wohnungen, während jeder 2. Haushalt der oberen Sozialschichten bei einem Umzug Stadtbezirke bevorzugt, die einen hohen Anteil gut und einen niedrigen Anteil schlecht ausgestatteter Wohnungen aufweisen. Diese Verteilungstendenz führt in Verbindung mit der baulichen Vernachlässigung innerstädtischer Quartiere zu jenem Zusammentreffen von sozialer Benachteiligung und schlechtem Bauzustand, das den Keim zur Slumbildung enthalten kann (Abb. 4).

Das steigende Bodenpreisgefälle im expandierenden Verdichtungsraum führt zur Vernichtung von Wohnraum, zur Verringerung der Wohnungsgröße bei Neubauten und zur Verlagerung des Schwerpunktes der Wohnungsbautätigkeit in die peripheren und verkehrsfernen Räume des Stadtgebietes und in das Umland.

In München gingen von 1972 bis Mitte 1973 allein im Innenstadt- und Innenstadtrandbereich 877 Wohngebäude durch Zweckentfremdung oder Abriß verloren. Umgerechnet auf den Zeitraum eines Jahres werden dadurch 10 000 Mieter verdrängt. Diese Zahl korrespondiert mit den Ergebnissen der Befragung zur Bevölkerungsmobilität. Sie wird auch durch Untersuchungen in anderen Großstädten der Bundesrepublik Deutschland gestützt.

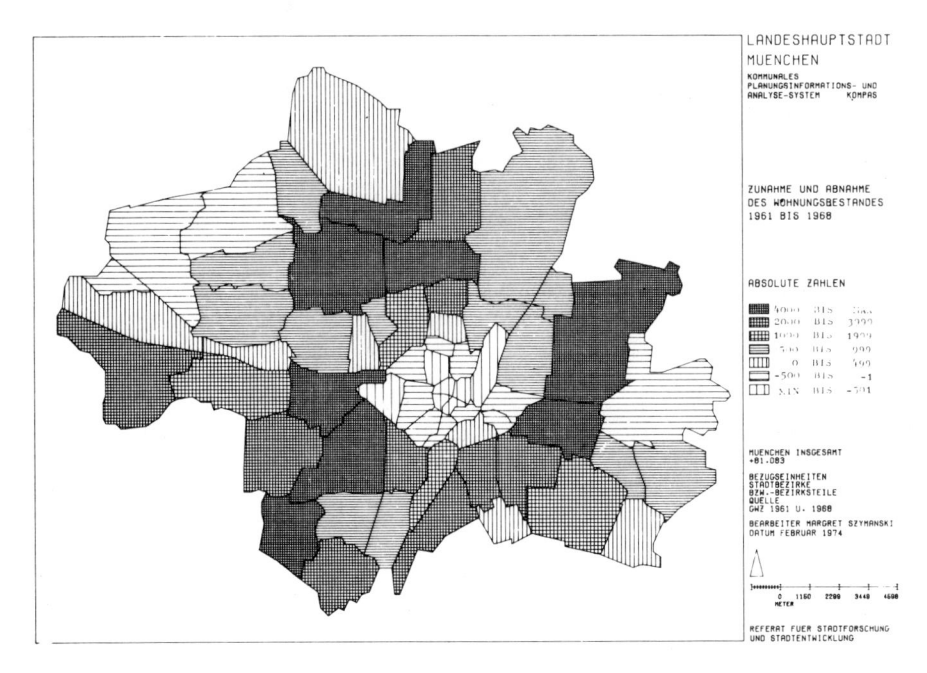

Abb. 5 Zunahme und Abnahme des Wohnungsbestandes 1961 bis 1968

Die abgegangenen Wohnungen waren im Durchschnitt 3,9 Räume groß, während die neu gebauten Wohnungen nur eine durchschnittliche Größe von 2,3 Räumen (einschließlich Küche) aufweisen. An die Stelle familiengerechter Wohnungen treten Appartements und Kleinwohnungen (Abb. 5 u. 6).

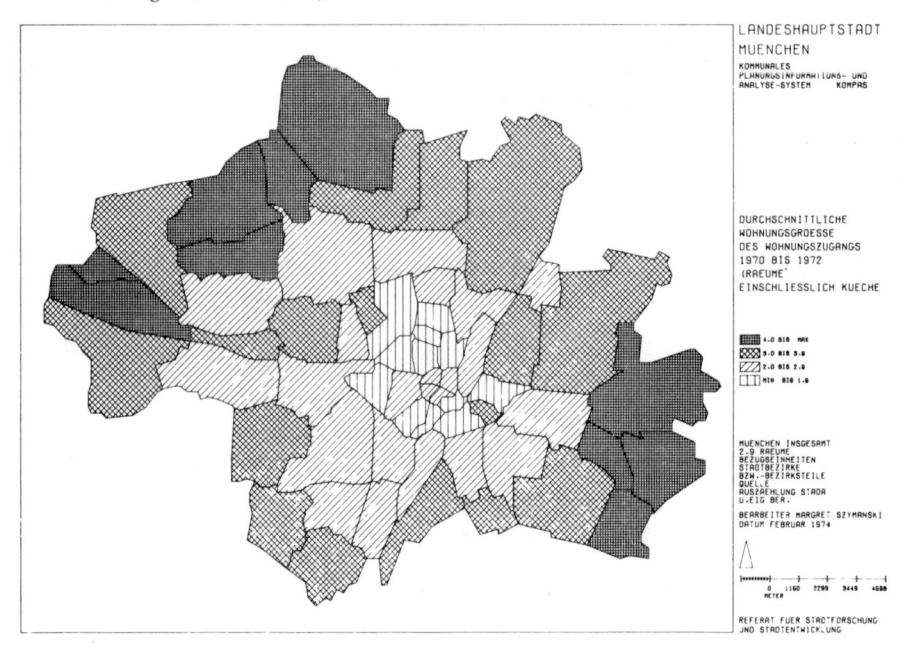

Abb. 6 Durchschnittliche Wohnungsgröße des Wohnungszugangs 1970 bis 1972 (Räume einschließlich Küche)

In der unmittelbaren Nachkriegszeit entstanden öffentlich geförderte Wohnungen noch in fast allen Stadtteilen. Seit den 60er Jahren läßt sich dagegen eine immer stärkere Verlagerung der Neubautätigkeit an den Stadtrand und vor allem in die verkehrsfernen Bereiche zwischen den Ausfallstraßen und den Vorortbahnlinien feststellen (Abb. 7).

Die sozial-ökologische Analyse der demographischen und sozio-ökonomischen Strukturen der Wohnbevölkerung und des Wohnungsbestandes im Münchner Stadtgebiet erbrachte daher ein ökologisches Grundmuster, das von den Ergebnissen der klassischen amerikanischen Studien abweicht. Der erste Faktor, der die Aspekte der Lebensphase, der Wohnungs- und der Haushaltsgröße zusammenfaßt, zeigt noch eine starke Tendenz zur konzentrischen Verteilung. Die zweite Dimension, die die Merkmale zum Sozialstatus und zur Wohnungsqualität enthält, weicht bereits deutlich vom konzentrischen Verteilungsmuster der amerikanischen Studien ab. Als dritter Faktor erscheint als eigene Dimension der öffentlich geförderte Wohnungsbau, während der vierte Faktor den Mobilitätskomplex erfaßt.

In den Quartieren des öffentlich geförderten Wohnungsbaus konzentrieren sich auf Grund der Vergabebestimmungen Bevölkerungsgruppen, die sowohl unter sozialen als auch

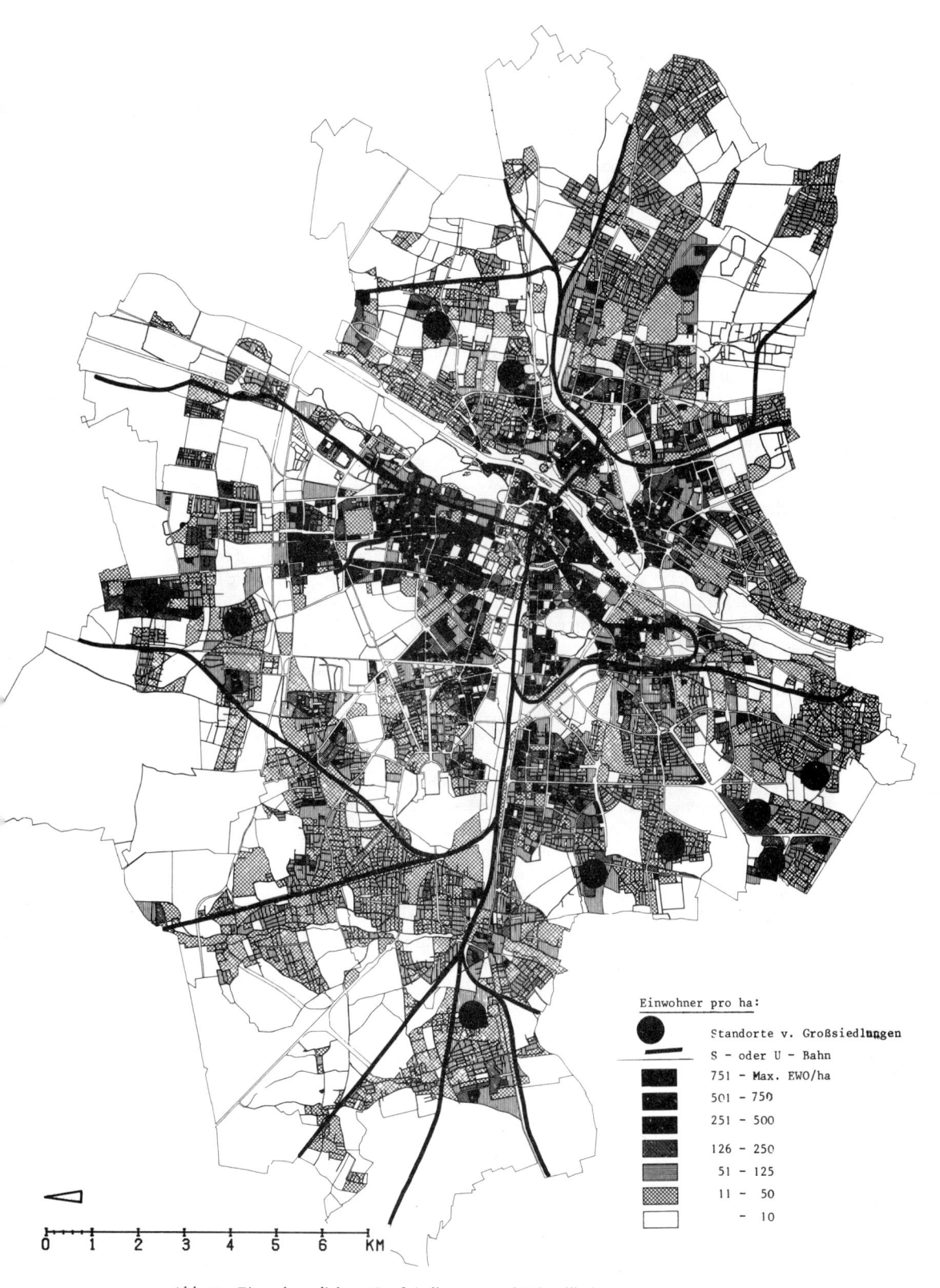

Abb. 7 Einwohnerdichte, Großsiedlungen und Schnellbahnnetz

demographischen Gesichtspunkten vom Durchschnitt stark abweichende Merkmale aufweisen. Das Einkommen dieser Gruppen liegt unter dem Durchschnitt, während Haushaltsgröße und vor allem Kinderzahl den städtischen Durchschnitt weit übertreffen. Die soziale Bedürftigkeit und der hohe Anteil von Kindern und Jugendlichen machen diese Gebiete zu Problemgebieten der Infrastrukturplanung. Das Versorgungsdefizit wird in vielen Gebieten durch die verkehrsferne Lage noch verschärft.

4. Die Kosten der funktionalen Differenzierung trägt die Bevölkerung als soziale Zusatzkosten städtischer Produktion

Die Verdrängung von Altbau- in Neubauwohnungen führt zu höheren Mieten, die Umsetzung von zentralen in periphere Standorte zu längeren Versorgungswegen und die Konzentration homogener Bevölkerungsgruppen mit identischen Infrastrukturansprüchen zu Überlastungen des Infrastrukturangebotes, zu Mangelerscheinungen und zu akuter Unterversorgung. Zu diesen sozialen Zusatzkosten städtischer Produktion[4] muß die Bevölkerung auch noch für diejenigen Kosten aufkommen, die sich aus der zunehmenden räumlichen Trennung der Wohnungen von den Arbeitsstätten ergeben.

Die Umverteilung der Wohnstandorte in Verdichtungsräumen geht einher mit der Verlagerung von Arbeitsplätzen. In der Innenstadt und ihren Randgebieten konzentrieren sich immer stärker Dienstleistungseinrichtungen, während Betriebe des produzierenden Sektors, die dort in vielen Fällen traditionelle Standorte aufwiesen, an die Peripherie verlegt werden. Sie suchen die bessere Erreichbarkeit für Mitarbeiter, Kunden und Güter und die Möglichkeit zur Flächenausweitung, die als Folge immer extensiverer und auf Automation ausgerichteter Fertigungsverfahren notwendig wird. Damit wird in den Innenstadtrandgebieten die traditionelle Zuordnung von Wohnstandorten und Arbeitsstätten aufgelöst.

Das Grundnetz des öffentlichen Personennahverkehrs folgt weiterhin den Vorortstrecken der Bundesbahn und den Ausfallstraßen und verstärkt die radiale Erschließung und überragende Zentralität des Verdichtungskerns. Tangentialverbindungen werden als Ringstraßen nur für den Individualverkehr geschaffen. Arbeitnehmer in qualifizierten Berufen, die vorwiegend am Stadtrand oder im Umland wohnen, können in diesem Verkehrssystem ihre zentral gelegenen Arbeitsplätze in Büro und Handel schnell, sicher und preisgünstig mit öffentlich subventionierten Verkehrsmitteln erreichen. Weniger qualifizierte und damit einkommensschwächere Arbeitnehmer des produzierenden Sektors, die an der Randwanderung nur unter finanziellen Opfern teilnehmen können, müssen mit dem Pkw fahren, um über tangentiale Verbindungen ihre Arbeitsplätze in den peripher liegenden Produktionsbetrieben zu erreichen.

Die funktionale Entmischung in den Verdichtungsräumen führt damit zu einer paradoxen Entwicklung. Einerseits löst sie Standortveränderungen bei den Arbeitsstätten aus, die unter dem Gesichtspunkt der besseren Erreichbarkeit getroffen werden, andererseits aber führt sie zu einer Verlängerung der Arbeitswege.

5. Die Kommunen sehen sozial-räumliche Segregation vor allem als Investitionsproblem

Die Kommunen versuchten lange Zeit, die Mängel der Infrastrukturversorgung in den Randgebieten, die als Folge der Randwanderung auftraten, mit Versprechungen und

---

[4] W. *Linder:* Der Fall Massenverkehr, Frankfurt/M. 1973, S. 102.

QUELLE DER DATEN
STADTENTWICKLUNGSPLAN 1975

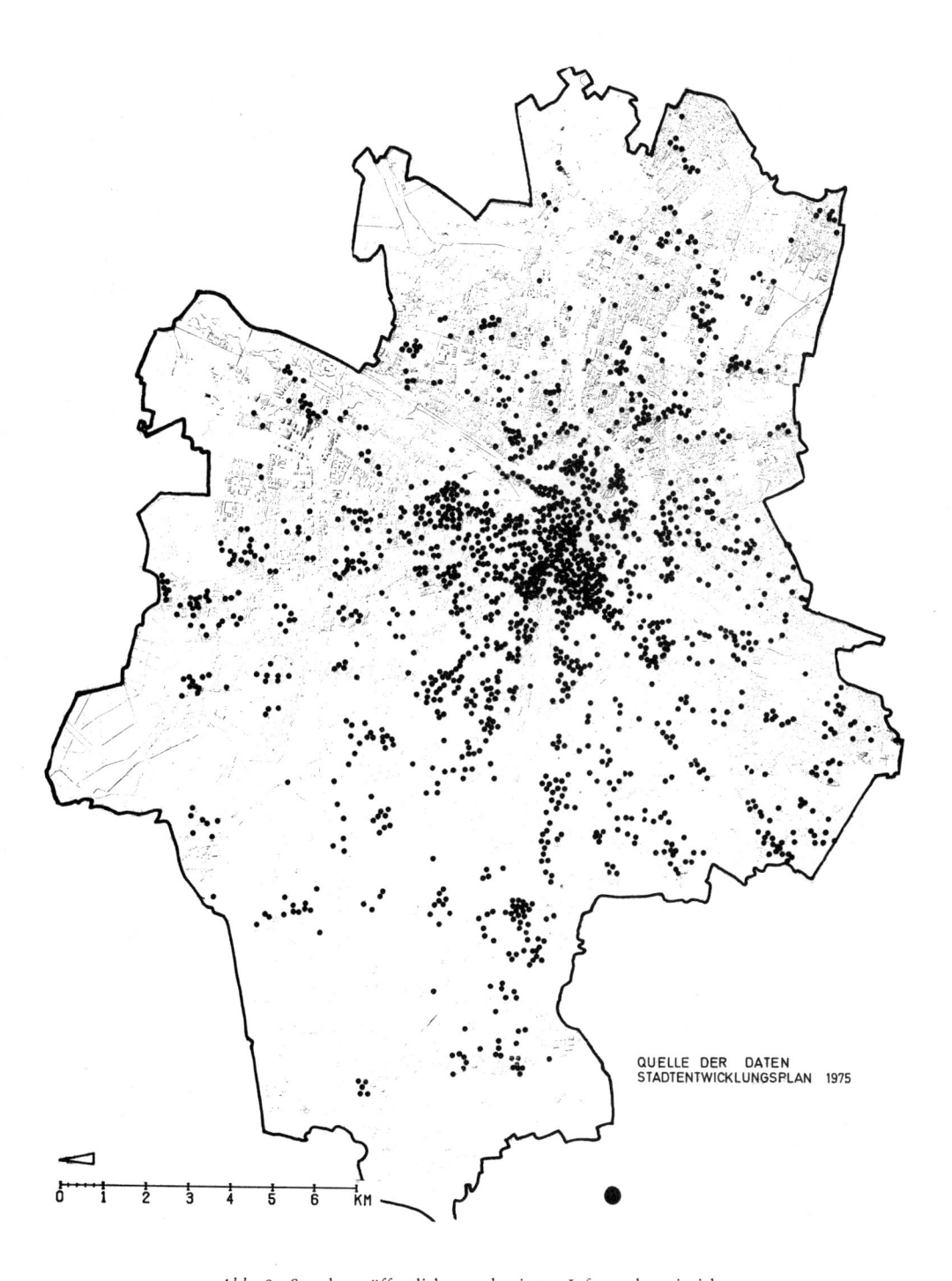

Abb. 8 Standorte öffentlicher und privater Infrastruktureinrichtungen

Behelfsmaßnahmen zu bekämpfen (Abb. 8). In den letzten Jahren wurde diese Planungsstrategie des Kurierens an Symptomen immer häufiger in Frage gestellt, da der Verdrängungsprozeß Bürgerinitiativen und politische Aktionen auslöste. Sie entzündeten sich in den Innenstadtrandgebieten an den sozialen und rechtlichen Folgen der Umstrukturierung, während in den infrastrukturell unterversorgten Außenbereichen stärkere Investitionen und kompensatorische Maßnahmen verlangt wurden (Abb. 9). Die Beobachtung, daß das Anspruchsniveau einer Bevölkerungsgruppe, ihre politische Artikulationsfähigkeit und ihre Durchsetzungschancen mit der Sozialstruktur des Wohngebietes korrelieren, wurde immer häufiger durchbrochen.

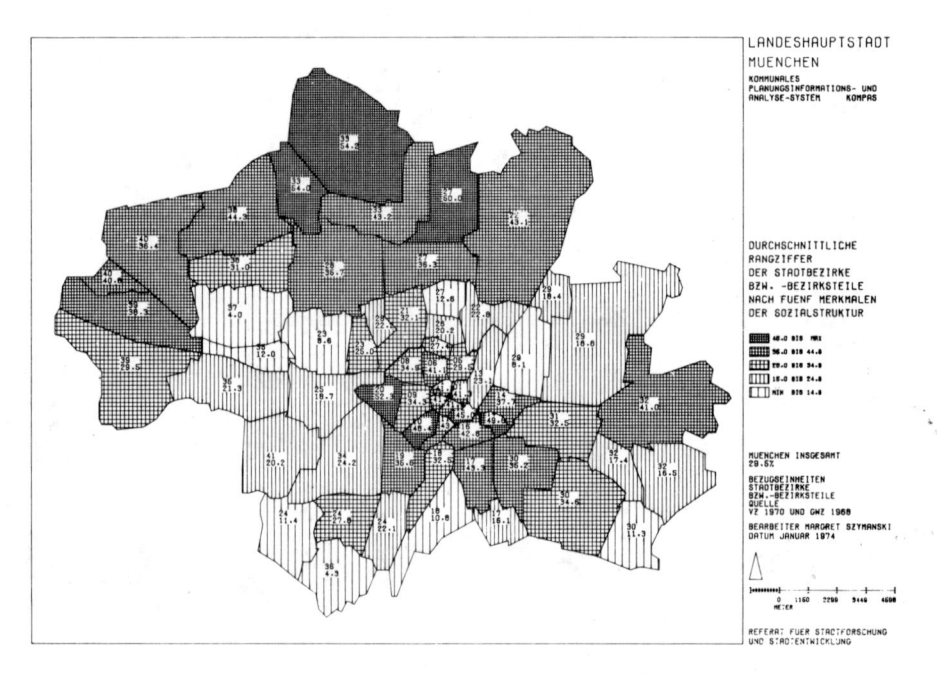

Abb. 9 Durchschnittliche Rangziffer der Stadtbezirke bzw. -bezirksteile nach fünf Merkmalen der Sozialstruktur

Die Kommunen kamen damit zu einem Zeitpunkt in Zugzwang, zu dem zum ersten Mal in der Nachkriegszeit ihre Investitionsmöglichkeiten stark eingeschränkt wurden. Die gegenwärtige kommunalpolitische Diskussion der sozial-räumlichen Segregation und ihrer Folgen setzt daher an einem Symptom an, das erst nach der Einführung des Gemeindefinanzreformgesetz im Jahre 1969 auftrat, als die Einkommensteuer zu einer gewichtigen Einnahmequelle für die Gemeinden wurde. Sehr bald stellte sich heraus, daß sich trotz der vom Gesetzgeber vorgesehenen Ausgleichswirkung in der Verteilung der Einnahmen aus der Einkommensteuer die soziale Zusammensetzung der Bevölkerung auf die kommunalen Einnahmen auswirkte[5]. In den größeren Städten gingen die Einnahmen aus der Einkom-

[5] vgl. dazu: A. Münscher, V. Kreibich, a.a.O.

mensteuer immer stärker zurück, und der Zusammenhang zwischen der Randwanderung und dem Steueraufkommen wurde zu einem zentralen Problem vieler Stadtentwicklungspläne.

6. Die symptom-orientierte Politik führt zu unwirksamen Maßnahmen

Die Kommunen sind trotz der deutlichen Auswirkungen des Segregationsprozesses nicht bereit und vielleicht auch nicht in der Lage, dessen Ursachen zu beseitigen, sondern richten ihre Maßnahmen an Symptomen aus. Der Münchner Stadtentwicklungsplan hebt z. B. im ersten Kapitel, das sich mit der Bevölkerungsentwicklung befaßt, die nachteiligen Folgen sozial-räumlicher Segregation deutlich heraus. Konkrete Maßnahmen werden aber nur vereinzelt angesprochen. Als sich im letzten Jahr die Folgen der sozial-räumlichen Entmischung immer deutlicher zeigten, beschloß der Stadtrat nicht eine schärfere Handhabung der Zweckentfremdungsverordnung oder die Entlastung der Innenstadt vom Erreichbarkeitsdruck durch die Einrichtung tangentialer U-Bahnstrecken, sondern eine Förderung des Einfamilienhausbaus im Stadtgebiet. Die einkommensstarken Bevölkerungsgruppen, die in immer stärkeren Zahlen der Stadt den Rücken kehrten, sollen als Steuerzahler gehalten werden, indem man ihnen zu günstigen Bedingungen die Möglichkeit schafft, Eigenheime zu bauen. Man beschloß, unbürokratisch vorzugehen und bot sogar „großzügige Dispensen" bei der Baumschutzverordnung an, die man gerade ein Jahr vorher im Zusammenhang mit dem Stadtentwicklungsplan beschlossen hatte, um die Umweltbedingungen im Stadtgebiet zu verbessern.

Ähnlich symptom-orientiert handelt die Stadt beim Ausbau des Verkehrsnetzes für den öffentlichen Personennahverkehr. Sie kommt im Stadtentwicklungsplan zur Forderung, die Innenstadt vom Verkehr und den dadurch ausgelösten Folgen zu entlasten, beschließt aber gleichzeitig einen Ausbauplan für das U-Bahnnetz, der weiterhin Kreuzungspunkte im Stadtzentrum und radial verlaufende Erschließungsäste vorsieht. Damit wird das vorhandene Verkehrssystem fortgeführt und noch verstärkt. Schon vor einigen Jahren führte die Einrichtung der S-Bahn auf den überkommenen Trassen der Bundesbahn zur Aufwertung der Standorte im Innenstadtgebiet und damit zur Verfestigung des Bodenpreisgefälles auf unabsehbare Zeit. Ähnliche Entscheidungsprozesse lassen sich auch in anderen Großstädten und Verdichtungsräumen der Bundesrepublik beobachten.

Zum Schluß stellt sich die Frage, welchen Verlauf die sozial-räumliche Segregation und die Suburbanisierung als Folge der Randwanderung in den deutschen Verdichtungsräumen weiterhin nehmen werden. Die Wirkungslosigkeit und die falsche Stoßrichtung vieler entwicklungspolitischer Maßnahmen der Kommunen lassen es für möglich erscheinen, daß auch bei uns Segregation und Suburbanisierung weiter voranschreiten.

Neueste Untersuchungen aus den USA[6] weisen allerdings nach, daß dort der Suburbanisierungsprozeß an seinem Ende angelangt zu sein scheint. Die Verdichtungskerne sind leergelaufen und funktionslos geworden, während sich die Vorstädte, über deren Öde und Beziehungslosigkeit noch vor wenigen Jahren wissenschaftliche Abhandlungen verfaßt wurden, immer stärker zu selbständigen Zentren entwickelt haben: Suburbia wird zur Urbs.

Eine wesentliche Rolle bei dieser Entwicklung spielten in den USA die ringförmig ausgebauten Stadtautobahnen, die innerhalb weniger Jahre den Punkt bester Erreichbarkeit

---

[6] *P. O. Muller:* The Outer City: Geographical Consequences of the Urbanization of the Suburbs. Washington, D. C. 1976 (= Association of American Geographers, Resource Paper No. 75-2).

von der City an die ehemalige Peripherie verschoben. Hohe Motorisierung und immer weiter steigende Mobilität der Bevölkerung waren Voraussetzungen dieser Entwicklung. Die Bevölkerungsgruppen, die diese Voraussetzungen nicht mitbringen konnten, blieben als Randgruppen und Bodensatz des sozial-räumlichen Entmischungsprozesses in den ehemaligen Cities zurück. Und während die Regierung noch versucht, mit sozialpolitischen Hilfsprogrammen soziale Konflikte in diesen innerstädtischen Rückzugsreservaten unter Kontrolle zu bringen, deuten sich in den suburbanen Wohngebieten, die jetzt zentrale Aufgaben wahrnehmen müssen, bereits neue sozial-räumliche Segregationsprozesse an.

Diskussion zum Vortrag V. Kreibich

Dr. K. Niedzwetzki (München)
Sie sagten, daß 89% der Haushalte sich mit der ersten Wohnung zufriedengeben, die ihren Mindestanforderungen an den Standard entspricht. Sie zogen implizit die Schlußfolgerung, daß diese 89% sich so verhalten, weil sie äußeren – ökonomischen – Zwängen unterworfen sind.
Wenn man sich nun auf den Standpunkt stellt, daß die meisten Menschen – und besonders sozial Schwache – es nicht gelernt haben, Entscheidungen systematisch durch Informationssammlung und -auswertung vorzubereiten und sich statt dessen „durchwursteln", könnte man dann die Annahme der ersten akzeptablen Wohnung durch die Mehrzahl der Haushalte nicht auch mit diesem Unvermögen erklären?
Haben Sie die Entscheidungsvorbereitung untersucht, um diesem Einwand begegnen zu können?

Dr. T. Polensky (München)
Eine Bemerkung und eine daraus resultierende Frage an den Referenten Herrn Kreibich:
1) Die intraregionale Bevölkerungsumschichtung wird von Ihnen als überwiegend zwangdeterminiert dargestellt. Die fehlende Entscheidungsfreiheit führt zu einer grundsätzlichen Verschlechterung der Wohnsituation. Mir erscheint es wichtig im Sinne einer Versachlichung der Diskussion darauf zu verweisen, daß die Betroffenen auch eine ganze Reihe von Vorteilen durch den Wohnstandortwechsel erzielen, z. B. bessere (insbesondere sanitäre) Ausstattung der Wohnungen, Freiflächen, Kinderspielplätze, Parkgelegenheiten etc.
2) Die grundsätzlich negative Einschätzung der neuen Wohnstandorte durch ihre Bewohner kommt möglicherweise dadurch zustande, daß die neuen Bewohner nicht genügend Abstand und damit ausreichend Zeit hatten, ihre Wohnung und ihr Wohnumfeld zu erkunden und sich einzuleben. Da sich Bewertungen im Zeitablauf ändern können, ist es möglich, daß sich die Befragten hinsichtlich der Bewertung ihrer Wohnsituation nach einigen Jahren wesentlich positiver äußern. Ich möchte Sie daher fragen, ob Ihre Ergebnisse diesen Aspekt berücksichtigen.

K. Balke (Gießen)
Gibt es in unserem bestehenden kapitalistischen System für Städte Möglichkeiten, den ökonomischen Konzentrationen von zentralen Einrichtungen entgegenzuwirken, um somit einer Verlagerung der Wohnstandorte entgegenzuwirken?

Prof. Dr. V. Kreibich (Dortmund)
Die räumliche Konzentration der Produktionseinheiten als Folge der fortschreitenden Kapitalkonzentration ist sicherlich eine wesentliche Ursache für die Randwanderung und die dabei auftretenden Verdrängungsprozesse. Auf allen Planungsebenen werden Konzepte gegen diesen säkularen Trend entwickelt. Besonders die Zentrenkonzepte vieler Stadtentwicklungspläne und die Pläne und Programme der Landesplanungsbehörden zur räumlichen Ordnung wenden sich gegen einseitige Verdichtungstendenzen. Auswirkungen auf die nachteiligen Begleitumstände und Folgen der Randwanderung sind aber vorerst nur in Ansätzen zu erkennen.

Bei der intraregionalen Bevölkerungsumschichtung verbessern sich für viele Haushalte – wie ich dargestellt habe – die Wohnbedingungen. Gleichzeitig verschlechtern sich aber in vielen Fällen die Standortfaktoren und fast regelmäßig die finanzielle Belastung der Haushalte. Diese Verschlechterungen werden häufig erst nach dem Umzug erkannt. Sie sind die Ursache für die hohe Häufigkeit der Zweitumzüge bzw. Umzugswünsche (30% der befragten Haushalte). Anpassung verdrängter Haushalte an die neuen Wohn- und Lebensbedingungen kann daher nur mit Vorsicht festgestellt werden. Sie ist in der Regel mit der Kompensation bzw. Substitution von Bedürfnissen verbunden.

Die Durchleuchtung des Entscheidungsvorfeldes beim Umzug war ein Schwerpunkt unserer Untersuchung. Sie zeigte, daß die Entscheidungsvorbereitung in den meisten Fällen nicht systematisch (etwa durch Aufstellung einer rationalen Präferenzordnung der Haushaltsbedürfnisse oder eines Bewertungsverfahrens für die angebotenen Standorte) abläuft. Es wurde aber auch überraschend deutlich, daß sich die Haushalte rational im Hinblick auf ihre ökonomische Situation verhalten. Diese engt den Handlungsspielraum vieler Haushalte so stark ein, daß an die Stelle einer systematisch getroffenen Auswahl der besten Wohn- und Standortsituation eine kurzfristig erfolgreiche, langfristig aber aufwendige Strategie der schrittweisen Annäherung an die optimale Lösung eingeschlagen wird, die zu Mehrfachumzügen und Umzugsketten führt.

ZUR KRITIK DES PUNKT-AXIALEN SYSTEMS DER LANDESPLANUNG MIT BEISPIELEN AUS WÜRTTEMBERG

Von Jürgen C. Tesdorpf (Schwäbisch Gmünd)

Im Unterschied zu den übrigen Themen über die Ballungsgebiete, die weitgehend wissenschaftliche Analysen und theoretische Modellbildungen zum Inhalt haben, möchte ich ganz bewußt nur einen „Werkstattbericht" aus der Regionalplanung geben, einen Bericht über die Probleme bei der Ausfüllung des landesplanerischen Auftrags, die Siedlungsentwicklung und die Infrastrukturentwicklung in punkt-axiale Bahnen zu lenken. Ziel ist, an einigen Beispielen aufzuzeigen, inwieweit Theorie und Praxis der Landesplanung bei der Umsetzung in die Bauleitplanung auseinanderfallen.

I. DAS PUNKT-AXIALE SYSTEM ALS STRUKTURPHÄNOMEN IM RAUM

Was ein *Zentraler Ort* ist, kann in Geographenkreisen als bekannt vorausgesetzt werden, da sich gerade in unserer Wissenschaft eine ganze Reihe namhafter Vertreter mit der Zentrale Orte-Forschung befaßt haben. „Katalog"- und „Umlandmethoden" zur Abgrenzung zentralörtlicher Bereiche sind nur zwei Beispiele der in der Regel deskriptiven Zentrale Orte-Forschung. Ziel der Untersuchungen ist fast immer die Bestimmung der Zentralität, also der Ist-Zustand. Nur selten werden auch einmal Soll-Zahlen für ideale oder typische Zentrale Orte entwickelt; hier hört die Geographie in der Regel auf, da es sich dabei um verwaltungswissenschaftliche oder volkswirtschaftliche Tatbestände handelt. Eine Theoriebildung über die optimale Größe und Ausstattung der Zentralen Orte aufgrund unterschiedlicher Siedlungs-, Wirtschafts- und Sozialstrukturen im Raum steht bis heute aus: Frido Wagener und andere Theoretiker der Verwaltungsreform, aber auch Architekten und Ingenieure, haben hier Modelle entwickelt, die jedoch nur selten anwendbar sind, da der statistische „Durchschnittsraum" eben in Wirklichkeit kaum einmal vorkommt. Noch seltener findet man in der geographischen Literatur sog. Soll-Ist-Vergleiche, also Untersuchungen, bei denen die normativ gesetzten oder empirisch ermittelten Ausstattungsgrade bzw. Funktionsbereiche mit der Realität verglichen werden.

Ähnlich verhält es sich mit den *Entwicklungsachsen*. Auch sie sind von den Raumwissenschaften entdeckte deskriptiv abgrenzbare Siedlungsgebiete, die jedoch nicht punkthaft dispers wie die Zentralen Orte weit über die Fläche verstreut sind, sondern linear gebündelte Siedlungs- und Infrastruktureinrichtungen aufweisen. Gleichgültig, ob die deskriptiv abgegrenzten Entwicklungsachsen nun als „Perlenschnüre" oder als direkte „Bänder" bezeichnet, abgegrenzt und kartographisch dargestellt werden, sie haben als Rückgrat immer irgendwelche Verkehrsadern, sei es Bundesbahn oder Autobahn, Bundesstraßen etc.

Auch hier gilt die Feststellung, daß die Entwicklungsachse in der raumwissenschaftlich-geographischen Behandlung zuvörderst immer nur als *Strukturphänomen* gesehen wird, das lediglich in der Breite, der Intensität oder auch in der Hauptfunktion variiert. Entwicklungsachsen und Zentrale Orte sind für den Wissenschaftler also primär Forschungsobjekte, die retrospektiv untersucht werden.

Schema der Zielsetzungen für die Entwicklungsachsen im Landesentwicklungsplan von Baden-Württemberg

Raumkategorie	Strukturelle Zielsetzung für die Entwicklungsachsen (Ziel)	Raumordnerische Zielsetzung für die Entwicklungsachsen (Mittel)
1. Verdichtungsräume	Weitere wirtschaftliche Entwicklung sichern	Siedlungsräume – wo nötig – ordnen. a) Überlastungserscheinungen entgegenwirken (nur mittlerer Neckarraum); b) Überlastungserscheinungen vermeiden (übrige Verdichtungsräume)
2. Verdichtungsrandzonen, Verdichtungsbereiche	Gewerbliche Wirtschaft weiter entwickeln	Siedlungsverdichtung so lenken, daß nachteilige Verdichtungsfolgen vermieden werden
3. Ländliche Räume	Gewerbliche Wirtschaft entwickeln	Siedlungsentwicklung lenken, insbesondere durch Konzentration von Arbeitsstätten in Schwerpunkten
4. Strukturschwache Räume	Gewerbliche Wirtschaft fördern	Durch Bündelung von Standortvorteilen angemessene Verdichtung von Wohn- und Arbeitsstätten anstreben, insbesondere im Bereich von Zentralen Orten
5. Erholungsräume	Nichtlandwirtschaftliche Erwerbsgrundlagen durch Verbesserung der Standortvoraussetzungen sowie Förderung der gewerblichen Wirtschaft und des Fremdenverkehrs vermehren, landschaftliche Vorteile für Fremdenverkehr und Erholungswesen nutzen, Ausbau von sozialen und kulturellen Einrichtungen fördern	Bei der Siedlungsgestaltung das Landschaftsbild wahren

All diesen wichtigen ideographischen Analysen gegenüber steht die Forderung des Landes- und Regionalplaners nach einem brauchbaren *Instrument* zur Entwicklung bzw. Ordnung des Siedlungsraumes. Für uns Planer haben Zentrale Orte und Entwicklungsachsen *Programmcharakter*, sie müssen also ein griffiges Instrument sein, mit dem wir die Zukunft des Raumes bewältigen können. Und hier hat die Geographie noch ein großes Feld vor sich, das weitgehend unbeackert ist. Dieses Feld möchte ich im folgenden kurz abstecken und auch gleich einige Saatkörner hineinwerfen in der Hoffnung, daß die Erkenntnisse jahrelanger geographischer Forschungen vielleicht etwas rascher als bisher sowohl in Gesetzen und Verordnungen als auch in Plänen und Programmen Eingang finden.

II. DAS PUNKT-AXIALE SYSTEM ALS INSTRUMENT DER LANDES- UND REGIONALPLANUNG

Es geht im folgenden also darum, welche Ziele mit dem Instrument der punkt-axialen Siedlungsentwicklung verfolgt werden und in einem weiteren Schritt darum, welche Maßnahmen der Planer hierfür einsetzen kann.

Das Ziel des Einsatzes der Zentralen Orte-Konzeption, zusammen mit der Achsen-Vorstellung, ist die Beeinflussung der Raumnutzung unter den Aspekten:
– Infrastrukturbündelung in Zentralen Orten (Punktinfrastruktur) und in den Achsen (Bandinfrastrukturen) wegen der Kostenvorteile für die öffentliche Hand.
– Konzentration der zentralen Funktionen wegen der Erreichbarkeit und Fühlungsvorteile für die Benutzer.
– Konzentration von Arbeitsplätzen an gewissen Standorten wegen Immissionsschutz, Verkehrsanbindung, Markt- und Fühlungsvorteilen.
– Verdichtung von Wohnstätten aus Kostengründen, wegen besserer Verkehrserschließung mit ÖPNV, wegen geringeren Landverbrauchs etc. Dies ist besonders in Baden-Württemberg bedeutsam, wo Entwicklungsachsen als Siedlungsachsen definiert werden.
– Verbesserung der Kommunikationsströme in den Entwicklungsachsen (Leistungsaustausch).
– Stopp der Zersiedelung aus landschaftsökologischen Gründen.

Je nach Raumkategorie – Ländlicher Raum, Verdichtungsrandzone, Verdichtungsraum – verschieben sich die Schwergewichte der Oberziele:
– In ländlichen, insbesondere in strukturschwachen Gebieten, hat die Durchsetzung des punkt-axialen Systems die Aufgabe der Erschließung und Förderung unterentwickelter Gebiete an gewissen ausgewiesenen Schwerpunkten bzw. Schwerpunktlinien.
– In verdichteten Gebieten steht die Ordnung und Entwicklung im Vordergrund, also mehr bewahrende bzw. restriktive Elemente, da für die Expansion der Siedlungs- und Verkehrsflächen Jahr für Jahr ökologisch wertvolle Freiräume verringert werden.

Insbesondere in den bereits überlasteten Verdichtungsräumen, also jenen Räumen, die Verdichtungsschäden im Bereich der Umwelt aufweisen, soll das punkt-axiale System eine Konzentration von Siedlungs- und Verkehrsflächen bewirken und einer weiteren Zersiedelung der Landschaft entgegenwirken.

Die Frage ist nun, ob und wie dieses theoretische Instrumentarium landesplanerischer Zielvorstellungen in der Bauleitplanung der Verdichtungsräume gegriffen hat.

III. DIE WIRKSAMKEIT DES PUNKT-AXIALEN SYSTEMS BEI DER UMSETZUNG IN DIE PRAXIS

Am Beispiel des Mittleren Neckargebiets wird die Problematik recht deutlich. Der Mittlere Neckar ist der viertgrößte Verdichtungsraum der Bundesrepublik Deutschland und gehört zu den sog. mehrkernigen Verdichtungsräumen, da sch in ihm drei Oberzentren und ein Dutzend Mittelzentren befinden. Das Herz dieses Verdichtungsraumes ist Stuttgart.

Im Soll-Ist-Vergleich der Entwicklung zwischen 1961 und 1970 hätten die Zentralen Orte und Entwicklungsachsen eigentlich am stärksten zunehmen sollen, genau dies ist aber, betrachtet man die Gesamtentwicklung der Bevölkerung, *nicht* eingetreten. Mit einer einzigen Ausnahme (Sindelfingen) haben alle größeren Zentralorte und die Mehrzahl der Achsenstandorte Bevölkerung verloren, bzw. weit unterdurchschnittliche Entwicklungsraten zu verzeichnen. Diese Entwicklung hat sich in den letzten sieben Jahren weiter fortgesetzt.

Statt des angestrebten linearen bzw. nodalen Wachstums macht sich eine flächenmäßige Ringerweiterung breit, die wie ein Krebsgeschwür immer weitere Freiräume auffrißt.

Besonders interessant ist die Untersuchung der Wanderungsentwicklung, da insbesondere die Wanderung durch die Landesplanung ja vorrangig gesteuert werden soll. Die Gemeinden mit den größten Abwanderungsverlusten sind die Zentralen Orte: Stuttgart (jährlich 20 000 bis 30 000 Einwohner Verlust), Esslingen, Waiblingen, Nürtingen, Göppingen. Und am stärksten gewachsen sind die Gemeinden in den Zwischenräumen zwischen den Entwicklungsachsen, also genau dort, wo nach den Zielvorstellungen der Landesplanung die Freiräume erhalten bleiben sollen!

Loten wir aber noch etwas in die Tiefe und betrachten die Altersstruktur der Gemeinden.

a) Anteil der unter 15jährigen Bevölkerung

Die Entwicklungsachsen und Zentralorte sind gekennzeichnet durch einen besonders niedrigen Anteil der unter 15jährigen an der Gesamtbevölkerung. Die gesamte Stadtmarkung von Stuttgart hat unter 22% Kinder und Jugendliche, an der Achse nach Ludwigsburg setzt sich dies fort. Ebenso deutlich im Filstal über Esslingen, Plochingen bis nach Göppingen und Geislingen. Aber auch im Remstal haben die Orte im Tal selbst wesentlich niedrigere Kinderzahlen als die Orte auf den Höhen des Keuperwaldes. Einzige Ausnahme ist die Achse von Böblingen über Herrenberg nach Horb, da auf den Gäuplatten die gesamte Soziostruktur wenig verstädtert ist.

Die höchsten Anteile der Kinder und Jugendlichen werden am Schwarzwaldrand erreicht und im Keuperbergland des Welzheimer Waldes, fernab von allen Entwicklungsachsen (über 28%).

b) Anteil der 21- bis 45jährigen Bevölkerung

Ein komplementäres Bild zeigt der Anteil der 21- bis 45jährigen. Dies ist die sog. Arbeitsbevölkerung, in der zum Teil erhebliche Anteile von Ledigen mit enthalten sind. Hier zeigen die Gemeinden an den Entwicklungsachsen, insbesondere an der Achse nach Böblingen, Gärtringen, Herrenberg und im Filstal (Esslingen – Göppingen) besonders hohe Anteile der Erwerbspersonen dieses Alters. Insgesamt gesehen beherrscht jedoch auch hier die Ringstruktur das räumliche Gefüge, weniger die Achsenstruktur. So ist innerhalb des 20-km-Ringes i. d. R. über 37% dieser Bevölkerungsgruppe ansässig, zwischen 20 und 50 km liegt der Wert nur zwischen 30 und 37%.

c) Anteil der 65jährigen und älteren an der Gesamtbevölkerung

Auch bei dieser Karte läßt sich eine Beeinflussung durch das punkt-axiale System nur schwer feststellen. Die Ringstruktur des 10-km-Ringes ist eindeutig: Hier dominieren Senioren mit z. T. weit über 11% der Bevölkerung, im Ring zwischen 10 und 20 km sinkt der Wert unter 9% ab und besonders hohe Werte werden dann wieder im 30- bis 50-km-Ring im Keuperwald und im Albvorland erreicht.

Fazit dieses Beispiels: Das landesplanerische Instrument der punkt-axialen Siedlungsentwicklung hat in der Bauleitplanung im Verdichtungsraum Mittlerer Neckar offensichtlich nicht gegriffen, sowohl die Bevölkerungs- und Siedlungsentwicklung ist primär in die

Räume außerhalb der Entwicklungsachsen hineingelaufen als auch die Allokation der Infrastrukturen: Sie sind überall im Ring um Stuttgart wie Pilze aus dem Boden geschossen: Schulen, Turn- und Sporthallen, Schwimmhallen, Festhallen etc. Eine punkt- oder bandförmige Bündelung ist nirgends erkennbar. Im Gegenteil: Die Stadtgebiete Stuttgarts sind so schlecht mit diesen Infrastrukturen versorgt, daß zahlreiche Stuttgarter in die benachbarten verstädterten Gemeinden für Sport und Feierabenderholung auspendeln.
Was sind nun die Ursachen für das Versagen dieses planerischen Instruments?

IV. ZUSAMMENFASSENDE KRITIK AM PUNKT-AXIALEN SYSTEM

1. Die axiale Zielvorstellung stammt aus dem Eisenbahnzeitalter, als Arbeits- und Wohnstätten sowie alle wichtigen zentralörtlichen Funktionen entlang der Bahnlinien angelegt wurden. Die Bahn erschloß linear, das Auto flächig: Wohn- und Arbeitsstätten sowie Infrastrukturen sind heute bahnunabhängig geworden und haben sich schon lange von den starr vorgegebenen Bahnlinien gelöst. Die Zielvorstellung „konzentrierte Entwicklung entlang der Schiene" ist im Zeitalter des Autos anachronistisch.

2. Von der Landesplanung überschätzt wurde weithin die Bedeutung des schienengebundenen ÖPNV. Mit diesem Instrument läßt sich die Siedlungsentwicklung heute kaum mehr lenken, da eine weitere Verdichtung des Wohnens (die um die S-Bahn-Haltepunkte erforderlich ist) von der Bevölkerung aus Gründen des Umweltschutzes, der hohen Automobilisierung und der gewandelten Wohnvorstellungen nur schwer angenommen wird. Auch der schienengebundene ÖPNV ist also im wesentlichen nur noch für die Allokation von Arbeitsstätten und Infrastrukturen als Standort bedeutsam.

3. Tiefgreifende Veränderungen fanden auch bei den Zentralen Orten statt. Die Zielvorstellungen der punktförmigen Konzentration von Wohn-, Arbeits- und Versorgungseinrichtungen in hierarchisch abgestuften Zentren entstammt der Agrargesellschaft.

a) Geändert haben sich seitdem vor allem die *Größenverhältnisse:* Vorbei ist die Zeit der kleinen Gemeinwesen mit wenigen hundert Einwohnern, die wegen zu geringer Bevölkerungszahl und zu schwacher Finanzkraft nicht die Möglichkeit haben, Infrastruktur und Arbeitsplätze vorzuhalten. Es gibt also in den Verdichtungsräumen – insbesondere nach der Gebietsreform – kaum noch Gemeinden, die nicht selbst eine gewisse Zahl von Arbeitsplätzen und Versorgungseinrichtungen aufweisen. So ist das Ausstattungsniveau der nichtzentralen Gemeinden im Verdichtungsraum also heute fast überall so hoch, wie zu Christallers Zeiten in den Zentralorten unterer Stufe. Damit ist ein ganz entscheidendes Kriterium zur Allokation von Wohnsiedlungen durch die Regionalplanung nach dem Zentrale Orte-Zielsystem entfallen: Die Wohngebiete können heute praktisch in jeder Gemeinde geplant werden, da die Grundversorgung überall gesichert ist. Hier scheint es, als ob die Landesplanung die Ergebnisse der Gemeindereform verschlafen hätte, denn nach wie vor wird für die Regionalplanung die Losung ausgegeben, auch in den Verdichtungsräumen die Wohnsiedlungen (aus Infrastrukturgründen) vor allem in den Zentralen Orten anzulegen.

b) Auch das *Niveau* und die Stellung der ausgewiesenen Zentralorte hat sich stark verändert. Es gibt im Verdichtungsraum praktisch keine solitären, in sich abgerundeten und funktional autarken Zentralorte mehr wie zu Christallers Zeiten. Alle stehen sie in engem Verbund, in starker funktionaler Arbeitsteilung. Leider haben zahlreiche Planer, vor allem aber ehrgeizige Kommunalpolitiker, dies nicht beachtet und nach den schematischen Ausstattungskatalogen Zentraler Orte alle noch möglichen fehlenden Einrichtungen geplant bzw. gebaut. Gerade bei Hallenbädern etwa werden die Einzugsbereiche viel zu groß angenommen und Tausende von Einwohnern mehrfach, also für verschiedene Bäder verplant. Im Zeichen der

Finanzknappheit kann man heute aber nicht mehr ohne weiteres sagen: Dem oder jenem Zentrum fehlt noch diese oder jene Einrichtung im Standortkatalog, damit die Bevölkerung endlich richtig versorgt ist. Bei der Allokation neuer zentraler Einrichtungen, insbesondere höherer Art, wird dadurch kaum noch neuer Bedarf an Nachfrage erzeugt bzw. nicht erfüllter Bedarf befriedigt, sondern lediglich Umverteilungen von den Einrichtungen benachbarter Zentralorte bewirkt. Die Allokation am einen Standort schwächt also in der Regel die Ausnutzung der Einrichtungen im funktional verbundenen Nachbarort. So ist die schematische Anwendung der zentralörtlichen Allokation von höheren Einrichtungen im Verdichtungsraum unter Kostengesichtspunkten für die öffentliche Hand also ein höchst gefährliches, weil zu Fehlinvestitionen verlockendes, Instrument.

4. Die baden-württembergische Zielvorstellung von Siedlungsverdichtungen entlang von stark frequentierten Verkehrsbändern oder Punkt-Infrastrukturen entstammt einer Zeit, als der Umweltschutz noch gar nicht geboren war. Bei der Ausweisung von neuen Wohnbaugebieten gelten heute nach den zahlreichen Vorschriften des Bundesimmissionsschutzgesetzes und der Länderregelungen über die baulichen Abstände so hohe Anforderungen an den Schall- und Immissionsschutz, daß gerade entlang der Verkehrsbänder überhaupt keine Wohnsiedlungen mehr möglich sind – es sei denn, es werden Schallschutzmaßnahmen angelegt, zu denen aber i. d. R. die notwendigen Finanzmittel fehlen. So unterlaufen die neuen Umweltbestimmungen mit ihren Abstandsvorschriften im Detail der Bauleitplanung die gesamte landesplanerische Zielvorgabe von der Konzentration der Wohn- und Arbeitsstätten an den Infrastrukturbündelungen.

5. Die Zielvorstellung von der Verdichtung ist bei der Bevölkerung in Verruf geraten. Die Diskussionen um die Unwirtlichkeit der Städte haben gezeigt, daß die Mehrzahl der Menschen „im Grünen" wohnen will, wobei gruppen- und altersspezifisch sowie regionale Unterschiede bestehen. Insbesondere die gehobenen sozialen Schichten und die jungen Familien ziehen aus den Konzentrationen hinaus in die Vorstädte (Randwanderung). Für Württemberg, wo jeder sein „Häusle" anstrebt, gilt dies im besonderen Maße.

Seit langem schon hat die Geographie diesen Trend beobachtet, die offizielle Planung aber immer noch nicht entsprechend verarbeitet, da nach wie vor Siedlungskonzentrationen angestrebt werden, wobei wir doch genau wissen, daß gerade die hohe bauliche Konzentration die Flucht in die Suburbanisation und/oder in die Wochenendhausgebiete und damit weitere Zersiedelung auslöst.

6. Schließlich ein letzter, doch sehr wichtiger Punkt: Das ganze Instrumentarium greift auch deshalb nicht, weil es für die Bauleitplanung nur positiv Hinweise gibt, wo die Entwicklung besonders kräftig verlaufen soll. Restriktionen können nicht abgeleitet werden. Einem solchen Instrument kann man sich daher entziehen, ja es finden sich auch immer genügend Argumente, um es im Einzelfall außer Kraft zu setzen, wie die Entwicklung und die Praxis in unserem Beispiel Mittlerer Neckar beweist.

7. Fazit: Das punkt-axiale System der baden-württembergischen Landesplanung zielt auf die Konzentration bzw. Bündelung der vier Hauptfunktionen Wohnen, Arbeiten, Versorgen (einschließlich Bildung etc.) und Verkehr an geeigneten Standorten ab. Die angestrebte funktionale Einheit ist inzwischen jedoch zerfallen, das System greift nur noch bei einzelnen Bereichen und auch hier nur sehr bedingt.

Besonders ins Gewicht fällt, daß das gesamte System auf quantitativem Wachstum beruht, dieses aber in Zukunft wohl kaum noch zu erwarten ist. So ist also auch die übergeordnete Zielvorstellung von der quantitativen „Entwicklung" zu revidieren und vorrangig qualitativ aufzufassen. Qualitätsverbesserung aber widerspricht der weiteren Verdichtung! Das neue Ziel fordert geradezu Auflockerung, Durchgrünung und Dezentralisation heraus.

V. ALTERNATIVES INSTRUMENTARIUM DER LANDESPLANUNG

Wie gezeigt werden konnte, bleibt vom totalen Geltungsanspruch des punkt-axialen Systems als Richtschnur der Landesplaner für die Bauleitplanung nur wenig übrig als Leitvorstellung zur Entwicklung der Verdichtungsräume:

– Die *Entwicklungsachsen* werden aus Umweltgründen in ihrer Bedeutung weiter abfallen, lediglich im Bereich der Verkehrs- und Arbeitsstättenfunktion können weitere Verdichtungen erfolgen. Weitere Wohngebietsverdichtungen sind weder erwünscht noch realistisch.

– Auch die *Zentralen Orte* werden nicht mehr die überagende Rolle spielen, da das verstädterte Umland sein Funktionsniveau weiter anheben wird und damit der Abstand zwischen zentralen und nichtzentralen Orten sich laufend verringert. Lediglich Arbeitsplatzverdichtungen sind weiter anzustreben, da die ausgewiesenen Industrie- und Gewerbegebiete aus Umweltgründen auf die geeignetsten Standorte konzentriert weden sollen. Weitere Siedlungsverdichtungen in den Zentralen Orten sind nicht erwünscht. Hier sind vielmehr Stadtsanierungen und Durchgrünung vorrangig, also Maßnahmen, die der Siedlungsverdichtung diametral entgegenwirken.

Der neue Ansatz der Landesplanung kann im Bereich der Umsetzung in die Bauleitplanung also nicht mehr mit Punkt und Linie operieren. Das neue Zauberwort heißt „*Nahbereich*". Dies sind die sozioökonomischen Verflechtungsbereiche, die im Zeitalter des Pkw, als engerer Lebensraum des Menschen zur Befriedigung der sieben Grunddaseinsfunktionen ausreichen. Hierbei handelt es sich um möglichst ausgewogene Funktionsräume, in denen neben Wohnen und Arbeiten auch Versorgung und Naherholung in unmittelbarer Umgebung möglich ist. Diese Arbeitsgrundlage der Planung hat den Vorteil, daß sie flächendeckend das gesamte Planungsgebiet erfaßt. Entscheidend bei der Zielvorgabe ist nun aber nicht mehr die Siedlungsentwicklung, sondern die ökologische Situation. Dies ist der zweite Ansatzpunkt: Die stärkere Beachtung der Freiräume.

Freiräume waren bisher reine Residualflächen, wenn sie nicht unter dem Schutz von irgendwelchen Restriktionen standen (Ausnahme Wasserschutz- und Naturschutzgebiete), weshalb sie zunehmend kleiner wurden. Gerade hierin liegt die Schwäche des punkt-axialen Systems, daß es ihm hier nicht gelang, die Freiräume zu sichern. Eine Verhinderung der Zersiedelung muß also bei den Freiräumen ansetzen. Diese müssen parzellenscharf ausgewiesen und nach ökologischen Gesichtspunkten mit den entsprechenden Dringlichkeiten versehen werden. Nur wenn die Freiräume in den gegenwärtig aufzustellenden Regionalplänen entsprechenden Vorrang und Rechtsschutz erhalten, können sie auch im Klageverfahren vor dem Verwaltungsgericht gegenüber baufreudigen Gemeinden als echte Restriktionen standhalten. Der Schwerpunkt der Landesplanung wird in Zukunft also von der Siedlungs- und Verkehrsplanung zur Landschaftsplanung verändert werden müssen. Und gerade hier hat der Geograph wieder die besten Voraussetzungen. Erfassen wir die Chance, die sich bietet, und steigen wir ein in die gegenwärtig beginnende Diskussion um die Freiräume. Hier ist noch alles im Fluß, hier können Geographen ihre spezifischen Arbeitsmethoden sinnvoll einbringen.

BEVÖLKERUNGSSUBURBANISIERUNG UND KOMMUNALE AUSGABEN – EIN BEITRAG ZUR ERKLÄRUNG DER KOSTENÄNDERUNGEN DER ÖFFENTLICHEN HAND IN VERDICHTUNGSRÄUMEN

Mit 1 Tabelle

Von Hans-Gottfried v. Rohr (Hamburg)

Gegenstand der folgenden Ausführungen sind vorläufige Ergebnisse eines Forschungsvorhabens, das im Auftrage des Bundesministeriums für Raumordnung, Bauwesen und Städtebau als Bestandteil des MFPRS[1] bearbeitet wird.[2]

Welchen Zweck verfolgt das Forschungsvorhaben? Es soll die Basis zur Versachlichung der Diskussion zur hier angeschnittenen Problematik liefern. Das Projekt ist in einer Zeit eingeleitet worden, in der die Probleme der Suburbanisierung zum einen sehr kontrovers und zum anderen zunehmend emotional diskutiert werden. Verantwortlich ist dafür, daß die seit langem bekannten und beobachteten Charakteristika der Bevölkerungssuburbanisierung, vor allem

– eine intraregionale Kern-Rand-Umverteilung der Bevölkerung verbunden mit
– Selektionserscheinungen in der Altersstruktur, zum Beispiel mit erheblicher Überalterung der deutschen Bevölkerung in den Kernstädten sowie
– mit sozialer Segregation zum Beispiel durch bevorzugte Wanderung einkommensstärkerer Gruppen in die Randzonen der Stadtregionen,

zunehmend verengten finanziellen Spielräumen der Gemeinden gegenüberstehen.

Intraregionale Wanderungen mit gemeindeweise unausgeglichenen Wanderungssalden haben unmittelbare Konsequenzen sowohl für die Einnahmen als auch für die Ausgaben einzelner Gemeinden. Im Bereich der Ausgaben zeigen sich die Konsequenzen insbesondere im Komplex der Infrastrukturkosten – Bau, Ausstattung, laufende Ausgaben –, so daß im folgenden dieser Teilbereich der kommunalen Ausgaben im Mittelpunkt der Überlegungen steht.

Die insbesondere von Vertretern der Großstädte vielfach vorgebrachte „Normalargumentation" geht davon aus, daß geringeren Einnahmen aus den Einkommensteueranteilen gleichbleibende Ausgaben für die Infrastrukturversorgung der Bevölkerung gegenüberstünden. Das im Vergleich zum Umland hohe Infrastrukturversorgungsniveau der Kernstädte würde relativ sogar angehoben. Durch Infrastrukturunterauslastung entstehende Ausgaben seien nur schwer abzubauen („die Gebäude stehen, das Personal ist nicht kündbar").

---

[1] MFPRS = mittelfristiges Forschungsprogramm Raumentwicklung und Siedlungsentwicklung; nähere Informationen zu diesem Programm finden sich in „Zwischenbilanz Forschungsprogramm Raumentwicklung und Siedlungsentwicklung" (Informationen zur Raumentwicklung, Heft 10/11 1976).

[2] Das Forschungsvorhaben wird im Hause der GEWOS, Hamburg, unter der Projektleitung des Verfassers durchgeführt (Arbeitstitel: Auswirkungen der Suburbanisierung auf die kommunalen Ausgaben).

Umlandgemeinden besäßen demgegenüber kontinuierlich wachsende Einnahmen, die jedoch keineswegs den Aufbau einer der Kernstadt vergleichbaren Infrastruktur garantierten. Die Gemeinden kämen gegen den seit jeher vorhandenen und sich ständig regenerierenden Infrastrukturnachholbedarf nicht an. Dabei spiele auch eine wichtige Rolle, daß die Ansprüche der zuziehenden Bevölkerung aufgrund der sozialen und altersstrukturellen Selektion höher als im Regionsdurchschnitt lägen.

Vereinfacht läßt sich diese Argumentation zu folgender, auch von zahlreichen Stadt- und Regionalforschern vertretenen Grundhypothese fortentwickeln:

Bei konstanter Gesamtbevölkerungszahl einer Stadtregion – was heute eine realistische, vielfach sogar optimistische Annahme ist – wird im Rahmen der fortschreitenden Bevölkerungssuburbanisierung die Infrastruktur, die in den Kernbereichen bereits vorgehalten wird, für die Randwanderer in den peripheren Gemeinden der Stadtregion ein *zweites* Mal gebaut. Die in Verdichtungsräumen zu beobachtende permanente Mobilität der Bevölkerung – in einer Stadt wie Hamburg geben jährlich ca. 10% der deutschen Bevölkerung durch Umzug innerhalb der Gemeinde oder durch Wanderung über die Gemeindegrenzen ihren bestehenden Wohnsitz auf (vgl. Müller 1976, S. 13) – verursacht um so weniger Kosten, je ausgeglichener der quantitative Wanderungssaldo zwischen den Teilräumen einer Stadtregion ausfällt und je weniger alters- und sozialstrukturelle Selektionserscheinungen dabei auftreten.

In einer Zeit sehr knapper finanzieller Handlungsspielräume von Bund, Ländern und Gemeinden ist verständlich, daß aus dieser, vielfach ungeprüft als richtig unterstellten These vor dem Hintergrund der eingangs angesprochenen Bevölkerungssuburbanisierung Folgerungen wie

– forcierte Verdichtung der kernstädtischen Wohngebiete und Ausweisung von neuen Wohnbaugebieten innerhalb der Kernstädte (vgl. Hamburger Senatsdrucksache zur Wohnungspolitik 1976);
– Erschwerung des Individualverkehrs in den Verdichtungskernräumen (vgl. Heuer 1977, S. 210);
– Einfrieren der regionalplanerischen Bevölkerungszielzahlen für Randgemeinden (vgl. v. Rohr 1976, S. 137f.);
– Abbau oder Aufhebung der Kilometerpauschale (vgl. Heinze/Kanzlerski 1976);
– Pendlerabgabe bei zu großer Pendelentfernung (vgl. Fischer 1977);
etc.

abgeleitet werden. Die Realisierung solcher Vorschläge hätte zweifellos einschneidende raumdifferenzierende Wirkungen. Fraglich ist allerdings, ob der Einsatz der genannten Instrumente tatsächlich die beabsichtigte Bremsung der Randwanderung über die Kernstadtgrenzen hinweg bewirken könnte.

Bei der Auseinandersetzung mit der formulierten These sind zwei Ansatzpunkte zu verfolgen. Zum einen ist ihre Realitätsnähe zu prüfen: Welche Voraussetzungen für teilgebietsspezifisch ausgeglichene Wanderungssalden in quantitativer und qualitativer Hinsicht bestehen in den Kernzonen der Stadtregionen? Dieser Fragestellung nachzugehen ist nicht Gegenstand des hier referierten, sondern eines anderen Forschungsvorhabens im Rahmen des MFPRS.[1] Hier sei deshalb nur eine vorläufige Antwort mit hypothetischem Charakter auf die gestellte Frage gegeben: Die Möglichkeit eines Verhinderns oder sogar einer Umkehrung der beobachteten Bevölkerungsrandwanderung in den Stadtregionen scheint

---

[1] Arbeitstitel: Erklärungsansätze für intraregionale Wanderungen in ihren Konsequenzen für die Entwicklung in Verdichtungsräumen.

nicht gegeben zu sein. Der Prozeß der Bevölkerungssuburbanisierung auch unter Berücksichtigung der damit verbundenen Selektionsprozesse scheint sich als irreversibel herauszustellen, wobei lediglich seine Intensität beeinflußbar ist (vgl. v. Rohr 1977).

Der zweite Ansatzpunkt zur Thesenprüfung bezieht sich auf die Richtigkeit der Aussage zur suburbanisierungsbedingten Mehrfachversorgung mit Infrastrukturstandorten und -kapazitäten und entsprechender Mehrfachbelastung der kommunalen Haushalte. Zu prüfen sind somit in diesem Zusammenhang die intraregionale Differenzierung der Infrastrukturkapazitätsentwicklung, die Versorgung der Bevölkerung unter Berücksichtigung der intraregionalen Umverteilung der potentiellen und tatsächlichen Infrastrukturnutzer sowie die resultierenden konkreten Ausgabenänderungen der betroffenen Gemeinden.

Aus methodischer Sicht wird im referierten Forschungsvorhaben eine Kombination aus standortspezifischer und gebietsspezifischer Analyse versucht. Drei Hauptanalyseschritte sind zu unterscheiden:

1. Als erstes erfolgt eine gemeindeweise Analyse der auftauchenden Infrastrukturausgaben in Gegenüberstellung mit den jeweiligen Infrastrukturkapazitätsentwicklungen sowie den Veränderungen in der tatsächlichen und potentiellen Infrastrukturinanspruchnahme. Ziel dieses Arbeitsschrittes ist die Unterscheidung „suburbanisierungsempfindlicher" und „suburbanisierungsunempfindlicher" Ausgabenpositionen der Gemeinden sowie die Ermittlung ihres kommunalpolitischen Stellenwertes, gemessen in der relativen Höhe der Ausgabenpositionen.

2. An diese makroanalytische Phase schließt ein mikroanalytischer Arbeitsschritt an. Darin wird versucht, für einzelne Infrastrukturstandorte und deren Einzugsbereich unter variierten Voraussetzungen zur bestehenden Kapazität und zur Entwicklung der zu versorgenden Nutzer Kostensteigerungen oder -minderungen modellhaft zu erfassen und anschließend in Fallanalysen empirisch zu überprüfen und mit Daten zu füllen.

3. Schließlich ist im letzten Arbeitsschritt beabsichtigt, die erzielten standortspezifischen Ergebnisse nach idealtypischen Gebietsstrukturen zu aggregieren und die Konsequenzen für Zonen aufzuzeigen, die nach der unterschiedlichen Ausprägung und Intensität der Bevölkerungssuburbanisierung definiert sind.

Zur Zeit ist der erste Arbeitsschritt abgeschlossen, der zweite befindet sich in der Vorbereitung. Im ersten Arbeitsschritt wurden als typische Vertreter der Kernstädte und ihrer Umlandgemeinden zum einen Stuttgart und zum anderen seine Nachbargemeinden Gerlingen und Leinfelden-Echterdingen ausgewählt. Alle drei Gemeinden haben im Zusammenhang mit der hier geschilderten Problematik selbst überregional einige Publizität erlangt. Selbstverständlich sind durch die Untersuchung dieser Gemeinden keine repräsentativen Ergebnisse zu erzielen. Diese sind von einer parallel laufenden Arbeit der PROGNOS, Basel, zu erwarten, worin auf der Basis einer Stichprobe über die ganze Bundesrepublik ausgewählte Gemeinden und Infrastrukturkategorien in bezug auf Ausgaben und Einnahmen analysiert werden. Der Charakter der drei genannten Gemeinden als Stellvertreter für viele andere ist jedoch unbestreitbar.

Obwohl die gemeindespezifische Analyse lediglich die Basis für die weiteren Arbeitsschritte darstellt, sind einige sehr interessante Ergebnisse erzielt worden, auf die im folgenden eingegangen werden soll. In Tabelle 1 sind insgesamt 16 infrastrukturorientierte Ausgabenpositionen zusammengestellt, die in allen drei untersuchten Gemeinden des Stuttgarter Raumes in den kommunalen Haushalten auftauchen. Dabei handelt es sich fast immer um Infrastruktureinrichtungen mit gemeindespezifisch, teilweise auch nach Stadtvierteln begrenzten Versorgungsbeziehungen. Bei den aufgeführten Infrastruktureinrichtungen existieren also zahlreiche Standorte oder – bei Netzinfrastrukturen – gemeindespezi-

Tab. 1 *Kommunale Ausgaben (je Einwohner) für Infrastruktureinrichtungen in ausgewählten Gemeinden des Stuttgarter Raumes 1975*

Ausgabenposition	Stuttgart DM/E	Rang	Δ Rang[1] 70–75	Gerlingen DM/E	Rang	Δ Rang[1] 70–75	Leinfelden-Echterdingen DM/E	Rang	Δ Rang[1] 70–75
Verwaltung	323,1	1	0	158,8	2	+1	169,4	2	+3
Straßen, Brücken, Parkeinrichtungen	160,2	2	0	80,3	6	−4	90,8	7	−5
Abwasserbeseitigung	146,1	3	0	106,5	4	+2	103,3	4	−1
Verkehrs- und Versorgungsunternehmen	108,8	4	+1	18,7	10	−3	98,9[2]	6	−2
Realschulen und Gymnasien	87,1	5	+3	97,6	5	−4	240,3	1	0
Grund-, Haupt- und Sonderschulen	84,7	6	−2	45,6	7	−1	72,2	8	−2
Kindereinrichtungen	83,6	7	0	45,4	8	0	11,1	14	−3
Abfallbeseitigung	56,1	8	+1	22,3	9	0	24,9	9	−2
Straßenbeleuchtung und -reinigung	53,8	9	−3	16,7	11	−1	16,0	10	−2
Feuerschutz	50,4	10	0	5,3	14	−3	15,3	11	+3
Erholungseinrichtungen	34,5	11	+4	15,0	12	+1	14,4	12	+1
Bestattungseinrichtungen	34,1	12	+2	10,5	13	−1	13,1	13	−3
Bäder	33,1	13	−1	163,2	1	+13	99,2	5	+7
Sporteinrichtungen	24,8	14	−1	143,5	3	+1	108,5	3	+6
Alteneinrichtungen	20,7	15	−4	0,0	16	0	4,3	15	0
Büchereien	10,0	16	0	3,6	15	0	2,6	16	0
	1311,1			933,0			1084,3		

[1]) Beispiel: 1970 Rang 5, 1975 Rang 2, Δ Rang 70–75: +3
[2]) 1974

fisch isolierbare Netze des gleichen Infrastrukturtyps innerhalb einer Region. Intraregionale Dekonzentrationsprozesse wie die Bevölkerungssuburbanisierung führen somit automatisch dazu, daß sich die Infrastrukturnachfrage in den einzelnen teilregionalen Versorgungsbereichen unterschiedlich und teilweise gegenläufig verändert. Demgegenüber sind Infrastruktureinrichtungen mit regional übergreifenden Versorgungsbeziehungen in Tabelle 1 nicht aufgeführt. Hier tauchen kommunale Ausgaben lediglich in Stuttgart auf, wie insbesondere für Einrichtungen wie Krankenhäuser, Theater, Museen oder Fachschulen/Fachhochschulen, die von der zur Diskussion stehenden Problematik nur wenig berührt werden. Die Daten aus Tabelle 1 beziehen sich lediglich auf infrastrukturspezifische Gesamtausgaben. Bei einer weiteren Differenzierung nach Investitionsausgaben, Personalausgaben und sächlichem Verwaltungsaufwand treten die zu untersuchenden Entwicklungen teilweise noch deutlicher hervor. Eine Differenzierung in dieser Richtung führt an dieser Stelle jedoch zu weit.

Die in Tabelle 1 verzeichneten absoluten Werte sind zur besseren Vergleichbarkeit an der Einwohnerzahl der einbezogenen Gemeinden relativiert. Bei der Interpretation von Unterschieden in den Rangziffern und den absoluten Werten für Ausgaben je Einwohner müssen drei verschiedene ausgabenwirksame Einflüsse beachtet werden:
– die unterschiedliche Funktion der Gemeinden:
Stuttgart ist Landeshauptstadt und Oberzentrum, während Gerlingen und Leinfelden-Echterdingen keinerlei besondere Funktionen im Hinblick auf zentralörtliche Dienste oder Arbeitsplatzbereitstellung zu erfüllen haben;
– die Größe der Gemeinden:
Stuttgart ist eine Großstadt von fast 600 000 Einwohnern, während Gerlingen und Leinfelden-Echterdingen mit 20 000 bzw. etwas über 30 000 Einwohnern demgegenüber nur als Kleinstädte bezeichnet werden können;
– Suburbanisierungseffekte:
Kern-Rand-Disparitäten in der Entwicklung der Bevölkerung und ihrer Struktur, also Entwicklungen, die hier speziell interessieren.

Zweifellos auf die ersten beiden genannten Erklärungsansätze zurückzuführen ist die Tatsache, daß das Niveau der Ausgaben je Einwohner in Stuttgart insgesamt etwas höher als in den Nachbargemeinden liegt. Insbesondere die Position „Verwaltung" liegt in Stuttgart ca. doppelt so hoch wie in Gerlingen und Leinfelden-Echterdingen. Ohne Berücksichtigung der Verwaltung ist der Niveauunterschied zwischen den betrachteten Gemeinden bei der in Tabelle 1 ausgewiesenen Summe der Einzelpositionen bereits deutlich geringer. Betrachtet man die unterschiedlichen Ränge der einzelnen Ausgabenpositionen, so lassen sich nach den Rangzifferunterschieden drei Gruppen von Infrastrukturkategorien bilden:

1. Infrastrukturkategorien gleichen oder ähnlichen Ranges

Insgesamt sind 9 Infrastrukturkategorien feststellbar, bei denen im Vergleich zwischen den betrachteten Gemeinden die Rangziffer insgesamt um lediglich zwei Plätze schwankt. Dazu gehören neben der Verwaltung beispielsweise die Abwasserbeseitigung, die Abfallbeseitigung, die Erholungseinrichtungen, die Grund-, Haupt- und Sonderschulen sowie die Kindereinrichtungen. Die Zuordnung der letztgenannten Kategorie zur Gruppe I wird vor allem deutlich, wenn man auch die Rangziffern für 1970 betrachtet.

2. Infrastrukturkategorien mit deutlich niedrigerer Rangziffer in Stuttgart

Zu dieser Gruppe lassen sich nur wenige Infrastrukturkategorien zuordnen, vor allem die Straßen, Brücken und Parkeinrichtungen sowie – nicht so deutlich – der Feuerschutz. Bei den genannten Einrichtungen ist zu vermuten, daß insbesondere die besondere Funktion und Größe von Stuttgart zur Einordnung in die Gruppe II führen. Weiterhin sind die Alteneinrichtungen der Gruppe II zuzuordnen, wobei wiederum die Rangziffern für 1970 Zweifel beseitigen.

3. Infrastrukturkategorien mit deutlich niedrigerer Rangziffer in den Randgemeinden

Eindeutig dieser Gruppe zuzuordnen sind die Sporteinrichtungen und die Bäder. Hinzu kommen die Realschulen und Gymnasien, wobei wiederum die Zuordnung zur Gruppe III insbesondere unter Berücksichtigung der Rangziffer für 1970 sinnvoll erscheint.

Es zeigt sich insgesamt, daß bei der statischen Betrachtung der infrastrukturspezifischen Gesamtausgaben die Gemeinsamkeiten im Vergleich der untersuchten Gemeinden ziemlich groß sind. Dies betrifft sowohl die absoluten Werte für Ausgaben je Einwohner als auch den über die Rangziffern dokumentierten kommunalpolitischen Stellenwert. Auf die markanten Ausnahmen wurde hingewiesen.

Betrachtet man demgegenüber die Ausgabenänderungen zwischen 1970 und 1975 und diese nicht nur für die Gesamtausgaben, sondern differenziert nach Personalausgaben, sonstigen laufenden Ausgaben und Investitionsausgaben, so treten zahlreiche deutliche Unterschiede auf, die nur teilweise aus Tabelle 1 abzulesen sind. Insgesamt sind in dynamischer Sicht vier verschiedene Gruppen von Infrastrukturkategorien zu bilden:

A Infrastrukturkategorien mit auffallender Investitionstätigkeit in den Randgemeinden

Das beste Beispiel stellen die Realschulen und Gymnasien dar. Die mit der Randwanderung der Bevölkerung verbundene Selektion insbesondere auch nach Altersgruppen verbunden mit wachsenden Übergangsquoten auf die Realschulen und Gymnasien führt speziell in den Randgemeinden – aber auch in randlich gelegenen Stadtteilen der Großstädte – zu einem erheblichen Anwachsen der Schülerzahlen in der Sekundarstufe.

Ein weiteres, von der absoluten Ausgabenhöhe auch nicht zu vernachlässigendes Beispiel für die Gruppe A stellen die Bestattungseinrichtungen dar.

Die Ausgaben für die Verwaltung sind ebenfalls in diesem Rahmen zu berücksichtigen, wenn es dabei auch weniger um Investitionsausgaben geht. Tabelle 1 zeigt hier sehr deutlich die Rangverschiebung in den Randgemeinden.

B Infrastruktureinrichtungen mit deutlicher Unterversorgung der Bevölkerung in den Randzonen, ohne daß daraus die Konsequenz verstärkter Investitionstätigkeit gezogen wird

Dieser Gruppe sind besonders die Alteneinrichtungen zuzuordnen, was sich durch das weitgehende Fehlen jeglicher Kapazitäten in den untersuchten Umlandgemeinden äußert. Theoretisch kann man davon ausgehen, daß Einrichtungen der Gruppe B im Laufe der Zeit der Gruppe A zuzuordnen sein werden, sobald versucht wird, die Unterversorgung über Investitionen auszugleichen.

Die Alteneinrichtungen sind allerdings ein gutes Beispiel dafür, daß die mit der Randwanderung verbundene Selektion nach Einkommensgruppen voraussichtlich eine rein rechnerische Unterversorgung gegenüber der Kernstadt weiterbestehen läßt. Die Nachfrage nach Altenheimen am Wohnort ist in den Wohngebieten der unteren und oberen Mittelschicht aufgrund ihrer relativ großen finanziellen Beweglichkeit – Einstellung von Haushilfen, interregionale Altenwanderung (vgl. Koch 1976) – geringer anzusetzen.

C Infrastruktureinrichtungen, bei denen in den Umlandgemeinden Überkapazitäten aufgebaut werden

Markantes Beispiel für diese Gruppe sind die Bäder, insbesondere die Hallenbäder. Auch die Investitionen in Sporteinrichtungen sind zu erwähnen, die ebenfalls im Umland wesentlich stärker als in der untersuchten Kernstadt Stuttgart gestiegen sind. Von einem Aufbau von Überkapazitäten sollte hier jedoch nicht gesprochen werden. Die Ursache für die deutliche Großzügigkeit der einbezogenen Randgemeinden – die allerdings auch hierin typisch für viele andere sind – kann nur vermutet werden. Erfahrungsgemäß haben Sportvereine in kleineren Gemeinden ein erhebliches politisches Gewicht in den Kommunalparlamenten. Zurückzuführen ist dies vielfach auf die starke personelle Verknüpfung ehrenamtlicher Funktionen im Stadtrand und in den Sportvereinen. Hinzu kommt der Prestigeeffekt, der in den letzten Jahren insbesondere großzügig gestalteten Bädern zugemessen wurde.

D Infrastrukturkategorien mit positiven Auslastungseffekten in den Kerngebieten

Bei Grund-, Haupt- und Sonderschulen zeichnet sich in Stuttgart bereits – verursacht durch vielfach sinkende Schülerzahlen – ein überproportionales Wachsen der Ausgaben je Schüler ab.

Bei den Kindergärten zeigt sich in Stuttgart – aber auch schon in der Randgemeinde Gerlingen! – ein auffallender Abbau der Wartelisten, in vielen Kindergärten darüber hinaus eine Verkleinerung der Gruppen und damit ein relatives Ansteigen der Personalkosten.

Lassen diese Ergebnisse, insbesondere die unter A und D aufgeführten, die Feststellung zu, daß die eingangs angeführte Grundthese der vermeidbaren Doppelbelastung der Gemeinden im Kern und am Rand der Agglomerationen zu bestätigen ist? Auf der Basis der bisherigen Ergebnisse ist diese Frage nicht zu bejahen. Zwar hat die sinkende infrastrukturspezifische Nachfrage bei Kindergärten und im Bereich der Grund-, Haupt- und Sonderschulen – in einigen Jahren gilt dies auch für Realschulen und Gymnasien – selbstverständlich Konsequenzen für die Auslastung der gebauten Einrichtungen. Bisher entstanden jedoch nicht Überkapazitäten, sondern erfolgte eine Annäherung an sozial- und schulpolitisch erwünschte Gruppen- bzw. Klassengrößen, ein Effekt, der durch vorzeitigen Personalabbau allerdings auch vielfach wieder zunichte gemacht wird. Gegebenenfalls freiwerdende bauliche Kapazitäten sind häufig
– im Rahmen sowieso fälliger Ersatzinvestitionen bereits abgeschrieben,
– in Einrichtungen der Jugendpflege, Ausländer- und Altenbetreuung umzufunktionieren, wo nach wie vor ein vollkommen suburbanisierungsunabhängiger erheblicher Nachholbedarf besteht.

Diese Antwort auf die gestellte Frage besitzt jedoch lediglich vorläufigen und hypothetischen Charakter. Eine sorgfältige Prüfung ist in der Untersuchung von ca. 80 Einzelfällen vorgesehen, die in den nächsten Monaten durchzuführen sein wird.

In den bisherigen Ausführungen wurde unterstellt, daß der Suburbanisierungsprozeß auch heute noch mit – ggf. etwas reduzierten – erheblichen Wachstumsraten in den Randgemeinden der großstädtischen Agglomerationen verbunden ist. Diese Sicht muß bereits heute deutlich modifiziert werden. Die Rahmenbedingungen nicht nur der demographischen und ökonomischen Entwicklung in der Bundesrepublik insgesamt, sondern auch diejenigen der Suburbanisierung haben sich in den letzten Jahren geändert. Am deutlichsten dokumentiert sich dies darin, daß die Gesamtbevölkerungszahl heute bereits in einigen Stadtregionen rückläufig ist und sogar in zahlreichen Gemeinden des suburbanen Raumes sinkt, die noch heute mit dem Image ,,stark wachsend" behaftet sind.

Dessen ungeachtet ist davon auszugehen, daß der Anteil der großstädtischen Agglomerationen in bezug auf Bevölkerung und Arbeitsplätze auf der Basis der gesamten Bundesrepublik weiterhin anwächst. Der relative Agglomerationsprozeß schreitet fort. Selbst bei durchgehender Schrumpfung großstädtischer Agglomerationsräume fällt deren Bevölkerungsrückgang voraussichtlich geringer aus als der im übrigen Bundesgebiet. Noch deutlicher läßt sich diese Aussage für den suburbanen Raum formulieren: Der Prozeß der Bevölkerungssuburbanisierung – definiert als Erhöhung des Anteils des suburbanen Raums an der gesamten Bevölkerung einer Stadtregion (vgl. Friedrichs/v. Rohr 1975) – wird voranschreiten. Während dies bisher auch mit einer Zunahme der absoluten Zahlen im suburbanen Raum verbunden war, ist dies in Zukunft voraussichtlich nur noch in wenigen Gemeinden der Fall (vgl. Hellberg 1977, v. Rohr 1977).

Diese Aussagen bedeuten somit keinesfalls, daß die Randwanderung der großstädtischen Bevölkerung und die damit verbundenen Selektionsprozesse wesentlich geschwächt werden. Bereits jetzt ist jedoch zu erkennen, daß sich die Schwerpunkte der kommunalpolitischen Diskussion in den Randgemeinden im Hinblick auf ihre Infrastrukturausgaben in mittelfristiger Zukunft gegenüber heute deutlich ändern werden. Schwerpunkte werden auf Erneuerungs- und Ersatzinvestitionen, weiterhin auf dem Personalabbau im Vorschul- und Primarbereich liegen. Was zur Zeit von den Großstädten als nur sie betreffende Probleme angesehen wird, steht in manchen Randgemeinden schon heute ebenfalls auf der Tagesordnung.

Abschließend sei in aller Kürze auf drei Aufgabenbereiche der Geographie hingewiesen, deren Bedeutung aus den vorangehenden Ausführungen deutlich wurde und die auch weiterhin im Mittelpunkt der fachlichen Diskussion stehen sollten:

1. Aktuelle Raumbeobachtung

Das Beispiel von der in den letzten Jahren deutlich veränderten Ausprägung der Suburbanisierung in den betroffenen Randgemeinden zeigt, daß zwei bis drei Jahre Verzögerung zwischen eintretenden Prozessen und ihrer statistischen Dokumentation vielfach schon zuviel ist. Die nach wie vor üblichen, auf amtliche Statistiken gestützten raumdifferenzierenden Analysen reichen dabei nicht aus. Es sind Beobachtungsinstrumentarien zu entwickeln und zu prüfen, die eine noch schnellere Prozeßerfassung ermöglichen.

2. Wirkungsanalysen

Die Analyse der Wirkung raumdifferenzierender Entscheidungen zum Beispiel von Haushalten oder Unternehmen ist ein seit langem anerkanntes Forschungsfeld der Geographie. Es scheint erforderlich, die bereits laufenden Bemühungen zu verstärken, die Raumwirksamkeit auch kommunalpolitischer und regionalpolitischer Entscheidungsprozesse systematisch zu analysieren. Man darf sich nicht damit zufriedengeben, Verhaltensweisen kommunaler Verwaltungen und Parlamente als „Singularitäten" oder als „unberechenbar" aus der Forschung auszuklammern.

3. Diskussion raumwirksamer Ziele und Instrumente

An dieser Stelle ist lediglich zu wiederholen, daß Beiträge in dieser Richtung auch von der Geographie bzw. von Geographen erwartet werden. Substantielle Beiträge können beispielsweise darin liegen, die raumspezifischen Restriktionen, somit also die vorhandenen Spielräume der Zielformulierung und des Instrumenteeinsatzes zu prüfen. Gerade die Diskussion der Suburbanisierung zeigt, daß viele Konzeptionen und Einzelmaßnahmen im Hinblick auf das Erreichen angestrebter Ziele wirkungslos sind, indem sie diese Spielräume nicht beachten.

Literatur

Fischer, K.: Ziele und Instrumente zur Steuerung des Suburbanisierungsprozesses. (Manuskript) Arbeitskreis „Entwicklungsprozesse im suburbanen Raum", Akademie für Raumforschung und Landesplanung, Hannover 1977

Friedrichs, J.: Stadtanalyse – soziale und räumliche Organisation der Gesellschaft. rororo Studium 104, Reinbek 1977

Friedrichs, J. u. v. Rohr, H.-G.: Ein Konzept der Suburbanisierung. Veröffentlichungen der Akademie für Raumforschung und Landesplanung, Forschungs- und Sitzungsberichte Bd. 102, Hannover 1975, S. 25–37

Heinze, G. W. u. Kanzlerski, D.: Ungerecht und unwirksam. Die Kilometerpauschale in raumordnerischer Sicht. In: Structur 1976, S. 147ff.

Hellberg, H.: Suburbanisierung unter veränderten Rahmenbedingungen? (Manuskript) Arbeitskreis „Entwicklungsprozesse im suburbanen Raum", Akademie für Raumforschung und Landesplanung, Hannover 1977

Heuer, H.: Ist die Stadtflucht zu bremsen? In: Wirtschaftsdienst 1977, S. 205–210

Informationen zur Raumentwicklung: Zwischenbilanz Forschungsprogramm Raumentwicklung und Siedlungsentwicklung. Informationen zur Raumentwicklung, Heft 10/11 1976

Koch, R.: Altenwanderung und räumliche Konzentration alter Menschen. Forschungen zur Raumentwicklung Bd. 4, Bad Godesberg 1976

Müller, J.: Mobilität der Bevölkerung und Stadtteilsstrukturen in Hamburg. In: Hamburg in Zahlen 1976, S. 3–22

v. Rohr, H.-G.: Entlastung der Verdichtungsräume – Chancen und Kritik eines Konzeptes der Entwicklung schwach strukturierter ländlicher Räume. Beiträge zur Stadt- und Regionalforschung Heft 9, Göttingen 1976

ders.: Die Steuerung des Suburbanisierungsprozesses – Möglichkeiten und Grenzen zwischen Wohnungspolitik und Regionalentwicklung. (Manuskript) Arbeitskreis „Entwicklungsprozesse im suburbanen Raum", Akademie für Raumforschung und Landesplanung, Hannover 1977

Senat der Freien und Hansestadt Hamburg: Grundlagen der hamburgischen Wohnungspolitik. Senatsdrucksache Nr. 357, Hamburg 1976

INDUSTRIE IN VERDICHTUNGSRÄUMEN. RÄUMLICHE UND ZEITLICHE UNTERSCHIEDE DER STANDORTBEWERTUNG

Mit 10 Abbildungen und 4 Tabellen

Von Wolf Gaebe (Duisburg)

Ich möchte Ihnen Überlegungen vortragen über den Zusammenhang von Standortbewertung und Unternehmenmobilität. Meine noch recht ungesicherte und nur sehr verkürzt belegbare Annahme lautet: Hochbewertete Verdichtungsräume verhindern über Agglomerationsvorteile das Abwandern von Industrieunternehmen, die solche Agglomerationsvorteile nutzen können.

Bewertungsunterschiede der 12 bevölkerungsstärksten Kernstädte von Verdichtungsräumen des Bundesgebietes[1] versuche ich zu bestimmen über Industriebesatz und Industrieproduktivität, die Beschäftigtenrelation von Produktions- und Versorgungstätigkeiten, das Bruttoinlandsprodukt sowie die Bevölkerungsentwicklung. Standortbewertung und Unternehmensverlagerungen in den beiden höchstrangigen Zentren Köln und Frankfurt entnehme ich Erhebungen der Bundesanstalt für Arbeit und eigenen Erhebungen.

1. ENTWICKLUNGSUNTERSCHIEDE ZWISCHEN DEN VERDICHTUNGSRÄUMEN

Der Industriebesatz ist eine Kennziffer zur Beschreibung der Beschäftigtenverteilung. Der durchschnittliche Industriebesatz in der Bundesrepublik 1975 ist mit 124 Industriebeschäftigten je 1000 Einwohner erheblich höher als in den übrigen EG-Ländern oder in den USA.[2] Zwischen den Gebietseinheiten streuen die Werte weit zwischen unter 50 und über 300 Industriebeschäftigten je 1000 Einwohner.[3] Über 300 Industriebeschäftigte 1975 je 1000 Einwohner haben z. B. die Städte Wolfsburg, Leverkusen, Ludwigshafen in der Größenklasse 100 000–200 000 Einwohner mit einem industriellen Großbetrieb.

Unterdurchschnittlich ist der Industriebesatz nicht nur in peripheren ländlichen Räumen, sondern auch in einigen nach der Bevölkerungszahl größten Städten des Bundesgebietes (Abb. 1): Essen, Hamburg, Berlin. Am höchsten unter den größten Städten, die allgemein Konzentrationspunkte der Industrieproduktion sind, ist der Industriebesatz in Stuttgart, Duisburg, Frankfurt, Hannover.

---

[1] Wegen der Möglichkeit des Zeitreihenvergleichs zum Gebietsstand 31. 12. 1974; Nürnberg wurde infolge mehrfacher Änderungen des Gebietsstandes nicht einbezogen.

[2] In der Bundesrepublik waren 1974 47,6 Prozent der Erwerbstätigen in der Industrie. Zum Vergleich: Schweiz 46,3, Italien 44,1, Großbritannien 42,3, Belgien 41,2, Österreich 40,1 . . . USA 31,7, Kanada 31,3 Prozent.

[3] Auch in anderen Ländern streuen die Werte, z. B. in Italien: 60,7 Prozent in der Lombardei . . . 30,4 Prozent in Sardinien, in Großbritannien: 56,1 Prozent in den West-Midlands . . . 36,4 Prozent in Ost Anglia.

Industrie in Verdichtungsräumen 193

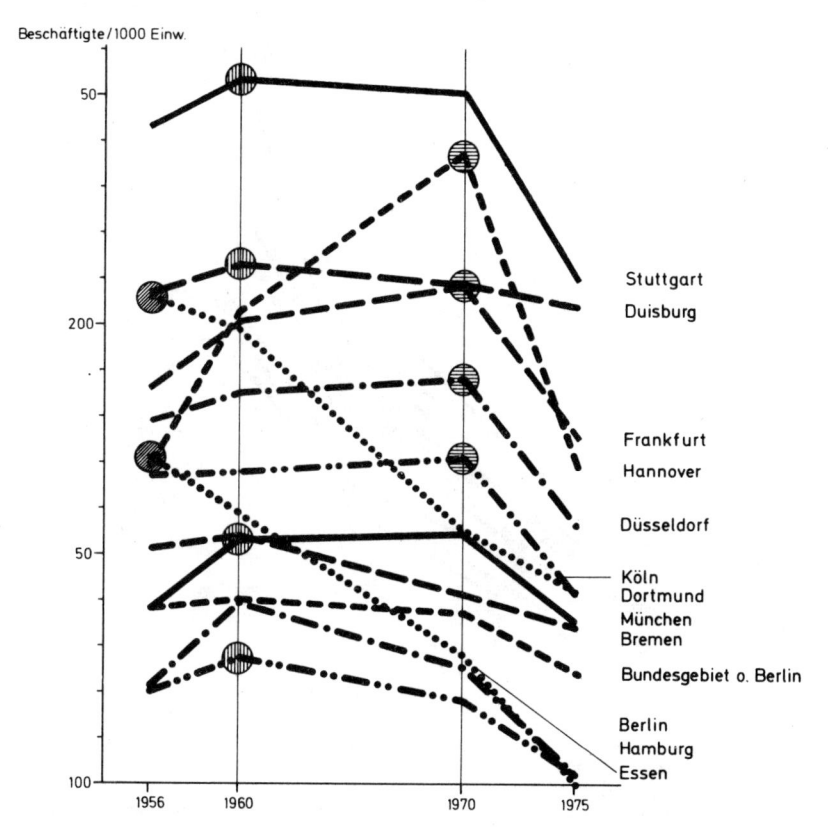

Abb. 1 Industriebesatz 1956–1975 in den größten Städten der Bundesrepublik

In den größten Städten des Bundesgebietes war im Zeitraum 1956–1970 der Industriebesatz höher als zum Erhebungszeitpunkt 1975. Dortmund und Essen hatten den höchsten Industriebesatz im ersten Erhebungsjahr 1956 und bis 1975 die mit Abstand größte absolute und relative Beschäftigtenabnahme. In Stuttgart, Duisburg, Hamburg, Bremen war der Industriebesatz 1960 am höchsten, in Hannover, Frankfurt, Düsseldorf, Köln, München 1970. Tendenziell nimmt die Industrietätigkeit eher in den Kernstädten der Verdichtungsgebiete ab, in denen die Stadtentwicklung primär durch die Industrie, insbesondere eine Branche bestimmt ist, z. B. Essen und Dortmund durch die Montanindustrie, als in Arbeits- und Versorgungszentren mit überregionaler Reichweite wie Hamburg, Bremen, Köln, Frankfurt, München. Hier nimmt die Beschäftigung vor allem in der Grundstoff- und Produktionsgüterindustrie ab. Regionale Standortbewertungen und eine geringe Zunahme der Industriebeschäftigung im ländlichen Raum variieren die säkulare Verschiebung von Produktions- zu Versorgungstätigkeiten in hochentwickelten Ländern. Den generellen Abnahmetrend in den größten Städten beschleunigte, jedoch verursachte nicht, die konjunkturelle Entwicklung nach 1973. Die Beschäftigtenabnahme war vorausgesehen, wenn auch nicht in dem Umfang.

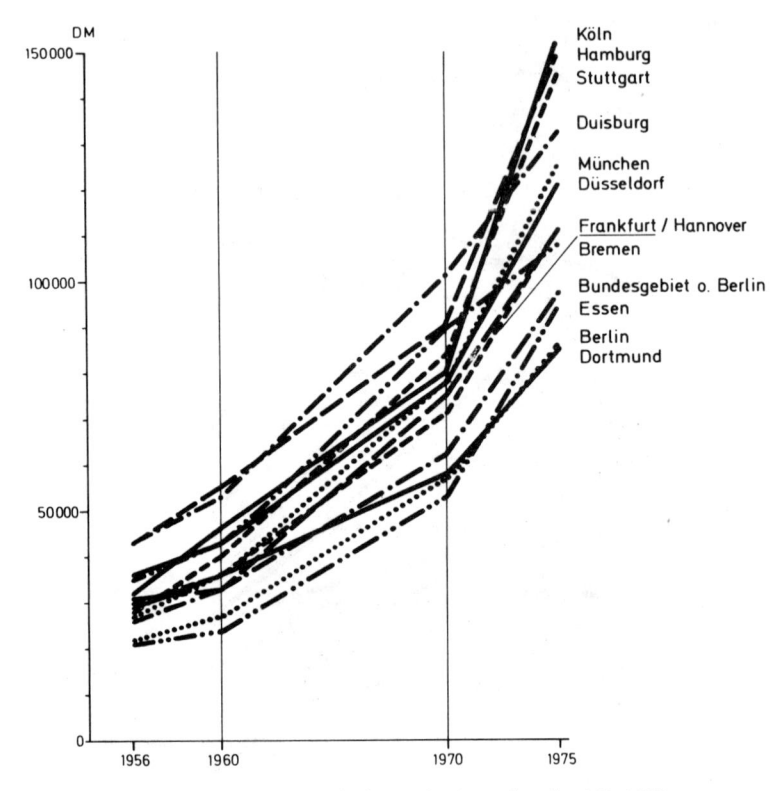

Abb. 2 Umsatz je Beschäftigten in der Industrie 1956–1975

Im deutlichen Gegensatz zur Beschäftigung in der Industrie erhöhten sich der Nominal- und verglichen mit der durchschnittlichen Preissteigerung der Industrieproduktion auch der Realumsatz je Industriebeschäftigten, der branchenabhängig stark zwischen arbeits- und kapitalintensiver Produktion streut, z. B. einerseits feinkeramischer, Uhren-, Bekleidungsindustrie, andererseits Mineralölverarbeitung. Da die Nettoproduktivität nicht regionalisiert berechnet wird, wurde der Industrieumsatz als angenäherte Kennziffer der Industrieproduktivität gewählt (Abb. 2). Gering ist die Umsatzzunahme in Berlin und Dortmund, Städten mit erheblichen Veränderungen der Tätigkeitsstruktur und einem politischen und ökonomischen Entscheidungs- und Verwaltungsdefizit (Tab. 1). Absolut und relativ am stärksten erhöhte sich der Umsatz je Beschäftigten zwischen 1956 und 1975 in Stuttgart und Köln. In diesem Zeitraum wurden die Unterschiede der Industriebeschäftigung in den größten Städten des Bundesgebietes geringer (1956: 125, 1975 110 je 1000 Einwohner), die Unterschiede im Industrieumsatz je Beschäftigten größer (1956: 23 000 DM, 1975: 67 000 DM).

Ein anderer Indikator der Standortbewertung ist die Bevölkerungsentwicklung (Abb. 3). Unter den größten Städten des Bundesgebietes ist München die einzige überdurchschnittlich wachsende Kernstadt eines Verdichtungsraumes, in der auch der Industrieumsatz überdurchschnittlich zunimmt. Mit weitem Abstand folgen Köln und Bremen. Die relativ

Tab. 1 *Großunternehmen, -banken und -versicherungen mit Verwaltungssitz in den 10 größten Städten des Bundesgebietes 1975*

Verwaltungssitz	der 200 größten Produktions- und Versorgungs- unternehmen	der 50 größten Banken	der 50 größten Versicherungen
1. Berlin	6	2	1
2. Hamburg	27	4	5
3. München	13	4	8
4. Köln	12	4	*10*
5. Essen	17		
6. Frankfurt	19	*13*	1
7. Dortmund	6		2
8. Düsseldorf	17	3	1
9. Stuttgart	6	2	3
10. Bremen	2	2	
in anderen Gemeinden	75	16	19
	200	50	50

Quelle: Die großen 500. Deutschlands führende Unternehmen und ihr Management. Neuwied 1976.

größten Bevölkerungsverluste 1956–1975 haben Duisburg, Hannover, Düsseldorf, Essen. Da diese Städte mit über 3000 Einwohner je qkm (Gebietsstand: 31. 12. 1974) eine sehr hohe Bevölkerungsdichte haben, ist die Bevölkerungsveränderung z. T. Stadt-Umland-Wanderung, z. B. im Raum Düsseldorf. In den Verdichtungsräumen insgesamt nahm die Bevölkerung entgegen der Entwicklung ihrer Kernstadtbevölkerung zwischen 1961 und 1970 nach dem Raum München relativ am stärksten in den Räumen Stuttgart und Rhein-Main zu.

Tab. 2 *Bevölkerungsentwicklung 1961–1970 in ausgewählten Verdichtungsräumen und Kernstädten*

Verdichtungsräume	1961 = 100	Kernstädte	1961 = 100
		Köln	105
		Essen	96
Rhein-Ruhr	104	Düsseldorf	94
		Dortmund	100
		Duisburg	90
Rhein-Main	113	Frankfurt	98
Hamburg	102	Hamburg	98
Stuttgart	114	Stuttgart	100
München	122	München	119
Hannover	103	Hannover	91
Bremen	103	Bremen	103

Quelle: Volks- und Berufszählungen 1961 und 1970

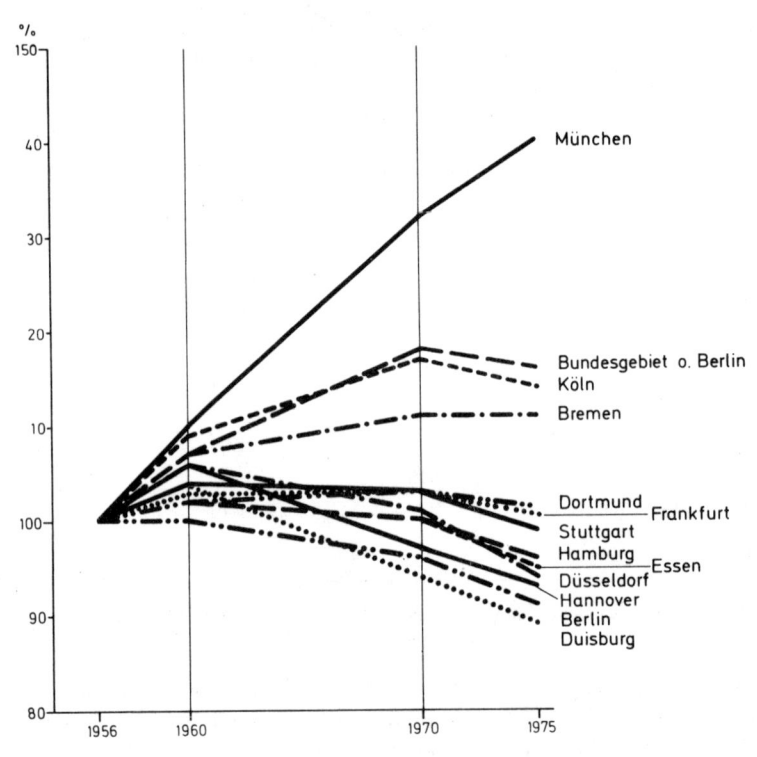

Abb. 3 Bevölkerungsentwicklung 1956–1975 (1956 = 100%)

Die Bevölkerungsentwicklung nach 1970 wird für Verdichtungsräume nicht fortgeschrieben. Ebensowenig werden Bevölkerungsprognosen für Verdichtungsräume erstellt, jedoch für die 38 Gebietseinheiten des Bundesraumordnungsprogramms. Nach der ,,Raumordnungsprognose 1990", die sowohl Veränderungen des regionalen Arbeitsplatzangebotes als auch des generativen und Wanderungsverhaltens berücksichtigt, würde 1990 die Gesamtbevölkerung des Bundesgebietes etwa 7 Prozent niedriger als 1974 sein. Die Abnahme ist in den norddeutschen Gebietseinheiten mit den Verdichtungsräumen Hamburg, Bremen, Hannover und in den Gebietseinheiten Essen und Dortmund stärker als in den Gebietseinheiten Düsseldorf und Köln und den Gebietseinheiten mit den Verdichtungsräumen Rhein-Main, Stuttgart und München (Abb. 4).

Die Niveauunterschiede und die gegenläufige zeitliche Entwicklung von Versorgungs- und Produktionstätigkeiten in den größten Städten des Bundesgebietes zeigt Abb. 5. Versorgungsunterschiede bestehen vor allem auf der höher- und höchstrangigen Zentrenstufe, Unterschiede wirtschaftlicher und sozialer Chancen auf dem regionalen Arbeitsmarkt. Bei einem hohen Anteil von Produktionsunternehmen mit nur einem Betrieb oder Stammbetrieben ist der Beschäftigtenbesatz höher als bei einem hohen Anteil von Zweigbetrieben. Im Versorgungsbereich ist dagegen ein hoher Anteil von Betrieben mit nur einer Niederlassung ein Merkmal niedriger Produktivität und geringen Beschäftigtenbesatzes, ein

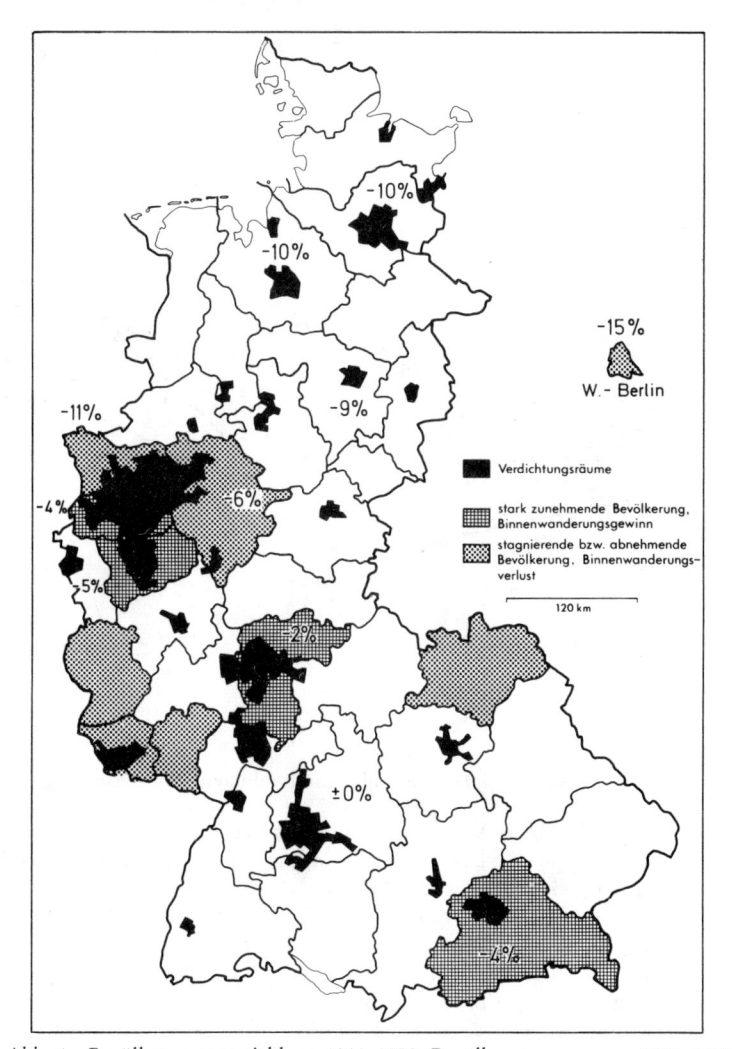

Abb. 4 Bevölkerungsentwicklung 1961–1970, Bevölkerungsprognose 1974–1990

hoher Anteil von Stammbetrieben allerdings wie in der Produktion Hinweis auf einen höheren Beschäftigtenbesatz. Abb. 5 zeigt aber auch den starken Zusammenhang zwischen Versorgung und Produktion als gemeinsame wirtschaftliche Grundlage großer Städte:
– Frankfurt, Hannover, Düsseldorf, Stuttgart haben sowohl die meisten Arbeitsplätze in der Güter- und Dienstleistungsversorgung als auch in der Güterproduktion, d. h. es sind gleichzeitig höherrangige Versorgungszentren und Konzentrationspunkte der Güterproduktion,
– Essen, Dortmund, Berlin haben dagegen sowohl wenig Arbeitsplätze in der Güter- und Dienstleistungsversorgung als auch in der Güterproduktion, d. h. es sind gleichzeitig schwach ausgestattete Versorgungszentren und schwache Produktionsstandorte,

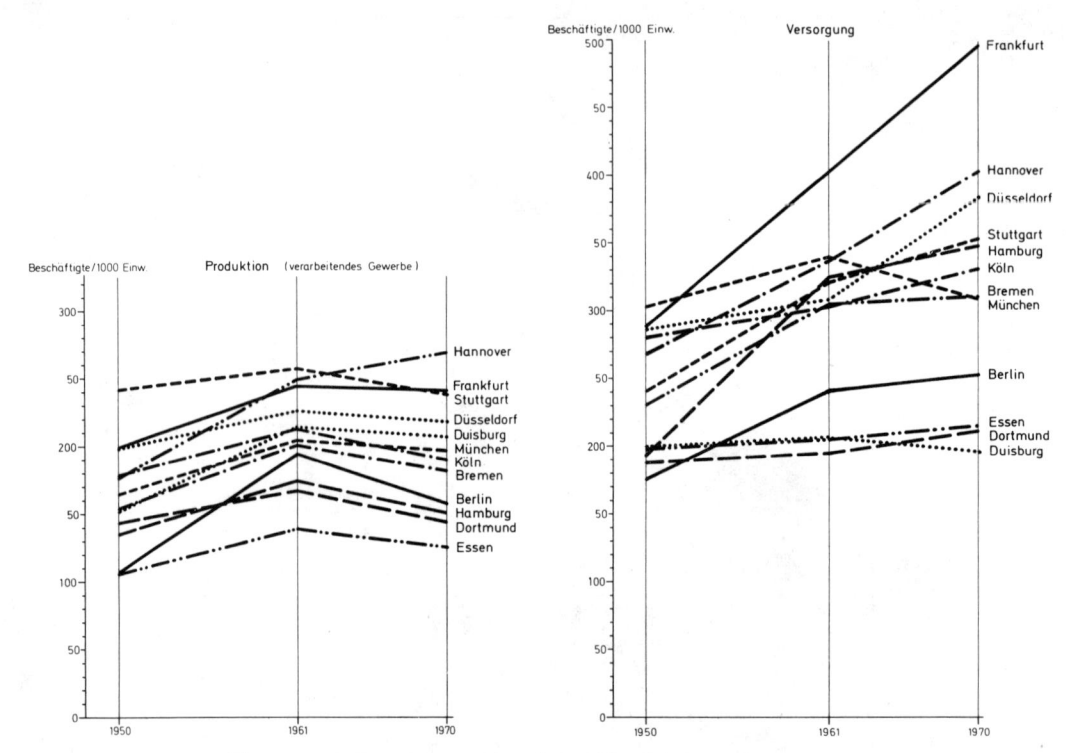

Abb. 5 Beschäftigte je 1000 Einwohner in Produktion und Versorgung

– Variationen in der Relation der Versorgungs- und Produktionstätigkeiten entstehen durch die räumliche Lage und dadurch bestimmte Versorgungsfunktionen sowie durch Ressourcen, z. B. in Hamburg, Bremen, Duisburg.

Höhe und Veränderungen des Bruttoinlandproduktes (BIP), das die Tätigkeitsleistung in Versorgung und Produktion ausdrückt,[1] bestätigen die Daten über die Beschäftigungs- und Umsatzentwicklung in der Industrie, über die Güter- und Dienstleistungsversorgung und die Bevölkerungsentwicklung (Abb. 6). Herausragende BIP-Werte haben Frankfurt, Düsseldorf, Stuttgart, mittlere Werte zwischen 20 000 und 30 000 DM je Einwohner 1974 Hamburg, Köln, München. Niedrige Werte unter 20 000 DM je Einwohner haben Essen, Berlin, Dortmund. Die absoluten Unterschiede werden insgesamt größer und auch jeweils in den Produktions- und Versorgungstätigkeiten. Die BIP-Werte der Dienstleistungen korrelieren sehr hoch mit der Lohn- und Gehaltssumme je Arbeitnehmer (Tab. 3).

Die makroanalytische Beschreibung der Entwicklung der Arbeitsplätze und Bevölkerung weniger Verdichtungsräume stützt sich auf Durchschnittswerte von Beschäftigung, Umsatz, Produktions- und Versorgungsleistung. Veränderungen der Standortverteilung sind Ergebnisse veränderter Standortbewertungen durch Unternehmen und Haushalte und eines veränderten Entscheidungsverhaltens.

[1] Bruttoinlandsprodukt-Abschreibungen = Nettoinlandsprodukt zu Marktpreisen – indirekte Steuern abzüglich Subventionen = Wertschöpfung (Nettoinlandsprodukt zu Faktorkosten).

Tab. 3 *Entwicklung des Bruttoinlandsprodukts (BIP) 1957–1974 der Produktions- und Versorgungstätigkeiten in DM*

	warenproduzierendes Gewerbe		Dienstleistungen		Lohn- und Gehaltssumme je Arbeitnehmer
	1957 = 100	1974	1957 = 100	1974	1970
Berlin	461	9 182	446	9 295	11 762
Hamburg	363	11 068	399	16 646	13 304
München	358	10 556	390	14 566	12 702
Köln	355	9 456	494	18 169	13 480
Essen	344	10 323	394	9 887	12 342
Frankfurt	367	13 684	553	26 620	14 613
Dortmund	274	10 377	376	8 131	12 538
Düsseldorf	336	11 546	460	20 411	14 316
Stuttgart	395	15 394	467	16 437	13 308
Bremen	378	10 789	299	12 252	12 290
Hannover	380	11 142	346	14 929	12 562
Duisburg	385	16 916	405	11 769	13 145

Quelle: Gemeinschaftsveröffentlichung der Statistischen Landesämter, Arbeitsstättenzählung 27. 5. 1970.

2. STANDORTBEWERTUNG VON INDUSTRIEUNTERNEHMEN IN KÖLN UND FRANKFURT

Um die Stärke der Bindung der Industrie an einen Verdichtungsraum und die Standortmobilität von Industriebetrieben zu ermitteln, wurden Unternehmer in Köln und Frankfurt nach den branchenspezifischen Anforderungen an den Makrostandort und nach Veränderungen der Standortbewertung befragt (vgl. Tab. 4). In Köln beschäftigten 1975 die 3 größten Branchen Fahrzeugbau, Maschinenbau, Elektrotechnik zusammen 57 Prozent der Beschäftigten, in Frankfurt die chemische, elektrotechnische Industrie und der Maschinenbau 68 Prozent. Die Befragungen ergänzen Informationen aus Wanderungsstudien über Ansprüche der sozioökonomischen Gruppen an den Wohnort, die Wahrnehmung beruflicher und sozialer Chancen und über die Mobilitätsbereitschaft der Haushalte.

Tab. 4 *Standortmobilität in den Räumen Köln und Frankfurt 1970–1975 (Beschäftigte)*

Zeitraum	Gebietseinheit Köln		Arbeitsmarktbezirk Köln		Gebietseinheit Frankfurt–Darmst.		Arbeitsmarktbezirk Frankfurt	
	Ansied-lung	Still-legung	Ansied-lung	Still-legung	Ansied-lung	Still-legung	Ansied-lung	Still-legung
1970–1971	1881	5030			2115	4458		
1972–1973	1030	3635	299	908	722	7716	56	3120
1974–1975	950	2986	170	892	820	5229	–	1613

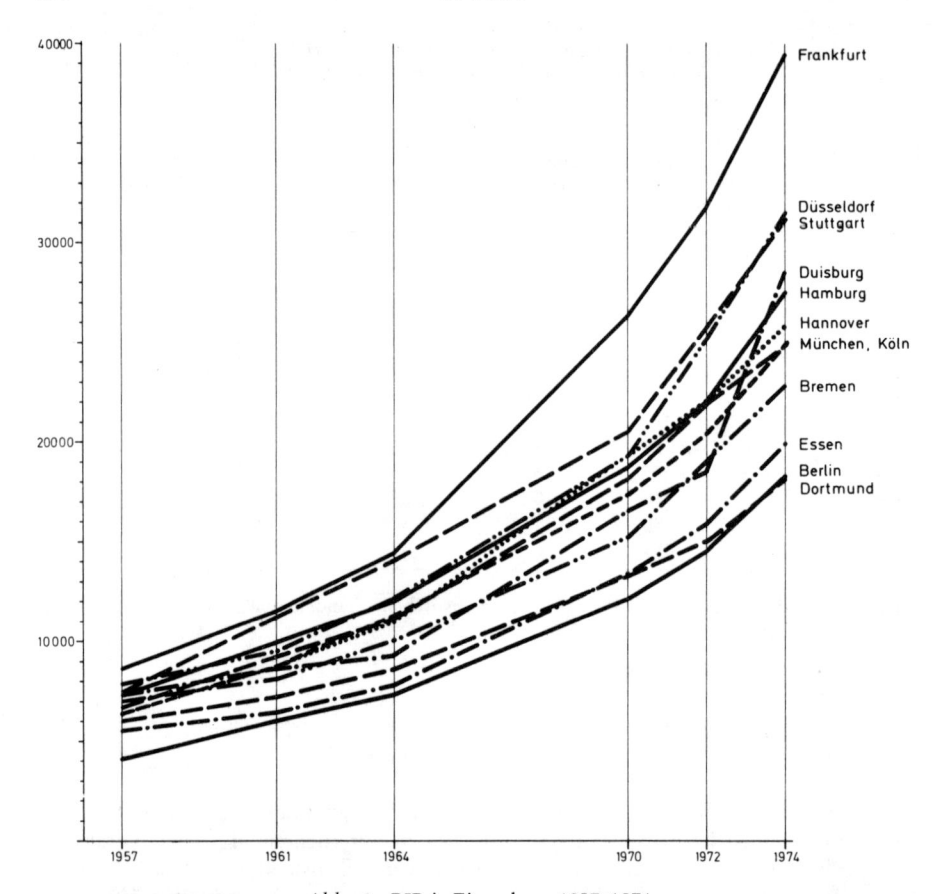

Abb. 6 BIP je Einwohner 1957–1974

Die Befragungsergebnisse lassen erkennen, daß
a. die Wahl und Bestätigung des Makrostandortes durch Ersatz- und Erweiterungsinvestitionen von betriebsbezogenen Variablen aber immer auch von persönlichen Variablen bestimmt werden. Betriebsbezogene Variablen sind z. B. der materielle und kommunikative Vorleistungsbedarf, das Produktionsprogramm, die Absatzorganisation und -reichweite, Konzernverbund, Entscheidungsautonomie. Persönliche Variablen sind z. B. der Geburts- oder Wohnort des Unternehmensgründers sowie Erfahrungen, Informationen und Kontakte der Unternehmer.

Zunehmende Bedeutung für Ansiedlungen und Standortbestätigungen hat die Wahrnehmung von Lage- und Agglomerationsvorteilen. Lagevorteile entstehen durch kostengünstige, leistungsfähige Verkehrs- und Kommunikationswege, Agglomerationsvorteile entstehen neben einem qualifizierten Arbeitsmarkt, entwickeltem Verkehrssystem und hohem Versorgungsstand mit Dienstleistungen aus der Tätigkeitsverflechtung der Versorgungs- und Produktionsbetriebe, aus der Informationsdichte und den vielfältigen Kontaktgelegen-

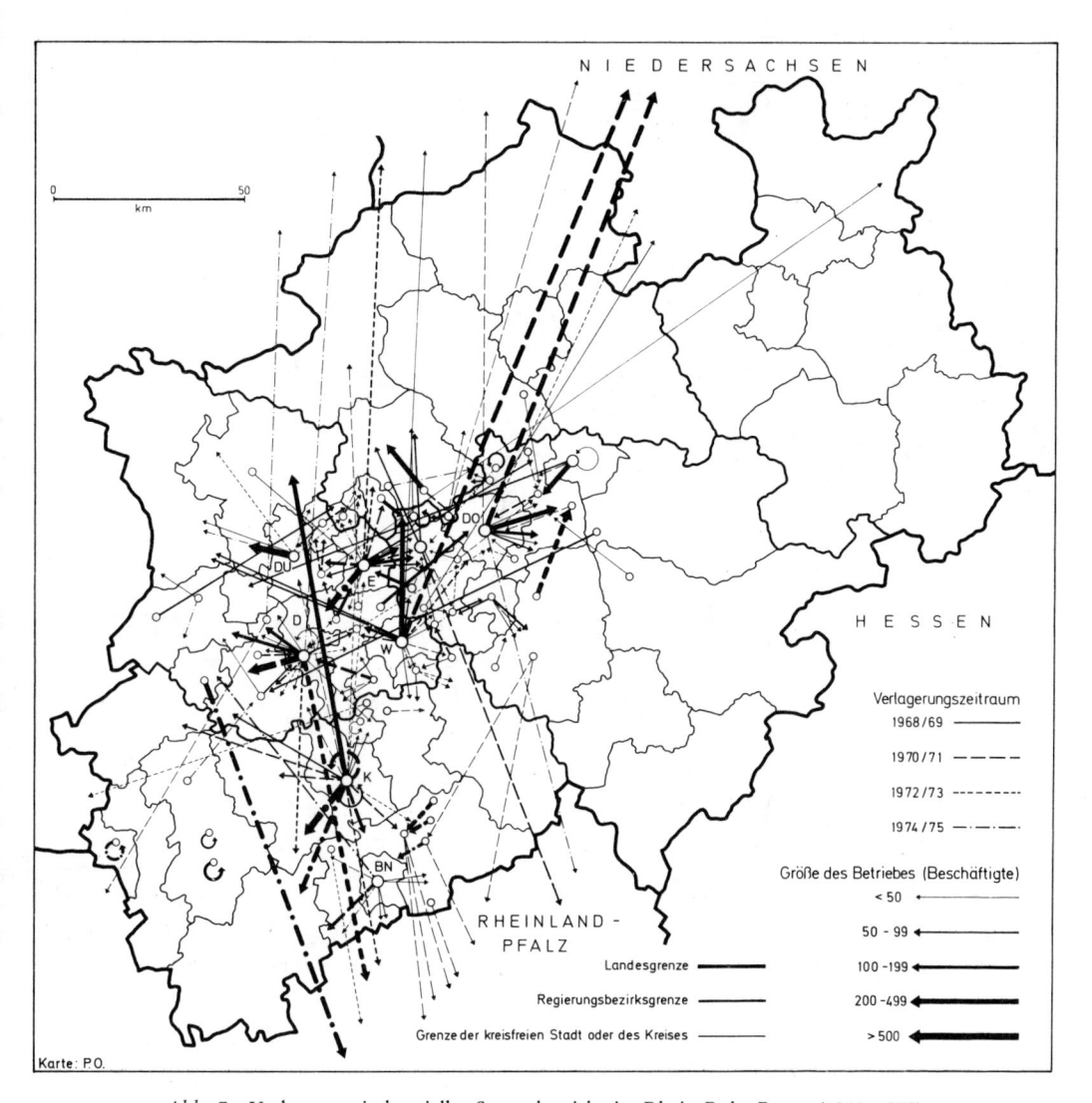

Abb. 7 Verlagerung industrieller Stammbetriebe im Rhein-Ruhr-Raum (1968–1975)

heiten der höher- und höchstrangigen Zentren. Köln und Frankfurt sind zentral gelegen im Schnittpunkt überregionaler Verkehrsachsen, haben überregionale Handelseinrichtungen (u. a. Messen), Frankfurt Bankzentralen und liegen in der Nähe politisch-administrativer Zentren (Bonn, Düsseldorf und Wiesbaden, Mainz).

Daß Agglomerationsvorteile genutzt werden, läßt sich deutlich an zahlreichen Betriebsverlagerungen innerhalb der Verdichtungsräume erkennen. Die mit der Entfernung von Verdichtungsräumen abnehmenden Agglomerationsvorteile begrenzen den Mobilitätsradius. Diese aus vielen Verdichtungsräumen belegte geringe Verlagerungsdistanz zwischen altem Standort in der Kernstadt und neuem Standort trifft auch für Frankfurt und Köln zu (Abb. 7 und 8), allerdings in geringerem Maße als z. B. für Hamburg, München, Paris oder

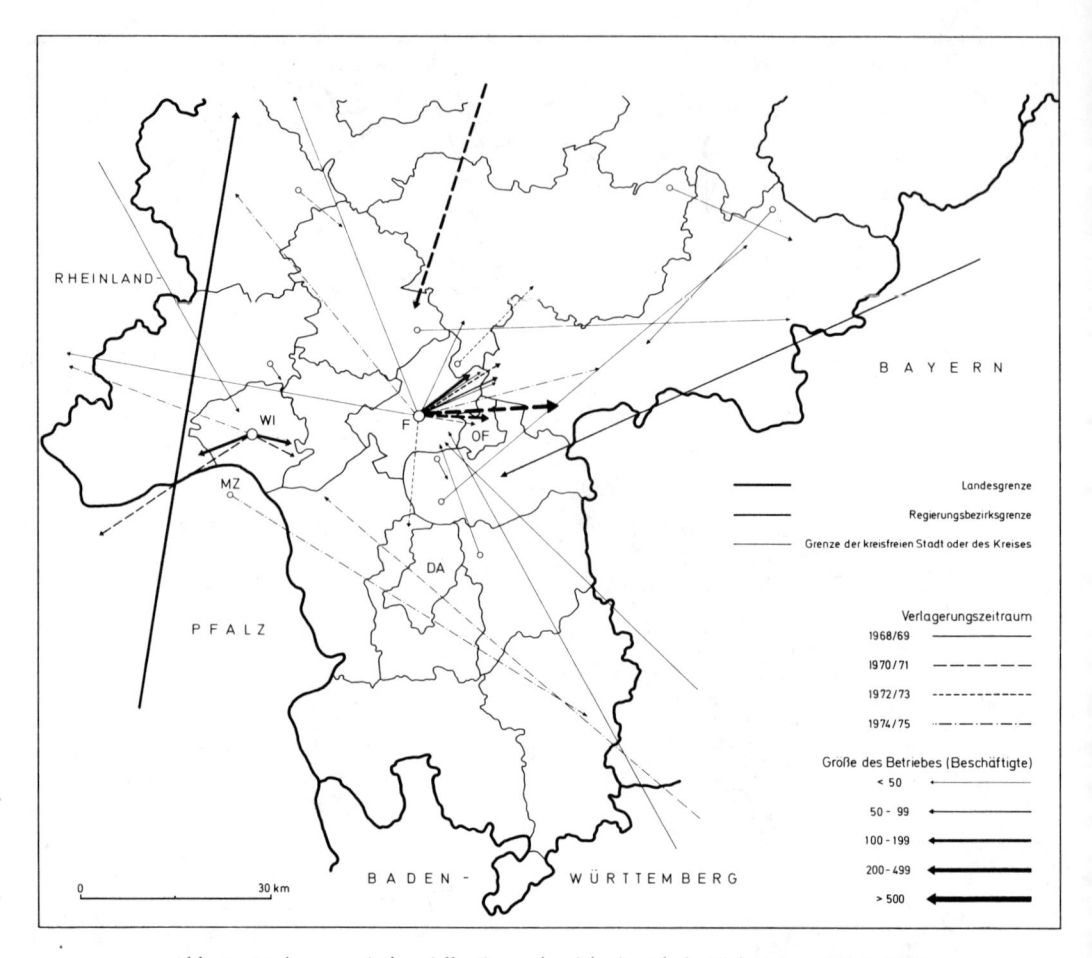

Abb. 8 Verlagerung industrieller Stammbetriebe im Rhein-Main-Raum (1968–1975)

London, wie Mobilitätsstudien der Industrietätigkeit zeigen. Wesentlich größer als die Verlagerungsdistanz von Stammbetrieben ist die durchschnittliche Distanz zwischen Stammbetrieb und Zweigbetrieb. Während Stammbetriebe ungern einen Verdichtungsraum verlassen, werden Zweigbetriebe vorzugsweise im ländlichen Raum errichtet (Abb. 9 und 10). Es sind eher arbeitsintensive Betriebe mit relativ geringem Ansiedlungsrisiko. Der Anteil ökonomisch selbständiger Betriebsgründungen im ländlichen Raum mit Entscheidungs-, Forschungs- und Entwicklungsfunktionen ist gering.

Berücksichtigt man die unterschiedlichen Tätigkeitsanforderungen und Ansprüche der verlagerten Betriebe an die Qualifikation der Arbeitskräfte und die Versorgung mit Informationen und Dienstleistungen, dann stützt die Standortmobilität der Industrie die These, daß Agglomerationsvorteile eine vorrangige Entscheidungsvariable sind. Besonders für Tätigkeiten mit starkem Kontakt- und Dienstleistungsbedarf und starken Absatzverflechtungen, mit Bedarf an Facharbeitern und berufserfahrenen Angestellten sind die gesamträumlich hochbewerteten Verdichtungsräume als Standorte attraktiv und damit eine Abwanderungsbarriere.

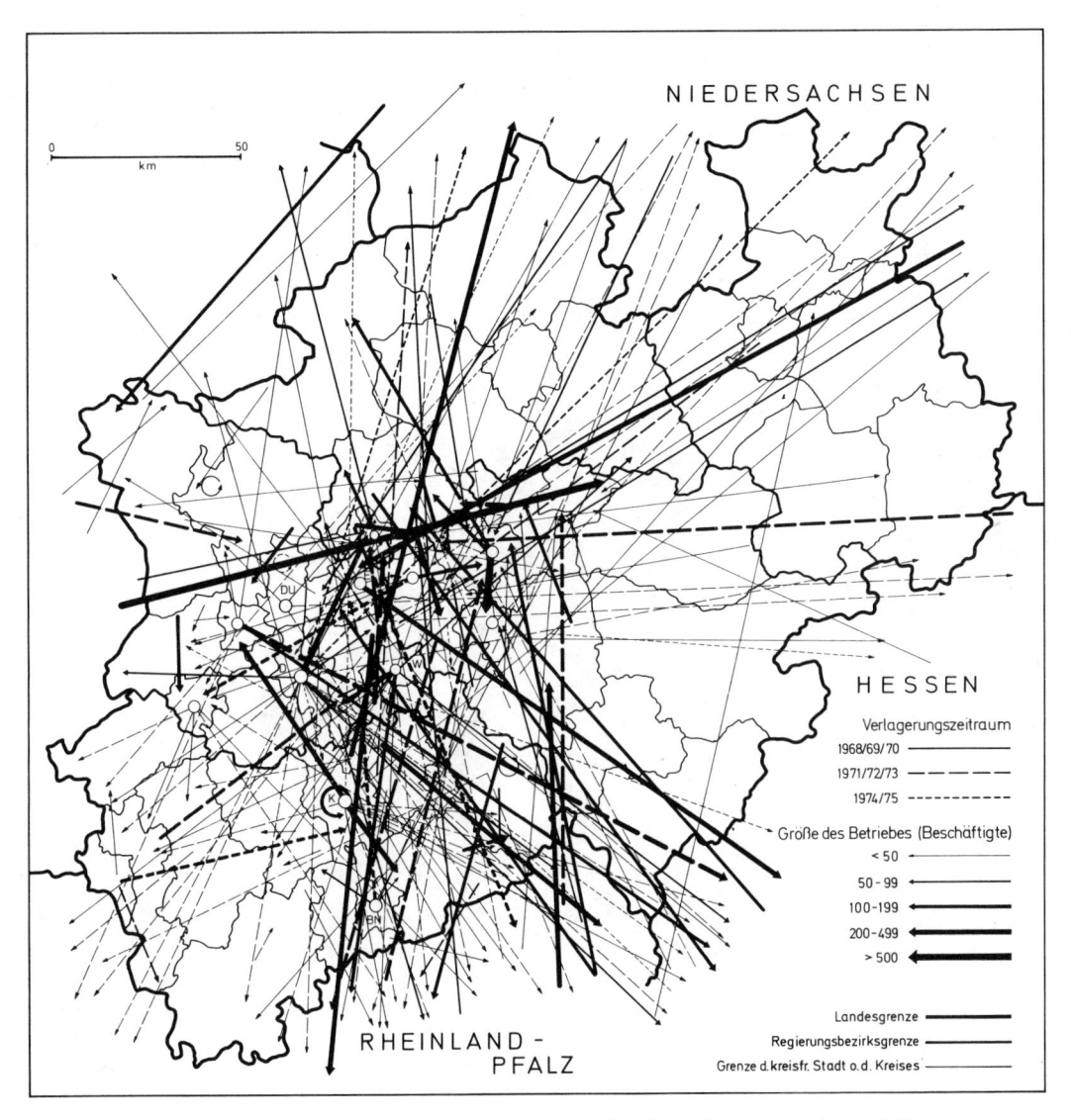

Abb. 9 Zweigbetriebe von Industrieunternehmen im Rhein-Ruhr-Raum (1968–1975)

b. Die Befragungsergebnisse lassen auch erkennen, daß die Förderung innovations- und verflechtungsintensiver Tätigkeiten, einer leistungsfähigen Infrastruktur und eines breiten Versorgungsangebotes allein eine ausgewogene räumliche Entwicklung und den Abbau der Disparitäten zwischen den Verdichtungsräumen nicht sichern. Lagevorteile, Infrastruktur, ökonomische und soziale Chancen durch ein breites Tätigkeitspotential sind notwendige Bedingungen für Standortentscheidungen der Unternehmen. Wichtiger werden jedoch für die Raumentwicklung kommunale Grundentscheidungen über Art und Umfang der Flächennutzung, über die Wiederbelebung der Innenstädte nach nahezu völliger Verdrängung der Wohnbevölkerung, über die Sanierung der Wohngebiete und über Maßnahmen zur

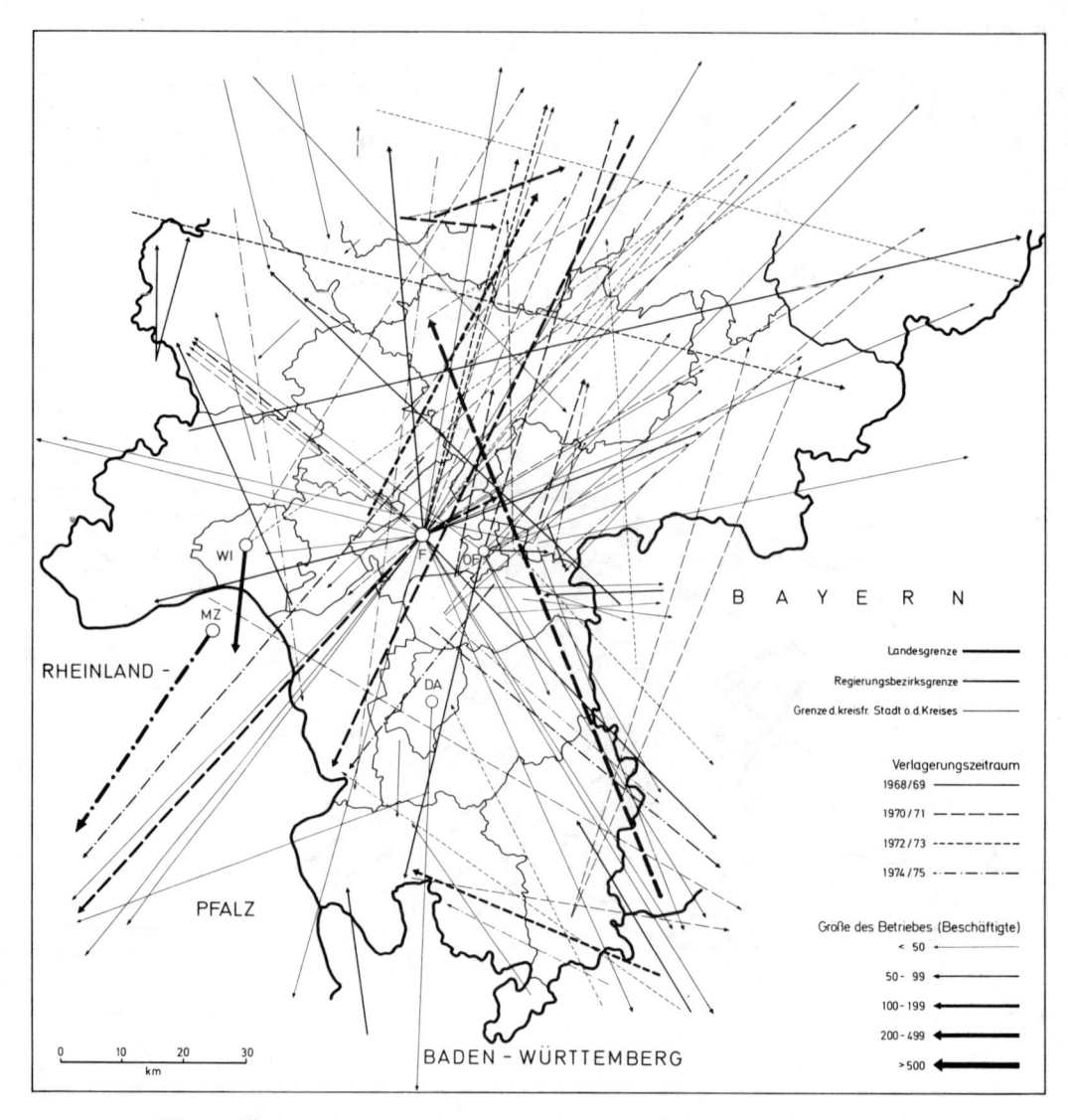

Abb. 10 Zweigbetriebe von Industrieunternehmen im Rhein-Main-Raum (1968–1975)

Verbesserung der Wohnqualität. Die Wohnortwünsche der Arbeitskräfte werden immer bedeutsamer, je qualifizierter Ausbildung und berufliche Stellung sind. Umwelt und Wohnumfeld werden bewußter wahrgenommen und bewertet. Unternehmen und Haushalte sehen in Köln und Frankfurt die Vorteile der zentralen räumlichen Lage, der Bildungs- und Gesundheitseinrichtungen, von Handel und Geschäften in der Innenstadt, von Naherholungsmöglichkeiten, aber auch die Standortnachteile einer schlechten innerstädtischen Erreichbarkeit im öffentlichen und Individualverkehr, von Lärm und schlechter Luft. Die Zentrierung des öffentlichen Nahverkehrsnetzes (S- und U-Bahn) auf die Innenstädte hat nach den Befragungen die Attraktivität der Städte kaum erhöht. Sie fördert eine weitere

Arbeitsplatzzentrierung und die demographische und soziale Segregation. Innerhalb des Verdichtungsraumes müßten entsprechend den Kriterien der Angebots- und Nachfragereichweiten nicht nur Produktions-, sondern auch ein Teil der Versorgungstätigkeiten stärker dezentralisiert werden. Ungeklärte oder vorerst nicht lösbar scheinende Zielkonflikte zwischen Unternehmen, Kommune und Wohnbevölkerung verunsichern alle Standortentscheidungen und bedeuten einen latenten Abwanderungsdruck wie Beispiele aus Köln und Frankfurt zeigen.

Literatur

Gaebe, W. (1976): Die Analyse mehrkerniger Verdichtungsräume. Das Beispiel des Rhein-Ruhr-Raumes. Karlsruhe = Karlsruher Geographische Hefte H. 7
Neue Prognose für die Raumordnung (1977): Bonn = Informationen zur Raumentwicklung H. 1/2.

Diskussion zum Vortrag Gaebe

Dr. W. H. Reuter (Düsseldorf)
Beim Referat von Herrn Gaebe wurde herausgestellt, daß Industriestandorte im Sinne von Produktionsstandorten im Gegensatz zu Versorgungsstandorten („Tertiärstandorten") gestellt wurden. Das bedingt offenbar die Gliederung der Statistik.
Die Fragen und Folgerungen, die daraus – z. B. zur Standortwahl der Produktionsbetriebe – gezogen wurden, scheinen mir jedoch nicht folgerichtig zu sein. Die Wirtschaftsabteilungen 2 und 3 der Systematik der Wirtschaftszweige enthalten neben den „produzierend" Beschäftigten auch die Verwaltungen der Industrie. So sind Städte wie Frankfurt oder Düsseldorf eigentlich nicht als Industriestandorte im klassischen Sinne anzusehen.
Wenn hier u. a. der Bedarf an Facharbeitern, Probleme der Innenstädte, Fragen von Flächenausweisungen für Industrie angesprochen wurden, so ist das in den verschiedenen im Vergleich herangezogenen Städten völlig unterschiedlich zu bewerten. Ich erinnere nur beispielhaft an den Vergleich der beiden Nachbarstädte Düsseldorf („Schreibtisch des Ruhrgebietes") und Duisburg (klassischer Produktionsstandort). In den Verwaltungsmetropolen drängen die Industriebeschäftigten der Statistik in die Nähe der Citys – in den Produktionsstandorten tauchen hingegen Probleme der Flächensicherung und Umweltbelastungen auf.
Mich würde interessieren, wie weit Sie diese äußerst unterschiedlichen Problemkreise bei Ihren Arbeiten berücksichtigen konnten. Im Rahmen der Stadtentwicklungsplanung trennen wir aus den angesprochenen Gründen nicht mehr nach den Wirtschaftsabteilungen der Statistik, sondern nach „Büroarbeitsplätzen" und „Arbeitsplätzen im produzierenden Bereich".

Prof. Dr. K. H. Hottes (Bochum)
Ich schließe mich an die Frage meines Vorredners an, indem ich darauf aufmerksam mache, daß
1) man die Unternehmen aufgliedern muß und z. B. Verwaltung, Rechenzentren, ja Firmen-Konstruktionsbüros verstärkt in bestimmte Städte zu wandern, daß
2) generell der sog. unproduktive Sektor in der Industrie immer mehr wächst, d. h. „nicht produktive" niedere, mittlere und höhere Angestellte, wodurch die Zentren unter 1) sich weiter verstärken, und daß
3) oft auch der Umsatz nicht bei den – u. U. sogar verlagerten – Produktionsbetrieben, sondern bei den Verwaltungsstandorten gemeldet wird.
Als Anregung für solche Arbeiten über die funktionsgemäße Aufteilung innerhalb von Industriebetrieben möchte ich auf eine jüngst erschienene Arbeit von Kollegen Goosens, Löwen, für belgische Industriebetriebe verweisen.
Abschließend noch eine Frage:
Sind Ihre Umsatzziffern inflationsbereinigt?

Dr. K. Arnold (Wien)
1) Sie haben unter Agglomerationsvorteilen, welche zur makroräumlichen Ballung von Industriestandorten führen, als ersten Faktor die Vorleistungen angesprochen. Ich glaube auf Grund meiner Untersuchungen im Ballungsraum Wien, daß für Standortentscheidungen Zulieferverflechtungen in der Regel keine primärstandortbestimmende Rolle spielen, da bei den meisten Betrieben und Branchen breitgestreute Inputstrukturen gegeben sind.

2) Es wäre günstiger gewesen, anstelle des Umsatzes je Industriebeschäftigten als Kennziffer für die Arbeitsproduktivität den Nettoproduktionswert zu nehmen, weil dadurch der Bereich der Vorleistungen exkludiert wird, der sonst – vor allem bei Betrieben der Finalgüterproduktion – die Ergebnisse stark verfälscht.

Dr. W. Gaebe (Karlsruhe)
Zu Herrn Reuter: Eine Kennzeichnung des Leistungsstandes, der Reichweite und Intensität der Raumbeziehungen nach den Wirtschaftsabteilungen 2 und 4–9 der Arbeitsstättenzählung ist zwar unbefriedigend, jedoch nicht unbrauchbar. Eine isolierte Betrachtung von Versorgung oder Produktion, selbst bei einer Aufgliederung der städtischen Arbeitsplätze nach Tätigkeiten (Verwaltung, Verkauf, Fertigung, Wartung) oder nach der beruflichen Stellung der Beschäftigten, reicht jedoch nicht aus. Allgemeinere Aussagen werden jedoch möglich bei einer zusammengefaßten Betrachtung von Produktion und Versorgung als wirtschaftliche Grundlage der Städte, u. a. durch die Relation Arbeitsplätze – Wohnbevölkerung. Eingehende in- und ausländische Untersuchungen belegen eine hohe Korrelation von industriellen Verwaltungs- und Entscheidungsfunktionen und privatem und öffentlichem Güter- und Dienstleistungsangebot und stützen meine Agglomerationsthese.

Aussagen über Standortpräferenzen der Arbeitskräfte, Attraktivität der Innenstädte als Wohn- und Versorgungsplätze und kommunale Flächennutzungsentscheidungen entnehme ich vor allem Befragungen, der schmalen eigenen Untersuchung in Köln und Frankfurt sowie Wanderungsstudien und Studien über Wohnstandortentscheidungen und Unternehmerverhalten. Um Veränderungen der Standortbewertung zu erkennen, müssen Unternehmen und Haushalte untersucht werden.

Zu Herrn Hottes: Die Umsatzziffern sind nicht inflationsbereinigt. – Die Anregungen zur Tätigkeitsdifferenzierung nehme ich gerne auf.

Zu Herrn Arnold: Mit Vorleistungen habe ich nicht die materiellen gemeint, sondern Informationen und unternehmensbezogene Dienstleistungen. Für materielle Vorleistungen trifft der Einwand voll zu.

Der Nettoproduktionswert wäre selbstverständlich eine bessere Kennziffer als der Umsatz, leider gibt es in der Bundesrepublik keine regionalisierten Berechnungen des Nettoproduktionswertes.

ZUR ANGEWANDTEN KRIMINALGEOGRAPHIE DER BALLUNGSGEBIETE – STADTGEOGRAPHISCHE ANALYSE SUBKULTURELLER PHÄNOMENE

Mit 11 Abbildungen und 4 Tabellen

Von Dietrich Wiebe (Kiel)

1. DIE WISSENSCHAFTLICHEN AUSSAGEMÖGLICHKEITEN DER SOZIALGEOGRAPHIE ZU RANDGRUPPENPHÄNOMENEN

Die heutige Kultur- und Sozialgeographie hat entsprechend ihren Zielsetzungen und ihren methodischen Möglichkeiten verschiedene Grundlagen für die Behandlung des gestellten Themas anzubieten. Sie kann z. B. im Rahmen der Analyse räumlicher Entwicklungsprozesse das Verhalten von Menschen in ihrer räumlichen Wirksamkeit und damit auch in ihrer Bedingtheit bewerten. Sie kann Zusammenhänge zwischen natürlicher und sozioökonomischer Raumausstattung untersuchen und dabei u. a. auch, durch die Entwicklung von Modellvorstellungen, zur Schaffung erwünschter Raumstrukturen beitragen, um die optimale Erfüllung stadtplanerischer Ziele zu ermöglichen.

Es ist deshalb nicht verwunderlich, daß als eine der wichtigsten Aufgaben analytischer Geographie die Münchner Schule seit Hartke die Untersuchung des räumlichen Verhaltens von Menschen betont hat. Dabei hat sie hervorgehoben, daß solch räumliches Verhalten von Menschen gruppenspezifisch sehr verschieden aussehen kann, z. B. nach der Reichweite, entsprechend den unterschiedlichen Präferenzstrukturen, mental maps usw. Unter diesem Aspekt haben verschiedene Geographen daraufhin Rentner, Schüler, Hausfrauen, Gastarbeiter, ambulante Händler und marginale Bevölkerungsgruppen unterschiedlichster Bedeutung und Prägung hinsichtlich der Besonderheiten ihres räumlichen Verhaltens untersucht. Solche Analysen beginnen selbstverständlich mit der Frage nach dem Wohnstandort, womit sich bekanntlich ein Kreis von Wechselabhängigkeiten schließt, besser gesagt, ein Interdependenzen-Dreieck (s. Abb. 1) als gedankliches Modell: der Wohnsitz richtet sich

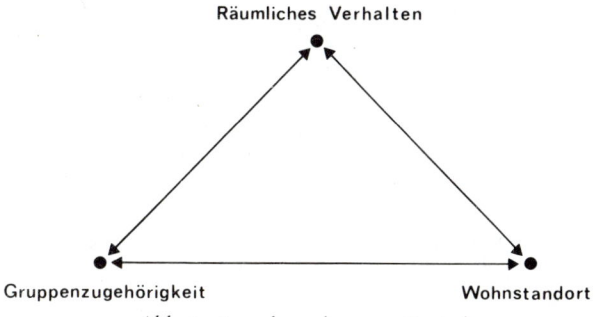

Abb. 1 Interdependenzen – Dreieck

nach den räumlichen Verhaltensbedürfnissen und nach Sozialstatus und Gruppenzugehörigkeit, bestimmt aber beides wesentlich mit als das „Milieu", in dem sich jemand entwickelt und aus dem er auch seine räumlichen Verhaltensmuster übernimmt (Bartels).

Am schwierigsten definierbar ist in solchem Zusammenhang meist die „Gruppe", die selten eine Interaktionsgruppe im Sinne der Soziologen ist, sondern meist eine klassifikatorische Kategorie von Menschen, welche der Geograph teilweise aus soziologischen Taxonomien übernommen hat (z. B. „unterer Mittelstand"), teilweise aus der Statistik (z. B. „Angestellte", „Gastarbeiter") oder teilweise selbst entwickelt hat (z. B. „grüne Witwen am Stadtrand", „Kurzausflügler"). Bevorzugt wurden bisher Marginalgruppen der Gesellschaft untersucht, einerseits um die ganze Variationsbreite möglichen räumlichen Verhaltens zu zeigen, andererseits aber auch wegen der sozialpolitischen Dimension solcher sozialgeographischen Forschung.

Bei der Behandlung meines Themas werde ich den folgenden drei Fragenkreisen nachgehen:
– Den Beziehungen zwischen Marginalgruppen und Subkultur
– Den Beziehungen zwischen Kriminalität und Raum und
– Anhand eines empirisch-analytischen Beispiels aufzuzeigen versuchen, welche Möglichkeiten eine Angewandte Geographie als Planungswissenschaft bieten kann, um sozioökonomische Disparitäten im städtischen Raum zu vermindern.

2. MARGINALGRUPPEN UND SUBKULTUR

In den verschiedenen sozialgeographischen Untersuchungen von Randgruppen (Hartke, Ruppert, Wirth) wird auf den engen Zusammenhang von Marginalgruppenstatus und subkulturellen Aktivitäten, mit raumspezifischen Ausprägungen, hingewiesen. Es ist nicht Aufgabe meines Themas, die einzelnen Bestimmungs-Hintergründe für Marginalität aufzuhellen, sondern vielmehr auf raumwirksame Interaktionsmuster marginaler Gruppen einzugehen. Wir können feststellen, daß Marginalgruppen sozial benachteiligte Gruppen sind, bei denen sich u. a. die Auswirkungen ungleicher Einkommens- und Vermögensverteilungen sowie infrastrukturelle Disproportionalitäten kumulieren. Da es kaum Kompensations- und Substitutionsmöglichkeiten von Versorgungsdefiziten von seiten der Betroffenen gibt, werden in diesen Gruppen spezifische Einstellungs- und Verhaltensmuster entwickelt, die zum Kern subkultureller Aktivitäten werden (Kögler).

Die Subkultur hat für ihre Mitglieder ein verpflichtendes, gemeinsames System von Wertbegriffen, Normen und Verhaltensvorschriften, das nicht nur die Menschen in ihren Wechselbeziehungen untereinander beeinflußt, sondern auch oppositionell ist und in bewußtem Konflikt mit dem System der konventionellen Gesellschaft steht. Yinger spricht deshalb auch von krimineller Subkultur bzw. von Gegenkultur, da die Mitglieder solch einer Gruppe auf abweichende Normen verpflichtet sind. Was die eine Gruppe noch als geboten ansieht, kann u. U. schon als kriminelles Verhalten ausgelegt werden, z. B. bei Kulturkonflikten mit Einwanderergruppen (Sellin), die als marginale Individuen besonders schwierige Anpassungsprobleme haben (Stigmatisierung, Ghettoisierung).

Für eine Mikroanalyse ist die Gliederung von Cloward und Ohlin nützlich, die von drei unterschiedlichen Typen der Subkultur ausgeht: 1. die kriminelle Subkultur, die sich in der Bandenbildung in stabilen Arbeiterwohngebieten zeigt (Gebietstradition vieler Banden), 2. die Konflikts-Subkultur, die auf der Sucht nach Beachtung beruhend sich besonders in desorganisierten Gegenden neuer Einwanderer manifestiert und 3. die Rückzugs-Subkultur, wie sie in Bahnhofsvierteln und entleerten Innenstädten anzutreffen ist mit der Rauschgift-

KIEL

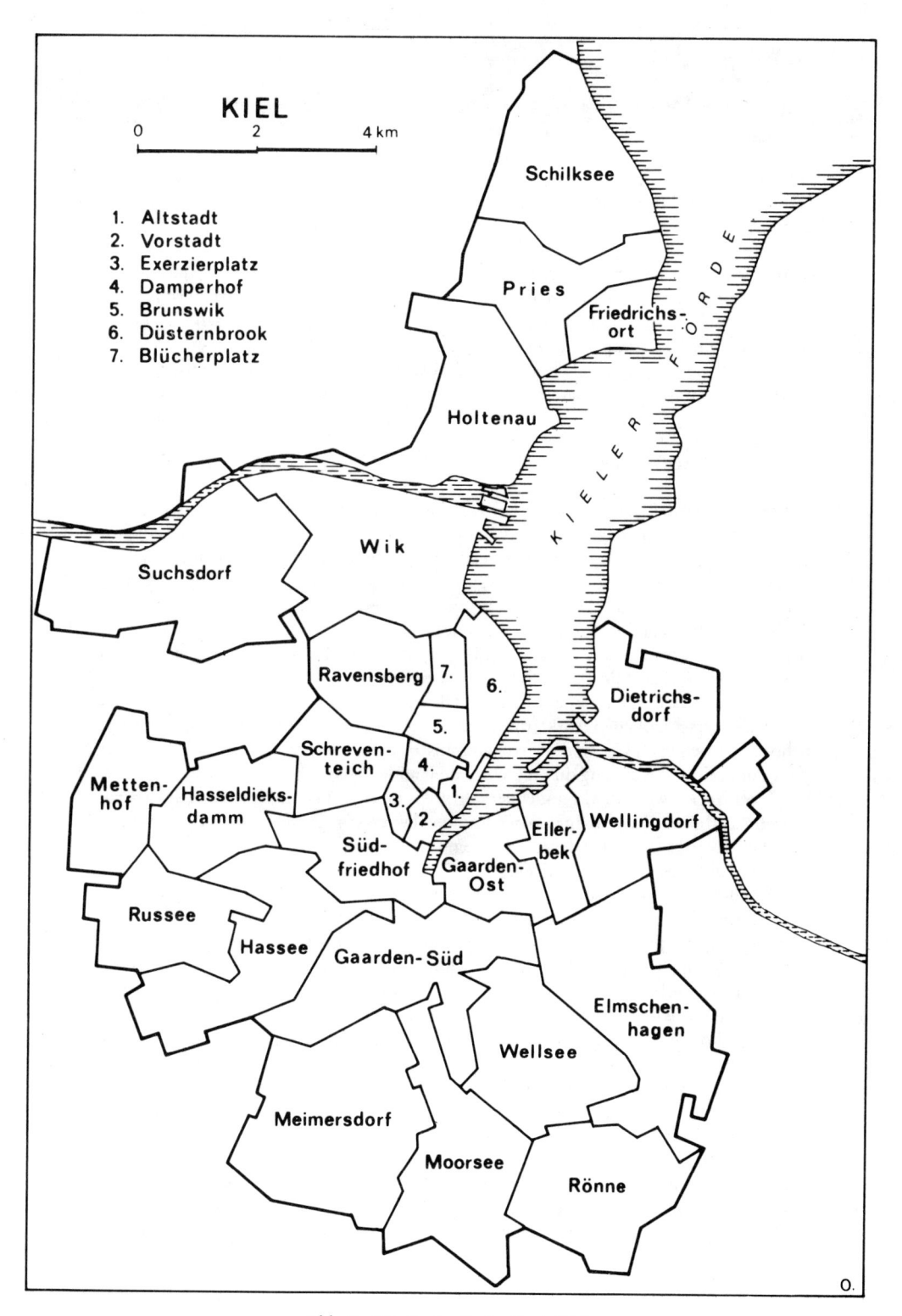

0   2   4 km

1. Altstadt
2. Vorstadt
3. Exerzierplatz
4. Damperhof
5. Brunswik
6. Düsternbrook
7. Blücherplatz

Abb. 2 Die Stadtteile der Stadt Kiel

szene, Spielhallen und zweifelhaften Vergnügungsstätten (Subkultur der Süchtigen und Müßiggänger). Alle drei Subkultur-Typen gibt es in sozial desintegrierten Wohnbezirken. Die Jugendlichen dort begehen vielfach Straftaten als Freizeitbeschäftigung, u. a. wohl auch deshalb, weil man die Freizeit mehr auf der Straße und in Lokalen verbringt und zwar ohne besondere und differenzierte Beschäftigung. Fast alle Jugendlichen sind zu irgendeinem Zeitpunkt an Delikten beteiligt gewesen, da die Auswahl nicht-krimineller Betätigungen oft eingeengt ist.

Als Ergebnis der Untersuchung der Wechselbeziehungen zwischen Marginalität und Subkultur können wir festhalten, daß bei der kriminalgeographischen Analyse verschiedene Faktoren sozioökonomischer Art in räumlicher Differenzierung zu beachten sind. Wohngebiete marginaler Gruppen (Täterwohn- und Deliktstandorte) und Gebiete subkulturellen Angebots (Kneipen, Spielhallen u. ä.) sind potentielle Konfliktzonen. Starke Marginalität führt zur Ausprägung differenzierter Formen von Subkultur, die sich in erhöhter Kriminalität niederschlagen und auf desintegrative Prozesse in Stadtvierteln hinweisen.

3. GRUNDZÜGE DER BEZIEHUNGEN ZWISCHEN KRIMINALITÄT UND RAUM

Eine detaillierte Literaturanalyse zum Problemkreis der Beziehungen zwischen Kriminalität und Raum kann nicht erfolgen, vielmehr werden einige Leitlinien zu diesem Komplex aufgezeigt, ohne den Anspruch auf Vollständigkeit zu erheben. In diesem Zusammenhang sei auf die Arbeiten von Ruppert, Opp, Herold, Helldörfer, Hellmer, Dittrich, der Chicagoer Schule (z. B. Shaw, Mc Kay) u. a. hingewiesen.

Die geographische Betrachtung der Ungleichverteilung von Kriminalität als solcher, läßt sich ohne weiteres als eine Ergänzung bisheriger empirischer Forschungsgebiete auf den Kern kultur- und sozialgeographischer Theorie beziehen: welche Raumstrukturen führen zur Häufung bestimmter Typen von Überfällen, Einbrüchen usw.? (wobei wir einmal vom regional unterschiedlichen Aufklärungsmaß besser oder schlechter arbeitender Verfolgungsbehörden absehen). Hier sind die sozialraumstrukturellen Umstände von krimineller Neigung einerseits, Verführung durch Gelegenheit andererseits ähnlich zu prüfen, wie Angebot und Nachfrage etwa in der Fremdenverkehrsgeographie. Welche Umstände des Sozialraums führen zu erhöhter Kriminalität in bestimmten Typen von Gemeinden und Regionen? Diese Art der Betrachtung führt letztlich in eine mehr synthetisch ausgerichtete Prüfung des räumlich differenzierten Sozialgefüges als jeweils Ganzes. Kriminalität wird hier zum empfindlichen Indikator der Lebenschancen und -zwänge der hier oder dort verorteten Bevölkerung in der Auseinandersetzung mit ihrer Umwelt (Bartels, Ganser).

Bereits im 19. Jh. hat Quetelet in seiner sozialen Physik (1869) auf die Zusammenhänge zwischen Kriminalität und räumlicher Ordnung hingewiesen. Die durch Industrialisierung und technischen Fortschritt bedingte Urbanisierung hat unter kriminologischen Gesichtspunkten verschiedene raumwirksame Ausprägungen erfahren. Mit Clinard und den eigenen Befunden können wir feststellen, daß je stärker eine Region urbanisiert ist, desto höher ist unter sonst gleichen Bedingungen die Rate der Eigentumsdelikte. Bei gegebener Heterogenität der städtischen Kultur entwickeln sich kriminelle Subkulturen, die die Kontinuität kriminellen Verhaltens sichern. Je stärker eine Region urbanisiert ist, desto bedeutender ist der Einfluß solcher Subkulturen. Städtische Gebiete hoher Kriminalität sind durch eine große Mobilität seiner Bewohner, durch wirtschaftliche Notsituationen, durch baulichen Verfall, durch einen hohen Anteil von Mietwohnungen, durch unausgeglichene Altersstrukturen der Bevölkerung und durch ethnische Heterogenität gekennzeichnet. Nach Albrecht sind es Übergangsgebiete mit ablaufenden Invasions- und Sukzessionsprozessen.

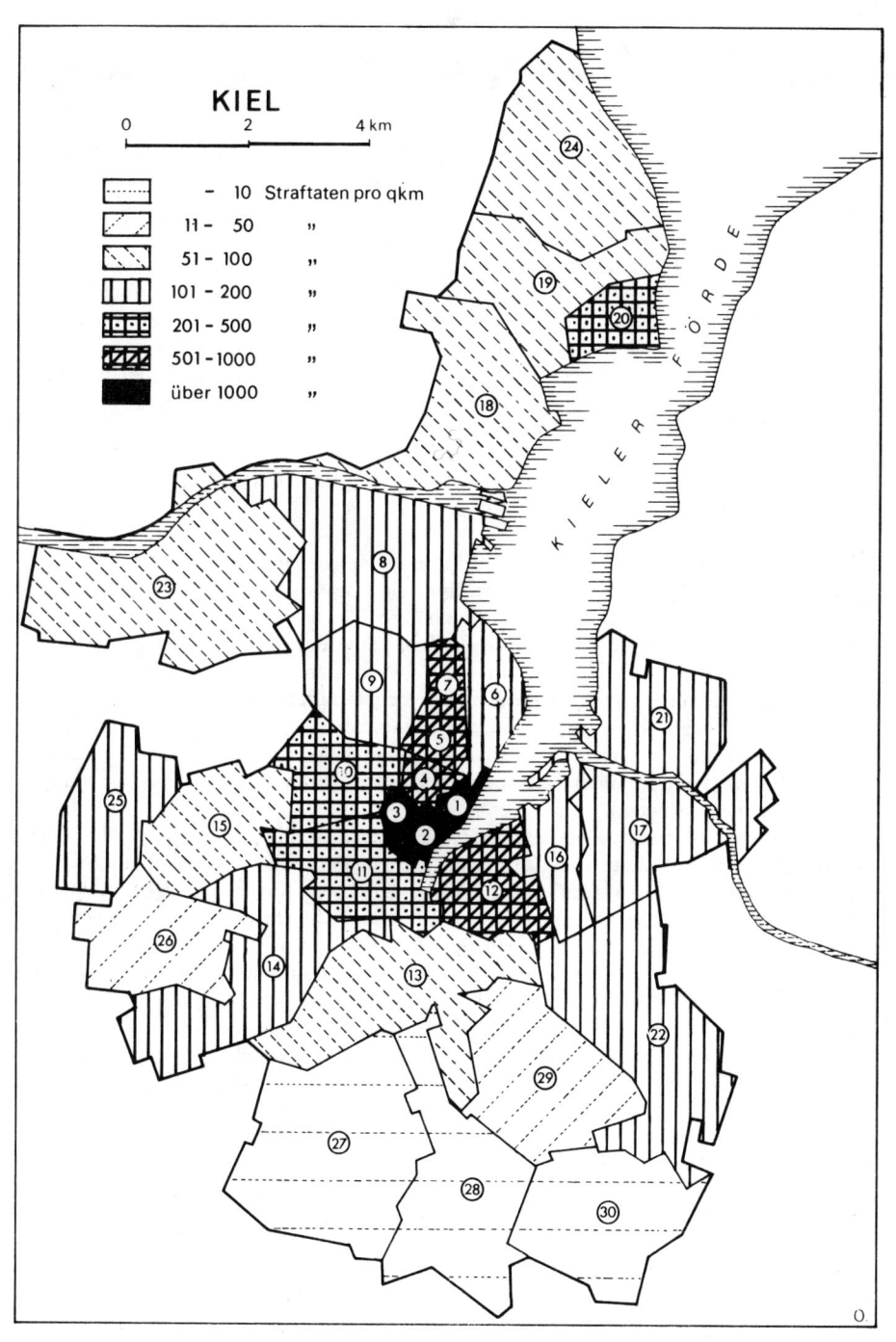

Abb. 3 Stadt Kiel – Kriminalitätsdichte 1973 (Straftaten pro qkm)

Für den ländlichen Raum sind überwiegend affektbestimmte Delikte wie Brandstiftung, fahrlässige Tötung und Raufhändel dominierend, während im verstädterten Raum die rationalbestimmten Taten wie Rauschgift-, Eigentums- und Betrugsdelikte überwiegen. Auf kriminelle Mobilität – Trennung von Wohn- und Tatort – weisen z. B. Bankeinbrüche und Betrug durch Geschäftsreisende in Landgebieten hin. Eine bessere Verkehrserschließung erweitert erheblich den kriminellen Aktionsradius. Herold kommt zu dem Ergebnis, daß bei interlokalen Verbrechen und bei der Tätermobilität die gleichen räumlichen Interdependenzen bestehen wie z. B. bei den Einkaufsbeziehungen, den Arbeits-, Verkehrs- und Versorgungsverflechtungen, d. h. in bestimmten regionalen Verflechtungsbereichen gibt es ähnlich differenzierte Verbrechensverflechtungen (Ruppert). Eine nachts menschenleere City mit ihren Banken und hochwertigen Geschäften ist ebenso kriminalitätsattrahierend, wie eine weitläufige, durchgrünte Stadtrandsiedlung während der Ferien- und Urlaubszeit. Ballungsgebiete haben sehr differenzierte sozioökonomische Strukturen, die ebenso differenzierte Kriminalitätsmuster zur Folge haben.

4. DAS EMPIRISCH-ANALYTISCHE BEISPIEL: KRIMINALGEOGRAPHISCHE STRUKTUREN DER STADT KIEL

Die Analyse stellt den Versuch dar, mit Hilfe verschiedener statistischer Angaben und Techniken, die räumliche Verteilung von Straftaten in einer Großstadt zu untersuchen. Gute Indikatoren für Kriminalität sind die bekanntgewordenen Straftaten, d. h. der Polizei gemeldete Rechtsverletzungen und die ermittelten Täter, das sind Personen, gegen die die Polizei formell vorgegangen ist. Wir sind uns dabei im klaren, daß weder Straftaten noch Täter alle illegalen Handlungen erfassen, die in einem bestimmten Zeitraum oder an einem bestimmten Ort begangen wurden. Um den Zusammenhang zwischen unterschiedlicher Verbrechensverteilung einerseits, und sozioökonomischen, demographischen und ökologischen Mustern der Stadt andererseits bewerten zu können, werden verschiedene Variable in die Analyse einbezogen.

Der Nahbereich der Stadt Kiel umfaßt eine Bevölkerungszahl von ca. 300 000 Menschen. Das Stadtgebiet ist in 30 statistische Zählbezirke eingeteilt (s. Abb. 2), die von unterschiedlicher sozioökonomischer Struktur sind, wie es einige kurze Angaben belegen sollen. Den nach 1970 eingemeindeten ländlichen Siedlungen am südlichen Stadtrand wie Meimersdorf, Moorsee und Rönne, stehen die am westlichen Stadtrand planmäßig erschlossenen Neubaugebiete von Mettenhof und Suchsdorf gegenüber. Es gibt ausgesprochene Arbeiterviertel wie Friedrichsort mit 60% Arbeitern an der erwerbstätigen Wohnbevölkerung, Dietrichsdorf (57%) und Gaarden-Ost (52%) – der Arbeiteranteil in Kiel beträgt 38% –, denen Viertel mit einer Dominanz von Beamten und Angestellten gegenüberstehen: Düsternbrook mit 72% Beamten und Angestellten an der erwerbstätigen Wohnbevölkerung, Blücherplatz (72%) und Wik (71%). Der Beamten- und Angestelltenanteil in Kiel beträgt 54%. In der Gruppe der Freiberuflichen und mithelfenden Familienangehörigen dominieren die ländlichen Gemeinden Rönne (18%), Meimersdorf (18%) und wiederum Düsternbrook (17%), bei einem gesamtstädtischen Wert von 7%. Weitere Strukturelemente kriminalgeographischen Interesses sind Ausländer in den einzelnen Stadtteilen und die innerstädtische Mobilität.

Von der Wohnbevölkerung der Stadt sind (1973) 16,8% über 65 Jahre alt, davon stark abweichende Viertel sind Schreventeich (24,9%), Südfriedhof (21,9%) und Gaarden-Ost (21,5%). Die Analyse der jüngeren Jahrgänge zeigt andere raumstrukturelle Muster. In der Gruppe der 6–14jährigen liegen die Neubaugebiete von Mettenhof (22% aller Einwohner

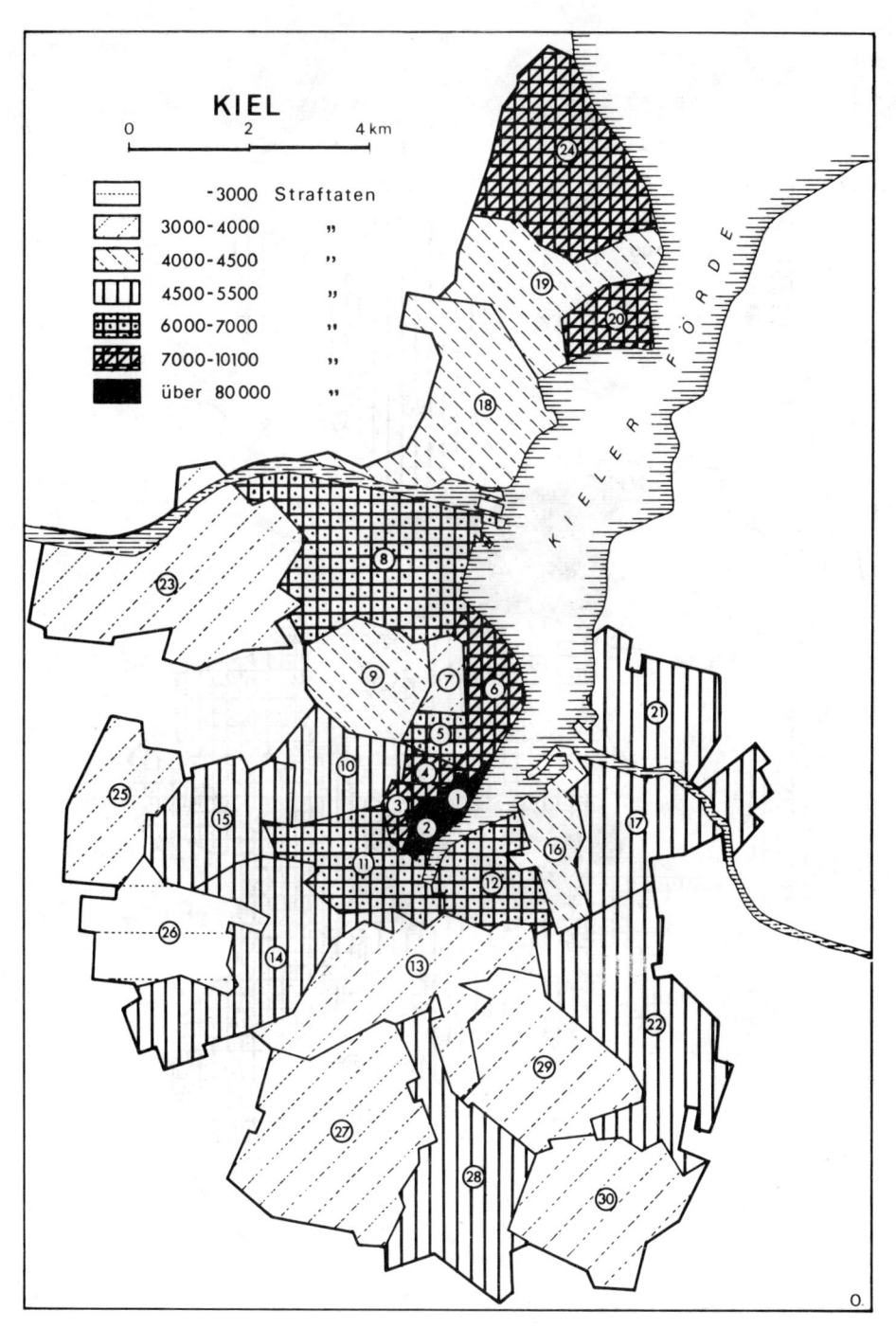

Abb. 4 Stadt Kiel – Häufigkeitszahl 1973 (Straftaten pro 100 000 E.)

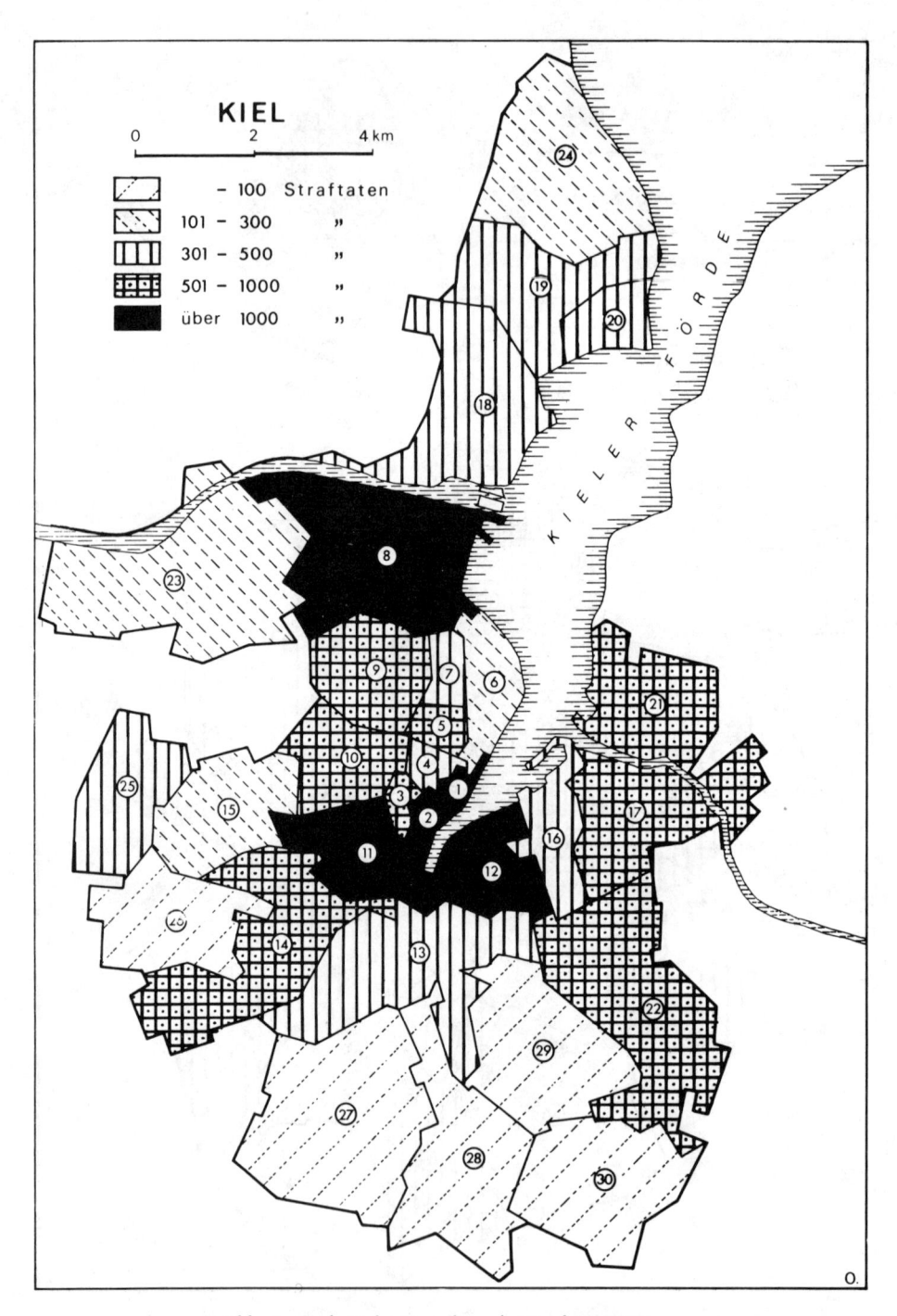

Abb. 5 Stadt Kiel – Verteilung der Straftaten 1973

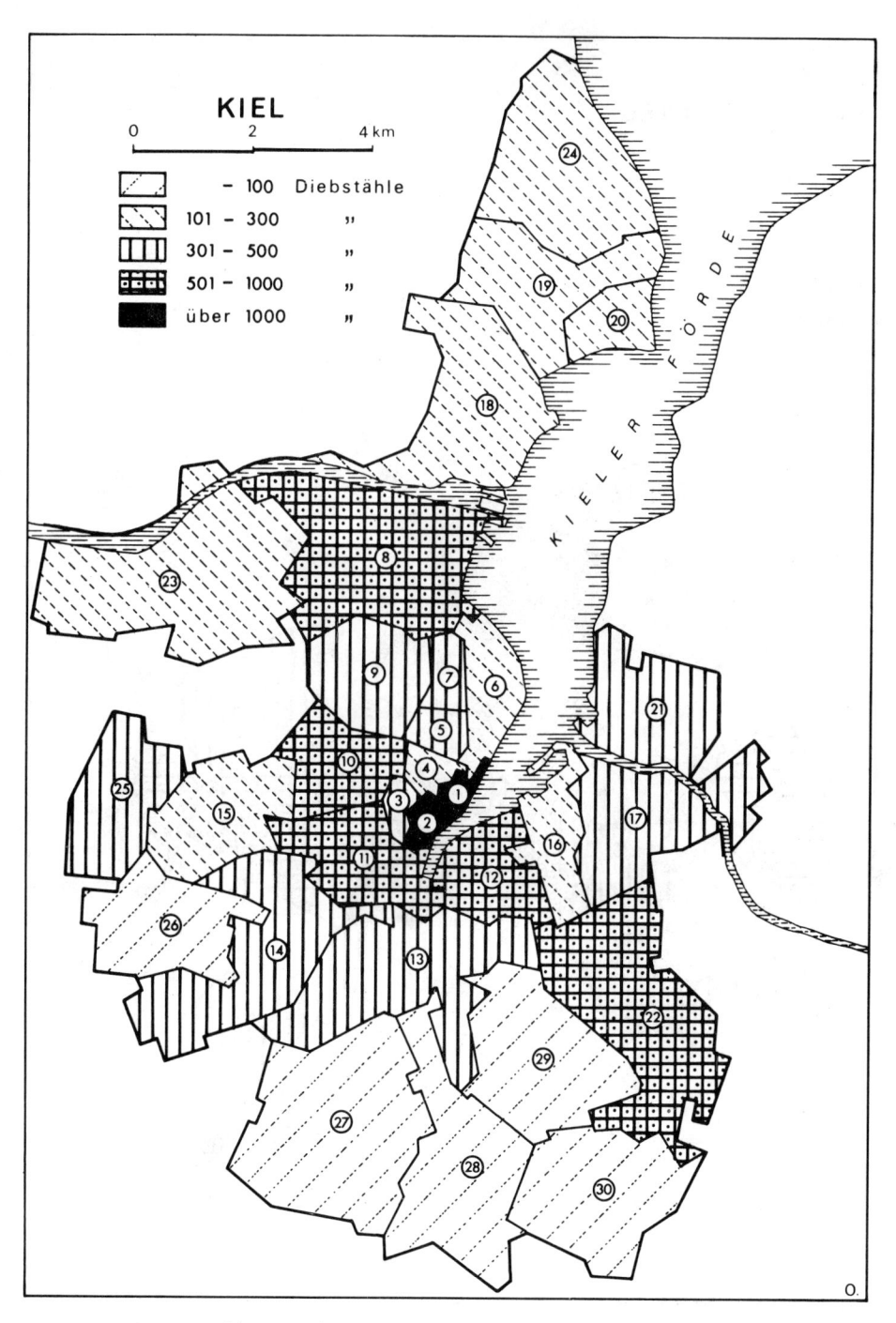

Abb. 6 Stadt Kiel – Verteilung der Diebstähle 1973

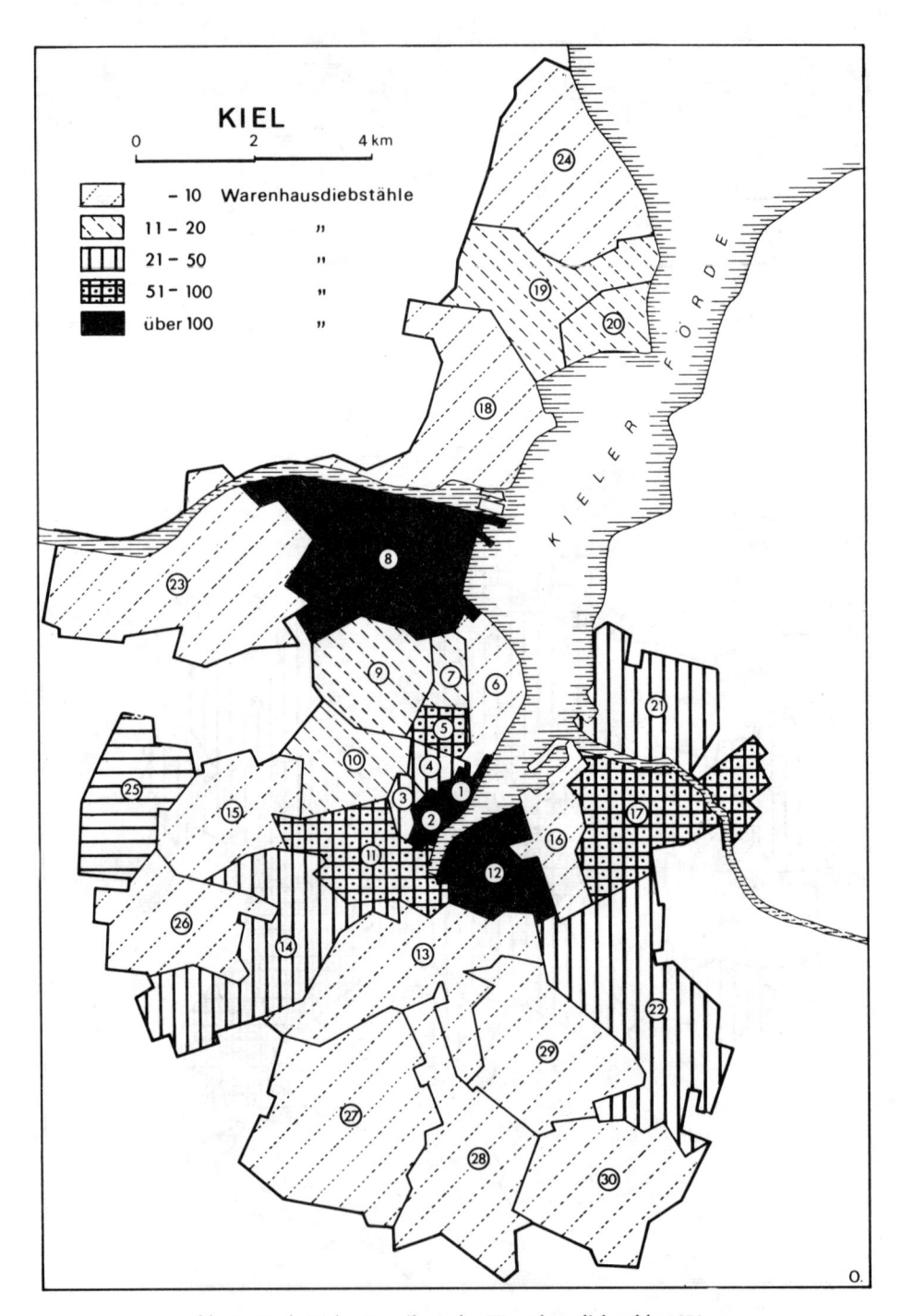

Abb. 7 Stadt Kiel – Verteilung der Warenhausdiebstähle 1973

gehören zu dieser Gruppe) und Suchsdorf (20,1%) und das ländliche Rönne (19,2%) – bei einem Kieler Gesamtmittel von 11,9% – an der Spitze. In der Gruppe der 15–20jährigen sind Damperhof, Hasseldieksdamm und Rönne mit jeweils 10% – Stadt Kiel 7,2% – auf den ersten Plätzen vertreten. Werden alle Einwohner unter 21 Jahren zusammengefaßt, so können wir feststellen, daß diese Jahrgänge sowohl in den Neubaugebieten Mettenhof (39,4%) und Suchsdorf (36,2%) als auch in den ländlichen Gemeindeteilen (Rönne mit 36,2%) dominieren.

Bei der Analyse der Bildungsstruktur (s. Abb. 10) wurde mit einem Index gearbeitet, der die verschiedenen Schul-, Fachschul- und Hochschulabschlüsse der Wohnbevölkerung berücksichtigt. Die Kieler Indexzahl beträgt 1,6. Räume hohen Bildungsstandards sind Düsternbrook 2,9, Blücherplatz 2,2 und die Altstadt mit 1,9. Starke Bildungsdefizite haben Friedrichsort, Gaarden-Ost und Dietrichsdorf mit dem Indexwert 1,3, es handelt sich durchweg um Viertel mit erheblichen Ausländeranteilen an der Wohnbevölkerung: Friedrichsort 18,9%, Dietrichsdorf 7,9% und Gaarden-Ost 5,1%. In der Altstadt liegt der Ausländeranteil bei 13,9% (s. Abb. 11).

Die Mobilität der Wohnbevölkerung, angezeigt durch die Umzüge (innerstädtisch) und durch die Zu- und Fortzüge, ist in der Altstadt, in der angrenzenden Vorstadt und in Friedrichsort am stärksten. Der Bevölkerungsumschlag ist hier doppelt so hoch wie in den übrigen Stadtteilen. Die geringste räumliche Mobilität weisen die ländlichen Wohnstandorte und die Neubauviertel auf.

Es ist selbstverständlich, daß es noch eine weitere Anzahl von soziostrukturellen Daten und Indikatoren gibt, wie z. B. Geburtenrate, Geschlecht, Familienstand, Einkommen, Berufstätigkeit, Wohnstandard, Stellung im Beruf, Wertvorstellungen, Siedlungsweise u. ä., die für eine kriminalgeographische Analyse – oft mit regionalen Besonderheiten verhaftet – bedeutsam sein können, doch zeigen bereits die vorliegenden Werte, daß neben dem Innenstadtbereich, besonders in den Vierteln, in denen mehrere Negativ-Komponenten kumulieren, eine spezifische Kriminalitätsdichte anzutreffen sein wird. Auf unseren Untersuchungsraum bezogen, sind es Friedrichsort, Dietrichsdorf und Gaarden-Ost, da hier ein hoher Anteil geringqualifizierter Erwerbsbevölkerung, nicht integrierte Ausländer, hohe Bildungsdefizite und Überalterung von Bevölkerung und Bausubstanz ein wichtiges Kriminalitätspotential bilden, wie es ja schon aus den einleitenden Ausführungen ersichtlich ist.

Mit Hilfe der Kriminalitätsdichtezahl, d. h. Zahl der Straftaten pro km² des betreffenden Bezirkes, können Feststellungen über Kriminalitätsballungen getroffen werden. Es werden nur statistisches Material über Zählbezirke benutzt und nicht Daten über Individuen. Deshalb beziehen sich sämtliche Ergebnisse auch auf Zählgebiete und nicht auf Personen. Von den 1973 bekanntgewordenen 17 552 Straftaten bezogen sich 71% (12 530 Delikte) auf Diebstähle, 9% (1540 Delikte) gehörten in die Kategorie Vermögens- und Fälschungsdelikte und 6% (993 Delikte) waren Rohheitsdelikte (s. Tab. 1).

In der Darstellung (s. Abb. 3 und Tab. 2) zeigt sich die unterschiedliche kriminelle Belastung der einzelnen Stadtteile. Die höchste Kriminalitätsdichte weisen die Altstadt, die angrenzende Vorstadt und der Exerzierplatz auf. Es dominieren Diebstahls-, Vermögens-, Fälschungs- und Rohheitsdelikte. Die räumliche Nähe von Warenhäusern, hochspezialisierten Geschäften, Banken und dem Vergnügungsviertel stellt ein Angebot dar, das mobile Täter aus dem gesamten Verflechtungsbereich der Stadt Kiel – krimineller Verflechtungsbereich ca. 40 km – anzieht. Bei der Kriminalitätsdichte in Wohngebieten lassen sich zwei Typen ausgliedern, einmal Wohngebiete mit niedrigem Gesamtstandard wie Gaarden-Ost und Friedrichsort, in denen Diebstähle und Rohheitsdelikte von immobilen Tätern – sie sind

Tab. 1 *Ausgewählte Straftaten in der Stadt Kiel (1973)*

Nr. des Stadtteils	Straftaten insgesamt abs.	v.H.	Rohheits- delikte abs.	Diebstahl insgesamt abs.	Waren- haus- diebstahl abs.	Diebstahl von Kfz. abs.	Kfz.- Einbruch abs.	Vermög.- u. Fäl- schungs- delikte abs.
1	1 824	10,4	134	1 258	742	20	44	257
2	1 511	8,6	62	1 010	450	30	81	266
3	559	3,2	34	405	28	25	65	54
4	317	1,8	23	194	34	13	42	49
5	509	2,9	9	387	93	12	45	54
6	298	1,7	10	233	1	9	78	27
7	461	2,6	33	319	19	8	66	43
8	1 342	7,6	76	887	136	24	103	84
9	598	3,4	28	462	13	12	104	28
10	702	4,0	34	532	13	18	73	43
11	1 261	7,2	62	947	92	43	99	97
12	1 280	7,3	81	887	109	51	76	106
13	490	2,8	30	366	7	16	29	28
14	690	3,9	54	460	28	16	81	61
15	199	1,1	11	145	0	15	21	19
16	355	2,0	9	259	5	18	38	31
17	554	3,1	30	393	56	18	36	47
18	330	1,9	33	188	7	7	23	17
19	392	2,2	47	260	15	8	25	10
20	356	2,0	39	252	13	6	8	11
21	719	4,1	50	492	37	45	100	39
22	732	4,1	31	573	24	46	92	21
23	294	1,7	20	220	7	8	38	15
24	248	1,4	7	205	3	6	42	8
25	499	2,8	13	426	52	20	76	10
26	75	0,4	2	61	1	1	6	5
27	39	0,2	4	29	0	0	1	1
28	49	0,2	3	40	1	0	6	1
29	94	0,5	3	74	0	9	13	5
30	17	0,0	3	6	0	0	1	1
Kiel	17 552		993	12 530	1 986	504	1 550	1 540

meistens Bewohner des Viertels – begangen werden, zum anderen Wohngebiete hohen Standards und großer Innenstadtnähe, in denen mobile Täter agieren; hier überwiegen Diebstahlsdelikte.

Die Beziehungen zwischen Wohndichte und Kriminalität wird mit der Häufigkeitszahl, d. h. Zahl der Straftaten pro 100 000 E. (s. Abb. 4 und Tab. 3) gemessen; auch in diesem Fall hat die Innenstadt die größte Belastung, weitere Schwerpunkte sind Friedrichsort und Schilksee, wo sich besonders die saisongebundenen Diebstähle mobiler Täter im Sommer bemerkbar machen. Das Gesamtbild zeigt, wie bereits angeführt, die gleichen räumlichen Interdependenzen, wie sie sich aus der innerstädtischen Gliederung ergeben. Hohe Konzen-

Tab. 2 *Kriminalitätsdichte in der Stadt Kiel (1973)*

Nr. des Stadtteils	Straftaten insgesamt	Rohheits- delikte	Diebstahl insgesamt	Einfacher Diebstahl	Schwerer Diebstahl	Vermögens- u. Fälschungs- delikte
1	5 507	405	3 798	3 073	725	776
2	3 385	139	2 263	1 584	679	596
3	1 316	80	953	391	562	127
4	692	50	423	190	233	107
5	768	14	584	341	243	82
6	177	6	138	57	81	16
7	564	40	391	163	228	53
8	179	10	119	67	52	11
9	197	9	152	62	90	9
10	277	13	210	81	129	17
11	395	19	297	141	156	30
12	504	32	350	163	187	42
13	75	5	56	20	36	4
14	123	10	82	34	48	11
15	56	3	42	19	23	6
16	169	4	123	36	87	15
17	150	8	106	43	63	13
18	62	6	35	19	16	3
19	96	12	64	32	32	3
20	274	30	194	68	126	9
21	168	12	115	44	81	9
22	107	5	83	28	55	3
23	36	2	27	10	17	2
24	94	1	37	17	20	1
25	179	5	153	57	96	4
26	19	1	15	4	11	1
27	5	1	4	2	2	0
28	9	1	7	3	4	0
29	20	0	15	4	11	1
30	4	0	1	0	1	0

tration der Kriminalität im Kerngebiet, geringe Kriminalität in den Übergangsgebieten zum ländlichen Raum.

Abschließend sei auf einige Ergebnisse eingegangen, die den Zusammenhang zwischen Raumstruktur und Kriminalität belegen, die Kriminalitätsbeziehungen zwischen verschiedenen Räumen, sollen in einem weiteren Arbeitsabschnitt untersucht werden. Stadtviertel mit geringem sozialen Zusammenhang, überalterter Wohnbevölkerung und rückläufiger Bevölkerungszahl, mit niedrigem sozioökonomischen Standard, hohem Anteil unverheirateter Personen und überaltertem, schlechten Baubestand haben eine besonders hohe Rate an Kfz-Diebstählen, Kfz-Einbrüchen, an Diebstahls- und Raubdelikten aufzuweisen, wie z. B. Gaarden-Ost, Südfriedhof, Friedrichsort und Dietrichsdorf. Gebiete, deren Einwohner durch Merkmale wie: geringe Schul- und Ausbildung, geringes Einkommen, hoher Prozentsatz Ungelernter, geringer Frauenanteil, hoher Ausländeranteil, niedriger Wohn-

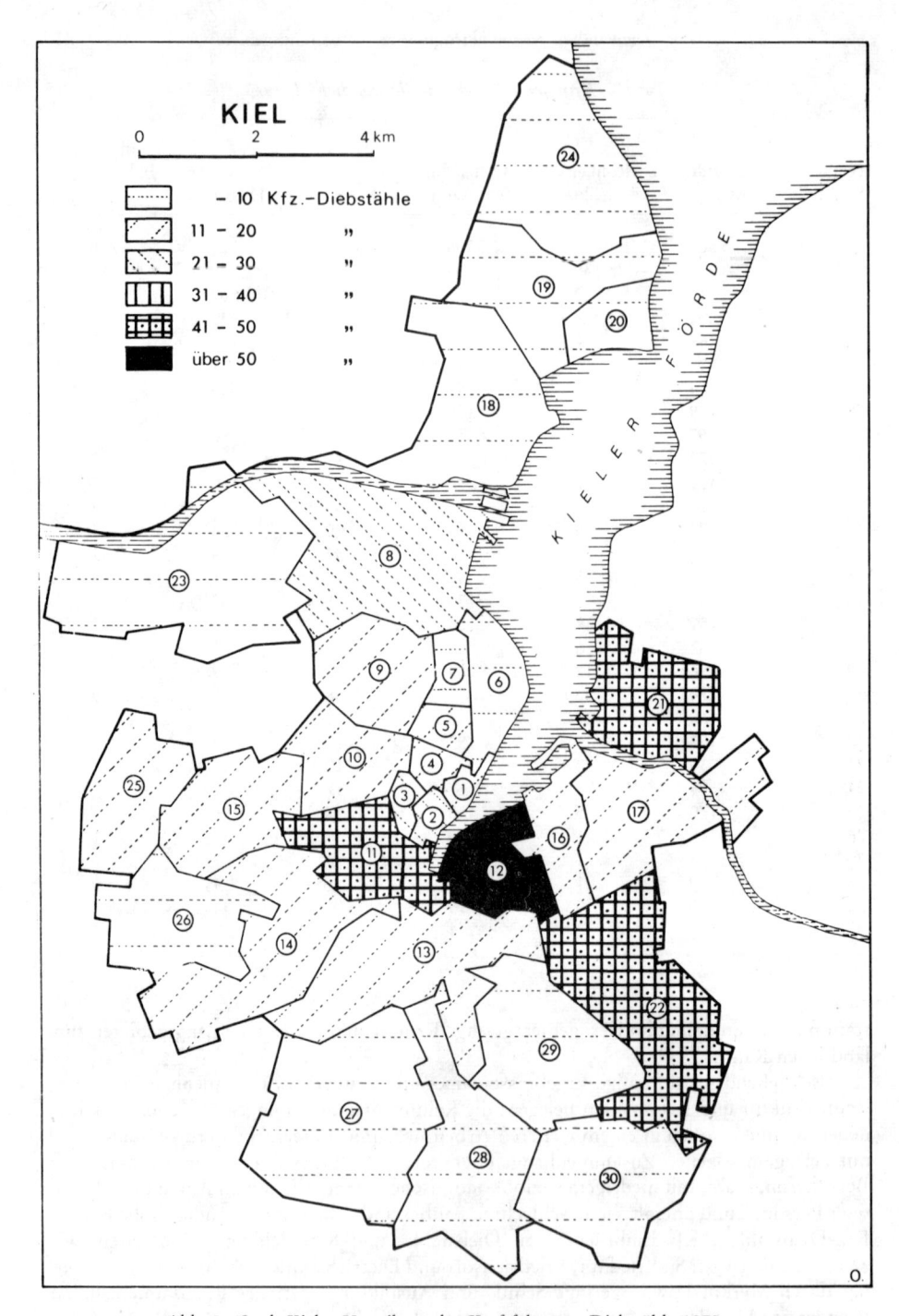

Abb. 8 Stadt Kiel – Verteilung der Kraftfahrzeug-Diebstähle 1973

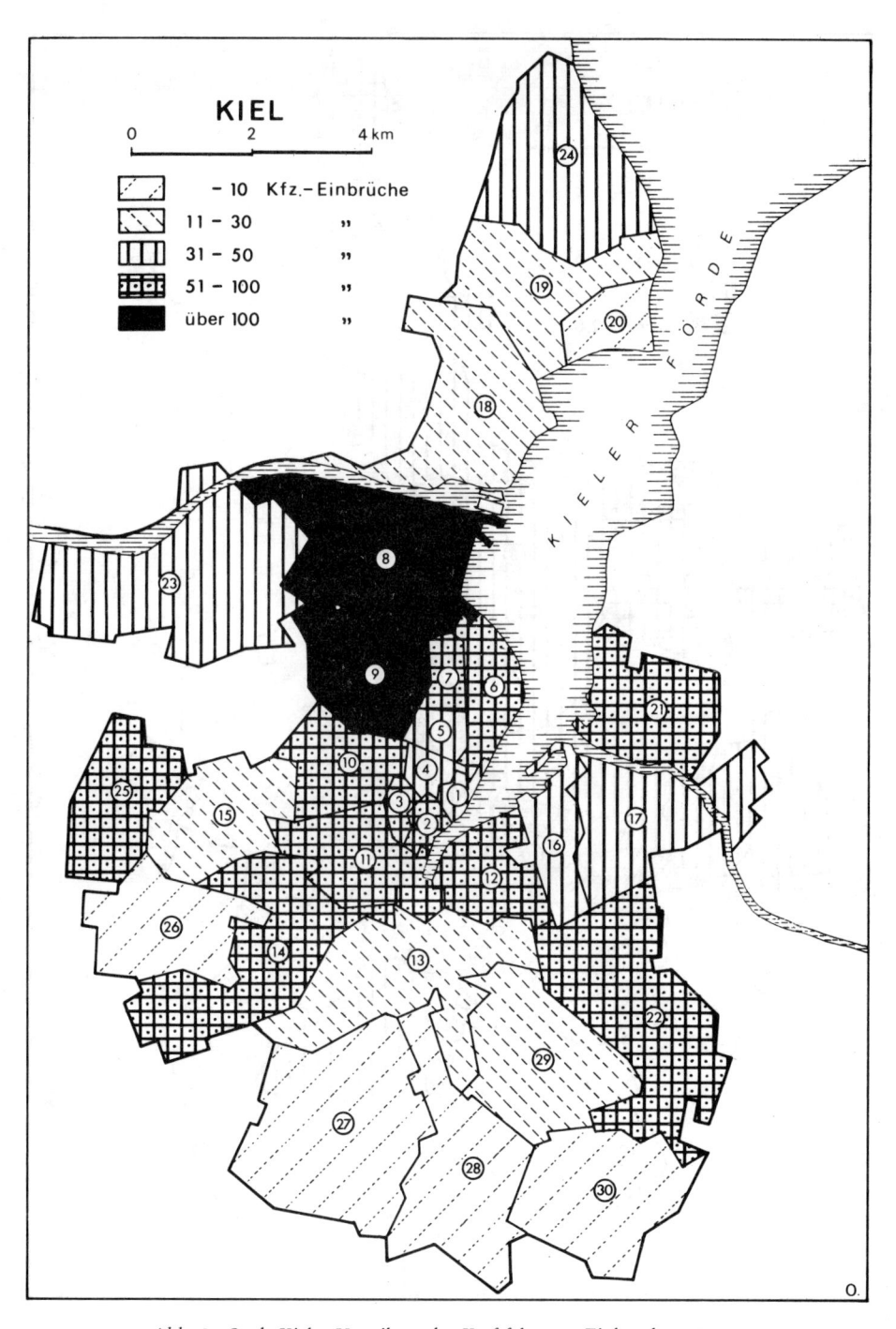

Abb. 9 Stadt Kiel – Verteilung der Kraftfahrzeug-Einbrüche 1973

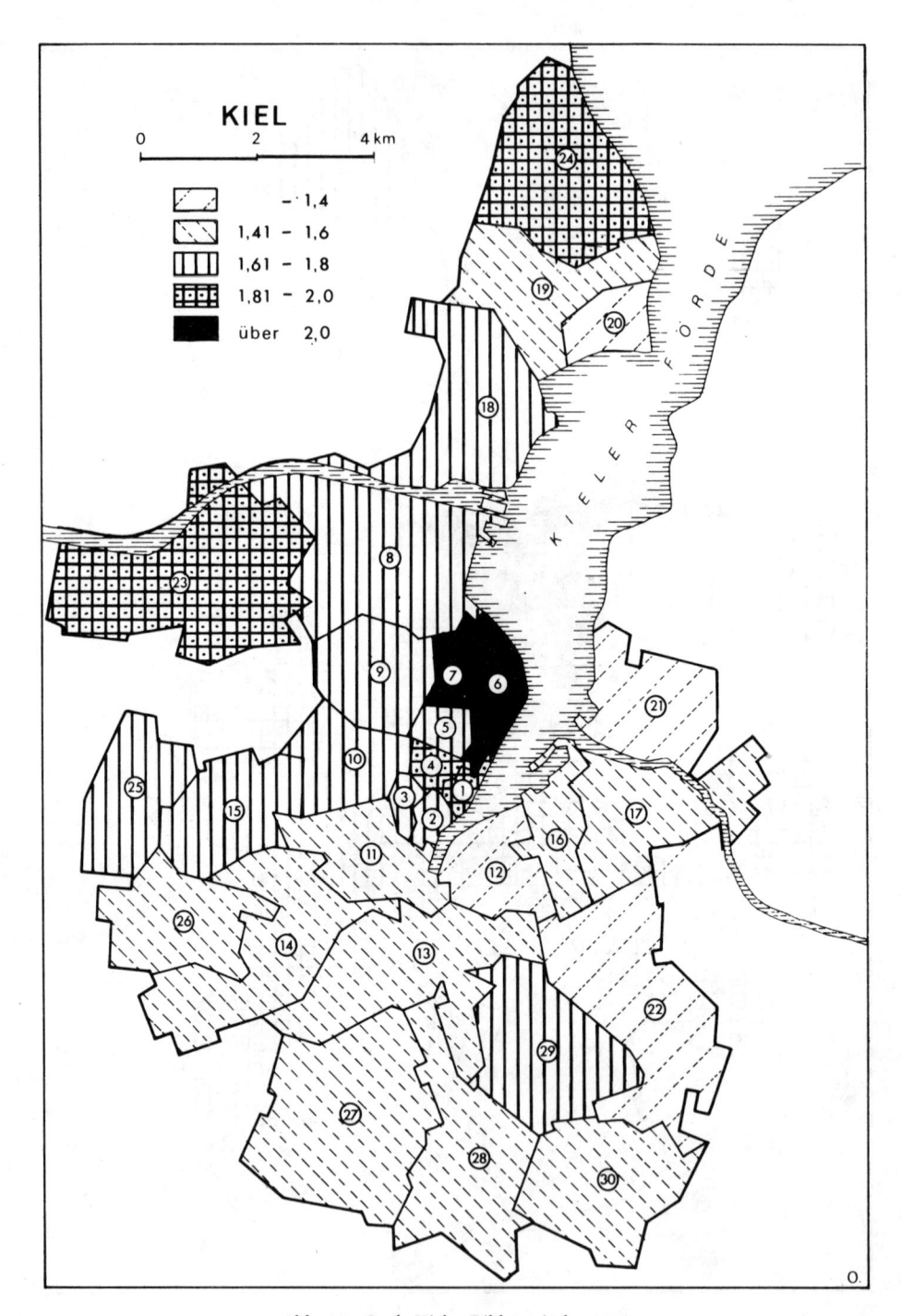

Abb. 10 Stadt Kiel – Bildungsindex 1973

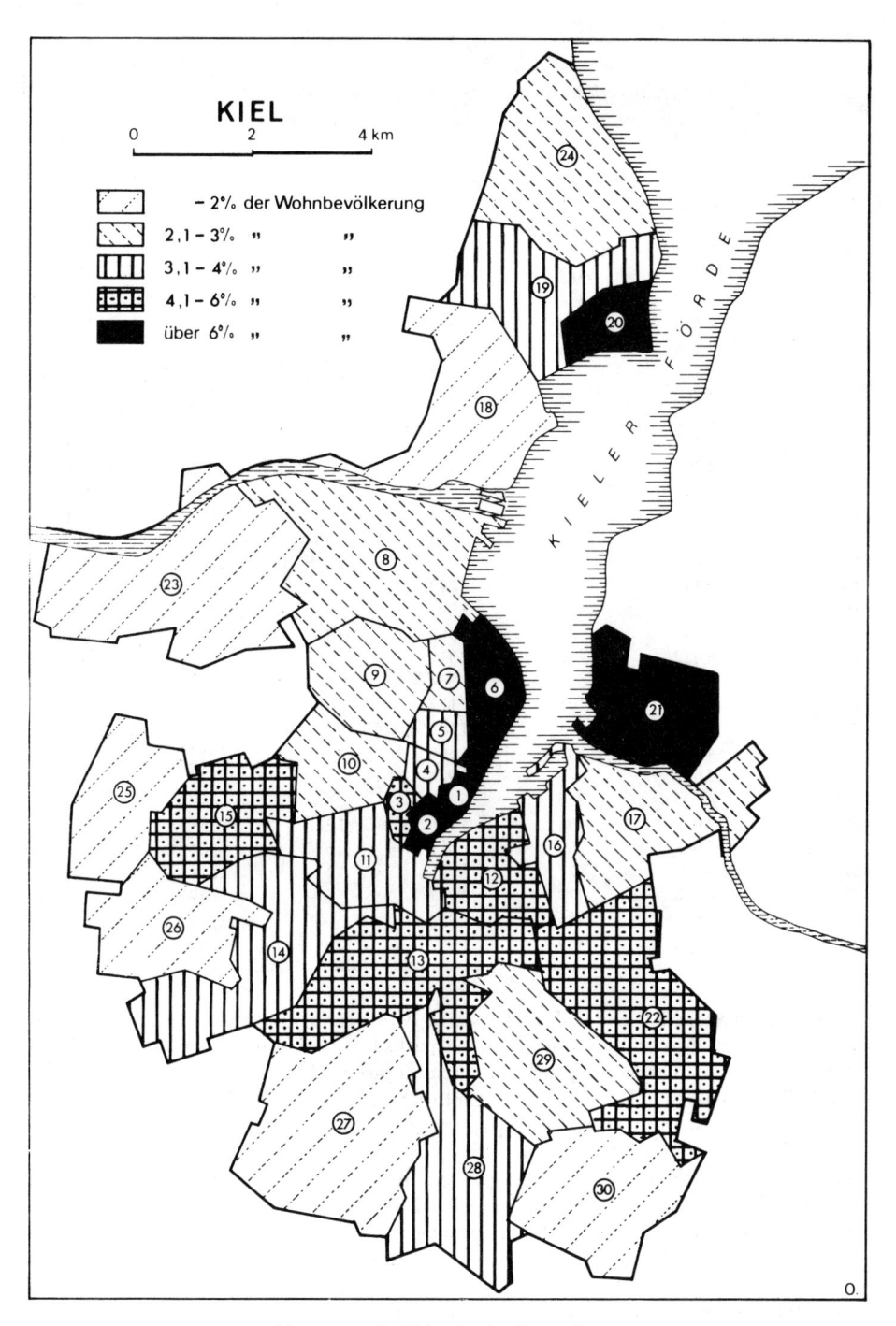

Abb. 11 Stadt Kiel – Ausländeranteil 1973

Tab. 3 *Häufigkeitszahl (Straftaten pro 100 000 E.) der Stadt Kiel (1973)*

Nr. des Stadtteils	Straftaten insgesamt	Rohheits- delikte	Diebstahl insgesamt	Einfacher Diebstahl	Schwerer Diebstahl	Vermögens- u. Fälschungs- delikte
1	205 869	15 124	141 986	114 898	27 088	29 007
2	82 433	3 382	55 101	38 571	16 530	14 512
3	7 137	434	5 171	2 120	3 052	689
4	7 426	539	4 544	2 038	2 506	1 148
5	6 006	106	4 566	2 667	1 900	637
6	8 207	275	6 417	2 644	3 773	744
7	3 262	234	2 257	941	1 316	304
8	6 190	351	4 091	2 306	1 785	387
9	4 167	195	3 219	1 317	1 902	195
10	4 701	228	3 562	1 379	2 183	288
11	6 609	325	4 963	2 358	2 605	508
12	6 577	416	4 557	2 122	2 435	545
13	3 686	226	2 753	963	1 790	211
14	4 621	362	3 081	1 279	1 802	409
15	5 145	284	3 749	1 655	2 094	491
16	4 238	107	3 092	895	2 197	370
17	5 051	273	3 583	1 440	2 142	428
18	4 422	442	2 519	1 367	1 153	228
19	4 303	516	2 854	1 449	1 405	110
20	10 068	1 103	7 127	2 489	4 638	311
21	4 506	313	3 083	1 191	2 175	244
22	4 556	193	3 566	1 183	2 384	131
23	3 977	271	2 976	1 163	1 813	203
24	7 633	215	6 310	2 862	3 447	246
25	3 674	96	3 136	1 178	1 958	74
26	2 548	68	2 071	510	1 563	170
27	3 672	377	2 731	1 130	1 601	94
28	4 558	279	3 721	1 674	2 047	93
29	3 595	115	2 830	650	2 180	191
30	3 114	549	1 099	549	549	183

standard gekennzeichnet sind, haben eine starke Affinität für Rohheitsdelikte, Schlägereien und Raub (z. B. Altstadt, Gaarden-Ost, Dietrichsdorf und Wik). Eine hohe räumliche Mobilität der Wohnbevölkerung steht in engem Zusammenhang mit Delikten wie Scheckbetrug, Warenhaus- und Ladendiebstahl. Einbruchs-, Raub- und Rohheitsdelikte kommen in Vierteln mit überproportionalem Ausländeranteil gehäuft vor.

Auf die Schwächen der Kriminalstatistik sei in diesem Zusammenhang ebenfalls hingewiesen. Nicht alle Straftaten werden angezeigt, die Anzeigenhäufigkeit kann von Stadtteil zu Stadtteil verschieden sein, sie kann von Delikttyp zu Delikttyp variieren, die vorbeugenden Aktivitäten der Polizei und eine optimale Revierführung und -abgrenzung können die Straftatenhäufigkeit beeinflussen und zu Verlagerungen krimineller Tätigkeiten in „günstigere" Viertel führen.

Im Rahmen meiner Ausführungen konnten Fragenkreise wie: die Bedeutung des Zeitfaktors (welche Tages- und Jahreszeiten sind besonders kriminalitätsanfällig?), die Struktur

Tab. 4 *Verzeichnis der Kieler Stadtteile*

Nr. des Stadtteils	Name des Stadtteils	Nr. des Stadtteils	Name des Stadtteils
1	Altstadt	16	Ellerbek
2	Vorstadt	17	Wellingdorf
3	Exerzierplatz	18	Holtenau
4	Damperhof	19	Pries
5	Brunswik	20	Friedrichsort
6	Düsternbrook	21	Dietrichsdorf
7	Blücherplatz	22	Elmschenhagen
8	Wik	23	Suchsdorf
9	Ravensberg	24	Schilksee
10	Schreventeich	25	Mettenhof
11	Südfriedhof	26	Russee
12	Gaarden-Ost	27	Meimersdorf
13	Gaarden-Süd	28	Moorsee
14	Hassee	29	Wellsee
15	Hasseldieksdamm	30	Rönne

der Wohnsitznahme von Kriminellen, die Kriminalitätswanderbewegungen zwischen verschiedenen Räumen (Täterausstrom, Tätereinstrom, Tätermobilität), – eine spezialisierte Arbeitsteilung von Hamburger und Kieler Tätern scheint sich anzubahnen – oder die kriminelle Integration der zweiten Ausländergeneration (ethnisch gemischte Kinder- und Jugendbandenbildungen) nicht behandelt werden. Ebenso konnten nicht die Möglichkeiten einer Nutzanwendung sozialgeographischer Forschung unter dem Aspekt räumlicher Neuorganisationen von Verwaltungen und Einrichtungen sozialer Infrastruktur (Heime der Offenen Tür u. ä.) erörtert werden.

Einiges an meinen Beispielen mögen Sie vielleicht interpretieren als wissenschaftliche Fortentwicklung jener keineswegs unberechtigten Ahnungen jeden Polizeikommissars über die regional unterschiedliche Wahrscheinlichkeit, bei der Aufspürung von Straftaten oder Tätern hier oder dort zu schnellem Erfolg zu kommen. Anderes aber sollte wohl verstanden werden als Beitrag zu einer Erforschung und Abgrenzung von Sozialräumen, deren strukturelle Verbesserung wesentliches Anliegen einer sozial denkenden Gesellschaft ist. Beiträge einer so verstandenen Kriminalgeographie liegen bisher nur wenige vor; zu ihrem Ausbau beizutragen, darf ich bescheiden als mein Programm der nächsten Zeit bezeichnen.[1]

---

[1] Für eingehende Gespräche und zahlreiche Hinweise zu diesem Themenkreis möchte ich Herrn Prof. Dr. D. Bartels (Geograph. Inst. d. Univ. Kiel) und Herrn Ass. D. Frehsee (Kriminolog. Seminar d. Univ. Kiel) meinen herzlichen Dank aussprechen.

Literatur

Albrecht, G.: Soziologie der geographischen Mobilität, Stuttgart 1972
Brauneck, A.-E.: Allgemeine Kriminologie, Hamburg 1974
Clinard, M. B.: A Cross-cultural Replication of the Relation of Urbanism to Criminal Behavior, in: Amer. Soc. Rev. 25, 1960
Cloward, R. A. u. Ohlin, L. E.: Delinquency and opportunity, London 1961
Cohen, A. K.: Delinquent boys: The culture of the gang, Glencoe, Ill. 1955
Dittrich, E.: Raumordnung und Polizei, in: Inst. f. Raumordnung, Informationen, Bad Godesberg 1968, S. 269–319
Easterly, E. S.: Global patterns of legal systems: Notes toward a new Geojurisprudence, in: The Geographical Review, Vol. 67, 1977, S. 209–220
Harries, K. D.: The Geography of Crime and Justice, New York 1974
Hartke, W.: Die geographischen Funktionen der Sozialgruppe der Hausierer am Beispiel der Hausierergemeinden Süddeutschlands, in: Ber. z. dt. Landeskunde, 1963, S. 209–232
Helldörfer, H.: Nürnberg – Kriminalgeographie einer Großstadt – Ein Überblick, in: Veröff. d. Akademie f. Raumforschung u. Landesplanung, Forschungs- u. Sitzungsberichte, Bd. 97, Stadt und Stadtraum, Hannover 1974, S. 151–169
Hellmer, J.: Kriminalitätsatlas der Bundesrepublik Deutschland und West-Berlins, Schriftenreihe des Bundeskriminalamtes Wiesbaden, Wiesbaden 1972
Hellmer, J.: Der Einfluß des Fremdenverkehrs auf die Kriminalität, dargestellt an einem Kurort im Mittelgebirge, in: Monatsschrift für Kriminologie und Strafrechtsreform, Köln 1975, S. 174–181
Herold, H.: Kriminalgeographie – Ermittlung und Untersuchung der Beziehungen zwischen Raum und Kriminalität, in: Grundlagen der Kriminalistik, Bd. 4, Hamburg 1968, S. 1–48
Hood, R. u. Sparks, R.: Kriminalität, München 1970
Kögler, A.: Die Entwicklung von „Randgruppen" in der BRD, Schriften der Kommission für wirtschaftlichen und sozialen Wandel, Bd. 87, Göttingen 1976
Morris, T. P.: The criminal area, London 1958
Nasseri, N.: Raub und Diebstahl in verschiedenen Altersklassen, Med. Diss. Kiel 1972
Opp, K. D.: Zur Erklärung delinquenten Verhaltens von Kindern und Jugendlichen, München 1968
Otremba, E.: Soziale Räume, in: Geographische Rundschau 1969, S. 10–14
Pyle, G. F.: The Spatial dynamics of Crime, Chicago 1974
Ruppert, K.: Planungsregionen und räumliche Organisation der Polizei, in: Inst. f. Raumordnung, Informationen, Bad Godesberg 1973, S. 251–259
Rupprecht, R.: Kriminalstruktur – Theoretische Probleme und praktische Beispiele, in: Kriminalistik, Hamburg 1974, S. 481–489
Sack, F. u. König, R. (Hrsg.): Kriminalsoziologie, Frankfurt/M. 1974
Schrettenbrunner, H.: Gastarbeiter – Themen zur Geographie und Gemeinschaftskunde, München 1976
Sellin, Th.: Culture Conflict and Crime, New York 1938
Sellin, Th. u. M. E. W.: The measurement of delinquency, New York 1964
Stewig, R.: Kiel – Einführung in die Stadtlandschaft, Kiel 1971
Thrasher, F. W.: The gang, Chicago (University Press) 1960
Wiebe, D. u. Do-Yin Yoo: Soziokulturelle Probleme ausländischer Arbeitnehmer im Gesundheitswesen der BRD, dargestellt am Beispiel der Krankenpflegekräfte aus Korea, Kiel 1975
Wirth, E.: Hamburgs Wochenmärkte seit dem Ende des 18. Jhs., in: Zs. d. Vereins f. Hamburgische Geschichte, Bd. 48, Hamburg 1962, S. 1–39
Yablonsky, L.: The violent gang, New York 1962
Yinger, J. M.: Contraculture and subculture, in: Amer. Soc. Rev. 25 (1960), S. 625–635

Diskussion zum Vortrag Wiebe

Prof. Dr. K. Ruppert (München)
Wie weit werden die Ergebnisse zur Neuorganisation bereits verwertet?

Dr. D. Wiebe (Kiel)
Neben den Arbeiten der Amerikaner sind besonders die Untersuchungen von Dittrich und Karl Ruppert über den Zusammenhang von Raum und Kriminalität für die Planung und Neuorganisation der Polizei und der gesamten sozialen Infrastruktur wichtig. Es ist selbstverständlich vorgesehen, die Ergebnisse der lokalen und regionalen Planung zur Verfügung zu stellen. Nicht nur Standort, personelle Ausstattung und Abgrenzung der Polizeireviere sind dabei zu beachten, sondern auch die Einrichtungen der vorbeugenden Jugendfürsorge können von solchen sozialgeographisch konzipierten kriminalgeographischen Arbeiten profitieren, um Fehlplanungen zu vermeiden. Ein weiteres Arbeitsfeld für die Neuorganisation und räumliche Dimensionierung polizeilicher und sozialer Einrichtungen ergibt sich bei der kommunalen Neuordnung in den einzelnen Bundesländern.

Prof. Dr. K. H. Hottes (Bochum)
Meinen Glückwunsch an Herrn Wiebe!
Ich darf darauf hinweisen, daß in Bochum unter Leitung des Strafrechtlers Schwind über mehrere Disziplinen hinweg und in Zusammenarbeit mit der Polizei eine kriminalgeographische Untersuchung des Raumes Bochum abgeschlossen ist. Unter Rückverweis auf Herrn Rupperts Bemerkung darf ich darauf hinweisen, daß man sich u. a. daraus Hinweise für eine verbesserte räumliche Polizeiorganisation erhofft.

Dr. D. Wiebe (Kiel)
Das Projekt in Bochum zeigt klar, daß man in der Angewandten Kriminalgeographie nur über eine interdisziplinäre Zusammenarbeit zu neuen Erkenntnissen gelangen kann. Neben vielen methodischen Problemen ist die personelle Ausstattung solcher Projekte eine wichtige Komponente, die über den Erfolg oder Mißerfolg entscheiden kann. Die Kooperation von Hochschulforschung mit den Praktikern, in diesem Fall der Polizei, ist für beide Teile von erheblichem Nutzen und trägt dazu bei, die Planungsrelevanz mancher Ergebnisse noch zu erhöhen.

Prof. Dr. P. Schöller (Bochum)
Ein Flächenbezug der Darstellung von Kriminalität scheint mir wenig sinnvoll. Bei einem Bezug auf die Wohnbevölkerung sollte man grundsätzlich unterscheiden zwischen Tatortbereichen und Wohnortbereichen der Täter. – Zu warnen wäre vor einer Verallgemeinerung der Kieler Ergebnisse über den Zusammenhang von Sozialstruktur und Kriminalität. Untersuchungen von Doz. Dr. H. J. Buchholz (Bochum) über Täterwohnortbereiche in Essen weisen auf andere Ergebnisse hin. Sicher kommt man bei dieser sozialgeographischen Frage nur weiter, wenn man die Untersuchungsgebiete noch kleinräumiger – etwa auf der Basis von Baublöcken – faßt.

Dr. D. Wiebe (Kiel)
Die Kriminalitätsdichtezahl, d. h. der Flächenbezug der Kriminalität, wird angewandt, um Areale unterschiedlicher Tathäufigkeiten auszugliedern, da z. B. die Relation zwischen Delikten und Einwohnerdichte allein, zu Fehlschlüssen führen könnte. Man denke nur an die dünnbesiedelten Innenstadtbereiche, in denen die meisten Straftaten verübt werden. Es geht also um die Darstellung von Fallzahlen, die in Abhängigkeit von Gelegenheiten zu sehen sind, wie z. B. im Kieler Beispiel das kriminalitätsattrahierende Vergnügungsviertel und die Kaufhäuser in der Innenstadt. Bei den Beziehungen zwischen Einwohnerdichte und Deliktarten und -dichte ist es möglich, zwischen den Nahraum- und Fernraumdelikten zu unterscheiden, wenn Wohnort des Täters und Deliktart beachtet werden. Es ist beabsichtigt, in einem weiteren Arbeitsabschnitt, die Verknüpfungen zwischen Wohn- und Tatort der Täter zu analysieren. Meine bisherigen Ergebnisse über die Kieler Situation sind zunächst ein erster Schritt zu einer kriminalgeographischen Analyse deutscher Ballungsgebiete. Erst die Auswertung von Daten aus anderen Regionen wird, lokalspezifische Komponenten einmal ausgenommen, wohl auf besondere Beziehungen zwischen Sozial- und Kriminalstruktur hinweisen. Je kleinräumiger in den einzelnen Regionen gearbeitet werden kann, desto differenziertere Ergebnisse sind zu erwarten.

SUBURBANISIERUNGSPROZESSE AM RANDE DES BALLUNGSRAUMES GROSS-SANTIAGO (CHILE)*

Mit 15 Abbildungen

Von Jürgen Bähr (Mannheim)

Nirgends schreitet heute die Verstädterung der Erde schneller fort als in Lateinamerika. Wie in den meisten Staaten des Kontinents, so haben auch in Chile die wenigen größeren Städte einen überproportionalen Anteil an diesem Prozeß der Bevölkerungsumverteilung. Gegenwärtig lebt bereits jeder dritte Chilene in der Landeshauptstadt Santiago (1970: 32%; 1975 (Schätzung): 34%), 1930 war es dagegen erst jeder sechste (16%) (vgl. Bähr, Golte und Lauer 1975, Lauer 1976).

Die überdurchschnittlich schnelle Bevölkerungszunahme in fast allen lateinamerikanischen Metropolen führte dazu, daß sich hier die aus der Kolonialzeit ererbten, lange Zeit gültigen Wachstumsgesetze der Städte entscheidend verändert haben. Während die kolonialspanische Stadt gerade durch eine *„kompakte Geschlossenheit"* gekennzeichnet war und ein Ansteigen der Einwohnerzahl weniger zur peripheren Ausdehnung als vielmehr zu steigenden Dichtewerten im bereits bebauten Gebiet führte, geht heute das Bevölkerungswachstum mit auffälligen *zellenförmigen Stadterweiterungen* einher (Sandner 1971, Lichtenberger 1972, Bähr 1976 a).

Abb. 1 mag diese Ausuferung der großstädtischen Ballungsräume am Beispiel der chilenischen Hauptstadt verdeutlichen. Bis etwa 1940 verkörperte Santiago noch weitgehend den Typ einer kompakten Kolonialstadt mit nur langsamer räumlicher Expansion. Nach dem 2. Weltkrieg setzte dann besonders im Süden ein ausgeprägtes *sektorenförmiges Wachstum* ein, das in der Gegenwart von einer eher *uferlosen Ausbreitung* der Stadt in alle Richtungen abgelöst wurde, wobei zum Teil der unmittelbare räumliche Zusammenhang mit dem zentralen Kern verlorengegangen ist. Kennzeichnend für die jüngeren Stadtrandsiedlungen ist die Tatsache, daß sie sich bei extremer Gleichförmigkeit im Innern von anderen Vierteln in Größe und Ausstattung der Häuser sehr deutlich unterscheiden. Die Spanne reicht dabei von Barackensiedlungen aus Holz, Blech oder Kartons über einfache Reihenhäuser staatlicher und halbstaatlicher Organisationen bis hin zu den häufig ebenfalls einheitlich geplanten Bungalow-Siedlungen für wohlhabende Bevölkerungskreise.

---

* Der Stiftung Volkswagenwerk, die in den Jahren zwischen 1972 und 1976 mehrere Forschungsreisen des Verfassers nach Chile im Rahmen eines Gemeinschaftsprojektes der Arbeitsgemeinschaft Deutsche Lateinamerikaforschung (ADLAF) in großzügiger Weise unterstützt hat, sei auch an dieser Stelle dafür sehr herzlich gedankt. Dem Instituto Nacional de Estadísticas in Santiago – und hier insbesondere der Abteilungsleiterin Señorita Odette Tacla – schulde ich Dank für die freundliche Unterstützung bei der Auswertung der Volkszählung von 1970.

Abb. 1 Räumliches Wachstum Groß-Santiagos 1940–1970 (nach Angaben des Instituto Nacional de Estadísticas; die eingetragenen Namen beziehen sich auf die *comunas* Groß-Santiagos)

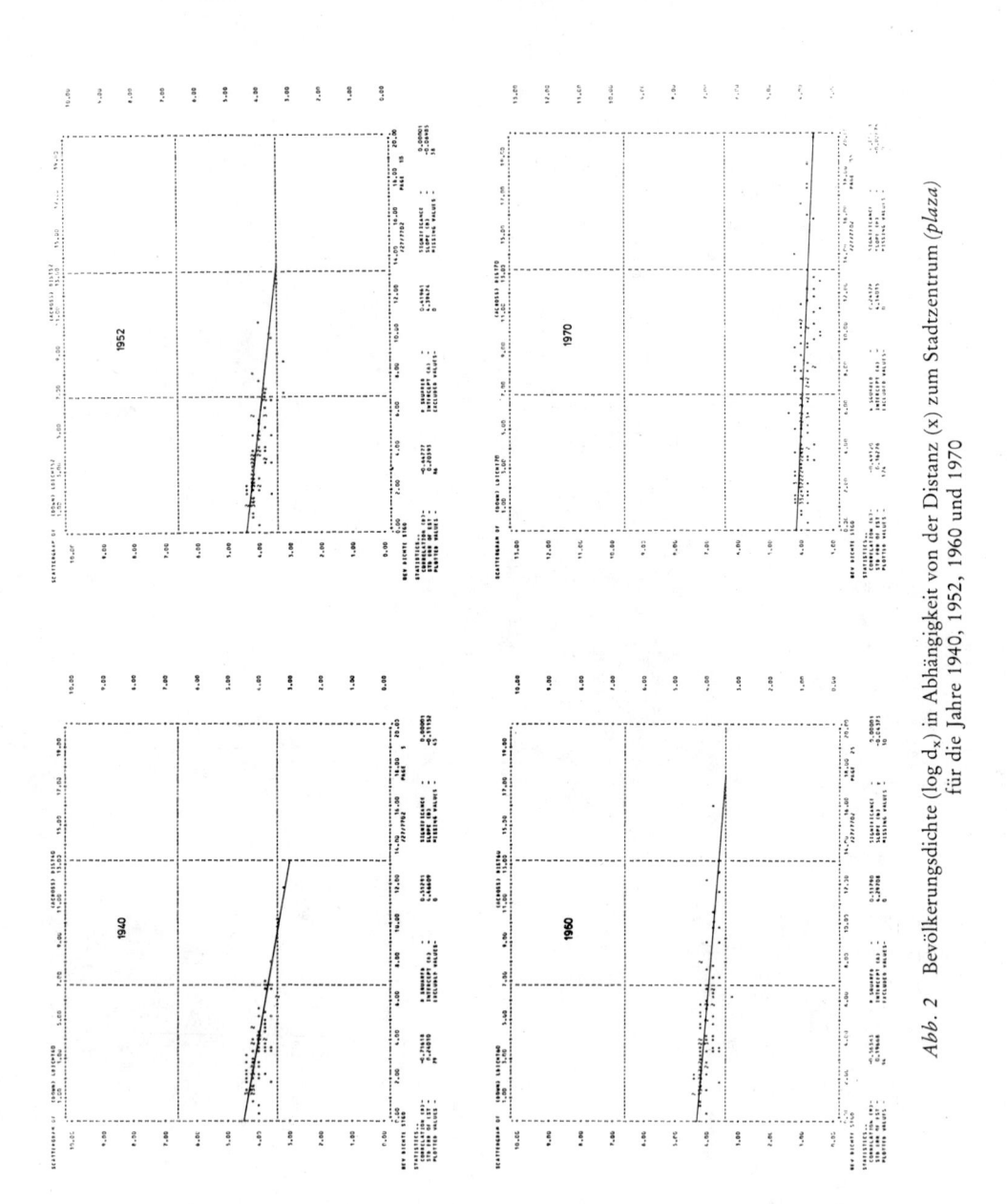

Abb. 2 Bevölkerungsdichte (log d$_x$) in Abhängigkeit von der Distanz (x) zum Stadtzentrum *(plaza)* für die Jahre 1940, 1952, 1960 und 1970

Abb. 3 Bevölkerungsdichte in Abhängigkeit von der Distanz zum Stadtzentrum für Sektoren unterschiedlicher sozio-ökonomischer Struktur (Erläuterungen s. Text)

Durch die Ermittlung des *Dichtegradienten* lassen sich Ablauf und Ausmaß dieses Suburbanisierungsprozesses quantitativ erfassen (Abb. 2). Als Dichtegradient wird die Steigung der Regressionsgeraden

$$\log d_x = \log d_o - bx$$

bezeichnet, wobei d_x die Bevölkerungsdichte und x die Distanz zum Stadtzentrum angibt.

Die deutlich erkennbare Abnahme des Dichtegradienten zwischen 1940 und 1970 gilt gleichermaßen für Wohnbereiche unterschiedlicher sozio-ökonomischer Struktur. In Abb. 3 sind die entsprechenden Schaubilder getrennt für drei an eine solche Gliederung angelehnte Sektoren der Stadt dargestellt. Kreissignaturen weisen auf die bevorzugten Wohngebiete Santiagos im Osten gegen die Kordillere, Quadrate auf schlecht ausgestattete Wohnviertel mit hohem Anteil einkommensschwacher, unterdurchschnittlich ausgebildeter Bevölkerungsgruppen hin. Die Typisierung basiert auf einer Faktorenanalyse mit 28 Merkmalen zur Wohnungsausstattung und zur sozio-ökonomischen Struktur der Bevölkerung[1].

Die für alle Teilbereiche festgestellte Veränderung des Dichtegradienten als Ausdruck abnehmender Kompaktheit führt auf die Frage nach den Vorgängen und Kräften, die die beobachtete zellenförmige Auflösung der Städte bewirken und steuern. Zur Behandlung eines so komplexen Problems müssen ohne Zweifel eine Fülle von Gesichtspunkten herangezogen werden. Es wird deshalb auch nicht angestrebt, eine umfassende Theorie zur Erklärung der abnehmenden Kompaktheit lateinamerikanischer Großstädte vorzulegen. Vielmehr werde ich mich im folgenden darauf beschränken, die *Bedeutung von Barackensiedlungen für das räumliche Wachstum der Stadt* näher zu analysieren. Dabei wird einerseits nach Beziehungen zwischen Migrationen und derartigen zellenförmigen Stadterweiterungen gefragt, andererseits soll die Weiterentwicklung solcher Hüttenviertel zu einfachen Stadtrandsiedlungen betrachtet und daraus ein idealtypischer Migrationszyklus abgeleitet werden. Der angesprochene Problemkreis kann in vier Teilfragen aufgegliedert werden, wobei für jede der Fragen eine Arbeitshypothese formuliert wurde.

1. *Welche Bedeutung hat eine direkte Zuwanderung von außen für die Entstehung und Ausweitung der Barackenviertel?*
2. *Welche Faktoren beeinflussen die Auswahl des ersten Wohnstandortes in Santiago?*
3. *Welche Motive stehen hinter einer späteren Übersiedlung in eines der Barackenviertel am Stadtrand?*
4. *Welche idealtypische Weiterentwicklung einer Barackensiedlung läßt sich erkennen?*

Bevor ich zum ersten Teilkomplex komme, müssen einige Worte zur Typisierung solcher Barackenviertel gesagt werden. Im folgenden werden alle in einfachster Form aus leichtem Material erbauten Behausungen gemäß dem chilenischen Sprachgebrauch als *callampas* (abgeleitet vom Ketschua-Wort für Pilz) bezeichnet, und zwar ohne Rücksicht darauf, ob sie auf eine spontane oder organisierte Aktion zurückgehen; für eine zweite Entwicklungsphase, mit der meist eine gewisse bauliche Verbesserung einhergeht, soll der von *mejorar* (= verbessern) abgeleitete Begriff *mejora* verwandt werden. In Anlehnung an Portes und Tennekes empfiehlt es sich, die auf diese Weise rein physiognomisch bestimmten Typen

---

[1] Extrahiert wurden drei Faktoren mit Eigenwerten über 1.0 (Faktor 1: Allgemeines Maß des sozio-ökonomischen Status; Faktor 2: Relative Bedeutung von Beschäftigten im Bereich persönlicher Dienstleistungen; Faktor 3: Relative Bedeutung von Beschäftigten im Handel, insbesondere auf eigene Rechnung Arbeitende). Die Distanzgruppierung beruht auf einer Minimierung des Distanzzuwachses unter Verwendung von gewogenen Faktorenwerten. In Abb. 3 sind 5 Klassen von höchstem (große Kreise) zu unterstem sozio-ökonomischen Status (große Quadrate) dargestellt; Zensusdistrikte, die in die mittlere Gruppe fallen, sind nicht besonders gekennzeichnet.

Suburbanisierungsprozesse 233

Entstehungs-initiative / Zukunftsperspektive	BEWOHNER			STAAT	
	spontan	Landbesetzung "toma"	Ankauf	mit baulichen Maßnahmen	ohne bauliche Maßnahmen
temporär	C			casas de emergencia	
dauerhaft		C↓M	C↓M	M	C↓M

C: callampas
M: mejoras

☐ häufig vorkommende Typen

Abb. 4 Typisierung von Barackenvierteln in Anlehnung an Portes (1971) und Tennekes (1973)
(zur Erläuterung der Begriffe *callampa* und *mejora* vgl. Text)

weiterhin danach zu unterscheiden, ob sie als vorübergehende oder dauerhafte Lösungen des Wohnungsproblems angesehen werden und ob die Entstehungsinitiative vom Staat oder den Bewohnern selbst ausging (Abb. 4)[2].

Größere Barackensiedlungen auf illegal besetztem Land traten in Chile erstmals Mitte der 40er Jahre auf (Castells 1973), seit etwa 1965 sind solche *tomas* (abgeleitet von *tomar* = nehmen) nichts Ungewöhnliches mehr, allein 1970 zählte man im Stadtgebiet von Santiago 103 derartige Aktivitäten, durch die vor allem bisher landwirtschaftlich genutzte Flächen okkupiert wurden.

Daß solche Barackensiedlungen auch auf staatliche Initiative zurückgehen können, wird vielleicht zunächst Verwunderung hervorrufen, dahinter steht jedoch der Versuch, das in den 60er Jahren immer drängender werdende Wohnungsproblem ohne größeren Kapitaleinsatz, aufbauend auf der Eigeninitiative der Bewohner, einer Lösung zuzuführen.

Im Rahmen dieses als *operación sitio* bezeichneten Projektes wurden parzellierte Flächen ohne weitere Baumaßnahmen sofort an die meist mittellosen Berechtigten vergeben. Auf seinem Grundstück errichtete der Eigentümer zunächst eine einfache Hütte, die er im Laufe

---

[2] Auch bei illegalen Landbesetzungen streben die Beteiligten häufig von vornherein eine dauerhafte Lösung des Wohnungsproblems an. Vielfach können sie nachträglich – z. T. nach längeren Auseinandersetzungen mit der Polizei oder mit anderen staatlichen Dienststellen – auch eine Vergabe von Besitztiteln durchsetzen. Auf derartige Barackensiedlungen mit gesicherter Zukunftsperspektive trifft sicher der von Stokes (1962) geprägte Begriff *slums of hope* zu, demgegenüber sind alle eindeutig temporären *callampas* (z. B. am Rande von Flußbetten, entlang von Eisenbahnlinien, unter Brücken etc.) eher den *slums of despair* zuzuordnen.

der Zeit entsprechend seinen finanziellen Möglichkeiten in ein stabileres Haus umgestaltete (vgl. Kusnetzoff 1975, Dinovitzer 1971, Labadia Caufriez 1972, Castells 1973).

Diese Wohnungspolitik ist häufig als *operación tiza* (von *tiza* = Kreide, weil außer der Markierung der Parzellengrenzen nichts geschah) verspottet worden. Die Befragung von Dinovitzer (1971) zeigt jedoch, daß sie jedenfalls aus der Sicht der Begünstigten durchaus als Erfolg angesehen werden kann[3].

Auf die negativen Aspekte einer derartigen Entwicklung wurde an anderer Stelle bereits hingewiesen (Bähr 1976 b, vgl. auch Kusnetzoff 1975, Borsdorf 1976).

Wenden wir uns nach dieser begrifflichen Klärung nun der ersten Teilfrage zu.

1. WELCHE BEDEUTUNG HAT EINE DIREKTE ZUWANDERUNG VON AUSSEN FÜR DIE ENTSTEHUNG UND AUSWEITUNG DER BARACKENVIERTEL?

Hypothese: Die stärksten von außen kommenden Wanderungsströme sind nicht auf die Hüttensiedlungen am Stadtrand gerichtet; die Umzüge nach dort erfolgen vielmehr vorwiegend aus anderen Teilen der Stadt (z. T. als ein zweiter Wanderungsschritt in einer späteren Lebensphase).

Für Santiago liegen inzwischen eine Reihe von Befragungen vor, die zur Absicherung dieser Hypothese beitragen können. Schon 1963 ermittelte Rosenblüth, daß nur 6% der *callampa*-Bewohner innerhalb der letzten drei Jahre aus der Provinz zugezogen sind (Rosenblüth 1963 und 1968, zitiert nach Mangin 1967). Ähnlich äußerten sich Goldrich, Pratt und Schuller (1967/68; Befragung 1965 in zwei *tomas*). Danach lebten sogar nur 2% der Erwachsenen weniger als drei Jahre in Santiago, 74% jedoch mehr als 12 Jahre (zitiert nach Portes 1971). Eine von Portes 1969 nach einem *toma* vorgenommene Befragung ergab, daß fast die Hälfte (44%) der Haushaltungsvorstände in Santiago selbst geboren war (Portes 1971 u. 1972). Insgesamt kann man nach Dinovitzer (1971) davon ausgehen, daß die Zahl der Migranten in den Barackensiedlungen sogar um etwa 4% unter dem Santiagoer Durchschnitt liegt.

Die vom Verf. durchgeführten Auswertungen der Originalerhebungsbögen der Volkszählung 1970 für die Barackensiedlungen der am südlichen Stadtrand gelegenen *comuna* La Granja (10%-Stichprobe) können diese Ergebnisse bestätigen (Abb. 5). Ermittelt wurden Geburtsort und Wohnsitz 1965, und zwar getrennt für die Haushaltungsvorstände und für die gesamte Bevölkerung über 5 Jahre.

Betrachtet man zunächst den Wohnsitz der Bewohner im Jahre 1965, so ergibt sich für beide Gruppen ungefähr das gleiche Bild. Nur ein gutes Viertel lebte 1965 bereits in La Granja, dagegen waren über 50% aus anderen Teilen Groß-Santiagos zugezogen. Ein

---

[3] Dinovitzer hat 1969 in mehreren auf eine *operación sitio* zurückgehenden Siedlungen Befragungen zur Wohnsituation durchgeführt (326 Interviews). Auf die Frage nach möglichen Alternativen einer zukünftigen Wohnungsbaupolitik (mehr *sitios*; mehr Kredite für stabilere Häuser; weniger Häuser von besserer Qualität) entschieden sich immerhin 3/4 für den ersten Weg.

Unter der Volksfrontregierung ist diese Politik nicht fortgeführt worden, man glaubte vielmehr, das Wohnungsproblem durch verstärkte Bautätigkeit der staatlichen Gesellschaften in den Griff zu bekommen (Planung 100 000 Einheiten pro Jahr). Der Versuch scheiterte jedoch trotz beachtlicher Anfangserfolge (1971: 73 000 Wohnungen begonnen, die höchste Zahl in der chilenischen Geschichte; zum Teil allerdings in sehr einfacher Ausstattung als sog. *campamentos de emergencia*; vgl. Borsdorf 1976), da sich alle Maßnahmen nur als Tropfen auf einen heißen Stein erwiesen und zudem die politische und wirtschaftliche Entwicklung im Lande einen weiteren Ausbau des Wohnungsbauprogrammes nicht zuließ.

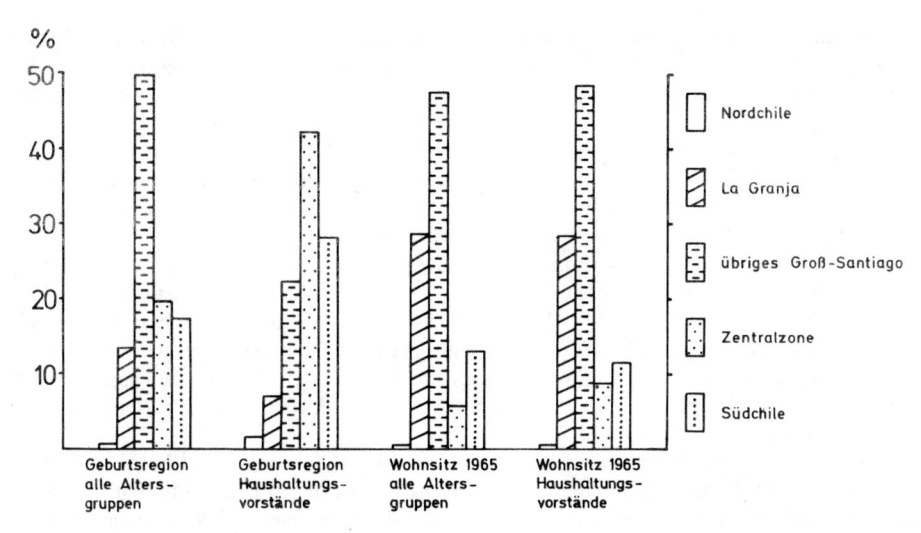

Abb. 5 Geburtsort und Wohnsitz 1965 für die Bewohner der Barackensiedlungen im Stadtteil La Granja (10%-Stichprobe der Wohnungen ohne Lichtanschluß; eigene Auswertung der Originalerhebungsbögen des Censo de Población 1970)

wesentlich anderes Ergebnis zeigt demgegenüber die Auswertung des Geburtsortes. Mehr als 70% der Haushaltungsvorstände sind nicht in Santiago geboren, sondern vorwiegend aus der Zentralzone und dem südchilenischen Seengebiet zugewandert. Die Übersiedlung vom ländlichen Raum oder kleineren Provinzstädten an die Peripherie der Landeshauptstadt muß jedoch in vielen Fällen über die Zwischenetappe eines anderen Wohnviertels erfolgt sein; darauf deutet der Vergleich mit den für das Jahr 1965 ermittelten Werten hin.

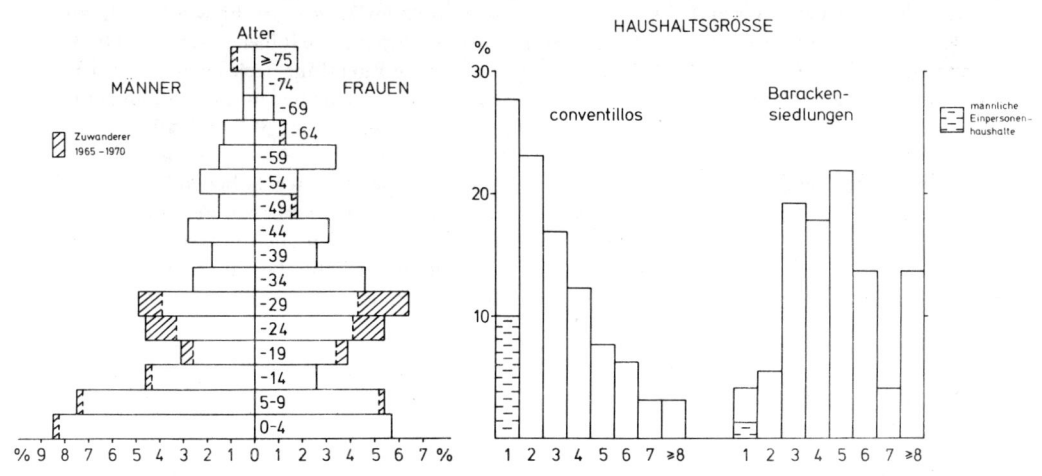

Abb. 6 Alterszusammensetzung und Haushaltsstruktur in den *conventillos* Groß-Santiagos (33%-Stichprobe der *conventillos* im Distrikt 124; eigene Auswertung der Originalerhebungsbögen des Censo de Población 1970) im Vergleich zu den Barackensiedlungen (Quelle wie Abb. 5)

Die *callampas* am Stadtrand können danach also keinesfalls als erste Auffangstelle der Migranten bezeichnet werden. Lange Zeit kam diese Funktion vorwiegend den um die Jahrhundertwende entstandenen Massenquartieren für Arbeiter, den sog. *conventillos* und sozial degradierten ehemaligen Wohnvierteln der Mittel- und Oberschicht zu. Noch 1952 boten allein die *conventillos* Raum für 350 000 Menschen, das waren damals knapp 30% der Bevölkerung Santiagos (29,2%). Durch Sanierungsmaßnahmen ging ihre Zahl in der Folgezeit sehr schnell zurück. 1970 lebten hier nur noch 65 000 Personen (2,5% der Bevölkerung nach Castells 1973; vgl. dazu auch Elizaga 1970 und Tenneckes 1973)[4].

Die *conventillos* haben zwar noch immer eine gewisse Bedeutung als erster Wohnsitz jugendlicher Migranten, wie diese wiederum durch Auswertung von Originalerhebungsbögen erstellte Alterspyramide (Abb. 6) erkennen läßt, der Anteil der Zuwanderer liegt jedoch heute nicht mehr über dem Mittel Groß-Santiagos. In der von den Barackensiedlungen völlig verschiedenen Haushaltsstruktur spiegelt sich nicht so sehr eine große Zahl jugendlicher Migranten wider, sondern sie weist eher auf einen hohen Anteil älterer, in kleinen Haushalten lebender Personen hin (Abb. 6).

Heute finden mehr und mehr Zuwanderer zunächst bei Freunden und Bekannten erste Aufnahme bzw. können durch deren Vermittlung ein Zimmer mieten. Dinovitzer (1971) gibt an, daß 45% der an einer *operación sitio* Beteiligten vorher als *allegados* in anderen Familien lebten. Ein solches „vorübergehendes Unterschlüpfen" hatte in der Mehrzahl der Fälle über vier Jahre gedauert[5].

Auf die besondere Situation der jugendlichen weiblichen Migranten wird unter Punkt 2 noch näher eingegangen.

2. WELCHE FAKTOREN BEEINFLUSSEN DIE AUSWAHL DES ERSTEN WOHNSTANDORTES IN SANTIAGO?

Hypothese: Die überwiegend jugendlichen Migranten[6] wählen ihren ersten Wohnsitz vorwiegend unter dem Gesichtspunkt der Arbeitssuche aus.

Belege für diese Vermutung können nur auf indirektem Weg erbracht werden, da zu diesem Problemkreis keinerlei Befragungsergebnisse vorliegen. Die folgende Karte (Abb. 7) zeigt eine Verteilung der Arbeitsstätten in Groß-Santiago getrennt nach einzelnen Wirtschaftszweigen. Daraus läßt sich klar die nach wie vor überragende Bedeutung des Zentrums als Arbeitsstandort ablesen. Die jungen Industrieansiedlungen im SO und SW spielen dagegen – selbst für die Rubrik Industriebeschäftigte – eine vergleichsweise geringe Rolle. Lediglich im Bereich der häuslichen Dienstleistungen werden in den gehobenen Wohnvierteln mehr Arbeitsplätze als im Zentrum angeboten. Mit diesem *räumlichen Verteilungsmuster der Arbeitsstätten* koinzidieren in auffälliger Weise Gebiete mit überdurchschnittlichem Anteil von Zuwanderern. Der mögliche Einwand, daß dieser Befund nicht unbedingt auch für die ersten Unterkünfte der in den Barackensiedlungen lebenden Menschen gelten muß,

---

[4] Diese Abnahme ist in ihren Auswirkungen umso bedeutsamer, weil sie mit einem raschen Anstieg der Einwohnerzahl Santiagos einhergeht (jährliche Wachstumsrate 1940–1952: 3,1%; 1952–1960: 4,1%; 1960–1970: 4,1%).

[5] In die gleiche Richtung weisen auch die Angaben von Herrick (1965). Danach hatten 84% von 310 befragten, ökonomisch aktiven Migranten bereits vor ihrem Umzug Familienangehörige oder Bekannte in Santiago (für das Beispiel der südchilenischen Städte Valdivia und Osorno vgl. auch Borsdorf 1976).

[6] Die Befragungen von Elizaga (1970) ergaben, daß bei den Männern nur 19,1% und bei den Frauen 18,9% der Migranten 30 Jahre und älter waren, dagegen 41,1% (bzw. 47,5%) zwischen 15 und 20 Jahre.

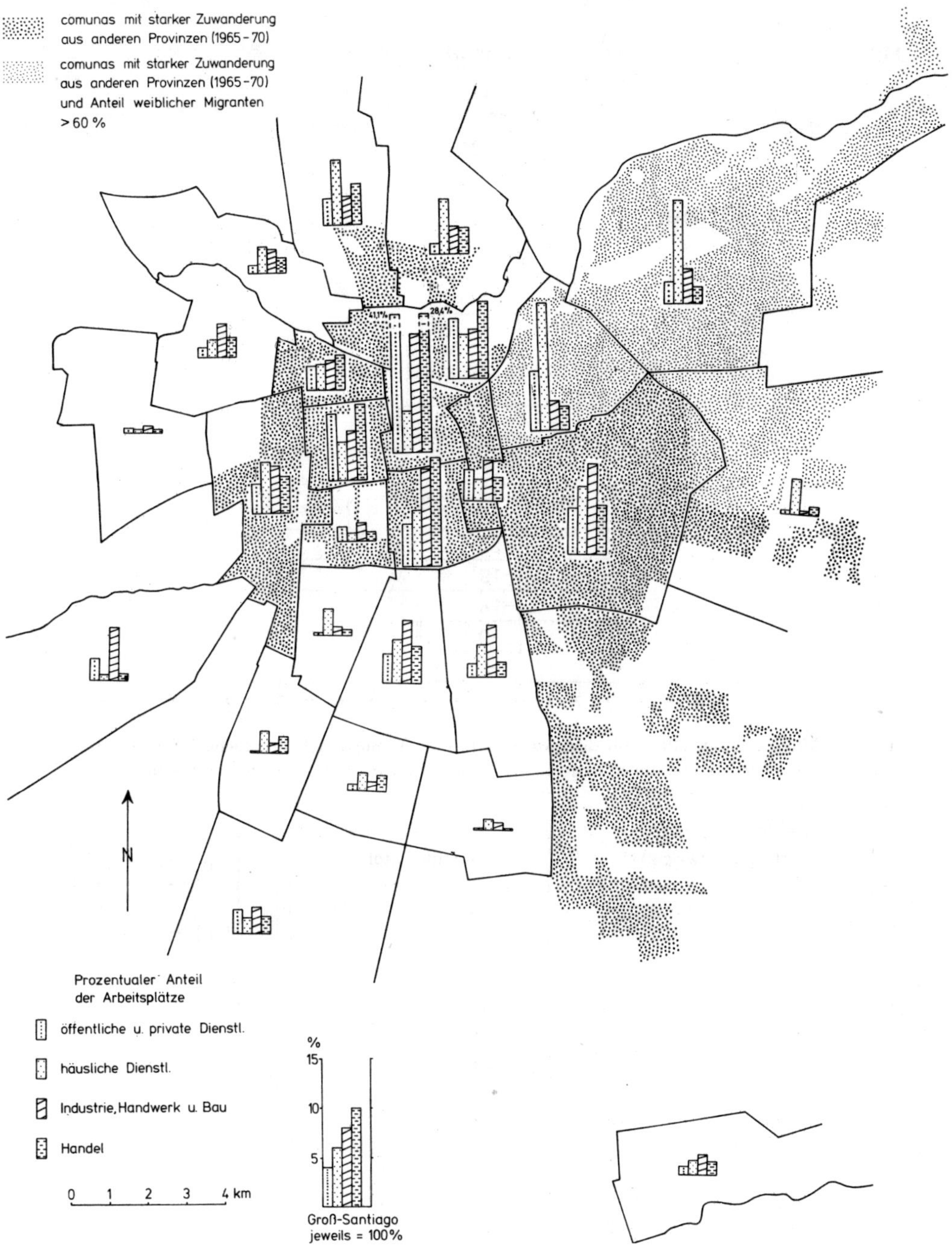

comunas mit starker Zuwanderung
aus anderen Provinzen (1965-70)

comunas mit starker Zuwanderung
aus anderen Provinzen (1965-70)
und Anteil weiblicher Migranten
> 60 %

Prozentualer Anteil
der Arbeitsplätze

- öffentliche u. private Dienstl.
- häusliche Dienstl.
- Industrie, Handwerk u. Bau
- Handel

0 1 2 3 4 km

Groß-Santiago
jeweils = 100 %

Abb. 7 Verteilung der Arbeitsstätten in Groß-Santiago (1967) für verschiedene Wirtschaftszweige und Gebiete mit überdurchschnittlichem Anteil von Zuwanderern (über 9% der Bevölkerung zwischen 1965 u. 1970 aus einer anderen Provinz zugezogen; eigene Auswertung von Angaben des Ministerio de Obras Públicas und des Instituto Nacional de Estadísticas)

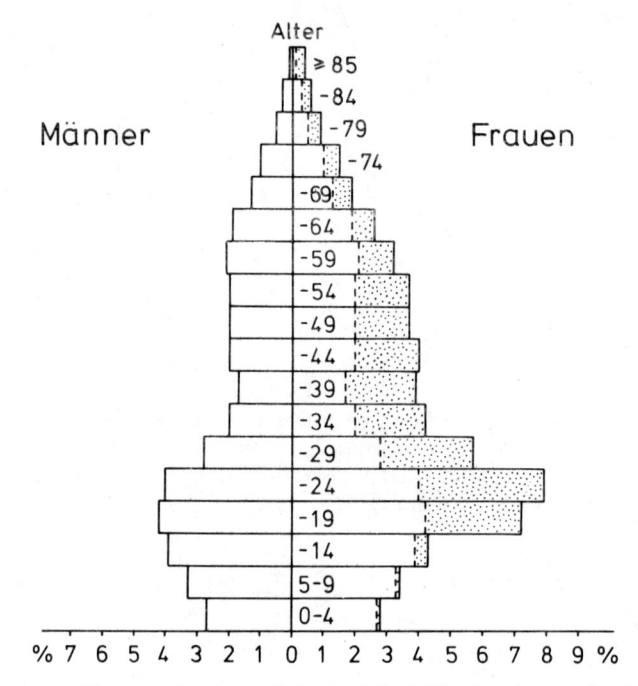

Abb. 8 Alterspyramide (1970) für den östlichen Teil des Wohnviertels Providencia (Distrikt 203) (Eigene Auswertung von unveröffentlichten Angaben des Instituto Nacional de Estadísticas)

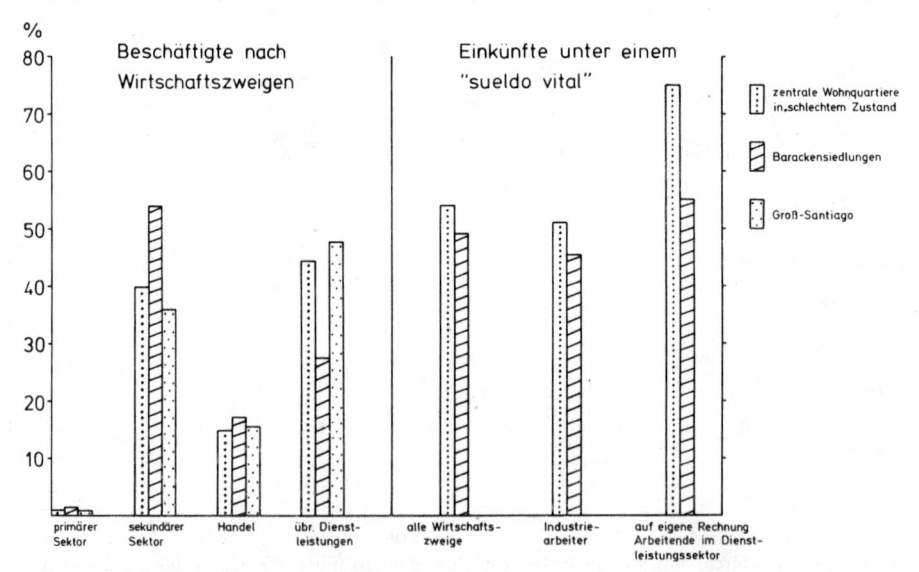

Abb. 9 Beschäftigte nach Wirtschaftszweigen und Anteil Personen geringen Einkommens für verschiedene Wohnquartiere Groß-Santiagos (nach Angaben von Mercado u. a. 1970)

wird durch die Befragung von Mercado u. a. (1970) widerlegt. Danach ist lediglich ein Drittel der über 14jährigen Bewohner von *callampas* und *mejoras* direkt nach dort gezogen. Darüber hinaus wurden zwischen männlichen und weiblichen Zuwanderern erhebliche Unterschiede im Hinblick auf ihren ersten Wohnsitz in Santiago ermittelt, die wiederum in enger Beziehung zum räumlich differierenden Arbeitsplatzangebot stehen. Da die jugendlichen weiblichen Migranten aufgrund des traditionell großen Stellenangebotes für Hausbedienstete meist sehr schnell eine Beschäftigung in der Metropole finden, ziehen sie vielfach sofort in Wohnviertel der Mittel- und Oberschicht und leben dort in der Wohnung ihres Arbeitgebers (knapp 40% der *callampa*-Bewohner nach Mercado u. a. 1970). Darauf deutet auch der ausgeprägte Frauenüberschuß in der Bevölkerungspyramide für einen Teil des bevorzugten Wohnviertels Providencia hin (Abb. 8). Der alleinstehende männliche Bevölkerungsteil bevorzugt demgegenüber zentrumsnahe Wohnquartiere (etwa ein Drittel nach Mercado u. a. 1970) als – wie es Turner ausdrückt – ersten Brückenkopf in der Stadt, da die Suche nach einer dauerhaften Beschäftigung und vor allem auch das Auffinden von Gelegenheitsarbeiten von hier aus am wenigsten Schwierigkeiten bereitet. Ein Vergleich der Beschäftigungs- und Einkommenssituation in schlecht erhaltenen zentralen Wohnquartieren mit derjenigen in Barackensiedlungen (Abb. 9) kann diese Argumentation nur unterstreichen: Berufsgruppen im Bereich der „übrigen Dienstleistungen" herrschen im Zentrum vor und der Anteil von Personen mit geringen Einkünften (unter einem *sueldo vital*) ist besonders hoch.

3. WELCHE MOTIVE STEHEN HINTER EINER SPÄTEREN ÜBERSIEDLUNG IN EINES DER BARACKENVIERTEL AM STADTRAND?

Hypothese: Die Wanderungsentscheidung wird in erster Linie vom Wunsch nach einer Verbesserung der Wohnsituation beeinflußt, der einerseits in bestimmten Phasen des Lebenszyklus verstärkt auftritt, andererseits nur nach einer gewissen Konsolidierung im wirtschaftlichen Bereich voll wirksam werden kann.

Als Beleg für diese These habe ich in Abb. 10 die subjektive Einstufung der Wohnung und einige der im Zensus ermittelten Ausstattungsmerkmale einander gegenübergestellt. Obwohl im Vergleich zu Santiago als Ganzes die Lebensbedingungen weit unter dem Durchschnitt liegen, bezeichneten ¾ der Befragten ihre Wohnung als „besser" als die vorige und noch nicht einmal ¼ nannten die Wohnsituation schlecht. Diese positive Einschätzung beruht vor allem darauf, daß man so zu einer *eigenen Wohnung* kommen kann, die sich unter Einsparung der vorher z. T. hohen Mietausgaben und unter dem Einsatz der eigenen Arbeitskraft allmählich weiter ausbauen läßt (vgl. Johnston 1972, Dinovitzer 1971).

Die Familiengründung und die Geburt von Kindern dürfte den damit angesprochenen Motivationsbereich noch verstärken, zumal in diesem Lebensabschnitt häufig neue Wohnungsprobleme auftreten, wie z. B. der Verlust des Wohnrechts im Hause des Arbeitgebers bei Hausangestellten. Die Umzüge in die Barackenviertel sind daher in auffälliger Weise an eine *Phase im Lebenszyklus* gebunden, in der die Familie zu expandieren beginnt. Daraus resultiert eine charakteristische Familien- und Altersstruktur in den *callampas* (Abb. 11). Eindeutig dominieren junge Familien mit zwei bis vier Kindern, die Altersgruppen der 10–14- und besonders der 15–19jährigen weisen dagegen auffällige Lücken auf (vgl. dazu auch Abb. 6).

Die Wünsche nach einer Verbesserung der Wohnverhältnisse können jedoch erst dann eine Wanderungsentscheidung auslösen, wenn eine einigermaßen *sichere Anstellung* gefunden ist, denn als Ausgangspunkt für eine tägliche oder doch sehr häufige Arbeitssuche eignen

240　　　　　　　　　　　　　　　J. Bähr

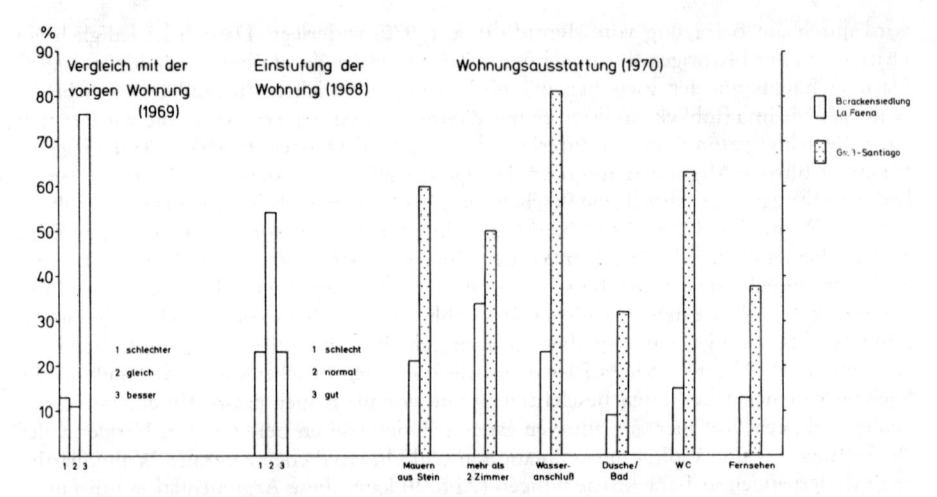

Abb. 10 a　Subjektive Einstufung der Wohnung und Merkmale zur Wohnungsausstattung für die Barackensiedlung La Faena (*comuna* Nuñoa) im Vergleich zu Groß-Santiago (Daten nach Befragungen von Portes 1968, des Centro de Desarrollo Urbano y Regional 1969 und eigener Auswertung von unveröffentlichtem Material des Instituto Nacional de Estadísticas 1970)

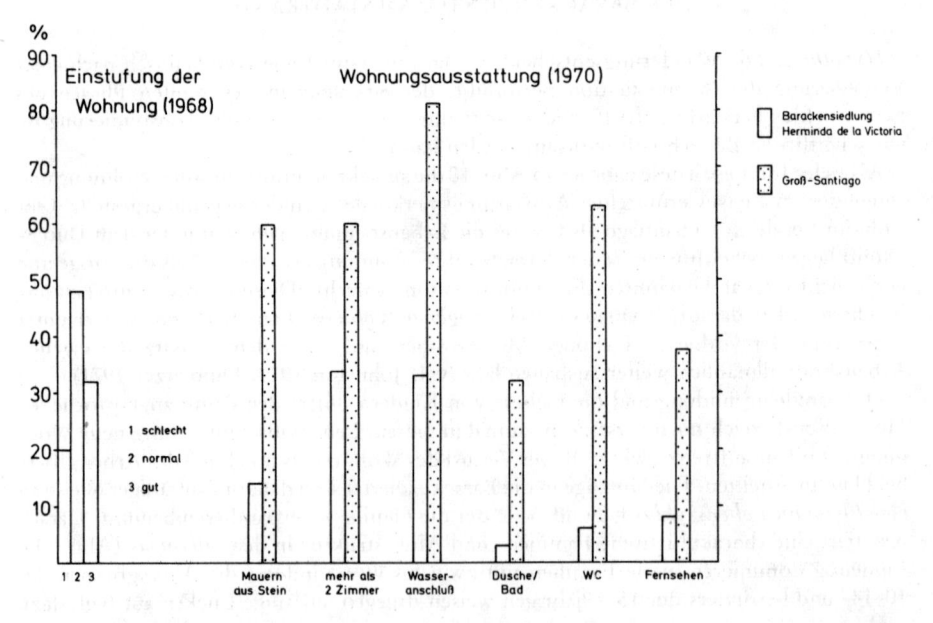

Abb. 10 b　Subjektive Einstufung der Wohnung und Merkmale zur Wohnungsausstattung für die Barackensiedlung Herminda de la Victoria (*comuna* Barrancas) im Vergleich zu Groß-Santiago (Daten nach einer Befragung von Portes 1968 und eigener Auswertung von unveröffentlichtem Material des Instituto Nacional de Estadísticas 1970)

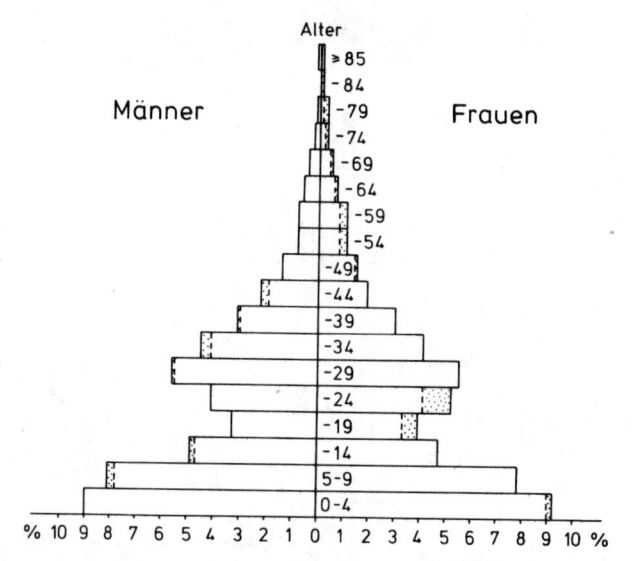

Abb. 11 Alterspyramide (1970) für einen Ausschnitt am Nordrand Santiagos mit hohem Anteil von Barackenvierteln (Distrikt 1004 der *comuna* Quilícura)
(Eigene Auswertung von unveröffentlichten Angaben des Instituto Nacional de Estadísticas)

sich die Barackensiedlungen aufgrund ihrer peripheren, von möglichen Arbeitsstätten weit entfernten Lage meist nicht (Abb. 12)[7]. Diese Vermutung (vgl. auch Turner 1970) kann durch Auswertung verschiedener Befragungsergebnisse gestützt werden (vgl. Vanderschueren 1971). Fast immer wurde dabei die gegenwärtige Beschäftigung im Vergleich zur vorigen bzw. ersten als „besser" bezeichnet[8], in einem Fall ordnete sich fast die Hälfte der Bewohner einer Barackensiedlung unter die *clase media* ein (Abb. 13).

Aber auch die weniger subjektiven Daten weisen in die gleiche Richtung (Abb. 13). Arbeitslosigkeit und Unterbeschäftigung liegen kaum über den für Santiago errechneten Mittelwerten. Das Pro-Kopf-Einkommen ist zwar in den *callampas* und *mejoras* sehr gering und erreicht bei weitem nicht den chilenischen Durchschnitt, vergleicht man jedoch nur innerhalb der Gruppe der Arbeiter, so lassen sich keine Unterschiede nachweisen (Gavan 1971).

4. WELCHE IDEALTYPISCHE WEITERENTWICKLUNG EINER BARACKENSIEDLUNG LÄSST SICH ERKENNEN?

Hypothese: Sofern die besitzrechtliche Lage gesichert ist, entwickeln sich aus den ersten behelfsmäßigen Behausungen in Eigeninitiative der Bewohner allmählich stabilere, je nach

---

[7] Die Kosten für den täglichen Weg von und zur Arbeit fallen demgegenüber aufgrund der in allen Ländern Lateinamerikas staatlich subventionierten Tarife für öffentliche Verkehrsmittel weniger ins Gewicht.

[8] Auf die Möglichkeit einer Nebenbeschäftigung gerade in den Barackenvierteln (z. B. beim Hausbau oder im Kleinhandel) hat Mangin 1967 besonders hingewiesen. So wurde beispielsweise in einer *barriada* Limas in jedem 15. Haus ein kleiner Laden eröffnet.

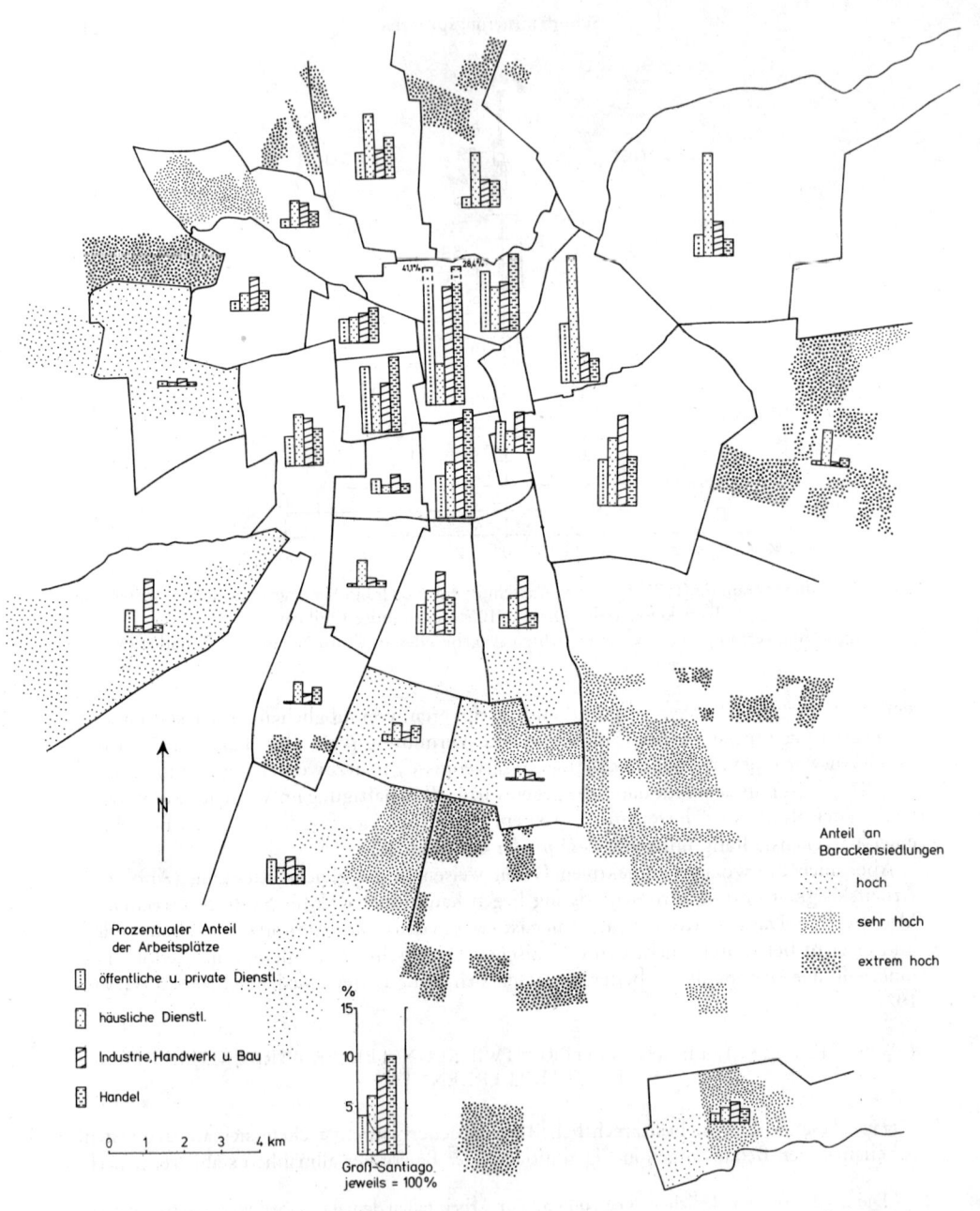

Abb. 12 Verteilung der Arbeitsstätten in Groß-Santiago (1967) für verschiedene Wirtschaftszweige und Gebiete mit hohem Anteil an Barackenvierteln (1970; faktorenanalytische Typisierung der Distrikte Santiagos nach 17 Merkmalen zum Baubestand und zur Wohnungsausstattung; hohe Werte auf Faktor 1 der schiefwinkligen Lösung)
(Quelle wie Abb. 7)

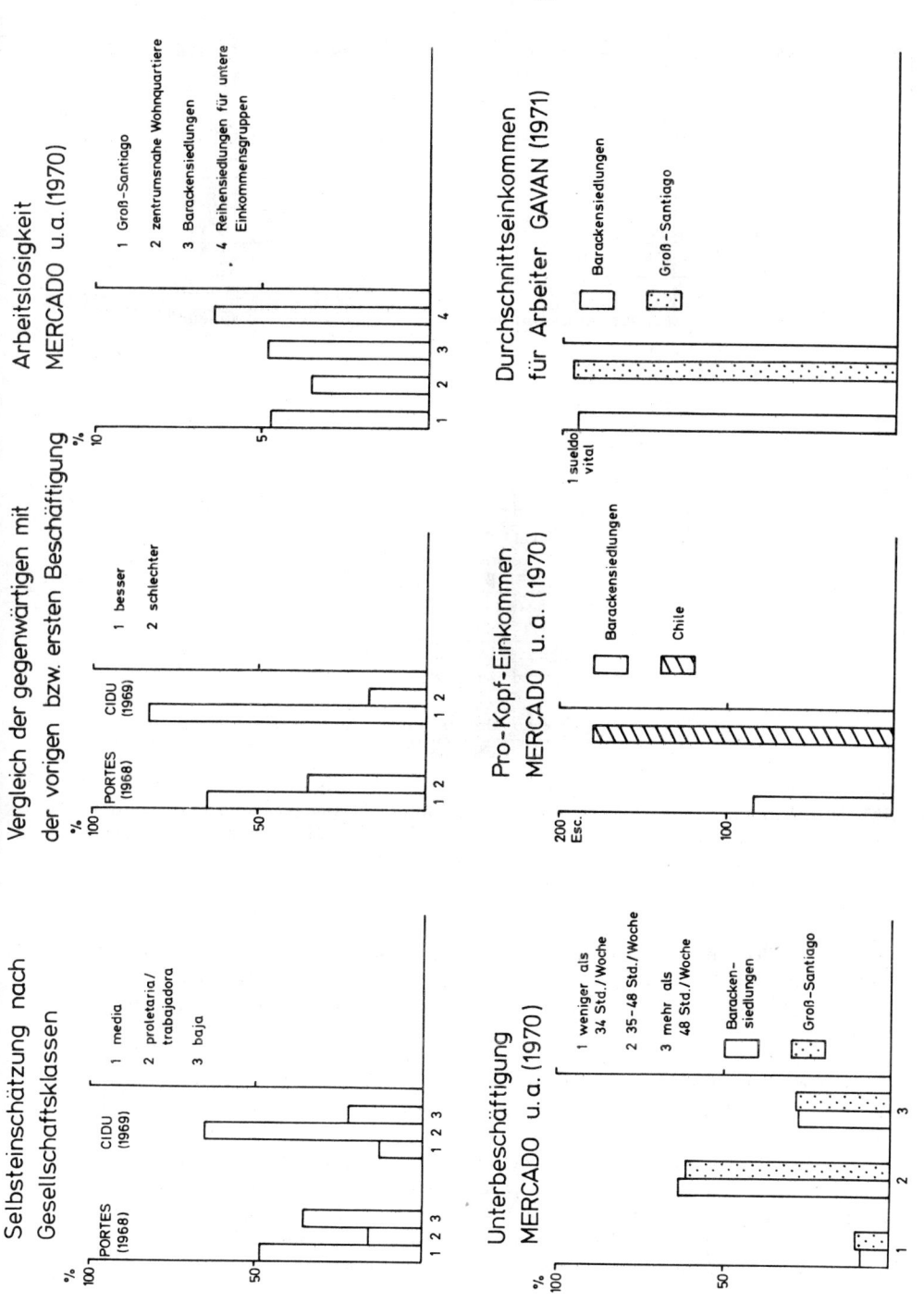

Abb. 13 Die wirtschaftliche Situation der Bewohner von Barackensiedlungen (Daten nach Befragungen von Portes 1968, des Centro de Desarrollo Urbano y Regional 1969, Angaben von Mercado u. a. 1970 und Gaván 1971)

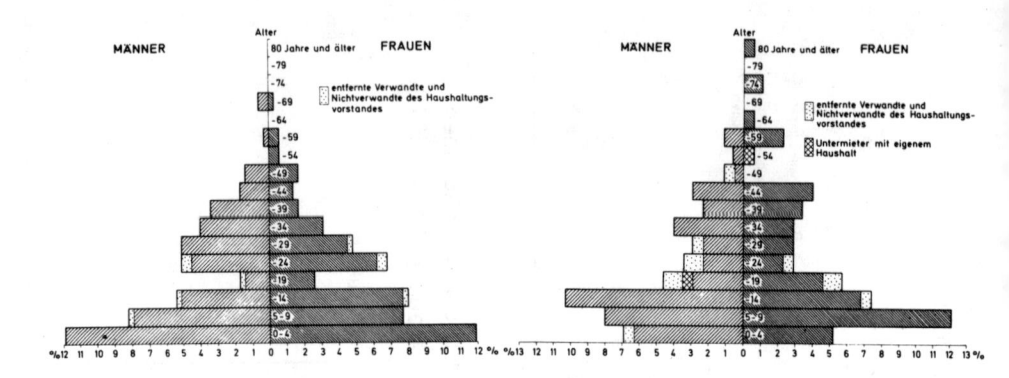

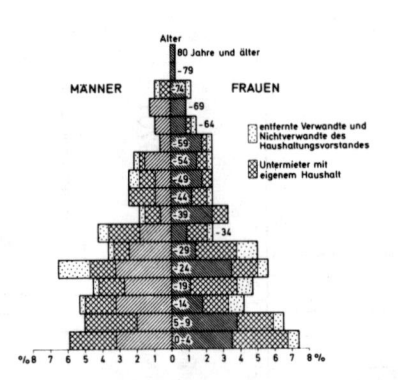

Abb. 14 Alterspyramiden für Barackenviertel verschiedenen Alters im Stadtteil La Granja (eigene Auswertung der Originalerhebungsbögen des Censo de Población 1970; Erläuterungen siehe Text und Bähr 1976 b)

der individuellen wirtschaftlichen Lage sehr unterschiedliche Eigenkonstruktionen *(mejoras)*. Je älter solche einfachen Stadtrandsiedlungen sind, desto häufiger finden Zuwanderer hier eine erste Unterkunft und leiten damit einen neuen Migrationszyklus ein (vgl. Tennekes 1973).

An anderer Stelle bin ich ausführlich auf den damit angesprochenen Problemkreis eingegangen (Bähr 1976b, vgl. auch Ward 1976). Ich kann mich deshalb darauf beschränken, hier eine Gegenüberstellung von drei Bevölkerungspyramiden zu zeigen, die ich für verschieden alte Barackenviertel im Santiagoer Stadtteil La Granja ermitteln konnte (Abb. 14), und zwar für eine gerade erst entstandene *callampa* (ganz links), für eine etwa 10jährige *mejora* (Mitte) und eine ca. 30 Jahre alte einfache Stadtrandsiedlung (rechts), auf deren Entwicklung von staatlicher Seite nur minimaler Einfluß genommen wurde. Deutlich zeigt sich mit dieser zeitlichen Abfolge eine immer stärker zu den älteren Jahrgangsgruppen verschobene Bevölkerungszusammensetzung und – bei etwa gleicher durchschnittlicher

Haushaltsgröße – ein zunehmender Anteil von Untermietern und nicht zur engeren Familie zu zählenden Personen[9].

Fassen wir zusammen:
Entstehung und Weiterentwicklung von Barackenvierteln tragen in entscheidendem Maße dazu bei, daß die Kompaktheit der chilenischen Metropole in jüngerer Zeit sehr schnell abnimmt. Die *Zuwanderung vom Lande und aus kleineren Provinzstädten* steuert diesen Suburbanisierungsprozeß allerdings nur indirekt, denn als erster Wohnsitz in der Stadt und damit als eine Art Brückenkopf, von dem die Suche nach Arbeit begonnen werden kann, eignen sich die peripher gelegenen Barackensiedlungen nur wenig. Erst in einer Lebensphase, die mit der Familiengründung und der Geburt von Kindern zu parallelisieren ist, kann der *Wunsch nach einer Verbesserung der Wohnsituation* eine Wanderungsentscheidung auslösen, wenn zuvor ein *Mindestmaß an wirtschaftlicher Sicherstellung* erreicht wurde. Parallel zu einer gewissen baulichen Konsolidierung entwickeln sich die Barackensiedlungen im Laufe der Zeit selbst zu ersten Auffangstellen für Zuwanderer und ein *neuer Migrationszyklus,* der zur weiteren Ausuferung des Ballungsraumes beiträgt, nimmt von hier aus seinen Anfang.

Literatur

Bähr, J.: Neuere Entwicklungstendenzen lateinamerikanischer Großstädte. Geogr. Rundschau, 28, 1976 a, S. 125–133

Bähr, J.: Siedlungsentwicklung und Bevölkerungsdynamik an der Peripherie der chilenischen Metropole Groß-Santiago. Das Beispiel des Stadtteils La Granja. Erdkunde, 30, 1976 b, S. 126–143

Bähr, J., Golte, W. u. Lauer, W.: Verstädterung in Chile. Iberoamerikanisches Archiv NF, 1, 1975, S. 3–38

Borsdorf, A.: Valdivia und Osorno. Strukturelle Disparitäten und Entwicklungsprobleme in chilenischen Mittelstädten. Tübinger Geogr. Studien, Heft 69, Tübingen 1976

Casasco, J. A.: The social function of the slum in Latin America: some positive aspects. América Latina, 12, 1969, S. 87–111

Castells, M.: Movimientos de pobladores y lucha de clases. Revista Latinoamericana de Estudios Urbano Regionales (EURE), Vol. III, No 7, 1973, S. 9–35

Dinovitzer, D.: La operación sitio como política de vivienda en Chile. Un estudio de seis casos. CIDU, Santiago 1971

Dwyer, D. J.: People and housing in the third world cities. Perspectives on the problem of spontaneous settlements, London und New York 1975

Elizaga, J. C.: Migraciones a las áreas metropolitanas de América Latina, Santiago 1970

Elizaga, J. C.: A study on immigrations to Greater Santiago (Chile). In: Breese, G. (ed.): The city in newly developing countries, London 1972, S. 332–359

---

[9] Abweichungen von diesem idealtypischen Entwicklungsschema können in zwei Richtungen auftreten (vgl. Nickel 1975, Casasco 1969):
1. Für einige Erstbewohner werden die mit dem weiteren, auch von staatlicher Seite unterstützten Ausbau auf sie zukommenden Kosten (Steuern, Gebühren für Strom, Wasser etc.) zu einer erheblichen, nicht tragbaren Belastung; sie wandern deshalb ab.
2. Durch eine Verbesserung ihrer Einkommensverhältnisse gelingt es einigen Familien die Mindestansparquoten für eine Billigwohnung staatlicher Baugesellschaften zu erfüllen, sie werden dann ebenfalls ihr bisheriges Wohnviertel verlassen und ihr behelfsmäßiges Haus eventuell weitervermieten (vgl. Mangin 1967), wenn nicht (wie in den letzten Jahren häufig zu beobachten) das neue Haus auf dem gleichen Grundstück errichtet wird.

Gaván, J.: Un enfoque económico de la pobreza urbana. Revista Latinoamericana de Estudios Urbano Regionales (EURE), Vol. I, No 3, 1971, S. 67–93

Goldrich, D., Pratt, R. B. u. Schuller, C. R.: The political integration of lower-class urban settlement in Chile and Peru. Studies in International Comparative Development, 3, 1967/68, S. 1–22

Herrick, B. H.: Urban migration and economic development in Chile. M. I. T. Monographs in Economics, 6, Cambridge, Mass. 1965

Instituto Nacional de Estadísticas: Censo de Población 1970 (verschiedene veröffentlichte und nicht-veröffentlichte Zahlenangaben)

Johnston, R. J.: Towards a general model of intra-urban residential patterns: some cross-cultural observations. Progress in Geography, 4, 1972, S. 84–124

Kusnetzoff, F.: Housing policies or housing politics. An evaluation of the Chilean experience. Journal of Interamerican Studies and World Affairs, 17, 1975, S. 281–310

Labadia Caufriez, A.: Operación sitio: A housing solution for progressive growth. Latin American Urban Research, 2, London 1972, S. 203–210

Lauer, W. (Hrsg.): Landflucht und Verstädterung in Chile. Erdkundliches Wissen, 42, Wiesbaden 1976

Lichtenberger, E.: Die städtische Explosion in Lateinamerika. Zeitschrift für Lateinamerika, 4, 1972, S. 1–23

Lück, W. H.: Santiago de Chile. Eine sozialräumliche Untersuchung unter dem besonderen Aspekt des industriellen Einflusses, Diss. München 1970

Mangin, W.: Latin American squatter settlement: a problem and a solution. Latin American Research Review, 1967, S. 65–98

Mercado V., O., de la Puente L., P. u. Uribe-Echevarria, F.: La marginalidad urbana: origen, proceso y modo. Resultados de una encuesta en poblaciones marginales del Gran Santiago. DESAL, Buenos Aires 1970

Ministerio de Obras Públicas y Transportes: Encuesta origen y destino, Santiago 1967

Nickel, H. J.: Marginalität und Urbanisierung in Lateinamerika. Eine thematische Herausforderung auch an die politische Geographie. Geogr. Zeitschrift, 63, 1975, S. 13–30

Portes, A.: The urban slum in Chile: types and correlates. Land Economics, 47, 1971, S. 235–248

Portes, A.: Rationality in the slum: An essay on interpretative sociology. Comparative Studies in Society and History, 14, 1972, S. 268–286

Rosenblüth L., G.: Problemas socio-económicos de la marginalidad y la integración urbana; el caso de „las poblaciones callampas" en el Gran Santiago. Memoria, Inst. de Economía, Univ. de Chile, Santiago 1963

Rosenblüth L., G.: Problemas socio-económicos de la marginalidad y la integración urbana. Revista Paraguaya de Sociología, 5, Asunción 1968, S. 11–74

Sandner, G.: Gestaltwandel und Funktion der zentralamerikanischen Großstädte aus sozialgeographischer Sicht. In: Die aktuelle Situation Lateinamerikas. Beiträge zur Soziologie und Sozialkunde Lateinamerikas, 7, Frankfurt/M. 1971, S. 309–320

Sanhueza Seguel, G.: Superficie y población del Gran Santiago. Censo 1940, 1952, 1960, 1970. Instituto Nacional de Estadísticas, Santiago 1975

Stokes, C. J.: A theory of slums. Land Economics, 38, 1962, S. 187–197

Tennekes, J.: Poblaciones marginales in Santiago de Chile. Geographisch Tijdschrift, 7, 1973, S. 212–224

Tennekes, J.: Migranten in de volkswijken van Santiago de Chile. Tijdschrift voor Econ. en Soc. Geografie, 64, 1973, S. 378–385

Turner, J. C.: Barriers and channels for housing development in modernizing countries. In: Mangin, W. (ed.): Peasants in cities, Boston 1970, S. 1–19

Vanderschueren, F.: Pobladores y conciencia social. Revista Latinoamericana de Estudios Urbano Regionales (EURE), Vol. I, No 3, 1971, S. 95–123

Ward, P. M.: The squatter settlement as slum or housing solution: evidence from Mexico City. Land Economics, 52, 1976, S. 330–346

Willems, E.: Barackensiedlungen und Urbanisierung in Lateinamerika. Kölner Zeitschrift für Soziologie und Sozialpsychologie, 23, 1971, S. 727–744

Diskussion zum Vortrag Bähr

C.-C. Liss (Göttingen)
Wie weit gibt es Anzeichen, daß der beschriebene Migrationszyklus auch in den übrigen – der Größe und der Existenz von *villas miserias* nach vergleichbaren – Städten Südamerikas/Lateinamerikas anzutreffen ist?

Prof. Dr. J. Bähr (Mannheim)
Die am Beispiel Santiagos erarbeiteten Ergebnisse können ganz sicher nicht ohne weiteres und in allen Einzelheiten auf andere große Städte Lateinamerikas übertragen werden. Es finden sich in der Literatur jedoch zahlreiche Hinweise dafür, daß einige grundlegende Aussagen auch für andere Ballungsräume Gültigkeit besitzen. So konnte in verschiedenen empirischen Untersuchungen (z. B. Clarke und Eyre für Jamaica; Davis u. a. für Guadalajara; Flinn für Bogotá; Turner für Lima) nachgewiesen werden, daß die Barackensiedlungen am Stadtrand nicht als die wichtigsten Auffangstellen für Zuwanderer anzusprechen sind. Neben Wohnquartieren im Zentrum (wie den erwähnten *conventillos* u. ä., z. T. sozial degradierten Gebäuden) spielen ältere Unterschichtviertel (Unterkunft bei Freunden und Verwandten) eine zunehmend bedeutendere Rolle als erster Wohnsitz der Migranten (vgl. z. B. Brücher und Vernez für Bogotá, Ward für Mexico-Ciudad). Die Umzüge in die Barackenviertel am Stadtrand erfolgen demgegenüber meist aus anderen Teilen der Stadt, z. T. als ein zweiter Wanderungsschritt (vgl. z. B. Turner und Mangin für Lima, Ray für Venezuela).

N. Braumüller (Hannover)
Sie haben in Ihrem Beitrag die Beschreibung eines Phänomens geliefert, ohne uns jedoch mitzuteilen, welchen Zweck diese Untersuchung eigentlich hat und was mit Ihren Ergebnissen gemacht werden kann.

Prof. Dr. J. Bähr (Mannheim)
Der Behauptung von Herrn Braumüller, daß ich in meinem Vortrag nur „die Beschreibung eines Phänomens" geliefert habe, möchte ich entschieden widersprechen. Ich habe mich vielmehr darum bemüht, auch die hinter den beobachteten Erscheinungen stehenden Vorgänge und Kräfte zu analysieren, ohne allerdings damit den Anspruch zu erheben, eine umfassende Theorie zur Erklärung der abnehmenden Kompaktheit lateinamerikanischer Großstädte vorgelegt zu haben. Ohne eine genaue Kenntnis der hier vorgetragenen Zusammenhänge zwischen Migrationen und zellenförmigen Stadterweiterungen in Form von Barackensiedlungen lassen sich m. E. kaum sinnvolle Vorschläge zur Lösung des Wohnungsproblems erarbeiten (vgl. dazu auch die Ansätze von Turner für Lima).

H. Eberstein (Berlin)
Nach meinen Beobachtungen entstehen im NW der Stadt Hüttenviertel (= *poblaciones callampas*) aufgrund staatlicher Initiative. Die für eine Bebauung vorgesehenen Flächen werden dabei in kleine Parzellen unterteilt, und auf den ihnen zugewiesenen Grundstücken errichten die mittel- und arbeitslosen Bewohner aus bereitgestelltem Material primitive Unterkünfte (1 Wasserhahn für je ca. 25 Häuser mit mind. 4 Bewohnern).
Der Zuzug in diese Viertel scheint mir nicht wie vom Referenten dargestellt, der freien Entscheidung mit dem Ziel des besseren Wohnens bei Familiengründung zu unterliegen, sondern eine Zwangsentscheidung wegen fehlender Alternativen zu sein.

Prof. Dr. J. Bähr (Mannheim)
Mit Frau Eberstein stimme ich darin überein, daß die Wohnverhältnisse in den *callampas* von Santiago – vor allem an europäischen Maßstäben gemessen – als außerordentlich schlecht bezeichnet werden müssen. Ich habe in meinem Vortrag darauf hingewiesen, daß schon in den 60er Jahren Barackensiedlungen auf staatliche Initiative hin entstanden sind (vgl. das Projekt *operación sitio*). Daraus darf man jedoch nicht schließen, daß die Umzüge in solche Viertel „Zwangsentscheidungen" darstellen; die von mir erwähnten Befragungen (vgl. z. B. Dinovitzer) zeigen vielmehr, daß die Nachfrage nach derartigen Grundstücken das Angebot immer bei weitem überstiegen hat und die Übersiedlung nach dort sehr

wohl unter Abwägen verschiedener Alternativen (z. B. Untermiete, Unterschlüpfen bei Freunden oder Verwandten, Kleinstwohnungen in Mietshäusern) erfolgte. Die insgesamt gesehen recht positive Einschätzung der Wohnsituation in solchen Vierteln (vor allem wenn die besitzrechtliche Lage gesichert ist) muß in erster Linie darauf zurückgeführt werden, daß man so zu einer eigenen Wohnung kommen kann, die sich allmählich weiter ausbauen und verbessern läßt.

Herr Prof. Dr. Dietrich Bartels (Kiel) hat das von ihm zur Drucklegung im Verhandlungsband eingereichte Manuskript seines Vortrages „Nationale Städtesysteme als Gegenstand der Raumordnungspolitik – ein internationaler Vergleich" am 29. 7. 1977 wieder zurückgezogen.

SCHLUSSWORT

Von K. Wolf (Frankfurt/Main)

Am Ende einer sehr langen Sitzung habe ich nicht nur allen Referenten, Diskussionsrednern und Zuhörern für ihre Beiträge und ihr Interesse an der Sitzung zu danken, sondern auch die Verpflichtung, vielleicht ein erstes, vorläufiges Resumée über die Verhandlungen zu ziehen. Die beiden Halbtage haben die Vielfalt der Ansätze gezeigt, mit denen heute auf durchaus hohem methodischem Niveau anwendungsrelevante Probleme der Verdichtung angegangen und aktuelle Raum- und Gruppenbeobachtung betrieben werden.

Gleichzeitig ist aber auch deutlich geworden – und das ist nicht zuletzt auch Aufgabe von Geographentagssitzungen –, daß in der Forschung, besonders in anwendungsrelevanter Hinsicht, noch Defizite bestehen, die es in Zukunft verstärkt zu beseitigen gilt. Unter anderem sind zu nennen:
1. die verstärkte Auseinandersetzung mit Systemtheorie,
2. die Forderung nach echter Ursachenanalyse und nicht zu sehr nur Beschreibung von Phänomenen und
3. die stärkere Berücksichtigung der Zeitdimension „Zukunft", um für die Planung und Regionalpolitik relevante Handlungsvarianten anbieten zu können.

Schließlich hat die Sitzung auch gezeigt, daß die formale Struktur der Sitzungen dahingehend geändert werden sollte, daß bei größerer Spezialisierung der Themenbereiche eine intensivere Diskussion ermöglicht wird. Göttingen 1979 wird hier wohl einen Anfang machen.

Mit meinem nochmaligen Dank an alle Beteiligten schließe ich die Sitzung.

BEVÖLKERUNGSWACHSTUM UND ERNÄHRUNGSSPIELRAUM DER ERDE

Leitung: H. BOESCH, G. KOHLHEPP und G. SANDNER

EINFÜHRUNG IN DIE THEMATIK DER FACHSITZUNG

Von G. Kohlhepp (Frankfurt)

Die Fachsitzung „Bevölkerungswachstum und Ernährungsspielraum der Erde" des Deutschen Geographentages beschäftigt sich in diesem Rahmen erstmals mit einer Thematik, die in zunehmendem Maße die interdisziplinäre wissenschaftliche Diskussion, v. a. aber auch die internationale politische Auseinandersetzung im sog. Nord-Süd-Dialog beherrscht.

Die Grundfrage „Kann die Nahrungsmittelproduktion auf der Erde auch in Zukunft noch mit dem rapiden Bevölkerungswachstum Schritt halten und eine ausreichende Ernährung aller garantieren?" ist jedoch eine Problemstellung, die nicht erst im Rahmen der Zuspitzung der Interessenkonflikte zwischen Industrieländern und Entwicklungsländern aufgetreten ist, sondern sie beschäftigt – von unterschiedlichen Ansätzen und qualitativ sehr verschiedenen statistischen Unterlagen ausgehend – die wissenschaftliche Diskussion nun schon seit 180 Jahren.

Ohne hier in diesen kurzen Ausführungen auch nur annähernd Vollständigkeit anstreben zu können, möchte ich auf einige der entscheidenden Ansätze eingehen:

Bereits 1798 hat der englische Pfarrer und Nationalökonom Malthus in seinem *Essay on the principle of population* erstmals auf die Problematik des Zusammenhangs zwischen Bevölkerungswachstum und Nahrungsmittelproduktion hingewiesen und – als Gegensatz zu Adam Smith – die Natur der Armut untersucht. Seine Hypothese bestand darin, daß Bevölkerung in geometrischer Progression wachse, die Nahrungsmittelproduktion aber nur in arithmetischer Reihe. Die Schlußfolgerung, daß infolge der begrenzten Erdoberfläche keine der Bevölkerungszunahme entsprechende Nahrungsmittelsteigerung möglich sein würde, führte zur Voraussage von Überbevölkerung, Hungersnöten und Verelendung.

Das 19. Jh. wurde durch die Diskussion neo- und antimalthusianischer Ideen beherrscht.

Ravenstein hat 1891 als erster Geograph die wissenschaftliche Erörterung des Problems der *maximalen Bevölkerung* der Erde eingeleitet.

In den 20er Jahren wurde in Deutschland dann die Diskussion der *Ernährungskapazität* der Erde stark belebt. 1924 hat A. Penck, ausgehend von den Klimaregionen der Erde und unter Heranziehung der Pflanzendecke als Indikator der unterschiedlichen Bodengüte, seine Berechnungen zur *potentiellen Bevölkerung* der Erde vorgelegt. Fischer (1925) brachte aus wirtschaftsgeographischer Sicht den Begriff *Tragfähigkeit* in die wissenschaftliche Literatur ein, wobei er eine Trennung zwischen einer *innenbedingten* und – unter Einbeziehung der

Handelsverflechtungen – einer *außenbedingten* Tragfähigkeit vornahm. Letztere war dabei abhängig von der Umverteilung innenbedingter Tragfähigkeiten.

Die bereits von Penck (1926) angeregte *Bonitierung* der Erde hat Hollstein (1937) in einer Arbeit vorgelegt, die eine systematische, regional differenzierte Abschätzung der Erdoberfläche – unter Berücksichtigung klimatischer und edaphischer Regionen sowie eines sog. „Ausnutzungsfaktors" – hinsichtlich der jeweiligen Fähigkeit zur Erzeugung von pflanzlichen Nahrungsmitteln (v. a. Körnerfrüchten) umfaßt.

Vor der auch den Arbeiten von Penck und Hollstein zugrundeliegenden Überschätzung der Ernährungskapazität der Tropen hat erstmals Sapper (1939) gewarnt. Gerade die Fehleinschätzung der Biomasse tropischer Regenwälder als Fruchtbarkeits-Indikator ist auch in den Ländern der Tropen selbst immer wieder gemacht worden, was noch jüngste Projekte der regionalen Entwicklungsplanung und Agrarkolonisation beweisen, z. B. in Amazonien (vgl. Kohlhepp 1976).

Die Diskussion des Flächenbedarfs zur Ernährung einer bäuerlichen Familie bei Anwendung bestimmter Bodennutzungssysteme wurde von Otremba (1938) durch den Begriff der *Ackernahrung* angeregt, der nicht nur in seiner Abhängigkeit von natürlichen Gegebenheiten, sondern auch von Betriebsformen, Arbeitskraftbesatz und Lebenshaltung herausgearbeitet wurde. In der zweiten Hälfte der 40er Jahre hat Waibel die *minimale Ackernahrung* der Landwechselwirtschaft betreibenden Kolonistenbetriebs Südbrasiliens errechnet.

Die Thematik der Ernährungswirtschaft der Erde wurde von Pfeifer beim Deutschen Geographentag in München 1948 auf der Basis der Wirtschaftsformen und landwirtschaftlichen Betriebssysteme wieder aufgenommen.

Scharlau hat 1953 die Geschichte, Methoden und Probleme der Tragfähigkeitsuntersuchungen zusammengestellt und damit einen neuen Anstoß zur Beschäftigung mit dieser Problematik zu einem Zeitpunkt gegeben, als sich im Rahmen der politisch-administrativen Neuordnung der ehemaligen Kolonialgebiete das Problem Industrieländer – Entwicklungsländer erst langsam abzuzeichnen begann.

Als Vertreter eines Entwicklungslandes hat der brasilianische Geograph und Arzt de Castro (1949) in seiner in viele Sprachen übersetzten „Geographie des Hungers", aufbauend auf seinen ernährungsgeographischen Arbeiten in Brasilien (1937 u. a.), erstmals das gesamte Spektrum des sozioökonomischen Hintergrunds der Problematik der Unterernährung aufgezeigt und der Geographie, von der er die vollständigste wissenschaftliche Aufklärung des Hungerphänomens erwartet, empfohlen, sich besonders mit den Problemstellungen zu befassen, für die den Menschen entweder die Kenntnis oder der Wille zur Lösung fehlt (1973).

Von Boesch und Bühler wurde Anfang der 70er Jahre eine Karte der Welternährungslage erarbeitet, die das Verhältnis von Nahrungsverbrauch zu Nahrungsbedarf, *Ernährungsstandard* genannt, berücksichtigt und unter Anwendung quantitativer Methoden zu einer regionalen Differenzierung der quantitativen und qualitativen Unterernährung und Überernährung kommt. Carol (1973) hat auf empirisch gewonnenen Daten und auf den vier Hauptwirtschaftsformen basierend vor wenigen Jahren eine Methode zur Berechnung der theoretischen Ernährungskapazität am Beispiel Tropisch-Afrikas vorgestellt.

Schließlich haben Borcherdt und Mahnke (1973) die Vielschichtigkeit des Tragfähigkeitsbegriffs herausgearbeitet und dabei das diesem Begriff zugrundeliegende raumwirksame Kräftegefüge transparenter gemacht. Die *agrare Tragfähigkeit* wird als das hauptsächliche Betätigungsfeld der Geographie in den Mittelpunkt gestellt. Zusammengefaßt gibt nach Borcherdt und Mahnke (1973, S. 23) „die agrare Tragfähigkeit eines Raumes . . . diejenige

Menschenmenge an, die von diesem Raum unter Berücksichtigung eines dort in naher Zukunft erreichbaren Kultur- und Zivilisationsstandes auf überwiegend agrarischer Grundlage auf die Dauer unterhalten werden kann, ohne daß der Naturhaushalt nachteilig beeinflußt wird".

Dieser kurze Aufriß der geographischen Beschäftigung mit dem Problemkreis Bevölkerungswachstum und Ernährungsspielraum muß hier genügen. Auf die interdisziplinären Arbeiten des Massachusetts Institute of Technology im Auftrag des „Club of Rome" zur Bestimmung der Tragfähigkeit der Erde anhand eines „Weltmodells" (Meadows 1972, 1974 u. a.) kann hier nicht eingegangen werden.

Zwar war in der Welt-Nahrungsproduktion der durchschnittliche jährliche Produktionszuwachs seit dem Zweiten Weltkrieg immer größer als die Bevölkerungszunahme, aber dieser Überschuß schwindet. Diese Gesamtbilanz sagt jedoch nichts über die Produktions- und Versorgungsdisparitäten zwischen Industrie- und Entwicklungsländern aus und ebensowenig über die Verteilungsmechanismen der Nahrungsmittel. Nach Dumont (1973) würde die heutige landwirtschaftliche Produktion nicht einmal zur Ernährung von 1 Milliarde Menschen genügen, wenn man den amerikanischen Lebens- und Ernährungsstandard voraussetzt. Der Faktor Lebensstandard war bereits von Ballod (1912) bei der Berechnung der Höchstzahlen der Erdbevölkerung berücksichtigt worden.

Zwischen 1961 und 1974 ist in 48 von 100 untersuchten Entwicklungsländern die Nahrungsmittelproduktion bereits langsamer gewachsen als die Bevölkerung (Holenstein und Power 1976). Geht man davon aus, daß vielen Entwicklungsländern bei der Annahme eines Westeuropa vergleichbaren Ablaufs des demographischen Transformationsprozesses (vgl. Hauser 1974) die größte Bevölkerungszunahme noch bevorsteht, so gewinnt die Problematik eine sehr aktuelle Bedeutung.

Die Diskussion und die Gegensätzlichkeit der Standpunkte von Industrie- und Entwicklungsländern bei den Weltbevölkerungs- und Welternährungskonferenzen der letzten Jahre haben gezeigt, daß die Steigerung der Produktivität je Flächeneinheit, die nur noch begrenzt mögliche Neulanderschließung zur Erweiterung der landwirtschaftlichen Nutzfläche und die Veränderung des generativen Verhaltens der Bevölkerung durch Familienplanung zur Lösung des Problems nicht genügen. Auch die sog. *Grüne Revolution* und die *High Yielding Varieties,* die Hochertragssorten, haben sich sowohl aufgrund ihrer bleibenden Abhängigkeit von physischen Ungunstfaktoren, als auch aufgrund ihrer Technologieabhängigkeit und ihrer Kapitalintensität nicht als Patentrezept erwiesen. Abgesehen davon, daß die tropischen Böden weithin der Kunstdüngung nur bedingt zugänglich sind, hat das Steigen der Düngemittelpreise aufgrund der Ölkrise sich dabei nur als einer der augenfälligsten Faktoren ausgewirkt.

Viele Entwicklungsländer haben sich ohnehin den Schlußfolgerungen von de Castro (1973 u. a.) angeschlossen, daß nicht Überbevölkerung die Ursache des Hungers sei, sondern Hunger die Ursache der Überbevölkerung (circulus vitiosus: Hunger → hohe Kindersterblichkeit → hohe Geburtenraten → schlechte Ernährung → Hunger).

Die Überwindung von Unterentwicklung in der Landwirtschaft wird nur durch Überwindung physischer und anthropogen bedingter Hemmnisfaktoren möglich sein. Gerade durch eine Umstrukturierung ungünstiger sozioökonomischer Rahmenbedingungen kann eine optimale Inwertsetzung der jüngsten Ergebnisse ökologischer Forschung und ein optimaler Einsatz der unter Berücksichtigung des „ökologischen Handikaps der Tropen" (Weischet 1977) anwendbaren Agrartechnologie erst ermöglicht werden.

Die unterschiedliche Ausgangssituation der ernährungswirtschaftlichen Probleme zwischen Industrieländern und Entwicklungsländern wird noch deutlicher, wenn man berücksichtigt, daß in Teilen Europas und in Nordamerika Probleme wie Überernährung und deren gesundheitsschädliche Folgen, Abbau der Nahrungsmittelüberschüsse durch Reduzierung der Anbauflächen sowie dessen Subventionierung anstehen, während in den Entwicklungsländern gleichzeitig die Bekämpfung des Hungers und der Folgewirkungen der Unterernährung grundlegende Existenzprobleme berühren. Mehr als ein Drittel der Weltbevölkerung leidet sowohl unter starker *Unterernährung,* als auch nach dem qualitativen Standard der Nahrung an *Mangelernährung* (Protein-, Vitaminmangel u. a.).

Die Schaffung zahlreicher Organisationen, Institutionen und Ausschüsse im Anschluß an die Welternährungskonferenz in Rom 1974 – Welternährungsrat, Internationaler Fonds für landwirtschaftliche Entwicklung, die Beratende Gruppe für Nahrungsmittelerzeugung und Investitionen in Entwicklungsländern, Ausschuß für Welternährungssicherheit, Ausschuß für Nahrungsmittelhilfestrategien und -programme (Holenstein und Power 1976, S. 171) – läßt erkennen, daß die Ernährungsproblematik grundsätzlich erkannt ist. Die Problemlösung muß auf internationaler Ebene gefunden werden. Ein politisch motivierter, Autarkie anstrebender Alleingang nach chinesischem Vorbild (Humlum 1977) wird unter Berücksichtigung der spezifischen Voraussetzungen die Ausnahme sein.

Die Fachsitzung „Bevölkerungswachstum und Ernährungsspielraum der Erde" will von seiten der geographischen Forschung einen Beitrag zur Analyse der komplexen Problemsituation v. a. in Ländern der sog. Dritten und Vierten Welt bieten und Lösungsmöglichkeiten des Ernährungsproblems aufzeigen. Dabei werden folgende Problemkreise angeschnitten, die auch in der zukünftigen geographischen Entwicklungsländerforschung v. a. auch durch intensive kleinräumige Analysen in interdisziplinärer Zusammenarbeit verstärkt berücksichtigt werden sollten:
– Das agrarische Produktionspotential der Entwicklungsländer (v. a. der Tropen) vor dem Hintergrund natürlicher Ungunstfaktoren sowie negativer sozioökonomischer Strukturen, die das „Handikap" entscheidend verstärken
– Beurteilungskriterien des Problems der agraren Tragfähigkeit von Staats- und Wirtschaftsräumen unter besonderer Berücksichtigung der Grundbesitz- und Arbeitsverfassung, von Wirtschafts- und Betriebsformen, Bodennutzungssystemen, Lebensstandard, traditionsbedingter Barrieren und sozialhistorisch und psychisch bedingter Faktoren
– Endogene und exogene Hindernisse bei der Verbesserung der Ernährungsbilanz sowie bei der Erweiterung des Ernährungsspielraums
– Auswirkungen des Bevölkerungsdrucks auf physische und sozio-ökonomische Ressourcen
– Ansätze staatlicher und zwischenstaatlicher Planungsmaßnahmen und deren raumrelevante Folgewirkungen im agrartechnischen, agrarsozialen und bevölkerungspolitischen Bereich zur Erweiterung und zur Sicherung der Ernährungsbasis in Entwicklungsländern
– sowie letztlich auch das für Übergangslösungen wichtige Problem von Nahrungsmittelproduktion und Konsumverhalten in Industrieländern und der Verteilungsmechanismen von agrarischen Überschüssen im Lichte politisch-ökonomischer Blockbildungen in seinen Konsequenzen für die Welternährungsbilanz.

Literatur

Ballod, K. (1912): Wieviel Menschen kann die Erde ernähren? – Schmollers Jahrb. f. Gesetzgeb., Verwaltung u. Volkswirtsch., N.F. 36, S. 595–616
Boerma, A. H. (1968): Landwirtschaftliche Entwicklung und Welternährung. – Außenpolitik 19, 6, S. 340–348. Stuttgart
Boesch, H. u. Bühler, J. (1972): Eine Karte der Welternährung. – Geograph. Rundsch. 24, 3, S. 81/82. Braunschweig. (Karte: Welternährungslage)
Borcherdt, Ch. u. Mahnke, H.-P. (1973): Das Problem der agraren Tragfähigkeit, mit Beispielen aus Venezuela. – Stuttgarter Geogr. Stud. 85, S. 1–93. (Lit.)
Borgstrom, G. (1969): The world food crisis. – Futures, 1, 4, S. 339–355. – Guildford
Boserup, E. (1970): Population growth and food supply. – In: Population Control, S. 152–164. – Harmondsworth
Bühler, J. (1971): Eine Karte der Welternährungslage unter bes. Berücksichtigung der Ergänzung fehlender Daten durch quantitative Methoden. – Diss. Zürich
Busch, P. (1963): Bevölkerungswachstum und Nahrungsmittelspielraum auf der Erde. – Paderborn
Carol, H. (1973): The calculation of theoretical feeding capacity for tropical Africa. – Geogr. Zeitschr. 61, 2, S. 81–94
Castro, J. de (1937): A alimentação brasileira a luz da geografia humana. – Pôrto Alegre
– – *(1949):* Géographie de la faim. – Paris. (engl. Übersetzung: London 1952)
– – *(1973):* Geopolitik des Hungers. – Frankfurt a. M. (frz. Ausgabe: Paris 1971)
Cépède, M. (1970): La science contre la faim. – Paris
Cépède, M. u. Gounelle, H. (1967): La faim. – Paris
Chang, J. H. (1968): The agricultural potential of the humid tropics. – Geogr. Rev. 58, S. 333–361
Clarke, J. I. (1968): World population and food resources: a critique. – In: Land use and resources: studies in applied geography. Inst. Brit. Geographers, Spec. publ. 1, S. 53–70. – London
Dumont, R. (1973): L'utopie ou la mort. – Paris
Dumont, R. u. Rosier, B. (1969): The hungry future. – London
Fischer, A. (1925): Zur Frage der Tragfähigkeit des Lebensraumes. – Z. f. Geopolitik 2, S. 842–858
Freeman, O. L. (1968): World without hunger. – New York
Graewe, W.-D. (1966): Bevölkerungswachstum und Nahrungsmittelversorgung unter bes. Berücksichtigung der Problematik in den Entwicklungsländern. – Wiss. Zeitschr. d. Humboldt-Univ. Berlin, Math.-Nat. wiss. R., 15, 1, S. 155–175. – Berlin (Ost)
Hauser, J. A. (1974): Bevölkerungsprobleme der Dritten Welt. – Bern/Stuttgart
Holenstein, A.-M. u. Power, J. (1976): Hunger. Die Welternährung zwischen Hoffnung und Skandal. – Frankfurt a. M.
Hollstein, W. (1937): Eine Bonitierung der Erde auf landwirtschaftlicher und bodenkundlicher Grundlage. – Petermanns Mitt. Ergänzungsheft Nr. 234
Humlum, J. (1977): China meistert den Hunger. – Geocolleg, Kiel
Hutchinson, J. (ed.) (1969): Population and food supply. Essays on human needs and agricultural prospects. – Cambridge
Isenberg, G. (1953): Tragfähigkeit und Wirtschaftsstruktur. – Veröffentl. d. Akad. f. Raumforschung u. Landesplanung, Abh. Bd. 22, Bremen-Horn
Kohlhepp, G. (1976): Planung und heutige Situation staatlicher kleinbäuerlicher Kolonisationsprojekte an der Transamazônica. – Geogr. Zeitschr. 64, 3, S. 171–211. Wiesbaden
Kraus, W. u. Cremer, H.-D. (1967): Bevölkerungswachstum, Nahrungsmittelversorgung und wirtschaftliche Entwicklung. – In: P. von Blankenburg u. H.-D. Cremer (Hrsg.): Handbuch der Landwirtschaft und Ernährung in den Entwicklungsländern. Bd. 1. Die Landwirtschaft in der wirtschaftl. Entwicklung. Ernährungsverhältnisse, S. 1–32. Stuttgart (Lit.)
Lauer, W. (1970): Naturgeschehen und Kulturlandschaft in den Tropen. Beispiel Zentralamerika. – In: Beiträge z. Geographie d. Tropen u. Subtropen (Festschrift f. H. Wilhelmy), Tübinger Geogr. Stud. 34 (Sonderband 3), S. 83–105
Lowry, J. H. (1970): World population and food supply. – London

Malthus, Th. R. (1798): An essay on the principle of population as it affects the future improvement of society. – London

Meadows, D. L. et al. (1972): Die Grenzen des Wachstums. – Stuttgart

– – *(1974):* Wachstum bis zur Katastrophe? Pro und contra zum Weltmodell. – Stuttgart

Myrdal, G. (1974): Ökonomische Theorie und unterentwickelte Regionen. Weltproblem Armut. – Frankfurt a. M.

Otremba, E. (1938): Das Problem der Ackernahrung. – Rhein-Mainische Forschungen 19, Frankfurt a. M.

Penck, A. (1924): Das Hauptproblem der physischen Anthropogeographie. – Sitzungsberichte der Preuss. Akad. d. Wiss. 22, S. 242–257. – Berlin

– – *(1926):* Die Bonitierung der Erdoberfläche. – Wiss. Abh. d. 21. Dt. Geogr.tages Breslau 1925, S. 211–220. – Berlin

Pfeifer, G. (1950): Die Ernährungswirtschaft der Erde. – Verh. des Dt. Geogr.tages München 1948. Bd. 27, S. 241–270. – Landshut

Ravenstein, E. G. (1891): Lands of the globe still available for European settlement. – Proceed. Royal Geogr. Soc. 13, S. 27–35. – London

Sapper, K. (1939): Die Ernährungswirtschaft der Erde und ihre Zukunftsaussichten für die Menschheit. – Stuttgart

Scharlau, K. (1953): Bevölkerungswachstum und Nahrungsspielraum. Geschichte, Methoden und Probleme der Tragfähigkeitsuntersuchungen. – Veröff. d. Akad. f. Raumforschung u. Landesplanung, Abh., Bd. 24. – Bremen-Horn

Sedlmeyer, K. A. (1961): Zur Geographie des Hungers. Eine soziologische Studie. – Hagen i. W.

Waibel, L. (1955): Die europäische Kolonisation Südbrasiliens. – Colloquium Geogr., Bd. 4 (Bearb. u. Vorw. G. Pfeifer), Bonn

Weischet, W. (1977): Die ökologische Benachteiligung der Tropen. – Stuttgart

Wittern, K. (1954): Die Ernährung der Welt. Bevölkerungszuwachs und Ernährungswirtschaft. – Hamburg und Berlin

Zelinsky, W. et al. (Hrsg.) (1970): Geography and a crowding world. A symposium on population pressure upon physical and social resources in the developing lands. – New York

DIE GRUNDLAGEN DES ERNÄHRUNGSWIRTSCHAFTLICHEN HAUPTGEGENSATZES AUF DER ERDE

Mit 14 Abbildungen und 6 Tabellen

Von Wolfgang Weischet (Freiburg/Br.)

I. DIE PROBLEMSITUATION

Im Rahmen des Problemkreises Bevölkerungswachstum und Nahrungsspielraum der Erde spielt bei der Beurteilung der Perspektiven für das nächste und übernächste Jahrzehnt die Frage eine Schlüsselrolle, ob die Entwicklungsländer, insbesondere die der Tropen, in der Lage sein werden, jene agrarwirtschaftlichen Produktionsfortschritte in ausreichendem Maße nachzuvollziehen, die in Nordamerika und in anderen Industrieländern der Außertropen seit Mitte der 50er Jahre erzielt wurden.

Wenn man die reports der internationalen Konferenzen zu diesem Problem durchstudiert, dann scheint es nur eine Frage entsprechender Schulung der tropischen Agrargesellschaften, der Bereitstellung der notwendigen Maschinen und ausreichender Mengen von Kunstdünger sowie zurückhaltender Preis- bzw. großzügiger Kreditpolitik zu sein, daß die für die nächsten 20 Jahre von manchen Autoren prophezeite Ernährungskrise sich als tendenziöse Schwarzmalerei herausstellt. In Maßen beherrscht solche Grundauffassung auch die Veröffentlichungen des US-Departments of Agriculture on foreign agriculture economies. Und ganz auf dieser Linie liegen die jüngsten Ausführungen renommierter Experten der Bevölkerungs- und Ernährungswissenschaften im September-Heft 1976 des Scientific American, das ganz der weltweiten Ernährungsproblematik gewidmet ist. Dort vertritt z. B. Roger Revelle von der Harvard University, kurz zusammengefaßt, folgende Auffassung:

Erstens gibt es noch viel potentiell nutzbares, bis dato aber ungenutztes Land. Zweitens eröffnet die Anwendung moderner Agrartechniken eine erhebliche Produktionssteigerung in den Tropen. Bei richtiger Ausnutzung kann drittens die Erde die zehnfache Menschheit von heute ernähren. Das allgemeine Bewußtsein über die Problemlage sei vorhanden, es gelte nur, die entscheidenden Schritte in die Tat umzusetzen.

Bemerkenswert ist, daß die auf naturwissenschaftlicher Basis argumentierenden Vertreter einer mehr skeptischen und zuweilen warnenden Gesamtauffassung auf den internationalen Konferenzen, in den Spalten der meinungsbildenden Publizistik und unter den Verfassern der reports zu Händen der decision makers nur sehr selten vertreten sind.

Dabei wäre es nicht nur im Hinblick auf die von einer eventuellen Fehlentwicklung direkt Betroffenen wünschenswert, zu einer nüchternen Betrachtung der Gesamtlage zu kommen, in der sich die Weltbevölkerung befindet. Nichts ist schlimmer, als daß die Menschheit sich für eine weitere Generation noch über die Entwicklungsmöglichkeiten auf dem Nahrungsmittelsektor falschen Hoffnungen hingibt, Präventivmaßnahmen in den Wind schlägt, die Bevölkerung dementsprechend kräftig anwachsen läßt, um dann möglicherweise in 20 Jahren feststellen zu müssen, daß viele Gebiete doch nicht das tragen, was man sich von ihnen versprochen hatte. Dann sind nämlich aus der Eigendynamik der Bevölkerungsentwicklung heraus die Weichen für eine weitere Zunahme der Menschheit schon zwangsnotwendig gestellt; damit ist die Gefahr heraufbeschworen, daß keine Puffermasse mehr an Produktionspotential vorhanden und die Katastrophe sicher ist.

Ich möchte versuchen, nach einer kurzen Beleuchtung der zu erwartenden Bevölkerungsentwicklung und der dafür anzusetzenden Nahrungsuktion zunächst den gegenwärtigen Stand des Nord-Süd-Gegensatzes im Produktionsaufkommen an Grundnahrungsmitteln darzulegen, dann die Charakteristika des außertropischen Produktionssystems der modernen Agrartechnologie auf der Basis der high yealding varieties aufzuzeigen, anschließend dazu die bisher erzielten Fortschritte mit eben dieser Technologie in den Tropen in Vergleich zu setzen, und endlich mit Hilfe eines Produktionsmodells die prinzipiellen Aspekte der Übertragbarkeit moderner Agrartechnologie von den Außertropen auf die Tropen aufzuzeigen.

II. BEVÖLKERUNGSENTWICKLUNG UND NOTWENDIGE NAHRUNGSMITTELPRODUKTION

Die Weltbevölkerung wird bis 1985 aller Voraussicht nach auf etwas mehr als 5 Milliarden Menschen anwachsen, und zwar selbst dann, wenn die Bemühungen um Einschränkung der Geburtenrate in den sog. Entwicklungsländern noch Erfolg haben sollten (s. Abb. 1). Über ³/₄ der 5 Milliarden werden dann in Gebieten leben, die heute zu den Entwicklungsländern zählen; z. Zt. sind es nur ²/₃.

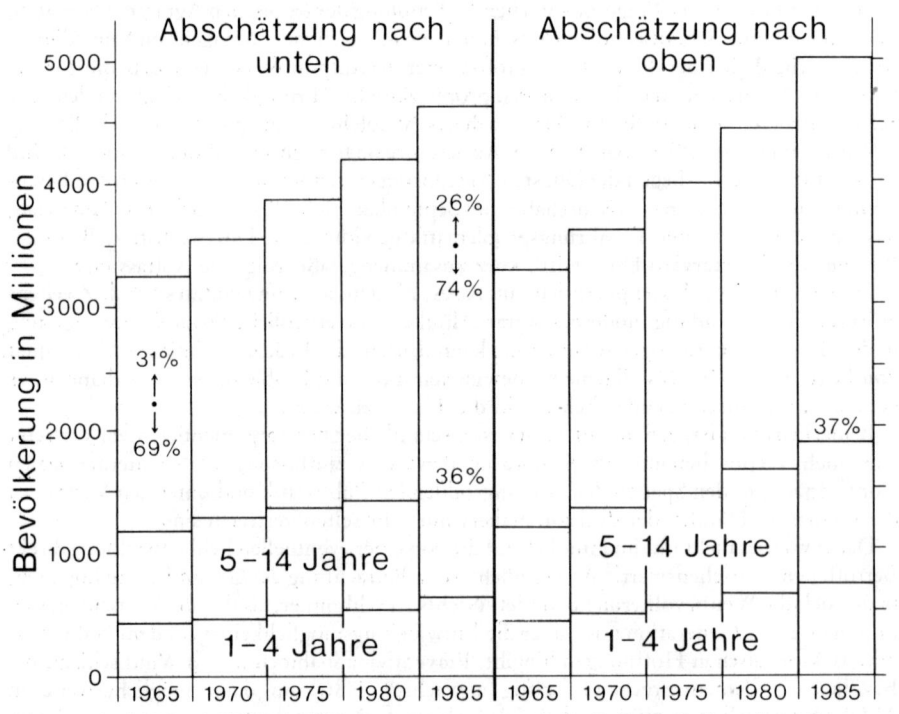

Abb. 1 Entwicklung der Weltbevölkerung 1965–1985 für den Fall der Drosselung der Geburtenrate in den Entwicklungsländern und ohne ihn (Werte nach Goldsmith et al., 1967).

Grundlagen des ernährungswirtschaftlichen Hauptgegensatzes auf der Erde   257

Von einer Expertengruppe zur Beratung des US-Präsidenten ist 1965 unter Zugrundelegung der Alterspyramide, des Geschlechterverhältnisses und der Konstitutionsmerkmale der verschiedenen Völker und Rassen die Kalorien- und Proteinmenge errechnet worden, die notwendig sein wird, um den physiologischen Minimalbedarf der Weltbevölkerung bis 1985 zu decken (Abb. 2). Unter der Annahme, daß die Diätzusammensetzung keine gewichtige Veränderung gegenüber 1959/61 erfährt, ergibt sich daraus bei Erhaltung des 1959/61-Standards für 1970 und die folgenden Jahre die in den Säulen des folgenden Diagrammes (Abb. 3) eingetragenen Mengen für Stärkegewächse, Gemüse und Früchte, Reis, Weizen und andere Getreide. Zucker, Hülsenfrüchte, Fette und tierische Produkte sind mangels Daten weggelassen. Dabei handelt es sich um eine Hochrechnung der Summe der wirklichen Nahrungseinnahmen durch den Menschen. Der – oft nicht geringe – Schwund, der zwischen Ernte und Verbrauch entsteht, bleibt außer acht (Goldsmith et al. 1967).

Beim Bemühen, im Vergleich dazu den Status quo festzustellen, lassen sich für Stärkegewächse, Gemüse und Früchte nur sehr schwierig verläßliche Zahlen für eine Weltübersicht beibringen. Für einzelne Länder wird darauf zurückzukommen sein, für das Gesamtsystem

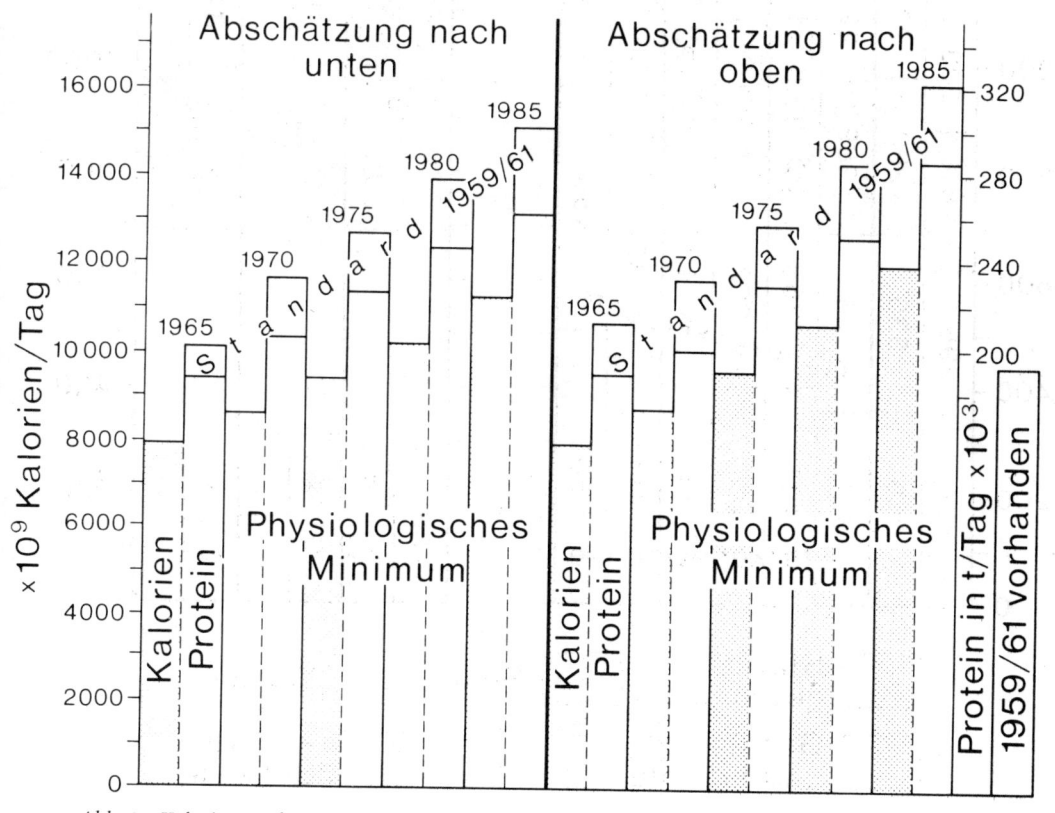

Abb. 2 Kalorien- und Proteinbedarf der kalkulierten Weltbevölkerung (Abb. 1) 1965–1985, angegeben einerseits als physiologisches Minimum und andererseits bei Erhaltung des 1959–61 gegebenen Standards (Werte nach Goldsmith et al., 1967).

Die wichtigsten Nahrungsgewächse

Weltbedarf

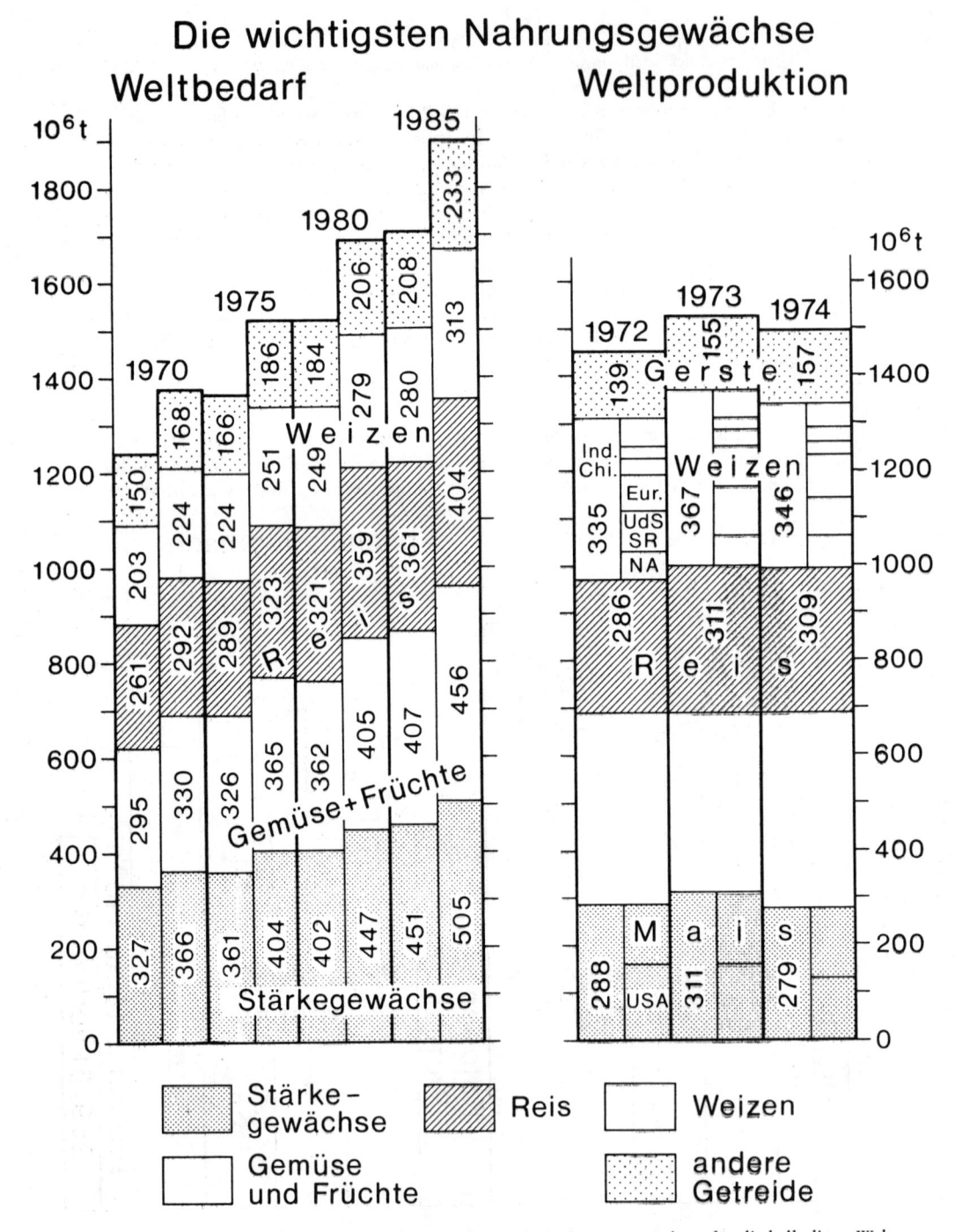

Weltproduktion

Abb. 3 Der Weltbedarf 1970–1985 an den wichtigsten Nahrungsgewächsen für die kalkulierte Weltbevölkerung (Abb. 1) unter Beibehaltung des Standards von 1959–61, verglichen für die Jahre 1972–74 mit der tatsächlichen Produktion (Werte nach Goldsmith et al., 1967 bzw. US-Dpt. of Agr., 1974).

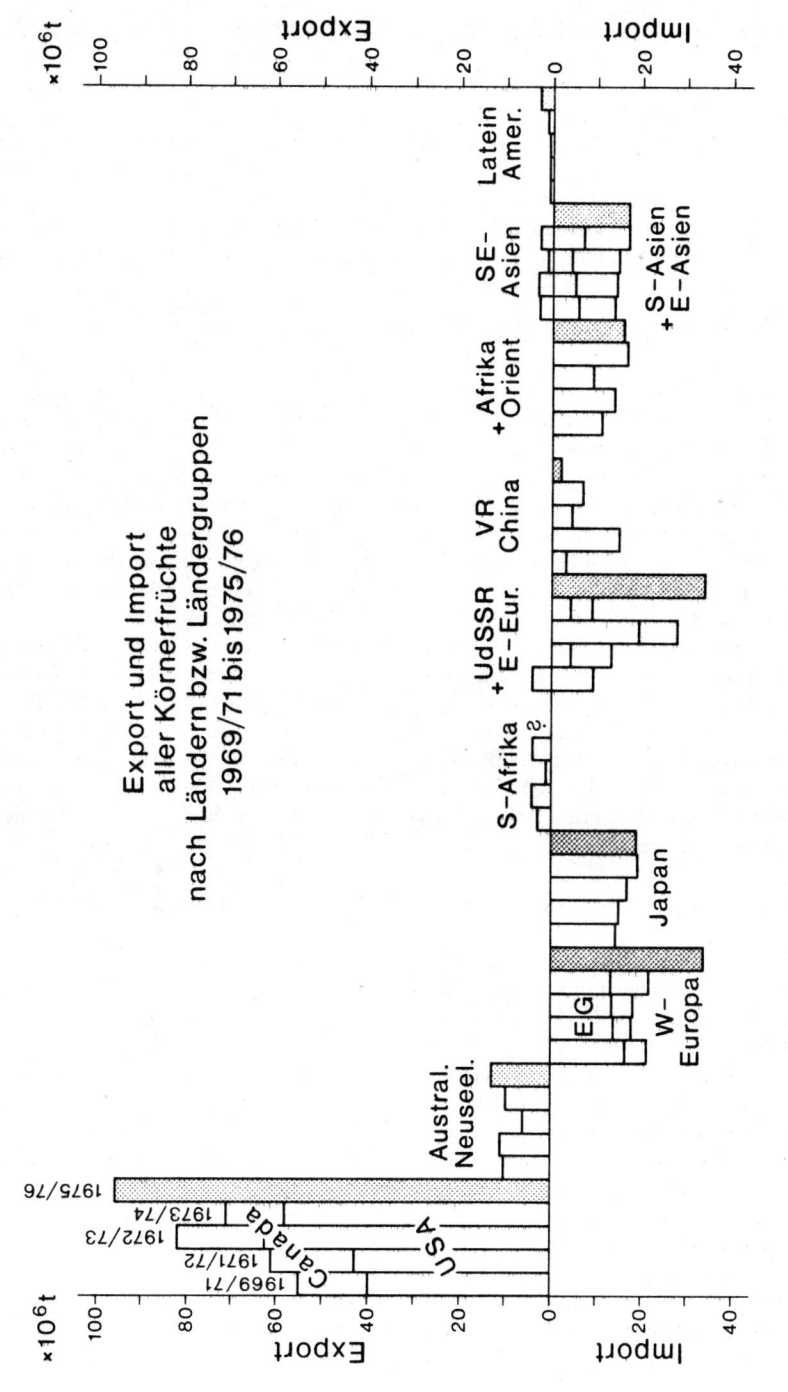

Abb. 4 Exportierter Überschuß und importierter Zuschuß an Körnerfrüchten 1969/71 bis 1975/76 nach Ländergruppen (US-Dpt. of Agr., World Grain Statistics, 1974).

soll erst einmal angenommen werden, daß das Bedarfsniveau 1970 für die betreffenden Produkte erreicht worden sei, und dann sollen die statistisch relativ gut erfaßten Körnerfrüchte im Vergleich von Erforderlichem und Vorhandenem etwas genauer betrachtet werden (Abb. 3). Am Aufkommen von Reis, Weizen, Mais und Gerste zusammengenommen sieht man, daß in der tatsächlichen Gesamtproduktion der Jahre 1972 bis 1974 noch ein gewisser Vorsprung gegenüber der Anforderung vorhanden war. Die Problematik liegt in der Wertung der Einzelposten. Bemerkenswert ist, daß der mit Schwerpunkt in den Tropen produzierte Reis schon 1970 um einige Prozent hinter den Anforderungen zurückblieb, das Sicherheitspolster vor allem von Weizen und Mais, also Produkten geschaffen wurde, die vorwiegend in den Außertropen angebaut werden.

III. DER GEGENWÄRTIGE STAND DES NORD-SÜD-GEGENSATZES

Aus der Entwicklung und dem gegenwärtigen Stand der Verteilung von Überschußproduktion und Zuschußbedarf an Körnerfrüchten auf der Welt (Abb. 4) ergibt sich *eine wachsende Abhängigkeit aller bevölkerungsreichen Länder der Erde von den Agrarproduktionen in den USA und Kanada.* Nur Australien-Neuseeland und Südafrika haben noch Überschüsse, die aber lediglich 10% zum Zusatzbedarf der anderen beitragen können. Nordamerika muß 90% liefern. Lateinamerika hält sich gerade selbst über Wasser, wobei besonders bemerkenswerte Einzelheiten sind, daß das relativ kleine subtropische Südafrika wesentlich größere Überschüsse erzielt als der ganze südamerikanische Kontinent und daß der tropische Teil von Afrika wie auch Asiens deutliche Defizitgebiete sind.

Wenn nun also, wie voraus festgestellt, für die Welt als Ganzes ein gewisses Nahrungsmittelpolster gegenüber dem Soll-Aufkommen besteht, andererseits aber der Nahrungsmittelaustausch zwischen den Ländern eine so frappierende Eingleisigkeit aufweist, daß die USA und Kanada das zuschießen, was in Europa, Afrika und Asien fehlt, dann ist damit deutlich gemacht, daß hinsichtlich der Bilanz des Gesamten wenigstens zwei grundsätzlich verschiedene Teilsysteme vorhanden sind, und daß man die Perspektiven für die Zukunft nur aus dem besseren Verständnis des Funktionierens und der ökologischen Bedingungen der Teilsysteme gewinnen kann.

IV. DAS PRODUKTIONSSYSTEM DER MODERNEN AGRARTECHNOLOGIE DER AUSSERTROPEN

Zunächst die Bedingungen, unter denen es möglich war, daß vor allem die US-amerikanische Landwirtschaft auf die Flut der Nachfrage durch progressive Lieferungen hat antworten können.

Wenn man von den witterungs- und marktwirtschaftlich bedingten Jahr-für-Jahr-Unterschieden absieht, so ist der dominierende Zug in der Entwicklung des Gesamtaufkommens der US-amerikanischen Landwirtschaft (Abb. 5) das konsequente Wachstum, und zwar um nicht weniger als 100% in der Gesamtproduktion in etwas mehr als 20 Jahren. Während 1951 von den aufgeführten 6 Feldkulturen zusammen etwas mehr als 5½ Milliarden bushel geerntet wurden, waren es 1973 fast 11 Milliarden. Dabei ist, bei gewissen Verschiebungen im einzelnen, die gesamte Anbaufläche in der gleichen Zeit nicht größer geworden, sondern leicht geschrumpft (s. Tab. 1).

Dimension und Zeitpunkte der Aufwärtsentwicklung sind bei den einzelnen Anbauprodukten durchaus verschieden. Beim Weizen setzte der erste markante Aufschwung Ende der 50er Jahre ein. Bei Reduktion der Fläche auf etwas über 50 Millionen acres stieg die

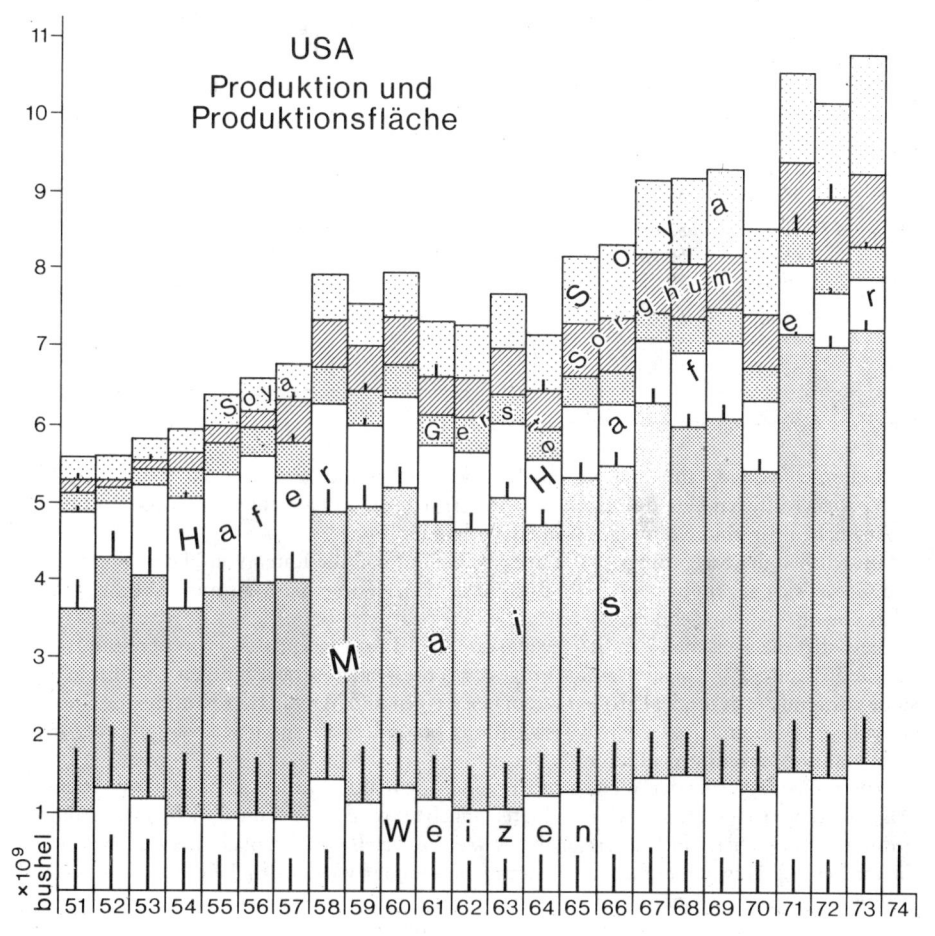

Abb. 5 Entwicklung der Produktion und Anbaufläche für die wichtigsten Agrarerzeugnisse der US-amerikanischen Landwirtschaft von 1951 bis 1973 (Werte aus Agricultural Statistics 1960 bzw. 1975).

Produktion auf 1,1 bis 1,4 Milliarden bushel, der mittlere Ertrag von vorher 16 auf 22 bis 26 bushel per acre. Von dann ging es bei gleichbleibender Anbaufläche stetig aufwärts bis auf 1,5 bis 1,8 Milliarden bushel mit Erträgen von 32 bis 34 bushel per acre. Die Steigerung des Flächenertrags betrug also rund 100%, die der Gesamtproduktion rund 50% in 20 Jahren.

Bei den anderen Ackerfrüchten sind die Zuwachsraten folgende:

	Flächenertrag	Gesamtproduktion
Gerste	55%	75%
Hafer	30%	
Sojabohne	33%	400%
Mais	150%	70%

Tab. 1 *USA: Anbaufläche in Mill. acres*

	Weizen	Mais	Hafer	Gerste	Sorghum	Sojabohnen	Gesamt
1951	61,87	80,73	35,23	9,42	–	13,62	200,87
1952	71,13	80,94	37,01	8,24	–	14,44	211,75
1953	67,84	80,46	37,54	8,68	–	14,83	209,34
1961	51,57	57,63	23,89	12,81	10,99	27,00	183,89
1962	43,69	55,73	22,38	12,21	11,57	27,61	173,18
1963	45,51	59,23	21,31	11,24	13,33	28,62	179,22
1971	47,67	64,05	15,77	10,15	16,30	42,70	196,65
1972	47,28	57,42	13,53	9,71	13,37	45,70	187,00
1973	53,87	61,89	14,07	10,45	15,85	55,80	211,93

Werte aus Agricultural Statistics. 1960 bzw. 1975

Zusammenfassend kann man bezüglich der entscheidenden Ertragswerte feststellen, daß
1. bei allen Kulturen eine durchgehende Steigerung seit 1950 stattgefunden hat und daß
2. Anzeichen für eine Kulmination nicht vorhanden sind.

Hinsichtlich der Steigerungsquantität zeigt sich 3., daß die Raten von Hafer, Sojabohne und Gerste sich gegenüber den Erfolgskulturen Weizen oder gar Mais mit 100 bzw. 150% relativ bescheiden ausnehmen.

Die Differenz zwischen den Steigerungsraten wird man wohl so interpretieren müssen, daß die 30% bis 50%-Zunahmen eine Folge der verbesserten Agrartechniken im allgemeinen sind, während die besonders großen Raten bei Weizen und Mais aus der Kombination neuer Anbaumethoden und zusätzlicher Verwendung besonders ertragreichen Saatgutes der sog. high yealding varieties resultieren.

Daß in Nordamerika der Weizen relativ hinter dem Mais zurückblieb, liegt wohl daran, daß er in klimatisch ungünstigeren Gebieten angebaut wird, so daß die üblichen witterungsbedingten Rückschläge in Teilbereichen des Weizengürtels von den plains bis zu den prairies die mittleren Ertragswerte für das Gesamtgebiet immer wieder drücken.

Interessant ist in dieser Beziehung ein Vergleich mit den klimatisch sichereren Anbaugebieten der Bundesrepublik und Frankreichs (Abb. 6).

In der Bundesrepublik betrug die Steigerung der Gesamtproduktion seit der Mitte der 50er Jahre – allerdings auf 50% vergrößerter Anbaufläche – mehr als 100%. Die Hektarerträge konnten um 80% von 26 auf ca. 45 dz/ha vergrößert werden. In Frankreich, wo letztere früher niedriger als in Deutschland lagen, ist bei leichter Konzentration in der Fläche und einer Ertragssteigerung von ca. 100% die Produktion heute auch ungefähr doppelt so groß wie in den frühen 50er Jahren. In Holland, wo die Hektarerträge vor 20 Jahren schon relativ hoch waren, sind sie um weitere 20 dz/ha auf im Mittel 52 bis 57 dz/ha erhöht worden. Das dürften die Rekordwerte sein, die im Mittel über größeren Flächen auf der Welt erzielt werden.

Ergebnis:

1) Die westeuropäischen Länder haben den Produktionsfortschritt, der für die USA aufgezeigt wurde, in vollem Umfang mitgemacht. Man kann sogar sagen, daß sie beim Weizenanbau noch erfolgreicher gewesen sind.

2) Auch in den westeuropäischen Ländern ist in der Entwicklungskurve der Produktion keine Tendenz zum level-off ersichtlich.

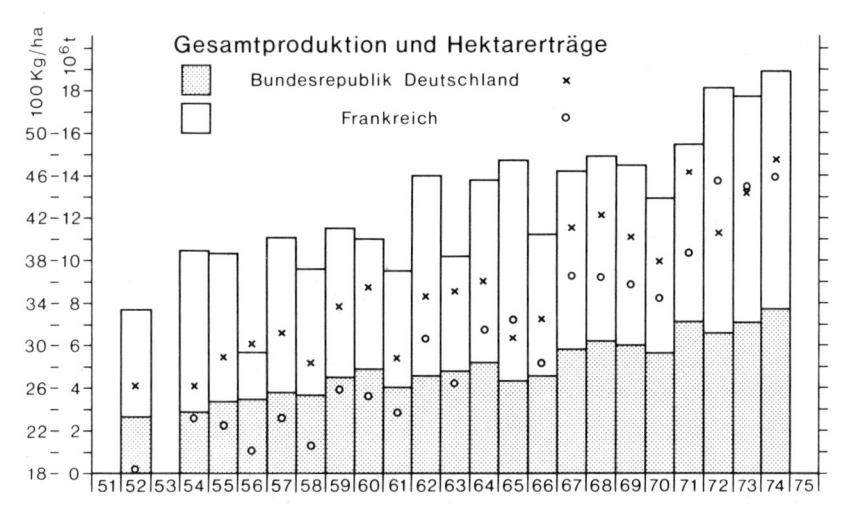

Abb. 6 Entwicklung der Gesamtproduktion und Hektarerträge für Weizen in Frankreich und der Bundesrepublik Deutschland von 1951 bis 1974 (Werte nach FAO, 1975).

Soviel über die Entwicklung des Produktionsaufkommens in den wichtigsten Erzeugerländern der Außertropen. Nun müssen die Bedingungen dieser Hochertragslandwirtschaft unter dem Gesichtspunkt fortdauernden Funktionierens als offene Energiesysteme behandelt werden. Offen deshalb, weil die Produkte zum größten Teil fortlaufend entnommen werden. Energiesysteme, weil die Produkte als Nahrungsmittel für den physiologischen Energiebedarf des Menschen verbraucht werden.

V. PRODUKTION UND ENERGIEINPUT BEI DER MODERNEN AGRARTECHNOLOGIE

In der gleichen Zeit, in der zwischen 1950 und 1970 der Maisertrag in den USA von 36 bis 38 auf 85 bis 88 bushel per acre, also auf ungefähr das 2½fache des Ausgangswertes gestiegen ist, nahm bei sinkendem tierischen und menschlichen Arbeitsaufwand der Kraftstoffinput per acre um 50%, die verabreichte Menge an Kunstdünger bei Phosphat auf das 4½fache, bei Kali auf das 12- und bei Stickstoff auf das 10fache der mittleren Düngergaben von 1950 zu (Abb. 7). Nach Pimentel und Mitarbeitern (1973) war es zwischen 1945 und 1974 bei Stickstoffdünger eine Steigerung auf das 16fache des Anfangswertes. Bezieht man noch die anderen von denselben Autoren sorgfältig ausgerechneten Energieäquivalente für Pestizide, Transport und Aufbereitung von Mais mit in die Betrachtung ein (Tab. 2), so wurden 1970 im Mittel um 2,9 Mill. Kal an man-made-energy investiert, um einen acre Mais zu kultivieren. 1945 waren es nur knapp 1 Mill. Kal. Der Wert von 2,9 Mill. ist zwar noch relativ klein, wenn man ihn im Vergleich zu der für denselben acre im Laufe der Wachstumsperiode bei der Photosynthese aufgenommenen Sonnenenergie von fast 27 (von insgesamt zugestrahlten 2043) Mill. Kal sieht. Es ist auch beruhigend zu wissen, daß der anthropogene Anteil im Vergleich zum natürlichen so gering ist. Andererseits gibt der zusätzliche Energieinput schon zu denken, wenn man das Verhältnis zum Energieäquivalent des gewonnenen Produktes betrachtet. Man bekommt heute ungefähr das 2,8fache an Nah-

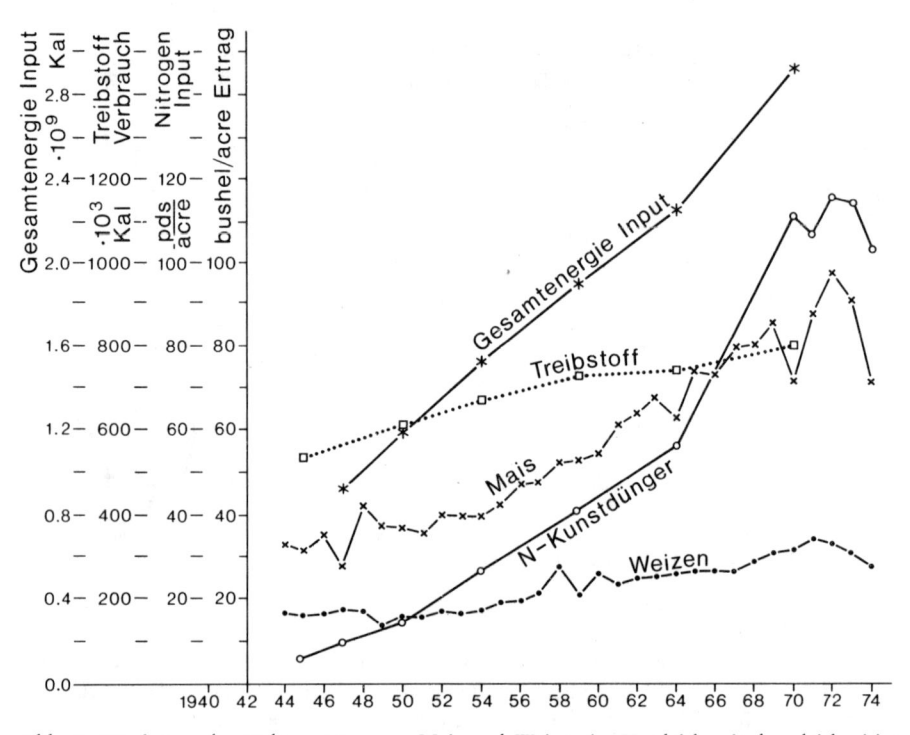

Abb. 7 Wachstum der Hektarerträge von Mais und Weizen im Vergleich mit der gleichzeitigen Zunahme des Treibstoff- und Stickstoffdüngerverbrauchs sowie der investierten Gesamtenergie pro ha Mais in der US-amerikanischen Landwirtschaft (Werte nach Pimentel et al. 1973 sowie Steinhart u. Steinhart, 1974).

rungsenergie heraus, was im Verlauf des Produktionsprozesses vom Menschen investiert worden ist. 1945 war die Relation mit 1:3,7 noch erheblich günstiger. Problematisch wird es aber erst, wenn man sich über Herkunft und Verfügbarkeit der Zusatzenergie Rechenschaft gibt. Rund 60% der vom amerikanischen Farmer in die Produktion investierten Gesamtenergie entfallen auf die Posten Treibstoff und Stickstoffdünger (Tab. 2). Beim Treibstoff ist es sowieso klar, daß er aus dem Rohölreservoir entnommen werden muß. Aber auch der Stickstoffdünger hängt entscheidend von fossilen Energiequellen ab. 98% der Weltproduktion beruhen auf der chemischen Reaktion von Luftstickstoff auf der einen und Wasserstoff aus den fossilen Kohlenwasserstoff-Verbindungen des Erdgases und des Petroleums auf der anderen Seite. Man kann zwar auch Kohle, Koks, Lignite als Wasserstoff-Quellen nehmen, doch liegen dann die Gestehungskosten wesentlich höher. Fossile Energiequellen sind es allemal.

Wenn nun bis auf 2% der gesamte Stickstoffdünger aus einem einmaligen und noch dazu begrenzten Vorrat kommt, so ist die Frage, ob es noch eine oder zwei Generationen dauert, bis diese Vorräte erschöpft sind, sogar zweitrangig. Es muß aber festgehalten werden, daß das Ende der Vorräte in einzukalkulierender Nähe ist. Wer für das Jahr 2000 einen progressiv steigenden Kunstdüngerverbrauch prognostiziert, muß erst einmal nachweisen,

Tab. 2 *Energie-Input (in Kilokalorien pro acre) bei der US-amerikanischen Maisproduktion (nach Pimentel u. Mitarb., Science 182, 1973, S. 447)*

	1945	1954	1964	1970
Arbeitskraft	12 500	9 300	6 000	4 900
Maschinen	180 000	300 000	420 000	420 000
Treibstoff	543 400	688 300	760 700	797 000
Stickstoff-Dünger	58 800	226 800	487 200	940 800
Phosphat-Dünger	10 600	18 200	27 400	47 100
Kali-Dünger	5 200	50 400	68 000	68 000
Saatgut	34 000	18 900	30 400	63 000
Bewässerung	19 000	27 000	34 000	34 000
Pestiziden	0	3 300	11 000	11 000
Herbiziden	0	1 100	4 200	11 000
Trocknung	10 000	60 000	120 000	120 000
Elektrizität	32 000	100 000	203 000	310 000
Transport	20 000	45 000	70 000	70 000
Gesamt-Input	925 500	1 548 300	2 241 900	2 896 800
Energie-Output	3 427 200	4 132 800	6 854 400	8 164 800
Verhältnis Input:Output	3,70	2,67	3,06	2,82

daß dieses überhaupt möglich ist. *Vom Standpunkt des nachhaltigen Funktionierens eines ökologisch ausgewogenen Gesamtsystems muß man feststellen, daß ein Nahrungs-Produktionssystem wie das gegenwärtig in den USA und in anderen Industrieländern der Außertropen praktizierte auf Dauer nicht haltbar ist, weil es Energiereserven aufbraucht, die sehr begrenzt sind.* Gleichzeitig ist aber die Welt auf dieses System angewiesen, weil, wie bereits dargestellt, nur dieses gegenwärtig die Löcher zu stopfen vermag, die in der Ernährungswirtschaft anderer Länder permanent vorhanden sind oder von Zeit zu Zeit aufreißen.

Schematisiert kann man die bisherigen Überlegungen zu den Produktionsbedingungen ungefähr folgendermaßen zusammenfassen: Unter natürlichen, vom Menschen nicht wesentlich durch zusätzlichen Energieaufwand manipulierten Bedingungen, liefert ein Produktionssystem Mais z. B. die Menge x an verwertbaren Nahrungsprodukten. Wenn man im Rahmen der modernen energieintensiven Agrartechnik noch ein Äquivalent von 10% des natürlichen Inputs hinzufügt, entnommen aus einem sich stetig vermindernden Vorrat fossiler Brennstoffe, so liefert das so manipulierte Produktionssystem meist zwei- oder dreimal soviel an Nahrungsprodukten wie das natürliche. An dieser Relation 10% Input gegen 200 bis 300% Output sieht man aber ganz klar, daß die *verbesserungsfähige Schwachstelle des Produktionssystems nicht der Bedarf an Energie sein kann.* Die muß irgendwo anders liegen und wird noch aufzudecken und zu behandeln sein.

VI. DIE AUSDEHNUNG DER MODERNEN AGRARTECHNOLOGIE AUF DIE TROPEN

Zunächst muß versucht werden, datenmäßig belegbaren Aufschluß zu erhalten über das Ergebnis der Ausdehnung der modernen Agrartechnologie auf Entwicklungsländer im Bereich der Tropen. Für Indien läßt sich der Fortschritt unter dem von der US-Regierung geförderten agrarwirtschaftlichen Hilfsprogramm auf relativ guter Datenbasis dokumentieren (Abb. 8).

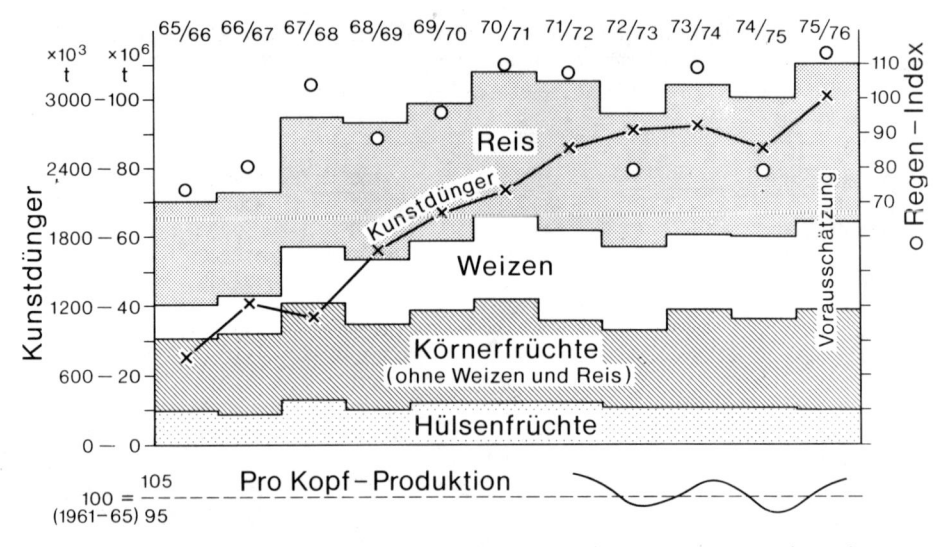

Abb. 8 Indien. Entwicklung des Produktionsaufkommens der wichtigsten Agrarjzeugnisse, vor allem Weizen und Reis, zusammen mit dem Kunstdüngerverbrauch und einem Index-Wert über die flächenhaft gemittelte Ergiebigkeit der oonsunr (Werte aus US-Dpt. of Agr., 1976).

Während zwischen 1965/66 und 1974/75 die Produktion von Hülsen- und Körnerfrüchten mit Ausnahme von Weizen und Reis bei entsprechender witterungsabhängiger Variabilität von Jahr zu Jahr über die ganze Periode gesehen auf ungefähr gleichem Niveau verharrte (rund 10 bis 11 Millionen t die einen, 25 bis 30 Millionen t die anderen), zeigen Weizen und Reis im ersten Abschnitt der betrachteten Zeitspanne einen kräftigen, im zweiten nur einen schwachen Aufwärtstrend. Ab 1967 konnten die Mengen bei Reis binnen 4 Jahren um 40%, bei Weizen sogar um 100% der Anfangswerte erhöht werden. In der gleichen Zeit stieg die Menge des eingebrachten Kunstdüngers um ungefähr 80% von 1,2 auf 2,2 Millionen t. Der Produktionsaufschwung ist zwar unterstützt durch relativ günstige Regenbedingungen in den Jahren von 1967 bis 1971, doch muß man die Hauptursache der Ertragssteigerung jenen Arealen zuschreiben, die mit dem neuen Mexiko-Weizen und Philippinen-Reis bestellt worden waren.

Nach D. G. Dalrymple (1974) zeigt das Verhältnis von deren Erträgen gegenüber den traditionellen Weizen- und Reis-Sorten folgende Entwicklung:

	Weizen	Reis
1966/67	2,87	2,58
1967/68	3,70	2,18
1968/69	3,49	2,05
1969/70	3,68	2,26
1970/71	3,44	2,27
1971/72	2,50	2,03
1972/73	2,35	1,76
1973/74	2,59	1,71

Grundlagen des ernährungswirtschaftlichen Hauptgegensatzes auf der Erde 267

Auf dem Höhepunkt der ersten Aufschwungsphase brachten die high yealding varieties zwischen 1969 und 1971 mit Unterstützung des entsprechenden Energieinputs durch Maschinen, Dünger und Pestiziden die 3 ½- bzw. 2 ¼fachen Erträge pro ha im Vergleich zu den traditionellen Sorten. Nach 1971 sind die Relationen jedoch bei Weizen um einen, bei Reis um einen halben Punkt gefallen. Das Gesamtproduktionsaufkommen hat in den auf 1971 folgenden vier Erntejahren unter ähnlichen Witterungsbedingungen wie vorher bei Reis nur noch um 10, bei Weizen allenfalls um 20% der Vergleichswerte vor Beginn der Grünen Revolution zugenommen. Die eingebrachte Kunstdüngermenge ist jedoch fast in der gleichen Weise weitergewachsen wie in der ersten Entwicklungsphase. Deuten sich hier die Grenzen des vorläufig Erreichbaren an? Jedenfalls kommt man nicht umhin, *im Gegensatz zu der Entwicklung in Nordamerika und in Westeuropa die Tendenz zum level-off festzustellen.* Fragt sich nur, welches die Gründe dafür sind.

Aus der Kombination der datenmäßig belegten Tatsache, daß die Gesamtproduktion noch gestiegen, der Verhältniswert der Erträge bei den neuen gegenüber den traditionellen Sorten aber bereits gefallen ist, folgt, daß die neue Agrartechnologie in der Fläche weiter ausgedehnt worden ist, ihr Erfolg aber auf den neu hinzugenommenen Arealen wesentlich geringer war als auf den in der ersten Phase bereits beanspruchten. So wird denn auch als Grund für die zu Anfang erheblich besseren Verhältniswerte geltend gemacht, (in Übersetzung), ,,daß das beste Land normalerweise zuerst mit den high yealding varieties bebaut wird" (Science 1974, S. 1094). Konsequent zu Ende gedacht folgt daraus, daß mit fortschreitender Ausbreitung

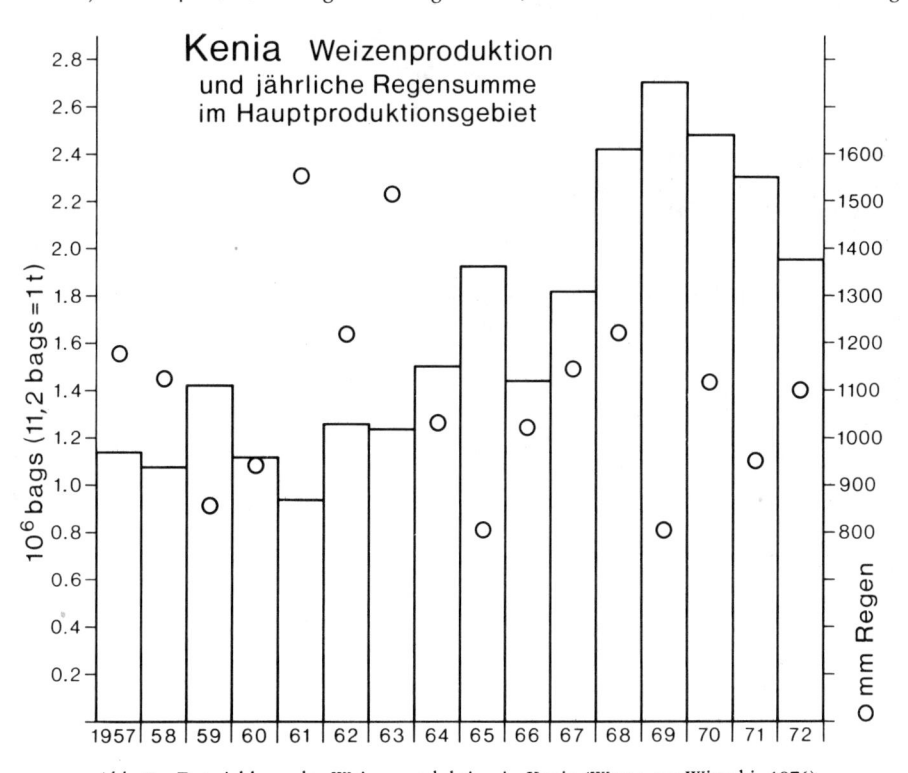

Abb. 9 Entwicklung der Weizenproduktion in Kenia (Werte aus Witucki, 1976).

der neuen Agrartechnologie in der Fläche und bei weiterhin progressiv steigendem Kunstdünger- und Energieeinsatz die Mehrerträge immer kleiner werden und die Produktionskurve noch in der Ausbreitungsphase der neuen Agrartechnologie einem level-off zusteuert.

Am Beispiel von Kenia ergibt sich prinzipiell das gleiche Bild: level-off nach wenigen Jahren beträchtlicher Produktionssteigerung.

Die entscheidende Frage ist die nach den Ursachenzusammenhängen. Es gibt ganz sicher eine Reihe von Gründen, die völlig unabhängig von der natürlichen Gegebenheit sind und mit agrarsozialen, agrartechnischen, rein ökonomischen, infrastrukturellen, Bildungs- oder sogar Mentalitätsgegebenheiten zusammenhängen. Sie aufzuklären ist der eine, der mehr vordergründige, auf reale Direktveränderung gerichtete Problemkreis.

Der andere mehr prinzipielle ist der, ob jenseits aller von den Menschen und den sozio-ökonomischen Verhältnissen beeinflußbaren Produktionsfortschritten nicht doch von der Natur vorgegebene Zwänge bestehen, welche in den Tropen das frühzeitige Einschwenken der Produktionskurve auf einen Maximalwert noch während der arealmäßigen Expansion der neuen Technologie verständlich machen. Wichtiger Teil dieses Problemkreises ist z. B. die Frage, was heißt „gutes" und was „weniger gutes Land" im Hinblick auf die Anwendungsmöglichkeit des green revolution technological package. Welches sind die Qualifikationskriterien und welche quantifizierbaren regionalen Unterschiede weisen sie auf? Weiß man das, so lassen sich die voraus genannten Überlegungen sozio-ökonomischer Art mit dem Ziel gezielter Direktveränderungen von einer besser abgesicherten realistischen Basis aus anstellen.

VII. PRINZIPIELLE ASPEKTE DER ÜBERTRAGBARKEIT MODERNER AGRARTECHNOLOGIE ANHAND EINES PRODUKTIONSMODELLS

Kriterien für eine kritische Stellungnahme zu dem prinzipiellen Problem lassen sich unter ökologischen Gesichtspunkten durch eine deduktive Analyse der beim biologischen Produktionsprozeß der HYV's beteiligten natürlichen Steuerungsfaktoren und deren geographischen Wandel gewinnen. Bei diesem Vorgehen muß man als Randbedingung setzen, daß die sozio-ökonomischen und agrartechnischen Mechanismen jeweils optimiert werden. Was von diesen Seiten beigetragen werden muß, soll also durch entsprechend idealisierte Wirtschaftssysteme als gegeben vorausgesetzt werden. Dann kann man die Ableitung für das ökologisch maximal mögliche Produktionspotential machen und die dabei entscheidenden Einflußfaktoren analysieren.

Die Gesamtproduktion eines bestimmten, relativ klein gewählten Areals besteht aus dem Produkt von Größe der jeweiligen Fläche a_j und mittlerem Ertrag pro Flächeneinheit y_j, summiert über alle Einzelanbauflächen m einer Region.

$$P = \sum_{j=1}^{m} a_j \cdot y_j$$

Man kann die Produktion erhöhen durch Vergrößerung der Flächen, durch Ertragssteigerung oder am besten durch beides. Die Fläche geht in die Kalkulation als einfacher Faktor ohne wesentliche funktionelle Abhängigkeit ein, die ökologische Problematik steckt im Ertrag.

Nach einem Ansatz von R. A. Bryson (1976) kann man für den Ertrag an Biomasse in Kalorien pro ha eines bestimmten Areals ansetzen:

$$Yd = \sum_{i=1}^{n} [S_i (1-\alpha_i) \cdot \varepsilon_i \cdot a_i \cdot P_i - R_i - V_i]$$

Der Ertrag ist also die Summe über alle Tage in der Vegetationszeit des Produktes aus
S_i = Intensität des Sonnenlichtes in Cal/ha und Tag
$(1-\alpha_i)$ = Strahlungsabsorptionskoëff. der Blätter im photosynthetisch wichtigen Wellenlängenbereich
ε_i = Photosynthetische Effizienz der angebauten Sorte
a_i = die effektive Blattoberfläche
P_i = Funktion aus Bodenfeuchtepotential, Evapotranspiration, Nährstoffdisponibilität und Salinitätsgrad
R_i = Atmungsverlust (Cal/ha und Tag)
V_i = Schädlingsverlust (in Biomasse Cal/ha und Tag)

Da von der Gesamtenergie, welche von der Sonne der Flächeneinheit zugestrahlt wird, von den Pflanzen jeweils nur die Größenordnung von 1% in der Photosynthese verwertet wird, kann man davon ausgehen, daß die Lichtintensität überall in den Tropen und in den Mittelbreiten als Überflußgröße gegeben ist. Das gilt auch noch, wenn man lediglich den von den Pflanzenoberflächen absorbierten Teil, also das Produkt von $S_i \cdot (1 - \alpha_i)$ betrachtet. Der Absorptionskoëffizient hat nämlich den Wert von 0,2 bis 0,3.

Die photosynthetische Effizienz, mit der die absorbierten 20 bis 30% der Sonnenenergie in Pflanzenaufbaustoffe umgewandelt werden, ist hingegen eine sehr kleine Größe. Für Maiskulturen in den USA ist von Pimentel et al (1973) ausgerechnet worden, daß in der Wachstumszeit 1 acre 2043 Mill. Kal zugestrahlt werden, von denen aber nur 1,26% in den Aufbau der Maispflanzen und lediglich rund 0,4% in den der Maiskörner eingehen. Der weitaus größte Teil der zugestrahlten Energie wird als fühlbare oder latente Wärme (letztere über die Evapotranspiration) direkt an die Luft abgegeben.

Weil in der Gesamtgleichung aber die Intensität des Sonnenlichtes S_i als Faktor mit einer großen Zahl eingeht, wird das Gesamtresultat des Ertrages bei Konstanz der anderen Faktoren der Gleichung bereits entscheidend verändert, wenn man den Wert der photosynthetischen Effizienz einer Kulturpflanze durch Neuzüchtung einer bestimmten Sorte z. B. um einen kleinen Bruchteil eines Prozentes erhöhen kann.

Die effektive Blattoberfläche hängt bei vorgegebener Morphologie einer bestimmten Kulturpflanze von der Bestandsdichte ab. Sie ist technisch optimierbar.

Der Atmungsverlust ist bei einer vorgegebenen Pflanze eine Funktion der klimatischen Bedingungen. Er wächst bei hohen Nachttemperaturen relativ stark an, so daß die feuchten Tropen insbesondere gegenüber den Mittelbreiten mit ihren größeren Temperaturunterschieden zwischen Tag und Nacht benachteiligt sind. Dafür ist aber in den Tropen die Zahl der Tage der Vegetationsperiode größer; maximal kann das gegenüber den kontinentalen Weizenbaugebieten der Mittelbreiten den Faktor 3 ausmachen. Höheren Atmungsverlust abgezogen, bleibt ein gewisser Vorteil der Tropen, doch ist der mit einem Faktor kleiner als 3 anzusetzen.

Der Schädlingsverlust ist eine schwer kalkulierbare Größe. Für die weiteren Überlegungen über die regionalen Erfolgschancen der Grünen Revolution bedeutet es keine Beeinträchtigung der Ableitung, wenn man die Schädlingsverluste als überall auf der Erde gleich groß ansetzt. Im Vorteil sind die Tropen jedenfalls nicht.

Für eine ökologische Argumentation bleiben also als entscheidende Glieder des Produktionsmodells die photosynthetische Effizienz einer Kulturpflanze im Zusammenhang mit jener komplexen Funktion aus Bodenfeuchtepotential, Evapotranspiration, Nährstoffdisponibilität und Salinitätsgrad. Von diesen kann man den letztgenannten Faktor zur Vereinfachung auch noch herausnehmen, indem man sich auf humide Klimabedingungen zunächst beschränkt. Dann läßt sich das Ertragsmodell hinsichtlich der ökologischen Abhängigkeit – immer unter der Bedingung agrartechnischer Optimierung – folgendermaßen schematisieren:

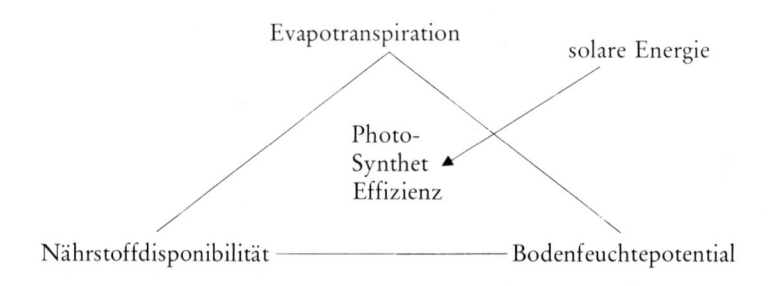

```
                Evapotranspiration
                      /\              solare Energie
                     /  \            /
                    /    \          /
                   /   Photo-      /
                  /    Synthet ◄  /
                 /     Effizienz  
                /                 \
               /                   \
        Nährstoffdisponibilität ——————— Bodenfeuchtepotential
```

An diesem Schema kann man nun den Einfluß der verschiedenen Einflußkomplexe durchspielen. Ich möchte gleich auf den so noch nicht klar durchschaubaren Komplex „Nährstoffdisponibilität" hinsteuern. Dazu sei als Randbedingung gegeben:
1) Ein bestimmtes Saatgut der HYV's mit bestimmter photosynthetischer Effizienz,
2) für die Vegetationsperiode Witterungsbedingungen für optimale Evapotranspiration und
3) die Garantie für optimales Bodenfeuchtepotential.
Zu analysieren ist der Komplex Nährstoffdisponibilität in seinen Abhängigkeiten.

In dem Gesamtkomplex gibt es zwei Teilbereiche, die man als die „Nachfrage-" und die „Angebotsseite" charakterisieren kann. Die Nachfrage wird vom Nährwurzelsystem des Pflanzenbestandes, das Angebot vom Boden mit seinen jeweiligen physikalischen und chemischen Qualitäten gestellt.

Für die erste Bewertung der beiden Seiten muß man die Relation zwischen dem gesamten Nährstoffbedarf des angesetzten Kulturpflanzenkollektivs auf der Fläche und dem im Boden unter dieser Fläche vorhandenen Gesamtnährstoffvorrat kennen.

Aus dem Vergleich von Stickstoff- und Phosphorvorrat in einer Basaltbraunerde bzw. in einem Keupersand-Podsol mit den Nährstoffentzügen durch verschiedene Ackerkulturen unterschiedlich guter Ernte (Abb. 10) ergibt sich ganz deutlich, daß selbst der äußerst nährstoffarme Podsol bis 30 cm Tiefe rund 10mal mehr Stickstoff und fast 100mal mehr Phosphor enthält, als ihm durch eine normale Ernte entzogen wird. Bei der Basaltbraunerde sind es sogar 100 bzw. 300mal mehr. In den feuchten Tropen (Abb. 11) sind nach Brennen eines 18jährigen Sekundärwaldes die Relationen zwischen Boden und Reis- bzw. Mais-Kultur ähnlich wie bei Braunerde und Weizen. Dies sind Beispiele für die allgemeingültige *Regel, daß auch bei nährstoffarmen Böden der Nährstoffvorrat bis zur Wurzeltiefe der Kulturpflanzen pro Flächeneinheit mindestens um den Faktor 10, bei normalen Böden um den Faktor 100 größer ist als der Bedarf einer Kulturpflanzengeneration.*

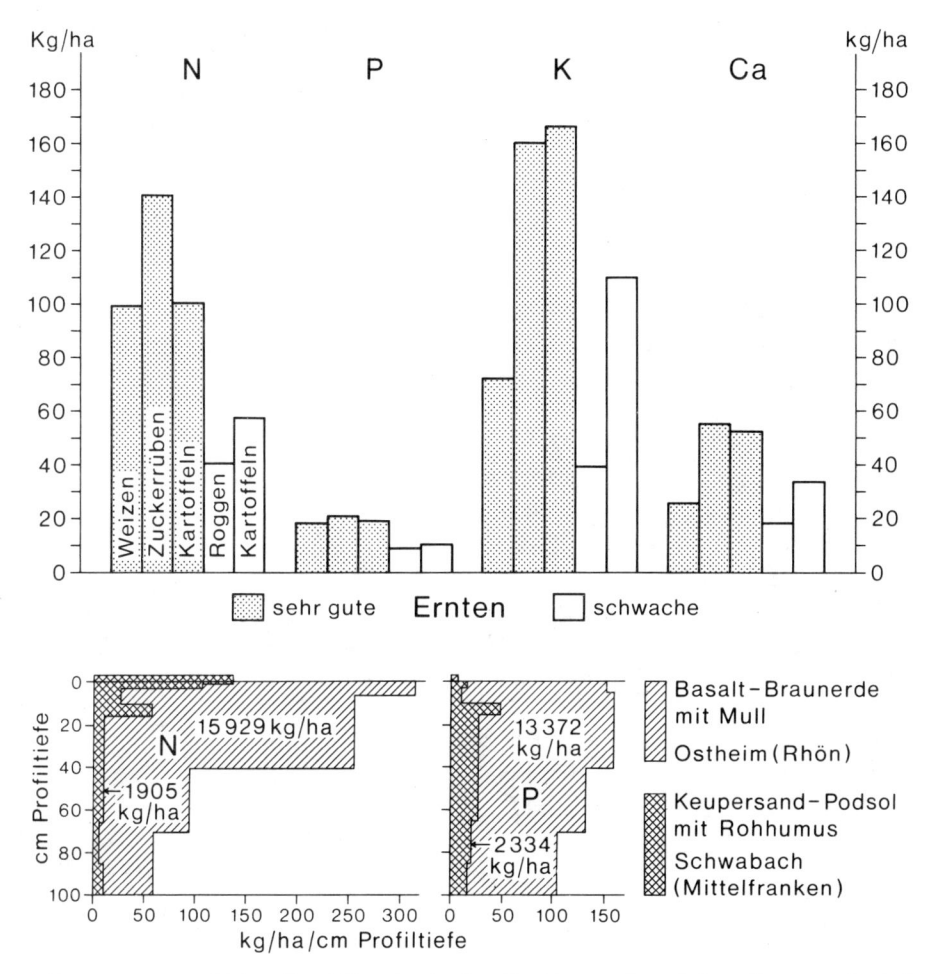

Grundlagen des ernährungswirtschaftlichen Hauptgegensatzes auf der Erde 271

Abb. 10 Vorrat an Stickstoff und Phosphor in einer Basaltbraunerde und einem Keupersandpodsol verglichen mit der Nährstoffentnahme durch verschiedene Ackerfrüchte bei guten und schwachen Ernten (Aus Zöttl, 1964).

Daß bei dieser Sachlage bei mehrfachem Anbau und entsprechender Entnahme der Nutzpflanzenprodukte trotzdem ein drastischer Rückgang der Erträge bei armen Böden nach zwei oder drei, bei fruchtbaren nach vier oder sechs Ernten eintritt, wird aus den *Bedingungen des Nährstofftransfers* aus dem Vorrat über das Angebot zur Nachfragestelle, dem Wurzelsystem, plausibel (s. Abb. 12).

Der Nährstoffvorrat setzt sich aus den in bestimmten „Lagern" gehorteten, noch unaufgeschlossenen Beständen sowie den bereits aufgeschlossenen, im Angebot befindlichen Mengen zusammen. Die Lager sind einerseits die im wesentlichen als pflanzliche Spreu oder als tierische Substanz aufgetragenen organischen Massen, andererseits der Restmineralgehalt des Bodens.

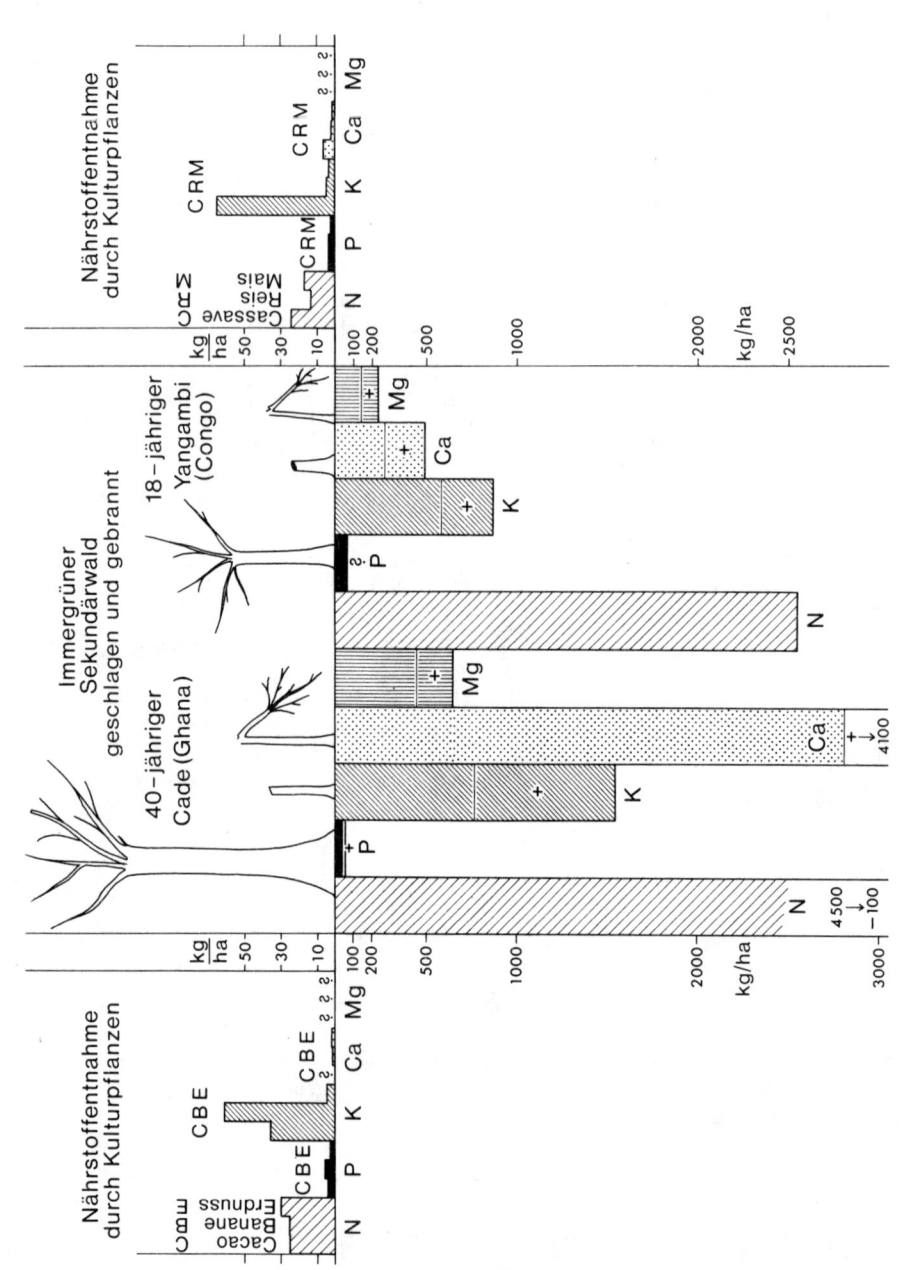

Abb. 11 Gehalt des Oberbodens an Stickstoff, Phosphor, Kalium, Kalzium und Magnesium unter einem 40jährigen bzw. 18jährigen immergrünen tropischen Sekundärwald sowie die beim Brennen dieser Wälder zusätzlich auf den Boden gebrachten Mengen der gleichen Nährelemente (Kästchen mit den Plus-Zeichen). Im Vergleich dazu sind (bei vergrößertem Maßstab!) die Nährstoffentnahmen durch verschiedene tropische Kulturpflanzen gesetzt (Werte nach Nye and Greenland, 1960).

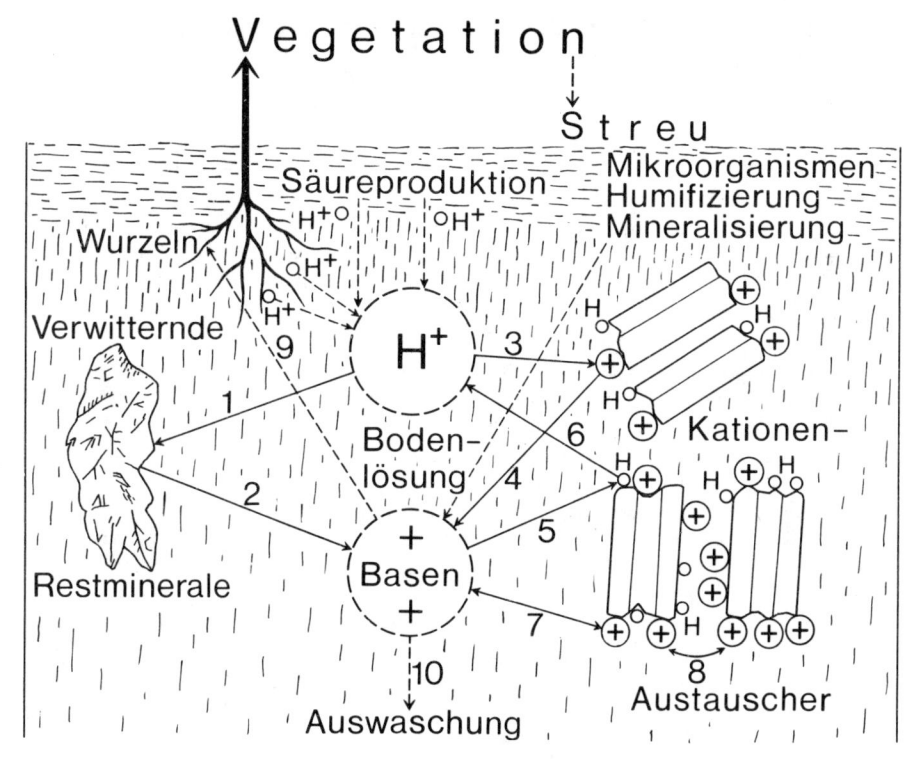

Grundlagen des ernährungswirtschaftlichen Hauptgegensatzes auf der Erde 273

Abb. 12 Schema zur Verdeutlichung der Nährstoffaufbereitung, der Austauschvorgänge in der Bodenlösung und des Nährelemententransfers zu den Pflanzen (Unter Verwendung einer Skizze aus Laatsch, 1957).

Die organische Masse wird im feuchten Milieu unter Mitwirkung der Bodenfauna und -flora mineralisiert und humifiziert. Bei der Mineralisierung entstehen organische Endprodukte, die als wieder verfügbare Nährstoffe in die Bodenlösung freigesetzt werden. Die Humifizierung liefert neben niedermolekularen organischen Säuren vor allem hochmolekulare Huminstoffe in Form eines Bouquets verschiedener Humin- und Fulvosäuren. Diese besitzen eine relativ große Resistenz gegen weiteren chemischen Abbau zu anorganischen Endprodukten und haben deshalb eine Verweildauer im Boden, die stark klimavariabel in dem Sinne ist, daß sie unter feuchttropischen Bedingungen nur die Größenordnung von 6 bis 9 Monaten, in den humiden Außertropen dagegen 2 bis 3 Jahre beträgt. Sie versehen zusammen mit den Tonmineralen die sehr wichtige ökologische Funktion eines sehr effektiven Nährstoffkationen-Austauschers, wie noch im einzelnen darzustellen sein wird.

Der Restmineralgehalt im Boden wird auf folgendem Wege aufgeschlossen: Die bei der Humifizierung entstehenden, die von außen über das Bodenwasser gelieferten sowie die an den Pflanzenwurzeln gebildeten Säuren geben der Bodenlösung eine bestimmte Konzentration an hochmobilen, chemisch sehr aktiven Wasserstoff-Kationen. Diese verdrängen aus dem Verband der Restminerale die oberflächennah angreifbaren, basisch wirkenden Kationen wie K^+, Na^+, Ca^{++} u. a., ersetzen sie und zersetzen so das Mineral. Das ist der wesentliche Vorgang der Hydrolyse als der wichtigsten Form der chemischen Verwitterung. Die freigesetzten Kationen gehen zusammen mit den bei der Mineralisierung organischer Materie in Form von Elementen (K, Ca, Fe usw.) oder Verbindungen (Nitrate, Phosphate z. B.) frei gewordenen Substanzen in den „Basenpool" der Bodenlösung ein.

Diese Bodenlösung unterliegt unter humiden Klimabedingungen bei abwärts gerichteter Bodenwasserbewegung einer permanenten Nährstoffverarmung der oberen, für die Pflanzenwurzel zugänglichen Teile des Bodens.

Zum Glück ist in diesen Prozeß der „Nährstoffauswaschung" eine Bremse eingebaut, die für das gesamte Produktionssystem eine höchst wichtige Rolle spielt und die andererseits in ihrer Wirksamkeit eine folgenschwere klimaabhängige regionale Differenzierung aufweist. Es ist der Kationenaustausch, der materiell 1) an die Humin- und Fulvosäuren und 2) an die Tonminerale im Boden gebunden ist.

Beide Bodenmaterialien können die in der Bodenlösung enthaltenen Kationen durch Anlagerung an bestimmten Stellen ihrer Molekül- oder Kristallstrukturen vorübergehend adsorptiv speichern. Von der Adsorptionsstelle können die Kationen wieder durch H+-Ionen verdrängt und für den Basenpool verfügbar gemacht werden. Man muß sich die Vorgänge als permanentes Wechselspiel zwischen dem Wasserstoff- und dem Basenionenpool in der Bodenlösung einerseits sowie den Huminstoffen und Tonmineralen als Austauscher andererseits vorstellen. Der mittlere Besatz der vorhandenen Adsorptionsstellen entweder mit H+-Ionen oder mit Basen-Ionen, das sog. Basensättigungsverhältnis, hängt vom Kräfteverhältnis in den konkurrierenden Pools ab. Auf jeden Fall aber wird durch die Austauscher ein erheblicher Teil des Nährstoffpotentials vor der direkten Auswaschung mit der abwärts gerichteten Bodenlösung bewahrt.

An diesem Punkt wird bei der Weiterführung der Argumentation anzuknüpfen sein. Vorerst müssen nach der Betrachtung des Nährstoffvorrates, der Art der Aufschließung und des Dargebotes im Boden noch die Bedingungen der Aufnahme durch die Nachfrageseite, durch die Pflanzenwurzeln, werden kurz behandelt. Nährstoffe werden im Normalfall zu weit mehr als der Hälfte aus der Bodenlösung von den Pflanzen aufgenommen, zu einem gewissen Teil auch noch in direktem Kontakt mit den Austauschsubstanzen und nur zu einem kleinen Teil dem Restmineralgehalt entrissen. Der Mechanismus der Aufnahme aus der Bodenlösung besteht in einem Austauschvorgang von Ionen der Pflanze gegen solche der Bodenlösung unter Ausnutzung des im Wurzelraum verfügbaren Bodenwassers. Da der Austausch nur in der unmittelbaren Wurzelumgebung stattfinden kann, die Wasserbewegung im feuchten Boden nur sehr gering ist, der Ersatz für die in der Wurzelumgebung entnommenen Nährstoffe also nur durch die langsam ablaufende Diffusion auf Grund des Konzentrationsgefälles möglich ist, muß das in Anspruch genommene Volumen um die Wurzeloberflächen sehr rasch an den am dringendsten benötigten Nährstoffen verarmen. Die Wurzeln wachsen demzufolge in bis dahin noch nicht beanspruchte Bodenvolumina hinein. Auf ihren vielfältigen Wegen können sie an manchen Stellen in direkten Kontakt mit Adsorptionsstellen oder auch mit Restmineralien kommen.

Bei all den Möglichkeiten spielt für die Effektivität der Aufnahme einerseits die Durchsetzungsdichte des Bodens mit Nährwurzeln und andererseits die Konzentration verfügbarer Nährstoffe im Boden, der Nährstoffbelag, eine ausschlaggebende Rolle. Die Abhängigkeiten für den letzteren sind im Vorausgehenden bereits skizziert worden.

Die Nährwurzeldichte wird von einer Vielzahl von Faktoren beeinflußt, darunter ist eine Gruppe, die von Morphologie und Physiologie der Pflanzen abhängt, und eine andere, welche physikalische und chemische Eigenschaften des durchwurzelten Bodens betrifft. Eine der wesentlichen Aufgaben der Agrartechnik besteht darin, durch mechanische Bear-

Grundlagen des ernährungswirtschaftlichen Hauptgegensatzes auf der Erde 275

beitung und bodenchemische Manipulation die Voraussetzungen für eine optimale Entwicklung des Wurzelsystems zu schaffen. Für die weitere Betrachtung soll die Annahme gemacht werden, daß eine bestmögliche Vorbereitung des Bodens für optimale Durchwurzelung gegeben sei.

In Abb. 13 sind die besprochenen Faktorengruppen, die als Variable im pflanzlichen Produktionsprozeß unter den eingangs gesetzten Randbedingungen die entscheidende Rolle spielen, entsprechend ihrer Lokalisation im Bodenprofil zu schematischen Blöcken zusammengefaßt. Man kann nun jeweils eine oder mehrere Gruppen quantitativ verändern und entsprechend den voraufgegangenen Darlegungen die Konsequenzen durchdenken.

Die mit HYV's verbundene Agrartechnologie, das sog. „Green Revolution Technological Package", beruht zur Erzeugung möglichst großer Erträge neben einer Vielzahl spezieller Maßnahmen auf folgenden, im ökologischen Zusammenhang wichtigen Grundprinzipien:
1) Ausnutzung der um rund 20% größeren photosynthetischen Effizienz des neuen HYV-Saatgutes.

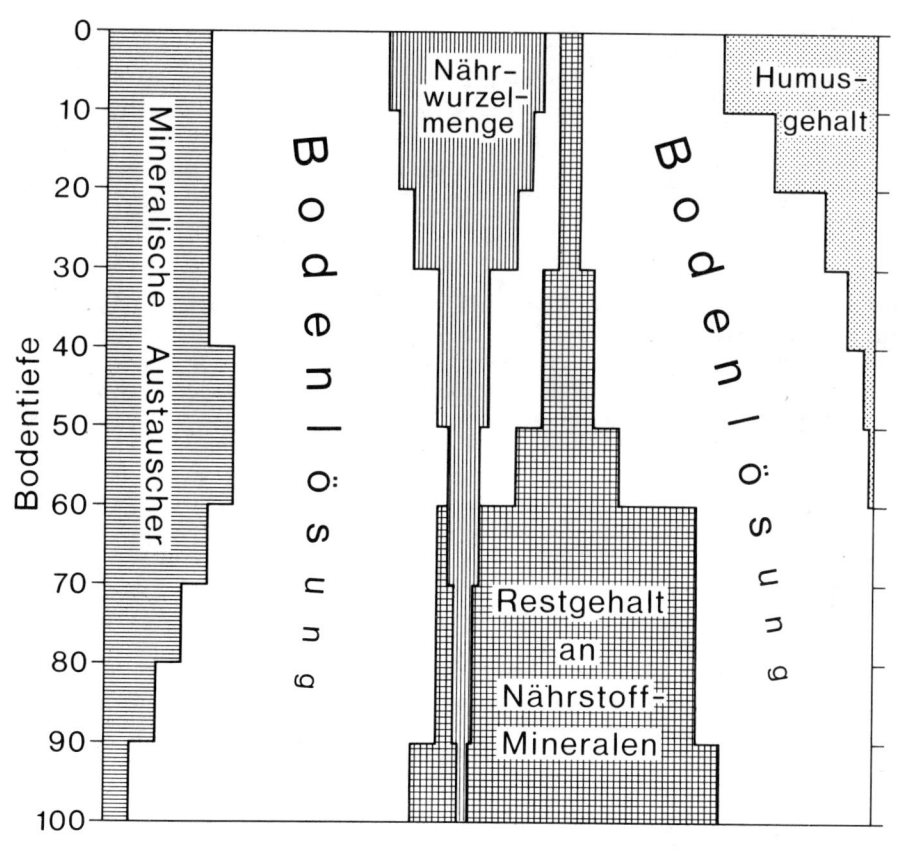

Abb. 13 Schema der im Produktionssystem entscheidenden Bodenqualität unter der Voraussetzung optimaler Bedingungen für die Ausbildung der Nährwurzeln.

2) Optimale Bodenbearbeitung unter Einsatz von Maschinen und fossiler Energie zur Herstellung bestmöglicher physikalischer Bodenstrukturen für die Wasseraufnahme, die Bodenbelüftung und die Ausbildung optimaler Nährwurzelmengen.
3) Anwendung von Herbiziden zur Ausschaltung konkurrierender Unkräuter, von Pestiziden zum Abtöten von Krankheitserregern und Insektiziden zur Vernichtung von Krankheitsüberträgern und Nahrungskonkurrenten.
4) Um alle dafür notwendigen Investitionen nicht unnötig zu streuen, sondern in der Fläche zu konzentrieren, wird die Besatzdichte des Kulturpflanzenkollektivs so groß gemacht, wie es die Lichtbedingungen und die Wurzelkonkurrenz der Pflanzen zulassen.
5) Als Folge der aus der großen Nährwurzeldichte resultierenden großen Nährstoffnachfrage pro Volumeneinheit muß für ein entsprechendes Nährstoffangebot gesorgt werden, wenn alle voraufgegangenen Maßnahmen und die Investitionen nicht umsonst gewesen sein sollen.

Die Agrartechnologie mag prinzipiell in der Lage sein, die unter 1) bis 4) genannten Maßnahmen so zu manipulieren, daß alle Gebiete auf der Erde die gleiche Chance haben, vergleichbar große Produktionserfolge zu erzielen. Es ist tatsächlich nur eine Frage gleicher Verteilung von know how, Arbeit, Kapital und fossiler Energie. *Für Punkt 5) jedoch, die Sicherstellung eines entsprechenden Nährstoffangebotes durch künstliche Düngung, gilt das nicht.* In dieser Beziehung weist die Erde in der Natur vorgegebene regionale Unterschiede auf, für die wenigstens zur Zeit keine Aussicht auf Überwindung besteht. Hier liegt das Fundament des ernährungswirtschaftlichen Hauptgegensatzes auf der Erde.

VIII. DIE ABHÄNGIGKEIT DES ERFOLGES KÜNSTLICHER DÜNGUNG VOM BODENTYP

Im gestrigen Vortrag über das ökologische Handikap der Tropen wurde dazu ausgeführt und in Weischet (1977) ist unter Vorlage der pedologischen und mineralogischen Belege näher erläutert, daß hinsichtlich der für die Düngungserfolge entscheidenden Eigenschaften zwischen den Böden der Tropen und Außertropen folgende wichtige Unterschiede bestehen:
1) Als Folge der ca. 100fach stärkeren Hydrolyse entstehen in gut dränierten Böden über basenarmen Silikatgesteinen in tropisch-warmen Regenklimaten als charakteristische Tonmineralneubildungen fast ausschließlich die Zweischichten-Tonminerale der Kaolinit-Gruppe, während in den kühl-gemäßigten Feuchtklimaten Dreischichten-Tonminerale der Illit- und Chlorit-Gruppen dominieren. Da die Tonminerale die entscheidende anorganische Kationenaustauschsubstanz im Boden sind und Kaolinite eine materialspezifische Austauschkapazität von 3 bis 15, Illite und Chlorite eine solche von 10 bis 40 mval/100 g Tonsubstanz aufweisen, müssen alle tropischen Ferrallite (auch Kaolisole oder Oxysole genannt) gegenüber Mineralböden der Außertropen eine relativ kleine Austauschfähigkeit für Nährstoffkationen besitzen.
2) Wegen der ebenfalls sehr viel schneller ablaufenden Humifizierung und Mineralisierung organischer Substanzen ist in gut dränierten Ferralliten der Gehalt an Huminstoffen als wichtigem organischen Austauscher im allgemeinen kleiner als in entsprechenden fersiallitischen Böden der Außertropen.
3) Da die Hydrolyse sowohl als auch die Kationen-Auswaschung durch Sickerspülung mit abnehmender Niederschlagsmenge und Verkürzung der Regenzeit an Wirkung verlieren, ist mit dem regionalen Klimawandel von den immerfeuchten inneren über die semihumiden zu den semiariden Außertropen ein großräumiger Wandel der zonalen Bodentypen verbunden. In den fersiallitischen Böden im Übergangsbereich von der Feucht- zur Trockensavanne und

vor allem in den braunen und gelben Steppenböden der Trocken- und Dornsavannengebiete treten die Kaolinite mehr und mehr zugunsten eines Bouquets von Tonmineralen aus Illiten, Chloriten und Montmorilloniten zurück. Da bei letzterem die Austauschkapazität mit 80 bis 150 mval/100 g Tonsubstanz besonders groß ist, nimmt, bei gleichzeitig wachsendem Restmineralgehalt, das Austauschvermögen der Böden zu den äußeren Tropen hin rasch zu. Ein ökologisch zu beachtendes Handicap dabei ist allerdings, daß zwischen Bodenqualität und Klimagunst eine ursächliche Verbindung in Form der Gegenläufigkeit besteht. Wo die Böden potentiell produktionsstärker werden, ist die Bodenfeuchteversorgung einer immer stärker werdenden Variablilität und Unsicherheit unterworfen.

4) Im Zusammenhang mit der klimabedingten Schwächung der Hydrolyse wird der in den immerfeuchten Tropen rezessive Einfluß der Mineralzusammensetzung des Ausgangsgesteins auf die Art der Tonmineralausstattung der Böden in den wechselfeuchten Tropen mehr und mehr zu einem mit den klimatischen Einflüssen gleichwertigen Einflußfaktor. Folge davon ist, daß sich besonders in den semihumiden Tropen ein krasser Gegensatz zwischen austauschstarken und -schwachen azonalen Böden entwickeln kann, weil einerseits viel Montmorillonit und andererseits hauptsächlich nur Kaolinit gebildet wird. Ersteres geschieht unter Anwesenheit von viel Kalzium über basischem Gesteinsuntergrund oder unter zeitweiligem Luftabschluß durch Überschwemmung über feinkörnigem Akkumulationsmaterial in topographischen Senken. Das Resultat sind die tropischen Schwarzerden, z. B. der black cotton soil in Indien oder die Vertisole. Über kieselsäurereicheren Gesteinen entstehen dagegen nähr- und austauscharme tropische Rotlehme verschiedener Ausprägung.

In Meßdaten ausgedrückt ergeben sich folgende Unterschiede der Austauschkapazität zwischen den Böden der hohen Mittelbreiten und der Tropen (Tab. 3 und 4):

Tab. 3 *pH-Wert und Austauschkapazität unterschiedlicher Böden im Bereich der sogenannten gemäßigten Zone (Beispiele aus Deutschland. Werte aus Dt. Bodenk. Ges. 1971)*

Lokalität Substrat Boden	Profiltiefe cm	pH-Wert (KCl)	Austausch- kapazität mval/100 g Feinböden
Kehdingen, Hohe Flußmarsch	3– 10 15– 20 30– 35 40– 45	4,6 5,2 5,5 5,6	20,5 22,0 22,2 33,9
Lüneburger Heide, sandige Altmoräne, schwach podsolierte Bänderparabraunerde	2– 4 5– 10 22– 27 55– 60	2,9 3,2 4,3 3,9	19,5 6,2 3,4 3,0
Lüneburger Heide, Bänderparabraunerde-Posol	5– 10 12– 17 18– 22	3,1 3,4 3,6	22,9 2,9 39,9
Leinetal, Brauner Aueboden	5– 12 20– 25 30– 35 45– 55	7,3 7,0 7,7 7,9	26,3 23,2 20,4 16,3

Tab. 3 (Fortsetzung)

Lokalität Substrat Boden	Profiltiefe cm	pH-Wert (KCl)	Austausch- kapazität mval/100 g Feinböden
Hildesheimer Börde, Schwarzerde über Löß	5 20 57	4,3 5,4 6,6	34 31 24
Nordeifel, Lößlehmreiche Solifluktionsdecke, Pseudogley	0– 3 3– 20 20– 30 30– 50	3,9 4,0 4,0 3,7	19,1 9,6 8,1 12,7
Rheinisches Schiefergebirge, Bimsstaublehm über Aschentuff, Lockerbraunerde	2– 4 5– 9 11– 21 39– 51	3,5 3,9 3,9 4,6	37,2 25,4 21,0 16,2
Albvorland, Lias-Kalk, Rendzina	0– 15 15– 30	7,1 7,2	36,6 34,6
Albvorland, Lias-Tone, Pelosol	0– 15 15– 38 38– 50	6,4 5,3 4,0	21,7 24,7 23,6
Albvorland Lias-Tone, pseudovergleyter Pelosol	0– 6 6– 21 21– 51 51– 77	6,0 5,7 5,6 5,6	54,2 48,2 39,1 26,6
Alpenvorland, Löß über Rißmoräne, Pseudogley	0– 24 24– 36 36–100	5,3 5,5 5,7	31,2 25,8 16,6
Alpenvorland, spätglazialer Schotter, Parabraunerde	0– 15 25– 37	3,6 3,8	36 29,9
Alpenvorland, Würmgrundmoräne, humoses Kolluvium	0– 20 20– 40 40– 70	6,0 5,4 5,3	26,8 19,2 18,9

Bei aller Verschiedenheit von Muttergestein, topographischer Lage, Bodendränage und Säuregrad weisen z. B. die mitteleuropäischen Böden im allgemeinen Austauschkapazitäten vergleichbarer Größenordnung auf, die auch wertmäßig zwischen 20 und 30 mval/100 g Feinboden nahe beieinanderliegen.

In Tropenböden ist das Variationsspektrum möglicher Austauschkapazitäten dagegen grundsätzlich anders. Es besteht – etwas überspitzt ausgedrückt – aus zwei extremen Gruppen, deren Werte fast um eine Zehnerpotenz verschieden sind. Auf der einen Seite stehen die ferrallitischen Böden mit Austauschkapazitäten zwischen 3,5 und fast 9 mval/100 g und auf der anderen Seite die tropischen Schwarzerden mit 45 bis 65 mval/100 g.

Tab. 4 *PH-Werte und Austauschkapazität unterschiedlicher zonaler und azonaler Bodentypen der Tropen (Werte aus Mohr et al. 1972)*

Lokalität Substrat Boden	Profiltiefe cm	pH-Wert (KCl)		Austausch- kapazität mval/100 g Feinböden

1. Elfenbeinküste,
   humid,
   Amphibolite,
   rezente Verwitterung
   (Skelettboden)
	0– 10
	70
				42,9
				31,0

2. wie oben,
   aber Latosol als alter
   Verwitterungsboden,
   (ferrall. Boden)
	0– 10
	70– 80
				14,4
				4

3. wie oben, sandiger Küstenboden	0– 5 5– 10 50			7,9 0,4 0,1

4. Malabar Küste,
   humid,
   Hornblende-Granulit,
   gelb-brauner Oxisol
   (ferrallitischer Boden)
	0– 30
	30–183
	183–457
				4,5
				5,6
				5,8

5. Kanara b. Mangalore,
   humid,
   Meta-Gabbro,
   gelb-roter Oxisol
   (ferrallitischer Boden)
	0– 25
	25–350
				7,0
				4,2

6. Indonesien
   humid,
   Eozäner mariner Ton,
   Latosol (ferrall. Boden)
	0– 50
	50–100
	100–150
		5,1
		5,8
		5,6
				6,5
				3,5
				3,9

7. West-Java,
   humid,
   Tertiäre Vulkanite,
   rot-brauner Latosol,
   Reisboden
	0– 16
	16– 33
	33– 57
				8,8
				8,8
				8,8

8. Indien, Dekkan,
   semiarid, b. Bombay,
   Trapp-Basalt,
   Black cotton soil
   (Trop. Schwarzerde)
	0– 15
	15– 30
	30– 45
	45– 60
		8,9
		8,8
		9,0
		9,0
			pH
			H_2O
				65,3
				65,9
				63,2
				53,1

9. Süd-Sudan b. Boing,
   semiarid,
   Amphibolit,
   schwarz-brauner Vertisol
   (trop. Schwarzerde)
	0– 40
	40– 70
	70–100
		6,8
		6,8
		6,9
				43,4
				45,9
				51,6

Da diese Unterschiede bei entsprechendem Gesteinswechsel räumlich oft nahe beieinanderliegen, wie am Beispiel des Dekkan-Plateaus gezeigt werden kann (s. Abb. 14), müssen sich sehr starke regionale Differenzierungen im Erfolg der modernen Agrartechnologie ergeben, wenn sie von den austauschstarken tropischen Schwarzerden auf die normalen Ferrallite übergreift.

IX. DIE REGIONALE VERBREITUNG AUSTAUSCHARMER UND -STARKER BÖDEN IN DEN TROPEN

Nach den Angaben von J. Singh im Agriculture Atlas of India nehmen die tiefgründigen und mitteltiefen black cotton soils des Dekkan-Plateaus zusammengenommen rund 18% des indischen Territoriums ein. 22% entfallen auf fruchtbare Alluvialböden. Den größten Flächenanteil nehmen mit 29% allerdings die roten Ferrallite ein.

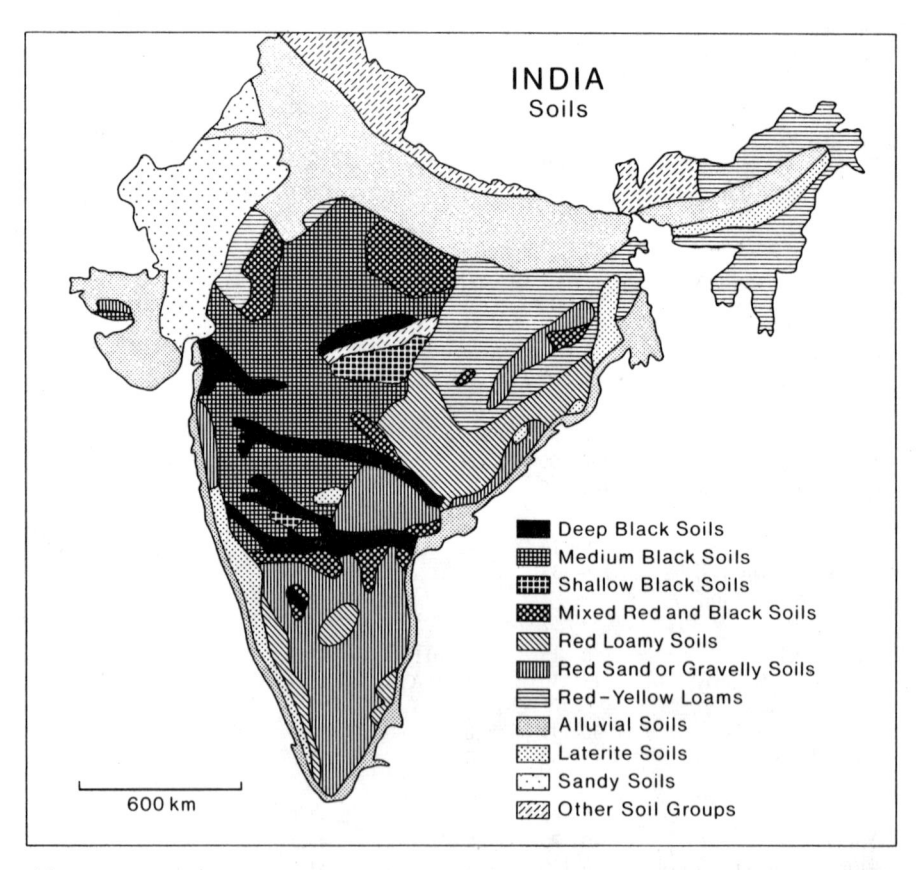

Abb. 14 Die Hauptbödentypen des Dekkan-Plateaus (Vereinfachte Wiedergabe der entsprechenden Karte aus Singh, 1974).

Grundlagen des ernährungswirtschaftlichen Hauptgegensatzes auf der Erde 281

Der krasse Unterschied zwischen „fruchtbar" und „unfruchtbar" unter tropischen Bedingungen macht dann verständlich, daß die Steigerung der mittleren Hektarerträge im Zuge der Grünen Revolution trotz weiter zunehmenden Kunstdüngerverbrauches beträchtlich zurückgeht, wenn die Anbaufläche über das Verbreitungsgebiet des „besten Landes" auf das weniger gute hinausgreift, wie es ja als Argument für den level-off gebraucht worden ist.

Bei dieser Sachlage muß nun der Flächenanteil und die geographische Verbreitung der unterschiedlich zu bewertenden zonalen und azonalen Bodentypen in den Tropen allgemein interessieren. Revelle (1967) gibt dazu folgende Übersicht (in Millionen acres):

Soilgroups Bodengruppen	Tropical climatic regions (Tropische Klimaregionen)					
	Rainy (regne- risch)	Humid- Seasonal (jahres- zeitlich humid)	Wet-dry (wech- selnd feucht/ trocken	Dry (trocken)	Semi- dessert and Dessert (Halb- u. Voll- wüste)	Total Gesamt
1. Highly weathered and leached soils (Latosols, Lateritic, Red-Yellow Podsolic) Stark verwitterte und ausgewaschene Böden	2299	2678	1170	122	2,2	6271
2. Moderate weathered and leached soils (noncalcic Brown, Ando) Mäßig verwitterte und ausgewaschene Böden	11	84	221	186	14	516
3. Dark colored soils; base rich (Chernozemic, Grumusols, Rendzina, Brown Forest) Dunkle Böden; basenreich	57	139	294	229	2,4	722
4. Light colored soils; base rich. Schwach gefärbte, basenreiche Böden	11	17	241	934	520	1723
5. Shallow soils and dry sands. Flache Böden und trockene Sande	201	259	419	378	830	2087
6. Alluvial soils Alluvialböden	361	306	175	58	13	913

Zur Gruppe 1 werden alle zonalen ferrallitischen Böden von den feuchten inneren Tropen bis an die Grenze der fersiallitischen Böden im Übergangsbereich zur Trockensavanne gezählt. Sie nehmen mit 6,2 Mrd. acres flächenmäßig etwas über die Hälfte des Gesamtareals aller aufgeführten Tropenböden (12,2 Mrd acres) ein. Nach dem voraus Dargelegten ergibt sich daraus die Folgerung, daß *rund die Hälfte der tropischen Landoberfläche nicht die pedologischen Voraussetzungen für die erfolgreiche Anwendung der im ,,Green Revolution Technological Package" als conditio sine qua non enthaltenen intensiven künstlichen Düngung aufweist.*

Die schwach gefärbten basenreichen Böden unter Pos. 4 sind die gelben und braunen Steppenböden, die zwar hohe Mineralgehalte und Austauschkapazitäten besitzen, aber auf Grund ihrer Verbreitung in den regenunsicheren semiariden Randtropen nur bei künstlicher Bewässerung zur vollen Entfaltung ihres großen Produktionspotentials gebracht werden können.

Für normalen Regenfeldbau mit Methoden moderner Agrartechnologie sind vor allem die fersiallitischen Böden der Pos. 2 in einer relativ engen Zone im Bereich der Trockensavanne mit 3 bis 6 humiden Monaten sowie die Alluvialböden (Pos. 6) und tropischen Schwarzerden (Pos. 3) interessant. Nach ihrer Flächenausdehnung machen sie zusammengenommen allerdings nur 15% des gesamten Tropenareals aus.

Aufschlußreich für die Beurteilung der verschiedenen Lebensräume, Bevölkerungsverteilungen und Entwicklungsmöglichkeiten in topographisch und geologisch unterschiedlich aufgebauten Teilen der Tropen ist eine Aufschlüsselung der vorausgegangenen Tabelle nach Kontinenten, wie sie die gleiche Untersuchung von Revelle (1967) enthält:

Boden-gruppe	Afrika		Asien		Latein-Amerika		Australien, Neuseeland	
	10^6 acres	%	10^6 acres	%	10^6 acres	%	10^6 acres	%
1	2437	46	1220	50	2514	65	100	14
2	40	1	211	8	197	5	68	10
3	267	5	134	5	260	7	61	9
4	1128	21	200	8	204	5	191	28
5	1165	22	283	12	380	10	259	39
6	198	5	420	17	295	8	–	–
	5235	100	2468	100	3850	100	679	100

Bezüglich der produktionsmäßig günstigsten Böden der Gruppen 2, 3 und 6 weisen die asiatischen Tropen mit zusammengerechnet 30% des Gesamtareals die weitaus günstigsten Bedingungen auf. Hier wirkt sich die räumliche Kombination von jungen Hochgebirgen, alluvialen Aufschüttungsländern und ausgedehnten Gebieten mit basischen Vulkaniten aus. Nicht ohne natürlichen Grund leben ²/₃ aller Tropenbewohner im asiatischen Teil.

In Afrika hingegen machen die gleichen Bodengruppen nur 11% des Gesamtareals aus. Dieser Kontinent ist durch die Kombination jeweils riesiger Areale nährstoff- und austauscharmer feuchttropischer Ferrallite einerseits und potentiell ertragreicher Mineralböden in klimatischen Trockengebieten andererseits ausgezeichnet. Da für die letzteren die notwendigen Bewässerungsanlagen fehlen, können lediglich kleine Gebiete Afrikas als tropische Gunsträume bezeichnet werden, bei denen die Chance erfolgreichen Einsatzes des Green Revolution Technological Package besteht. Sie sind inselartig auf dem Kontinent verstreut.

Lateinamerika ist mit 20% etwas günstiger, das aber vor allem, weil die Trockengebiete großer Ausdehnung fehlen. Das Areal mit den stark verwitterten und ausgewaschenen ferrallitischen Latosolen und Podsolen ist das größte unter allen Kontinenten und nimmt 65% des tropischen Lateinamerikas ein.

Zusammenfassend kann als *Ergebnis* festgehalten werden: Das gegenwärtig noch vorhandene Sicherheitspolster der Weltproduktion an Körnerfrüchten gegenüber dem Ernährungsbedarf der Weltbevölkerung wird von den Außertropen-Früchten Weizen und Mais gestellt.

Nordamerika schießt zu 90% das an Körnerfrüchten zu, was sonstwo in der Welt, vor allem in den Tropen, fehlt. Das ist möglich, weil die US-amerikanische (wie auch die westeuropäische) Agrarwirtschaft seit 1951 eine Steigerung der Produktion an Körnerfrüchten um mehr als 100% aufweist und weil im Produktionswachstum noch keine Tendenz zum level-off zu verzeichnen ist.

Die Produktionssteigerung mit Hilfe des sog. ,,Green Revolution Technological Package" ist nur möglich unter wachsendem Einsatz von Energien (für Maschinenarbeit, Kunstdünger und Chemikalien), die beim gegenwärtigen Stand der Technologie aus begrenzten fossilen Reserven genommen werden müssen.

Die Ergebnisse der Anwendung der modernen Agrartechnologie auf Gebiete der Tropen sind wesentlich hinter den Erwartungen zurückgeblieben. Am Beispiel Indiens oder Kenias zeigt sich, daß nach anfänglich starkem Produktionsanstieg bei weiterer Ausdehnung in der Fläche und progressivem Kunstdüngereinsatz seit 1971 bereits der level-off eingetreten ist.

Mit Hilfe eines Produktionsmodells für das Green Revolution Technological Package kann man der Frage nachgehen, ob jenseits aller sozio-ökonomischen Ursachenzusammenhänge der frühzeitige level-off nicht auch naturgegebene ökologische Gründe haben kann. Dabei ergibt sich, daß die ferrallitischen Kaolisole als flächenmäßig dominierende charakteristische Bodentypen der feuchten Tropen neben der natürlichen Nährstoffarmut vor allem einen im Hinblick auf die Anwendung künstlichen Düngers entscheidenden Mangel an Kationenaustauschkapazität aufweisen. Der Qualitätsunterschied dieser ,,schlechten Böden" gegenüber den sog. ,,guten" fersiallitischen oder sogar ,,sehr guten" tropischen Schwarzerden, die alle im Bereich der wechselfeuchten Tropen und flächenmäßig begrenzt vorkommen, ist um ein vielfaches krasser als zwischen ,,guten" und ,,schlechten" Böden in den Außertropen.

Wird in der Ausbreitungsphase der Grünen Revolution in den Tropen die oft scharfe Grenze zwischen den Böden unterschiedlicher Eignung (Beispiel Indien) überschritten, muß der Produktionszuwachs rapide zurückgehen.

Flächenmäßig machen die für die Grüne Revolution absolut unbrauchbaren ferrallitischen Böden etwas über die Hälfte des Tropenareals, die gut geeigneten und außerdem auch vom Klima her noch für Regenfeldbau verwendungsfähigen 15% aus. Der Rest liegt in Trockengebieten jenseits der Polargrenze des Regenfeldbaues.

Literatur

Breitenlohner, C. A.: Structural Changes in West-European Agriculture, 1950–1970 US-Dept. of Agriculture, Econ. Res. Serv., Foreign Agr. Econ. Rep. No. 14, Washington 1975

Bryson, R. A.: Abel ben Cain: A Schematic Integration. Draft. Conference UN Environmental Progr. Conf. on Desertification. Madison/Wisc. 1976

Chang, J. H.: The Agricultural Potential of the Humid Tropics. Geogr. Rev. 58, 1968

Dalrymple, D. G.: Development and Spred of High Yielding Varieties of Wheat and Rice in the Less Developed Nations. US-Dpt. of Agr., Washington 1974. Zitiert in: o. V.: Green Revolution (I): A Just Technology, Often Unjust in Use. Science 186, 1974, S. 1095

Dasmann, R. F.: The World Population Conference. In: Bull. Intern. Union for Conservation of Nature and Natural Resources (IUCN). Vol. 5, No. 10, 1974

Demeny, P.: The Populations of the Underdeveloped Countries. Scientific American. Vol. 231, No. 3, 1974, S. 149–159

Deutsche Bodenkundliche Gesellschaft: Landschaften und Böden in der Bundesrepublik Deutschland (Exkursion C). Mitt. d. Dt. Bodenkundl. Ges. 13, 1971

FAO: Agricultural Development in Nigeria 1965–1980. Soil resources Map of Nigeria (mit Produktivitätsklassen). Rom 1966

FAO: Production Yearbook. Rom 1975

Ganssen, R. u. Hädrich, F.: Atlas zur Bodenkunde. Hochschulatlanten. Bibliogr. Institut, 301 a bis 301 e. 1965

Gavan, J. D. u. Dixon, J. A.: India: A Perspektive on the Food Situation. Science. Vol. 188, 1975

Goldblith, S. A. et al.: Increasing high quality protein. In: The World Food Problem, Chapt. 5, Washington 1967

Goldsmith, G. A. et al.: Population and nutritional demands. In: The World Food Problem, Chapt. 1, Washington 1967

Heady, E. O.: The Agriculture of the US. The Scientific American, Vol. 235, Nr. 3, 1976, S. 107–127

Hardin, L. S. et al.: Projected trends of trade in agricultural products. In: The World Food Problem. Chapt. 2, Washington 1967

Holst, W.: Evaluation of population and Food Production Problems of India. In: The World Food Problem, Chapt. 9, Washington 1967

Hopper, D. W.: The Development of Agriculture in Developing Countries. Scientific American, Vol. 235, Nr. 3, 1976, S. 197–205

Horsfall, J. G. et al.: Tropical soils and climates. In: World Food Problem. Chapt. 8, Washington 1967

Laatsch, W.: Dynamik der mitteleuropäischen Mineralböden. Leipzig 1957

Meller, J. W.: The Agriculture of India. Scientific American, Vol. 235, Nr. 3, 1976, S. 155–163

Mohr, E. C. J. u. van Baren, F. A.: Tropical Soils. A critical study of soil genesis. The Hague 1959

Mohr, E. C. J. et al.: Tropical Soils. A comprehensive study of their genesis. The Hague 1972

Mullick, M. A.: Wie steht es um die Grüne Revolution? In: Entwicklung u. Zusammenarbeit, 4, Bonn 1973. Auch Geogr. Rdsch. 24, 1972, S. 10–12

Newsom, L. D. et al.: Intensification of plant production. In: World Food Problem, Chapt. 3, Washington 1967

Nye, P. K. and D. J. Greenland: The soil under shifting cultivation. Commonwealth Bur. of Soils. Techn. Com. Nr. 51. Farnham Royal, Bucks 1960

o. V.: Green Revolution (I): A Just Technology, Often Unjust in Use. – Science 186, 1974

Pimentel, D. et al.: Food Production and the Energy Crisis. Science 182, 1973

Pimentel, D. et al.: Energy and Land Constraints in Food Protein Production. Science 190, 1975

Puri, G. S.: Vegetation and soil in tropical and subtropical India. In: Tropical soils and vegetation, UNESCO 1961, S. 93–102

Revelle, R. et al.: Water and Land. In: World Food Problem. Chapt. 7, Washington 1967

Revelle, R.: Food and Population. Scientific American, Vol. 231, Nr. 3, 1974, S. 161–170

Revelle, R.: The Resources Available for Agriculture. Scientific American, Vol. 235, Nr. 3, 1976, S. 165–178

Sanchez, P. A. u. Buol, S. W.: Soils of the Tropics and the World Food Crisis. Science 188, 1975
Singh, J.: An Agricultural Atlas of India: A geographical Analysis. Haryana-India 1974
Singh, J.: The Green Revolution in India. – How green is it? – Vishal Publ. Uni. Camp. Kurukshetra, Haryana, India 1974
Steinhart, I. S. u. Steinhart C. E.: Energy use in the US food system. Science 184, 1974, S. 307–316
Takayama, T., Liu, C. L.: Projections of International Trade in Farm Products. I. Wheat. Illinois Agricult. Econ., Dept. of Agricult. Economics. Univ. of Illinois 1975
US-Dept. of Agriculture: Agricultural Statistics. 1960. Agricultural Statistics. 1975. Washington 1961 bzw. 1976
US-Dept. of Agriculture: Indices of Agricultural Production in Africa and the Near East 1963–1972. USDA Econ. Res. Serv. Foreign 265, Washington 1973
US-Dept. of Agriculture: The World Food Situation and Prospects to 1985. Econ. Res. Serv., Foreign Agr. Econ. Rep. 98, Washington 1974
US-Dept. of Agriculture: World Grain Statistics 1950/51–1972/73. Foreign Agr. Serv. Washington 1974
US-Dept. of Agriculture: The Agricultural Situation in the Far East and Oceania. Rev. of 1975 and Outlook for 1976. Econ. Res. Serv., Foreign Agr. Econ, Rep. 12, Washington 1976
Weischet, W.: Die ökologische Benachteiligung der Tropen. Stuttgart 1977
Wittwer, S. H.: Food Production: Technology and the Resource Base. Science 188, 1975
Witucki, L. A.: Agricultural development in Kenya since 1967. US-Dept. of Agr. Econ Res. Serv., Foreign Agr. Econ. Rep. 123, Washington 1976
Zöttl, H.: Waldstandort und Düngung. Centralbl. f. d. ges. Forstwesen 81, 1964, S. 1–24

Diskussion zum Vortrag Weischet

Prof. Dr. W. Ritter (Nürnberg)
  Wenn man sich eine Situation vor Augen hält, in der eine Ländergruppe (USA/Canada) praktisch alle Nahrungsdefizite decken kann, dann wird auch klar, daß damit in sehr vielen Ländern jeder Anreiz zu einer Überschußproduktion fehlen muß. Für viele Regierungen besteht kein ausreichender Druck, durch aktive Agrarpolitik die Situation zu verbessern, da man sich notfalls auf die Hilfslieferungen von dort verlassen kann. Die UdSSR kann dank amerikanischer Weizenlieferungen ihre längst fällige agrarische Revolution hinausschieben.
  Hätten tropische und randtropische Entwicklungsländer heute ebenso aufnahmefähige Exportmärkte, wie sie die europäischen Überseeländer im 19. Jahrhundert hatten, so würden für eine Reihe von ihnen agrartechnische Möglichkeiten erst sinnvoll anwendbar und sicherlich auch neue Methoden erforscht.
  Derartige Märkte gibt es aber heute nicht mehr und die einzige absehbare Chance der Entwicklung solcher Märkte besteht vermutlich in den reichen Erdölländern.

Prof. Dr. W. Weischet (Freiburg)
  Das mag in Teilaspekten richtig sein. Im Grundsätzlichen bin ich gegenüber der Konditionalsituation skeptisch, und zwar aus Gründen, die ich in meinem Vortrag gestern abend ausführlich dargelegt habe. Tropen unterliegen bezüglich der agrarischen Produktion einem ökologisch bedingten Handicap.

N. Braumüller (Hannover)
  Sie haben in Ihrer Darstellung von den sozioökonomischen Randbedingungen abstrahiert und vorausgesetzt, daß diese im Modell optimiert sind. Da aber Ihre Forderungen Rückwirkungen auf diese sozioökonomischen Randbedingungen haben, muß man doch sagen, welche Randbedingungen das sind, und was Sie unter ,,Optimierung" verstehen.

Prof. Dr. W. Weischet (Freiburg)
  Dazu habe ich gesagt: ,,Optimierung im Sinne des Green Revolution Technological Package". Ich glaube, das ist eindeutig.

Prof. Dr. E. Wirth (Erlangen)
Herr Weischet hat den physisch-geographischen Kern seines Vortrags in einen produktionswirtschaftlichen Rahmen gespannt, der zu erheblichen Mißverständnissen Anlaß geben könnte. Die Zahlen der Ernährungsbilanz unserer Erde bedürfen unbedingt einer eingehenden Interpretation, bevor man aus ihnen irgendwelche Schlüsse zieht. Hierfür nur 3 Beispiele: 1. Die Überschußproduktion der westlichen Industriestaaten an Getreide und anderen Ernährungsgütern ist das Ergebnis von sehr komplizierten Interventionen und marktwirtschaftlichen Mechanismen; durch verhältnismäßig behutsame steuernde Eingriffe lassen sich hier leicht erhebliche Änderungen und Verschiebungen erzielen. 2. Auch die Produktionszahlen der Defizitländer der Dritten Welt können nur vor ihrem wirtschaftlichen und sozialen Hintergrund verstanden werden. In Indien z. B. wird nach zuverlässigen Schätzungen etwa ein Drittel der Ernte durch Schädlinge, Pflanzenkrankheiten, Transport- und Lagerverluste vernichtet. Im Zusammenhang mit der „Grünen Revolution" wurde hier die Getreideerzeugung so gesteigert, daß sich Indien und Pakistan zeitweise mit den ganz ungewohnten Problemen einer Überproduktion auseinandersetzen mußten. Das Abflachen der Produktionskurve Indiens in den letzten Jahren erklärt sich nicht zuletzt auch aus diesen wirtschaftlichen Zusammenhängen. 3. Wenn in den vergangenen Jahrzehnten die Überschußländer immer etwa soviel Getreide zusätzlich produzierten, wie die importabhängigen Länder der Dritten Welt benötigten, so kann man daraus in keiner Weise auf einen immer gerade noch mit großer Mühe erreichten Ausgleich schließen. Durch vielfältige Maßnahmen der Produktionssteuerung wird nämlich seit vielen Jahren die Produktion der Überschußländer stets in etwa an die Nachfrage der Importländer angeglichen. Jede andere Verfahrensweise wäre wirtschaftlich kaum zu verantworten; denn das Lagern großer Getreidereserven für mögliche Mangelsituationen künftiger Jahre kommt viel teurer als Maßnahmen zur raschen Steigerung der Produktion bei unerwartet schnell ansteigendem Bedarf.

Prof. Dr. W. Weischet (Freiburg)
Die von Herrn Wirth befürchteten Mißverständnisse können sich nicht ergeben, wenn man sich an den von mir vorgetragenen Gedankengang hält. Die produktionswirtschaftlichen Daten habe ich nur zur Demonstration folgender 3 Sachverhalte benutzt:
1) Länder der Außertropen, besonders die USA und Kanada, produzieren diejenigen Mengen an Grundnahrungsmitteln, die von den meisten Ländern der Tropen benötigt und importiert werden. Der Ausgleich wird durch Körnerfrüchte der Außertropen, vor allem durch Weizen, garantiert.
2) In den Außertropen zeigen Netto-Export- wie gleichermaßen Netto-Import-Länder an Körnerfrüchten noch keinen level-off in der Produktion.
3) Tropenländer wie Indien und Kenia weisen dagegen einen level-off auf, und zwar schon in einer Entwicklungsphase, in der die neue Technologie in der Fläche noch expandiert.
Andere Schlüsse habe ich nicht gezogen. Ich benötige auch keine für meine Ableitung.
Daß das „Abflachen der Produktionskurve Indiens in den letzten Jahren" sich nicht zuletzt aus den mit der Überproduktion zusammenhängenden Problemen erklärt, ist eine jener Interpretationen, die ich für unbewiesen halte. Deshalb der Versuch, auf andere Begründungen jenseits sozio-ökonomischer Interpretationen zu kommen.

Prof. Dr. J. Dahlke (Aachen)
Bei der globalen Agrarstatistik werden die Erträge pro ha Anbaufläche berechnet. Diese Ertragszahlen lassen nicht erkennen, welche Fläche als Ergänzung zur Regeneration des Bodens durch Fruchtwechsel benötigt wurde. So steht der Anbaufläche des Weizens in Australien eine fast ebenso große Grünlandfläche als Ergänzung gegenüber. In Ihrer Argumentation müßte von einer „produktionstechnischen Ertragszahl", die derartige Ergänzungsflächen berücksichtigt, ausgegangen werden.

Prof. Dr. W. Weischet (Freiburg)
Es wäre sicher zweckmäßig, „produktionstechnische Ertragszahlen" anstatt der normalen zu benutzen, aber leider gibt es ja dafür keine international vergleichbaren Daten.

U. Rostock (Tübingen)
Zunächst eine Frage zum Aufbau des Vortrags:
1) Welchen Erkenntniswert messen Sie dem Vergleich ökonomischer Parameter (Produktionsergebnisse der USA) mit ökologischen Parametern (Nährstoffhaushalt tropischer Böden) bei?
2) Inwieweit ist es wünschenswert, vor dem Hintergrund der veränderten Leitbilder des Energieverbrauches in den USA, die alten Leitbilder auf die Tropen zu übertragen.
3) Welchen Einfluß hat die außergewöhnliche Kunstdüngerverwendung in den USA auf den Bodenhaushalt?

Prof. Dr. W. Weischet (Freiburg)
Zu 1): Verglichen werden ökonomische und ökologische Parameter wohl nicht. Ich benutze die ersteren, um Hinweise auf den möglichen Einfluß der letzteren in den Tropen zum Unterschied von den Außertropen zu bekommen.
Zu 2): Ob es wünschenswert ist, muß sehr bezweifelt werden, aber es wird praktiziert. Mir geht es um das Problem, warum es trotzdem nicht in gewünschter Weise funktioniert.
Zu 3): Kann ich im einzelnen nichts sagen.

Prof. Dr. W. Hetzel (Bonn)
Herr Weischet hat, wie mir scheint, den Import von Körnerfrüchten mit einem Defizit an (Grund-)Nahrungsmitteln in den betreffenden Räumen in Verbindung gebracht, wenn nicht gleichgesetzt. Nun zwei Bemerkungen im Hinblick auf Tropisch-Afrika:
1) Diese Räume sind vielfach gleichzeitig Exporteure nicht unerheblicher Mengen von Agrarprodukten.
2) Unabhängig davon handelt es sich nicht oder nur untergeordnet um einen notwendigen Zuschußbedarf an Grundnahrungsmitteln, sondern um eine Folge veränderter Ernährungsgewohnheiten und gehobenen Ansprüchen, insbesondere von Stadtbewohnern, Funktionären (Weizenbrot). Dieselbe Bevölkerungsgruppe könnte ausreichend mit Nahrungsmitteln aus heimischer Produktion versorgt werden, z. B. mit Knollenfrüchten.

Prof. Dr. W. Weischet (Freiburg)
„In Verbindung gebracht" ist richtig, gleichgesetzt habe ich sie nicht. Die Folgen der Änderung von Ernährungsgewohnheiten sind mir geläufig. Aber die notorische Unterernährung der Bevölkerung und der fallende Nahrungsmittelproduktionsindex pro Kopf der Bevölkerung sind ja doch belegbare Fakten.

REISANBAU UND NAHRUNGSSPIELRAUM IN SÜDOSTASIEN

Von Herbert Wilhelmy (Tübingen)

Die Ernährung von 1–2 Mrd. Menschen in den Ländern der Dritten Welt ist seit langem unzureichend. In den Tropen und Subtropen sterben jährlich 30–40 Mill. Menschen infolge chronischer Unterernährung oder im Verlauf periodisch auftretender Hungersnöte. Nahrungsmittelhilfe aus den agrarischen Überflußländern außertropischer Bereiche kann das Welternährungsproblem nicht lösen, allenfalls zur Linderung der Not in Katastrophenfällen beitragen. Eine generelle Lösung des Ernährungsproblems kann auch nicht von außen kommen, sondern muß das Hauptanliegen der Entwicklungsländer selber sein, denn unter „Entwicklungshilfe" verstehen wir heute vor allem eine Hilfe zur Selbsthilfe: den Völkern der Dritten Welt werden Rat, Erfahrungen und finanzielle Mittel für Modellentwicklungen zur Verfügung gestellt, aber die eigentliche Breitenarbeit in der Ausschöpfung aller wirtschaftlichen Möglichkeiten muß über diese „Beratungshilfe" hinaus ihre eigene Leistung sein. Nur so gewinnen sie das erforderliche Selbstvertrauen zur Bewältigung einer Zukunft, die durch das Ernährungsproblem beherrscht sein wird.

Südostasien, im Schnittpunkt indischer und chinesischer Kulturströme gelegen, früher wie heute von ihnen stark beeinflußt, ist ein solcher entwicklungsbedürftiger und entwicklungsfähiger Großraum, der zwar Hochkulturen hervorgebracht hat, die zu den bedeutendsten Leistungen der Menschheit gehören, in dem die Bürde der Vergangenheit jedoch alle Fortschrittsbemühungen fast zu erdrücken scheint. Die Völker Südostasiens wachsen schneller als ihre wirtschaftliche Produktivität. Der Kontakt mit Europa hat ihnen zwar die Segnungen der modernen Medizin beschert, die Sterblichkeitsraten herabgesetzt und die Lebenserwartung verlängert, aber ihnen nicht in gleichem Maße die Beschaffung ihres täglichen Lebensunterhalts erleichtert. Meine Aufgabe im Rahmen dieses Referats ist es, Wege und Möglichkeiten der Lösung des Ernährungsproblems aufzuzeigen – Wege, von denen einige bereits mit Erfolg beschritten worden sind, andere in Zukunft eingeschlagen werden sollten.

Für mehr als die Hälfte der Menschheit ist Reis das Hauptnahrungsmittel. Über 90% dieses stärkereichen Getreides werden von den Völkern Ost-, Süd- und Südostasiens erzeugt und verzehrt. Reisfelder nehmen rund 60% der landwirtschaftlichen Nutzfläche in Indonesien und Thailand, 70–80% in Kambodscha und ähnlich hohe Flächenanteile in den anderen südostasiatischen Ländern ein.[1]

Reis deckt zu 60–80% den Kalorienbedarf der Südostasiaten. Er ist die ertragreichste aller Getreidearten. Muß es einerseits als ein Glücksumstand angesehen werden, daß gerade die am dichtesten besiedelten Länder Monsunasiens den Reis als Hauptnahrungsmittel besitzen, so bildet die Möglichkeit der mehrmaligen jährlichen Ernte auf der anderen Seite überhaupt erst die Grundlage für die starke Bevölkerungszunahme in diesen Ländern. Dabei stellt die so ergiebige Nutzpflanze nur verhältnismäßig geringe Ansprüche an den Nährstoffgehalt

---

[1] Vgl. dazu auch das Buch des Verfassers „Reisanbau und Nahrungsspielraum in Südostasien". Geocolleg, Verlag Hirt, Kiel 1975, 100 S., 9 Karten, 3 Farbtafeln mit 12 Abb.

der Böden und liefert – wenn nur Wasser, Wärme und Licht reichlich vorhanden sind – auch nach jahrhundertelangem Anbau auf derselben Fläche ohne Fruchtwechsel nahezu gleichbleibend gute Erträge.

Reis wird in den asiatischen Tropen und Subtropen auf Naß- oder Trockenfeldern angebaut. Dabei werden unter Naßfeldern solche verstanden, die von Erdwällen eingefaßt sind und entweder ganzjährig oder jahreszeitlich mit Wasser überstaut werden. Trockenfelder sind nichtumwallte Felder, die sich auf die unmittelbare Nutzung der Niederschläge beschränken. Dem Bewässerungsanbau steht also der Regenfeldbau gegenüber oder – auf das spezielle Kulturgewächs bezogen – dem Wasser- oder Naßreisanbau auf der einen Seite, der Berg- oder Trockenreisanbau auf der anderen.

Zwischen diesen beiden Grundformen des Reisanbaus gibt es eine Reihe von Übergangsvarianten. In allen Fällen handelt es sich um die gleiche Kulturpflanze *Oryza sativa*. Zwar gibt es eine große Anzahl regionaler Varietäten, Sorten und Spielarten, jedoch kann jeweils im gleichen klimatischen Bereich dasselbe Saatgut für den Anbau auf Naß- oder Trockenfeldern verwendet werden, da die *Oryza sativa*-Varietäten außerordentlich anpassungsfähig sind. Wasser- und Bergreis stellen also nur durch die Anbauweise differenzierte Ökotope dar. Wesentlich ist dabei, daß der als Pflugbau betriebene Naßreisanbau immer mit Seßhaftigkeit der Bevölkerung verbunden ist, ja die Möglichkeit der mehrmaligen jährlichen Bestellung des Naßfeldes – der sawahs oder paddies – überhaupt erst das Leben der Menschen in Dauersiedlungen und die Entwicklung von Hochkulturen ermöglicht hat. Denken Sie an Angkor in Kambodscha, Pagan in Burma, Borobudur und Prambanan auf Java. Bergreisanbau auf dem Trockenfeld – dem tegalan – wird zwar heute ebenfalls in vielen südostasiatischen Ländern von festen Dörfern aus als Pflugbau betrieben, ist aber in seiner einfachsten Form Pflanzstockbau und mit der shifting cultivation, der sog. Ladang-Wirtschaft des malaiischen Sprachbereichs, verbunden. Verbreitungsgebiet dieser auf Rodungsflächen betriebenen Landwechselwirtschaft sind die Waldbergländer Südostasiens. Von ihr sollen dort noch etwa 50 Mill. Menschen leben. Sie erfordert infolge der auf zwei, höchstens drei Jahre beschränkten Nutzung der Brandrodungsfelder ein Umtriebsland von 8–12facher Größe, setzt also bedeutende Landreserven bei nur geringer Bevölkerungsdichte voraus.

Insgesamt nehmen die ertragreicheren Naßreiskulturen einen unvergleichlich größeren Raum ein: in Burma 98% des gesamten Reisareals, in Japan 96,5%, auf Java 93%, in Malaysia 90%, auf den Philippinen 80%, während sich auf Taiwan und Ceylon Wasserreis- und Bergreisanbau etwa die Waage halten.

Über ¾ der Reisernte werden in Normaljahren auf dem Bauernhof selbst verbraucht. Der Rest geht in den örtlichen Handel, und nur 2–3% der Welt-Reisernte erscheinen in der internationalen Ein- und Ausfuhrstatistik (7,4 Mill. t). Reis ist eine typische Selbstversorgerfrucht, im Welthandel spielt er nahezu keine Rolle. Von der 1970 273,4 Mill. t umfassenden Reisproduktion der ost-, süd- und südostasiatischen Länder ist sogar nur 1% innerhalb dieses Raumes verschifft worden.

Bei täglich drei Reismahlzeiten benötigt ein südostasiatischer Haushalt 350–450 gr. Reis pro Kopf und Tag, d. h. etwa 130–150 kg im Jahr. Diesem Wert entsprach der faktische Reisverzehr in Japan vor dem Zweiten Weltkrieg mit 147 kg. Er ist infolge der Industrialisierung des Landes, des Anstiegs der Lebenshaltung und der Änderung der Ernährungsgewohnheiten inzwischen erheblich zurückgegangen. Von den vorwiegend bei Reisnahrung verbliebenen Ländern liegen Thailand mit 250–300 kg, Burma mit 220 kg und Malaysia mit 200 kg Verbrauch pro Kopf und Jahr über, Indien mit nur 88 kg weit unter dem Mittelwert von 150 kg. Wenn Indien trotzdem mit einer jährlichen Importmenge von nur 300 000 bis

500 000 t auskommt, so beruht dies darauf, daß besonders in Nordindien auch andere Nahrungsmittel wie Weizen, Hirse, Mais, Gerste und Hülsenfrüchte eine große Rolle spielen, in die berechnete Verbrauchsquote von 88 kg die nordindischen Bevölkerungsteile jedoch mit einbezogen sind.

Indonesiens Pro-Kopf-Erzeugung mit 151 kg entspricht genau dem mittleren Pro-Kopf-Bedarf und müßte theoretisch zur Selbstversorgung des Landes ausreichen. Tatsächlich ist dies jedoch nicht der Fall, da die Verteilung der Vorräte nicht dem jeweiligen örtlichen Bedarf entspricht und die notwendigen Umdisponierungen aus organisatorischen Gründen noch nicht schnell genug vorgenommen werden können. In Indonesien arbeitet man zwar an einer Lösung dieses Verteilungsproblems durch Schaffung eines zivilen Logistik-Instituts, dessen Arbeit jedoch darunter leidet, daß der Dateneingang zur Ermittlung des zweckmäßigsten Verteilerschlüssels noch zu unzuverlässig ist. So müssen in Indonesien wie auch in den anderen südostasiatischen Ländern gegenwärtig noch etwa 50 kg Reis pro Kopf zur Selbstversorgungsquote hinzugerechnet werden, um eine reibungslose Bedarfsdeckung zu erreichen. Allein jene Länder, deren Reiserzeugung je Einwohner 200 kg übersteigt, können exportieren, die anderen müssen das Defizit durch Einfuhren auszugleichen versuchen.

Wenn Japan, die Volksrepublik China und Nordkorea trotz einer z. T. weit unter 200 kg liegenden Pro-Kopf-Erzeugung Reis exportieren, so liegt dies an Veränderungen des traditionellen Speisezettels, wie z. B. in Japan, dem Bestreben für die Reisexporterlöse größere Mengen billigeren Weizens einzuführen (Beispiel China) oder an strengen Rationierungsmaßnahmen, durch die sich bescheidene Reismengen für die Ausfuhr erübrigen lassen. Dies ist in Nordkorea der Fall. Die Philippinen brauchen trotz der sehr geringen Pro-Kopf-Erzeugung von 138 kg keinen Reis zu importieren, weil dort auch Mais und Maniok eine verhältnismäßig wichtige Rolle als Nahrungsmittel spielen.

Wir sehen, daß – abgesehen von solchen speziellen Gründen – die Möglichkeit der Reisausfuhr oder der Zwang zur Einfuhr ausschließlich von der Pro-Kopf-Erzeugung abhängt, d. h. vom Verhältnis der Gesamtreisernte eines Landes zu seiner Bevölkerungszahl. Länder mit rel. niedrigen Hektarerträgen wie etwa Burma und Thailand, gemeint sind Erträge von 17–20 dz/ha, können z. B. exportieren, da sie mit 40–70 Menschen/km^2 noch dünn besiedelt sind, andere mit höheren Hektarerträgen, aber weit größeren Bevölkerungsdichten wie Indonesien oder Südkorea müssen importieren. Und dies obwohl dort seit langem selbst steile Hänge in Terrassenanbau genutzt werden, künstliche Bewässerung üblich ist und 2–3 Reisernten im Jahr vom gleichen Feld eingebracht werden können, während in den noch dünn besiedelten Ländern des festländischen Südostasiens der Reisanbau noch ganz auf die großen Tieflandebenen beschränkt ist, die Bewässerung nur auf der Überstauung in der monsunalen Regenzeit beruht und dort traditionell nur eine Reisernte im Jahr eingebracht wird. Bisher besteht in diesen zuletzt genannten Ländern noch kein Zwang zum Terrassenanbau. Ich sage bisher: denn die jetzt auch dort schnell wachsende Bevölkerung läßt die noch für den Export zur Verfügung stehenden Überschußmengen schrumpfen, wie sich dies im Exportrückgang Thailands und Burmas bereits ausdrückt – oder sie müssen wie die anderen nach Intensivierungsmöglichkeiten des Anbaus suchen, wenn sie nicht gänzlich als Ausfuhrländer ausfallen wollen. Produktionssteigerung ist freilich das Problem, das alle Reisbauländer in nahezu gleicher Dringlichkeit angeht. Die Möglichkeiten der Maßnahmen für eine Ertragssteigerung umfassen einen umfangreichen Katalog von einer Anbauerweiterung durch Neulanderschließung, wasserbautechnischen Maßnahmen, Flurbereinigung und Bodenreform, Verbesserung der Agrartechnik (Maschineneinsatz), Züchtung neuer Reissorten, Pflanzenschutz und Düngung, Ausbau des Genossenschafts- und Kreditwesens.

Das naturgegebene Hauptverbreitungsgebiet des ganzjährigen Naßfeldanbaus sind die bewässerungsfähigen Ebenen und breiten Talböden. Von den jungen Aufschüttungsebenen und Talauen ziehen sich die Naßreisfelder als Terrassen an den Hängen empor. Die stufenartig übereinander folgenden horizontalen Terrassenflächen stellen in ihrem Nutzungswert nichts anderes als einen künstlich verbreiterten Talboden dar. Die Einbeziehung der Talhänge in die agrarische Nutzfläche, auch nach unseren Begriffen fast unzugänglich steiler Talflanken – die gigantischen Terrassentreppen von Banaue auf den Philippinen sind dafür das eindrucksvollste Zeugnis – ist Ausdruck einer schon frühzeitig erkannten und praktizierten Methode, den für eine wachsende Bevölkerung erforderlichen Lebensraum zu schaffen.

Durch die Terrassierung stärker geneigten Geländes wird die Bodenabspülung verhindert. Fast nirgends findet man in den Reisbaugebieten Südostasiens Badland-Landschaften als Folge der soil erosion. Die Terrassen wirken bodenkonservierend wie das einstige natürliche Waldkleid.

Auf Java sind die Möglichkeiten des weiteren Terrassenausbaus längst erschöpft. Die auf den Gebirgsrücken noch vorhandenen Waldkappen müssen auch weiter erhalten bleiben, wenn Bodenwasserhaushalt und Abflußverhältnisse nicht empfindlich gestört werden sollen. Wo auf Java im 2. Weltkrieg und während der Unabhängigkeitskämpfe eine unkontrollierte Vernichtung dieser letzten Waldreserven stattgefunden hat, waren beschleunigter Wasserabfluß, Hangabspülung und starke Sedimentation in den Flußunterläufen die Folge. Die Sohlen eingedeichter Flüsse, z. B. zwischen Jogjakarta und Prabanang und auf der Brantas-Ebene südwestlich Surabaja, liegen heute höher als das angrenzende Reisland, so daß Uferdammbrüche in der Regenzeit das Land weithin unter Wasser setzen. In dem früher gut drainierten Küstengebiet kommt es jetzt in der Regenzeit zur Versumpfung, in der Trockenzeit durch kapillaren Grundwasseranstieg, örtlich auch durch eindringendes Meereswasser, zur Versalzung.

Auf Sumatra und vielen anderen südostasiatischen Inseln hingegen kann sich der Reisanbau durch Nutzung der Berghänge noch weiterhin entfalten. Die Anlage neuer Terrassenkomplexe – oft in dörflicher Gemeinschaftsarbeit – ist vielerorts zu beobachten. Solche Möglichkeiten der Nutzflächenerweiterung bestehen auch im festländischen Südostasien, besonders in Thailand und Burma, weniger in Malaysia, wo die an die Reisebenen grenzenden Hügelländer bereits seit der britischen Kolonialzeit mit Kautschuk- und Ölpalmenpflanzungen überzogen sind und sich eine klare kulturlandschaftliche Trennung zwischen bäuerlichem Reisland und Plantagenzone herausgebildet hat. Dennoch ist auch in Malaysia nach Schätzungen der Weltbank eine Vergrößerung des Reislandes um 50% möglich. So wie Eindeichung und Entwässerung überfeuchten Landes in den Unterlauf- und Deltagebieten der großen hinterindischen Ströme in früheren Jahrzehnten zur Gewinnung bedeutender Neulandflächen für den Reisanbau geführt haben, könnten ausgedehnte, mit Mangrove bestandene amphibische Küstenstriche auch noch in Zukunft dem Reisanbau erschlossen werden. An der Westküste Malaysias sind beispielsweise in jüngerer Zeit im Rahmen großer Neusiedlungsprojekte durch Einpolderung bisher wirtschaftlich wertlose Sumpfgebiete in Kultur genommen worden. Auch in Südkorea liegt ein Teil der Reisfelder auf eingedeichtem Watt. In Indonesien haben schon die Holländer derartige Eindeichungen vorgenommen, aber die vorhandenen Möglichkeiten sind noch längst nicht erschöpft und sollten im Hinblick auf die durch weitere Bergwaldverwüstung zu erwartenden Schäden stärker beachtet werden.

Darüber hinaus gibt es zwei erfolgreiche Methoden des indirekten Landgewinns. Die eine besteht in der vermehrten Anlage von Saatbeeten, die es erlaubt, auf dem Hauptfeld die

Reisernte noch ausreifen zu lassen, während auf einem kleinen Nebenbeet bereits die Pflänzchen für die nächste Bestellung des Hauptfeldes herangezogen werden. Insgesamt erlaubt die Anzucht auf Saatbeeten bei 2–3 jährlichen Reisernten eine zusätzliche Nutzung des Hauptfeldes von mindestens 2 Monaten. Gleichzeitig vereinfacht diese Anbauform außerordentlich die Unkrautbekämpfung, einmal wegen der klar gekennzeichneten Zeilen, zum anderen wegen des Wachstumsvorsprungs, den die Reispflanzen gegenüber dem aufkommenden Unkraut haben.

Eine mit der europäischen Getreideaussaat vergleichbare unmittelbare Aussaat auf das zu Beginn der Regenzeit durchfeuchtete Feld ist traditionell dort üblich, wo aus klimatischen Gründen auf die eine Reisernte keine zweite folgen kann, also keine Zeitnot besteht und sich für den Bauern die arbeitsaufwendige Umpflanzarbeit vom Saatbeet auf das Hauptfeld nicht lohnt.

Die zweite Möglichkeit des indirekten Landgewinns besteht im Übergang von einer zu einer mehrmaligen jährlichen Nutzung des gleichen Feldstücks durch Verbesserung der Wasserversorgung. Damit ist dann ebenfalls eine Umstellung vom Saatreis- auf den Pflanzreisanbau erforderlich. So mußten z. B. in Thailand diejenigen Bauern, die begonnen haben, mit einfachen Schöpfwerken auch in der Trockenzeit ihre Felder zu bewässern, zur Saatbeetanzucht übergehen. Neuerdings ist dies auch im N Malaysias der Fall, wo durch den Ausbau des Muda-Bewässerungssystems nunmehr zwei Reisernten eingebracht werden können.

Das 1966 mit schwedischer Hilfe und Unterstützung der Weltbank in NO-Malaysia realisierte Muda-Projekt ist das modernste Wasserbauunternehmen in Südostasien. Schwedische, japanische, australische und malaysische Firmen haben dabei in vorbildlicher Weise zusammengearbeitet. Im nördlichen Malaysia konnte mit Ausnahme eines Teils der Provinz Wellesley bisher wegen Wassermangels in der Trockenzeit jährlich nur eine Reisernte eingebracht werden. Das Wasser des Muda- und Pedu-Flusses wird jetzt in 2 Staubecken im äußersten NO des Landes gesammelt, über ein Kanalsystem von 900 km Länge verteilt und erlaubt auf einer Fläche von 120 000 ha seit Fertigstellung der Anlagen die Einbringung einer zweiten Ernte. Die Wasserverteilung wird von einem Computer gesteuert, wodurch eine zeitgerechte und rationelle Versorgung gewährleistet ist. Für 50 000 Kleinbauernfamilien bzw. 300 000 Menschen wird eine spürbare Verbesserung der Erwerbsgrundlage erwartet. Malaysia ist dadurch von früher alljährlich erforderlichen großen Reisimporten weitgehend unabhängig geworden. Das Muda-Schema mag für ähnliche wasserbauliche Großprojekte stehen, wie sie gegenwärtig in Indonesien, Thailand und auf den Philippinen durch den Bau von Stauseen, neuen Kanalisationssystemen und die Erschließung artesischer Grundwasservorräte verwirklicht werden.

Darüber darf freilich die Instandsetzung und Erneuerung älterer Bewässerungsanlagen nicht vergessen werden. Die zwar bewundernswerten, im Laufe vieler Jahrhunderte von den Bauern ohne geodätische Hilfsmittel geschaffenen und ständig weiter ausgebauten Bewässerungssysteme sind in ihrer Anlage oft unrationell, und ihr häufig schlechter Unterhaltungszustand führt zu beträchtlichen Wasserverlusten. Wenn auch die topographischen Verhältnisse einer Begradigung der großen und kleinen Kanäle feste Grenzen setzen, so wären doch vielerorts günstigere Streckenführungen möglich, im Idealfall gekoppelt mit einer großzügigen Flurbereinigung.

Trotz der allgemein geringen Betriebsgrößen von $1/2$–1 ha verteilt sich der Besitz der Bauern in Südostasien meist über eine Vielzahl von verstreuten kleinen Parzellen. Darunter sind an Steilhängen zuweilen kaum 2 Fuß breite Hangleisten, die nur für eine kleinere Zahl von Reispflanzen ausreichen. Sie werden aufgrund der Geländeverhältnisse nur wenig zu verändern sein. Aber die Vereinigung von Mini-Parzellen auf weniger geneigtem Land zu größeren Einheiten wäre durchaus möglich. Durch die Einebnung kleinerer Grenzwälle und Terrassenkanten könnte fruchtbares Anbauland gewonnen und mancher überflüssige Wassergraben eingespart und damit der Verdunstungsverlust herabgesetzt werden. Derartige Maßnahmen setzen freilich zunächst kostspielige Katasteraufnahmen, zeitraubende Umlegungsverfahren und damit den Einsatz erheblicher Geldmittel voraus, an denen es bisher fehlt. Eng gekoppelt damit sind die Probleme einer Besitzumstrukturierung durch Bodenreformen. Aber dies ist ein Thema für sich und kann im Rahmen dieses Vortrags nicht weiter verfolgt werden.

Nach unseren Begriffen ist mit Ertragssteigerung in der Landwirtschaft eng deren Mechanisierung verbunden. Für die Pflugarbeit auf den schlammigen Naßfeldern benutzt man fast ausschließlich den Hakenpflug mit Wasserbüffel oder Zebu als Gespann. Alle weitere Arbeit bis zur Ernte wird mit der Hand geleistet. Eine Mechanisierung der Bodenbearbeitung ist aus verschiedenen Gründen schwierig. Die Parzellengrenzen sind durch kleine Erdwälle oder Gräben, auch durch lockere Baumreihen bezeichnet, und Feldwege fehlen. Die schmalen Fußwege verlaufen auf den Dämmen. So stehen vor allem der Terrassenanbau und der vorherrschende Kleinbesitz einer verstärkten Mechanisierung entgegen. Eine systematische Flurbereinigung, die die Verwendung von Maschinen wesentlich erleichtern würde, gibt es – wie schon eben gesagt – bisher noch nirgends in Südostasien. Die in Taiwan erfolgreich durchgeführten Maßnahmen könnten in der Zukunft dafür als Vorbild dienen.

Die Frage eines möglichen Maschineneinsatzes beschränkt sich nicht nur auf die Pflugarbeit. Kleine Hand- oder Motorpumpen könnten den Bauern die schwierige Arbeit der Feldbewässerung erleichtern. Dreschmaschinen mit mechanischer Selbstreinigung und geringerem Anfall von Bruchreis sollten die unwirtschaftlichen traditionellen Handdruschmethoden ablösen. Bisher geht der Einsatz von Maschinen aber nur sehr zögernd vor sich. Dies beruht nicht zuletzt auf der starken Verwurzelung des Reisbaus im Religiösen. Alle Tätigkeiten im Reisfeld kommen kultischen Handlungen gleich und verlaufen nach bestimmten altüberlieferten Riten, die sich nur schwer durch modernere rationale Arbeitsweisen ersetzen lassen. Der 1951 in Indonesien gemachte Versuch, die übliche Reisernte mit dem kleinen gebogenen Messer durch den Einsatz von Reiserntemaschinen zu ersetzen, ist fehlgeschlagen und vermochte die uralten Bräuche und Vorstellungen nicht zu brechen. Daß, wie z. B. in Malaysia, japanische Erntemaschinen auf größeren Reisflächen eingesetzt werden, gehört zu den Ausnahmen.

Der hohe Anschaffungspreis der von den Japanern speziell für den Reisbau konstruierten Maschinen bewog das Reisforschungsinstitut in Los Baños bei Manila, einfachere und billigere Geräte von gleichem Nutzeffekt zu entwickeln, z. B. kleine Schlepper zum Pflügen, Drillmaschinen, Unkrauthacker, Windfegen zur Saatgutreinigung u. a. Sie werden bereits von philippinischen Fabriken gebaut und sollen auch in die anderen Reisbauländer Südostasiens exportiert werden. In Thailand hat man ebenfalls begonnen, billige und einfach zu bedienende Traktoren zu entwickeln. Aber noch fehlt es für komplizierte Maschinen am nötigen technischen Verständnis, besonders für Wartung und Reparatur.

Manchem Sozialpolitiker in Südostasien erscheint freilich eine stärkere Mechanisierung der bäuerlichen Arbeit gar nicht erwünscht, weil menschliche Arbeitskraft reichlich zur Verfügung steht und es für evtl. freigesetzte Arbeitskräfte nicht genügend andere Beschäftigungsmöglichkeiten gibt. Aber die Vorstellung, daß durch eine stärkere Mechanisierung des Reisbaus die Unterbeschäftigung der ländlichen Bevölkerung zunehmen würde, ist irrig. Nicht unter dem Aspekt der traditionellen Reisbauwirtschaft lassen sich Zweckmäßigkeit oder Unzweckmäßigkeit eines verstärkten Maschineneinsatzes beurteilen, sondern ausschließlich auf der Grundlage der Erfordernisse, wie sie vor allem durch eine Entwicklung eingetreten sind, die man unter dem Schlagwort „Grüne Revolution" zusammenzufassen pflegt und die es erlaubt, das Problem der Erweiterung des Nahrungsspielraums der Reisbauvölker unter völlig verändertem Blickwinkel zu sehen. Es handelt sich dabei – kurz gesagt – um die Züchtung neuer, weitaus ertragreicherer Reisvarietäten.

Produktionssteigerung durch den Anbau ergiebigerer Reissorten erschien schon den Kolonialregierungen der asiatischen Reisbauländer seit der Jahrhundertwende der einzig gangbare Weg, um im Wettlauf mit der Bevölkerungszunahme bestehen zu können. Die in den einzelnen Ländern Asiens, aber auch Afrikas und Südamerikas, parallellaufenden Forschungsarbeiten zwangen zu Erfahrungsaustausch und Koordination. Dieser Aufgabe konnte die International Rice Commission, zu der sich 1949 die Mitgliedstaaten der FAO zusammenschlossen, nur in begrenztem Umfang gerecht werden, da sie weder über eine große zentrale Forschungseinrichtung, noch über die dafür erforderlichen Mittel verfügte. Es mußten neue Wege beschritten, die Forschungsarbeiten auf breiter internationaler Basis angesetzt und aufeinander abgestimmt werden.

In dieser durch das anhaltende Bevölkerungswachstum immer dringlicher werdenden Situation entschlossen sich 1960 die Ford- und Rockefeller-Stiftungen in Zusammenarbeit mit der philippinischen Regierung in Los Baños, 65 km südöstlich von Manila, das International Rice Research Institute (IRRI) als ein Weltzentrum für die theoretische Erforschung und praktische Lösung aller mit dem Reisanbau verbundenen Probleme zu gründen. Es nahm 1962 seine Arbeit auf und hat in knapp einem Jahrzehnt auf dem Gebiet der Sortenzüchtung, der Schädlingsbekämpfung, des Maschineneinsatzes, der Verbesserung der Bewässerungstechnik und vieler weiterer Teilfragen zukunftsweisende Ergebnisse erzielt. Das Institut umfaßt gegenwärtig 650 wissenschaftliche und technische Mitarbeiter, zu 95% Filipinos. In der wissenschaftlichen Spitze des Instituts sind Forscher der verschiedensten Fachrichtungen aus 8 Nationen vertreten: Genetiker, Pflanzenzüchter, Agronomen, Chemiker, Bodenkundler, Mikrobiologen, Pflanzenphysiologen und -pathologen, Landbautechniker u. a. Zur Zeit meines Besuches im November 1972 arbeiteten dort zudem 75 Reisexperten aus 22 Ländern.

Das erste Ziel der Züchter war, irgendwo in den Tropen eine kurzwüchsige Varietät mit kräftigem Halm aufzuspüren, der sich auch bei vollentwickelter Rispe nicht zu Boden neigt. Dies ist wichtig, um der heranreifenden Rispe den sich auf den Ertrag in hohem Maße auswirkenden maximalen Lichtgenuß zu sichern. Eine solche Kurzstrohvarietät entdeckte man schon 1962 auf Taiwan. Unter den 38 mit dieser Taichung-Native I-Sorte durchgeführten Kreuzungen wurde *eine* zu einem großen Erfolg: die Kreuzung mit der in Indonesien weitverbreiteten Sorte „Peta", die gegen pflanzliche und tierische Schädlinge verhältnismäßig resistent ist. Sie erbrachte auf Versuchsfeldern den überraschend hohen Ertrag von 66 dz Reis je Hektar. Als „Wunderreis IR 8" ist diese 1966 auf den Philippinen gelungene Kreuzung inzwischen weltberühmt geworden.

Mit der Verbreitung der Sorte IR 8 begann ein neuer Abschnitt im Reisanbau der Tropen. Die Erträge stiegen pro Flächeneinheit um das Doppelte, im günstigsten Fall bis auf das Vierfache. Bei optimalen Wachstumsbedingungen – ausreichender Bewässerung und wolkenlosem Himmel – werden sogar Hektarerträge bis über 100 dz erzielt.

Außer IR 8 kam 1967 die Kreuzung IR 5 auf den Markt, die geringere Wasseransprüche als IR 8 stellt und weniger Kunstdünger benötigt. Sie ist eine ideale Sorte für Gebiete mit zeitweiligem Wassermangel, also für den Trockenfeldbau. Geschmacklich entspricht sie IR 8.

Man könnte meinen, das Ernährungsproblem in Südostasien wäre für die nächsten Jahrzehnte gelöst, wenn es nur schnell genug gelänge, überall den Anbau auf die neuen Sorten umzustellen. Doch unerwartete Schwierigkeiten ergaben sich, als man IR 8 und IR 5 in sehr feuchte Gebiete, z. B. in das Ganges-Delta, einzuführen begann. Abgesehen davon, daß die neuen kurzhalmigen Sorten durch hohe monsunale Regenüberflutungen mehr gefährdet sind als die traditionellen langhalmigen, unterliegen IR 8 und IR 5 in einer überfeuchten Umwelt in besonders starkem Maße dem Tungrovirusbefall, so daß man die Anbauversuche wieder aufgeben mußte.

Ein zweites Problem ergab sich aus Qualität und Geschmack der neuen Sorten. Im Unterschied zu Ostasien bevorzugt die Bevölkerung in Südostasien ein langes, helles, durchscheinendes Korn, das sich gut stampfen läßt und gekocht eine klebrige Masse mit charakteristischem Stärkegeruch ergibt. Das Korn von IR 8 ist nur mittellang, hat einen kleinen rundlichen Kern wie die Japonica-Sorten und wird geschmacklich von großen Teilen der Bevölkerung, besonders auf Java, abgelehnt. Auch in Malaysia gibt man Thai-Reis der Indica-Gruppe vor IR 8 den Vorzug.

Das Problem einer Gewöhnung an die neuen Sorten hat sich inzwischen dadurch erledigt, daß in den Jahren 1969–1971 drei weitere Kreuzungen gelungen sind: IR 20, 22 und 24, die den Vorzug erhöhter Schädlingsresistenz mit den geschmacklichen Wünschen der Südostasiaten in idealer Weise verbinden. Besonders die Sorte IR 20, die auf den Philippinen und in Bangla Desh bereits weit verbreitet ist, übertrifft in ihrer Widerständigkeit gegen Schädlingsbefall alle älteren Kreuzungen. Ihre Wachstumsperiode umfaßt nur 110–140 Tage gegenüber 120–180 Tagen der traditionellen Sorten.

Die vielfältigen Vorzüge der neuen Reissorten – der besten von insgesamt 2100 Kreuzungen – sind so offenkundig, daß die Nachfrage nach Saatgut ständig wächst. Das Reisforschungsinstitut beliefert philippinische Saatzüchtereien mit kleinen Quantitäten, die von ihnen vermehrt und an die anfordernden Länder verkauft werden. Der Anteil der auf hohen Ertrag gezüchteten Sorten an der gesamten Reisanbaufläche erreichte 1970/71 auf den Philippinen bereits 50,3 %, in W-Malaysia 24,4 %, in Südvietnam 19,3 % und in Indonesien 11,3 %. Die traditionellen Reisüberschußländer Burma und Thailand mit ihrer auf den ausländischen Märkten gut eingeführten glasklaren Langkornsorte bekundeten verständlicherweise bisher weniger Interesse an den neuen Züchtungen. Dort sind sie erst mit 2–4 % im Anbau vertreten.

Insgesamt wurden 1972 in den asiatischen Reisbauländern bereits 10 Mill. ha mit den 5 neuen Reissorten des IRRI bestellt. Sie vergrößerten die Ernteerträge der dortigen Bauern um mindestens 10 dz/ha. Dieser Mehrertrag von 10 Mill. t entspricht der dreifachen Reismenge, die alljährlich in den Außenhandelsstatistiken der asiatischen Reisländer als Export- oder Importreis angegeben wird.

Es erscheint heute als ein durchaus erreichbares Ziel, in den tropischen Reisbauländern mittlere Hektarerträge von 60–80 dz und bei günstigen Anbaubedingungen selbst noch weit höhere Ernten zu erzielen, also dreimal größere Erträge als bisher.

Der optimistischen Beurteilung der durch die „Grüne Revolution" gelungenen Erweiterung des Nahrungsmittelpotentials steht die pessimistische Beurteilung der künftigen sozialstrukturellen Entwicklung in den asiatischen Reisbauländern gegenüber. Ausgangspunkt aller Befürchtungen ist die Ansicht, daß sich die bereits vorhandenen sozialen Gegensätze weiter verschärfen werden, da es nur den kapitalkräftigen Mittelbauern und Großgrundbesitzern möglich sei, zum Anbau der neuen Sorten unter Beachtung aller damit verbundenen technischen Erfordernisse, wie Maschineneinsatz, Verwendung von Kunstdünger, Intensivierung der Schädlingsbekämpfung usw. überzugehen, während dies Kleinbauern, Pächtern, und Landarbeitern wegen Geldmangel und Kreditunwürdigkeit versagt sei. Durch die steigende Rentabilität des Reisbaus würden die Bodenpreise und Pachtzinsen steigen, es immer schwieriger werden, Pachtland überhaupt zu finden, die Gefahr der Aufkündigung alter Pachtverträge wachsen, die Reichen immer reicher, die Armen immer ärmer werden. Landarbeiter und Kleinbauern, die bisher auf größeren Betrieben zusätzliche Arbeit fanden, müßten fürchten, diese durch verstärkten Einsatz von Maschinen zu verlieren. Überdies kämen die neuen Sorten nur den Naßreisbauern zugute, so daß auch der regionale Gegensatz zwischen den begünstigten Sawahbesitzern und den ärmeren Bergreisbauern noch stärker betont würde. Kurz: eine alte, „stabilisierte Sozialstruktur" würde durch die „Grüne Revolution" empfindlich gestört.

Wenn sich auch die traditionelle Sozialstruktur in vielen südostasiatischen Ländern noch als „stabil" erweist, so ist sie doch damit keineswegs als erhaltenswert gekennzeichnet. Die in Angriff genommenen oder schon durchgeführten Agrarreformen haben seit langem notwendige Veränderungen zum Ziel. Ein sich aus dem Anbau der neuen Reissorten ergebender Wertzuwachs des Bodens könnte in der Tat den Widerstand der großen Grundeigentümer gegen die Bodenreform verstärken. Auch mancher der anderen schon genannten Gesichtspunkte sollte die Sozialpolitiker der Reisbauländer zum Nachdenken zwingen, aber die Alternative kann nicht lauten: „Grüne Revolution" oder Verzicht auf die neuen Reissorten in Südostasien, sondern das Ziel muß sein, den Hunger der Menschen unter Ausnutzung aller sich bietenden wirtschaftlichen Möglichkeiten zu stillen und sozialen Fehlentwicklungen rechtzeitig zu begegnen. Die vordergründigen wirtschaftlichen Erfolge der „Grünen Revolution" dürfen die hintergründigen sozialen Aspekte nicht verdecken.

Ich sehe alle diese Probleme, bin aber dennoch nicht pessimistisch, weil es m. E. für die übervölkerten Länder Südostasiens ohne die „Grüne Revolution" keine Hoffnung gäbe. Ziehen wir die Bilanz des Gesagten: trotz aller erzielten Leistungen im Reisanbau hängt noch täglich über Millionen von Menschen in Süd- und Südostasien das Damoklesschwert der Hungersnot. Keine Anstrengung seitens der Regierungen der betroffenen Länder und aller derjenigen, die zu helfen bereit sind, ist zu groß, diesen Menschen in ihren Bemühungen um eine bessere Lebenssicherung beizustehen. Der an die Wissenschaft ergangene Ruf ist nicht ungehört verhallt, die Herausforderung blieb nicht unbeantwortet: dem Internationalen Reisforschungsinstitut in Los Baños ist es gelungen, den Nahrungsspielraum der wachsenden Menschheit um ein bedeutendes Stück zu erweitern.

Diskussion zum Vortrag Wilhelmy

Prof. Dr. K. Lenz (Berlin)
Bekanntlich werden in den USA erhebliche Mengen an Reis mit modernsten Methoden produziert. Wie schätzen Sie die Möglichkeiten für einen verstärkten Export in die Länder Südostasiens ein? Könnte es dadurch in Südostasien zu einer stärkeren Diversifizierung der Landwirtschaft kommen?

Prof. Dr. H. Uhlig (Gießen)
Mit dem Dank für Herrn Kollegen Wilhelmys interessante Ausführungen möchte ich noch einige Ergänzungen anfügen:
Beim unbewässerten Reisbau sollte zwischen dem Bergreisbau mit dem Pflanzstock in shifting cultivation und dem immer wichtiger werdenden Trockenreisbau in regelmäßigen Ackerrotationen unterschieden werden. Nur der letztere ist marktwirtschaftlich von Bedeutung. Sein Anbau ist auf die monsunal-wechselfeuchten Gebiete beschränkt (Regeneration der Böden in der Trockenzeit), spielt

aber z. B. in N-Thailand oder im südlichen und östlichen Indonesien, auf den Philippinen usw. eine sehr wichtige Rolle. Entgegen der Darstellung bei Herrn Weischet ist dieser wechselfeuchte Charakter – bis zu 4 trockenen Monaten – schon für Süd- und Ost-Java besonders hervorzuheben.

Der Trockenreisbau sollte nicht mit dem traditionellen Begriff Regenfeldbau bezeichnet werden, da auch der weit verbreitete Reisbau auf Regenstau (mit Feld-Dämmchen) eine Form des Naßreisbaus und dennoch auch ein Regenfeldbau ist. Der letztere Begriff ist für den Reisbau unbrauchbar. Naßreisbau ist nicht zwangsläufig mit dem Pflugbau verbunden, selbst in einigen Hochkultur-Gebieten tritt aus kultischen Gründen auch Anbau mit Hacken auf.

Die Terrassierung steiler Hänge für Naßreisbau beschränkt sich auf das insulare Südostasien, im festländischen Teil spielt sie kaum eine Rolle. Dort erfolgt auch kaum neue Terrassierung zur Ausdehnung von Bewässerungs-Reisbauland auf die Hänge. Das ist gegenüber den heutigen marktwirtschaftlichen Erträgen, z. B. von Mais, Maniok u. a. in trockenem Feldbau nicht mehr rentabel.

Die Mechanisierung – auch im bäuerlichen Reisbau – macht in einigen Ländern, besonders Thailand, Malaysia, Philippinen, doch schon erhebliche Fortschritte. In den Ebenen Thailands hat der Kleintraktor, genannt „Kwei Cek" (= „eiserner Büffel") den Wasserbüffel in der Reisfeldbestellung schon weitgehend verdrängt.

Die Überschwemmungen hinter den Flußdämmen sind nur ausnahmsweise Schadenshochwässer; im Normalfall sind sie als die ursprünglichste Form der Überschwemmungsbewässerung für den Reisbau durchaus einkalkuliert.

Zur Bemerkung von Herrn Lenz: Ein Ablösen des Reisbaus durch Reisimporte aus den USA wäre sinnlos – Reis ist für Thailand, Burma das Exportprodukt Nr. 1 – überwiegend in die anderen ASEAN-Länder.

N. Braumüller (Hannover)

Ich finde es gut, daß wenigstens in der Diskussion der Eindruck, der durch die Referate entstanden ist, verwischt wird, wir befänden uns auf einem agrarwirtschaftlichen Colloquium. Wenn wir Geographie als komplexes Wirkungsgefüge von verschiedenen Faktoren betrachten, ist es notwendig, gerade diese Faktoren zu analysieren.

Ich möchte dazu zwei Beispiele geben:
1. Herr Wilhelmy hat zweimal anklingen lassen, daß er Bevölkerungswachstum und Agrarproduktion in einem ursächlichen Zusammenhang so sieht, daß eine erhöhte Agrarproduktion eine Verstärkung des Bevölkerungswachstums zur Folge hat. Ich meine, daß dies eine unzulässige Vereinfachung kausaler Zusammenhänge ist. Nur eine Erläuterung: Ist es nicht gerade so, daß in den Teilen der Welt mit hohem Bevölkerungswachstum der Hunger am größten ist, d. h. daß auch Hunger das Bevölkerungswachstum nicht vermindert.
2. Bei der Darstellung der Erhöhungsmöglichkeiten der Agrarproduktion hat Herr Wilhelmy nicht auf Interdependenzen zu weiteren wirtschaftlichen und gesellschaftlichen Faktoren hingewiesen.

Ein Beispiel: Die Ausweitung der genutzten Fläche unterliegt trotz steigender Rentabilität des Reisanbaus größten Hindernissen, weil zugleich ein Verlust von wertvollem Agrarland zu verzeichnen ist. Dies ist in Bangkok zu sehen, wo im Umland dieser Primate City durch die Konkurrenz von intensiveren Kulturen oder aber durch den Flächenanspruch von Industrie und Wohnungen immer mehr Reisanbauflächen verdrängt werden. Dazu tritt die hier besonders große Sogwirkung der Stadt auf die Agrarbevölkerung, so daß Teile der nutzbaren Fläche als Sozialbrache zu bezeichnen sind.

Dr. J. Jeske (Würzburg)

Herr Wilhelmy hat in seinem Referat die Ernährungslage in einzelnen südostasiatischen Ländern u. a. danach beurteilt, in welchem Umfang diese Staaten Getreide ausführen können bzw. einführen müssen. – Ich möchte zu bedenken geben, daß die Außenhandelsstatistiken hier nur begrenzt herangezogen werden können, denn manche Länder, die einen Einfuhrbedarf haben, vermögen diesen aufgrund fehlender Finanzierungsmöglichkeiten nicht zu decken, während getreideexportierende Staaten, wie z. B. die UdSSR, durchaus Nahrungsmitteldefizite ausweisen können, aus bestimmten Gründen diese Ausfuhren aber dennoch tätigen. Wenn Herr Weischet im vorangegangenen Referat somit z. B. die Republik Südafrika als Getreideüberschußregion bewertet hat, weil ihre Handelsbilanz einen entsprechenden Ausfuhrüberschuß ausweist, so ist gleichzeitig darauf zu verweisen, daß diese Überschußproduktion lokal oder regional begrenzt ist, weil andererseits in den schwarzen „Homelands" eine erhebliche Unterversorgung besteht. Daher halte ich es für angebracht, zur Beurteilung der Ernährungsgrundlage nicht oder nicht allein globale Größen der Handelsstatistik heranzuziehen, sondern die Versorgungssituation der Bevölkerung detaillierter zu untersuchen.

Prof. Dr. H. Wilhelmy (Tübingen)
Ich danke allen Diskussionsrednern für ihre Ergänzungen, möchte jedoch darauf hinweisen, daß ich hier aus Zeitgründen nur die mir am wichtigsten erscheinenden Aspekte des Reisanbaus in Südostasien ansprechen konnte. Auf die meisten der Fragen und Bemerkungen gibt mein bei Hirt in Kiel 1975 unter dem gleichen Titel dieses Vortrags erschienenes Buch nähere Auskunft, z. B. zu Herrn Uhligs Bemerkung über die Ablösung der shifting cultivation durch Daueranbau von Trockenreis (vgl. dort S. 30f.). Voll einverstanden bin ich mit dem Vorschlag, die Bezeichnung „Regenfeldbau" nicht für den Trockenreisanbau zu verwenden. Was Herr Uhlig als „Reisbau auf Regenstau" bezeichnet, habe ich „gesteuerte Regenbewässerung" genannt (S. 29), um auf diese Zwischenform zu verweisen.
Auf den Gegensatz zwischen Terrassenanbau im insularen Südostasien gegenüber dem auf die Ebenen beschränkten Reisanbau im festländischen Teil meine ich ausführlich genug eingegangen zu sein. Sicherlich spielen außer historischen Gründen und solchen der noch verhältnismäßig geringen Bevölkerungsdichte auch wirtschaftliche Erwägungen zugunsten einer Ausweitung des Trockenfeldbaus ohne Terrassierung eine Rolle. Die Frage von Herrn Lenz hat Herr Uhlig schon beantwortet. Herr Braumüller hat recht: Liebe ist das Brot der Armen. Aber diese Feststellung ändert nichts an der Tatsache, daß Bevölkerungswachstum zu verstärktem Reisanbauzwang und daß die erhöhte Agrarproduktion in Wechselwirkung die Bevölkerungsexplosion beschleunigte. Fragen des Nutzlandverlustes und der Entstehung von Sozialbrache durch das Wachstum der großen Städte habe ich ebenso wie die Hintergründe für den Reisexport mancher Länder, die eigentlich des Imports bedürften, in meinem Buch behandelt (S. 40, 78). Allen Diskussionsrednern meinen Dank.

BODENNUTZUNG, ERNÄHRUNGSPROBLEME UND BEVÖLKERUNGSDRUCK IN MINIFUNDIENREGIONEN DER OSTKORDILLERE KOLUMBIENS[1]

Mit 4 Abbildungen und 1 Tabelle

Von Bernhard Mohr (Freiburg)

1. EINLEITUNG

Kolumbien ist trotz gewisser Fortschritte beim Ausbau seiner verarbeitenden Industrie auch heute noch überwiegend ein Agrarstaat: Die Landwirtschaft steuert 24% zum BIP bei (1960: 33,5%, 1973: 25,9%), in ihr sind ca. 40% der Erwerbstätigen beschäftigt. Für mehr als die Hälfte der Gesamtbevölkerung bildet sie die Lebensgrundlage, wenn man Tätigkeiten miteinbezieht, die sich aus dem Handel mit Agrarerzeugnissen und deren Verarbeitung ergeben.

Vor diesem Hintergrund und dem Zwang, eine rasch zunehmende Bevölkerung zu ernähren (durchschnittliche jährliche Wachstumsrate 1951–1964: 3,15%; 1964–1973: 2,9%; Mertins, S. 66), kommt der Steigerung der landwirtschaftlichen Produktion erhebliche Bedeutung zu.

Im Laufe der letzten 25 Jahre wuchsen Agrarproduktion und Bevölkerung im Zeitraum 1950–1967 annähernd gleichmäßig, danach ist ein stärkerer Anstieg der agrarischen Erzeugung eingetreten (Atkinson, S. 1 und PLANEACION, S. 115). Allerdings entwickelten sich die einzelnen Landwirtschaftszweige unterschiedlich: die Viehwirtschaft schneller als der Pflanzenbau; in letzterem wurden und werden die besten Ergebnisse bei exportfähigen Kulturen erzielt, während die Zuwächse bei Volksnahrungsmitteln nicht befriedigen.

Diese Entwicklung, unter der besonders die unteren Bevölkerungsschichten zu leiden haben, betrifft nur einen der innerlandwirtschaftlichen Gegensätze Kolumbiens, andere treten hinzu bzw. sind deren Ursachen: die extrem ungleiche Verteilung von Grund und Boden als wichtigstem Produktionsfaktor (1970: 59,5% aller Betriebe mit 3,7% der LN kleiner als 5 ha; 0,7% der Betriebe mit 42% der LN größer als 500 ha) bei ineffizienter Nutzung vieler Haciendas, außerdem die immer breiter werdende Kluft zwischen modernem und traditionellem Agrarsektor. Dabei umfaßt der moderne Sektor überwiegend große und mittlere Betriebe in relief- und bodengünstigen Lagen, er erhält ausreichende Kredite sowie die Unterstützung staatlicher Beratungsdienste und Vermarktungsorganisationen (Mohr, S. 90) und zeichnet sich durch kapitalintensive und arbeitsparende Produktionsweisen aus. Zum traditionellen Sektor zählen extensiv wirtschaftende Latifundien sowie insbesondere Klein- und Kleinstbetriebe, die Minifundien. In ihm werden 55% der Nahrungsmittel und 20% der Industrierohstoffe erzeugt (PLANEACION, S. 28).

---

[1] Die Ergebnisse der folgenden Ausführungen basieren auf Geländearbeiten im Sommer 1974. Der Deutschen Forschungsgemeinschaft sei für die finanzielle Unterstützung dieses Forschungsaufenthaltes gedankt.

Unter Minifundien werden in Kolumbien landwirtschaftliche Betriebe unterhalb der Größe der „unidad agricola familiar" verstanden, die den Besitzern – seien es Eigentümer, Teilpächter, Pächter, wilde Siedler u. a. – und ihren Familien keine ausreichende Lebensgrundlage bieten, sie weder angemessen ernähren und mit sonstigen lebensnotwendigen Gütern versorgen, noch die familiären Arbeitskräfte auslasten. Diese im Agrarreformgesetz von 1961 formulierte Definition von Minifundio ist unzulänglich; ebensowenig überzeugt die pauschale Abgrenzung nach dem Umfang der Wirtschaftsflächen, nämlich weniger als 3 ha – eine Angabe, die in Projektgutachten des Landreforminstituts INCORA zu finden ist (z. B. INCORA, S. 19).

Wenn im folgenden drei Beispiele von Minifundienregionen aus verschiedenen Höhenstufen der Ostkordillere Kolumbiens vorgestellt, Probleme der Bodennutzung und Bevölkerungsentwicklung behandelt, die der Ernährung angeschnitten werden, so sollen unter Minifundien diejenigen Betriebe verstanden werden, deren landwirtschaftliches Reineinkommen/Jahr unter kol. $ 8000–10 000 bleibt (offiziell umgerechnet DM 800–1000, 1974). Es liegt damit unterhalb des geschätzten landwirtschaftlichen Durchschnittseinkommens/ Familie in den „armen" Provinzen des Landes, zu denen die Departamentos mit hohem Minifundienanteil gehören (Mertins, S. 69).

2. MINIFUNDIEN AN DER HÖHENGRENZE DES ANBAUS IM SUMAPAZ-MASSIV

Zwischen 3350 und 3600 m über NN gelegen, reicht der erste Untersuchungsraum, das Hochtal des Chisacá südlich von Bogotá, in den Páramo hinein. Seine obere Grenze stellt die derzeitige Höhengrenze von Anbau und Dauersiedlung im Sumapaz-Massiv dar.

Die agrarischen Nutzungsmöglichkeiten werden durch niedrige Temperaturen (7–8° C Jahresmitteltemperatur), durch das Auftreten von Frösten in den niederschlagsärmeren Monaten Dezember bis Februar (durchschnittlicher Jahresniederschlag 800–900 mm) und durch Nebelhäufigkeit eingeschränkt. Außerdem sind die rohhumusreichen, stark sauren (pH-Wert unter 4,5) und wahrscheinlich phosphorarmen Böden ein begrenzender Faktor für den Anbau von Kulturpflanzen; offenbar erfolgt durch die hier ablaufende abiologische Humifizierung eine sehr langsame Freisetzung von Nährstoffen.

Ausschließliche Grenzpflanze in dem kühl-feuchten Hochtal ist die Kartoffel. Ihre Kultur wird in Form der Landwechselwirtschaft betrieben, wobei auf ein Jahr Anbau eine fünf Jahre dauernde Brache folgt. Abgeerntete Felder bedecken sich zunächst mit *Rumex*, im zweiten Brachjahr mischen sich Gramineen unter *(Poa annua, Paspalum vaginatum)*, etwa ab dem vierten Jahr stellt sich *Hypericum* ein, danach erscheinen Espeletien und weitere Compositen (s. Abb. 1). Der Hinweis auf die Sekundärvegetation ist deshalb von Bedeutung, weil sie die Grundlage für die mit kleinen Stückzahlen betriebene Viehhaltung bildet. So kann das hier praktizierte Bodennutzungssystem nach H. Ruthenberg als wilde Feldgraswirtschaft bezeichnet werden.

Dieses System bedingt, daß den landwirtschaftlichen Betrieben verhältnismäßig ausgedehnte Landreserven zur Verfügung stehen müssen. Tatsächlich umfassen diese bis zu 80 ha, die geschlossen um die Hofstätten liegen. Da sich die Parzellen auch über ackerbaulich nicht nutzbare Hangpartien erstrecken und vom anbaufähigen Teil der Fincas jährlich nur ein Sechstel in Kultur genommen werden kann, reduziert sich das Areal für die Bodenbestellung auf 2–5 ha pro Betrieb und Jahr, für den Weidegang auf 10–25 ha.

Die Futterleistung der Naturweiden ist minimal: Pro GVE müssen 3–5 ha in Ansatz gebracht werden, was nicht mehr als eine Richtgröße sein kann, die aus der tatsächlichen Bestockungsdichte abgeleitet ist. Die Angabe einer durchschnittlichen Tragfähigkeit stößt

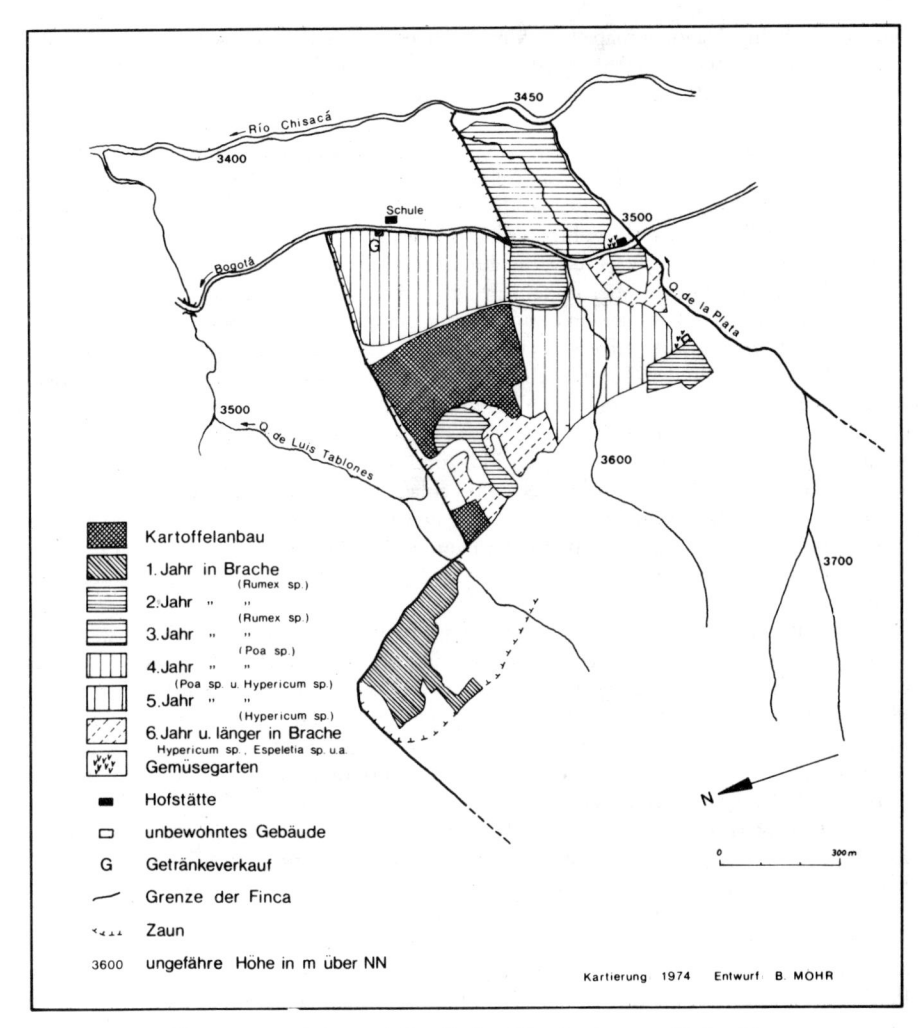

Abb. 1 Beispiel eines Minifundienbetriebes im Sumapaz/Kolumbien

schon deshalb auf Schwierigkeiten, weil die Sekundärvegetation von ganz unterschiedlichem Nährwert ist. Im Kartoffelanbau schwanken die Hektarerträge um 95 dz und liegen damit knapp unter dem nationalen Durchschnitt (1975: 102 dz/ha). Abzüglich des Eigenbedarfes wird die Ernte im 40 km entfernten Bogotá abgesetzt.

Durch die lange Wachstumsphase der Kartoffel im Subparamo von sieben bis achteinhalb Monaten (Aussaat Februar/März – Ernte je nach Sorte August bis Oktober) fallen Erntezeit und -verkauf in eine Periode, in der der Markt durch das Massenangebot aus niedriger gelegenen Kartoffelbaugebieten gesättigt ist. Die Erzeugerpreise erreichen dann mit kol. $ 150–200/carga (= 125 kg) ihr tiefstes Niveau; vor dem „año grande" werden bis zu kol. $

700/carga bezahlt. Da im Sumapaz aus klimatischen Gründen keine Zwischenernte möglich ist, kann die günstigere Nachfragesituation in den produktionsärmeren Monaten nicht genutzt werden, so daß Betriebserfolg und Existenzsicherung allein von den Erlösen aus einer Ernte abhängen.

Erschwerend kommt hinzu, daß die Campesinos unter Verkaufszwang stehen. Sie haben zur Finanzierung von Produktionsmitteln, für Düngung und Pflanzenschutz von der staatlichen Agrarbank und privaten Geldverleihern Subsistenzkredite erhalten, die unmittelbar nach der Ernte zurückgezahlt werden müssen. So bleiben den Bauern sehr bescheidene Gewinne von kol. $ 2500–4000, die durch Verkäufe von Produkten aus der Nutztierhaltung verbessert werden, aber in keinem Fall kol. $ 6500 übersteigen.

Allerdings liegt das Familieneinkommen über dem Betriebsreineinkommen, und zwar einmal um Nebeneinkünfte bei jeder zweiten Familie, zum anderen um den kalkulatorischen Unternehmerlohn. Mit dem Familieneinkommen sind Ausgaben für Haushaltsgegenstände, Kleidung, Fahrten usw. zu begleichen, es müssen aber auch zusätzliche Nahrungsmittel gekauft werden, um die höchst einseitige, auf den Kartoffelkonsum abgestellte Ernährung variieren zu können. Zugekauft werden Mais und Reis, Fette, Panela, selten Fleisch. An Gemüse liefern die Hausgärten in dieser Höhenlage um 3500 m nur noch Zwiebeln und wenige Kohlarten. Tierische Produkte aus dem eigenen Betrieb stehen nicht in ausreichendem Maße zur Verfügung (1–3 Milchkühe/Familie; Milchleistung um 1000 l/Jahr), trotzdem werden Milch und Eier sowie schlachtreifes Jungvieh über Zwischenhändler abgegeben.

Die Ermittlung der agraren Tragfähigkeit des Hochtales stößt auf die Schwierigkeit, eine sinnvolle Basis für die Errechnung der Bevölkerungsdichte zu finden. Auf das Gesamtareal der Vereda Chisacá bezogen, ergäbe sich ein Wert von unter 15 E./qkm, auf die kulturfähigen Flächen bezogen, ein solcher von 30, auf die pro Jahr genutzten, ein solcher von 48 E./qkm. Daß die Kapazität des Tales ausgelastet ist, kann nur indirekt geschlossen werden: aus fehlgeschlagenen Siedlungs- und Anbauversuchen bis in Höhen von 3740 m, aus der Verkürzung der Brachezeiten, aus der Abwanderung erwachsener Kinder.

Trotzdem beständen für die Zurückbleibenden Möglichkeiten zur Verbesserung der Lebensgrundlagen. Vom Anbau ausgehend wäre zu klären, warum die Nährstoffvorräte des Bodens nach einem Baujahr erschöpft sind, um dann gezielt Dünger einsetzen zu können. Bislang verwenden die Campesinos bei gleichen Bodenbedingungen Mehrnährstoffdünger der unterschiedlichsten Formeln, wie sie von der Agrarbank ohne jeglichen Einsatzhinweis abgegeben werden. Weiter wäre an eine Lagerung des Erntegutes zu denken, um nicht in der Periode der Marktsättigung verkaufen zu müssen. Wie Versuche eines Institutes der Nationaluniversität[1] gezeigt haben, lassen sich Kartoffeln unter Ausnutzung der niedrigen Temperaturen im Sumapaz für dreieinhalb Monate und länger in einfachen Kartoffelmieten verlustarm lagern. Der Aufbau einer Vorratswirtschaft setzt allerdings eine weniger starre Handhabung der Kreditvergabe voraus.

3. MINIFUNDIEN IN MARKTFERNEN PERIPHERIERÄUMEN, DAS BEISPIEL CHITA IN NORDBOYACA

Während die Minifundien im Sumapaz auf Grund ihrer Monokultur und des nahen Absatzzentrums Bogotá marktorientiert produzieren, zeigt der zweite Untersuchungs-

---

[1] Centro de Investigaciones para el Desarrollo (CID). Herrn Prof. E. Guhl, Direktor der CID, und Herrn Dr. T. Siabatto danke ich für ihre vielseitige Unterstützung.

raum, das Municipio Chita am SW-Abfall der Sierra Nevada de Cocuy zwischen 2400 und 4200 m Höhe gelegen, eine überwiegend auf Selbstversorgung gerichtete Wirtschaftsweise.

Die durch das Relief bedingte Verkehrsentlegenheit und die periphere Lage zu den nächsten Großstädten (Bogotá 320 km, 10–12 Stunden Busfahrzeit) bewirken zusammen mit der hier vorherrschenden Kleinstbetriebsstruktur und der weit fortgeschrittenen Bodenbesitzzersplitterung prekäre Lebensgrundlagen für die Bevölkerung.

Von den 510 qkm Gesamtfläche des Municipios ist knapp die Hälfte ackerbaulich nutzbar. Unterhalb einer Höhe von etwa 3200 m wird Dauerfeldbau betrieben, dem sich nahezu 14 000 Campesinos in den Streusiedlungen der Veredas sowie etwa ein Drittel der 1420 Pueblo-Bewohner widmen. Die Konzentration von Siedlungen und Bevölkerung – 110 E/qkm im Bereich der Tierra fria mit Dauerfeldbau – ist ein Ergebnis historischer Prozesse sowie einer weit vorangetriebenen Beanspruchung der Bodenressourcen.

Die Siedlung ging aus einem Resguardo, einem Indio-Reservat, hervor, bei dessen Auflösung nach den Befreiungskriegen die Nutzungsrechte am Boden in Eigentumstitel umgewandelt wurden. Bevölkerungsvermehrung und Realerbteilung führten im Verlauf des 19. und 20. Jahrhunderts zu extremer Bodenbesitzzersplitterung. 1974 zählte man 8697 Parzellen, von denen 67,8% kleiner als 1 ha, 87,5% kleiner als 3 ha waren und 9,5% der Gesamtfläche bzw. ein Fünftel des kulturfähigen Landes umfaßten (s. Abb. 2 und Tab. 1). In jeder Grundstücksgrößenklasse übertrifft die Zahl der Eigentümer diejenige der Parzellen, bedingt durch die wachsende Anzahl von Erbengemeinschaften, die ihre Landstücke nicht mehr teilen können bzw. wollen, da in den meisten Fällen Anwalts- und Notariatskosten den Grundstückswert übersteigen würden und außerdem ein Teilungsverbot für Parzellen unter 3 ha Größe besteht, wenn dies auch nicht strikt befolgt wird.

Tab. 1 *Bodeneigentumsverhältnisse nach Parzellengrößenklassen, Municipio Chita (Boyacá/Kolumbien) 1974*

Parzellengrößenklasse	Anzahl der Parzellen	%	Anzahl der Eigentümer	%	Fläche (in ha)	%	Durchschnittl. Parzellengröße (in ha)
< 1 ha	5896	67,8	6349	62,7	2 173,2	4,3	0,37
1 bis unter 3 ha	1713	19,7	1911	18,9	2 662,8	5,2	1,55
3 bis unter 5 ha	422	4,8	470	4,6	1 569,2	3,1	3,72
5 bis unter 10 ha	304	3,5	332	3,3	2 073,0	4,1	6,82
10 bis unter 20 ha	156	1,8	188	1,9	2 076,3	4,1	13,31
20 bis unter 50 ha	106	1,2	122	1,2	3 224,1	6,7	32,30
50 bis unter 100 ha	42	0,5	144	1,1	2 994,8	5,9	71,30
100 bis unter 200 ha	23	0,32	30	0,3	3 043,2	6,0	131,92
200 bis unter 500 ha	19	0,2	174	1,7	5 659,6	11,1	297,87
500 bis unter 1000 ha	6	0,07	55	0,5	3 925,8	7,7	654,30
1000 bis unter 2500 ha	8	0,09	78	0,8	11 339,9	22,2	1417,49
> 2500 ha	2	0,02	300	3,0	10 070,0	19,6	5035,00
Insgesamt	8697	100,00	10 123	100,0	51 002,9	100,0	–

Quelle: Unterlagen des Katasteramtes Soatá/Boyacá

Wie die Untersuchung einer Vereda ergeben hat, verfügt die Hälfte aller Landeigentümer über ein einziges Grundstück; nur in sieben von knapp 200 Fällen ist dieses größer als 2 ha, 143 sind kleiner als 0,5 ha. Die andere Hälfte der Landeigner hat bis maximal 14 Parzellen in Gemengelage. Obwohl auch hier die Gesamtflächen klein bleiben – zwei Drittel unter 5 ha –, werden aus ihnen Teilstücke zur Bearbeitung an Mitglieder der ersten Gruppe und an besitzlose Landarbeiter in Teilpacht abgegeben. Es ist üblich, die Ernte zu halbieren, bei von Fall zu Fall unterschiedlichen Vereinbarungen über die Bereitstellung sekundärer Produktionsmittel. Verpächter sind zumeist die Pueblo-Bewohner, ältere Personen und Erbengemeinschaften. Teilpachtverhältnisse bestehen auch innerfamiliär, etwa zwischen Vater und Sohn. Insgesamt wird mehr Land in Teilpacht als in Eigenwirtschaft bestellt.

Von Lesesteinmauern, Hecken und Baumreihen unterteilt, gleicht die Flur einem Mosaik kleinster Agrarzellen mit den für die Tierra fria typischen Kulturpflanzen: Mais mit Bohnen, Gerste, Erbsen, Kartoffeln. Die klimatischen Bedingungen (Jahresmitteltemperatur 12° C, durchschnittlicher Jahresniederschlag 1000 mm, Trockenperiode im Januar und Februar) erlauben einen fast ganzjährigen Anbau. Sorgfältige Bearbeitung der Felder, bodenschonende Fruchtfolgen mit stickstoffanreichernden Vorkulturen und teilweiser Bewässerung können jedoch nicht darüber hinwegtäuschen, daß die Hektarerträge auf einem wenig über dem nationalen Durchschnitt liegenden Niveau stagnieren (z. B. 1975: Weizen 12,9 dz/ha; Gerste 14 dz/ha; Mais 11 dz/ha im traditionellen Sektor). Die Verwendung von Mineraldünger kommt für die meisten Campesinos des hohen Preises wegen nicht in Frage, der mit viel Ausdauer zubereitete Kompost aus Abfällen, Ernterückständen und Viehmist reicht nur zur Düngung anspruchsvollerer Kulturen aus.

Alles ackerfähige Land bleibt dem Pflanzenbau vorbehalten. Die Viehwirtschaft ist auf Geflügel- und Kleintierhaltung eingeengt. Doch besitzt nahezu jede Minifundistenfamilie neben einigen Schafen eine Milchkuh, die, in Hausnähe angepflockt, nicht nur als Milch-, sondern auch als Dunglieferant unentbehrlich ist.

Aus der Ernte der verschiedenen Kulturarten werden Weizen und braune Bohnen zum größeren Teil, Mais und Erbsen in kleinen Mengen bei dringendem Bargeldbedarf verkauft. Die Produktion für den Eigenkonsum steht im Vordergrund. Dabei kommt die Vielseitigkeit der Erzeugung der Zusammensetzung der Nahrung zugute. Ernährungsprobleme resultieren hier aus jahreszeitlich unzureichenden Mengen an Grundnahrungsmitteln, besonders vor den Ernten, so daß die Vorräte gestreckt werden müssen. Hauptleidtragende dieser sich wiederholenden Mangelperioden sind die Kleinkinder. Unter den Todesfällen der Jahre 1964–1973 waren die unter Zweijährigen bis zu 39% beteiligt, wobei keineswegs alle Sterbefälle von Neugeborenen gemeldet wurden. Die als Todesursachen angegebenen Krankheiten rühren letztlich aus Unter- und Fehlernährung.

Besitzersplitterung, arbeitsintensive Formen der Bodennutzung, ohne daß die vorhandenen Arbeitskräfte ausgelastet wären, sind Anzeichen von Bevölkerungsdruck. Seit der Violencia, bürgerkriegsähnlichen Unruhen der 50er und Anfang der 60er Jahre, entlädt sich dieser in einer wachsenden Abwanderung. Da keine zuverlässigen Daten über die Bevölkerungsentwicklung vorliegen – 1938 soll das Municipio mit 15 200 ebensoviele Einwohner gehabt haben wie 1973 –, müssen die Ergebnisse einer Befragung von 80 Familien einer Vereda weiterhelfen: Danach haben fast 60% der 15–30jährigen ihre Familie ganz oder zeitweise verlassen. Der Aufenthaltsort der Abgewanderten ist vielfach nicht bekannt, zumal wenn das Ziel Venezuela war.

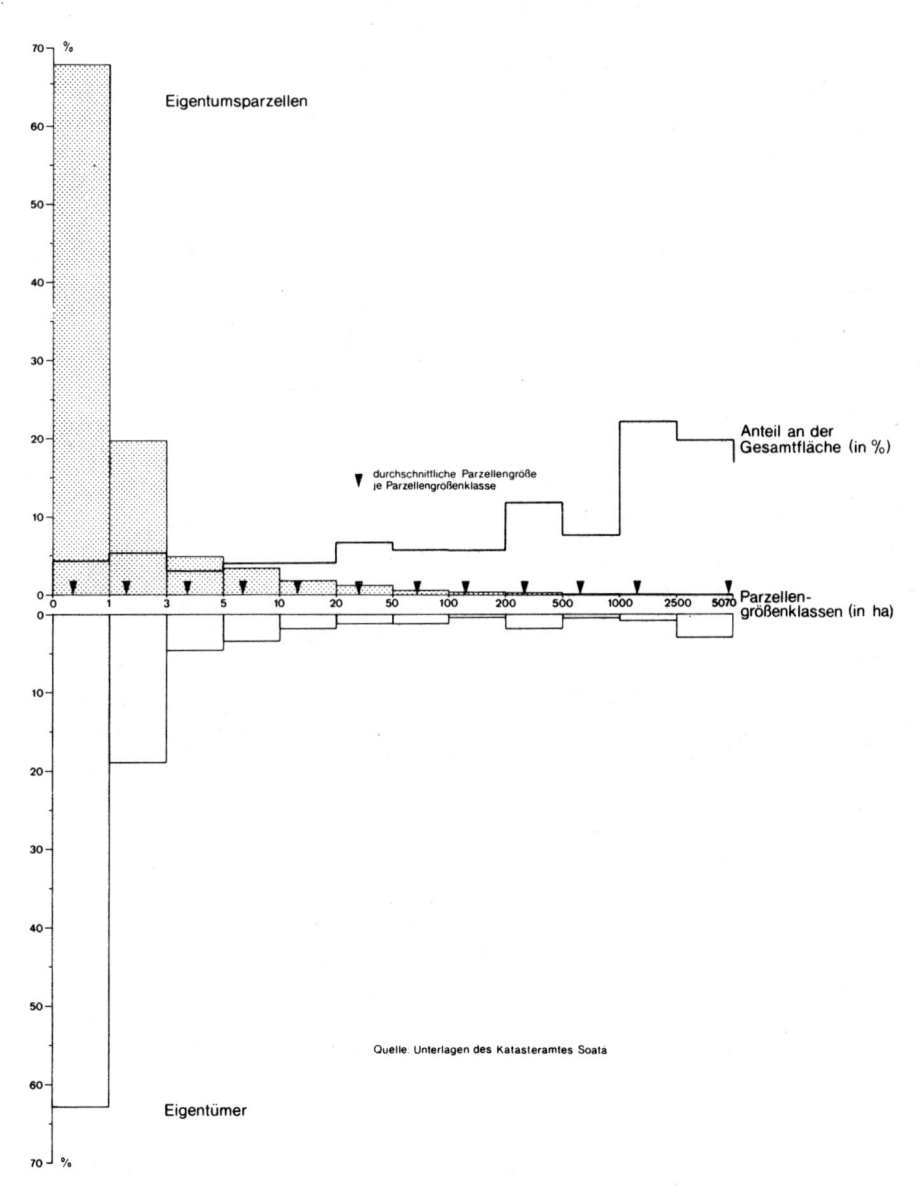

Abb. 2 Bodeneigentumsverhältnisse nach Parzellengrößenklassen, Municipio Chita, Boyacá/Kolumbien, 1974

4. MINIFUNDIEN IN DER TABAKZONE VON SANTANDER/NORDBOYACA, DAS BEISPIEL SOATA IM CHICAMOCHATAL

Die agrarsozialen Verhältnisse im Municipio Soatá sind denen in Chita ähnlich (s. Abb. 3), die Teilpacht spielt eine noch größere Rolle. Sehr viel ungünstiger gestalten sich die natürlichen Rahmenbedingungen.

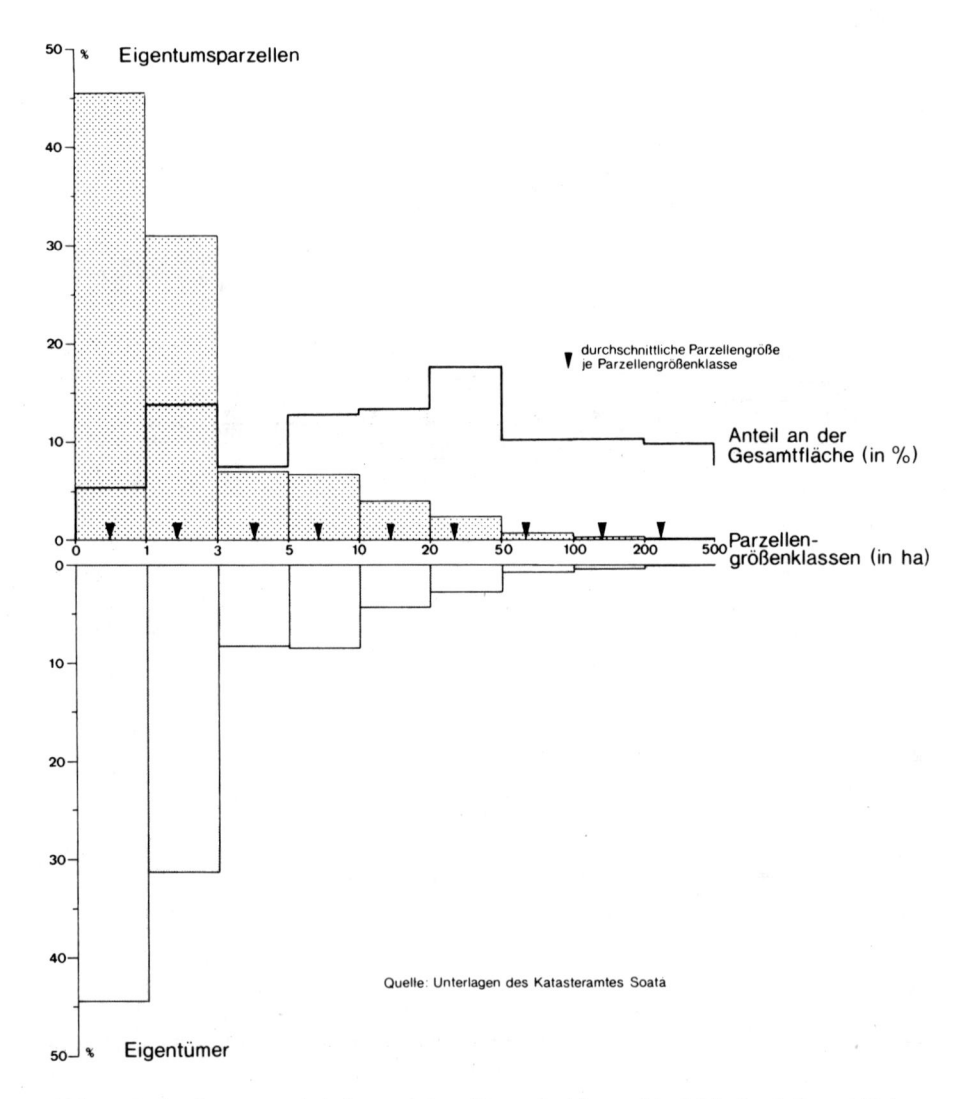

Abb. 3 Bodeneigentumsverhältnisse nach Parzellengrößenklassen, Municipio Soatá, Boyacá/Kolumbien, 1974

Die Gemarkungsfläche fällt auf 11 km Distanz von 3400 auf 1250 m in die Schlucht des Chicamocha ab. Einzelne Terrassenreste und Hangverflachungen sind für den Anbau geeignet, doch werden auch steile Hänge kultiviert, was zu weitflächigen Bodenabschwemmungen geführt hat. Das kolumbianische Agrarinstitut ICA schätzt, daß auf 10% der Fläche des Municipios Dauerkulturen und Viehhaltung mit geringer Besatzdichte zu verantworten sind, 53% könnten unter erheblichen Kosten rekultiviert werden, bei 37% wird wegen irreparabler Erosionsschäden eine Inwertsetzung ausgeschlossen (ICA, S. 1).

Hinzu kommt die Wasserknappheit. Bei den gegebenen klimatischen Verhältnissen (z. B. einer Jahresmitteltemperatur von 20,2° C) überschreitet die potentielle Verdunstung den mittleren jährlichen Niederschlag von 720 mm um mehr als das Doppelte. Wo nicht bewässert werden kann, bringt der Anbau auf Regenfall unsichere Erträge. Unter solchen Umständen wird die Verfügungsgewalt über Bewässerungswasser höher bewertet als Eigentum an Grund und Boden. Die Rechte der Wasserentnahme sind in einem komplizierten Zuteilungssystem geregelt und in einer Art Grundbuch registriert. Sie können verkauft, verpachtet und geteilt werden.

Die Verschlechterung der Bodenverhältnisse schreitet durch den uneingeschränkten Anbau von ,,cultivos limpios" fort. Unter ihnen spielt der Tabak die dominierende Rolle. Er nimmt ein Drittel der Nutzflächen ein, den kleinstbäuerlichen Betrieben erbringt er 50–75% des Rohertrages, an Reinerlösen verbleiben allerdings nur etwa kol. $ 2000. Aufkäufer des Tabaks ist die Compañia Colombiana de Tabaco, ein staatlicher Regiebetrieb mit dem Tabakmonopol, der auch die Ernten vorfinanziert und Kredite zum Bau der Trockenspeicher gibt. Die Abhängigkeit der Campesinos von der ,,Colombiana" ist vollkommen.

Obwohl in erster Linie für die Erosionsschäden verantwortlich, wird der Tabakanbau noch forciert, auch wo nicht bewässert werden kann. Er bringt mehr ein als jede andere Kultur (durchschnittlich 1500 kg/ha bei kol. $ 1100/100 kg), und die Campesinos wehren sich gegen Absichten zur Anbaubeschränkung. Auf den einzelnen Betriebsflächen hat Tabak Vorrang vor Selbstversorgungsfrüchten wie Mais und Yuka, deren Areale überdies durch Zuckerrohranbau eingeschränkt werden. Infolgedessen müssen die bäuerlichen Familien Grundnahrungsmittel zukaufen, deren Qualität und Quantität wiederum von den Erlösen aus der Tabakkampagne abhängen.

Die negativen Aussichten, ihre Lage irgendwie zu verbessern, veranlaßt in steigendem Ausmaß junge Leute zur Aus- und Abwanderung. Die Einwohnerzahl des Municipios ist von 17 947 im Jahre 1964 auf 15 745 im Jahre 1973 zurückgegangen, die Bevölkerungsdichte lag 1973 bei 83 E/qkm (Fornaguera, S. 156 und Dane, S. 16/17). Das altersspezifische Migrationsverhalten entspricht nicht ganz dem vergleichbarer Abwanderungsgebiete. In der Alterspyramide fallen einmal die gegenüber dem eigenen Departamento und Gesamtkolumbien schwach besetzten Jahrgänge von 15 bis 40 Jahren auf, zum anderen die Tatsache des Frauenüberhangs in denselben Altersklassen (s. Abb. 4). Der Grund hierfür ist, daß im Pueblo etwa 150 Arbeitsplätze für Mädchen in der 1960 angesiedelten Textilkleinindustrie angeboten werden, woraus sich weitere Verdienstmöglichkeiten in Heimarbeit ergeben haben.

5. SCHLUSSBETRACHTUNG

Die Beispiele sollten folgendes zeigen:
1. Die Tragfähigkeit von Agrarräumen wird durch ein Bündel unterschiedlicher natürlicher, ökonomischer und sozialer Rahmenbedingungen beeinflußt.

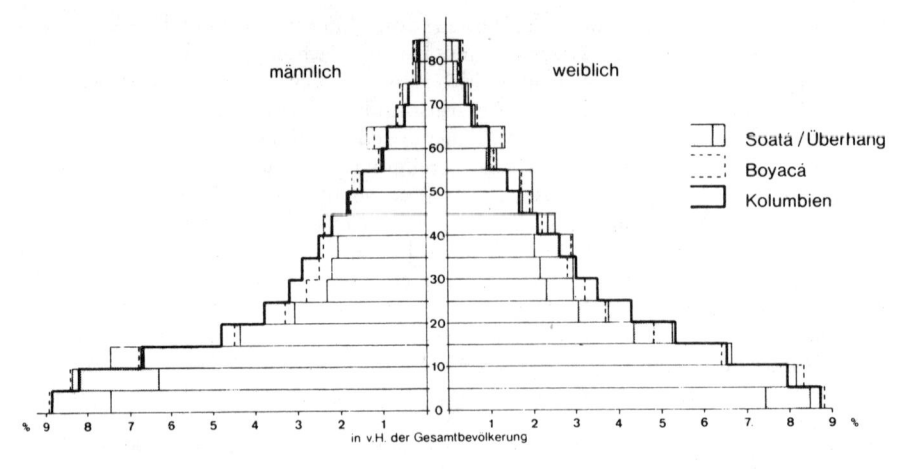

Abb. 4 Altersaufbau der Bevölkerung von Soatá im Vergleich mit Boyacá und Kolumbien

2. Die angeführten Bevölkerungsdichten liegen z. T. erheblich über dem Durchschnittswert der gesamten andinen Region Kolumbiens von 38,4 E/qkm einschließlich der Städte, von rd. 15 E/qkm ohne diese.

3. Als Indikatoren für den Bevölkerungsdruck treten hervor: Hoher Parzellierungsgrad bei Boden und Wasserrechten, Landmangel, Kleinstbetriebsstruktur, stagnierende Hektarerträge trotz hohen Arbeitseinsatzes, unterdurchschnittliche Einkommen, Notwendigkeit von Zuverdienst, Nutzung marginaler Böden in Hang- und Steillagen sowie in großer Höhe, Bodendegradierung bis zur Unbrauchbarkeit für landwirtschaftliche Zwecke – daraus folgend: Minderung des Nutzungspotentials nach Fläche und Qualität.

4. Der Bevölkerungsdruck entlädt sich in einer noch immer anschwellenden Abwanderungswelle. Migrationsziele sind die Großstädte, die benachbarten Provinzen Venezuelas, die östlichen Tiefländer.

5. Die Ernährungssituation ist gekennzeichnet durch jahreszeitlich auftretenden Mangel an Nahrungsmitteln bzw. durch einseitige Kost, ohne daß es zu Hungersnöten kommt. Schwerwiegend empfunden wird die Unterversorgung bei sonstigen elementaren Lebensbedürfnissen von der Kleidung bis zur medizinischen Fürsorge.

6. Eine agrarwirtschaftlich sinnvolle Entwicklung zu größeren Familien- oder genossenschaftlichen Betrieben scheint nur möglich zu sein, wenn die Bevölkerungszahl weiter zurückgeht oder Ersatzarbeitsplätze geschaffen werden, wie im Fall Soatá in kleinstem Ausmaß geschehen.

Die kolumbianische Regierung räumt im Entwicklungsplan 1975–1978 der Agrarpolitik höchste Priorität ein. Sie will in einem Programm der integrierten Entwicklung des ländlichen Raumes 80 000 Klein- und Kleinstbauern in ausgewählten Gebieten – auch in

Nordboyacá – finanzielle und technische Hilfe bei Produktion und Vermarktung zukommen lassen. Ob die versprochenen Leistungen der Bevölkerung der untersuchten Gebiete auch tatsächlich zugute kommen – und nicht wie in früheren Fällen nur auf dem Papier bleiben –, muß die Zukunft erst zeigen.

Literatur

Atkinson, J. L.: Changes in Agricultural Production and Technology in Colombia. Foreign Agricultural Economic Report, No. 52. Washington 1969

DANE (Departemento Administrativo Nacional de Estadística): Boletin mensual de estadística, No. 279. Bogotá 1974

Fornaguera, M. u. Guhl, E.: Colombia. Ordenación del territorio en base del epicentrismo regional. Bogotá 1969

ICA (Instituto Colombiano Agropecuario): Factores socioeconómicos que afectan la población rural del Municipio de Soatá. Masch.schr. o.O. o.J.

INCORA: Estudio de prefactibilidad de la zona Soacha-Silvania. Proyecto Cundinamarca No. 4. Bogotá, o.J. (1973)

Mertins, G.: Bevölkerungswachstum, räumliche Mobilität und regionale Disparitäten in Lateinamerika. Das Beispiel Kolumbien. In: GR 29 (1977), S. 66–71

Mohr, H. J.: Entwicklungsstrategien in Lateinamerika. Bensheim 1975

PLANEACION (Departamento Nacional de Planeación): Para cerrar la brecha. Plan de desarrollo social, económico y regional 1975–1978. Bogotá 1975

Diskussion zum Vortrag Mohr

Prof. Dr. H. Wilhelmy (Tübingen)

Für die weniger mit dem Thema Vertrauten sei zunächst bemerkt, daß die Beispiele aus drei Höhenstufen Kolumbiens, dem Páramo, der Tierra fria und der Tierra templada, gewählt wurden. Ich möchte zwei Fragen stellen:
1. Bewirtschaften die Campesinos ihre Felder im Subparamo von einer tieferen Höhenstufe aus oder wohnen sie auch dort?
2. Wie gestalten sich die Besitzverhältnisse?

Dr. B. Mohr (Freiburg)

Zu Beginn meiner Ausführungen machte ich die Bemerkung, daß die obere Grenze des ersten Untersuchungsraums die derzeitige Höhengrenze von Anbau und Dauersiedlung darstellt. Die Campesinos wohnen in diesem Gebiet; der zuoberst gelegene Hof befindet sich auf einer Höhe von ungefähr 3550 m.

Die Fincas entstanden im Zuge der Parzellierung der Hacienda „El Hato" in der zweiten Hälfte der 30er und Anfang der 40er Jahre. Durch die Wirren der Violencia kam es zu grundlegenden Änderungen der Eigentumsverhältnisse. Heute bewirtschaften die Campesinos ihre Höfe im Chisacá-Tal als Eigentümer und als Teilpächter – jeweils etwa zur Hälfte.

Dr. E. Schrimpff (Bayreuth)

Ich bezweifle, daß im Chicamochatal bei weniger als 1000 mm durchschnittlichem Jahresniederschlag eine Aufforstung durchgeführt werden kann. Außerdem möchte ich fragen, welche Lösungen Sie für die dargelegten Minifundienprobleme sehen?

Dr. B. Mohr (Freiburg)
Vorschläge zur Rekultivierung der Hänge im Chicamochatal durch Aufforstung sind im kolumbianischen Kartenwerk: Carta de Clasificación de Tierras 1:500 000 enthalten. Eine Aufforstung der unteren Hangpartien, für die die genannten Klimadaten gelten, halte ich wie Sie für ausgeschlossen, auf den oberen sollte dies aber möglich sein.

Das Problem der Minifundienwirtschaften ist innerhalb des Agrarsektors allein nicht zu lösen – weder durch eine Landreform, die unter den gegebenen Machtverhältnissen ohnehin keine Chancen mehr hat, noch durch Neulandgewinnung in den Kolonisationsräumen der östlichen Tiefländer. In den Beispielsregionen kommt hinzu, daß es keine Großbetriebe gibt, deren Grund und Boden aufgeteilt werden könnte.

Wenn derzeit keine befriedigende Lösung abzusehen ist, so sind doch Verbesserungen der Lebensgrundlagen der Minifundisten möglich, beispielsweise durch Spezialisierung in der Kleintierhaltung. Mit entsprechenden Versuchen hat das kolumbianische Agrarinstitut ICA in Soatá begonnen. Bei immer noch stark wachsender Bevölkerung müssen indessen alle Bemühungen um technischen Fortschritt im traditionellen Agrarsektor Stückwerk bleiben, wenn es nicht gelingt, mehr Arbeitsplätze im außerlandwirtschaftlichen Bereich, insbesondere in der verarbeitenden Industrie, zu schaffen, um die aus den Minifundienregionen Abwandernden auffangen zu können.

Dr. Kl. Kulinat (Stuttgart)
Wie schlecht sind eigentlich die Straßen- und Wegeverhältnisse zwischen den genannten Ortschaften und großstädtischen Absatzzentren? Wie in Venezuela festgestellt wurde, lohnt sich beispielsweise Gemüseanbau in peripheren Räumen, wenn die Transportprobleme auch nur leidlich gelöst sind. Dies dürfte m. E. ebenso für die Minifundiengebiete Kolumbiens von Bedeutung sein.

Dr. B. Mohr (Freiburg)
Im Subparamo des Sumapaz kommt Gemüseanbau aus klimatischen Gründen nicht in Frage. Chita und Soatá sind auf Grund der Straßenverhältnisse (zumeist Schotterstraßen, mehrere Pässe über den Páramo, Entfernung = eine Tagesreise) in Richtung Bogotá, Bucaramanga und Cucutá gegenüber dem Umland dieser Absatzzentren im Nachteil. Die Hauptstadt wird beispielsweise von Gemüsebauern aus der Sabana von Bogotá beliefert. Trotzdem gelangen auch aus den Untersuchungsräumen landwirtschaftliche Produkte wie Vieh, Eier und Obst in die Städte. Dieser Handel könnte durch den Ausbau der Straßen erweitert werden.

POTENTIELLE AGRARISCHE ENTWICKLUNGS- UND ERSCHLIESSUNGSRÄUME SÜDNIGERIAS UND WESTKAMERUNS[1]

Mit 10 Abbildungen und 1 Tabelle

Von Klaus Grenzebach (Gießen)

In *dichtbesiedelten Agrarräumen* der Tropen gewinnen die Begriffe *regionale Tragfähigkeit* und *potentielle agrarische Flächennutzung* bei weiterhin *wachsender Bevölkerung* zunehmend an Bedeutung. Auch die wissenschaftliche Auseinandersetzung mit der agrarwirtschaftlichen Entwicklung in diesen Räumen aus verschiedenen fächerspezifischen und interdisziplinären Perspektiven nimmt stark zu (vgl. *Literatur*).

I. AGRONOMISCHE RAUMKATEGORIEN

Aus räumlicher Sicht gibt es grundsätzlich zwei Möglichkeiten, agrarische Produktion zu steigern:
1. Die *Ertragssteigerung pro Flächeneinheit* in agrarischen Entwicklungsräumen,
2. die *Erschließung neuer agrarischer Nutzflächen*. Darüber hinaus gibt es
3. für agrarische Produktionssteigerung weniger in Frage kommende und meistens dicht besiedelte, ausgelastete Agrarräume sowie andersartige, nichtagrarisch genutzte Räume und weiterhin
4. sonstige, für agrarische Produktion nicht in Frage kommende Räume; die agronomische Anökumene.

Diese vier Raumkategorien lassen sich zwar großräumig gegenüberstellen, sie treten aber eigentlich meistens kleinräumig, in enger Nachbarschaft zueinander auf. Deshalb ist es erforderlich, daß das Schwergewicht ihrer Erforschung auf kleine Räume konzentriert werden muß, weil nur auf der Basis von sorgfältigen vergleichenden Detailstudien Gesamtzusammenhänge richtig bewertet werden können.

II. DER GROSSRAUM ALS UNTERSUCHUNGSFELD

Vor dem Hintergrund umfangreicher Literatur zum Problemkreis Bevölkerungswachstum und Ernährungsspielraum der Erde, insbesondere Afrikas (vgl. *Literatur*), setzt sich diese Studie ausschließlich mit dem im Rahmen des Afrika-Kartenwerks näher untersuchten Teilräumen Südnigerias und Westkameruns auseinander (Abb. 1). Die in diesem Zusammenhang erarbeitete thematische Karte über ländliche Siedlungen ist erschienen (Grenzebach 1976 a), und die zusammen mit Corvinus entwickelte Bevölkerungskarte ist im Druck (Corvinus und Grenzebach 1978).

[1] Dieser Beitrag ist ein Teil der Untersuchungen, die mit dankenswerter Unterstützung der Deutschen Forschungsgemeinschaft (Ermöglichung von Geländeaufenthalten 1965/66, 1971 im Rahmen des Afrikakartenwerks und 1974, 1975 im Rahmen eines Habilitandenstipendiums) erfolgten. Vgl. Grenzebach 1974, 1976 und 1977.

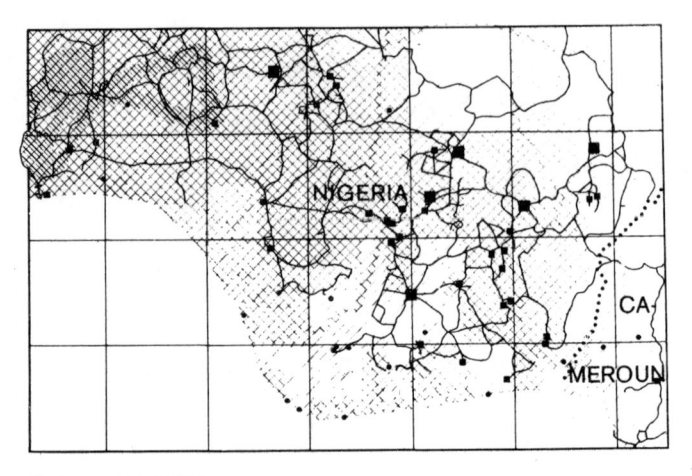

Karten, maps, cartes

- 1: 50 000 (1962–1972)
- 1: 100 000 (1958–1970)
- 1: 125 000 (1938–1967)
- 1: 200 000 (1965–1970)
- 1: 500 000 (1953)

Luftbilder, aerial photographs, photos aériennes

- ~1: 25 000 – ~1: 100 000 (1963–1965)
- ~1: 2 300 – ~1: 40 000 (1959–1969)

Befliegungen, flights, vols 1965, 1971

Geländeerkundung, fieldwork, reconnaissance du terrain

- Kartierung, mapping, relevé cartographique 1965/66, 1971
- ■ ▪ Luftbilder, aerial photographs, photos aériennes ~1: 2 300 – ~1: 40 000 (1959–1969)
- ——— Route (VI/1965–V/1966, V/1971–X/1971)

Abb. 1 Wichtige Forschungsgrundlagen und Schwerpunkte der Geländearbeit

Die langjährige Auseinandersetzung mit diesem Teilraum Afrikas und die nahezu flächendeckende Luftbildauswertung erlaubten eine kritische Prüfung des ganzen Raums. Dies führte zu einer Ergänzung und großenteils auch zu einer Ersetzung vorheriger ausgesprochen mangelhafter Daten. Zum ersten Mal gelang es, eine zusammenhängende und nahezu gleichwertige regionale Analyse dieses wichtigen Teilraums Afrikas zu erarbeiten.

Die Bedeutung des Untersuchungsraums innerhalb Afrikas heben einige Größenvergleiche hervor: auf nur 0,7% der Fläche Afrikas leben hier nämlich ungefähr 10% der Bevölkerung des Kontinents. Dies sind rund 40 Millionen Menschen in einem Raum, der nur 12,5% kleiner ist als die Bundesrepublik Deutschland (Tab. 1).

Tab. 1 *Bevölkerung und Fläche des Untersuchungsraums im überregionalen Vergleich*

GRÖSSENVERGLEICHE (abgerundet) :		
	Bevölkerung in Mill. Pers. 1977	Fläche in Tausend km²
1) Afrika	ca 400	ca 30 000
2) Nigeria	ca 80 = 20 % v. 1)	924 = 3,1 % v. 1)
3) D (BRD)	ca 63	248
Karte Serie W Afrika-Kartenwerk	ca **40** = **10** % v. 1) = 63,5 % v. 3)	212 = **0,7** % v. 1) = 0,23 % v. 2) = **85,5** % v. 3)

III. DIE GENAUE BEVÖLKERUNGSVERTEILUNG ALS GRUNDLAGE FÜR DIE GROSSRÄUMLICHE GLIEDERUNG

Der großräumigen, groben Gliederung verschiedenwertiger Agrarräume liegt die Gliederung des Gesamtraums in Räume mit verschiedener Bevölkerungsdichte zugrunde. Bei dem Versuch, von der Bevölkerungsdichte, ja möglichst von der Dichte der agrarischen Bevölkerung, auszugehen, erweist sich, daß eine Karte der relativen Bevölkerungsdichte, die mit mittleren Dichtestufen innerhalb von Zählbezirken einheitlich auf die Fläche projiziert, für Rückschlüsse auf größere Teilräume ungeeignet ist (Abb. 2). Mit Hilfe der absoluten Darstellung der Bevölkerung (Abb. 3) ist es schon eher möglich, wesentliche Aussagen über den Agrarraum abzuleiten. Da eine berufsspezifische Gliederung der Volkszählungsdaten nicht vorliegt und deshalb eine räumliche Darstellung nicht möglich ist, läßt die Siedlungsstruktur (Grenzebach 1976 a) und die Art der Bevölkerungsverteilung selbst bei starker maßstäblicher Verkleinerung von Teilentwürfen zur Bevölkerungskarte 1:1 Million (Corvinus und Grenzebach 1978) eine wesentlich differenziertere agrarräumliche Gliederung zu (Abb. 3 und Abb. 4):

1. In den *sehr dicht besiedelten Agrarräumen,* nicht agrarische Flächen und die städtische Bevölkerung ausgeklammert, liegt in dem verbleibenden Agrarraum die agrarische Dichte meistens weit über 100. – Teilweise intensive Bodennutzung und auch Überstrapazierung des Bodens und hohe Mobilitätsraten der Bevölkerung kennzeichnen diesen Raum. Agrarräumliche Entwicklung wäre hier in erster Linie agrarräumliche Sanierung und Verringerung der agrarischen Dichte.

2. In den *potentiellen agrarischen Entwicklungsräumen* wirtschaften auf ca. 40% des Untersuchungsraums rund 35% der Gesamtbevölkerung. Die Besiedlungsdichte schwankt hier zwischen ca. 25 und ca. 250 E/km². Dies ist der Raum mit starker agrarwirtschaftlicher Dynamik. *Systemveränderungen* agrarischer Organisationsformen werden vor allem durch zunehmende *Individualisierung von Grundbesitz, Landverpachtung* und *Landverkauf,* verursacht. Brachzeitverkürzung, Fruchtfolgesysteme und Tendenzen in Richtung permanenter Bodennutzung sind die Folge. Die Verfügbarkeit von agrarischen Nutzflächen ist hier meistens noch groß genug, daß neben dem Anbau von *food crops,* je nach natürlicher

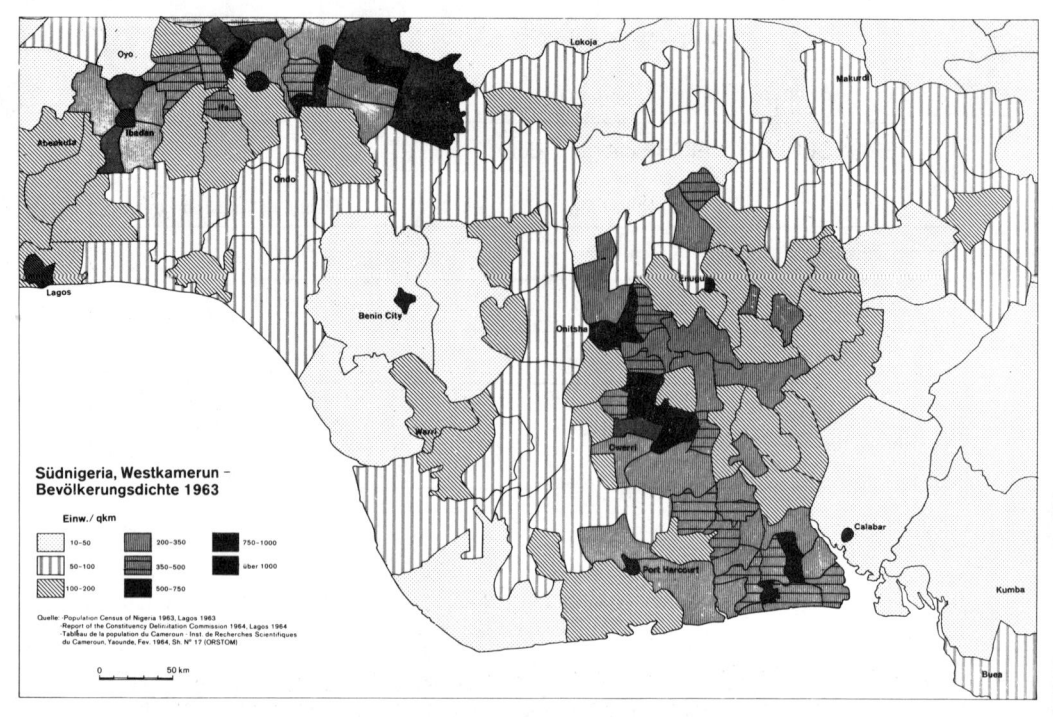

Abb. 2 Mittlere Bevölkerungsdichte innerhalb der Volkszählungsbezirke 1963

Eignung, *cash crops* produziert werden können. *Dauerkulturen,* wie Kakaobäume, Kolabäume, Ölpalmen und Gummibäume spielen in der humiden südlichen Hälfte des Untersuchungsraums eine wichtige Rolle. Hinsichtlich einer möglichen naturräumlichen Gliederung des Gesamtraums in potentielle Eignungsräume für den Überblick nur so viel: die am dichtesten besiedelten Räume sind zum überwiegenden Teil nicht die unter modernen agronomischen Gesichtspunkten geeignetsten Naturräume. Im allgemeinen sind die übervölkerten Agrarräume vielmehr unter traditionellen afrikanischen agronomischen Gesichtspunkten bei noch relativ geringer Bevölkerungsdichte bevorzugte Räume gewesen. Sie zeichnen sich in vielen Fällen durch leichte Böden mit guter Entwässerung und günstige Bearbeitbarkeit der Terrains mit Buschmesser und Hacke aus. Mit zunehmendem Technisierungsgrad, wachsendem Bevölkerungsdruck und mit der Expansion des Anbaus von für den Export bestimmten Kulturpflanzen erfolgte eine grundlegende *Neubewertung und Umwertung agrarräumlichen Potentials.* Eine differenzierte agrarräumliche Mobilität der Bevölkerung, einmal innerhalb der agrarischen Entwicklungsräume selbst, aber in ganz starkem Maß aus den Verdichtungsräumen in die agrarischen Entwicklungsräume ist das markanteste Merkmal dafür (Abb. 4 u. Abb. 5).

3. Die agrarischen Erschließungsräume, die kaum besiedelt sind, gehören ebenfalls, wenn auch in wesentlich schwächerem, jedoch in jüngster Zeit stark zunehmendem Ausmaß zu den Zielgebieten der agrarräumlichMobit. Agrarische Kolonisation und Daueransiedlung werden erstrebt.

Übersichtsmäßig verdeutlicht Abbildung 5 die Hauptwanderungsströme. Für eine quantitativ genauere Darstellung fehlen verläßliche Daten. Auf der Karte der ländlichen Siedlun-

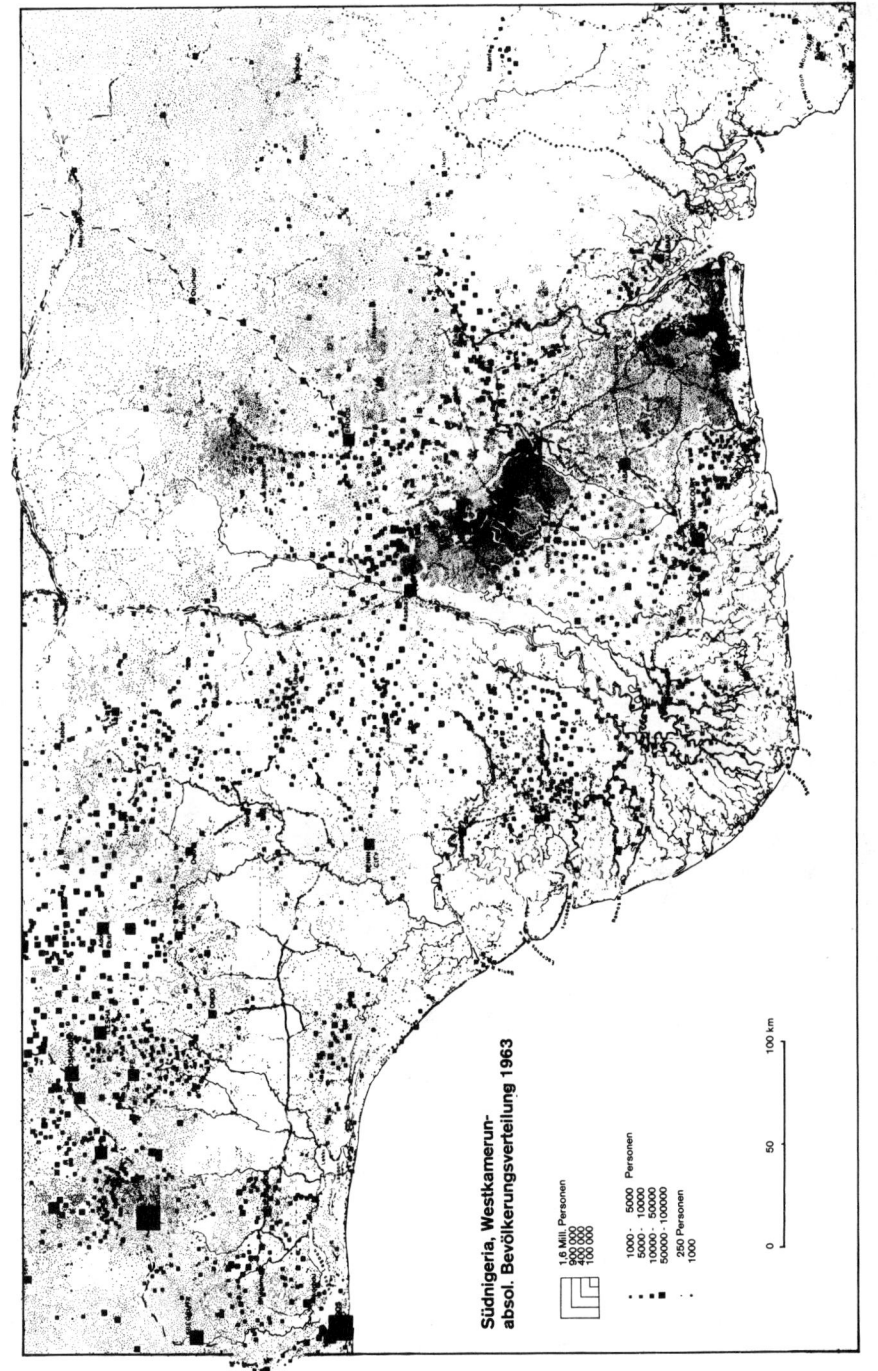

Potentielle agrarische Entwicklungs- und Erschließungsräume 315

Abb. 3 Bevölkerungsverteilung im stark verkleinerten Teilentwurf für die Bevölkerungskarte 1:1 Million (Corvinus u. Grenzebach 1978)

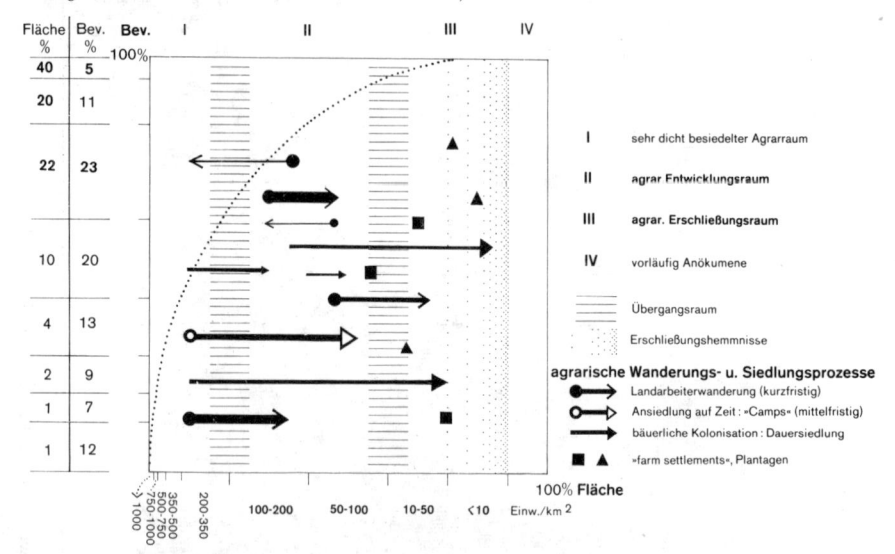

Abb. 4 Agrarräumliche Gliederung, Räume verschiedener Besiedlungsdichte, Anteile der Bevölkerung pro Teilraum und agrarische Wanderungs- und Siedlungsprozesse

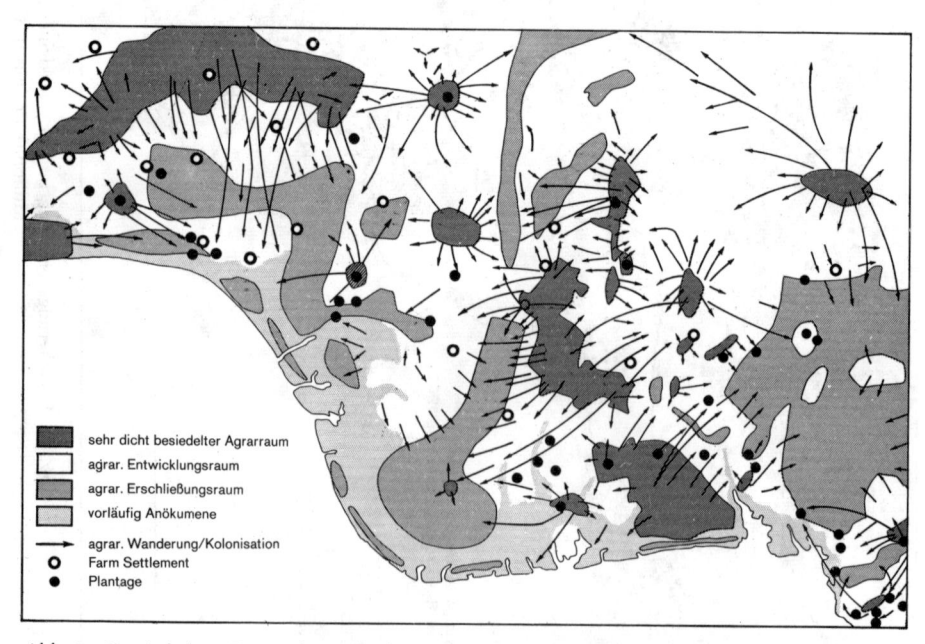

Abb. 5 Vereinfachter Entwurf verschiedener Agrarräume und Hauptströme agrarräumlicher Wanderungs- und Siedlungsprozesse

gen (vgl. Grenzebach 1976 a) kommen die *potentiellen agrarischen Erschließungsräume* in grüner Farbe genauer zum Ausdruck. Es sind im wesentlichen:

a) die Benue- und die Nigertalaue und die schwer erschließbare Tiefebene des Deltas,
b) die großen Waldreservate südlich des Kakaogürtels in Westnigeria und innerhalb des Crossriverbogens in Südostnigeria, sowie die noch nicht erschlossenen Waldgebiete, vor allem in Westkamerun und
c) die küstennahen Lagunengebiete und die Strandwallzonen.

Das Mangrovewatt liegt zunächst noch außerhalb des Blickfeldes potentieller agrarräumlicher Erschließung.

IV. NOTWENDIGKEIT VON BEISPIELUNTERSUCHUNGEN

Wie bereits eingangs angedeutet, erfordert die Vielschichtigkeit der Ursachenkomplexe agrarräumlicher Entwicklungsprozesse das genaue Studium möglichst vieler Detailräume. Hier können jedoch nur drei Teilräume in Kürze einer näheren Betrachtung unterzogen werden.

Beispiel 1: Nördliches Iboland, Ostnigeria. *Neubewertung und Veränderung ökologischer Bedingungen durch agrarräumlichen Strukturwandel infolge von Bevölkerungsverdichtung.*

Ein typisches Beispiel für die allgemein erstrebenswerte ökologisch wie auch technologisch zu relativierende Bewertung von Agrarräumen unter Einbeziehung der Einflüsse infolge von Bevölkerungsverdichtung und der sozialräumlichen aber auch der technologischen gesellschaftlichen Entwicklung, die in zunehmendem Maße auch auf Fremdeinflüsse reagiert, bietet das nördliche Iboland. Auf der Basis der von Corvinus durchgeführten umfangreichen *Luftbildauswertung*, die auch die kleinsten im Maßstab 1:1 Millionen noch darstellbaren Siedlungsstandorte erfaßte, wurde ein sehr ins Detail gehender Darstellungsmodus für die Bevölkerungskarte 1:1 Million entwickelt (Abb. 6). Die Genauigkeit der Darstellung ermöglicht eine entsprechend genaue Raumanalyse. Die besonders dicht besiedelte Zone erstreckt sich auf der ostnigerianischen Schichtstufe, die nach Osten abfällt. Dichtbesiedelt ist ausschließlich die Zone mit leichten und porösen nährstoffarmen Sandböden der geologischen Formation der *Falsebedded Sandstones*. Nur noch schwach besiedelt sind dagegen die teils stark lateritisierten Plateaus der *Upper Coal Measures*, die das Sandgebiet als Zeugenberge überragen, und die einst günstige Standorte für meistens wüstfallene Wehrsiedlungen abgaben. Nur sehr dünn und überwiegend relativ jung besiedelt ist bislang noch das Verbreitungsgebiet der *Imo Shale Group* im Westen mit im allgemeinen nährstoffreichen, jedoch sehr schwer zu bearbeitenden Böden. Dieses klimatisch wechselfeuchte Gebiet ist unter neuen Bewertungsmaßstäben unter Einbeziehung moderner agrartechnischer Bearbeitungsmethoden ein hochwertiger potentieller agrarischer Produktionsraum.

Aber auch im vom Boden her armen, aber dichtbesiedelten, ja bereits übervölkerten Agrarraum mit lockeren Sanden und ohne Oberflächengewässersystem erfolgte durch Besiedlungsverdichtung eine nahezu die gesamte Fläche ergreifende *Umbewertung einst extensiv genutzten Außenfeldareals in intensiv, gartenbaulich genutztes Innenfeld* (Abb. 7). Der Entwicklungsprozeß, der in einem Raummodell unter methodologischen Gesichtspunkten der Luftbildanalyse abgehandelt wurde, zeigt den Ablauf und die Gestalt der allmählichen Umwertung durch Besiedlungsverdichtung und Nutzungsintensivierung (vgl. Grenzebach 1974, S. 114 u. 115). Aber nicht nur intensive Bodenbearbeitung, gelegentliche

Ausschnitt Nsukka 1 : 1 Million

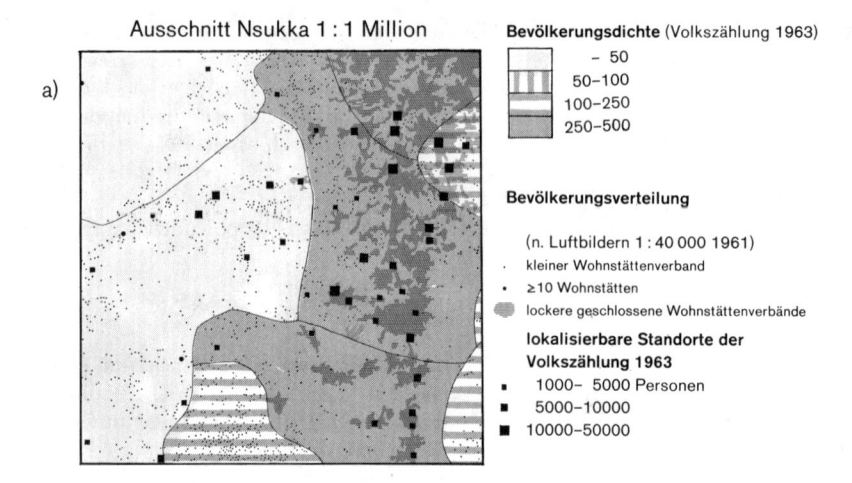

a)

Bevölkerungsdichte (Volkszählung 1963)
- 50
50–100
100–250
250–500

Bevölkerungsverteilung

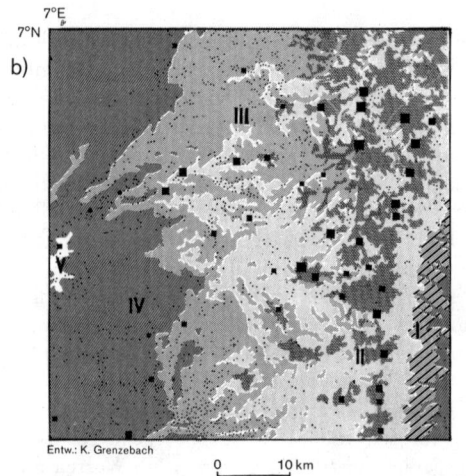

(n. Luftbildern 1 : 40 000 1961)
. kleiner Wohnstättenverband
• ≥10 Wohnstätten
lockere geschlossene Wohnstättenverbände

lokalisierbare Standorte der
Volkszählung 1963
■ 1000– 5000 Personen
■ 5000–10000
■ 10000–50000

b)

Entw.: K. Grenzebach   0   10 km

Bevölkerungsverteilung, Naturräume

I »Lower Coal Measures« (Obersenon):
stark zerschnittener Steilabfall, feste Tone (Quellhorizont) und Sandstein, Gullybildung, Hauptquellaustritt am Fuße der Stufe

II »Falsebedded Sandstones« (Obersenon):
ca. 300 m mächtige, nahezu unverfestigte Sande mit einigen tonigen Bändern, nährstoffarme Böden, rasche Einsickerung von Wasser, guter Grundwasserleiter, keine Oberflächengewässer, artesische Brunnen möglich, sehr leichte Bearbeitbarkeit der Böden

III »Upper Coal Measures« (Obersenon):
feste Sandsteine, Schluffsteine, mittelguter Grundwasserleiter, kleine Quellaustritte an Fußzone

IV »Imo-Shale Group« (Paläozän / Untersenon):
Tonschiefer mit Sandsteinlinsen, relativ nährstoffreiche Böden, schwere Böden mit geringem Wasserhaltevermögen, vorwiegend stauend, in Trockenzeit festverbacken und rissig und daher stark eingeschränkt bearbeitbar

V »Coastal Sediments« (Alluvium):
Flußalluvionen, z.T. sumpfig

Abb. 6 Bevölkerungsdichte, Bevölkerungsverteilung und Naturräume als Grundlage für agrarräumliche Bewertung

Düngung, Individualisierung von Grundbesitz und regelhafte Siedlungs- und Flurordnung führten zu einer verbesserten Flächennutzung. Wesentliche Voraussetzung dafür war eine annähernde *Wiederherstellung des natürlichen ökologischen Milieus* durch Anpflanzung von Ölpalmen (Abb. 7).

Jährlich kahlgebrannte Grasflächen im ursprünglich nördlichen Grenzsaum des Waldlandes zur Feuchtsavanne erfahren durch anfänglich mühsame Anzucht von Palmen und Anpflanzung anderer hochwüchsiger Pflanzen eine mikroklimatisch und ökologisch ent-

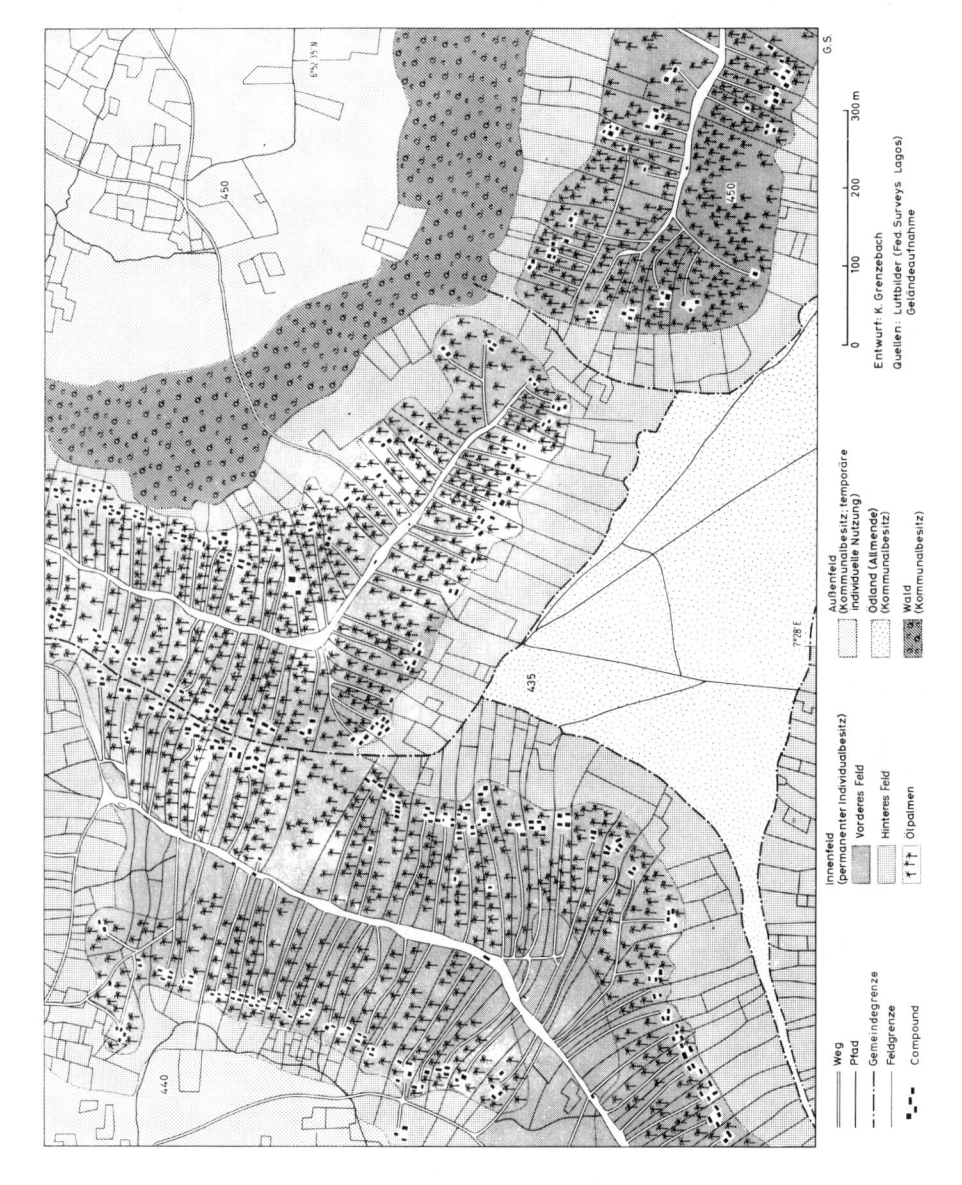

Abb. 7 Agrarraumverknappung, Bodennutzungsintensivierung begünstigen regelmäßige Flurgliederung

**Siedlungsgrundrissformen und Bevölkerungsverdichtung
Indikatoren für agrarräumliche Prozesse (Beispiel: nördl. Iboland)**

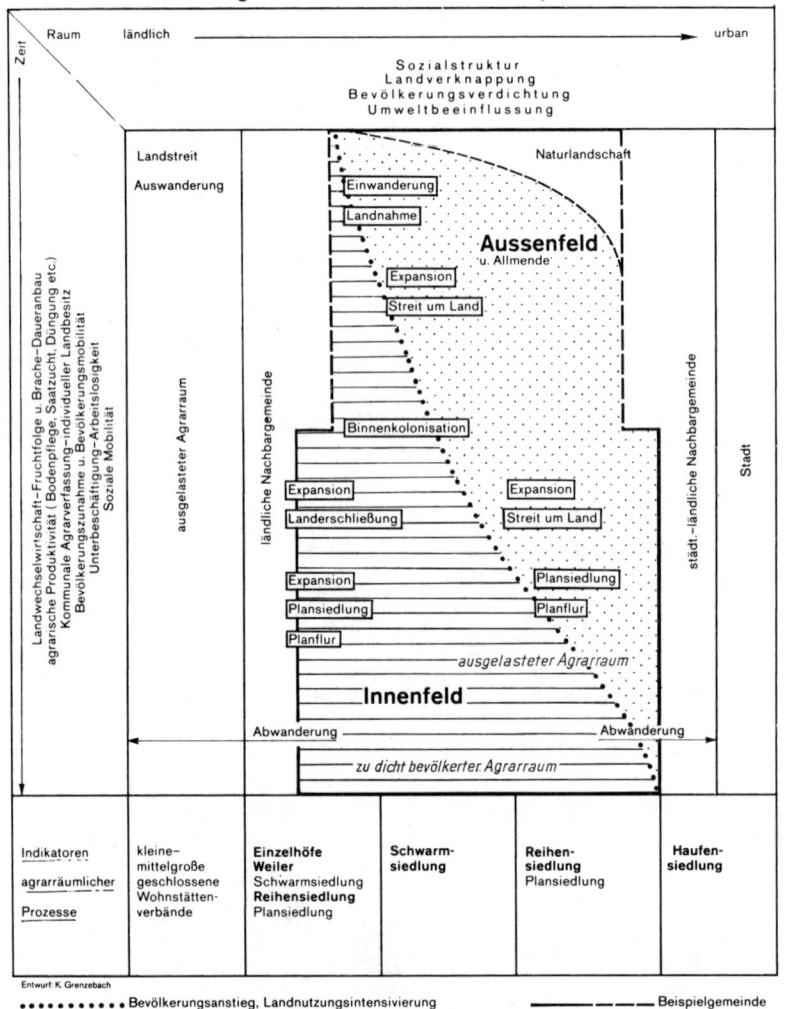

Abb. 8 Agrarräumliche Entwicklungsprozesse unter Bevölkerungsdruck im nördlichen Iboland (Ostnigeria)

scheidende Umgestaltung hinsichtlich agrarischer Flächennutzung für Feldfrüchte als Zwischenkulturen (Grenzebach 1974, S. 105, Bild 1 u. S. 109, Bild 2, 3).

In einem Raum-Zeitdiagramm wurde dieser Prozeßablauf, seine Ursachen, Wirkungen und siedlungs- und agrarräumlichen Ausdrucksformen für den Geltungsbereich des dichtbesiedelten Agrarraums des nördlichen und zentralen Ibolandes systematisiert (Abb. 8). Das interessanteste Phänomen bei diesem agrarwirtschaftlichen und sozialräumlichen Entwicklungsprozeß ist die Gemeindegrenzabsicherung durch Anlage regelmäßiger Reihensiedlungskomplexe mit besitzrechtlich individualisierter Streifenflur. Das Außenfeld wird dagegen extensiv kommunalrechtlich von den Mitgliedern der entsprechenden Gemeinden genutzt. Die Allmende wird jährlich nach überörtlicher Absprache zu einem bestimmten Termin für die Gewinnung langen Trockengrases für die Erneuerung und Dachbedeckung von Hausdächern zur allgemeinen Nutzung freigegeben (Abb. 7).

Der Ablauf und die natur- und kulturräumliche Komplexität der agrarischen Entwicklung und der Verdichtung infolge der Bevölkerungsentwicklung werden durch dieses Beispiel im Diagramm (Abb. 8) bis zur Situation erforderlicher Bevölkerungsabwanderung und agrarräumlicher Überbelastung verdeutlicht (vgl. genauere Ausführungen: Grenzebach 1974).

Beispiel 2: Yorubaland, Westnigeria. *Agrarräumliche Differenzierung und agrarwirtschaftliche Mobilität als Folge kolonialzeitlich verursachter Umbewertung von Feuchtsavanne und Feuchtwald als Produktionsräume.*

Im zweiten Beispielraum in Westnigeria erfolgt eine Gegenüberstellung des sehr dicht besiedelten agrarwirtschaftlichen Passivraums des nördlichen Yorubalandes mit dem ebenfalls relativ dicht, jedoch wesentlich dünner besiedelten agrarwirtschaftlich exportorientierten Raum des sog. Kakaogürtels, in dem aber auch andere wichtige Baumkulturen, wie Kolabäume und Ölpalmen, neben einer großen Anzahl tropischer Feldfrüchte gedeihen. Wenn man den dichtbesiedelten Abwanderungsraum am nördlichen Kartenrand (Abb. 2, 3, 5) im Vergleich auch als agrarwirtschaftlichen Passivraum bezeichnen muß, erfolgt dort dennoch eine relativ intensive Bodenbewirtschaftung und eine beträchtliche *food-crop*-Produktion, überwiegend für die Versorgung der Bevölkerung des Produktionsraums. Die zu starke Bodenbeanspruchung wird jedoch allenthalben sichtbar. Die für die Regeneration von Bodenfruchtbarkeit erforderliche Brachperiode wird nur in geringem Maß durch Düngung und andersartige Maßnahmen zur Bodenerhaltung ersetzt. In vielen Fällen ist die Bodenfruchtbarkeit stark gemindert. Dadurch wurden die Kulturflächen für Yams im einstigen *Yamsbelt* heute weitgehend mit anspruchsloserem Maniok bzw. Cassava bebaut. Wie stark dagegen der Feuchtwald durch agrarische Erschließung und Entwicklung, in erster Linie durch die Kakao- und Kolaproduktion verändert wurde, verdeutlicht die Siedlungs- und Landnutzungskarte aus dem nordöstlichen Kakaogürtel (Abb. 9). Als Grobraster rücken die wenigen Reste bereits stark veränderten Primärwaldes ins Blickfeld, Flächen mit Kakaobaumkulturen überwiegen bereits die Hackbauflächen. Beobachtungen und Gespräche mit den Bewohnern in der Zeit von 1965 bis 1975 vermittelten den Eindruck sich rasch verändernder wirtschaftlicher und gesellschaftlicher Normen. Dabei hat z. B. der *Streit um Land* an Schärfe zugenommen. Mehrere Landpächter, die mit ihren Familien mehrere Jahre lang in sog. „Camps" in der Gemarkung des Ortes Irun ansässig waren, mußten infolge der steigenden Arealansprüche der am Ort wohnenden Eigentümer abwandern. Gleichzeitig hat sich die Abwanderungsrate in die großen Städte bei der Ortsbevölkerung in zehn Jahren mehr als verdoppelt. Weiterhin waren 1975 nicht mehr alle Ortsbewohner, wie zehn Jahre zuvor, in starkem Maße landwirtschaftlich aktiv. Die berufliche Differenzierung nahm zu.

In seiner Gießener Dissertation hat Hundsalz (1972) ein kleines Abwanderungsgebiet mit großen Haufensiedlungen und hoher Besiedlungsdichte im nördlichen Grenzbereich von Abbildung 3, nordöstlich von Oshogbo einem fast hundert Kilometer weiter südlich gelegenen *Zielgebiet agrarischer Wanderbewegungen* gegenübergestellt. Im wirtschaftlichen Aktivraum des Kakaogürtels südlich von Ife wurde die Bevölkerung nach örtlicher Zusammensetzung in Anteilen der Einwanderer nach Herkunftsorten untersucht. Einzelne Weiler

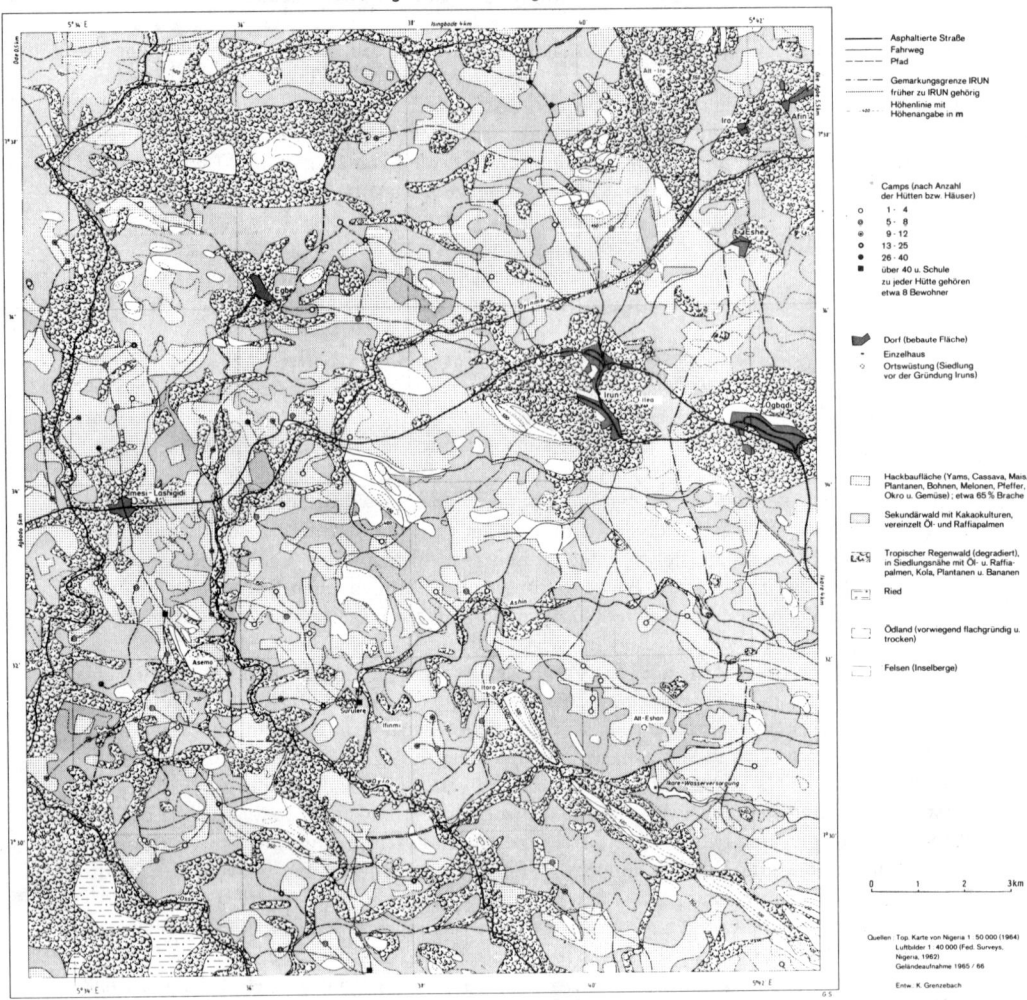

Abb. 9 Agrarräumliches Gefüge im nordöstlichen Kakaogürtel Westnigerias

sind nur von einer Landsmannschaft bewohnt, während in kleineren Haufendörfern verschiedene Herkunftsgruppen, Pächter, Landarbeiter und Landeigentümer in engster Nachbarschaft miteinander wohnen. Die Yorubagruppen sind ja, anders als in vielen Gebieten des östlichen Untersuchungsraums durch gemeinsame Sprache, verwandte kulturelle Entwicklung und ethnischen Stammesverbund eine Großeinheit.

Beispiel 3: Nigertiefland. Extreme Unterschiede der Bevölkerungsdichte. *Agrarwirtschaftliche Benachteiligung sehr dichtbesiedelter, aber auch weniger dichtbesiedelter Räume mit nährstoffarmen Sandböden und Chancen potentiell agronomisch begünstigter, dünnbesiedelter, teilweise schwer erschließbarer Räume mit Schwemmlandböden (ökologische, wirtschaftliche, historische, ethnische, soziale, sozial-psychologische* und andere Faktoren als raumwirksame Ursachenkomplexe unter dem Einfluß von Bevölkerungsverdichtung).

Östlich des Niger gibt es infolge der starken ethnischen Zersplitterung und der kulturellen und auch sprachlichen Uneinheitlichkeit sehr *markante sozialräumliche Divergenzen*. Dies gilt auch für die verschiedenartigen Gruppen innerhalb des Volkes der Ibo. Deutlich wird dies unter anderem auch durch teilweise diesen Gruppen räumlich zuzuordnenden spezifischen Siedlungsgrundrißformen; und in noch stärkerem Ausmaß, an den teilweise nur dadurch erklärbaren starken Kontrasten dichtbesiedelter zu wesentlich dünner besiedelten ländlichen Arealen (vgl. Grenzebach 1976 a). Auch Kulturlandschaftsgrenzen können nicht ohne weiteres zwecks Kolonisation überschritten werden. Neuansiedlung, die unter kolonialzeitlichen politischen Bedingungen und auch schon früher vielleicht möglich war, ist heute bei viel größerem Bevölkerungsdruck und bei kommunaler und föderativer Selbstverwaltung schwieriger geworden, wenngleich die zentrale Militärregierung bestimmte regionale Projekte rigoros durchzusetzen vermag. – Kurzfristige, wechselseitige Mobilität als *Wanderarbeiter* oder als *petty-trader* ist leichter zu verwirklichen als Ansiedlung auf Dauer mit der Absicht, Grund und Boden in Besitz zu nehmen. So sind die Nigeraue und Teile des Deltas nicht ausschließlich aus Gründen schwieriger Erschließbarkeit, sondern auch aus territorial-rechtlichen Gründen teilweise wenig erschlossen. Wo letzteres nicht der Fall ist, ist streckenweise die Flußaue bis in die Ufernähe voll erschlossen (Abb. 3). Der Ölboom des letzten Jahrzehnts, mit vielen Straßenbaumaßnahmen innerhalb des unzugänglichen Deltas zog nur eingeschränkt eine mögliche Agrarkolonisation vorher schwer erreichbarer Gebiete nach sich. Die Stammesgrenzen und die Grenzen der Bundesstaaten waren in der Zeit nach dem Biafrakrieg lange Zeit und sind teils auch noch heute Hindernisse, die dem bekannten Expansionsdrang der Ibo entgegenstehen. Für diese eröffnete sich der Zugang zu den großen Städten des Landes früher wieder als Kolonisationsmöglichkeiten im ländlichen Raum.

Im klimatisch fast vollhumiden Tiefland, in den Sandgebieten der Küstenebene gibt es östlich und westlich der Nigerebene, wie auch bei mehreren Volksgruppen im Crossrivergebiet überwiegend kommunalrechtliche sippenbäuerliche Bodenbewirtschaftungsformen. Innerhalb großer gemeinschaftlich angelegter Rodungsflächen werden einzelne Feldstücke, z. B. gemäß dem Senioritätsprinzip, alljährlich neu zugewiesen. Bei fortschreitender Brachezeitverkürzung wird auf den überwiegend nährstoffarmen sandigen Böden bei sehr hohen Niederschlägen das Handicap der humiden Tropen, insbesondere was die Abnahme der Bodenfruchtbarkeit betrifft, sichtbar (Weischet 1977). In dem kleinen Beispielraum im Verbreitungsgebiet der Runddörfer unmittelbar südlich von Owerri lassen Ortsgrundrisse, ebenso wie die einheitlichen großen Rodungsflächen die kommunalrechtliche Kooperations- und Bodenbewirtschaftungsstruktur vermuten (Abb. 10). Die 1957 und 1963 genutzten Flächen wurden mit Hilfe von Luftbildern kartiert. Ein derartiges, bei dünner Besiedlung und langer Brache gut funktionierendes Landnutzungssystem, bei dem 1957 und 1963 ungefähr ein Anbau: Brachverhältnis von 1:6 Jahren ermittelt werden konnte, veränderte sich inzwischen infolge von Nutzflächenausweitung auf Kosten der Brache. Noch funktioniert das auch in der Siedlungsstruktur festverwurzelte traditionelle Siedlungs- und Landnutzungssystem. Eine bei weiterhin wachsender Bodenbelastung in absehbarer Zeit wahrscheinlich eintretende und vermutlich auch erforderliche grundlegende Neuerung steht noch aus. Im derzeit noch festgefügten traditionellen Sozialsystem, das auf konsequent praktizierter Seniorenherrschaft basiert, würden Innovationen, die z. B. auf bessere Bodennutzung durch Fruchtfolgen, Einführung neuer Kulturpflanzen, vielleicht auch auf Kompostdüngung etc. hinauslaufen könnten und u. U. auch eine Bodenreform einschlössen, nach Lage der Dinge nicht ohne tiefgreifenden Wandel des gesellschaftlichen Systems realisiert

Landnutzung 1957/1963, Nekede (SE-Nigeria)

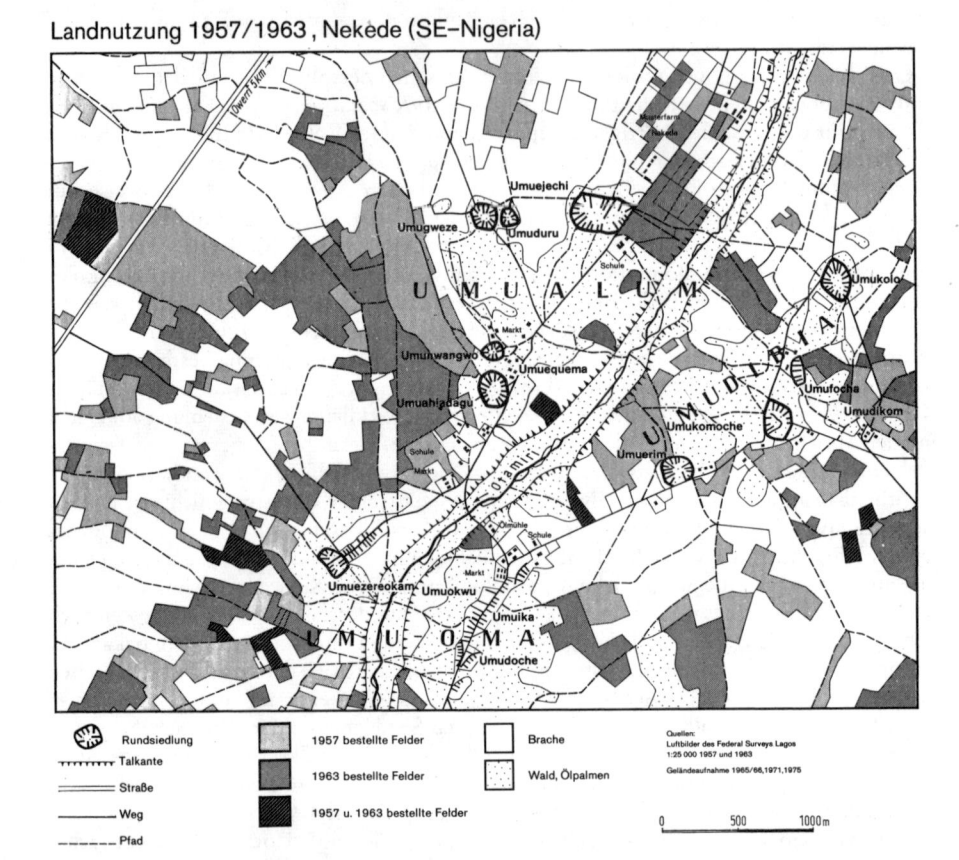

Abb. 10 Runddörfer und großflächige Anbauareale bei noch stark überwiegenden Brachflächen (ca. 75%) kennzeichnen die sippenbäuerliche Agrarverfassung des Agrarraums bei Owerri

werden können. Noch funktionieren im Beispielraum marktwirtschaftliche Mechanismen, bei denen z. B. Arbeitskräfte aus dem wenige Kilometer nordöstlich gelegenen übervölkerten agrarischen Notstandsgebiet für geringen Lohn schwere Feldarbeit leisten (vgl. Abb. 3). Die im Beispielraum eigentlich reichlich verfügbare männliche Arbeitskraft der Landeigentümer ist aus traditionellen Gründen und infolge mangelnder Arbeitsmoral unausgelastet. Allein schon die Tatsache verdeutlicht, wie schwierig es unter Einbeziehung sozialgeographischer örtlicher Zustände sein kann, potentielle regionale Entwicklungsprozesse pragmatisch abzuschätzen.

V. ZUSAMMENFASSUNG

Nach einem Überblick über verschiedene agrarische Erschließungs- und Entwicklungsräume eines großen Untersuchungsgebietes wurden in einigen Beispielräumen wichtige Ursachenkomplexe agrarräumlicher Entwicklungsprozesse dargestellt. In gebotener Kürze wurde verdeutlicht, daß der relativ rasche räumlich/zeitliche Wandel wirtschafts- und sozialgeographischer Sachverhalte und auch deren Bewertungsmaßstäbe als *dynamische Systeme* aufzufassen sind. Zunächst können diese nur kleinräumig analogisierend und relativierend erforscht werden. In den Agrarräumen der Tropen sind bei weitgehend vorgegebenen natürlichen Bedingungen hauptsächlich Bevölkerungszuwachs, steigende materielle und soziale Bedürfnisse und stärker werdende Impulse aus nicht agrarischen Bereichen die wichtigsten Ursachenkomplexe für die sehr engmaschig sich verändernden agrarischen Systeme (Grenzebach 1976, 1977). Für die Erforschung des Nahrungsspielraums der Erde ist Detailforschung, fächerübergreifende Systemerforschung in kleinen Räumen, Entwicklung besserer und schnellerer Verfahren der Geländeanalyse unter Einschluß *überprüfbarer* Praktiken der *Fernerkundung* wertvoller als hypothetische Hochrechnungsverfahren auf Versuchsfeldbasis, wie sie beispielsweise für Tropisch Afrika aus dem wissenschaftlichen Nachlaß von Carol 1973 und 1975 veröffentlicht wurden. – Danach böte allein Tropisch Afrika einen potentiellen Ernährungsspielraum für die gesamte derzeit auf der Erde lebende Menschheit, anders ausgedrückt: der dreizehnfachen jetzt dort lebenden Bevölkerung.

In derartig akademischen, eher utopischen und ziemlich wirklichkeitsfernen *Scenarios* scheint das Wort potentiell fast ins Überirdische entrückt zu sein. Das kann aber für die ihrem Wesen nach erdverbundene Geographie nur sehr eingeschränkt von Nutzen sein, aus der Sicht manch anderer mehr exakten Wissenschaft mag es ihrem Ruf gar schaden.

Literatur

Allan, W.: How Much Land Does a Man Require? Thodes-Livingstone Papers, No. 15, S. 1–23, 1949, nachgedruckt in: Prothero, M. (Hrsg.) 1972: People and Land in Africa South of the Sahara. London (Oxford University Press) pp. 303–320

Allan, W.: The African Husbandman. Edinburgh-London (Oliver and Boyd) 1965

Boserup, E.: The Conditions of Agricultural Growth. The Economics of Agrarian Change under Population Pressure. (Aldine/Atherton) Chicago/New York 1965, 1975

Breitengross, J. P.: Auswirkungen der Bevölkerungsentwicklung in Tropisch-Afrika auf die Ernährungssituation und den Arbeitsmarkt. Zeitschrift für Bevölkerungswissenschaft 1, S. 93–116, 1976

Carol, H.: The Calculation of Theoretical Feeding Capacity for Tropical Africa. Geographische Zeitschrift, 61, 2, S. 83–93, 1973

Carol, H.: Geographical Scenarios for an Underdeveloped Area: Alternative Futures for Tropical Africa. Thomas, W. L. (Hrsg.): The Man-Environment Systems in the Late 20th Century. = Human Geography in a Shrinking World (Duxbury Press) North Sciutate, Mass. Belmont, Cal., S. 217–236, 1975

Chang, J. H.: The Agricultural Potential of the Humid Tropics. Geographical Review, 58, 1968

Corvinus, F. u. Grenzebach, K.: Thematische Karte 1:1 Million: Bevölkerungsverteilung und Bevölkerungsdichte in Südnigeria und Westkamerun. Afrika-Kartenwerk der DFG, Serie W, Nr. 8, Bevölkerungsgeographie. (Borntraeger) Berlin, Stuttgart. (in Druckvorbereitung) 1978

Coursey, D. G. u. Haynes, P. H.: Root Crops and their Potentials as Food in the Tropics. World Crops 22, S. 261–265, 1970

Gleave, M. B. and H. P. White: Population Density and Agricultural Systems in West Africa. Thomas, M. F. and G. W. Whittington (Hrsg.) Environment and Land Use in Africa. London (Methuen) S. 273–300, 1968

Grenzebach, K.: Thematische Karte 1:1 Million: Ländliche Siedlungen in Südnigeria und Westkamerun. Afrika-Kartenwerk der DFG, Serie W, Nr. 9, Siedlungsgeographie. (Borntraeger) Berlin, Stuttgart 1976 a

Grenzebach, K. (Hrsg.): Entwicklung der Landnutzung in den Tropen und ihre Auswirkungen. Gießener Beiträge zur Entwicklungsforschung, I, 2, (Tropeninstitut) Gießen, 1976 b

Grenzebach, K.: Nutzflächenkartierung als Grundlage agrarräumlicher Analyse, dargestellt an Beispielen aus Tropisch-Afrika. Gießener Beiträge zur Entwicklungsforschung, Reihe I, Bd. 2: Entwicklung der Landnutzung in den Tropen und ihre Auswirkungen, Gießen (Tropeninstitut), 1976 c

Grenzebach, K.: Agrarräumlicher Strukturwandel infolge von Bevölkerungsverdichtung in dichtbesiedelten Grenzregionen der humiden Tropen Afrikas. (Beispiele: Niedere Casamançe/S-Senegal und Kilimanjaroregion/N-Tanzania). Gießener Beiträge zur Entwicklungsforschung, Reihe I, Bd. 3: Agrarwissenschaftliche Forschung in den humiden Tropen (Tropeninstitut) Gießen 1977

Grenzebach, K.: Luftbilder-Indikatoren für regionale Komplexanalyse. Orba-Strukturwandel in einem dichtbesiedelten Agrarraum Ostnigerias. Die Erde, 105, S. 97–115, 1974

Hundsalz, M.: Bevölkerungsbewegungen in Westnigeria, dargestellt am Beispiel von Abwanderungserscheinungen aus der NE-Oshun Division. Gießen 1972

Hunter, J. M.: Ascertaining Population Carrying Capacity under Traditional Systems of Agriculture in Developing Countries. Note on a method employed in Ghana. The Professional Geographer, 18, S. 151–154, 1966, nachgedruckt in: Prothero, M. (Hrsg.): Peoples and Land in Africa South of the Sahara. London (Oxford University Press) S. 299–302, 1972

Janke, B.: Naturpotential und Landnutzung im Nigertal bei Niamey/Rep. Niger. Jahrbuch der Geographischen Gesellschaft zu Hannover, Hannover 1973

Morgan, W. B.: Food Imports and Nutrition Problems in West Africa. Moss, R. P. & R. J. A. R. Rathbone (Hrsg.) The Population Factor in African Studies. University of London Press, London, S. 208–235, 1975

Mortimore, M. J.: Population Densities and Systems of Agricultural Land-use in Northern Nigeria. The Nigerian Geographical Journal, 14, 1, S. 3–16, 1971

Moss, R. P. & R. J. A. R. Rathbone (Hrsg.): The Population Factor in African Studies. University of London Press, 1975

Ojo, G. J. A.: Some Cultural Factors in the Critical Density of Population in Tropical Africa. Caldwell, J. C. and Okonjo, G. (Hrsg.) The Population of Tropical Africa. London (Longmans) S. 312–319, 1968

Prothero, R. M. (Hrsg.): People and Land in Africa South of the Sahara. Readings in Social Geography. Oxford University Press 1972

Roemer, T.: Wird die Lehre von Robert Malthus (1798–1805) in der zweiten Hälfte des 20. Jahrhunderts doch noch Wirklichkeit? = Gedenkschrift zur Doppelverleihung des Justus-von-Liebig-Preises 1949 und 1950, S. 3–16. Hamburg 1950

Schamp, E. W.: Zur Inwertsetzung eines ‚Eignungsraumes': Das Beispiel des Niaratales in der Volksrepublik Kongo. Kölner Forschungen zur Wirtschafts- und Sozialgeographie. 21. S. 297–321, 1976

Steel, R. W.: Population Increase and Flood Production in Tropical Africa. African Affairs (Special issue, S. 55–68, 1964

Thomas, M. F. & G. W. Whittington (Hrsg.): Environment and Land Use in Africa. London (Methuen) 1969

de VOS, A.: Africa the Devasted Continent? The Hague 1975

Vries, A.; Ferwerda, J. D. and Flack, M.: Choice of Good Crops in Relation to Actual and Potential Production in the Tropics. Netherland Journal of Agricultural Sciences, 15, S. 241–248, 1967

Waller, P., Hofmeier, R.: Methoden zur Bestimmung der Tragfähigkeit ländlicher Gebiete in Entwicklungsländern, dargestellt am Beispiel West-Kenyas. Die Erde, 99, S. 340–348, 1968

Weischet, W.: Die ökologische Benachteiligung der Tropen. Stuttgart 1977.

Diskussion zum Vortrag Grenzebach

Prof. Dr. W. Hetzel (Köln)
Ich danke Herrn Grenzebach für seinen aufschlußreichen, wohlfundierten Vortrag. Meine Bemerkungen bzw. Fragen betreffen die Ibo.
1. Die Ibo sind wohl aufgrund ihrer psychischen und sozialen Einstellung eher Wanderarbeiter als Aussiedler. Daraus resultiert ja auch sehr wesentlich die exzessive hohe agrarische Dichte im nördlichen Iboland. Besteht insoweit nicht ein Zusammenhang mit der Errichtung von Plantagen (staatliche Kapitalgesellschaften) im Cross River Becken, weil die Ibo hierfür – als Arbeiter – eher ein Gewinn sind als für die definitive bäuerliche Ansiedlung?
2. Sie haben von der Wiederherstellung oder Verbesserung des ökologischen Gleichgewichts durch Ölpalmenanpflanzung im nördlichen Iboland gesprochen. Die Frage ist doch wohl, was man damit erreichen will. Ökologisch günstigere Wirkungen sind sicher mit anderen Bäumen zu erzielen. Hier geht es sicher doch darum, bei einer *gewissen* Besserung der Verhältnisse noch eine agrarische Bodennutzung aufrechtzuerhalten, allerdings unter Inkaufnahme reduzierter Unterkulturen oder ganz ausfallender Produktion von Feldfrüchten.
3. Eine letzte Bemerkung, auch im Hinblick auf die Vorträge von Herrn Weischet. Die Ibo praktizieren m. W. die Anpflanzung von Büschen auf brachfallenden Flächen zur schnelleren Regeneration des Bodens. Es gibt also auch in den immerfeuchten Tropen Möglichkeiten und Praktiken der Bodenverbesserung mit entsprechender Ertragssteigerung.

Prof. Dr. E. Buchhofer (Marburg)
Sie sprachen von Expansionstendenzen der am dichtesten siedelnden und gleichzeitig numerisch stärksten Völker Nigerias, vor allem der Ibo. Wieweit stehen diesen Bestrebungen, die offenbar auch auf dem Sektor der Agrarsiedlung wirksam sind, Widerstände seitens der kleineren Nachbarvölker entgegen, d. h. gibt es dort eine politisch wirksame „Überfremdungsangst"?

Dr. K. Grenzebach (Gießen)
Ein Fragenkomplex betrifft die Art der *„ökologischen Steuerung"* hinsichtlich der Schaffung bzw. Zurückgewinnung günstiger mikroklimatisch und bodenklimatisch wirksamer Wachstumsbedingungen für Kulturpflanzen unter einem Schattendach von Baumkulturen bzw. der „Schonung" oder Neuanpflanzung anderer schattenspendender oder die Nährstoffentwicklung im Boden begünstigender Vegetation. Ein *„ökologisches Bewußtsein"* ist in der Tat unter dem Einfluß der Bodenverknappung und als Gegenbewegung zu vormaligem Raubbau an natürlichem ökologischen Potential bei den Bauern der dichtbesiedelten Regionen des Ibolandes, aber auch in anderen dichtbesiedelten Agrarräumen der Tropen, vorhanden.
Darüber hinaus gibt es auch in den feuchten Tropen, vorrangig in der Nähe der klimatischen Trockengrenze zahlreiche Möglichkeiten und auch Praktiken der Bodenverbesserung. Dies gilt insbesondere bei intensiver gartenbauähnlicher Dauernutzung, selbst an von Natur aus nährstoffarmen Standorten. Generell gilt in diesem Zusammenhang für Tropisch Afrika, daß die extensiven und teilweise infolge der Brachezeitverkürzung kritisch zu bewertenden Bodenbewirtschaftungssysteme zwar flächenmäßig stark ins Gewicht fallen, wirtschaftlich und bevölkerungsanteilsmäßig seit geraumer Zeit *untergeordnete Bedeutung* aufweisen. Die einschlägige Fachliteratur ist in diesem Zusammenhang *einseitig* ausgerichtet, sie „hinkt" nicht nur nach, sondern krankt auch an der Tatsache, daß *über 20 Jahre alte Fakten trotz derzeitig meistens doppelter Besiedlungsdichte immer wieder erneut und oft unkritisch verwendet werden.*
Zum zweiten Fragenkomplex: Die psychische und die soziale Einstellung, Eignung oder auch Reaktion eines Volkes sollte man grundsätzlich nicht pauschal bewerten. Das ist insbesondere für das 10 Millionenvolk der Ibo nicht möglich, das in sehr verschiedenartige Stammesverbände gegliedert werden kann. Fest steht jedoch, daß unter extremem Bevölkerungsdruck im Iboland Kräfte freigesetzt wurden, die Mitglieder dieses Volkes durch besondere Aktivitäten in allen Wirtschaftsbereichen auszeichnet, auch außerhalb ihres angestammten Siedlungsraums, und zwar nicht nur als Wanderarbeiter auf den Plantagen in weniger dicht bevölkerten Siedlungsräumen benachbarter kleiner Völker,

sondern auch durch bäuerliche Siedlungsaktivität innerhalb relativ dünnbesiedelter und meistens schwer zu erschließender Räume auch innerhalb des Ibolandes.

Der Ausbruch des Bürgerkrieges in Nigeria 1967 (Biafrakrieg) ist z. B. mit auf die unterschiedlichen Entwicklungsprozesse zurückzuführen, die von rapidem Bevölkerungswachstum und Überbevölkerung ausgingen und die auch durch Einengung des Ernährungsspielraums in großen Teilen des Ibolandes gekennzeichnet sind. Zu den Folgen des nicht zuletzt daraus erwachsenden Expansionsdrangs der Ibo und des Spannungsverhältnisses zwischen den Völkern und Stämmen dichtbesiedelter und weniger dicht besiedelter Gebiete gehören u. a. wirtschaftliche, psychologische, soziale Divergenzen, die politisch sicherlich „Überfremdungsängste" bei kleineren Völkern auslösten, aber eher unter dem Begriff „wirtschaftlicher Unterdrückung" und ihrer Folgen zu fassen sein dürften.

Zusammenfassende Diskussion zu den Vorträgen der Vormittagssitzung

Prof. Dr. E. Wirth (Erlangen)

Wenn Herr Weischet seine beiden Vorträge unter das Generalthema gestellt hätte: „*Auch* die Tropen haben ein ökologisches Handicap", dann würde ich diese Feststellung mit großem Nachdruck unterstreichen. Es ist das große Verdienst beider Vorträge gewesen, einmal eine wissenschaftliche Gegenposition aufzubauen zu der übergroßen Euphorie vieler Planer, welche den Tropen ein fast unbegrenztes Produktionspotential für Ernährungsgüter zuschreiben. Durchaus zu Recht muß der Geograph darauf hinweisen, daß in den Tropen zwar die beiden Grundvoraussetzungen für Pflanzenwachstum, Feuchtigkeit und Wärme, in reichem Maße vorhanden sind, daß in anderen Bereichen der natürlichen Ausstattung jedoch erhebliche einschränkende Faktoren liegen.

In einigen Gedankengängen verführen die Ausführungen von Herrn Weischet aber zu weitreichenden Fehlschlüssen. Herr Weischet hat diese zwar selbst nicht formuliert; im Gespräch mit Tagungsteilnehmern bemerkte ich jedoch, daß seine Ausführungen gelegentlich sehr mißverstanden wurden. Ein erstes Mißverständnis könnte man folgendermaßen formulieren: „*Nur* die Tropen haben ein ökologisches Handicap" oder „Das ökologische Handicap der Tropen ist *größer* als das anderer Klimazonen". Hier möchte ich mit Nachdruck widersprechen: Das ökologische Handicap der Subtropen steht dem der Tropen sicher nicht nach, und selbst für unsere gemäßigten Mittelbreiten ließen sich viele ökologische Hemm-Faktoren aufweisen.

Ein zweites Mißverständnis würde besagen: „Das ökologische Handicap der Tropen ist nicht zu beheben". Auch davon kann natürlich keine Rede sein. Sowohl in Teilen Indonesiens als auch im Südosten der USA gibt es Böden, die den von Herrn Weischet geschilderten Böden weitgehend gleichen, die aber dennoch hohe Erträge bringen. Durch überlegte agrartechnische und agrarwirtschaftliche Maßnahmen lassen sich eben auch solche Böden gut in den Griff bekommen.

Das dritte und schlimmste Mißverständnis würde lauten: „Die Länder der Dritten Welt sind *deshalb* unterentwickelt, weil ein ökologisches Handicap der Tropen besteht". Gegen eine solche Schlußfolgerung müßte ich am schärfsten protestieren. Der Entwicklungsrückstand der Länder der Dritten Welt ist durch historische, politische, wirtschaftliche und soziale Faktoren bedingt. Entwicklungshemmnisse aus dem Bereich der physischen Geographie spielen demgegenüber sicher nur eine sehr untergeordnete Rolle.

Prof. Dr. W. Weischet (Freiburg)

Herr Wirth sagt zwar, daß ich die Fehlschlüsse selbst nicht formuliert hätte. Seine Einwände richten sich aber gegen meine Thesen in leicht modifizierter Form. Ich wiederhole also zunächst meine These, daß die tropischen Lebensräume hinsichtlich des agrarwirtschaftlichen Produktionspotentials aus physisch-geographischen Gründen einem Handicap unterliegen, wie es in den Subtropen und Außertropen nicht gegeben ist.

1. Zu Punkt 3 der Ausführungen von Herrn Wirth habe ich ausdrücklich gesagt, daß man die *kulturhistorische Wurzel* des Nord-Süd-Gefälles besser verstehen kann. Als kulturhistorische Wurzel halte ich die Argumente allerdings für entscheidend, nicht für untergeordnet. Davon gehe ich nicht ab.

2. Auch die Winterregen-Subtropen haben natürlich ihre ökologischen Probleme. Meine Behauptung war, daß sie hinsichtlich der Anlage der Staudämme und der Bewässerungsanlagen im Vergleich zu den wechselfeuchten Tropen geringere Schwierigkeiten haben. Der von Herrn Wirth angeführte Tigris hat eine Stromaue. Das haben die Flüsse im oberen und mittleren Dekkan-Plateau nicht.

3. Daß es in den USA „genau die gleichen Böden" – wie es Herr Wirth formulierte – gibt wie in den feuchten Tropen, kann ich so nicht entscheiden. Wir müssen unsere Diskussion nicht auf qualitative Urteile, sondern auf quantifizierbare Charakteristika konzentrieren. Nur dann läßt sich differenziert urteilen.

Im allgemeinen geht es nicht darum, ob „*auch* die Tropen" oder „*nur* die Tropen" ein ökologisches Handicap haben. Es geht um *das* ökologische Handicap im Hinblick auf den Übergang von der flächenaufwendigen Land-Feld-Wechselwirtschaft zum Dauerfeldbau und für die äußeren Tropen vom Dauerfeldbau zur Bewässerungswirtschaft. Das ist jeweils größer als in den Subtropen und Außertropen. Davon gehe ich auch nicht ab. Schärfstens protestieren hilft nicht viel, es kommt darauf an, den eventuellen Fehler in meiner Ableitung nachzuweisen.

Prof. Dr. G. Sandner (Hamburg)

Im Anschluß an die vier vorangehenden Beiträge erscheinen mir drei allgemeine Hinweise am Platze. Erstens sollten wir bei dieser Problematik die regionale Dimension stärker beachten, denn es geht beim Ernährungsspielraum ja auch um Bilanzen und funktionale Verflechtungen. Für kleine Regionen liegt die Problematik da ganz anders als für den nationalen und den globalen Rahmen. Im übrigen erscheint es nur wenig ergiebig, von Gesamtvorteilen oder -benachteiligungen sehr großer Regionen auszugehen, wenn ihre Binnengliederung sehr stark ist. Zweitens scheint mir die Kausaldiskussion mit der betonten Gegenüberstellung Naturfaktoren – Mensch wenig ergiebig, weil die Bereiche kaum trennbar sind. Drittens sollte der Begriff Ernährungsspielraum noch weiter geklärt werden. Spielraum bedeutet Bandbreite von Möglichkeiten, die unter unterschiedlichen Bedingungen und Druck unterschiedlich ausgenutzt werden. „Ernährungsspielraum" bedeutet doch nicht Selbstversorgung eines Raumes (und wenn, auf welcher regionalen Basis?) mit Nahrungsmitteln, wichtiger erscheint mir in regionaler Sicht die Erlangung einer Lebensbasis, die Fähigkeit zur Ernährung auch über das Eintauschen oder den Kauf von Nahrungsmitteln. Wir sind offensichtlich noch weit davon entfernt, den Systemzusammenhang, die Verknüpfung der Teilaspekte und nicht nur die Teilaspekte selbst, zu verstehen. Dazu müßte bei dieser Thematik ein sehr viel breiterer Satz von Faktoren einbezogen werden.

Prof. Dr. G. Heinritz (München)

Auch wenn einzuräumen ist, daß es bedauerlicherweise in der Auseinandersetzung mit deterministischen Konzepten in der Geographie gelegentlich zu einer Art „Overkill" der physischen Geographie gekommen sein mag, so ändert dies doch nichts daran, daß physisch-geographische Faktoren die Entwicklung von Räumen jedenfalls nicht determinieren können.

Wenn es also nur darum gehen kann, den Stellenwert physisch-geographischer Faktoren für solche Entwicklungen zu untersuchen, so scheint es mir wenig erfolgversprechend zu sein, ausschließlich diese Faktoren als unabhängige Variable zur Erklärung der abhängigen Variablen „Entwicklungsstand" heranzuziehen, denn selbstverständlich können bei diesem Vorgehen zur Erklärung von Entwicklungsunterschieden dann nur physisch-geographische Faktoren in Betracht kommen. Müßte es nicht im Gegenteil darum gehen, die physisch-geographischen Variablen im Kontext jeweils anderer sozialgeographischer Rahmenbedingungen zu betrachten um festzustellen, wie erheblich oder unerheblich die Abweichungen der Wirkungskraft z. B. der Variablen „Boden" tatsächlich sind.

Prof. Dr. W. Weischet (Freiburg)

Die Behauptung, daß physisch-geographische Faktoren die Entwicklung von Räumen nicht determinieren können, ist in dieser umfassenden Formulierung wieder eine Art von Overkill. Was heißt Entwicklung von Räumen determinieren? Es muß doch gesagt werden Entwicklung wozu.

Mein Ziel ist eine naturwissenschaftlich strenge Ableitung in einer bestimmten Richtung, nämlich dem agrarwirtschaftlichen Produktionspotential bei optimierten sozio-ökonomischen Randbedingungen, und das im Vergleich für Außertropen und Tropen.

OStR. R. Helwig (Hamburg)

Herr Weischet, Sie haben uns gestern drastisch die Folgen der shifting cultivation vorgeführt und von den Ursachen her untermauert, was bereits seit langem bekannt ist. Nun ist es auffällig, wenn ich Herrn Grenzebach eben richtig verstanden habe, daß in S Nigeria der Anbau z. T. viel länger auf den gleichen Flächen möglich ist, als Sie es schilderten. Auch ist ja bekannt, daß es bei stärkerer Nutzung der Waldgebiete zu Klimaveränderungen (Vorrücken der Wüste) kommt, wie z. B. im Norden der Elfenbeinküste, wo das Problem schon seit den 50er Jahren bekannt ist. Herr Grenzebach hat deshalb vorhin auch die von den Engländern erwähnten Waldschutzstreifen in S-Nigeria erwähnt, und heute morgen wurde in der Diskussion auch darauf hingewiesen, daß im tropischen Regenwald z. T. Buschreihen angelegt werden mit dem Ziel der Bodenverbesserung. Hat man nun versucht, durch Schattenbäume wie beim Kaffeeanbau der Subtropen die Bodenstruktur bei der „shifting cultivation" zu verbessern, d. h. daß das Pilzgeflecht im Boden nicht abstirbt, die Auswaschung und Abspülung geringer wird und dadurch bessere Anbaubedingungen erzielt werden? Hat man auch den Anbau von Bananen versucht, um die Bodenstruktur zu erhalten?

Eine 2. Frage an Herrn Grenzebach: Hat das Vordringen der Kakao-Kultur in die Waldschutzstreifen im Süden des Yoruba-Gebietes klimatische oder bodenkundliche Veränderungen zur Folge?

Prof. Dr. W. Weischet (Freiburg)

Es sind von den Philippinen und aus Tropisch Südamerika Techniken bekannt, Reste des Urwaldes in Reihen stehen zu lassen. Dabei sind auch Erfolge bezüglich der nachhaltigen Fruchtbarkeit erzielt worden. Aber erstens ist das bei der Brandrodung technisch schwer durchführbar und zweitens bleibt die Restvegetation immer als Konkurrent in der Fläche. Diese wird für die Nahrungsproduktion eingeschränkt.

Dr. H. Schneider (Stuttgart)

Die Methode, unter Ausschaltung bzw. Optimierung verschiedener Rahmenbedingungen die Bedeutung einer einzelnen Rahmenbedingung herauszuarbeiten, erbringt beeindruckende Ergebnisse. Aber als unabdingbar verknüpfter Schritt muß eine Gewichtung dieser Rahmenbedingungen und ihrer Wirkungen damit verbunden werden, um Fehldeutungen zu vermeiden.

Die Randbemerkung von Herrn Weischet, sozioökonomische Rahmenbedingungen seien leicht veränderbar, den natürlichen Rahmenbedingungen komme prinzipielle Bedeutung zu, legt den Schluß nahe, innerhalb des technologischen Systems der Grünen Revolution komme den natürlichen Rahmenbedingungen das Hauptgewicht als begrenzenden Faktoren zu. Herr Wilhelmy hat genau entgegengesetzt gewichtet: natürliche Faktoren veränderbar, sozioökonomische Bedingungen schwer veränderbar und deshalb zur Zeit besonders schwerwiegend als begrenzende Faktoren.

Worauf gründen sich solche Gewichtungen und innerhalb welcher Rahmenbedingungen sind sie wiederum gültig, und liegt nicht in der Gewichtung dieser Faktoren gerade eine wichtige Aufgabe der Geographie?

Prof. Dr. W. Weischet (Freiburg)

Die Bedeutung der Kaolisole als begrenzenden Faktor für die Anwendung des Green Revolution Technological Package herauszuanalysieren war das Ziel. Und in der Tat muß man aus den Ergebnissen folgern, daß unter den gegenwärtig bekannten Möglichkeiten in Gebieten mit stark ferrallitischen Böden diesen das Hauptgewicht als produktionsbegrenzender Faktor im Rahmen der Grünen Revolution zugemessen werden muß. Über anderen Böden ist es sicher anders, z. B. über den Black-Cotton-Soils des Dekkan-Plateaus.

ERNÄHRUNGSGRUNDLAGEN UND EINKOMMENSQUELLEN BEI ZUNEHMENDEM BEVÖLKERUNGSDRUCK IN DEN US-AMERIKANISCHEN INDIANER-RESERVATIONEN

Mit 4 Abbildungen und 2 Tabellen

Von Burkhard Hofmeister (Berlin)

VORBEMERKUNGEN

Allgemeingültige Aussagen über die Indianer-Reservationen in USA zu machen, auch wenn sie nur auf den einen Aspekt der Ernährungs- und Erwerbsgrundlage beschränkt bleiben, ist in diesem knappen Rahmen kaum möglich. Die folgenden Ausführungen werden sich daher sehr stark auf die Navajo-Reservation beziehen und können keine Allgemeingültigkeit beanspruchen. Denn aus vier Gründen ist das Objekt Reservation viel zu mannigfaltig: 1. besteht die Indianerbevölkerung Nordamerikas aus mehreren hundert Gruppen unterschiedlicher Sprache, Religion, sozialer Bindungen; 2. leben die Indianer kontinentweit verteilt über Gebiete verschiedenster naturgeographischer Ausstattung und wirtschaftlicher Eignung; 3. hatten die einzelnen Stämme verschiedenartige Schicksale in ihrer Berührung mit Engländern, Franzosen, Spaniern und den Amerikanern mit ihrer über zwei Jahrhunderte wechselvollen Indianerpolitik; 4. handelt es sich um sehr unterschiedliche Gebietsabmessungen von einer nur wenige Hektar umfassenden Ortschaft bis hin zu der 57 000 km² großen Navajo-Reservation mit ihren heute etwa 140 000 Menschen.

Eine zweite Feststellung betrifft die Einschätzung der sozialökonomischen Situation auf den Indianer-Reservationen, die einen Vergleich mit den Entwicklungsländern der Dritten Welt nahelegt. Parallelen zeigen sich in der Tat im raschen Bevölkerungswachstum, im Bildungsdefizit, in hoher Arbeitslosigkeit, geringer Arbeitsproduktivität, geringem pro-Kopf-Einkommen, in noch weit verbreiteter Subsistenzwirtschaft und Rohstoffausfuhr, hohem Anteil von Konzessionsgebühren und Pachtzinsen am Stammeseinkommen, in dem geringen Beitrag der Industrie zum Sozialprodukt, im überproportionalen Wachstum des Dienstleistungssektors, in den großen Hoffnungen auf den Tourismus für die Sanierung des öffentlichen Haushaltes, schließlich im noch deutlich spürbaren Erbe der Kolonialzeit, im Falle der Reservationen in der verfehlten Indianer-Politik zurückliegender Epochen.

Dennoch liegen die Dinge hier anders, sind doch die Reservationen *Inseln innerhalb eines ansonsten hoch zivilisierten Großraumes,* müssen sie doch z. B. mit dem sie umgebenden gewaltigen Binnenmarkt der USA in Konkurrenz treten! Auch sind sie *kleine* Gebiete, innerhalb deren man kaum von regionalen Disparitäten wird sprechen können, mit der einzigen Ausnahme der bereits erwähnten 57 000 km² messenden Navajo-Reservation, in der tatsächlich ein Ost-West-Gefälle erkennbar ist. An zweiter Stelle folgt dann die Pine-Ridge-Reservation mit nur 11 000 km², alle anderen Reservationen bleiben weit darunter.

Insofern haben wir es hier eher mit einer „Vierten Welt" zu tun, wie es Feest (1976) vorschlägt und was im Sinne von Blencks Forderungen (1974) nach kulturerdteilspezifischen

Modellen von entwicklungshemmenden Strukturen, Abhängigkeiten und Prozessen festgehalten werden soll.

Mit diesen Vorbehalten wollen wir der Frage der Ernährungsgrundlagen und Einkommensquellen der Reservationen in drei Punkten nachgehen: 1. ökologische und ökonomische Situation, wie sie in der Erwerbsstruktur und im Stammesbudget reflektiert werden, 2. endogene und exogene Hemmnisse gegenüber dem Aufbau einer modernen Wirtschaft, 3. einige wesentliche entwicklungspolitische Folgerungen.

I. ÖKOLOGISCHE UND ÖKONOMISCHE SITUATION

Zum Verständnis der den Indianern auf ihren Reservationen zur Verfügung stehenden meist recht beschränkten Ressourcen ist es wesentlich sich zu vergegenwärtigen, wann und wo diese Reservationen eingerichtet wurden. Die beiden entscheidenden gesetzgeberischen Schritte der US-Regierung waren der Indian Removal Act 1830, in dessen Folge über 100 „Verträge" über Landabtretungen seitens der Oststaaten-Indianer an die USA und Zuweisungen von Ersatzland westlich des Mississippi zustande kamen, und der Indian Appropriation Act von 1851, der ausgelöst worden war durch die gewaltigen Landeroberungen und -käufe der Jahre 1845–1848 im Gefolge der Unterwanderung von Texas, des mexikanisch-amerikanischen Krieges und der Entscheidung über das Oregon-Territorium. Die Zeitspanne 1851–1917, d. h. die Zeit vor 6–12 Jahrzehnten, war die Epoche der meisten Reservationsgründungen. Die einmal festgelegten Grenzen einer Reservation sind durchaus nichts Feststehendes. Das ursprünglich abgesteckte Reservationsland eines Stammes war meist, jedoch nicht in jedem Fall, ein den Indianern vom Kongreß auf Dauer zur Verfügung gestelltes Gebiet (Treaty Reservation). Gelegentlich waren diese ursprüngliche Reservation und oftmals spätere Erweiterungen auf Erlaß des Präsidenten (Executive-Order Reservation) zustande gekommen, was der Kongreß bei Bedarf jederzeit rückgängig machen konnte. Vielen Stämmen ging ein Teil ihres Landes verloren, das aufgrund des General Allotment Act 1887, der den Indianern privates Bodeneigentum als eine Art Heimstätte zuweisen sollte, als nicht aufgeteilte Restfläche übrig geblieben war; in jüngerer Zeit wurde ihnen Land entzogen, wenn Bodenschätze gefunden oder Bewässerungsbauten durchgeführt wurden.

Zwar wuchs in vielen Fällen das Reservationsland durch solche weiteren Landzuweisungen. Z. B. erhielten die Navajos, deren Reservation auf das Jahr 1868 zurückgeht, mehrfach solche Zuweisungen durch Präsidentenerlaß, so daß sich bis 1968 ihre Reservation von rd. 14 000 km^2 auf 57 000 km^2 vervierfachte (Abb. 1). Im Laufe dieser 100 Jahre wuchs aber die Stammesbevölkerung von rd. 8000 auf 140 000, also auf das 18fache!

An dieser Stelle sollte ergänzt werden, daß der zeitliche Aspekt auch für die so wichtige Frage der Indian Water Rights in den indianerreichen Südweststaaten eine Rolle spielt. Wasser ist hier meist der Faktor, der über die Möglichkeit von Ackerbau und über den Intensitätsgrad der Viehwirtschaft entscheidet. Abgesehen aber von dem rechtlichen Durcheinander, das dadurch heraufbeschworen wird, daß in Auseinandersetzungen über Wasserzuweisungen auf Indianer-Reservationen neben dem im Südwesten weit verbreiteten Erstlingsrecht (Doctrin of Prior Appropriation) auch noch einzelstaatliche Sonderrechte, Grundsätze der Treuhandpolitik des Bureau of Indian Affairs (BIA) und Interessen des Bureau of Reclamation herangezogen werden, liegen Entscheidungen vielfach schon lange zurück. So geht in der Colorado River Indian Reservation die Festsetzung der Bewässerungsfläche und der entsprechenden Wassermenge auf das Jahr 1864 zurück, so daß ihre Bewohner mit Recht argumentieren, daß eine Revision der Wasserfrage längst überfällig sei.

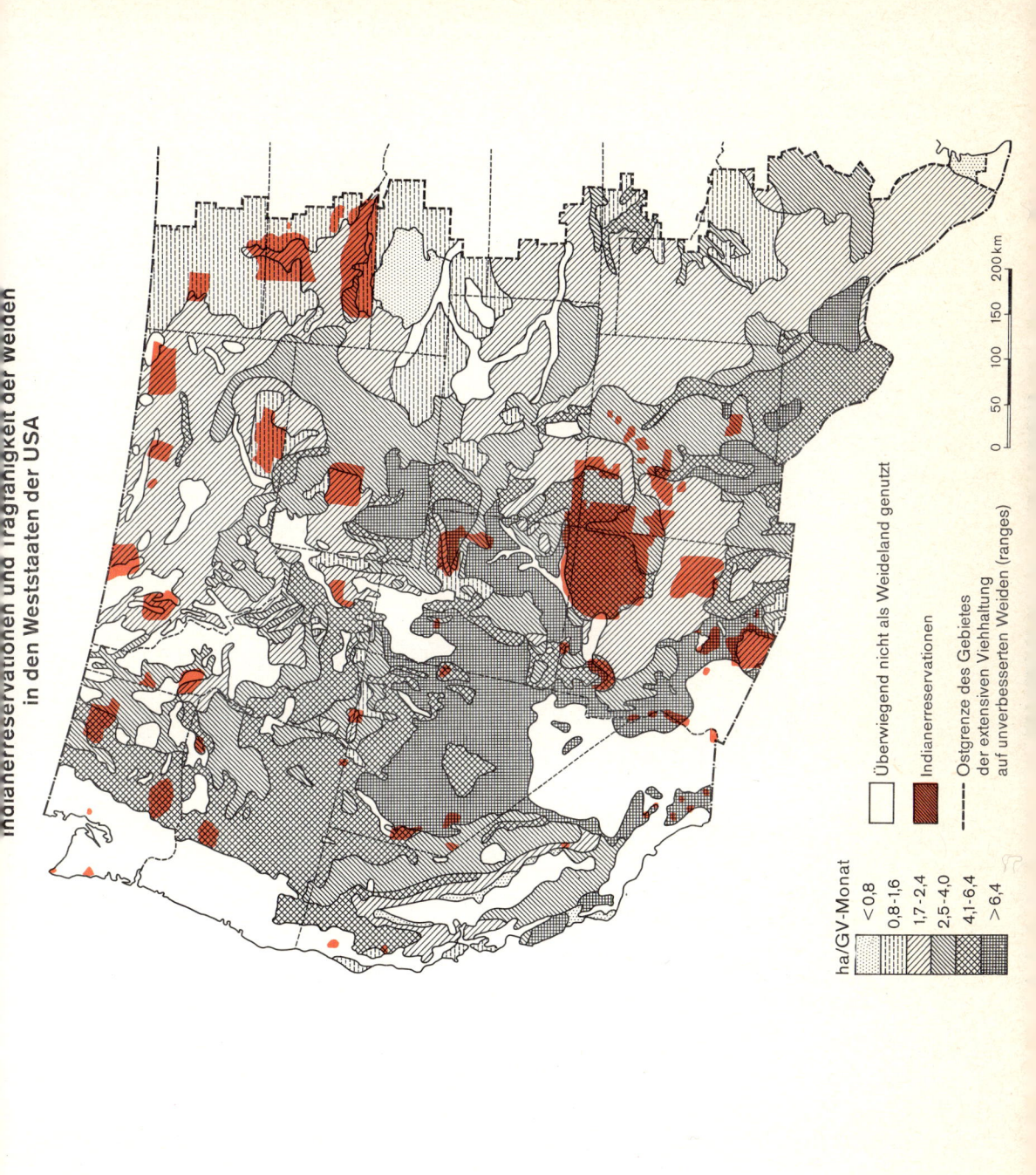

Indianerreservationen und Tragfähigkeit der Weiden in den Weststaaten der USA

ha/GV-Monat
- <0,8
- 0,8–1,6
- 1,7–2,4
- 2,5–4,0
- 4,1–6,4
- >6,4

Überwiegend nicht als Weideland genutzt

Indianerreservationen

Ostgrenze des Gebietes der extensiven Viehhaltung auf unverbesserten Weiden (ranges)

0 50 100 150 200 km

Ernährungsgrundlagen und Einkommensquellen 333

Grenzveränderungen der Navajo-Reservation

- Hopi-Reservation
- Navajo-Reservation 1868
- Durch Gesetz oder executive order hinzukommen
- Entzogen und wieder hinzugefügt
- Entzogen

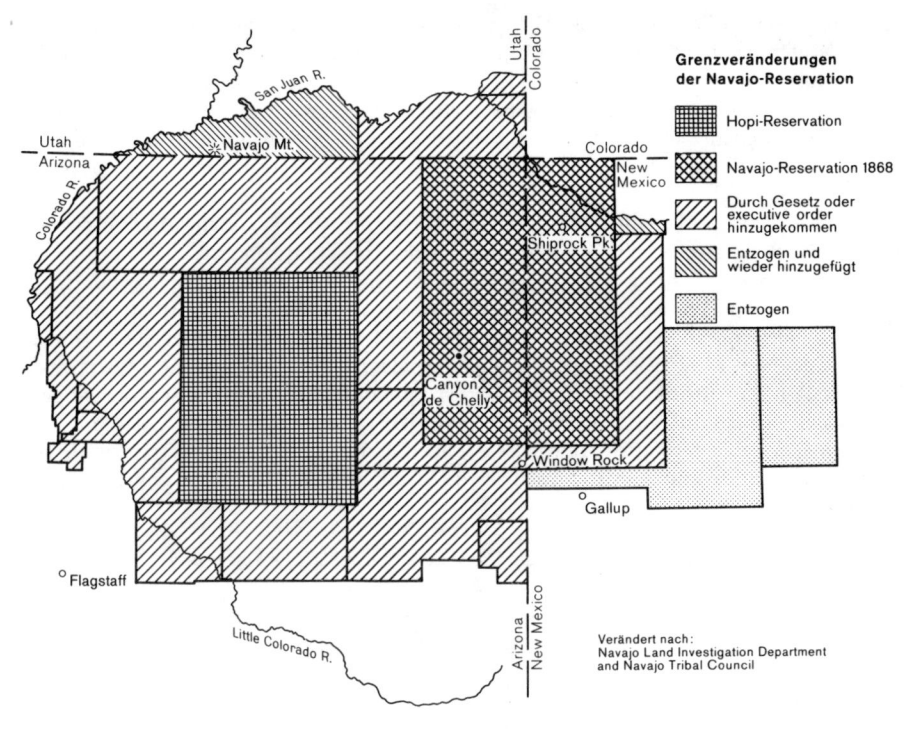

Verändert nach:
Navajo Land Investigation Department
and Navajo Tribal Council

Abb. 1 Flächenwachstum der Navajo-Reservation
Wiedergegeben aus Geographische Rundschau Heft 12/1976 mit Genehmigung des Verlages Georg Westermann

Kommen wir zu der Frage: Wo liegen die Reservationen? 189 von insgesamt 244 für das Jahr 1970 im EDA-Handbook verzeichneten Reservationen liegen in den 17 Weststaaten westlich des Mississippi, die meisten im semiariden bis ariden Teil des Kontinents. Es wäre unzutreffend zu sagen, wie man öfter hören kann, die Amerikaner hätten die Indianer samt und sonders mit Absicht in die kärglichsten Gebiete dieser Westhälfte abgeschoben. Ein Blick auf eine Karte, die die Lage der Weststaaten-Reservationen mit den Tragfähigkeitsverhältnissen der Ranges, also im allgemeinen der unverbesserten Weideländereien, den Erhebungen des Landwirtschaftsministeriums entsprechend vergleicht, belehrt uns, daß das nicht generell der Fall ist, am ehesten noch auf einen größeren Teil des Südwestens zutrifft. Richtig dagegen ist, daß die staatlich verfügte Fixierung der Stämme auf relativ eng begrenzte Räume in hohem Maße die hauptsächlich von der Jagd lebenden nomadisierenden Stämme wie die Navajos treffen mußte, während die zu den „agriculturists" rechnenden Pueblo-Indianer im Rio Grande-Gebiet dadurch keine nennenswerte Beeinträchtigung ihrer Lebensweise und Ernährungsgrundlage erfuhren (Abb. 2).

Zum anderen bedeutete für diese auf Jagd und Nomadisieren eingestellten Navajos die Übernahme des Schafes, das sie bis heute noch in teilweise transhumanter Weise unter Einbeziehung des Nationaldenkmal-Gebietes des Canyon de Chelly als jahreszeitlich bestockungsfähiges Weidegebiet halten, sogar eine ausgezeichnete Möglichkeit zur Beibehaltung ihres traditionellen Lebensstils. Die Kunst des Webens, durch die sie berühmt geworden sind, erlernten sie offenbar Ende des 17. Jh., als sie in den Wirren der spanischen Eroberung zwangsläufig mit den östlichen Pueblo-Indianern in engeren Kontakt kamen. Nach Lindig (1976, S. 140) sollen sie zwar gegen die Weberei eine gewisse Aversion haben, da zur kolonial-spanischen Zeit die Ablieferung von Decken zu ihrer hauptsächlichen Tributlast gehörte, doch haben sie sich mit anwachsendem Tourismus und steigender Nachfrage immer stärker auf das Weben von Teppichen verlegt.

Ackerbau dagegen blieb ihnen wesensfremd. Weder die frühe spanische Missionstätigkeit noch das Regierungsprogramm während ihrer 4jährigen Militärgefangenschaft bei Ft. Sumner 1864–1868 konnten sie für Ackerbau einnehmen. Durch die Nichtanwendung des General Allotment Act in großen Teilen des Südwestens blieb ihnen die ernsthafte Konfrontation mit diesem Problem erspart. Auch das kleine Bewässerungsprojekt bei Fruitland während des New Deal 1936, eine der Maßnahmen der Roosevelt-Regierung im Bereich der Indianer-Politik, wurde kein Erfolg. Umso gespannter darf man sein, wie sich die Dinge im Gebiet des Navajo Indian Irrigation Project (NIIP) entwickeln werden, das mit einer vorgesehenen Bewässerungsfläche von 44 250 ha das umfangreichste Bewässerungsprojekt auf Indianerland ist und agrartechnisch seit 1970 auf einer Versuchsfarm von 1120 ha bei

Tab. 1 *Erwerbsstruktur der Bevölkerung der Navajo-Reservation*
Stand: 1. 4. 1974*)

	Zahl	Bemerkungen
Stammesbevölkerung	140 000	
Erwerbsbevölkerung	47 317	33,8% der Stammesbevölkerung
Davon in:		
Land- und Forstwirtschaft	840	490 in Navajo Forest Products Industries
Bergbau	518	
Baugewerbe	741	
Produzierendes Gewerbe	1 281	922 in Fairchild Plant, die 1975 geschlossen wurde
Handel und Verkehr	1 225	
Fremdenverkehr	217	
Öffentliche Dienste	9 458	
Auf der Reservation lohnabhängig Beschäftigte	14 280	plus 5 860 Nicht-Navajos
Außerhalb der Reservation lohnabhängig Beschäftigte	6 625	davon ca. 2 000 bei Eisenbahnen, 2 500 Wanderarbeiter
Lohnabhängig Beschäftigte ges.	20 905	44,2% der Erwerbsbevölkerung
Unterbeschäftigte (in agrarer Subsistenzwirtschaft und traditionellen Handwerken	9 845	20,8% ⎫ 55,8% der Erwerbsbevölkerung
Arbeitslose	16 567	35,0% ⎭

*) Auf und nahe der Reservation lebende Angehörige des Navajo Tribe nach Erhebungen des Bureau of Indian Affairs und des Office of Program Development, Navajo Tribe in Window Rock.

Tab. 2 *Stammesetat 1973 und Subventionen der Navajo-Reservation*

	Stammesetat in $	Subventionen in
Bergbau		
Konzessionen für Öl- und Erdgasgewinnung	6 792 000	
Konzessionen für Kohleabbau	1 745 000	
Landpacht für Uranprospektion	6 000 000	
Aus Bergbaukonzessionen insgesamt	14 537 000	
Sand- und Kiesgewinnung	250 000	
Navajo Forest Products Industries	2 535 000	
Navajo Agricultural Products Industries u. a. Einkünfte, z. B. Pacht von Farmland (geschätzt)	678 000	
Stammesetat (Eigenmittel)	18 000 000	
Office of Navajo Economic Opportunity	12 000 000	12 000 000
Bureau of Indian Affairs-Mittel*)	111 000 000	111 000 000
Zur Verfügung des Stammesrates	141 000 000	
Indian Health Service		35 000 000
Economic Development Administration (1975)		4 200 000
Four Corners Regional Commission		1 235 000
Andere Regierungsprogramme		86 500 000
Regierungsprogramme insgesamt		250 000 000
Stammesetat und Regierungsprogramme		268 000 000

*) Seit Juli 1972 aufgrund sogenannter self-rule in die Entscheidung des Stammesrates gestellt.

Shiprock vorbereitet worden ist. Hierhinein spielt nicht zuletzt die noch immer umstrittene Frage der *Betriebsgrößen,* und von dieser wiederum wird abhängen, wieviele Arbeitskräfte und Familien davon ihr Auskommen finden werden. Während das BIA von Großbetrieben ausging, was ein Maximum von 2000 Beschäftigten bedeuten würde, hatte ein Teil der Stammesangehörigen selbst für Kleinbetriebe plädiert, mit denen etwa 8000 Beschäftigte und ihre Familienangehörigen versorgt werden könnten. Der indianische Projektleiter hat sich für eine Mischung von Großbetrieben in der Regie des Stammesrates und kleinen Familienbetrieben ausgesprochen.

Werfen wir nun einen Blick auf die Erwerbsstruktur und das Jahresbudget des Stammes der Navajo. Die Angaben über die Gesamtbevölkerung und die Erwerbstätigen dürfen allerdings nur als ganz grobe Annäherungswerte angesehen werden, da wegen Erhebungsschwierigkeiten, auf die hier nicht näher eingegangen werden kann, große Unsicherheit über die tatsächliche Zahl der Reservations-Indianer sowie auch über die Zahl der in traditionellen Zweigen der Subsistenzwirtschaft Beschäftigten herrscht. Die einzigen genauen, jedoch kurzfristigen Schwankungen unterworfenen Zahlen sind diejenigen über die auf der Reservation selbst lohnabhängig Beschäftigten (Tabellen 1 und 2).

Folgende Umstände verdienen besonders festgehalten zu werden:
1. Nur 33,8 % der Stammesbevölkerung rechnen zur *Erwerbsbevölkerung.* Das hängt zum einen mit Altersaufbau und Familiengröße zusammen: Die Hälfte der Navajo-Reservations-

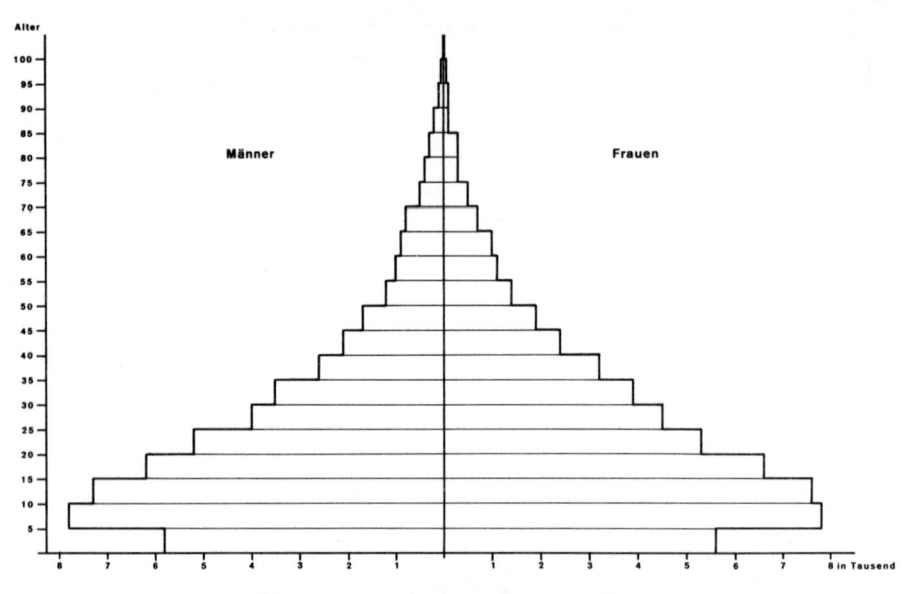

Abb. 3 Altersaufbau der Navajo-Bevölkerung

indianer ist unter 20 Jahre alt (Abb. 3), und die durchschnittliche Familiengröße liegt heute bei 5,6 (1937 bei 4,9). Es ist also eine sehr junge Bevölkerung. Zumindest ein zweiter Grund, der hier noch ins Feld geführt werden muß, ist der, daß als arbeitslos nur diejenigen zählen, die eine lohnabhängige Beschäftigung auf der Reservation selbst suchen.

2. 55,8% der Erwerbsbevölkerung sind zum größeren Teil *arbeitslos* und zum kleineren unterbeschäftigt, wobei die Unterbeschäftigten solche sind, die von Subsistenzwirtschaft, hauptsächlich Schafhaltung und etwas Ackerbau und von traditionellen Handwerken, d. h. auf der Navajo-Reservation in erster Linie von Silberschmiedekunst und Weberei, ihr Leben fristen.

Vergleichsweise liegt die Arbeitslosigkeit mit 35% noch niedrig, da bei vielen anderen Stämmen, die freilich in absoluten Zahlen sehr viel kleiner sind, etwa die Hälfte der Erwerbsbevölkerung arbeitslos ist.

Die Unterbeschäftigung dagegen, gemessen an der normalen Arbeitszeit der lohnabhängig Beschäftigten, ist mit 20,8% gegenüber früheren Zeiten erheblich zurückgegangen. Nach verschiedenen Berechnungen aus den Jahren 1936/37 ergibt sich, daß etwa 72% der Gesamtbevölkerung von damals 49 000 Navajos von der Viehhaltung und noch ein paar weitere Prozent vom Ackerbau, also *mindestens ¾ der Bevölkerung von agrarer Subsistenzwirtschaft abhängig waren.* Dazu ist aber wichtig festzustellen, daß dieser hohe Bevölkerungsanteil gerade eben über dem damaligen Existenzminimum lebte und daß bei seither stark gestiegenem Preisniveau die Reservationsbevölkerung auf etwa die dreifache Zahl angestiegen ist! Mit der zwangsweise durchgeführten Reduzierung des Schafbestandes während des New Deal wegen Überstockung und Erosionsschäden des Weidelandes und mit der Substitution des Schafes als Statussymbol durch den Pkw bzw. pickup truck im Gefolge des Krieges und der damit für die Navajos zunehmenden Bedeutung lohnabhängiger

Beschäftigungen erfolgte in den 40er Jahren ein grundlegender Wandel der Erwerbsstruktur der Reservationsbevölkerung. Der damit einhergehende Wandel der Wertvorstellungen hat auch Auswirkungen auf das noch später zu nennende Trading Post-System und Kaufverhalten der Indianer gehabt.

Einem langjährigen Entwicklungsplan zufolge wird bis 1992 die Arbeitslosigkeit nicht verschwunden, aber doch, wie man hofft, auf 10% zurückgegangen sein. Unterbeschäftigung soll es gar nicht mehr geben, da man erreichen will, daß in traditionellen Formen der agraren Subsistenzwirtschaft und des Handwerks nur noch 7% der Erwerbsbevölkerung, aber mit Einkommen über dem Existenzminimum, tätig sein werden (Abb. 4).

3. Der bisherige Beitrag des *Produzierenden Gewerbes* zu Gesamtbeschäftigung und Verdienst der Reservationsbevölkerung blieb *dürftig* und ist darüber hinaus *Schwankungen* unterworfen. So sind in der Zahl von 1281 Industriebeschäftigten des Jahres 1974 allein 922 Belegschaftsmitglieder eines Halbleiterwerkes in Shiprock enthalten, das nach einer vom American Indian Movement initiierten Besetzung 1975 seine Produktion auf der Reservation vollkommen einstellte, so daß zunächst nur 360 Beschäftigte in ein paar Kleinbetrieben übrig blieben.

Abhängig vom Branchenspektrum und sicherlich weiteren Faktoren wie z. B. der Einstellung der Indianer zur Industriearbeit, worauf im Zusammenhang mit den endogenen Hemmnissen noch eingegangen wird, ist der Anteil der indianischen Arbeiter an der Belegschaft. Dieser Anteil liegt im Durchschnitt der Reservationen recht *niedrig*, nämlich bei nur 45%. Die Navajo-Reservation weicht im positiven Sinne von diesem Durchschnitt stark ab, indem hier der Navajo-Anteil 92,6% ausmacht. Das hängt nun mit dem Halbleiterwerk als dem damals hauptsächlich industriellen Arbeitgeber auf der Reservation zusammen. Zugleich war damit aber auch die Situation in Shiprock problematisch, da dieses Halbleiterwerk zu etwa 9/10 *Frauen* beschäftigte. In Entwicklungsländern hört man öfter von Schwierigkeiten mit Frauenarbeit außerhalb der traditionellen Wirtschaftszweige. Im Falle dieser

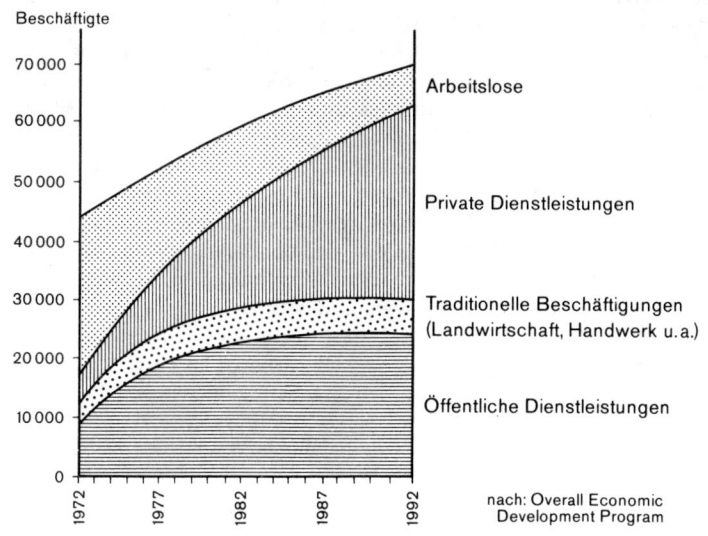

Abb. 4 Entwicklung der Erwerbsstruktur auf der Navajo-Reservation
Wiedergegeben aus Geographische Rundschau Heft 12/1976 mit Genehmigung des Verlages Georg Westermann

Indianer war es weniger der Umstand, daß etwa die Bodenbestellung wesentliche Aufgabe der Frau gewesen wäre, als vielmehr jener andere, daß bei allgemein hoher Arbeitslosigkeit hier viele Frauen zu Geldverdienern wurden, während die männlichen Familienmitglieder arbeitslos und ohne Verdienst herumsaßen.

Auch muß festgehalten werden, daß die Arbeitgeber in den Bereichen Bergbau und Produzierendes Gewerbe *fast ausschließlich Firmen der weißen Amerikaner* sind, obwohl der Stammesrat selbst in einigen Bereichen in bescheidenem Maße als Unternehmer auftritt. Die Grundlage hierfür gab der während des New Deal 1934 erlassene Indian Reorganization Act, der ja eine Abkehr von der auf Assimilation und Individualisierung gerichteten Indianer-Politik gebracht hatte und damit eine Stärkung der Stammesorganisation in politischer wie auch in ökonomischer Hinsicht. Das Gesetz sah vor, daß sich die Stämme nach dem politischen Vorbild der Vereinigten Staaten organisierten und sich vor allem mit dem Tribal Council eine politische Vertretung schufen. Zugleich aber eröffnete er die Möglichkeit, daß sich der einzelne Stamm als ein Wirtschaftsunternehmen (business corporation) konstituierte und der Stammesrat in einer zweiten Funktion als board of directors für stammeseigene Unternehmen auftreten konnte. Daß gewisse Schwierigkeiten in der Unerfahrenheit der politischen Führer auf ökonomischem Gebiet und in der engen Verquickung von Politik und Wirtschaft gegeben waren (Spicer 1963, S. 561), steht auf einem anderen Blatt. Jedenfalls gründete der Navajo-Stamm in der Folgezeit mehrere solche Unternehmen, von denen besonders die Navajo Agricultural Products Industries, die Navajo Forest Products Industries und die Navajo Arts and Crafts Guild genannt seien, die 1941 mit der doppelten Aufgabe entstand, auf handwerklichem Gebiet die traditionellen Fertigkeiten zu erhalten und eine dauerhafte Einnahmequelle für einen Teil der Stammesangehörigen zu schaffen. Auf anderen wirtschaftlichen Gebieten dagegen blieb der Stammesrat inaktiv oder erfolglos.

4. Hiermit im Zusammenhang ist die Tatsache zu sehen, daß über 80% des Stammesetats des Navajo Tribe aus *Konzessionen,* und zwar fast ausschließlich aus solchen im Sektor Bergbau, herrühren. Es sind Firmen der weißen Amerikaner, die hier prospektieren und Rohstoffe gewinnen und nach außerhalb des Reservationsgebietes verbringen. Von einer Be- oder Verarbeitung auf der Reservation ist bisher praktisch nicht die Rede, mit der Ausnahme der Umwandlung eines Teiles der gewonnenen Kohle in Energie für den Betrieb zweier relativ neuer Kraftwerke. Gerade im Hinblick auf solche Konzessionen wurden öfter rasche Entschlüsse gefaßt, teils ohne gründliche Überlegungen betreffs der Folgen auch für die Umwelt, teils auch wohl unter dem Druck von eigenem Geldmangel im Stammesbudget und von fremden Interessen, die manchmal selbst wider besseres Wissen vom BIA unterstützt worden sind. Erst in den letzten Jahren hat sich hierin ein gewisser Wandel angekündigt. Nicht zu Unrecht monierten die Navajos, daß die Staaten Arizona und New Mexico durch Besteuerung der konzessionierten Firmen aus den Explorationen auf ihrem Reservationsgebiet mehr Einnahmen zögen als sie selbst aus den entsprechenden Gebühren. Eine Neugestaltung der Verträge mit den explorierenden Firmen läuft heute meist auf eine direkte Beteiligung des Stammes bis zu 49% an den Unternehmen im Gegensatz zu der früheren Gebührenzahlung hinaus. 1975 schlossen sich 22 Reservationen in den Weststaaten zu einer Art indianischer OPEC, dem Council of Energy Resources Tribes, zusammen zu gemeinsamem Vorgehen unter der Devise „Gewinnbeteiligung statt Konzessionsgebühren".

5. Die Beschäftigung in den *öffentlichen Diensten* ist rasch und *überproportional* gestiegen. Das betrifft nicht nur die verschiedensten Zweige der Stammesverwaltung selbst, sondern auch die Ableger der mit Indianerfragen befaßten US-Behörden, zu denen in erster Linie das BIA und der Indian Health Service mit beachtlichen Etats gehören. Auf diesem Sektor ist auch die Beschäftigtenrate von Indianern besonders hoch, während einzelne Posten bis auf

den heutigen Tag mit Weißen besetzt sind. Das zeigt deutlich die Zahl von 5860 Nicht-Navajos, die neben 14 280 Navajos auf der Reservation lohnabhängig beschäftigt sind.

6. Die *Regierungsmittel*, die für die verschiedensten Entwicklungsprogramme, aber natürlich auch für die zahlreichen Unterstützungsempfänger, zur Verfügung gestellt werden, waren im Etatsjahr 1973 für die Navajo-Reservation rund 15mal so hoch wie der Stammesetat aus Eigenmitteln von rund $ 18 Millionen, wobei hier der noch seltene Fall vorliegt, daß die nicht unbeträchtlichen BIA-Mittel ebenfalls in die Entscheidung des Stammesrates gestellt sind, der also selbst über die Prioritätenliste der zu tätigenden Investitionen befindet, während im Normalfalle das BIA entscheidet. Seit 1975 verfügt der Stammesrat auch über die Mittel des Indian Health Service in eigener Regie.

7. In gewissem Umfang ist für den Indianer auch die Möglichkeit gegeben, ohne auf Dauer die Reservation verlassen zu müssen, *außerhalb* derselben zu arbeiten und Geld zu verdienen. Dieser Faktor spielte während des Zweiten Weltkrieges und im ersten Nachkriegsjahrzehnt eine ganz erhebliche Rolle. Zunächst boten vom Kriegsministerium im Südwesten aufgebaute Rüstungsbetriebe und Versorgungsdepots in geringer Entfernung von den Reservationen größere Beschäftigungsmöglichkeiten für die indianische Bevölkerung. In der ersten Nachkriegszeit waren es der Nachholbedarf der Friedenswirtschaft und die neuerliche Hochkonjunktur der Landwirtschaft. Nach einer Erhebung von 1955 waren außerhalb der Reservation 19 600 Navajos beschäftigt, davon 8840 in der Landwirtschaft, 6570 bei Eisenbahngesellschaften und 4190 in anderen Tätigkeiten.

Zur Zeit machen die Auspendler ein knappes Drittel aller dauerhaft lohnabhängig Beschäftigten Navajos aus, unter Einbeziehung der Unterbeschäftigten immerhin noch ein Fünftel. Einzelangaben sind schwer zu erhalten. Von den etwa 6600 Betroffenen dürften 2500 landwirtschaftliche Saisonarbeiter sein, die bis nach Idaho hinein vorwiegend als Erntearbeiter tätig und im Winterhalbjahr auf der Reservation anwesend sind und aus denen sich künftig nach Ansicht des Leiters des großen Navajo Indian Irrigation Project die Farmer auf den kleineren und die Arbeitskräfte auf den größeren Bewässerungsbetrieben rekrutieren lassen sollten. Falls sich diese Vorstellung im Laufe des kommenden Jahrzehnts verwirklicht, wird die Zahl der Saisonarbeiter merkbar sinken. Von den verbleibenden rd. 4000 Arbeitskräften dürfte vielleicht noch die Hälfte für mehr oder weniger lange Perioden im Jahr als Streckenarbeiter bei den Eisenbahnen des amerikanischen Südwestens beschäftigt sein bei ebenfalls rückläufiger Tendenz wegen Rationalisierungen bei den Bahnen, die andere Hälfte als Tagespendler in den größeren Orten nahe der Reservation. Auf die Frage, wieweit diese Möglichkeiten gefördert werden sollten oder nicht, kommen wir noch zurück.

II. ENDOGENE UND EXOGENE HEMMNISSE DER ENTWICKLUNG

Da hier nur die am stärksten ins Gewicht fallenden Faktoren genannt werden können, beschränken wir uns bei den endogenen Hemmnissen auf: erstens religiöse Vorstellungen und Wirtschaftsgeist, zweitens das Bildungsdefizit und drittens den Kapitalmangel.

Es war bereits kurz davon die Rede, daß sich viele Indianer gerade der Weststaaten in ihrer materiellen Kultur grundlegend, in ihrer immateriellen dagegen kaum geändert haben. Die Navajos haben viel von den Pueblo-Indianern und Spaniern übernommen, sie hatten eine Zeitlang ihre materielle Kultur weitgehend auf die Schafhaltung gegründet. Sie haben sich sogar von den Händlern – und hierin liegt eine der Bedeutungen des Trading Post-Systems – zu umfangreicher Herstellung von Silberschmuck und Webwaren und dabei zur Verwendung ganz bestimmter und besonders gefragter Muster ermuntern und sich so bis zu einem gewissen Grade in die amerikanische Marktwirtschaft einbeziehen lassen. Dabei sind sie aber großenteils ihren religiösen Vorstellungen verhaftet geblieben. Und diese wirken sich in doppelter Weise hemmend vor allem hinsichtlich einer nach Maßstäben des weißen Mannes geregelten Arbeitszeit in modernen Agrarwirtschafts- und Industriebetrieben aus, und nirgendwo anders zeigt sich wohl deutlicher die kulturelle Distanz zum Amerika des weißen Mannes. Seine *religiösen Vorstellungen* sprechen gegen die Anhäufung von Geld oder, sofern er zu Geld gekommen ist, verpflichtet es den Indianer zu Hilfeleistungen gegenüber den meist zahlreichen Mitgliedern seines Großfamilienverbandes; sie lassen ihn genügsam sein und kein positives Verhältnis zu geregelter Arbeit, Verdienst, Sparsinn und Konkurrenzdenken finden. Hinzu kommen die *zeitlichen Ablenkungen* durch die oft sich über mehrere Tage hinziehenden Zeremonien, an denen teilzunehmen ihm ein inneres Anliegen ist. Diese Ereignisse lassen sich natürlich nicht mit dem Zeitkalender außerhalb der Reservation oder in den Betrieben des weißen Amerikaners auf der Reservation vereinbaren. Das Fernbleiben von der Arbeit bei solchen Anlässen hat dem Indianer den Ruf der Unzuverlässigkeit eingetragen.

Hinzu kommen aber *äußere Umstände* im Wirtschaftsleben, für die der Mehrzahl der Indianer das Verständnis fehlt. Hier ist einmal die sich im Laufe der Zeit stark wandelnde Indianerpolitik der US-Regierung zu nennen. Das betrifft nicht nur den grundsätzlichen Gegensatz zwischen der zeitweise verfochtenen absoluten Assimilierung und Individualisierung bis zur Termination der Reservationen gegenüber der zu anderen Zeiten vertretenen Anerkennung eines Sonderstatus bis zu völliger Autonomie der Indianerstämme, sondern auch sich scheinbar widersprechende Einzelmaßnahmen. So beklagten sich während des New Deal die Navajos bitter darüber, daß das BIA, das sie seit der Reservationsgründung 1868 zur Schafhaltung ermuntert hatte, nun auf eine drastische Reduzierung der Herden bestand. In die Hintergründe, nämlich Überstockung und Substanzverlust der Weiden, hatten sie nicht den nötigen Einblick. Ebenso ging es ihnen mit den im ganzen Westen typischen boomhaften Entwicklungen im Bergbau, die plötzliche Entdeckung von Kohle, Erzen, Öl, deren raschen Abbau und deren manchmal ebenso rasche Erschöpfung mit dem Auflassen von Industrieanlagen und Siedlungen. Ganz allgemein gilt das aber auch für die konjunkturellen Schwankungen der gesamten Wirtschaft. So weist König mit Recht darauf hin, daß die *Diskontinuität der Arbeit* auch ein unregelmäßiges Arbeitsverhalten zeitigen kann (König 1973, S. 108).

Wenn von wissenschaftlicher Seite schon lange die Forderung verfochten wurde, auf den Reservationen nichts zu unternehmen, ohne die Indianer maßgebend an den Entscheidungen zu beteiligen, scheint sich speziell für den Industriewirtschaftssektor die Folgerung zu ergeben, daß als Alternative zu Export von Arbeitskräften (Auspendler) und Import von Arbeitsplätzen (weiße Betriebe auf die Reservationen) „ein möglicher Weg zum Erfolg" in der „Spezialisierung und Abkehr von weißen Unternehmern" zu sehen ist (Feest 1976, S. 162). Das bedeutet einmal, daß die Betriebe in der Regie der Indianer selbst nach ihren eigenen Vorstellungen und Gegebenheiten betrieben werden, wobei sich z. B. gleitende Arbeitszeit und Teilzeitarbeit großer Beliebtheit erfreuen. Zum anderen sollte der Weg zur Spezialisierung beschritten werden, was sicher nicht in der großen Navajo-Reservation, wohl aber in einer Vielzahl kleinerer Reservationen möglich sein dürfte und in einzelnen Fällen bereits erfolgreich erprobt wurde, so mit der modernen Austernzucht der Lummi im Pazifischen Nordwesten und mit dem Anbau der Jojoba-Pflanze *(Simmondsia californica)* zur Gewinnung eines dem Walöl gleichenden Produktes in der Yuma-Reservation in der Sonora-Wüste.

An dieser Stelle sollte darauf hingewiesen werden, daß in vielen Reservationen große Bemühungen um eine *touristische Infrastruktur* gemacht werden. Da sich aber die touristischen Einrichtungen an ihrer weißen Kundschaft orientieren müssen, stellt der Tourismus, ganz abgesehen von einer noch weit verbreiteten verständlichen Antipathie der indianischen Bevölkerung den Fremden gegenüber, letztlich auch keine optimale Lösung des wirtschaftlichen Problems der Reservationen dar.

Dem Aufbau eigener indianischer Wirtschaftsunternehmen stellten sich aber zwei andere endogene Hemmnisse entgegen, nämlich das Bildungsdefizit und der Kapitalmangel. Analphabeten dürfte es unter den Indianern heute kaum noch geben. Dagegen liegt der *Bildungsgrad* bei ihnen deutlich unter dem der weißen Amerikaner. Die gegenwärtige durchschnittliche Schulbildung des Navajo-Indianers liegt bei nur 5 Jahren. Eine höhere Bildung gar ist aus eigener Kraft wohl nur angesichts der Größenordnung der Bevölkerungszahl bei den Navajos möglich, die vor einigen Jahren ein eigenes College gegründet haben. Bei allen anderen Stämmen besteht die Notwendigkeit, ein College außerhalb der Reservation aufzusuchen, was bedeutet, daß der Einzelne seine Aversionen der fremden Umwelt gegenüber überwinden muß. So muß man immer wieder feststellen, daß sich selbst kleine Teams wie die Leitung des Navajo-Bewässerungsprojekts nicht aus Indianern allein rekrutieren lassen und nicht ohne die Mitarbeit der Weißen auskommen können. Dagegen gibt es durchaus auch draußen ausgebildete qualifizierte Indianer, die mangels einer angemessenen beruflichen Stellung auf ihrer Reservation brachliegen oder einer ganz anderen Beschäftigung nachgehen.

Der *Kapitalmangel* wirkt sich weniger auf die Gründung stammeseigener Landwirtschafts- und Industriebetriebe aus, bei denen der Stamm auf seinen Etat und seine Position als Vertragspartner in Kreditgeschäften zurückgreifen kann, als vielmehr auf die Gründung von *Gewerbebetrieben* durch einzelne indianische Unternehmer. So werden z. B. nach wie vor, trotz mancher Anstrengungen zur Veränderung der Situation, die weitaus meisten Trading Posts auf der Reservation von Nicht-Navajos betrieben. Das einzige, was geschehen ist, war die vom Stamm unterstützte Gründung verschiedener Kooperativen als Alternative zum Trading Post, doch blieben sie meist gegenüber ihrer Konkurrenz wenig erfolgreich. Weniger ins Gewicht fällt dieser Faktor bei den Tankstellen, die dementsprechend fast alle von Navajos betrieben werden.

Seit Ende der 60er Jahre wurde hier nach und nach eine gewisse Abhilfe geschaffen. Bereits 1948 begann der Stamm der Navajo einen eigenen Fond für diesen Zweck einzurichten. Heute ist er beteiligt an einer Bank in Holbrook, der Navajo National Bank mit 5 Zweigstellen auf der Reservation; der Stamm hält auch einen kleinen Aktienanteil bei einer Gesellschaft, der die Great Western Bank gehört; die Navajo Small Business Development Corporation wurde mit dem Auftrag zu Starthilfen und Kreditvermittlung für kleine Gewerbebetriebe gegründet; seit 1973 arbeitet in Washington die ganz von Indianern betriebene American Indian National Bank.

In diesem Punkte haben wir bereits enge Verflechtungen mit den *exogenen Hemmnissen*, von denen ebenfalls nur die drei wichtigsten zur Sprache kommen sollen:
1. mangelnde Investitionsbereitschaft der amerikanischen Privatwirtschaft,
2. die Konkurrenz der amerikanischen Wirtschaft,
3. die Bevormundung der Indianer durch die amerikanischen Behörden.

Die *mangelnde Investitionsbereitschaft* der Weißen auf den Reservationen wirkt sich in zweifacher Weise aus. Zum einen geht es darum, einem indianischen Unternehmer zur Gründung eines Gewerbebetriebes Kredit zu gewähren. Dieser hat selbst meist keinen Kapitalrückhalt. Will er aber außerhalb der Reservation einen Kredit aufnehmen, muß er in aller Regel feststellen, daß er bei den Weißen als nicht kreditwürdig gilt, hat er doch weder Geschäftspraxis nachzuweisen noch irgendwelche Sicherheiten zu bieten, da er zwar meist ein Gewohnheitsrecht auf Landnutzung, aber kein Bodeneigentum hat (Gilbreath 1973, S. 41 und 59–60). Die oben erwähnten, von den Indianern selbst beschrittenen Wege zur Kreditvergabe, sollen in dieser Situation Abhilfe schaffen, und nach dem Entwicklungsplan für die Navajo-Reservation wird ja gerade auf dem Sektor der privaten Dienstleistungen das stärkste Wachstum erwartet (vgl. Abb. 4).

Die andere Seite der Sache ist die *Industrieansiedlung* selbst, vor allem auf den von vielen Stämmen in letzter Zeit eingerichteten Industrial Parks. Zwar wurde weiter oben der Folgerung von Feest beigepflichtet, daß die Gründung von Betrieben der weißen Amerikaner gar nicht so wünschenswert sein kann. Dennoch werben viele Stämme dafür und bedauern die große Zurückhaltung der amerikanischen Unternehmer, die zumindest zwei Risiken mit der Produktionsaufnahme auf den Reservationen im Südwesten eingehen, nämlich die schon angedeuteten Schwierigkeiten mit den Arbeitskräften und den Standortnachteil einer verhältnismäßig großen Isolierung und weiten Entfernung von den Absatzmärkten.

Die *Konkurrenz der amerikanischen Wirtschaft* macht sich auf verschiedene Weise bemerkbar. In einem Bericht von 1973 stellte die Federal Trade Commission fest, daß das Preisniveau im Einzelhandel auf der Navajo-Reservation um 27% über dem US-Durchschnitt und noch 16,6% über dem der Geschäfte in den der Reservation benachbarten Orte liege (Dennis 1977, S. 109). Hierin drückt sich die Monopolstellung vor allem der Trading Posts aus. Dieser Preisunterschied aber und die größere Auswahl sind Anreiz genug für viele Indianer, ihre *Käufe außerhalb der Reservation* zu tätigen. Genauere Daten hierüber liegen nicht vor, aber es gibt Anhaltspunkte dafür, daß aus der Navajo-Reservation etwa 70% aller Ausgaben der Haushalte in Einzelhandelsgeschäften abfließen. Bei anderem Kaufverhalten könnte die Kaufkraft der Reservationsbevölkerung sehr viel mehr Geschäfte auf der Reservation selbst am Leben halten.

Die *Trading Posts* auf und außerhalb der Reservation erfüllen bis heute die Aufgabe, kunsthandwerkliche Gegenstände der Indianer zum Weiterverkauf anzukaufen oder auch zu beleihen. Bisher sind aber rund 80% aller Trading Posts im Bereich der Navajo-Reservation in den Händen von Nicht-Navajos. Die Kooperativen haben sie bisher noch kaum zurückdrängen können. Nur die zunehmende Lohnabhängigkeit der Beschäftigungsverhältnisse wird die Bedeutung der Trading Posts als Leihinstitution weiter mindern.

Eine weitere Konkurrenz erwächst dem indianischen Kunsthandwerk in *fabrikmäßigen Imitationen* und halbindustriellen Auftragsarbeiten weißer Unternehmer, die hierfür zwar auch Indianer heranziehen und dann mit gutem Gewissen damit werben können, daß es sich um von Indianern hergestellte Gegenstände handele. Nun kann man sicher sagen, daß schon am Preisunterschied zutage tritt, wo es sich um „echten" Indianerschmuck, um echte Handarbeit, wo um halbindustrielle Fertigung handelt und daß wenigstens z. T. verschiedene Kundenkreise angesprochen werden. Dennoch ist diese Branche schädigend für das echte indianische Handwerk, aber mehr als eine eindeutige Warenbezeichnung wird sich nicht zu dessen Vorteil erreichen lassen.

Ein außerordentlich starkes Handicap für viele Entwicklungen auf den Reservationen ist die *Bevormundung* durch die mit Indianerangelegenheiten befaßten Behörden gewesen. Vor allem das BIA, das als Treuhänder für die Indianerländereien eine Fürsorgepflicht den Indianern gegenüber hat, hat durchaus nicht immer zum Vorteil seiner Schutzbefohlenen entschieden und gehandelt, nicht zuletzt in Fragen der indianischen Wasserrechte, in der öfter indianische Interessen auf solche des Bureau of Reclamation stießen, das wie das BIA auch eine Abteilung des Innenministeriums ist. Ein erster Schritt fort von der Bevormundung der Indianer war die bis 1972 in drei Fällen gefaßte Entscheidung, daß die betreffenden

Stämme fortan selbst über die Verwendung der BIA-Mittel nach von ihnen gesetzten Prioritäten verfügen könnten.

Es darf aber nicht übersehen werden, daß gleichzeitig eine andere Gefahr wächst. Je mehr Weiße auf Reservationsland einer Beschäftigung nachgehen, umso mehr werden sich einzelstaatliche oder County-Behörden darum bemühen, Vorschriften die Nicht-Indianer betreffend oder auch solche allgemeiner Art, auch auf den Reservationen durchzusetzen. Kritisch ist dabei die Frage, wieweit solche Vorschriften dazu angetan sind, in den Lebensstil der Indianer einzugreifen (vgl. vor allem Sutton).

III. ENTWICKLUNGSPOLITISCHE FOLGERUNGEN

Daß aus vielerlei Gründen, besonders aber aufgrund der gerade genannten endogenen und exogenen Hemmnisse, bezüglich der sozialökonomischen Situation der Reservationsindianer manches im argen liegt, ist offensichtlich. Es ist nun zu fragen, wie könnte diese Situation verändert und möglichst verbessert werden? Was können und sollen die Indianer tun? Wie sehen die Indianer selbst diese Dinge?

Die letztere Frage ist außerordentlich wichtig, muß man doch immer wieder feststellen, daß bei grundsätzlichen Entscheidungen über Alternativen die Indianer unter sich uneins sind. Nicht nur gibt es hier ganz unterschiedliche Auffassungen von Stamm zu Stamm, sondern oft genug zwischen Gruppen ein und desselben Stammes, woraus sich dann auch echte Machtkämpfe um die Positionen im Stammesrat ergeben können.

Wiederum müssen wir uns hier auf die wichtigsten Grundsatzfragen beschränken, zu denen m. E. die folgenden vier gehören.

1. Sollen *Entschädigungsansprüche* gegenüber der 1946 eingesetzten Indian Claims Commission gestellt werden oder nicht?

Bei Antragstellung bestand die Chance, nicht nur höhere Geldabfindungen, sondern auch Land zugesprochen zu bekommen, was für die Erweiterung der Ernährungsgrundlage durchaus interessant sein konnte. 1974 kam es über dieser Frage zum Bruch innerhalb des Stammes der Shoshonen, weil ein Teil der Auffassung war, daß kein Antrag gestellt werden sollte, da die Annahme von Entschädigungen künftig jegliche Gebietsansprüche verhindern würde.

2. Wirtschaftliche Entwicklung *auf oder außerhalb der Reservationen?*

Eine Zeitlang befürworteten manche Stämme selbst die Förderung der Orte in der Nähe ihrer Reservation, um indianischen Auspendlern mehr Arbeitsplätze zu verschaffen. Heute lehnen sie in der Mehrzahl Lohnarbeit in Betrieben der weißen Amerikaner, vor allem in solchen außerhalb der Reservationen, ab. Wäre dieses vielleicht leichter realisierbar, sollten doch die Behörden ihre Subventionsmittel zur Belebung der Wirtschaft auf den Reservationen selbst einsetzen.

3. *Konzessionierung oder Unternehmensbeteiligung?*

Hierüber gibt es heute kaum noch Differenzen. Es wird allgemein direkte Beteiligung an den Unternehmen der weißen Amerikaner angestrebt, und besonders hart verhandeln jene 22 Reservationen, die sich 1975 zu dem Council of Energy Resources Tribes zusammengeschlossen haben. Aber auch in dieser Frage gibt es abweichende Auffassungen. Mehrheitlich entschied sich z. B. der Stammesrat der Crow-Indianer zur völligen Einstellung des Kohleabbaus aus Furcht vor weiterem Zuzug von Nicht-Indianern auf ihre Reservation.

4. *Arbeitsplatzbeschaffung* oder Steigerung von *Arbeitsproduktivität* und *Stammeseinkünften?*

Oder anders ausgedrückt, soll der Linderung von Arbeitslosigkeit oder von Geldmangel im Stammesbudget Priorität gegeben werden? Im Agrarsektor ist die Entscheidung zwischen einer Vielzahl von Familienbetrieben und wenigen stammeseigenen exportorientierten Großbetrieben auf dem neuen Bewässerungsland zu fällen. Nach Berechnungen um das Jahr 1960 kamen Kluckhohn und Leighton zu dem Schluß, daß schon mit 20 000 acres zusätzlichem Bewässerungsland – das NIIP wird 100 000 acres umfassen! – keine Agrarprodukte mehr in die Reservation importiert zu werden brauchten. Dabei war natürlich an reine Produktion für den Eigenbedarf und nicht an Kontraktfarmen mit Export gedacht.

Im industriellen Sektor ist zwischen Rationalisierung und Überbeschäftigung zu entscheiden. Am Beispiel der Holzbearbeitung sieht das so aus: In der Navajo-Reservation, wo der Stammesrat dem weißen Manager seines Sägewerkes eine hohe Beschäftigtenzahl zur Auflage machte und nach dessen Aussage etwa 25% Überbeschäftigung besteht, erwirtschaftete das Werk im Wirtschaftsjahr 1972/73 bei 490 Beschäftigten $ 2,535 Millionen, in der White Mountain Apache Reservation erwirtschaftete das Sägewerk bei Ft. Apache im Wirtschaftsjahr 1973/74 bei nur 286 Beschäftigten $ 3,925 Millionen. Vermutlich spielt dabei auch noch die Rolle der einzelnen Branche im Rahmen der Gesamtwirtschaft der betreffenden Reservation mit. Die auf Wirtschaftlichkeit bedachten Sägewerke der White Mountain Reservation erbringen ca. 90% des gesamten Stammeseinkommens, das Sägewerk in der Navajo-Reservation dagegen lediglich 14%.

Die bisherigen Lösungsversuche sind unterschiedlich ausgefallen, was zugleich ein Beweis für die Schwierigkeit der Situation, aber auch für die eingangs angedeutete Mannigfaltigkeit des Studienobjektes Reservation ist.

Literatur

Blenck, J.: Endogene und Exogene entwicklungshemmende Strukturen, Abhängigkeiten und Prozesse in den Ländern der Dritten Welt, dargestellt am Beispiel von Liberia und Indien. In: Graul-Festschrift, Heidelberg 1974, S. 395–418
Bronger, D.: Probleme regionalorientierter Entwicklungsländerforschung: Interdisziplinarität und die Funktion der Geographie. In: Tagungsberichte und wissenschaftliche Abhandlungen des Deutschen Geographentages Kassel 1973, Wiesbaden 1974, S. 193–215
Dennis, H. C.: The American Indian 1492–1976. Ethnic Chronology Series No. 1, Dobbs Ferry, New York 2. Aufl. 1977
Feest, C. F.: Das rote Amerika. Nordamerikas Indianer. Wien 1976
Gilbreath, N.: Red Capitalism. An analysis of the Navajo economy. Norman 1973
Hofmeister, B.: Vorläufige Ergebnisse einer Forschungsreise durch den Südwesten der USA. Die Erde 1975, S. 201–214
Ders.: Indianerreservationen in den USA. Territoriale Entwicklung und wirtschaftliche Eignung. Geographische Rundschau 1976, S. 507–518
Ders.: Bedeutung und Möglichkeiten des Tourismus für die wirtschaftlichen Grundlagen ausgewählter Indianerreservationen in USA. Sofia (im Druck)
Hough, H. W.: Development of Indian Resources. Denver 1967
Kelly, L. C.: The Navajo Indians and Federal Indian Policy. Tucson 1968
Kluckhohn, C. u. Leighton, D. C.: The Navaho. Garden City 1962
König, R.: Indianer – Wohin? Alternativen in Arizona. Opladen 1973
Kroeber, A. L.: Cultural and Natural Areas of Native North America. In: University of California Publications in Archaeology and Ethnology 38. Berkeley 1939
Lindig, W. u. Münzel, M.: Die Indianer. Kulturen und Geschichte der Indianer Nord-, Mittel- und Südamerikas. München 1976
Office of Program Development, The Navajo Tribe (Hrsg.): The Navajo Nation Overall Economic Development Program. 1975 Annual Progress Report. Window Rock 1975

Parman, R. L.: The Navajos and the New Deal. New Haven 1976
Prucha, F. P. (Hrsg.): Documents of United States Indian Policy. Lincoln 1976
Spicer, E. H. (Hrsg.): Perspectives in American Indian Culture Change. 3. Aufl. Chicago 1969
Ders.: Cycles of Conquist. The Impact of Spain, Mexico, and the United States on the Indians of the Southwest, 1533–1960. Tucson 5. Aufl. 1974
Sutton, I.: Indian Land Tenure. Bibliographical Essays and a Guide to the Literature. New York/Paris 1975
Ders.: Souvereign States and the Changing Definition of the Indian Reservation. Geographical Review 1976, S. 281–295
Tyler, S. L.: The History of Indian Policy. Washington 1974
Ungers, L.: Die Rückkehr des Roten Mannes. Indianer in den USA. Köln 1974
U. S. Department of Commerce (Hrsg.): Federal and State Indian Reservations. An EDA Handbook. Washington 1971
Washburn, W. E.: The Indian in America. New York 1975
Wax, M. L.: Indian Americans. Unity and diversity. Englewood Cliffs 1973
Weaver, T. (Hrsg.): Indians of Arizona. A contemporary perspective. Tempe 1974
Wehmeier, E.: Die Bewässerungsoase Phoenix/Arizona. Stuttgarter Geographische Studien Bd. 89, Stuttgart 1975

Diskussion zum Vortrag Hofmeister

Wieckert (Braunschweig)
Welche Bedeutung hat die Stammesverwaltung der Navajos in Window Rock auf die Entwicklung der Reservation?
Gibt es auch in den anderen Reservationen solche Stammesverwaltungen?

H.-O. Waldt (Mainz)
In Ihrem Vortrag haben Sie ausgeführt, daß sich die Ernährungs- und vor allem Beschäftigungsprobleme in der von Ihnen untersuchten Indianerreservation in Zukunft weiterhin verschärfen werden. Bei dieser Aussage stützen Sie sich u. a. auf die ständige Zunahme der indianischen Bevölkerung. Eine Ihrer Abbildungen scheint jedoch zu dieser Aussage im Widerspruch zu stehen. Ich beziehe mich hierbei auf die von Ihnen gezeigte Alterspyramide. In den Altersgruppen über 5 Jahren weist jene die bekannte Struktur des Altersaufbaus der Bevölkerung eines Entwicklungslandes oder eines gleichartig strukturierten Teilraumes eines sonst weithin höher entwickelten Staates auf. Würde sich die breite Basis der Pyramide in der Altersgruppe der 0–5jährigen fortsetzen, könnten Sie Ihre Aussage mit diesem Argument stützen. Da in dieser jüngsten Altersgruppe jedoch gegenüber den höheren Altersgruppen ein deutlicher zahlenmäßiger Rückgang zu erkennen ist, will mir nicht recht einleuchten, wie Sie auf dieser Basis von einem wachsenden Bevölkerungsdruck sprechen können, denn handelt es sich hierbei nicht um eine Ausnahmeerscheinung – sollte es allerdings so sein, wäre ich Ihnen für einige erklärende Ausführungen dankbar –, sondern um einen Wechsel im generativen Verhalten der Bevölkerung, wird diese Entwicklung, sofern sie längerfristig anhält, zu einem spürbaren Bevölkerungsrückgang und damit doch wohl auch zu einer Entschärfung der derzeitigen Beschäftigungsprobleme führen.

Prof. Dr. K. Lenz (Berlin)
Größerer Wert als auf kurzfristige Wirtschaftsplanungen sollte wohl auf die *Bildungsplanung* gelegt werden. Der Mangel an Ausbildung bei den Indianern ist erschreckend. Meine Frage: Gibt es für die Indianer der USA langfristige Planungen bei den Behörden? Man müßte wohl in Generationen rechnen; nach kanadischen Erfahrungen wäre mit einer sichtbaren Besserung nicht vor zwei bis drei Generationen zu rechnen.

Prof. Dr. B. Hofmeister (Berlin)
Eine merkbare Veränderung in der Indianerpolitik, Herr Wieckert, brachte der sog. Indian Reorganization Act von 1934 mit sich. Er gab die Grundlage dafür ab, daß sich die Indianerstämme auf ihren Reservationen entsprechend dem amerikanischen parlamentarischen Vorbild eine Stammesverwaltung mit einem Stammesrat geben konnten, der mit mehrheitlichen Beschlüssen die Politik des jeweiligen Stammes regelt. Gleichzeitig war die Möglichkeit gegeben, daß der Stammesrat als eine Art board of directors für stammeseigene Wirtschaftsunternehmen fungiert, die seitdem in größerer Zahl auf den Reservationen entstanden, z. B. stammeseigene Agrarbetriebe, Sägewerke, Wohnungsbauunternehmen, Touristikunternehmen, arts and crafts guilds für den Handel mit Silberschmiedearbeiten und anderen künstlerischen Erzeugnissen von Stammesangehörigen. Das Gesetz kam zwar nicht in allen, jedoch in den meisten Reservationen zur Ausführung, in denen es dementsprechend Stammesräte gibt.
  Zu Herrn Waldt's Frage ist zu sagen, daß das bisherige Wachstum der indianischen Bevölkerung weit über dem amerikanischen Durchschnitt lag, daß es in naher Zukunft in der Navajo-Reservation allerdings nicht mehr ganz so rasch sein wird; entsprechend wird auch im Zehnjahresplan dieser Reservation, wie ich mit der letzten Abbildung gezeigt habe, eine geringere, aber immer noch beachtliche Zuwachsrate der Stammesbevölkerung prognostiziert.
  Die Bedeutung der Bildungsplanung, Herr Kollege Lenz, unterstreiche ich voll und ganz. In der großen Navajo-Reservation hat man es – eine Ausnahme von der Regel – bis zu einem eigenen College gebracht, dessen Erfolg freilich abgewartet werden muß. Bisher war z. B. nicht einmal der kleine Führungsstab für das Navajo-Bewässerungsprojekt aus der Stammesbevölkerung rekrutierbar.

ENDOGENE UND EXOGENE HEMMNISSE IN DER NUTZUNG DES ERNÄHRUNGSPOTENTIALS DER MEERE

Mit 5 Abbildungen und 7 Tabellen

Von Dieter Uthoff (Mainz)

Mit zunehmender Bevölkerung steigt die Bedeutung der Meere als Quelle protein- und fettreicher Nahrungsmittel. Im dritten Quartal dieses Jahrhunderts wuchsen die Fangerträge der Fischerei global im Mittel um jährlich 5%. Der Weltfischfang stieg von 21,1 Mill. t Lebendgewicht im Jahre 1950 auf 69,7 Mill. t in 1975 (s. Abb. 1). 14,9% dieser Fangmenge entfielen 1975 jedoch auf die Binnenfischerei, die mit mittleren jährlichen Zuwachsraten um 6,1% ihre Anlandungen seit 1950 von 2,5 Mill. t auf 10,4 Mill. t vermehren konnte. Ausdehnung der Teichwirtschaften und Aquakultur sind die wichtigsten Ursachen dieser überdurchschnittlichen Ertragssteigerung.

Die Meeresfischerei konnte ihre Fangmengen bei einer mittleren jährlichen Zuwachsrate um 4,8% seit 1950 von 18,6 Mill. t auf 59,3 Mill. t ausdehnen. Von dieser 1975 den Ozeanen entnommenen marinen Produktion entfielen jedoch mehr als ein Drittel, nämlich 35,4%, auf Industrieware. Sie dient auf dem Umweg über den Tiermagen nur indirekt der menschlichen Ernährung. Gerade der Fang von Fischen für die industrielle Verwertung zu proteinreichen Futtermitteln, vor allem Fischmehl, hat während der letzten 25 Jahre außerordentlich stark zugenommen. Durch die Ende der fünfziger Jahre einsetzende intensive Befischung der peruanischen und chilenischen Küstengewässer, die Peru 1962 auf Platz 1 unter den Fischfangnationen katapultiert hat, ist die Verwertung von Fisch als Futtermittel stark in den Vordergrund gerückt worden. Die mittlere jährliche Zuwachsrate der nicht unmittelbar Ernährungszwecken zugeführten Fangmengen betrug zwischen 1950 und 1975 8,8%, wobei jedoch seit 1970, bedingt durch erhebliche Minderung der Anlandungen an der Westküste Südamerikas, eine deutliche Tendenzwende eingetreten ist (s. Abb. 1). Der Fang mariner Konsumfische, der von diesen Einbußen weitgehend unberührt blieb, erreichte mit 38,3 Mill. t nur 55% des Weltfischfangs. 1950 waren es bei einer Fangmenge von 15,6 Mill. t dagegen noch 74%. Die mittlere jährliche Zuwachsrate in dieser Sparte der Fischerei betrug im Vergleichsquartal nur 3,7%.

Trotz dieser in Relation zur Binnenfischerei und zur industriellen Verwertung von Meeresfischen geringen Steigerungsrate sind die Erträge der direkt ernährungsrelevanten marinen Fischerei stärker angewachsen als die Agrarproduktion auf der Landoberfläche, die ihrerseits die exponentielle Bevölkerungsvermehrung leicht übertrifft (s. Abb. 2). 1950 bis 1975 erreichte die mittlere jährliche Zuwachsrate der Weltbevölkerung 2,0% und die der Weltagrarproduktion für Ernährungszwecke 2,5%. Die Weltmeere haben somit absolut wie relativ an Bedeutung für die Welternährungswirtschaft gewonnen. Bezogen auf die Indexbasis 1955 bis 1959 = 100 spiegelt Abb. 2 diesen Sachverhalt sehr deutlich. In den letzten 20 Jahren ist die marine Nahrungsmittelproduktion annähernd doppelt so stark angewachsen wie die Weltbevölkerung.

Diese Tatsache ist besonders beachtenswert, da dem Fisch und den Fischprodukten eine

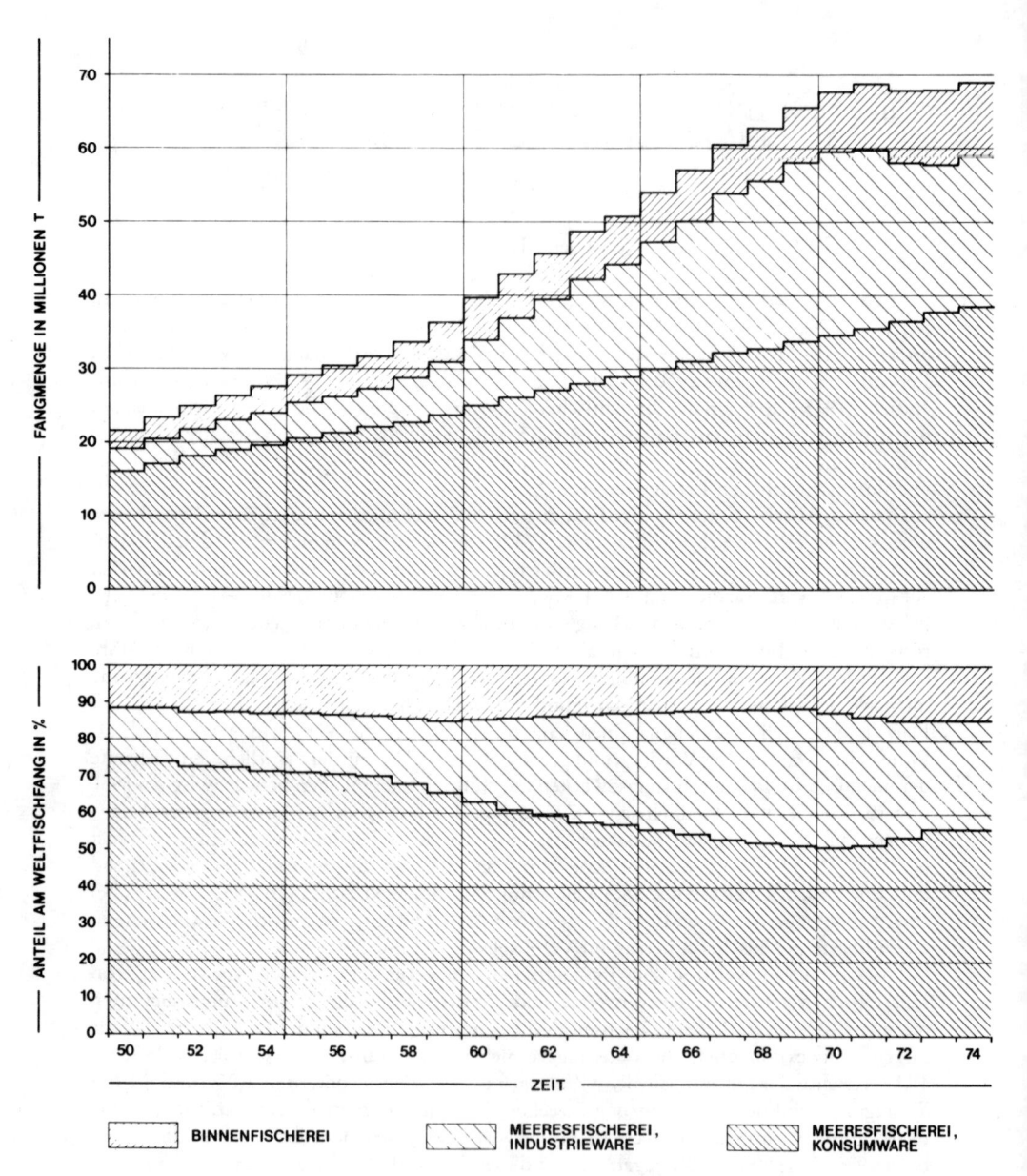

Abb. 1 Entwicklung des Weltfischfangs von 1950–1974

Quellen: FAO, Yearbook of Fishery Statistics, Catches and Landings, Vol. 20, 30, 40 ; FAO, Yearbook of Fishery Statistics, Fishery Commodities, Vol. 21, 31, 41

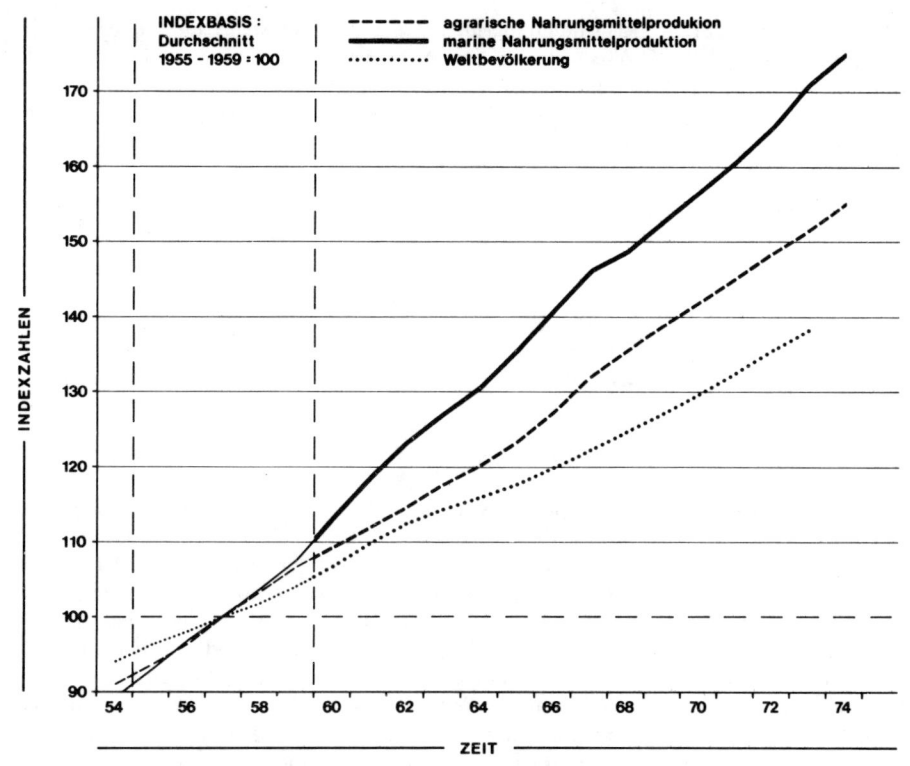

Abb. 2 Entwicklung der globalen Nahrungsmittelproduktion und der Weltbevölkerung von 1954–1974

bedeutende Rolle in der Proteinversorgung zukommt. 1974 lieferten die Meere rund 5% des Weltproteinverbrauchs. Das entspricht 4,4 g tierischem Eiweiß pro Person und Tag. Insgesamt decken Fisch und Fischprodukte rund 6,3% des Proteinverbrauches der Menschheit. Dieser Wert wird von einzelnen Ländern erheblich überschritten. So stammten 1974 26,9% des in Japan konsumierten Eiweißes aus der Meeres- und Binnenfischerei, während in Ländern ohne Meereszugang wie Afghanistan, Nepal oder Ruanda weniger als 0,2% des Proteinverbrauches dem Eiweißträger Fisch zuzurechnen sind. Auch in der Fettversorgung besitzen marine Produkte eine wichtige Ergänzungsfunktion.

Betrachtet man den Beitrag der Meere zur Weltproduktion an Nahrungs- und Futtermitteln allein quantitativ, so bleibt er trotz der aufgezeigten Steigerungsraten noch gering. Einer Entnahme aus dem Meer von $59,3 \times 10^6$ t steht 1975 die landgebundene Nahrungs- und Futtermittelproduktion mit rund 3218×10^6 t gegenüber. Der Anteil der Meere beträgt somit nur 1,8%.

Vergleicht man dagegen die Nettoprimärproduktion, das Ergebnis der Photosynthese auf der ersten Stufe der Nahrungskette, so übersteigt nach der Mehrzahl der vorliegenden Schätzungen (vgl. Korringa 1971 a, S. 14, 1971 b, S. 1284, Rabinowitch und Govindjee

1969, S. 12, Tait 1971, S. 273) jene im marinen Milieu die des festen Landes oder erreicht zumindest eine ähnliche Größenordnung. Die Nettoprimärproduktion der Meere wurde von Pike und Spilhaus 1962 auf 19 x 10^9 t C geschätzt. Das entspricht etwa 190 x 10^9 t Lebendgewicht. Dieser Wert ist, wie Tab. 1 zeigt, in der Größenordnung mehrfach bestätigt worden und hat allgemein Anerkennung gefunden.

Tab. 1 *Schätzungen der Primärproduktion des Meeres in Tonnen Kohlenstoff*

135 × 10^9 t C	Riley 1938, 1939
12– 15 × 10^9 t C	Steemann-Nielsen 1957
22 × 10^9 t C	Steemann-Nielsen 1960
19 × 10^9 t C	Pike und Spilhaus 1962
20 × 10^9 t C	Hempel 1970
20 × 10^9 t C	Gulland 1970
15– 20 × 10^9 t C	Jackson 1972
22 × 10^9 t C	Böger 1975[1])

[1]) Über Molekulargewicht, umgerechnet aus pflanzlicher Trockenmasse (polymere Kohlehydrate).

Die mehrfach angeprangerte rücksichtslose Ausbeutung der Meere erreichte 1975 nur 0,032% der Primärproduktion der Ozeane. Von der gesamten photosynthetischen Produktion der Landoberfläche (Produktivität nach Böger 1975, S. 431) wurden dagegen 1,3% konsumiert. Die Entnahmerate erreicht auf dem festen Land rund das 41fache der Meere. In Relation zu den Verhältnissen auf der Landoberfläche und auch absolut besteht zwischen der biologischen Ernährungskapazität gemessen in der Nettoprimärproduktion und der derzeitigen Nutzung des Nahrungspotentials der Meere ein quantitativ gewaltiges Mißverhältnis.

Die Diskrepanz zwischen dem Umfang der marinen Produktion und dem tatsächlichen Beitrag der Meere zur Ernährung der wachsenden Weltbevölkerung findet ihre Ursache in einer Reihe von endogenen und exogenen Nutzungshemmnissen.

Die endogenen Hemmnisse liegen fast ausschließlich in den Eigenarten der marinen Produktion begründet. Deren Besonderheiten lassen sich am deutlichsten durch den Vergleich zur biologischen Produktion des festen Landes aufzeigen.

In hypsometrischer Sicht wird pflanzliche Substanz im terrestrischen Bereich von den Kronenräumen des tropischen Regenwaldes bis in die Wurzelzone der Pflanzen gebildet. Der Produktionsraum umfaßt damit maximal einen Bereich von etwa 60 m über der Erdoberfläche bis zu etwa 5 m darunter.

Im Meer findet Photosynthese bis zu einer Tiefe von höchstens 200 m statt. Pro Oberflächeneinheit erreicht der marine Produktionsraum den dreifachen Rauminhalt des terrestrischen. Berücksichtigt man zusätzlich das Flächenverhältnis der Land-Meerverteilung, so verhält sich in dreidimensionaler Sicht der landgebundene Produktionsraum zum ozeanischen wie 1:7 (s. Abb. 3).

Die Schätzungen über die Erzeugung biologischer Substanz auf dem Land und im Meer sind noch widersprüchlich. Böger 1975 gibt die Primärproduktion der Landfläche mit 109 x 10^9 t Trockengewicht und die der Ozeane mit 55 x 10^9 t an. Das entspricht nach dem Molekulargewicht umgerechnet rund 40 x 10^9 t C auf dem Land und 22 x 10^9 t C im Meer. Rabinowitch und Govindjee (1969, S. 12) gehen dagegen von 16,3 x 10^9 t C im terrestrischen Milieu und in Anlehnung an Steemann-Nielsen (1960) von 22 x 10^9 t C im marinen Bereich aus.

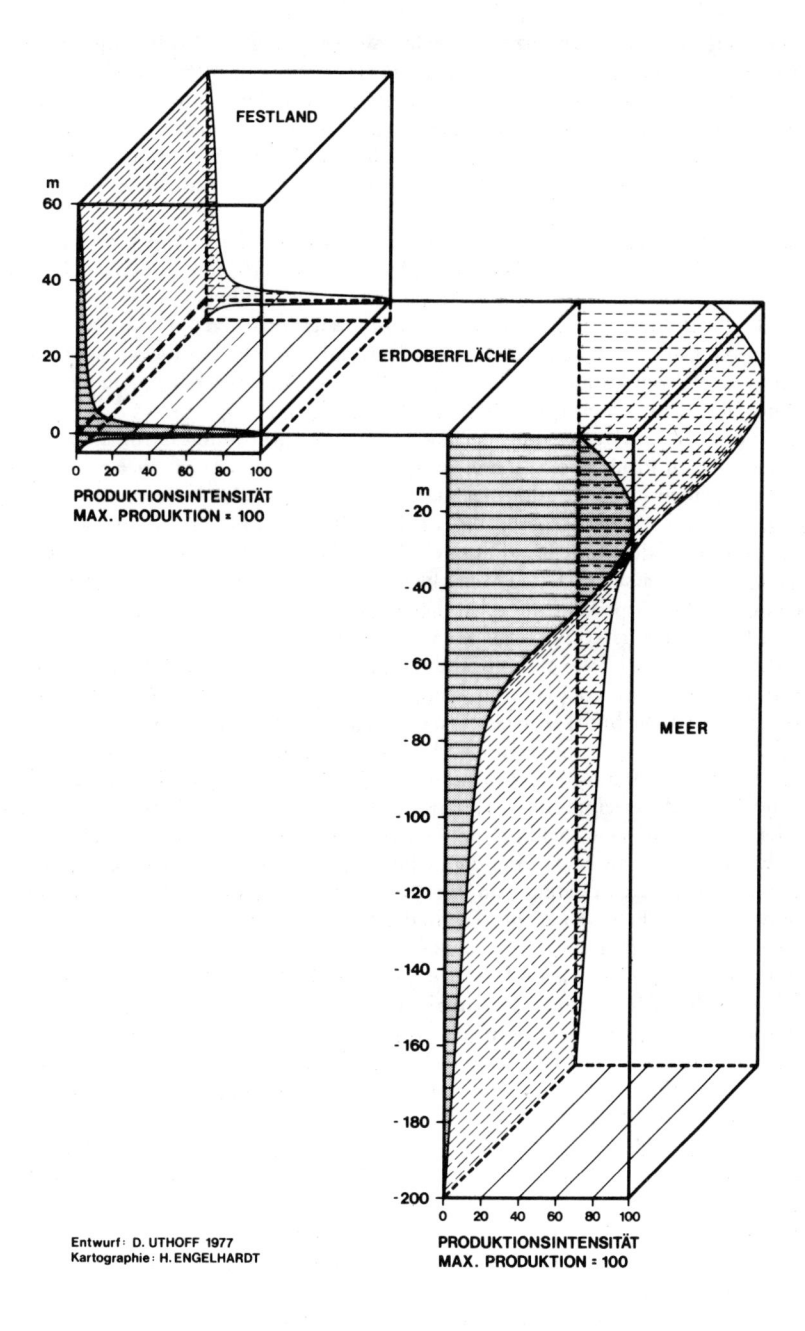

Abb. 3 Hypsometrisches Modell der terrestrischen und marinen Primärproduktion

Unabhängig von der Divergenz dieser Schätzungen beträgt die Erzeugung von Biomasse pro Raumeinheit auf dem Festland ein Mehrfaches der marinen Primärproduktion. Nach den Ausgangsdaten von Rabinowitch und Govindjee liegt die raumbezogene Produktionsleistung auf dem Land rund fünfmal höher als im Meer und nach den von Böger referierten Schätzungen sogar 15mal höher. Die unzweifelhaft im Vergleich zum Festland pro Raumeinheit niedrigere marine Primärproduktion erschwert eine Entnahme für Nahrungszwecke.

Innerhalb der als globale Mittel zu verstehenden Produktionsräume schwankt die Produktionsintensität vertikal (s. Abb. 3). Auf der Landoberfläche wird das Maximum in unmittelbarer Bodennähe in etwa 1 m Höhe erreicht. Schon bei geringer Höhenzunahme springt die Produktionskurve weit zurück. In der euphotischen Zone der Meere tritt die Maximalproduktion zwischen 20 und 30 m Tiefe auf. Von diesem Extremwert aus nimmt die Kurve der Produktionsintensität gegen die Meeresoberfläche und in die Tiefe nur allmählich ab, nicht jedoch sprunghaft wie auf dem Land.

Diese vertikale Differenzierung der Intensität der Photosynthese führt innerhalb des dreidimensionalen Produktionsraumes im terrestrischen Bereich zu einer nahezu flächenhaften bodennahen Konzentration. Im marinen Milieu herrscht dagegen eine starke räumliche Dispersion der Primärproduktion vor. Die reale Produktionsintensität pro Raumeinheit liegt somit auf dem festen Land um ein Vielfaches höher als im Meer. Die Aneignung der erzeugten Biomasse durch den Menschen ist folglich im Meer schon durch die vertikale Verteilung der Primärproduktion erheblich erschwert.

Dieses Hemmnis verstärkt sich auf den nächsten Stufen der Nahrungskette. Die terrestrischen Pflanzenfresser leben fast vollständig unmittelbar an der Erdoberfläche. Die Herbivoren des Meeres, das Zooplankton, und die Carnivoren der folgenden Glieder in der Nahrungskette haben ihre Lebensräume dagegen auch außerhalb der euphotischen Schicht. Während auf der Landoberfläche im Verlauf der Nahrungskette in hypsometrischer Sicht eine weitere Konzentration einsetzt, nimmt in den Meeren die vertikale Dispersion zu.

Die horizontale Verteilung der Primärproduktion auf dem Lande ist durch die Anordnung der Vegetations- und Landnutzungszonen hinreichend bekannt. Ähnlich wie auf dem Lande herrscht auch im Meer eine deutliche Differenzierung in Gebiete mit starker bis nahezu unbedeutender Erzeugung an Pflanzensubstanz (s. Abb. 4). Die Produktionstätigkeit schwankt zwischen 3,8 g C/m²/Tag in der Walfischbucht und 0,05 g C/m²/Tag in der Sargasso-See (nach Friedrich, 1965, S. 287).

Vergleicht man größere Meeresbereiche, so reicht die Variationsbreite von rund 0,2–1 g C/m²/Tag im Bereich küstennahen Auftriebwassers und etwa 0,65 g C/m²/Tag in Schelfgebieten bis zu 0,08 g C/m²/Tag in den tropischen Ozeanen außerhalb von Strömungsdivergenzen (nach Gulland 1971). Vergleichswerte aus dem tropischen Regenwald liegen bei 0,7 g C/m²/Tag und aus Wüsten bei nur 0,01 g C/m²/Tag (umgerechnet nach Rabinowitch und Govindjee 1969, S. 12).

Mit einiger Zuverlässigkeit lassen sich auf den Meeren die Gebiete hoher Primärerzeugung von den unproduktiven Räumen trennen (s. Abb. 4). Höchste Produktionswerte werden erreicht:
1. im aufsteigenden Tiefenwasser an den Westküsten der Kontinente,
2. im Bereich von Strömungsdivergenzen, wo kaltes und mäßig nährstoffreiches Wasser an die Oberfläche tritt,
3. in den gemäßigten und subarktischen Gewässern und
4. im Flachwasserbereich über Teilen des Kontinentalschelfs.

Diesen Räumen stehen die weitgehend unproduktiven Gebiete der tropischen und subtropischen Meere, in denen weniger als 0,1 g C/m²/Tag gebildet werden, gegenüber. Sie nehmen rund ein Drittel der Meeresoberfläche ein. Ein ökologisches Handicap der Tropen hinsichtlich der fischereilichen Nutzung läßt sich nach diesen Befunden nicht verleugnen.

Die Ursachen der vertikalen Differenzierung der Produktionstätigkeit liegen in einer Reihe geographischer Faktoren, die je nach Ausprägungsart die Photosyntheseleistung fördern oder limitieren. Dazu rechnen die Einstrahlung, die über Lichtintensität und Temperaturen wirksam wird, und das Nährstoffangebot, darunter vor allem das Vorhandensein von Nitraten und Phosphaten. Die Nahrungszufuhr in der euphotischen Zone und eingeschränkt auch die Temperaturen sind ihrerseits von horizontalen und vertikalen Wasserbewegungen abhängig, wie Meeresströmungen, küstennahem Tiefenwasseraufstieg, Auftriebswasser an Strömungsdivergenzen, Konvektion, Turbulenzen durch submarine Hindernisse, Gezeitenströme und Kontakt von Wasserkörpern unterschiedlicher Geschwindigkeit und Richtung.

Mit Ausnahme der in globaler Sicht quantitativ fast unbedeutenden Großalgen der Flachwasserbereiche wird die marine Primärproduktion vom Phytoplankton gestellt, mikroskopisch kleinen, meist einzelligen Pflanzen zwischen 5 μ und 1 mm Durchmesser. Im Gegensatz zur Primärproduktion des festen Landes sind die marinen Pflanzen um mehrere Größenordnungen kleiner. Sie können bisher nicht mit einem wirtschaftlich vertretbaren Verfahren aus dem Wasser gesiebt und somit auch nicht für die menschliche Ernährung nutzbar gemacht werden.

Erst durch die Kette des Fressens und Gefressenwerdens (s. Tab. 2) kommt es zu einer verwertbaren Anreicherung der marinen Produktion. Das Phytoplankton ist Ernährungsbasis für das Zooplankton. Dessen pflanzenfressende Tiere setzen jedoch nach allgemein anerkannten Schätzwerten nur etwa 10% ihrer Nahrung in Körpergewicht um. Zooplankton wird von kleinen Planktonfressern verzehrt bei erneutem Verlust an Biomasse um 90%. Größere Fleischfresser wie z. B. Makrelen dezimieren die gleichen Fische. Sie selbst werden von noch größeren durchziehenden Carnivoren gefressen.

Tab. 2 *Nahrungskette im Meer*

Nahrungsstufe	Geschätzte jährliche Produktion (Lebendgewicht in Millionen Tonnen) je Nahrungsstufe	
	Umwandlungsquote 10%	Umwandlungsquote 20%
1. Phytoplankton	190 000	190 000
2. Zooplankton	19 000	38 000
3. Kleine Plankton-Fresser, z. B. Anchovis	1 900	7 600
4. Große Fleischfresser (Carnivore), z. B. Makrelen	190	1 520
5. Durchziehende Fleischfresser (Carnivore) z. B. Thunfisch	19	304

Zahlenwerte nach Schaefer 1965, S. 127.

Im Meer findet sich damit eine etwa fünfstufige Nahrungskette. Die Primärproduktion von 190 Milliarden t Lebendgewicht reduziert sich durch die vier Umwandlungsstufen auf nur 19 Mill. t im fünften Glied, also um vier Zehnerpotenzen. Unter der optimistischeren

Annahme einer Umwandlungsrate von 20% je Stufe verbleiben im fünften Glied noch 304 Mill. t. In beiden Fällen verringert sich der Produktionsumfang auf ein Minimum des Ausgangswertes.

Auf dem festen Land umfaßt die Nahrungskette in der Regel nur drei Glieder. Die menschliche Entnahme liegt zu etwa 85% auf der ersten Stufe. Die Verwertung der terrestrischen Primärproduktion ist somit wesentlich direkter als jene der marinen, denn im Meer findet die Entnahme erst im dritten bis fünften Glied der Nahrungskette statt. Die von der traditionellen Fischerei gefangene Ware kann daher nur einen kleinen Prozentsatz der primären Produktion darstellen.

Das durch die Länge der marinen Nahrungskette und die hohe Entnahmestufe vorgegebene Nutzungshemmnis hat aber auch eine exogene Wurzel: die menschlichen Konsumgewohnheiten. Wäre es möglich, die Entnahmestufe um ein volles Glied der Nahrungskette zurückzuschrauben, so könnte die potentielle Fangmenge je nach Annahme der Umwandlungsquote mit dem fünf- bis zehnfachen Wert des heutigen Konsumpotentials angesetzt werden. Voraussetzung dafür wäre jedoch weltweit eine Umstellung der Verbrauchsgewohnheiten.

Die derzeitigen Schätzungen der potentiellen Fangmenge liegen zwischen den Extremen 55 und 2000 Mill. t. Bei möglichen Erträgen zwischen 80 und 200 Mill. t zeigt sich eine deutliche Annäherung und Übereinstimmung mehrerer Autoren (s. Tab. 3).

Tab. 3 *Schätzungen des fischereilichen marinen Potentials*

Schätzung (in Mill. t)		Methode	Autor
50– 60		Extr.	Finn 1960
55		Extr.	Graham und Edwards 1962
55	(für 1970)	Extr.	Meseck 1962
60		Extr., Nahrk.	Graham und Edwards 1962
66	(für 1970)	Extr.	Schaefer 1965
70	(für 1980)	Extr.	Meseck 1962
60– 80		Extr.	Alverson und Schaefers 1965
70– 80		Extr., Nahrk.	Bogdanov 1965
105		Extr., Nahrk.	FAO, Gulland 1971
115		Nahrk.	Graham und Edwards 1962
160		Extr.	Schaefer 1965
200		Nahrk.	Schaefer 1965
200		Nahrk.	Pike und Spilhaus 1965
1000		Nahrk.	Chapmann 1966
180–1400		Nahrk.	Pike und Spilhaus 1962
2000		Nahrk.	Chapmann 1965

Extr. – Extrapolation auf der Basis der Anlandungen
Nahrk. – Berechnung auf Basis der Energieumwandlung in der Nahrungskette

Nach McKernan 1972, Tab. 3 mit Ergänzungen.

Die FAO geht von potentiellen Fangerträgen in Höhe von 105 Mill. t aus (Gulland 1971, S. 251). 1975 wurden bereits 56,5% dieser Menge angelandet. Die Ernährungsreserve der Meere unter den gegenwärtigen Konsumgewohnheiten ist stark zusammengeschrumpft (s. Abb. 5). In den Ozeanen der gemäßigten und subarktischen Breiten wird das Potential bereits weitgehend ausgeschöpft. Die Potentialüberschreitung im NW-Pazifik muß jedoch als Fehler im Datenmaterial interpretiert werden, da eine nicht bekannte Menge, die von japanischen Fischern im westlichen zentralen Pazifik entnommen wurde, dem NW-Teil dieses Meeres zugerechnet worden ist. In den tropischen Meeren werden 31,3% des Potentials entnommen und in den anschließenden Arealen der Südhalbkugel sogar nur 28,9%. Überfischung existiert nach diesen Werten nur selektiv. Sie gilt für einzelne Regionen und einzelne Arten.

Die regionale Differenzierung der Relation von Potential zu Entnahme zeigt ein deutliches Nord-Süd-Gefälle und weist damit auf eines der wichtigsten exogenen Nutzungshemmnisse. Die Anliegerstaaten der tropischen und südlichen Meere sind mit ihrer fischereilichen Ausrüstung nur selten in der Lage, das Nahrungspotential der benachbarten Meeresgebiete optimal zu nutzen. Die mit Ausnahme der marinen Aquakultur immer noch auf der Wirtschaftsstufe des Sammelns und Jagens stehende Fischerei weist ein breites Spektrum an Fangtechniken auf. Traditionellste Formen der Sammelwirtschaft an den Küsten treten neben modernsten elektronischen Verfahren zur Jagd auf den Fisch auf. Hochtechnisierte Hochseefischtrawler für mehrmonatige Fernfischerei mit bordeigenen Verarbeitungs- und Frostungsanlagen einiger Industrienationen können heute auch in den entferntesten Fanggebieten operieren. Zahlreiche Entwicklungsländer sind dagegen noch auf einfachste Fangtechniken angewiesen. Der Nord-Süd-Gegensatz mit seinem technologischen Gefälle ist auch in der fischereilichen Ausrüstung stark ausgeprägt.

Aus nur 16,5% der Meeresfläche wurden in den Meeren nördlicher und gemäßigter Breiten, die von den führenden Industrienationen umgeben sind, 61,4% der Weltfänge des Jahres 1975 entnommen (s. Tab. 4). Die überwiegend von Entwicklungsländern flankierten tropischen und subtropischen Ozeane, die 50,4% der Meeresfläche ausmachen, lieferten dagegen nur 24,4% der Anlandungen. Während in den nördlichen Breiten 0,6 t Fisch pro km² gefangen wurden, waren es in den tropischen Gewässern nur 0,08 t/km².

Tab. 4 *Reale und potentielle Fangmenge, Meeresoberfläche und Schelfanteil nach Meereszonen*

Meereszonen	reale Fangmenge 1975 in %	Meeresfläche in %	reale Fangmenge 1975 in t pro km²	potentielle Fangmenge in %	potentielle Fangmenge in t pro km²	Schelfanteil in %
Meere nördlicher und gemäßigter nördlicher Breiten	61,4	16,5	0,61	31,1	0,56	36,6
tropische Meere	24,4	50,4	0,08	42,3	0,25	45,7
Meere südlicher und gemäßigter südlicher Breiten	14,2	33,1	0,07	26,6	0,24	17,7
	100,0	100,0	0,16	100,0	0,30	100,0

Berechnet nach: FAO Yearbook of Fishery Statistics, Vol. 40, 1975. Gulland, J. A. (Hrsg.) 1971, The Fish Resources of the Ocean.

Es wäre jedoch verfehlt, dieses drastische Mißverhältnis allein auf die Unterschiede im sozialökonomischen Entwicklungsstand zwischen den Industrienationen der Außertropen und den im Bereich der Tropen lokalisierten Entwicklungsländern zurückführen zu wollen. Die potentielle Fangmenge der tropischen Meere erreicht mit 0,25 t/km² nur 45% des Wertes der mittleren und hohen Breiten der Nordhalbkugel. Nährstoffmangel in den küstenfernen Arealen, bedingt durch eine horizontale Schichtung des Wasserkörpers und ein in Relation zur Meeresfläche unterdurchschnittlicher Schelfanteil hemmen die Photosynthese in den tropischen Meeren und erlauben auf der Basis geringer Primärproduktion nur die Entnahme kleinerer Mengen. Die schwache Befischung der tropischen Meere, an der zudem anteilmäßig die Sowjetunion und Japan stark beteiligt sind, ist somit einerseits die Folge einer naturgeographisch vorgegebenen Benachteiligung dieser Meeresteile und andererseits das Ergebnis eines technologischen Entwicklungsrückstandes im Bereich der Fangtechnik und landseitig auch im Bereich der Fischvermarktung. Endogene und exogene Hemmnisse der Nutzung des Nahrungspotentials überlagern sich im Falle der tropischen Meere und führen gemeinsam zu den geringen Erträgen dieser marinen Teilräume.

Zu den endogenen Nutzungshemmnissen ist ohne Zweifel auch die im Vergleich zur terrestrischen Erzeugung hohe Verderblichkeit der Meeresprodukte zu rechnen. Nur durch geeignete Konservierungsverfahren auf See und an Land kann dieser Nachteil überwunden werden. Für die Länder der sogenannten Dritten und Vierten Welt ist der Frischabsatz die überwiegende Vermarktungsform (s. Tab. 5). Frostung und Herstellung von Konserven, die in den Industrienationen weit stärkeres Gewicht besitzen, sind unbedeutend.

Tab. 5. *Vermarktungsformen der Fischanlandungen in Industrie- und Entwicklungsländern (Stand 1975)*

Basis: 21 Industrieländer mit 62% der Fangmenge dieser Ländergruppe
31 Entwicklungsländer mit 50% der Fangmenge dieser Ländergruppe

Vermarktungsform	Anteil der Vermarktungsformen an den Anlandungen in %			
	Industrieländer		Entwicklungsländer	
Konsumware	71,3		63,3	
Frischfisch		28,7		43,6
Frostfisch		10,4		3,7
Trocken-, Salz- und Räucherfisch		24,1		13,2
Fischkonserven		8,1		2,8
Industrieware	28,7		36,7	
Summe	100,0		100,0	
Fangmenge in Mill. t	24,4		15,3	

Berechnet nach: FAO Yearbook of Fishery Statistics 1975, Vol. 41, Fishery Commodities

Der Vergleich der Bundesrepublik mit Tansania und den Philippinen macht dies besonders deutlich (s. Tab. 6). In Deutschland führen Frostfisch und Fischkonserven vor dem Frischabsatz. Für beide Vermarktungsformen fehlen in den Vergleichsländern die technischen Voraussetzungen. Dies gilt besonders für den Frostfischabsatz, der vom Seefroster eine lückenlose Frostkette bis in den Gefrierschrank des Verbrauchers benötigt. In den

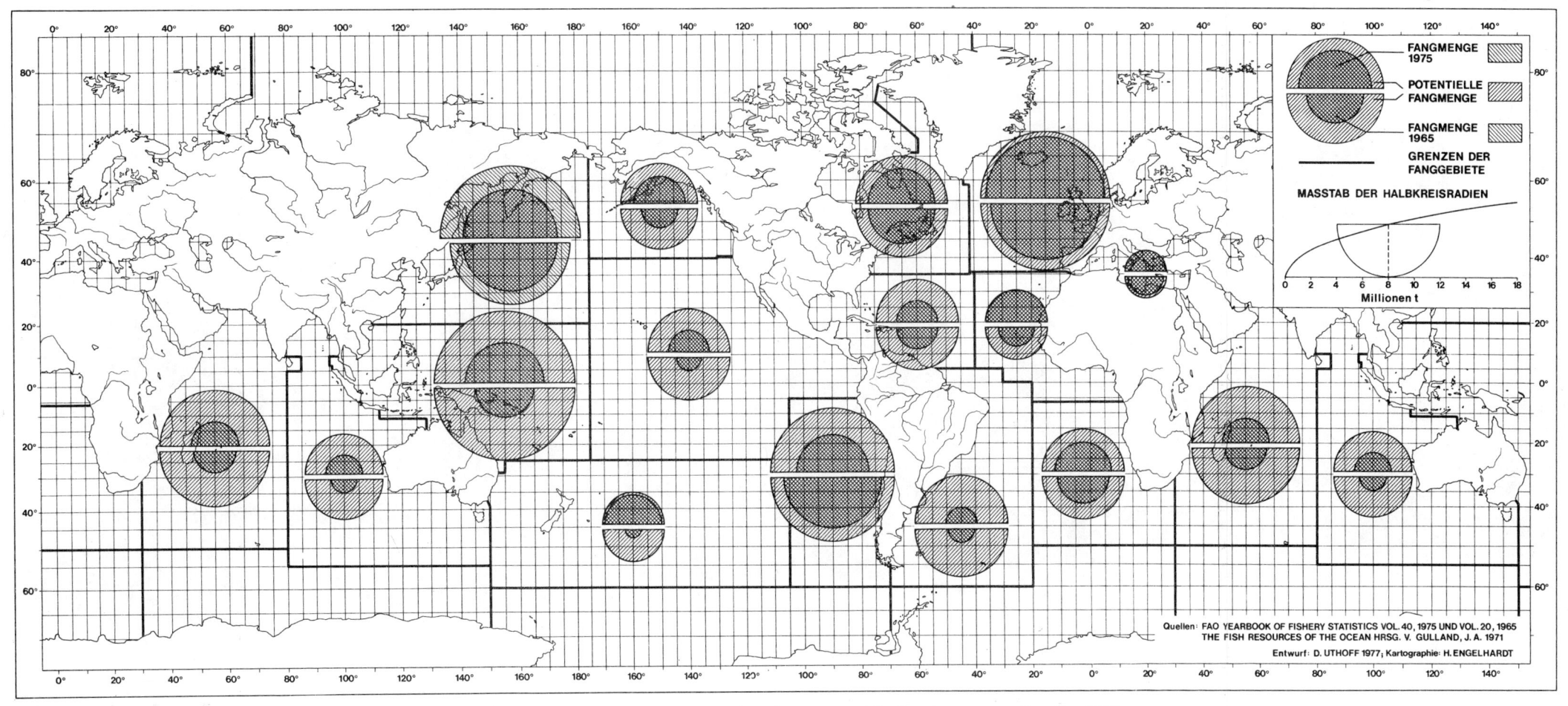

Deutscher Geographentag 1977
Zum Beitrag D. Uthoff

Abb. 5 Weltfischfang 1975 und 1965 und geschätzte potentielle Entnahmemengen (Stand = 1970) nach Fanggebieten

NACH KOBLENTZ, MISHKE, VOLKOVENSKY UND KABANOVA 1969

Deutscher Geographentag 1977
Zum Beitrag D. Uthoff

PHYTOPLANKTON - PRODUKTION
in mg C / m² / TAG

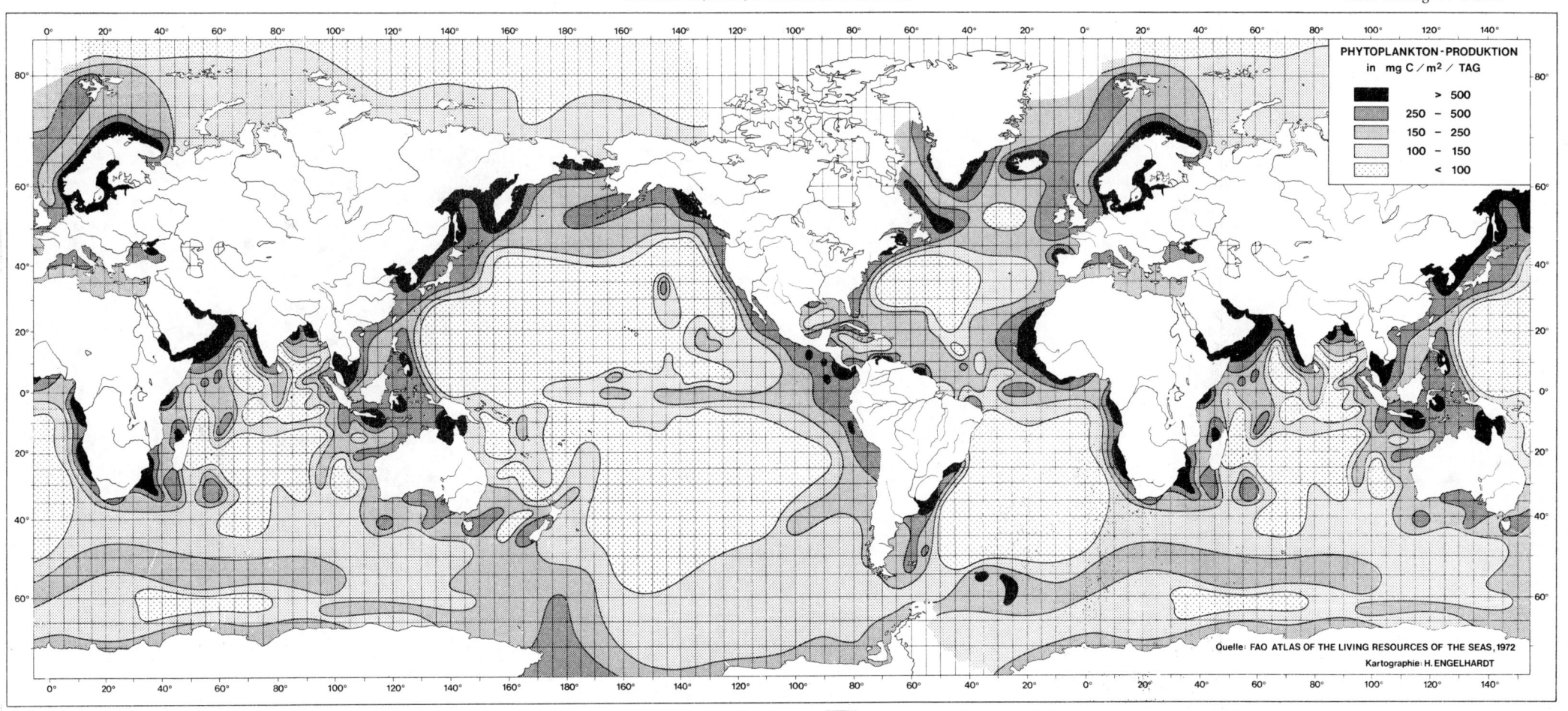

- \> 500
- 250 – 500
- 150 – 250
- 100 – 150
- < 100

Quelle: FAO ATLAS OF THE LIVING RESOURCES OF THE SEAS, 1972
Kartographie: H. ENGELHARDT

Abb. 4 Phytoplankton-Produktion der Weltmeere

Entwicklungsländern überwiegen Frischabsatz, Trocken-, Salz- und Räucherfisch, wobei in den Ländern mit langen Küsten – extrem auf Inseln und Halbinseln – Frischfisch bevorzugt wird, und flächige Staaten mit geringem Küstenanteil zwangsläufig auf die einfachen Verfahren der Haltbarmachung zurückgreifen müssen.

Tab. 6. *Vermarktungsformen der Fischanlandungen ausgewählter Länder*
(Stand 1975)

Vermarktungsform	Anteil der Vermarktungsformen in %			
	BRD	Italien	Tanzania	Philippinen
Frischfisch	15,0	84,8	39,6	80,0
Frostfisch	47,7	8,6	–	–
Trocken-, Salz- und Räucherfisch	8,6	5,0	60,4	20,0
Fischkonserven	23,2	1,6	–	–
Sonstige	5,5	–	–	–
Summe	100,0	100,0	100,0	100,0
Anlandungen in Mill. t	584,4	405,8	192,4	1341,6

Berechnet nach: FAO Yearbook of Fishery Statistics 1975, Vol. 41, Fishery Commodities

Dem endogenen Nutzungshemmnis der hohen Verderblichkeit kann vielfach in den Entwicklungsländern nicht durch geeignete Konservierungsverfahren entgegengewirkt werden, während es zumindest in einigen Industrieländern durch technische Aufwendungen mit hohem Kapitalaufwand weitgehend überwunden werden konnte. Einer stärkeren Nutzung des Meeres zur Deckung des Ernährungsbedarfs stehen, wie bereits angedeutet, auch die vielfach traditionell geprägten und räumlich differenzierten Konsumgewohnheiten entgegen. So erreicht in der Bundesrepublik der Fang von Mollusken und Crustaceen den 4,5fachen Wert der belgischen Fangmengen. Der Konsum von Muscheln und Krebsen erreicht dagegen den 5,3fachen Wert des deutschen Verbrauchs (s. Tab. 7).
Der Pro-Kopf-Konsum an Mollusken und Crustaceen liegt in der Bundesrepublik bei 0,08 kg, in Belgien bei 2,8 kg und in Japan sogar bei 4,6 kg. Diese Werte sind nach Ausweis der

Tab. 7. *Produktion und Konsum von Muscheln und Krebsen in ausgewählten Ländern*
(Stand 1975)

Land	Produktion in t	Import in t	Export in t	Konsum in t	Konsum pro Einwohner in kg
BRD	9 500	7 500	11 900	5 100	0,08
Niederlande	65 600	16 600	65 600	16 600	1,2
Belgien	2 100	25 700	600	27 200	2,8
Japan	262 400	287 500	32 800	517 100	4,6

Berechnet nach: FAO Yearbook of Fishery Statistics 1975, Vol. 41, Fishery Commodities; Statistisches Jahrbuch 1976 für die Bundesrepublik Deutschland.

nationalen Produktion und der Handelsverflechtungen keinesfalls durch die natürlichen fischereilichen Voraussetzungen vorgegeben, sondern eine Folge regional-unterschiedlichen Konsumverhaltens. Die Wirkung der räumlich differenzierten Eßgewohnheiten als exogenes Nutzungshemmnis wird durch internationale Handelsbeziehungen in globaler Sicht jedoch zunehmend ausgeglichen. Der Einführung neuer Marktprodukte, etwa der kaum befischten Cephalopoden und des Krills, stehen die tradierten Konsumgewohnheiten jedoch fast weltweit noch hemmend entgegen.

Viele Überlegungen zur verbesserten Ausnutzung des Nahrungspotentials der Meere scheinen jedoch angesichts der sich abzeichnenden Entwicklungen auf dem Gebiet des internationalen Seerechts und der in den letzten Jahren und Monaten vollzogenen Ausdehnung der Fischereigrenzen müßig. Die Verhandlungen der dritten Seerechtskonferenz zeigen, daß sich die Tendenzen zur Einführung einer 200 Meilen breiten Wirtschaftszone mit exklusiven Rechten für die Küstenstaaten durchsetzen werden. Bereits 1971 verfügten fast alle südamerikanischen und einige mittelamerikanischen Staaten über eine 200 Meilen Fischereizone mit ausschließlichen Fischereirechten. Eine generelle Einführung der 200 Meilen Wirtschaftszone bedeutet für die Fischerei die Ausdehnung von uneingeschränkten nationalen Fischereirechten auf rund 85% der potentiellen Fangmenge der Weltmeere (Eberle 1976, S. 21). Die Areale hoher Produktionswerte decken sich weitgehend mit der Wirtschaftszone (s. Abb. 4). Ihre Einführung bedeutet für viele Staaten einen Schutz der nationalen Fischerei vor den hochtechnisierten Fischereiflotten einiger Industrieländer. Erlaubt der Entwicklungsstand der Fischerei keine optimale Befischung[1] der Bestände und werden die exklusiven Rechte zugleich eng ausgelegt, so werden Teile des Nahrungspotentials nicht mehr genutzt werden können. In globaler Sicht wird trotz vielfacher nationaler Vorteile durch diese Maßnahme ein neues Nutzungshemmnis installiert. Die nicht gefangenen Fische werden an Altersschwäche sterben und remineralisiert. Der menschlichen Ernährung gehen sie verloren.

Die Erhaltung der bisherigen Fangmengen und eine weitere Annäherung an die potentiellen Dauererträge wird davon abhängen, wie weit die Küstenstaaten Drittländern Zugang zu dem von ihnen selbst nicht beanspruchten Teil am möglichen Gesamtfang verschaffen bzw. wie weit die weniger entwickelten Küstenstaaten selbst durch fischereitechnische und finanzielle Hilfe in die Lage versetzt werden, das Potential ihrer Wirtschaftszone biologisch und ökologisch optimal zu nutzen. Die Einführung der 200 Meilen Wirtschaftszone muß sich daher nicht zwangsläufig als exogenes Hemmnis in der Nutzung der Meere auswirken. Der negative Effekt kann durch bilaterale Verträge und Maßnahmen gezielter Entwicklungshilfe gemindert oder gar ausgeschaltet werden.

Bedingt durch die genannten Einschränkungen wird auch in Zukunft der Anteil der Meere an der Deckung des Ernährungsbedarfs der Weltbevölkerung trotz steigender Bedeutung in Relation zum Umfang der Primärproduktion weit unterrepräsentiert bleiben, obwohl Meeresprodukte zu den preiswertesten Trägern tierischen Eiweißes gehören (Abbott 1972, S. 2) und obwohl in einigen Ländern immer noch ein Proteindefizit herrscht. Allein die Veränderung des Konsumverhaltens und der Ausbau der marinen Aquakultur werden das Verhältnis von Primärproduktion zu Entnahme grundlegend verändern können. Rein fangtechnische Maßnahmen sind in ihrer Wirkung durch die Abhängigkeit des Potentials von den Konsumgewohnheiten limitiert.

---

[1] Unter optimaler Befischung wird nicht eine ökonomisch optimale Nutzung der Bestände verstanden, sondern eine Entnahme, die am biologisch und ökologisch möglichen Dauerertrag orientiert ist.

Literatur

Abbott, J. C. (1972): The efficient use of world protein supplies. Monthly Bulletin of Agricultural Economics and Statistics, Vol. 21, No. 6

Alverson, D. L. and Schaefers, E. A. (1965): Ocean engineering: its application to the harvest of living resources. Ocean Science and Ocean Engineering. Transactions of the Joint Conference, Marine Technology Society and American Society of Limnology and Oceanography, S. 158–170

Bardach, J. (1974): Die Ausbeutung der Meere. Wissenschaftliche und wirtschaftliche Interessen in der Meeresforschung. Fischer, Bücher des Wissens, Bd. 6251, Frankfurt

Böger, P. (1975 a): Photosynthese und pflanzliche Produktivität. Konstanzer Universitätsreden, H. 76, Konstanz

Ders. (1975) b): Photosynthese in globaler Sicht. Naturwissenschaftliche Rundschau, Jg. 28, H. 12, S. 429–435

Burke, W. T. (1972): Some thoughts on fisheries and a new conference on the law of the sea. In: World Fisheries Policy. Ed. by Rothschild, B. J., S. 52–73, Seattle/London

Chapmann, W. M. (1965): Food from the ocean. Proceedings of the Fourteenth Annual Meeting of the Agricultural Research Institute, National Academy of Sciences, S. 65–94

Ders. (1966): Ocean fisheries: status and outlook. Transactions of the Second Annual Meeting of the Marine Technology Society, S. 15–27

Eberle, D. (1976): Die dritte Seerechtskonferenz der Vereinten Nationen unter besonderer Berücksichtigung der Fischerei. Jahresbericht über die deutsche Fischwirtschaft 1975/76, S. 19–24, Berlin

FAO (1966–1976): The state of food and agriculture 1965, 1970, 1974, 1975. Rome

FAO (1966–1976): Yearbook of Fishery Statistics. Vol. 20, 1965, vol. 21, 1965, vol. 30, 1970, vol. 31, 1970, vol. 40, 1975, vol. 41, 1975, Rome

FAO (1972): Atlas of the living resources of the seas. Rome

FAO (1976): Production Yearbook 1975. Vol. 29, Rome

FAO (1976/77): Food supply in terms of calories, proteins and fat (by commodity groups). Monthly Bulletin of Agricultural Economics and Statistics, vol. 25, No. 4, S. 1–14, 1976, vol. 25, No. 7/8, S. 35–48, 1976, vol. 26, No. 1, S. 23–35, 1977, Rome

Finn, D. B. (1960): Fish: the great potential food supply. Fishing News International, Vol. 1, No. 1

Friedrich, H. (1965): Meeresbiologie: Eine Einführung in ihre Probleme und Ergebnisse. Berlin

Graham, H. W. and Edwards, R. L. (1962): The world biomass of marine fishes. In: Fish in nutrition. Ed. by Heen, E. and Kreuzer, R., S. 3–8, London

Gulland, J. A. (1970): Food chain studies and some problems in world fisheries. In: Marine Food Chains. Ed. by Steele, J. H., S. 296–315, Edinbourgh

Gulland, Ed. (1971): The fish resources of the ocean. West Byfleet

Heen, E. and Kreuzer, R., Ed. (1962): Fish in nutrition. London

Hempel, G. (1970): Das Weltmeer als Nahrungsquelle. In: Erforschung des Meeres. Hrsg. Dietrich, G., S. 197–216, Frankfurt

Jackson, R. I. (1972): Fisheries and the future world food supply. In: World Fisheries Policy. Ed. by Rothschild, B. J., S. 3–13, Seattle/London

Korringa, P. (1971 a): Ernte aus dem Meer? Bild der Wissenschaft, H. 12, S. 1247–1255

Ders. (1971 b): Mariculture. Yearbook of Science and Technology 1971, S. 13–23, McGraw-Hill

McKernan, D. L. (1972): World fisheries – world concern. In: World Fisheries Policy. Ed. by Rothschild, B. J., S. 35–51, Seattle/London

Meseck, G. (1962): Importance of fisheries production and utilization in the food economy. In: Fish in nutrition. Ed. by Heen, E. and Kreuzer, R., S. 23–37, London

Möcklinghoff, C. (1975): Die Fischwirtschaftspolitik im Jahre 1974/75. Jahresbericht über die Deutsche Fischwirtschaft 1974/75, S. 7–19, Berlin

Pike, S. T. and Spilhaus, A. (1962): Marine resources. A report of the Committee on Natural Resources of the National Academy of Sciences – National Research Council. NAS/NRC Publ. 100-E, S. 1–8

Rabinowitch, E. and Govindjee (1969): Photosynthesis. New York

Raymont, J. E. G. (1976): Plankton and productivity in the oceans. Nachdruck der ersten Auflage von 1963, Oxford

Rothschild, B. J., Ed. (1972): World fisheries policy. Multidisciplinary views. Seattle/London

Sahrhage, D. und Steinberg, R. (1975): Der antarktische Krill. Bild der Wissenschaft, Jg. 12, H. 11, S. 90–93

Schaefer, M. B. (1965): The potential harvest of the sea. Transactions of the American Fisheries Society, Vol. 94, No. 2, S. 123–128

Statistisches Bundesamt (1976): Statistisches Jahrbuch für die Bundesrepublik Deutschland 1976. Stuttgart/Mainz

Steemann-Nielsen, E. (1960): Productivity of the oceans. Ann. Rev. Plant Physiol., Vol. 11, S. 341–362

Ders. (1957): Primary oceanic production. Galathea Report, Vol. 1, S. 49–136

Tait, R. V. (1971): Meeresökologie. Das Meer als Umwelt. dtv wissenschaftliche Reihe, Bd. 4091, Stuttgart

Diskussion zum Vortrag Uthoff

Dr. H. Bronny (Bochum)

Herr Uthoff, Sie haben in Ihrem Vortrag das nutzbare Potential angesprochen; auf der anderen Seite ist bekannt, daß in vielen Fällen bereits eine Überfischung vorliegt, daß also das Potential nicht ganz so positiv zu sehen ist. Durch neue Fangtechnologien, z. B. durch falsche Netzgrößen, würde das ökologische Gleichgewicht in wichtigen Fanggebieten erheblich gestört, so daß die Prognosen über die zukünftige „Meeresproduktion" vielleicht nicht so positiv zu sehen sind. Es wäre vielleicht noch zu ergänzen, daß bezüglich der Aquakulturen Bestrebungen vorhanden sind, z. B. den Krill in der Antarktis dadurch zu nutzen, daß man an ausgesuchten Stellen der Südspitze Südamerikas Junglachse aussetzt, die sich dann vom Krill ernähren. Wenn diese Lachse nach Jahren zum Laichen an die Küste zurückkehren, können sie gefangen und direkt der menschlichen Ernährung zugeführt werden, während es bisher noch keine Wege gibt, den Krill in großem Maßstab direkt zu verwerten. Diese Möglichkeit der Krillnutzung würde ich ebenfalls dem Bereich der Aquakulturen zuordnen.

W. Kuttler (Bochum)

Wie kann die reale Fangmenge größer sein als die potentielle?

G. Viehoefer (Bremen)

Wie weit sind heute die Aquakulturen über den Bereich des Experimentierens hinausgekommen?

Wieckert (Braunschweig)

Welche Auswirkungen hat die Umweltverschmutzung auf die Fischerträge?

Prof. Dr. D. Uthoff (Mainz)

Der Begriff des fischereilichen Potentials oder der potentiellen Entnahmemenge, auf den Herr Bronny und Herr Kuttler mit ihren Diskussionsbemerkungen zielen, darf keinesfalls mit der marinen Produktion gleichgesetzt werden, die das Potential um ein Vielfaches übertrifft. Grundsätzlich kann den Ozeanen eine das Potential übersteigende Fangmenge entnommen werden. Damit ist jedoch der Sachverhalt der Überfischung gegeben, der zur Bestandsminderung oder -vernichtung führt und das ökologische Gleichgewicht von Meeresteilen vorübergehend oder dauernd stört. Gegenwärtig ist Überfischung nur auf einzelne Meeresregionen und auch dort nur auf einzelne Fischarten beschränkt.

Wenn in Karte 2 im nordwestlichen Pazifik die reale Fangmenge die potentielle übersteigt, so handelt es sich in diesem Fall jedoch nicht um den quantitativen Nachweis von Überfischung, sondern um Mängel in der globalen Fangstatistik. Größere Fangmengen, die im zentralen Pazifik entnommen wurden, sind fälschlicherweise dem nordwestlichen Teil dieses Meeres zugerechnet worden. Auf diesen Fehler weisen bereits FAO-Publikationen hin (z. B. Gulland 1971, S. 251).

Der Begriff des Potentials bezog sich in meinen Ausführungen keineswegs auf eine optimale Nutzung der Bestände, sondern orientiert sich am biologisch und ökologisch möglichen Dauerertrag der derzeit genutzten Bestände. Global gesehen besteht unter diesem Ansatz durchaus noch eine Ernährungsreserve, obwohl regions- und artspezifische Überfischungstendenzen nicht zu leugnen sind. In meinen Ausführungen ist das Potential jedoch nicht als absolute Größe fixiert worden. Bei gewandelten Konsumgewohnheiten, beispielsweise bei einer Herabsetzung der Entnahmestufe in der Nahrungskette, ist mit veränderten Gegebenheiten zu rechnen.

In der Diskussionsanregung von Herrn Viehoefer ist zu bemerken, daß in einzelnen Ländern z. B. Japan, Großbritannien, den Niederlanden aber auch Indonesien, die Aquakultur das Experimentierstadium längst überschritten hat. So ist es beispielsweise möglich, in großen Mengen Austern von Ei zu Ei zu züchten. Vielfach werden jedoch noch Semikulturen betrieben, wobei eine kontrollierte Aufzucht unter optimierten Aufwachsbedingungen angesteuert wird, die aber auf natürlichen Brutfall bzw. den Besatz mit Jungfischen angewiesen ist. Den von Herrn Bronny angesprochenen Plan, den Krill auf dem Umweg über künstlich gesteigerte Lachsbestände zu nutzen, möchte ich allerdings nicht in den Bereich der Aquakultur stellen, da sich die menschlichen Eingriffe hier allein auf das Aussetzen von Jungfischen beschränken und jegliche Kulturmaßnahmen unterbleiben.

Die Auswirkungen der Umweltverschmutzung auf die Fischerträge sind nach Art und Menge der eingeleiteten Substanzen höchst differenziert. So führen beispielsweise schwache Phosphatanreicherungen zu einer gesteigerten Produktion von Phytoplankton, die in der gesamten Nahrungskette durchschlagen kann. Übermäßiges Phytoplanktonwachstum durch höhe Phosphatgaben verursacht durch den bakteriellen Abbau dieser Algenmassen Sauerstoffmangel. Dieser als Eutrophierung bekannte Prozeß kann eine drastische Minderung der Fangerträge oder sogar allgemeines Fischsterben bewirken. Extremes Beispiel der Umweltverschmutzung im marinen Milieu ist die durch Quecksilbereinleitung ausgelöste Minamata-Krankheit, die in Japan nach Konsum von Meeresprodukten mit starker Quecksilberanreicherung zu Todesfällen und bleibenden Schädigungen beim Menschen geführt hat. Eine nur annähernd erschöpfende Antwort auf die in den Bereich der Meeresökologie eingreifende Frage von Herrn Wieckert über diese einfachen Beispiele hinaus ist im Rahmen dieses Vortrags und dieser Veranstaltung unmöglich, zumal auch die Kompetenz des Referenten überschritten wird.

MENSCH UND MORPHODYNAMISCHE PROZESSE

Leitung: K. FISCHER, C. RATHJENS und G. RICHTER

ANTHROPOGENE OBERFLÄCHENFORMUNG: BILANZ UND PERSPEKTIVEN IN MITTELEUROPA

Von Walter Sperling (Trier)

Die Beeinflussung der Oberflächenformen durch die wirtschaftliche und gesellschaftliche Tätigkeit des Menschen ist nur ein Aspekt des Eingriffes der Gesellschaft in den Naturhaushalt. Wir können diese Frage nicht abhandeln, ohne einen Blick auf weitere Aktivitäten der Gesellschaft, die auch die Vegetation, das Klima, die Böden und den Wasserhaushalt, besonders den Grundwasserhaushalt der Erde in vieler Weise tiefgreifend verändert haben, zu werfen.

Damit ist das Kapitel „Anthropogene Oberflächenformung" nicht nur ein Unterkapitel der Allgemeinen Geomorphologie oder der Wirtschafts- und Verkehrsgeographie oder etwa nur ein Aspekt der Physischen Anthropogeographie, sondern ein Kernanliegen der Geographie als der Umweltwissenschaft von den räumlichen Strukturen und Prozessen an der Erdoberfläche schlechthin.

Mit dieser Vorbemerkung sei festgestellt, daß es sich hier nicht um eine deskriptive Bestandsaufnahme mit dem Ziel der Typisierung, Klassifizierung und Quantifizierung handeln kann. Vielmehr gilt es, auch zu einer theoretischen Klärung zu kommen, denn hier wird das Verhältnis von Natur und Gesellschaft, von Raum und Zeit, von Geschichte und Geographie wie auch die Stellung der Geographie im Zeitalter der wissenschaftlich-technischen Revolution in sehr grundsätzlicher Weise angesprochen. Die Erforschung der gesetzmäßig verlaufenden Wechselbeziehungen zwischen Mensch und geographischem Milieu ist wohl die wichtigste Aufgabe der Geographie in der Gegenwart, und dies auch in praktischer Hinsicht, etwa im Blick auf die Erfordernisse der Landesplanung, insbesondere der Siedlungs- und Verkehrsplanung und der Landschaftsökologie und bei den Problemen der Umweltgestaltung und speziell des Naturschutzes.

Einen bemerkenswerten theoretischen Ansatz, der auch praktische und didaktische Konsequenzen haben wird, hat unlängst Ernst Neef (1976) vorgetragen. Er spricht nämlich von „Nebenwirkungen gesellschaftlicher Tätigkeiten im Naturraum" bei der Aneignung der Natur zur Befriedigung menschlicher Bedürfnisse. Diese Nebenwirkungen der gesellschaftlichen Aktivitäten treten im Naturraum stets mit naturgesetzlicher Notwendigkeit auf, wenn der Mensch durch Arbeit in das Natursystem eingreift.

Hans Mortensen (1951/52) prägte den Begriff der „quasinatürlichen Oberflächenformung". Er unterschied dabei folgerichtig zwischen „künstlichen" Oberflächenformen, wie sie beispielsweise bei der Anlage eines Verkehrswegs oder beim Bau eines Staudammes entstehen, und solchen oberflächenformenden Prozessen, die zwar durch die Kräfte der

Natur vollzogen werden, dies aber stets nur, nachdem die Gesellschaft durch einen Eingriff dieser oder jener Art bereits einen Anlaß, eine Initialzündung gegeben hat. Das für Mitteleuropa fraglos eindrucksvolle Beispiel ist die Bodenerosion, die sich allein nach Naturgesetzlichkeiten vollzieht, aber erst in Gang kommen konnte, nachdem durch die Rodungs- und Bodenbearbeitungstätigkeit sozialer Gruppen bestimmte Voraussetzungen geschaffen worden waren. Dietrich Dennecke (1969) bestätigt dies am Beispiel der Entstehung und weiteren Ausformung von Hohlwegen. Untersuchungen an den Ufern von Stauseen haben ebenfalls gezeigt, daß hier, bei der Ausformung neuer Uferlinien, solche quasinatürlichen Gesetzmäßigkeiten in Gang gekommen sind.

Schon aus diesen wenigen Aussagen läßt sich auch ein didaktischer Aspekt ableiten. Der allgemeine Bildungswert unseres Faches wird heute so eingeschätzt, daß eines der wichtigsten Lernziele der Geographie darin bestehen soll, Einsichten in die Wechselbeziehungen zwischen Gesellschaft und Umwelt in gestalteten Räumen zu gewinnen. Kaum ein anderer Problemkreis als die anthropogene Oberflächenformung, deren Ausmaß den Umfang der natürlichen Prozesse längst überflügelt hat und die außerdem der unmittelbaren Beobachtung zugänglich ist, scheint besser geeignet zu sein, solche Einsichten vorzubereiten und die Fähigkeit zu üben, solche Prozesse und ihre möglichen Folgen in rechter Weise einzuschätzen.

Das Phänomen der anthropogenen Oberflächenformung ist weltweit zu verfolgen, denken wir nur an die Beobachtungen von Herbert Wilhelmy über die Reisbauterrassen in Südostasien, von Carl Rathjens in der Wüste Tharr, an die Studien über den Bergbau in Südafrika, die Stauseen in Nordamerika oder die Höhlenwohnungen im Mittelmeerraum. Edwin Fels hat in ausführlicher Weise einen Überblick über die ganze Erde gegeben und einen ersten Versuch der Systematisierung vorgenommen. Die Beschränkung unserer Ausführungen auf Mitteleuropa, also auf die beiden deutschen Staaten, Polen, Tschechoslowakei, Österreich und die Schweiz, entspricht einem praktischen Bedürfnis, das auch dem Rahmen der zur Verfügung stehenden Zeit entspricht.

In Mitteleuropa liegt für uns das geschlossenste Beobachtungsmaterial und die meiste Literatur vor. Die größte Schwierigkeit bei der Literatursuche besteht darin, daß, abgesehen von ,,Bodenerosion", keine klassifizierte Sparte dafür vorliegt. Vielmehr sind Ergebnisse und Teilergebnisse weit verstreut niedergelegt in landeskundlichen und regionalen Studien, in Darstellungen zur Agrargeographie, Bergbaugeographie, Verkehrsgeographie, Siedlungsgeographie und in den zahllosen Beiträgen zur genetischen Kulturlandschaftsforschung und Historischen Geographie – am wenigsten aber in der geomorphologischen Literatur selbst. Selbst in der Lehre über die geomorphologischen Prozesse erscheint die anthropogene Oberflächenformung oft nur als ein marginales Anhängsel. Inzwischen ist es möglich, auch in Lehrveranstaltungen zur Geomorphologie über die Komponente ,,Gesellschaft" zu reflektieren. Dabei geht es nicht vordergründig darum, die ‚gesellschaftliche Relevanz" der Geomorphologie auf einem Umweg zu rechtfertigen, sondern vielmehr um die einzig richtige Einschätzung der Faktoren des aktuellen geomorphologischen Kräftespiels.

Der Versuch unserer Bilanz in Mitteleuropa soll deshalb an einige Arbeitsergebnisse der Historischen Geographie anknüpfen. Hier sind nicht nur die ersten Formen an Sprachen und Klassifizierungen, beispielsweise die Terminologie der Oberflächenformung der Agrarlandschaft von Kurt Scharlau (1956), Ingo Schäfer (1957) und Helmut Jäger (1965 und später), vorgenommen worden. Hier kann auch am besten die kausale, genetische und chronologische Komponente aufgedeckt werden: Ursache – Entstehungszeit – Entstehungsdauer – Qualität und Quantität des Eingriffs – möglicher Abschluß und Ergebnis der Formenbildung – evtl. Folgewirkungen auf andere Komponenten im Naturhaushalt.

Die geomorphologische Bedeutung des Ackerbaus ist im Rahmen der genetischen Kulturlandschaftsforschung und der Agrargeographie – das kann man behaupten – bisher am vollständigsten aufgegriffen und eingeschätzt worden. Weit eindrucksvoller sind aber die Prozesse, die sich in Mitteleuropa seit dem Beginn der Industriellen Revolution, besonders seit der Mitte des 19. Jahrhunderts, zugetragen haben, insbesondere in den Industrie- und Ballungsgebieten. Bergbau, Gewerbe, Verkehr und Urbanistik sind die auslösenden Faktoren. Der wirtschaftende Mensch, d. h. die moderne Industriegesellschaft, ist hier zu einem „geologischen Faktor" geworden. Beispielsweise übersteigen die Materialbewegungen, welche der Braunkohlebergbau in der DDR pro Jahr hervorruft, die Weltvulkanleistung. Werner Rutz (1970) hat mit Zahlen belegt, wie umfangreich die Erd- und Gesteinsbewegungen waren, die für den Bau der Brennerverkehrslinien notwendig geworden sind.

Die bisher wohl eindrucksvollste komplexe Bestandsaufnahme eines mitteleuropäischen Gebietes liegt für den Nordmährischen Kreis, einem Verwaltungsbezirk in der Tschechoslowakei, vor. Der Olmützer Geograph Ladislav Zapletal (1968 und später) hat in verschiedenen Arbeiten die Ergebnisse bekanntgegeben, die Methodik auf das Gebiet der ganzen ČSSR ausgedehnt und einen Vorschlag für die Systematisierung vorgetragen. Es existieren sowohl Diagramme der Eisenbahnlinien (Eisenbahndämme, Einschnitte, Tunnels) wie auch Übersichtskarten der Gesamtbeanspruchung und Detailkarten mit sehr differenzierten Signaturen.

Klassifikation der anthropogenen (technogenen) Oberflächenformen (nach Zapletal 1968, Louis 1968 und Gellert)
1. Montane anthropogene Oberflächen wie
    offene Erz- und Kohlengruben, Bergbauterrassen, Steinbrüche, Gruben in Lockergesteinen (Sand, Kies, Lehm, Ton, Mergel, Kalk, Torf),
    Pingen, Einsturztrichter und Einsturztrichterfelder, Senkungs- und Bruchfelder,
    Halden und Kippen (Überflur-, Flur- und Unterflurkippen, Spülkippen) sowie Spülfelder
2. Industrielle anthropogene Oberflächenformen wie
    Abfallhalden, Spülbecken, Spülfelder namentlich der Hütten- und chemischen Industrie sowie der keramischen Industrie
3. Agrarische anthropogene Oberflächenformen wie
    Anbau- oder Feldterrassen verschiedener Art im Hügel- und Bergland sowie im Karstgebiet
    Ackerterrassen
    Feldsteinhügel und Feldsteinraine
    Entwässerungs- und Bewässerungsgraben
    Ackerplanierungen (Reliefmelioration)
    Bodenerosion (Flächenabspülung und -abwehung, Furchen- oder Schluchtenerosion)
    Bodenakkumulation (Schwemmkegel, Aulehmdecken)
4. Urbane anthropogene Oberflächenformen wie
    Siedlungshügel (z. B. Wurten und Warften in Gezeitenwatten)
    Siedlungsterrassen und Siedlungshöhlen
    Aufschüttungen und Verebnungen im Rahmen des Städtebaues, Straßenpflasterung
    Bauschutthügel und Trümmerberge, Ruinenhügel
    Abfallhalden, Spülbecken und Spülfelder, Rieselfelder
5. Kommunikale anthropogene Oberflächenformen wie
    Einschnitte, Schnitt- und Aufschüttungsterrassen sowie Dämme für Wege, Straßen, Eisenbahnen, Autobahnen
    Tunnel
    Schiffahrtskanäle und Hafenbecken
    betonierte Landepisten für Flugplätze

6. Fluviale und litorale anthropogene Oberflächenformen wie Flußbegradigungen
   Ent- und Bewässerungskanäle, Stauwerke, Talsperren
   Schiffahrtskanäle, Hafenbecken, Fahrrinnen
   Uferschutzbauten, (Ufermauern, Uferdämme (Deiche), Buhnen,
   Leitwerke, Molen)
   künstliche Inseln, Uferaufschüttungen
7. Militärische anthropogene Oberflächenformen wie
   Fluchthügel (z. B. mounds in den USA)
   Burg- und Festungshügel
   Betonwerke, Bunker (intakt oder gesprengt)
   Verteidigungsgräben, -dämme und -mauern
   Granat-, Bomben- und Sprengtrichter bzw. -felder
8. Funerale anthropogene Oberflächenformen wie
   Grabhügel aus Lockermassen (Hügelgräber) oder aus Steinwerk (ägyptische Pyramiden usw.)
9. Zelebrale anthropogene Oberflächenformen wie Kult- oder Tempelhügel aus Lockermassen oder Steinwerk (indianische Pyramiden)
   Gedenkhügel (z. B. Kosciuski-Gedenkhügel in Polen)

Eine systematische Erforschung und Bestandsaufnahme der anthropogenen Oberflächenformung in Mitteleuropa wird sich der verschiedensten Methoden bedienen müssen. Sie ist befriedigend nur zu leisten in enger Zusammenarbeit mit anderen natur- und gesellschaftswissenschaftlichen Disziplinen. Am wichtigsten erscheint mir zunächst eine systematische Durchmusterung der Literatur zu sein, denn, abgesehen von einer kleinen Zahl von Spezialarbeiten, welche sich durch ihren Titel zu erkennen geben, gibt es Hunderte von weiteren Arbeiten, welche zum Teil nicht unwesentliche Hinweise enthalten. Nicht verzichtet werden kann bei dieser Durchmusterung auf die Durchsicht der heimatkundlichen und selbst der linguistischen Literatur, vor allem im Hinblick auf die zu erstellende Terminologie. Weiterhin ist das gesamte Kartenmaterial zu sichten, nicht nur die aktuellen topographischen Karten und Pläne, sondern auch die Vorläufer der amtlichen Topographie im Hinblick auf die genetische Fragestellung. Auch historisches Bildmaterial ist entsprechend zu interpretieren und die Möglichkeiten der Luftbildauswertung und der Fernerkundung sind dabei zu nutzen. Erst nach solchen Vorarbeiten kann die Arbeit im Gelände punkt-, linien- und flächenhaft einsetzen. Dabei wird es sich wohl empfehlen, Schwerpunktgebiete da zu bilden, wo die Ausgangssituation und die Literaturlage schon gut ist.

Bei der Beobachtung, Einordnung und Klassifizierung aktueller Formenbildungsprozesse steht uns oft nur ein kurzer Beobachtungszeitraum zur Verfügung, während der Vorgang selbst sich über Generationen hinzieht. Man kann die Beobachtungen in einem Zeitraum von fünf Jahren nicht einfach mit 10 multiplizieren und dann darauf schließen, was in 50 Jahren geschehen ist. Auch die Fortschritte der Technologie müssen berücksichtigt werden. Für die Oberflächenformung der Agrarlandschaft bedeutet dies beispielsweise die genaue Kenntnis aller Arten des Pflügens und der Methoden der Beackerung. Von großer Bedeutung ist die Kenntnis der modernen Technologien des Straßenbaus, des Bergbaus oder des Deichbaus. Für die Vergangenheit können wir recht genau sagen, wie sich beispielsweise das Aufkommen des eisenbeschlagenen Rades auf die beschleunigte Ausformung von Hohlwegen ausgewirkt hat, oder wie eine neue Pflugtechnik auf die weitere Gestaltung von Stufenrainen und Ackerterrassen eingewirkt hat. Was die Gegenwart anbetrifft, wird man nur in enger Verbindung mit den Ingenieurwissenschaften arbeiten können.

Hinsichtlich der Größenordnung unterscheiden wir zwischen Mikroformen (Stufenrain, Erosionsrinne), Mesoformen (Tilke, Eisenbahndamm, Wurt) und Makroformen (Tagebau,

Staudamm). Eine stichhaltige Abgrenzung, vor allem der Mesoformen, erfordert quantiative Bestandsaufnahmen und Vergleiche. Probleme der Quantifizierung sind bislang nur ansatzweise angesprochen worden, dieser Methodik dürfte in naher Zukunft unsere Hauptaufmerksamkeit gelten.

Die geomorphologische Wirksamkeit der anthropogenen Oberflächenformung ist aber auch eine Frage ihrer Persistenz, d. h. der Bewahrung der Formen über einen kürzeren oder längeren Zeitraum. Wir beobachten Formen, deren Gestalt sich über einen sehr langen Zeitraum erhält (Ringwälle), Formen, die nur vorübergehend auftreten und alsbald durch den Menschen oder die Natur wieder ausgelöscht werden (Bauhalden) und Formen, die einen vorübergehenden mittelfristigen Bestand haben und sich dann allmählich zurückbilden, fossil werden oder in einem durch ein anderes Kräftespiel bewirkten prozessionalen Zusammenhang weiter geformt werden. Die letzte Gruppe ist ohne Zweifel die interessanteste.

Hier wäre nach dem Zeitpunkt der Entstehung und noch mehr nach der eventuellen Beendigung des formenbildenden Prozesses zu fragen. Daraus folgt die Einteilung in fossile Formen, aktive Formen und ,,kryptofossile Formen", also solchen, die sich aktuell nach anderen Gesetzmäßigkeiten weiterbilden als zum Zeitpunkt ihrer ersten Anlage.

Die nach unserem Dafürhalten am meisten diskussionswürdige genetische Klassifizierung der anthropogenen Oberflächenformung, die sich in Mitteleuropa gut anwenden läßt, hat Ladislav Zapletal (1968 und später) vorgestellt. Er unterscheidet zwischen montanistisch, industriell, agrarisch, urbanistisch, kummunikativ, litoral, militärisch, funeral und zelebral bedingten Formen (siehe Übersicht). Diese Klassifizierung wurde auch in das von Jaromír Demek herausgegebene ,,Handbuch der geogmorphologischen Kartierung" (1976) aufgenommen.

Zusammenfassung

1. Die anthropogene Oberflächenformung in Mitteleuropa ist ein von der systematischen geographischen Forschung vernachlässigtes Arbeitsfeld, dessen gründliche Pflege für den Beitrag der Angewandten Geographie zur Landeskultur wie auch für die geographische Lehre von großer Bedeutung ist.
2. Auch der theoretische Ertrag solcher Forschungen, das ist die dialektische Dimension des gesetzmäßigen Wechselverhältnisses von Natur und Gesellschaft, verdient große Aufmerksamkeit.
3. Die Forschungskapazitäten müssen besser genutzt und deshalb organisatorisch besser zusammengefaßt werden. Vorgeschlagen wird ein lockerer Arbeitskreis, regelmäßige Symposien, eine zentrale Geschäftsstelle, die mit entsprechenden Kompetenzen und Mitteln ausgestattet ist und eine Unterkommission, welche die Verbindungen zu den Nachbarwissenschaften und zur internationalen Forschung herstellt.
4. Mittelfristig ist ein terminologisches Wörterbuch anzustreben, langfristig die Erarbeitung eines ,,Atlas der anthropogenen Oberflächenformung in Mitteleuropa".
5. In der Lehre, besonders in den Geländepraktika, sollte der Problematik der anthropogenen Oberflächenformung breiterer Raum zugewiesen werden.
6. In schon vorhandene oder noch zu schaffende ,,geographische Lehrpfade" sollte, um die Bedeutung der Frage öffentlichkeitswirksam zu demonstrieren, die Problematik ebenfalls aufgenommen werden. Ein Lehrpfad mit besonderer Betonung der anthropogenen Oberflächenformengestaltung ist mehr als jede andere museale Repräsentation geeignet, der geographischen Lehre und der allgemeinen Volksbildung zu dienen.

Literatur

Barthel, Hellmuth: Braunkohlenbergbau und Landschaftsdynamik. – Gotha 1962 (Petermanns Geogr. Mitt., Erg.-Heft. 270)
Born, Martin: Frühgeschichtliche Flurrelikte in deutschen Mittelgebirgen. – Geografiska Annaler 43, 1961, S. 17–24
Bremer, Hanna: Quasinatürliche Oberflächenformen. In: Methodisches Handbuch für Heimatforschung in Niedersachsen. Göttingen 1965, S. 196–204
Dahlke, Jürgen: Das Bergbaurevier am Taff und seinen rechten Nebenflüssen. – Tübingen 1964 (Tübinger Geographische Studien 13)
Demek, Jaromír: Hangforschung in der Tschechoslowakei. – In: Nachr. Akad. d. Wissenschaften Göttingen, Math.-Phys. Klasse 1963, S. 99–138
Demek, Jaromír: Beschleunigung der geomorphologischen Prozesse durch die Wirkung des Menschen. – Geol. Rundschau 58, 1968, S. 111–121
Demek, Jaromír (Hrsg.): Handbuch der geomorphologischen Detailkartierung. – Wien 1976
Dennecke, Dietrich: Methodische Untersuchungen zur historisch-geographischen Wegeforschung im Raum zwischen Solling und Harz. Göttingen 1969 (Göttinger Geogr. Arbeiten 54)
Endriss, Gerhard: Die künstliche Bewässerung im Schwarzwald und in den angrenzenden Gebieten. – Ber. Naturforsch. Ges. Freiburg 42, 1952, S. 77–109
Ewald, Klaus-Christoph: Agrarmorphologische Untersuchungen im Sundgau (Oberelsaß) unter besonderer Berücksichtigung der Wölbäcker. – Phil. Nat. Diss. Basel 1969
Gerlach, Tadeus: Les terasses de culture comme indice des modifications des versants cultivés. – Nachr. Akad. d. Wissenschaften Göttingen, Math.-Phys. Klasse 1963, S. 239–249
Fels, Edwin: Der wirtschaftende Mensch als Gestalter der Erde. 2. Aufl. – Stuttgart 1964 (Erde und Weltwirtschaft Bd. 5)
Fels, Edwin: Die Umgestaltung der Erde durch den Menschen. 5. Aufl. – Paderborn 1976 (Fragenkreise)
Hard, Gerhard: Bäuerliche Geomorphologie. – Saarheimat 7, 1963, S. 17–22
Hard, Gerhard: Exzessive Bodenerosion. Bodenerosion um 1800. – Erdkunde 24, 1970, S. 290–308
Hartke, Wolfgang: Über die „Ackerberge" und ihre Bedeutung als Index für das Alter agrarlandschaftlicher Grenzen. – Zeitschr. f. Agrargeschichte und Agrarsoziologie 2, 1954, S. 173–177
Hempel, Lena: Tilken und Sieke, ein Vergleich. – Erdkunde 8, 1954, S. 198–202
Hempel, Lena: Das morphologische Landschaftsbild des Untereichsfeldes. – Remagen 1957 (Forschungen z. dt. Landeskunde 98)
Herold, Alfred: Die Rhön- und Spessartautobahnen. – In: G. Braun (Hrsg.), Räumliche und zeitliche Bewegungen (Würzburger Geographische Arbeiten 37), Würzburg 1972, S. 223–256
Herz, Karl: Die Ackerflächen Mittelsachsens im 18. und 19. Jh., Dresden 1964 (S. A. Sächs. Heimatblätter)
Jäger, Helmut: Zur Methodik der genetischen Kulturlandschaftsforschung. – Berichte z. dt. Landeskunde 30, 1963, S. 158–196
Jäger, Helmut: Historische Geographie. 2. Aufl. – Braunschweig 1973 (Das Geographische Seminar)
Jänichen, Hans: Beiträge zur Wirtschaftsgeschichte des schwäbischen Dorfes. – Stuttgart 1970. (Veröff. d. Komm. f. geschichtliche Landeskunde in Baden-Württemberg, Reihe B Forschungen 60)
Juillard, Étienne: Formes de structure parcellaire dans la plaine d'Alsace. – Bull. de l'Association des Géogr. français 232/33
Käubler, Rudolf: Die Tilke als junge Form des Kulturlandes. Geogr. Anzeiger 38, 1937, S. 361–367
Käubler, Rudolf: Beiträge zur Altlandschaftsforschung in Ostmitteldeutschland. – Petermanns Geogr. Mitt. 96, 1952, S. 245–249
Kittler, Gustav Adolf: Bodenfluß, eine von der Agrarmorphologie vernachlässigte Erscheinung. – Bonn-Bad Godesberg 1963 (Forschungen z. dt. Landeskunde 143)
Klug, Heinz: „Reche" und „Rosseln" in Rheinhessen. – Mitteilungsbl. f. rheinhess. Landeskunde 13, 1964, S. 131–133

Kuhn, Wolfgang: Hecken, Terrassen und Bodenzerstörung im hohen Vogelsberg. – Frankfurt a. M. 1953 (Rhein-Mainische Forschungen 39)
Linke, Max: Ein Beitrag zur Erklärung des Kleinreliefs unserer Kulturlandschaft. – Wiss. Zs. Univ. Halle-Wittenberg, Math.-Nat. R. 12, H. 10, 1963, S. 735–752
Mensching, Horst: Die kulturgeographische Bedeutung der Auelehmbildung. – In: 29. DGT, Verhandlungen und wiss. Abhandl., Wiesbaden 1952, S. 219–225
Mortensen, Hans: Die „quasinatürliche" Oberflächenformung als Forschungsproblem. – Wiss. Zs. Univ. Greifswald Math.-Nat. R. 6, H. 6/7, 1954/55, S. 735–752
Neef, Ernst: Nebenwirkungen der gesellschaftlichen Tätigkeit im Naturraum. – Petermanns Geogr. Mitt. 120, 1976, S. 141–144
Richter, Gerold: Bodenerosion. Schäden und gefährdete Gebiete in der Bundesrepublik Deutschland. – Bad Godesberg 1965 (Forschungen z. dt. Landeskunde 152)
Richter, Gerold/Walter Sperling: Anthropogen bedingte Dellen und Schluchten in der Lößlandschaft. Untersuchungen im nördlichen Odenwald. – Mainzer Naturwiss. Archiv 5/6, 1967, S. 130–176
Richter, Gerold, unter Mitarb. v. Walter Sperling (Hrsg.): Bodenerosion in Mitteleuropa. – Darmstadt 1976 (Wege der Forschung 430)
Richter, Hans: Hochraine, Steinrücken und Feldhecken im Erzgebirge. – Wiss. Veröff. Dt. Institut f. Länderkunde Leipzig NF 17/18, 1960, S. 283–322
Rutz, Werner: Die Alpenquerungen. – Nürnberg 1969 (Nürnberger Wirtschafts- und sozialgeographische Arbeiten 10)
Rutz, Werner: Die Brennerverkehrswege. Straße, Schiene, Autobahn, Verlauf und Leistungsfähigkeit. – Bad Godesberg 1970 (Forschungen z. dt. Landeskunde 186)
Schaefer, Ingo: Zur Terminologie der Kleinformen unseres Ackerlandes. – Petermanns Geogr. Mitt. 101, 1957, S. 194–199
Scharlau, Kurt: Ackerlagen und Ackergrenzen. Flurgeographische Begriffsbestimmungen. – In: Geographisches Taschenbuch, Wiesbaden 1956/57, S. 449–452
Schottmüller, Hermann: Der Löß als gestaltender Faktor in der Kulturlandschaft des Kraichgaus. – Bad Godesberg 1961 (Forschungen z. dt. Landeskunde 130)
Schreiber, Karl-Friedrich: Beobachtungen über die Entstehung von „Buckelweiden" auf den Hochflächen des Schweizer Jura. – Erdkunde 23, 1969, S. 280–290
Schultze, Joachim-Heinrich: Bodenerosion in Thüringen. – Gotha 1959 (Petermanns Geogr. Mittl., Erg.-H. 247)
Semmel, Arno/Walter Sperling: Untersuchungen zur Lage der Wüstung Prangenheim in der Gemarkung Trebur. – In: Rhein-Mainische Forschungen 54, Frankfurt a. M. 1963, S. 41–54
Sperling, Walter: Über einige Kleinformen im nördlichen vorderen Odenwald. – Der Odenwald 9, 1962, S. 67–78
Sperling, Walter/Florin Žigraj: Siedlungs- und agrargeographische Studien in der Gemarkung Liptovská Teplička, Niedere Tatra. Teil II. Die anthropogenen Kleinformen. Geografický časopis 22, 1970, S. 97–131
Špurek, Milan: Historical Catalogue of Slide Phenomena. – Brno 1972 (Studia Geographica 19)
Trächsel, Manfred: Die Hochäcker in der Nordostschweiz. – Phil. (II) Diss. Zürich 1962
Vogt, Jean: Zur historischen Bodenerosion in Mitteldeutschland. Petermanns Geogr. Mitt. 102, 1958, S. 199–203
Wagner, Günter: Die Bodenabtragung im Wandlungsprozeß der Kulturlandschaft. – Berichte z. dt. Landeskunde 35, 1965, S. 91–111
Wandel, Gerhard: Neue vergleichende Untersuchungen über den Bodenabtrag an bewaldeten und unbewaldeten Hängen im Nordrheinland. – Geologisches Jahrbuch 65, 1949, S. 507–550
Zapletal, Ladislav: Antropogenní geomorfologický efekt orografických celků ČSSR [The Anthropogenic Geomorphological Effect of the Orographic Regions in Czechoslovakia]. Acta Universitatis Palackianae Olomucensis, Facultas Resem Naturalium, Bd. 50, Geographica-Geologica H. 15, 1976, S. 177–198
Zapletal, Ladislav: Úrod do antropogenní geomorfologie [Einführung in die anthropogene Geomorphologie]. – Olomouc 1969 (Učební texti vysokých škol)

Zapletal, Ladislav: Geografický výklad antropogenního reliéfu Severomoravského kraje [The Geomorphological Explanation of Anthropogennic Relief of North Moravian Area]. – Aeta Universitatis Palackianae Olomucensis, Facultas Rerum Naturalium, Bd. 35, Geographica – Geologica, H. 11, 1971, S. 49–127

Zapletal, Ladislav: Nevratné antropogenní transformace reliéfu Slovenska [Irreversible anthropogene Transformationen des Reliefs der Slowakei]. Geografický časopis 27, 1975, S. 141–152

Zapletal, Ladislav: Kartografické vyjadřování antropogenních forem reliéfu v ČSSR [Die Kartographische Darstellungen der anthropogenen Formen des Reliefs in der Tschechoslowakei]. – Acta Universitatis Palackianae Olomucensis, Facultas Rerum Naturalium, Bd. 42, Geographica-Geologica, H. 13, 1973, S. 223–238

Zapletal, Ladislav: Nepřímé antropogenní geomorfologické procesy a jejich vliv na zemský povrch [Indirekte anthropogene geomorphologische Prozesse und ihr Einfluß auf die Erdoberfläche] – Acta Universitatis Palackianae Olomucensis, Facultas Rerum Naturalium, Bd. 42, Geographica-Geologica, H. 13, 1973, S. 239–261

Zapletal, Ladislav: Geneticko-morfologicka klasifikace antropogenních forem reliéfu [Genetisch-morphologische Klassifizierung der anthropogenen Formen des Reliefs] – Acta Universitatis Palackianae Olomucensis, Facultas Rerum Naturalium, Bd. 23, Geographica-Geologica, H. VIII, 1968, S. 239–427

Zapletal, Ladislav: Anthropogenní relief Československa [The Anthropogenic Relief of Czechoslovakia I.] – Acta Universitatis Palackianae Olomucensis, Facultas Rerum Naturalium, Bd. 50, Geographica-Geologica, H. 15, 1976, S. 155–176

BODENEROSION IN DEN REBLAGEN AN MOSEL-SAAR-RUWER. FORMEN, ABTRAGUNGSMENGEN, WIRKUNGEN

Mit 7 Abbildungen und 1 Tabelle

Von G. Richter (Trier)

PROBLEMSTELLUNG

Im folgenden soll eine erste Einschätzung der Abtragungsvorgänge an den Rebhängen im Raum von Trier vorgenommen werden. Dazu gehört einleitend eine kurze Schilderung der geomorphologisch-bodenkundlichen Verhältnisse, der Flurgestaltung und Landnutzung. Es folgt die Darstellung der Abtragungsprozesse und -formen und eine Überschlagsrechnung der Abtragungsmengen. Schließlich werden einige Auswirkungen der Bodenerosion auf Boden, Flur und Gewässer eingeschätzt.

1. RELIEF UND BÖDEN

Eine Reihe von Autoren hat in den letzten Jahrzehnten auf die besonders rege rezente Abtragung durch Prozesse der Bodenerosion hingewiesen, denen die Rebhänge des Moseltales sowie des unteren Saar- und Ruwertales ausgesetzt sind (u. a. Richter 1965). Diese Täler haben sich im Laufe des jüngeren Quartärs stark in die devonischen Tonschiefer und Grauwackenschiefer des Rheinischen Schiefergebirges eingetieft. Während die altquartären Talböden breit und flach sind, öffnen sich unterhalb der Hauptterrasse steilflankige Kastentäler mit Neigungswinkeln von 20° bis über 40° Neigung der Talhänge. Auf ihnen finden sich Ranker und schluffige, skelettreiche Braunerden, auf Flußterrassen auch lehmige Parabraunerden mit Lößbeimengung. An den Rebhängen sind die Böden durch Tiefpflügen, Bodenabtragung und Wiederauffüllung mit herantransportiertem Boden stark verändert. Hier herrschen 40–100 cm mächtige Rigosole vor. Die Korngrößenzusammensetzung eines Weinbergbodens in Mertesdorf/Ruwertal lautet:

Ton und Schluff	(< 0,06 mm)	25,9%
Sand	(0,06 bis 2,0 mm)	24,1%
Skelett	(> 2,0 mm)	50,0%

Der Boden hat einerseits einen recht hohen Ton- und Schluffgehalt. Dies resultiert aus der Tonschieferverwitterung. Anderseits ist der Skelettanteil hoch, eine Folge der Bodenabtragung. Die Sandfraktion dazwischen besteht ebenfalls fast vollständig aus Schieferbröckchen und -plättchen.

Die Böden der Talgründe und Hangfußbereiche zeigen oft mehrere Meter mächtige Akkumulationsprofile. Der Skelettanteil ist gering (außer unmittelbar am Fuß von Steilhängen), der Feinbodenanteil hoch. Diese tonig-schluffigen Kolluvialböden sind häufig pseudovergleyt.

2. FLURGESTALTUNG UND LANDNUTZUNG

Der Rebbau ist an den SO- bis W-exponierten Hängen der Kastentäler viele Jahrhunderte zurückzuverfolgen. Generell war er bereits zur Römerzeit vorhanden. Da wir uns hier nahe der Anbaugrenze eines rentablen Weinbaues befinden, wurden bisher nur die gut besonnten Steilhänge vom Hangfuß bis zur Untergrenze der Hauptterrasse als Weinberge genutzt. Erst in den letzten Jahren griff der Weinbau auch auf die flachen Gleithänge und Talböden über. Dies wurde u. a. durch Reben-Neuzüchtungen ermöglicht. Die schlechter exponierten Steilhänge tragen Wald. Die weiten Hochterrassenflächen sind für die Ackernutzung günstig und tragen die Ackerflur der Talgemeinden.

Bis vor 15 Jahren boten die Fluren der Weinbaugemeinden folgendes Bild: Die wenigen Grünlandflächen lagen auf den Talböden. Am Steilhang folgten in günstiger Exposition Rebhänge, die entsprechend der kleinbäuerlichen Struktur der Weinbaugemeinden eng parzelliert waren. Die Rebhänge wiesen nur wenige Zufahrtswege, aber viele Terrassen und Stützmauern auf. Die meisten Flächen konnten daher nur von Hand mit der Hacke bearbeitet werden. Die oberhalb des Kastentales anschließenden altquartären Talböden trugen kleinparzelliertes Ackerland.

In den letzten 10–15 Jahren veränderte sich das Nutzungsgefüge. In den Steilhängen wurden viele Terrassenmauern und Hangfelsen entfernt. Die Rebhänge erhielten durch die Flurbereinigung eine Glättung der Hangoberfläche, die Zusammenlegung der Besitzflächen, die Erschließung durch hangparallele Gürtelwege und eine geregelte Abführung des Oberflächenabflusses. Sie können nun maschinell bearbeitet werden und stehen in intensiver Nutzung. Ein Teil des Ackerlandes auf den Höhen wird jedoch wegen der geringen Rentabilität ackerbaulicher Kleinbetriebe nicht mehr genutzt und liegt brach. Besonders ausgedehnt sind die Brachflächen überall dort, wo der Arbeitsmarkt außerhalb der Landwirtschaft günstige Möglichkeiten bietet, also vor allem im Umkreis der Stadt Trier. Die Rebhänge werden jedoch auch dort in vollem Umfang weitergenutzt. Ein Teil der Rebflächen wurde von den ausgehenden Kleinbetrieben an die wenigen größeren Weinbaubetriebe verpachtet oder verkauft, der größte Teil wird in Nebenerwerbsbetrieben weitergeführt.

3. ABTRAGUNGSPROZESSE UND ABTRAGUNGSFORMEN

Der Verfasser studierte die Abtragungsprozesse und Abtragungsformen an den Rebhängen im Raum von Trier seit 1972. In diesen fünf Jahren traten folgende Vorgänge auf:

a. Vorgänge der gravitativen Abtragung:

Es handelt sich um das Abrutschen der Verwitterungsdecke oder des Oberbodens an Steilhängen. Je nach Hangneigung, Einfallen der Schieferung und Durchfeuchtung befindet sich das Lockermaterial bei Hangneigungen von 30–40° in einem mehr oder weniger labilen Gleichgewicht. Jede Veränderung der Hanggliederung oder Durchfeuchtung kann zu kleineren oder größeren Rutschungen führen.

Zuerst bilden sich oft Risse, an denen sich der betroffene Hangteil in getreppte Schollen auflöst. Im Zerrungsbereich drehen sich die Schollen wie bei jedem Bergrutsch zum Hang hin. Im Bereich der Abbremsung der Bewegung schließen sich die Risse, und die Schollen drehen sich talwärts. Die Stellung der Rebpfähle macht diese Bewegungen deutlich. Daneben treten auch muschelförmige Hanganrisse auf. Ein weiterer, aber seltenerer Vorgang ist das Abrutschen des gesamten Oberbodens auf einer durchfeuchteten Unterlage.

Bezeichnenderweise treten derartige Rutschungen meistens nur im hydrologischen Winterhalbjahr auf (November bis April). Wie die Abb. 3 zeigt, haben die Böden der Rebhänge dann eine durchschnittliche Bodenfeuchte von 20–30%. Fallen mehrere ergiebige Niederschläge kurz hintereinander, so steigen diese Werte noch weiter an. Hierzu ein Beispiel:
Vom 18. bis 20. Februar 1977 fielen in Mertesdorf innerhalb von 3 Tagen insgesamt 42,7 mm Niederschlag. Die Bodenfeuchte lag in 10–20 cm Tiefe um 20%. In den Fluren von Wintrich und Neumagen-Dhron kam es zu mehreren großen Hangrutschungen, in einer Reihe anderer Gemeinden zu kleineren Anbrüchen. Durchweg wurden Neupflanzungen im Rebland betroffen. Die Schäden waren z. T. hoch. Im Falle von Wintrich vernichtete die Hangrutschung eine Neuanlage innerhalb von vier Jahren zum dritten Mal.

Derartige Rutschungen kamen in den Rebhängen immer wieder vor. Es besteht jedoch kein Zweifel, daß ihre Häufigkeit und Verbreitung mit der Beseitigung des engen Systems von Stützmauern und der Felsklippen im Rahmen der Flurbereinigung gewachsen ist. Die Labilisierung der Hänge hat dadurch also zugenommen, besonders dort, wo zur Ausgleichung des Hangreliefs auch Fremdboden eingebracht wurde. Nach ergiebigen Niederschlägen kann die Erhöhung der Bodenfeuchte dann zur Überwindung des Reibungswiderstandes zwischen Bodenauflage und Fels oder zwischen dem rigolten Oberboden und dem Unterboden führen. Der Hang rutscht ab. Der entwickelte Hangdruck ist so stark, daß neugebaute Stützmauern an vielen Stellen reißen und asphaltierte Wirtschaftswege um mehrere Dezimeter absacken. Man versucht, diesen Rutschungen durch Drainage des Hangwassers, durch Einbringen von Stroh in den Boden und durch den Bau von Gabionenmauern (wasserdurchlässigen Mauern aus steingefüllten Drahtkästen) zu begegnen. Eine nachhaltige Festigung derartiger Rutschhänge erweist sich jedoch oft als sehr schwierig.

b. Vorgänge murenartigen Bodenfließens:

Sie stehen zwischen der gravitativen Bodenabtragung und der Abspülung und wurden bisher fünfmal beobachtet. Es handelt sich dabei um das breiartige Fließen des lockeren Oberbodens infolge starker Durchfeuchtung. Diese Durchfeuchtung wurde in einem Falle durch die Schneeschmelze 1975, in zwei weiteren Fällen durch ergiebige Niederschläge im Dezember 1976 und Februar 1977 und in den restlichen zwei Fällen durch mehrere, kurz aufeinanderfolgende Gewitterregen im Juli 1975 herbeigeführt. Hierzu zwei Beispiele:
Vom 28. November bis zum 2. Dezember 1976 fielen innerhalb von 5 Tagen 40,6 mm Niederschlag. Die Bodenfeuchte stieg in den Reblagen von Mertesdorf (Ruwertal) von 13% auf 24%. In frisch rigolten und bepflanzten Rebparzellen kam es an mehreren Stellen bei Hangneigungen von > 30° zu murenartigen Prozessen: Ausgehend von muschelartigen Anbrüchen kam der gesamte Oberboden samt Jungpflanzen und Rebpfählen ins Fließen. Mehrere Schlammströme von 1–3 m Breite entwickelten sich an verschiedenen Punkten der Parzelle, in unterschiedlicher Höhe am Hang. Die Schlammströme krochen mit Geschwindigkeiten bis zu 1–2 cm/sec. hangabwärts. Auf ihrem Wege bezogen sie die angetroffenen Pflanzen und Pfähle samt Oberboden in ihre Bewegung ein, so daß jeweils ein mehrere Meter breiter, in Gefällerichtung verlaufender Streifen völlig abgeräumt wurde. Die „Muren" flossen über die nächste Stützmauer und kamen erst auf dem unterhalb der Mauer verlaufenden Gürtelweg zum Stehen.

Im Falle der Schneeschmelze im März 1975 floß zwischen Mertesdorf und Kasel (Ruwertal) eine ganze Folge von Schlammströmen von dem betroffenen Hangteil ab. Sie überquerte zwei Stützmauern, füllte die zugehörigen Wirtschaftswege zu einer schiefen Ebene auf und kam erst im Talgrund zur Ruhe, wo sie eine Fläche von ca. 200 m² um 20–30 cm hoch bedeckte.

Diese Art der Bodenabtragung tritt in Jungpflanzungen auf. Besonders gefährdet sind Lagen mit mehr als 30° Hangneigung. Das vorherige Rigolen (Tiefpflügen auf ca. 50–60 cm) hat bedeutende Unterschiede in der Permeabilität des Bodenprofiles geschaffen. Der rigolte Oberboden ist locker und stark wasseraufnahmefähig, besonders in seinem oberflächennahen Teil. Der Unterboden dagegen lagert dichter und hat in gewissem Umfang die Eigenschaft eines Wasserstauers, besonders wenn bei der Einplanierung des Hanges lehmiger Fremdboden eingebracht wurde. Bei starken Regenfällen kann die Wasserübersättigung des Oberbodens zur Überschreitung der Fließgrenze führen.

c. Vorgänge der Abspülung:

Sie sind zweifellos von allen Abtragungsvorgängen die häufigsten, werden aber nur bei größeren Niederschlägen deutlich sichtbar. Geringe Regenfälle spülen neben der Lösungsfracht vor allem Pflanzen- und Mistreste aus, dazu etwas Feinboden. Höhere Niederschläge erodieren 10–30 cm breite Rinnen von wenigen Zentimetern Tiefe in den skelettreichen Boden. Nur starke Regenfälle, wie sie bei Sommergewittern auftreten, führen zur Bildung von Rinnen und Gräben, die vor allem dort größere Tiefe erreichen und bis auf das anstehende Gestein hinunterreichen können, wo am Hang eine Wassersammlung möglich ist. Oftmals werden die hangabwärts verlaufenden Pflugfurchen ausgespült, so daß sich ein System von 10–20 cm tiefen parallelen Rinnen ergibt. Ihnen entsprechen in Verflachungsbereichen des Hanges, auf Wegen und am Hangfuß breite, flache Schwemmfächer.

Die Erforschung des Prozeßablaufes und des Abtragsausmaßes ist bei der Abspülung weitaus schwieriger als bei den bisher beschriebenen Abtragungsarten. Bei jedem Abspülungsvorgang wirkt eine größere Zahl unterschiedlich kombinierter Faktoren mit, wie bereits vielfach betont wurde. Verwiesen sei z. B. auf das vom Verf. zusammengestellte Wirkungsschema der Bodenabspülung (Richter 1974, Abb. 1, 1976, Abb. 1). Hier kann nur eine Dauerbeobachtung über längere Zeit mit Registrierung möglichst vieler der Einflußfaktoren gesicherte Erkenntnisse bringen.

Um den Fragen der Boden- und Nährstoffverluste in Reblagen des Rheinischen Schiefergebirges nachzugehen, wurde im Jahre 1974 durch die Universität Trier, Abt. Physische Geographie, und mit Unterstützung durch die Deutsche Forschungsgemeinschaft eine Forschungsstelle Bodenerosion in Mertesdorf (Ruwertal) eingerichtet. Im Juli 1974 wurden die Messungen auf 6 Parzellen von 8–48 m Länge in einem alten Rebbestand von 20° Neigung aufgenommen. Im Januar 1975 wurden weitere 7 Parzellen in einer Neupflanzung von 20° bzw. 25° Neigung eingerichtet. Registriert werden nicht nur die Niederschläge, die Abfluß- und Bodenabtragssummen. Ein computergesteuertes System von Meßfühlern erlaubt auch die Messung und Registrierung der meteorologischen Daten (Wind, Lufttemperatur, Luftfeuchtigkeit, Bodentemperatur, Niederschlag) in Intervallen von 5 bzw. 10 Min. und die gleichzeitige Protokollierung der Abflußkurven. Ergänzend treten manuelle Messungen der Bodenfeuchte und des splash sowie Lysimetermessungen hinzu.

Der kurze Meßzeitraum gestattet noch keine ausführliche und voll gesicherte Analyse der Bodenerosionsprozesse in Reblagen. Einige wichtige Zusammenhänge seien jedoch hier angesprochen. Interessant ist da zunächst die Frage nach den Abflußmengen in Abhängigkeit vom Niederschlag. Auf Abb. 1 sind für eine Parzelle von 32 m Länge und 20° Hangneigung alle bisher registrierten ca. 350 Niederschlags-Tagessummen eingetragen. In ca. 230 Fällen kam es bei kleinen Niederschlagssummen nicht zu Abflüssen. Die zugehörigen Punkte sind

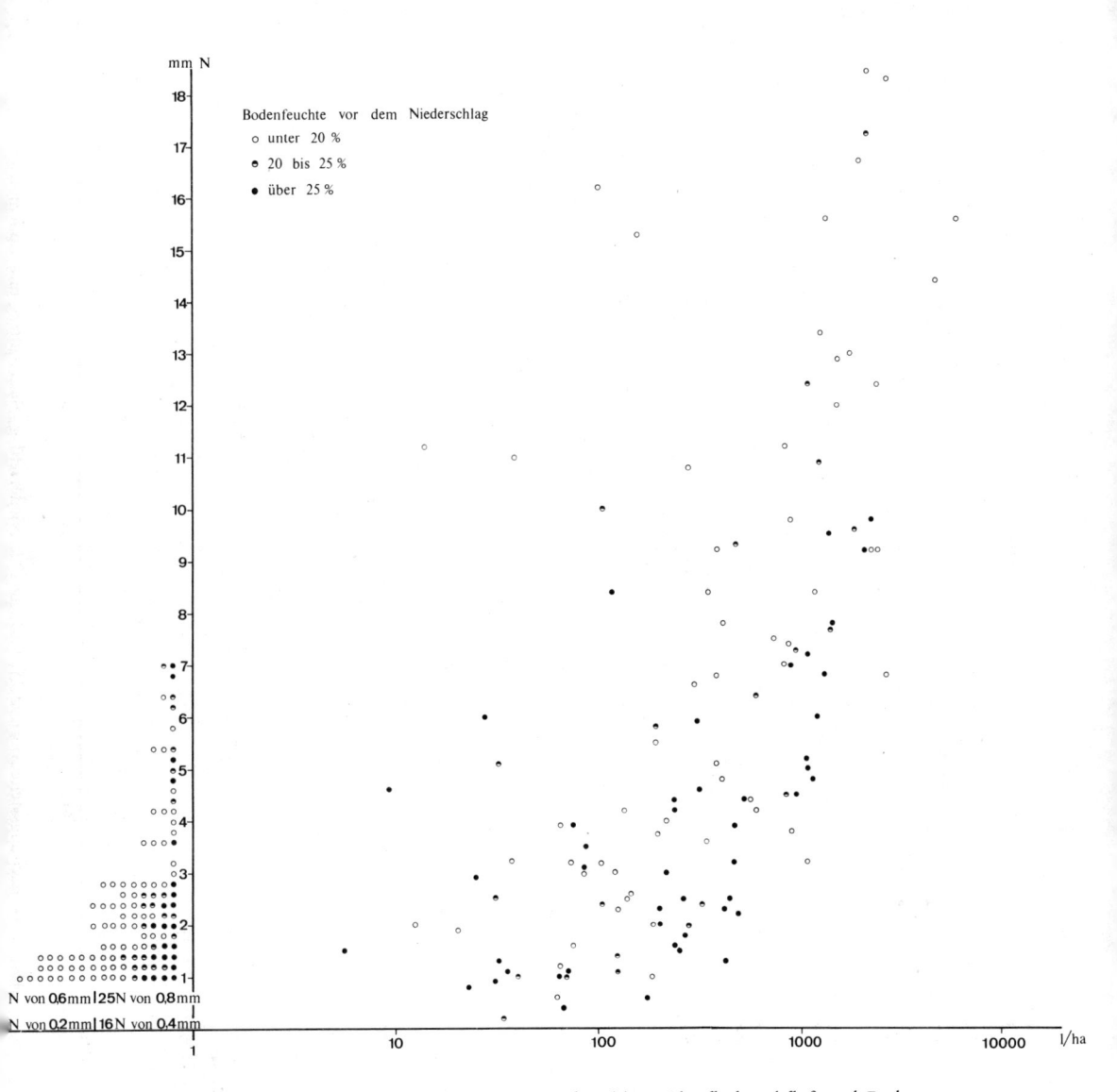

Abb. 1 Forschungsstelle Mertesdorf, Parzelle 132. Niederschlag, Oberflächenabfluß und Bodenfeuchte

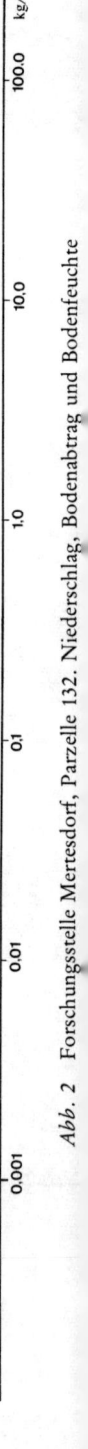

Abb. 2 Forschungsstelle Mertesdorf, Parzelle 132. Niederschlag, Bodenabtrag und Bodenfeuchte

am linken Rand außerhalb des Koordinatensystems abgetragen. Daraus ergibt sich, daß die Zahl der Fälle ohne Abfluß bei N < 3 mm überwiegt. Bei N zwischen 3 mm und 7 mm kommt es meist zu Abflüssen, bei N > 7 mm immer.

Die Abflußmengen belaufen sich bei N < 3 mm auf höchstens 500 l/ha, bei N zwischen 3 mm und 7 mm auf 100–1500 l/ha und bei N > 7 mm auf 400–5000 l/ha. Bei N > 12 mm sind die Abflüsse fast immer höher als 1000 l/ha.

Zusätzlich wurde in Abb. 1 für jeden Niederschlagsfall die Bodenfeuchte vor Beginn des Niederschlags in 3 Stufen markiert. Die bekannte Tatsache bestätigt sich auch hier, daß eine höhere Bodenfeuchte die Abflußwerte erhöht: Bis ca. 10 mm N zeigen die Fälle mit einer Bodenfeuchte von > 25% die relativ höchsten Abflüsse. Bei den größeren Tagessummen traten dagegen nur Fälle mit Bodenfeuchte < 20% auf. Hier handelt es sich um sommerliche Gewitterregen, und um diese Jahreszeit ist die Bodenfeuchte an den stark besonnten Rebhängen generell niedrig.

Die Streuung der Abflußwerte ergibt sich aus der bekannten Tatsache, daß die erosive Kraft eines Niederschlags nicht nur von der N-Summe, sondern wohl noch mehr von der N-Intensität abhängt. Die rechnerische Einbeziehung der Intensitäten auf der Basis des Niederschlags-Erosion-Index nach Wischmeier (1959) ist zur Zeit in Bearbeitung.

Einer weit größeren Streuung unterliegt der Zusammenhang zwischen N-Summen und Bodenabtrag, denn hier kommen zusätzliche, wechselnde Einflüsse hinzu: Bodenstruktur und Strukturstabilität, Bearbeitungszustand, Durchwurzelung und Bodenbedeckung durch Pflanzen, z. B. Unkräuter. Immerhin ergeben sich auch aus Abb. 2 interessante Richtwerte: Bei N < 3 mm fehlt – dem Abfluß entsprechend – meist auch der Bodenabtrag. Niederschläge von 3–12 mm bringen meist geringe Abträge mit sich, die bis 10 kg/ha reichen. Nur bei sommerlichen Gewitterregen > 12 mm ergeben sich höhere Bodenverluste bis zu 100 bis 200 kg/ha.

d. Vorgänge des Rutschens und Rollens von Boden durch Bestellungsarbeiten und Begang der Weinberge:

Der Rebbau ist eine Intensivkultur und erfordert im Jahresablauf eine Reihe von Arbeitsgängen: ein- oder zweimaliges Pflügen mit dem Seilzug, Schneiden, Sticken (Festklopfen der durch Frost gelockerten Rebpfähle), mehrmaliges Binden und Laubarbeiten, Gipfeln (Beschnitt der Triebe im Hochsommer), mehrmaliges Spritzen gegen Krankheitsbefall, Ernten. Dies alles bedeutet, daß jede Rebzeile im Laufe des Jahres 12–15mal begangen wird. Dabei wird am Steilhang immer wieder Boden abgetreten, rollen immer wieder Steine hangabwärts. Auch beim Pflügen fällt ein Teil des Bodens hangabwärts zurück. Das „Überquellen" von Boden über die Stützmauern und die besonders im Frühjahr zu findende Bestreuung der Wirtschaftswege mit Steinen und Bodenbrocken gehen sicher z. T. auf diese Vorgänge zurück.

e. Gelegentliche Auswehung in Neupflanzungen:

In einigen Fällen wurden auch Auswehungsvorgänge im trockenen Frühjahr 1976 beobachtet. Sie betrafen die rigolten, aber noch nicht bepflanzten Hangteile. Vorangehende Bodenlockerung und starke Austrocknung führten bei böigen Winden zur Entwicklung von Staubfahnen, ohne daß dieser Abtragungsart größere Bedeutung beizumessen wäre.

4. DIE ABTRAGSMENGEN

Es besteht kein Zweifel, daß die Prozesse der gravitativen Abtragung an Rebhängen quantitativ die bedeutendsten sind. Abtragungsmengen von einigen hundert Kubikmetern sind nicht selten. Allerdings erfassen sie meist nur kleine Teile eines Talhanges und treten nur in Abständen von mehreren Jahren oder gar Jahrzehnten auf. Dies schränkt ihre Wirkung auf den gesamten Hang ein.

Häufiger und auf größeren Flächen treten die Vorgänge murenartigen Bodenfließens auf. Zwar sind es je Schlammstrom meist nur einige Kubikmeter, die abgetragen werden, doch treten sie meist zu mehreren nebeneinander auf. Nach der Schneeschmelze im März 1975 flossen bei Mertesdorf ca. 50 m^3 Boden bis zum Talgrund ab, nicht eingerechnet die Bodenmengen, welche unterwegs auf den Gürtelwegen liegenblieben. Nach den bisherigen Beobachtungen sind derartige Umlagerungen allerdings auf Neupflanzungen beschränkt. Kalkuliert man die Neupflanzung der Rebbestände alle 30–40 Jahre ein, so dürften diese Vorgänge ein- und dieselbe Fläche nur wenige Male im Jahrhundert betreffen.

Wichtig für die Massenbilanz der Hänge ist jedoch, daß die durch Rutschung und Bodenfließen abgetragenen Bodenmengen auf Gürtelwegen oder am Hangfuß als kompakte Schutt- oder Schlammzungen liegenbleiben. Sie können daher relativ leicht wiedergewonnen und in den Hang zurückgebracht werden. Auch Fremdboden wird angefahren. Dies geschieht heute mit Hubladern und Lastkraftwagen. Ebenso selbstverständlich war das „Bodentragen" auch in früheren Jahrhunderten. In Kiepen wurde der Boden wieder in den für Fahrzeuge nicht zugänglichen Rebhang zurückgetragen. Sicher ist dies der Hauptgrund dafür, weshalb wir unterhalb von Rebhängen kaum junge kolluviale Akkumulationen finden, die der Größenordnung gravitativer Abtragung entsprechen. Wir müssen also damit rechnen, daß der nicht unerhebliche Bodenverlust durch gravitative Abtragung schon seit langer Zeit durch die menschliche Tätigkeit mehr oder weniger kompensiert wird.

Schwer abschätzbar sind die Abtragsmengen durch Bodenbearbeitung und Begang. Nach Schätzungen des Materials, das man auf den asphaltierten Gürtelwegen unterhalb der Stützmauern findet, mögen es 50–200 kg pro Hektar und Jahr sein. Auch der über die Mauerkronen „quellende" Boden wird von den Winzern in unregelmäßigen Abständen abgegraben und wieder in die Parzellen eingebracht.

Anders ist das mit den Materialverlusten durch die Hangabspülung. Sie sind zwar vergleichsweise weniger umfangreich als die Bodenverluste durch Rutschung und Fließbewegung, aber sie erfassen die gesamten Hänge und treten viele Male im Jahr auf: Von den ca. 350 Niederschlagstagen der 2½ Jahre zwischen November 1974 und April 1977 kam es im Ruwertal an ca. 120 Tagen zum Abfluß und an ca. 100 Tagen zum Bodenabtrag – trotz des Trockenjahres 1976. Außerdem wird das abgetragene Bodenmaterial entweder am Hang selbst oder in der Talaue weit verteilt abgelagert, z. T. gelangt es in die Bäche und Flüsse. Es ist nur nach schweren, katastrophenartigen Regenfällen aus den Schuttfächern am Hangfuß wiederzugewinnen und in den Hang zurückzubringen, und auch dann nur zum Teil. Wir müssen also damit rechnen, daß die nachhaltigsten, auf längere Zeit gesehen stärksten Materialverluste am Rebhang auf die Abspülung zurückgehen.

Die Abfluß- und Abtragswerte der Parzelle 132 sollen, je Halbjahr zusammengefaßt, einen ersten Überblick über die Bedeutung der Abspülung geben. Es handelt sich um die Parzelle mit dem längsten kontinuierlichen Beobachtungszeitraum, nicht um die mit den höchsten Bodenverlusten (Tab. 1).

Auf den ersten Blick erweist sich das Abflußjahr 1976 als abnormes Trockenjahr. Die Jahresniederschläge betragen nur 300 mm. Die Zahl der Abflußtage ist gering, in 6 von 12

Tab. 1. *Niederschlag, Oberflächenabfluß und Bodenabtrag auf einer 32 m langen Rebparzelle der Forschungsstelle Bodenerosion in Mertesdorf/Ruwertal von November 1974 bis April 1977*

Zeitraum	Niederschlag			Abfluß		Bodenverlust kg/ha	
	N-Tage	N-Tage >10 mm	N-Menge mm	Abflußtage	Menge l/ha	Trockenboden	Boden*)
Nov. 74–April 75	98	6	320	63	31 598	34,59	42
Mai 75–Okt. 75	68	9	288	28	32 957	425,44	510
Nov. 75–April 76	58	2	135	8	9 512	3,68	4
Mai 76–Okt. 76	57	4	165	12	11 937	11,19	13
Nov. 76–April 77	89	9	310	27	9 564	7,20	9

*) Trockenboden zuzüglich $\bar{x}$ = 20% Bodenfeuchte

Monaten erfolgt überhaupt kein Abfluß. Die Abflußmengen erreichen nur 1/3 der Abflüsse von 1975, die Bodenverluste nur einen Bruchteil. Auch das erste Halbjahr 1977 ist trotz normaler Niederschläge noch vom vorangehenden Trockenjahr geprägt. Wir müssen also auf das Jahr 1975 zurückgreifen, um die Verhältnisse eines etwa normalen Abflußjahres zu interpretieren. Die detailliertere Darstellung der Abb. 3 hilft dabei.

Die Niederschlagsmengen des Winterhalbjahres 1975 waren nur wenig höher als die des Sommerhalbjahres. Die Zahl der Niederschlagstage jedoch war im Winterhalbjahr um ca. 1/3 höher, die der Abflußtage mehr als doppelt so hoch. Dies ist eine Folge der im Winter häufigen Frontalniederschläge mit geringen bis mäßigen N-Mengen, die wegen hoher Bodenfeuchte und geringer Verdunstung viele Abflüsse, aber jeweils geringe Abflußmengen hervorbringen.

Im Sommerhalbjahr sinkt die Bodenfeuchte erheblich. Trockene Böden und bedeutende Verdunstungsverluste lassen es an den warmen Rebhängen nur bei höheren Niederschlägen zum Oberflächenabfluß kommen. Wie die Abb. 3 zeigt, rührt der größte Teil der sommerlichen Abflüsse und Bodenverluste aus Niederschlägen > 10 mm her. Während eine Vielzahl von Abflußfällen im Winterhalbjahr insgesamt nur geringe Bodenverluste verursacht, genügen wenige Sommergewitter, um eine mehr als zehnmal größere Bodenmenge abzutragen, nämlich ca. 1/2 t/ha. Konkret handelte es sich um je einen Gewitterregen im Juni, August und September und um zwei im Juli. Die Niederschlagsmengen lagen in drei Fällen zwischen 15 und 20 mm, in zwei Fällen bei 25 mm bzw. 31 mm. Sie waren nicht außergewöhnlich hoch, wie eine Studie des Wetteramtes Trier über die Eintreffwahrscheinlichkeit größerer Tagessummen im Trierer Raum beweist:

Tagessummen von ca. 20,0 mm treten 2mal im Jahr auf,
Tagessummen von ca. 28,7 mm treten 2mal im Jahr auf,
Tagessummen von ca. 34,5 mm treten 1mal im Jahr auf,
Tagessummen von ca. 40,6 mm treten 1mal in   2 Jahren auf,
Tagessummen von ca. 49,0 mm treten 1mal in   5 Jahren auf,
Tagessummen von ca. 56,1 mm treten 1mal in 10 Jahren auf,
Tagessummen von ca. 84,2 mm treten 1mal in 100 Jahren auf.

380 G. Richter

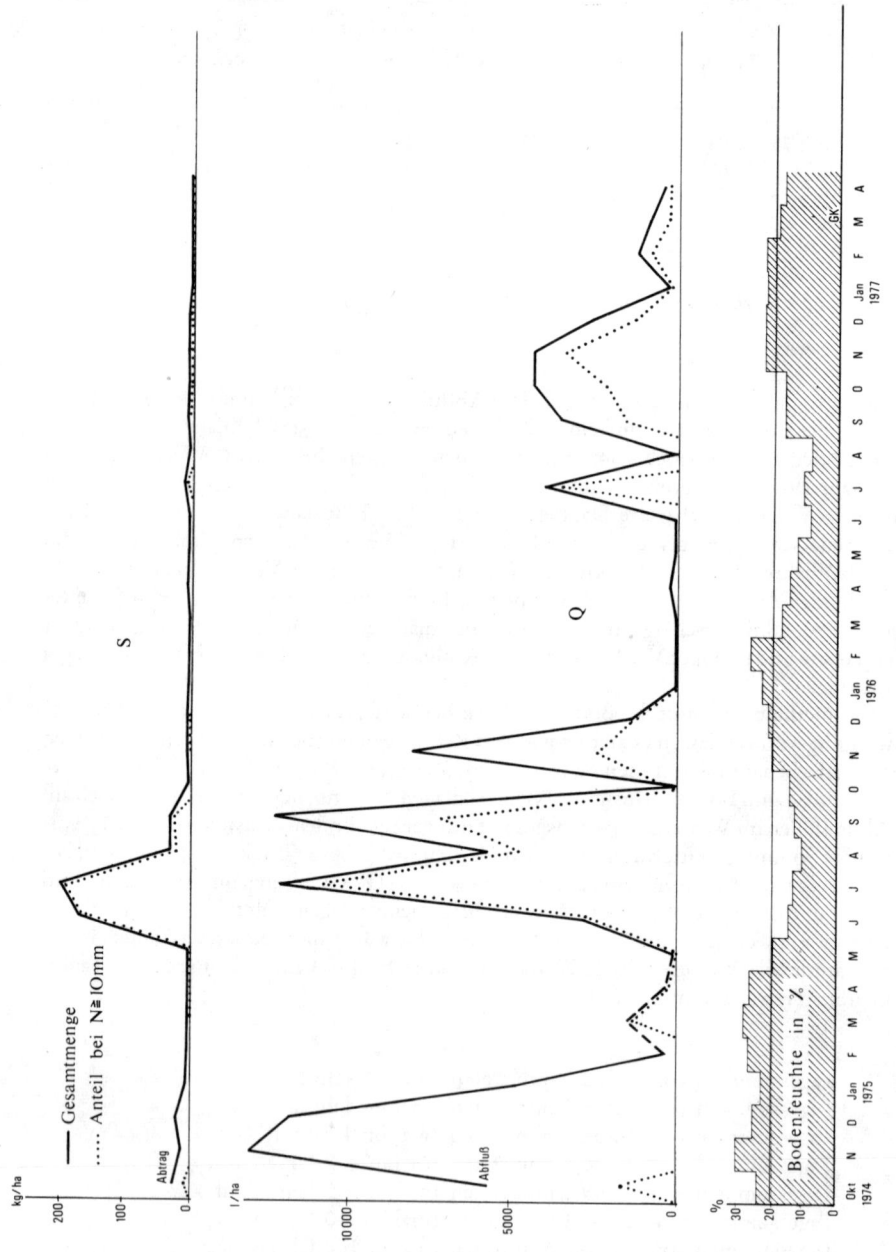

Abb. 3 Forschungsstelle Mertesdorf, Parzelle 132. Oberflächenabfluß und Bodenverluste, Oktober 1974 bis April 1977

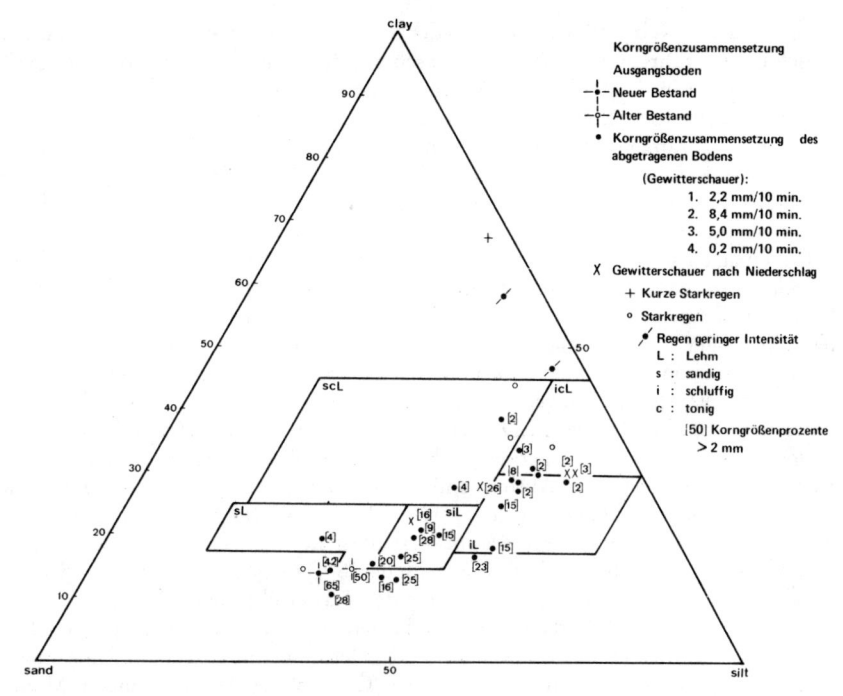

Abb. 4 Forschungsstelle Mertesdorf. Korngrößenzusammensetzung des Ausgangsbodens und des abgetragenen Bodens in Parzellen der Forschungsstelle Bodenerosion, Mertesdorf

Auch in bezug auf ergiebige Niederschläge ist das Jahr 1974/75 also etwa als Normaljahr zu werten. Bei selteneren, aber heftigeren Gewitterregen muß mit weitaus höheren Bodenverlusten gerechnet werden, wie der Starkregen im Gebiet von Saarburg-Konz am 21./22. 8. 1975 zeigt. Ein Jahrhundertregen von 80–130 mm führte dort zu schweren und schwersten Abspülungsschäden, über die M. J. Müller (Trier) demnächst berichten wird.

5. AUSWIRKUNGEN

Auffälligste Auswirkung der Abspülung ist der direkte Bodenverlust, der nach den in Abschnitt 4 vorgelegten Messungen im Normaljahr 1975 etwa ½ t betrug. Es handelt sich dabei jedoch nicht um einen gleichmäßigen Verlust aller Korngrößen des Bodens, wie die Korngrößenanalysen des Ausgangsbodens und des abgetragenen Bodens nachweisen (siehe Abb. 4).

Im Ton-Schluff-Sand-Dreieck ist die Korngrößenzusammensetzung des Bodens im neuen und alten Rebbestand der Forschungsstelle Mertesdorf dargestellt. Der Skelettanteil in Prozent am Gesamtboden ist jeweils in eckiger Klammer hinzugefügt. Die weiteren Punkte markieren das Korngrößenspektrum des Bodenabtrages in Abhängigkeit von unterschiedlichen N-Ereignissen nach Richter und Negendank (1977). Es zeigt sich: Bei Starkregen wird der Feinboden in seiner Gesamtheit abgespült, und auch der Skelettanteil im Bodenabtrag ist hoch. Je geringer der Niederschlag, umso mehr wirkt die selektive Ausspülung von

Schluff und Ton. Obwohl der Hauptteil der Bodenverluste auf Starkregen zurückgeht (siehe Abschnitt 4), führt die selektive Auswaschung der kleinen Korngrößen bei geringeren Niederschlägen im Laufe der Zeit zu einer Verarmung des Pflughorizontes an Feinboden. Im 15–20 Jahre alten Rebbestand der Forschungsstelle Mertesdorf zeigt das Profil bei 0–20 cm ca. 45% Schluff und Ton im Feinboden < 2 mm, in 50–60 cm Tiefe dagegen noch ca. 51%. Zur Zeit des Rigolens und Neupflanzens dieses Bestandes müßte das Korngrößenverhältnis in beiden Tiefen etwa gleich gewesen sein. Die Differenz geht wohl auf das Konto der selektiven Ausspülung (siehe Richter 1975, Abschn. 8.4).

Geht man davon aus, daß die Bodenverluste des Jahres 1975 die eines Normaljahres sind, so muß man jedes Jahr in den Sommermonaten nach Gewittern mit einer erheblichen Schwebstoff-Einspeisung in die Gewässer rechnen. Selbst unter Einbeziehung der Tatsache, daß ein großer Teil des abgespülten Feinbodens den Vorfluter nicht erreicht, muß ein Bodenverlust von 0,5 t/ha erhebliche Mengen an Schwebstoffen an die Flüsse liefern.

Hinrich (1971) hat die Schwebstofffracht einer Reihe von Flüssen, u. a. der Saar und Mosel, untersucht. Er schreibt dazu: „Der Vergleich zeigt, daß – ganz allgemein betrachtet – bei geringen Abflüssen auch ein geringer Schwebstoffgehalt vorhanden ist. Jedoch kann keine klare Beziehung zwischen Abfluß und Schwebstoffgehalt angegeben werden, wie die S/Q-Quotientenauftragungen zeigen." (Hinrich 1971, S. 116). S/Q ist ein Quotient, der die Schwebstoffbelastung eines Flusses im Verhältnis des Schwebstoffgehaltes in g/m^3 zum Abfluß in m^3/sec. ausdrückt. Praktisch heißt das: S/Q steigt mit Zunahme des Schwebstoffgehaltes im Fluß, S/Q steigt mit Abnahme der Wasserführung im Fluß.

In Abb. 5 ist das S/Q-Verhältnis an drei Stellen in Saar und Mosel für das Jahr 1968 nach Werten von Hinrich (1971, S. 124) dargestellt. Der Quotient erreicht in den Monaten Juni bis August/September seinen höchsten Wert. Obwohl der Abfluß in diesen Monaten am geringsten ist, wird die relative Schwebstoffbelastung nun am größten. Auch wenn man die Komplexität des Faktorengefüges einkalkuliert, das die Schwebstoffführung eines Flusses steuert: Sollte sich hier nicht eine Erklärungsmöglichkeit aus der regen Abspülungstätigkeit während der Sommermonate anbieten?

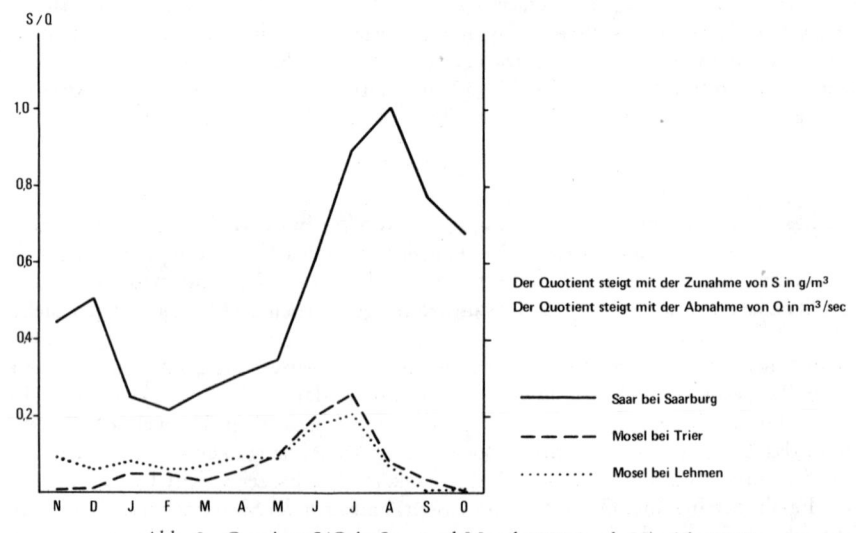

Abb. 5 Quotient S/Q in Saar und Mosel 1968 (nach Hinrich 1971)

Eine weitere, unsichtbare Auswirkung der Abspülung bildet der Abtrag gelöster Stoffe im Oberflächenabfluß. Umfangreiche Laboruntersuchungen von Wasserproben des Oberflächenabflusses sowie des Vorfluters, der Ruwer, wurden durchgeführt. Sie sind jedoch noch nicht vollständig ausgewertet. Hier soll die Konzentration austauschbarer Kationen von K, Mg und Ca im Oberflächenabfluß zweier Parzellen für die Zeit von Dezember 1974 bis Oktober 1975 vorgelegt werden (siehe Abb. 6).

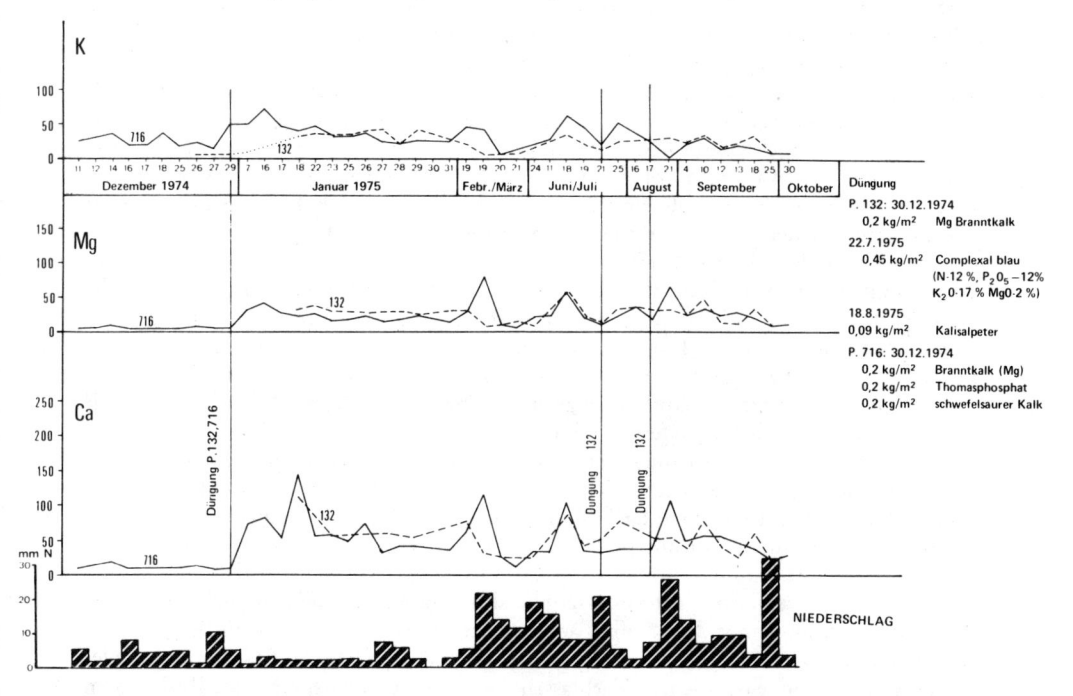

Abb. 6 Forschungsstelle Mertesdorf, Parzellen 132 und 716. Konzentrationen von K, Mg und Ca im Abfluß

Anfangs zeigen sich relativ geringe Konzentrationen von Ca und Mg, etwas höhere von K. Mit der winterlichen Düngung von Mg-Branntkalk und Thomasphosphat am 29. 12. 1974 ändert sich das sofort. Naturgemäß sind nun die Konzentrationen des Mg und Ca bedeutend höher und nehmen erst im Laufe der nächsten Monate langsam wieder ab. Aber auch die Kali-Konzentration steigt sprunghaft an, obwohl kein Kali gedüngt wurde. Hier hat die Kalkgabe das Kali auf dem Wege des Ionenaustausches aus den Sorptionskomplexen des Bodens teilweise verdrängt. Ein Teil des freigesetzten Kali wurde nicht erneut gebunden, sondern unterlag der Auswaschung.

Die sommerliche Düngung mit Volldünger, danach mit Kali, zeigte keine so eindeutige Wirkung auf die Konzentration von Nährstoffen im Oberflächenabfluß. Wahrscheinlich wirkt sich hier die stark wechselnde, aber allgemein geringere Bodenfeuchte und die Beschränkung des Oberflächenabflusses auf ergiebige Niederschläge aus und läßt die Kurven stark schwanken. Zum Herbst hin scheint die Lösungskonzentration wegen des zunehmenden Verbrauchs der Nährstoffe allmählich abzunehmen, bis der Stand vor der Winterdüngung etwa wieder erreicht ist.

Insgesamt ergibt sich im Jahresablauf eine wechselnde Nährstoffauswaschung von K, Mg und Ca, auf deren Verlauf die Düngungsmaßnahmen einen deutlichen Einfluß nehmen. Erste Vergleiche des Oberflächenabflusses aus den Rebparzellen mit dem Wasser im Vorfluter Ruwer zeigen dort wesentlich geringere Konzentrationen. Dies könnte auf den Verdünnungseffekt im Fluß zurückgehen. Wahrscheinlich wird aber auch ein Teil der Nährstoffe aus dem Oberflächenabfluß in den unteren Hangteilen und in der Talaue zurückgehalten und trägt dort zu dem bereits von Kuron (1953) und Jung (1956) beschriebenen Überangebot an Nährstoffen bei. Die Bodenerosion sorgt wahrscheinlich dafür, daß die Besitzer der höhergelegenen Parzellen die Flächen am Unterhang ungewollt mitdüngen. Die Ergebnisse von Schwille (1973) zielen in die gleiche Richtung. Die Frage der Nährstoffverlagerung und Gewässereutrophierung durch den Rebbau wird weiterverfolgt.

Eine Auswirkung der Abfluß- und Bodenerosionsprozesse im Rebhang liegt auf einem völlig anderen Gebiet: in der sehr komplexen und nur indirekt rekonstruierbaren Wasserzirkulation zwischen Bodenoberfläche, Boden und Kluftsystemen im Fels unter dem Bodenprofil. Wir hatten uns bei der Einrichtung der Meßparzellen in der Forschungsstelle Mertesdorf u. a. zum Ziel gesetzt, den Zusammenhang zwischen Parzellenlänge und Oberflächenabfluß zu klären. Dafür wurden Parzellen von 8 m, 16 m, 24 m, 32 m und 48 m Länge nebeneinander eingerichtet. Das Ergebnis war, daß sich kaum eine Korrelation zwischen Parzellenlänge und Abflußmenge ergab, obwohl die längsten Parzellen eigentlich den höchsten Abfluß hätten liefern müssen.

Wir führten dieses Mißverhältnis anfangs darauf zurück, daß ein unkontrollierter Teil des Oberflächenabflusses in die skelettreichen Böden der Parzellen einsickert und unter Umgehung der Auffangbleche als Interflow im Bodenprofil hangabwärts zieht. Andererseits blieben die in die Stützmauer unterhalb des Meßfeldes eingelassenen Abflußröhren bisher ohne Sickerwasserabfluß.

Das Vorhandensein eines Interflow ergibt sich indirekt aus der Parallelisierung der Niederschlagsstruktur mit dem Abfluß aus den Parzellen. In Abb. 7 ist ein Beispiel nach Richter und Negendank (1977) wiedergegeben. Zumindest im ersten Teil des Regenfalles entspricht jeder Spitze oder jedem Nachlassen des Regens eine entsprechende Reaktion im Oberflächenabfluß – jedoch mit einer Verzögerung von 30–40 Minuten. Bei Starkregen fallen Niederschlags- und Abflußspitzen fast zusammen. Sollte man daraus nicht schließen, daß ein Teil des Oberflächenabflusses in der Parzelle versickert, an anderer Stelle weiter unten aber wieder austritt?

Auch hier sind weitere Auswertungen nötig. Beobachtungen ergaben, daß Oberflächenabfluß, Sickerwasserbewegung und Interflow eng mit der Kluftwasserzirkulation im Rebhang verbunden sind. Dies zeigte sich, als der kontinuierlich abrutschende Teil eines Rebhanges in der Gemeinde Mertesdorf dadurch stabilisiert wurde, daß man ihn aus der Nutzung nahm und die gesamte Verwitterungsdecke abräumte. Zum Vorschein kam eine Felspartie mit vielen offenen Klüften, die normalerweise trocken sind. Nach stärkeren Niederschlagsperioden, wie vom 28. 11.–2. 12. 1976 oder vom 18.–20. 2. 1977 (Niederschlagsmengen wurden im Zusammenhang mit Rutschungen in Abschnitt 3 genannt) begannen die offenen Klüfte, Kluftquellen zu schütten. Dicht nebeneinanderliegende Kluftquellen führten völlig klares bzw. trübbraunes Wasser.

Man kann daraus zum einen schließen, daß ein Teil des erodierten Feinbodens mit dem Wasser in den Klüften des Gesteins verschwindet, daß der tatsächliche Feinbodenaustrag aus den Rebparzellen daher höher ist als es die Parzellenmessungen nachweisen können.

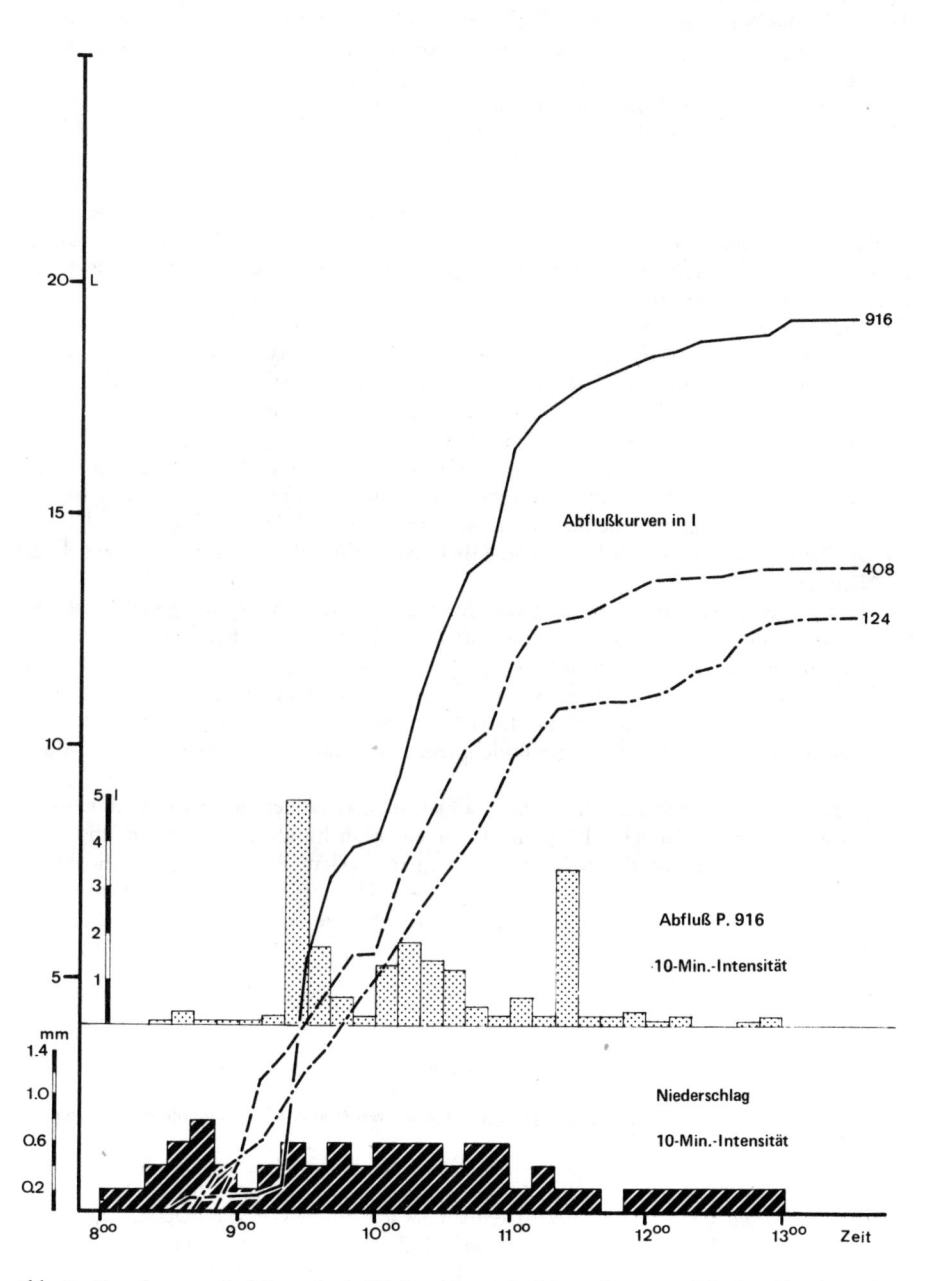

Abb. 7 Forschungsstelle Mertesdorf. Niederschlag 1./2. November 1975: Niederschlagsintensität, Abflußintensität und Abflußkurven

Weiterhin füllen sich die Kluftsysteme nach stärkeren Niederschlägen so sehr mit Wasser, daß erhebliche Wassermengen in engbegrenzten Bereichen oder linienhaft aus den Klüften in den auflagernden Boden zurückdrücken. Dort verursachen sie Wasserübersättigung, murenartiges Abfließen des Bodens oder sogar Hangrutschungen. Pointiert könnte man also sagen: Oberflächenabfluß und Einsickerung an der einen Stelle bringen gravitative Abtragungsprozesse an anderer Stelle mit sich, Bodenerosion verursacht Bodenerosion.

6. ZUSAMMENFASSUNG

Fünfjährige Beobachtungen in verschiedenen Rebfluren im Raum Trier und dreijährige Messungen in den Reblagen der Forschungsstelle Bodenerosion der Universität Trier brachten folgende Ergebnisse:

a) Es gibt im Rebhang eine Vielfalt von gravitativen und erosiven Prozessen der Bodenabtragung, wie auch Mischformen und Rückwirkungen zwischen beiden.

b) Die Abspülung ist für die Massenbilanz der Hänge die wichtigste Form der Bodenerosion, da sie häufig und verbreitet auftritt und da das abgetragene Bodenmaterial normalerweise nicht zurückgebracht werden kann.

c) Die hauptsächlichen Bodenverluste werden durch wenige Sommerstarkregen hervorgerufen. 1975 verursachten Gewitterregen $9/10$ des Jahresabtrages von ca. 0,5 t/ha. Die Abspülung wirkt unterschiedlich selektiv, vorwiegend auf den Feinbodenanteil.

d) Die Düngemaßnahmen haben einen erheblichen Einfluß auf den Austrag gelöster Nährstoffe.

e) Die Belastung der Gewässer ergibt sich durch die selektive Ausspülung von Feinboden und durch die Lösungsfracht an Düngemitteln, doch ist hier der quantitative Zusammenhang bislang nicht voll zu ermitteln.

f) An Hängen mit offenem Kluftsystem im Fels kommt es zu einer komplizierten Verquickung von Oberflächenabfluß, Interflow und Kluftwasserbewegung. Gravitative Bodenverluste durch murenartiges Bodenfließen und Hangrutschungen werden dadurch ausgelöst.

g) Insgesamt wird es wahrscheinlich, daß die Vielzahl gravitativer und erosiver Abtragungsprozesse die Böden der Rebhänge im Laufe einer jahrhundertelangen Nutzung längst zerstört hätten, wenn der Mensch nicht unter großem Arbeitsaufwand die Hänge terrassiert und abgetragenen Boden ersetzt hätte. Hier offenbart sich eine menschliche Leistung, die nur für eine einträgliche Intensivkultur gerechtfertigt erscheint.

Literatur

Arneth, A. G. (1974): Ursachen und Bekämpfung der Wassererosion in Weinbaugebieten. – Garten und Landschaft, 84, H. 7, S. 390–393

Bosse, I. (1968): Ein Versuch zur Bekämpfung der Bodenerosion in Hanglagen des Weinbaus durch Müllkompost. – Weinberg und Keller, Jg. 15, H. 7, S. 385–397

Conesa, A., Hoeblich, J. M. u. a. (1976): L'érosion des sols dans le vignoble alsacien. – Recherches géographiques, U.E.R. de Géographie Université L. Pasteur, H. 1, Strasbourg, S. 94–100

Gegenwart, W. (1952): Die ergiebigen Stark- und Dauerregen im Rhein-Main-Gebiet und die Gefährdung der landwirtschaftlichen Nutzflächen durch die Bodenzerstörung. – Rhein-Mainische Forschgn., H. 36

Hinrich, H. (1971): Schwebstoffgehalt und Schwebstofffracht der Haupt- und einiger Nebenflüsse in der Bundesrepublik Deutschland. – Deutsche Gewässerkundliche Mitteilungen, 14. Jg., H. 5, S. 113–129

Homrighausen, E. (1962): Ein Beitrag zur Kenntnis des Bodenabtrags in den Weinbergslagen der Gemarkung Nackenheim. – Weinberg und Keller, Bd. 9, S. 185–192

Homrighausen, E. u. Hochmuth, U. (1967): Bodenabtragsschäden auf Rebflächen im Sommer 1966. – Rebe und Wein, Jg. 20, S. 194–199

Horney, G. (1969): Ein Beitrag zur Frage der Wassererosion im Weinbau. – Weinberg und Keller, Bd. 16, S. 629–652

Horney, G. (1974): Wassererosion am Hang aus agrarmeteorologischer Sicht. – Der deutsche Weinbau, 29. Jg., H. 26

Jung, L. (1956): Neue Untersuchungen über Bodenabtrag und Nährstoffverlagerung. – Mittn. a. d. Inst. f. Raumforschg. Bad Godesberg, 2. erw. Aufl. 1956, S. 179–193

Kiefer, W. (1972): Möglichkeiten zur Verminderung der Erosion im Weinbau. – Der deutsche Weinbau, 27. Jg., H. 46

Kuron, H. (1953/56): Bodenerosion und Nährstoffprofil. – Bodenabtrag und Bodenschutz. Beiträge zum Problem der Bodenerosion für landwirtschaftliche Beratung und Umlegung. Bad Godesberg 1953, S. 73–91; 2. erw. Aufl. 1956 = Mittn. a. d. Inst. f. Raumforschung Bonn-Bad Godesberg, 20

Leser, H. (1965): Die Unwetter vom 4. und 5. Juli 1963 im Zeller Tal und ihre Schäden. – Ber. z. dt. Landeskde, H. 35, S. 74–90

Richter, G. (1965): Bodenerosion. Schäden und gefährdete Gebiete in der Bundesrepublik Deutschland. – Forschgn. z. dt. Landeskde, Bd. 152, Bonn-Bad Godesberg

Richter, G. (1973): Zur Erforschung und Bekämpfung der Bodenerosion im Trierer Raum. – Verführung zur Geschichte, Festschr. z. 500. Jahrestag der Eröffnung einer Universität in Trier, S. 383–386

Richter, G. (1974): Zur Erfassung und Messung des Prozeßgefüges der Bodenabspülung im Kulturland Mitteleuropas. – Geomorphologische Prozesse und Prozeßkombinationen in der Gegenwart unter verschiedenen Klimabedingungen. Bericht über ein Symposium. – Hrsg. Hans Poser, = Abhdl. d. Akad. d. Wiss. in Göttingen, math.-phys. Klasse Nr. 29, S. 372–385

Richter, G. (1975): Der Aufbau der Forschungsstelle Bodenerosion und die ersten Messungen in Weinbergslagen. – Forschungsstelle Bodenerosion der Universität Trier, Heft 1

Richter, G. (1976): Bodenerosion in Mitteleuropa. – Wege der Forschung, Wiss. Buchgesellschaft, Darmstadt, Bd. CDXXX

Richter, G. u. Negendank, J. F. W. (1977): Soil erosion processes and their measurement in the German area of the Moselle River. – Earth surface processes, Vol. 2, S. 261–278

Ruppert, K. (1954): Zur Bodenzerstörung im Weinbaugebiet. – Die Weinwissenschaft, 1, S. 1–7

Schwille, F. (1973): Die chemischen Zusammenhänge zwischen Oberflächenwasser und Grundwasser im Moseltal zwischen Trier und Koblenz. – Besondere Mitteilungen zum Deutschen Gewässerkundlichen Jahrbuch, Nr. 38

Vogt, J. (1953): Erosion des sols et techniques de culture en climat tempéré maritime de transitian. – Revue de Géomorphologie Dynamique, Jg. 4, S. 157–183

Walter, B. (1966): Maßnahmen zur Bodenerhaltung bei Flurbereinigungsverfahren weinbaulich genutzter Hanglagen. – Rebe und Wein, H. 7, S. 207–210

Walter, B. (1968): Die Gestaltung der Struktur unserer Weinbergsböden zur Erhaltung ihrer Fruchtbarkeit. – Weinberg und Keller, H. 15, S. 319–333

Wischmeier, W. H. (1959): A rainfall erosion index for a universal soil-loss equation. – Soil Sci. Soc. Amer. Proc. 23, H. 3, S. 246–249

Diskussion zum Vortrag Richter

Prof. Dr. U. Streit (Münster)
Haben Sie detailliertere Aussagen über das Verhältnis des angesprochenen Interflow zum direkten Oberflächenabfluß in Abhängigkeit von Niederschlagsintensität und Hangneigung an den untersuchten Standorten gewinnen können?

Prof. Dr. G. Richter (Trier)
Zur Frage Niederschlagsintensität und Oberflächenabfluß sind bei Hangneigungen von 20° und 25° detaillierte Aussagen möglich. Die gegenseitige Beeinflussung von Oberflächenabfluß, Interflow und Kluftwasser aber ist in skelettreichen Schieferböden so kompliziert, daß es sich vorerst nur beobachten bzw. erschließen läßt, nicht aber zu quantifizieren ist.

Prof. Dr. D. Schreiber (Bochum)
1. Ist die Bodenerosion durch die Rebflächenbereinigung größer oder kleiner geworden?
2. Werden durch Nutzungsumstellung Gras – Wein in der Talaue die Vorfluter stärker verunreinigt?

Prof. Dr. G. Richter (Trier)
Zu 1. Hier muß differenziert werden: Entsprechend der Verbesserung der Wasserableitung hat sich die Abspülung in den rebflurbereinigten Lagen eindeutig verringert. Das Ausmaß der gravitativen Abtragung aber ist ebenso eindeutig gestiegen.

Zu 2. Das Verhältnis von Abtrag, Nährstoffverlagerung und Einspeisung in den Vorfluter scheint nach den bisherigen Untersuchungen sehr kompliziert zu sein. Die Logik spricht für eine Bejahung Ihrer Frage, zahlenmäßig fassen läßt sich dies jedoch nicht, bevor weitere Untersuchungen dazu vorgenommen wurden. Sie sind geplant.

Prof. Dr. R. Geipel (München)
Als sozialwissenschaftlicher Geograph möchte ich zunächst Herrn Kollegen Richter für dieses sehr überzeugende Beispiel einer angewandten physischen Geographie gratulieren. Greift es doch mit heute möglich gewordenen Methoden Probleme auf, die Karl Ruppert schon in den 50er Jahren in seiner Untersuchung über „Die Leistung des Menschen zur Erhaltung der Kulturböden im Weinbaugebiet des südlichen Rheinhessens" aufgegriffen hatte.

Sehen Sie Möglichkeiten, in den von Ihnen untersuchten Gebieten diese Leistungen zu quantifizieren und die so gewonnenen Ergebnisse einer angewandten physischen Geographie in die laufenden Planungen über Flurbereinigungen im Weinbau einzubringen, z. B. als Warnung des Geographen vor der Umgestaltung von Weinbauarealen in allzu exponierten Steillagen?

Prof. Dr. G. Richter (Trier)
Die Möglichkeiten einer Quantifizierung der Leistung des Menschen in Weinbauarealen sind vorhanden. Aus den Fällen, wo das Risiko bei der Neugestaltung der Rebfluren überzogen wurde, werden sich auch Lehren für die Flurbereinigung ableiten lassen. Nur muß diese Aussage weiter durch Zahlen und Fakten untermauert werden.

Im übrigen würde ich es begrüßen, wenn diese Fragen auch für die Schuldidaktik aufgearbeitet würden. Interessenten hätten hier meine volle Unterstützung.

Anm.: Ein entsprechender Arbeitskreis hat sich auf diese Aufforderung hin spontan am 25. 6. 1977 in Trier konstituiert.

Dr. H.-J. Späth (Duisburg)
Ist im Rahmen einer größeren Zielsetzung daran gedacht, regionalspezifische Regen-Faktoren und standortspezifische Erodibilitäts-Faktoren – etwa wie die R- und K-Faktoren von Wischmeier u. Smith für die USA – zu entwickeln, um dadurch auch das Problem der Erosions-Prognose bearbeiten zu können?

Prof. Dr. G. Richter (Trier)
   Wir sind derzeit dabei, die EI-Werte (Erosion-Index) nach Wischmeier (1959) für die beobachteten Abtragungsfälle zu berechnen. Auch über die K-Werte ergeben sich aus laufenden Untersuchungen der Korngrößenzusammensetzung und Strukturstabilität Hinweise. Weiterreichende Prognosen werden sich jedoch erst ergeben, wenn entsprechende Berechnungen und Untersuchungen für größere Räume vorliegen.

M. Krieter (Mainz)
   Frage 1: Wurden bei Ihren Untersuchungen die das Bodengefüge stabilisierenden Einflüsse organischer Substanzen – z. B. auf Vergleichsparzellen mit gutem Humushaushalt – berücksichtigt?
   Frage 2: Sind Messungen der Durchlässigkeitsbeiwerte bzw. der Wasserleitfähigkeit durchgeführt worden, zweier Kenngrößen, die für den Erosionsprozeß meiner Erfahrung nach von entscheidender Bedeutung sind?
   Frage 3: Wurde in Ihrer Meßanlage durch die Abtrennung der einzelnen Weinbergszeilen gegeneinander – zur Schaffung der Möglichkeit der isolierten Messung der erodierten Massen – nicht die lineare Komponente der Erosion mittelbar positiv beeinflußt, weil seitliche Oberflächenwasserübertritte zwischen den Weinbergszeilen unterbunden werden?

Prof. Dr. G. Richter (Trier)
   Zu 1. Derartige Einflüsse sind bei den Untersuchungen insofern berücksichtigt, als die Abfluß- und Abtragswerte auf Parzellen ohne bzw. mit unterschiedlichen Gaben an Müllkompost durchgeführt werden.
   Zu 2. Hierzu wurden Infiltrometermessungen vorgenommen, die jedoch in den skelettreichen Rigosolen keine sehr großen Differenzierungen zeigen.
   Zu 3. Die Meßparzellen sind ohne Quergefälle. Da in den Steillagen an der Mosel der Binger Seilzug die einzige Bearbeitungsart darstellt, ergibt sich ein Kleinrelief, das einen Abfluß schräg zu den Rebzeilen praktisch ausschließt.

MENSCH UND GEOMORPHODYNAMISCHE PROZESSE IN RAUM UND ZEIT IM RANDTROPISCHEN HOCHBECKEN VON PUEBLA/ TLAXCALA, MEXIKO

Mit 7 Abbildungen

Von Klaus Heine (Bonn)

1. Einleitung

Bei Tlapacoya im Becken von Mexiko belegen Artefakte das Auftreten steinzeitlicher Jäger und Sammler bereits vor 25 000–30 000 a BP. Im Tal von Tehuacán östlich von Puebla wird der Anbau von Kulturpflanzen seit über 7000 Jahren betrieben (Johnson 1972). Vor 4000 Jahren bevölkerten viele Gruppen, teils als Nomaden, teils als Halbnomaden, aber auch schon als Seßhafte Zentralmexiko; die seßhafte Bevölkerung betreibt Ackerbau. Wurde um 1700 bis 1200 a BC im Becken von Puebla/Tlaxcala neben der Jagd und dem Sammeln noch ein extensiver Brandrodungsfeldbau mit langen Zeiten der Brache betrieben, so überwiegt bereits in der Kulturstufe Tlatempa (1200 bis 800 a BC) der Ackerbau gegenüber Jagd und Sammeln. Feldterrassen sind aus dieser Zeit bekannt, und Gräben am Fuß der bewirtschafteten Hänge belegen erste Versuche, die Bodenerosion zu meistern. In der Kulturstufe Texoloc (800 bis 300 a BC) kommt es zu einer erheblichen Siedlungsausweitung, verbunden mit der Anlage neuer Kulturflächen, bei denen Bewässerungskonstruktionen beobachtet werden. Dieser Prozeß der Landnahme dauert bis etwa 100 a AD an; künstliche Bewässerung, ausgedehnte Terrassierungen der Hänge, Chinampas-Anbau in teten Niederungen bekunden das starke Eingreifen des Menschen in den Naturhaushalt. Daß auch ganze Siedlungsräume, wie das Becken von Puebla/Tlaxcala, in dieser Zeit schon auf phantastische Weise geordnet und damit geplant wurden, konnte Tichy (1976) nachweisen. Seit mindestens 2000 Jahren gestaltet der Mensch die Landschaft im Becken von Puebla/Tlaxcala, nicht nur in den Beckenlagen, sondern auch an den Hängen der umliegenden Vulkangebirge bis in Höhen um 3000 m.

Aus der in Zentralmexiko im Verlaufe von Jahrtausenden geschaffenen Kulturlandschaft muß die Hypothese resultieren, daß sich die geomorphodynamischen Prozesse hier nicht nur auf endogene und klimagesteuerte Vorgänge zurückführen lassen, sondern daß diese in großem Umfange auch unmittelbar mit dem Auftreten des Menschen und der von ihm vorgenommenen Umgestaltung der Naturlandschaft zusammenhängen. Alle Erosions- und Akkumulationsprozesse – wie sie in Zentralmexiko (mit Ausnahme höchster Gebirgslagen) in den vergangenen 2500 Jahren abliefen – sind nur denkbar im Zusammenspiel von Natur *und* Mensch; die Vorgänge sind also auf das jüngere Holozän beschränkt und haben keine Übereinstimmung mit Vorgängen geologisch früherer Zeiten.

Bodenerosion i. w. S. einerseits und Akkumulation des erodierten Materials andererseits werden im folgenden näher betrachtet.

2.1. Bodenbildung und Erosion

Der Idealzustand von Bodenbildung und Erosion ist das Gleichgewicht zwischen der Erosion (E) und der Verwitterung (V) und dem von höheren Hangteilen herangeführten Boden- und Abtragungsmaterial (B); daraus folgt die Gleichung: $E = V + B$. Eine aktive Balance, nämlich $E > V + B$, ergibt sich, wenn das o. a. Gleichgewicht gestört ist, was z. B. durch Entwaldung, Überweidung, Kultivierung und/oder klimagesteuerte Prozesse erfolgen kann. Eine passive Balance, nämlich $E < V + B$, zeigt sich oft an konvexen Hängen, am Hangfuß, in Niederungen und Beckengebieten. Während eine aktive Balance nicht unbegrenzt andauern kann (nur das erodierbare Material wird abgetragen), kann die passive Balance unter günstigen Voraussetzungen – z. B. in tektonisch angelegten Beckengebieten – über Jahrhunderte und Jahrtausende andauern (vgl. Butzer 1974).

Betrachten wir das Becken von Puebla/Tlaxcala hinsichtlich der drei hier genannten Zustände von Bodenbildung und Erosion, so können wir verschiedene Bereiche unterscheiden (Abb. 1).

2.2. Erodierbarkeit der Böden

Die Erodierbarkeit der Böden ist von einer Vielzahl physisch-geographischer Faktoren abhängig; dazu gehören Intensität und Dauer der Niederschläge, Hangneigung und Hanglänge, Vegetationstyp, Verteilung des Wurzelwerks im Boden (einschließlich der Bedeckung des Bodens mit organischem Material), Bodenart und Ausgangsmaterial (Butzer 1974).

Um die geomorphodynamischen Prozesse im zentralmexikanischen Hochland analysieren zu können, werden kurze Ausführungen zu einigen der o. a. Parameter erforderlich. Hangneigung und Hanglänge, Bodenart und Ausgangsmaterial sind als unveränderliche Faktoren anzusehen, während Intensität und Dauer der Niederschläge, Vegetationstyp und Art und Ausbildung des Wurzelwerks im Boden variabel sind.

Ausgangsmaterial der Böden sind in den von der Erosion stark betroffenen Gebieten (Abb. 1) an den unteren Vulkanhängen und an kleinen Kuppen und Bergrücken im Becken von Puebla/Tlaxcala zumeist vulkanische Tephrahorizonte, die als ,,toba"-Sedimente bezeichnet werden und die primär als vulkanische Sedimente oder aber äolisch umgelagert als lößartige Ablagerungen vorliegen. Auf diesen Sedimenten sind sog. Barroböden (Schönhals u. Aeppli 1975) entwickelt; als Tepetate werden die Böden bezeichnet, die durch Erosion an die Oberfläche gelangten und in trockenem Zustand außerordentlich hart sind. Der Tepetate wird durch die unteren Horizonte relativ intensiv entwickelter Barroböden gebildet. Die gelbrotbraunen bis gelblichbraunen Barroböden, deren Verbraunung und Tongehalte von oben nach unten kontinuierlich abnehmen, zeigen Merkmale von Tonverlagerungen; charakteristisch allerdings sind Kieselsäureverlagerungen in den Barroböden als Folge des leicht verwitterbaren vulkanischen Ausgangsmaterials, was zu einer relativen Anreicherung von Fe, Al, Ti und Mn in den oberen Horizonten führt. Die nach unten verlagerte Kieselsäure verkittet dort die Bodenteilchen, ohne jedoch Kieselsäurekrusten zu bilden; nach Erosion und Austrocknung können diese kieselsäurereichen Horizonte zu dem außerordentlich harten Tepetate führen, dessen Verkittung bei Wiederbefeuchtung reversibel ist (Schönhals u. Aeppli 1975). Mindestens fünf verschieden alte Barroböden sind nachgewiesen worden, von denen auch die jüngsten nicht an die Oberfläche treten, sondern von einem äolischen, sandig-schluffigen, 20–30 cm mächtigen Decksediment überlagert werden (Schönhals u. Aeppli 1975).

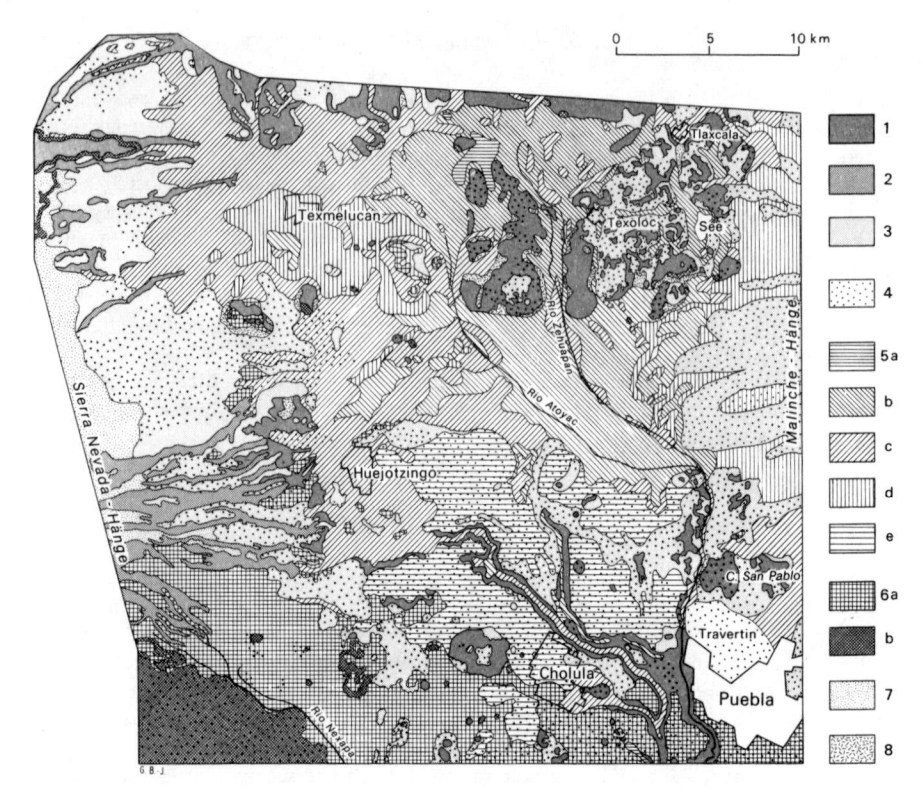

Abb. 1 Erosion und Akkumulation im Becken von Puebla/Tlaxcala. Umgezeichnet nach einer farbigen Bodenkarte von Schönhals u. Aeppli (1975). Es bedeuten:
1 Erosion bis auf harte Tepetatehorizonte oder bis auf anstehendes Gestein,
2 starke Schluchtbildung,
3 flächen- und linienhafte Erosion, jedoch sind flachgründige Böden erhalten,
4 äolische sandige Decksedimente,
5 fluviale Akkumulation (a) tonig, (b) schluffig, (c) sandig, (d) kiesig, (e) limnische Akkumulation,
6 vulkanische Ablagerungen (a) Sande, Bimslapilli, Schlacken, (b) Lavaströme,
7 vulkanische Aschenböden (Andosole) an den Hängen oberhalb 3000 m Höhe mit diversen Erosionsprozessen als Folge menschlicher Aktivitäten,
8 Hangkolluvium.

Klimatologisch wird das Becken von Puebla/Tlaxcala als randtropische Höhenregion angesehen, in dem ein gemäßigtes, wechselfeuchtes Klima herrscht; der randtropische Charakter zeigt sich sowohl im Wärmegang mit relativ geringen Jahresschwankungen der Temperatur bis zu 6° C als auch im Regenregime, das durch die fast übergangslos aufeinanderfolgenden halbjährigen sommerlichen Regen- und winterlichen Trockenperioden gekennzeichnet ist. Die Regen fallen typisch als kurze Starkregen am frühen Nachmittag (Tichy 1968; Klaus 1971).

Als natürliche Vegetation wird für die vorwiegend von den Barroböden eingenommenen Beckengebiete bis in Höhen um 2500 m ein artenreicher Eichen-Kiefernwald angenommen, der sich in einen Kiefern-Eichenwald in Höhen zwischen ca. 2500 und 3000 m wandelt.

Darüber folgen Kiefernwälder, die auch die obere Waldgrenze in rund 4000 m Höhe bilden. Zwischen den Kiefernwäldern und der Stufe der Kiefern-Eichenwälder kann sich eine Zone aus Tannen-Erlenwäldern, die jedoch nicht durchgehend ausgebildet ist, einschieben (Ern 1972; Lauer 1973). Oberhalb der Waldgrenze erstreckt sich Hochgebirgsgrasland vom *Festuca tolucensis – Calamagrostis tolucensis*-Typ bis in Höhen um 4500 m.

2.3. Der Mechanismus der Bodenerosion

2.3.1. Erosion der Barroböden unter natürlichen Vegetationsverhältnissen

Während des Holozäns erfolgte zwischen ca. 8000 und 5000 a BP auf den „toba"-Sedimenten die jüngste Barrobodenbildung, die wahrscheinlich auch in der darauf folgenden Zeit andauerte. Erosionsvorgänge waren im Becken von Puebla/Tlaxcala auf die höheren Hangbereiche der Vulkane beschränkt, wo eine Weiterbildung der oft schon im Jungpleistozän tief eingeschnittenen Barrancas erfolgte, die als Fortsetzung der gewaltigen, aus den Gebirgsmassiven austretenden Täler anzusehen sind und im folgenden als Tal-Barrancas bezeichnet werden. Im Bereich der „toba"-bedeckten Hügel, Kuppen und unteren Hangteile beschränkte sich die Abtragung auf die Anlage kleiner, nur wenige Meter eingetiefter Muldentälchen mit konkaven Hängen. Barrancas sind aus dieser Zeit aus dem Becken von Puebla/Tlaxcala nicht bekannt. Nur im südlich angrenzenden, von einem wesentlich arideren Klima geprägten Gebiet (nördliche Balsas-Senke) lassen sich Erosions- und Akkumulationsphasen, die mit Barrancabildung einhergingen, auch schon vor der Zeit vor ca. 1500 a BC nachweisen.

Die Anlage der Muldentälchen ist nur möglich, wenn (1) eine geschlossene Vegetationsdecke einschließlich ihres Wurzelhorizontes ausgebildet ist, (2) der Barroboden bzw. die „toba"-Sedimente auch während der Trockenzeit nicht vollständig austrocknen und (3) auch an den unteren Hängen, die oft mit einem markanten Hangknick gegen die Niederungen abgesetzt sind, keine Barrancabildung infolge rückschreitender Erosion auftritt. Die rückschreitende Erosion erfolgte in dieser Zeit nur von den tief eingeschnittenen Tal-Barrancas pleistozänen Alters aus, jedoch in sehr begrenztem Umfang, da der für die rückschreitende Erosion notwendige plötzliche und starke Wasserabfluß, der zudem linienhaft konzentriert sein muß, in der Regel in den Eichen-Kiefernwäldern fehlte.

2.3.2. Rezente Erosion im Bereich der Barroböden

Die teilweise oder völlige Vernichtung der natürlichen Vegetation durch den wirtschaftenden Menschen hat im Bereich der Barroböden zu völlig andersgearteten Erosionsprozessen geführt. Von entscheidender Bedeutung sind die veränderten Haft- und Grundwasserverhältnisse. Während der Trockenzeit trocknet der Barroboden einschließlich der darunter liegenden „toba"-Sedimente bis zum Grundwasserspiegel aus; der Grundwasserspiegel befindet sich im zentralen Becken zwischen den Flüssen Atoyac und Zahuapan, d. h. in den Gebieten mit fluvialer Akkumulation, oft weniger als 1 m unter der Oberfläche; er sinkt jedoch an den die Niederung umgebenden Hängen schnell auf 20, 30 und mehr m ab (Knoblich 1971). Die oft stockwerkartig übereinanderliegenden Barroböden werden auch in den Regenzeiten nicht mehr durchfeuchtet, da das Niederschlagswasser wegen der bereits ausgebildeten harten Tepetate-Horizonte nicht mehr in größere Bodentiefen einzudringen vermag. Die kräftigen Gewitterschauer der Regenzeit bewirken im Bereich der vegetationslosen Barro- und Tepetate-Böden eine oft nur stundenweise andauernde, wenige mm bis einige cm starke Durchfeuchtung der obersten Bodensedimente; häufig trocknet die Bodenoberfläche schon wenige Stunden nach dem Gewitterguß wieder aus. Daher sind die Tepetatebänke auch in der Regenzeit als Folge der Intensität und Dauer der Niederschläge stets trocken und damit verhärtet. Charakteristische Erosionsvorgänge werden möglich (Heine 1971).

Im Bereich der Barroböden beginnt die Erosion durch flächenhafte Abtragung des lockeren sandig-schluffigen, ± humosen Oberbodens. Dabei bilden sich in der Regel kleine, nur wenige dm eingetiefte Abflußrinnen aus, die sich nach und nach bis zur harten Tepetatebank eintiefen, die unter dem Barroboden liegt. Die Tepetatebank bildet dann solange die Basis der Rinnen (bzw. der flächenhaften Abtragung), bis sie infolge rückschreitender Erosion zerstört wird. Diese rückschreitende Erosion geht in der Regel von einer größeren alten Tal-Barranca oder vom Hangknick gegen die Niederung aus. Markierungen auf Tepetate-Flächen ergaben nur sehr kleine Abtragungswerte. Selbst dort, wo nach Regengüssen größere Bäche über die Tepetatestufen stürzen, ist der Abtragungsbetrag gering, und zwar im Vergleich zu den gemessenen Werten an Tepetatestufen in Barrancas bzw. am Anfang derselben (Abb. 2).

Im Zusammenhang mit der geschilderten, alles in allem flächenhaft wirkenden Abtragung kommt es überall dort, wo sich Sammelrinnen des abfließenden Niederschlagswassers bilden (es können auch frühere Muldentälchen sein), zur Barranca-Bildung. Diese erfolgt nach demselben Prinzip wie die Abtragung an den Hängen, nur daß infolge des vermehrten Wasseranfalls in den Sammelrinnen die rückschreitende Erosion eben dort besonders rasch voranschreitet (Abb. 2). Häufig beobachtet man ein Herabbrechen größerer Tepetate-Schollen infolge der Unterschneidung im Bereich des darunterliegenden Barro-Bodens. Während natürliche Sammelrinnen des Abflußwassers in den Muldentälchen angenommen werden müssen (sie weisen jedoch keine große Flächendichte auf), kommen als anthropogen verursachte Sammelrinnen Wege und Pfade, Feldbegrenzungen und Pflugfurchen, Jaguëyes (Wassersammelbecken) und Dämme sowie Gräben der Erosionsverbauung, wenn diese die anfallenden Wassermassen nicht mehr fassen können, in Betracht. Der Mensch schafft damit überall an den Hängen des Beckens von Puebla/Tlaxcala und seiner Umgebung ideale Voraussetzungen für die Barranca-Bildung. Erfolgt die erste Anlage der Barranca als schmale Schlucht, so wird die seitliche Verbreiterung derselben durch Unterschneidung der zumeist senkrechten Wände hervorgerufen, was ein Nachstürzen des Materials bewirkt bei der Tendenz, senkrechte Wände zu bilden.

2.3.3. Erosion an den Vulkanhängen in Höhen über 3000 m

Im Gebiet des Beckens von Puebla/Tlaxcala dominieren bis zu einer Höhe von 2700–2800 m die Barroböden, während in den höheren Lagen fast ausschließlich Andosole vorkommen (Schönhals u. Aeppli 1975; Heine 1977). Nach Waldvernichtung durch Überweidung und Rodung sowie nach Beackerung der lockeren Tephraböden läßt sich überall bis in Höhen von 3800 m (z. B. Pico de Orizaba) die Ausbildung junger Barrancas nach heftigen Niederschlägen beobachten. Diese Barrancas zeichnen frühere Mulden und Dellen sowie Wege und Feldbegrenzungen nach, wo sich das Niederschlagswasser sammeln kann. Ausgangspunkt der durch rückschreitende Erosion gebildeten Barrancas sind die größeren Schluchten, die die Gebirge radial entwässern.

Oberhalb 3600 m Höhe gewinnt neben der Barranca-Bildung ein weiterer Erosionsvorgang an Bedeutung: das Rasenschälen (vgl. Troll 1973). Ansatzpunkte für das Rasenschälen

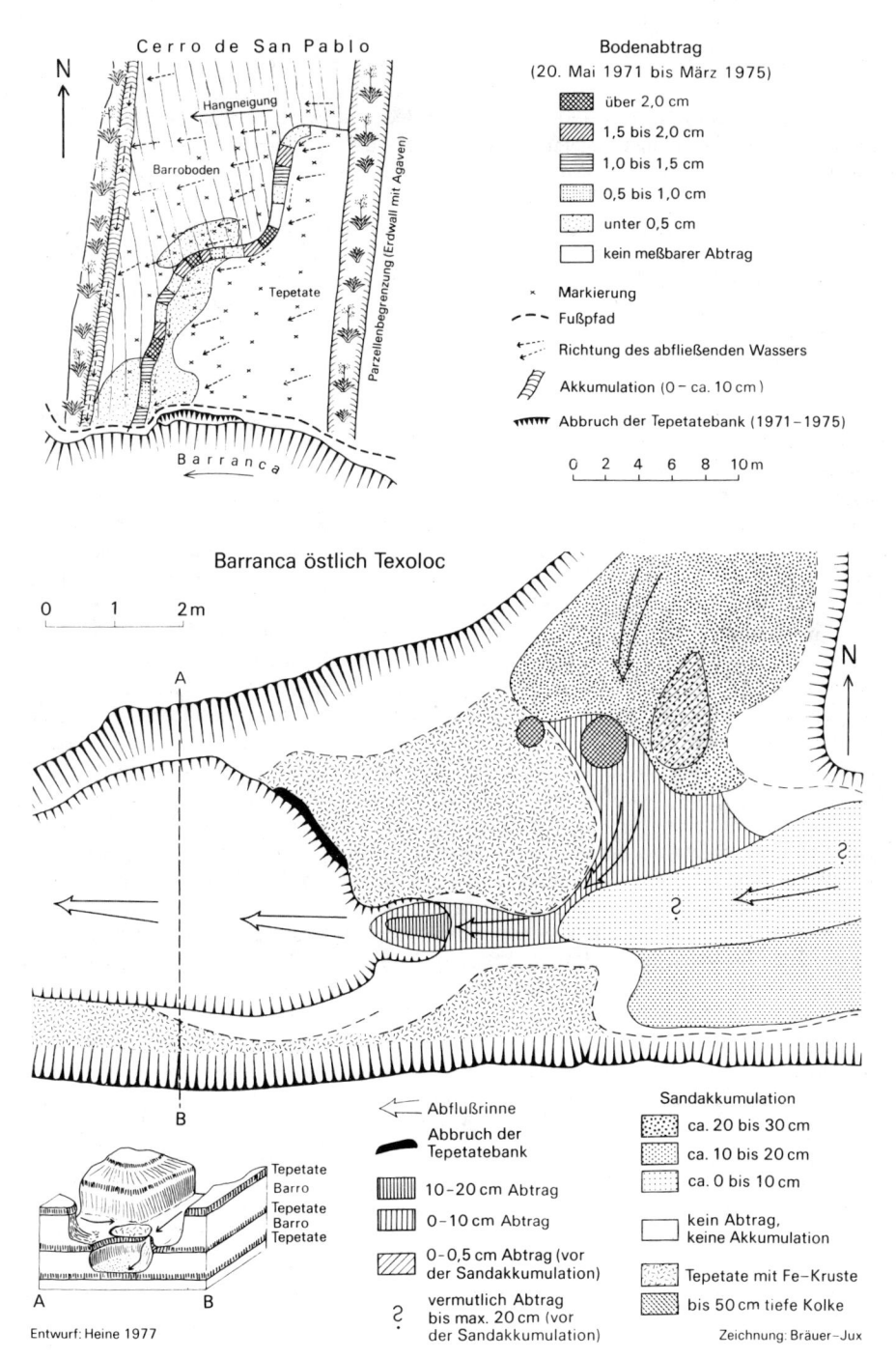

Abb. 2 (A) Gemessene Erosionsraten am Cerro de San Pablo, (B) Erosionsraten in einer Barranca östlich Texoloc

sind (oft nur kleine) Narben in der Vegetationsdecke der Zacatonales (Horstgrasfluren). Während unter natürlichen Vegetationsbedingungen die Rasenabschälung nur stellenweise größere Flächen erfaßt, bilden anthropogen geschaffene Einschnitte in der Zacatonales-Vegetation günstige Ansatzstellen für das Rasenschälen, wie überall in den Gebirgen entlang neuer Straßen und Wege, aber auch im Bereich mühsam geschaffener Erosionsverbauungen zu beobachten ist. Inwieweit die Beweidung durch Großvieh in der Höhenstufe der Zacatonales einen Einfluß auf die geomorphodynamischen Prozesse ausübt, läßt sich z. Z. noch nicht übersehen.

2.4. Erosionsraten

Untersuchungen zur quantitativen und regionalen Erfassung der Bodenerosion durch Wasser werden seit 1974 von Schönhals und Mitarbeitern ausgeführt. Ergebnisse der quantitativen Bodenerosion sind noch nicht verfügbar. Hier sollen daher einige Beobachtungen mitgeteilt werden, die ich während der Jahre 1971 bis 1975 machen konnte.

Stahlnägel, die 1971 in die Barroböden und Tepetatebänke hineingetrieben wurden, ergeben erste Anhaltspunkte über Erosionsraten. Im Bereich des Cerro de San Pablo wurde in vier Jahren auf Tepetateflächen nur dort eine meßbare Abtragung ermittelt, wo kleine Rinnen als Wassersammler fungierten; der Abtrag betrug zwischen 0 und 2 cm (Abb. 2). Auch im Barranca-Bett östlich von Texoloc konnten im Zeitraum 1971–1975 nur an Tepetate-Stufen Abtragungsbeträge von 0–20 cm ermittelt werden. Wesentlich größere Erosionsbeträge zeigen Messungen am Beginn der Barrancas, wo diese sich durch rückschreitende Erosion entlang früherer Muldentälchen oder Wege ausdehnen. Jährliche Erosionsraten von mehreren Metern sind hier keine Seltenheit; dabei erfolgt die Ausdehnung der Barrancas nicht ± kontinuierlich durch Abrieb an der Stufe, sondern durch Unterschneidung und Nachbrechen der unterhöhlten harten Tepetatebank; häufig liegen die Tepetateblöcke am Anfang der Schlucht, wo sie einer stärkeren Durchfeuchtung (Schatten, wassergefüllte Kolke) ausgesetzt werden; die Verhärtung der Tepetate wird reversibel, so daß ein schneller Abtransport des Materials erfolgen kann. Daher wird auch die Unterschneidung am Barranca-Anfang gefördert.

Die Erosionsraten (bzw. die Barrancabildung) am Cerro de San Pablo nördlich Puebla während der Zeit zwischen ca. 1869 und 1965 ergeben sich aus dem Vergleich eines detailliert kartierten Planes von Fernando de Rosenzweig aus dem Jahre 1869 (aufbewahrt im Casa de Alfinique zu Puebla) und einem Luftbild aus dem Jahre 1965 (Abb. 3). Daraus geht hervor, daß die Ausbreitung der Barrancas sehr unterschiedlich während der vergangenen 100 Jahre abgelaufen ist, worauf auch die punkthaften Messungen an einzelnen Barrancas in den Jahren 1971–1975 deuteten. Viele Barrancas am Cerro de San Pablo zeigen keine Vergrößerung, andere wiederum haben sich in ihrer Länge verdoppelt oder wurden ganz neu gebildet. Während der Cerro de San Pablo 1869 fast ausschließlich als Weideland genutzt wurde, zeigen Luftbild und Geländebegehungen, daß ein Großteil der Weide in Ackerland verwandelt wurde. Große Flächen bis auf Tepetatehorizonte erodierter Barroböden umgeben heute die Barrancas. Diese flächenhafte Erosion bestand vor 100 Jahren nur in unmittelbarer Barrancanähe. Viele Beobachtungen – vor allem die Tatsache, daß die in den letzten Jahren neu angelegten Feldparzellen zu einer starken flächen- und linienhaften Erosion geführt haben – mögen darauf hinweisen, daß die flächenhafte Erosion als Folge der Beackerung anzusehen ist (vgl. Bryan-Davis 1976).

Unter besonderen Umständen können die Erosionsbeträge erschreckende Ausmaße annehmen. In der Regenzeit des Sommers 1974 führten ungewöhnlich heftige Regenfälle an

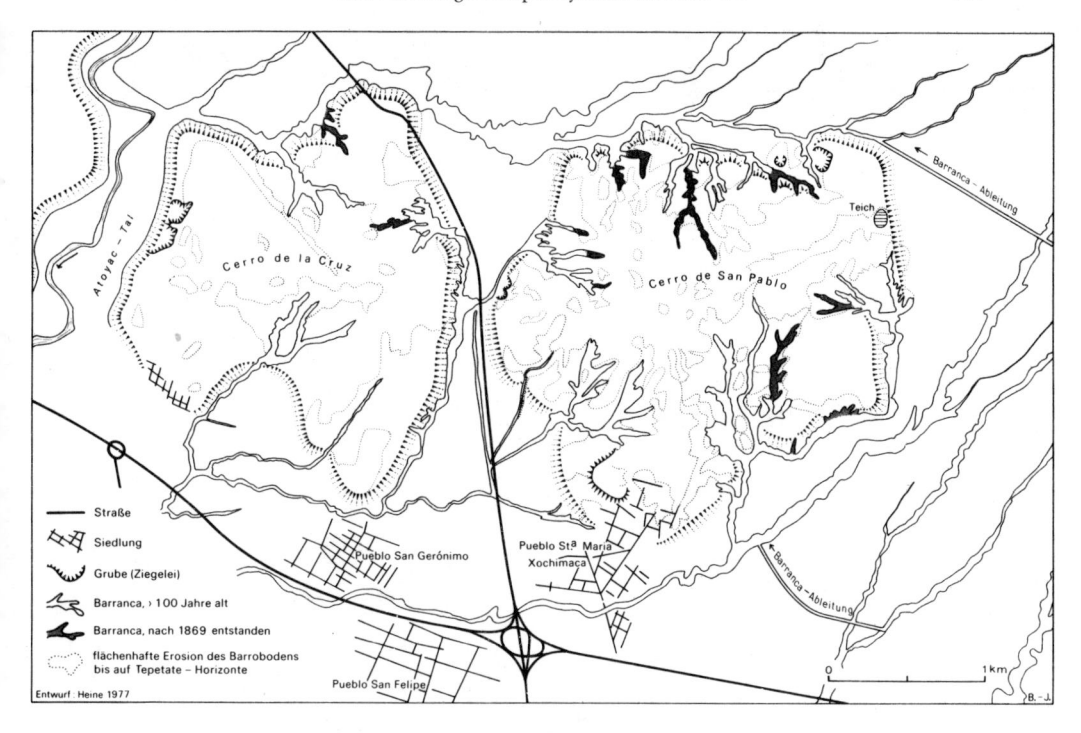

Abb. 3 Barrancabildung am Cerro de San Pablo zwischen ca. 1869 und 1965

einigen Tagen zu verheerenden Erosionsschäden. Am Pico de Orizaba bildeten sich in nur drei Tagen Barrancas bis über 350 m Länge, 5–30 m Breite und 4–10 m Tiefe infolge rückschreitender Erosion (Heine 1976 a). Erosionsvorgänge von diesem Ausmaß sind an bestimmte Geofaktoren gebunden. Die lockeren, über 10 m mächtigen Staubsedimente aus vulkanischen Aschen und Bimsen bieten im trockenen Zustand der rückschreitenden Erosion keinen Widerstand. Heftige tropische Gewittergüsse führen auf den gerodeten Hängen zu einem Oberflächenabfluß; die tiefliegende Erosionsbasis der Hänge (Barrancas pleistozänen Alters) erlaubt somit eine schnelle Schluchtbildung durch rückschreitende Erosion. Selbst das noch im Boden vorhandene Wurzelwerk der Kiefern kann die Erosion nicht verhindern. In der gleichen Zeit, in der die genannten Erosionsschäden im Rodungsland erfolgten, konnten die starken Niederschläge im Zacatonales-Gürtel wie auch im ungerodeten Kiefernwald keine sichtbare Abtragung bewirken; Ausnahmen bilden hier Erosionsrinnen entlang der Wege und in den Gräben der Erosionsverbauungen.

Drei Beispiele sollen exemplarisch die Erosions- und Akkumulationsprozesse während der letzten 3000 Jahre veranschaulichen. Die Abbildung 4 zeigt Schnitte durch eine Barranca am Westhang des Cerro de San Pablo (nördlich Puebla) während verschiedener Entwicklungsstadien.

Die unteren Hänge der Sierra Nevada sind bei Huejotzingo häufig von mehreren Metern fluvial geschichteter Aschensande und Bimslapilli bedeckt (Abb. 5), die zum größten Teil den P1-Eruptionen des Popacatépetl entstammen; die Eruptionen erfolgten um 990–1070 a AD (Miehlich 1974). Vor diesen Eruptionen muß längere Zeit Abtragungsruhe geherrscht haben,

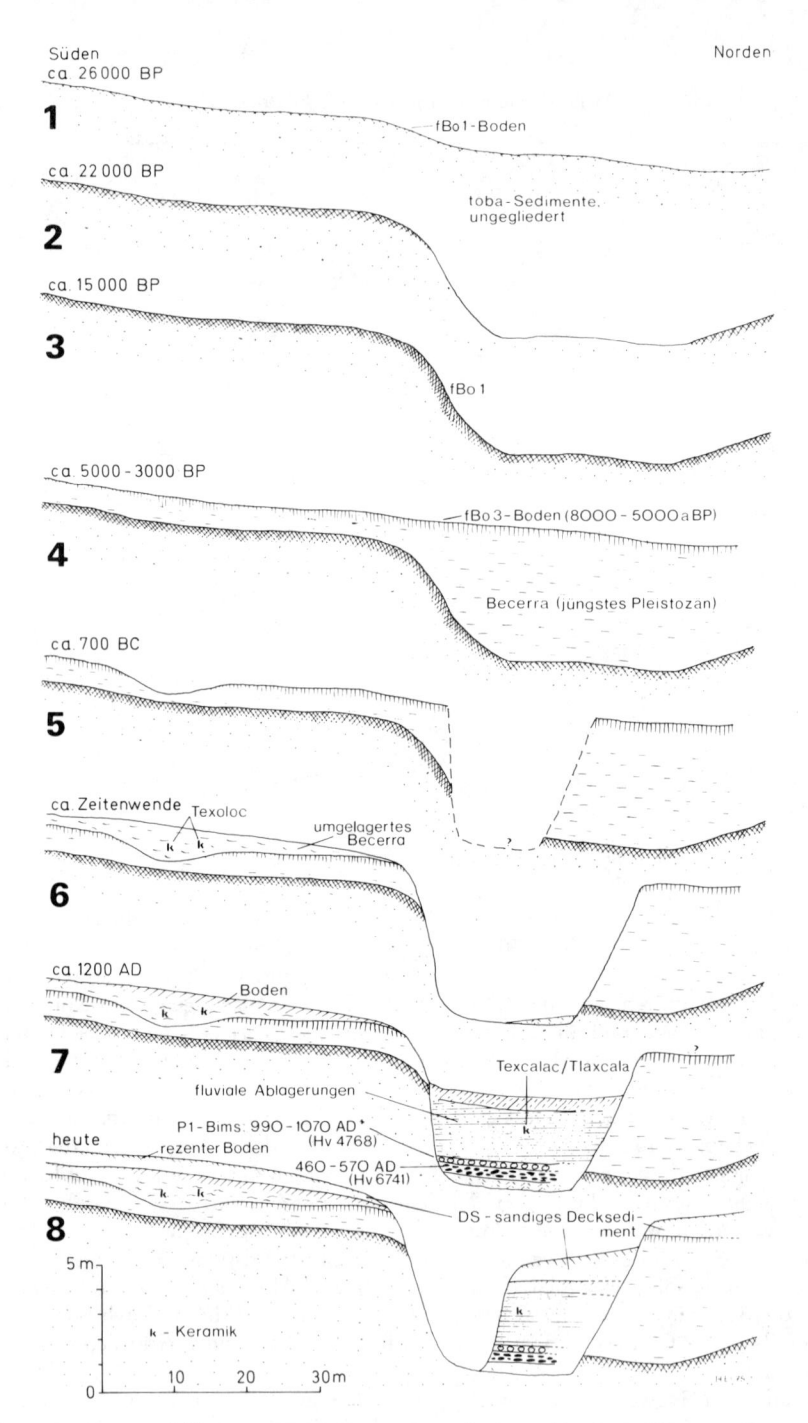

Abb. 4 Barrancaentwicklung am Westhang des Cerro de San Pablo. Jungpleistozäne Becerra-Sedimente mit holozäner Bodenbildung (5 u. 6) werden bereits in den Kulturstufen Texoloc und Tezoquipan am Oberhang abgetragen und am unteren Hang sedimentiert; mit der Abtragung erfolgt am unteren Hang die Bildung einer Barranca. Diese Vorgänge kommen etwa ab 100 a AD zum Stillstand; später (7) wird die Barranca teilweise mit Sedimenten aufgefüllt; die Verfüllung weist auf erneute Abtragung am oberen Hang während der Texcalac/Tlaxcala-Zeit hin. Nach ca. 1200 a AD wird ein äolisches Decksediment abgelagert (8); eine erneute Barrancabildung entfernt die älteren Sedimente und vergrößert die Barrancasysteme am Cerro de San Pablo. Während der vergangenen 100 Jahre wurde die Barranca nicht wesentlich vergrößert. (Vgl. Heine 1976 b).

Mensch und geomorphodynamische Prozesse 399

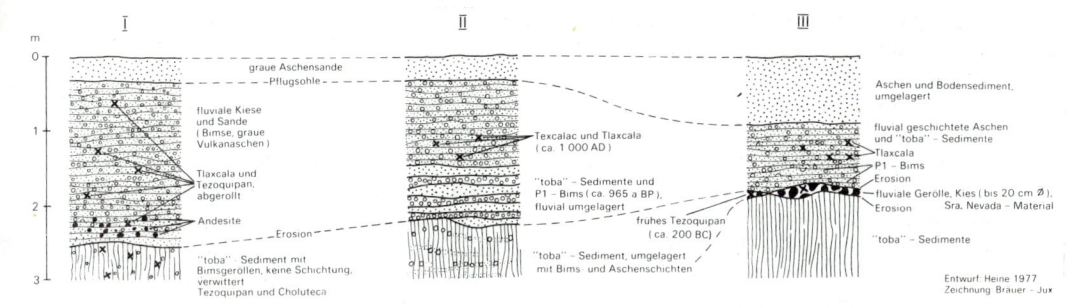

Abb. 5 Profile der unteren Hänge der Sierra Nevada bei Huejotzingo. Erläuterungen im Text

denn die umgelagerten P1-Aschen und -Bimse bedecken eine Bodenbildung. Das liegende Material wurde aufgrund der eingeschlossenen Keramikfunde in der Tezoquipan-Stufe (400 a BC–100 a AD) abgelagert. Erst über 1000 Jahre später setzt in der Texcalac/Tlaxcala-Stufe die Abtragung an den Hängen der Sierra Nevada wieder ein, was zur Sedimentation der fluvial transportierten Aschen, Lapilli und Andesitgerölle führt. Diese Sedimentation erfolgt großflächig in der Fußzone der Sierra Nevada-Hänge. Dafür sprechen auch die Ausgrabungen im Bereich der Pyramide von Cholula, die über 2000 Jahre alt ist und die etwa 15 km südöstlich der genannten Profile liegt. Dort wurden von insgesamt 6 m vorwiegend fluvial geschichteten Sedimenten rund 1,5 m vor über 800 a AD (Cholula-Kulturstufen), 3,5 m in

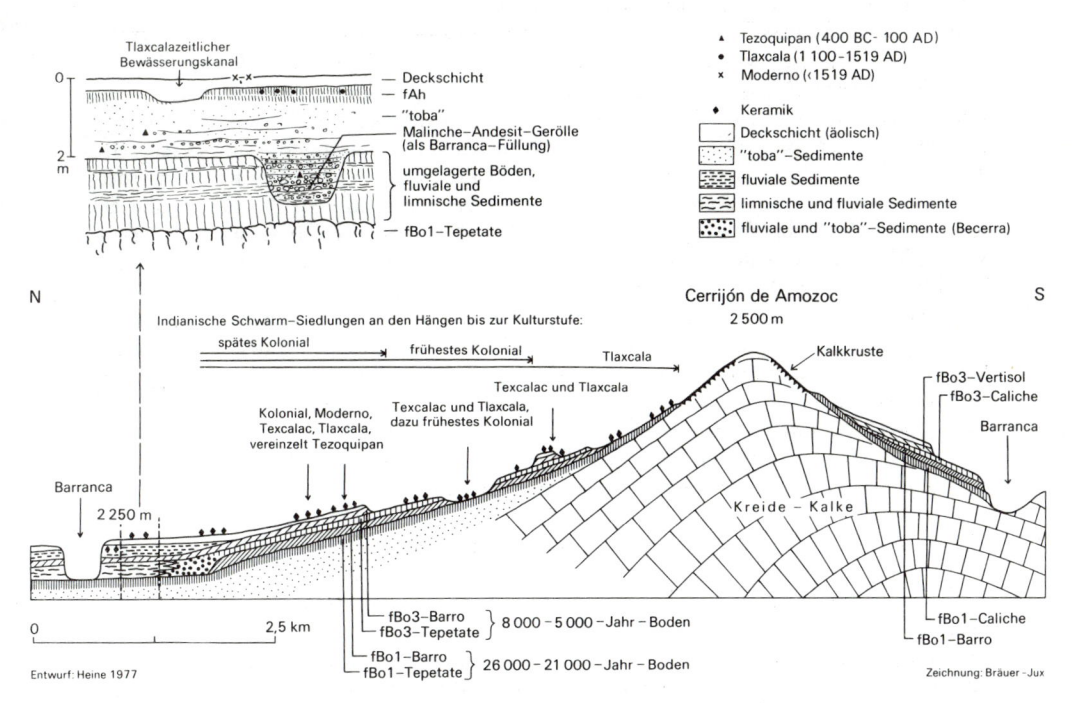

Abb. 6 Schematischer Schnitt durch den Cerrijón de Amozoc östlich Puebla. Erläuterungen im Text

der Zeit zwischen ca. 800 und 1500 a AD (Choluteca I–III) und weitere 1 m Sedimente nach der Conquista abgelagert (Marquina 1970).

Das dritte Profil (Abb. 6) zeigt einen Schnitt durch die Niederungen beiderseits des Cerrijón de Amozoc, eines kleinen Höhenzuges aus kreidezeitlichen (Maltrata-Formation) Kalkgesteinen (ca. 20 km östlich von Puebla). Die Bergflanken sind im Gipfelbereich vollends von den pleistozänen Decksedimenten entblößt. Am Mittelhang beginnen auf der Nordseite harte Tepetatekrusten (fBo1-Boden mit einem Alter von 26 000–21 000 a BP), die aus ,,toba"-Sedimenten hervorgegangen sind; auf der Südseite entsprechen diesen fBo1-Tepetatehorizonten die fBo1-Calichekrusten, die ebenfalls aus ,,toba"-Sedimenten hervorgegangen sind, die jedoch infolge starker Infiltration mit Grundwasser, das große Anteile gelösten Kalkes mitführte, sehr kalkhaltig sind. Die Calichehorizonte entwickelten sich – ähnlich wie die Tepetatebänke – infolge Auswaschung des Oberbodens und Anreicherung (in diesem Fall von $CaCO_3$) im Unterboden. fBo1-Caliche- und fBo1-Tepetatehorizonte sind unter gleichen Klimabedingungen entstanden und auch als gleichalt anzusehen. Am unteren Hang sind Reste der Becerra-Schichten mit den entsprechenden holozänen (fBo3, ca. 8000–5000 a BP) Bodenbildungen erhalten. Ein äolisches Decksediment wurde an den Hängen nur dort von der Abtragung bewahrt, wo Siedlungsreste (größere Steinhaufen von Gebäudefundamenten) Schutz vor der Abspülung boten. Am unteren Hang und besonders in der Niederung von Tepeaca/Amozoc sind die Decksedimente überall verbreitet. Aus dem Profil (Abb. 6) geht hervor, daß den Becerra-Sedimenten des Hanges limnische Ablagerungen in der Niederung entsprechen, was auf feuchte Klimaverhältnisse schließen läßt. Nach der holozänen fBo3-Bodenbildung herrscht Abtragungsruhe. In der Tezoquipan-Zeit lassen sich Verfüllungen von Barrancas belegen, die kurz zuvor eingeschnitten wurden. Die sedimentologischen Befunde deuten auf starke Wasserführung der Barrancas hin, denn große Gerölle vom Malinche-Vulkan füllen bei Tepeaca die über 2000 Jahre alten Schluchten aus. In der Tezoquipan-Zeit bildeten sich neben den Barrancas auch limnische Sedimente, was auf kleinere Seen im Bereich der Niederung hinweist. Von den Hängen des Cerrijón de Amozoc gelangen zu dieser Zeit keine Gerölle in die Niederung, d. h. hier findet keine wesentliche Abtragung statt. Eine zweite Phase verstärkter Abtragung – dieses Mal jedoch werden sandig-schluffige Böden, zumeist A_h-Horizonte, abgetragen und in der Niederung abgelagert – läßt sich für die Tlaxcala-Stufe (1100–1519 a AD) nachweisen. In dieser Zeit werden vermutlich auch die heute von jüngeren Sedimenten bedeckten Bewässerungsgräben in der Niederung angelegt. Während der Tlaxcala-Stufe müssen auch die Erosionsbeträge an den Hängen des Cerrijón de Amozoc beträchtlich gewesen sein, denn es finden sich an den heute stark erodierten Hängen nur Siedlungsreste, die vor der Conquista bestanden haben. Lediglich am unteren Hang konnte ich auch Siedlungsspuren (bzw. Keramik) aus der Kolonialzeit finden.

Die drei genannten Profile (Abb. 4, 5, 6) sind Beispiele für geomorphodynamische Prozesse in Raum und Zeit im zentralmexikanischen Hochland, einer Morphodynamik, die sich in einer Vielzahl von Beobachtungen erkennen läßt.

2.5. Äolische Erosion und Akkumulation

Äolische Abtragung und Akkumulation feinsandig-schluffiger Sedimente sind für das mexikanische Hochland für das Pleistozän nachgewiesen; es handelt sich meistens um äolisch umgelagerte Aschen und Bimse, wie die Korrelierung der lößartigen Ablagerungen mit den vulkanischen Förderprodukten zeigt (Heine u. Schönhals 1973). Die Datierung der fossilen Böden auf den jüngsten ,,toba"-Sedimenten in das postglaziale Klimaoptimum zeigt, daß an der Umlagerung der lößartigen Sedimente der Mensch keinen direkten Einfluß hatte.

In der Gegenwart finden äolische Abtragung und Akkumulation vorwiegend am Ende der Trockenzeit statt, wenn die Felder für die Aussaat vorbereitet werden, wenn der Boden selbst aber noch ausgetrocknet ist. Besonders anfällig für die Windausblasung sind tonarme, daher nicht krümelig verbackene Böden in den Becken sowie an den Vulkanhängen oberhalb 2500 m Höhe. Messungen über die Beträge der äolischen Erosion und Akkumulation gibt es bisher nicht.

Von besonderer Bedeutung für die Beurteilung der äolischen Umlagerungsprozesse scheint die sog. Deckschicht zu sein, ein äolisches Sediment, das in weiten Bereichen die intensiver ausgebildeten Böden überlagert (Abb. 1) (Schönhals u. Aeppli 1975). Die Bodenkartierungen (Schönhals u. Aeppli 1975) wie auch die geomorphologischen Untersuchungen ergaben, daß die Deckschicht im NE des Beckens am feinkörnigsten und am geringmächtigsten ist; Dicke und Korngröße nehmen nach SW in Richtung Popocatépetl zu. Von Schönhals u. Aeppli (1975) wird die Deckschicht als äolische Ablagerung angesehen, die wahrscheinlich eine Folge der bei der fortschreitenden Waldrodung verstärkt einsetzenden Winderosion ist. Die eigenen Beobachtungen ergaben weitere Anhaltspunkte zur Genese der Deckschicht. Einerseits ist ihr Alter in der Regel jünger als die Texcalac-Stufe, d. h. die äolischen Umlagerungen erfolgten nach ca. 1000 a AD. Wäre allein die fortschreitende Siedlungsausbreitung für die Deckschichtbildung verantwortlich, so müßte diese auch schon vor über 1000 a AD gebildet worden sein. Andererseits deutet die abnehmende Mächtigkeit und die abnehmende Korngröße des Materials von SW nach NE auf einen direkten Zusammenhang mit der Popocatépetl-Eruptionsfolge der P1-Bimse und -Aschen, die um 1000 a AD erfolgte. Es ist daher sehr wahrscheinlich, daß die Deckschicht aus diesen Förderprodukten durch Ausblasung hervorging.

Die Deckschicht gibt überall dort, wo sie erodierten Böden auflagert, Hinweise über den Grad der Bodenerosion vor 1000–1200 a AD. Aus Abbildung 1 ist zu entnehmen, welche Gebiete bereits vor der Tlaxcala-Zeit stark erodiert waren.

3. Mensch und geomorphodynamische Prozesse

Aus der Fülle der Einzelbeobachtungen ergibt sich die schematische Darstellung der Erosion i. w. S. in Raum und Zeit für das Arbeitsgebiet (Abb. 7). Aus der Zusammenschau resultieren mehrere Fragen: (1) Wurden die geomorphodynamischen Prozesse während der letzten 3000 Jahre klimatisch gesteuert? (2) Sind die Erosions- und Akkumulationsvorgänge anthropogen bedingt? (3) Kommen sowohl Klimaänderungen als auch anthropogene Einflüsse für die morphodynamischen Prozesse in Betracht?

Feuchtere Klimaabschnitte im Vergleich zu heute sind aufgrund zahlreicher – vorwiegend glazial- und periglazialmorphologischer – Befunde für die Zeitabschnitte zwischen ca. 1300 a BC bis ca. 100 a AD und ab etwa 1100 bis 1890 a AD belegt. Vermehrte und/oder stärker akzentuierte Niederschläge vermögen aber nicht unter natürlichen Vegetationsverhältnissen größere Erosionsleistungen zu vollbringen, abgesehen von der Tal-Barranca- und Schwemmfächerbildung an den Hängen großer Vulkane und von Mur-Bildungen, Rutschungen und Bodenfließen in der „periglazialen" Stufe der Gebirge. So zeigt auch die Abb. 7, daß die Erosion nicht mit den feuchteren Klimaabschnitten unmittelbar einsetzt, sondern erst, nachdem der Mensch das Kulturland und die Siedlungen wesentlich ausgeweitet hatte (von 66 Siedlungen in der Tlatempa-Stufe auf 186 in der Texoloc-Stufe). Wie die Mechanik der Erosionsvorgänge zeigt, ist Erosion nur möglich, wenn zuvor das natürliche Vegeta-

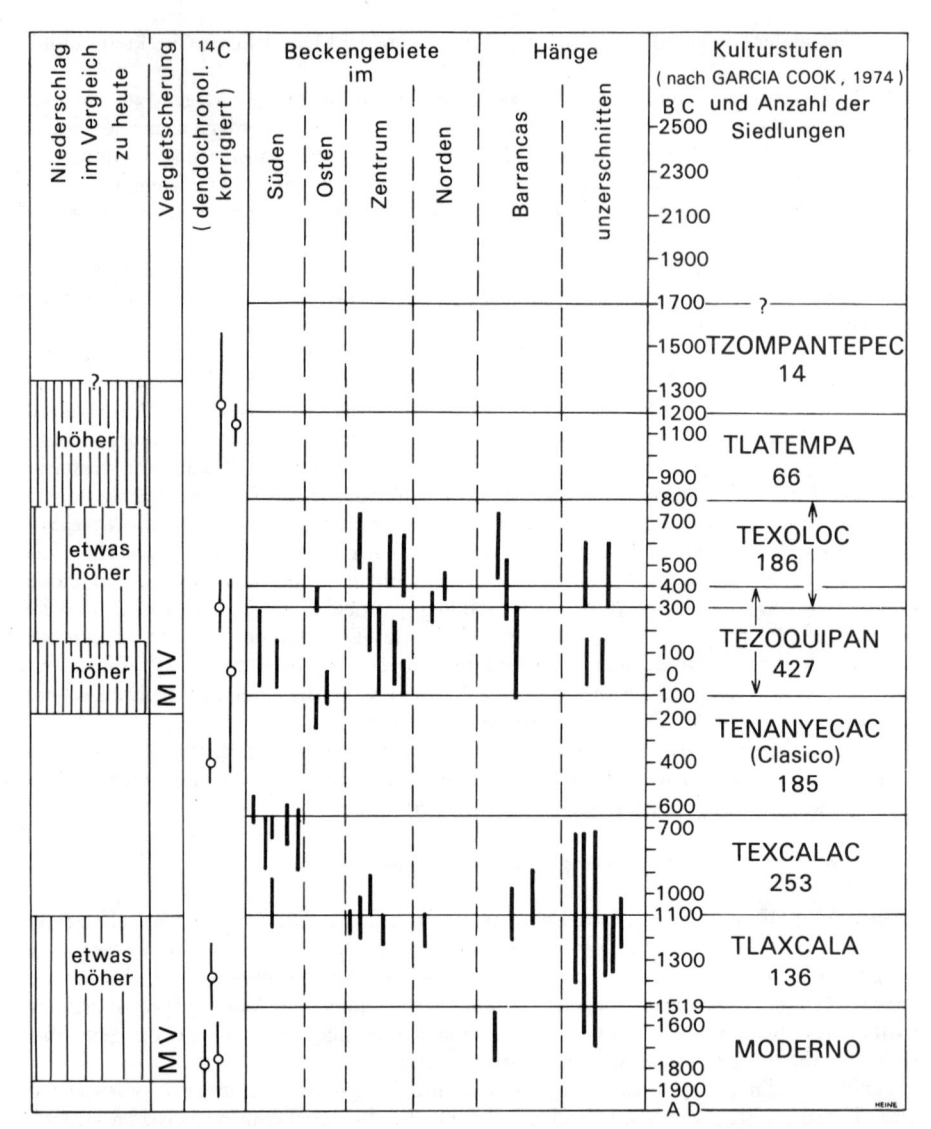

Abb. 7 Schematische Darstellung der Erosion i. w. S. in Raum und Zeit. Die Anzahl der Siedlungen (rechte Spalte) bezieht sich auf den Nordteil des Beckens von Puebla/Tlaxcala (archäologisches Projekt von García Cook). Die fetten senkrechten Linien kennzeichnen archäologisch datierte Sedimente, die als korrelate Ablagerungen von Erosionsvorgängen anzusehen sind. Erläuterungen im Text.

tionskleid großflächig entfernt worden ist, was im zentralmexikanischen Hochland vor über 2500 Jahren geschehen ist (Vielleicht war die Siedlungsausweitung erst möglich, als die klimatischen Gegebenheiten im semihumiden Mexiko vor über 3000 Jahren günstigere Bedingungen für den Regenfeldbau an den Hängen boten).

Die zweite Phase verstärkter Erosion, in der vor allem auch die holozänen Böden flächenhaft abgetragen wurden, setzt etwa mit der Kulturstufe Texcalac ein und dauert – wenn man von regionalen Besonderheiten absieht – bis heute an. Eine Veränderung der Niederschlagsverhältnisse koinzidiert *nicht* mit dem Beginn dieser Erosionsphase; die Niederschlagsverhältnisse ändern sich etwa um 1100 a AD. Die Gründe für die Erosion finden wir in der erneuten Siedlungs- und Kulturlandausweitung nach der Kulturstufe Tenanyecac. Vor allem scheinen jetzt auch die Hänge der Vulkan-Gebirge bis in größere Höhen (3000 m) intensiv besiedelt zu werden. Es ist hervorzuheben, daß diese Erosionsphase mit durchgreifenden Veränderungen der Sozial- und Herrschaftsstrukturen im präspanischen Mexiko zusammenfällt; der Einbruch nomadischer Völker aus dem Norden in das Gebiet der Hochkulturen beginnt zu dieser Zeit; Cholula wird von den Tolteken um 800 a AD übernommen.

Die drei aufgeworfenen Fragen lassen sich – wie wir sehen – nicht einfach beantworten. Der Mensch übt direkt Einfluß auf das geomorphodynamische Geschehen aus; das betrifft sowohl die erste Erosionsphase vor über 2500 Jahren bis kurz nach der Zeitenwende als auch die zweite Phase der Erosion, die um 700 a AD einsetzt (Vita-Finzi 1977 ermittelt die letzte Phase größerer Talverschüttungen für die Zeit zwischen 500 und 1700 a AD im zentralmexikanischen Hochland). Klimaveränderungen können die Umlagerungsprozesse fördern und/oder hemmen. Mensch *und* Natur bestimmten und bestimmen also das geomorphodynamische Geschehen im zentralmexikanischen Hochland seit mehreren Jahrtausenden bis auf den heutigen Tag.

4. Ausblick

Die Aktivitäten des Menschen haben in der Landschaft des mexikanischen Hochlandes den Naturhaushalt nachhaltig gefährdet. Die Erosion spielt dabei eine zentrale Rolle. Die starke Sandführung der Flüsse und Barrancas im Becken von Puebla/Tlaxcala führt z. Z. zu einer schnellen Versandung des Valsequillo-Staudammes, der große Bewässerungsprojekte ermöglicht. Als besonders erosionsgefährdet werden die Malinche-Vulkanhänge angesehen. Das hat 1961 zur Gründung der Malinche-Kommission geführt. Seit 1962 werden Arbeiten zur Erosionsverhütung ausgeführt. Um den Oberflächenabfluß des Wassers an den Vulkanhängen und die Hochwasserbildung zu verringern oder zu unterbinden, wurden an den Hängen Horizontalgräben gezogen und in den Barrancas Querriegel errichtet (vgl. Tichy 1966).

Leider sind die Anstrengungen der Malinche-Kommission ohne Kenntnisse der geomorphodynamischen Prozesse ausgeführt worden. Die Horizontalgräben fangen bei normalen Starkregen kein Wasser auf, denn dieses versickert schnell in den lockeren vulkanischen Aschenböden der Malinchehänge. Bei außergewöhnlichen Starkregen jedoch füllen sich die Gräben und laufen über; eine Kanalisierung des abfließenden Wassers ist die Folge; das wiederum führt sofort zum Aufreißen von Rinnen und Barrancas, oft schon nach wenigen Stunden. Anstatt die Erosion zu verhüten, wird durch die Anlage der Gräben die Barrancabildung gefördert. Ein weiterer unerwünschter, bisher überhaupt nicht erkannter Effekt der Horizontalgräben sind die Prozesse der Rasenabschälung, die von den Gräben ausgehend die Vegetation oberhalb der Waldgrenze auflösen. Die lockeren Aschen können dann vom Wind und vom Wasser schnell fortgetragen werden. Der beste Schutz an den Malinchehängen sind in Höhen zwischen 3000 und 4000 m Wälder, darüber die Zacatonalesfluren – und nicht die Erosionsgräben!

Ebenfalls ohne Verständnis für die Morphodynamik wurden die Querriegel in den (Tal-)Barrancas errichtet. Die Steinmauern von oft mehreren Metern Höhe bilden keine Abflußregulierung, da sie nach einer Regenzeit bereits völlig versandet sind. Unterhalb der Steinmauern erfolgt Einschneiden der Barrancas, da infolge verminderter Sedimentlast die Erosionskraft der abfließenden Wasser verstärkt wird. Das Wasserspeicherungsvermögen in den Sandmassen oberhalb der Querriegel ist gering, da die Barrancas ein großes Gefälle aufweisen und eng sind und somit nur volumenmäßig kleine Sandkörper gebildet werden. Ganz ohne Wirkung sind die Mauern, die die vielen engen, jedoch ebenso tiefen Seitenbarrancas bis zu einigen Metern Höhe abriegeln, denn die Erweiterung dieser Barrancas erfolgt unmittelbar an deren Anfang durch Unterhöhlung der Tepetatebänke und Nachbrechen derselben. Die Staumauern bewirken lediglich ein weniger tiefes Einschneiden, was aber die flächenhafte Ausdehnung der Erosion nicht verhindert (und gerade diese soll vermindert werden).

Doch nicht nur die Erosionsschutzbauten führen bei extremen Niederschlägen zur Barrancabildung, sondern auch die erosionsverhindernden Maßnahmen bei der Kultivierung der Äcker. An vielen Stellen kann beobachtet werden, daß das Konturenpflügen in lockeren Aschenböden überall dort zur Barrancabildung führt, wo die Furchen nicht exakt horizontal verlaufen, was stets in kleinen Mulden der Fall ist. Ebenso ergibt sich aus der Anlage von Feldterrassen, die fast immer etwas hangabwärts geneigt sind, die Gefahr, daß die rahmenden Erdwälle zuerst das Wasser stauen, dann aber – wenn es zum Überfließen kommt – aufreißen und das Wasser kanalisieren, wodurch eine Kettenreaktion entsteht; das in Pflugfurchen und auf Feldterrassen gesammelte Wasser kann bei Starkregen in wenigen Stunden (oder Tagen) Barrancas von über 100 m Länge bilden (Heine 1976 a). Die vielen neuen, tief eingeschnittenen Schluchten an den Vulkanhängen, an denen der Ackerbau erst seit wenigen Jahren betrieben wird, zeigen, wie sinnlos die ungeregelte und alle Naturgegebenheiten mißachtende Landnahme ist, die kultivierbares Land für nur kurze Zeit bereitstellt und die zudem auch den für das Land lebenswichtigen Wasserhaushalt ernsthaft gefährdet (vgl. Ern 1973). Die Beispiele aus der Geschichte zeigen, wie schnell der Naturhaushalt gestört wird, und meistens sind die Schäden irreparabel. Die Gefährdung ist heute umso größer, da Mexiko bereits über 60 Mio. Einwohner zählt bei einem jährlichen Geburten-Überschuß von nahezu 40 je 1000 Einwohner.

Danksagung. Der Deutschen Forschungsgemeinschaft danke ich für eine großzügige finanzielle Unterstützung, die mir die Forschungen im Rahmen des Mexico-Projektes ermöglichten. Herrn Professor Dr. M. A. Geyh vom Niedersächsischen Landesamt für Bodenforschung (Hannover) danke ich für zahlreiche ^{14}C-Bestimmungen, Herrn Professor Dr. García Cook (Mexico) und seinen Mitarbeitern für die Bestimmung der Keramik und Artefakte. Schließlich gilt mein Dank vielen Mitarbeitern des Mexico-Projektes, mit denen ich so manches Problem erörtern konnte.

Literatur

Bryan-Davis, M. C.: Erosion rates and land-use history in southern Michigan. Environmental Conservation, 3, 1976, S. 139–148

Butzer, K. W.: Accelerated Soil Erosion: A Problem of Man-Land Relationships. In: „Perspectives on Environment", hrsg. I. R. Manners & M. W. Mikesell, Washington D. C. 1974, S. 57–78

Ern, H.: Estudios de la vegetación en la parte oriental del México Central. Comunicaciones (Mexiko-Projekt), 6, 1972, S. 1–6

Ders.: Bedeutung und Gefährdung zentralmexikanischer Gebirgsnadelwälder. Umschau in Wiss. u. Technik, 73, 1973, S. 85–86

García Cook, A.: Una sequencia cultural para Tlaxcala. Comunicaciones (Mexiko-Projekt), 10, 1974, S. 5–22

Heine, K.: Observaciones Morfológicas acerca de las Barrancas en la Región de la Cuenca de Puebla-Tlaxcala. Comunicaciones (Mexiko-Projekt), 4, 1971, S. 7–24
Ders.: Photo der Woche – Geoökologie. Umschau in Wiss. u. Technik, 76, 1976 a, S. 202
Ders.: Schneegrenzdepressionen, Klimaentwicklung, Bodenerosion und Mensch im zentralmexikanischen Hochland im jüngeren Pleistozän und Holozän. Z. Geomorph. N. F., Suppl. Bd. 24, 1976 b, S. 160–176
Ders.: Zur morphologischen Bedeutung des Kammeises in der subnivalen Zone randtropischer semihumider Hochgebirge. Z. Geomorph. N. F., 21, 1977, S. 57–78
Ders. u. Schönhals, E.: Entstehung und Alter der „toba"-Sedimente in Mexiko. Eiszeitalter u. Gegenwart, 23/24, 1973, S. 201–215
Johnson, F.: Chronology and Irrigation. The Prehistory of the Tehuacan Valley, Bd. IV, Austin u. London 1972
Klaus, D.: Zusammenhänge zwischen Wetterlagenhäufigkeit und Niederschlagsverteilung im zentralmexikanischen Hochland. Erdkunde, 25, 1971, S. 81–90
Knoblich, K.: Posibilidades de poner en explotación aguas subterráneas en la cuenca de Puebla-Tlaxcala. Comunicaciones (Mexiko-Projekt), 4, 1971, S. 30–32
Lauer, W.: Zusammenhänge zwischen Klima und Vegetation am Ostabfall der mexikanischen Meseta. Erdkunde, 27, 1973, S. 192–213
Marquina, I. (Hrsg.): Proyecto Cholula. Serie Investigaciones (INAH), 19, Mexiko 1970
Miehlich, G.: Stratigraphie der jüngeren Pyroklastika der Sierra Nevada de México durch schwermineralanalytische und pedologische Untersuchungen. Eiszeitalter u. Gegenwart, 25, 1974, S. 107–125
Schönhals, E. u. Aeppli, H.: Los suelos de la cuenca de Puebla-Tlaxcala. Investigaciones acerca de su formación y clasificación. Das Mexiko-Projekt der DFG, Bd. VIII, Wiesbaden 1975
Tichy, F.: Politischer Umsturz und Kulturlandschaftswandel im Hochland von Mexiko. Heidelberger Geogr. Arb., 15, 1966, S. 99–114
Ders.: Das Hochbecken von Puebla-Tlaxcala und seine Umgebung. Das Mexiko-Projekt der DFG, Bd. I, Wiesbaden 1968, S. 6–24
Ders.: Ordnung und Zuordnung von Raum und Zeit im Weltbild Altamerikas. Mythos oder Wirklichkeit? Ibero-Amerikan. Archiv N. F., Jg. 2, 1976, S. 113–154
Troll, C.: Rasenabschälung (Turf Exfoliation) als periglaziales Phänomen der subpolaren Zonen und der Hochgebirge. Z. Geomorph. N. F., Suppl. Bd. 14, 1973, S. 1–32
Vita-Finzi, C.: Quaternary Alluvial Deposits in the Central Plateau of Mexico. Geol. Rdsch., 66, 1977, S. 99–120

Diskussion zum Vortrag Heine

Prof. Dr. F. Tichy (Erlangen)
Der Vortrag von Herrn Heine, dessen Arbeiten im Rahmen des Mexiko-Projektes der DFG erfolgt sind, ist ein Beispiel für die gelungene interdisziplinäre Zusammenarbeit, hier mit der Archäologie und der Bodenkunde. Herr Wegener, ein Mitarbeiter von Prof. Schönhals (Gießen) konnte durch Bodenabtragungs- und Niederschlagsmessungen die besondere Wirkung von Starkregen nach der kurzen sommerlichen regenärmeren Periode (Anfang August) zeigen, besonders durch die Planschwirkung der Regentropfen auf trockene Bodenoberflächen. Fragen möchte ich, ob nicht hier vergleichsweise günstige Verhältnisse vorlagen, weil häufig Überlagerung mit vulkanischen Aschen auf frühere Bodenzerstörungsformen ausheilend gewirkt hat? Ist nicht damit zu rechnen, daß die ehemalige Wirtschaftsweise der Mais-Bohnen-Kürbis-Trilogie auf einem Feld die Bodenzerstörung geringer hielt als das bei reinem Mais- oder Bohnenanbau der Fall ist?

Prof. Dr. O. Fränzle (Kiel)

Handelt es sich bei der katastrophenartig rasch erfolgenden Bildung bzw. Weiterbildung der Barrancas am Pico de Orizaba im Jahre 1974 um Abflußereignisse vom Typ des „Horton overland flow", d. h. um Vorgänge, die dadurch ausgelöst wurden, daß die Infiltrationskapazität der Böden geringer war als die Höhe des effektiven Niederschlages?

Dr. U. Sabelberg (Braunschweig)

Welche Indikatoren standen zur Verfügung, um die Veränderungen der Niederschlagsmenge im Holozän zu beurteilen?

Prof. Dr. W. Sperling (Trier)

Die Ausführungen von Herrn Heine sind sehr wichtig für die Weiterführung der europäischen und mitteleuropäischen Forschungen. Es dürfte eine Reihe von Homologien und Konvergenzen geben, die methodisch interessant sind. Ich verweise auf fossile Erosionsformen im vulkanischen Lockermaterial des Mittelrheinischen Beckens, die bisher noch unzureichend erklärt wurden und deren Formengenese auf diese Weise erhellt werden könnte.

Prof. Dr. K. Heine (Bonn)

Zu Prof. Tichy: Gerade die Aschenüberlagerungen im Arbeitsgebiet gestatten differenzierte Aussagen. Einerseits konservieren sie frühere Erosionszustände und erlauben – wenn die Eruptionsphasen chronostratigraphisch bestimmt werden können – eine Datierung der Bodenzerstörung, andererseits ermöglichen sie Vergleiche zwischen den Befunden aus einzelnen Bereichen des Arbeitsgebietes. Zweifellos wirken Aschenüberlagerungen ausheilend auf Bodenzerstörungsformen, besonders dort, wo neben primär abgelagerten Aschen und Bimsen auch umgelagerte vulkanische Lockersedimente treten (beispielsweise an den unteren Hängen der Sierra Nevada). – Die Wirtschaftsweise hat großen Einfluß auf die Bodenzerstörung; über unterschiedliche Abtragungsraten bei verschiedenen Anbaupflanzen liegen mir bisher keine Untersuchungsergebnisse vor.

Zu Prof. Fränzle: Die Infiltration der anfallenden Niederschläge war infolge oberflächennaher Austrocknung bei kultivierten Böden (Mais/Kartoffeln) geringer als unter natürlicher Vegetation (Kiefernwald und Horstgräser), wo der Oberboden noch feucht war. Nur im Bereich der Felder waren Abflußereignisse vom Typ des „Horton overland flow" zu beobachten.

Zu Dr. Sabelberg: Die Niederschlagsveränderungen im Holozän ergeben sich aus Untersuchungen zur Glazialmorphologie, zur Palynologie (leider sind die Resultate von Ohngemach/Straka, Kiel noch nicht publiziert), zur Morphodynamik in Höhen über 3500 m NN (hier hat der Mensch wenig Einfluß ausgeübt), zur Sedimentologie der Beckensedimente (als korrelate Bildungen zu Vorgängen an den Hängen der Vulkane), zur Verbreitung limnischer Ablagerungen in den Niederungen und zur Archäologie.

Allen Diskussionsrednern danke ich für ihre Fragen und Anregungen.

Der Vortrag von Herrn Prof. Dr. Wendelin Klaer (Mainz), „Der Einfluß von Brandrodung und Shifting Cultivation auf die natürlichen Abtragungsprozesse im tropischen Wald- und Grasland von Papua-Neuguinea", ist zur Veröffentlichung in einer wissenschaftlichen Zeitschrift vorgesehen; von einem nochmaligen Abdruck im Verhandlungsband wird deshalb auf Vorschlag des Vortragenden abgesehen.

ANTHROPOGENE EINWIRKUNGEN AUF DAS MORPHODYNAMISCHE PROZESSGEFÜGE IN DER SAHELZONE AFRIKAS

Mit 3 Abbildungen

Von Horst Mensching (Hamburg)

EINFÜHRUNG

Das randtropische semiaride bis aride Klima der Sahelzone im Übergangsbereich von der südlichen Sahara zur Dorn- und nördlichen Trockensavanne bedingt infolge extremer klimatischer (hygrischer) Variabilität ein höchst labiles ökologisches System, das auf anthropogene Zerstörung des Pflanzenkleides sehr starke Reaktionen zeigt. Hierdurch tritt auch im morphodynamischen Prozeßgefüge eine wirksame Veränderung ein, deren Konsequenzen für die ohnehin beschränkte Landnutzung verheerende Folgen zeitigt. Diese Folgen sind mit für den Vorgang der „Desertification" (Entstehen von wüstenähnlichen Zuständen) verantwortlich, der in heutiger Zeit, besonders nach der Sahel-Dürrekatastrophe, deutlich geworden ist und weite Teile der äußeren Wüstenrandgebiete betroffen hat.

Das morphodynamische Prozeßgefüge, das hier weitgehend von semiariden bis ariden Klimakomponenten gesteuert wird, zeigt in der Sahelzone Afrikas Auswirkungen, die als unmittelbare Folgen anthropogener Zerstörungen vor allem der natürlichen Vegetation und ihrer Regenerationsfähigkeit erkannt werden können. Diese umfassen sowohl das fluviale Abtragungssystem als auch insbesondere die erhebliche Steigerung der äolischen Dynamik. Durch beide anthropogen bedingten Veränderungen im Ökosystem ist auch der Bodenwasserhaushalt entscheidend betroffen, was wiederum schwere Folgen für die Landnutzungsmöglichkeiten selbst hat. Hierfür sollen aus der Sahelzone sowohl aus Westafrika, wo auch Rohdenburg (1969) auf die starke Veränderung der Savanne durch den Menschen hingewiesen hat, als auch besonders aus der stark betroffenen Nordregion der Republik Sudan (Darfur) Beispiele und Belege vorgetragen werden. Ein Vergleich zwischen der westlichen und östlichen Sahelzone läßt sehr bald erkennen, daß die Art der morphodynamischen Veränderungen eine unmittelbare Beziehung zum morphogenetischen Entwicklungsgang des jeweiligen Reliefs und daher verschiedene Wertigkeiten besitzen kann. Dies wird zu erläutern sein.

Beispiele für anthropogen veränderte oder doch stark beeinflußte Morphodynamik sollen in diesem Beitrag aus den westafrikanischen Ländern Mali, Obervolta und Niger sowie aufgrund eingehender Geländeuntersuchungen in den sudanesischen NW-Provinzen Süd- und Nord-Darfur in den letzten beiden Jahren dargestellt werden. Diese Untersuchungen sind Teilbereich eines umfassenden Forschungsprojektes zur Frage der „Desertification", das im Rahmen der „Working Group on Desertification in and around Arid Lands" der International Geographical Union, unterstützt durch Beihilfen der Deutschen Forschungsgemeinschaft, seit mehreren Jahren durchgeführt wird.

Dank gebührt in diesem Zusammenhang meinem Mitarbeiter Dr. Fouad Ibrahim für mehrjährige Zusammenarbeit, viele gemeinsame, oft schwierige Geländeaufenthalte in

Darfur und auch der stets hilfsbereiten Administration der Provinz Nord-Darfur, in der wir viel Verständnis für die eigene Entwicklungsproblematik und große Diskussionsbereitschaft angetroffen haben.

1. HINTERGRÜNDE FÜR DIE ANTHROPOGENEN EINWIRKUNGEN

Weite Areale der Sahelzone (Abb. 1) sind – wenn auch keineswegs gleichmäßig – von einer stark angewachsenen Bevölkerung verstärkt und lokal in nicht mehr vertretbarem Ausmaß in verschiedene Arten von Landnutzungssystemen einbezogen worden, die der Belastbarkeit dieses natur-labilen Ökosystems in keiner Weise mehr angepaßt sind. Übergeordnet handelt es sich dabei um eine Nordverschiebung der Anbaugrenze flächenhaften oder doch stark verdichteten Feldbaus (vor allem mit Hirse) weit über die agronomische Trockengrenze im Sahel hinaus (die hier bei etwa 4 humiden Monaten und im Schwankungsbereich der 500-mm-Isohyete anzusetzen ist). Die nach unseren Untersuchungen im Gelände, zum Beispiel in Nord-Darfur, um mindestens 200 km zu weite Nordausdehnung der Kultivierungszone seßhafter oder halbseßhafter Bevölkerungsgruppen ist zudem mit einer immensen Überstockung im Viehbesatz ortsnaher bis mittelferner (bis zu etwa 20 km vom neuen

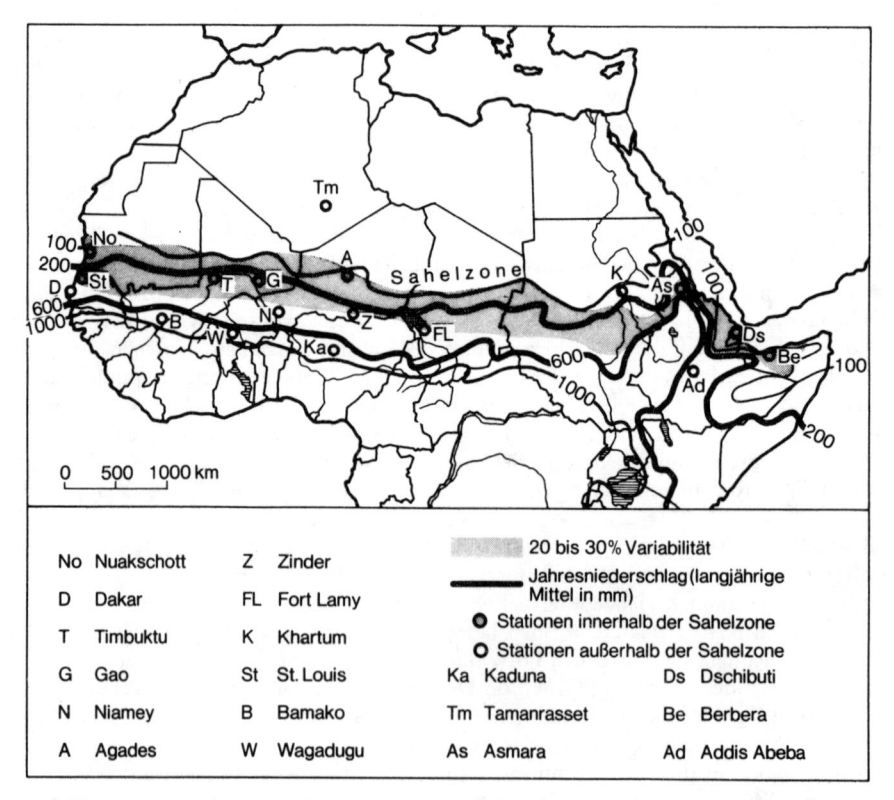

Abb. 1 Lage und Niederschlagsvariabilität der Sahelzone (Entw. H. Mensching, 1974)

Siedlungszentrum sich ausdehnender) Beweidungszonen gekoppelt, was schwerwiegende Langzeitzerstörungen im ökologischen Gefüge zur Folge hat.

Die Auslösung dieser demographischen Entwicklung mit der agrargeographischen Arealausdehnung hat im Rahmen der bekannten Erscheinungen in fast allen Entwicklungsländern natürlich auch eine ihrer Wurzeln in der klimatischen Entwicklung mit der Summierung von überdurchschnittlich niederschlagsreichen Jahren von etwa (regional unterschiedlich) 1950 bis 1968. Die Niederschlagskurve der Station Niamey mag hierfür ein Beispiel sein (Abb. 2). Die scheinbar günstiger werdenden Anbau- und Weidemöglichkeiten in dieser nördlichen Sahelzone bestärkten viele Stammesgruppen in der genannten Nordwärtsausbreitung. Die bekannte Dürreperiode von 1970–1973 mit nachfolgenden weiteren Jahren mit größerem Niederschlagsdefizit brachte hierbei die „katastrophale" Zäsur!

Es wird daher zweckmäßig sein, die verschiedenen Auswirkungen auf das morphodynamische Gefüge an mehreren Beispielen etwas detaillierter zu untersuchen und darzustellen.

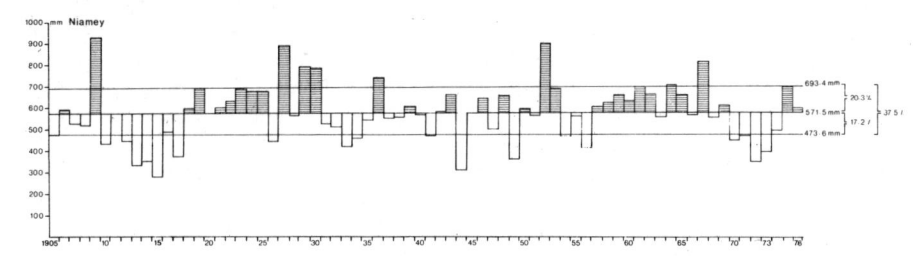

Abb. 2 Die Jahresniederschläge der Station Niamey (Rep. Niger) von 1905 bis 1976

2. DIE ANTHROPOGENEN EINWIRKUNGEN AUF DAS MORPHODYNAMISCHE PROZESSGEFÜGE IN DER SAHELZONE IM FLUVIALEN UND ÄOLISCHEN BEREICH

Generell werden alle morphodynamischen Vorgänge im Relief der Sahelzone sowohl im Verwitterungs- als auch im Abtragungsbereich von der randtropischen Aridität mit zumeist 7–8 regenlosen Monaten und 4–5 Sommermonaten „Regenzeit" mit sehr unterschiedlicher Verteilung von Niederschlagstagen von Jahr zu Jahr oder auch in unregelmäßig auftretenden Kurzperioden gesteuert. Die Starkregen haben hieran einen hohen Anteil. Ohne übermäßigen anthropogenen Eingriff entspricht diesem Klimagang im Sahel (Nordteil) ein nach edaphischen Voraussetzungen differenzierter Dornbusch- und Dornbaumsavannenbestand, der sich überwiegend aus *Acacia*-Arten zusammensetzt. Wiederum edaphisch unterschiedlich entwickelt sich dazwischen ein sommerlicher Grasbestand (Cenchrus, Aristida und andere), der vor allem für den Oberflächenabtrag im Gefolge der Flächenspülung große Bedeutung besitzt.

Die in den letzten Jahrzehnten sehr verstärkten Eingriffe durch Landnutzungsintensivierung und nordwärtiges Vorrücken der Anbaugrenze mit Viehüberstockung hat den wichtigsten Teil dieses variablen Ökosystems im Vegetationsbereich entscheidend verändert und teilweise zerstört. Dies betrifft sowohl die umgreifende Busch- und Baumzerstörung (Brennholzgewinnung, Feldrodung, Zaunmaterial aus Dornsträuchern) als auch besonders die zusätzliche rücksichtslose Überweidung aller Busch- und Grasbestände, besonders im weiten Zirkelschlag um alle Siedlungen. Es sei hier nebenbei betont, daß die nomadische Weidewirtschaft hiergegen vergleichsweise geringe Überstockungsschäden bewirkt!

Infolge ständiger Überweidung mit starker Regenerationsbehinderung des Grasbestandes einerseits und Ersatz der natürlichen Vegetation durch sommerliche Kulturpflanzen, deren Dichtebesatz in Trockenjahren oder bei ungünstiger Niederschlagsverteilung äußerst schütter bleibt, wird andererseits jeglicher Oberflächenabtrag in hohem Maße verstärkt und gefördert. Da Brachezeiten infolge des höheren Produktionsbedarfes bei gestiegener Bevölkerungszahl innerhalb dieser Nordzone der Sahelzone ständig geringer geworden sind, ist auch hierdurch eine Regenerationsfähigkeit des Vegetationsbestandes fast ausgeschlossen. In dieser Zone sind die Auswirkungen in der Morphodynamik deutlich erfaßbar:

a) Auswirkungen im fluvialen Abtragungsbereich

In der Sahelzone müssen die morphogenetisch sehr unterschiedlichen, das heißt innerhalb der tertiär-quartären Sequenz auch altersmäßig verschiedenen Reliefteile unterschiedlich betrachtet werden. Auf den alten schon im frühen Tertiär ausgebildeten Rumpfflächen, die im westafrikanischen Sahel zumeist von mächtigen Laterit-Eisenkrusten überzogen sind und auf denen der tigerfellartig angeordnete Busch- und Baumbestand („brousse tigrée") anzutreffen ist, finden sich wegen der abgetragenen Sedimentdecke kaum Ackerflächen. Auch hält sich die Überweidung infolge Fehlens von Siedlungen (Wassermangel) im Rahmen. Die Auswertung von Luftbildern läßt auch kaum Hinweise auf frühere Siedlungsspuren erkennen. Das entstandene Spülrinnensystem mit erheblichem Sedimenttransport hat daher kaum mit anthropogenen Eingriffen etwas zu tun.

Etwas stärker sind die morphologisch sehr aktiven Hangbereiche betroffen, die zu den weiten Fußflächensystemen überleiten, die sich allgemein zwischen die höheren Altflächensysteme und die großen hydro-morphologischen Leitsysteme, die teils den Wadis vergleichbar sind und in den südlichen Teilen der Sahelzone teilweise zu den breiten Flachmuldentalformen überleiten. Da in diesem hydrologisch günstigeren Bereich bereits eine Siedlungskonzentration auftritt, die immer mit Überweidungsverdichtung einhergeht, sind manche Verstärkungen von Kerbenerosion bis zur Gullybildung am unteren Fußknick der Hänge auf die Vegetationszerstörung zurückzuführen. Allgemein hält sich diese anthropogene Auswirkung auf das Erosionssystem jedoch noch in Grenzen.

Entscheidend dagegen werden die ausgedehnten tiefer gelegenen und schwach zu den Hauptentwässerungslinien geneigten Fußebenen, in die sowohl Glacisflächen als auch Pedimente integriert sind, von anthropogenen Eingriffen betroffen. Durch flächenhafte Kultivierung der meist sedimentbedeckten Fußflächen mit starker Überweidung sind weite Areale vegetationslos geworden. Dies hat – nach gemeinsam mit G. Stuckmann (1972/1973) durchgeführten Infiltrationsmessungen nach starkem Oberflächenabfluß in der sommerlichen Regenzeit in Obervolta und Niger – zur Folge, daß bei raschem Oberflächenabfluß des Starkregens nur noch geringe Infiltrationstiefen erreicht werden. Diese bewegen sich in schluffig-tonigem Sediment einen Tag nach dem Regenfall bei 30–40 cm Infiltrationstiefe, in Fein- bis Mittelsanden dagegen 100–150 cm Tiefe, in Grobsanden noch darüber. Daraus kann man schließen, daß durch vermehrten Oberflächenabfluß nach radikaler Vegetationsdeckenbeseitigung ein anthropogen verstärkter erhöhter Sedimenttransport über diese Fußflächen stattfindet. Dabei treten flächenhafte Abtragungsareale mit deutlicher Erniedrigung der Oberfläche, zumeist fächerartig angeordnet, in den ausgedehnten Kahlstellen auf. Diese Beobachtung läßt sich klar an Vegetationsbüscheln, sockelartigen Erhebungen um Büsche und auch an Termitenhügeln nachweisen. Solche Formen treten weit verbreitet nur in solchen Gebieten auf, in denen die natürliche Flächenerosion bzw. Denudation anthropogen verstärkt wirksam ist, also bevorzugt in Gebieten der Sahelzone, in denen das natürliche Ökosystem der Dornsavanne übermäßig in Nutzung genommen worden ist.

Dem anthropogen verstärkten Abtragungsprozeß muß in den Wadis und Flachmuldentalungen ein verstärkter Sedimentanfall entsprechen. Dies ist im westafrikanischen Sahel vielerorts zu belegen. Ein klares Beispiel hierfür bilden die nigrischen Dallol-Systeme, jene zum Niger gerichteten Talungen, die in ihren größten Abflußarmen von der westlich dem Airgebirge vorgelagerten Talaghebene in weitem Bogen südwärts der allgemeinen Abdachung des tertiären Continental-Terminal-Beckens folgen. Diese Dallol-Talungen sind nicht permanent und nicht durchlaufend durchflossen. Ein Grund hierfür sind die im Mündungsbereich der meisten Nebentalungen aufgeschütteten Schwemmfächer, die den Durchfluß im Dallol hindern und zum Aufstau von Teilbecken (Maren) führen. Nach sommerlichem Starkregen sind solche jungen Aufschüttungen überall zu beobachten. Die anthropogen verstärkte Sedimentführung hat ihre klare Ursache darin, daß die weiteren Randbereiche der Dallol infolge eines günstigeren Wasserhaushaltes dichte Siedlungsgebiete sind und ebenso einen hohen Viehbestand aufweisen. Verstärkte Erosion mit oft tiefen jungen Kerben ist hier mit verstärkter Akkumulation im Abflußbereich der Dallol unmittelbar gekoppelt. Die Auswirkungen dichter Siedlungskonzentration sind dabei morphodynamisch eindeutig zu belegen.

Ganz allgemein muß der erhöhte Oberflächenabfluß in ökologisch durch den Menschen veränderten Bereichen zu erhöter Wadibildung in dieser randtropischen Zone führen. Dadurch breiten sich kastenartige Wadibetten immer mehr aus und haben sich vielfach bereits in flache Muldentalungen eingeschnitten. Wenn auch nicht auszuschließen ist, daß hierbei auch der allgemeine Trend der Klimawandlung zum Ariderwerden nach der ,,neolithischen" feuchteren Periode eine Rolle spielt, so ist doch die Verschärfung dieses morphologischen Vorganges durch anthropogene Einwirkungen ganz unverkennbar. Es ist schwer, wenn nicht gar unmöglich, das wirkliche Verhältnis zueinander quantitativ abzuschätzen. Altersdatierungen der randlichen Wadiaufschüttungen mit 14 C-Bestimmungen können einige Anhaltspunkte liefern. Untersuchungen hierzu sind von uns eingeleitet.

b) Auswirkungen im äolisch-morphodynamischen Bereich

Wie bekannt durchzieht die gesamte Sahelzone vom Senegal bis zum Nil in der Republik Sudan ein breiter Dünengürtel innerhalb der heutigen Dornsavannenzone, der auch als ,,fossiler" oder ,,fixierter" Dünenbereich bezeichnet wird; seine Entstehung entspricht nicht den heutigen Klimabedingungen im Sahel. Allgemein wird seine Morphogenese in eine bzw. mehrere aridere Phasen der jungquartären Klimageschichte eingeordnet. Man kann heute annehmen, daß in Westafrika ein großer Teil dieser Dünen (,,dunes rouges") nach P. Michel (1973) einer einige tausend Jahre andauernden Phase nach 20 000 BP zuzuordnen ist. Für diesen Dünengürtel in der Republik Sudan, der sich vom Zusammenfluß der beiden Nilzuflüsse über das nördliche Kordofan und über Nord-Darfur (nördlich des Jebel Marra) bis zum Tschadbecken erstreckt, hat A. Warren (1970) zwei trockenere Phasen angenommen: in der Periode I (vor 21 000 BP) sollen die niederen, flacheren Dünenkomplexe entstanden sein, während in seiner Periode II (vor der feuchteren Tschadperiode vor 5400 BP) die höheren Dünen angeweht sein sollen. Eine Diskussion dieser klima-geomorphologischen Perioden erübrigt sich an dieser Stelle. Im Sudan werden diese alten Dünenkomplexe Qoz (Goz, Gōs) genannt. Sie spielen im jungbesiedelten Kulturland mit seinen unübersehbaren Folgen der Desertification (vgl. hierzu H. Mensching und F. Ibrahim, 1976) eine entscheidende Rolle, da sie flächenhaft die gesamte nördliche Sahelzone in der Republik Sudan überdecken. Aus diesem Gebiet liegen unsere eingehenden Geländeuntersuchungen (1976/1977) vor.

Zunächst sei mit den Auswirkungen anthropogener Eingriffe in diesen Dünenbereich in Westafrika (Mali, Obervolta, Niger) begonnen:

Nach der Dürrekatastrophe der Jahre 1970–1973 wurden in weiten Bereichen deutliche Anzeichen für eine starke, wenn auch lokale, Reaktivierung dieser Dünen beobachtet. Zum Teil hatten sich lange Wanderdünenzungen an die Altdünen angelagert, die vorher völlig überwachsen waren. Sie können als Folge der starken Überweidung und teilweisen Anlage von Hirsefeldern auf den alten Dünen und der damit verbundenen morphodynamischen Aktivierung äolischer Vorgänge betrachtet werden. Allgemein war eine verstärkte Oberflächendynamik während der jahreszeitlichen Trockenheit und insbesondere während der Dürre festzustellen. In solchen Gebieten, in denen diese äolische Überformung jedoch nicht allzu tiefgreifend war, wurde nach einem feuchteren Abschnitt im Jahr 1974 eine rasche Wiederbewachsung bei vorhandenem Samengut in den Dünen (*Cenchrus biflorus* oder „Cram Cram") beobachtet, wodurch wieder eine natürliche Festlegung eintrat. Dies war in den neu entstandenen Wanderdünen jedoch nicht der Fall. Regional war eine Reaktivierung der äolischen Dynamik im alten Dünengürtel des westafrikanischen Sahel besonders im Nahbereich von Flußtälern und periodisch durchflossenen Talungen festzustellen. Der Grund hierfür ist eindeutig: Verdichtung von Kultivierungsflächen führt zu erhöhter Sedimentalanlieferung und zur verstärkten Mobilität des Sandes. Diese Vorgänge reichten im Nigertal vom Nigerknie über Gao bis nach Niamey, das bereits ein langjähriges Niederschlagsmittel von 570 mm aufweist. Dürrejahre und anthropogener Eingriff in das variable Ökosystem dieser Zone führen jedoch periodenweise zu verstärkter äolischer Morphodynamik, was auch im System klimatisch-geomorphologischer Zonen generell zu berücksichtigen ist.

Der Qoz (Gōs)-Gürtel in der Republik Sudan zeigt im Rahmen der Desertificationsvorgänge in der Sahelzone nach unseren Untersuchungen die folgenschwersten anthropogenen Auswirkungen in der äolischen Morphodynamik. Durch das nordwärtige Vorrücken eines nahezu geschlossenen Anbaugürtels (Hirse u. a.) über die agronomische Trockengrenze hinaus bis in Bereiche mit weniger als 250 mm Niederschlag (langjähriges Mittel) und in größeren Anbauinseln sogar bis unter den Bereich der 200-mm-Isohyete wurde dieser Vorgang ausgelöst. Die halbseßhaften Bewohner im Darfur halten zusätzlich große Viehherden (mit nordwärts abnehmendem Rinderanteil, dafür mit zunehmendem Anteil an Schafen und vor allem Ziegen). So entstanden die weiten Zerstörungsringe des Ökopotentials um die Siedlungen herum, die so eindrucksvoll auch auf Luftbildern zu erkennen sind. Welches sind die morphodynamischen Folgen hier?

Durch den Wanderfeldbau, der infolge völliger Auslaugung der Sandböden mit geringem Verwitterungsgrad große Areale erfaßt hat, werden sowohl die Feinsande als auch die Schluffe der oberen Sandschichten äolisch mobil. Da selbst die Wurzelstöcke der Hirsepflanzen nach der Ernte herausgerissen werden, um sie zu verkaufen, liegt die bearbeitete Qoz-Oberfläche jeder Deflationstätigkeit gegenüber völlig ungeschützt dar. In Jahren mit Niederschlagsdefizit, die zumeist in mehreren Jahren hintereinander auftreten, wird dieser Vorgang noch erheblich verstärkt.

Die morphologischen Folgen sind deutlich erkennbar: Alle Dünenoberflächen zeigen – obgleich in einer natürlichen Baum-Busch-Gras-Savannenformation gelegen – eine erhebliche Umlagerung und Ausblasung der oberen Schichten. Die starke Absenkung des Bodenwassers bis in Tiefen, die nicht mehr vom Wurzelsystem erreichbar sind, ist eine Folge der Vernichtung der gesamten Vegetationsdecke. Die starke äolische Morphodynamik verhindert auch jegliche Anreicherung von organischem Material in den Oberflächenschichten, was wiederum bedeutet, daß diese Sandböden nur wenige Jahre bebaut werden können und dann aufgegeben werden müssen.

Ein deutlicher Hinweis auf verstärkte Dünenmobilität auch in Nord-Darfur wird durch die Anwehung von Dünen im Fußbereich von Bergen geliefert. Hier sind häufig junge, fast unbewachsene, dem Berghanggefälle angelagerte Sandmassen anzutreffen, die sich nicht in das alte Qoz-System einpassen lassen. Da die Bergfußregionen allgemein stark in die Landnutzung einbezogen sind, ist hier die Mobilität der Sandmassen besonders groß geworden. Der Bestand an Gräsern ist hier wesentlich geringer als auf den Altdünen.

Auch in die weiten Wadi-Muldentalungen, die im Nord-Darfur sehr verbreitet sind, zeigen randliche Dünensandüberlagerungen, die sich als oft lange Zungen über das feine Fluvialmaterial des Hochwassertransportsedimentes gelagert haben. Korngrößenanalysen lassen diesen Zusammenhang deutlich belegen. Hierdurch sind die Querprofile der Wadi-Talungen außerhalb der engeren Abflußbetten des Wadis oft stark verändert worden. Es liegen noch keine genaueren Untersuchungen darüber vor, inwieweit hierdurch auch das Hochwasser-Abflußverhalten generell beeinflußt worden ist. Es gibt jedoch Hinweise darauf.

Als Folge des übermäßigen und den Naturbedingungen nicht angepaßten Anbaues mit starker Überweidung ist daher der sudanische Teil der Sahelzone im äolischen Bereich der vollariden Morphodynamik wesentlich nähergerückt, als dies den ökologischen Bedingungen entsprechen sollte.

Die verstärkte Deflation hat dabei noch ein Phänomen ausgelöst, das in jüngster Zeit durch Untersuchungen des Staubgehaltes der Luft bis über den Atlantik hinaus (Stationen auf den Kanarischen Inseln und auf Barbados) Beachtung gefunden hat. Die über den Atlantik transportierte Staubmenge wird in einer Studie (SIES, Stockholm, 1974) mit 6 Millionen t aus dem saharischen Raum einschließlich seiner Randzonen mit verstärkter Desertificationswirkung angegeben. Auch Messungen aus der betroffenen Region des Sudan lassen die Zunahme des Staubgehaltes in der Luft als Folge des anthropogenen Eingriffs deutlich erkennen (Abb. 3).

Unsere Geländebeobachtungen im Frühjahr 1977 zeigten mehrfach die Staubkonzentration mit Staubstürmen im Raum der Siedlungsverdichtung, besonders im weiteren Raum um El Fasher (Nord-Darfur), der von diesen Auswirkungen besonders stark betroffen ist.

3. DIE BEWERTUNG DER ANTHROPOGENEN EINWIRKUNGEN AUF DAS MORPHODYNAMISCHE PROZESSGEFÜGE IN DER SAHELZONE

Überblickt man die Veränderungen bzw. die Beeinflussung morphodynamischer Prozesse im Gesamtgefüge der Sahelzone, so wird man diesen „Eingriff des Menschen" in das semiarid-randtropische System rein morphologisch nicht überbewerten dürfen. Dennoch bleibt zu berücksichtigen, daß im wesentlichen durch die doch recht erhebliche Veränderung der Vegetationsdecke in weiten Teilen der Sahelzone jetzt die Morphodynamik in Richtung auf graduell aridere Bedingungen hin verändert worden ist. Dies heißt, daß diese Areale ein Prozeßgefüge aufweisen, daß ohne den Eingriff des Menschen erst – sicher einige hundert Kilometer weiter nördlich – im Halbwüstenbereich und nicht im Dornsavannenbereich anzutreffen wäre. Damit wird in der Tat das wirksame arid-morphodynamische Prozeßgefüge mit seinem Grenzbereich zur Savanne deutlich nach Süden verschoben. Die morphologischen Prozesse reagieren hierauf mit einer meßbaren graduellen Veränderung, die Mortensen einmal als „quasinatürlichen Ablauf" bezeichnet hat.

Bedenkt man gleichzeitig, daß der Zeitraum dieser Veränderungen gemessen an der Dauer des Quartärs oder auch des Holozäns als äußerst kurzfristig anzusehen ist, so ist seine Bedeutung für das Maß der Veränderung wesentlich höher einzustufen. Dies gilt erst recht, wenn man diese Prozeßveränderungen im Rahmen ihrer Bedeutung für das menschliche

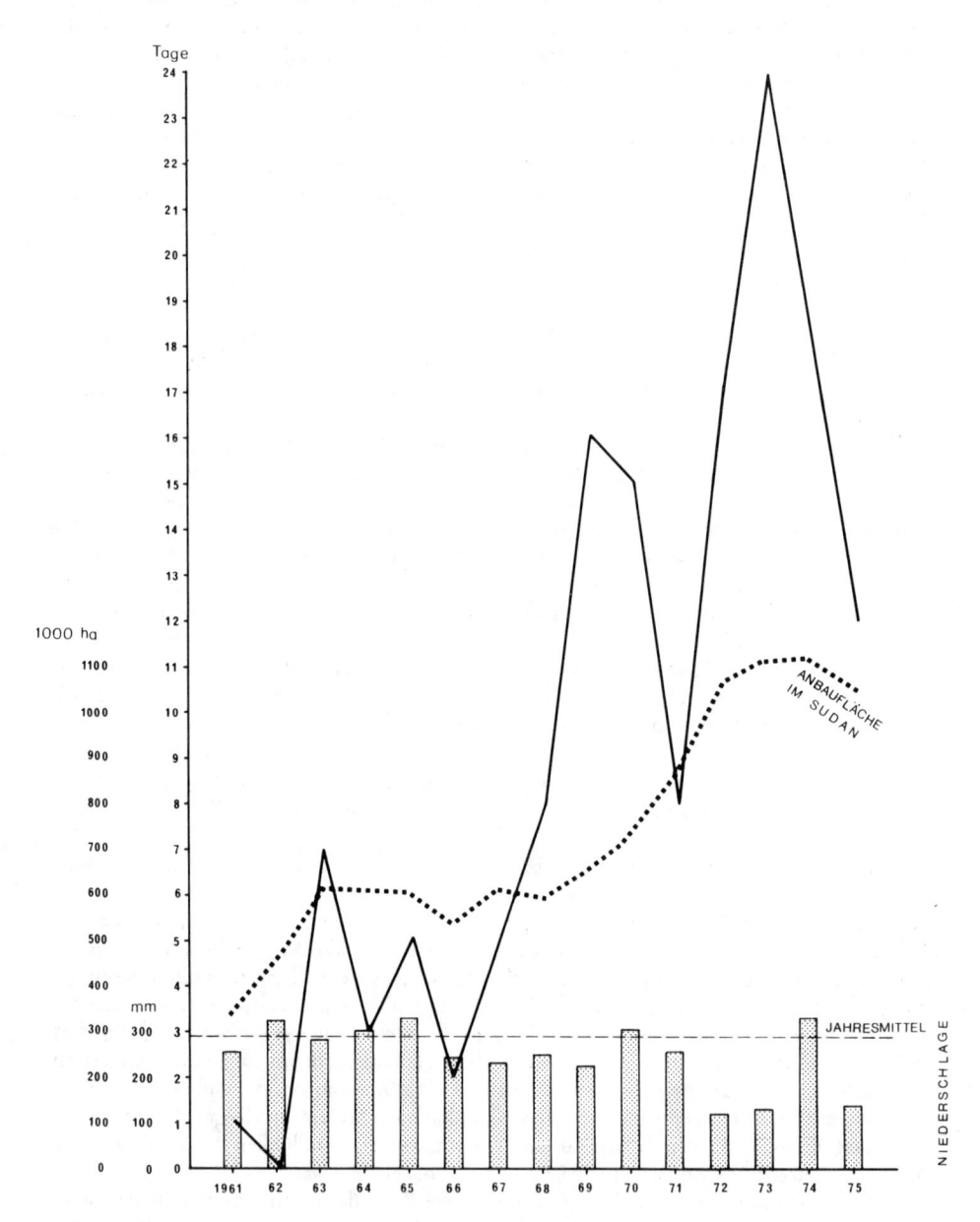

Abb. 3 Staubzuwachs (Zahl der Tage/Jahr mit Sicht < 1000 m = ausgezogene Linie), Zunahme des Feldbau-Areals und die Niederschlagsmengen 1961 bis 1975 in El Fasher (Nord-Darfur) (Entw. F. Ibrahim, 1977)

Nutzungspotential dieser Klimazone sieht. Das läßt vielleicht die Bedeutung solcher Untersuchungen für die Erfassung anthropogener Eingriffe in das morphodynamische Prozeßgefüge als einen wichtigen Bestandteil einer stärker auf unmittelbare Anwendbarkeit für Planungs- und Entscheidungsprozesse ausgerichteten Geomophologie – hier in Entwicklungsländern – deutlich werden. Im klimazonalen Bereich der agronomischen Trockengrenze kommt damit der Geländeforschung zur „anthropogenen Morphodynamik" ein erheblicher Stellenwert zu. Dies sollte in der zukünftigen geomorphologischen Forschung nicht unbeachtet bleiben!

Literatur

Mensching, H. und F. Ibrahim (1976): Das Problem der Desertification, Geogr. Zeitschr. 64, 2, S. 81–93
Michel, P. (1973): Les bassins des fleuves Sénégal et Gambie. Etudes géomorphologiques, T. 1 und 2, Mém. ORSTOM No. 63, Paris, 752 S.
Mortensen, H. (1954/1955): Die „quasinatürliche" Oberflächenformung als Forschungsproblem. Wiss. Zeitschr. d. Ernst-Moritz-Arndt-Univ. Greifswald IV, Math.-nat. Reihe 6/7, S. 625–628
Rapp, A. (1974): A Review of Desertization in Africa. Water, Vegetation and Man. SIES, Stockholm, 1974
Rohdenburg, H. (1969): Hangpedimentation und Klimawechsel als wichtigste Faktoren der Flächen- und Stufenbildung in den wechselfeuchten Tropen an Beispielen aus Westafrika. Gießener Geogr. Schr. 20, S. 57–152
Warren, A. (1970): Dune trends and their implications in the central Sudan. Zeitschr. f. Geomorph. Suppl. Bd. 10, S. 154–180

Diskussion zum Vortrag Mensching

Dr. N. Stein (Freiburg)
Mich würde interessieren, ob die hier dargestellten anthropogen bedingten Abtragungsvorgänge nur auf Pedimenten bzw. Spülflächen stattfinden oder ob sie auch anderen Reliefeinheiten – evtl. in modifizierter Form – zugeordnet werden können.

M. Krieter (Mainz)
Sie sprachen in den Räumen hoher äolischer Mobilität die Sedimentation äolischer Decken – Mittel- bis Grobsanden – auf Material feinerer Korngrößen an. Dadurch käme es Ihrer Auffassung nach – da in diesen Arealen die agrarische Nutzung überwiegt – zu einer Verschlechterung des Bodenwasserhaushaltes infolge schnellerer Fortführung des Sickerwassers in den Untergrund.
Frage: Ist die Verschlechterung der Standortverhältnisse nicht aber in der Verringerung des Nährstoffangebotes der zumeist aus SiO_2-bestehenden Mittel- und Grobsande zu sehen, während der Bodenwasserhaushalt dagegen – gerade in den tieferen Schichten – verbessert wird. Denn durch die Auflage des groben Materials mit hohem Anteil an Grobporen werden
a) die Sickergeschwindigkeit erhöht und
b) der kapillare Aufstieg vermindert,
so daß durch die Einschränkung der Verdunstung die Standortverhältnisse – unter dem Kriterium des Wasserhaushaltes – nicht verschlechtert werden.

L. Zöller (Trier)
1. Wird das junge, in den „Dallol" angehäufte, nährstoffreiche Schwemmland bereits ackerbaulich genutzt?

2. Haben die während der Kolonialzeit in den äquatornäheren Zonen angelegten Plantagen einen Einfluß auf die Nordwanderung der „Ackerbaufront" gehabt derart, daß die in den Plantagenräumen früher angesiedelten Stämme nicht mehr genug Platz für Ackerbau und Weidewirtschaft hatten?

Prof. Dr. H. Mensching (Hamburg)
Die anthropogen bedingten Abtragungsvorgänge erreichen in den Reliefteilen der Sahelzone Westafrikas ihre stärkste Wirkung, auf denen der menschliche Eingriff in das natürliche Ökosystem am umfassendsten war. Das ist in der Tat auf den Spülflächen einschließlich der Rückhänge der Fall. Die äolischen Verlagerungen konzentrieren sich dagegen auf die alten Dünengebiete.

Zur Frage nach der Verschlechterung des Bodenwasserhaushaltes: Hier muß man in der Tat differenzieren und zwar nach dem Porenvolumen des Sedimentes bzw. Substrates. In Mittelsanden wirkt sich die schnellere Infiltration des Niederschlages positiv auf die Nutzungsmöglichkeit des Bodenwassers – etwa beim Hirseanbau – aus, in feinkörnigeren Sedimenten bis zu schluff- und tonreichen Ablagerungen ist dies anders.

In den Dalloltalungen ist in den nicht überschwemmungsgefährdeten Bereich der Ackerbau hauptsächlich konzentriert. In diesen Bereichen tritt sowohl fluvial wie äolisch eine erhöhte Erosionsgefahr auf. Die Randgebiete der Talungen, in denen sich der Anbau konzentriert, sind besonders gefährdet.

Die Nordwärtsverlagerung der extensiven Anbauzone im Sahel hat übrigens mit einer Verdrängung von Stammesgruppen aus Plantagengebieten (der wesentlich südlicher liegenden Sudanzone) nichts zu tun.

Es soll noch einmal betont werden, daß die im Vortrag aufgezeigten anthropogen gesteuerten Abtragungsprozesse vom vorgegebenen Relief her, wie natürlich auch vom Substrat her, sehr differenziert ablaufen und daher vom geoökologischen Raum her betrachtet werden müssen.

URSACHEN UND FOLGEN DER BODENEROSION IM GRUND- UND DECKGEBIRGE ÄTHIOPIENS

Mit 2 Abbildungen

Von Arno Semmel (Frankfurt)

ZUSAMMENFASSUNG

Bodenerosionsschäden sind im äthiopischen Hochland weit verbreitet, differieren räumlich jedoch stark. Eine wesentliche Ursache dafür ist die unterschiedliche Beschaffenheit der Geofaktoren Relief, Gestein und Boden. Die flächenhaft schwersten Abspülschäden treten im Bereich schwarzer Tonböden (Vertisols) auf, die an Unterhängen mit starkem Oberflächenabfluß liegen und unter denen in geringer Tiefe unverwitterter Basalt oder Kalkstein ansteht. Hänge mit besser dränierten roten Böden (Oxisols) sind dagegen stärker von der Schluchterosion betroffen. Die flächenhafte Abspülung erreicht hier selten das unverwitterte Anstehende.

Von fast allen Autoren, die sich mit Fragen der Entwicklung der äthiopischen Landwirtschaft und in diesem Zusammenhang mit der Ertragsfähigkeit der äthiopischen Böden befassen, wird das große Ausmaß der Bodenerosion betont (z. B. Huffnagel 1961: 38). Wolde-Mariam (1972:78) schätzt, FAO-Experten folgend, daß allein im Becken des Blauen Nil (Godjam) jährlich im Durchschnitt die Oberfläche durch Bodenabspülung um 1 cm tiefer gelegt wird. Solche Angaben sind indessen oft eher dazu geeignet, falsche Vorstellungen über Ursachen und Folgen der Bodenerosion in Äthiopien zu fördern, als den tatsächlichen Gegebenheiten gerecht zu werden, denn das Ausmaß der Bodenzerstörung wechselt räumlich durchaus erheblich und damit auch die Minderung der Ertragsfähigkeit. Diese starke räumliche Differenzierung kann verschiedene Ursachen haben, welche anschließend ausführlicher erörtert werden. Dabei beschränke ich mich auf den Teil des äthiopischen Hochlandes, der zwischen 1500 und 3000 m Meereshöhe liegt, also den Bereich, der das Kerngebiet der äthiopischen Landwirtschaft darstellt.

Zunächst kann festgehalten werden, daß einige Faktoren generell die Bodenerosion im äthiopischen Hochland begünstigen. Wie in vielen tropischen Ländern, so ist auch in Äthiopien die Überweidung eine weitverbreitete Erscheinung (z. B. Kuls 1963: 63f.). Viehtritt begünstigt an vielen Stellen die Entstehung von Erosionsrinnen und -schluchten. Viehgangeln sind die Initialstadien von Denudationsstufen, die quer zum Gefälle entstehen und hangaufwärts wandern. Dabei tritt ein spezifisches „Rasenschälen" ein, indem unter dem durch Wurzelfilz gehaltenen Oberboden der körnig strukturierte Unterboden herausbröckelt und weggespült wird. Die so ausgebildeten Hohlkehlen führen zum Nachbrechen von Soden des Oberbodens. Auf diese Weise wird das Gelände stufenförmig tiefergelegt. Voraussetzung ist allerdings, daß die Böden ein entsprechend lockeres Gefüge im tieferen Profilteil besitzen. Das gilt in der Regel nur für Latosole mit sehr gut geflocktem eisenreichem Plasma. Dieses Gefüge wird in Oberflächennähe indessen häufig durch Viehtritt verdichtet. Die so zustande gekommene Hohlraumverringerung (Grobporenverluste bis zu 10%) verstärkt wegen der verringerten Versickerungsrate die Oberflächenabspülung.

Der Bodenverlust durch Oberflächenabfluß wird durch das Niederschlagsregime des äthiopischen Hochlandes gefördert. Wie allgemein in den wechselfeuchten Tropen fällt auch hier das Maximum der jährlichen Niederschlagsmittel von 800 bis 2000 mm in den meisten Gebieten in einer Regenzeit, die drei bis vier Monate dauert („spring-summer-maximum" nach Westphal 1976). Messungen ergaben, daß der Oberflächenabfluß und mit ihm der Bodenverlust seinen Höhepunkt zum Ende der Regenzeit erreicht, wenn die Böden wassergesättigt sind und die Versickerungsrate ihren niedrigsten Wert erreicht (BAKO AGRIC. EXP. 1968). Unabhängig davon treten jedoch besonders große Bodenverluste bei Starkregen auf, die während der Regenzeit oder auch während der Trockenzeit fallen. Hierdurch kommt es sofort zu außerordentlich starkem Oberflächenabfluß, und den Wasserläufen wird vor allem Oberbodenmaterial zugeführt, das intensive Braunfärbung des Wassers und Mineralbodenanreicherung von teilweise mehr als 100 g/l zur Folge hat (Kebede Tato 1970:28).

Maximalwerte der Abspülung werden auf den gepflügten Äckern erreicht. Diese bedecken einen sehr großen Teil des äthiopischen Hochlandes, denn dort herrscht heute die amharische Pflugbaukultur vor (Alkemper 1971:145). Während in den nördlichen Landesteilen diese Kultur seit mehr als 2000 Jahren betrieben wird, ist im Süden des Hochlandes mit Unterbrechungen durch mohammedanische Eroberungen und durch das Vordringen der viehzüchtenden Galla in nördlicher Richtung nach 1500 zu rechnen (Kuls 1958: 161f.). Mit dem von den Pflugbauern verwendeten Hakenpflug werden die Äcker jährlich bis zu sechsmal bearbeitet und das Aufkommen geschlossener Bewachsung bis zur Einsaat verhindert. Obwohl die Auflockerung des Bodens durch das Pflügen die Versickerung begünstigt, wird an der Oberfläche der Boden bei Niederschlägen sehr stark verspült. Einschlägige Messungen zeigen, daß die gepflügten Äcker die mit Abstand höchsten Bodenverluste aufweisen (BAKO AGRIC. EXP. 1968:25). Die Abspülung auf den Äckern wäre noch größer, wenn nicht von den Eingeborenen gewisse Erosionsschutzmaßnahmen getroffen würden (Alkemper 1971:152). Hierzu gehört vor allem das Pflügen von Rinnen, in denen das Wasser abgeleitet wird. Außerdem sind die kurzen Felder von Vorteil, die die amharische Pflugbaukultur kennzeichnen. Maßgebend dafür ist die geringe Leistungsfähigkeit der Zugochsen, die ein Wenden und Halten nach 25–30 m erforderlich macht (Kuls 1963:59). Trotzdem sind die Erosionsschäden im äthiopischen Hochland evident und die damit verbundenen Ertragsminderungen bzw. -ausfälle von großer volkswirtschaftlicher Bedeutung, so daß von verschiedenen Institutionen Programme zur Einschränkung der Bodenerosion entwickelt wurden (z. B. Pereira 1968). Im Vordergrund stehen Maßnahmen gegen die Wassererosion, denn im Hochland hat die Winderosion keine große Bedeutung.

Die Auswirkungen der Wassererosion differieren räumlich sehr. Entscheidend sind dabei die Faktoren Relief, Gestein und Boden. Der größte Teil des äthiopischen Hochlandes besteht aus basaltischen Decken, in die ein flachwelliges Relief hineingeschnitten wurde. Es wechseln Ebenheiten mit sanft ansteigenden Höhenrücken, die von Steilkanten der ausstreichenden Basaltdecken terrassiert werden und somit häufig die Wirkung der Abspülung einschränken (Semmel 1963:174f.; Stitz 1974:212f.). Nur im Randbereich und in den tiefeingeschnittenen Tälern des Hochlandes überwiegen sehr steile Hänge. Auf den Basalten haben sich zwei Haupttypen von Böden entwickelt: schlecht dränierte Ebenen und Plateaus, Unterhänge, die ein großes Einzugsgebiet haben und deshalb jahreszeitlich stark vernässen, tragen schwarze, sehr tonige Böden (Vertisols). Auf gut dränierten Hängen, aber auch in

Ebenen mit günstigen Abflußverhältnissen überwiegen rote Böden (Oxisols). Eine entsprechende Abfolge ist auf Abb. 1 dargestellt.

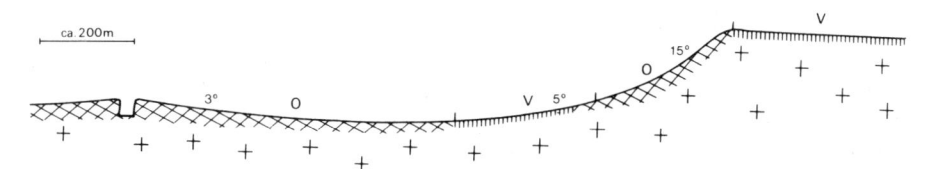

Abb. 1 Boden-Sequenz auf Basalt

Auf dem schlecht dränierten Plateau und dem ebenfalls jahreszeitlich stark vernäßten Unterhang sind Vertisole (V) entwickelt, in der gut dränierten Ebene mit Dammfluß und den höheren Hangteilen liegen Oxisole (O). Der Vertisol am Unterhang ist am stärksten erosionsgefährdet und wird häufig bis zum anstehenden Gestein abgetragen.

Die schwarzen Böden sind sehr montmorillonitreich, die roten Böden bestehen überwiegend aus Kaolinit (Semmel 1964). Basenversorgung, Umtauschkapazität und pH-Wert erreichen erheblich bessere Werte in den schwarzen Böden. Zahlreiche Analysendaten entsprechender Bodensequenzen wurden von Murphy (1968) veröffentlicht. Der Boden mit der größten potentiellen Fruchtbarkeit ist zweifelsohne der schwarze Boden. Dennoch wird dieser wenig oder gar nicht von den Eingeborenen beackert. Die Ursache dafür liegt in den schlechten Dränageverhältnissen (Huffnagel 1961:43) und in der hohen Verhärtung, die der montmorillonitische Tonboden im trockenen Zustand aufweist. Er ist erst bei entsprechender Meliorierung und dem Einsatz von stärkerer Zugkraft (Traktoren) voll nutzbar. Deshalb wurde er in jüngster Vergangenheit auch bevorzugt von maschinell besser ausgestatteten Großbetrieben in Nutzung genommen.

Die roten Böden sind wesentlich tiefgründiger als die schwarzen, denn unter dem 1–2 m mächtigen Rotlehm folgt meistens bis in größere Tiefen der isomorphe Gesteinszersatz, ehe das unverwitterte Anstehende beginnt. Unter den schwarzen Böden fehlt ein vergleichbarer Vergrusungshorizont, so daß in 1–2 m Tiefe der unverwitterte Basalt ansteht.

Die schwarzen Böden sind unter Ackerkultur im besonderen Maße der Abspülung ausgesetzt, denn der hohe Montmorillonitgehalt führt bereits nach kurzer Niederschlagsdauer zum Dichtquellen der oberen Zentimeter des Profils. Die dadurch einsetzende Verspülung wird zusätzlich begünstigt, wenn die Böden, was sehr oft zutrifft, an den Unterhängen auf pedimentartigen Formen liegen, die einen großen Hangwasserzufluß haben. Neben der flächenhaften Abspülung ist auch die Rinnenerosion sehr wirksam, jedoch halten sich die steil eingeschnittenen Hohlformen nicht lange, denn das große Quellungsvermögen der Böden ermöglicht Rutschungen und dadurch immer wieder die weitgehende Schließung der Rinnen. Zudem ist wegen des in geringer Tiefe anstehenden festen Basaltes ohnehin eine allzu große Einschneidung nicht die Regel. Als Gesamteffekt macht sich aber die Abspülung durch eine schnelle Tieferlegung der Oberfläche bemerkbar, die sehr oft zur vollständigen Freilegung des festen Gesteins im Bereich solcher Hangpartien geführt hat. Diese Areale sind für immer land- und forstwirtschaftlicher Nutzung entzogen. Dieser Effekt verdient um so mehr Beachtung, als mit der Zunahme der Technisierung immer mehr Gebiete mit schwarzen Böden in Kultur genommen werden und die dabei üblichen größeren Schläge die Bodenabspülung erheblich verstärken. So besteht die Gefahr, daß zukünftig gerade die Areale größter potentieller Bodenfruchtbarkeit der totalen Bodenabspülung anheimfallen.

Diese Gefahr ist auf den roten Böden geringer, da auch nach Verlust der Rotlehmdecken im tiefgründigen Gesteinszersatz noch geackert werden kann. Allerdings sinken die Erträge erheblich, denn neben der Verschlechterung der Nährstoffversorgung wirkt sich der Gesteinszersatz vor allem durch seinen ungünstigen Wasserhaushalt negativ aus, der in trockenen Jahren zum totalen Ernteausfall führen kann. Im Unterschied zu den schwarzen Böden sind hier die Areale groß, die durch Schluchterosion nicht mehr ackerbaulich genutzt werden können. Die Kerben haben sich tief in den Zersatz eingeschnitten, und die vorzügliche Aggregatstabilität des eisenreichen Kaolinitbodens bietet die Grundlage für die Erhaltung steiler Wände. Die Wirkung der flächenhaften Abspülung äußert sich außer in dem Zutagetreten des hellen Zersatzes auf den Hängen auch in der Ansammlung von groben Blöcken an der Oberfläche, die als „Wollsäcke" im Zersatz gelegen haben und nun als nicht transportierbarer Rest die Beackerung vieler Parzellen erschweren oder unmöglich machen. Zwar bieten solche Blöcke auch einen gewissen Erosionsschutz (Stitz 1974:60), jedoch wird m. E. dessen Wirkung meist überschätzt.

An den Rändern des äthiopischen Hochlandes streicht oft der unter dem Basalt liegende mesozoische Kalkstein aus. Auf ihm sind in aller Regel schwarze Tonböden entwickelt, die ebenfalls als Vertisols bezeichnet werden. Solche Böden findet man in größerer Verbreitung in Tigre (Umgebung von Makalle) und auf der Somali-Tafel (Umgebung von Jijiga). Die Ackernutzung führte auch hier zur teilweisen, ja oft vollständigen Abspülung des schwarzen Bodens, so daß heute großflächig, wiederum hauptsächlich auf Unterhängen, der nackte Kalkstein zutage tritt. Auf ihm ist als Rest der ehemaligen Bodenentwicklung nur noch eine kräftige Kalkkruste erhalten, die als Anreicherungshorizont an der Basis des Bodens entstand (Semmel 1977:352).

Geringere Auswirkung hat die Bodenerosion in den Gebieten, in denen kristallines Grundgebirge die Oberfläche erreicht. Hier sind überwiegend Latosole mit mächtigem Zersatzhorizont entstanden, auf die vor den Schichtstufen, die der hangende Kalkstein bildet, randlich dunkles Kolluvium von den Kalkstein-Vertisolen gespült wurde. Die Kristallinböden verhalten sich gegenüber der Bodenerosion ähnlich wie die Latosole (= Oxisols) auf den Basalten. Neben intensiv zerschluchteten Arealen kommen Bereiche vor, in denen der Rotlehm vollkommen abgetragen wurde und heute im Zersatz geackert wird. Eine entsprechende Bodensequenz ist auf Abb. 2 dargestellt. Die negativen Auswirkungen solcher Bodenverluste sind ähnlich wie im Basaltgebiet zu beurteilen, nur muß berücksichtigt werden, daß der Zersatz hier meist grobkörniger und somit wasserdurchlässiger ist als

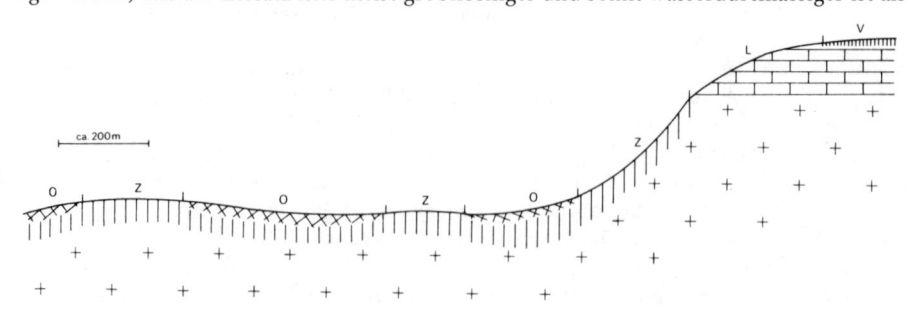

Abb. 2 Auswirkungen der Bodenerosion im Kalkstein- und Kristallin-Gebiet
Auf dem Kalkstein ist der Vertisol (V) großteils abgetragen und ein Lithosol (L) entstanden. Im kristallinen Bereich konnte sich nur in geschützten Lagen der ursprünglich durchgehend vorhandene Rotlehm (O) erhalten. An den übrigen Stellen wird im Zersatz (Z) geackert.

in den Basaltprofilen, und außerdem die Kristallingebiete allgemein in den schon recht trockenen Randzonen des äthiopischen Hochlandes liegen (jährliches Niederschlagsmittel 600–800 mm). Deshalb wirkt sich das schlechte Wasserhaltevermögen der Zersatzhorizonte vor allem in den Trockenjahren noch prekärer aus. Während der Dürreperiode zu Beginn dieses Jahrzehnts gab es auf den stark erodierten Profilen die weitaus größten Ertragsminderungen Manche dieser Flächen wurden deshalb aufgelassen und sind heute mit Kakteen-Vegetation bedeckt. So trägt die Bodenerosion zur „Versteppung" der Landschaft in diesen Teilen Äthiopiens bei und zeigt anschaulich, wie wichtig rechtzeitige Maßnahmen gegen die Bodenzerstörung sind.

DANKSAGUNG

Herrn Prof. Dr. Alkemper (Tropeninstitut der Universität Gießen) danke ich für die Überlassung schwer zugänglicher Literatur.

Literatur

Alkemper, J. (1971): Die Pflüge Äthiopiens. – Z. Agrargesch. u. Agrarsoz., 19. Jg.: 137–159; Frankfurt a. M.
BAKO AGRIC. EXP. STAT. (1968): Progress Report for the Period July 1965 to March 1968. – 64 S.; Addis Ababa
Huffnagel, H. D. (1961): Agriculture in Ethiopia, 484 S., Roma
Kebede Tato (1970): A Preliminary Survey of Soil Erosion in the Cilalo Awraja. – CADU-Public., Special Study No. 1: 41 S.; Asella
Kuls, W. (1958): Beiträge zur Kulturgeographie der südäthiopischen Seenregion. – Frankf. geogr. Hefte, 32, 179 S., Frankfurt a. M.
Kuls, W. (1963): Bevölkerung, Siedlung und Landwirtschaft im Hochland von Godjam. – Frankf. geogr. Hefte, 39, 77 S., Frankfurt a. M.
Murphy, H. F. (1968): A Report on the Fertility Status and Other Data on Some Soils of Ethiopia. – Coll. Agric. Haile Selassie I Univ., Exp. Stat. Bull. 44: 551 S., Addis Ababa
Pereira, H. C. (1968): Soil Erosion in Ethiopia and Proposals for Remedal Action. – Inst. Agric. Res.: 19 S., Addis Ababa
Semmel, A. (1963): Intramontane Ebenen im Hochland von Godjam (Äthiopien). – Erdkde, 17: 173–189, Bonn
Semmel, A. (1964): Beiträge zur Kenntnis einiger Böden des Hochlandes von Godjam (Äthiopien). – N. Jb. Geol. Paläont., Mh. 8: S. 474–487, Stuttgart
Semmel, A. (1977): Böden und Relief im Grund- und Deckgebirge des Harer-Plateaus (Ost-Äthiopien). – Catena, 3: S. 343–354, Gießen
Stitz, V. (1974): Studien zur Kulturgeographie Zentraläthiopiens. – Bonner geogr. Abh. 51: 395 S., Bonn
Westphal, E. (1976): Agricultural System in Ethiopia. – 278 S., 10 Ktn., Wageningen
Wolde-Mariam, M. (1972): An Introductory Geography of Ethiopia, 215 S., Addis Ababa

SCHLUSSWORT

Von G. Richter (Trier)

Diese Sitzung zeigte uns, wie notwendig und spannend angewandte physische Geographie sein kann. In diesem Grenzbereich zwischen Geomorphologie, Bodenkunde, Wirtschafts- und Siedlungsgeographie hat die Geographie noch ein weites, bisher nicht voll genutztes Forschungsfeld zu bestellen.

Aus dem Phänomen, daß der Mensch durch die Landnutzung ungewollt morphodynamische Prozesse erheblichen Ausmaßes in Gang setzen kann, ergeben sich unterschiedliche Forschungsansätze. Den Agrargeographen wird in erster Linie die Auswirkung auf die Landnutzung und die Leistung des Menschen zur Erhaltung der Kulturböden interessieren. Der historische Geograph wird gut daran tun, diese Vorgänge zur Erklärung der Wirtschafts- und Siedlungsentwicklung in der Vergangenheit heranzuziehen. Auch der Bodenkundler findet im Studium der durch menschlichen Eingriff veränderten Böden ein ebenso lohnendes Forschungsgebiet wie in der Bearbeitung regelhafter Bodentypen.

Der Geomorphologe endlich kann hier beweisen, wie wirklichkeitsnah seine Forschungsrichtung zweifellos ist. Neben der klassischen Morphologie und der Klimamorphologie entwickelt sich hier mehr und mehr das Forschungsgebiet der anthropogenen Geomorphologie. Die Klimamorphologie beschäftigt sich mit der unterschiedlichen Morphodynamik unter dem Einfluß der Klimate. Die anthropogene Morphologie könnte und sollte erforschen, welche Auswirkungen die Landnutzung auf die Morphodynamik der verschiedenen Klimazonen hat, welche Risiken die ausgelösten Prozesse hervorrufen und wie weit diese ohne größere Schäden getrieben werden dürfen.

Hier liegt eine der brennenden Aufgaben der Geographie in der Welt von heute vor uns.

RAUMWISSENSCHAFTLICHES CURRICULUM-FORSCHUNGSPROJEKT (RCFP) 1974–1976

Leitung: R. HAHN, G. KIRCHBERG und E. KROSS

DEZENTRALE CURRICULUMENTWICKLUNG – ERFAHRUNGEN UND ERGEBNISSE DER ENTWICKLUNGSPHASE DES RCFP 1974–1976

Von Joachim Engel (Hannover)

Auf dem 15. Deutschen Schulgeographentag in Düsseldorf sagte K. Ganser, daß Raumordnungsprobleme in der nächsten Zeit von zentraler Bedeutung sein werden und daß die Schule sich ihnen wird verstärkt zuwenden müssen. Sie könne das ohne Schwierigkeiten und in voller gesellschaftspolitischer Verantwortung tun, denn Raumordnungsaufgaben sind konkret, sie ermöglichen fächerübergreifenden Unterricht, sie helfen Bildungsreform von unten zu betreiben, und sie fördern ein kritisches Umweltbewußtsein. Ganser schloß seine Überlegungen mit dem Hinweis, daß die Geographielehrer Ende der sechziger Jahre diese Herausforderung angenommen und ohne lange theoretische Diskussionen Unterrichtsstoffe und Unterrichtsformen im angedeuteten Sinn fortentwickelt hätten, und er bezeichnete, zugleich auf das Raumwissenschaftliche Curriculum-Forschungsprojekt (RCFP) hinweisend, den Weg der Selbstorganisation und Selbsthilfe als imponierend (K. Ganser, 1976).

Für diejenigen, die am RCFP mitgearbeitet haben, sind solche Worte der Anerkennung wohltuend. Es wird mit ihnen der Ansporn verbunden, Erreichtes zu überprüfen und noch nicht Verwirklichtes durchzusetzen, nämlich eine neue Didaktik der Geographie, umriß- und fleckenhaft erst erkennbar, in schulischen und außerschulischen Lern- und Lebensbereichen bewußt zu machen.

Über vor uns Liegendes zu spekulieren, ist hier jedoch nicht meine Aufgabe. Ich will vielmehr versuchen, die bisher geleistete Arbeit unter schulpolitisch allgemeinen Gesichtspunkten vorzustellen und zu bewerten. Ich werde am Anfang über die Ziele und Aufgaben des RCFP sprechen, als Nächstes ist die besondere Organisationsform von Lernforschung, die dezentrale Curriculumentwicklung, theoretisch und erfahrungswissenschaftlich aufzuarbeiten und schließlich ist zu fragen, welchen Stellenwert die Strategie des RCFP im Rahmen der gegenwärtigen bildungspolitischen Diskussion einnimmt.

I. DIE ZIELE DES RCFP

Über die Ziele des RCFP ist schon mehrfach vorgetragen und geschrieben worden (R. Geipel, 1971, 1974, 1975, 1976). Hier soll der Versuch unternommen werden, die Projektintentionen der von K. Ganser entworfenen ‚Raumordnungsdidaktik' gegenüberzustellen (K. Ganser, 1976).

„Raumordnungsprobleme sind konkret. Sie vermitteln gesellschaftliche Konflikte und Gesellschaftspolitik ‚vor Ort'. Der Unterricht kann hier direkt Beziehungen mit täglichen Erfahrungen des Schülers aufnehmen", satder Rednauf dem Düsseldorfer Schulgeographentag (K. Ganser, 1976, S. 403). Die RCFP-Gruppen haben auf verschiedene Weise ‚neue Geographie' im Sinne von ‚Raumordnungsgeographie' greifbar, durchsichtig, erfaßbar zu machen versucht. Da ist zunächst an den mehrfach präsentierten Themenkatalog zu denken. Er enthält sozialraumplanerische Fragestellungen, die für jedermann brennend, für den einzelnen und für die Gesellschaft von existentieller Bedeutung sind. Die Lage eines Großflughafens, die Schulversorgung von Gastarbeiterkindern, die Zerstörung des Bodens und Maßnahmen für seine Erhaltung, die Dritte Welt und wir, all das sind Aufgaben, die durch eigene Erfahrungen oder durch öffentliche Medien der Art in unser Bewußtsein gerückt werden, daß Schule, daß ein neuer Erdkundeunterricht sie zu zentralen Anliegen machen sollte. Das RCFP hat sich dieser Gesellschaftspolitik ‚vor Ort' zu stellen versucht.

Doch auch in schulpraktischer Hinsicht wollten die Projektgruppen konkret sein. Da ergaben sich allerdings mehrfach Schwierigkeiten. Die aus Amerika importierte Rationalität behavioristischer Prägung, der deutschen Schulpraxis bislang relativ fremd, hatte etwas Bestechendes an sich. Lernen machte mit einem Male Spaß. Ein Problem berechnend lösen, eine fiktive Situation mit der Wirklichkeit messen, kreativ Hypothesen bilden, eine Rolle spielen waren Unterrichtsstrategien, die enorm motivierten. Man merkte dann meist nicht, daß Wirklichkeit durch sie auch verstellt werden kann. Wenn die Grunddaseinsprobleme unserer Zeit so in kognitiv funktionierende Arbeitsfelder zerlegt werden, daß es über eine Sache kein Zweifeln, Wundern, Ärgern, keine Begeisterung, Enttäuschung, Unzufriedenheit gibt, dann sind Unterricht und Lernen in ihr Gegenteil verkehrt: das Leben, das man an die Gruppentische in der Schule heranziehen wollte, entgleitet; „Konditionierungstechniken ... gehören zu den Wegbereitern der unmenschlichen Schule." (H. v. Hentig, 1976, S. 102). Die Projektgruppen des RCFP hatten und haben bei diesem ‚Konkretmachen' von Unterricht die meisten Schwierigkeiten. Die Dissonanz von Anspruch und Wirklichkeit, über Jahre im Team erlitten, war aber schließlich Gewinn, der dem Projekt als Ganzem zugute kam. Nicht das zufriedenstellende konkrete Produkt, sondern der oft schmerzlich-konkrete Entwicklungsprozeß, nicht das Funktionieren um jeden Preis, sondern auch das ‚Scheiternkönnen' sind die den Unterrichtsprojekten innewohnenden Merkmale. Eine neue, sich an der Realität orientierende Erdkunde ist und muß etwas Unfertiges sein. Der blaue Einband der im Druck erschienenen Materialien ist ein äußerer, wohl auch notwendiger Glanz. Im Text selbst, oft zwischen den Zeilen ist dann etwas von dieser zweifelnden, von dieser sich selbst in Frage stellenden, von dieser prozeßhaften Geographie zu verspüren.

„Raumordnungsprobleme ... würden ... verstärkt Ansatzpunkte für den fächerübergreifenden Unterricht anbieten und zur Integration des Schulfaches beitragen" (K. ANEE 1976, S. 403). Den Nachweis dafür zu erbringen, fällt einem Fach, das die Mannigfaltigkeiten in Lebensräumen integrierend zu betrachten gewohnt ist, nicht schwer. Daß es dem RCFP ernst war, nicht nur Raum an sich, sondern unterschiedliche Raumperspektiven zur Geltung zu bringen, wurde bereits bei der ersten Tutzinger Tagung 1971 erkennbar. Fünf Referenten aus geographischen Bezugswissenschaften halfen raumwissenschaftliche Lernziele setzen, Vertreter mehrerer Nachbardisziplinen diskutierten mit Geographen, wie ein neues Lernen über Umwelt in Gang zu setzen wäre. Die praktische Curriculumarbeit in den einzelnen Projektgruppen hat dem Gedanken des Fächerübergriffs in unterschiedlicher Weise Rechnung getragen. Totale Interdisziplinarität im Sinne höchst heterogen zusammengesetzter Fachexpertengruppen war dabei weder beabsichtigt noch konnte sie verwirklicht werden. Interessen, Anliegen, Richtungen, ob biologische, mathematisch-statistische, politische, historische, waren aber in den meisten Fällen so deutlich vertreten, daß fast jede der entwickelten Unterrichtseinheiten die eine oder andere Färbung im Sinne ‚geographiezentrierter Interdisziplinarität' zeigt.

„Raumordnungsthemen . . . vermitteln gesellschaftliche Konflikte, . . . sie erfordern Konfliktlösungen" (K. Ganser, 1976, S. 403, 404). Themen dieser Art fördern eine ‚Bildungsreform von unten'. Daß auch diese Gedanken K. Gansers vom RCFP voll verstanden wurden, ist aus dem Zuvorgesagten deutlich geworden. Konflikte und die Suche nach Konfliktlösungen prägen nicht selten die Projektgruppen selbst. Mehr noch aber wurden gesellschaftspolitische Gegensätzlichkeiten und der Wille, über sie zu entscheiden, zu inhaltlichen Merkmalen: ‚Im Flughafenstreit dreht sich der Wind', ‚Tabi Egbe will nicht Bauer werden', ‚Tatort Rhein', die Titel der bis jetzt veröffentlichten Unterrichtseinheiten, verweisen auf diese dem Leben entnommenen und das Leben beeinflussenden Interessengegensätze, Abhängigkeiten, Herausforderungen, Auseinandersetzungen.

Die Gefahr, Konfliktexperten zu produzieren, ist natürlich groß. Dem RCFP kam es in diesem Zusammenhang nicht auf eine Fundamentalpolitisierung an. Vielmehr versuchten die Mitarbeiter der Erkenntnis Rechnung zu tragen, daß die Umwelt des Menschen, daß Räume heute mehr denn je ‚machbar' geworden sind, daß die von Kant postulierte ‚ungesellige Geselligkeit' des Menschen gegensätzliche Raumanspruchsinteressen produziert und daß die daraus resultierenden Konflikte zu Konfliktreglungen drängen. Eine neue Didaktik der Geographie kann nicht in die vorpolitische Idylle zurückkehren, sie meint nicht, naturhaft Vorgegebenes als Anpassungsaufgabe zu sehen. Raumbewertung, die nach P. Schöller die „Einsicht in die komplexen Zusammenhänge und Auswirkungen aller steuernden Eingriffe und Maßnahmen" einschließt, kann nicht ohne Berücksichtigung divergierender Interessen und Anschauungen lernbar gemacht werden (P. Schöller, 1977, S. 38). Die Unterrichtseinheiten des RCFP nehmen Bezug auf Stoffe, Themenbereiche, Probleme, die ungelöst gelöst, ungeklärt-offen einer momentanen Klärung und Entscheidung zugeführt werden. Die Lernsequenz ‚Der Geltinger Bucht soll geholfen werden' ist zwar nach 10–12 Unterrichtsstunden abgeschlossen, mit dem Problem des Freizeitverhaltens haben wir es aber spätestens im nächsten Sommer oder, in der Schülerperspektive, ‚dann, wenn ich verdiene' zu tun. ‚Bildungsreform von unten' meint daher weniger Leistungswissen als Fähigkeiten und Fertigkeiten zur Bewußtseinsschärfung. Schüler sollen sich als „Subjekte geographischer Gestaltungsprozesse" erkennen (R. Geipel, 1974, S. 7).

II. DIE DEZENTRALE CURRICULUMENTWICKLUNG

Wie Unterrichtsziele oft eine bestimmte Lernstrategie zur Folge haben, so sind auch die Ziele des RCFP auf seine Organisationsform zu beziehen. Es leuchtet ein, daß ein Unternehmen mit emanzipatorisch-offener Zielsetzung nicht an die klassische Organisationspyramide mit steigender Kontrolle und absteigender Anweisungserfüllung zu binden ist. Das bei anderen Verbänden, ja selbst bei der Organisation Schule vorfindliche hierarchische Denken mußte bei einem auf Lernverbesserung ausgerichteten Forschungsprojekt vermieden werden. So war der 1971 entwickelte RCFP-Aufbau weniger wegen unseres Kulturföderalismus, sondern in erster Linie wegen der vorgegebenen Zielsetzungen dezentral geplant.

R. Geipel hat auf der 2. Tutzinger Tagung 1975 ausführlich über die Vor- und Nachteile von Organisationsmodellen und über die Gesamtorganisation des RCFP berichtet (R. Geipel, 1975). Das dort vorgelegte, im Sonderheft 3 von ‚Der Erdkundeunterricht' wiedergegebene Strukturschema verdeutlicht die dezentrale Grundkonzeption, die organisationssoziologisch mehr dem ‚Human-Relations-' und weniger dem formalistischen Pyramidenmodell ähnelt. Danach sind die Regionalgruppen selbständige Curriculum-Forschungszentren. Sie sind an Arbeitsstab, Lenkungsausschuß und Vorstand des Zentralverbandes Deutscher Geographen nur indirekt, d. h. über den erweiterten Lenkungsausschuß angebunden.

Ich brauche hier nicht mehr auf eine nähere Beschreibung dieser für die Zeit von 1974 bis 1976 gültigen Organisationsform einzugehen; vielmehr will ich im folgenden eine Anregung R. Geipels aufgreifen und über gruppendynamische Probleme im Vollzug der raumwissenschaftlichen Forschungsarbeiten berichten. Die mit der dezentralen Forschungsstruktur verbundenen Absichten können auf folgende zwei Leitideen eingestuft werden: 1. Die dezentrale Curriculumarbeit sollte zu einer Vielfalt der Ideen führen; 2. Dezentrale Curriculumentwicklung ermöglicht ein Höchstmaß an intersubjektiver Verständigung.

1. Die dezentrale Curriculumentwicklung als Innovationsinstrument

Immer wieder wurde von den RCFP-Mitarbeitern betont, daß die zu entwickelnden Unterrichtseinheiten ‚Trittsteine' für eine neue Geographie sein wollen. Die Trittstein-Metapher drückt aus, daß auf Vollständigkeit verzichtet wird. Mit ihr ist die Annahme verbunden, daß eine gewisse Beliebigkeit Originalität impliziert, mit ihr hegt man aber auch die Hoffnung, daß Neues von anderen aufgegriffen, nachgemacht, abgewandelt, verbessert wird. Die Trittstein-Kreativität gedeiht am besten in einer an der Basis unabhängigen und eigenverantwortlichen Organisationsform. Das RCFP war von vornherein dezentral angelegt, um die wünschenswerten Innovationen für ein verbessertes Raumlernen zu ermöglichen.

Die Projektgruppen bildeten sich spontan. Noch ehe 1974 die finanzielle Förderung durch Bund und Länder einsetzte, hatten sich eine aus 6 Teilgruppen bestehende Großgruppe und 2 weitere Mitarbeiterkreise für eine raumwissenschaftliche Curriculumforschung zusammengefunden. Das Interesse nahm im Laufe der Zeit zu, so daß Ende der Berichtsphase innerhalb 8 regionaler Kern- und 6 assoziierter Zusatzgruppen 26 engere Arbeitsteams tätig waren. Diese verteilten sich auf 19 Städte in 9 der 11 Bundesländer. Sie setzten sich aus Fachwissenschaftlern, Fachdidaktikern, Berufsgeographen und Lehrern unterschiedlichster Schularten und Schulstufen zusammen.

Die räumliche und berufliche Streuung waren eine Voraussetzung für die angestrebte Ideenvielfalt und für die Ausschöpfung örtlich vorhandener Ressourcen. Die Projektgruppen entschieden selbständig über ihre eigenen Arbeitsformen, über das zu behandelnde Thema, über die Lernziele und die zu entwickelnden Unterrichtsstrategien. Sie beschafften sich aus eigenen Überlegungen heraus die erforderlichen Arbeitsinformationen, traten mit Experten im In- und Ausland in Verbindung, unternahmen, wenn erforderlich, eigene Reisen, eigene Erhebungen, um in den Besitz von Originalunterlagen zu kommen, nutzten die diversen technischen Einrichtungen und Bibliotheken nahegelegener wissenschaftlicher Institute.

Das äußere Ergebnis von breit gestreuter Gruppeninitiative und optimaler Ausnutzung regionaler Ressourcen ist die schon erwähnte große Bandbreite der Themen, die von Fragen des ökologischen Gleichgewichts über Entwicklungslandprobleme, Wirtschaftsprozesse bis hin zu den vielfältigsten Raumordnungsaufgaben reichen. Ferner ist Gewinn, daß sich die erstellten und noch in Entwicklung befindlichen Unterrichtseinheiten über die verschiedensten Schulstufenbereiche der Klassen des Primarbereichs bis zu denen der Sekundarstufe II des allgemeinbildenden Schulwesens erstrecken. Die Vorteile der dezentralen Curriculumentwicklung für die inhaltlich-didaktische Ausgestaltung, d. h. für die qualitative Anhebung erdkundlicher Lernprozesse, sollen hier nicht näher beschrieben werden. Sie sind mit Sicherheit zu erahnen, wenn H. Haubrich und H. Nolzen nach mir über ihr Unterrichtsmodell ‚Tatort Rhein' berichten werden.

Trotz des bedeutenden Nutzens einer auf Ideenvielfalt angelegten Forschungsorganisation sollen die Mängel nicht verschwiegen werden. In einer vom Forschungsstab durchgeführten Befragung beklagten RCFP-Mitglieder den mit der dezentralen Organisation verbundenen Zeitverschleiß, das Flüchten in Details, den häufigen Mitarbeiterwechsel, das ewige Diskutieren um ideologische Differenzen, die unklaren Entscheidungskompetenzen und schließlich das Fehlen oder Nichteinhalten bestimmter formaler Regeln. Wie das ‚learning by doing' in der Schule ist das ‚inquiring by doing' im Wissenschaftsbereich mit Irrwegen, mit Gruppenkonflikten und am Ende dadurch mit einem erheblichen Zeitaufwand verbunden. Vor allem das ‚Sackgassenphänomen', gemeint ist eine Fehlentwicklung erkennen und korrigieren müssen, und die immer wieder aufflackernde Standpunktdiskussion beeinträchtigten den Fluß der Arbeit und den Gruppenfrieden. Treffend deutete G. Hoffmann auf der in der Faschingszeit durchgeführten Goslarer Tagung das ‚R' und das ‚C' unseres Projektes mit ‚Ratlosigkeit' und ‚chronischer Grundsatzdebatte' (G. Hoffmann, 1976).

Insgesamt haben die Schwierigkeiten jedoch nicht vermocht, die Vorteile der dezentralen Curriculumentwicklung aufzuheben. In der erwähnten Befragung drücken RCFP-Mitarbeiter aus, daß das Erkennen und Abwägen verschiedener Interessen und Standpunkte, das Vorhandensein einer reicheren Palette von Denkschritten, die leichtere und vielschichtigere Informationssammlung und das menschliche Miteinanderumgehen für die Sache wie für die Beteiligten lohnenswert waren. Folgerichtig sind 43% der Befragten auch der Meinung, daß das Projekt praxisnaher raumwissenschaftlicher Curriculumforschung in erster Linie dem Schulunterricht neue Impulse wird geben können.

2. Dezentrale Curriculumentwicklung als Mittel zur intersubjektiven Verständigung

Das zweite Ziel einer dezentralen Curriculumentwicklung besteht darin, die intersubjektive Verständigungsbereitschaft der am Lernprozeß Beteiligten zu stärken. Dezentrale Curriculumentwicklung stellt somit eine Forschungsform dar, die Bildungsreform ‚von unten' nicht nur existentiell-inhaltlich, sondern interessenbezogen-motivational fördern kann. Daß mit einer solchen ‚vor Ort' betriebenen Handlungsforschung auch gruppenspezifische Probleme verbunden sind, zeigt das folgende Beispiel.

Der in einem Team tätige Hochschullehrer ist der Auffassung, daß die für einen neuen Geographieunterricht kennzeichnende Rationalität u. a. darin zum Ausdruck kommen sollte, daß Schüler schon frühzeitig in sozialwissenschaftliche Arbeitstechniken eingeführt werden. Er fordert daher, daß in der zu entwickelnden Unterrichtseinheit für die Orientierungsstufe sozialräumliche Befragungsergebnisse quantifiziert und interpretiert werden sollen. Im einzelnen sollen die Schüler Hypothesen bilden, Fragebogenaussagen strukturieren, graphische Darstellungen anfertigen, Erkenntnisse veri- oder falsifizierend diskutieren. Die zwei Schulpraktiker in der Arbeitsgruppe protestieren. Eine solche Lernstrategie demotiviert, sie ist viel zu trocken, der sachlich-rationale Lernprozeß wird zur Erkenntnisquälerei. Sie schlagen vor, die Fragebogenergebnisse den Schülern in typischer Auswahl vorzulegen und eine Veranschaulichung durch aussagekräftige Bilder anstatt durch abstrakte Zeichnungen vornehmen zu lassen. Der Wissenschaftler verweist auf die im Ausland mühsam beschafften Unterlagen, auf die Tatsache, daß forschendes Lernen stets ein gewisses Durchhaltevermögen voraussetzt und ein solches müßte anerzogen werden, daß man, Fragebogenergebnisse in typischer Auswahl vorgegeben, auf einen verstärkt lehrerzentrierten Unterricht zusteuere. – Ein Konflikt ist entstanden, an dem Gruppenmitglieder leiden, durch den bereits erzielte Arbeitsergebnisse in Frage gestellt werden. – Nach mehreren Arbeitssitzungen entschließen sich alle drei Mitarbeiter, jeder einen Unterrichtsversuch nach der ‚Hochschullehrerkonzeption' durchzuführen. Es müssen Erprobungsklassen beschafft werden, die Teststunde muß sorgfältig präpariert werden, und es sind, dem Lernzielrahmen entsprechend, Hinführungs- und Auswertungsstunden zu konzipieren. Schließlich liegen über die drei Versuchsstunden Tonbandaufnahmen vor, die zu analysieren und vergleichend zu beurteilen sind. Ergebnis dieser handlungsorientierten Unterrichtsforschung: der Hochschullehrer muß erkennen, daß seine stark methodologisch ausgerichteten Lernvorstellungen in dieser Schulstufe wenig erfolgreich sind. – Das Eingestehen eines Fehlers, der Neuanfang sind schmerzlich, der Zeitaufwand für ein vergebliches Bemühen ist sehr groß gewesen und wirkt entmutigend.

Im Abstand von solchen Erfahrungen, wenn in einer Gruppe mit unterschiedlichen Interessen jeder einmal enttäuscht wurde, wenn jeder gelernt hat einzulenken und wenn alle merken, daß die gemeinsame Grundidee trägt, stellen sich die mit einer solchen Forschungsform verbundenen Interessenwertschätzungen ein, die den weiteren Lernprozeß und am Ende das zu entwickelnde Produkt positiv beeinflussen. Freilich kann nicht übersehen werden, daß gruppendynamische Eigengesetzlichkeiten ein Projekt und damit die angestrebten inhaltlichen Innovationen zum Scheitern bringen. Der theoriebeflissene Hochschullehrer und die auf Praktikabilität eingestellten Lehrer bringen mit ihren Bildungs- und Sozialpositionen Rollengewichte in das RCFP-Gruppengefüge, die zerstörerisch wirken können. Äußere Umstände mildern die Situation oder sie beschleunigen den Zerfall, das Scheitern. Für das RCFP ist zu vermerken, daß die folgenden Bedingungen Gruppenaktivitäten förderten: ein spontaner Start mit grundsätzlicher Zielübereinstimmung, das auf Sympathie beruhende ‚Miteinander-Umgehen-Können', die überschaubare Gruppengröße, die räumliche Wohnnähe der Mitarbeiter, die Anerkennung der Gruppe und ihrer Zielsetzungen durch Außenstehende, die Möglichkeit, in Auseinandersetzung mit anderen Gruppen ‚In-Group-Einstellungen' zu entwickeln, eine absehbare Zusammenarbeitszeit. Entsprechend wirken sich negativ aus: politische und fachwissenschaftliche Gegensätzlichkeiten, die Streitbarkeit einzelner, Gruppengrößen von im Durchschnitt mehr als 5 Mitarbeitern, häufiger Mitarbeiterwechsel oder das weitere Mitmachen aus größer gewordener Wohnentfernung, ein Ausbleiben materieller Hilfen, zu wenig Möglichkeiten, von anderen Gruppen zu lernen oder sich mit diesen zu messen, eine Projektlaufzeit von mehr als 3 bis 4 Jahren.

Intersubjektive Verständigung als ein Ziel dezentraler Curriculumentwicklung hat etwas zu tun mit dem schillernden Begriff ‚offenes Curriculum'. Bezogen auf diesen Terminus, ist das RCFP oft kritisch betrachtet worden. Da Eltern, Schüler und interessierte Öffentlichkeit offenbar unzureichend am Forschungsprozeß beteiligt sind, wird der Verdacht geäußert, unbequeme intersubjektive Einflüsse sollten von vornherein ausgeschaltet werden. In diesem Zusammenhang ist es nützlich einen Pädagogen zu befragen. F. Loser nennt folgende Merkmale für eine sich von dilettantischer Unterrichtsplanung wohl unterscheidende offene Lernzielfindung und Lernzieloperationalisierung:

a) die Unterrichtsplanung ist auf allen Ebenen allgemeiner Kritik auszusetzen,

b) Lehr- und Lernprozesse müssen eingebaute Reflexionsphasen haben,

c) alternative Medien, Unterrichts- und Sozialformen sollten in ausreichender Zahl angeboten werden,

d) die Verwendung von Modellen, die die für den Lernprozeß unerläßliche didaktische Reduktion transparent machen. (F. Loser, 1975, S. 247ff.)

Das RCFP entspricht, ganz sicher angeregt und gefördert durch seine dezentrale Organisationsform, in vielerlei Hinsicht diesen Bedingungen. Tagungen, wie die in Gießen, Tutzing, Goslar und Worpswede, Publikationen wie Informationsbrief und Materialienbände setzen die Unterrichtsplanung einer breiten Kritik aus. Teilerprobungen, die bundesweite Evaluation, über die Frau Jungfer noch berichten wird, Schüler- und Lehrerbefragungen stellen die konsequent eingebauten Reflexionsphasen dar. Alternative Lernformen befinden sich in jedem Unterrichtsprojekt; nach der Evaluation werden sie während der Revisionsphase verstärkt in die Lerneinheiten eingebaut. Unterrichtsabläufe, die von den Beteiligten kritisiert, die widerrufen werden können – ich glaube hierzu ausreichend Hinweise gegeben zu haben – sind didaktische Modelle, wie F. Loser sie als Kennzeichen einer offenen Lernstrategie ansieht.

III. DIE RCFP-ORGANISATIONSFORM IM ZUSAMMENHANG MIT BILDUNGS- POLITISCHEN ANSPRÜCHEN

Das RCFP ist in seiner dezentralen Organisationsform etwas Einmaliges in der Bundesrepublik Deutschland. Eine 1975 erschienene Studie über die Curriculum-Entwicklung in der Bundesrepublik Deutschland, herausgegeben vom UNESCO-Institut für Pädagogik in Hamburg, berücksichtigt das RCFP nur unzureichend. Da offenbar keine vergleichbaren Projektkonstruktionen existieren, haben die Verfasser dieser Studie den dezentralen Projekttyp überhaupt nicht erst in ihre Kategorisierungsliste aufgenommen; mit der Folge, daß ein so umfassendes Unternehmen wie das RCFP dann institutionell ausschließlich in München, ausschließlich den Gesellschaftswissenschaften und der Sekundarstufe I zugeordnet wird (I. Classen-Bauer, 1975). Diese Fehleinschätzung ist deshalb verwunderlich, weil bereits 1974 die Empfehlungen der Bildungskommission des Deutschen Bildungsrates eine vergleichbare dezentrale Curriculum-Organisationsform, das ‚Regionale Pädagogische Zentrum', als wegweisende Unterrichtsforschungskonstruktion benennen (Deutscher Bildungsrat, 1974). Viele der in diesen Empfehlungen genannten Merkmale der zellularen Curriculum-Werkstätten stimmen exakt mit denen des RCFP überein. Auch im Ausland gibt es auf neuere Bildungsansprüche abgestimmte dezentrale Forschungsstätten. In England sind über das Land verteilte Lehrerzentren eingerichtet worden. Sie haben eine ähnliche Funktion und dienen der Curriculumentwicklung, der Lehrerweiterbildung, der Informationsverbreitung, dem Experimentieren, aber auch schul- und lebenspraktischen Aufgaben wie Kopieren, Medienzusammenstellung, Diskussion und Geselligkeit.

Am Ende ist nach dem tieferen Sinn einer solchen netzartigen Forschungskonstruktion zu fragen. Es ist eingangs darauf verwiesen worden, daß eine neue Erdkunde nicht nur der Ziele, sondern ebenso der Umsetzungs- und Durchsetzungsstrategien bedarf, d. h. die Innovationszentren sollen helfen, veränderte raumwissenschaftliche Denk- und Handlungsformen in möglichst kurzer Zeit in der Schulpraxis bewußt zu machen.

Darüber hinaus ist an die Lage der heutigen Schule insgesamt zu erinnern. Die Zeitumstände haben unser Schulwesen in eine eigenartige Zwangs- und Problemlage gebracht. Der Wille und die Möglichkeit zur Bildungsreform ist weitgehend erstickt. Wirtschafts-, Arbeitsmarkt- und Sozialpolitik bringen dem Gymnasium einen fast unerträglichen Leistungsdruck und machen die Hauptschule mehr und mehr zur Institution subkultureller Gruppen. Die Schule heute befindet sich in einer Krise der Motivation. Wenn junge Menschen ihre

Erwartungen nicht erfüllt sehen, wenn ihre Bedürfnisse nach individueller und sozialer Identität nicht befriedigt werden können und wenn das auf das Leben vorbereitende Lernen motivational hauptsächlich extrinsisch bestimmt ist, dann ist dringend nach neuen, den Interessen unserer Gesellschaft angepaßten Lern- und Wirkfeldern und nach entsprechenden Lern- und Arbeitsformen zu suchen. Das RCFP will einige dieser Problembereiche, die sozialräumlichen, dingfest und unterrichtlich erschließbar machen, es will damit und mit bislang in der Bundesrepublik nirgends praktizierten Forschungsstrategien zur Lernmotiviation beitragen.

Literatur

I. Classen-Bauer u. a.: Curriculum-Entwicklung in der Bundesrepublik Deutschland, in: Der Bundesminister für Bildung und Wissenschaft, Schriftenreihe Bildungsplanung 15, Bonn 1975
Deutscher Bildungsrat – Empfehlungen der Bildungskommission, Zur Förderung praxisnaher Curriculum-Entwicklung, Bd. 39, Stuttgart 1974
K. Ganser: Raumordnung aus der Sicht des Geographen, in: Geogr. Rundschau 1976, S. 397–405
R. Geipel, (Hrsg.): Wege zu veränderten Bildungszielen im Schulfach ‚Erdkunde', in: Der Erdkundeunterricht, Sonderheft 1, Stuttgart 1971
R. Geipel, u. a.: Materialien zu einer neuen Didaktik der Geographie, RCFP-Hrsg., München 1974
R. Geipel, (Hrsg.): Das Raumwissenschaftliche Curriculum-Forschungsprojekt, Ergebnisse einer Tagung in Tutzing 1975, in: Der Erdkundeunterricht, Sonderheft 3, Stuttgart 1975
R. Geipel, u. a.: Materialien zu einer neuen Didaktik der Geographie, RCFP-Hrsg., München 1976
H. v. Hentig: Was ist eine humane Schule? München, Wien 1976
G. Hoffmann: RCFP – Was ist das? in: R. Geipel, 1976
F. Loser: Aspekte einer offenen Unterrichtsplanung, in: Bildung und Erziehung, 1975, S. 241–257
P. Schöller: Rückblick auf Ziele und Konzeptionen der Geographie, in: Geogr. Rundschau 1977, S. 34–38

Diskussion zum Vortrag Engel

Dr. T. Rhode-Jüchtern (Bielefeld)
Im Vergleich zum Verfahren traditioneller Lehrplankommissionen hat das RCFP einen bemerkenswerten Grad von Offenheit erzielt:
– die Möglichkeit, den Konstruktionsprozeß des Curriculums von außen zu verfolgen,
– Erprobung durch kompetente und bereite Lehrer im überregionalen Maßstab
– Evaluation zum Zwecke der Verbesserung.
Wenn die These von der gegenwärtigen „Krise der Motivation" und der „Krise der Institution Schule" stimmt, ist allerdings eine konsequente Erweiterung des Begriffs „Offenheit" notwendig. Er müßte sich etwa im Sinne der Empfehlungen der Bildungskommission des Deutschen Bildungsrates von 1974 zur „Förderung praxisnaher Curriculumentwicklung" beziehen auf die Ebene des Lehr-/Lernprozesses (Auseinandersetzung mit den Unterrichtszielen, Entwicklung alternativer Lösungen/Schlußfolgerungen/Handlungskonsequenzen zum Vorschlag des Lehrers, Bezugnahme auf den bestehenden subjektiven Erfahrungshintergrund und die aktuelle Unterrichtssituation, Material, aktuelle Ereignisse, aktuelle Interessen, Verwendung nicht nur innerhalb eines festumschriebenen Lernprogramms).

Die selffullfilling prophecy des Schülerverhaltens durch die Lehrervorgaben ist dafür kein Ersatz.
Wie wollen Sie vermeiden, daß das RCFP gegen Ihren Willen zur Kurskonserve verkommt? Wie wollen Sie verhindern, daß das RCFP die schlimmen Tendenzen zu einer Normierung der Lernprozesse im Interesse normierter Prüfungsaufgaben (Normenbücher) unterstützt. Wie können Sie dann noch

verhindern, daß aus einer *dezentralisiert* gemeinten Curriculum-Entwicklung eine *zentralisierte* Unterrichtsanweisung gemacht wird?

Das Konzept der Rahmencurricula (vgl. Birat 1974), das wir am Oberstufenkolleg der Univ. Bielefeld verfolgen, scheint zur Lösung der obengenannten Probleme angemessener zu sein.

H. Hesse (Hannover)

Das RCFP baut sehr stark auf interdisziplärem Unterricht auf. Realität ist aber, daß
1. die Ausbildung fachspezifisch und
2. die Bestrebungen der Wissenschaftsminister dahingehen, zurück zur alten Geographie zu gehen. So hat die Westdeutsche Rektoren-Konferenz vorgeschlagen, Gemeinschaftskunde aufzulösen zugunsten Geschichte, Geographie, Philosophie im herkömmlichen Sinne.

Welche Chance hat da das RCFP Realität in der Schule zu werden?

Prof. Dr. J. Engel (Hannover)

Aus fachdidaktischen Ansprüchen, denen sich das RCFP gegenüber verpflichtet fühlt, ist eine Überprüfung der entwickelten Unterrichtseinheiten notwendig. Eine uneingeschränkte Offenheit ist bei den RCFP-Produkten weder möglich noch war diese je intendiert. Dadurch, daß die RCFP-Lerninhalte und Lernstrategien im Entstehungsprozeß einer ständigen Kritik ausgesetzt werden, ist ein Höchstmaß an Einfluß möglich.

Das RCFP beabsichtigt nicht, ein vollständiges Curriculum zu einer neuen Didaktik der Geographie vorzulegen. Die Unterrichtseinheiten stellen innovative ‚Trittsteine' dar, die zum Nachmachen, Wiederholen, Verbessern und Andersmachen anregen sollen. Hierdurch kann erreicht werden, daß je nach den Bedürfnissen bestimmter Schulsituationen und je nach den zeitbedingten Tendenzen für mehr fachbezogenen oder mehr überfachlichen Unterricht RCFP-Unterrichtseinheiten wahlweise gut verwendbar werden.

TATORT RHEIN – EIN UNTERRICHTSPROJEKT DES RCFP

Mit 20 Abbildungen

Von H. Haubrich u. H. Nolzen (Freiburg)

Die Freiburger Projektgruppe – bestehend aus den Herren Hoch, Keller, Nolzen, Prager und mir – glaubt in den folgenden Feststellungen ein Curriculum zum Thema „Wasser" begründen und rechtfertigen zu können.
a) Ohne Wasser kein Leben.
b) Wasser ist für die meisten Entwicklungsländer ein quantitatives und qualitatives Problem.
c) Wasser ist für die meisten Industrieländer ein qualitatives Problem.
d) Die Wasserreserven sind durch die Belastung in Folge der menschlichen Aktivitäten gefährdet.
e) Das Wasser als eine der wichtigsten Grundlagen des menschlichen Lebens kann nur noch durch nationale und internationale Maßnahmen wirksam geschützt werden.

Der Umfang und die Bedeutung der Wasserproblematik und die Notwendigkeit der Umweltsicherung machen ein mehrmaliges Angehen der Thematik im Sinne einer Curriculumspirale notwendig. Die Abbildung 1 illustriert die von der Vorschule (V) über die Primarstufe (P), Orientierungsstufe (O), Sekundarstufe I (S I) bis zur Sekundarstufe II (S II) aufsteigende Curriculumspirale „Wasser".

Die Raumbeispiele, kognitiven und instrumentellen Lernziele und Medien in den einzelnen Sektoren und auf den verschiedenen Niveaus der höher und breiter werdenden „Rampe" zeigen die hierarchische Anordnung und Konzeption des Gesamtprojekts.

In diesem Vortrag können nur Auszüge aus dem Teilprojekt „Tatort Rhein" für die 8. bis 10. Klasse vorgestellt werden.

Das Rheingebiet gehört zu den am dichtesten besiedelten Räumen in Europa. Es ist das Kerngebiet des europäischen Raumes und weist eine hohe industrielle Produktion auf. Die intensiven Nutzungen des Rheins als Lebensader Mitteleuropas reichen von der Trinkwasserversorgung für Millionen von Menschen bis zu Verkehr, Brauch-, Kühl- und Abwasser, Sport und Erholung. Damit sind die wichtigsten Belastungsformen, aber auch Zielkonflikte bezeichnet. Die Belastung des Rheins darf nicht als eine unvermeidliche Begleiterscheinung wachsenden Wohlstandes angesehen, sondern muß als eine Folge mangelnder Planung, Rechtsprechung und internationaler Zusammenarbeit betrachtet werden. Insbesondere zu Zeiten eines konjunkturellen Tiefs darf die Arbeitslosigkeit und der Ruf nach stärkerem industriellen Wachstum die Umweltproblematik nicht zurückstellen oder sogar in Vergessenheit geraten lassen.

Der Rhein ist nach den oben angegebenen Ausführungen als ein besonders geeignetes Exempel anzusprechen, um Einsichten in das Ökosystem eines Flusses, die Bedeutung des Flußwassers für die Anlieger und die Notwendigkeit internationaler Schutzmaßnahmen zu vermitteln.

Die Unterrichtseinheit „Tatort Rhein" steht unter dem regulativen Spitzenziel:

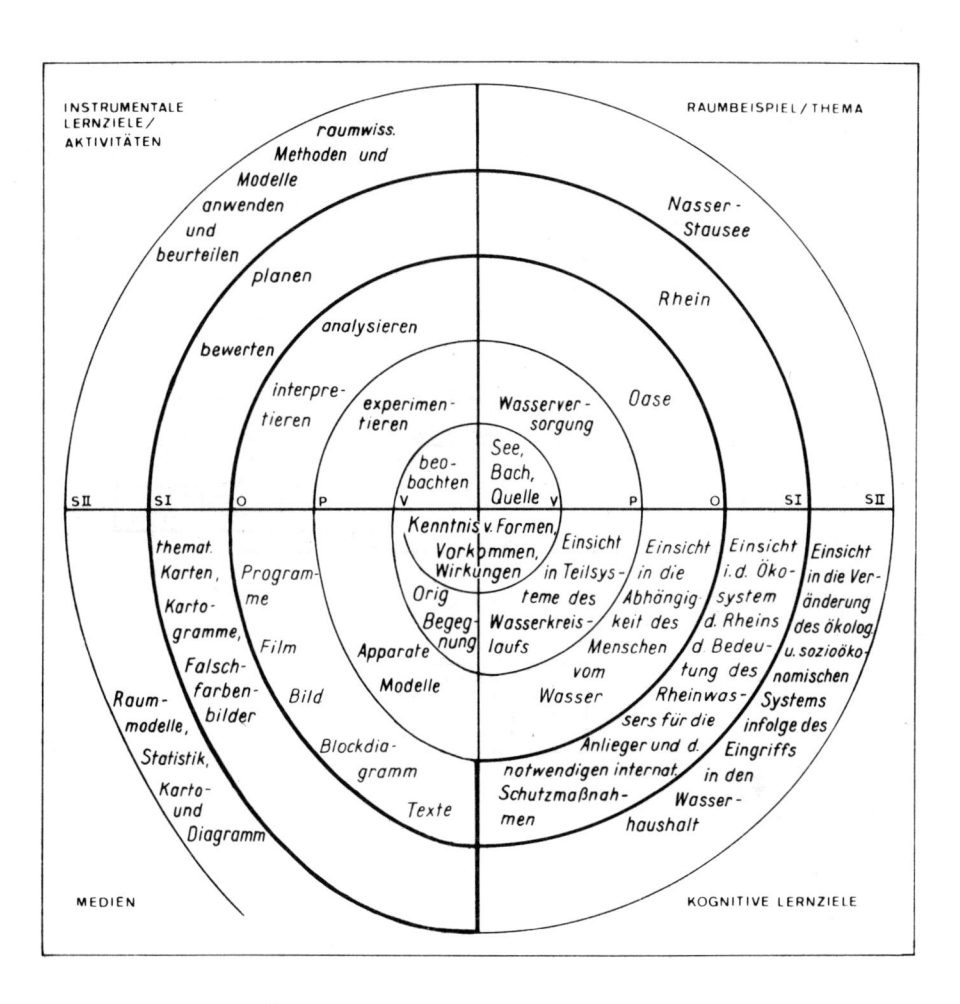

Abb. 1 Aufsteigende Curriculumspirale „Wasser"

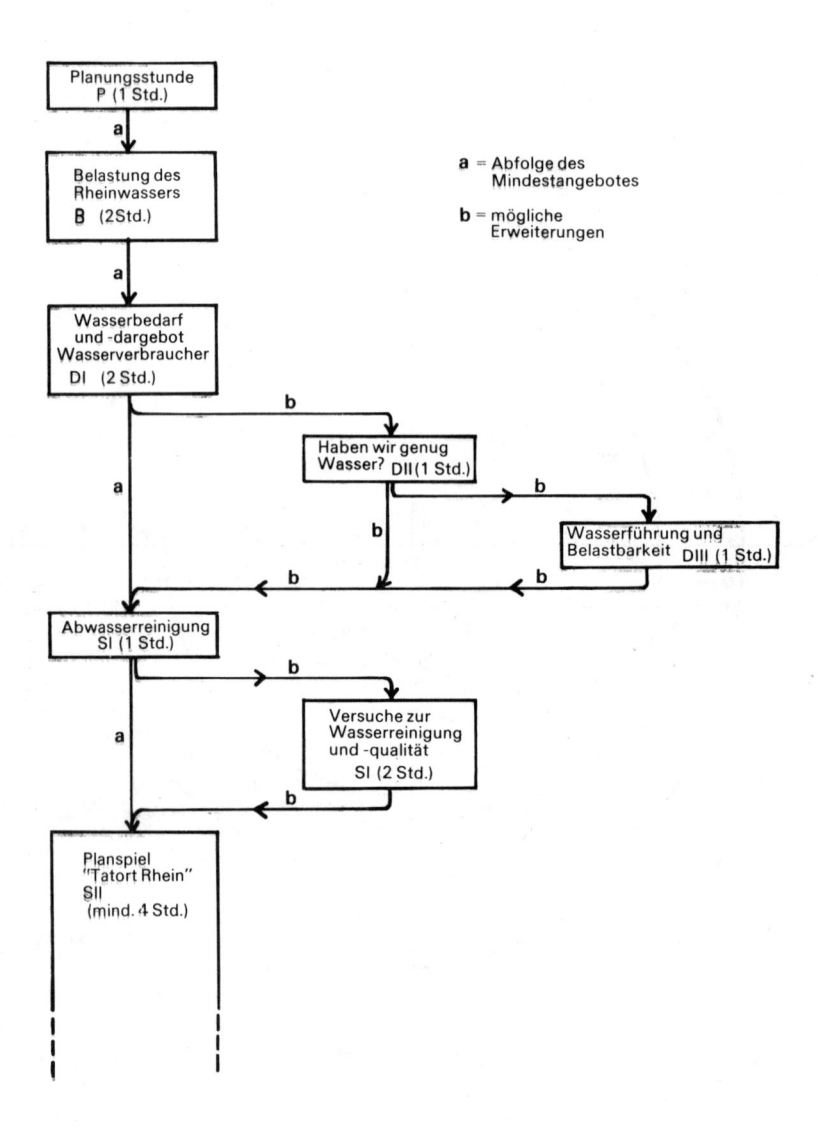

```
┌─────────────┐
│Planungsstunde│
│  P (1 Std.) │
└──────┬──────┘
       │a
       ▼
┌─────────────┐              a = Abfolge des
│Belastung des│                  Mindestangebotes
│Rheinwassers │
│  B (2Std.)  │              b = mögliche
└──────┬──────┘                  Erweiterungen
       │a
       ▼
┌─────────────┐
│Wasserbedarf │
│und -dargebot│
│Wasserverbraucher│
│  DI (2 Std.)│
└──┬───────┬──┘
   │       │b            ┌─────────────┐
   │       └────────────▶│Haben wir genug│
   │a                    │Wasser? DII(1 Std.)│
   │                     └──┬──────┬───┘
   │                        │b     │b       ┌─────────────────┐
   │                        │      └───────▶│Wasserführung und│
   │      ◀─────────────────┘               │Belastbarkeit DIII(1 Std.)│
   │      ◀────b────────────────────────────┤                 │
   │      ◀──────b──────────────────────────┘
   ▼
┌─────────────┐
│Abwasserreinigung│
│   SI (1 Std.)│
└──┬───────┬──┘
   │       │b            ┌─────────────┐
   │       └────────────▶│Versuche zur │
   │a                    │Wasserreinigung│
   │                     │und -qualität│
   │                     │  SI (2 Std.)│
   │      ◀────b─────────┤             │
   ▼                     └─────────────┘
┌─────────────┐
│Planspiel    │
│"Tatort Rhein"│
│SII          │
│(mind. 4 Std.)│
└─────────────┘
```

Abb. 2 Übersicht über die Unterrichtsorganisation

„Sich um die Umweltsicherung im privaten und öffentlichen Bereich bemühen wollen."
Das operative fachliche Richtlernziel heißt:
„Die ökologischen und sozioökonomischen Bedingungen der Wasserversorgung am Beispiel des Rheins beurteilen."

Wie die Abb. 2 zeigt, gliedert sich die Unterrichtseinheit „Tatort Rhein" in eine Planungsstunde, in der die Schüler den Themenbereich Wasser in Teilaspekte gliedern und eine Arbeitsstrategie zur Behandlung von Wasserbelastung, Wasserdargebot und Wasserschutz entwickeln;
in einen 2stündigen B-Block mit dem Thema „Belastung des Rheinwassers", in dem die Schüler die Ursachen und Wirkungen der Wasserbelastung im Rheingebiet erkennen und beurteilen sollen;
in einen D-Block mit dem Hauptthema „Wasserbedarf und -dargebot" und den Teileinheiten:
Wer sind die Wasserverbraucher?
Haben wir genug Wasser?
Wasserführung und -belastung,
in denen die Schüler den Wasserbedarf und das Wasserdargebot im Rheingebiet beschreiben und deren Zusammenhang erklären sollen;
in einen letzten S-Block mit dem Thema „Wasserschutz", in dem die Schüler die technischen, juristischen und politischen Möglichkeiten des Wasserschutzes darlegen sollen. Der technische Teil wird in der Teileinheit Abwasserreinigung mit einem Zusatzangebot von Versuchen zur Wasserreinigung und zur Feststellung der Wasserqualität abgehandelt.

Während die Teile Wasserbelastung und Wasserdargebot die Konfliktanalyse als Aufgabe übernehmen, hat das Planspiel „Rettet den Rhein" die Funktion der Zielanalyse.

Die Abbildung 2 verdeutlicht die Differenzierungsmöglichkeiten des Projektes mit einem Basisteil von mindestens 10 Stunden und weiteren Zusatzangeboten. Eine Zusammenarbeit mit Biologie- und Chemielehrern im B-, D- und technischen S-Teil, und eine Kooperation insbesondere mit Gemeinschaftskunde im Planspiel ist wünschenswert.

Für jeden der vier Blöcke P (Planungsstunde), B (Belastung des Rheinwassers), D (Wasserbedarf und -dargebot) sowie S (Wasserschutz) wurden formal einheitliche detaillierte Vorschläge zur Durchführung entwickelt. Dabei wurden neben den nach Meinung der Projektgruppe optimalen Lernwegen auch alternative Möglichkeiten vorgestellt, die dem Lehrer eine Auswahl im Hinblick auf seine jeweilige Klasse erlauben.

Der formale Aufbau der einzelnen Blöcke soll durch Vorstellung von Block B, Belastung des Rheinwassers, erläutert werden. Das Grobziel von Block B lautet: „Ursachen und Wirkungen der Wasserbelastung im Rheingebiet erkennen und beurteilen." (vgl. Abb. 3).

Dieses Grobziel wird in 7 Teilziele B_1 bis B_7 aufgegliedert. Die Verlaufsstruktur für Block B macht übersichtliche Angaben über die Unterrichtsstufen, die jeweiligen Inhalte, die zugehörigen Lernziele und Test-Items, über Aktions- und Sozialformen, Medien und schließlich über die in etwa aufzuwendende Zeit pro Unterrichtsstufe. Die methodischen Hinweise enthalten Kommentare zur Verlaufsstruktur sowie Angaben über alternative Möglichkeiten der Unterrichtsgestaltung.

Der Einstieg erfolgt über 4 Diapositive der Wasserbelastung, mit deren Hilfe die Schüler selbst die Problemstellungen von Block B finden können, nämlich:
1. Formen und Folgen der Wasserbelastung (= 1. Stunde),
2. Ursachen der Wasserbelastung (= 2. Stunde).

Die Erarbeitung der Formen und Folgen der Wasserbelastung erfolgt in arbeitsteiligem Gruppenunterricht getrennt nach den 4 Themen

LERNZIELE

Im Unterrichtsblock B sollen die Schüler Ursachen und Wirkungen der Wasserbelastung im Rheingebiet erkennen und beurteilen.

Teilziele sind:
- B1 folgende Formen von Wasserbelastungen nennen: Überdüngung, Aufwärmung, Toxische Verschmutzung, Verölung,
- B2 die Gefahren und Folgen, sowie die jeweilige Wirkungsweise der Wasserbelastung durch Überdüngung, Aufwärmung, Toxische Verschmutzung, Verölung beschreiben
- B3 das "Umkippen" eines Flusses erklären
- B4 die erhöhte Gefährdung des Wassers bei der Summation mehrerer Belastungsfaktoren aufzeigen
- B5 die Staaten des Rheineinzugsgebietes zu nennen und den Einzugsbereich des Rheins abgrenzen
- B6 den Wechsel von stärkerer und geringerer Verschmutzung des Rheins begründen
- B7 Haushalte, Industriezweige und Wärmekraftwerke als Hauptverursacher der Belastung des Rheinwassers benennen.

VERLAUFSSTRUKTUR

(2 Stunden)

STUFE	INHALT	LERNZIEL ITEM	AKTIONS- UND SOZIALFORMEN	MEDIEN	ZEIT
1. Einstieg	Formen der Wasserbelastung a) Überdüngung b) Aufwärmung c) Toxische Verschmutzung d) Verölung	B1 ItemB1	Bildvorführung und -interpretation	4 Dias B1-4 (Tafelanschrieb)	5'
2. Problemstellung	Wir prüfen die Wasserbelastung des Rheins I FORMEN UND FOLGEN DER BELASTUNG (1.Stunde: Stufe 3-4) II URSACHEN DER BELASTUNG (2. Stunde: Stufe 5-8)		Unterrichtsgespräch	(Tafelanschrieb)	5'
3. Erarbeitungsphase I	Erarbeitung der Formen und Folgen der Belastung a) Überdüngung (Gruppe 1) b) Aufwärmung (Gruppe 2) c) Toxische Verschmutzung (Gruppe 3) d) Verölung (Gruppe 4)	B2 Item B2.1-4	arbeitsteiliger Gruppenunterricht (GU) oder entwickelnder Frontalunterricht	Arbeitsheft Seite 2-9	15'
4. Lösungsphase I: (Arbeitsvereinigung, Ergebnissicherung)	Formen, Folgen und Wirkungsweisen der Wasserbelastung a) bei den 4 oben vorgestellten Belastungsarten b) Eutrophierung c) Zusammentreffen mehrerer Belastungsarten	B2 B3 B4 Item B3-4	bei GU Schülerberichte; bei Frontalarbeit Zusammenfassung	(Tafelanschrieb) Folie B1; Arbeitsheft Seite 10-11	20'

Abb. 3 Belastung des Rheinwassers

Gruppe 1: Überdüngung
Gruppe 2: Aufwärmung
Gruppe 3: Toxische Verschmutzung
Gruppe 4: Verölung

Gruppe 1 arbeitet mit einem Zeitungsbericht über Fischsterben in einem Altrheinarm bei Speyer sowie einem Text, in dem der Vorgang der Eutrophierung erklärt wird (vgl. Abb. 4).

Die Lernkontrolle für Gruppe 1 erfolgt auf dreierlei Weise (vgl. Abb. 5), nämlich
1. durch Fragen mit frei formulierbaren Antworten,
2. durch einen Lückentext und
3. durch eine Umordnungsaufgabe.

I. FORMEN UND FOLGEN DER WASSERBELASTUNG
(ARBEITSAUFGABEN UND MATERIALIEN ZUR GRUPPENARBEIT)

1. ÜBERDÜNGUNG (GRUPPE 1)

1.1 SPEYRER TAGESPOST VOM 30.5.1975:

Kein Sauerstoff für Tausende von Fischen
Katastrophe von 1973 wiederholte sich

Fischsterben im alten Berghäuser Altrhein / Stefan Scherpf bei Ortsbesichtigung: „Wir sind froh, wenn neue Römerberger Kläranlage steht / Gespräch zwischen Stadt und Landkreis angeregt

Die Katastrophe wiederholte sich: wie im Februar 1973 so verendeten auch diesmal Fische, nicht im Schäferwasser, dafür im Berghäuser Altrhein. Die Diagnose damals wie heute: Sauerstoffmangel im Wasser, bei ersten Messungen der Wasserschutzpolizei gar überhaupt kein Sauerstoff. Wie die SPEYERER TAGESPOST bereits berichtete, waren es Tausende, die zum Teil gestern schon abgetrieben oder abgesunken waren. Fischereiaufseher Hans Böse nannte an Ort und Stelle eine andere Zahl:

Zur Laichzeit hatten die Fische bei etwas steigendem Wasserstand dieses Gewässer aufgesucht, um an den Ufergräsern den Laich abzustreifen. Doch das 1 500 Quadratmeter große Wasserstück erwies sich als tödliche Falle. Denn während die Abwässer aus der mechanischen Berghäuser Kläranlage fortwährend in den Altrhein fließen, fehlt die Durchflußmöglichkeit. Durch einen Rückstau wird das bißchen Sauerstoffgehalt im Wasser durch die Abflüsse aufgezehrt.

Zudem fehlte in diesem Frühjahr das Frühjahrshochwasser, das die Altrheinarme etwas durchspült und damit Entlastung bedeutet. Ein solches Hochwasser tritt normalerweise in ausreichender Höhe nur viermal im Jahr auf. Durch die milden Winter sieht es dieses Jahr noch schlechter aus.

3,40 Meter hoch ist die Überlaufschwelle bei Mechtersheim. Erst erheblich höherer Wasserstand wirkt sich auf diesen Teil des Berghäuser Altrheins aus, der kaum mehr als ein stehendes Gewässer ist, angefüllt mit Klärschlamm.

Was ist zu tun, um hier Abhilfe zu schaffen. Stefan Scherpf meinte: „Wir sind froh, wenn Römerberg mit seiner neuen, vollbiologischen Kläranlage in Mechtersheim recht bald zu Rande kommt." Auf seine Frage an Oberfischereirag Kaulin, was die Stadt Speyer noch tun könne, bis diese Kläranlage gebaut sein wird, antwortete der Vertreter der Bezirksregierung: „Ich fürchte, nichts.".

Die Feuerwehr könne zwar frisches Wasser in den Altrhein hineinpumpen, damit würde aber nur der schwarze Morast vom

15 bis 20 Zentner Weißfische seien verendet. Da dieser Vorfall auf der Speyerer Gemarkung liegt (das Schäferwasser war Römerberger Angelegenheit gewesen) besichtigten Beigeordneter Stefan Scherpf, Ordnungsamt-Leiter Hans Handermann, Polizeioberkommissar Otto Mahler von der Wasserschutzpolizei sowie Hans Böse und — als Zuständiger der Bezirksregierung — Oberfischereirat Martin Kaulin das Gewässer, das — so Scherpf — nunmehr ein Abwasserkanal sei faulgem, dreckigem Morast ist.

Grund aufgewühlt werden. Den Altrhein auszubaggern sei eine Kostenfrage, und im übrigen nicht unumstritten. Aber sinnvoll könne dies nur sein, wenn nicht laufend neue Abwässer nachflößen.

Unbeantwortet blieb vorläufig Scherpfs Frage, ob ein Ausbaggern auf einer Länge von ca. 30 bis 50 und einer Breite von fünf Metern sinnvoll sei. In dieser Rinne, die als „Nachklärbecken" fungiere, könne sich dann der Klärschlamm absetzen. Diese Überlegung soll — so regte Scherpf an — in einem Gespräch zwischen Stadt und Landkreis unter anderem vertieft werden.

..Trauriges Ergebnis dieses Gesprächs an Ort und Stelle: es kann nicht garantiert werden, daß ein solches Fischsterben sich nicht noch etliche Male wiederholt.

JUDITH KAUFFMANN

1.2 ÜBERDÜNGUNG

Jeder Fluß ist von Natur aus in der Lage, sich immer wieder selbst zu reinigen. Diese Selbstreinigung wird aber gestört, wenn ein Fluß zu sehr verunreinigt wird. Einleitungen von häuslichen Abwässern zum Beispiel wirken wie Düngemittel. Algen, andere Pflanzen und auch Tiere im Wasser wachsen und vermehren sich dadurch sehr stark. Als Folge sinken Pflanzen- und Tierleichen in großen Mengen zu Boden. Sie verbrauchen für ihre Zersetzung viel Sauerstoff. Diesen Vorgang nennt man Eutrophierung (eu = gut, troph = genährt). Die Eutrophierung kann so weit gehen, daß für die Lebewesen nicht mehr genügend Sauerstoff übrig bleibt. Wenn dann nicht alle organischen Stoffe mit Hilfe von Sauerstoff zersetzt werden können, bildet sich am Boden stinkender Faulschlamm, aus dem Blasen von Methangas aufsteigen. Die meisten Tiere und Fische gehen zugrunde. Der Fluß "kippt um", er wird ein toter Fluß.

Bei der Eutrophierung eines Flusses handelt es sich demnach um die Überdüngung des Wassers mit Nährstoffen. Als wichtigster Nährstoff wirkt dabei der Phosphor. Dieser ist einmal in den Abwässern der Haushalte stark vertreten, so daß die Gefahr der Überdüngung überall dort besteht, wo vermehrt ungenügend geklärte Abwässer der Haushalte in die Flüsse geleitet werden.

Abb. 4 Formen und Folgen der Wasserbelastung. Überdüngung

In der Landwirtschaft spielen phosphor- und stickstoffhaltige Mineraldünger eine wichtige Rolle. Diese werden teilweise in die Flüsse abgeschwemmt. Außerdem gelangen auch von Industrien, zum Beispiel der chemisch-pharmazeutischen oder der Nahrungsmittelindustrie, große Mengen von organischen Substanzen in den Rhein und vermindern bei ihrer Zersetzung den Sauerstoffgehalt des Wassers.

Fragen:
1. Erkläre den Vorgang der Eutrophierung!
2. Welche Stoffe fördern die Überdüngung besonders?
3. Welche Folgen hat die Überdüngung?

Lückentext: Wenn in einen Fluß zu viele häusliche Abwässer gelangen, wird der Fluß .... Hält dieser Zustand länger an, dann bildet sich am Boden .... , der Sauerstoffgehalt des Wassers nimmt stark ab, schließlich .... der Fluß .... Die übermäßige Vermehrung von Tieren und Pflanzen im Wasser bezeichnen wir mit dem Fremdwort .... Wichtige Stoffe, die zu diesem Vorgang führen, sind ....

1.3 ENTWICKLUNG VON EINEM GESUNDEN ZU EINEM EUTROPHEN FLUß

Es werden Dir nun 8 Vorgänge aufgezeigt, die sich abspielen, wenn aus einem gesunden Fluß ein eutropher Fluß wird. Trage die einzelnen Vorgänge so in die 8 Kästchen ein, daß man daran den zeitlichen Ablauf dieser Entwicklung ablesen kann.

Vorgänge: a) Absterben von Pflanzen und Tieren; b) gesunder Fluß; c) Anfallen von Faulschlamm; d) starke Abwassereinleitung; e) toter Fluß; f) Sauerstoffmangel; g) Vermehrung von Pflanzen und Tieren; h) hoher Sauerstoffverbrauch.

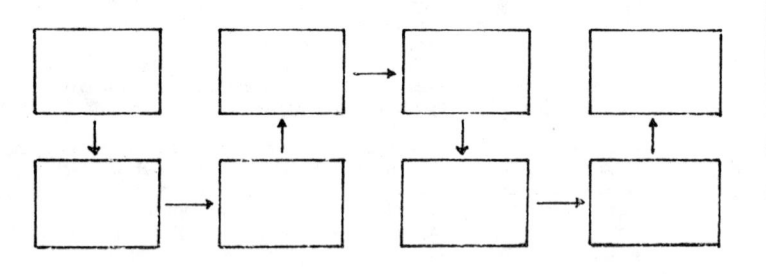

Abb. 5 Entwicklung von einem gesunden zu einem eutrophen Fluß

Gruppe 2 befaßt sich mit der Wärmebelastung und ihrer Wirkung auf den Sauerstoffhaushalt der Gewässer. Dazu dienen u. a. die Untersuchung der sog. Sauerstoffschere und des Wärmelastplans für den Rhein im Herbst (vgl. Abb. 6).

Während die Schüler sich im Verlauf der Gruppenarbeit nur mit Einzelformen der Wasserbelastung befassen, muß in der Phase der Arbeitsvereinigung nun auch der Überlagerung verschiedener Belastungsarten Rechnung getragen werden. Dies wird durch Arbeitsblatt 5.5 „Was passiert, wenn . . .?" erreicht (vgl. Abb. 7). Der Schüler wird durch dieses Arbeitsblatt angeleitet, selbst verschiedene Belastungs-Überlagerungen zu simulieren und deren Wirkungsweisen und Folgen zu beschreiben.

Mit der Folie „Wasserbelastung des Rheins bei Emmerich" (vgl. Abb. 8) wird der Einstieg in die 2. Stunde von Block B vermittelt. Der Schüler soll – betroffen von dem Ausmaß der

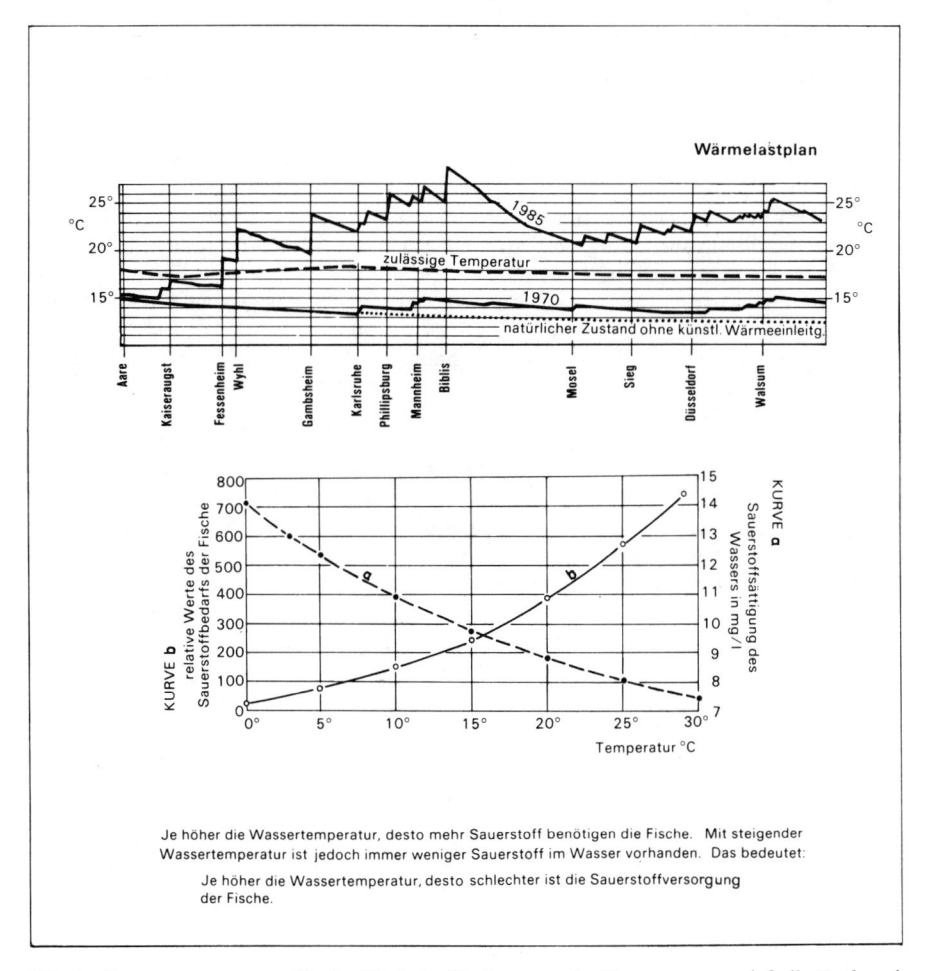

Abb. 6 Temperaturprognose für den Rhein im Herbst unter der Voraussetzung, daß alle Kraftwerke am Rhein mit Frischwasserkühlung arbeiten

5.5 WAS PASSIERT, WENN ......?

Überlege nun, was passiert, wenn verschiedene Belastungsarten und Belastungsintensitäten zusammentreffen. Spiele dazu verschiedene Kombinationen in der folgenden Tabelle durch, zum Beispiel was passiert, wenn ein Fluß, in dem 2 b-Verhältnisse herrschen, noch durch 3 d belastet wird. Mache ähnliche Beispiele und beschreibe die Wirkungsweisen und Folgen, die dabei auftreten.

BELASTUNGSART	a) ÜBERDÜNGUNG	b) AUFWÄRMUNG	c) TOX.VERSCHM.	d) VERÖLUNG
1. keine Belastung				
2. geringe Belastg.				
3. starke Belastg.				

Abb. 7 Belastungsarten und Belastungsintensitäten

Rheinverschmutzung – zur Klärung der Frage nach den Ursachen der Wasserbelastung motiviert werden. Die Abbildung 9: „Verursacher der Wasserbelastung am Rhein" dient teilweise der Zusammenfassung, indem vom Schüler Gebiete abgegrenzt werden sollen, in denen eine bestimmte Belastung dominiert. Die Karte der Wasserbeschaffenheit (rechts unten) dient der Lernkontrolle. Der Schüler kann durch richtiges Ausfüllen der Legende dieser Wassergütekarte nachweisen, ob er die Ursachen und Wirkungen der Wasserbelastung und das Phänomen der Selbstreinigung eines Flusses verstanden hat.

Anhand einiger Medien sollen nun schlaglichtartig Inhalt und didaktisches Konzept von Block D „Wasserbedarf und Wasserdargebot" vorgestellt werden. Grobziel des gesamten Blocks D ist „Den Wasserbedarf und das Wasserdargebot im Rheingebiet beschreiben und deren Zusammenhang erklären können." Mit der Folie „Wasserbedarf und Bevölkerungsentwicklung in der Bundesrepublik Deutschland bis zum Jahre 2000" (Abb. 10) wird die Frage nach den Ursachen des steigenden Wasserbedarfs trotz nahezu stagnierender Bevölkerungsentwicklung gestellt. Der rechte Teil von Abb. 10 ist (im Arbeitsheft der Schüler) ein wesentliches Arbeitsmittel zur Klärung der Frage: „Wer sind die Wasserverbraucher?" Das Blatt „Wasserbedarf eines privaten Haushalts" (Abb. 11), ein Teil der Materialien zur Gruppenarbeit, ist trotz seines einfachen Aufbaus ein beliebtes Arbeitsmittel. Die Abbildung 12 „Möglichkeiten der Kühlung bei Wärmekraftwerken" gehört ebenfalls zu den Materialien zur Gruppenarbeit. Sie dient der Diskussion von hydrologisch-klimatologischen Konsequenzen verschiedener Kühlverfahren, sowie – im unteren Drittel – der Information über die heute in der Bundesrepublik praktizierten Kühlmethoden.

Nur erwähnt werden soll an dieser Stelle, daß der zweite Teil von Block D sich der Frage widmet: „Haben wir genug Wasser?"

Der dritte Teil vom Block D stellt ein ausgesprochenes Zusatzangebot mit erheblichen Anforderungen an naturwissenschaftliches Interesse und Denkvermögen der Schüler dar. Ausgehend von der Frage, warum der Rhein trotz starker Belastung immer noch kein „toter" Fluß ist, werden das im Hinblick auf die Wasserbelastung überaus günstige Abflußverhalten des Rheins sowie dessen Ursachen behandelt.

Mit Hilfe der Abbildung 13 „Änderung der Konzentrationen an gelösten organischen Substanzen im Rheinwasser mit der Wasserführung" soll erarbeitet werden, daß eine hohe Wasserführung eine vergleichsweise niedrige Wasserbelastung zur Folge hat.

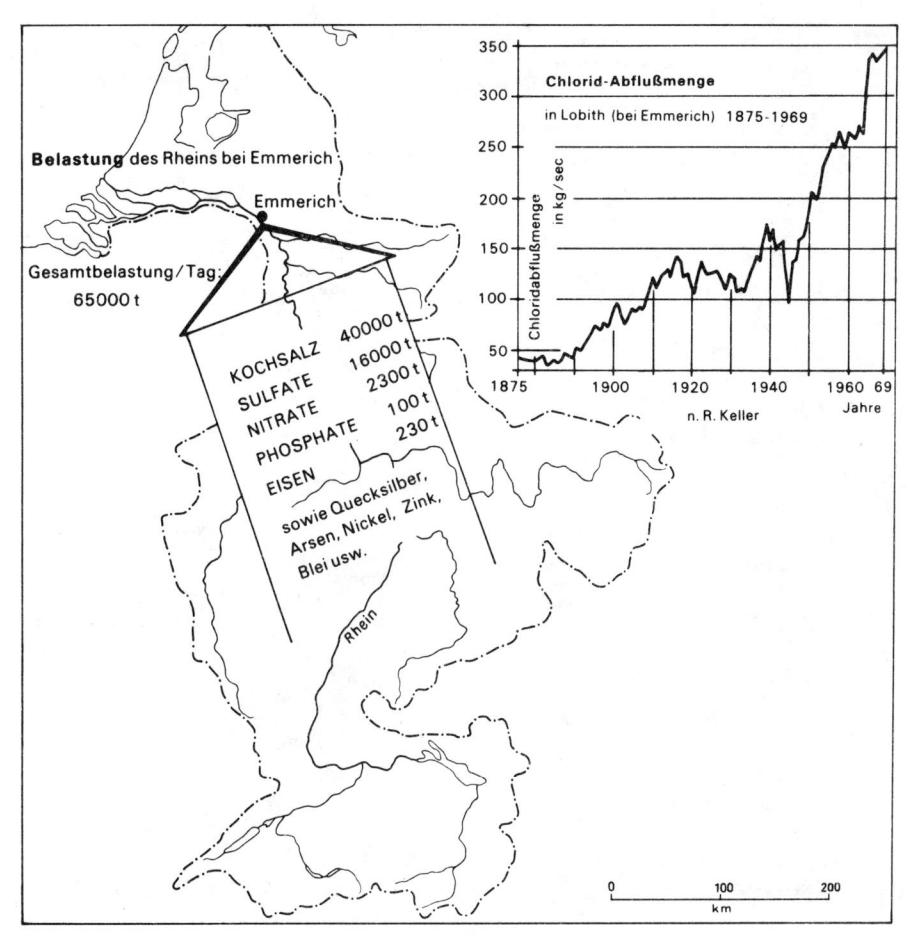

Abb. 8 Belastung des Rheins bei Emmerich

Ausgehend von dieser Grundeinsicht wird nun der Abfluß von Rhein und Weser im Vergleich untersucht. Es ergibt sich (Abb. 14), daß der Rhein allein schon aufgrund seiner höheren Wasserführung stärker belastbar ist als die Weser. Aus der Untersuchung der Abflußschwankungen von Rhein und Weser (Abb. 15) folgt ferner, daß der Rhein auch gleichmäßigere Abflußverhältnisse im Jahresablauf im Vergleich zur Weser hat. Die eingangs gestellte Frage, warum der Rhein noch kein „toter" Fluß ist, läßt sich also dadurch beantworten, daß die hohe Wasserführung in Verbindung mit geringen Abflußschwankungen ein Umkippen des Rheins bisher verhindert haben.

In der letzten Abbildung des Zusatzangebotes (Abb. 16) erhält der Schüler nun auch die Möglichkeit, das im Vergleich zu anderen mitteleuropäischen Flüssen einzigartige Abflußverhalten des Rheins zu ergründen. Der Schüler führt dabei das komplexe Abflußregime des Rheins auf die Überlagerung von nivo-pluvialem Regime (Hochwasser im Sommerhalbjahr) und ozeanischem Regime (Hochwasser im Winterhalbjahr) zurück. Die Aare repräsentiert

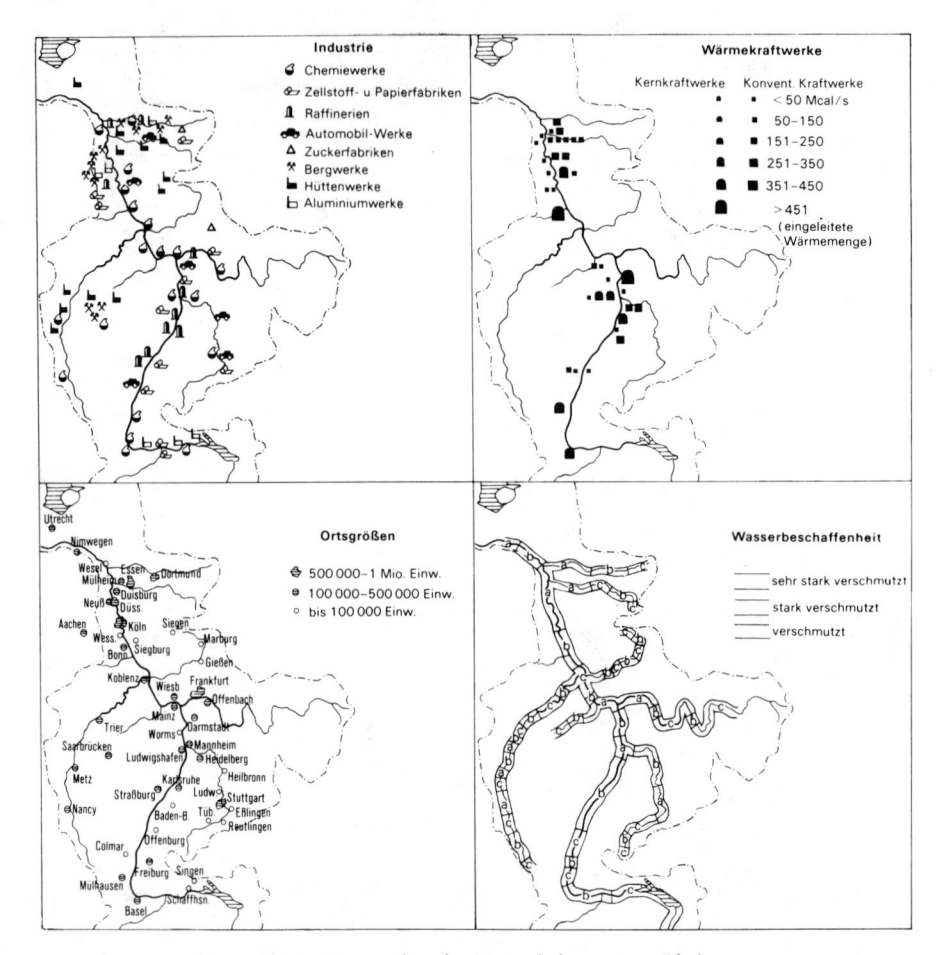

Abb. 9 Verursacher der Wasserbelastung am Rhein

dabei das nivo-pluviale Regime, die Mosel das ozeanische Regime. Aus der Überlagerung der jeweils eingipfligen Abflußganglinien der Alpen- und Mittelgebirgsflüsse ergibt sich die zweigipflige Abflußganglinie des Rheins, wie sie etwa unterhalb der Neckarmündung zu beobachten ist.

Der S- oder Wasserschutz-Block gliedert sich in einen technischen und politischen Teil. Zum Einstieg dienen 2 Dias:
1. eine Luftaufnahme der Schussenmündung,
2. eine Luftaufnahme einer Abwassereinleitung eines Industriebetriebes.

Die Dias sollen zu der Frage führen: Kann man das Wasser durch technische, juristische und politische Maßnahmen schützen? Die technischen Maßnahmen werden am Beispiel einer dreistufigen Kläranlage erarbeitet. Eine Luftaufnahme der Kläranlage Konstanz und parallel dazu ein Aufbautransparent der Draufsicht des gleichen Werkes und ein Querschnitt der Anlage dienen neben einer Diareihe dazu, die wichtigsten Stufen des Klärprozesses zu veranschaulichen. Als Zusatzangebot werden im Lehrerheft noch einige Versuche zur

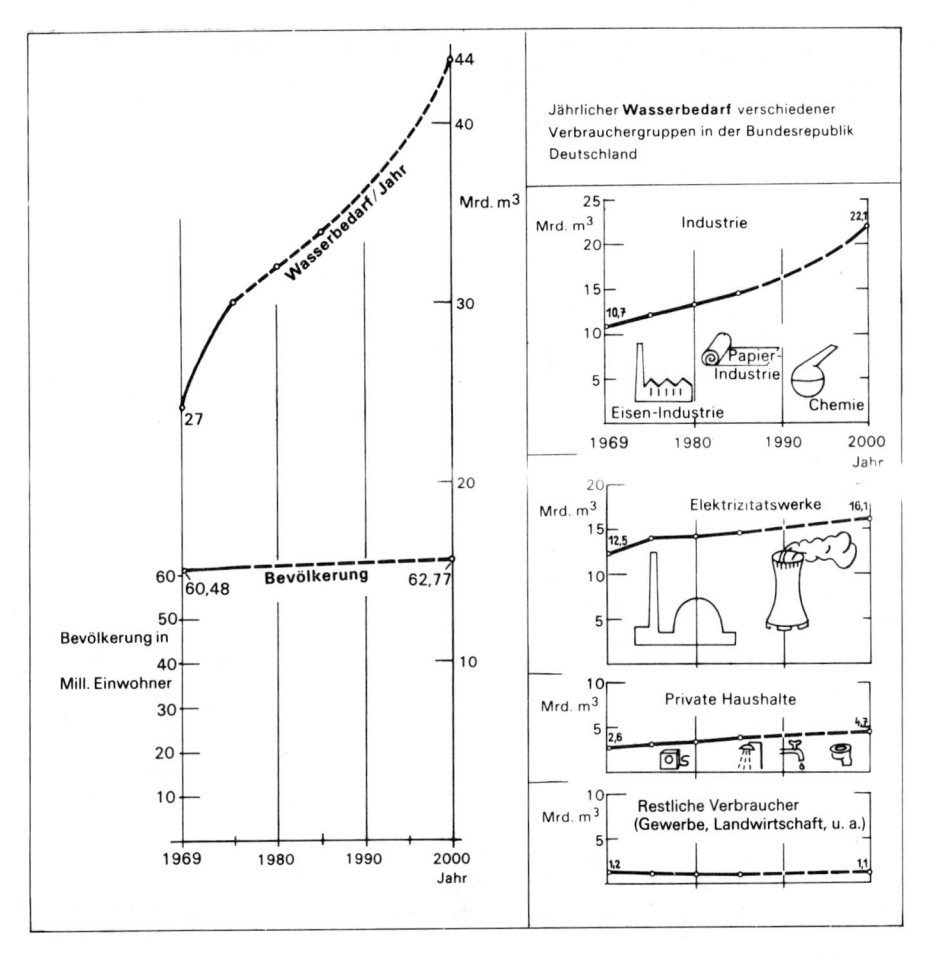

Abb. 10 Wasserbedarf und Bevölkerungsentwicklung in der BR Deutschland bis zum Jahre 2000

Wasserreinigung, zur Bestimmung der Wasserqualität, zur Härtebestimmung, zum Nachweis von Schmutzstoffen, zum Nachweis des Sauerstoffgehaltes und zur Phosphatfällung angeboten.

Wegen der Kürze der Vortragszeit müssen diese Andeutungen genügen. Stattdessen möchte ich stärker auf das abschließende Planspiel „Rettet den Rhein" eingehen. Über den Spielverlauf und die Spielunterlagen geben die Abb. 17–20 Auskunft.

Statt einer Interpretation der Materialien möchte ich im folgenden ein hypothetisches Planspiel-Ergebnis vorstellen:

UMWELT-CHARTA DER RHEINANLIEGERSTAATEN (ENTWURF)

Die Rheinanliegerstaaten beschließen folgende Umwelt-Charta in der Hoffnung, daß ihre Grundprinzipien auch für andere Staaten Vorbild sein können.

Wasserbedarf pro Person für:	Durchschnittswert (l)	Anzahl pro Woche	Gesamtmenge (l)
 1 × Baden	100	2	
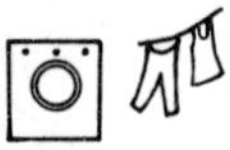 1 × Wäschewaschen	40	3	
 1 × Toilettenspülung	10	26	
 Körperpflege (ohne Baden) pro Tag	8	7	
1 × Händewaschen	2	21	
 Trinken und Kochen pro Tag	4	7	
1 × Geschirrspülen (von Hand)	6	7	
oder 1 × Geschirrspülen (mit Maschine)	20	7	
 1 × Wohnungsreinigung	21	1	
durchschnittlicher Wasserverbrauch insgesamt:			

Beispiel: Durchschnittswert für eine Toilettenspülung = 10 l
Anzahl pro Woche   26 ×
Wasserverbrauch für Toilettenspülung pro Woche = 26 × 10 = 260 l
Trage die so errechneten Einzelwerte in die freien Kästchen ein. Addiere dann alle Einzelwerte und schreibe das Endergebnis in das dick umrandete Kästchen.

Abb. 11 Wasserbedarf eines privaten Haushalts

1. Verursacher- und Gemeinlastprinzip

Für die Rheinanliegerstaaten gilt das Verursacherprinzip.
Die Verursacher von Umweltschäden haben für deren Folgen zu haften. Geringe Belastungen, die durch eine im allgemeinen Interesse liegende Produktion entstehen, können vom Staat in Ausnahmefällen zugelassen werden. Das Gemeinlastprinzip entspricht nicht einer marktwirtschaftlichen Ordnung. Hierbei würde die Öffentlichkeit den Gewinn und die Umweltschäden privater Haushalte und Unternehmungen finanzieren.

2. Sozialbindung des Privateigentums und nationales Recht auf Eigentum

,,Die Staaten haben nach der Charta der Vereinten Nationen und den Grundsätzen des Völkerrechts das souveräne Recht, ihre eigenen Naturgüter gemäß ihrer eigenen Umwelt-

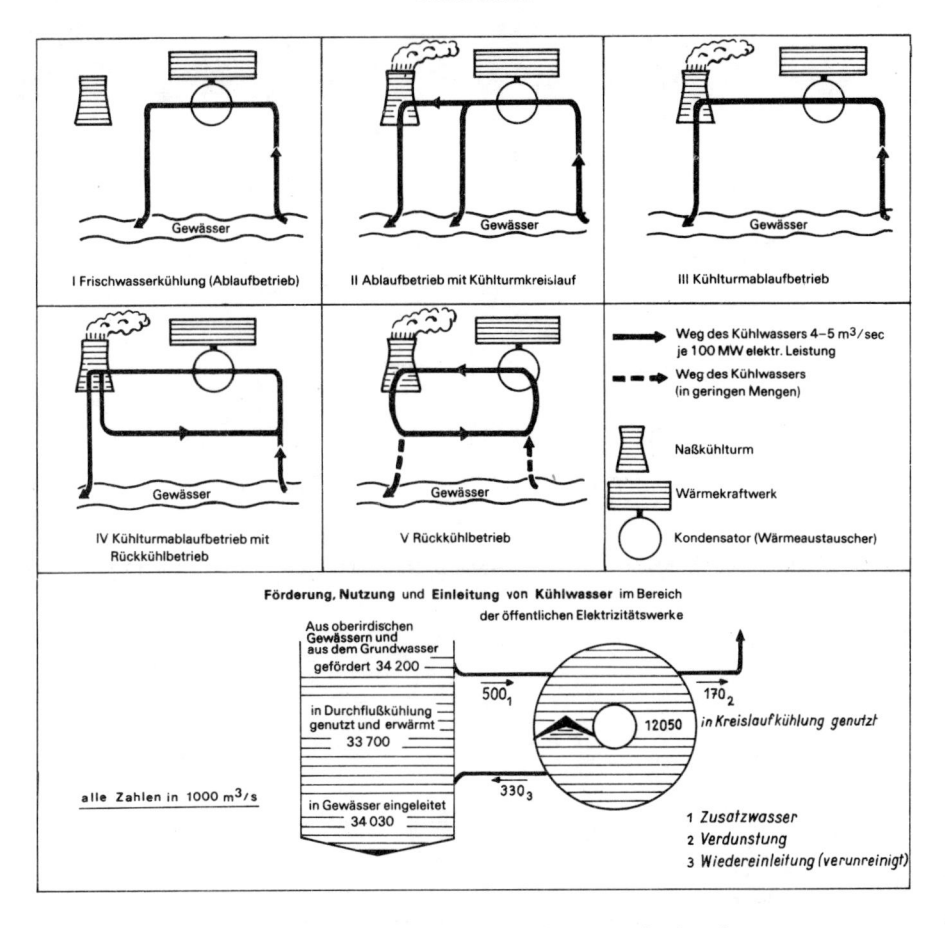

Abb. 12 Möglichkeiten der Kühlung bei Wärmekraftwerken

politik zu nutzen sowie die Pflicht, dafür zu sorgen, daß durch Tätigkeiten, die innerhalb ihres Hoheitsbereiches oder unter ihrer Kontrolle ausgeübt werden, der Umwelt in anderen Staaten oder in Gebieten außerhalb der nationalen Hoheitsbereiche kein Schaden zugefügt wird." (Aus Grundsatz 21 der Erklärung zur Umwelt des Menschen während der Stockholmer Umweltkonferenz 1972).

Das Wasser des Rheins gilt als ein internationales Gewässer, für dessen Reinhaltung und Nutzung ein internationales Recht geschaffen werden soll. Alle Eigentümer von Grundstücken mit Grundwasser, Oberflächenwasser und Quellwasser haben Einschränkungen wie z. B. Baubeschränkungen oder Betreten des Eigentums durch Gewässerschutzbeauftragte in Kauf zu nehmen, damit die Wasserversorgung der Bevölkerung sichergestellt werden kann.

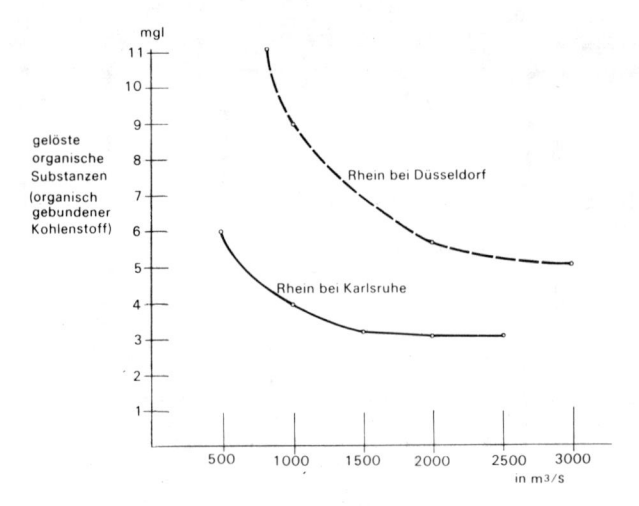

Abb. 13 Änderung der Konzentrationen an gelösten organischen Substanzen im Rheinwasser mit der Wasserführung

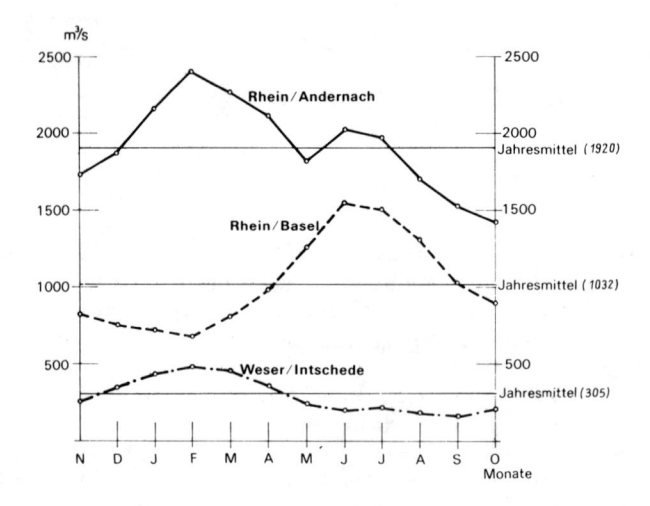

Abb. 14 Abfluß von Rhein und Weser (im Jahreslauf und im Jahresmittel)

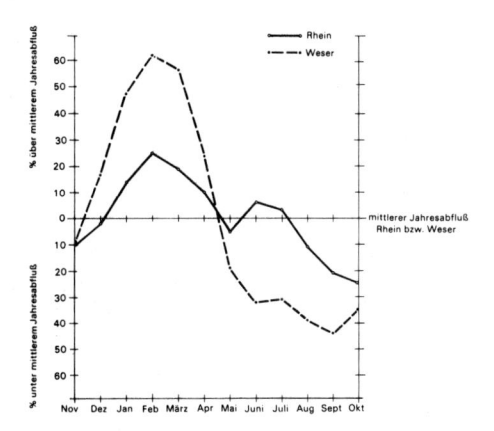

Abb. 15 Abflußschwankungen von Rhein (Pegel Andernach) und von der Weser (Pegel Intschede)

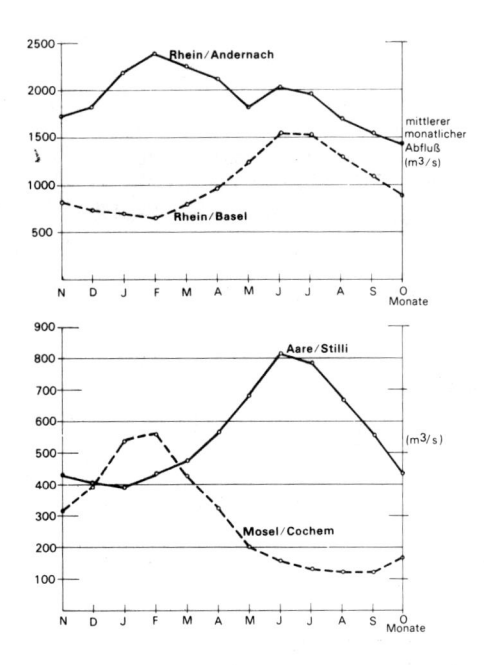

Abb. 16 Abfluß von Rhein, Mosel und Aare im Jahreslauf

```
SPIELANLEITUNG

PROBLEMLAGE:

Zum Schutze des Rheinwassers soll eine Empfehlung zur Vereinheitlichung der Ge-
setzgebung in den Rheinanliegerstaaten ausgearbeitet werden.


ROLLEN:

Delegationen der Bundesrepublik Deutschland, Frankreichs, Luxemburgs, Hollands,
der Schweiz und eine Gruppe internationaler Experten in der "Internationalen
Rheinkommission" (je nach Schülerzahl etwa 4-5 Delegierte in jeder Gruppe)


SPIELVERLAUF:

1. Klärung der Problemlage
2. Klärung des Spielverlaufs
3. Rollenverteilung
4. Vorbereitungssitzung der nationalen Kommissionen und der Experten in Klein-
   gruppen
5. Sitzung der Internationalen Rheinkommission mit den nationalen Delegationen
   und Experten (Tagesordnung siehe Anlage 1)
6. Spielkritik
```

Abb. 17   Spielanleitung

3. Abgaben für Abwasser und Belastbarkeit der Industrie und Haushalte

Die Einleiter von Abwasser haben nach Menge und Schädlichkeit der eingeleiteten Abwasser Abgaben zu leisten. Die Abgabe soll stets höher sein, als die notwendigen Reinigungskosten. Um Härten zu vermeiden, sind bis 1980 Übergangsregelungen vorzusehen.

4. Strafrechtliche Maßnahmen

Wer vorsätzlich in ein Gewässer Stoffe einleitet und dadurch eine schädliche Verunreinigung des Gewässers bewirkt, Stoffe so lagert oder Flüssigkeiten oder Gase so befördert, daß eine schädliche Verunreinigung eines Gewässers eintritt, wird mit Gefängnis oder mit Geldstrafe oder mit einer dieser Strafen bestraft.

5. Zulassung umweltfreundlicher Technologien

Für die Rheinanliegerstaaten gilt das Vorsorgeprinzip. Vorsorgemaßnahmen sind geeigneter, die Umwelt zu schützen, als Umweltverschmutzer zu bestrafen.
Deshalb sind z. B.
a) nur noch umweltfreundliche Techniken zuzulassen,
b) durch Prämien umweltfreundliche Techniken zu fördern,

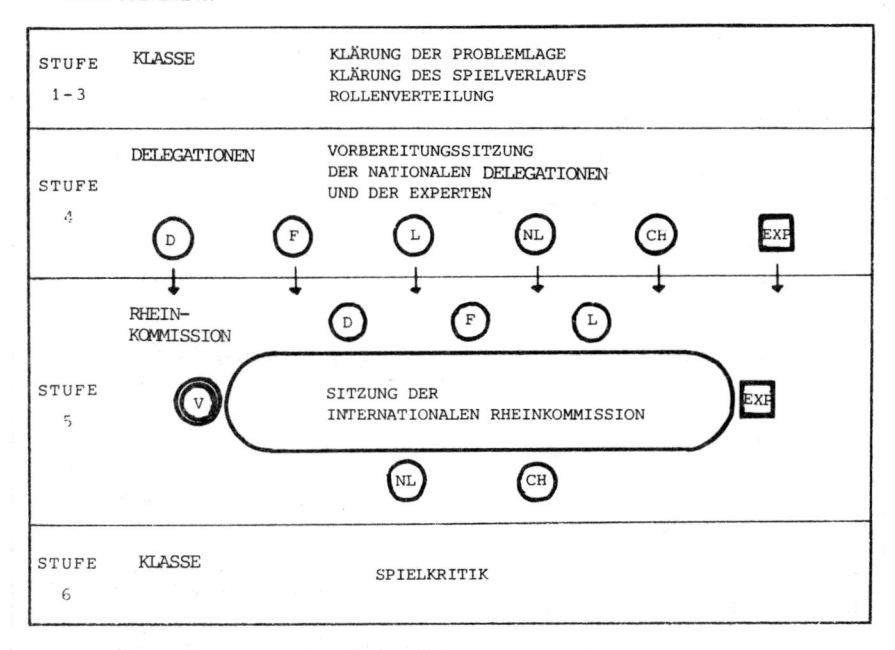

PLANSPIELVERLAUF

STUFE 1-3	KLASSE	KLÄRUNG DER PROBLEMLAGE KLÄRUNG DES SPIELVERLAUFS ROLLENVERTEILUNG
STUFE 4	DELEGATIONEN (D) (F) (L) (NL) (CH) [EXP]	VORBEREITUNGSSITZUNG DER NATIONALEN DELEGATIONEN UND DER EXPERTEN
STUFE 5	RHEIN- KOMMISSION (V) ... (NL) (CH)	(D) (F) (L) SITZUNG DER INTERNATIONALEN RHEINKOMMISSION [EXP]
STUFE 6	KLASSE	SPIELKRITIK

ANWEISUNGEN FÜR ALLE ROLLENTRÄGER BZW. DELEGIERTEN

Es werden folgende Vorgehens- und Verhaltensweisen empfohlen:

a) Jeder Delegierte einer Kommission liest die "Tagesordnung" (Seite 4).
b) Jeder verschafft sich einen Überblick über die "Anlagen" (Seite 5 ff.).
c) Jede Delegation nimmt eine Arbeitsteilung vor, indem einzelne Mitglieder die Informationen für bestimmte Tagesordnungspunkte besonders intensiv lesen. Bei den Punkten der Tagesordnung wird angegeben, welche Unterlagen jeweils besonders wichtig sind.
d) Nach dem gezielten Lesen der Texte führt jede Delegation ein Gespräch, das mit einem schriftlich festgehaltenen "Antrag" oder Grundsatz zu den einzelnen Tagesordnungspunkten beendet wird. Dieser "Antrag" soll in der Hauptsitzung der Rheinkommission vorgetragen, verteidigt und zur Abstimmung gebracht werden.
e) Aus dem beigefügten Planspielmaterial und aus den vorausgegangenen Unterrichtsmaterialien (evtl. auch aus aktuellen Zeitungsnachrichten) kann jeder Delegierte nachweisen, welchen Anteil sein eigenes Land und die anderen Länder an der Rheinverschmutzung haben und wie sie darunter leiden.
f) In diesem Planspiel soll es nicht in erster Linie darum gehen, sich gegenseitig Vorwürfe zu machen, sondern gemeinsam GRUNDSÄTZE ZUR LÖSUNG DER UMWELTPROBLEME zu vereinbaren.

Abb. 18 Planspielverlauf

```
Internationale Kommission
zum Schutze des Rheins
gegen Verunreinigung
- Der Präsident -                    Luxemburg, den 15.1.1977

An die
Delegationen der
"Internationalen Kommission
zum Schutze des Rheins
gegen Verunreinigung" -
der Bundesrepublik Deutschland,
der Französischen Republik,
des Großherzogtums Luxemburg,
des Königreiches der Niederlande und
der Schweizerischen Eidgenossenschaft


Betr.: Einladung zur nächsten Sitzung am 1o.8.1977, 9 Uhr
       im Gebäude des Europarates in Straßburg


Sehr geehrte Herren,

ich möchte Sie zur nächsten Sitzung einladen und Ihnen die
Tagesordnung mitteilen.

Im Auftrage der Rheinanliegerstaaten soll eine Empfehlung
zur Vereinheitlichung der Gesetzgebung zum Schutze des
Rheinwassers ausgearbeitet werden.

Im einzelnen ist über folgende Gesichtspunkte zu diskutie-
ren und zu befinden:

1. Verursacherprinzip und Gemeinlastprinzip (Anlagen I
   und V),
2. Sozialbindung des Privateigentums und nationales Recht
   auf Eigentum (Anlagen I, IV und V),
3. Abgaben für Abwasser und Belastbarkeit der Industrie
   und Haushalte (Anlagen I, XI und X)
4. Strafrechtliche Maßnahmen (Anlagen IV, IV und VI),
5. Zulassung umweltfreundlicher Technologien (Anlagen I
   und V),
6. Internationale Vereinbarung und Überwachung (Anlagen I,
   II, III, IV, V, VII, X),
7. Umweltbewußtsein der Bürger,
8. Verschiedenes.

                           gez. Dr. E. Huber, Präsident
Anlagen                              Bern/Schweiz
```

Abb. 19 Einladung

LISTE DER ANLAGEN		Seite
I.	"Bundesrepublik Deutschland - Umweltschützer Nr. 1", Pressebericht von Prof. Dr. W. Maihofer, Bundesminister des Inneren des Bundesrepublik Deutschland),	6
II.	Vereinbarung über die Internationale Kommission zum Schutze des Rheins gegen Verunreinigung,	7
III.	Tätigkeitsbericht 1972 - 1974 der Internationalen Kommission zum Schutze des Rheins gegen Verunreinigung,	8
IV.	Auszug aus dem Wassergesetz Baden-Württembergs,	11
V.	Auszug aus dem Wasserhaushaltsgesetz der Bundesrepublik Deutschland,	12
VI.	Auszug aus dem Entwurf der Strafrechtslehre der Bundesrepublik Deutschland (1972),	13
VII.	Grundsatz 21 der Stockholmer Umweltkonferenz von 1975,	13
VIII.	Waschmittelgesetz der BRD,	13
IX.	Wasserabgabegesetz der Bundesrepublik Deutschland	14
X.	Auszug aus dem Entwurf zur Änderung des Wasserhaushaltsgesetzes (Bericht und Antrag des Innenausschusses des Deutschen Bundestags 1976)	15

Abb. 20 Liste der Anlagen

c) durch Steuervergünstigungen Firmen mit umweltfreundlichen Techniken zu unterstützen,
d) beim Neubau von Kläranlagen jeweils eine dritte Stufe vorzusehen,
e) scharfe Toleranzgrenzen für Belastungsfaktoren festzulegen wie z. B.
– 200 mg/l Chlorid-Ionen an der holländischen Grenze
– maximale Aufwärmung des Rheinwassers durch Kraftwerke von 2 Grad Celsius über die natürliche Temperaturhöhe in Fessenheim, von 3 Grad Celsius an der holländischen Grenze. Für die Überwachung der Wassertemperatur sind am Hochrhein, Oberrhein, Mittelrhein und Niederrhein jeweils mindestens zwei kontinuierlich arbeitende Meßstationen einzurichten
– die Radioaktivitätsbelastung darf nicht über 10 mrem pro Jahr liegen
– je nach Gefährlichkeit und entsprechenden Zulassungsbestimmungen sind für bestimmte Stoffe schwarze, graue und beige Listen zu vereinbaren.

6. Internationale Vereinbarungen

Es sind einheitliche Mindestanforderungen an das Einleiten von Abwasser und das Lagern von wassergefährdenden Stoffen durch europäische Gesetze festzulegen. Eine internationale Gewässerschutz-Kommission überwacht das Rheinwasser. Die Internationale Rhein-Kommission erhält den Auftrag, neue Methoden zum Schutze des Rheinwassers zu entwickeln. Alle neuen Wassergesetze, die die Interessen der Rheinanliegerstaaten berühren, sind auf europäischer Ebene zu vereinheitlichen (Das bedeutet eine Einschränkung der Gesetzgebung der Bundesländer und der Bundesregierung).

7. Umweltbewußtsein der Bürger

Umweltschutz braucht die aktive Mitarbeit aller Bürger im privaten und öffentlichen Leben. Deshalb muß der Umweltschutz-Gedanke immer wieder diskutiert werden und im Bewußtsein des Bürgers bleiben.
So weit die hypothetische Charta.

Diese Umwelt-Charta erscheint vielleicht etwas idealistisch. Ein offenes Planspiel würde auch folgenden Beschluß erlauben: „Wegen der großen Arbeitslosigkeit müssen Umweltschutzmaßnahmen für die nächste Zeit zurückgestellt werden."
In der anschließenden Planspiel-Statistik ist es allerdings nötig, sowohl optimistische als auch pessimistische Entscheidungen zu analysieren und mit der Wirklichkeit zu vergleichen.

Diskussion zum Vortrag Haubrich und Nolzen

Dr. J. Hagel (Stuttgart)
1. Um das regulative Spitzenziel des Projekts zu erreichen, erscheint es sinnvoll, die persönliche Betroffenheit und die persönlichen Mitwirkungsmöglichkeiten der Schüler stärker herauszustellen. Zumindest sollte im Testbogen gefragt werden, was der Schüler selbst zu tun bereit ist. Im übrigen ist auch ein Transfer auf die Gegebenheiten am Schulort leicht möglich.
2. Es erscheint zweckmäßig, die Vielfalt der Verflechtungen synoptisch darzustellen, um die Schüler anzuleiten, in komplexen Zusammenhängen zu denken. Beschränken wir uns nämlich wie bei der Aufgabe, die Eutrophierung darzustellen, auf lineare Systeme, so bleiben gerade die unerwünschten Nebenwirkungen unberücksichtigt. Aus der Behandlung der Umweltprobleme des Oberrheingebiets in mehreren Seminaren ist ein Entwurf eines vielleicht brauchbaren Wirkungsschemas hervorgegangen; Versuche an mehreren Schulen im Raum Stuttgart zeigen, daß solche Schemata – in unteren Klassen evtl. in vereinfachter Form – gute Hilfsmittel für den Unterricht sind.
3. In der Erprobungsfassung des Projekts werden einige Möglichkeiten für fächerübergreifende Zusammenarbeit gezeigt. Nach meinen Erfahrungen kommt es jedoch viel zu wenig zu einer solchen Zusammenarbeit, weil die Lehrpläne der Fächer nicht genügend aufeinander abgestimmt sind und eine Zusammenarbeit in ihnen nicht bindend vorgeschrieben ist. Hier ist ein dringender Appell an die Lehrplankommissionen zu richten.

Prof. Dr. H. Nolzen (Freiburg)
Zu 1. Die Unterrichtseinheit „Tatort Rhein" ist bereits in der vorliegenden Form durchaus geeignet, den Schüler einsehen zu lassen, daß er persönlich betroffen ist. Als Betroffener erfährt er insbesondere im Planspiel „Rettet den Rhein" Möglichkeiten der persönlichen Mitwirkung bei der Bekämpfung der Gewässerbelastung.
Was darüber hinaus speziell am Schulort getan werden kann, ist wegen der unterschiedlichen Gegebenheiten von Ort zu Ort schlecht in die Schülermaterialien hineinzunehmen. Zu dieser Transferbildung ist der Lehrer mit seiner Regionalkenntnis aufgerufen. Anregungen dazu sind bereits in den methodischen Hinweisen des Lehrerhefts enthalten, lassen sich jedoch noch erweitern.
Aus Gründen der objektiven Testauswertung ist in den Testbögen die Möglichkeit zu freiformulierter Schülerantwort nicht vorgesehen. Es ist also auch nicht möglich, den Schüler aufschreiben zu lassen, was er selbst am Schulort gegen die Wasserbelastung tun will. Derartige Überlegungen sind im übrigen so bedeutsam, daß sie – wie in der Unterrichtseinheit vorgesehen – bereits während des Unterrichts und nicht erst zum Schluß im Test angestellt werden müssen.
Zu 2. Die Unterrichtseinheit enthält eine Reihe von Aufgaben und Materialien, die diese synoptische Sichtung komplexer Zusammenhänge zum Ziel haben. Ich verweise in diesem Zusammenhang etwa auf die Abbildungen „Verursacher der Wasserbelastung am Rhein" (Abb. 4, 5, 6, 7), wo Teile des Wirkungsgefüges der Wasserbelastung betrachtet werden. Auch das Arbeitsblatt 5.5 „Was passiert, wenn . . .?" ist hier zu nennen. Ein Schema, daß die Gesamtheit des Wirkungsgefüges darstellt, böte eine nützliche Ergänzung unserer Unterrichtseinheit, etwa für Zwecke der Zusammenfassung oder der Lernkontrolle.
Zu 3. Mir sind aus eigener Erfahrung sehr erfolgreiche Beispiele fächerübergreifenden Unterrichts bekannt. Allerdings sind sie im Schulalltag selten, da sie nur durch Initiativen besonders engagierter Lehrer zustande kommen. Ihrem Appell, fächerübergreifenden Unterricht bei einigen Themen, wie z. B. der Behandlung der Wasserbelastung, in den Lehrplänen bindend vorzuschreiben, kann ich mich deshalb nur voll und ganz anschließen, weil ich überzeugt bin, daß der damit verbundene Mehraufwand sich für Schüler und Lehrer lohnt.

Dr. E. Wittig (Bayreuth)
Mit der Darstellung der „Curriculumspirale" wurde in anerkennenswerter Weise der curriculare Stellenwert des Projekts „Tatort Rhein" aufgezeigt. Nun entstanden/entstehen in den verschiedenen Ländern der Bundesrepublik neue „curriculare Lehrpläne". Wie ist die Beziehung zwischen den

Lernzielen der Lehrpläne in Geographie und dem Projekt (den Projekten des RCFP) zu sehen bzw. zu organisieren?
Problem: Gibt es „stufenspezifische Medien"?

Dr. H.-C. Poeschel (Osnabrück)
Der Diskussionsbeitrag bezieht sich auf den Gegensatz zwischen fachwissenschaftlich/fachdidaktischem Anspruch und schulischer Realität, insbesondere auf zwei Aspekte:
1. Funktion und Struktur der ersten Stunde des Entwurfes (P1) = Planungsstunde. Haben Schüler ein Mitspracherecht?
2. Haben die bisherigen praktischen Erfahrungen gezeigt, daß die in der Planung vorgesehene Zeit (10 Stunden) realistisch ist. Falls nein, was zu vermuten ist, wie gelingt es, die Motivation über einen weit längeren Zeitpunkt zu erhalten?

Dr. D. Hagen (Oldenburg)
Ausgehend von dem Anspruch, mit dem Curriculum-Modell „Tatort Rhein" offene Didaktik betreiben zu wollen, erhebt sich die Frage, *wie* offen dieser Unterricht wirklich ist. Können die Schüler in der ersten Stunde und auch laufend weiter mitentscheiden, was gelernt werden und wie der Unterricht ablaufen soll? Ist auch das Planspiel wirklich offen, wenn die Lösungsmöglichkeiten – wie Sie uns vorgeführt haben – schon vorgegeben sind, auch unter Einschluß der Möglichkeit, zwischen verschiedenen (vorgegebenen) Lösungsmöglichkeiten wählen zu können? Des weiteren hätte ich gern etwas über die Entscheidungen für bestimmte Lernverfahren und Lernschritte in den jeweils spezifischen Unterrichts-Situationen erfahren, z. B. warum *hier* ein Lückentext auszufüllen, dort eine Karte anzumalen und wieder an anderer Stelle Diagramme auszuwerten sind. Didaktische Forschung, die mit den Projekten des RCFP auch vorangetrieben werden soll, würde sich m. E. gerade darin zeigen, solche Überlegungen auf einen sichereren Grund zu stellen.

Schließlich scheint mir ein Indiz für eine noch ausbaufähige didaktische Reflexion in dem anfangs vorgeführten Spiralkonzept zu liegen. In diesem kommen zwar neben Sachbereichen, Methoden und Unterrichts- resp. Aktionsformen auch kognitive Lernziele (Sachwissen und Einsichten) vor, die affektive *Dimension* ist in diesem Modell aber noch nicht berücksichtigt.

Gibt es an anderer Stelle Überlegungen, die hierauf eingehen und damit zu erkennen geben, daß es beim „Tatort Rhein" nicht nur um hydrologisch-ökologische und juristische Erkenntnisse, sondern um Grundfragen menschlicher Existenz und Werte geht, von denen nicht nur die unmittelbaren Rheinanlieger betroffen sind?

Prof. Dr. H. Haubrich (Freiburg)
Zur Frage von Herrn Wittig:
In der Erprobungsfassung ist ein Überblick über alle Einsatzmöglichkeiten des Projekts in allen Schularten und in allen Ländern abgedruckt. Die RCFP-Projekte sind als Trittsteine zur Erneuerung der Lehrpläne jedoch nicht als Ersatz der Geographiepläne konzipiert.
Die intendierten Adressaten sind das 7. bis 10. Schuljahr. Für dieses Alter sind auch die Medien entwickelt. Was die Evaluation ergeben wird, wird sich noch zeigen müssen.
Zur Frage von Herrn Poeschel:
Die Schüler nehmen in der 1. Stunde weitgehend selbständig sowohl die inhaltliche als auch die methodische Planung vor. Die bisherigen Erfahrungen zeigten, daß die Schüler in Entsprechung der Sachlogik der anstehenden Thematik die meisten Teilfragen des Projekts ansprachen und im methodischen Vorgehen mehr abweichende Vorschläge machten. Eine selbständige Planung und Mitentscheidung über die Projektarbeit ist erwünscht, selbst wenn Projektteile ungenutzt bleiben. Die zeitlichen Angaben sind nach den bisherigen Erfahrungen zu niedrig. Das Baukastensystem des Projekts erlaubt jedoch einen flexiblen Einsatz.
Zur Frage von Herrn Hagen:
Ich verweise noch einmal auf meine Antwort auf die Frage von Herrn Poeschel. Der Unterricht ist weitgehend offen, d. h. er ergibt sich aus der Sachlogik und aus dem Gespräch zwischen Lehrer und

Schüler. Der Unterricht, d. h. insbesondere der Unterrichtsweg wird nicht allein vom Lehrer vorgezeichnet, sondern im Dialog bestimmt.

Das Planspiel, insbesondere der Planspielverlauf und das Planspielergebnis sind ohne Einschränkungen offen. Wenn ich hier ein hypothetisches Planspielergebnis vorgetragen habe, so ist damit nicht gesagt, daß dieses erwartet wird. Nur aus didaktischen Gründen habe ich dieses Ergebnis konstruiert, um ihnen in kürzester Zeit einen Einblick in das Planspiel zu geben.

Eine Begründung aller didaktischen Entscheidungen konnte hier aus Zeitgründen nicht gegeben werden, sie wird auch aus Platzgründen nicht mit dem Projekt veröffentlicht werden können. Erstrebe ich z. B. das Lernziel „Planungs- und Entscheidungsfähigkeit bei räumlichen Prozessen", so ist m. E. die Entscheidung für ein Planspiel plausibel begründet.

Mit Absicht fehlen im Spiralkonzept die affektiven Lernziele. Diese sollen nicht wie die kognitiven überprüft und abgerufen werden. Sie sind auch nicht fein säuberlich auf verschiedene Stufen zu verteilen. Ich gebe Ihnen recht, daß damit die Gefahr gegeben ist, daß sie ganz vergessen werden. Wenn sie sich aber die vorgetragene Umwelt-Charta in Erinnerung rufen, so werden sie den Beweis finden, daß es in diesem Projekt um Fragen der menschlichen Existenz, um politische Sensibilität, um soziales Engagement und um Mitverantwortung bei der Erhaltung und Entwicklung unseres Lebensraumes über nationale Grenzen hinweg geht.

CURRICULUMEVALUATION – VERFAHREN DER INFORMATIONSGEWINNUNG UND DIE REVISION DER UNTERRICHTSEINHEITEN IM RCFP

Mit 6 Abbildungen

Von Hedda Jungfer (München)

Im Rahmen der Berichterstattung über die Arbeitsfortschritte des RCFP soll dieses Referat einen Überblick über Ziele, Methoden und Ergebnisse der Evaluation der Unterrichtseinheiten geben. Die unterrichtspraktische Erprobung von Curriculumentwürfen ist ein notwendiger Bestandteil jeder Curriculumentwicklung. Als solche wurde sie auch im RCFP stets gesehen. Dabei stellte die Entwicklung eines für die Bedingungen des RCFP geeigneten Evaluationsmodells eine wichtige Vorbedingung dar. Das Verfahren, nach dem wir heute vorgehen, wurde aus den speziellen Arbeits- und Organisationsbedingungen des RCFP während der Entwicklungsphase konzipiert und bei der Erprobung der Unterrichtseinheit „Im Flughafenstreit dreht sich der Wind" getestet und modifiziert.
Die am häufigsten gestellten Fragen zu unserem Evaluationsansatz
- organisatorischer Rahmen und die Umsetzung der Erprobungsergebnisse in die Revision der Unterrichtseinheiten,
- welche Daten werden in den Schulversuchen gesammelt und mit welchen Verfahren,
- Auswahl von Erprobungslehrern und -klassen

dienten als Auswahlkriterien für die schwierige Aufgabe der Themenwahl für dieses Referat. Die jeweils gewählten Beispiele entstammen der Evaluation der Unterrichtseinheit „Im Flughafenstreit dreht sich der Wind" (Franz, u. a., 1975). Bei „Tatort Rhein" (Haubrich, u. a., 1977), der heute hier vorgestellten Unterrichtseinheit, ist der Testunterricht noch nicht abgeschlossen.

1. PROZESS DER EVALUATION EINER UNTERRICHTSEINHEIT

Die von einer der regionalen Projektgruppen fertiggestellte Rohfassung einer Unterrichtseinheit wird dem Lenkungsausschuß vorgelegt, der über die Aufnahme in die zentrale Evaluation beschließt. Wir nennen diese Erprobungen zentral im Unterschied zu den Klassenversuchen, die von den Projektgruppen schon während der Entwicklungsphase in Eigenregie durchgeführt werden. Nach dem Aufnahmebeschluß des Lenkungsausschusses geht die Unterrichtseinheit an den Forschungsstab, der zum einen die Konfektionierung zu einer Erprobungsfassung (mit entsprechenden Klassensätzen) vornimmt, zum anderen gemeinsam mit dem Entwicklungsteam die Evaluationsfragen festlegt und Fragebogen und Tests für Lehrer und Schüler entwickelt. Parallel dazu läuft der Prozeß der Auswahl von Erprobungslehrern und -klassen (vgl. 3).

Da die RCFP-Unterrichtseinheiten möglichst in allen Bundesländern verwendbar sein sollen, ist eine bundesweite Streuung der Testklassen wichtig. Dies bedeutet andererseits, daß die Informationen über die Testklassen (Unterrichtsvoraussetzungen), die Unterrichts-

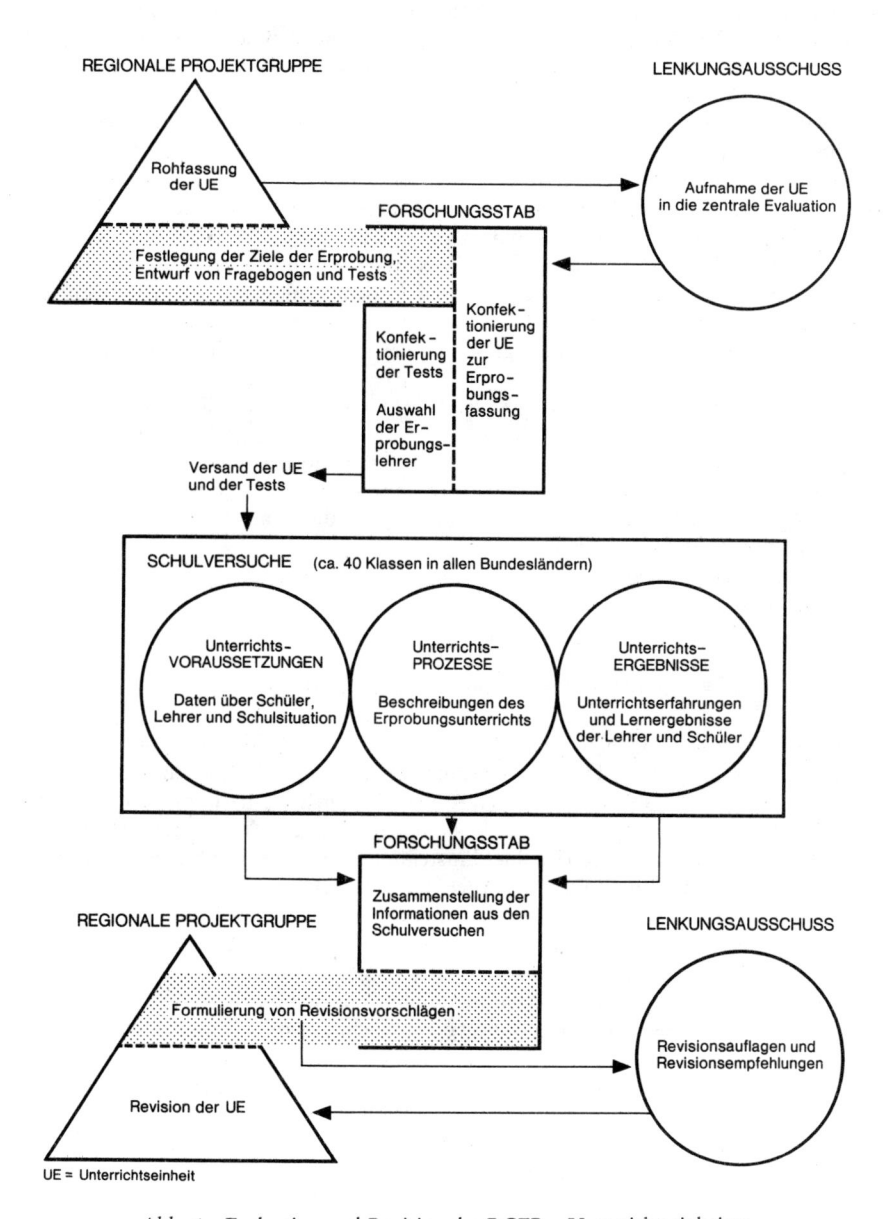

Abb. 1 Evaluation und Revision der RCFP – Unterrichtseinheiten

prozesse und alle Ergebnisse, Bewertungen und Kritiken nur auf schriftlichem Wege wiederum dem Forschungsstab zugeleitet werden können. Besondere Sorgfalt bei der Entwicklung von Fragebogen und Tests ist also erforderlich, denn nicht vorausbedachte Probleme sind nachträglich nur schwer in ihrer Bedeutung zu gewichten.

Die während und nach den Unterrichtsversuchen von Schülern und Lehrern bearbeiteten Fragebogen und Tests laufen dann wieder beim Forschungsstab zusammen. Dieser erstellt einen Ergebnisbericht. Der Bericht für die Unterrichtseinheit „Im Flughafenstreit dreht sich der Wind" liegt mittlerweile als Band 6 der Materialien zu einer neuen Didaktik der Geographie (Jungfer, 1977) gedruckt vor.

Auf der Basis dieser Daten formulieren Forschungsstab und Regionale Projektgruppe Vorschläge zur Revision der Unterrichtseinheit, die dem Lenkungsausschuß zur Entscheidung vorgelegt werden. Nach dessen Revisionsauflagen und -empfehlungen wird schließlich von der Autorengruppe die Erprobungsfassung der Unterrichtseinheit umgearbeitet.

2. INFORMATIONEN FÜR DIE EVALUATIONSAUSWERTUNG

Nach dieser kurzen Ablaufschilderung einer Evaluation wollen wir uns der Frage zuwenden, welche Informationen aus den Klassenversuchen aufgenommen und verwertet werden. Nach Stake (1972) lassen sich die für eine Evaluation relevanten Variablen des Unterrichts drei Feldern zuordnen:
– *Unterrichtsvoraussetzungen,*
– *Unterrichtsprozesse und*
– *Unterrichtsergebnisse.*

– *Unterrichtsvoraussetzungen*

Bei unseren Erprobungen werden Daten aus allen drei Feldern gesammelt. Bei den Unterrichtsvoraussetzungen Daten zur Schulorganisation (z. B. Klassengröße, Anschaffungsetat), Daten über die Lehrer (z. B. Jahre im Schuldienst, Fächerkombination, Haltung zu den Reformzielen des RCFP, Vertrautheit mit der Erprobungsklasse) und Daten über die Schüler (z. B. Leistungen in Geographie, Einstellungen zum Geographieunterricht, inhaltliche und methodische Vorkenntnisse, Alter, Geschlecht).

Ein Beispiel für themenbezogene Vorkenntnisse der Schüler, die bei der Erprobung der Unterrichtseinheit „Im Flughafenstreit dreht sich der Wind" erhoben wurden, zeigt Abb. 2. In eigenen Worten sollten die Schüler
a) ihnen bekannte Planungsvorhaben in der Wohngemeinde und
b) Aktionsmöglichkeiten von Bürgern gegen eine nicht gewollte Schnellstraße im Wohngebiet
formulieren. Die Ergebnisse zeigen, daß die Schüler zu beiden Themenbereichen durchaus Kenntnisse aufzuweisen haben. Lediglich 20% wußten keine Planungsvorhaben, 4% keine Gegenmaßnahme zu nennen. Die Antworten decken – wie die inhaltliche Aufgliederung zeigt – auch recht gut das mögliche Themenspektrum ab. Daß „Industrieplanungen" lediglich von 5% der Schüler genannt wurden, dürfte mit der generell geringen öffentlichen Aufmerksamkeit an solchen Planungen zusammenhängen (wenn es sich nicht gerade um Kraftwerke oder belästigende chemische Industrie handelt). Die differenzierten Aussagen zu Mitspracheöglichkeiten der Bürger bedeuten zunächst lediglich die abstrakte Kenntnis der Möglichkeiten. Rückschlüsse auf Realisierungsbereitschaft oder -fähigkeit dürfen daraus selbstverständlich nicht gezogen werden.

Curriculumevaluation 459

PLANUNGSVORHABEN IN DER WOHNGEMEINDE

Anzahl der Nennungen

Anzahl Planungsvorhaben	Anzahl Schüler in %
keine	20
1	22
2	46
3 und mehr	12

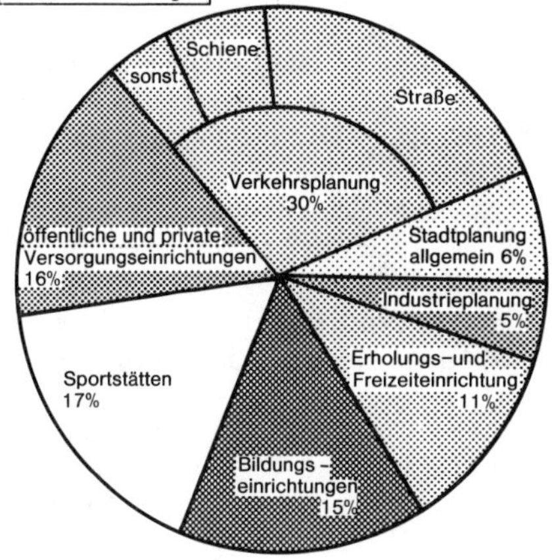

MITSPRACHEMÖGLICHKEITEN DER BÜRGER

Anzahl der Nennungen

Anzahl Mitsprachemöglichkeiten	Anzahl Schüler in %
keine	4
1	49
2	34
3 und mehr	13

Inhalte der Nennungen (linkes Diagramm):
- Schiene
- sonst.
- Straße
- Verkehrsplanung 30%
- öffentliche und private Versorgungseinrichtungen 16%
- Stadtplanung allgemein 6%
- Industrieplanung 5%
- Sportstätten 17%
- Erholungs- und Freizeiteinrichtung 11%
- Bildungseinrichtungen 15%

Inhalte der Nennungen (rechtes Diagramm):
- Formen der Demonstration
- Beschwerde-Verhandlung
- Kompensationsforderungen 8%
- Gegenmaßnahmen 48%
- Resignation 5%
- Protest Klage (undifferenziert)
- Bürgermobilisierung 37%
- Medien
- Unterschriftensammlung
- Bürgerinitiative

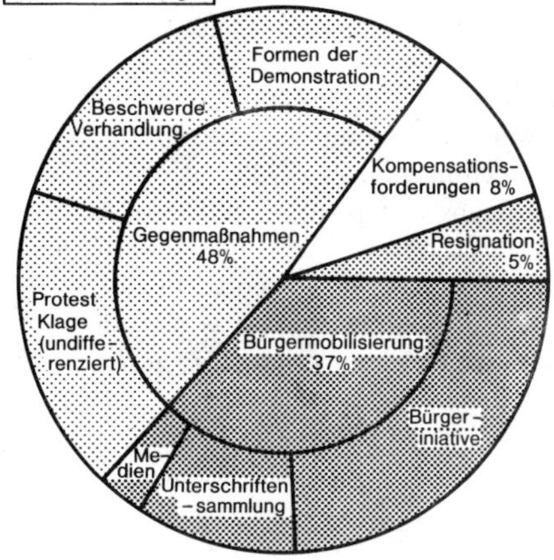

Abb. 2 UE „Im Flughafenstreit dreht sich der Wind". Vorkenntnisse der Schüler über Planungsvorhaben in ihrer Gemeinde und Mitsprachemöglichkeiten der Bürger bei Planungsmaßnahmen

– *Unterrichtsprozesse*

Zu den Unterrichtsprozessen, die wir versuchen zu erfassen, gehören möglichst detaillierte Beschreibungen der Unterrichtsabläufe nach den einzelnen Unterrichtsabschnitten. Neben den vorformulierten Fragen an die Testlehrer zu Inhalten, Methoden, Zeitaufwand etc. werden auch Schülerarbeitsergebnisse gesammelt. Ein Beispiel hierfür (Abb. 3) sind die Spielergebnisse von Schülern in einem Planspiel der Unterrichtseinheit „Im Flughafenstreit dreht sich der Wind". Jeweils 4–6 Expertenteams in einer Klasse hatten einen geeigneten Standort für den geplanten Großflughafen in der Region München zu suchen.

Abbildung 3 zeigt die Verteilung der Schülerstandorte auf der Karte der Region. Dabei geben die Ziffern jeweils die Anzahl Schülerstandorte im entsprechenden Planquadrat an. Obgleich doch eine recht weite Streuung feststellbar ist, gibt es eindeutige Häufungen bei den Standorten, die real von der Regierung (D6) bzw. der Schutzgemeinschaft (E2) vorgeschlagen wurden. Dabei wurde das Gebiet um E2 von den Schülern eindeutig stärker favorisiert.

– Unterrichtsergebnisse

Zu den Unterrichtsergebnissen einer Evaluation gehören einmal selbstverständlich die Lernergebnisse der Schüler, aber auch alle Bewertungen der Unterrichtseinheit insgesamt oder einzelner Teile, die Lehrer und Schüler abgegeben haben sowie Kritiken, Anregungen und Verbesserungsvorschläge. Bei der Erhebung der Lernergebnisse der Schüler bemühen wir uns, nicht nur kognitiven Wissenszuwachs, sondern auch affektive und (versuchsweise) kommunikative Lernziele zu überprüfen. Ein Beispiel für Daten zu dem affektiven Lernziel „möglichst positiver Bewertung des Testunterricht" aus der Unterrichtseinheit „Im Flughafenstreit dreht sich der Wind" gibt die Abbildung 4 wider:

Die Schüler hatten (vor dem Unterricht) ein Polaritätsprofil für den Erdkundeunterricht allgemein und (nach dem Testunterricht) eines für die Unterrichtseinheit auszufüllen. Die schwarze Linie zeigt die Mittelwerte für die Unterrichtseinheit. Deutlich markiert sind die Abweichungen zum Erdkundeprofil. Die beiden Profile ähneln einander, sie sind beide bemerkenswert positiv. Andererseits geben die Abweichungen sinnvolle Hinweise für Verbesserungsmöglichkeiten. Im Hinblick auf die Revision läßt sich allgemein sagen, daß die Schülerdaten die entscheidenden Tips liefern, *daß* an bestimmten Stellen der Unterrichtseinheit oder insgesamt etwas verändert werden muß. Aus den Lehrerdaten sind dann die Anregungen zu entnehmen, *in welche Richtung* Veränderungen sinnvoll oder notwendig sind.

3. ERPROBUNGSLEHRER UND -KLASSEN

Die Unterrichtseinheiten des RCFP, die verschiedenen Themenbereichen und Klassenstufen zugeordnet sind, sollen in allen Bundesländern und möglichst allen Schularten einsetzbar sein. Damit sind entscheidende Rahmenbedingungen für die Unterrichtssituationen angegeben, für die die Evaluationsaussagen Gültigkeit haben sollen. Die Unterrichtseinheit „Im Flughafenstreit dreht sich der Wind" zum Beispiel war in ihrer Erprobungsfassung konzipiert für die Klassenstufen 8 bis 10 aller Schularten. In die Evaluation waren somit Lehrer und Klassen der Stufen 8 bis 10 aller Schularten im gesamten Bundesgebiet einzubeziehen.

Weiterhin wurde festgelegt, daß jede Unterrichtseinheit von insgesamt zwischen 30 und 40 Schulklassen erprobt werden soll. Die Lehrkräfte, die bei unseren Erprobungen mitarbeiten, tun dies freiwillig und ohne zusätzliches Entgelt; ihre eingebrachte Arbeit wird andererseits von den jeweiligen Bundesländern als Länderbeitrag in das Forschungsprojekt eingebracht. Durch ständige Hinweise auf Kongressen und in den Informationsbroschüren haben sich mittlerweile ca. 200 Mitarbeiter zur Verfügung gestellt, die wir in einer Erprobungslehrerkartei sammeln. Aus dieser Kartei werden für die Erprobung einer Unterrichtseinheit ca. 60 Namen gezogen. Auswahlkriterien sind dabei: Präferenz der Lehrkraft für diese Unterrichtseinheit, Schulart und regionale Gesichtspunkte. Diese Adressen schreiben wir an, geben nähere Informationen über das zu erprobende Projekt (Inhalte, Dauer, Klassenstufen, Erprobungszeitraum) und fragen an, ob eine (oder mehrere) Erprobungsklasse für das konkrete Vorhaben zugesagt werden kann. Nach den bisherigen Erfahrungen erhalten wir daraufhin etwa 40 feste Zusagen. Die regionale Verteilung der Erprobungsklassen für die Unterrichtseinheit „Im Flughafenstreit dreht sich der Wind" z. B. zeigt Abbildung 5.

Obgleich unsere Unterrichtseinheiten in allen Schularten einsetzbar sein sollen, haben wir leider ein starkes Übergewicht bei den Gymnasialklassen. Dies dürfte an den Informations-

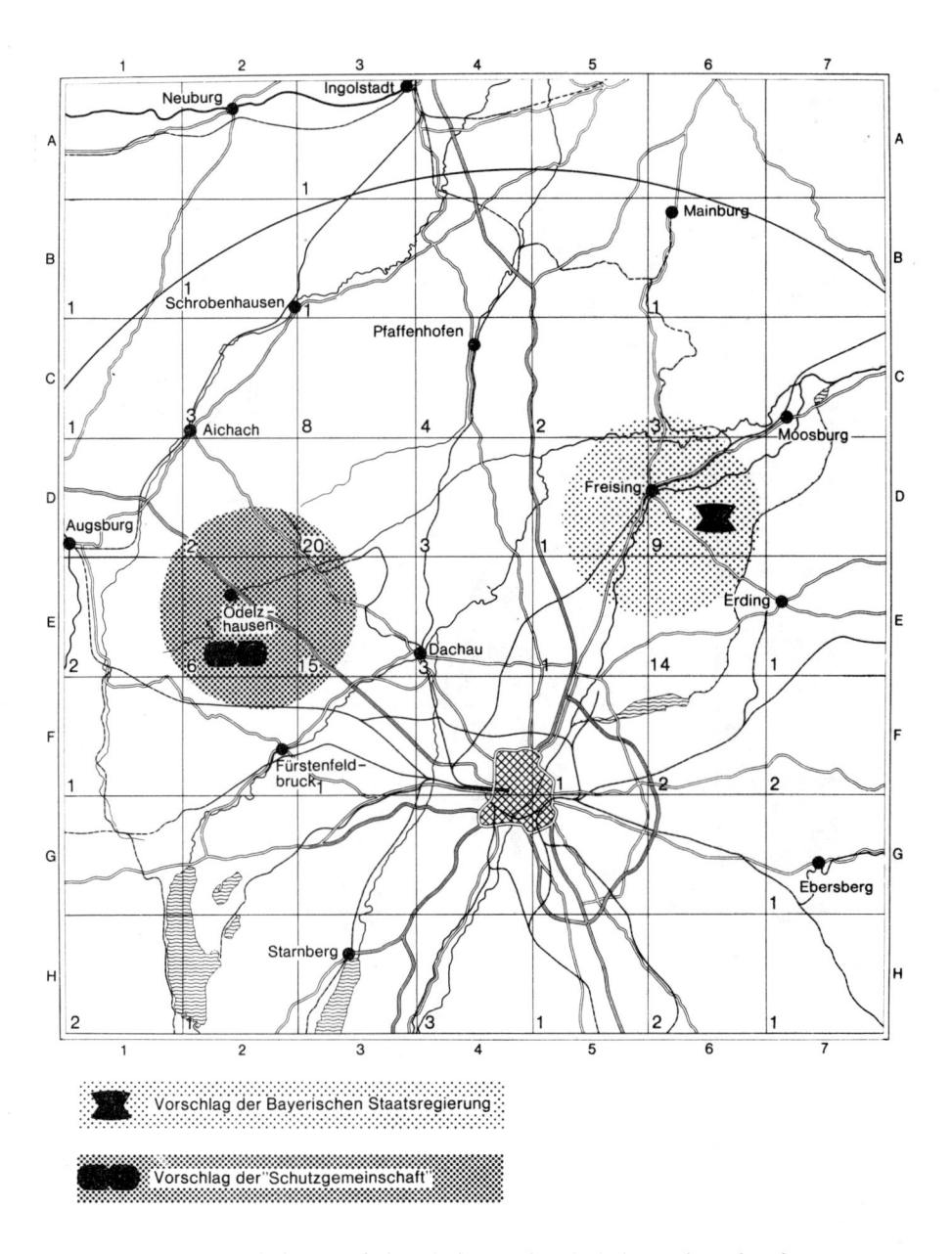

Abb. 3 UE „Im Flughafenstreit dreht sich der Wind". Flughafenstandorte der Planungsteams

462   H. Jungfer

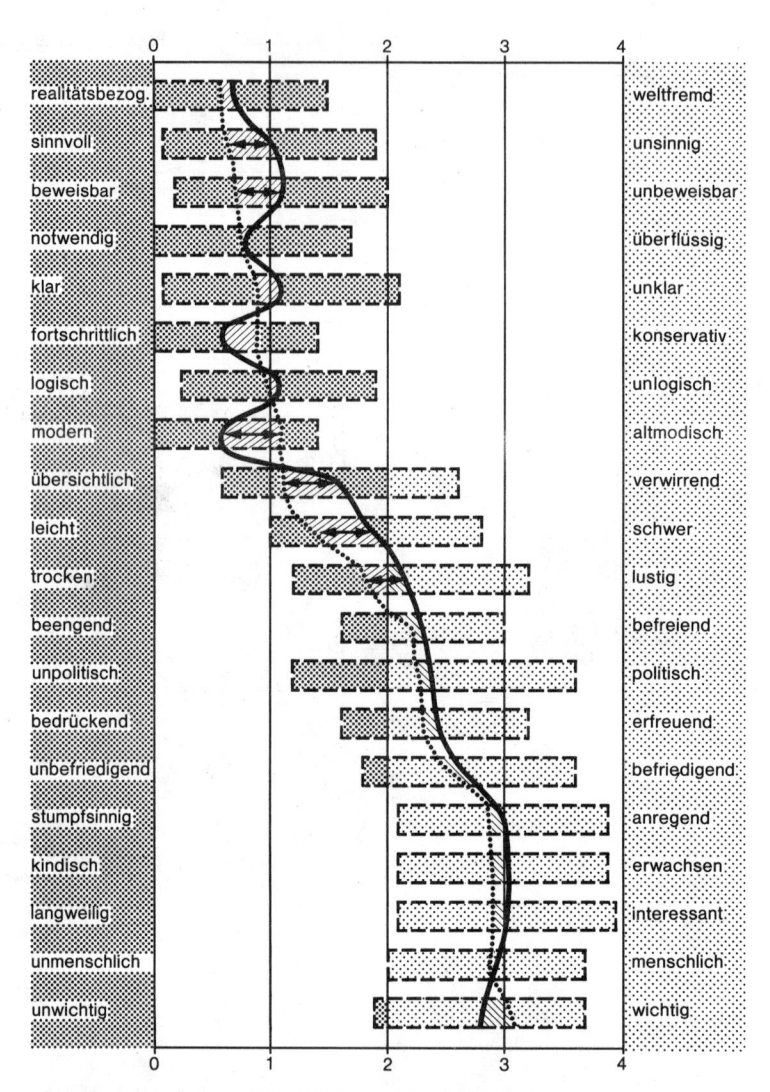

	realitätsbezog.	weltfremd
	sinnvoll	unsinnig
	beweisbar	unbeweisbar
	notwendig	überflüssig
	klar	unklar
	fortschrittlich	konservativ
	logisch	unlogisch
	modern	altmodisch
	übersichtlich	verwirrend
	leicht	schwer
	trocken	lustig
	beengend	befreiend
	unpolitisch	politisch
	bedrückend	erfreuend
	unbefriedigend	befriedigend
	stumpfsinnig	anregend
	kindisch	erwachsen
	langweilig	interessant
	unmenschlich	menschlich
	unwichtig	wichtig

Die durchgezogene Linie markiert die Mittelwerte aller Testschüler.
Die gestrichelten Blöcke die m. quadr. Abweichung (d.h. 68% der Urteile liegen in diesem Bereich).
Die gepunktete Linie gibt das Erdkundeprofil wieder.

Abb. 4 Meinungen der Schüler über die Unterrichtseinheit „Flughafen"-Polaritätsprofil (Vergleich mit dem Profil „Erdkundeunterricht")

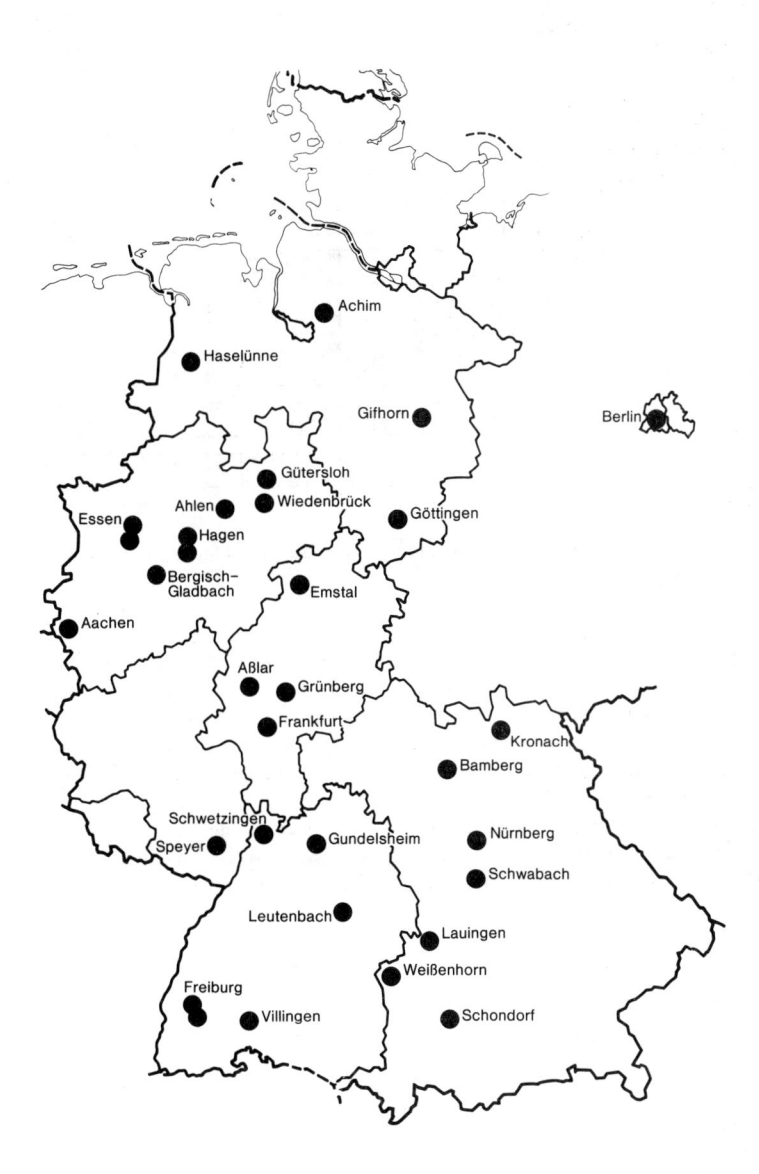

Abb. 5 Regionale Streuung der Erprobungsklassen für die Unterrichtseinheit „Im Flughafenstreit dreht sich der Wind". Erprobungszeitraum: Oktober 1975 – Juli 1976

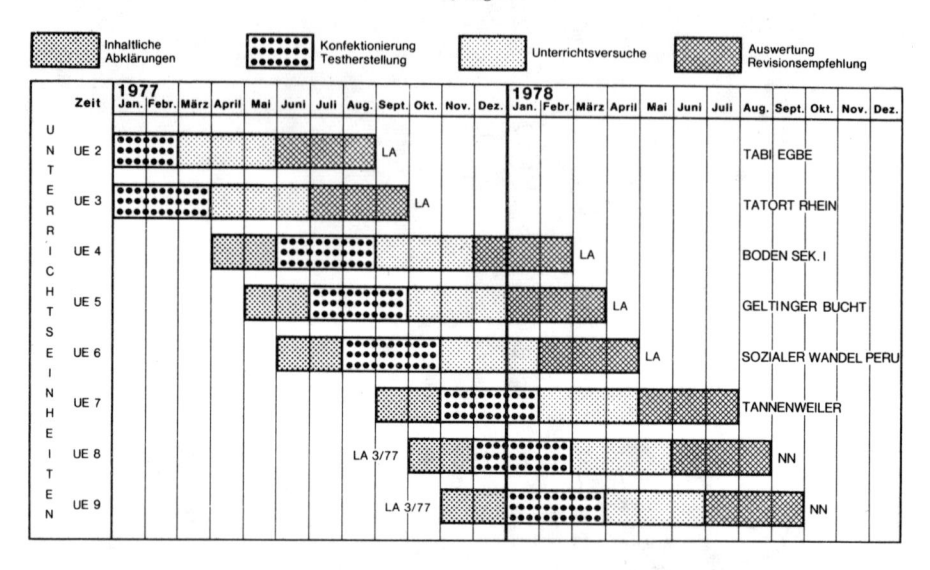

Abb. 6 Terminplan für die Evaluation der RCFP – Unterrichtseinheiten

kanälen liegen, die Real-, Hauptschul- und Berufsschullehrer nicht so gut erreichen. Besonders aus diesen Bereichen suchen wir deshalb noch weitere Mitarbeiter.

Unser Programm bis Ende 1978 sieht die Erprobung von insgesamt neun Unterrichtseinheiten vor. Den Zeitplan können Sie der Abbildung 6 entnehmen. Insgesamt sieben der zu erprobenden Einheiten stehen namentlich bereits fest. Die zwei letzten wird der Lenkungsausschuß im Herbst auswählen.

Damit möchte ich schließen, nehmen Sie mein Referat als Arbeitsbericht aus einem laufenden Projekt. Inwieweit sich die Verfahren bewähren, und das Programm zu bewältigen ist, wollen wir ebenfalls evaluieren. Ich danke für Ihre Aufmerksamkeit.

Literatur

Franz, S., G. Hacker, I. und J. Hödl, B. Kreibich: Im Flughafenstreit dreht sich der Wind. Erprobungsfassung. Reihe: Materialien zu einer neuen Didaktik der Geographie des RCFP-Lenkungsausschuses (Hrsg.), Band 2, München 1975

Haubrich, H., B. Hoch, R. Keller, H. Nolzen, H. Prager: Tatort Rhein. Eine geographische Unterrichtseinheit zum Curriculum „Umweltschutz: Wasser" für die Klassen 8 bis 10. Erprobungsfassung. Reihe: Materialien zu einer neuen Didaktik der Geographie des RCFP-Lenkungsausschusses (Hrsg.), Band 5, München 1977

Jungfer, H.: Standortprobleme der Verkehrsinfrastruktur im Geographie-Unterricht. Die Evaluation der RCFP-Unterrichtseinheit „Im Flughafenstreit dreht sich der Wind". Reihe: Materialien zu einer neuen Didaktik der Geographie des RCFP-Lenkungsausschusses (Hrsg.), Band 6, München 1977

Stake, R. E.: Verschiedene Aspekte pädagogischer Evaluation. In: Ch. Wulf (Hrsg.): Evaluation. München, Piper 1972, S. 92–113

Diskussion zum Vortrag Jungfer

Dr. H.-C. Poeschel (Osnabrück)

1. Konfektionierung der Tests setzt Konfektionierung der Unterrichtseinheiten voraus: Daraus ergibt sich das Problem der Offenheit und der Lehreridentifikation mit den Einheiten.
2. Wie wird die Vergleichbarkeit der Testergebnisse gewährleistet? Unterschiedliche Lernplateaus; Vor- und Nachtests?
3. Gibt es grundlegende Veränderungen auf Grund der Testergebnisse oder handelt es sich um kosmetische Veränderungen?

H. Cramer (Bremen)

Müssen nicht auch Fragen eines Gesamtcurriculums in die Arbeit des RCFP einbezogen werden, damit einzelne Einheiten nicht isoliert stehen bleiben und Fragestellungen auf einem bestimmten Vorverständnis aufbauen; andererseits Arbeitstechniken (Planspiel, Umgang mit Texten etc.) systematisch geübt werden?

H. Jungfer (München)

Die von Herrn Poeschel angesprochenen Fragen gehen zentrale Probleme jeder Curriculumevaluation an. Zu 1: In der Tat muß der Testunterricht über verschiedene Klassen einigermaßen einheitlich sein, um Vergleiche nicht unsinnig werden zu lassen; dies geht leicht zu Lasten der je spezifischen Bedingungen und Notwendigkeiten der einzelnen Klassen. Die Fragen nach der Vergleichbarkeit der Ergebnisse und der Veränderungstoleranz der Unterrichtseinheiten lassen sich am besten an unseren Beispielen beantworten. Leider fehlt dafür an dieser Stelle die Zeit. Nach den bisherigen Erfahrungen lassen sich jedoch beide Fragen positiv beantworten.

SCHLUSSWORT

Von R. Geipel (München)

Ich möchte noch einmal daran erinnern, daß sich das RCFP zum Ziel gesetzt hat, Trittsteine für eine Reform des Geographischen Unterrichts zu legen, nicht aber eine breite Straße auszupflastern. Man wird davon ausgehen müssen, daß sich Erdkundeunterricht an Materialien des RCFP wahrscheinlich nur ein-, höchstens zweimal pro Schuljahr wird gestalten lassen. Deshalb ist jedem RCFP-Projektpaket ein ausführlicher Vorspann ,,Einsatzmöglichkeiten der Unterrichtseinheit" mit einem Überblick über die Lehrpläne aller Bundesländer und der Stadtstaaten beigegeben.

Dieser Unterricht nach den normalen Lehrplänen soll den Unterricht mit Hilfe von RCFP-Materialien einrahmen, denn der Lenkungsausschuß ist sich völlig darüber im klaren, daß der Lehrer von vielen Einschränkungen seiner Experimentierfreude umstellt ist, daß er Noten geben muß (wobei ihm allerdings die normierten Tests jeder Einheit helfen können), und daß seine Unterrichtszeit knapp bemessen ist. Die gelegentlich kritisierte stellenweise ,,Überfachlichkeit" von RCFP-Projekten, z. B. die Überschneidungen der vorhin dargestellten Unterrichtseinheit ,,Tatort Rhein" mit dem Biologie- oder Chemieunterricht sollte deshalb auch als Aufforderung zum kollegialen Gespräch und dazu angesehen werden, Stunden bei solchen Fächern auszuleihen, dadurch unterrichtsorganisatorisch beweglicher zu werden, wodurch sich auch das kritische Problem des großen Stundenbedarfs einzelner Projekte mildern ließe.

An dieser Stelle sollte auch einmal darauf hingewiesen werden, daß das amerikanische HSGP bei einer Laufzeit von 10 Jahren und einem Finanzvolumen von ca. 3 Mio $ sowie 24 hauptamtlichen Mitarbeitern nur auf einen Jahreskurs zielte. Weil es in den USA kaum eine etablierte Erdkunde in unserem Sinn und damit auch keine vergleichbar ausgebildeten Erdkundelehrer gibt, mußten die Materialien des HSGP sehr stark bindende Unterrichtsvorschriften machen, ,,teacherproof" sein.

Das RCFP hingegen kann darauf vertrauen, daß der ausgebildete Geographielehrer der Bundesrepublik weitaus souveräner mit dem angebotenen Material umgehen wird und soll. Er wird z. B., falls er unter Zeitdruck steht, die fertig konfektionierten Projektteile direkt übernehmen können. Falls er aber einen Unterricht näher an den Problemen seiner Schüler und ihres konkreten Erlebnisraumes gestalten will, kann er nach den modellhaften Vorgaben Unterrichtsstrategien und -materialien des RCFP auch mit selbsterhobenem Material instrumentieren.

Was die gelegentlich ausgesprochene Befürchtung betrifft, die weitgehend durchprogrammierten Projekte des RCFP könnten dadurch den Lehrer allzusehr gängeln, so ist sich der Lenkungsausschuß dessen bewußt, daß er zwei an sich gleichberechtigten, aber einander widersprechenden Ansprüchen zweier verschiedener Benutzer von Projektmaterialien gerecht werden müßte:

a) jenen der innovativen Lehrer, die Geographentage, Schulgeographentage oder Lehrerfortbildungsveranstaltungen besuchen und regelmäßig Fachzeitschriften lesen oder gar abonnieren und

b) der sicher weitaus größeren Anzahl jener, die alles das nicht oder vielleicht in einem anderen der von ihnen unterrichteten Fächer tun.

Durch die angedeutete Möglichkeit stärkerer Freiheit oder Bindung wird auch die Einfügung von RCFP-Einheiten in die jeweils gültigen Lehrpläne erleichtert. Schon allein die Länderhoheit im Kultusbereich und die von Land zu Land unterschiedlichen Lehrpläne würden es dem RCFP verbieten, ein Einheitscurriculum für alle Schulstufen und Schularten in Angriff zu nehmen. Eine solche Sysiphusarbeit wäre auch bei zehnfacher Mittelausstattung nie zu leisten.

Die *dezentralisierte* und weit über alle Bundesländer gestreute Projektgruppenstruktur ist ein entscheidender Vorteil gegenüber jedem zentral gesteuerten Curriculumprojekt, weil dadurch Erfahrungen aus vielen Bundesländern und auch pluralistische inhaltliche und methodische Beiträge möglich wurden. In die bundesweite Erprobung und zentrale Evaluation gehen hingegen die Vorteile eines zentralen Projektes ein.

So ist das RCFP in vieler Hinsicht auf Kompromiß hin angelegt: Kompromisse zwischen Flügeln der wissenschaftlichen Geographie, den Länderlehrplänen und den unterschiedlichen Konzeptionen, die in den einzelnen Bundesländern die Rahmenbedingungen für den Erdkundeunterricht setzen. Kompromißlos hingegen ist es darin, den gelegentlich bis auf 30 Jahre angewachsenen Zeitabstand zwischen Forschungsfront und Schulunterricht zu verkürzen und den Lehrern moderne Methoden und Materialien anzubieten.

ÖKOLOGISCHE UND BIOGEOGRAPHISCHE RAUMBEWERTUNG

Leitung: R. HERRMANN, P. MÜLLER und A. SEMMEL

DIE STRUKTUR UND BELASTBARKEIT VON ÖKOSYSTEMEN

Mit 5 Abbildungen und 2 Tabellen

Von O. Fränzle (Kiel)

1. EINFÜHRUNG

Ein Blick in die Literatur, namentlich aber zahlreiche Pressemitteilungen zeigen, daß die Wörter „Stabilität" und „Belastbarkeit" bei der Erörterung sehr verschiedener Sachverhalte einen offensichtlich hohen Beliebtheitsgrad aufweisen. Wie in vielen anderen Fällen ist der überlieferte Sprachgebrauch jedoch auch hier selbst im fachwissenschaftlichen Kontext nicht eindeutig und Begriffsinhalt wie -umfang schwanken beträchtlich.

Daher scheint es angebracht, einführend zu zeigen, daß sich theoretisch und empirisch sinnvolle Aussagen über die Stabilität und Belastbarkeit von Ökosystemen gründen auf (zumindest prinzipiell beliebig präzisierbare) Aussagen über die Struktur der jeweiligen konkreten Systeme, deren bedeutungsvollste Eigenschaften in der zielgerichteten Organisation und der Fähigkeit zur Selbstregulation bestehen. Ihre Darstellung beschränkt sich auf die Gegenstandsbereiche, die für die Themenstellung dieser Sitzung belangvoll sind und beschreibt zunächst in allgemeiner formaler Hinsicht diejenigen Systemfunktionen, denen stabiles bzw. labiles Verhalten von Ökosystemen als empirischer Modellfall zuzuordnen ist. Analog wird auch der Begriff „Belastung" zunächst in systemarer Sichtweise allgemeiner gefaßt und dann konkret expliziert. Danach werden Fragen der Parametrierung behandelt und abschließend die Belastbarkeit von Böden und Sedimenten in ihrer Bedeutung für die Stabilität von Waldgesellschaften dargestellt.

2. STRUKTUR UND VERHALTEN VON SYSTEMEN

Als System wird eine Menge von Elementen bezeichnet, während die Menge der sie verknüpfenden Relationen Struktur bzw. Organisation genannt wird. Nach außen ist das System etwa dadurch abgegrenzt, daß seine „Elemente untereinander in engerem Zusammenhang stehen als zu ihrer Umgebung" (Sachsse, 1974). Der Begriff „System" ist also relativ: ein bestimmter, entsprechend der jeweiligen Fragestellung ausgewählter Ausschnitt der (virtuellen) Realität wird in systemarer Darstellung modellartig repräsentiert. Dabei werden aus der (potentiell unendlichen) Vielfalt der physikalischen, biologischen usw. Gebilde bestimmte ausgewählt und durch einen Abstraktionsprozeß als Komponenten (Elemente, Subsysteme) eines Systems definiert; analog wird aus der unendlichen Menge von Relationen, welche die Elemente miteinander verknüpfen, eine bestimmte Auswahl getroffen. Je nach dem Abstraktionsniveau der Betrachtung bzw. der intendierten Analyseeinheit der Untersuchung kann ein Objekt also entweder den Rang eines Elementes oder eines Teilsystems bzw. Systems besitzen.

Das Verhalten eines Systems läßt sich dann ganz allgemein entweder als Reaktion auf Reizsignale oder kommunikative Signale darstellen; es kann aber auch ein sogenanntes spontanes Verhalten beobachtet werden, das sich bei genauerer Analyse jedoch als Reaktion auf innere Reizsignale bzw. die Verarbeitung äußerer Reizsignale beschreiben läßt (Flechtner, 1972). Signale stellen Inputs dar, deren Verarbeitung zu einer Zustands- bzw. Verhaltensänderung (allgemein einer Transformation) des Systems führt, die sich in Outputs äußert.

Für eine allgemeine theoretische Behandlung dieser Vorgänge liefert die Transformationstheorie (vgl. Flechtner, l.c.) die formale Basis;[1] sie zeigt, daß es zwar Systeme gibt, die sich von selbst verändern, daß jedoch in den meisten Fällen die Transformation realer Systeme von außen hervorgerufen oder beeinflußt wird. Systeme, deren Zustand sich nicht von selbst ändert, befinden sich im Sinne der Transformationstheorie im inneren Gleichgewicht, und herkömmlicherweise werden dann drei Arten des Gleichgewichts unterschieden: a) stabiles, b) labiles und c) indifferentes Gleichgewicht. Im Falle a) stört ein limitierter Input das Gleichgewicht; das System strebt aber, danach sich selbst überlassen, wieder der alten Gleichgewichtslage zu. Beim labilen Gleichgewicht genügt ein noch so kleiner Input, um das System definitiv aus seiner alten Gleichgewichtslage zu entfernen; es verändert sich solange, bis schließlich eine neue Gleichgewichtslage erreicht ist. Beim indifferenten Gleichgewicht schließlich führt jede Verschiebung lediglich zu einer räumlichen Lageänderung, aber das System erfährt keine (sonstige) Transformation.

Mit der einschränkenden Kennzeichnung „limitierter Input" ist der wichtige Hinweis gegeben, daß die Gleichgewichtslage eines Systems nicht nur von dessen spezifischer Struktur abhängt, sondern auch eine Funktion der jeweiligen Inputs darstellt; unter dem Einfluß entsprechend starker Inputs kann jedes System labil werden. Wesentlich ist ferner – wie die Analyse des hier besonders interessierenden Falles a) zeigt –, daß die Stabilität eines Systems durch negative (kompensierende) Rückkoppelungsphänomene bewirkt wird, d. h. die durch Störungen (limitierte externe Inputs) hervorgerufene Systemänderung wird durch zyklische Transformationen rückgängig gemacht.[2]

Da die Kompensation von Störungen durch ein System mit Hilfe negativer Rückkoppelungen (infolge Informationsübertragung und elementspezifischer Ansprechzeit) nicht trägheitsfrei erfolgt, schwingt dieses System um einen Durchschnittszustand, der kybernetisch als Sollwert bezeichnet wird. Die Stabilität eines Systems ist demnach umso höher, je kleiner die Amplitude der Schwingungen um diesen thermodynamisch noch näher zu kennzeichnenden Gleichgewichtszustand ist; die Periodenlänge ist hingegen ein Parameter für die Regelgüte (R), d. h. die Qualität der die Störung eliminierenden Kompensationsmechanis-

---

[1] Die biologische Theorie der Anpassung ist damit eine Interpretation der allgemeinen Transformationstheorie; die technische Regeltheorie, die von grundlegender Bedeutung für eine Vielzahl von technischen Disziplinen geworden ist, stellt eine andere dar, und eine Fülle weitere Disziplinen wie Geographie, Soziologie und Wirtschaftswissenschaft könnten wenigstens teilweise als weitere Interpretationen behandelt werden.

[2] Positive (kumulative) Rückkoppelung liegt dagegen vor, wenn die Änderung der Ausgangsgröße eines Elementes verstärkend auf eine seiner Eingangsgrößen zurückwirkt. Dies führt zu einer irreversiblen Veränderung des Systems, z. B. evolutiv zur Erzeugung komplexerer Strukturen bei autokatalytischen Prozessen oder degenerativ zur Zerstörung des Systems oder einzelner seiner Teile.

men. Begriffe wie „Stabilität" und „Labilität" sind also nur sinnvoll anwendbar in bezug auf definierte Periodenlängen. Schaefer (1972) schlug die sog. Regelfläche (d. i. die Fläche F zwischen Schwingungskurve und Sollachse) als Maß für die Regelgüte vor und definiert entsprechend

$$R = F^{-1} \tag{1}$$

Wenn $F \to 0$ (für $t \to \infty$), dann nimmt die Stabilität zu.

3. STABILITÄT UND BELASTBARKEIT VON ÖKOSYSTEMEN

3.1. Das Fließgleichgewicht als stabiler Zustand offener Systeme

Ausgehend von dieser allgemeinen formalen Fassung systemarer Stabilität und Labilität lassen sich nun die entsprechenden Verhaltensweisen von Ökosystemen, die als offene Systeme Energie und Materie mit ihrer Umgebung austauschen, aufgrund spezieller Ableitungen der Thermodynamik irreversibler Prozesse präziser fassen. Diese erweitert den Gültigkeitsbereich der klassischen Formulierung des Entropiesatzes durch Clausius und Carnot

$$dS \geq 0 \tag{2}$$

durch Einbeziehung eines Flußterms auf offene Systeme (Prigogine, 1947, 1972):

$$dS = d_e S + d_i S$$
$$d_i S \geq 0 \tag{3}$$

Dabei bedeuten $d_i S$ die Entropieerzeugung des Systems aufgrund irreversibler (interner) Prozesse[1] und $d_e S$, das im Gegensatz zu $d_i S$ kein definiertes Vorzeichen besitzt (also auch negativ werden kann) den Entropiefluß über die Systemgrenzen aufgrund von materiellen und energetischen Austauschvorgängen mit der Umgebung.

Aus Gleichung 3 folgt, daß Systeme im Zuge der Entwicklung ihre Entropieproduktion bis zu einem Minimum verringern können, das mit den äußeren, an den Systemgrenzen gegebenen Bedingungen (etwa Temperatur- oder Konzentrationsgradienten) vereinbar ist, und daß diese Zustände stationär sind, sofern $dS = 0$ bzw.

$$d_e S = -d_i S \leq 0 \tag{4}$$

Gleichung 4 impliziert, daß derartige stationäre Zustände vom klassischen thermodynamischen Gleichgewicht verschieden sind; denn dann wäre $d_i S$ und – nach Gleichung 4 – auch $d_e S = 0$.

Da ein offenes System nicht von selbst diesen mit minimaler Entropieproduktion gekoppelten Zustand – er wird hier und im folgenden überlicherweise als Fließgleichgewicht bezeichnet – spontan verlassen kann, ist er zugleich stabil im Sinne der vorstehenden allgemeinen Definition (Stabilitätskriterium von Glansdorff u. Prigogine, 1971).

[1] Im einzelnen gilt $\dfrac{d_i S}{dt} = \Sigma J_i X_i$ (de Groot u. Mazur, 1969)

Dabei bedeuten J_i die „Flüsse", d. h. die Durchsätze von Wärme, Materie, chemische Umsetzungen und X_i die Gradienten, das sind die Differenzen von Temperatur, Konzentration, elektrischem oder chemischen Potential, zwischen denen der Fluß erfolgt. Die Stärke der Flüsse hängt dabei erstens von Materialkonstanten L_i ab (d. h. Koeffizienten der Wärmeleitung, Diffusionsgeschwindigkeit und chemischen Reaktionsgeschwindigkeit) und zweitens von den Gradienten, so daß die Bezeichnung $J = LX$ gilt. Daraus folgt, daß die Entropieproduktion der ersten Potenz der L, und dem Quadrat der X, proportional ist.

Solange ein System sich im Fließgleichgewicht befindet, werden also die einwirkenden Kräfte so durch entgegengesetzte „ausgeglichen . . ., daß die Komponenten des Systems in ihren Konzentrationen stationär sind, obgleich das System von Materie durchflossen wird" (Lehninger, 1970).

Dieses Stabilitätskriterium offener Systeme, das in seiner erweiterten Form (Prigogine et al. 1972) auch biologische Systeme adäquat subsumiert, verknüpft die phänomenologische Fassung des Evolutionsprinzips mit der Thermodynamik: „Darwin's Prinzip erscheint als ein an bestimmte physikalische Voraussetzungen gebundenes ableitbares Optimalprinzip, nicht etwa als ein der Biosphäre allein zugrunde liegendes irreduzibles Phänomen . . . Begriffe wie Selektionsspannung und Selektionswert lassen sich bei Annahme definierter, dynamischer Bedingungen (z. B. konstanter Flüsse oder ‚Kräfte') physikalisch objektivieren und quantitativ formulieren" (Eigen, 1971).

Lebende Systeme sind nach diesen Feststellungen und hier nicht zu erörternden Ableitungen aus der Gibbs'schen Beziehung zwischen freier Energie, Enthalpie und Entropie gegenüber ihrer abiotischen Umwelt durch erhöhten Gehalt an freier Energie ausgezeichnet (vgl. Broda, 1975); sie verhalten sich negentropisch. Das in Gleichung 4 formulierte thermodynamische Fließgleichgewicht kann nur durch ständigen Energiefluß (Strahlung, chemische Energie) aus der Umgebung aufrecht erhalten werden; sein definitives Aufhören kennzeichnet den Strukturverfall des Systems.[1]

3.2. Der Stabilitätsbereich von Ökosystemen

Aus dem oben Gesagten folgt (vgl. de Groot u. Mazur, 1969), daß das thermodynamische Fließgleichgewicht ein Sonderfall eines stationären Zustandes ist, der nur unter bestimmten Randbedingungen eintritt. Ist er erreicht, so spricht man allgemein von Angepaßtsein; und dieses kann in verschiedenen Abstufungen vom optimalen bis zum gerade noch erträglichen Zustand reichen. Daher liegt es nahe, als Stabilitätsbereich eines offenen Systems die Menge von Systemzuständen zu definieren, innerhalb deren Störungen ohne permanente Änderung der Struktur und des eingestellten Fließgleichgewichts kompensiert werden. Seine Größe ist nach den vorstehenden Ausführungen mit der inneren Struktur des Systems gegeben, die bestimmt, welche Art und Menge von Störungen kompensatorisch bearbeitet werden können. Der Stabilitätsbereich definiert zugleich die Belastbarkeit eines Systems.

Von Bedeutung ist dabei, daß Störungen nicht diffus auf ein Ökosystem einwirken, sondern über seine Elemente, die im allgemeinen auf die gleiche Störung unterschiedlich reagieren und die für das System auch von unterschiedlicher Bedeutung sein können. Eine einfache Maßzahl für die relative systemare Bedeutung eines Elementes ist die Bindungsdichte, welche die Menge elementeigener Input-Outputrelationen angibt; ihre Veranschaulichung erfolgt durch gerichtete Graphen oder äquivalent durch die Zeilen- und Spaltensummen von Matrizen.

Ein Stöcker (1974) entlehntes Beispiel mag dies veranschaulichen. Abb. 1 zeigt die unterschiedliche Reaktion eines Systems unter dem Einfluß einer (qualitativ und quantitativ) gleichen Störung auf zwei Elemente verschiedener Bindungsdichte und -qualität; Abb. 2

---

[1] Für die Effizienz des Energieflusses in belebter Materie war der an die Existenz eukaryontischer Zellen gebundene Übergang zur Sauerstoffatmung von entscheidender Bedeutung; nunmehr konnten die morphologische und funktionelle Differenzierung außerordentlich beschleunigt ablaufen (Schidlowski, 1971; Warburg, 1966) und sich immer rascher neue Taxa bilden und zu hierarchisch gegliederten Biozönosen zusammenschließen.

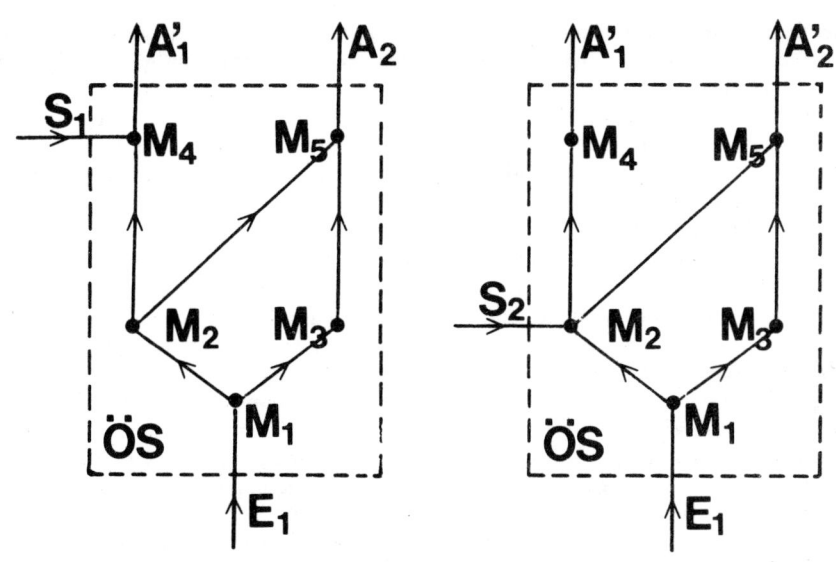

Abb. 1 Schema eines einfachen Ökosystems mit unterschiedlichem Angriffspunkt der Störungen S_1, S_2. E_1 = normale Einwirkung der Umgebung auf das System; A_i bzw. A_i' = normale bzw. unter dem Einfluß von Störungen veränderte Rückwirkung (Outputs) auf die Umgebung des Systems; M_i = Systemelemente (nach Stöcker, 1974).

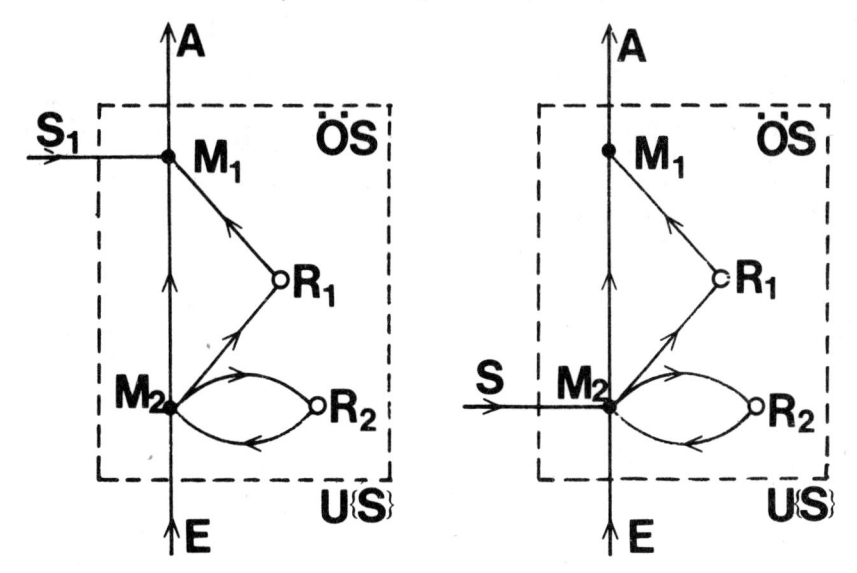

Abb. 2 Schema eines aus den Elementen M_i, R_i bestehenden Ökosystems unter dem Einfluß unterschiedlich angreifender Störungen (nach Stöcker, 1974).
Links: Reversible Änderung des System-Outputs A bei Störung des regenerierbaren Elements M_1.
Rechts: Zerfall des Systems bei Störung des zentralen Elements M_2, das über eine Rückkoppelungsschleife mit dem regenerierenden Element R_2 verbunden ist.

verdeutlicht, wie sich aus dem Angriffspunkt von Störungen und den Elementrelationen sowie Regenerationsprinzipien sehr unterschiedliche Konsequenzen ergeben können. „Wirkt S_1 auf M_1 so kann der Ausgang dieses Elementes und damit des Systems verändert werden, die Störung kann von M_1 aus aber über keine Kette R_1 erreichen. Folglich ist M_1 ein wiederherstellbares Element. R_2 ist dagegen für die Störung S_2 direkt über M_2 erreichbar, da R_2, M_2 . . . direkt verbunden sind. Führt die Störung zum Ausfall von M_2, so bedeutet dies, daß nicht nur R_2 ausfällt und damit M_2 nicht regenerierbar ist, sondern auch, daß das System zerfällt, da R_1 und M_1 gleichfalls betroffen werden. M_2 ist ein zentrales Element."

Für eine Biozönose als negentropisches Kompartiment eines Ökosystems gilt speziell, daß ihre innere Eigenstabilität allgemein mit der Zahl ihrer negativen Rückkoppelungen wächst; am wichtigsten für ihren Bestand sind mithin die Elemente, von denen stramme (etwa korrelationsstatistisch bestimmbare) negative Koppelungen ausgehen. Umgekehrt ist eine Lebensgemeinschaft umso leichter extern beeinflußbar (steuerbar), je höher die Zahl ihrer strammen intersystemischen Reihen- und vor allem Parallelkoppelungen ist. Eine artenarme Biozönose kann gegenüber äußeren Einflüssen also stabiler als eine artenreiche sein. Wichtig sind ferner die ökologische Valenz und die durchschnittliche Lebensdauer der Bestandsbildner. Da stenöke Arten weit empfindlicher gegenüber Veränderungen ihrer Lebensbedingungen sind als euryöke, sinkt die Stabilität eines Systems mit der Zahl seiner kurzlebigen stenöken Elemente. Bei Betrachtung größerer Zeiträume ist auch die genotypische Plastizität zu berücksichtigen; denn die Transformationsgeschwindigkeit eines Systems wächst mit der Zahl der plastischen Komponenten, die rasch neue Ökotypen bilden.

An diese allgemeine Kennzeichnung der biozönotischen Stabilitätsbedingungen seien einige ergänzende Anmerkungen zu den Regulationsmechanismen der Elemente und ganzer Ökosysteme angeschlossen. Bei einer Ausweitung der Betrachtung auf Ökosysteme ist vor allem die Tatsache zu berücksichtigen, daß der Biotop als zeitlich variable Inputklasse auf die Biozönose einwirkt und dieses (ggf. solcherart transformierte) lebende System auf dem Wege der Rückkoppelung den Biotop beeinflußt. Stegmüller (1961) hat rückgekoppelten Makrosystemen mit Selbstregulation eine elegante formale Analyse gewidmet, auf die hier nur verwiesen werden kann.

Umgekehrt ist bei der Erörterung der individuellen Reaktionen höher organisierter Tiere die Tatsache der Homöostase bestimmend. Sie können nicht ihr gesamtes System kurzfristig als Reaktion auf unterschiedliche Umwelteinflüsse ändern, sondern müssen Störungen durch geregeltes Verhalten einzelner Teilsysteme kompensieren. Diese zumeist sehr komplexen Mehrfachregelungssysteme können ihre optimalen Sollwerte innerhalb limitierter Störungsfelder derart variieren, daß die zentralen (wesentlichen) Funktionen erhalten bleiben: Wird ein bestimmtes Regelungssystem S_1 des Systems S durch äußere Störungen so belastet, daß die Parameter-Istwerte von S_1 stark von ihren optimalen Sollwerten abweichen, und gelingt es S_1 nicht, diese Störung zu kompensieren, so wird ein zweites Regelungssystem S_2 von S in Richtung auf Restabilisierung von S_1 wirksam, indem die Regelungsgrößen von S_2 sich in bestimmtem Grade von ihren unter Normalbedingungen optimalen Sollwerten entfernen.

3.3. Stabilitätsmaße

Während die Kybernetik über eine Reihe von Verfahren zur Bestimmung des Stabilitätsverhaltens dynamischer Systeme verfügt, ist die Aufhellung der realen Regelungsmechanismen von Ökosystemen noch zu wenig fortgeschritten, um eine streng kybernetische Analyse ihrer Belastbarkeit vorzunehmen. Daher gibt es bislang nur wenig Ansätze zu einer

Die Struktur und Belastbarkeit von Ökosystemen

quantitativen Erfassung der Stabilität von Ökosystemen (Bauer et al. 1973; Bechtel u. Copeland, 1970; Bulgakova, 1968; Ellenberg, 1973; Leigh, 1965; Margalef, 1969; May, 1973; Müller, 1977; Regier u. Cowell, 1972; Schaefer, 1972; Smith, 1971; Stöcker, 1974; Watt, 1968). Ammer (1969) und Riedel (1977) entwickelten Vorstellungen über die Belastung der Landschaft und ihre gutachtliche Bewertung, Aulig et al. (1977) konzipierten eine ökologische Risikoanalyse zur Bestimmung bestehender bzw. zu erwartender Beeinträchtigungen natürlicher Ressourcen. Zur Kennzeichnung der Situation seien daher im folgenden drei methodische Ansätze beschrieben, die Veränderungsraten (prinzipiell) für jede Systemkomponente zu berechnen und damit die Stabilität des Systems zu bestimmen gestatten.

(i) Das erste und allgemeinste Verfahren geht aus vom diagnostischen Modell eines aus n Komponenten bestehenden Systems (vgl. beispielsweise Margalef, l.c. und Smith, 1970), wobei jede Komponente in bezug auf verschiedene Merkmale (etwa Schwermetallgehalt) quantitativ analysierbar sei. Rechnerisch setzt sich die hier interessierende Veränderungsrate einer Komponente i (dx_i/dt) dann zusammen aus dem Stoff- oder Energieaustausch (a_i = Input, Z_i = Output) mit der Umgebung des Systems sowie dem Transfer ($y_{1i} + \ldots + y_{ni}$) von jeder Systemkomponente nach i und dem Transfer ($y_{i1} + \ldots + y_{in}$) von der in Rede stehenden Komponente nach jeder anderen des Systems:

$$dx_i/dt = a_i - z_i + (y_{1i} + y_{2i} + \ldots + y_{ni}) - (y_{i1} + y_{i2} + \ldots + y_{in}) \tag{5}$$

Abb. 3 veranschaulicht diese Zusammenhänge an dem von Eckensberger (1977) nach Smith (l.c.) veränderten Beispiel der Phosphorflüsse in einem 3-Komponenten-System. Die Entwicklung des diagnostischen Ökosystemmodells beginnt nun mit der Umwandlung der vorstehenden funktionellen Verknüpfungen in Funktionsgleichungen. Dazu werden die Output- und Transfer-Relationen (z_i, y_{ij}) durch Parameterfunktionen – beispielsweise $z_1 = c_1 x_1$, $y_{31} = c_6 x_3$, $y_{12} = c_3 x_1 x_2$ - ersetzt, welche die Flüsse oder Funktion der jeweiligen Stoffkonzentration in den einzelnen Komponenten beschreiben:

$$dx_1/dt = a_1 + c_4 x_3 - c_3 x_1 x_2 - c_1 x_1 \tag{6.1}$$

$$dx_2/dt = c_3 x_1 x_2 - c_4 x_2 - c_5 x_2 x_3 \tag{6.2}$$

$$dx_3/dt = c_5 x_2 x_3 - c_6 x_3 - c_2 x_3^2 \tag{6.3}$$

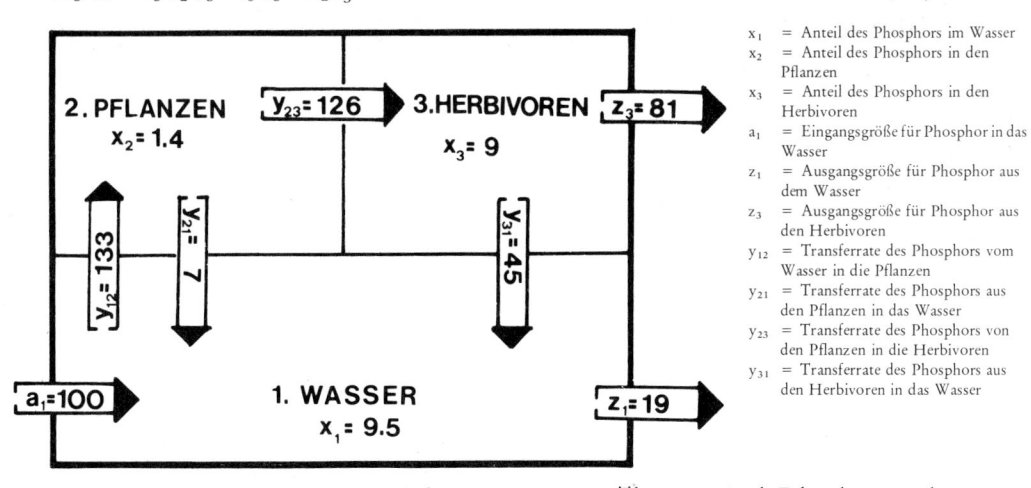

x_1 = Anteil des Phosphors im Wasser
x_2 = Anteil des Phosphors in den Pflanzen
x_3 = Anteil des Phosphors in den Herbivoren
a_1 = Eingangsgröße für Phosphor in das Wasser
z_1 = Ausgangsgröße für Phosphor aus dem Wasser
z_3 = Ausgangsgröße für Phosphor aus den Herbivoren
y_{12} = Transferrate des Phosphors vom Wasser in die Pflanzen
y_{21} = Transferrate des Phosphors aus den Pflanzen in das Wasser
y_{23} = Transferrate des Phosphors von den Pflanzen in die Herbivoren
y_{31} = Transferrate des Phosphors aus den Herbivoren in das Wasser

Abb. 3 Phosphor-Fluß in einem aquatischen 3-Komponenten-Ökosystem (nach Eckensberger und Burgard, 1977 aus Smith, 1970 verändert).

Die durch Messung zu bestimmenden c_i-Werte dieses Modells sind also mathematisch Konstanten, funktionell die für die Dynamik des Systems maßgebenden Parameter.

Ein derartiges Gleichungssystem gestattet die Simulation des ‚realen' Systems im Computer, indem man mit einer Ausgangsverteilung der x_i-Werte beginnt und prüft, wie die Systemkomponenten auf eine Variation der externen Inputs a_i reagieren. Die Ergebnisse sind im Experiment oder durch Freilanduntersuchungen empirisch zu überprüfen, so daß auf dem Wege der Iteration eine immer bessere Übereinstimmung zwischen Modell und Wirklichkeit herbeigeführt wird, wobei auch interne und externe Faktoren, die für die Dynamik des Systems Bedeutung haben, Berücksichtigung finden (können).

Eine große Rolle spielt dabei die Sensitivitätsanalyse; denn sie gestattet, die relative Bedeutung der einzelnen Parameter c_i für das System quantitativ zu bestimmen. Dies geschieht, indem man einen bestimmten Parameter – etwa den Output z_1 im obigen Beispielsfall – zum Kriterium macht und prüft, in welchem Ausmaß sich dieser verändert, wenn man jeden einzelnen Parameter um einen bestimmten Betrag variiert.

Stabilität im Sinne der oben getroffenen Feststellungen ist also dann gegeben, wenn die Veränderungsraten dx_i/dt aller (bzw. bei partieller Stabilität einer Anzahl) Systemkomponenten periodisch um den Betrag 0 schwanken. Eine schärfere Fassung des Stabilitätsverhaltens ergibt sich aus der Struktur des Systems von Differentialgleichungen, welche das reale System modellartig repräsentieren (vgl. hierzu beispielsweise Pandolfi, 1975).

(ii) Der Einfluß einer Störgröße und das Verhalten eines Systems läßt sich ferner aus der Differenz von Ausgangs- und Ist-Zustand (unter Störungseinfluß) berechnen (Stöcker, l.c.), und man erhält damit ein (statisches) Stabilitätsmaß, sofern die Störung im Sinne der Abschnitte 2 und 3.2 limitiert ist.

Da Ökosysteme bzw. ihre Kompartimente multivariate Systeme darstellen, kann ihr Zustand durch Meßwertvektoren erfaßt werden, und zur Kennzeichnung der Systemänderung kann der Abstand des Kontrollsystems vom gestörten System in n-dimensionalen Merkmalsraum dienen. Besonders empfehlenswert ist das normierte Abstandsmaß (Rao, 1973; Ahrens u. Läuter, 1974).

(iii) Noch wesentlich einfacher, aber für viele Zwecke völlig hinreichend ist die ebenfalls von Stöcker (l.c.) vorgeschlagene eindimensionale Differenzmethode[1]: Sei $\Delta u = |u_o - n_j|$, wobei u_o den Ausgangszustand und u_j den Istzustand bedeuten, und $\Delta_u = f(x_j = $ Störgröße$)$, dann ist das Stabilitätsmaß

$$S_j = 1 - \frac{|u_o - u_j|}{u_o} \quad \text{für } u_o \geqslant u_j \tag{7.1}$$

bzw.

$$S_j = 1 - \frac{|u_o - u_j|}{u_j} \quad \text{für } u_o \leqslant u_j \tag{7.2}$$

Es ist eine dimensionslose Zahl zwischen 0 und 1, wobei $S_j = 0$ völlige Umstrukturierung des Systems im Hinblick auf das untersuchte Merkmal (etwa Phytomassenproduktion) und

---

[1] Auch für sie gilt obige Einschränkung hinsichtlich der Verwendung als Stabilitätsmaß.

$S_j = 1$ entsprechend Stabilität im Sinne gleichbleibender Struktur ausdrücken. Aufschlußreicher ist vielfach das arithmetische Mittel der elementspezifischen Stabilitätsmaße s_j.

$$S_j = \frac{1}{m} \sum_{j}^{m} s_j \tag{8}$$

Ein Beispiel – die Biomasseproduktion eines Trockenrasens unter dem Einfluß des Herbizids 2,2 – Dichlorpropionsäure – Na – mag das verdeutlichen.

Tab. 1. *Durchschnittliche Biomasse (g/0,25 m²) von je 10 Testflächen, u_o = Kontrolle, u_j = 0,45 g DCP-Na/m² (Teilmaterial)*

Arten	u_o	u_j	Δu	S_j
Gramineen	21,41	6,62	14,79	0,31
Cirsium acaulon	8,23	5,95	2,28	0,72
Ononis spinosa	4,27	9,60	5,33	0,44
Euphorbia cyparissias	1,33	0,72	0,61	0,54
Viola hirta	1,25	0,68	0,57	0,54
Teucrium chamaedrys	3,52	1,76	1,76	0,50
Fragaria viridis	1,34	0,77	0,57	0,58
Sanguisorba minor	1,21	1,73	0,52	0,70
Centaurea jacea	2,67	2,33	0,34	0,87
Salvia pratensis	0,97	2,76	1,79	0,35
Primula veris	0,23	0,62	0,39	0,37
Summe	46,43	33,54	28,95	5,93

Berechnet man die Systemänderung über die Gesamtmasse, so ist gemäß Gl. 7

$$S_j = 1 - \frac{46.43 - 33.45}{46.43} = 0.72.$$

nach Gl. 8 ergibt sich 0.54

Dieses Beispiel zeigt, daß die einzelnen Elemente eines Systems auf die gleiche Störung unterschiedlich reagieren. Werden die pauschalen Produktionswerte zugrundegelegt, so ist die Umstrukturierung wesentlich „geringer" als nach Gl. 8, die eine präzisere Aussage liefert, weil hier die elementspezifische Ansprache auf das Herbizid erfaßt wird.

4. DIE BELASTBARKEIT VON BÖDEN UND SEDIMENTEN ALS STEUERGRÖSSE ÖKOSYSTEMARER STABILITÄT.

4.1 Die Pufferkapazität von Böden und Sedimenten.

Oberflächennahe Sedimente und Böden bilden ein besonders wichtiges regulatorisches Kompartiment eines Ökosystems, da sie potentielle Schadstoffe aufzunehmen und durch Bindung aus dem Stoffkreislauf der Biosphäre zu entfernen vermögen. In schematischer Form zeigt Abb. 4 die Fülle der möglichen Reaktionen.

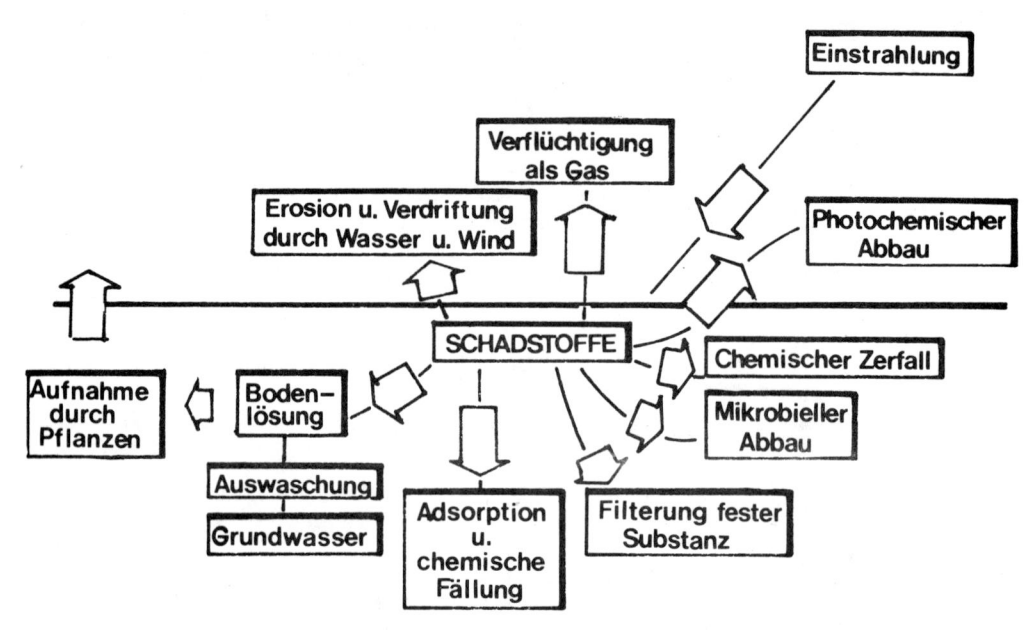

Abb. 4 Verhalten potentieller Schadstoffe in Böden und Sedimenten (nach Brümmer, 1976).

Für diese Reaktionen sind physikalische und chemische Boden- bzw. Sedimenteigenschaften wesentlich, die sich unter den Begriffen Filterung, Pufferung und biotische Aktivität zusammenfassen lassen (vgl. Brümmer, 1976; Tourte, 1972).

Die Filterwirkung besteht in der mechanischen Zurückhaltung suspendierter Stoffe im Sickerwasser und ist somit in erster Linie abhängig von der Körnung und dem Porenspektrum. Tonreiche Böden und Sedimente haben eine hohe Filterwirkung, da vorwiegend feine Wasserleitbahnen ausgebildet sind, die Filterleistung ist dagegen wegen der geringen Durchlässigkeit sehr klein. Umgekehrt ist die Filterleistung sand- und kiesreicher Substrate hoch, ihre Wirksamkeit jedoch wesentlich geringer, während diejenige schluffreicher Böden und Sedimente in Abhängigkeit von der Gefügeform sehr unterschiedlich – und zum Teil ebenso niedrig wie die von Tonen – ist. Indirekt wird die Filterwirkung durch den Gehalt an Eisen- und Aluminiumoxiden sowie Carbonaten beeinflußt, da hohe Gehalte an diesen Komponenten im allgemeinen die Ausbildung eines gut durchlässigen Filtergerüstes fördern.

Als Pufferwirkung wird die Fähigkeit bezeichnet, gelöste Schadstoffe sorptiv oder durch Fällung zu binden; sie ist abhängig von der minero-chemischen Zusammensetzung der Böden und ihrem Gehalt an Humusstoffen. Besonders wichtig sind unter den mineralischen Komponenten die Tonminerale, Eisen- und Aluminiumoxide sowie Carbonate.

Die Tonminerale besitzen vorwiegend negative Ladungen an ihren äußeren und – mit Ausnahme des Kaolinits – inneren Oberflächen. Daher binden sie zum Ladungsausgleich bodenbürtige Kationen und Anionen austauschbar. Mit dem Sickerwasser transportierte Schadstoffe mit positiver Ladung (Schwermetalle und einige organische Biozide) oder – abgeschwächt – potentiell toxische Anionen (z. B. Arsenate, Selenite) sowie polar aufgebaute Verbindungen (gewisse Herbizide) können entweder im Eintausch gegen bodeneigene Ionen oder koordinativ (Ionen-Dipol-Bindung) an die Tonteilchen adsorbiert werden. Eine besonders feste Bindung erfolgt durch Einlagerung in die Zwischenschichten aufweitbarer Tonminerale (Vermiculit, Montmorillonit, Bentonit). Im Gegensatz zu den Tonen weisen die gröberen Fraktionen, die aus Primärmineralen (Quarz, Feldspäte) und Gesteinsbruchstücken bestehen, wegen ihrer geringen Oberflächenladung auch nur ein sehr begrenztes Austauschvermögen auf. Die Bindungskapazität der Huminstoffe für Kationen, Anionen und polare Moleküle ist erheblich höher als die der Tonminerale (vgl. Tab. 2); als Komplexbildner vermögen sie vor allem mehrwertige Metallkationen sehr fest anzulagern. Üblicherweise wird dieses Austauschvermögen der anorganischen und organischen Bodenkomponenten in mval/100 g angegeben; Tabelle 2 gibt einen Überblick über die Kationenaustauschkapazität der wichtigsten Austauscher.

Tab. 2. *Kationenaustauschkapazität (KAK in mval/100 g) der wichtigsten Austauscher des Bodens (nach Mückenhausen, 1975)*

Austauscher	KAK	Austauscher	KAK
Kaolinite	3– 15	Allophane	100
Halloysite	5– 10	Metalloxide	3– 25
Montmorillonite	80–120	Feinschluff (2–6 µm)	15
Vermiculite	100–150	Mittelschluff (6–20 µm)	5
Übergangsminerale	40– 80	org. Substanz	150–200
Illite	20– 50	Huminstoffe	100–500
Chlorite	10– 40	Tonfraktion	
Glaukonite	5– 40	mitteleuropäischer Böden	40– 60

Die Anionenaustauschkapazität bleibt im allgemeinen quantitativ weit hinter der Kationen-Austauschkapazität zurück. Größere Bedeutung hat sie in sauren Böden mit hohem Anteil an Metalloxiden (-hydroxiden), wie Pseudogley, Gley, Marsch, Luvisol, Ferralsol. Der Gehalt an Huminstoffen wächst in der Regel mit der Menge organischer Substanz im Boden. Von dieser hängen wiederum Zahl und Aktivität der terricolen Mikroorganismen ab, die für den Abbau organischer Schadstoffe ausschlaggebende Bedeutung haben (vgl. Mückenhausen, 1975; Tourte, 1972). Die Pufferwirkung von Böden und Sedimenten wird schließlich maßgeblich durch die Oxide und Hydroxide des Eisens und Aluminiums sowie Calciumcarbonat bestimmt, die Fällungsreaktionen steuern. Die in anionischer Form auftretenden Elemente Arsen, Chrom, Selen, Molybdän werden im Austausch gegen OH-Ionen der o.g. Eisen- und Aluminiumverbindungen gebunden; Carbonate fällen Anionen im Austausch gegen CO_3-Ionen oder durch Freisetzung von Calcium-Ionen.

Von Bedeutung sind ferner der Säure-Basenhaushalt (pH-Wert) und die Oxidations- und Reduktionsbedingungen (Eh-Wert) der Böden, ihre räumliche Struktur, das Relief sowie Vegetationsdecke und Bodennutzung.

4.2 Die Belastbarkeit von Böden und Sedimenten.

Die Belastbarkeit von Böden und Sedimenten ist einerseits eine Funktion der Bodeneigenschaften und steigt in der Regel mit dem Gehalt an Huminstoffen, Ton, Eisen- Aluminiumoxiden sowie Carbonaten an, zum anderen wird sie von den physikalisch-chemischen

Eigenschaften der Schadstoffe, sowie bei organischen Verbindungen von deren (relativer) Persistenz bzw. Stabilität gegenüber mikrobiellen Abbauvorgängen bestimmt.

Für die vorwiegend katonisch gebundenen Elemente ergibt sich folgende Immobilisierungsreihe (Brümmer, 1976):

Na < K << Mg < Ca < Mn << Co < Ni < Zn
< Cu < Cd < Hg < Cr < Pb ≤ Al < Fe(III).

Für die als Ionen auftretenden Elemente gilt:

$$NO_3^- = Cl^- < SO_4^{2-} << BO_3^{3-} < SeO_3^{2-} < F^- < MoO_4^{2-} < PO_4^{3-} = AsO_4^{3-}$$

Erdöl und -derivate werden nur in geringem Umfange, die meisten Biozide hingegen in beträchtlicher Menge in Böden gebunden.

In Abhängigkeit von pH- und Eh-Wert sowie vom Stoffbestand der Böden und Sedimente sind allerdings erhebliche Abweichungen von dieser Reihenfolge möglich. Ferner ist nicht die unterschiedliche Toxizität der einzelnen Substanzen berücksichtigt. Gemäß vorstehender Sorptionsreihen binden Böden nur geringe Mengen einwertiger Kationen und Anionen, aber andererseits führen erst relativ erhebliche Konzentrationen dieser Spezies in der Lösungsphase zu Schadwirkungen bei Tier und Pflanze. Umgekehrt wirken bereits geringe Mengen der leicht sorbierbaren Schwermetalle Cadmium, Blei und Quecksilber in der Bodenlösung akut und artspezifisch toxisch. Cadmium schädigt beispielsweise bei Konzentrationen von 1 mg $\cdot$ l^{-1} das Gemüsewachstum stark (Foroughi et al., 1975); die Schädlichkeitsgrenze für Algen und Kleinkrebse liegt bei 0.1 mg $\cdot$ l^{-1} und für (manche) Fische bei 0,3 mg $\cdot$ l^{-1}; die Toleranzgrenze für Trinkwasser beträgt 0.01 mg $\cdot$ l^{-1}.

Wie bei der Definition systemarer Stabilität und Belastbarkeit allgemein festgestellt, muß insbesondere bei Anwendung dieser Begriffe auf Böden und Sedimente die unterschiedliche Toxizität der potentiellen Schadstoffe berücksichtigt und Belastbarkeit substanz-spezifisch gefaßt werden. Sie wird solange nicht überschritten, wie die organischen und anorganischen Sorptionsträger in der Lage sind, zugeführte Schadstoffe soweit zu immobilisieren, daß keine toxischen Konzentrationen in der Lösungsphase auftreten. Als ökologisch wesentlicher Kennwert für die substanz-spezifische Belastbarkeit sollte deshalb die Relation der pro Gewichtseinheit Boden oder Sediment gebundenen Menge eines Schadstoffes zu seiner Konzentration in der Lösungsphase herangezogen werden. Ihre experimentelle Bestimmung liefert Adsorptionsisothermen (vgl. Abb. 5).

Sofern anhand biologischer Kriterien festgelegte Grenzwerte für Schadstoffkonzentrationen in der Lösungsphase festgelegt sind, lassen sich mit Hilfe dieser Adsorptionsisothermen Werte für die Belastbarkeit von Böden und Sedimenten ermitteln, indem man die für gegebene Lösungskonzentrationen von der Bodensubstanz gebundenen Schadstoffmengen bestimmt und ggf. auf kg/ha umrechnet. Für einen Grenzwert von 0.1 mg Cd/l ergibt sich nach Abb. 5 bei einer Bodentiefe von 1 m eine Belastbarkeit von rund 40 (Podsole) bis 150 (Parabraunerden) kg Cd/ha. Die natürlichen Cd-Gehalte in der gleichen Bodentiefe liegen bei 1–2 kg/ha. Die aktuelle Bleibelastung der Ränder vielbefahrener Straßen liegt bei 250 kg/ha (bezogen auf die oberen 20 cm); die Belastbarkeit beträgt für die meisten Böden mehrere t/ha (Brümmer, 1976).

Von grundlegender Bedeutung für die Ermittlung von derartigen Belastungsgrenzwerten ist die Tatsache, daß bei gemeinsamem Auftreten von Schadstoffen in der Lösungsphase nicht nur additive, sondern auch multiplikative (superadditive) Schadwirkung eintreten kann. Addition der toxischen Wirkung wird beispielsweise bei der Kombination von

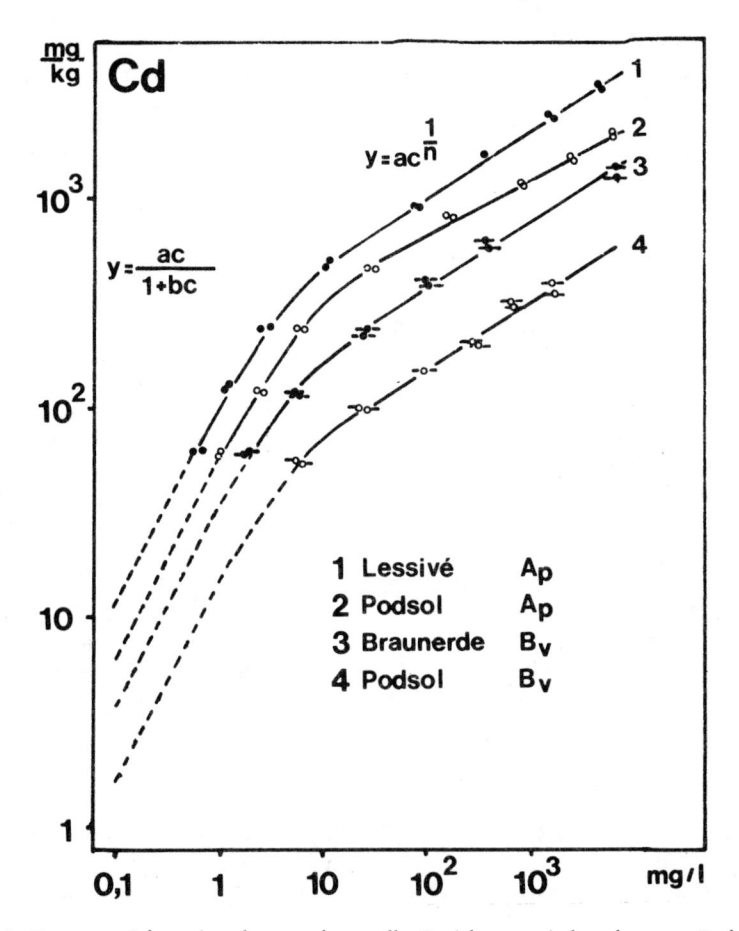

Abb. 5 In Form von Adsorptionsthermen dargestellte Beziehung zwischen dem vom Boden adsorbierten Cadmium und der Cadmiumkonzentration der Bodenlösung schleswig-holsteinischer Böden (nach Brümmer, 1976).

Cadmium und Zink beobachtet, während Kupfer die Giftwirkung um ein Vielfaches verstärkt (Meinck, 1968). Dieser Spezialfall einer bei nahezu allen lebenden Systemen gegebenen Mehrfachbelastung ist von besonderer praktischer Bedeutung und bedarf gerade im geowissenschaftlichen Kontext intensiver Erforschung.

4.3 Die Pufferkapazität von Böden und der Stabilitätsbereich von Waldgesellschaften gegenüber Schwefeldioxid

In Anbetracht der großen ökologischen Bedeutung gasförmiger Luftverunreinigungen soll abschließend die Reaktion mitteleuropäischer Laub- und Nadelwälder auf SO_2-Immissionen in Abhängigkeit von der Pufferkapazität der Böden dargestellt werden. SO_2

bzw. die daraus durch Wasseraufnahme hervorgehende schweflige Säure (die z. T. zu Schwefelsäure aufoxidiert wird) wirken vor allem durch Veränderung des intrazellulären Redoxpotentials (Reduktion) sowie Chlorophyllzerstörung schädigend auf Pflanzen, und die Bedeutung dieser Vorgänge erhellt aus der Tatsache, daß die jährliche Emissionsrate dieses potentiellen Schadstoffes in der Bundesrepublik Deutschland bei 5.10^6 t liegt (Materialien zum Umweltprogramm der Bundesregierung, 1971). Hohe Konzentrationen wirken kurzzeitig stärker schädigend als niedrige bei entsprechend längerer Einwirkung.

Unter sonst gleichen Voraussetzungen ist der Stabilitätsbereich von Laubwald im Hinblick auf SO_2-Immissionen größer als der von immergrünem Nadelwald. Die Nadeln leben im Regelfall mehrere Jahre und sind im Winter bei stark verringerter photosynthetischer Aktivität den höchsten SO_2-Raten ausgesetzt. Wesentlich verstärkt wird die Schadwirkung dadurch, daß Nadelbestände aufgrund ihrer ganzjährig hohen Interzeption eine beträchtliche Erhöhung der Schwefeleinwaschung in den Böden bewirken. Die Untersuchungen von Ulrich (1972) belegen dies eindrucksvoll: während auf Freiflächen 18–56 kg Schwefel/ha.a in den Boden gelangen, können Fichten eine Erhöhung der Schwefeleinwaschung bis auf 200 kg/ha.a bewirken. Entsprechend niedrig sind die pH-Werte des Tropfwassers und Stammabflusses – sie schwanken zwischen 3.1 und 3.7 –, was insbesondere auf wenig puffernden Sandböden zu einer starken Versauerung der obersten Bodenhorizonte (pH 3.5) führt. Dies bedingt eine erhebliche Zunahme der Nährstoffauswaschung sowie die Freisetzung toxisch wirkender Aluminium-Ionen aus Tonmineralen, wodurch die Sorptionskapazität beschleunigt abnimmt.

Untersuchungen im Ruhrgebiet haben folgende feinere Differenzierung nach Resistenzstufen gegenüber SO_2-Immissionen[1] erbracht: Ulme, Pappel > Esche, Buche; Kiefer > Fichte, Tanne (Domrös, 1966). Die insgesamt geringere Belastbarkeit der Nadelhölzer führt hier in der Tat zu ihrem allmählichen Ersatz durch Laubhölzer.

4.4 Die Stabilität tropischer Regenwaldbiome

Abschließend sollen am Beispiel des tropischen Tieflandsregenwaldes die Bedeutung des Bodens unter einem allgemeineren Gesichtspunkt behandelt und die beträchtlichen Stabilitätsunterschiede des Makrosystems gegenüber inneren und äußeren Störungen skizziert werden.

Ausgangspunkt ist die andererseits ausführlich begründete These (Fränzle, 1977), daß gerade die geringen Nährstoffreserven der tropischen Climaxböden in Verbindung mit den hohen Energieflüssen des dortigen Tieflandsklimas die seit langem bekannte, außerordentliche floristische Diversität der Regenwälder bedingen. Sie geht aus von der oben erörterten Tatsache, daß Climaxbestände im Vergleich zu ihrer Umwelt entropiearm sind, da Lebewesen und Lebensgemeinschaften sich negentropisch verhalten.

Da die Entropie der tropischen Climaxböden – charakterisiert durch die Nährstoffverteilung – sehr hoch ist, muß die Entropiebildungsrate der auf ihnen stockenden Formationskomplexe entsprechend gering sein, um den stabilen Zustand des gesamten Ökosystems in der wirksamsten Weise möglichst lange aufrechtzuerhalten. Dies geschieht durch Ausbildung hierarchisch gegliederter, höchstdiversifizierter Bestände, und die – vielfach als Einnischungsvorgang beschriebene – hohe faunistische Diversität der Regenwald-Biota

---

[1] Ihre toxische Wirkung wird im Revier wie andernorts durch Schwermetallstäube wesentlich erhöht; diese beschleunigen einerseits katalytisch die Oxidation von SO_2, andererseits entfalten sie elementspezifische (additive bzw. multiplikative) Schadwirkungen.

verstärkt dieses negentropische Verhalten der Vegetation. Definiert man den zur Charakterisierung der biozönotischen Dynamik wesentlichen Energiefluß als Quotient Primärproduktion/gesamte Biomasse (Margalef, 1968), so erweist er sich nämlich als negativ korreliert mit der Zahl der trophischen Niveaus. Dies bedeutet im Lichte der Feststellungen des Abschnittes 3.2, daß die Biozönose aufgrund der Vielzahl ihrer internen negativen Rückkoppelungen hinsichtlich endogener Störungen ein hochstabiles System darstellt, dessen Oszillationen um den Gleichgewichtszustand gering sind. Anders jedoch das Ökosystem: für seine Stabilität sind diejenigen positiven Reihen- bzw. Parallelkoppelungen zwischen Biozönose und Ökotop von ausschlaggebender Bedeutung, die in den Termini der ökologischen Geobotanik als Wasser-, Wärme- und Nährstoff-Faktor bezeichnet werden. Sinkt die Menge des pflanzenverfügbaren Wassers unter einen Grenzwert, der durch die Zahl humider Monate approximiert werden kann (Lauer, 1952), so wird der Regenwald ersetzt durch Savannenbestände. Verringert sich die Energieflußdichte über den durch die ökologische Valenz der Spezies bzw. Ökotypen bestimmten Rahmen, so muß die Diversität abnehmen. Auf die inverse Korrelation zwischen Nährstoffgehalt des Bodens und Diversität wurde bereits hingewiesen, wobei auch hier die ökologische Valenz als Randbedingung eine wesentliche Rolle spielt; d. h. sinkt die Menge der pflanzenverfügbaren Nährstoffe auf das für tropische Tieflandspodsole typische Maß, so verringert sich die Diversität entsprechend (Fränzle, l.c.). Diesem Absinken des Nährstoffspiegels unter ein kritisches Minimum wirken das bekannte ‚re-cycling' sowie das von Fittkau (1973) und Klinge (1973) betonte selektive Herausfiltern autochthoner und allochthoner Nährstoffe aus dem Niederschlagsbzw. Interzeptionswasser entgegen. Externe Eingriffe in diese Koppelungen betreffen die Biozönose besonders stark. Insgesamt ergibt sich, daß die Stabilität der Biozönose Regenwald gegenüber externen Störungen (= intersystemischen Einflüssen) also wesentlich geringer ist als gegenüber intrasystemischen.

Literatur

Ahrens, H. u. J. Läuter (1974): Mehrdimensionale Varianzanalyse. Hypothesenprüfung, Dimensionserniedrigung, Diskrimination bei multivarianten Beobachtungen. Berlin
Ammer, U. (1969): zit. nach Stöcker, 1974
Aulig, G. Bachfischer, R. und J. David (1977): Wissenschaftliches Gutachten zu ökologischen Planungsgrundlagen im Verdichtungsraum Nürnberg – Fürth – Erlangen – Schwabach. Text- und Kartenband. München
Bauer, H. J., Fegers, R. und R. Trippel (1973): Die mathematisch-kybernetische Beschreibung von Ökosystemen. Tagungsbericht der Gesellschaft für Ökologie, Tagung Gießen 1972
Bechtel, T. J. and B. J. Copeland (1970): Effects of Pollution on Fish Species Diversity in Galveston Bay, Texas. FAO Pap. FIR: MP/70/E 71
Broda, E. (1975): The Evolution of the Bioenergetic Processes. Pergamon Press. Oxford
Brümmer, G. (1976): Belastung und Belastbarkeit von Böden und Sedimenten mit Schadstoffen. Bayerisches Landwirtschaftliches Jahrbuch 53, 136–157
De Groot, S. R. und P. Mazur (1969): Grundlagen der Thermodynamik irreversibler Prozesse. Hochschultaschenbücher 162/162 a. Mannheim/Zürich
Domrös, M. (1966): Luftverunreinigung und Stadtklima im Rheinisch-Westfälischen Industriegebiet und ihre Auswirkung auf den Flechtenbewuchs der Bäume. Arb. z. Rhein. Landeskunde, 23
Eckensberger, L. H. und P. Burgard (1977): Ökosysteme in interdisziplinärer Sicht. Vervielfältigter Bericht über das DFG-Symposium auf Schloß Reisenberg vom 17.–19. 6. 1976

Eigen, M. (1971): Selforganization of Matter and the Evolution of Biological Macromolecules. Naturwissenschaften, 465–523
Ellenberg, H. (1973): Belastung und Belastbarkeit von Ökosystemen. Tagungsbericht der Gesellschaft für Ökologie, Tagung Gießen 1972
Fittkau, E. J. (1973): Artenmannigfaltigkeit amazonischer Lebensräume aus ökologischer Sicht. Amazoniana 4 (3), 321–340
Flechtner, H. J. (1972): Grundbegriffe der Kybernetik. Stuttgart
Foroughi, M., Hoffmann, G., Teicher, K. und F. Venter (1975): Die Wirkung steigender Gaben von Blei, Cadmium, Chrom, Nickel oder Zink auf Kopfsalat nach Kultur in Nährlösung. Landw. Forsch. 31, 2. Sonderheft, 206–215
Fränzle, O. (1977): Biophysical Aspects of Species Diversity in Tropical Rain Forest Ecosystems. Biogeographica 8, 69–83
Glansdorff, P. & Prigogine, I. (1971): Thermodynamic Theory of Structure, Stability and Fluctuations. New York
Klinge, H. (1973): Biomasa y materia orgánica del suelo en el ecosistema de la pluviselva centroamazónica. Acta cient. venez. 24, 174–181
Lauer, W., Schmidt, R.-D., Schröder, R. und C. Troll (1952): Studien zur Klima- und Vegetationskunde der Tropen. Bonner Geogr. Abh. 9
Lehninger, A. L. (1970): Bioenergetik. Stuttgart
Margalef, R. (1968): Perspectives in Ecological Theory. Chicago–London
May, R. M. (1973): zit. nach Stöcker, 1974
Menck, F. (1968): Industrie-Abwässer. F. Fischer-Verlag, Stuttgart
Mückenhausen, E. (1975): Die Bodenkunde. Frankfurt
Pandolfi, L. (1975): On Feedback Stabilization of Functional Differential Equations. Boll. U.M.I. 11, Suppl. fasc. 3, 626–635
Prigogine, I. (1947): Etude thermodynamique des phénomènes irréversibles. Desoer, Liège
Ders., G. Nicolis and A. Babloyantz (1972): Thermodynamics of evolution. Physics Today, 23–28 und 38–44
Rao, C. R. (1973): Lineare statistische Methoden und ihre Anwendungen. Berlin
Riedel, W. (1977): Landschaftswandel und gegenwärtige Umweltbeeinflussung im nördlichen Landesteil Schleswig. Forschungsauftrag des Deutschen Grenzvereins e. V. Flensburg
Sachsse, H. (1974): Einführung in die Kybernetik. Braunschweig
Schaefer, G. (1972): Kybernetik und Biologie. Heidelberg
Schidlowski, M. (1971): Probleme der atmosphärischen Evolution im Präkambrium. Geolog. Rundschau 60, 1351–1384
Smith, F. E. (1970): Analysis of Ecosystems. In: D. E. Reichle (Ed.) Analysis of Temperate Forest Ecosystems. Ecological Studies 1. Berlin/Heidelberg/New York, 7–18
Stegmüller, W. (1969): Wissenschaftliche Erklärung und Begründung. Band I. Probleme und Resultate der Wissenschaftstheorie und Analytischen Philosophie. Berlin
Ders. (1961): Einige Beiträge zum Problem der Teleologie und der Analyse von Systemen mit zielgerichteter Organisation. Synthese 13, 5–40
Stöcker, G. (1974): Zur Stabilität und Belastbarkeit von Ökosystemen. Arch. Naturschutz u. Landschaftsforsch., Berlin 14, 237–261
Tourte, C. (1972): Insecticides et environment: résidus et toxicité dans les écosystèmes. Thèse méd. Paris
Ulrich, U. (1972): Chemische Wechselwirkungen zwischen Wald-Ökosystemen und ihrer Umwelt. Forstarchiv 43, 41–43
Warburg, O. (1966): Über die Ursache des Krebses. In: H. Holzer & Holldorf, A. W. (Hrsg.), Molekulare Biologie des malignen Wachstums, 1–16, Berlin-Heidelberg-New York
Watt, K. E. F. (1968): Ecology and Resource Management. New York

Diskussion zum Vortrag Fränzle

W. Kuttler (Bochum)
Wie kann in einem indifferenten System eine zugelassene räumliche Veränderung keine Änderung des gesamten Ökosystems bewirken?

Prof. Dr. O. Fränzle (Kiel)
In dem als Beispiel angegebenen Fall war keine Rede von einem Ökosystem, sondern von einem mechanischen System. Hier kann der Fall des indifferenten Gleichgewichts als Permutation aufgefaßt werden, da nur eine Änderung der horizontalen Lagebeziehungen der Systemkomponenten Untergrund und Kugel stattfindet, aber keine energetische Umstrukturierung.

Prof. Dr. U. Streit (Münster)
Sie haben auf die Möglichkeit hingewiesen, die zeitliche Varianz von Ökosystemen durch ein System von Differentialgleichungen abzubilden. Dies ist im mathematisch-physikalischen Sinne eine streng deterministische Sicht des Problems. Wie beurteilen sie die Relevanz stochastischer Effekte bei der Simulation von Systemen?

Prof. Dr. O. Fränzle (Kiel)
Mit Hilfe der Sensitivitätsanalyse verfeinerte Transfermodelle des hier angesprochenen Typs sind ihrem Wesen nach diagnostisch. Prognostischen Wert haben sie im strengen Wortsinne nur insoweit, als mit gleichbleibenden Randbedingungen des Systems gerechnet werden darf. Diese Annahme kann aber aus allgemeinen thermodynamischen Gründen – es muß hier der Verweis auf die zufälligen Fluktuationen von Mikrozuständen genügen, die makroskopische Systemveränderungen auslösen können – immer nur näherungsweise Gültigkeit besitzen, auch bei Systemen, deren Organisation (in den wesentlichen Zügen) quantitativ bekannt ist. Ungleich stärker ist natürlich der probabilistische Charakter strukturell weniger genau erfaßter Systeme ausgeprägt; daher sind zu ihrer adäquaten Simulation stochastische Prozesse in wesentlich höherem Maße heranzuziehen.

SPEZIESDIVERSITÄT UND RAUMBEWERTUNG

Mit 7 Abbildungen

Von Peter Nagel (Saarbrücken)

Heute ist praktisch jeder Ausschnitt der Biosphäre zum Gegenstand der Raumplanung geworden. Ein solches Vorgehen impliziert notwendigerweise eine vorausgehende Raumbewertung, die sich inzwischen mehr denn je auch an ökologisch-biogeographischen Kriterien orientiert. Dies wiederum erfordert Raumanalysen, von denen im folgenden einige Partialaspekte behandelt werden sollen.

Objekte der Analyse sind die ökologischen Systeme (im Sinne von Stugren 1974) der betreffenden Biosphärenausschnitte, die sich mit biologischen, physikalischen, chemischen und kybernetischen Methoden erfassen und beschreiben lassen. Ziel jeder Wissenschaft, auch der Ökologie beziehungsweise Biogeographie, ist es, das Objekt in seiner räumlich-zeitlichen Struktur (also inklusive seiner Dynamik) und seiner nach innen wie nach außen gerichteten Funktion(en) vollständig zu erfassen. Die hier zu behandelnden Objekte, nämlich die ökologischen Systeme, sind schon seit sehr langer Zeit Gegenstand physiognomischer Betrachtungsweise, wobei in den letzten zwanzig Jahren auch zunehmend andere strukturelle Gesichtspunkte – wie auch die energetischen Prozesse – in die Ökologie eingebracht wurden. Letztlich spricht man von System, beschreibt jedoch dieses System mit Simulationsmodellen rein physikalischen Charakters. Zur Erklärung sei gesagt, daß sich tatsächlich die gesamte Struktur einschließlich der sich physiognomisch äußernden Funktionen bis zu einem sehr hohen Grade durch energetische Prozesse beschreiben läßt. Schwierigkeiten treten höchstens beim II. Hauptsatz der Thermodynamik auf, bei dessen Anwendung man feststellen muß, daß erst die anthropogenen Eingriffe in die Natur die wahrscheinlichen Zustände, nämlich, um es etwas trivial auszudrücken, die „Unordnung" erzeugen.

Läßt man die fast schon philosophische Diskussion, ob sich Biologie im weitesten Sinne auf physikalische Prozesse reduzieren, beziise, um es positiver auszudrücken, ob sich auch ökologische Probleme ausschließlich mit physikalischen Prozessen und Modellen erklären lassen, beiseite, so wird allmählich deutlich, daß eigentlich erst eine weitere Forschungsrichtung, nämlich die Kybernetik beziehungsweise die Informationstheorie, der Ökologie neue Impulse gab (vgl. Peil 1973). Mit ihrer Hilfe wurde der Begriff der Information, beziehungsweise, um es neutraler auszudrücken, der Begriff des Informationsgehaltes auch in die Ökologie eingeführt, wodurch sämtliche Funktionen eines ökologischen Systems plötzlich faßbar wurden. Hiermit ist nicht gemeint, daß nun jede Funktion auch in der Praxis verständlich dargestellt werden kann – lediglich die theoretische Möglichkeit hierzu ist gegeben. Die Untersuchung des Informationsgehaltes eines ökologischen Systems erfordert nicht nur eine Aufklärung der Systemstruktur, also auch energetischer Prozesse, und nicht nur spezifischer Systemvorgänge wie ebenfalls physikalisch erklärbare Rückkopplungs-, Verstärkungs- und Störungserscheinungen. Durch die Einführung und Ausfüllung dieses Begriffs wird zum Beispiel erst das spezifisch organische, wie es sich etwa im

Verhalten gegenüber dem II. Hauptsatz der Thermodynamik zeigt, erklärbar. Diese Erklärung erfordert eine wesentlich tiefgreifendere Beschäftigung mit den Ökosystemelementen als bei rein physikalischer Betrachtungsweise. Obwohl Informationsgehalt ein Grundbegriff ist, sind doch zu seiner Anwendung Physik und Biologie die notwendige Basis.

In Zusammenhang mit der Raumbewertung stellt sich bei der Raumanalyse, d. h. bei der Analyse ökologischer Systeme sowohl die Frage nach dem „Informationsgehalt wovon" als auch nach dem „Informationsgehalt wozu", wenn dies auch auf den ersten Blick sehr einfach beantwortbar scheint. Grimm, Funke u. Schauermann (1975) bezeichnen als das Endziel von Ökosystemanalysen die genaue Beschreibung von Steuerung und Regelung der Systeme sowie deren Leistung. Obige Frage nach dem „Informationsgehalt wovon" müßte danach mit dem Ökosystem als Ganzes beantwortet werden. Wozu der Informationsgehalt dienen soll, scheint direkt von den Erfordernissen der Raumbewertung abzuhängen. Bei näherer Betrachtung läßt sich jedoch erkennen, daß letztlich Standortfragen aller nur denkbarer Arten anhand des Ökosystemzustandes orientiert sein müssen. Hinter dieser zumindest für Ökologen trivialen Aussage verbirgt sich die äußerst schwierig zu ermittelnde Frage nach dem Grad der Verwirklichung der Selbstregulierung innerhalb des Systems, d. h. unter den Begriffen Steuerung, Regelung und Leistung ist die Regelung der Faktor, anhand dessen der in die Bewertung eingehende Informationsgehalt abgelesen werden kann. Die exogene Steuerung bedingt die endogene Regelung mit, und diese wiederum ist ein Indikator für den Grad der Stabilität des Systems.

Der direkte Weg der Systemanalyse umfaßt damit die vollständige Erfassung aller Einzelinformationen, systemintern wie -extern (soweit es die Steuerung berührt). Dies bedeutet zunächst die Aufklärung der gesamten Struktur des Systems. In die Praxis übertragen erfordert dies die Erfassung der Gesamtheit der relevanten abiotischen Faktoren, der Phyto- und Zoozönosen. Zur Erstellung letzterer ist die Kenntnis des Arteninventars nicht nur der systematischen Gruppen, sondern auch der verschiedenen Trophieebenen unumgänglich, einschließlich des entsprechenden Dominanzgefüges sowie der Phänologie, Biomasse und Produktion. Mit der Produktionsermittlung erfolgt die Überleitung zur Funktionsanalyse, d. h. der Analyse der Gesamtheit der gerichteten Faktoren des Systems, die weiter über Energieumsatz und Aufklärung der energetischen Zusammenhänge schließlich zur Aufklärung der Regelungsvorgänge führt, was dann wiederum als Indikator für die Stabilität des Systems verwendet werden kann. Raumbewertung, beziehungsweise die Analyse ökologischer Systeme, erfordert Zeit, die jedoch in der Praxis nie in unbeschränktem Umfang zur Verfügung steht. Es wird demnach niemals möglich sein, alle systemrelevanten Einzelinformationen zusammenzutragen. Dies wäre noch nicht einmal bei theoretisch vorstellbarer unbegrenzt möglicher Untersuchungsdauer zu erreichen. Wir werden Einzelinformationen immer nur soweit ermitteln können, wie es unsere psychischen und technischen Möglichkeiten erlauben. In zehn oder zwanzig Jahren werden diese Möglichkeiten weitaus größer sein als heute und in weiteren zehn oder zwanzig Jahren wird sich die gleiche Situation ergeben. Wenn auch heute Raumbewertungen anhand von Systemanalysen in eben skizzierter Art und Weise durchaus sinnvoll und aussagekräftig durchgeführt und angewendet werden – wobei sich die Qualität der Bewertung nach der Zahl der zusammengetragenen Einzelinformationen richtet –, muß ein solches asymptotisches Annähern an die Gesamtheit der vorhandenen Information auf die Dauer unbefriedigend sein.

Einen generellen Ausweg bietet hier die Induktion auf folgende Weise. Durch systemrelevante Steuerungs- und Regelungsvorgänge sind die Strukturelemente untereinander und zur abiotischen Umwelt als Wirkungsgefüge verknüpft, d. h. sie bedingen sich wechselseitig. Das äußere Erscheinungsbild eines solchen Systems, also die Physiognomie beziehungsweise die Phänomenologie, ist das Ergebnis dieser Zusammenhänge. In ökologischen Systemen entsprechen den Strukturelementen die einzelnen Pflanzen- und Tierindividuen, wobei das phänomenologische Erscheinungsbild im Gegensatz zum funktionalen durch deren Dominanzgefüge bestimmt wird. Es sei daran erinnert, daß der Informationsgehalt zwar der systemare Grundbegriff ist, dieser jedoch nur nach Analyse der biologischen und energetischen Vorgänge beziehungsweise Strukturen in einem abgesteckten Rahmen ermittelt werden kann. Als Konsequenz aus dieser Überlegung ergibt sich die Betrachtung der Strukturelemente nicht nur als Struktur-, sondern auch als Energieträger, wobei die einzelnen Individuen nicht primär als phylogenetisch-systematisch definierte Taxa zu Elementen zusammengefaßt werden dürfen, sondern ausschließlich als Informationsträger auf einem bestimmten energetischen Niveau, also einer bestimmten Trophieebene. In der Praxis bedeutet dies jedoch keineswegs, daß die Taxa nicht mehr als biologische Arten behandelt werden dürfen, denn ein solches Vorgehen impliziert natürlich die trophischen Eigenschaften, auch wenn es sich um euryöke (in bezug auf die Ernährung) Arten handelt, die dann eben in mehreren Trophieebenen erscheinen.

Während Einzelinformationen mit Hilfe einzelner Taxa, eben den Indikatororganismen, gewonnen werden können, bedarf es zur Erhellung des systemaren Informationsgehaltes der Komposition der Taxa; denn die Information gibt die nichtzufallsbedingte Konfiguration des Systems an. Im Bereich der ökologischen Systeme bildet die energetische und strukturelle Komposition jeder der hierarchisch geordneten Ebenen den Ansatz zum Abgreifen des Informationsgehaltes. Demzufolge repräsentiert die Biozönose die unterste dieser Ebenen und damit auch die am leichtesten zu bearbeitende. Hier soll der Begriff „Biozönose" nicht in dem umfassenden Sinn verstanden werden, wie ihn Moebius (1877) und seine Nachfolger definierten, auch nicht in der durch die Pflanzensoziologie geprägten Weise, zum einen weil Moebius (1877) praktisch den biotischen Teil eines Ökosystems darunter verstand, zum anderen weil sie sich hauptsächlich an strukturellen Gesichtspunkten orientiert. Im Bereich der Synökologie ist selbstverständlich die durch Moebius (1877), Reswoy (1924) und Hesse (1924) geprägte Definition der Biozönose die einzige, die auch in der Hierarchie der ökologischen Systeme bestehen kann (vgl. Müller 1977 a). Für unsere Zwecke genügt es jedoch völlig, einen praktisch faßbaren Ausschnitt einer Lebensgemeinschaft zu erfassen, der entweder mehrere aufeinanderfolgende Energieniveaus umfaßt oder sich im Bereich einer Trophiestufe bewegt. Befaßt man sich also mit dem Informationsgehalt von ökologischen Systemen, so genügt es, diesen anhand der strukturellen und energetischen Komposition von Biozönosen abzugreifen, da letztere in ihrer Komplexität die derzeit gültige Reaktionsnorm auf die gegebenen Umweltverhältnisse darstellen. Da die energetischen Vorgänge an die strukturelle Komponente gekoppelt sind, wird der Informationsgehalt der Biozönosenstruktur zum unmittelbaren Indikator für den Zustand der Lebensgemeinschaft und damit auch für den von ihr besiedelten Raum, den Biotop. Dabei ist zu berücksichtigen, daß Biozönose wie auch Biotop im hier verstandenen Sinn nur zwei Teilsysteme, also abstrakte Begriffe darstellen, während ihre gemeinsame reale Verwirklichung das Ökosystem ist. Zwischen beiden Teilsystemen, also zwischen der biotischen und der abiotischen Phase, findet ein permanenter Informationsaustausch statt, wobei die biotische Phase für das „steady state", also das Fließgleichgewicht, verantwortlich ist (vgl. Stugren 1974). Damit wird deutlich, daß ein ökologisches System ein räumlich-zeitlich definierter Kanal für den Informationsfluß darstellt, der im Bereich des Systems permanenten Kontrollen, also Rückkopplungsprozessen sowie auch, als sehr wichtigem Faktor, Störungen unterworfen ist. Diese Kennzeichnung des Ökosystems als Kommunikationskanal (Margalef 1975) deutet schon auf die in die Praxis umzusetzenden Möglichkeiten des Abgreifens dieser Information hin.

Der quantifizierte und damit objektivierte Informationsbegriff geht auf Shannon (1948) und Wiener (1948) zurück. Er baut auf wahrscheinlichkeitstheoretischer beziehungsweise kommunikationstheoretischer Grundlage auf und ist völlig wertfrei. Dies gilt es zu bedenken, wenn man den Informationsgehalt in die Raumbewertung eingehen läßt. Das Ereignisfeld entspricht, wie oben gezeigt, der Gesamtheit der Strukturelemente in dem ausgewählten Systemausschnitt. Diese Strukturelemente treten mit bestimmten Wahrscheinlichkeiten auf, wobei sich diese Bedingungen in der sogenannten Shannon-Wiener-Rechenvorschrift[1] zur Diversität verknüpfen lassen. Da wir oben zeigten, daß diese Strukturelemente durchaus als biologische Arten betrachtet werden können, sprechen wir von Arten- oder Speziesdiversität. Diese und, das soll ausdrücklich betont werden, nur diese, bisher fast immer nur theoretisch zu ermittelnde Speziesdiversität, erlaubt uns in vergleichenden Untersuchungen Rückschlüsse auf die jeweilige Gesamtinformation. Wir bezeichnen diese Diversität als die *absolute* Speziesdiversität im Gegensatz zu der noch zu besprechenden, in der Praxis bisher immer ermittelten *relativen* Speziesdiversität. Im Gegensatz zu anderen Informations-Messungen der Diversität beruht die Shannon-Wiener-Formel auf einem zufälligen Griff in den definierten Systemausschnitt und ist unabhängig von der Probengröße. Die absolute Speziesdiversität gibt den mittleren Informationsgehalt des vorhandenen Wahrscheinlichkeitsfeldes an, das in unserem Fall nominell identisch mit der Gesamtheit der vorhandenen Strukturelemente ist. Andererseits kann sie auch als Grad der Unsicherheit aufgefaßt werden – bei einem zufälligen Griff in den Elementenpool besteht Unsicherheit darüber, welche Untereinheit, d. h. welches Individuum ausgewählt wird. Diese Betrachtungsweise führt zu dem Begriff der Entropie, wobei hier jedoch nicht näher auf die Verknüpfung zwischen Information und Entropie eingegangen werden soll.

Wie sieht nun die Anwendung in der Praxis aus? Es ist MacArthur's (1955) Verdienst, erkannt zu haben, daß die sich erst während des Zweiten Weltkrieges entwickelnde Informationstheorie auch in der Ökologie zur Anwendung gebracht werden kann. Erst durch die grundlegenden Werke von Margalef (1958, 1975), MacArthur u. MacArthur (1961), Pielou (1969, 1975) und Stugren (1974) wurden jedoch die Voraussetzungen (theoretisch und praktisch) geschaffen, kommunikationstheoretische Denkweisen in der Ökologie zum Allgemeingut werden zu lassen. Aus der Fülle vorliegender Diversitäts-Berechnungsmöglichkeiten soll im folgenden ausschließlich von der „Informations"-Messung der Artendiversität die Rede sein und auch hiervon nur – der Einfachheit halber – anhand der Shannon-Wiener-Formel. Die Strukturelemente des zu betrachtenden Systemausschnitts lassen sich in Untereinheiten gliedern, man spricht von dem set/subset-System Art/Individuum. Da der zu erhaltende mathematische Ausdruck „Diversität" als Informationsgehalt primär eine völlig wertfreie Zahl darstellt, eignen sich zur Veranschaulichung vergleichende Betrachtungen (vgl. Abb. 1–3) (vgl. Nagel 1976 b). Bei einem Vergleich der A und B der Abb. 1 bereitet es keine Schwierigkeit, die Lebensgemeinschaft B als das System mit größerer Speziesdiversität zu erkennen, da bei gleicher Artenzahl wie bei A die Individuen wesentlich gleichmäßiger verteilt sind, das System insgesamt also eine größere Mannigfaltigkeit aufweist. Dagegen ist eindeutig die Biozönose A der Abb. 2 als die vielfältigere zu bezeichnen, weil bei ungefähr gleicher Individuenverteilung die Artenzahl bei A größer als bei B ist. Bei Abb. 3 ist jedoch subjektiv nur schwer eine Entscheidung zu

[1] $H_s = -\sum_{i=1}^{s} p_i \ln p_i;$

H_s = Speziesdiversität
p_i = Wahrscheinlichkeit des Auftretens der Art i

treffen, welches der beiden Systeme mannigfaltiger ist. Die Biozönose A enthält zwar mehr Arten als B, zeigt aber auch eine steilere Dominanzstrukturkurve als B, d. h. bei B sind bei geringerer Artenzahl die Individuen gleichmäßiger verteilt. Die Speziesdiversität ist damit von zwei Faktoren abhängig: 1. von der Anzahl der Elemente, also der Arten und 2. von den Dominanzverhältnissen der Untereinheiten, also der Individuen. Entscheidend bei diesen Dominanzverhältnissen ist der Grad der Gleichmäßigkeit der Verteilung der Untereinheiten auf die Elemente, kurz die Äquität (J).

Am anschaulichsten läßt sich die Speziesdiversität mit dem Grad der Ungewißheit identifizieren. Dies bedeutet, daß wir bei einer mannigfaltigeren Lebensgemeinschaft unsicher sind, zu welcher Art ein beliebig herausgegriffenes Individuum gehört – der Grad der Ungewißheit wäre demnach groß. Wäre in einem solchen Systemausschnitt nur eine einzige Art vertreten, so ist diese Ungewißheit gleich Null, die Speziesdiversität wäre also ebenfalls gleich Null. Gehen wir von einer Gemeinschaft von N Individuen aus, die n Arten i = 1,2,3, . . ., s zugeordnet sind, dann ist die Wahrscheinlichkeit p, daß ein beliebig herausgegriffenes Individuum zur Art i gehört gleich p_i. Vergleicht man die verschiedenen Arten zugeordneten Individuen mit unterschiedlich gefärbten Kugeln in einem Kasten, die blind herausgegriffen werden müssen, so wird deutlich, daß in der Ökologie dieses p_i durch N_i/N berechnet wird, also der Anzahl der Individuen der Art i dividiert durch die Gesamtzahl der in der Gemeinschaft vorhandenen Individuen. Im Gegensatz zum Beispiel mit der Box, in der jede Kugel völlig unabhängig von den übrigen ist, bedingen sich jedoch die Individuen in ihrer relativen Abundanz gegenseitig, zum Beispiel durch intra- und interspezifische Konkurrenz. Daher kann N_i/N nur als Näherungswert für p_i angesehen werden (vgl. Nagel 1976 b). Aus diesem Grund darf man nicht erwarten, mit H_s die tatsächliche Information erhalten zu haben, also die *absolute* Speziesdiversität, sondern lediglich einen Näherungswert, nämlich die *relative* Speziesdiversität. Merkwürdigerweise wird diesem Umstand in der Fülle der bisher vorliegenden Diversitätsberechnungen kaum Beachtung geschenkt, wenn auch in den meisten Fällen aus den unterschiedlichsten Gründen eine Überinterpretation des Diversitätswertes vermieden wird.

Inwiefern jedoch auch diese durchaus einfach zu ermittelnde relative Speziesdiversität zu einem wesentlichen Kriterium der Raumbewertung werden kann, mögen folgende Anwendungsbeispiele illustrieren (vgl. Müller 1977 b, Müller et al. 1975, Nagel u. Schäfer 1977).

Auf xerothermen Standorten des Saar-Mosel-Raumes wurden Diversitätsberechnungen besonders anhand der epigäischen Coleopteren durchgeführt (vgl. Nagel 1975, 1976 a, 1977) (Abb. 4). Die Untersuchungsflächen im Unteren Moseltal lagen auf brachliegenden ehemaligen Weinbergterrassen an einem Moselsteilhang etwa 100 m über dem Fluß bei Winningen. Der im Dreiländereck von Luxemburg, Frankreich und Deutschland an der Mosel liegende Hammelsberg ist ebenso wie der etwa 10 km südlich davon in Lothringen liegende Koppenachberg ein Muschelkalkstandort. Das vierte Untersuchungsgebiet, der Schenkelsberg bei Mimbach, befindet sich im südöstlichen Saarland ebenfalls auf Muschelkalk. Abgesehen von den Brachflächen bei Winningen, die völlig anderen pflanzensoziologischen Einheiten zugeordnet werden müssen, zeigen die drei Muschelkalkstandorte als Vegetationsbedeckung anthropogen bedingte Assoziationen des Mesobromion-Verbandes, wobei die potentiell natürliche Vegetation als thermophile Waldgesellschaft im weitesten Sinn zu bezeichnen ist. Dies bedeutet, daß aufgrund der Einschränkung des anthropogenen Einflusses (Landschafts- beziehungsweise Naturschutzgebiet) eine mehr oder weniger starke Sukzession in eben skizzierter Richtung abläuft, die sich nicht auf die Vegetation beschränkt, sondern genauso auch die Fauna mit einbezieht.

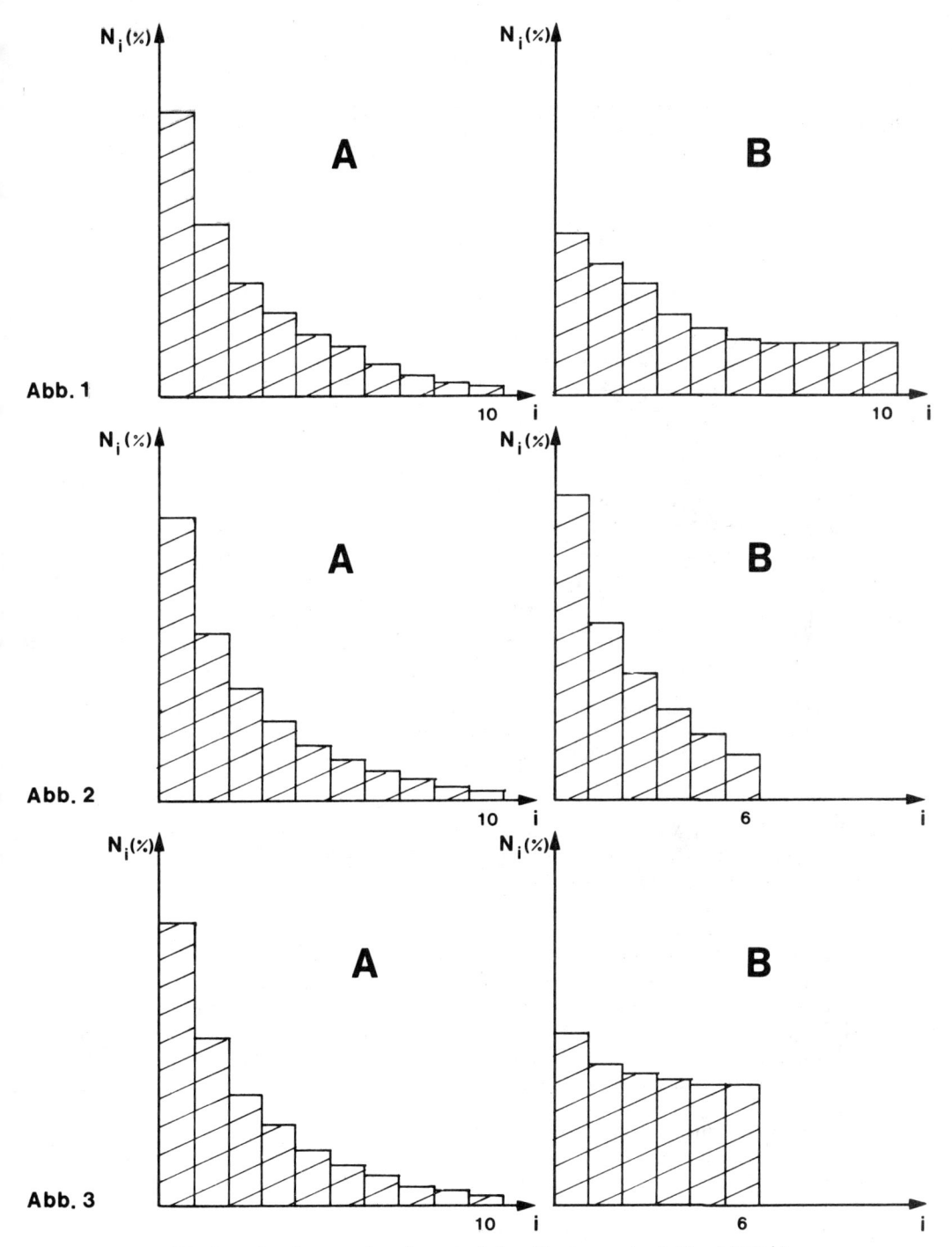

Abb. 1–3 Dominanzstruktur hypothetischer Biozönosen (nach Nagel 1976 b).
Abb. 1: Biozönosen mit gleicher Artenzahl aber unterschiedlichen Individuenabundanzen.
Abb. 2: Biozönosen mit vergleichbarer Äquität aber mit unterschiedlichen Artenzahlen.
Abb. 3: Biozönosen mit unterschiedlichen Artenzahlen und verschiedenen Individuenabundanzen
($H_s(A) = 1,858$; $H_s(B) = 1,785$; $J_s(A) = 0,807$; $J_s(B) = 0,996$).

Hammelsberg

$H_S = 3{,}077$

$J_S = 0{,}722$

$n = 71$

$H_{s1} = 2{,}949$; $J_{s1} = 0{,}843$
$H_{s2} = 2{,}854$; $J_{s2} = 0{,}791$
$H_{s3} = 2{,}585$; $J_{s3} = 0{,}701$

Winningen

$H_S = 1{,}906$

$J_S = 0{,}606$

$n = 21$

$H_{s1} = 1{,}497$; $J_{s1} = 0{,}584$
$H_{s2} = 1{,}517$; $J_{s2} = 0{,}730$
$H_{s3} = 1{,}527$; $J_{s3} = 0{,}663$

Koppenachberg

$H_S = 3{,}291$

$J_S = 0{,}765$

$n = 74$

$H_{s1} = 2{,}768$; $J_{s1} = 0{,}779$
$H_{s2} = 2{,}293$; $J_{s2} = 0{,}753$
$H_{s3} = 3{,}145$; $J_{s3} = 0{,}804$

Schenkelsberg

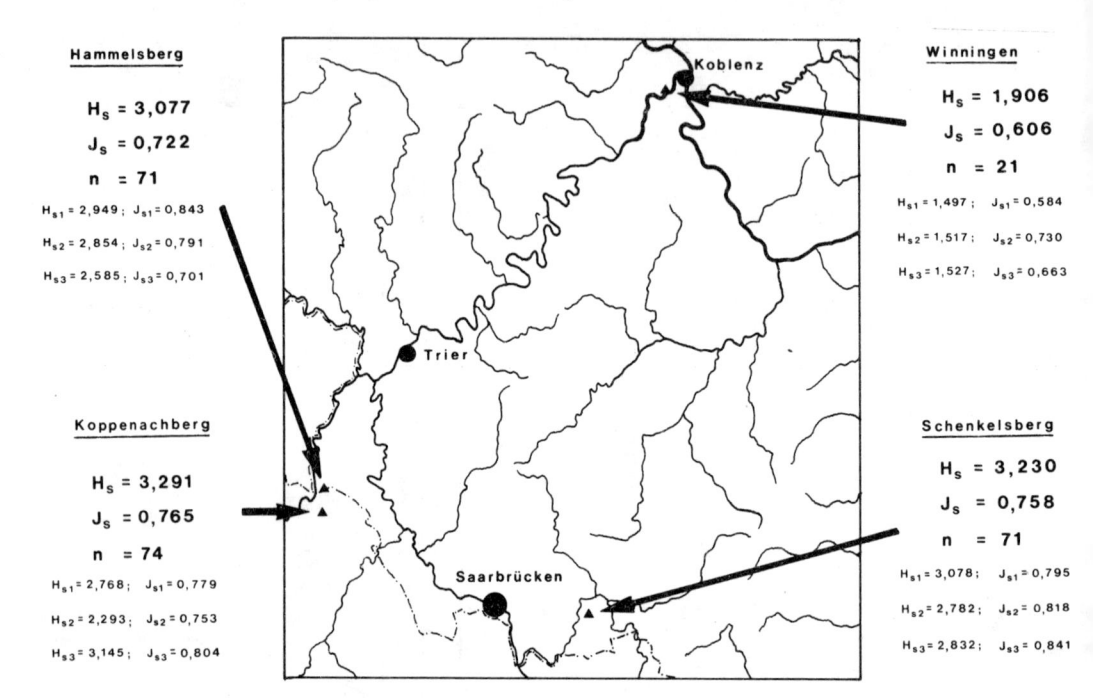

$H_S = 3{,}230$

$J_S = 0{,}758$

$n = 71$

$H_{s1} = 3{,}078$; $J_{s1} = 0{,}795$
$H_{s2} = 2{,}782$; $J_{s2} = 0{,}818$
$H_{s3} = 2{,}832$; $J_{s3} = 0{,}841$

Abb. 4 Speziesdiversität von Coleopteren-Biozönosen xerothermer Gebiete des Saar-Mosel-Raumes (Die Untergliederung 1–3 der einzelnen Gebiete entspricht verschiedenen Standorten; dargestellt ist ein zeitlicher Ausschnitt von Fallenfang-Ergebnissen) (nach Nagel 1975).

Die Standorte bei Winningen fallen bezüglich der Ergebnisse in fast jeder Beziehung als Besonderheit auf. Hier konnte keine einzige xerothermophile Coleopterenart gefunden werden, obwohl Winningen gegenüber den anderen Untersuchungsgebieten das weitaus wärmste und trockenste Mikroklima aufweist. Die sehr niedrigen Diversitätswerte ließen sich nach eingehender Analyse eindeutig auf die permanente anthropogene Beeinflussung zurückführen, die in Form von Düngung der umliegenden genutzten Terrassen und durch Hubschraubersprühungen (hauptsächlich Herbizide und Insektizide) auch diese Brachflächen voll erfaßt. Die Biozönose wird hierdurch gezwungen, immer wieder neu ein spezifisches, wechselseitiges, stabiles Gefüge mit inneren Bindungen aufzubauen. Hier können induktiv keine Sukzessionsstadien vorhergesagt werden, da sich die ökologischen Inputs permanent unregelmäßig ändern, also keine auf die Dauer definierbaren Umweltverhältnisse vorliegen.

Aufgrund verschiedener Standortuntersuchungen in den einzelnen xerothermen Gebieten lassen sich zum Beispiel beim Koppenachberg in Nord-Lothringen folgende Sukzessionsstadien mit Hilfe der Diversitätswerte erkennen. Das rezent erste, xerotherme Stadium ist dadurch gekennzeichnet, daß sich die Zahl der derzeit schon relativ häufigen xerothermophilen Arten sogar noch vergrößern kann und diese relativ lange vorhanden sein werden, daß sie jedoch in bezug auf die Individuenzahlen seltener werden. Allmählich treten dann weitere Waldindikatoren in den oberen Dominanzklassen auf, die im rezent letzten Stadium schon am stärksten vertreten sind. Hier hat schon eine sehr starke Sukzession weg vom xerothermen Stadium stattgefunden, ohne daß allerdings alle xerothermophilen Elemente verschwunden sind. Der weitere Verlauf geht dann über ein weitgehendes Verschwinden der noch verbliebenen südlichen Elemente, was sich allerdings nur noch im rezedenten und subrezedenten Bereich abspielt. Hier ist also weder das xerothermste noch das am weitesten auf das Endstadium fortgeschrittene Stadium am instabilsten. Um es teleologisch auszudrücken, versucht das System im primären, xerothermen Stadium zunächst, solange es sinnvoll erscheint, die Entropiebildungsrate möglichst gering zu halten, also durch Informationsanhäufung einen stabilen Zustand zu erreichen, gibt dieses Vorhaben aber sofort auf, wenn sich herausstellt, daß die „external inputs" doch zu stark werden, um ihnen auf die Dauer Widerstand leisten zu können (vgl. hierzu auch Margalef 1975, Fränzle 1977). Die darauffolgenden Stadien werden dann sehr schnell durchlaufen, um möglichst bald wieder in einen stabileren Zustand zu gelangen, der die zukünftige Entwicklung schon einprogrammiert hat.

Betrachtet man den Hammelsberg im westlichen Saarland als Gesamtheit, so bleiben die jetzt hier vorhandenen Arten beziehungsweise die durch sie repräsentierten Ökotypen erhalten, wobei sich lediglich die Dominanzkurve etwas abflachen wird. Die euryöken Waldarten sind schwach vertreten, auch deuten einige rezedente xerothermophile Arten sowie die im oberen Dominanzbereich auftretende Tenebrionide *Asida sabulosa* auf einen immer noch deutlich xerothermen Charakter des Hammelsberges hin. Dieser verfügt zwar nicht über in dieser Weise xerotherme Inseln wie der Koppenachberg in Nord-Lothringen, doch ist er insgesamt noch nicht so weit fortgeschritten wie jener und die einzelnen Sukzessionsstadien gehen langsamer ineinander über.

In dieser Beziehung bestehen große Ähnlichkeiten zwischen dem Hammelsberg und dem Schenkelsberg im südöstlichen Saarland. Im Gegensatz zu jenem ist aber hier auf dem relativ xerothermsten Standort die Spezies-Äquität sehr hoch, was darin begründet liegt, daß hier keine Art entsprechend *Asida sabulosa* in den oberen Dominanzklassen vorkommt, deren Individuenabundanz sich bei anlaufender Sukzession verringern müßte. Dies zeigt also, daß im klimatisch begünstigteren Moseltal die Entwicklung der mesophileren Standorte zu thermophilen Waldgesellschaften nicht unbedingt langsamer erfolgen muß als im Muschelkalkgebiet des südöstlichen Saarlandes, auch wenn dies zunächst vielleicht zu erwarten wäre.

Zusammenfassend läßt sich erkennen, daß der Diversitätsindex nicht unbedingt die Annäherung an einen Klimaxzustand in kontinuierlicher Weise angibt. Weder die Maßzahl für die Speziesdiversität noch für andere (ebenfalls untersuchte) Diversitätswerte kann für sich allein betrachtet ein Sukzessionsstadium erkennen lassen. Deren Kombination in Verbindung mit der Analyse der Indikatororganismen erlaubt erst, eine solche Sukzessionsfolge aufzustellen. Bei einem Fehlen von Indikatorarten versagt diese Methode völlig, wie am Beispiel Winningen gezeigt werden konnte. Hier war jedoch über die Diversitätsberechnungen und die Betrachtungen der ökologischen Valenz der Arten eine Definition des rezenten Stadiums möglich. Dabei zeigte sich, daß unnatürliche, also anthropogene Belastung, sich viel stärker in den Diversitätsindizes niederschlagen als andere, natürliche Faktoren (wie etwa das extreme Mikroklima).

Im Verdichtungsraum von Saarbrücken wurden auf sechzehn Langzeituntersuchungsflächen mit der Barberfallenmethode Bodenarthropoden erfaßt, von denen die Carabidenarten zur näheren Charakterisierung der Standorte herangezogen wurden (Klomann 1977). Zehn der Flächen lagen im Buntsandsteingebiet, sechs auf Muschelkalk. Die kühlen und feuchten Waldstandorte und die warm-trockenen offenen Flächen wurden dabei getrennt betrachtet. Erst bei Bildung der flächenspezifischen Diversitätswerte ergab sich eine direkte Beziehung

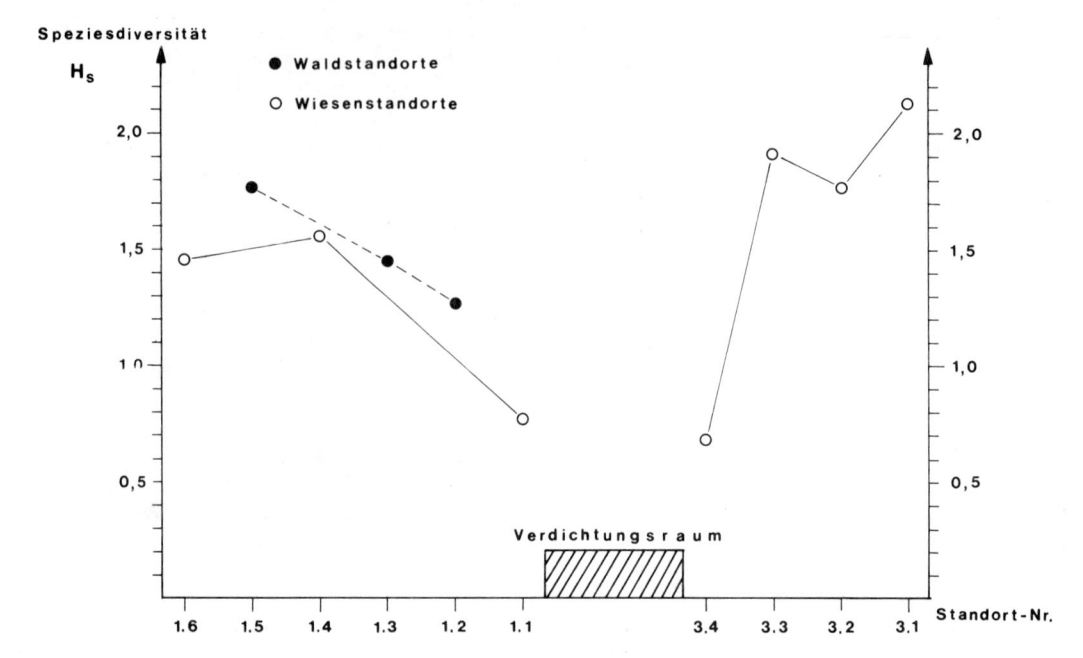

Abb. 5 Speziesdiversität von Carabiden-Populationen *(Insecta, Coleoptera)* in der Umgebung des Verdichtungsraums von Saarbrücken (nach Müller et al. 1975).

zwischen Carabidenpopulationen und der Standortbelastung. Es zeigte sich, daß die höchsten Diversitätswerte bei den relativ unbelasteten, stadtfernen Flächen sowohl auf Muschelkalk als auch auf Buntsandstein zu verzeichnen waren. Die stadtnächsten beziehungsweise emittentennächsten Standorte hatten aufgrund der hohen Immissionsbelastung die geringsten Werte (vgl. Abb. 5). Selbstverständlich wurden auch bei diesen Untersuchungen die unterschiedliche Vegetation sowie mehrere abiotische Faktoren in die Überlegungen mit einbezogen. Dabei zeigte sich, daß nicht ausschließlich Industrieimmissionen einen niedrigen Diversitätswert bedingen – wenn auch die generelle Tendenz in diese Richtung geht –, sondern daß andere anthropogene Eingriffe in das System, wie das Abbrennen von Wiesenstandorten und unnatürliche Aufforstung, entscheidend zur Diversitätsverminderung beitragen.

Im urbanen Ökosystem der Stadt Saarbrücken wurden anhand der Struktur von Flechtenzönosen die Speziesdiversitätswerte ermittelt (Thomé 1976). Dabei wird, ähnlich wie bei den Untersuchungen von Klomann (1977) deutlich, daß eine abnehmende Tendenz des Wertes zur Stadtmitte hin besteht (Abb. 6). Die dadurch indizierten pessimalen Bedingungen sind nun nicht, wie man vermuten könnte, auf eine Reduzierung der Flechtensubstrate im Citybereich zurückzuführen, sondern, wie vergleichende Untersuchungen zeigten, auf das aridere Mesoklima sowie besonders auf die stärkere Immissionsbelastung.

Auch im limnischen Ökosystem der Saar läßt sich der Diversitätswert als Belastungsindikator verwenden. Seit 1971 wurden die Mollusken, Amphipoden und Decapoden der Saar von der Quelle bis zur Mündung an 55 Langzeitbeobachtungsstellen untersucht (Schäfer

Speziesdiversität $\bar{H}_s$

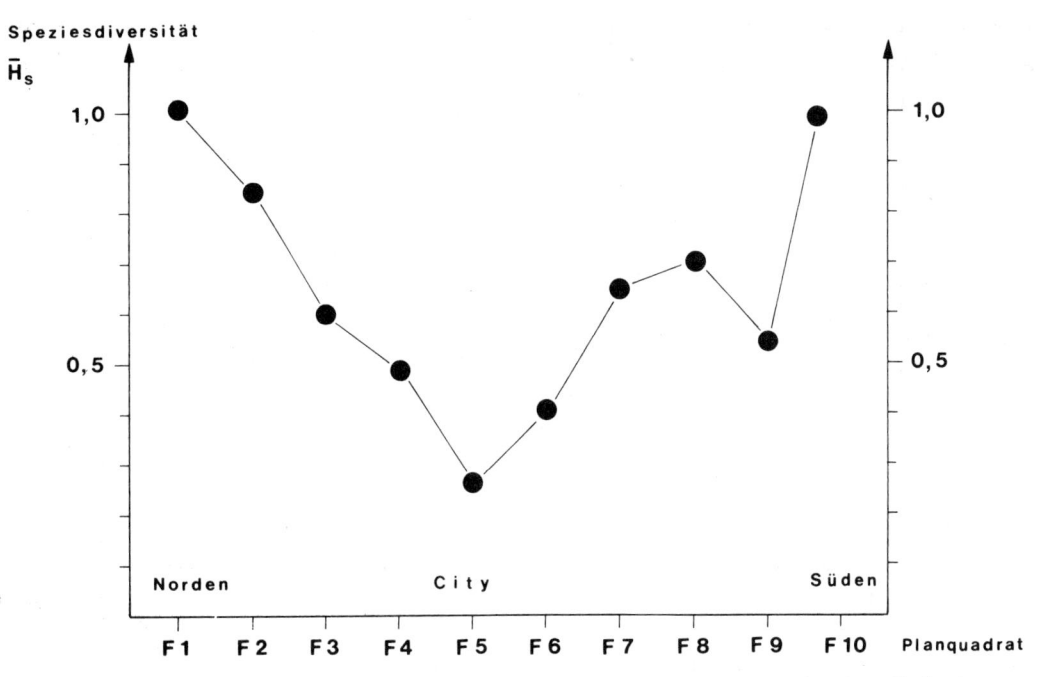

Abb. 6 Speziesdiversität (nach Brillouin) von Flechtenzönosen entlang eines Nord-Süd-Profils durch das Stadtgebiet von Saarbrücken (nach Angaben von Thomé 1976).

1975). Die Artenzahlkurven verdeutlichen, daß ab der Einleitung der Rossel, einem kleinen, aber äußerst stark (anorganisch) verschmutztem Nebenfluß, alle Mollusken verschwinden, d. h. von diesem Punkt an werden nur noch leere, verdriftete Gehäuse im Bereich der mittleren Saar gefunden. Die Berechnung der Speziesdiversität basierte in diesem Fall auf der vollständigen Erfassung aller Individuen von drei Probeflächen zu je einem Quadratmeter auf dem trockengefallenen Ufer, wobei die Auswahl der Substratfläche so erfolgte, daß sie einen repräsentativen Ausschnitt des Untersuchungsgebietes darstellt. Mit Ausnahme von zwei Standorten, an denen wegen der totalen Uferbebauung (Stahlplanken) besondere Verhältnisse herrschen, ist eine direkte Korrelation zwischen Artenreichtum, Speziesdiversität und Wasserqualität möglich (vgl. Abb. 7). Auch Expositionsversuche zeigen eindeutige Korrelationen zur chemisch-physikalischen Belastung des Wasserkörpers (Schäfer 1977). Also weisen auch hier die am stärksten belasteten Standorte die geringsten Speziesdiversitätswerte auf.

Anhand dieser wenigen Beispiele, die sich aus der Fülle entsprechender ökologischer Publikationen beliebig ergänzen ließen, sollten zwei uns wesentlich erscheinende Punkte deutlich werden: Einerseits die Diskrepanz zwischen der absoluten und der relativen Speziesdiversität, die sich jedoch – andererseits – außerordentlich gut kompensieren läßt, wenn folgende Punkte beachtet werden: 1. Induktionsbasis muß ein möglichst umfangreiches Ausgangsmaterial sein, um überhaupt statistischen Auswertungen zu genügen. 2. Die Sammel- beziehungsweise Aufnahmemethoden müssen objektiv durchgeführt werden,

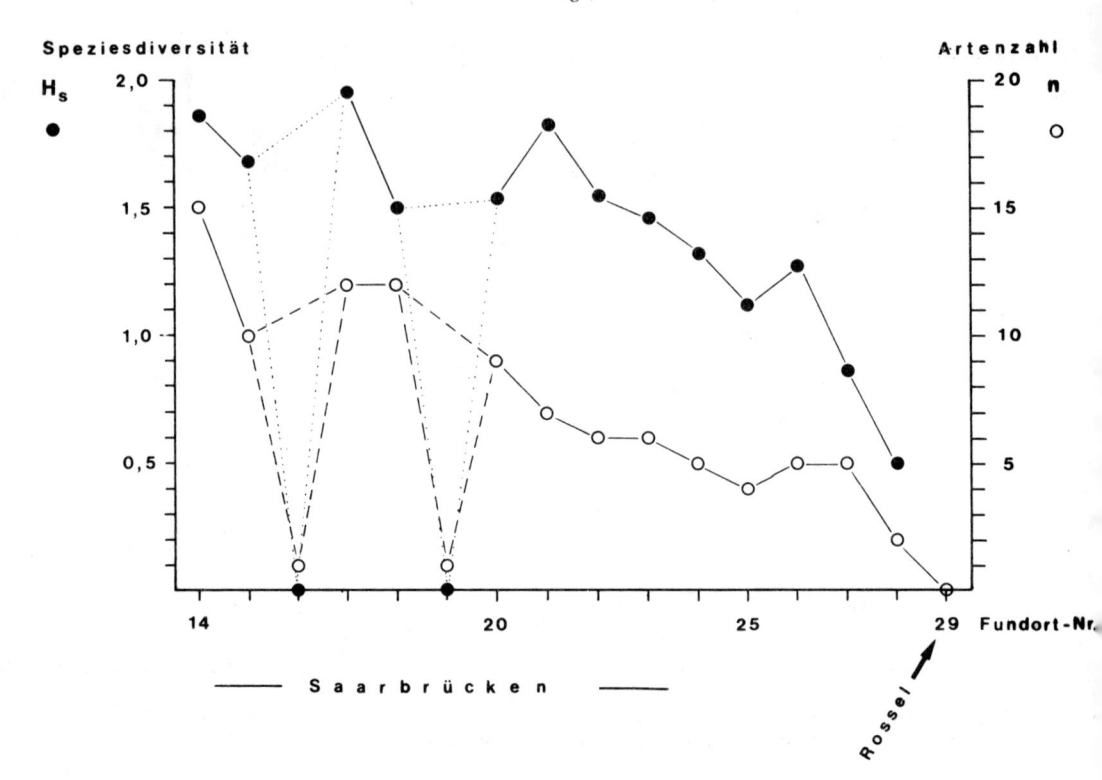

Abb. 7 Speziesdiversität und Artenzahl von Mollusken-Proportionen in der Saar zwischen Saarbrücken-St. Arnual (Nr. 14) und Völklingen (Nr. 29) (Der H-Wert des Fundortes Nr. 29 (n = N = 0) ist nicht definiert) (nach Schäfer 1977).

wobei dem Begriff „objektiv" kein Absolutheitsanspruch mitgegeben werden soll. Wichtig ist nur, daß bei den vergleichenden Untersuchungen immer die gleichen Fehlerquellen auftreten und daß diese möglichst wenig durch subjektive Vorgänge beeinflußt werden. 3. Eine exakte qualitative Ordnung des Materials (Determination) ist ebenso selbstverständlich wie 4. die exakte quantitative Ordnung des Materials. Da wir zur Zeit nur mit der relativen Speziesdiversität arbeiten können, darf auf keinen Fall als Punkt 5. auf die Berücksichtigung aller bekannten aut-, syn- und demökologischen Fakten verzichtet werden. Dieser Punkt wurde schon manches Mal vernachlässigt, so daß dann entweder Verwunderung über nichts aussagende Zahlenwerte einsetzte oder aber daß diese nackten Zahlen dann interpretiert wurden.

Wir sind noch weit davon entfernt, durch Raumanalysen, von denen hier ein Aspekt vorgestellt wurde, objektive Zahlen zu gewinnen, die direkt in die Raumbewertung eingehen können. Wenn auch noch viel getan werden muß, um der zur Zeit stark in Expansion begriffenen Theoriediskussion mehr empirische Daten zugrunde legen zu können, so sollte doch gezeigt werden, daß für Fragen der Raumbewertung auch heute schon die Speziesdiversität ein entscheidendes Kriterium darstellt.

Literatur

Fränzle, O. (1977): Biophysical Aspects of Species Diversity in Tropical Rain Forest Ecosystems. – Biogeographica 8: 69–83
Grimm, R., Funke, W. u. Schauermann, J. (1975): Minimalprogramm zur Ökosystemanalyse: Untersuchungen an Tierpopulationen in Wald-Ökosystemen. – Verhandl. Ges. Ökologie Erlangen 1974: 77–87
Hesse, R. (1924): Tiergeographie auf ökologischer Grundlage. – Jena
Klomann, U. (1977): Die Carabidenfauna unterschiedlich belasteter Standorte im Raum Saarbrücken. – Faun.-flor. Notizen a. d. Saarland 9 (1–2): 12–18
McArthur, R. H. (1955): Fluctuations of animal populations, and a measure of community stability. – Ecology 36: 533–536
McArthur, R. H. u. MacArthur, J. W. (1961): On bird species diversity. – Ecology 42: 594–600
Margalef, R. (1958): Information theory in ecology. – Gen. Systems 3: 37–71
Ders. (1975): Perspectives in ecological theory. – 4. Aufl., Chicago, London
Moebius, K. (1877): Die Auster und die Austernwirtschaft. – Berlin
Müller, P. (1977 a): Tiergeographie: Struktur, Funktion, Geschichte und Indikatorbedeutung von Arealen. – Stuttgart
Ders. (1977 b): Biogeographie und Raumbewertung. – Darmstadt
Müller, P., Klomann, U., Nagel, P., Reis, H. u. Schäfer, A. (1975): Indikatorwert unterschiedlicher biotischer Diversität im Verdichtungsraum von Saarbrücken. – Verhandl. Ges. Ökologie Erlangen 1974: 113–128
Nagel, P. (1975): Studien zur Ökologie und Chorologie der Coleopteren (Insecta) xerothermer Standorte des Saar-Mosel-Raumes. – Diss. Saarbrücken
Ders. (1976 a): Methoden zum Erkennen zukünftiger Zoozönosenentwicklungen, dargestellt an Coleopteren (Insecta) trockenwarmer Standorte. – Schriftenr. Vegetationskde. 10: 375–379
Ders. (1976 b): Die Darstellung der Diversität von Biozönosen. – Schriftenr. Vegetationskde. 10: 381–391
Ders. (1977): Käfergesellschaften als objektivierbare Informationsträger. – Verhandl. 6. Int. Symp. Entomofaunistik Mitteleuropa 1975: 233–241
Nagel, P. u. Schäfer, A. (1977): Die biotische Diversität als Faktor der Systemanalyse. – Amazoniana (im Druck)
Peil, J. (1973): Einige Bemerkungen zu Problemen der Anwendung des Informationsbegriffs in der Biologie. I. Der Informationsbegriff und seine Rolle im Verhältnis zwischen Biologie, Physik und Kybernetik. – Biom. Z. 15 (2): 117–128
Pielou, E. C. (1969): An Introduction to Mathematical Ecology. – New York, London
Ders. (1975): Ecological Diversity. – New York, London
Reswoy, P. D. (1924): Zur Definition des Biozönose-Begriffes. – Russ. Hydrobiol. Z. 3: 204–209 (russ. mit dt. Zusammenfassung)
Schäfer, A. (1975): Die Bedeutung der Saarbelastung für die Arealdynamik und Struktur von Molluskenpopulationen. – Diss. Saarbrücken
Ders. (1977): Möglichkeiten und Bedeutung quantitativer Erfassungen von Benthoszönosen in einem anthropogen überformten Fließgewässer, dargestellt am Beispiel der Saar. – Ber. Int. Symp. Int. Ver. Vegetationskde. Rinteln 1976 („Vegetation und Fauna"): 131–152
Shannon, C. E. (1948): A mathematical theory of communication. – Bell Syst. Techn. J. 27: 379–423, 623–656
Stugren, B. (1974): Grundlagen der allgemeinen Ökologie. – 2. Aufl., Jena
Thomé, M. (1976): Ökologische Kriterien zur Abgrenzung von Schadräumen in einem urbanen System – Dargestellt am Beispiel der Stadt Saarbrücken. – Diss. Saarbrücken
Wiener, N. (1948): Cybernetics. – New York

Diskussion zum Vortrag Nagel

Prof. Dr. O. Fränzle (Kiel)
 Wie ist der Einfluß der Bezugsflächengröße auf den Zahlenwert der relativen Speziesdiversität?

Dr. P. Nagel (Saarbrücken)
 Der mit der Shannon-Wiener-Formel erhaltene Zahlenwert der relativen Speziesdiversität ist von der Bezugsflächengröße ebenso wie vom Umfang des zur Auswertung gebrachten Materials per definitionem völlig unabhängig, sofern eine für jede statistische Auswertung notwendige Mindestgröße nicht unterschritten wird.

BELASTUNG UND BELASTUNGSDYNAMIK IN SEE-UMLAND-SYSTEMEN

Mit 12 Abbildungen und 3 Tabellen

Von Heidulf E. Müller (Kiel)

Leiden terrestrische Ökosysteme vielfach unter ausgesprochenem Nährstoffmangel und bedürfen einer intensiven Zufuhr von Düngemitteln zum Erhalt ihrer Produktionsfähigkeit, so ist das bei den hydrischen Ökosystemen des festen Landes nahezu weltweit umgekehrt. Besonders die stehenden Gewässer in den dicht besiedelten Räumen des gemäßigten Klimabereiches befinden sich in einem Zustand permanenter Überdüngung, was die Zufuhr von Pflanzennährstoffen zur Stimulierung der Primärproduktion betrifft (Ambühl, H. 1975; Hasler, A. D. ed. 1975; Likens, G. E. ed. 1972; Middlebrooks, E. J. et. al. ed. 1975; Vollenweider, R. A. 1971).

Dieser Eutrophierung genannte Vorgang nimmt seinen Anfang im See-Umland – genauer gesagt im Wassereinzugsgebiet des Gewässers. Hier werden die für die Primärproduktion notwendigen Nährstoffe bereitgestellt, die über den Wasserkreislauf – und in geringem Umfang auch durch die Luft – in den See transportiert werden. Erst auf einer weiteren Stufe, die bereits ein erhöhtes Produktionsniveau voraussetzt, beginnt der eutrophe See in immer stärkerem Maße sich durch see-intern ablaufende Prozesse selbst zu düngen, abhängig von seiner klima- und morphologiegesteuerten jahresrhythmischen Stagnations- und Zirkulationsdynamik.

Nährstoffzufuhr aus dem See-Umland und see-interner Metabolismus charakterisieren in ihrer jeweiligen Dynamik den gesamten Stoffhaushalt von Seen und sind damit die wesentlichen Größen, durch deren quantitative Erfassung erst eine räumliche Differenzierung der Belastung von Seen erkannt und vorgenommen werden kann. Vergleichende Untersuchungen, die sich unter diesem Aspekt mit einer größeren Anzahl von Seen befassen, liegen für Schleswig-Holstein bisher nicht vor.

Die Folge einer Eutrophierung kann der sehr schnelle biologische Tod eines Sees sein (Schmidt, E. 1974). Der dann zwar immer noch vorhandene Wasserkörper verliert im Extremfall jeglichen Wert für eine Nutzung durch den Menschen. Maßnahmen zur Erhaltung der Funktionsfähigkeit von See-Ökosystemen setzen sehr detaillierte Kenntnisse der bei jedem einzelnen See individuell ablaufenden und wirkenden Belastungsmechanismen voraus, deren Erfassung immer mit großem Aufwand verbunden ist.

Für schleswig-holsteinische Seen sind Vorgänge einer übermäßig stark und schnell ablaufenden Eutrophierung generell bekannt (Ohle, W. 1955, 1965). Es stellt sich die Frage, in welcher Weise eine zur Belastung führende Nährstoffanreicherung die wesentlichen Parameter des Stoffhaushaltes hydrologisch und morphologisch unterschiedlich strukturierter See-Systeme beeinflußt, da Beobachtungen zeigen, daß die differenzierte Dynamik von Belastungsindikatoren der Seen durch bloße Mengenangaben von belastenden Substanzen nicht erklärt werden kann (Bernhardt, H. et. al. 1973).

Wichtiges Kriterium für die Beurteilung, ob ein See noch ein funktionsfähiges und stabiles System darstellt, ist seine Fähigkeit, die ihm zugeführten Nährstoffe zu verarbeiten, ohne daß dabei die Veränderung der Strukturen des Systems zum Verlust der sog. Selbstreinigungskraft führt. Wichtigste Anzeichen einer im obigen Sinne verstandenen Strukturveränderung im See sind Umstellungen des Sauerstoffhaushaltes, anaerobe Verhältnisse im Wasserkörper und die damit im Gefolge auftretende positiv rückgekoppelte Nährstofffreisetzung aus den Sedimenten des Sees mit kurzgeschlossenem Nährstoffkreislauf.

Die typische Kausalkette der Eutrophierung und ihrer Folgen sieht für die hier untersuchten Seen so aus: Über die Zuflüsse werden dem See Nährstoffe zugeführt. Die Primärproduzenten verwerten entsprechend dem im Minimum stehenden Faktor – bei allen hier untersuchten Seen Phosphor und/oder Stickstoff – diese Nährstoffe und produzieren organische Substanz und während der Belichtungsphase Sauerstoff. Ein Teil der organischen Substanz gelangt in das Hypolimnion, das während der Stagnationsphasen vom produktiven Epilimnion durch die Sprungschicht getrennt ist. Dort wird das niedersinkende und bereits sedimentierte Material unter Sauerstoffzehrung abgebaut. Ist der während der Stagnationsphase nicht von der Gewässeroberfläche her ersetzbare Sauerstoff im Hypolimnion aufgebraucht, treten anaerobe Abbauverhältnisse ein und energiereiche Stoffwechselprodukte, wie z. B. Methan, Wasserstoff oder Schwefelwasserstoff sind im Hypolimnion und Sediment zu finden (Ohle, W. 1968).

Die Belastung der Seen mit solchen Nährstoffen, die zur Steigerung der Primärproduktion führen, hat bei allen hier untersuchten Seen in kürzester Frist eine vollständige Sauerstoffzehrung im Hypolimnion zur Folge. Da ebenfalls die Akkumulation organischer zersetzungsfähiger Substanz im Sediment der Seen entsprechend der hohen Produktion groß ist (Müller, H. E. 1975; Ohle, W. 1972), werden während der Stagnationsphasen große Mengen von Nährstoffen unter reduzierenden Bedingungen freigesetzt und dienen, wenn sie in die produktive Oberflächenzone gelangen, erneut als Nährstoffe der Primärproduzenten. Dieser bereits erwähnte Mechanismus der internen Düngung bedeutet, daß selbst eine vollständige Eliminierung der Nährstoffe aus den Zuflüssen der Seen nicht notwendigerweise zu einer Verminderung der Primärproduktion führen muß (Richard, M. E. et. al. 1973). Ebensowenig kann eine sofortige Besserung des ökologisch äußerst kritischen Sauerstoffmangels im Tiefenwasser eintreten.

Ein qualitatives Modell zeigt, welches Beziehungsgefüge den Stoffhaushalt eines Sees bestimmt (Abb. 1). Feststoff- und Lösungsfracht des Zuflusses werden durch die Gesamtheit der auf sie wirkenden Geofaktoren und kulturbedingten Einflüsse, von denen die wesentlichen im Modell genannt sind, gesteuert und bereits auf dem Weg in den See in Menge und Zusammensetzung ständig verändert. Die durch den Zufluß in den See transportierten Feststoffe und gelösten Substanzen werden durch vielfältig miteinander verknüpfte biotische und abiotische Vorgänge Veränderungen unterworfen. Man kann von einem Metabolismus des Sees sprechen, da Stoffwechselvorgänge unterschiedlichster Art als Regulatoren eine Steuerfunktion auf die produzierte Sediment-, Plankton- und Makrophytenmenge ausüben. Die bei allen Stoffwechselvorgängen im See beteiligten heterotrophen Organismenpopulationen werden in diesem qualitativen Modell nicht dargestellt.

UNTERSUCHUNGEN UND ERGEBNISSE

Insgesamt wurden 19 Seen im westlichen schleswig-holsteinischen Jungmoränengebiet untersucht. Sie lassen sich in drei hydrographisch unterscheidbare Gruppen einteilen:
Gruppe 1: Nicht miteinander in hydrologischer Verbindung stehende Seen ohne oder mit

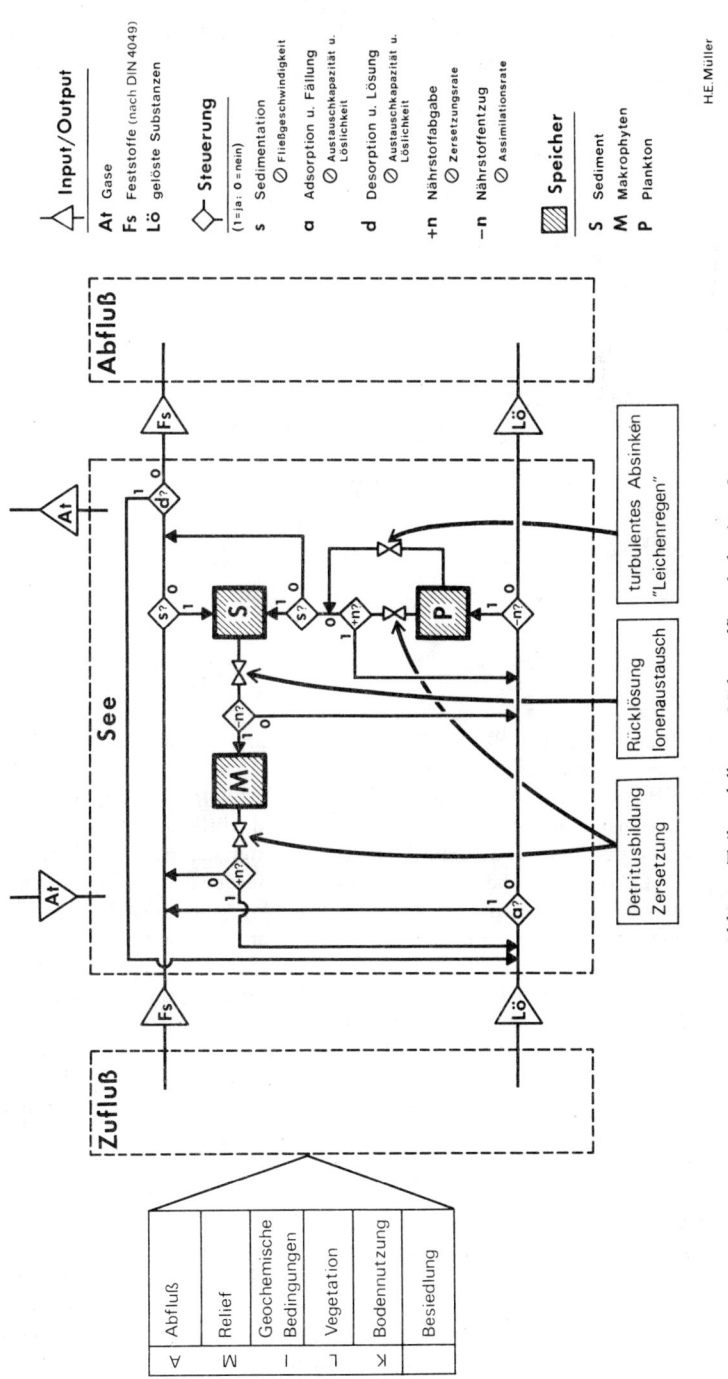

Abb. 1 Teilmodell zum Nährstoffhaushalt eines Sees

nur sehr geringem oberirdischem Wasserzu- und -abfluß und kleinem zugehörigem Niederschlagsgebiet:
1. Blunker See (Bl)
2. Muggesfelder See (M)
3. Nehmser See (N)
4. Molfsee (Mo)

Gruppe 2: Nicht miteinander in hydrologischer Verbindung stehende Seen mit oberirdischem Zu- und Abfluß und großem zugehörigem Niederschlagsgebiet:
5. Bothkamper See (Bt)
6. Lanker See südl. Teil (Ls)
7. Lanker See nördl. Teil (Ln)
8. Postsee südl. Teil (Pos)
9. Postsee nördl. Teil (Pon)

Gruppe 3: Miteinander in hydrologischer Verbindung stehende Seen mit Zu- und Abfluß und unterschiedlich großem zugehörigem Niederschlagsgebiet:
a) 10. Borgdorfer See (Bo)
11. Pohlsee (P)
12. Pohlsee Manhagen (Pm)
13. Brahmsee (Br)
14. Warder See (W)
b) 15. Bornhöveder See (Bv)
16. Schmalensee (Sm)
17. Belauer See (Be)
18. Schierensee (Si)
19. Stolper See (So)

Im Untersuchungszeitraum 1974 bis 1975 wurden während 3 Zirkulationsphasen (Frühjahr-Herbst-Frühjahr) und im Zeitraum 1974 während einer vollständigen Vegetationsperiode monatlich in situ-Messungen an jeweils einem Vertikalprofil über der tiefsten Stelle der Seen und Probenahmen in den Seen und ihren Zu- und Abflüssen durchgeführt. Aus der Vielzahl analytisch bestimmter, den Stoffhaushalt charakterisierender Größen, werden zur Erläuterung der Belastung der Seen nur die folgenden ausgewählt und dargestellt:
1. Die Mittelwerte der Kationen Na^+, K^+, Ca^{++} und Mg^{++} und der Anionen Cl^-, SO_4^{--}, HCO_3^- und NO_3^- aus 3 Zirkulationsperioden. Diese Ionen machen bei natürlichen Wässern, wie sie hier vorliegen, mehr als 98% der darin gelösten Substanzen aus. Eine auf der Grundlage dieser 8 Wasserinhaltsstoffe erstellte Ionenbilanz ermöglicht eine Typisierung der Nährstoffgrundbelastung der Seen.
2. Phosphor (gesamt-P, PO_4-P, org. P) und Stickstoff (NH_4-N, NO_2-N, NO_3-N, gesamt-N) als Mittelwerte von 3 Zirkulationsprobenahmeserien und monatlich während der Vegetationsperiode als Vertikalprobenahmen im See aus Epilimnion, Metalimnion und dem Hypolimnion über dem Sediment; ebenso gleichzeitig aus den Zu- und Abflüssen der jeweiligen Seen.
3. Sauerstoffsättigungsindex und Redoxpotential (E_7) auf Vertikalprofilen über der tiefsten Stelle der Seen aufgenommen (in situ-Messungen).

Vorausgegangen waren diesen hydrochemischen Untersuchungen exakte echographische Vermessungen sämtlicher untersuchter Seen, da keinerlei Isobathenkarten vorlagen (Müller, H. E. 1974, 1976). Kartierungen des Niederschlagsgebietes hinsichtlich Größe und Nutzungsstruktur durch Luftbildauswertung vorhandener und eigener Aufnahmen und durch Geländebegehungen vervollständigten die Untersuchungen.

Kationen mval/l **Anionen**

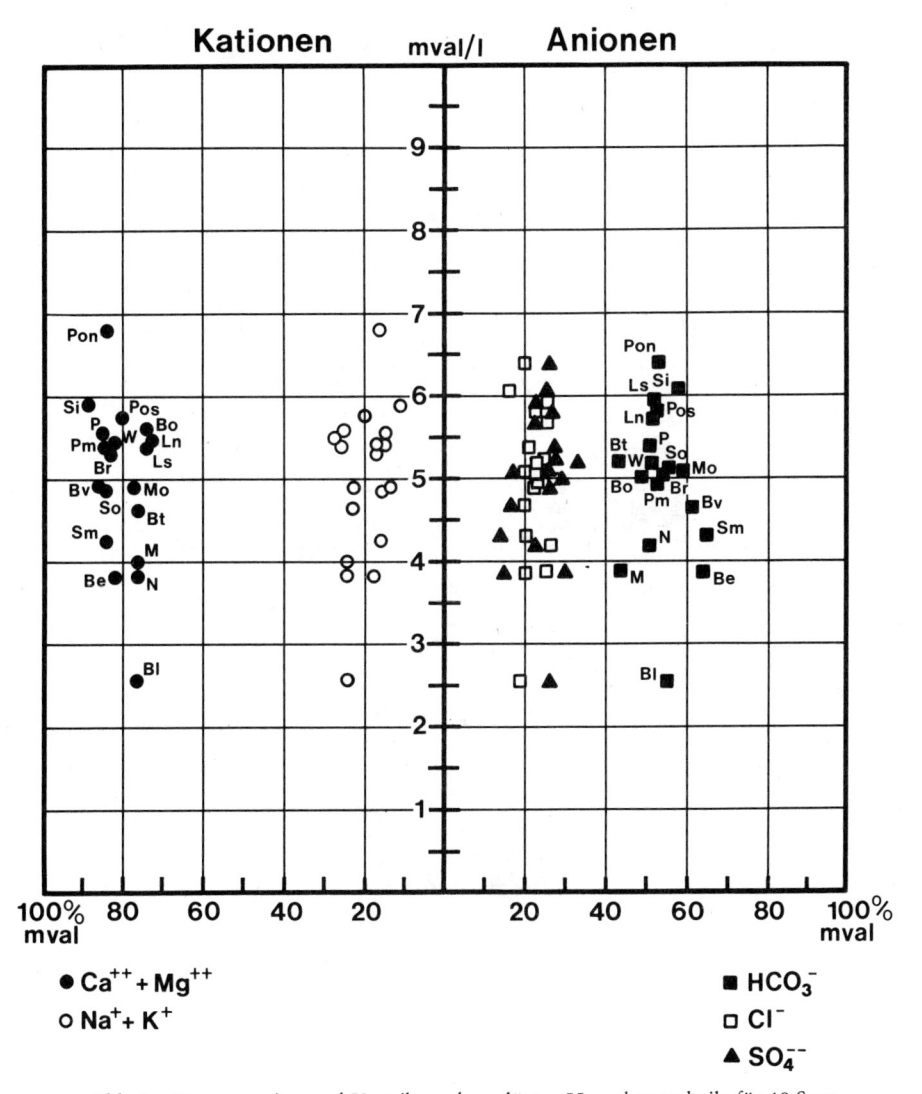

Abb. 2 Konzentration und Verteilung der gelösten Hauptbestandteile für 19 Seen

Die analytische Bestimmung der im Wasser gelösten Hauptbestandteile ergab für die Gesamtheit der untersuchten Seen sowohl für die Kationen (Na, K, Ca, Mg) als auch die Anionen (Cl, SO_4, HCO_3, NO_3) eine nahezu gleichartige prozentuale Verteilung bei unterschiedlichen Gesamtsubstanzgehalten für die Vollzirkulationsperioden 1974–1975 (Abb. 2 und 3). Soweit diese Substanzen als Nährstoffe für die Primärproduzenten in Frage kommen, ist die Belastungssituation hinsichtlich der prozentualen Zusammensetzung für alle Seen gleichartig. Anders liegen die Verhältnisse, zieht man den absoluten Substanzgehalt

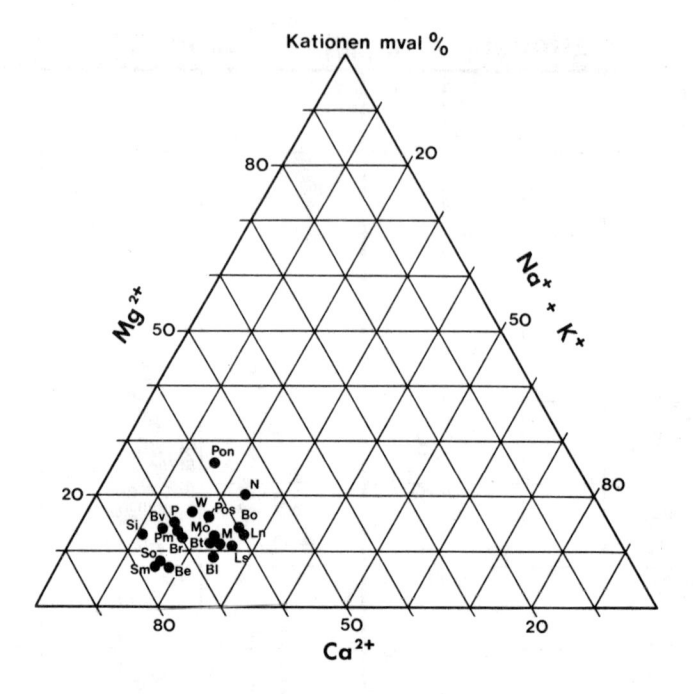

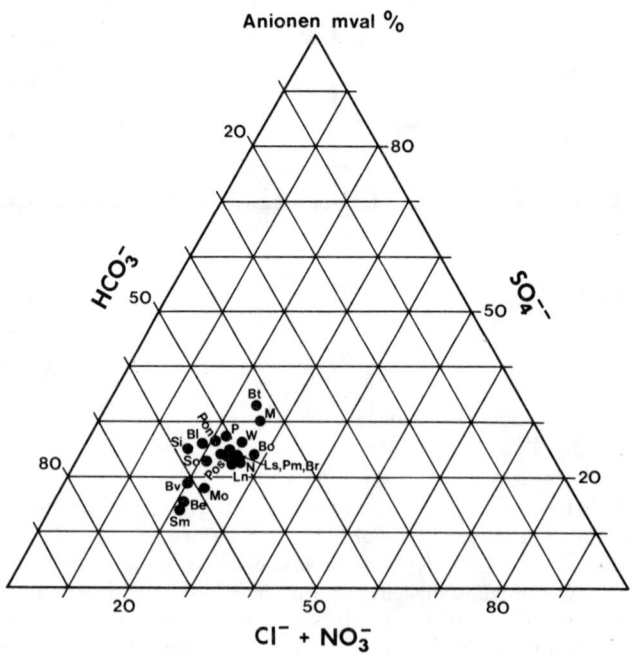

Abb. 3 Typisierung der Wässer bei Vollzirkulation (1974/75)

der Wässer zur Beurteilung heran (Abb. 2). Zwischen dem Blunker See (Bl) mit nur 5 mval/l Ionensumme und dem nördlichen Postsee (Pon) mit 13,5 mval/l besteht ein nicht zu übersehender Unterschied, der insgesamt auf eine erheblich höhere Belastung des Postsees mit aus dem Niederschlagsgebiet importierter Substanz hinweist. Der Blunker See dagegen besitzt keinerlei Oberflächenzufluß aus seinem Niederschlagsgebiet, lebt also vom Grundwasser und direkt auf die Wasseroberfläche fallenden Niederschlag mit niedrigem Gehalt an gelösten Substanzen. Alle übrigen Seen liegen mit ihren Gesamtsubstanzgehalten zwischen etwa 7,2 und 11,9 mval/l Ionensumme mit einer Tendenz zu höheren Konzentrationen der hier dargestellten Hauptbestandteile. Insgesamt ergibt sich aus dem Diagramm (Abb. 2), daß höhere Konzentrationen auf einer gleichmäßigen Zunahme aller Substanzen beruhen. Würde eine Konzentrationserhöhung auf der überwiegenden Zufuhr nur eines Stoffes beruhen, so müßte sich eine Verschiebung der prozentualen Zusammensetzung der Proben im Bereich höherer Konzentrationen zeigen, was nicht der Fall ist.

Einzugsgebietsgröße und Gesamtsubstanzgehalte in den zugehörigen Seen stehen in keinem Zusammenhang zueinander. Wie eine Auswertung aller Objekte ergibt, haben Seen mit kleinem Niederschlagsgebiet, wie z. B. der Molfsee (Mo) mit 2,063 km², genauso hohe Gesamtsubstanzgehalte (9,97 mval/l) während der Zirkulationsperiode, wie Seen mit erheblich größerem Einzugsgebiet, z. B. der Bornhöveder See mit ebenfalls 9,97 mval/l bei 10 km² Niederschlagsgebiet und umgekehrt. Eine primärproduktionsfördernde Belastung durch einen Umgebungsarealfaktor (Ohle, W. 1965) ausdrücken zu wollen, der die Seeoberfläche zur Einzugsgebietsgröße in Beziehung setzt, ist zumindest für die hier untersuchten Seen nicht möglich.

Tab. 1. *Phosphor- und Stickstoffgehalte der Seen bei Vollzirkulation in mg/l (Durchschnitt von drei Perioden 1974–1975)*

See	Phosphor			Stickstoff			
	PO_4-P	$P_{(org.)}$	$P_{(ges.)}$	$N_{(ges.)}$	NO_3-N	NO_2-N	NH_4-N
Bl	0,37	0,03	0,15	0,11	0,00	0,04	0,13
M	0,29	0,39	0,48	0,27	1,02	0,03	0,05
N	0,00	0,16	0,16	0,09	0,18	0,03	0,05
Mo	1,58	0,10	0,62	0,67	2,24	0,03	0,20
Bt	0,41	1,01	1,14	0,22	0,41	0,00	0,16
Ls	0,23	0,30	0,38	0,20	0,45	0,01	0,12
Ln	0,19	0,25	0,31	0,06	0,13	0,00	0,04
Pos	0,63	1,03	1,23	0,35	1,19	0,05	0,08
Pon	1,76	0,25	0,83	0,04	0,05	0,02	0,03
Bo	1,60	0,03	0,55	0,70	2,10	0,06	0,27
P	0,02	0,07	0,07	0,71	2,56	0,01	0,16
Pm	0,05	0,05	0,06	0,67	2,29	0,01	0,19
Br	0,51	0,07	0,23	1,27	5,15	0,03	0,13
W	0,49	0,11	0,27	0,55	1,79	0,01	0,18
Bv	1,14	0,01	0,38	0,16	0,29	0,03	0,12
Sm	0,67	0,12	0,34	0,12	0,31	0,03	0,06
Be	0,52	0,14	0,31	0,87	3,76	0,04	0,01
Si	0,69	0,00	0,17	1,04	3,65	0,09	0,24
So	1,47	0,04	0,52	0,77	1,65	0,04	0,34

Die nach der bisherigen Kenntnis wichtigsten Größen zur Beurteilung der eutrophierungswirksamen Belastung von Seen sind Phosphor und Stickstoff in ihren unterschiedlichen Erscheinungsformen, da beide bei der Primärproduktion in Seen Minimumstoffe im Liebigschen Sinne sein können und bereits ein Gehalt von 0,01 mg/l assimilierbares Phosphat zur Zeit der Zirkulation eine Eutrophierung darstellt (Vollenweider, R. A. 1971). Die Bestimmung dieser beiden Parameter zeigt dann auch die erwartete außerordentlich unterschiedliche Belastung der Seen mit Phosphor und Stickstoff bei Vollzirkulation (Tab. 1). Diese dort zusammengestellten Werte sind die Ausgangsbasis hinsichtlich der durch Phosphate und Stickstoff gesteuerten Produktion organischer Substanz in der folgenden Vegetationsperiode. Der Abbau dieser organischen Substanz in Hypolimnion und Sediment führt schließlich zur rapiden Sauerstoffzehrung im Tiefenwasser der Seen, so daß die Bestimmung der zeitlichen und räumlichen Phosphordynamik der Seen notwendig ist, um deren Belastung zu erkennen.

Die ökologischen Auswirkungen der durch die Nährstoffbelastung gesteigerten organischen Produktion geben sich mittelbar summarisch durch die Sauerstoffdynamik zu erkennen, wobei der positiv rückgekoppelte Prozeß der Phosphatfreisetzung aus dem Sediment bei anaeroben Bedingungen im Hypolimnion und reduzierenden Verhältnissen im Sediment noch von besonderer Wirksamkeit ist.

Beispielhaft soll hier die Sauerstoff- und Phosphatdynamik in Abhängigkeit von temperatur- und morphologiegesteuerter Zirkulationsdynamik für eine Seenkette näher erläutert werden. Bornhöveder See, Schmalensee, Belauer See und Stolper See bilden eine solche Seenkette und werden nacheinander von der Alten Schwentine durchflossen. Der ebenfalls zu dieser Gruppe zählende Schierensee entwässert über die Au ebenfalls in den Stolper See. Der 14 m tiefe Bornhöveder See mit einem Wasservolumen von 3,4 Mio m³ hat ausgangs der Frühjahrszirkulation 1974 in der gesamten Wassersäule eine O_2-Sättigung von 100 % (Abb. 4), wie alle anderen untersuchten Seen auch. Im Laufe des Frühjahrs beginnt die Ausbildung der thermischen Schichtung, die im Bornhöveder See im Juni ihre stabilste Phase hat (Tab. 2).

Tab. 2. *Maximum der Schichtungsstabilität der Bornhöveder Seengruppe während der Stagnationsperiode 1974*

See	Datum	Tiefenlage Thermokline m	Dichtegradient $d \cdot m^{-1} \cdot 10^{-4}$	Temperaturgradient $°C \cdot m^{-1}$
Bv	21. 6.	3– 4	2,98	1,7
Sm	21. 6.	1– 2	1,76	0,9
Be	18. 7.	8– 9	4,13	3,2
Si	24. 6.	1– 2	8,84	4,2
So	22. 7.	11–12	4,36	3,1

Für alle Seen, einschließlich des nur wenig stabil geschichteten Schmalensees gilt, daß während sämtlicher Stagnationsphasen die Hypolimnien keinen Sauerstoff mehr enthielten. Nur durch zwischenzeitliche Zirkulationen, die im nur 7 m tiefen Schmalensee (Abb. 5) und 6 m tiefen Schierensee (Abb. 6) wind-induziert auftraten, erfolgte Sauerstoffeintrag in das gesamte Wasservolumen. Derartige polymiktische Phasen lassen sich auch beim Bornhöveder See und Stolper See (Abb. 8) nachweisen, jedoch wird in beiden zum Zeitpunkt der Messung ein Rest, bzw. bereits erneut sauerstofffreies Tiefenwasser, festgestellt. Einzig der mit 26 m tiefste aller hier untersuchten Seen, der Belauer See, weist keine solche zwischenzeitliche Zirkulationsphase auf, was dann auch zu einer sehr scharfen Schichtung führt und ein sauerstofffreies Hypolimnion von 40% des Gesamtvolumens von 10,2 Mio. m³ zur Folge hat (Abb. 7).

Die ökologische Konsequenz dieser Sauerstoffverhältnisse ist der Verlust des Wertes großer Teile des Wasservolumens der Seen als Lebensraum Sauerstoff benötigender Lebewesen. Insbesondere sind die Fische dieser Gewässer gefährdet, da sie sich bevorzugt im kälteren Tiefenwasser unterhalb der Thermokline aufzuhalten pflegen. In der Regel wird das während der Assimilationsphase sauerstoffübersättigte und zu warme epilimnische Wasser von ihnen gemieden, wie eigene Echolotaufzeichnungen bestätigen. Ihr Lebensraum wird im Laufe einer Stagnationsphase in den hier untersuchten Seen also immer enger. Vom Sediment her tritt eine zur Oberfläche wandernde Sauerstoffverarmung des Tiefenwassers ein, häufig begleitet von H$_2$S-Anreicherungen, von der Oberfläche her nimmt im Lauf der Vegetationsperiode die Temperatur immer mehr zu, verbunden mit z. T. für die Fische unverträglichen Sauerstoffübersättigungen und pH-Werten von über 9.

Deutlich wird in allen Diagrammen (Abb. 4–8) auch die bereits erwähnte, unter anaeroben und reduzierenden Bedingungen erfolgende Phosphatfreisetzung aus den Sedimenten der Seen. Besonders klar wird der Mechanismus der see-internen Phosphatmobilisierung beim

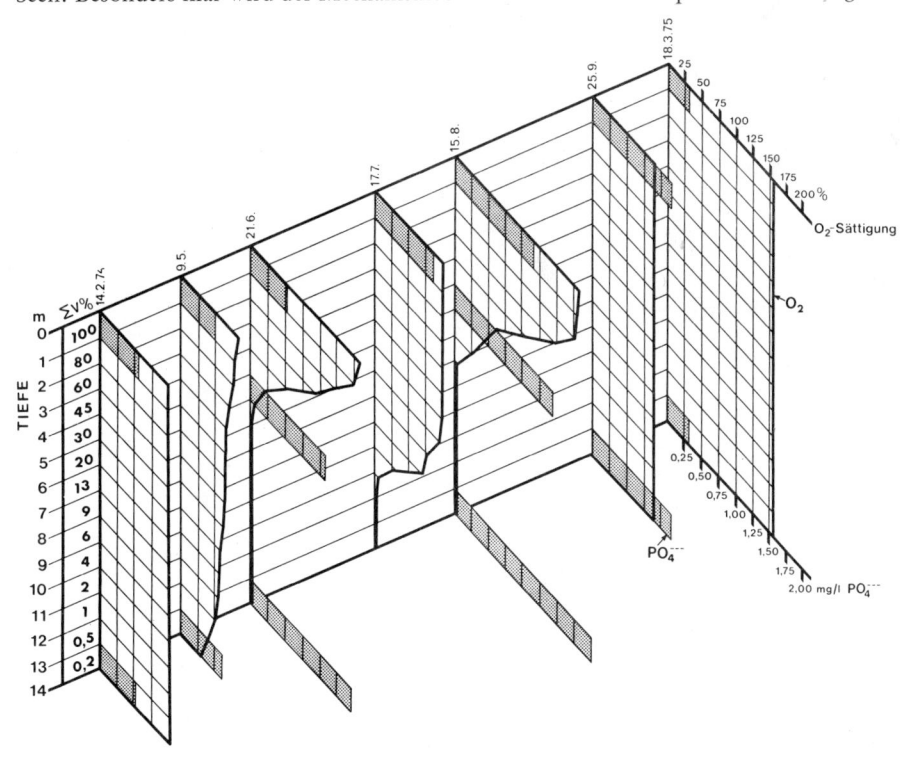

Abb. 4 Sauerstoff- und Phosphatdynamik im Bornhöveder See

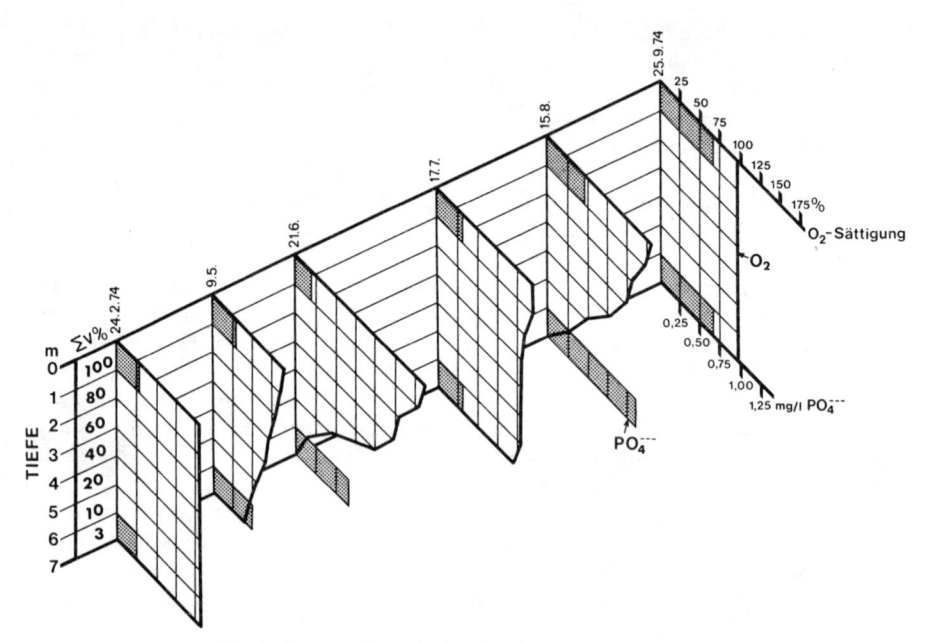

Abb. 5 Sauerstoff- und Phosphatdynamik im Schmalensee

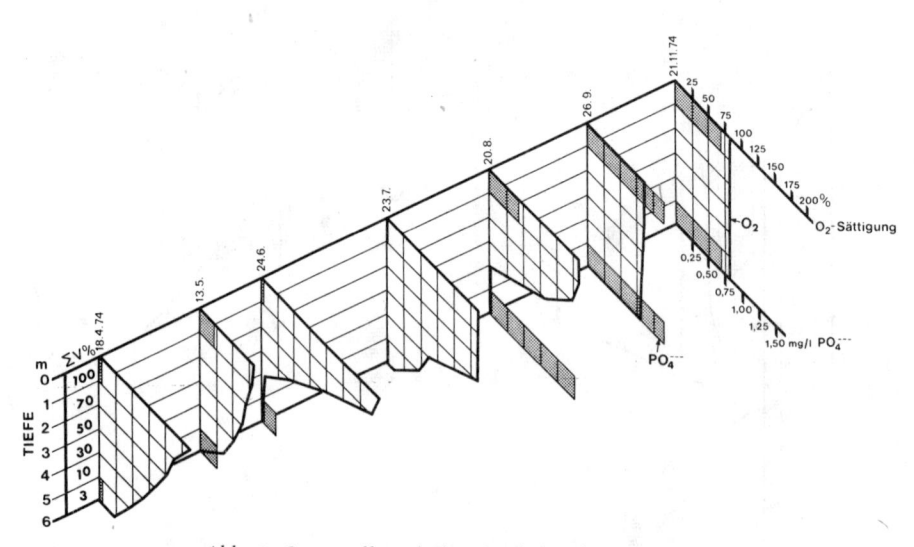

Abb. 6 Sauerstoff- und Phosphatdynamik im Schierensee

Abb. 7 Sauerstoff- und Phosphatdynamik im Belauer See

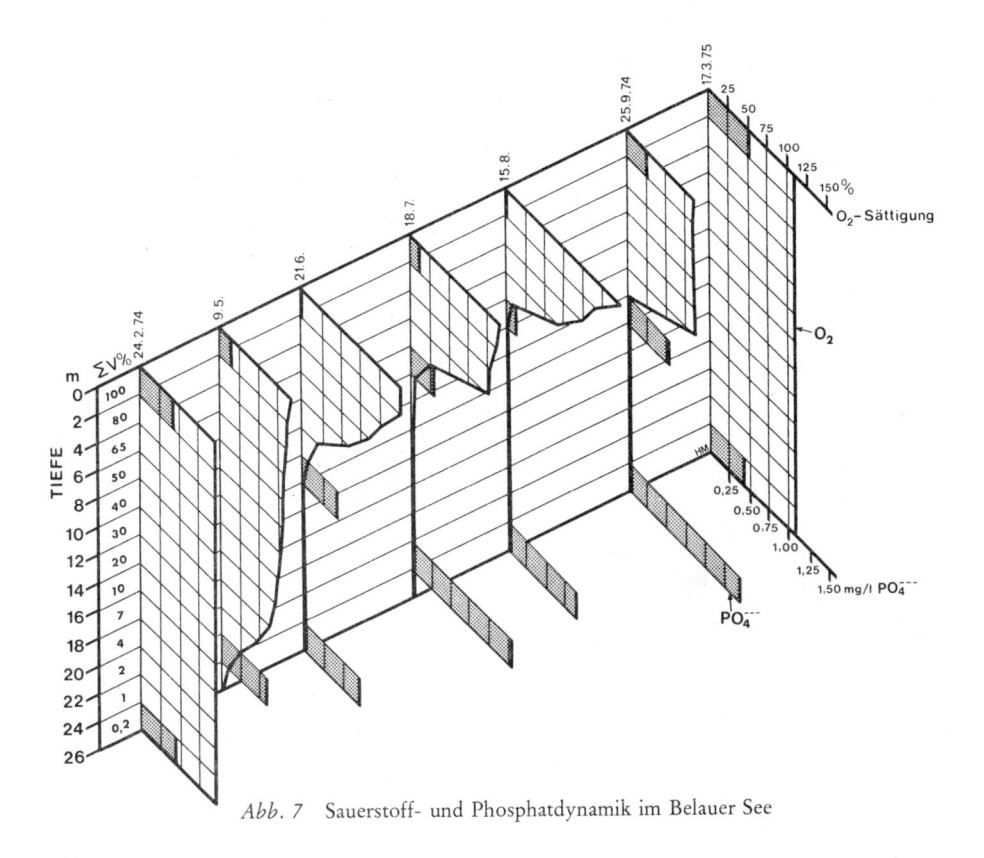

Belauer See (Abb. 7). Bedingt durch die Assimilation der Primärproduzenten und geringe Phosphatlieferung aus seinem Einzugsgebiet (s. u.) wird während der Vegetationsperiode mehrfach alles Phosphat im Epilimnion aufgezehrt. Im Hypolimnion dagegen findet eine intensive Phosphatfreisetzung aus dem Sediment statt und Werte bis zu 1,40 mg/l PO4-Phosphat werden festgestellt. Bei jeder Zirkulation nach einer derartigen Reduktionsphase werden die die Primärproduktion stimulierenden Phosphate des hypolimnischen Wassers in die euphotische Zone transportiert und führen zu vermehrter Bildung organischer Substanz. Bornhöveder See, Schmalensee, Schierensee und Stolper See hatten mehrfach während der Vegetationsperiode derartige Phasen mit Phosphatrückführung auf dem Hypolimnion durch Zirkulationen.

Der Betrag der Phosphatfreisetzung aus den Sedimenten, die für die Zeiträume der Stagnationsphasen mit reduzierenden Bedingungen praktisch als unerschöpfliche Phosphatlieferanten betrachtet werden müssen, ist nun, wie eine Auswertung ergibt, sehr stark von den in der obersten Sedimentschicht gemessenen Redoxpotentialen abhängig. In situ-Messungen des Redoxpotentials der Sedimentoberfläche und Bestimmungen der PO4-P-Gehalte des direkt über dem Sediment entnommenen O2-freien hypolimnischen Wassers zeigen eine Beziehung, die einer e-Funktion entspricht (Abb. 9). Mit zunehmend negativem Redoxpotential steigt bei allen Seen die Phosphatfreisetzung aus dem Sediment exponentiell

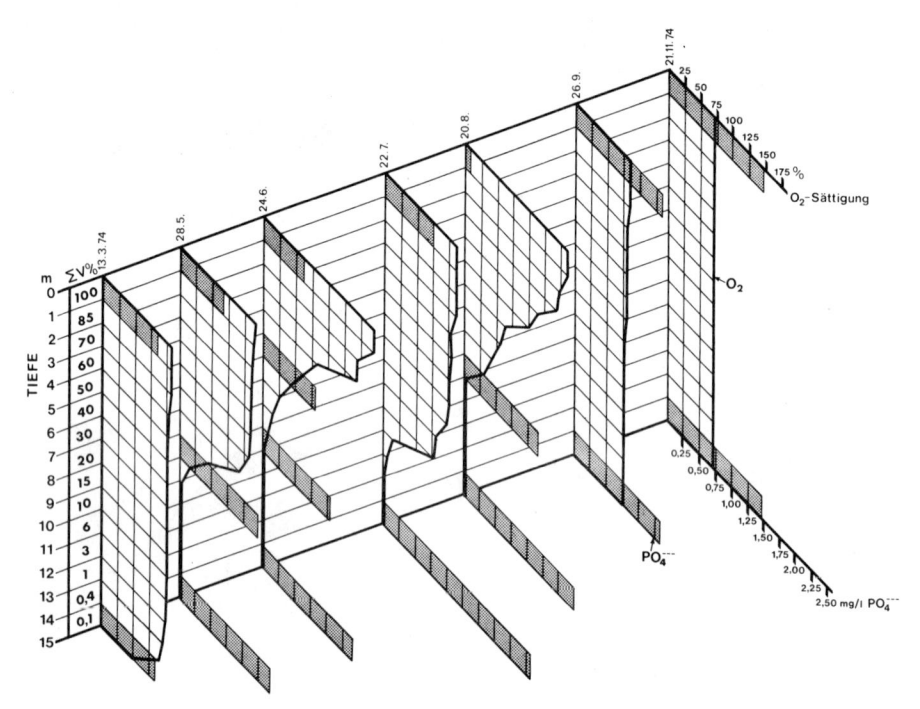

Abb. 8 Sauerstoff- und Phosphatdynamik im Stolper See

an. Diese Beziehung gilt für 28 beobachtete Fälle verschiedener Seen zu unterschiedlichen Zeiten mit Stagnation und O₂-freiem Hypolimnion. Bei langdauernden Stagnationsphasen nimmt das Redoxpotential immer stärker ab und eine überproportionale Phosphatfreisetzung aus dem Sediment ist die Folge. Eine Verminderung dieser internen Belastung der Seen mit Phosphaten aus Reduktionsprozessen erfolgt nur dann, wenn die Stagnationsphasen der Seen möglichst selten und kurz sind (Bengtsson, L. 1975; Brümmer, G. 1974; Goltermann, H. L. ed. 1977).

Bei der Betrachtung der Komponenten gelöster Phosphor (PO$_4$-P) und Gesamtphosphor (unfiltriert) wird man – unabhängig von dem oben Gesagten – deren Lieferanten primär im See-Umland suchen müssen (Ohle, W. 1971). Phosphoraustragswerte aus Wassereinzugsgebieten sind, die diffuse (flächenhafte) Komponente betreffend, nur indirekt zu ermitteln und variieren stark in Abhängigkeit von Relief, Bodenart und Nutzungstyp (Boysen, P. 1975; Hamm, A. 1976; Loehr, R. C. 1974; Schwertmann, U. 1973; Vollenweider, R. A. 1971). Verwendet man die von A. Hamm angegebenen, auf schleswig-holsteinische Verhältnisse übertragbaren Werte, so ergeben sich für die Seen im einzelnen aufgrund von Größe und Struktur der oberirdischen Wassereinzugsgebiete (Abb. 10) unterschiedliche Phosphorexportwerte aus diffusen Quellen, die weit unter den aus Phosphorfracht, Abfluß und theoretischer Wassererneuerungszeit der Seen ermittelten relativen Phosphorimportwerten durch den Hauptzufluß liegen (Tab. 3).

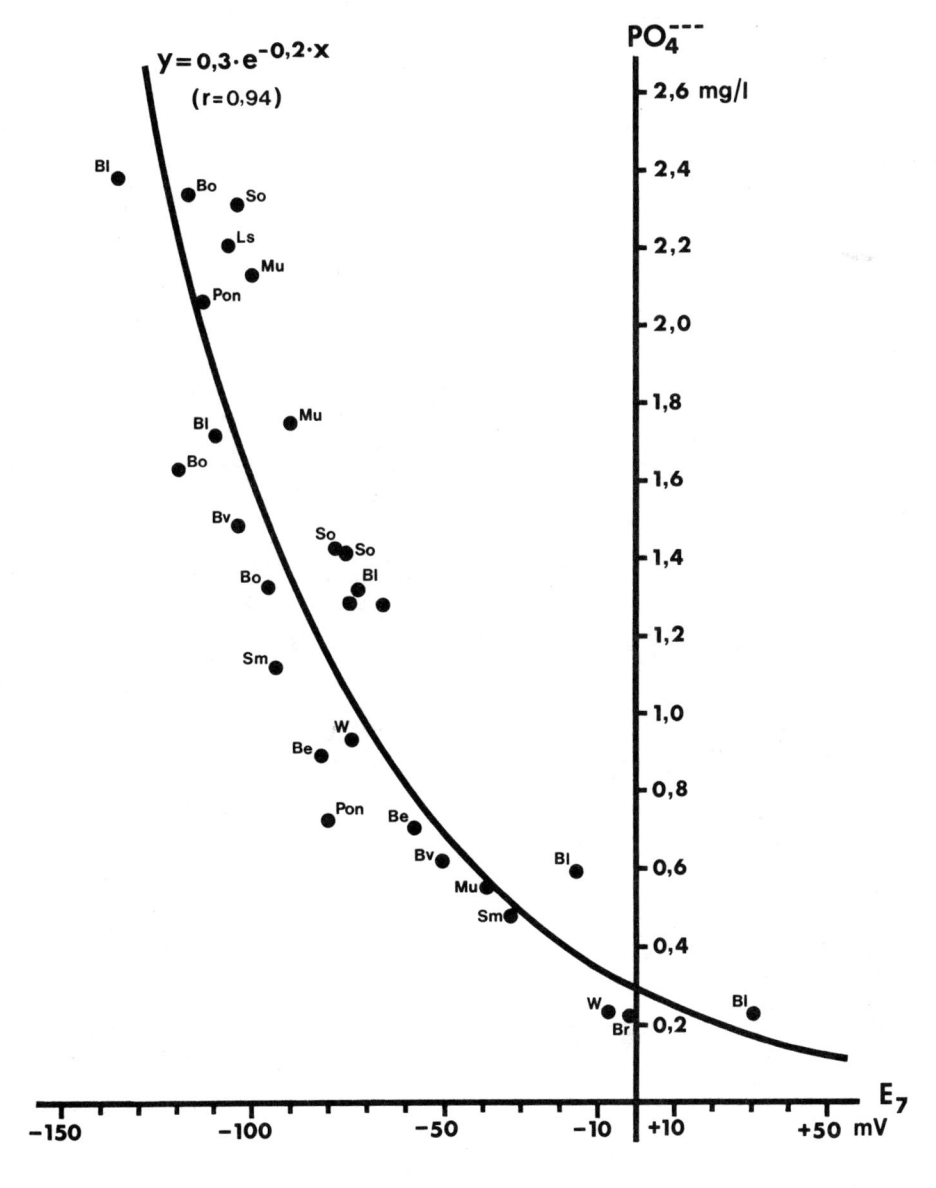

Abb. 9 Redoxpotentiale an der Sedimentoberfläche und Phosphatgehalte im O₂-freien Hypolimnion der Seen

Tab. 3. *Diffuser Phosphor-Export (gesamt-P) aus den jeweiligen Niederschlagsgebieten der einzelnen Seen und gemessener relativer Phosphor-Gesamtimport über den Hauptzufluß*

| See | errechneter diffuser Export | | | | Relativer Gesamt-Import kg/a |
	Ackerland (0,6 kg/ha · a) kg/a	Grünland (0,2 kg/ha · a) kg/a	Wald (0,05 kg/ha · a) kg/a	Summe kg/a	
Bv	237	60	0	297	*4 468*
Sm	249	38	1	288	*1 970*
Be	79	16	3	98	*2 915*
Si	450	77	8	535	*407*
So	260	39	2	301	*12 340*

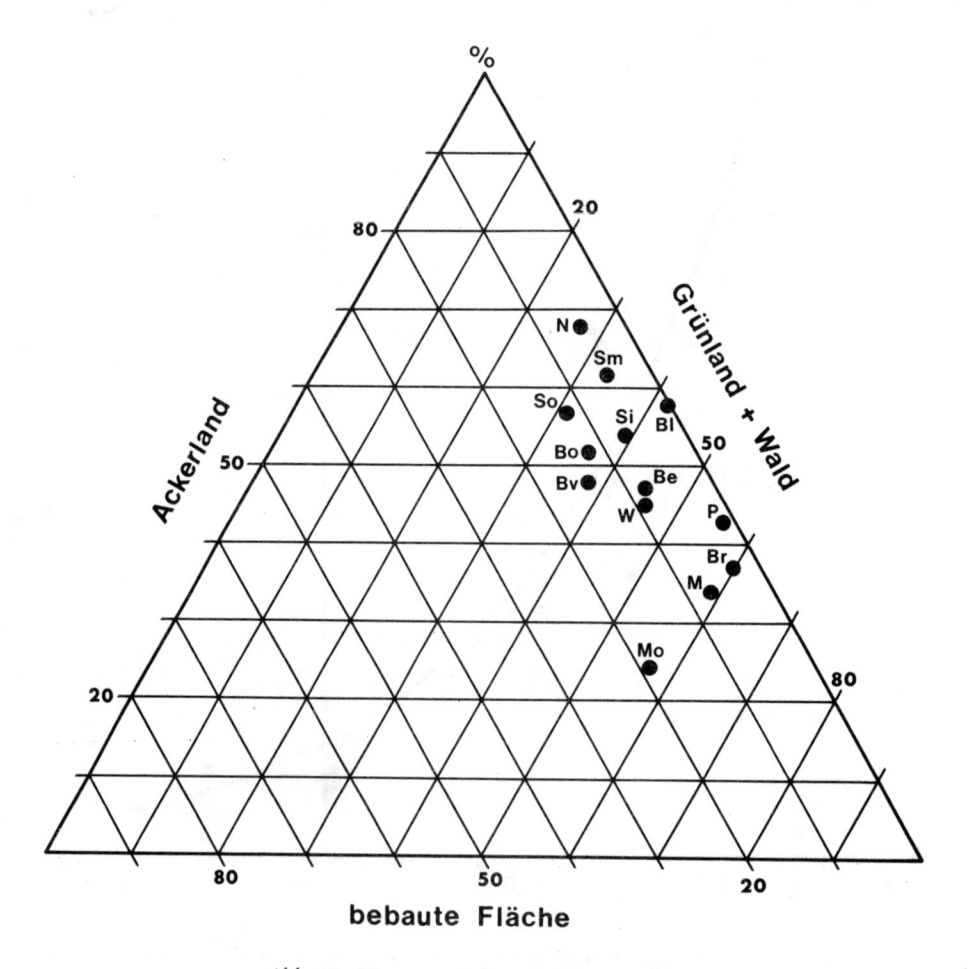

Abb. 10 Nutzungsstruktur der Einzugsgebiete

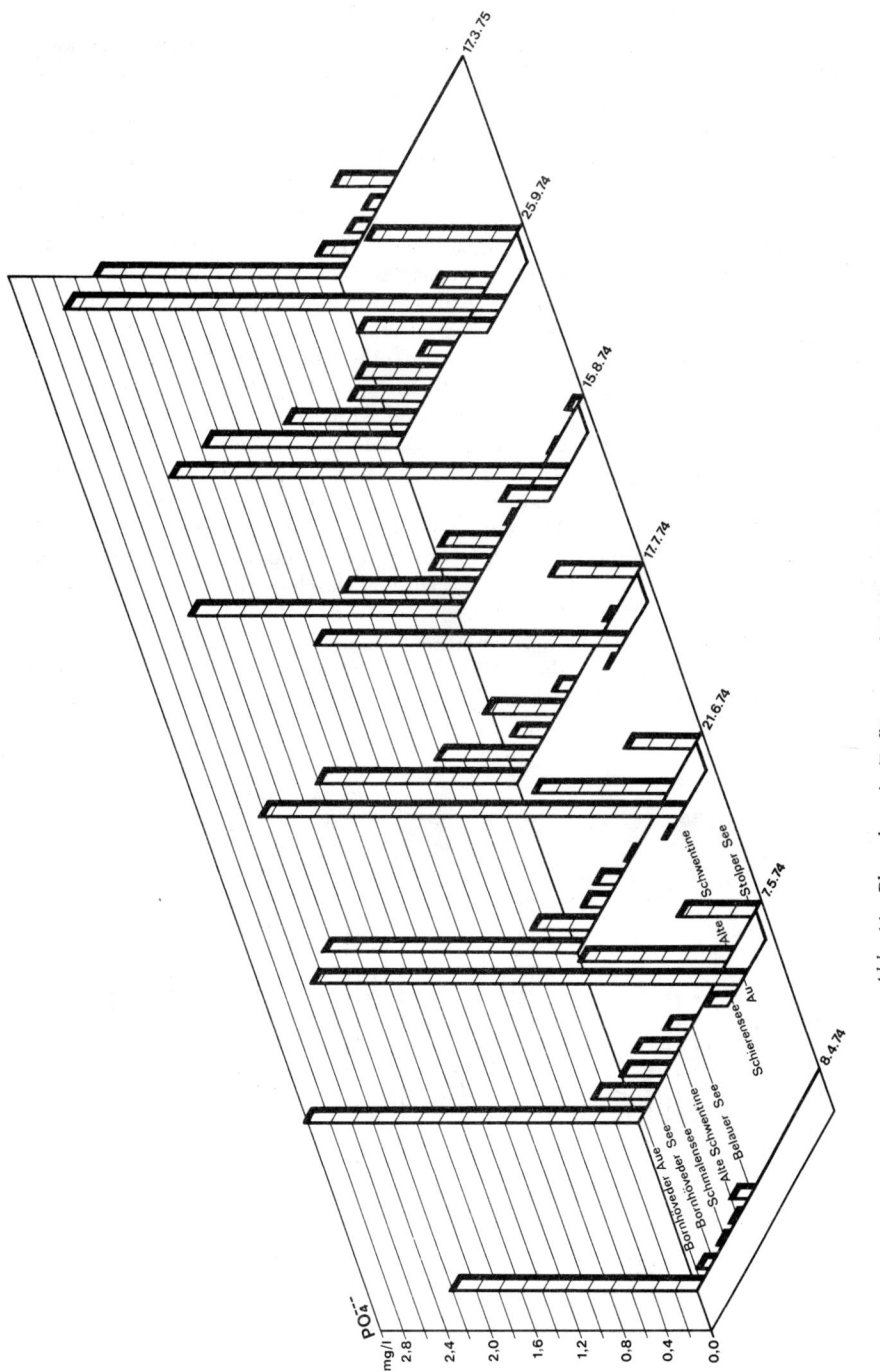

Abb. 11 Phosphate in Zuflüssen und Epilimnien einer Seenkette

Diese bei den hier dargestellten Seen bis auf eine Ausnahme weit über dem diffusen flächebezogenen Export liegenden Phosphor-Importwerte, beruhen auf massiver Phosphorabgabe aus Siedlungen und bebauter Fläche, also punkthaften Quellen. Wassereinzugsgebiete mit hohem Anteil bebauter Fläche, gleichbedeutend mit einer großen Anzahl Phosphorproduzenten, sind für die Seen die entscheidende Nährstoffquelle. Werden den Seen diese Abwässer gesammelt zugeleitet, wobei es bezüglich der Phosphorfracht gleichgültig ist, ob eine biologische Aufbereitung erfolgt, sind äußerst hohe Phosphor-Importe die Folge, wie bei Bornhöveder und Stolper See. Deutlich wird dieser Sachverhalt beim Schierensee, wo errechneter diffuser Export aus dem Einzugsgebiet und ermittelter relativer Import nahezu gleich groß sind. Im Einzugsgebiet des Sees gibt es kein geschlossen bebautes Areal und keine punkthafte Abwasserbelastung, so daß nur die quasi-natürliche background-Phosphormenge aus diffusen Quellen zugeführt wird.

Die zeitliche und räumliche Dynamik der Phosphorbelastung der hier näher dargestellten Seenkette offenbart die gesamte Komplexität des eutrophierungswirksamen Stoffhaushaltes (Abb. 11 und 12). Deutlich wird die durchgehend zu jeder Zeit der Vegetationsperiode erfolgende teilweise sehr starke Reduzierung der PO_4-P- und Gesamtphosphorbelastung im Verlauf des Durchflusses hintereinander liegender Seen. Bereits im Bornhöveder See ist nur noch ein Bruchteil der durch die Bornhöveder Aue zugeführten Konzentration vorhanden, obgleich die theoretische Wassererneuerungszeit des Sees mit 1,3 Jahren außerordentlich kurz ist und während der sommerlichen Schichtungsphase nur das Epilimnion mit ca. 50% des Gesamtvolumens von 3,4 Mio. m³ erneuert wird, wodurch sich die Aufenthaltszeit noch verkürzt. Über den Schmalensee mit weiterer Phosphor-Reduzierung erreicht die Konzentration im Epilimnion des Belauer Sees ein Minimum, um im Verlauf der Fließstrecke der in den Stolper See mündenden Alten Schwentine wieder anzusteigen. Die ursprünglich niedrigen Phosphorgehalte der vom Schierensee ebenfalls in den Stolper See fließenden Au

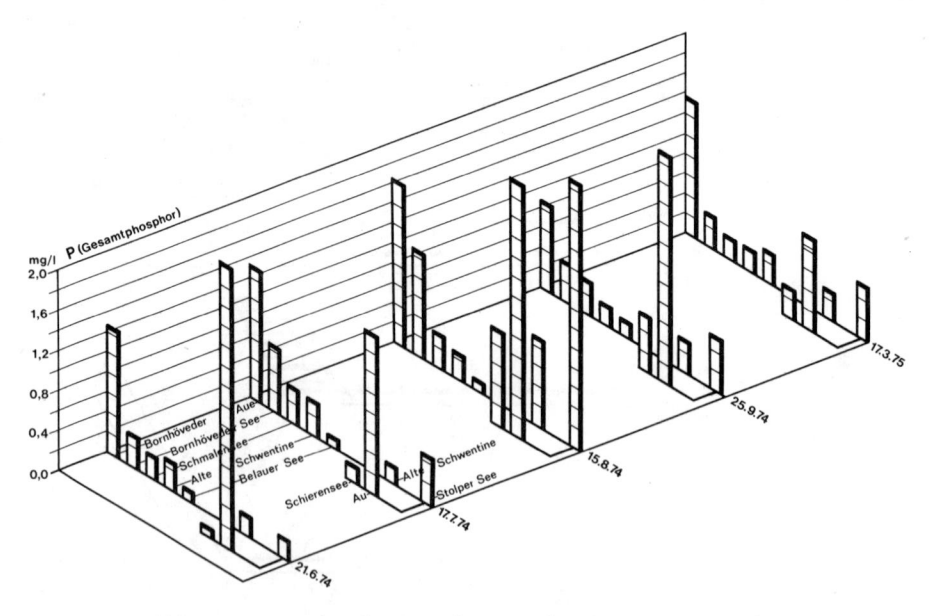

Abb. 12 Gesamtphosphor in Zuflüssen und Epilimnien einer Seenkette

werden durch den kurz vor dem Stolper See hier einmündenden Ablauf einer mechanisch-biologischen Kläranlage auf ein außerordentlich hohes Niveau angehoben. Dadurch wird die bis dahin für den Stolper See günstige Bilanz vollkommen zunichte gemacht. Zeitweise sind seine Phosphorbelastungen im Epilimnion größer als die aller anderen Seen dieser Seenkette. Diese einfache reine Import-Export-Bilanz wird nun überlagert durch die bereits näher erläuterte see-interne redoxpotential- und zirkulationsgesteuerte Phosphatbelastung aus dem Sediment der Seen. Eine nach längerer Stagnation auftretende Zirkulation bedeutet immer eine Rückführung bereits sedimentierten Phosphors in das Epilimnion, zusätzlich zu dem ständig über den oder die Zuflüsse importierten Betrag.

In der Darstellung der Phosphorgehalte der hydrologischen Kette der Seen mit ihren Zuflüssen wird die Dynamik während einer Vegetationsperiode und die geoökologische Verknüpfung von See und Umland hinsichtlich der Belastung durch den Minimumstoff Phosphor deutlich. Als Thesen formuliert kann man folgendes festhalten:

1. Die Phosphatlieferanten als Verursacher der Seeneutrophierung sind primär im Wassereinzugsgebiet der Seen zu suchen. Dabei ist der diffuse, überwiegend erosionsbedingte Phosphoraustrag aus land- und forstwirtschaftlicher Nutzfläche gering gegenüber punkthaften Abwassereinleitungen aus besiedeltem Gebiet.

2. Klimatische Verhältnisse und die Seebeckenmorphologie im weitesten Sinne bestimmen den Jahresrhythmus der Zirkulations- und Stagnationsphasen eines Sees; diese wiederum bestimmen, ob und vor allem in welchem Ausmaß der Prozeß der see-internen redoxpotentialabhängigen Phosphatrückführung aus dem Sediment stattfindet.

3. Bei hydrologisch hintereinander geschalteten Seen tritt in Fließrichtung eine deutliche Phosphorverminderung ein. Dieser Selbstreinigungsprozeß wird wirkungslos, wenn aus den Sub-Einzugsgebieten erneut phosphorreiche Zuflüsse in den See gelangen.

Literatur

Ambühl, H. (1975): Versuch der Quantifizierung der Beeinflussung des Ökosystems durch chemische Faktoren: Stehende Gewässer. – Schweizer Z. f. Hydrologie 37: 35–52
Bengtsson, L. (1975): Phosphorus release from a highly eutrophic lake sediment. – Verh. Internat. Verein. Limnol. 19: 1107–1116
Bernhardt, H., Clasen, J., Nusch, E. A. (1973): Vergleichende Untersuchungen zur Ermittlung der Eutrophierungsvorgänge und ihrer Ursachen an Reveris- und Wahnbachtalsperre. – Vom Wasser 40: 245–303
Boysen, P. (1975): Düngung und Nährstoffbelastung der Gewässer. – Mitteilgn. Dtsch. Bodenkundl. Gesellsch. 22: 245–250
Brümmer, G. (1974): Phosphatmobilisierung unter reduzierenden Bedingungen – Ein Beitrag zum Problem der Gewässereutrophierung. – Mitteilgn. Dtsch. Bodenkundl. Gesellsch. 18: 175–177
Goltermann, H. L. (ed.) (1977): Interactions between sediments and fresh water. – W. Jung B. V. The Hague
Hamm, A. (1976): Zur Nährstoffbelastung von Gewässern aus diffusen Quellen: Flächenbezogene P-Abgaben – eine Ergebnis- und Literaturzusammenstellung. – Z. f. Wasser- und Abwasser-Forschung 9: 4–9
Hasler, A. D. (ed.) (1975): Coupling of Land and Water Systems. – Ecological Studies Vol. 10. Springer Verlag Berlin
Likens, G. E. (ed.) (1972): Nutrients an Eutrophication: The Limiting-Nutrient Controversy. – Special Symposia Vol. 1. American Soc. of Limnol. and Oceanogr. Lawrence, Kansas
Loehr, R. C. (1974): Characteristics and comparative magnitude of non-point sources. – Journal WPCF 46: 1849–1872
Middlebrooks, E. J. (ed.) (1975): Modeling the Eutrophication Process. – Ann Arbor Science. Ann Arbor, Michigan
Müller, H. E. (1974): Profillotungen in Seen des schleswig-holsteinischen Jungmoränengebietes mit einem 30 kHz Sediment-Echolot. – Wasser und Boden 26: 135–138
Ders. (1975): Echographische Beobachtungen jahresrhythmischer Veränderungen im Sediment von Seen. – Deutsche Hydrogr. Zeitschr. 28: 26–31
Ders. (1976): Zur Morphologie pleistozäner Seebecken im westlichen schleswig-holsteinischen Jungmoränengebiet. – Zeitschr. f. Geomorphologie N. F. 20: 350–360
Ohle, W. (1955): Die Ursachen der rasanten Seeneutrophierung. – Verh. Internat. Verein. Limnol. 12: 373–382
Ders. (1965): Nährstoffanreicherung der Gewässer durch Düngemittel und Melioration. – Münchener Beiträge zur Abwasser-, Fischerei- und Flußbiologie 12: 54–83
Ders. (1968): Chemische und mikrobiologische Aspekte des biogenen Stoffhaushaltes der Binnengewässer. – Mitt. Internat. Verein. Limnol. 14: 122–133
Ders. (1971): Gewässer und Umgebung als ökologische Einheit in ihrer Bedeutung für die Gewässereutrophierung. – Gewässerschutz-Wasser-Abwasser 4: 437–456
Ders. (1972): Die Sedimente des Großen Plöner Sees als Dokumente der Zivilisation. – Jahrb. f. Heimatkunde (Plön) 2: 7–27
Richard, M. E. (1973): Delayed recovery of a mesotrophic lake after nutrient diversion. – Journal WPFC 45: 913–925
Schmidt, E. (1974): Ökosystem See – Biologische Arbeitsbücher 12, Verlag Quelle und Meyer, Heidelberg
Vollenweider, R. A. (1971): Scientific Fundamentals of the Eutrophication of Lakes and Flowing Waters, with Particular Reference to Nitrogen and Phosphorous as Factors in Eutrophication. – OECD-Report, Paris

Diskussion zum Vortrag Müller

Prof. Dr. G. Müller (Salzburg)
In der Diskussion wurde auf die technische und wirtschaftliche Hoffnungslosigkeit des Abbaues des meist mächtigen Sediments hingewiesen. Wohl eher realisierbar wäre die künstliche Abdeckung des Sediments. Die Natur lieferte hierzu im Zeller See (Salzburg) ein Vorbild. Starke Gewitterregen mit Hochwasser lieferten als Ergebnis einen mineralischen Film, der das Seebecken weithin überzog. Die Folge war eine merkliche Verbesserung des Gütebildes.

Prof. Dr. O. Fränzle (Kiel)
In Ergänzung zu den Ausführungen Dr. Müllers sei noch der Hinweis angeschlossen, daß sich natürliche Seebecken, deren Wasserkörper aufgrund häufiger Vollzirkulation oder entsprechend intensiver Durchströmung nicht jahreszeitlich anaerobe und reduzierende Bedingungen aufweisen, bei entsprechend hohem Eisengehalt der Bodenschlämme als natürliche Phosphatfallen eignen. An PO_4-führende Vorfluter angeschlossen, wirken sie wie die dritte Reinigungsstufe eines Klärwerkes.

Dr. H. E. Müller (Kiel)
Die Mobilisierung von Phosphaten aus dem Sediment der Seen erfolgt regelmäßig während der Stagnationsphasen, sobald das Redoxpotential an der Sedimentoberfläche genügend tief abgesunken ist. Das freigesetzte Phosphat befindet sich zunächst im Interstitialwasser und gelangt von dort durch Diffusion und Strömungsvorgänge in den hypolimnischen Wasserkörper. Wenn nun eine Zirkulationsphase einsetzt – was bei den hier untersuchten Seen häufig ist – wird der euphotischen Zone verstärkt Phosphat zugeführt und eine Stimulierung der Primärproduktion kann die Folge sein. Der daraus resultierende vermehrte Anfall organischer Substanz führt wiederum zu verstärkter Sauerstoffzehrung im Tiefenwasser mit anaeroben Abbaubedingungen und niedrigen Redoxpotentialen im Sediment.

Zur Unterbindung dieser internen Düngung wurde bei einem der hier untersuchten Seen eine Sedimentabdeckung mit tonreichem Material versucht. Wie eine echographische Aufnahme zeigte, war diese Abdeckung jedoch sehr unvollständig und ein Erfolg nicht zu erkennen, zumal weiterhin stark phosphorbelastete Zuflüsse in den See gelangten. Weitere Versuche mit Sedimentabdeckungen sind bei diesen Seen nicht unternommen worden, obwohl dieses Verfahren bei genügend tiefen Seen prinzipiell erfolgversprechend ist.

STÄDTISCHE UND STADTNAHE OBERFLÄCHENGEWÄSSER UND IHRE BELASTBARKEIT[*]

Mit 4 Abbildungen und 4 Tabellen

Von H. H. Rump (Darmstadt)

BEWERTUNG DER BELASTBARKEIT

Die Zunahme von Industrialisierung und Bevölkerungsdichte führten bereits in der Vergangenheit zu der Erkenntnis, daß die Belastung der Oberflächengewässer in verdichteten Räumen nicht unbegrenzt sei und Raumplanung auch eine Wassermengen- und Wassergüteplanung einschließen müsse. Dem fließenden Gewässer kommt eine Mehrfachfunktion zu. Es ist zunächst Rohstoffreservoir für die Gewinnung von Trink- und Brauchwasser, sodann übernimmt es den Transport von Abfallstoffen der Ballungsgebiete und es hat schließlich eine Selbstreinigungsfunktion, d. h. es kann als terminale Abwasserreinigungsstufe betrachtet werden.

Untersucht man die Frage nach der Belastbarkeit von Gewässern der Ballungsgebiete eingehend, so stellt man fest, daß ihre Festlegung keineswegs nur eine naturwissenschaftlich-technische Seite hat. Vielmehr spielen aus den verschiedensten Motiven abgeleitete Bewertungen und daraus resultierende Entscheidungen zumindest gleichwertige Rollen. Im Flußdiagramm lassen sich diese Zusammenhänge z. B. als hierarchisch gegliedertes Drei-Ebenen-System darstellen (Abb. 1).

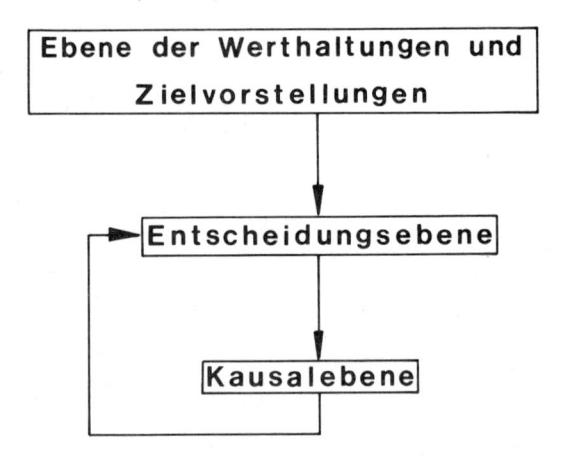

Abb. 1 Drei-Ebenen-System der Entscheidungsfindung (nach G. Morlock-Rahn, 1976: 62)

[*]Mit finanzieller Unterstützung durch die Deutsche Forschungsgemeinschaft

Die Kausalebene umfaßt dabei solche hydrologische Abläufe, die natürlichen Gesetzmäßigkeiten folgen und sich durch mathematische Beziehungen darstellen lassen. Auf der Ebene der Entscheidungen läßt sich der Vorgang menschlicher Eingriffe durch Regeln oder andere empirische Entscheidungshilfen formulieren und die Ebene der Werthaltungen und Zielvorstellungen, auch Normenebene genannt, umfaßt schließlich veränderbare Soll-Werte und Prioritätsregeln, die zwar gleichfalls als Algorithmen vorgegeben werden können, jedoch zunächst außerhalb des Modells ihren Ursprung haben. Zielkonflikte zwischen sozioökonomisch erstrebten, aber hydrologisch unvertretbaren Maßnahmen sind bei dieser Art der Entscheidungsfindung natürlich nicht ausgeschlossen, vor allem darum, weil eine Rückkopplung der Normenebene mit den beiden anderen Ebenen entweder gar nicht oder mit Verzögerung eintritt.

Es sollen im folgenden einige Teilbereiche des Ökosystems „Gewässer" im Hinblick auf zivilisatorische Belastung angesprochen werden. Es kommt dabei im wesentlichen darauf an, die Vielfalt der hydrochemischen und hydrobiologischen Erscheinungen begrifflich so zu vereinfachen, daß sie datenmäßig handhabbar sind. Die dann zu entwickelnden hydrologischen Modelle sollen Rechenschaft geben über die wesentlichen Parameter und ihre Interdependenzen. Ansätze für solche Modelle sind davon abhängig, wie zuverlässig die verfügbaren Daten sind und ob man mit ihnen die tatsächlichen Verhältnisse in etwa trifft.

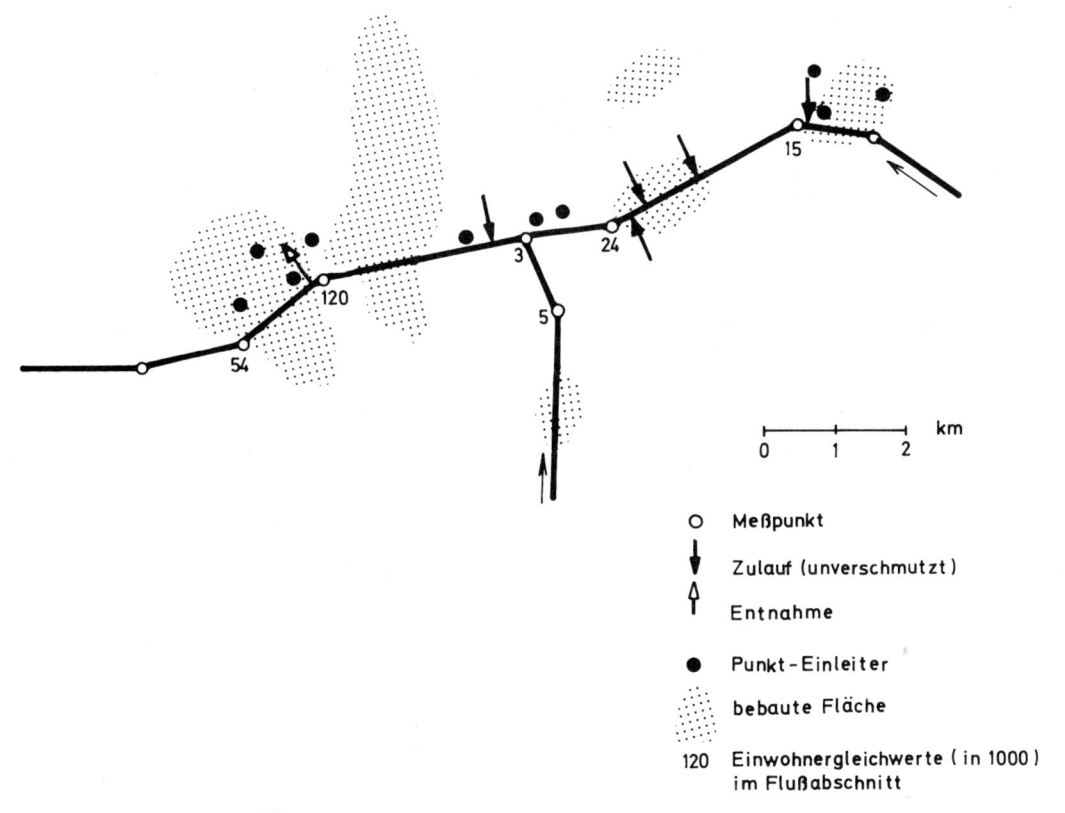

Abb. 2: Untersuchter Flußabschnitt (schematische Darstellung)

Ohne ausreichende, konkret ermittelte Daten und angemessene Rechenmodelle wird es aber unmöglich sein, ökologische Lastpläne für verschiedene Gewässer und ihre Einzugsgebiete aufzustellen (K. F. Schreiber, 1976, 13–22).

Um die angeschnittene Problematik zu verdeutlichen, ist in Abb. 2 ein Flußabschnitt (Modau zwischen Ober-Ramstadt und Eberstadt) schematisch dargestellt. Die Meßstellen, an denen eine fortlaufende Probennahme erfolgt, sind als Knickpunkte der verschiedenen Unterabschnitte markiert. Desgleichen sind wichtige Abwasser-Einläufe mit den zugehörigen Einwohnergleichwerten (EGW) eingetragen. Eine bestimmte Wassermenge mit den Stoffkonzentrationen C durchfließt in einer bestimmten Zeit den Flußabschnitt. Dabei dienen die Konzentrationen als Indikatoren der Wassergüte und werden in Zusammenhang mit mathematischen Modellen Qualitätsparameter genannt. Darüber hinaus dient die bloße Anwesenheit bestimmter Stoffe bereits als Kriterium für eine Güteeinstufung. Flächenhafte Einleiter (reine Wohngebiete, gemischte Gewerbegebiete, Industrie) lassen sich damit relativ einfach typisieren. Für die verschiedenen Flußabschnitte lassen sich Schadstoff-Quotienten z. B. nach

$$Q = \sum_{x=1}^{N} \frac{C_x}{G_x} \leq S$$

ermitteln. Ein vorgegebener Schwellenwert S sollte dabei nicht überschritten werden. C ist die Konzentration der N Schadstoffe, G der zugehörige Grenzwert für Oberflächengewässer. Eine (natürlich subjektive) Festlegung der Belastbarkeit ist dann nach Kenntnis der obigen Größen und anderer ökologischer Zusammenhänge mit den verschiedensten Methoden möglich.

UNTERSUCHUNGEN ZUR GEWÄSSERBELASTUNG

Die Belastbarkeit von Gewässern, insbesondere von zivilisatorisch stark beeinflußten ist keine fixe Größe, sondern sie kann erst nach detaillierten Untersuchungen festgelegt werden. So ist beispielsweise von Bedeutung, auf welche Weise als schädigend erkannte Substanzen eliminiert und/oder metabolisiert werden.

Zwei verschiedene Wege zur Gesamtbeurteilung sind bei einer derartigen Untersuchung gangbar. Der erste führt über die Erforschung der natürlichen Gesetzmäßigkeiten im Gewässerökosystem, abgebildet durch ein System von algebraischen Gleichungen und Differentialgleichungen. Ein weiterer Weg ist der über stochastische Modelle. Durch allgemeine Unsicherheit bei der Schätzung von Parametern, zufällige Schwankungen einzelner Modellvariabler sowie technologischer Einflüsse lassen sich nur aus deterministischen Partialmodellen (deren Egebnisse zudem häufig unter eingegrenzten Laborbedingungen erhalten wurden) keine Prognosen erstellen, so daß man häufig gezwungen ist, ohne exakte Kenntnis des Ökosystems („black box") zu arbeiten. Beide Verfahren können dann ineinandergreifen, wenn stochastische Zusammenhänge Kausalzusammenhänge vermuten lassen. Ob diese tatsächlich gegeben sind, müßte in Einzeluntersuchungen geklärt werden. Beide Arbeitsmethoden sollen anhand der Ergebnisse diskutiert werden.

a) Eliminierung und Metabolisierung von Wasserinhaltsstoffen

Die Entfernung von belastenden Inhaltsstoffen aus dem Gewässer kann durch eine Umwandlung in harmlosere Folgeprodukte erfolgen, aber auch durch Festlegung an den verschiedensten Adsorbentien. Im zweiten Falle ist jedoch eine erneute Freisetzung des betreffenden Stoffes unter ungünstigen Bedingungen nicht auszuschließen.

In stehenden oder fließenden Gewässern können folgende Vorgänge eine Eliminierung bewirken: 1. Einbau von Schadstoffen in die pflanzliche und tierische Zelle, 2. Adsorption von Kationen an Materialien mit großer wirksamer Oberfläche, z. B. Sedimenttone oder Detritus, 3. Chelatisierung von Kationen durch funktionelle Gruppen von Huminstoffen und 4. Metabolisierung von abbaubaren Stoffen durch dispergierte Bakterien und Biofilme.

Die Gehalte von Schwermetallen in Wasserpflanzen, insbesondere in submersen Moosen, lassen die durchschnittliche Belastung eines Gewässerabschnittes mit diesen Schadstoffen deutlich werden. Die Berechnung eines Anreicherungsfaktors, definiert als Verhältnis der Schadstoffkonzentration von Pflanze und Wasser (F. Dietz, 1972, 269–273) ermöglicht Rückschlüsse auf die Konzentrationsabhängigkeit bei der Aufnahme. Nach soziologischer Kartierung der verschiedenen Moosarten konnte J. P. Frahm (1974, 91–106) eine relativ feine Differenzierung des Verschmutzungsgrades von Gewässern erzielen. Neben der Gesamtaufnahmerate für Schwermetalle ist von besonderer Bedeutung, wohin innerhalb der pflanzlichen Zelle diese Stoffe bevorzugt wandern. Vorgänge der Remobilisierung beim vollständigen Abbau oder der Humifizierung der Pflanze sind für verschiedene Gewässertypen mit ihren stark differierenden Abbaubedingungen dadurch erheblich leichter zu fassen. Es war zu prüfen, ob ein wesentlicher Unterschied besteht zwischen dem Einbau von Schwermetallen in die pflanzliche Zelle bei belasteten Gewässern einerseits und unbelasteten andererseits. *Fontinalis antipyretica L.* wurde deshalb verschiedenen Gewässern entnommen und drei Tage lang in belüfteten Becken mit kleinen Mengen der Schwermetalle Cadmium und Quecksilber zusammengebracht (je 1.5 mg/l). Zur Auftrennung in die Zellbestandteile wurde in einer Pufferlösung (Tris-Puffer, pH 6.8) das Pflanzenmaterial homogenisiert und anschließend durch Druckfiltration fraktioniert. Die Analyse erfolgte atomabsorptionsspektrometrisch. Tab. 1 zeigt, daß zwischen den Gewässern, aber auch

Tab. 1. *Schwermetalleinlagerung in Zellbestandteile von Fontinalis antipyretica L. bei belastetem (a) und unbelastetem (b) Vorfluter*

	a) Modau		b) Ruthsenbach	
	Cd (%)	Hg (%)	Cd (%)	Hg (%)
Fasermaterial	40	51	56	72
Zellkerne und Chloroplasten	31	38	16	25
Cytoplasma etc.	29	11	28	3

zwischen den Metallen, erhebliche Unterschiede bestehen. Sowohl Cadmium als auch Quecksilber wandern bei Moosen sauberer Gewässer überwiegend ins Fasermaterial. Bei der relativ verschmutzten Modau ist dagegen eine starke Metallanreicherung im Zellinnern festzustellen. Die Bindungsfestigkeit dürfte hier erheblich stärker sein. Unterschiede zwischen den Metallen rühren her von ihren unterschiedlichen atomaren Eigenschaften. Da bereits Untersuchungen zur räumlichen Verteilung der Schwermetalle in Wassermoosen angestellt wurden (R. Herrmann et al., 1977), ist es sinnvoll, die zunächst nur am Typ des belasteten und des unbelasteten Gewässers aufgeworfene Fragestellung des Metalleinbaues in die Zelle auf eine Anzahl verschieden strukturierter Einzugsgebiete zu erweitern.

Die Bindung von Schwermetallen an anorganische Schwebstoffe und Sedimentpartikel erfolgt im Gegensatz zu Pflanzen und Huminstoffen fast ausschließlich durch adsorptive Kräfte, weshalb eine Remobilisierung leichter möglich ist. Unter bestimmten hydrochemischen Bedingungen wie erhöhter Salzkonzentration, pH-Wert-Senkung und Veränderung der Redoxverhältnisse kann eine solche Remobilisierung vonstatten gehen (U. Förstner und S. R. Patchineelam, 1976, 3–11). In tiefer liegenden Profilhorizonten von Unterwasserböden, deren Differenzierungen weniger ausgeprägt sind als bei terrestrischen Böden, hängt die reduktive Freisetzung von Metallen wie Eisen (III) und Mangan (II) fast ausschließlich von der Sauerstoffdiffusion ab, deren Größe wiederum von der Bodentextur bestimmt wird. Auch andere Schwermetalle wandern längs eines Redoxgradienten. In Gewässern mit feinkörnigen Sedimenten besteht bei starkem Abfluß und der damit verbundenen Wegführung der aeroben oberen Sedimentzone eher die Möglichkeit des Abtransportes dieser gefährlichen Substanzen in gelöster Form. Unter konstanten Abflußbedingungen dagegen herrscht im Sedimentprofil des Fließgewässers ebenso wie in dem des stehenden Gewässers ein Gleichgewicht zwischen Sedimentzuwachs, oxydativer Fixierung, reduktiver Freisetzung im Interstitialraum und Diffusionswanderung (U. Tessenow, 1975, 359–378).

Die beim Abbau pflanzlichen Materials entstehenden Huminstoffe besitzen als Bestandteile von Unterwasserböden eine erhebliche Bedeutung bei der Fixierung von Kationen. Durch bestimmte funktionelle Gruppen (z. B. -COOH, -NH$_2$) sind diese Stoffe in der Lage, Schwermetalle als unlösliche Komplexe zu binden und damit aus der fließenden Welle zu entfernen. Vorfluter mit starker organischer Belastung und hohem Detritusanteil bilden in Fließstrecken mit überwiegend laminarer Strömung häufig mächtige organische Ablagerungen, die je nach Konsistenz als Gyttja oder Sapropel bezeichnet werden können. Der Anteil an Huminsäuren und verschiedener anderer organischer Reaktionsprodukte kann über 50% liegen.

Abb. 3 zeigt die Infrarotspektren von Huminsäuren zweier Unterwasserböden. Kurve A kennzeichnet die Huminsäuren von Ablagerungen eines übermäßig verschmutzten Vorfluters, des Landgrabens westlich von Darmstadt. Dieses Gewässer wird überwiegend von Kläranlagen-Abläufen des Zentralklärwerks Darmstadt und eines großen Chemieunternehmens gespeist. Die zweite Kurve (B) ergab sich aus Huminsäuren von Sedimenten der oberen Modau, eines kleinen, im Odenwald entspringenden und direkt in den Rhein mündenden Flusses. Ein einfacher Vergleich beider Kurven zeigt stärkere Absorptionsbanden bei 1640 cm^{-1} und 1510 cm^{-1} in Kurve A, Hinweise für einen höheren Gehalt an ungesättigten Carbonylverbindungen (Chinone) und substituierten Aromaten. Das Verhältnis der Intensitäten der OH-Valenzschwingung (3400 cm^{-1}) und der CH-Streckschwingung (2900 cm^{-1}) ist bei beiden Kurven gleichfalls verschieden. Das Spektrum der Huminsäuren eines Hochmoortorfes ist in Kurve C abgebildet, um die Unterschiede in der chemischen Struktur deutlich zu machen. Da mit verschiedenen Ordinatendehnungen gearbeitet wurde, lassen sich die absoluten Extinktionen nicht unmittelbar vergleichen. Eine ausführliche Interpretation der verschiedenen IR-Peaks von Huminsäuren wie auch die Besprechung der Metallfixierung in Abhängigkeit von der Struktur dieser Substanzgruppe findet sich bei H. H. Rump, K. van Werden und R. Herrmann, 1977, 149–164.

Von entscheidender Bedeutung bei der Metallfixierung ist, in welchem prozentualen Anteil und in welcher Mächtigkeit Huminstoffe im Flußsediment vorliegen, wenn auch nicht übersehen werden kann, daß die Komplexierung zum größten Teil an der Grenzschicht zwischen Sediment und Wasserkörper und wegen erschwerter Diffusion nur in geringerem Maße im Interstitialraum stattfindet. Die stellenweise mächtigen organischen Ablagerungen des stark verschmutzten Landgrabens haben aber gegenüber denjenigen eines

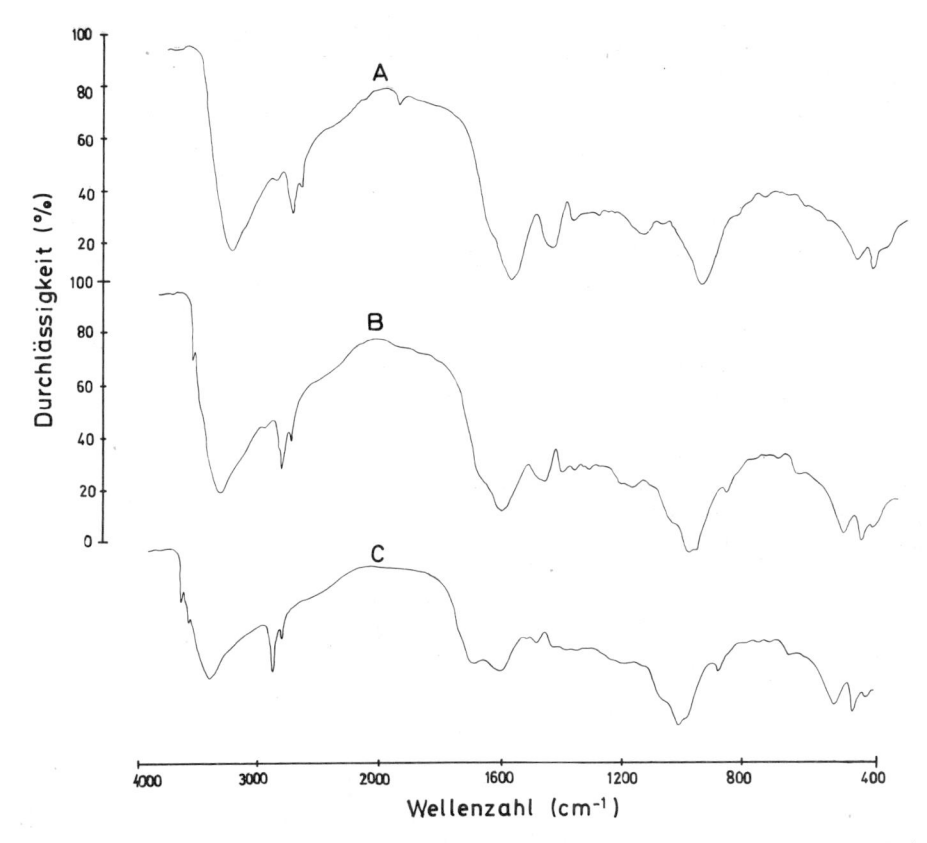

Abb. 3: Infrarotspektren der Huminsäuren zweier Unterwasserböden (A + B) sowie von Torf-Huminsäuren (C)

relativ sauberen Gewässers die größere Eliminationswirkung. Eine Gefahr des Austrages gelöster und ungelöster Metalle besteht einmal durch starke synthetische Komplexbildner und zum anderen durch Hochwässer und Wasserbaumaßnahmen mit deren veränderten Erosionsbedingungen.

Mikroorganismen können durch den Präsenznachweis als Indikatoren des Verschmutzungsgrades eines aquatischen Ökosystems dienen (vgl. J. Ottow, 1976, 29–41). Diese Organismen, vor allem Bakterien, wirken mit bei der Umwandlung abbaubarer Stoffe in Gewässern und sind somit ein wesentlicher Faktor des Selbstreinigungsvermögens. In Seen und Bächen wachsen sie überwiegend auf verfügbaren Oberflächen, wobei nach einer bestimmten Wachstumszeit die ursprüngliche flüssig-fest-Phasengrenze durch eine Biofilm-flüssig-Grenze ersetzt wird.

Da Modelle des Verbrauchs von Substraten in wäßriger Lösung bisher fast ausschließlich auf Grund von Laboruntersuchungen an dispergierten Bakterien erarbeitet wurden, hat man den Abbau unter den Bedingungen des mehr oder minder verschmutzten Fließgewässers außer acht gelassen. Bei dessen oft geringen Substratkonzentrationen und bei nicht zu starken Turbulenzen wachsen die Bakterien kaum singulär, sondern schließen sich zu Bakterinrasen zusammen (C. E. Renn, 1964, 193).

Es spielen sich beim Substratabbau folgende Vorgänge ab: 1. das gelöste Substrat diffundiert in den Biofilm, 2. es wird dort metabolisiert und es erfolgt 3. Rückdiffusion in die flüssige Phase. Um zu einigermaßen exakten Voraussagen über die Leistung der bakteriellen Destruenten zu gelangen, müssen sowohl die Diffusionskoeffizienten bestimmt werden (Ficksches Gesetz) als auch die kinetischen Parameter für den Substratverbrauch im Biofilm (Monodsches Gesetz).

Die folgende kurze Beschreibung der Grundlagen eines Biofilm-Modells lehnt sich an die Darstellung von K. Williamson und L. McCarty (1976, 9–24) an.

Betrachtet man den auf einem Trägermaterial aufgetragenen Biofilm (Abb. 4), so liegt außen die Substratkonzentration C_0 vor. Unmittelbar an der Oberfläche des Biofilms ist die Konzentration durch geringe Durchmischung auf einen Wert C_1 abgesunken. Im Innern des Biofilms kann der Abbau sowohl durch die Metabolismusrate als auch durch Diffusion begrenzt werden (Kurven a und b). In tiefen Biofilmen, die sich in Wasser mit geringen Nährstoffangebot entwickeln, ist der Abbau diffusionsbegrenzt, d. h. nach einer gewissen Strecke ist die Konzentration bei einem konstanten Wert angelangt. Die bis dort durchlaufene Strecke L_e bezeichnet man als effektive Tiefe. Der Transport des Substrates im Biofilm kann nach dem Fickschen Gesetz beschrieben werden als

$$\frac{\delta S_m}{\delta t} = - F_c D_c (\delta C / \delta z) \qquad (1)$$

wobei gilt

$\delta S_m / \delta t$ = Substrattransport (mg/Tag)
F_c = Fläche des Biofilms (cm²)
D_c = Diffusionskoeffizient (cm²/Tag)
$\delta C / \delta z$ = Substratgradient senkrecht zur Oberfläche (mg/cm⁴)

Für die Substrat-Abbaurate im Biofilm gilt an jedem Punkt die Beziehung von Monod

$$- (dC/dt) = k\, C\, X_c / (C + K_s) \qquad (2)$$

Es ist

$-(dC/dt)$ = Abbaurate des untersuchten Substrates (mg/l · Tag)
k = maximale Abbaurate des untersuchten Substrates (mg/Tag/mg)
C = Substratkonzentration (mg/l)
K_s = Konstante der halbmaximalen Abbaurate (mg/l)
X_c = Bakterienkonzentration im Biofilm (mg/l)

Betrachtet man das Differentialelement dz, so führen die Gleichungen (1) und (2) schließlich zu der nichtlinearen Differentialgleichung zweiter Ordnung

$$\frac{d^2 C}{dz^2} = \frac{k\, C\, X_c}{D_c (C + K_s)} \qquad (3)$$

Für die Bandbedingungen $C_1 \gg K_s$ und $C_1 \ll K_s$ erhält man eine explizite Lösung der Gleichung (3).

Entscheidend für die Kenntnis der Abbaurate organischer Stoffe in natürlichen Gewässern ist die Bestimmung der stagnierenden Flüssigkeitsschicht an der Phasengrenze Biofilm-Wasser, während die Abbauparameter weitgehend bekannt sind. Versuche, ein bereits vorliegendes Rechenprogramm zur Berechnung des Substratabbaues im Biofilm nach

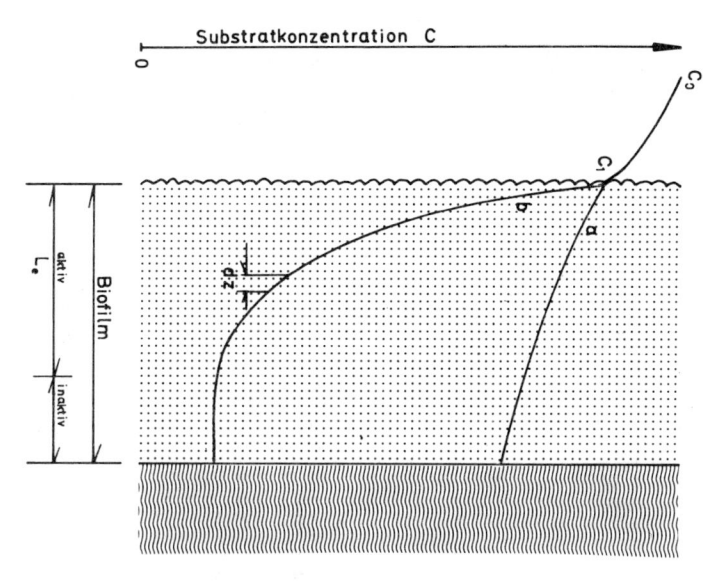

Abb. 4: Konzentrationsgradienten im Biofilm (nach K. WILLIAMSON und P. L. MCCARTY, 1976: 10)

Gleichung (3) so zu erweitern, daß die Eliminierungen bestimmter Substanzen in Fließgewässern abgeschätzt werden können, sind noch nicht abgeschlossen. Die exakte Behandlung dieses Problems ist deshalb so schwierig, weil sich unter verschiedenen ökologischen Bedingungen qualitativ und quantitativ verschiedene Biofilme entwickeln, deren Parameter ständig neu geprüft werden müßten.

Zur praktischen Messung der Abbau- und Diffusionsgeschwindigkeit wurde ein Gerät gebaut, das im wesentlichen aus einem rotierenden Plexiglaszylinder mit einer Aussparung für einen Spezialmembranfilter besteht. Auf diesen Filter wird ein Biofilm aufgetragen, durch den Nährlösung ins Innere des mit Wasser gefüllten Zylinders diffundiert. Durch Variation der Drehgeschwindigkeit ist es möglich, neben der Messung von Diffusions- und Abbaurate auch die Abmessung der stagnierenden Flüssigkeitsschicht zu ermitteln. Bei den Versuchen mit *Escherichia Coli* und Glucose als Substrat zeigte sich, daß bei langsam fließenden Gewässern diese Schicht beachtlich groß werden kann, so daß eine kleine Abbaurate vorherrscht. Nach den bisherigen Ergebnissen scheint es so zu sein, daß mit linearem Anwachsen der Strömungsgeschwindigkeit bei der gewählten Bakterienpopulation ein exponentieller Anstieg des Abbaues verbunden ist. Die Selbstreinigungskraft langsam fließender Gewässer oder Gewässerabschnitte könnte demnach leicht überschätzt werden.

b) *Stochastische Modelle*

Die Möglichkeiten der Wassergütebeurteilung mit Hilfe statistischer Verfahren sollen anhand der Größe „organisch gebundenes Halogen" aufgezeigt werden. Diese Variable ist ähnlich wie die elektrolytische Leitfähigkeit oder der biochemische Sauerstoffbedarf (BSB) als ein Summenparameter anzusehen, d. h. sie subsummiert eine Vielzahl von halogenhaltigen Einzelsubstanzen und ist damit ein verläßliches Maß für eine wesentliche gewässerbelastende Stoffgruppe.

Im Landgraben bei Darmstadt wurden 1975 bis 1976 fortlaufend Messungen verschiedener Parameter, unter anderen des Organo-Halogengehaltes, vorgenommen. Die Bestimmung erfolgte gaschromatographisch nach der bei H. H. Rump (1976, 36–37) erläuterten Methode. Einfache und partielle Korrelationen lassen bestimmte Merkmalszusammenhänge im Gewässer bereits erkennen (Tab. 2). Die Ergebnisse stehen nicht unbedingt im Einklang

Tab. 2. *Korrelationen des organisch gebundenen Halogens mit anderen Gewässer-Parametern* ($n = 26$)

Einfache Korrelationen	r_{12}	Partielle Korrelationen	$r_{12.3}$ bzw. $r_{12.34}$
org. Hal. – Leitf.	−0.49	org. Hal. – Leitf. (konst. = N 48)	−0.28
org. Hal. – N 48	−0.53	org. Hal. – N 48 (konst. = Leitf.)	−0.36
org. Hal. – Trübe (420 nm)	0.54	org. Hal. – Trübe (konst. = Leitf.)	0.52
		org. Hal. – Trübe (konst. = N 48)	0.68
		org. Hal. – Trübe (konst. = Leitf. + N 48)	0.65

mit denen anderer Untersuchungen. Zwar findet man eine positive Korrelation des organischen Halogens mit dem Trübewert, aber die negative Korrelation mit dem Niederschlag in 48 h ist ungewöhnlich. Im Gegensatz zu zivilisatorisch weniger beeinflußten Einzugsgebieten, bei denen durch Oberflächenabspülung und Auswaschung der Kanalisation nach Regenfällen erhöhte Werte für organisches Halogen auftreten, ist beim Landgraben ein Verdünnungseffekt dadurch vorhanden, daß die durch eine Mischwasserkanalisation in die Kläranlagen gelangenden Wassermengen wegen der Speicherkapazität gleichmäßig von dort in geklärtem Zustand in den Vorfluter entlassen werden. Die sehr geringe Korrelation des Niederschlages mit der Trübe findet dadurch gleichfalls ihre Erklärung. Ein bestimmter Anteil halogenhaltiger Kohlenwasserstoffe ist den Ergebnissen zufolge an Schwebstoffe gebunden, die in diesem Gewässer vor allem aus fein dispergiertem Detritus und durchschnittlich nur zu 10% aus mineralischen Substanzen bestehen. Da vorwiegend adsorptive Kräfte für die Bindung verantwortlich sind, ist das Verhältnis zwischen gelösten und adsorbierten Organo-Halogenen nicht konstant, sondern es hängt ab von Variablen wie der Temperatur, dem Salzgehalt und der Oberflächenstruktur der Adsorbentien. Es dürfte eine interessante Fragestellung künftiger Gewässerforschung sein, dieses Verhältnis über eine längere Fließstrecke zu verfolgen, hängt doch die Möglichkeit einer Flußwassernutzung von einer besseren Systemkenntnis ab.

Die Varimax-rotierte Hauptkomponentenmatrix der zeitlichen Variablen (Tab. 3) zeigt organisch gebundenes Halogen mit mittelhohen Ladungen in der dritten und vierten Hauptkomponente gemeinsam mit pH und Leitfähigkeit bzw. Schwebstoff und Trübe. Hohe Interkorrelationen zwischen Abfluß und den Schwermetallen Mangan und Zink deuten auf einen überwiegenden Eintrag dieser Stoffe durch Abwässer hin. Bei Betrachtung der Hauptkomponentenmatrix eines anderen, weniger belasteten Gewässers (Modau, Pegel Eberstadt) fällt auf, daß Schwermetalle und organisch gebundenes Halogen eine Hauptkom-

Tab. 3. *Rotierte Hauptkomponentenmatrix der zeitlichen Variablen des Landgrabens (Meßstelle Griesheim)*

	1	2	3	4	5	6	7	8
Varianz (%)	14	14	12	14	19	6	6	5
Mangan		0.72						
Zink		0.82						
Kupfer							0.88	
org. Hal.			0.40	−0.50				
Zyklus					0.89			
pH			−0.95					
Leitf.			−0.80					
O$_2$ (%)	0.97							
O$_2$	0.94							
Keime						0.92		
Schweb				−0.91				
Trübe				−0.91				
T H$_2$O	−0.43				0.86			
T Luft	−0.44				0.84			
T 5 Tage					0.82			
N 48 Std.								0.81
Abfluß		0.92						0.81

ponente gemeinsam hoch laden. Die Sonderstellung eines übermäßig verschmutzten Gewässers wie des Landgrabens wird dadurch deutlich. Beide Schadstoffgruppen, Schwermetalle einerseits und Halogenkohlenwasserstoffe andererseits, scheinen hier nicht die gleiche Herkunft zu haben.

Nach Prüfung der korrelativen Zusammenhänge mit Hilfe der Korrelations- und Hauptkomponentenmatrizen läßt sich die Fülle der Variablen bei geringem Verlust an Information auf wenige Größen reduzieren, um mit ihnen Modelle zur Vorhersage einer oder mehrerer Zielgrößen zu erstellen. Ein solches Modell für die Zielgröße ,,organisch gebundenes Halogen" ist in Tab. 4 zusammengestellt. Die Modellerstellung erfolgte mit Hilfe der mehrdimensionalen Diskriminanzanalyse (s. R. Herrmann, 1974, 367–385). Gemessene hydrologische Ereignisse, die verschiedenen Grundgesamtheiten angehören, werden dabei mit Hilfe geeigneter Trennfunktionen und einer Zuordnungsvorschrift vorgegebenen Gruppen zugeordnet. Trotz eines Korrelationskoeffizienten von 0.55 zwischen Leitfähigkeit und N 48 trug die Verwendung beider Variabler gemeinsam zu einer Verbesserung der Trennschärfe bei. Die Vorhersagegüte wurde durch WilksΛ und die F-Werte der einzelnen Prediktoren, außerdem mit einem χ^2-Test der Diskriminanzdimensionen ermittelt.

REGIONALE WASSERGÜTEPLANUNG

Als Hauptziele von Untersuchungen zur Gewässergüte können genannt werden (BMI, 1975, 168):
1. Erhaltung einer im weitesten Sinne wirtschaftlichen Wasserqualität zur lebensnotwendigen Nutzung des Gewässers.
2. Herstellung einehetisch befriedigenden Zustandes des Gewässers.

Tab. 4 *Vorhersagemodell für Halogenkohlenwasserstoffe (Landgraben, Meßstelle Griesheim)*

Gruppeneinteilung:

	org. Halogen (µg/l)
I	1.5– 3.5
II	3.5– 7.0
III	7.0–11.0
IV	>11.0

Beste Prediktorkombination: Trübe, Leitfähigkeit, Niederschlag in 48 Std.

F-Werte der Prediktoren:

	F	P (%)
Trübe	4.9	<5
Leitf.	3.5	<5
N 48 Std.	4.4	<5

Wilks $\Lambda = 0.320$, F-Wert = 3.55, P<0.01

Diskriminanzdimensionen:

	Varianz (%)	χ^2	Fr. Gr.	P
1	72.56	17.4	5	0.0035
2	22.40	7.7	3	0.0620
3	5.04	2.0	1	0.6310

Trennfunktion: $T = 0.871 \sqrt{\text{Trübe}} - 0.444 \sqrt{\text{Leitf.}} - 0.210 \sqrt{\text{N48 Std.}}$

Centroidmatrix: $C = \begin{matrix} 0.003 \\ -0.294 \\ -0.490 \\ -0.717 \end{matrix}$

Dabei ist wesentlich, daß Planungsmaßnahmen zur Wassergüte Einfluß im Rahmen wasserwirtschaftlicher Mehrzwecknutzung ausüben und Ursachen und Folgen solcher Maßnahmen regionalen und zum Teil auch überregionalen Charakter haben. Als Maßzahlen zur Gesamtbelastung von Gewässern und zum regionalen Vergleich bieten sich z. B. die Bevölkerungsdichte im Einzugsgebiet oder besser noch die Einwohnerzahl pro Kubikmeter Wasser pro Sekunde an. Die unterschiedliche Struktur von Gebieten kann jedoch solche Maßzahlen stark verändern. Der Einfluß von Pendlern wird zu geringen Einwohnergleichwerten und damit zu einer verminderten Belastung der Gewässer führen. Auf der anderen Seite versagt die Selbstreinigungskraft nur allzu oft bei Abwässern der chemischen Industrie. Die ermittelten Einwohnergleichwerte sind in solchen Fällen wenig aussagekräftig. Bestimmte chemische Substanzen können für die Wasserorganismen als biologischer Streß wirken, so daß ihr normales Verhalten, das die Abbaurate mitbestimmt, nicht mehr gegeben ist. Der Ökosystemcharakter kann sich vom physiologisch gelenkten, natürlichen zum physikalisch-chemisch kontrollierten Typ verändern. Die Belastbarkeit des stadtnahen Gewässers ist daher keine stetige Funktion der Abwassereinleitung, sondern sie kann durch verschiedene Einflüsse Sprungstellen aufweisen. Im Falle der fast ausschließlichen Einleitung häuslicher Abwässer gilt jedoch, daß die Selbstreinigungskraft (Pufferungsvermögen) des Gewässers eine Funktion der Vorbelastung ist. Zur Prüfung der Abbauleistung für verschiedene organische Substanzen wurden unter definierten Bedingungen die Eliminationskurven zugleich mit der Bakterien-Populationsrate verfolgt (H. H. Rump und M. Höllwarth, 1976, 31–36). Es wurde deutlich, daß sich mit steigender Belastung der Abbau beschleunigt. Besonders die Sedimente des Gewässerökosystems spielen eine wesentliche Rolle beim Stoffumsatz. Sie bilden Refugien für leistungsfähige Destruenten, die den Abbau von Störkomponenten bewerkstelligen.

Eine fundierte zukünftige Wassergüteplanung wird ohne Kenntnis der angesprochenen hydrologischen Gesetzmäßigkeiten nicht mehr auskommen. Will sie mehr erreichen als, ausgehend von einer sehr groben Einteilung der Gewässer und ihrer Einzugsgebiete, Räume größerer von solchen geringerer Belastung und Belastbarkeit abzugrenzen, muß sie sich auf die Ergebnisse ausführlicher Ökosystemuntersuchungen stützen. Eine schematische Grenzziehung vor allem in Ballungsgebieten allein mit Hilfe von Karten und statistischen Erhebungen von Bevölkerungszahl und Industrialisierungsgrad verbietet sich nach dem derzeitigen Erkenntnisstand von selbst.

Literatur

BMI (Ed.): Studie über bestehende Flußgebietsmodelle. Bonn, 1975

Dietz, F.: Anreicherung von Schwermetallen in submersen Pflanzen. gwf-Wasser/Abwasser 113, 269–273 (1972)

Frahm, J. P.: Wassermoose als Indikatoren für die Gewässerverschmutzung am Beispiel des Niederrheins. Gewässer und Abwässer H. 53/54, 91–106 (1974)

Förstner, U. und S. R. Patchineelam: Bindung und Mobilisation von Schwermetallen in fluviatilen Sedimenten. Chem. Ztg. 100, 549–557 (1976)

Herrmann, R.: Ein Anwendungsversuch der mehrdimensionalen Diskriminanzanalyse auf die Abflußvorhersage. Catena 1, 367–385 (1974)

Herrmann, R., U. Bolz, W. Symader und H. H. Rump: Interpretation and Prediction of Spatial Variation in Trace Metals in small Rivers by Canonical and Discriminant Analysis. III. Int. Hydrol. Symp., Fort Collins, USA (Accepted Paper)

Morlock-Rahn, G. M.: Versuch zur Abbildung der langfristigen Wasserversorgung und Abwasserentsorgung von Verdichtungsräumen in ein Simulationsmodell. Diss. Stuttgart, 1976

Ottow, J.: Mikroorganismen als Indikatoren unbelasteter, fäkalverschmutzter und Biocid-belasteter Böden und Gewässer – eine Übersicht. Daten und Dokumente zum Umweltschutz 19, 29–41 (1976)

Renn, C. E.: The Bacteriology of Interfaces. In: H. Heukelekian and N. Dondero (Eds.): Principles and Applications in Aquatic Microbiology. New York, 1964

Rump, H. H.: Mathematische Vorhersagemodelle für Pestizide und Schadstoffe in Gewässern der Niederrheinischen Bucht und der Nordeifel. Kölner Geographische Arbeiten 34, 1–122 (1976)

Rump, H. H. und M. Höllwarth: Modelluntersuchungen zur Stabilisierung eines innerstädtischen Oberflächengewässers. Berichtsband Naturwiss. Verein Darmstadt, 21–38 (1976)

Rump, H. H., K. van Werden und R. Herrmann: Über die vertikale Änderung von Metallkonzentrationen in einem Hochmoor. Catena 4, 149–164 (177)
Schreiber, K. F.: Landschaftsplanung und Umweltschutz. Geogr. Ztschr. Beihefte, 13–22 (1976)
Tessenow, U.: Die Differenzierung der Profundalsedimente eines oligotrophen Bergsees (Feldsee, Hochschwarzwald) durch Sediment-Wasser-Wechselwirkungen. Arch. Hydrobiol./Suppl. 47, 325–412 (1975)
Williamson, K. and P. L. McCarty: A Model of Substrate Utilization by Bacterial Films. J. Water Poll. Control Fed. 48, 9–24 (1976)

Diskussion zum Vortrag Rump

Dr. E. Sobotha (Frankenberg)
Die Güte der Oberflächengewässer ist örtlich auch abhängig von Grundwasserzutritten, sie sind festzulegen und bei Planung zu berücksichtigen. Die Bearbeitung von Grundwasserwegen im Felsgestein ist gerade für Planungen unbedingt zu verlangen.

Dr. H. H. Rump (Darmstadt)
Gewässersysteme in klüftigen Gesteinen können Sprungstellen der Gewässergüte durch punktförmigen Zulauf von Grundwasser aufweisen. Die hydrogeologische Erkundung ist allerdings noch nicht überall so weit gediehen, daß dieser Faktor stets in Planungen eingebaut werden könnte. In Schottern und Sanden ist durch Peilbrunnen oder die Beobachtung anderer Grundwasseroberflächen eine Abschätzung des Grundwassereinflusses auf das Oberflächengewässer leichter möglich.

RÄUMLICHE VERTEILUNGSMUSTER VON NÄHRSTOFFGEHALTEN IN FLIESSGEWÄSSERN AM NORDRAND DER EIFEL

Mit 4 Abbildungen

Von Wolfhard Symader (Köln)

Eines der Hauptanliegen der Landschaftsökologie ist es, Räume zu gliedern, um über diese Gliederung zu einer Raumbewertung zu kommen. Geht man von einer Anzahl von Meßarealen aus, z. B. Einzugsgebiete, Verwaltungseinheiten oder auch willkürlich gewählte Flächen, müssen also nur ähnliche Areale zusammengefaßt werden, damit eine Typisierung erreicht werden kann.

Ein Problem der Raumgliederung verbirgt sich hinter dem Begriff „Ähnlichkeit".

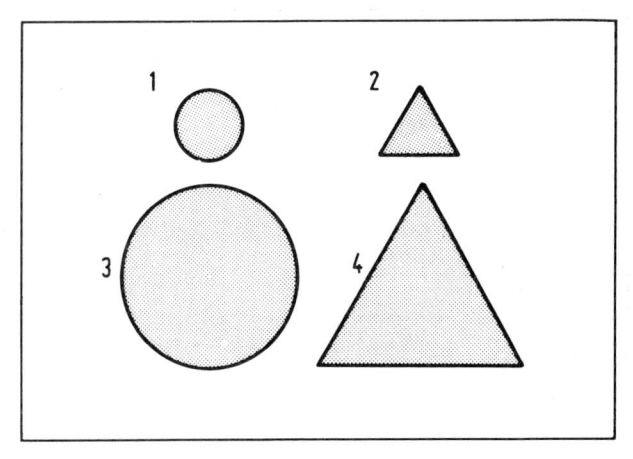

Abb. 1
Nach K. Potter: Logik der Forschung, Tübingen 1973[5], S. 375

Die Abbildung 1 vermag diese Problematik etwas zu verdeutlichen. Wird unter Ähnlichkeit eine gleiche Größe verstanden, gehören die Figuren 1 und 2 bzw. 3 und 4 zusammen. Eine Zusammenfassung nach der Form hingegen läßt 1 und 3 bzw. 2 und 4 eine Gruppe bilden.

Für Nährstoffgehalte in Fließgewässern, als ein Beispiel aus der Landschaftsökologie, läßt sich nun ebenfalls zeigen, daß die Verteilungsmuster direkt vom Ähnlichkeitsaspekt abhängig sind, d. h., daß es keine eindeutige optimale Gliederung gibt, sondern daß jede Gliederung tauglich ist, die Antwort auf die wissenschaftliche oder planerische Fragestellung gibt, die am Anfang einer Untersuchung steht.

Als Datenmaterial stand eine mehr als einjährige Meßreihe in 34 Einzugsgebieten der Nordeifel und Bördenzone zur Verfügung. Das Meßprogramm umfaßte die Parameter PO_4, NO_3, NH_4, elektr. Leitf., pH-Wert, Trübe, Schwebstoff, Cl, SO_4, Na, K und Ca. Das Untersuchungsgebiet (s. Abb. 2–4) weist wegen seines Übergangscharakters eine hohe natur- und kulturräumliche Varianz auf, die sich auch in der Nährstoffbelastung widerspiegelt.

In einem ersten Schritt wurden Nährstoffmittelwerte für jedes Einzugsgebiet errechnet und miteinander verglichen. Das erste Verteilungsmuster (Abb. 2) basiert auf einer Gliederung nach der absoluten Höhe der Belastung, gibt also Auskunft über den Grad bzw. die Stärke der Belastung.

Es zeigt sich eine erwartete Abstufung von den sauberen Einzugsgebieten der Eifel zu den verschmutzten Bördengewässern. Die Einzugsgebiete der sauberen Gewässer weisen große Flächenanteile von Wald und Grünland auf (Gruppen I und II), die mittlerer Belastung mehr Ackerland und geringe Besiedlung (Gruppen III und IV) und die Bördenflüsse viel Ackerland und mehr Siedlungsfläche (Gruppe V).

Dieser Gliederung entsprechen die meisten Gewässergütekarten.

Für die zweite Raumgliederung interessiert nun weniger die absolute Höhe als vielmehr das Verhältnis der einzelnen Nährstoffmittelwerte untereinander. Dieses Verteilungsmuster (Abb. 3) gibt also Auskunft über die Art der Belastung.

Auch für eine Gliederung nach der Art der Belastung ist die Abstufung von der Eifel zur Börde erkennbar. Die starke Ähnlichkeit dieser beiden Verteilungsmuster bedeutet, daß sich mit zunehmendem Grad der Verschmutzung die Nährstoffzusammensetzung eines Gewässers in charakteristischer Weise ändert.

Saubere Gewässer weisen im Vergleich zu anderen Gewässern relativ hohe SO_4 und NO_3 Konzentrationen auf (Gruppe I u. II). Die mittlere Belastungsstufe ist durch Sauerstoffreichtum, hohe Ca-Konzentrationen und einen hohen pH-Wert gekennzeichnet (Gruppe III und IV).

Die hohe Belastungsstufe läßt sich untergliedern in Einzugsgebiete mit hoher Salzbelastung (Na, K und Elektr. Leitf.) und solche mit vorwiegend organischer Belastung (SO_4, PO_4 und Sauerstoffdefizit).

Beide Gliederungstypen basieren auf Mittelwerten von Zeitreihen und repräsentieren damit ein statisches Element. Es hieße aber Information verschenken, würde die zeitliche Varianz der Gewässerkenngrößen nicht zur Beurteilung herangezogen.

Zum Verstehen von Vorgängen werden ja gerade Informationen über Wechselwirkungen in ihrem zeitlichen Verlauf benötigt, ein Ansatz, der in der Ökosystemforschung weiterverfolgt wird.

Für das dritte Verteilungsmuster wurde für jedes Einzugsgebiet eine varimaxrotierte Hauptkomponentenanalyse aller Nährstoffwerte berechnet. Dieses Verfahren läßt sich als ein Sortierungsmuster der Information einer Korrelationsmatrix verstehen. Das dritte Verteilungsmuster (Abb. 4) beruht also auf unterschiedlichen Korrelationen zwischen den einzelnen Nährstoffen und gibt damit Auskunft über die Herkunft der Verschmutzung.

Es lassen sich 7 Gruppen unterscheiden:

I   Einzugsgebiete ohne dominante Nährstoffquelle
II   Nährstoffbelastung durch Düngerauftrag
III Nährstoffeintrag durch Oberflächenabspülung von Äckern
IV   Einzugsgebiete mit starken Erosions- und Abspülungseffekten
V   Nährstoffbelastung durch fäkale Abwässer
VI   Starke Verschmutzung durch punktuelle Einleiter
VII Starke Verschmutzung durch viele sich überlagernde Einleiter

Nährstoffgehalte in Fließgewässern 533

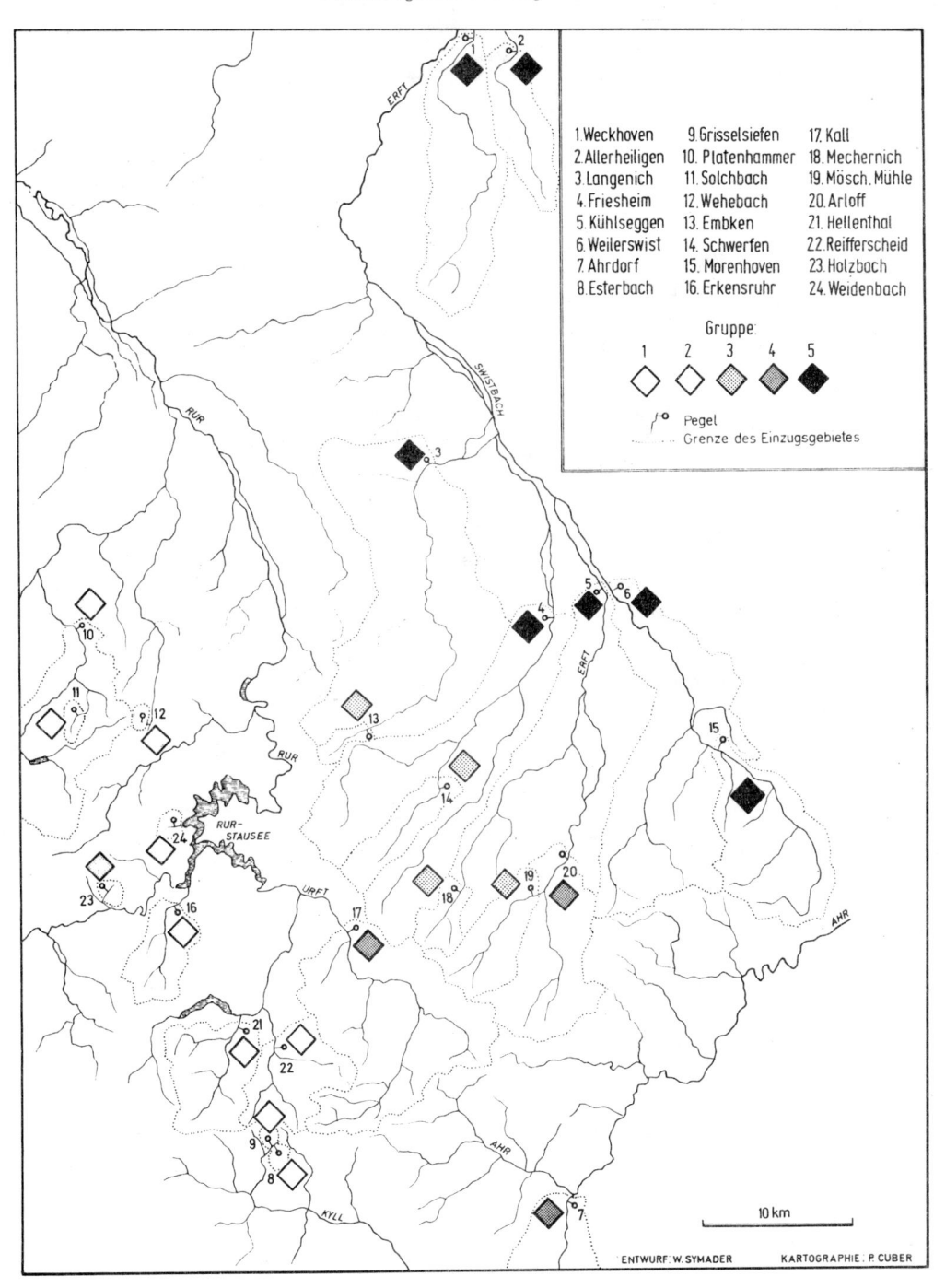

1. Weckhoven	9. Grisselsiefen	17. Kall
2. Allerheiligen	10. Platenhammer	18. Mechernich
3. Langenich	11. Solchbach	19. Mösch. Mühle
4. Friesheim	12. Wehebach	20. Arloff
5. Kühlseggen	13. Embken	21. Hellenthal
6. Weilerswist	14. Schwerfen	22. Reifferscheid
7. Ahrdorf	15. Morenhoven	23. Holzbach
8. Esterbach	16. Erkensruhr	24. Weidenbach

Abb. 2 Nährstoffverteilungsmuster I

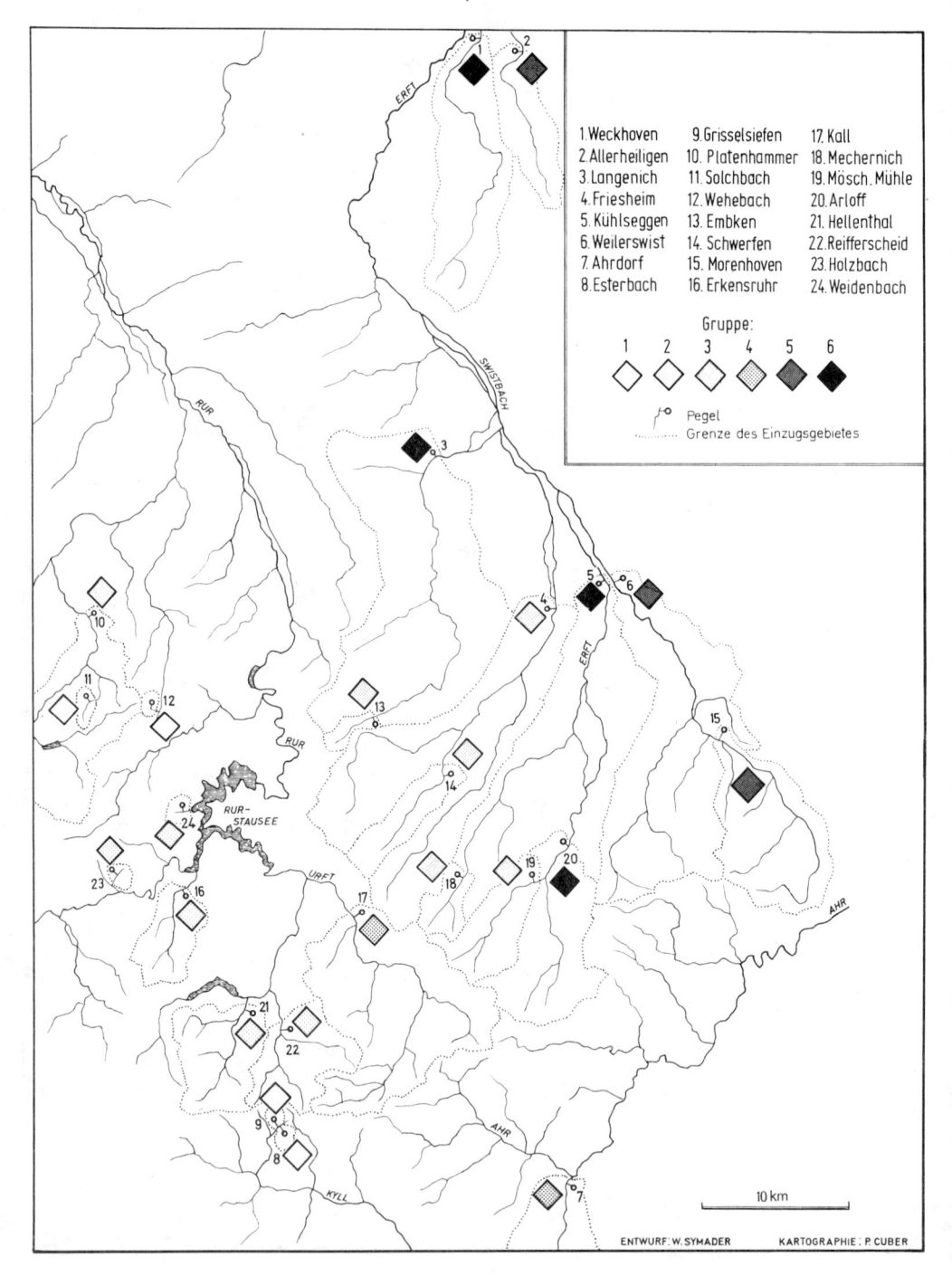

Abb. 3 Nährstoffverteilungsmuster II

Nährstoffgehalte in Fließgewässern 535

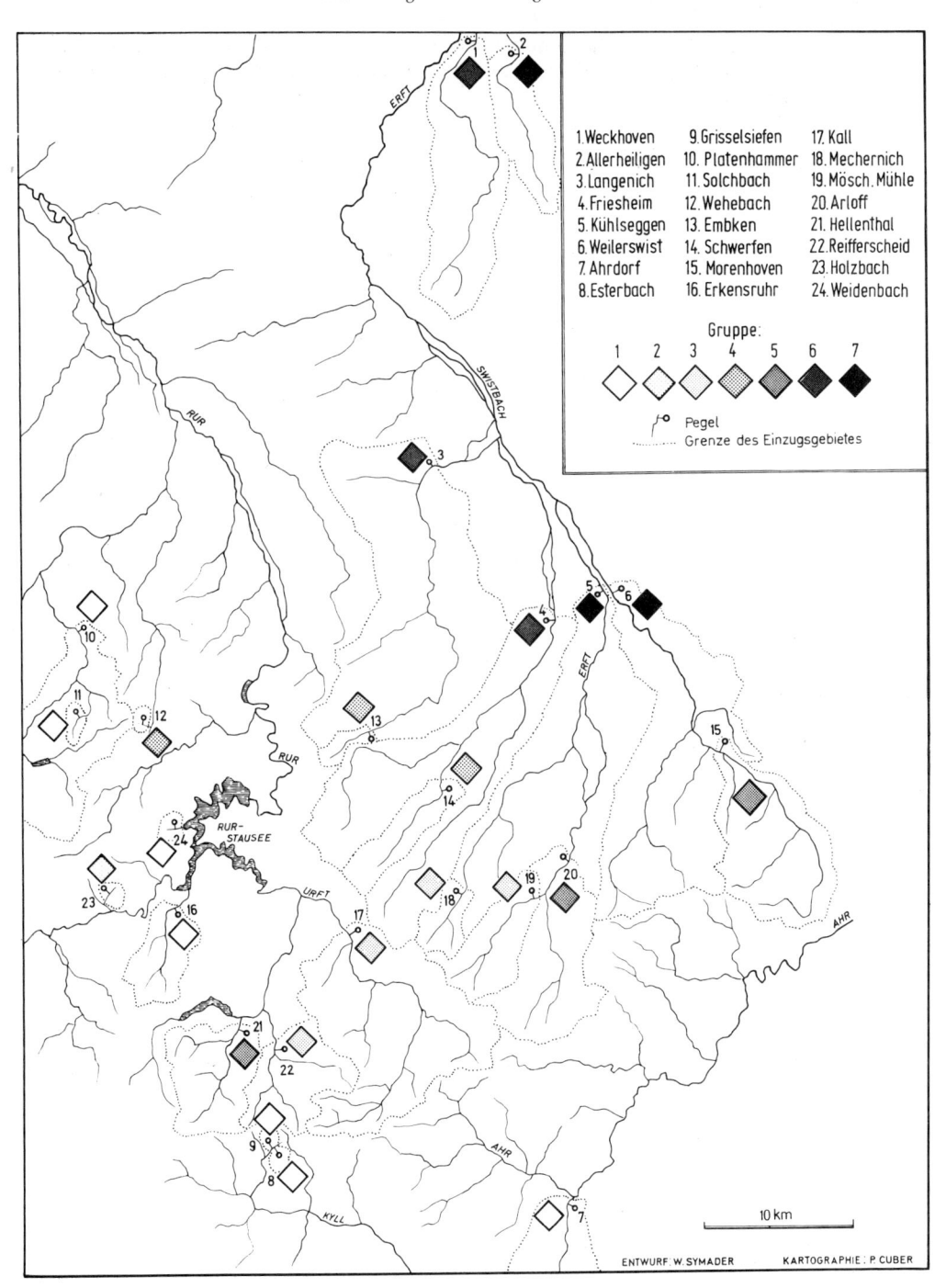

Abb. 4 Nährstoffverteilungsmuster III

Ein Versuch, alle drei Verteilungsmuster in einer Darstellung zusammenzufassen, wurde nicht unternommen, da jedes Muster seine eigenen spezifischen Aussagen liefert. Eine Raumgliederung, in die alle drei Verteilungsmuster eingehen, würde entweder die Aussagen verwässern oder die Anzahl der Typen so stark erhöhen, daß die direkte Anschaulichkeit wieder verlorengeht.

ORGANISMEN – EXPOSITION UND WASSERQUALITÄT

Mit 4 Abbildungen

Von Alois Schäfer (Saarbrücken)

Die zunehmende Belastung der Oberflächengewässer, vor allem in Verdichtungsräumen, erfordert ökologische Bewertungskriterien, die in der Lage sind, Belastung und Belastbarkeit limnischer Ökosysteme zu erfassen und für die praktische Anwendung transparent zu machen. Gerade die Vielfalt unterschiedlichster Belastungsfaktoren verlangt Bewertungsmaßstäbe, die einen umfassenden Eindruck von der Intensität und Wirksamkeit der Belastung vermitteln.

Die biologischen Beurteilungsmethoden für Gewässerverunreinigungen beruhen auf der Indikatoreigenschaft von Organismen und Lebensgemeinschaften. Grundsätzlich sind alle Lebewesen Indikatoren für die sie umgebenden Umweltbedingungen; denn ihr Vorkommen zeigt, daß die Gesamtbeschaffenheit aller Wirkfaktoren an der betreffenden Erdstelle nicht im Widerspruch zu ihren Lebensansprüchen steht (Balogh 1958; Schmithüsen 1968). Die Problematik einer Bewertung von Raumqualitäten mit Hilfe von Indikatororganismen besteht darin, den Zusammenhang zwischen dem Vorkommen oder Fehlen einzelner Arten und den herrschenden Umweltbedingungen zu erfassen und für die Anwendung als ökologisches Bewertungskriterium zu formulieren. Entscheidend ist dabei die Kenntnis der ökologischen Valenz der betrachteten Tier- und Pflanzenarten. Hinzu kommt, daß neben ökologischen Voraussetzungen auch historische und populationsgenetische Faktoren für das Vorkommen oder Fehlen von Organismen verantwortlich sind (Müller 1976).

Alle diese Aspekte sind daher bei biologischen Beurteilungsmethoden sowohl in terrestrischen als auch in limnischen Bereichen zu berücksichtigen. Die Problematik einer objektiven Bewertung von Oberflächengewässern mit Hilfe von Indikatorarten wird durch die Vielzahl methodischer Ansätze und kritischer Betrachtungen unterstrichen. Dies gilt vor allem für die Saprobiensysteme, deren Beurteilung der Wasserqualität auf empirischen Ermittlungen der Indikatoreigenschaft von Tier- und Pflanzenarten beruhen (Caspers u. Schulz 1960; Knöpp 1960; Caspers u. Schulz 1962; Liebmann 1962; Elster 1966; Schwoerbel 1974; Uhlmann 1975; Mauch 1976).

Trotz der Vorbehalte sind Bewertungsmethoden für Raumqualitäten auf der Basis der Indikatoreigenschaften von Einzelorganismen oder Lebensgemeinschaften in der praktischen Anwendung unumgänglich (vgl. Müller 1976). Eine Verbesserung des Stellenwertes ökologischer Kriterien in der Raumbewertung kann allerdings nur durch eine Objektivierung biologischer Beurteilungsverfahren erreicht werden. Bezogen auf die Saprobiensysteme heißt das, daß empirische Daten nach und nach durch experimentelle Untersuchungen zur ökologischen Valenz der verwendeten Indikatorarten bestätigt, ergänzt oder ersetzt werden müssen.

Andere Verfahren verzichten von vornherein auf eine Gewässerbeurteilung mit Hilfe von Indikatororganismen. Als Beispiel für eine einfache Methode sei hier der „Artenfehlbetrag" nach Kothe (1962) genannt. Kothe bewertet die Abnahme der Artenzahl einer oder mehrerer Tier- und Pflanzengruppen im Vergleich zu unbelasteten Abschnitten eines Gewässers als ein Maß für die Belastung. Die Kritik an dieser Methode bemängelt die vergleichsweise geringe Aussagefähigkeit im Verhältnis zu anderen Methoden der Gewässerbeurteilung (Elster 1966). Eigene Untersuchungen zeigen, daß durch die Einbeziehung quantitativer Aspekte eine Verbesserung der Aussagefähigkeit des „Artenfehlbetrages" möglich ist (Schäfer 1975, 1976 a, 1976 b; Nagel u. Schäfer 1976).

Biologische Beurteilungsmethoden auf der Basis qualitativer und quantitativer Analysen von Biozönosen enden selbstverständlich dort, wo zur Untersuchung geeignete Organismengesellschaften fehlen. Innerhalb von Verödungszonen hoch belasteter Oberflächengewässer müssen daher andere biologische Bewertungsparameter eingesetzt werden. Eine Möglichkeit, innerhalb extrem hoch belasteter Gewässer Organismen als Indikatoren für die Intensität und die Zusammensetzung der Belastungsfaktoren einzusetzen, ist die Durchführung von Expositionstests. Als Bewertungskriterium kann dabei zunächst die Überlebensdauer exponierter Organismen herangezogen werden. Als weitere, darauf aufbauende Schritte geben Untersuchungen zur Vitalität (Produktivität, Biomassenzuwachs) ein detaillierteres Bild über die Wirkung der Belastung auf die exponierten Organismen. Schließlich kann auf diesem Wege das Kausalitätsgefüge zwischen Immission und Immissionswirkung zum Beispiel durch Rückstandsanalysen erhellen werden. Im Zusammenhang mit dieser Fragestellung sind umfangreiche experimentelle Untersuchungen zur Ermittlung der Reaktionsnorm der verwendeten Organismen notwendig. Mit Hilfe dieser Laborexperimente ist es möglich, den Spielraum der Lebensbedingungen, in dem die exponierte Art leben kann, nach und nach zu definieren. Damit wird ein Beitrag zur Kenntnis der ökologischen Valenz von Indikatorarten geleistet und ein Ansatz zur Objektivierung von ökologischen Bewertungsverfahren auf der Basis freilebender Organismen oder Biozönosen gegeben.

Im Rahmen eines von der Europäischen Gemeinschaft, dem Bundesministerium des Innern und der Deutschen Forschungsgemeinschaft geförderten Forschungsprogrammes sollen am Beispiel der Saar die Bedeutung von Diversitätsanalysen an Benthosbiozönosen und Expositionstests mit Organismen als ökologische Kriterien zur Bewertung der Wasserqualität hoch belasteter Fließgewässer untersucht werden.

Die anthropogene Überformung der Saar und ihre spezifische Belastungssituation gewährleisten annähernd ideale Untersuchungsbedingungen. Insgesamt läßt sich der Fluß in sieben hydrographisch unterschiedliche Regionen aufteilen (Abb. 1).

Kennzeichnend ist dabei vor allem die Aufeinanderfolge von potamalen und rhithralen Flußabschnitten im Bereich der deutschen Saar zwischen Güdingen und Konz. Die starke Konzentrierung der Belastung im mittleren Flußabschnitt erlaubt eine vergleichende Untersuchung der Auswirkungen unterschiedlichster Belastungsfaktoren in potamalen und rhithralen Regionen. Der im vorigen Jahrhundert durchgeführte Teilausbau der Saar bis Ensdorf schuf einen Stauabschnitt, der annähernd die Bedingungen eines stehenden Gewässers besitzt. Innerhalb dieser Strecke und im anschließenden Rhithral zwischen Ensdorf und Merzig erfolgt die Hauptbelastung des Flusses. Im Verdichtungsraum an der mittleren Saar wirken als wesentliche Belastungsfaktoren Kühlwassereinleitungen aus Kohlekraftwerken und eisenverarbeitender Industrie, ungereinigte oder unzureichend geklärte Abwässer aus Gemeinden und Industriebetrieben, sowie Schlammfrachten aus Kohleaufbereitungsanlagen saarländischer und lothringischer Gruben auf den Stoffhaushalt und die Lebensgemeinschaften des Flusses. Der hohe Grad der Belastung im Bereich der mittleren Saar wird dadurch ersichtlich, daß die gesamte untere Saar, trotz einiger sauberer Nebenflüsse, die nur

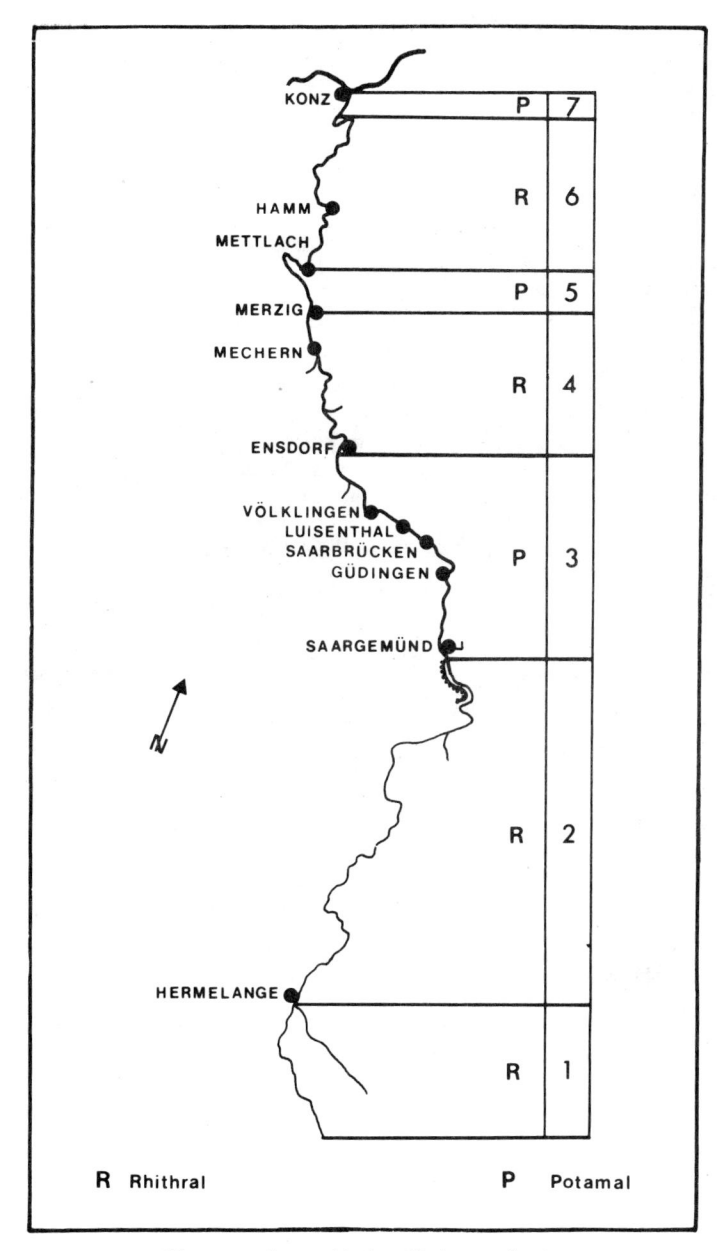

Abb. 1 Hydrographische Gliederung der Saar
Die Saar läßt sich gegenwärtig in 7 hydrographisch unterschiedliche Regionen aufteilen:
Zone 1: Epirhithral der beiden Quellflüsse Sarre Blanche und Sarre Rouge
Zone 2: Metarhithral der oberen Saar bis zur Einmündung des Saar-Kohle-Kanals bei Saargemünd
Zone 3: durch Stauhaltung geschaffenes Potamal der mittleren Saar
Zone 4: Hyporhithral der mittleren Saar
Zone 5: Stausee des Kraftwerkes bei Mettlach
Zone 6: Hyporhithral der unteren Saar
Zone 7: Rückstau des Moselstauwerkes bei Trier im unmittelbaren Mündungsbereich der Saar bei Konz

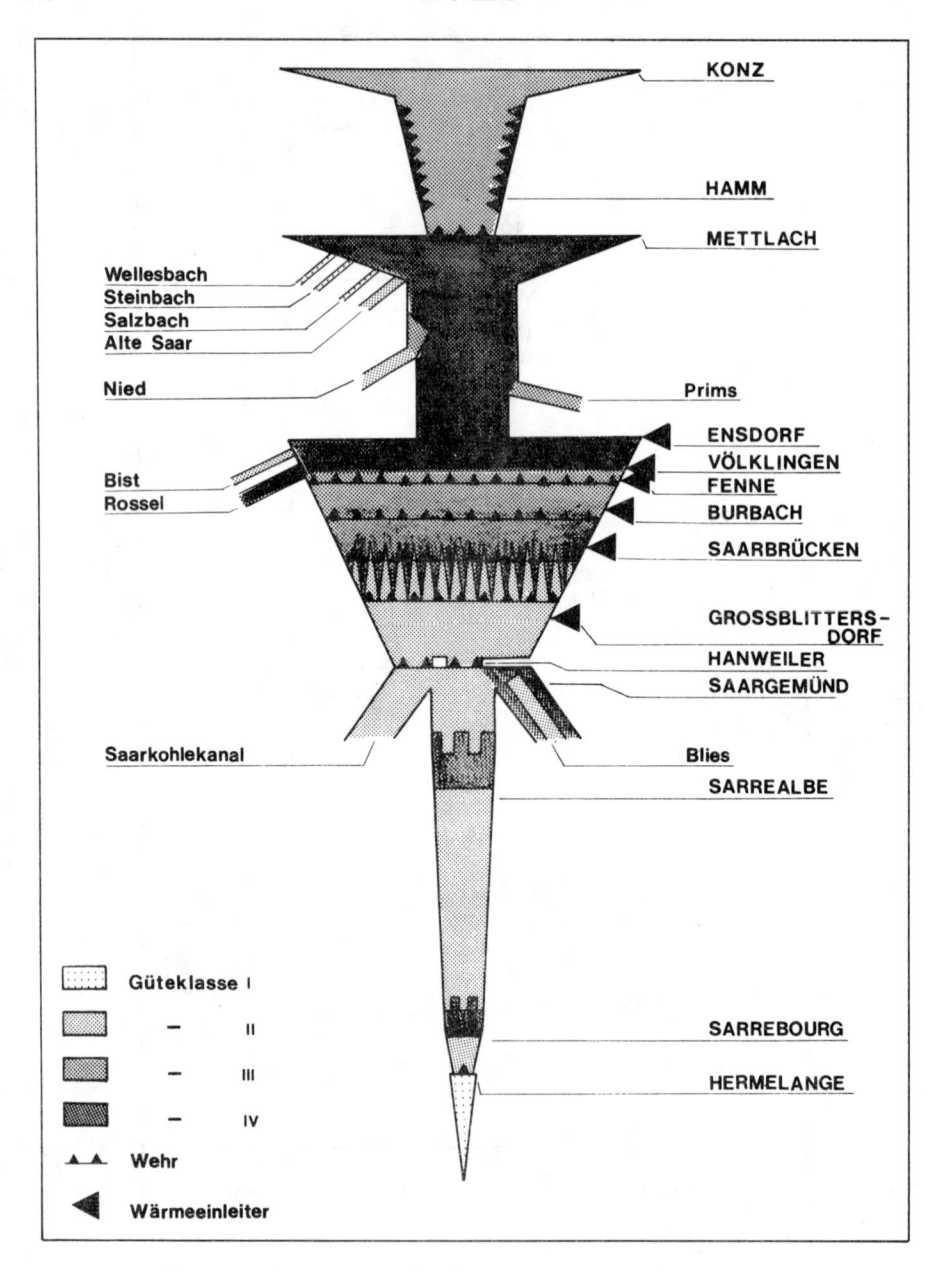

Abb. 2 Wassergüte der Saar

Die Einteilung der Gütestufen erfolgte nach Liebmann. Die Gütebeurteilung basiert auf mehrjährigen makro- und mikrobiologischen Untersuchungen und physikalisch-chemischen Wasseranalysen nach den Deutschen Einheitsverfahren für Wasser-, Abwasser- und Schlammuntersuchungen. Ebenso gingen Diversitätsanalysen an Benthoszönosen und Expositionstest in die Bewertung der Wasserqualität ein. Zur Veranschaulichung der hydrographischen Unterschiede der einzelnen Flußabschnitte, soll durch die Breite der Darstellung die unterschiedlichen Größen des Wasserkörpers in den rhithralen Strecken und in den Stauabschnitten angedeutet werden.

unwesentliche, räumlich eng begrenzte Verbesserungen der Wasserqualität bringen, nachhaltig geschädigt ist (Abb. 2).

Die Auswirkungen der Belastung auf den Stoffhaushalt und die Lebensgemeinschaften der Saar sollen hier nur kurz am Beispiel des Sauerstoff- und Temperaturhaushaltes und an der Struktur von Molluskengesellschaften im Bereich der mittleren Saar aufgezeigt werden (vgl. Schäfer 1975; Müller u. Schäfer 1976).

Umfangreiche Untersuchungen über den Sauerstoff- und Temperaturhaushalt der Saar, die in Form von Tagesprofilen, Längs-, Quer- und Tiefenprofilen durchgeführt wurden, geben ein genaues Bild über die Situation im Hauptbelastungsabschnitt der Saar. Die gleichzeitige Belastung des Flusses mit organischen Abwässern und Schlämmen sowie die extreme Aufheizung des Wassers durch zu dicht aufeinanderfolgende Kühlwassereinleitungen führen bei pessimalen Bedingungen (Niedrigwasser, hohe Lufttemperaturen) zu einem Absinken des Sauerstoffgehaltes im Wasser bis zur Nachweisbarkeitsgrenze. Gleichzeitig erreichen die Wassertemperaturen im untern Teil des Hauptbelastungsabschnittes, zwischen Völklingen und Ensdorf, Werte um 40° C. Meßwerte im Sommer 1976 (15. 8., 14 Uhr) lagen bei Ensdorf zwischen 41° und 45°. Allein diese Werte unterstreichen die Situation der Saar in diesem Abschnitt. Das gleiche gilt für chemische Meßwerte, die weit über den Richtwerten liegen (Umweltgutachten 1974). Hauptursache für diese abiotischen Bedingungen der Saar ist die Einmündung eines übermäßig hoch belasteten Nebenflusses, der Rossel. Ihre hohen Schlammfrachten und hoch konzentrierte Abwässer aus der chemischen Industrie schädigen den Stoffhaushalt und die Lebensgemeinschaften der Saar nachhaltig. Die Mündung der Rossel stellt für die Mehrzahl der höheren Lebewesen eine Verbreitungsgrenze dar.

Die Auswirkungen dieser Belastungsstruktur der mittleren Saar zeigt sich deutlich in der zunehmenden Verarmung der Lebensgemeinschaften. Am Beispiel der Molluskenfauna der Saar konnte die Aussagefähigkeit von Strukturparametern der Biozönosen wie Artenzahl und Diversität unter vergleichsweise idealen Bedingungen gezeigt werden (Schäfer 1976 c).

Auf der Grundlage eines umfangreichen Datenmaterials über den Stoffhaushalt und die Lebensgemeinschaften der Saar wurde ein Untersuchungsprogramm erstellt, das zum Ziel hat, mit Hilfe von Expositionstests eine objektive ökologische Bewertung der Wasserqualität der Saar zu ermöglichen und die im Rahmen dieser Untersuchungen gewonnenen Erkenntnisse für ein Überwachungssystem zu nutzen.

AUFBAU DES FORSCHUNGSPROGRAMMES

1. Voruntersuchungen
   Ziel: Erarbeitung und Erprobung der Expositionsmethodik
   Bewertung der Überlebensdauer exponierter Organismen als ökologisches Kriterium
1.1 Entwicklung und Eignungstests der Expositionsboxen
1.1.1 Entwicklung verschiedener Boxentypen
1.1.2 Minimalisierung des Milieuunterschiedes zwischen Box und Außenmilieu
1.1.3 Methodik der Freilandexposition, Ausbringen der Boxen
1.2 Exposition von Organismen
1.2.1 Auswahl repräsentativer Stellen
1.2.2 Langzeituntersuchungen mit Fischen
1.2.3 Kurzzeitexpositionen an hoch belasteten Stellen mit Fischen und Mollusken
1.3 Auswertung der Voruntersuchungen
1.3.1 Störfaktoren (Diebstahl und Zerstörung der Boxen und des Expositionsgutes)
1.3.2 Beschränkung der Untersuchungen auf gesicherte Stellen (wasserbauliche Einrichtungen, Privatgrundstücke)

1.3.3   Bewertung der Überlebensdauer als ökologisches Kriterium
1.3.3.1 Vergleich der Expositionsergebnisse mit den Resultaten physikalisch-chemischer Meßreihen
1.3.3.2 Vergleich der Expositionsergebnisse mit Strukturanalysen an Molluskengesellschaften der mittleren Saar
1.3.3.3 Überlebensdauer exponierter Organismen als Kriterium zur Darstellung ökologischer Probleme der Saarkanalisierung

2.   Spezielle Expositionsuntersuchungen
         Ziel: Bewertung der Vitalität
              Aufbereitung der Exponate für Rückstandsanalysen
              Ausweitung der Untersuchungen auf mehrere Tier- und Pflanzenarten
              Exposition künstlicher Substrate
2.1   Entwicklung von Expositionsboxen für die speziellen Anwendungsbereiche (vgl. 1.1)
2.2   Exposition von Organismen im Freiland
2.2.1   Auswahl geeigneter Stellen
2.2.2   Langzeitexpositionen
2.2.3   Kurzzeitexpositionen
2.3   Exposition von künstlichen Substraten
2.3.1   Auswahl von Substrattypen
2.3.2   Auswahl geeigneter Expositionsstandorte
2.4   Auswertung der speziellen Expositionstests
2.4.1   Überlebensraten
2.4.2   Biomassenzuwachs
2.4.3   Fertilität
2.4.4   Rückstandsanalysen
2.4.5   Vergleich unterschiedlich exponierter Substrattypen
2.5   Experimentelle Untersuchungen (Labor)
2.5.1   Monofaktorielle Testreihen
2.5.2   Multifaktorielle Testreihen
2.5.3   Rückstandsanalysen an Laborexponaten
2.4.4   Synthese aller Expositionsergebnisse
2.4.5   Überprüfung der Laborergebnisse durch spezifische Freilandexpositionen

3.   Entwicklung eines Immissionswirkungskatasters für die Saar
         Ziel: Bewertung der Reaktionsnorm exponierter Organismen als ökologisches Kriterium
3.1   Immissionskataster
3.1.1   Erfassung der Belastungsfaktoren
3.2   Immissionswirkungskataster
3.2.1   Erfassung der Auswirkung vorhandener Belastungsfaktoren auf exponierte Organismen

4.   Erstellung eines Überwachungsprogrammes
         Ziel: Anwendung von Expositionstests als ökologisches Kriterium in der Gewässergütewirtschaft
4.1   Auswahl geeigneter Überwachungsstellen in der Saar und in den Mündungen ihrer Nebenflüsse
4.2   Auswahl geeigneter Testorganismen

Die Aussagefähigkeit der Voruntersuchungen, bei denen lediglich die Überlebensdauer als ökologisches Bewertungskriterium gelten konnte, wurde in einem aktuellen Zusammenhang aufgezeigt. Die geplante Kanalisierung des Flusses zur Schiffahrtsstraße verursachte Diskussionen über die zu befürchtenden ökologischen Folgen des Ausbaus. Mit Hilfe der Expositionstests konnte eindeutig gezeigt werden, welche negativen Folgen die Saarkanalisierung mit sich bringt, wenn die derzeitige hohe Belastung erhalten bleibt.

Organismen – Exposition und Wasserqualität

Die bisherigen Versuchsreihen unterstreichen die Bedeutung von Expositionsuntersuchungen zur Kennzeichnung der Immissionswirkung in extrem hoch belasteten Gewässerabschnitten. Ebenso wurde sehr gut verdeutlicht, daß die hydrographische Beschaffenheit eines Flusses oder Flußabschnittes ein wesentlicher Faktor bei der Beurteilung der Gewässergüte ist. Dies ist seit langem in der Gewässergütewirtschaft bekannt (Liebmann 1962; Wuhrmann, Eichenberger, Krähenhübel u. Ruchti 1966; Uhlmann 1975). Am Beispiel der Saar konnte die Bedeutung der Hydrographie bei der Bewertung der Immissionswirkung

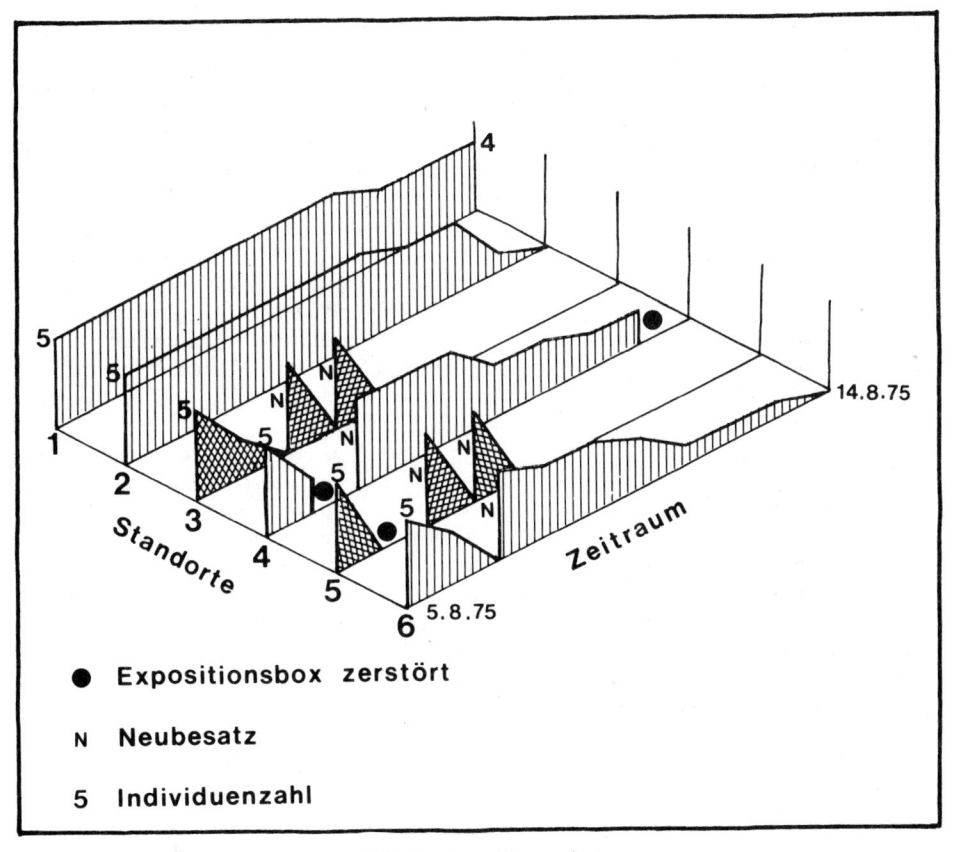

Abb. 3 Expositionsserie 8

Im Rahmen der 8. Expositionsserie wurden folgende Stellen untersucht:

1	Güdingen	Zone 3
2	Saarbrücken	Zone 3
3	Völklingen	Zone 3
4	Mechern	Zone 4
5	Mettlach	Zone 5
6	Hamm	Zone 6

Die Untersuchungsergebnisse verdeutlichen den Einfluß unterschiedlicher hydrographischer Bedingungen auf die Überlebensdauer exponierter Organismen bei vergleichbarer Belastungsstruktur (Stellen 3 und 5, bzw. Stellen 4 und 6).

unter idealen Bedingungen gezeigt werden. Die Anlage der Testreihen erfolgte so, daß besonders die Unterschiede zwischen Staustrecken und rhithralen Abschnitten der Saar herausgearbeitet werden konnten.

Die Untersuchungen der 8. Expositionsserie vom 5. 8. bis 14. 8. 1975 verdeutlichen, wie sich die unterschiedliche Flußbeschaffenheit auf die Überlebensrate der ausgesetzten Tiere auswirkt. Die Testreihen ergaben, daß vor allem die besseren Sauerstoffverhältnisse in den schnell fließenden Abschnitten der Saar (Stelle 5 Mechern und Stelle 7 Hamm) diese ungleich höhere Überlebensdauer bewirkten. Die hohe Zehrung in den Stauabschnitten führt zu einem Sauerstoffdefizit, das bei pessimalen Bedingungen bis an die 0 ppm Grenze heranreicht. Tagesprofile des Sauerstoffganges in den verschiedenen hydrographischen Abschnitten der Saar verdeutlichen den Einfluß der Strömungsgeschwindigkeit auf die Stabilisierung des Sauerstoffhaushaltes (Schäfer u. Müller 1976).

Die Ergebnisse der Expositionsuntersuchungen lassen den Schluß zu, daß sich nach dem Wegfall der rhithralen Flußabschnitte, den „Sauerstoffeintragsstrecken", und der dadurch bedingten Verminderung der Selbstreinigungskapazität der Saar die Wasserqualität nach der Kanalisierung deutlich verschlechtern wird, wenn die derzeitige Belastung der mittleren und unteren Saar bestehen bleibt. Hinzu kommt, daß sich nach der Kanalisierung die ohnehin schon sehr langsame Strömungsgeschwindigkeit von 0,1 bis 0,2 m/sec (bei Mittelwasser) durch die Vergrößerung des Wasserkörpers (Vertiefung und Verbreiterung der Fahrrinne) auf durchschnittlich 0,04 m/sec verringern wird. Die Aufnahmerate von Sauerstoff verringert sich erheblich und außerdem nähert sich der Stauabschnitt dem Zustand eines extrem hoch belasteten stehenden Gewässers mit allen negativen Folgen für den Stoffhaushalt und die Lebensgemeinschaften des Flusses.

In diesem Zusammenhang stellt sich die Frage, wie die Wasserqualität der Saar beschaffen sein muß, um bei einer Stauhaltung der gesamten Saar keine negativen ökologischen Folgen befürchten zu müssen. Auch auf diese Frage können die Ergebnisse der Voruntersuchungen, bei denen lediglich die Überlebensdauer bewertet wurde, eine eindeutige Antwort geben.

Zusammen mit den Ergebnissen der Strukturanalysen an Molluskengesellschaften zeigen die Überlebensraten exponierter Fische, daß die Zone reichsten Tier- und Pflanzenlebens in der Saar zwischen Saargemünd und Saarbrücken liegt. Die hohen Überlebensraten (einige Fische wurden als Vergleichstest über 1 Jahr in den Boxen belassen) bei Güdingen und die hohen Diversitätswerte zeigen die geringe Beeinträchtigung der Lebensgemeinschaften in diesem Saarabschnitt. Die Gütebewertung dieser Region, im Sinne von Liebmann, ergibt die Güteklasse II. Durch diese Bewertungskriterien – Exposition und Speziesdiversität – wird unterstrichen, daß erst ein Gütezustand, wie er von der Gewässergütewirtschaft für unsere Oberflächengewässer vorgeschlagen wird (Umweltgutachten 1974), negative Auswirkungen der Kanalisierung in der Saar verhindern kann.

Die hier angeführten Interpretationsmöglichkeiten von Expositionsuntersuchungen zeigen, daß diese Methodik ein Weg zur Objektivierung biologischer Gewässerbeurteilungen sein kann. Voraussetzung dafür ist ein umfassendes begleitendes Untersuchungsprogramm, wie es zum Beispiel unter Punkt 2 und 3 unseres Forschungsprogrammes konzipiert ist. Nur durch ausreichende experimentelle und statistische Absicherung ist es möglich, Ergebnisse von Expositionstests als ökologische Kriterien in die Anwendungspraxis der Gewässergütewirtschaft zu transferieren. Wir sind uns bewußt, daß die hier genannten Beispiele einer kritischen Betrachtung im Sinne der Formulierung objektiver ökologischer Kriterien nicht standhalten können und auch nicht standhalten wollen. Andererseits bilden die ermutigenden Resultate der Vorversuche (Punkt 1) – zusammen mit dem vorhandenen Datenmaterial über die Saar – eine breite Basis für die Konzeption eines Forschungsprogrammes über

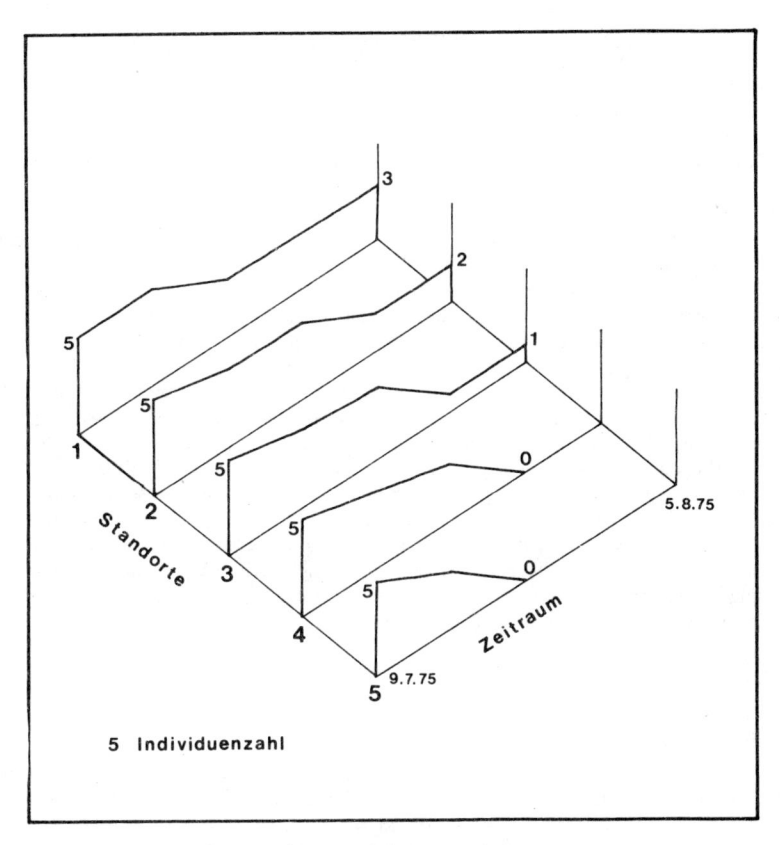

Abb. 4 Expositionsserie 7
Zur Darstellung der zunehmenden Belastung des Stauabschnittes der mittleren Saar, zwischen Güdingen und Ensdorf, beschränkten sich die Tests der 7. Expositionsserie auf diesen Hauptbelastungsabschnitt.
Folgende Stellen wurden untersucht:
1. Güdingen
2. Saarbrücken
3. Luisenthal
4. Völklingen
5. Ensdorf
Die Überlebensraten zeigen, in Übereinstimmung mit Diversitätsanalysen an Molluskenzönosen, die zunehmende Verschlechterung der Lebensbedingungen sowohl für Benthoszönosen als auch für pelagiale Lebensgemeinschaften im Bereich der mittleren Saar.

Expositionstests, um auf diesem Wege die Erarbeitung objektiver ökologischer Bewertungskritierien für die Wasserqualität und den Aufbau eines Überwachungssystems hoch belasteter Oberflächengewässer fortzuführen.

Zusammenfassung

Die Vielfalt der Belastung von Oberflächengewässern, vor allem in Verdichtungsräumen, erfordert ökologische Bewertungskriterien, die in der Lage sind, Belastung und Belastbarkeit limnischer Ökosysteme zu erfassen und darzustellen.

Die Problematik ökologischer Beurteilungsverfahren für die Wasserqualität von Oberflächengewässern in Verdichtungsräumen läßt sich am Beispiel der Saar besonders gut zeigen. Die hydrographische Beschaffenheit dieses anthropogen stark überformten Flusses bietet ideale Bedingungen für die Erarbeitung ökologischer Bewertungsverfahren auf der Basis von Expositionstests. Die umfangreichen Untersuchungen über den Stoffhaushalt und die Lebensgemeinschaften der Saar stellen eine breite Informationsgrundlage für experimentelle Arbeiten sowohl im Freiland als auch im Labor dar.

Durch die hohe Belastung der mittleren Saar fehlen auf weiten Strecken Biozönosen, mit deren Hilfe eine biologische Beurteilung der Gewässergüte möglich wäre. Um auch im Bereich der mittleren und unteren Saar eine ökologische Bewertung der Wasserqualität zu ermöglichen, wurden Expositionstests mit Mollusken und Fischen als Beurteilungskriterien herangezogen. Die Versuchsreihen der Vorversuche zeigen, daß die Ergebnisse dieser Tests eine Bewertungsgrundlage für Wasserqualitäten sein können. Am Beispiel der Saar konnte durch die Überlebensraten exponierter Organismen aufgezeigt werden, welche ökologischen Probleme der Ausbau dieses Flusses zur Schiffahrtsstraße bei der derzeitigen Belastung mit sich bringt. Neben der Bewertung von Überlebensdauer und Vitalität als erstem Schritt, sind mit Hilfe von Expositionstests Rückstandsanalysen an den Exponaten möglich, um auf diesem Weg kausale Zusammenhänge zwischen Immission und Immissionswirkung in einem hoch belasteten Gewässer zu verdeutlichen. Ziele der Forschungsarbeiten über Expositionstests sind die Erarbeitung objektiver ökologischer Bewertungsverfahren der Wasserqualität und der Aufbau eines Überwachungssystems hoch belasteter Oberflächengewässer.

Literatur

Balogh, J. (1958): Lebensgemeinschaft der Landtiere. Berlin
Caspers, H. u. Schulz, H. (1960): Studien zur Wertung der Saprobiensysteme. Erfahrungen an einem Stadtkanal Hamburgs. Int. Rev. Hydrobiol. 45: 535–565
Ders. (1962): Weitere Unterlagen zur Prüfung der Saprobiensysteme. Int. Rev. Hydrobiol. 47: 100–117
Elster, H. J. (1966): Über die limnologischen Grundlagen der biologischen Gewässerbeurteilung in Mitteleuropa. Verh. int. Ver. Limnol. 16: 759–785
Knöpp, H. (1960): Streit um das „beste Verfahren" der biologischen Gewässeranalyse. Dtsche. Gewkdl. Mitt. 4: 112–113
Kothe, P. (1962): Der „Artenfehlbetrag", ein einfaches Gütekriterium und seine Anwendung bei biologischen Vorfluteruntersuchungen. Dtsche. Gewkdl. Mitt. 6: 60–65
Liebmann, H. (1962): Handbuch der Frischwasser- und Abwasserbiologie. Bd. 1, 2. Aufl., München
Mauch, E. (1976): Leitformen der Saprobität für die biologische Gewässeranalyse. Cour. Forsch. - Inst. Senckenberg 21
Müller, P. (1976): Tiere als Belastungsindikatoren und ökologische Kriterien. Daten und Dokumente zum Umweltschutz 19: 153–171
Müller, P. u. Schäfer, A. (1976): Diversitätsuntersuchungen und Expositionstests in der mittleren Saar. Forum Umwelthygiene (27) 2: 43–46
Nagel, P. u. Schäfer, A. (1976): Die biotische Diversität als Faktor der Systemanalyse. Amazoniana (im Druck)
Schäfer, A. (1975): Die Bedeutung der Saarbelastung für die Arealdynamik und Struktur von Molluskenpopulationen. Diss. Saarbrücken
Ders. (1976 a): Animal Exposure Tests And Diversity Control in A Polluted Running Water (River Saar), International Geography 76 (23nd Int. Geogr. Congress Moscow 1976), 4: 49–52
Ders. (1976 b): Organismos e comunidades bióticas como bioindicadores da carga de poluição nas águas. Simpósio de Biologia dos Ecossistemas; Porto Alegre (1976). (Im Druck)

Ders. (1976 c): Möglichkeiten und Bedeutung quantitativer Erfassungen von Benthosbiozönosen in einem anthropogen überformten Fließgewässer, dargestellt am Beispiel der Saar. Ber. int. Symp. Int. Ver. Vegetationskunde Rinteln 1976 (im Druck)
Schäfer, A. u. Müller, P. (1976): Auswirkungen der Saarbelastung auf die Speziesdiversität und die Verweildauer exponierter Organismen. Verh. Ges. Ökol. Wien 1975: 277–290
Schmithüsen, J. (1968): Allgemeine Vegetationsgeographie. 3. Aufl. Berlin
Schwoerbel, J. (1974): Belastung, Stoff- und Energiefluß in Fließgewässern. Verh. Ges. Ökol. Saarbrücken 1973: 107–115
Uhlmann, D. (1975): Hydrobiologie. Stuttgart
Umweltgutachten 1974: Erstellt vom Rat der Sachverständigen für Umweltfragen. Kohlhammer Verlag, Stuttgart
Wuhrmann, K., Eichenberger, E., Krähenhübel, H. R. u. Ruchti, J. (1966): Modelluntersuchungen über die Selbstreinigung in Fließgewässern. Verh. int. Ver. Limnol. 16: 897–905

ERMITTLUNG UND BENUTZUNG GEEIGNETER WIRKUNGSKRITERIEN AN DER VEGETATION FÜR DIE BEURTEILUNG DER IMMISSIONSBELASTUNG EINES RAUMES

Mit 10 Abbildungen und 4 Tabellen

Von Wilhelm Knabe (Düsseldorf)

I. EINLEITUNG

Luftverunreinigungen rufen bei Überschreiten bestimmter Konzentrationen deutliche Wirkungen auf die Vegetation hervor. Diese Wirkungen können umgekehrt wieder zu einem Rückschluß auf die Immissionsbelastung eines Raumes benutzt werden. Dazu ist es jedoch erforderlich, die Wirkungen exakt zu erfassen, was voraussetzt, daß man geeignete Kriterien und Kenngrößen ermittelt hat. Vorschläge in dieser Richtung wurden bereits bei anderer Gelegenheit gemacht (Guderian und Stratmann 1968, Knabe 1971, 1976 a).

II. DEFINITIONEN UND FRAGESTELLUNG

Definition der Maßstäbe

Unter Wirkungskriterien versteht man nach Prinz und Stratmann (1969) Maßstäbe für die Beurteilung von Immissionswirkungen. Sie sind quantitativ bestimmt durch Wirkungskenngrößen, die einen Vergleich mit Wirkungsgrenzwerten ermöglichen. Wirkungskenngrößen beziehen sich zwangsläufig stets nur auf bestimmte Teilwirkungen.

Fragestellungen

Der Anwender sucht geeignete Wirkungskriterien für ganz bestimmte Fragestellungen. Für die Beurteilung der Immissionsbelastung eines Raumes sind folgende bedeutsam:
1. Warnungssignal für Gefahren
Bestehen Gefahren durch unbekannte oder in ihrem Ausmaß noch unerkannte Gefahren durch Luftverunreinigungen?
2. Diagnose und Differenzialdiagnose
Liegen Immissionswirkungen vor?
Durch welche Komponenten wurden sie gegebenenfalls verursacht?
3. Gesundheitsgefährdung
Ist auf Grund der biologischen Indikation mit einer Gefährdung der menschlichen Gesundheit zu rechnen?
4. Gefährdung von Nutztieren
Ist mit einer Gefährdung der Nutztierhaltung, z. B. durch Kontamination des Futters zu rechnen?

5. Anfragen von Land- und Forstwirtschaft
Werden die Nutzfunktionen der Vegetation beeinträchtigt?
6. Anfragen von Landes- und Landschaftsplanung
Werden die Schutz- und Erholungsfunktionen der Vegetation beeinträchtigt?
Wird der ökologische Wert gemindert?

Wirkungskriterien

In Tabelle 1 sind eine Anzahl von Wirkungskriterien an der Vegetation aufgelistet. Sie sind geordnet nach dem Untersuchungsgegenstand, an dem sie ermittelt werden können und bewertet im Hinblick auf ihre Eignung für die o. g. Fragestellungen zur Beurteilung der Immissionsbelastung eines Raumes. Die in einem früheren Entwurf (Knabe 1976 a) aufgeführten Fragestellungen der Dosis-Wirkungsbeziehungen, des Wirkungsmechanismus und des passiven Immissionsschutzes sind hier bewußt weggelassen.

III. IMMISSIONSSITUATION UND IMMISSIONSBELASTUNG

Immissionssituation

Die Immissionssituation eines Gebietes ist gleich der momentanen oder durchschnittlichen Verteilung von Luftverunreinigungen in der bodennahen Luftschicht. Eine vollständige Erfassung würde die Messung der Konzentration aller vorhandener Komponenten in verschiedenen Höhen über Grund erfordern. In der Praxis muß man sich in der Regel auf die Messung weniger Komponenten in einer bestimmten Meßhöhe beschränken, wobei man die Auswahl am besten nach der Relevanz, d. h. nach der Bedeutung für die gegebene Fragestellung, vornimmt (s. Anonym 1976 a und Knabe 1977). Die Immissionssituation kann bei Vorlage von Daten über die Emission und meteorologischen Verhältnisse auch durch eine Ausbreitungsrechnung simuliert werden.

Zur Beschreibung der Immissionssituation muß diese durch Kenngrößen charakterisiert werden. Gebräuchlich sind der Jahresmittelwert ($\bar{x}$ oder I_1 bezeichnet), der arithmetische Mittelwert der Vegetationszeit ($\bar{x}_{veg}$, Knabe 1971) und ein Ausdruck für Immissionsspitzen durch Angabe der Konzentration in dem oberen Bereich der Häufigkeitsverteilung, z. B. der I_2-Wert, der seit 1974 dem 95- Perzentil der Summenhäufigkeitskurve entspricht. Nur 5% aller Meßwerte (TA Luft 1974) oder der durch sie repräsentierten Grundgesamtheit (Junker 1976) liegen oberhalb dieses I_2-Wertes.

Die Zahlenwerte für die entsprechenden Immissionskenngrößen stellen gegenüber den in einem Gebiet in einer bestimmten Zeit durchgeführten Einzelmessungen bereits eine Informationsverdichtung dar. In Tabelle 2.1 sind die I_1- und die I_2-Werte der SO_2- und Fluorid-Immissionskonzentration für 25 Einheitsflächen von 1 km² im Süden von Duisburg lagegetreu eingetragen. Die unterschiedlich hohen Zahlenwerte zeigen z. B., daß der Süden des Meßgebietes im Jahre 1974/75 geringere Immissionskonzentrationen aufweist als der Norden, bzw. bei SO_2 der NW. Die Zahlenangaben selbst sind jedoch zunächst wertfrei und erlauben ohne weitere Informationen keine Aussage über die Wirkung der betreffenden Immissionskomponenten. „Immissionssituation" ist also kein Synonym für „Immissionsbelastung".

Abbildung 1 zeigt stark vereinfacht die Stellung der Immissionen zwischen Emissionen und Wirkungen. Hierbei findet ein Massenstrom von der Schornsteinmündung (Emissionsstrom) über den Immissionsstrom zu einem Akzeptor statt, in dem bestimmte Wirkungen

Tab. 1
Auswahl geeigneter Wirkungskriterien an der Vegetation für die
Beurteilung der Immissionsbelastung eines Raumes

Kriterium	Zeit-raum	Untersuchungsgegenstand (Organisationsstufe)				
		Zelle	Gewebe, Organ	Organismus	Population (Bestand)	Öko-system
Schadstoffan-reicherung	m,l		2,3,4	5	5	5,6
Änderung von Enzymen und Stoffwechsel-produkten	k,m	1	-	-	-	-
Zellorganel-len	m,l	-	2	-	-	-
Chlorosen	k,m	-	1,2	-	-	-
Nekrosen	k,m	-	1,2,3	5	-	-
Vorzeitiger Blattfall	m,l	-	-	1,2,6	6	-
Wachstums-minderung	m	-	-	5	5,6	-
Ertrags-minderung	m,l	-	-	5	5	5
Anteil ge-schädigter (toter) Pflanzen	m,l	-	-	-	1,2,5,6	6
Änderung der Vitalität	l	-	-	-	5,6	6
Artenzahl	l	-	-	-	-	1,2,6
Abundanz u. Dominanz	l	-	-	-	-	1,6
Diversität	l	-	-	-	-	1,6

Die Ziffern beziehen sich auf die o.e. Fragestellung:

1 = Warnungssignal
2 = Diagnose
3 = Gesundheitsgefährdung?
4 = Gefährdung von Nutztieren?
5 = Nutzfunktion beeinträchtigt?
6 = Ökologischer Wert beeinträchtigt

Eignung für die Erfassung der

k = kurzfristigen Belastung

m = mittelfristige Belastung

l = langfristigen Belastung, z.B. bei mehrjährigen Blattorganen der Flechten u. Koniferen

- = nicht verwendbar oder weniger geeignet

Geeignete Wirkungskriterien für die Beurteilung der Immissionsbelastung   551

Tab. 2

Die Ableitung der Immissionsbelastung eines Gebietes durch Bewertung der Immissionssituation mithilfe bekannter Dosis-Wirkungsbeziehungen zwischen Durchschnitts- und Spitzenkonzentration (I_1, I_2) von SO_2 und Fluorid und dem Grad der Pflanzengefährdung.

Immissionssituation des Meßgebiets[1]

	SO_2 $10^{-5} g \cdot m^{-3}$		$Fluorid$ $10^{-8} g \cdot m^{-3}$	
	I_1 = Jahresmittelwert	I_2 = 95-Perzentil (Spitzenwerte)	I_1 = Jahresmittelwert	I_2 = 95-Perzentil (Spitzenwerte)
Meßergebnisse nach Kenngrößen (I_1 oder I_2) ohne Bewertung	17 12 6 4 4 15 7 4 5 5 8 4 4 5 6 4 4 3 3 5 3 4 3 3 3	46 40 22 22 11 46 27 23 28 24 46 14 21 21 30 15 18 17 17 20 14 18 17 13 13	68 34 47 52 49 59 49 55 44 39 40 50 54 37 36 43 39 35 32 30 33 37 40 33 29	514 105 156 209 209 352 183 560 209 179 150 183 560 137 179 150 115 105 99 83 120 156 156 114 87

Vorgabe von Dosis-Wirkungsbeziehungen für die Bewertung der Immissionssituation - Pflanzengefährdung als Kriterium der Raumbewertung

Gefährdete Pflanzen[2]		$SO_2:I_1$	$SO_2:I_2$	$F:I_1$	$F:I_2$
keine (Ausnahmen)	.	≤ 6	≤ 25	≤ 30	≤ 90
sehr empfindliche	o	7 - 9	26 - 40	31 - 50	91 - 150
empfindliche	+	10 - 13	41 - 60	51 - 140	151 - 420
weniger empfindliche	X	13	60	140	420

Immissionsbelastung des Meßgebiets nach dem Grad der Pflanzengefährdung

	$SO_2:I_1$	$SO_2:I_2$	$F:I_1$	$F:I_2$
Raumbewertung nach <u>einem</u> Schadstoff und <u>einer</u> Kenngröße (Durchschnitts- oder Spitzenbelastung)	X + . . . X o . . . o	+ o . . . + o . o . + . . . o	+ o o + o + o + o o o o + o o o o o o . o + + o .	X o + + + + + X + + o + X o + o o o o . o + + o .
Raumbewertung nach <u>einem</u> Schadstoff und <u>zwei</u> Kenngrößen (Durchschnitts- <u>und</u> Spitzenbelastung)		X + . . . X o . o . + . . . o		X o + + + + + X + + o + X o + o o o o . o + + o .
Raumbewertung nach <u>zwei</u> Schadstoffen und <u>zwei</u> Kenngrößen		X + + + + X + X + + + + X o + o o o o . o + + o .		

[1] Meßgebiet am S-Rand von Duisburg RW 2551- 2555, HW 5690- 5694 nach BUCK und IXFELD (1976). Jeder Zahlenwert bezieht sich auf die entsprechende Einheitsfläche von 1 km^2 im Jahr 1974/75.
[2] Nach Maximalen Immissionswerten des VDI (Entwurf 1976).

eintreten können. Die durch Pfeile angedeuteten Übergänge werden durch die herrschenden Bedingungen sowohl in der Atmosphäre als auch an und im Akzeptor beeinflußt.

In einem konkreten Raum handelt es sich aber immer um eine Fülle von Akzeptoren und Wirkungen. Wir können deshalb den unteren Teil von Abbildung 1 weiter aufgliedern.

Abbildung 2 zeigt, daß es in einem Raum nicht nur eine Fülle von Akzeptoren wie Mensch, Tier, Pflanze, sondern auch unterschiedliche Dosen und Wirkungen gibt. Zum Auffinden geeigneter Wirkungskriterien für die Beurteilung der Immissionssituation muß man daher solche Akzeptoren und Wirkungen heraussuchen, die entweder selbst eine große Bedeutung haben oder die einen Rückschluß auf diese relevanten Wirkungen erlauben.

Immissionsbelastung

Immissionsbelastung ist ein Ausdruck für den Grad der Beeinträchtigung eines Gebietes durch Luftverunreinigungen. Aus der Definition folgt, daß die Immissionsbelastung stets in Stufen angegeben werden muß, im einfachsten Fall als ja-nein-Aussage, z. B. wie in Abbild 3 b als
unbelastet (Grenzwert nicht überschritten) –
belastet (Grenzwert überschritten).

In der Regel wird man jedoch die Immissionsbelastung mit mehr als zwei Stufen charakterisieren, z. B. wie in Tabelle 2.2 und Abbild 3 c mit vier Stufen der Pflanzengefährdung durch SO_2-Immissionen.

Man kann Immissionsbelastung daher auch als die anhand bestimmter Kriterien (z. B. Grenzwerte, Gefährdungsprognosen) beurteilte Immissionssituation definieren.

In Tabelle 2.2 wurde die Pflanzengefährdung als Kriterium der Raumbewertung eingesetzt. Dabei wurden bekannte Dosis-Wirkungsbeziehungen benutzt. Die Kommission

```
Massenfluß-Wirkung:      Übergang:                    Randbedingung:

Emissionsstrom
    |                    Ausbreitung                  Meteorologie, chemische
    |                                                 Umsetzungen, Absorption
    ↓
Immissionsstrom
(Immissions-
   situation)            Aufnahme -                   Aufnahmebedingungen
    |                    Wiederausscheidung =
    |                    Anreicherung
    ↓
Dosis im Akzeptor
    |                    Verteilung                   Konstitution,
    |                    (Translokation)              Umweltbedingungen
    ↓
Wirkung auf Akzeptor
```

Abb. 1 Massenfluß – Wirkungsbeziehungen

```
                    Immissionssituation
                       ↙    ↓    ↘
Akzeptor            A₁      A₂      An
                    ↓↓↓    ↓↓↓    ↓↓↓
                                            Aufnahmebe-
                                            dingungen

Dosis               D₁  Dm          D₁  Dm
                   ↓↓↓↓ ↓↓↓         ↓↓↓↓ ↓↓↓
                                            Konsitution,
                                            Umweltbedingungen

Wirkungen         W₁...Wp          W₁  Wp
```

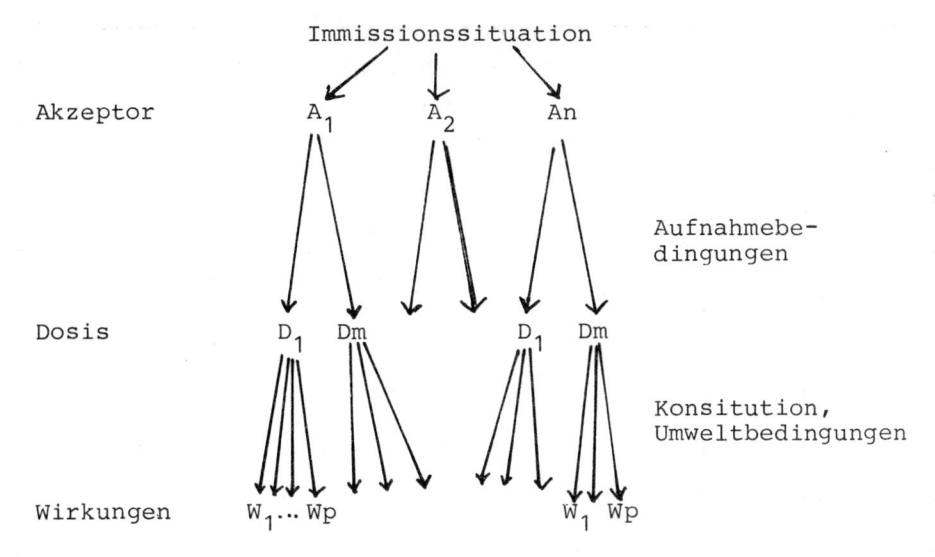

Abb. 2 Untersuchung der Dosis-Wirkungsbeziehungen

Reinhaltung der Luft des Vereins Deutscher Ingenieure (Anonym 1976 b) hat die Vegetation in unterschiedlich empfindliche Pflanzengruppen eingeteilt und maximale Immissionswerte definiert, bei denen unter durchschnittlichen Umwelt- und physiologischen Bedingungen nicht mehr mit einer Gefährdung der betreffenden Resistenzgruppe gerechnet werden muß (vgl. Knabe 1976 b, Guderian 1977).

In Tabelle 2.3 ist die Raumbewertung nach der Pflanzengefährdung vorgenommen worden. Die Symbole (. o + X) entsprechen den in Tabelle 2.2 aufgeführten Resistenzgruppen. Der gleiche Raum ist siebenmal bewertet, in der obersten Reihe viermal nach *einem* Schadstoff und *einer* Kenngröße, in den mittleren beiden Feldern nach *einem* Schadstoff und *zwei* Kenngrößen und im untersten Feld nach *zwei* Schadstoffen und *zwei* Kenngrößen. Die Graphik zeigt lagegetreu die Immissionsbelastung nach einer der genannten Methoden. Dabei fällt auf, daß die Durchschnitts- und Spitzenbelastung in manchen der 25 Teilgebiete von 1 km² die gleiche Pflanzengefährdung hervorrufen, während dies in anderen Teilgebieten nicht der Fall ist. Die höhere Gefährdung kann sowohl durch die Durchschnitts- als auch durch die Spitzenkonzentration hervorgerufen werden. Noch größer sind die Unterschiede zwischen den beiden Immissionskomponenten; im betreffenden Gebiet überwiegt etwa die Belastung durch Fluorid.

Tabelle 2.3 macht jedoch noch eine wichtige Gesetzmäßigkeit bei der Ermittlung der Immissionsbelastung deutlich. Je mehr Kenngrößen und je mehr Komponenten erfaßt sind und dementsprechend bewertet werden können, desto genauer wird die Immissionsbelastung erfaßt, d. h. desto größer ist der Anteil der belasteten, bzw. am stärksten belasteten Fläche. Die Zunahme der belasteten Fläche bei Verwendung mehrerer Kriterien beruht darauf, daß bei der Zusammenfassung unterschiedlicher Belastungsstufen stets die höhere Stufe als Gesamtbewertung der Teilfläche eingetragen werden muß. Die zunehmende Genauigkeit wird in Tabelle 3 zahlenmäßig ausgewiesen. Wird im Meßgebiet nur der I_1-Wert von SO_2 berücksichtigt, sind Pflanzen auf 80% der Fläche nicht oder nur in

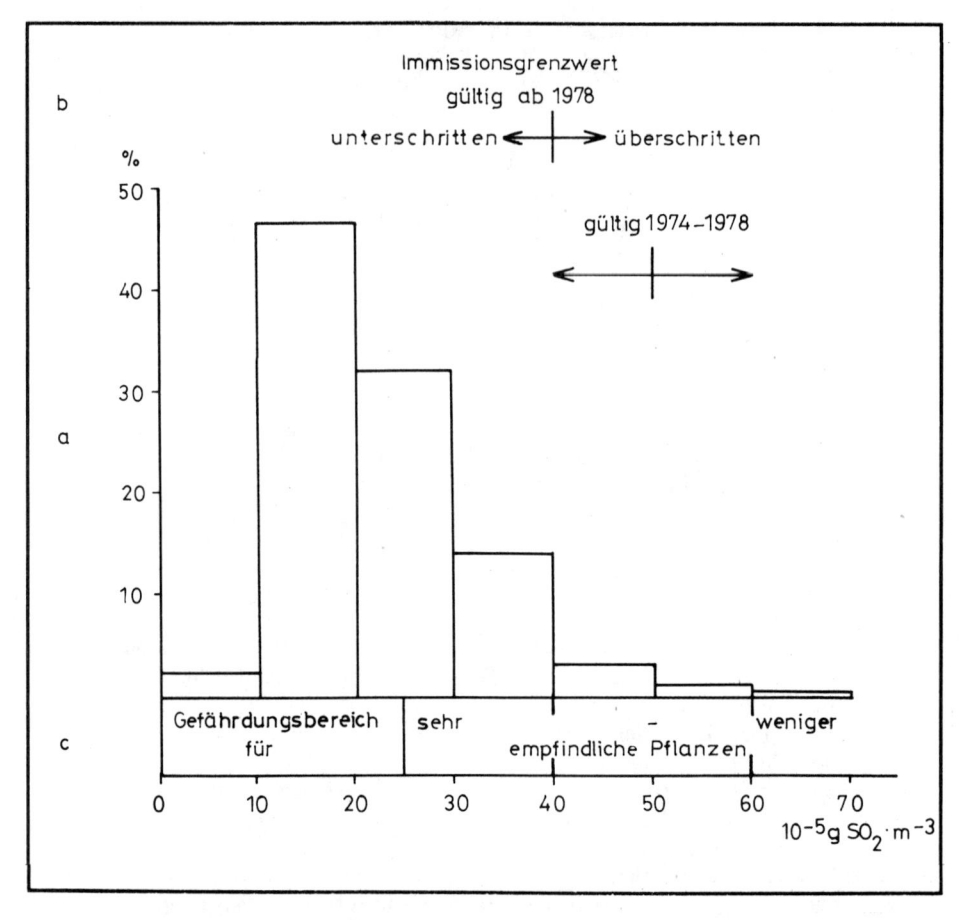

Abb. 3 2 Beispiele für die Bewertung chemischer Luftanalysen zur Ermittlung der Immissionsbelastung.
a) Häufigkeitsverteilung der I_2-Werte für die 1974/1975 ausgemessenen 4267 Einheitsflächen von 1 km² Größe im Gebiet des 3. Meßprogrammes in Nordrhein-Westfalen (nach Zahlen von Buck und Ixfeld 1976).
b) Bewertung der Immissionen nach dem Immissionsgrenzwert IW 2 (TA Luft 1974) oder
c) Bewertung der Immissionen nach den Maximalen Immissionswerten zum Schutze der Vegetation (nach Anonym 1976 b).

Ausnahmefällen gefährdet. Nimmt man die I_1- und I_2-Werte von SO_2 und Fluor, sind es nur noch 8%, also 1/10 der nach der ersten Kenngröße als unbedenklich beurteilten Fläche.

IV. ABLEITUNG DER IMMISSIONSBELASTUNG AUS WIRKUNGSERHEBUNGEN

Für die Ableitung der Immissionsbelastung aus Wirkungserhebungen gibt es verschiedene Möglichkeiten.

Tab. 3

Zunehmend genaue Erfassung der Pflanzengefährdung durch
Luftverunreinigungen als Kriterium der Immissionsbelastung
bei Vermehrung der berücksichtigten Immissionskenngrößen
und -komponenten.
Flächenanteile der 4 Belastungsstufen im Süden von Duisburg
1974/75 nach Tabelle 2.3

Flächenanteile in %

Berücksichtigte Komponente		SO_2		F	
Berücksichtigte Kenngröße		I_1	I_2	I_1	I_2
.		80	72	8	8
o		8	16	72	36
+		4 +8	12 +16	20 +72	44 +36
X		8 +12	0 +28	0 +92	12 +80

		I_1+I_2		I_1+I_2
.		72		8
o		12		36
+		8 +12		44 +36
X		8 +20		12 +80

		SO_2 + F
.		8
o		28
+		48 +28
X		16 +76

Legende:
Pflanzengefährdung

. nur in Ausnahmefällen
o nur sehr empfindliche Pflanzen
+ empfindliche + sehr empfindliche
X weniger empfindliche + übrige

Direkte Erhebung der relevanten Wirkungen

Im einfachsten Fall beschränkt sich die Erhebung auf die für die Raumbewertung entscheidende Wirkung. Dann ist das Wirkungskriterium der Erhebung (W_1) gleich dem Wirkungskriterium der Bewertung (W_p)

$$W_p = W_1$$

Als Beispiel kann die Zonierung der Waldschäden um das Hüttenwerk in Wawa, Ontario, durch Linzon (1975) dienen. Auf Grund der Geländeaufnahmen hat man dort die Zonen
Total Kill
Heavy Kill
Light Injury
ausgewiesen. Da außerhalb des Hüttenwerkes das Land forstwirtschaftlich genutzt wurde, reicht diese einfache Unterteilung für eine Raumbewertung aus. Der Kreisflächenzuwachs von Waldbeständen ist ein ähnlich brauchbares Kriterium, da er direkt den Ertrag für den Waldbesitzer bestimmt (Pollanschütz 1971).

Direkte Ableitung der Immissionsbelastung aus Wirkungskriterien

In der Mehrzahl der Fälle kann man die für die Raumbewertung entscheidende Größe, z. B. die Gefährdung der menschlichen Gesundheit, der Beeinträchtigung der Weidewirtschaft oder der Anbaumöglichkeiten bestimmter Baumarten nicht direkt durch ein Kriterium erfassen. Man weicht dann auf ein anderes Kriterium aus, das sich leichter erfassen läßt oder das bei Anwendung standardisierter Akzeptoren und Verfahren besser reproduzierbare Ergebnisse liefert. Voraussetzung dafür ist, daß ein funktionaler oder mindestens korrelativer Zusammenhang zwischen der erhobenen und der bewerteten Wirkung besteht. Als Beispiel kann hier der Zusammenhang zwischen der Anreicherung von Fluor in der Schollschen Graskultur und der Gefährdung von Weidevieh oder Pflanzen genannt werden. Abbildung 4 zeigt diesen Zusammenhang. Der Fluorgehalt in der Graskultur ist das erhobene Wirkungskriterium (W_1), die prognostizierte Gefährdung das für die Raumbewertung benutzte Kriterium (W_p). Zwischen den beiden Gefährdungsaussagen besteht ein gradueller Unterschied. Zwischen dem Fluorgehalt im Gras und der Tiergefährdung besteht ein Kausalzusammenhang, denn Tiere, die ein Gras mit gleichem Fluorgehalt fressen, nehmen dieses Fluor mit dem Futter auf, reichern es in bestimmten Organen an und werden dadurch geschädigt. Hier gilt

$$W_p = f(W_1).$$

Bei der Pflanzengefährdung liegt keine Kausalverknüpfung zwischen Fluorgehalt im Gras und dem Grad der Gefährdung vor. Hier besteht nur eine gemeinsame Abhängigkeit von den im Beobachtungszeitraum vorhandenen Fluorimmissionen, die eine bestimmte Korrelation bewirkt. Diese Korrelation reicht jedoch aus, um eine Raumbewertung vorzunehmen.

Abbildung 5 zeigt einmal den Zusammenhang zwischen der Blattspitzenschädigung von Gladiolen und dem Fluorgehalt der Blätter. Spierings (1964) hat allerdings die unabhängige und die abhängige Variable vertauscht, denn man kann annehmen, daß nicht die Blattspitzenschädigung den Fluorgehalt, sondern der Fluorgehalt die Blattspitzenschädigung hervorruft. Die Abbildung dient jedoch zum anderen dazu, die Abstufung der Immissionsbelastung nach zwei Wirkungskriterien zu erläutern. Im vorliegenden Fall sind Blattspitzenschädigung und Fluorgehalt gleichwertig berücksichtigt; die Trennlinie zwischen den

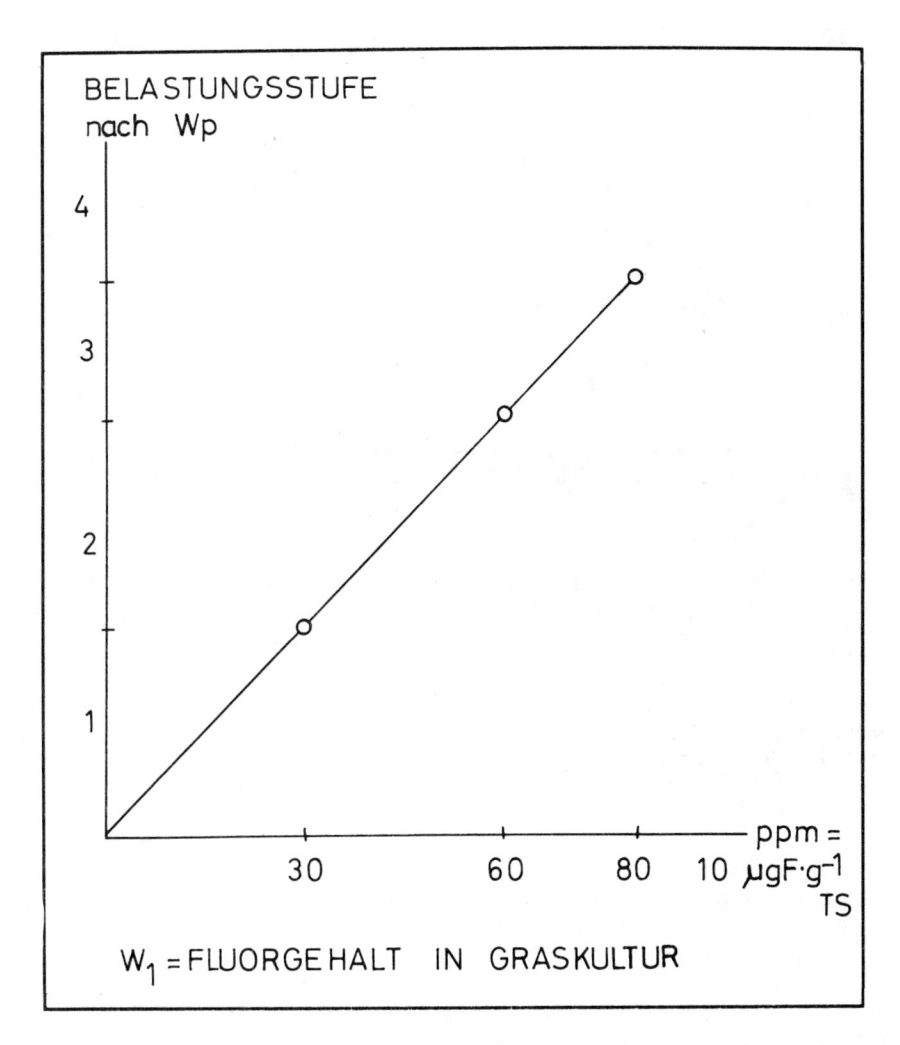

Abb. 4 Beispiel für die Beurteilung der Belastung durch Fluorimmissionen mit Hilfe *eines* Wirkungskriteriums. F-Gehalt in Schollscher Graskultur (= W_1) erlaubt Schluß auf Pflanzen- und Tiergefährdung (= W_p). $W_p = f(W_1)$ (nach Anonym 1976 a und Scholl 1976).
Belastungsstufen nach Gefährdung von Pflanzen und Weidevieh
1 nur in Ausnahmefällen
2 nur sehr empfindliche Pflanzen
3 empfindliche Pflanzen und Weidevieh
4 auch weniger empfindliche Pflanzen und Weidevieh

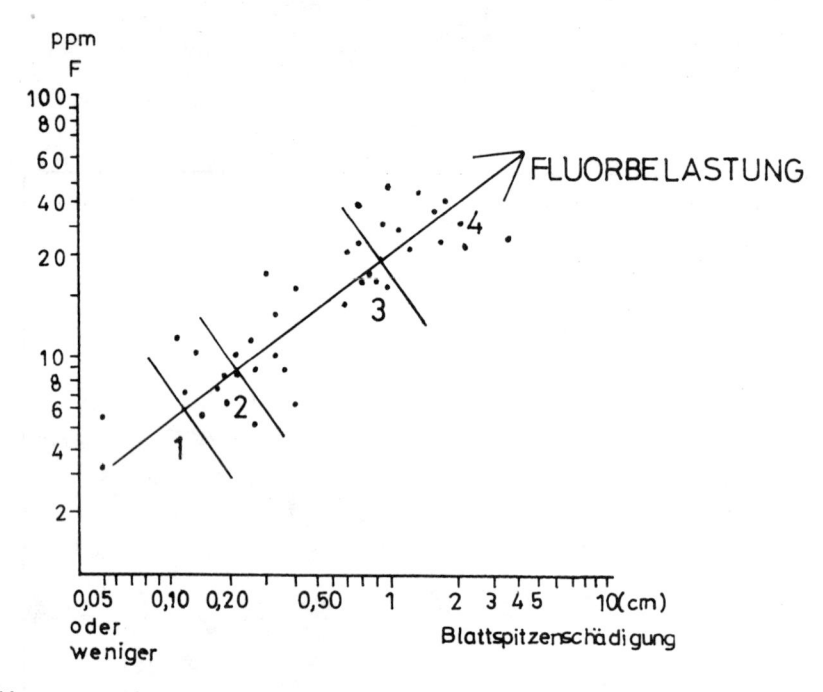

Abb. 5 Beispiel für die Beurteilung der Belastung durch Fluorimmissionen mit Hilfe von 2 Wirkungskriterien. Beziehung zwischen Blattspitzenschädigung (X) und Fluorgehalt der Blätter (Y) nach Spierings 1964.

Belastungsstufe
1 keine Pflanzengefährdung
2 schwache Pflanzengefährdung
3 mittlere Pflanzengefährdung
4 starke Pflanzengefährdung

Belastungsstufen schneidet die Regressionsgerade im Winkel zu 90°. Eine auf zwei Kriterien abgestützte Bewertung ist in der Regel genauer als eine, die nur auf einem Kriterium beruht.

Wirkungsgrenzwerte für die Abgrenzung von Immissionsschutzwald

Bei der Kartierung der Waldfunktionen in den Ländern der Bundesrepublik Deutschland mußten auch Waldflächen ausgewiesen werden, die in besonderem Maße eine Immissionsschutzfunktion ausüben (Anonym 1974). Diese Ausweisung beruht auf Vorarbeiten in der Landesanstalt für Immissions- und Bodennutzungsschutz des Landes Nordrhein-Westfalen (Knabe 1973). Als Hilfsmittel für die Abgrenzung wurden erstens vorläufige forstliche Grenzwerte für Immissionskonzentrationen (Anonym 1974, S. 38) und zweitens vorläufige Wirkungsgrenzwerte (Anonym 1974, S. 39) festgelegt. Als Beispiele der Anwendung dieser Wirkungsgrenzwerte wird die Bewertung der Absterberate exponierter Flechten und der Benadelung von Fichten benutzt.

Geeignete Wirkungskriterien für die Beurteilung der Immissionsbelastung 559

In Abbildung 6 a sind die abgerundeten Zahlenwerte der Absterberate exponierter Flechten im Raume Duisburg-Oberhausen-Mülheim an der Ruhr nach 300 Tagen in den Jahren 1973/74 und 1974/75 dargestellt (nach Anonym 1975, S. 139). Auch ohne Bewertung erlauben sie einen Überblick über die allgemeine Immissionssituation, da höhere Immissionen eine höhere Absterberate bedingen.

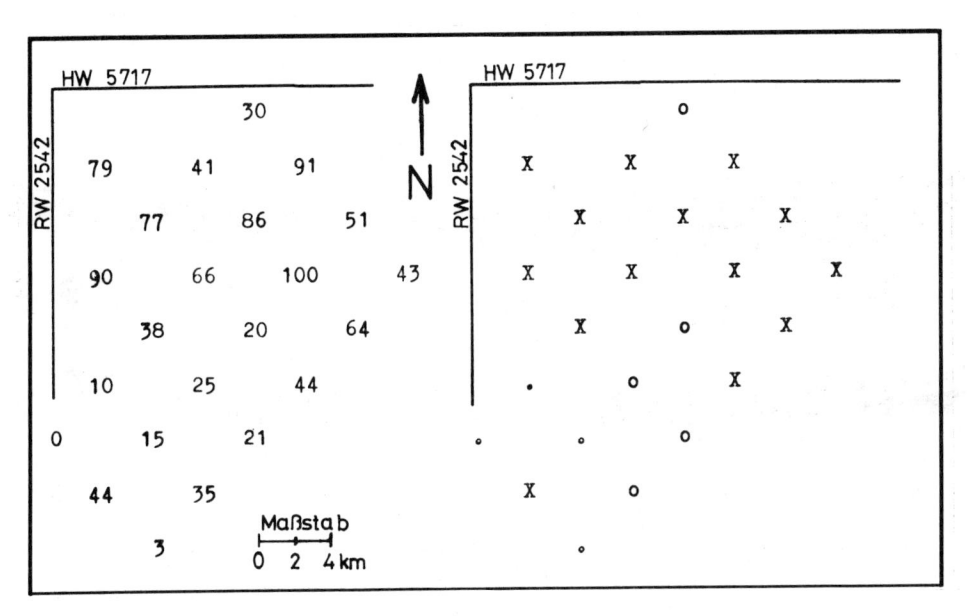

```
HW 5717                            HW 5717
              30                              o
RW 2542                    RW 2542
    79    41    91    ↑N       x    x    x
          77    86    51           x    x    x
    90    66   100    43       x    x    x    x
          38    20    64            x    o    x
    10    25    44             ·    o    x
 0        15    21                  o    o    o
    44    35                   x    o
          3        Maßstab          o
                   0  2  4 km
```

Abb. 6 Beispiel für die Bewertung biologischer Messungen zur Ermittlung der Immissionsbelastung.
a) Zahlenwerte der Absterberate exponierter Flechten im westlichen Ruhrgebiet nach 300 Tagen in den Jahren 1973/74 und 1974/75 zur Darstellung der Immissionssituation (nach Anonym 1975, S. 139)
b) Raumbewertung nach der Bedeutung des Waldes für den Immissionsschutz anhand der Flechtenabsterberate und vorläufiger Wirkungsgrenzwerte (Anonym 1974, S. 39)

Symbol	Absterberate	Regionaler Immissionsschutzwald
·	< 16%	nicht auszuweisen
o	16–35%	Stufe II Belastungszone
x	> 35%	Stufe I Überlastungszone

Für die Zwecke der Waldfunktionenkartierung wurde in Abbildung 6 b eine Raumbewertung vorgenommen. Danach ist regionaler Immissionsschutzwald bei einer Absterberate < 16% nicht auszuweisen, zwischen 16 und 35% liegt die sogenannte Belastungszone, d. h. Immissionsschutzwald der Stufe II, in der die Schutzfunktion die Wirtschaftsführung beeinflußt, und oberhalb einer Absterberate von 35% die sogenannte Überlastungszone, Immissionsschutzwald der Stufe I, in der die Immissionsschutzfunktion die Wirtschaftsführung bestimmt. In dieser Überlastungszone können nur immissionsresistente Baumarten angebaut werden.

Würde man die übrigen im Leitfaden zur Waldfunktionenkartierung (Anonym 1974) benutzten Wirkungsgrenzwerte zur Raumbewertung mit heranziehen, würde sich die

Fläche der Überlastungszone erhöhen, so wie es im Beispiel von Tabelle 3 bei der Auswertung von Immissionskonzentrationen erläutert wurde.

Ein weiteres für die Abgrenzung von Immissionsschutzwald benutztes Wirkungskriterium ist die Benadelung von Fichten. Abbildung 7 zeigt das Prinzip. Eine Fichte, die mehr als 5 volle Nadeljahrgänge besitzt, läßt darauf schließen, daß sie keiner Immissionsbelastung ausgesetzt war. Eine andere, die nur noch 2½ Nadeljahrgänge behalten hat, läßt den Verdacht einer chronischen Immissionseinwirkung aufkommen. Dieser Verdacht muß durch Nadel- und Luftanalysen verifiziert werden.

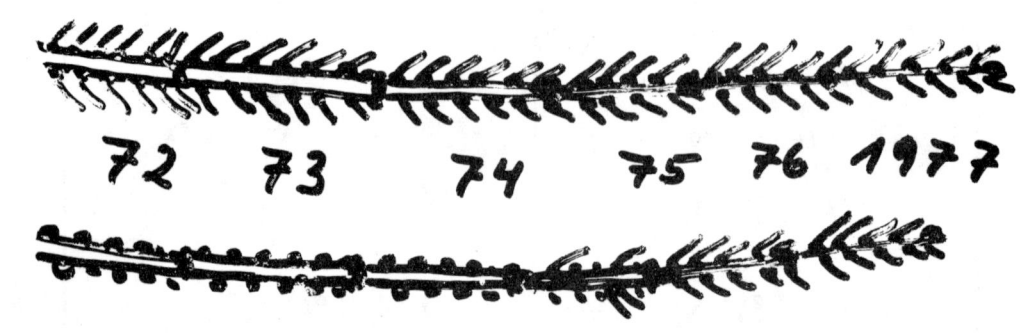

Abb. 7 Benadelung der Fichte als Kriterium für chronische Immissionsbelastung besonders durch HF und SO_2 (schematische Darstellung).
oben: 6 volle Nadeljahre: Keine Immissionsbelastung erkennbar
unten: nur 2½ Nadeljahre: Verdacht auf starke chronische Immissionsbelastung (vgl. Anonym 1974, S. 39)

Daß tatsächlich Beziehungen zwischen der Benadelung von Fichten und der Immissionsbelastung bestehen, wurde experimentell durch den Anbau von Fichten in bewässerten Gefäßen an verschiedenen Stellen des Ruhrgebietes und der Kontrollstation Burgsteinfurt nachgewiesen. Die Pflanzen waren in Kettwig, einer Station geringer Immissionsbelastung, angezogen worden, dann wurden sie an die Versuchsstandorte ausgebracht. Aus Abbildung 8 geht hervor, daß die Fichten an einigen Standorten ihre Benadelung verbessern konnten, während sie in anderen abstarben oder Teile der Benadelung verloren. In Abbildung 9 und 10 sind die Beziehungen der Veränderung der Benadelung zum Schadstoffgehalt der Fichten an den einzelnen Stationen dargestellt. Die Veränderungsrate wurde berechnet durch Bildung der Differenz zwischen Anfangsbenadelung und Endbenadelung, dividiert durch die Jahre bis zum Absterben oder zur letzten Aufnahme. Aus Abbildung 9 und 10 geht hervor, daß zwischen dem Gehalt an Fluor, Schwefel, Chlor, Blei und Zink und der Veränderungsrate der Benadelung eine Beziehung besteht. Die Stationen mit einer negativen Veränderungsrate der Benadelung weisen alle einen höheren Schadstoffgehalt in den Nadeln auf als die Stationen mit einer positiven Veränderungsrate. Nur bei Cadmium besteht keine Beziehung. Am größten ist die Korrelation zwischen dem Fluorgehalt und der Veränderungsrate, da hier eine stetige Zunahme des Fluorgehaltes mit der Verschlechterung der Benadelung einhergeht.

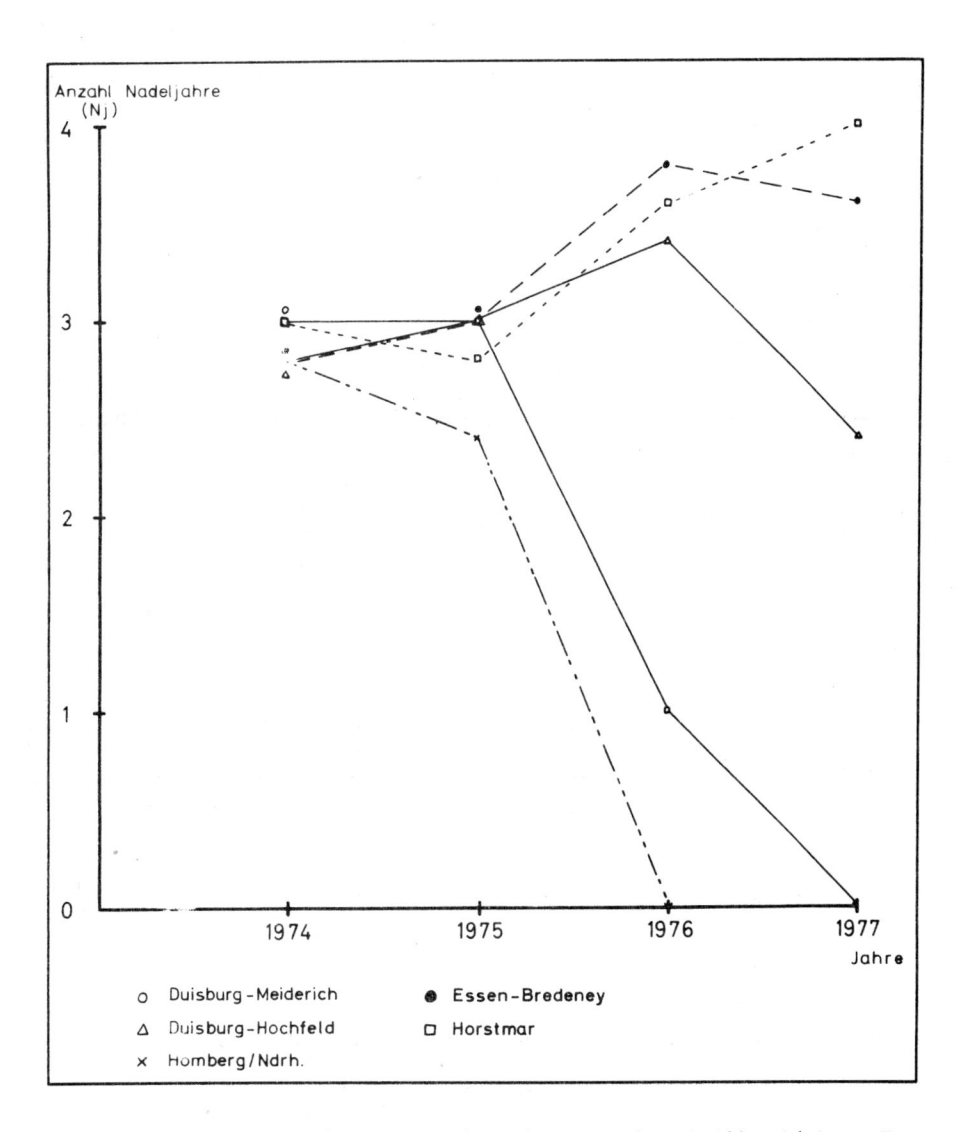

Geeignete Wirkungskriterien für die Beurteilung der Immissionsbelastung 561

Abb. 8 Veränderung der Benadelung eingetopfter Fichten eines Klones in Abhängigkeit vom Expositionsort und der Expositionszeit. Die Jahresangaben beziehen sich auf die Frühjahrsaufnahme vor Beginn des Neuaustriebes. Alle Werte Mittel von 5 Pflanzen. Die Standorte sind unterschiedlich hohen Immissionen ausgesetzt. Kontrolle Horstmar bei Burgsteinfurt.

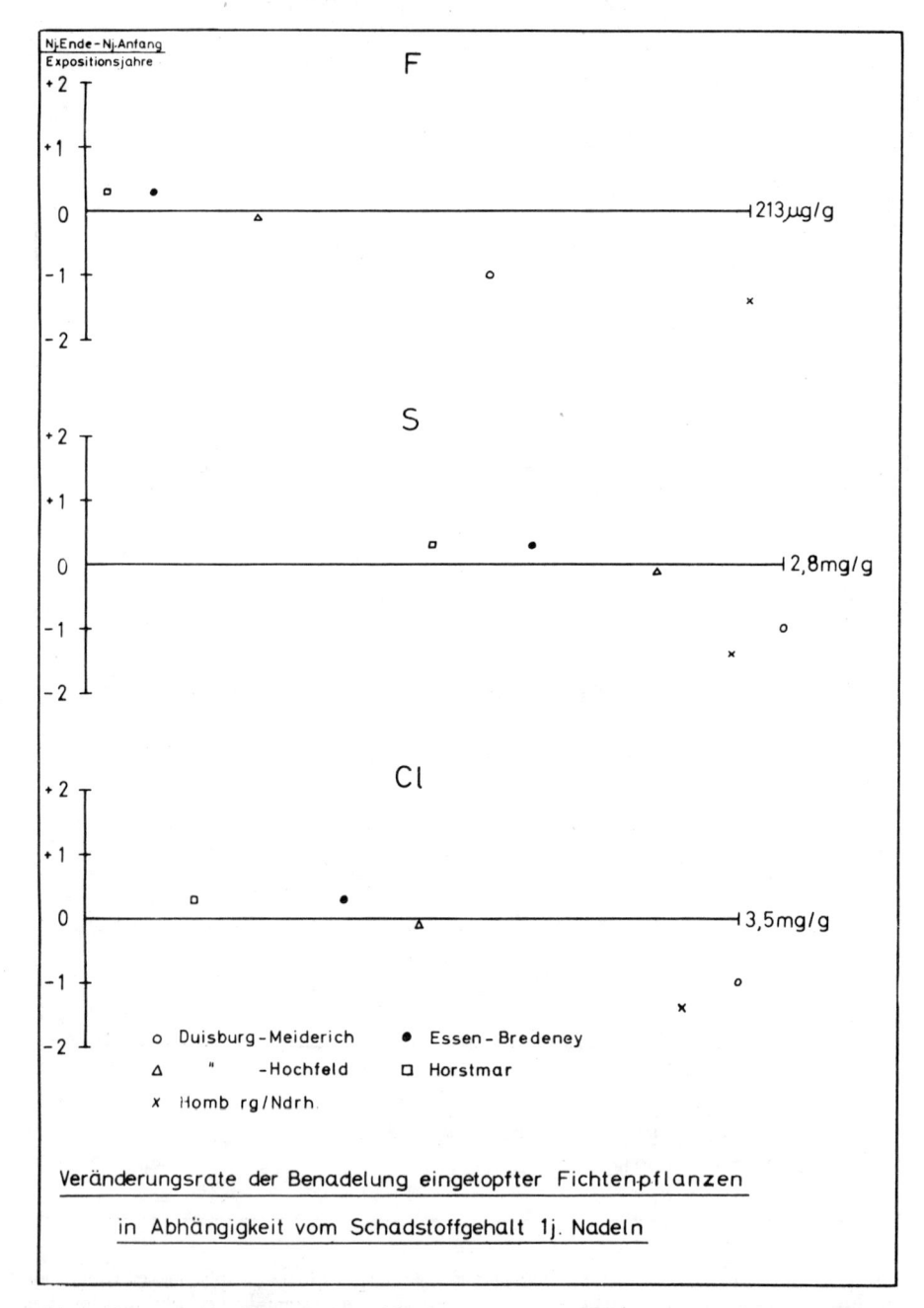

Abb. 9 Die Veränderungsrate der Benadelung eingetopfter Fichten eines Klones in Abhängigkeit vom Gehalt der einjährigen Nadeln an Fluor, Schwefel und Chlor im Frühjahr 1975 nach einjähriger Exposition. Zur Entwicklung der Benadelung s. Abb. 8.

$$\text{Veränderungsrate} = \frac{\text{Anzahl Nadeljahre Ende} - \text{Anzahl Nadeljahre Anfang}}{\text{Expositionsjahre}}$$

Analysen und Benadelung Mittel von 5 Ramets (Klongeschwister)

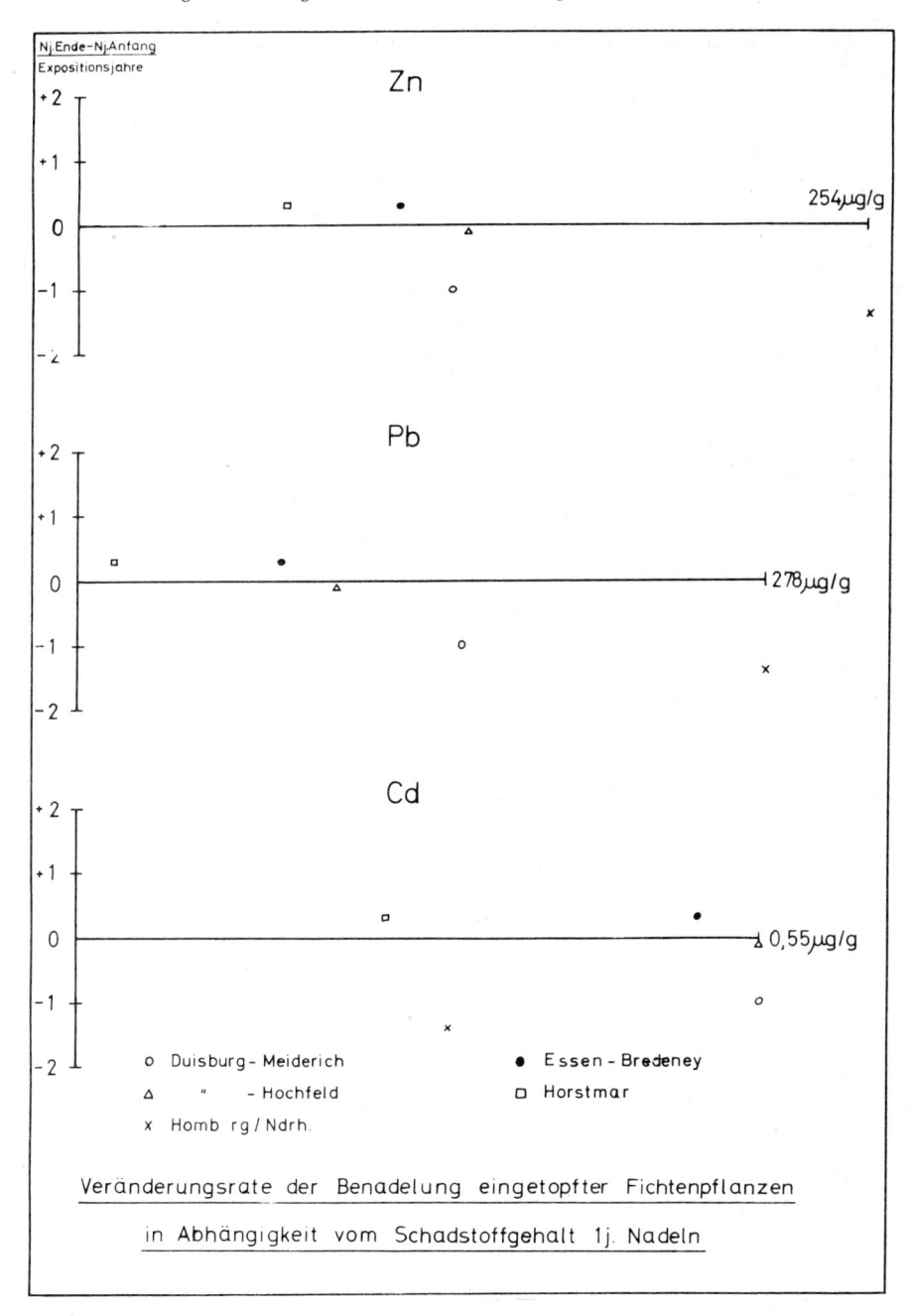

Abb. 10 Die Veränderungsrate der Benadelung eingetopfter Fichten eines Klones in Abhängigkeit vom Gehalt der einjährigen Nadeln an Zink, Blei und Cadmium im Frühjahr 1975 nach einjähriger Exposition. Probenahme April, Benadelung und Analysen. Mittel von 5 Ramets (Klongeschwistern).

Indirekte Ableitung der Immissionsbelastung über Schätzung der Immissionssituation

In bestimmten Fällen hat man den Zusammenhang zwischen der Immissionssituation, z. B. der Immissionskonzentration, und bestimmten Wirkungskriterien festgestellt. In diesen Fällen kann man also von einer Wirkungserhebung auf die Immissionssituation während der Expositionszeit schließen. Die Gefährdung anderer Akzeptoren wird dann in einem zweiten Schluß auf Grund der abgeschätzten Immissionssituation der Vergangenheit in die Zukunft prognostiziert.

Als Beispiele für die Abschätzung der Immissionssituation aus Wirkungserhebungen können die Arbeiten von Hawksworth und Rose (1970) und Gilbert (1970) dienen. Die von diesen Autoren vorgeschlagenen Erhebungen verlangen eine gute Kenntnis der Flechtenarten. Ein vereinfachtes Verfahren, das selbst von Schulkindern durchgeführt werden konnte, hat Gilbert (1974) vorgeschlagen (siehe Tab. 4). Ein Rückschluß von der Flechtenverbrei-

Tab. 4
Zonierung der Immissionsbelastung durch Schulkinder nach Vorkommen von epiphytischen und saxicolen Flechten in England (nach GILBERT 1974)

Höhere Zahlen bedeuten bei GILBERT geringere Belastung

- = keine Beobachtung erforderlich

Zone	Erhebung an		
	Laubbaumrinde	Sandstein, Schiefer	Kalkstein, Asbesth
0	keine Flechten	keine Flechten	-
1	grau-grüne Krustenflechte (Lecanora conizaeoides)		-
2	-	-	orange Blattflechte (Xanthoria parietina)
3	-	graue Blattflechten (Parmelia)	Moos (Grimmia pulvinata)
4	grüne Blattflechten mindestens am Stammfuß	-	-
5	graue Blattflechten (z.B. Evernia prunastri)	-	-
6	Strauchflechte (Usnea) old man's beard	-	-

tung auf SO₂-Konzentrationen ist nicht möglich, wenn andere phytotoxische Immissionen überwiegen. Ein anderes Beispiel ist die Integration von photochemischen Oxidantien durch Indikatorpflanzen. In den USA wurde die Tabaksorte Bel W 3 entwickelt (Heck et al.). Mit diesem Indikator konnten auch in Deutschland schädliche Oxidantienkonzentrationen nachgewiesen werden (Knabe et al. 1973). In Japan wurde eine windenartige Zierpflanze Morning Glory als Indikator für Oxidantien benutzt. Mit Hilfe dieser Pflanze war es möglich, in ganz Japan ein Überwachungssystem einzurichten (Matsunaka 1977). Die Pflanze reagiert auf maximale Konzentrationen oberhalb 9 pphm oder maximale Dosen oberhalb 50–60 pphm · Stunde.

Ein Rückschluß auf die Immissionssituation ist in bestimmten Grenzen auch aus den Schadstoffgehalten von Pflanzen her möglich. Einmalige Stoßbegasungen, wie sie bei Betriebsstörungen vorkommen, lassen sich auf diese Weise allerdings nicht sicher ermitteln, da es nicht zur allmählichen Anreicherung kommt[1].

Literatur

Anonym (1974): Leitfaden zur Kartierung der Schutz- und Erholungsfunktionen des Waldes (Waldfunktionenkartierung). Arbeitskreis Zustandserfassung und Planung der Arbeitsgemeinschaft Forsteinrichtung, Arbeitsgruppe Landespflege, Frankfurt am Main: J. D. Sauerländer's Verlag, 80 S.

Anonym (1975): Luftverunreinigungen im Raum Duisburg-Oberhausen-Mülheim. Herausgegeben vom Minister für Arbeit, Gesundheit und Soziales des Landes NW, Düsseldorf, 155 S.

Anonym (1976 a): Luftreinhalteplan Rheinschiene Süd (Köln), 1977–1981. Herausgegeben vom Minister für Arbeit, Gesundheit und Soziales des Landes NW, Köln: TÜV-Verlag, 237 S.

Anonym (1976 b): Maximale Immissionswerte zum Schutze der Vegetation, VDI 2310, Blatt 2 Entwurf, Düsseldorf, 20 S.

Buck, M. und H. Ixfeld (1976): Bericht über die Ergebnisse des III. und IV. Meßprogrammes des Landes NW (Schwefeldioxid- und Mehrkomponentenmessungen). Schriftenreihe der LIB Essen H. 38, S. 43–110

Garber, K. (1967): Luftverunreinigung und ihre Wirkungen. Berlin-Nikolassee: Gebr. Bornträger, 279 S.

Gilbert, O. L (1970): A biological scale for the estimation for sulphur dioxide pollution. New Phytol. 69, S. 629–634

Gilbert, O. L. (1974): An air pollution survey by school children. Environ. Pollut. 6, S. 175–180

Guderian, R. (1977): Air pollution. Phytotoxicity of acidic gases and its significance in air pollution control. Berlin-Heidelberg-New York: Springer Verlag, 127 S.

Guderian, R. und H. Stratmann (1968): Freilandversuche zur Ermittlung von Schwefeldioxidwirkungen auf die Vegetation. III. Teil: Grenzwerte schädlicher SO₂-Immissionen für Obst- und Forstkulturen sowie für landwirtschaftliche und gärtnerische Pflanzenarten. Forschungsber. NW Nr. 1920, Köln und Opladen: Westdeutscher Verlag, 114 S.

Hawksworth, D. L. und F. Rose (1970): Qualitative scale for estimating sulfur dioxide air pollution in England and Wales using epiphytic lichens. Nature 227, S. 145–148

Heck, W. W., F. L. Fox, C. S. Brandt und J. A. Dunning (1969): Tobacco, a sensitive monitor for photochemical air pollution. U.S. Dept. Health, Education, and Welfare, Cincinnati, Ohio 23 S.

Junker, A. (1976): Statistische Auswertung von Meßwert-Kollektiven zur Ermittlung von Kenngrößen-Perzentilschätzungen. Staub-Reinhalt. Luft 36, S. 253–259

---

[1] Die Ableitung der Immissionsbelastung aus dem Informationsgehalt lebender Systeme muß aus Raummangel an anderer Stelle behandelt werden.

Knabe, W. (1971): Air quality criteria and their importance for forests. Mitt. der Forstl. Bundes-Versuchsanst. Wien, 92, S. 129–150

Knabe, W. (1973): Zur Ausweisung von Immissionsschutzwaldungen. Forstarchiv 44, H. 2, S. 21–27

Knabe, W. (1976 a): Kenngrößen für Immissionswirkungen und Standardisierung von Wirkungserhebungen an der Vegetation. XVI IUFRO World Congress, Proceedings, Divis. II Ås-NLH, Norway, S. 564–578

Knabe, W. (1976 b): Effects of sulfur dioxide on terrestrial vegetation. Ambio 5, H. 5–6, S. 213–218

Knabe, W. (1977): Luftverunreinigungen und Waldwirtschaft. In: Olschowy: Natur- und Umweltschutz in der Bundesrepublik Deutschland, Berlin, Hamburg, Verlag Parey, 1977 (im Druck)

Knabe, W., C. S. Brandt, H. van Haut, C. J. Brandt (1973): Nachweis photochemischer Luftverunreinigungen durch biologische Indikatoren in der Bundesrepublik Deutschland. Proceedings III International Clean Air Congress, VDI-Verlag Düsseldorf, A 110–A 114

Linzon, S. N. (1975): Forest ecosystems: The effects of atmospheric sulfur. In: Sulfur in the environment. Missouri Botanical Garden, St. Louis, Missouri, S. 112–130

Matsunaka, S. (1977): Utilization of Morning Glory as an indicator plant for photochemical oxidants in Japan. Proceedings of IV International Clean Air Congress, Tokyo, S. 91–94

Pollanschütz, J. (1971): Die ertragskundlichen Meßmethoden zur Erkennung und Beurteilung von forstlichen Rauchschäden. Mitt. Forstl. Bundes-Versuchsanst. Wien, 92, S. 153–206

Prinz, B. u. H. Stratmann (1969): Vorschläge zu Begriffsbestimmungen auf dem Gebiet der Luftreinhaltung. Staub-Reinhalt. Luft, 29, S. 354–356

Scholl, G. (1976): Vorschläge für die Begrenzung der Aufnahmerate von Fluorid in standardisierter Graskultur zum Schutze von Pflanzen und Weidetieren. Schriftenreihe der LIB, Essen, Heft 37, S. 129–132

Spierings, F. (1964): Blattspitzenbeschädigung an Gladiolen durch Luftverunreinigung mit Fluorwasserstoff. Vortrag nach Garber, K. 1967, S. 130

Technische Anleitung zur Reinhaltung der Luft (TA Luft) (1974): Gemeins. Min.Blatt, Ausgabe A, 25, Nr. 24, S. 426–452

RÄUMLICHE VERTEILUNG VON SCHWERMETALL-NIEDERSCHLÄGEN, ANGEZEIGT DURCH EPIPHYTEN IM CAUCA-TAL/KOLUMBIEN
ZUR SCHWERMETALLBELASTUNG EINES TROPISCHEN RAUMES*

Von Ernst Schrimpff (Bayreuth)

ZUSAMMENFASSUNG

Die Tropen gelten häufig noch als urwüchsige und von menschlicher Aktivität weitgehend unbelastete Naturräume. Inwieweit diese Annahme für tropische Verdichtungsgebiete zutrifft, wird u. a. in einer industrialisierten Region Kolumbiens mit Hilfe von Epiphyten und deren Schwermetallgehalt untersucht.

Im Frühjahr 1976 wurden im Cauca-Tal/Kolumbien 148 Proben von den Epiphyten *Tillandsia usneoides L.* und *Tillandsia recurvata L.* gesammelt, mit deren Hilfe groß-, mittel- und kleinräumige Untersuchungen über die Verteilung von Schwermetallniederschlägen durchgeführt werden konnten. Die Bestimmung der Schwermetallkonzentrationen von Pb, Cd, Ni, Cu, Zn, Mn und Fe erfolgte nach einer Naßveraschung atomabsorptionsspektrometrisch. Außerdem wurde Ca als regional bedeutsames Verschmutzungselement flammenphotometrisch bestimmt. Die Ergebnisse der Parallelproben zwischen den zwei gesammelten Pflanzenarten ergaben nach dem t-Test keine signifikanten Unterschiede in der Schwermetallaufnahme.

Die räumliche Verteilung der Konzentrationen der einzelnen Elemente im Cauca-Tal zeigt, daß die höchsten Werte grundsätzlich im Bereich des Cali-Yumbo-Industriegebietes vorkommen, während die geringsten im nördlichen (Zarzal-La Virginia) und südlichen Cauca-Becken (südlich der Linie Cali – Palmira) zu finden sind.

Mit Hilfe einer Hauptkomponentenanalyse werden die Abhängigkeiten der untersuchten Elemente nachgewiesen und anhand einer Clusteranalyse eine Ranggruppierung aller Meßwerte nach den unabhängigen Elementen Cd, Cu, Zn, Fe und Ca als Repräsentanten der allgemeinen Luftverschmutzung im Cauca-Tal durchgeführt, die als Ergebnis 6 Belastungsstufen ausweist. Auf der Grundlage dieser objektiven Gruppenanordnung und mit Hilfe der mehrdimensionalen Diskriminanzanalyse wurde ein multivariates statistisches Modell entwickelt, dessen Ergebnisse nachweisen, daß von 16 aufgestellten Variablen die Größen Abstand von der Metallhütte, Industriedichte und mittlere Jahressumme der Niederschläge die räumliche Varianz der Schwermetalle (einschl. Ca) am stärksten beeinflussen.

Ein Vergleich der Schwermetall-Mittelwerte aus dem Cauca-Tal mit Mittelwerten aus den Südstaaten der USA und der Bundesrepublik ermöglicht eine erste Abschätzung der Schwermetallbelastung dieses tropischen Raumes: Während die Belastung mit Pb, Cd und Zn noch gering ist, weisen Cu, Fe und vor allem Ni Konzentrationen auf, die gleich hoch bzw. höher sind als in den Südstaaten der USA.

* Die Arbeit wurde durch eine Reisebeihilfe der Deutschen Forschungsgemeinschaft (D.F.G.) unterstützt.

ÖKOLOGISCHE KRITERIEN FÜR DIE RAUMBEWERTUNG VON SAARBRÜCKEN

Mit 11 Abbildungen

Von M. Thomé (Saarbrücken)

Die Komplexität der Belastungsparameter eines Systems ist mit rein physikalisch-chemischen Meßmethoden nicht befriedigend zu erfassen. Sinnvolle Raumbewertung erfordert den zusätzlichen Einsatz ökologischer Arbeitsmethoden (Müller 1972, 1974, 1975). Der anthropogen stark belastete Talraum von Saarbrücken bietet die Möglichkeit zur Erforschung der Reliabilität und Validität ökologischer Kriterien zur Raumbewertung.

In einem Ökosystem hat jedes beteiligte Individuum (Pflanze, Tier, Mensch) eine bestimmte, seiner Stellenäquivalenz adäquate Aufgabe und Funktion, die es nur im Rahmen seiner ökologischen Potenz erfüllen kann. Für jedes Taxon wird dabei die Bandbreite seiner individuellen Möglichkeiten durch die jeweilige „ökologische Valenz" bestimmt. Stark euryöke Organismen sind als ökologische Arbeitsmedien zur Raumbewertung ebenso ungeeignet wie stark stenöke. Bei der Raumbewertung anhand ökologischer Kriterien handelt es sich um die Erforschung bestimmter Lebensräume in ihrer polystrukturellen und polyfunktionalen Gesamtheit, wobei sowohl die naturräumlichen (= abiotischen und biotischen Parameter) als auch die wirtschaftsräumlichen (= anthropogen, nach unternehmerisch-wirtschaftlichen Gesichtspunkten veränderten Raumstrukturen) Gegebenheiten Beachtung finden müssen. Dies soll am Beispiel der Stadt Saarbrücken (bezogen auf die Kernstadt vor der Gebietsreform vom 1. 1. 1974) kurz dargestellt werden.

Belastung und Belastbarkeit eines Raumes hängt in nicht unerheblichem Maße von dessen Makrostruktur (Geologie, Morphologie, geogr. Breite, Makroklima etc.) ab. Die Auswirkungen eines stark emittierenden Industriewerkes in Tal- bzw. in Berglage bei sonst gleicher Emissionsrate werden im Umland völlig verschieden sein. Die Kenntnis von Geologie, Morphologie und das durch sie modifizierte Meso- und Mikroklima eines Raumes ist für die Raumbewertung unerläßlich.

Der Hauptbuntsandstein nimmt die größte Fläche innerhalb der Stadt ein (Abb. 1). Nur im Norden und Westen treten die älteren Schichten des Karbons zutage. Im südlichen Bereich wird mit dem anstehenden Voltziensandstein und dem Muschelsandstein die Verbindung zum Lothringischen Schichtstufenland gewahrt. Die geologischen Verhältnisse und die erosiven Vorgänge ließen ein bewegtes Relief entstehen, bei dem tief eingeschnittene Flußtäler mit sanften Kuppen abwechseln (Abb. 2). Die genaue Kenntnis der Morphologie eines Raumes erlaubt Rückschlüsse auf endo- bzw. exogene Wirkmechanismen. Besonders die Morphologie ist von hoher Bedeutung bei der Konzeption infrastruktureller Maßnahmen (z. B. Trassenführung, Industrieansiedlungen, Wohnbebauung etc.). Die mikro- und mesoklimatischen Verhältnisse werden zwar im wesentlichen von der Makrostruktur der Klimazone bzw. eines lokalen Klimatypes geprägt, jedoch durch den morphologischen Formenschatz zum Teil wesentlich verändert (Luv – Lee-Effekt, Inversionen, Kaltluftseen

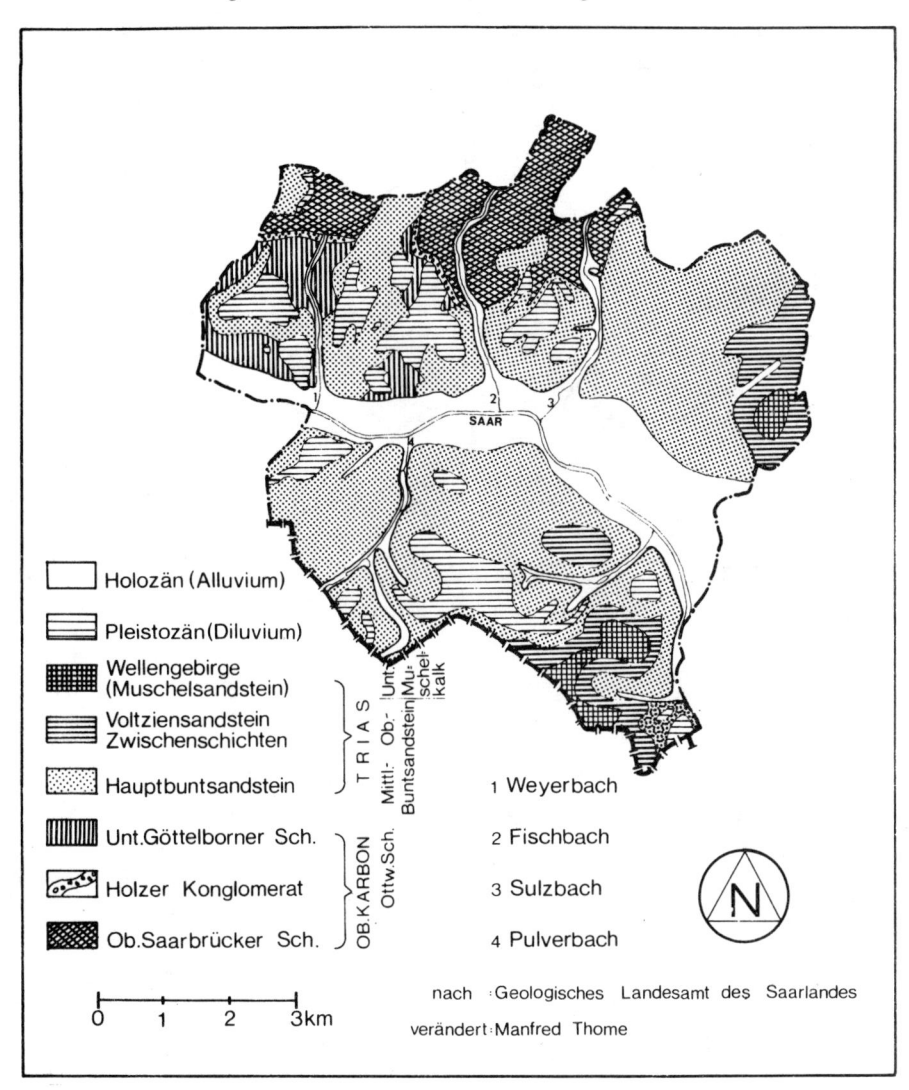

Abb. 1 Geologische Karte der Stadt Saarbrücken

etc.). Die Kessellage Saarbrückens und die Leelage zum Lothringischen Stufenland modifizieren den atlantisch geprägten Klimatypus. Die Niederschläge im Talraum sind mit einem Jahresdurchschnittwert von nur 770 mm relativ gering. Die Hauptniederschläge fallen in den Monaten Mai, Juni und August (Abb. 3).

Die Jahresmitteltemperatur von 9,9° C wirkt sich auf Fauna und Flora begünstigend aus. Auffallend ist die durch die Orographie bedingte West- bis Südkomponente der Windrichtungen (Sorg 1965) im Stadtgebiet (Abb. 4). Auffällig für Saarbrücken ist die hohe Zahl der

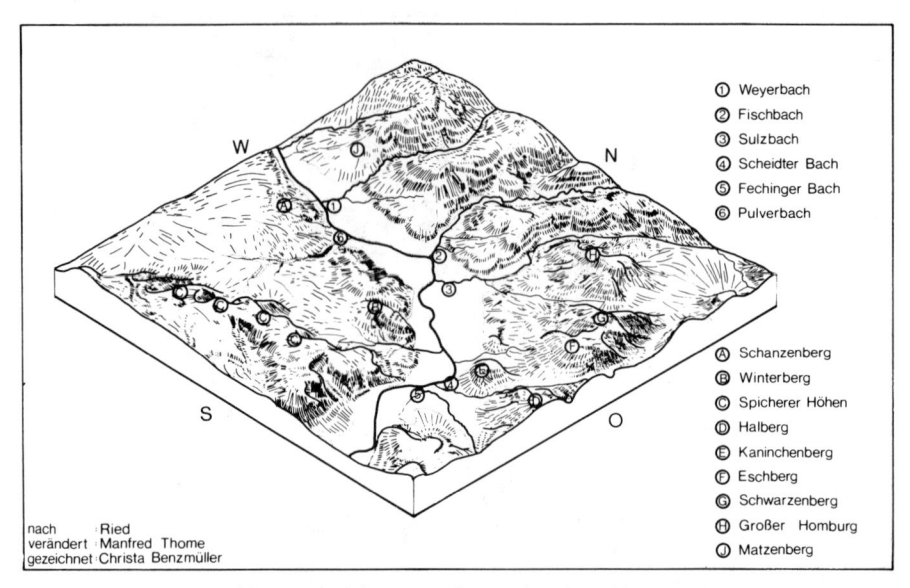

Abb. 2 Blockdiagramm des Saarbrücker Talraumes

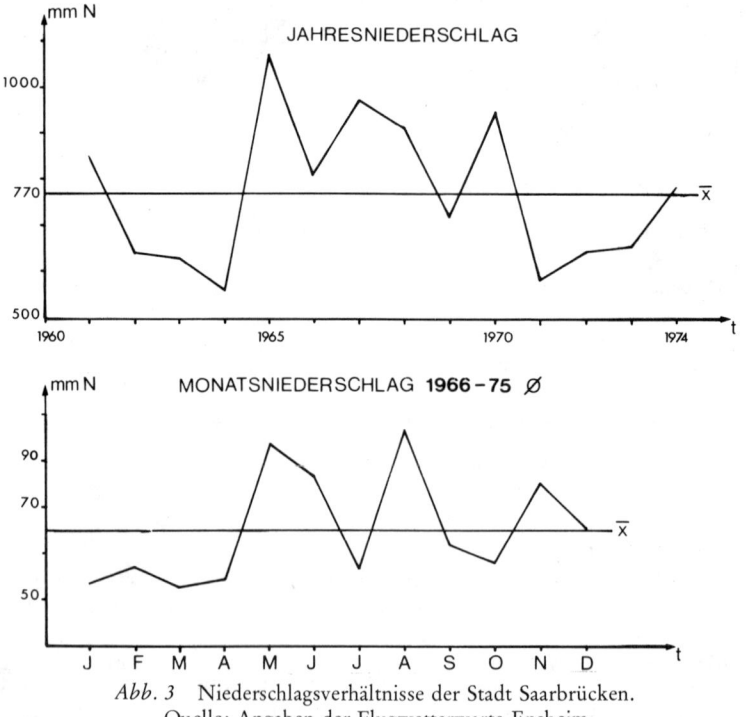

Abb. 3 Niederschlagsverhältnisse der Stadt Saarbrücken.
Quelle: Angaben der Flugwetterwarte Ensheim

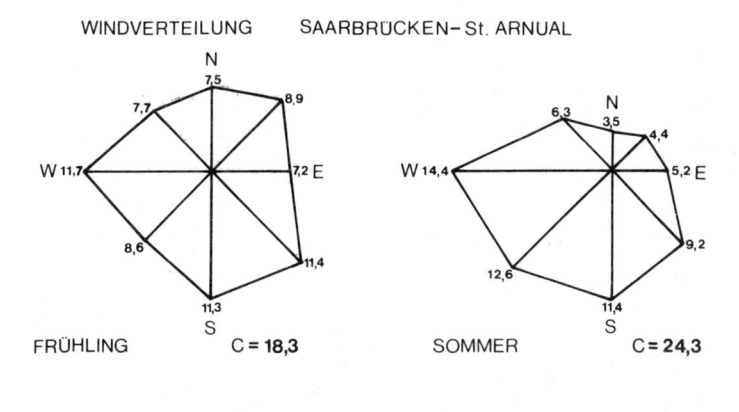

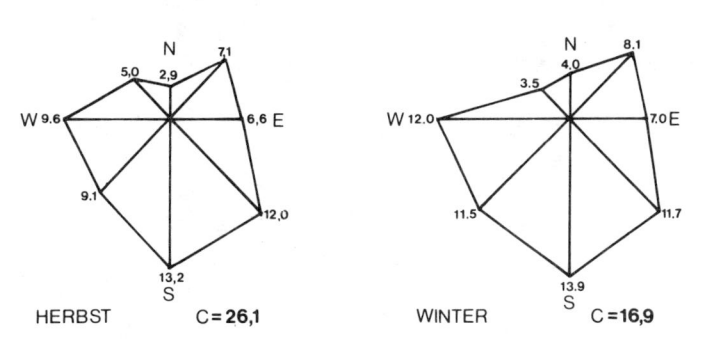

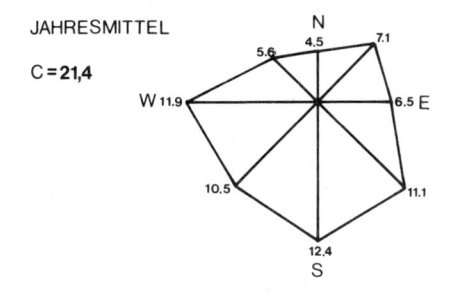

Abb. 4 Windverteilung der Stadt Saarbrücken. Quelle: Sorg 1965 (C = Kalmen)

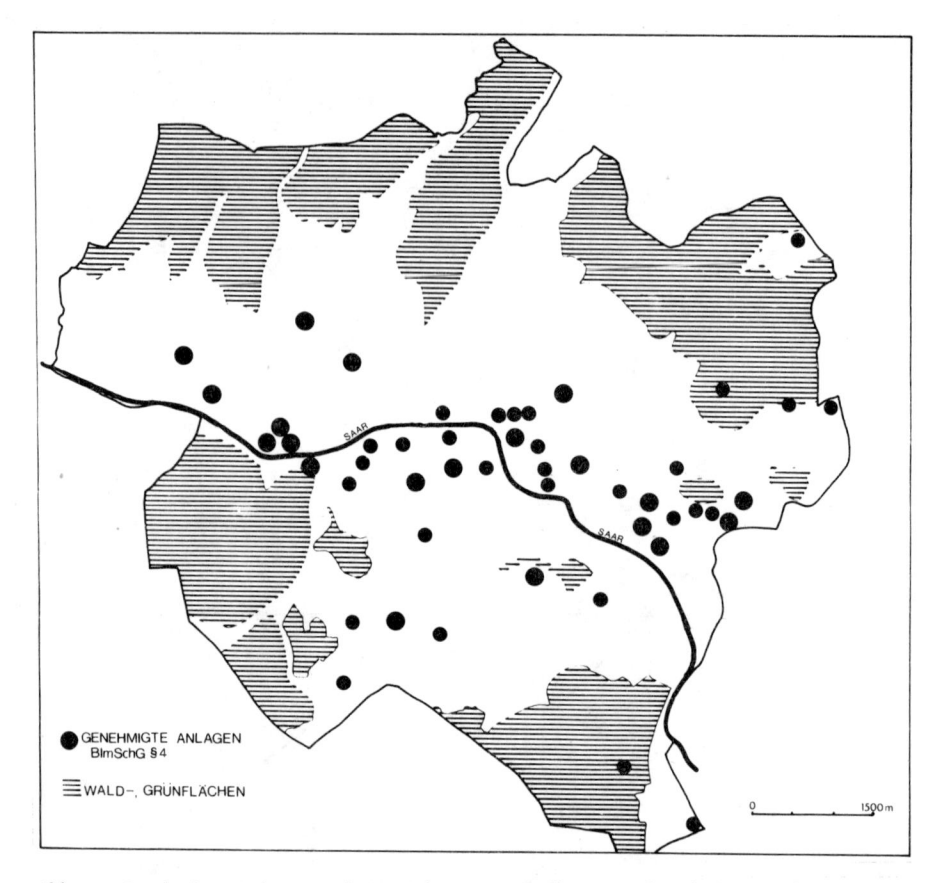

Abb. 5 Genehmigte Anlagen nach BImSchG § 4 (Quelle: Gewerbeaufsichtsamt der Stadt Saarbrücken) und Verteilung der Wald- und Grünflächen

„trüben Tage", die nicht zuletzt auf die starke Emissionsbelastung des Talraumes zurückzuführen sind. Das wird besonders deutlich, wenn man die Lage der Industriestandorte (Abb. 5) mit den Hauptwindrichtungen (Abb. 4) in Beziehung setzt. Die Hauptindustrien liegen peripher am Südost- bzw. Westrand der Stadt und innerhalb des Talraumes auf der Flußterrasse, so daß dem Citybereich kaum Frischluft zugeführt werden kann, zumal die dichte Bebauung die innerstädtische Zirkulation erheblich hemmt. Die zum thermischen Tief des Citybereiches strömenden Luftmassen führen bereits hohe Aerosolkonzentrationen mit. Es wundert deshalb nicht, daß besonders der Talauebereich das am stärksten belastete Gebiet Saarbrückens ist (Thomé 1973, 1976).

Hohe Verkehrsdichten der durch die Täler führenden Hauptstraßen mit oft mehr als 20 000 Pkw-Einheiten pro Tag tragen zur Umweltbelastung bei. Aber nicht nur Industrien und Verkehr, sondern auch die Wohnbebauung und die Einwohnerdichte (Abb. 6) und die damit verbundenen Emissionsquellen spielen bei der Raumbewertung eine entscheidende

Rolle. Je nach Wohngebietsstruktur entstehen zu den Heizperioden im Herbst, Winter und Frühjahr erhebliche Belastungszunahmen.

Die Flächennutzung (Abb. 7) ist ein geeignetes Kriterium für das gruppenspezifische Verhalten der Wohnbevölkerung. Im Kernstadtbereich nahm die bebaute Fläche im Zeitraum von 1966 bis 1972 mit 1,1% gegenüber anderen Nutzflächen am stärksten zu. Obwohl genügend periphere Waldflächen vorhanden sind (Abb. 5), ist Saarbrücken im inneren Stadtbereich keine „grüne" Stadt, was natürlich sowohl hygrische und thermische als auch lufthygienische Konsequenzen hat (Eriksen 1975).

Um schnell zu validen Aussagen über unterschiedliche Raumqualitäten zu kommen, sind Verfahren und Methoden nötig, die eine großräumige Erfassung möglichst zahlreicher ökologischer Informationen zulassen. Im Gegensatz zu punktuellen physikalisch-chemischen Meßstationen (Cernuska 1973), die nur eine beschränkte Parameterzahl erfassen können, ist eine Tier- oder Pflanzenart als „Bioindikator" geeigneter, um als Kriterium für

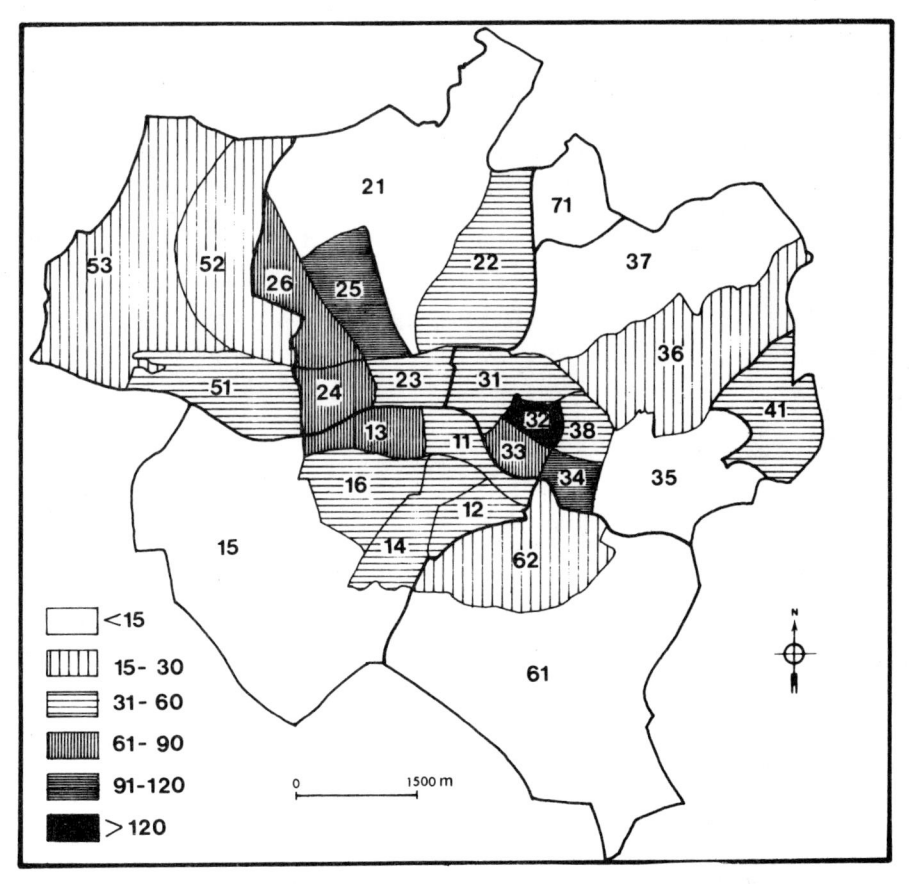

Abb. 6 Einwohner pro ha (die Zahlen innerhalb der Stadtgrenze sind Zählbezirke).
Quelle: Stat. Amt der Stadt Saarbrücken

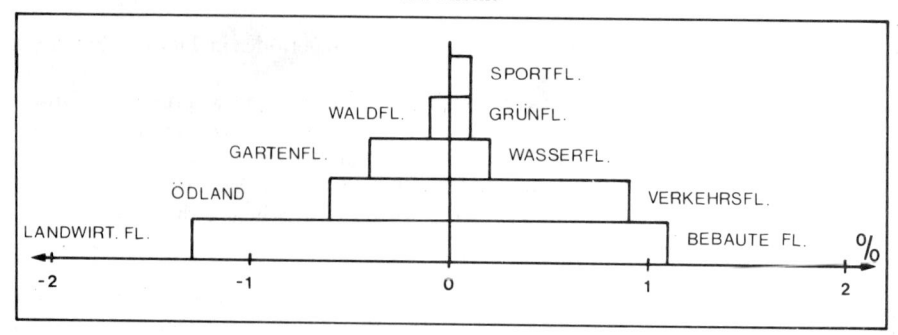

Abb. 7 Veränderung der Flächennutzung von Saarbrücken in % von 1966 bis 1972.
Quelle: Stat. Jb. 1966–1972

Raumbewertung herangezogen zu werden. Organismen mit geringem Lokomotionsradius, insbesondere Pflanzen, sind an ihrem Standort dem Synergismus der Umweltfaktoren ausgeliefert (Schmithüsen 1968) und durch ihre spezifische Reaktionsnorm sichere Zeiger für bestimmte Lebensraumqualitäten. Geeignete Testorganismen sind Arten mit geringer „ökologischer Valenz" (Hesse 1924). Zur Feststellung von Luftverunreinigungen eignen sich Flechten in besonderem Maße. Die Doppelorganismen aus Pilz und Alge sind aufgrund ihrer anatomischen und physiologischen Differenzierungen zwar ubiquitäre Kosmopoliten, da ihnen aber selektierende Organe fehlen, sind sie gezwungen, alle auf sie einströmenden Umweltfaktoren wahllos über ihren Thallus aufzunehmen. Toxische Substanzen schädigen den Thallus durch ihre kumulativen Wirkungen. Bereits 1866 bemerkte Nylander: „LES lichens donnent à leur manière la mesure de salubrité de l'air et constituent une sorte d'hygiomètre très sensible."

Nach dem von de Sloover und LeBlanc (1968, 1970) aufgestellten Luftreinheitsindex (= I.A.P. = „index of atmospheric purity") lassen sich aufgrund der Sensibilität von Flechten gegenüber Luftverunreinigungen unterschiedliche Raumqualitäten kartieren. Für jede Station gilt:

$$\sum_n^1 (Q \times f) / 10 - AP \text{ Ms. } 767 - -$$

„n" ist die Spezieszahl pro Standort. „Q" als ökologischer Index einer Art a wird bestimmt, indem man die Zahl der Spezies, die zusammen mit a an einem Standort vorkommen, addiert und die Artengesamtsumme aller Standorte, an denen die Art a vorkommt, durch deren Anzahl dividiert. „f" ist die Summe aus Dominanzwert, Vitalitätsgrad und zahlreichen Standortfaktoren. Somit unterliegt f der Subjektivität des jeweiligen Bearbeiters. Während „Q" die Toxitoleranz einer Flechtenart in einem bestimmten Gebiet angibt, weist „f" auf die Belastungssituation hin. Ein hoher I.A.P.-Wert korreliert mit optimalen, ein geringer mit pessimalen Bedingungen (Abb. 8). Die Darstellung der Werte durch Isarithmen erlaubt einen raschen Überblick über Räume unterschiedlicher Luftqualität. Die pessimalsten Bedingungen innerhalb der Stadt beschränken sich auf den Bereich der Mittelterrasse. Hier kumulieren aufgrund der Tallage Industrie-, Verkehrs- und Hausbrandemissionen. Daß der Verkehr einen nicht unerheblichen Einfluß auf die Gesamtbelastung ausübt, ist aus dem sogenannten „Tunneleffekt" (Bortenschlager und Schmidt 1963) ersichtlich. Hierbei erstrecken sich entlang der Hauptverkehrsstraßen Zonen schlechterer Luftqualitäten weit in Räume besserer Qualitäten. Ähnliche Ergebnisse lassen sich bei Anwendung von Diversi-

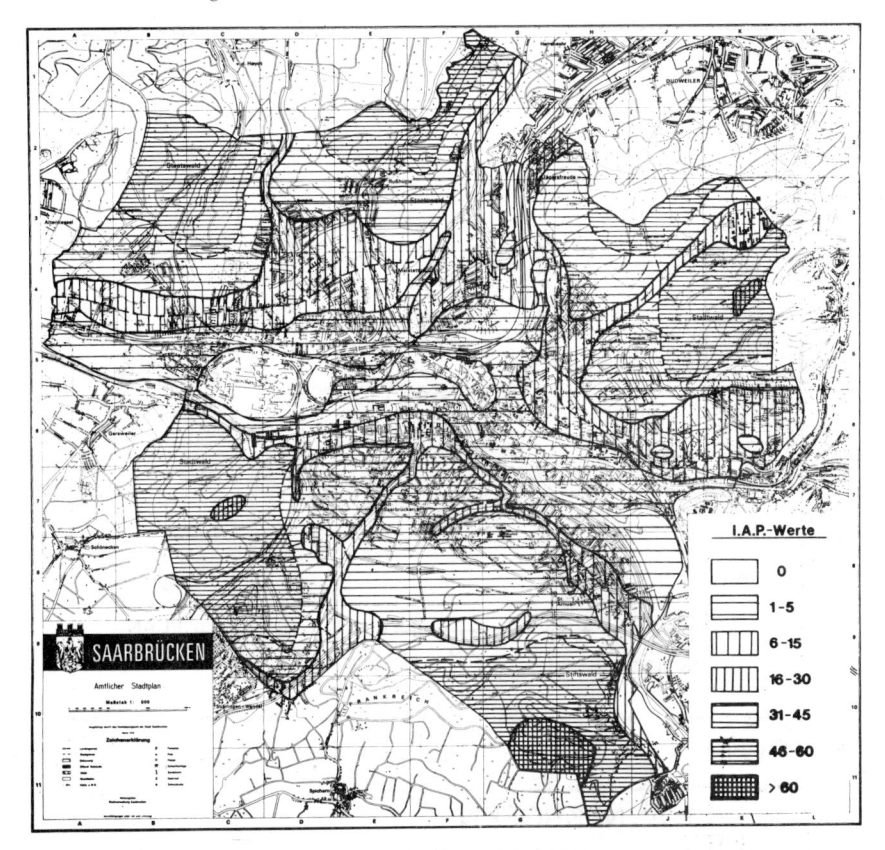

Abb. 8 Flechtenzonierung anhand von I.A.P.-Wertuntersuchungen

tätsberechnungen ermitteln (Nagel 1977). Da die Stabilität von Lichenenzönosen in kausalem Zusammenhang mit Umweltbelastungen steht, kann der Diversitätswert Rückschlüsse auf Belastungszonen zulassen. Hohe Diversitätswerte deuten auf geringe Belastung, niedrige auf höhere Belastung bei verminderter Stabilität der Biozönose hin. In Abb. 9 ist ein deutlicher Abfall der Diversitätswerte zum Stadtinnern und zum Saartal hin festzustellen. Die höchsten Werte ließen sich in geschützten Lagen der peripheren Waldgebiete ermitteln.

Eine weitere Methode, Räume gleicher bzw. ähnlicher Umweltqualitäten aufzuzeigen, sind Expositionstests mit geeigneten Indikatororganismen. In vorliegendem Falle wurde *Lepidium sativum L.* benutzt. Die Samen wurden in gärtnerischer Komposterde mittels eines Saatschemas ausgesät. Gefäße, Substrat und Pflanzenabstände waren einheitlich. Im Labor wurden die Pflänzchen eine Woche angezogen und dann an verschiedenen Stellen der Stadt exponiert. Nach dreiwöchiger Exposition erfolgte die Untersuchung im Labor. Die Ermittlung des Blattflächenindexes, der Stoffproduktion, der Nekrosen (Abb. 10) und spezifische biometrische Messungen gaben Aufschluß über die Standortqualität der Testflächen. Standorte mit Nekrosen von mehr als 70 cm² der Gesamtfläche liegen ausnahmslos

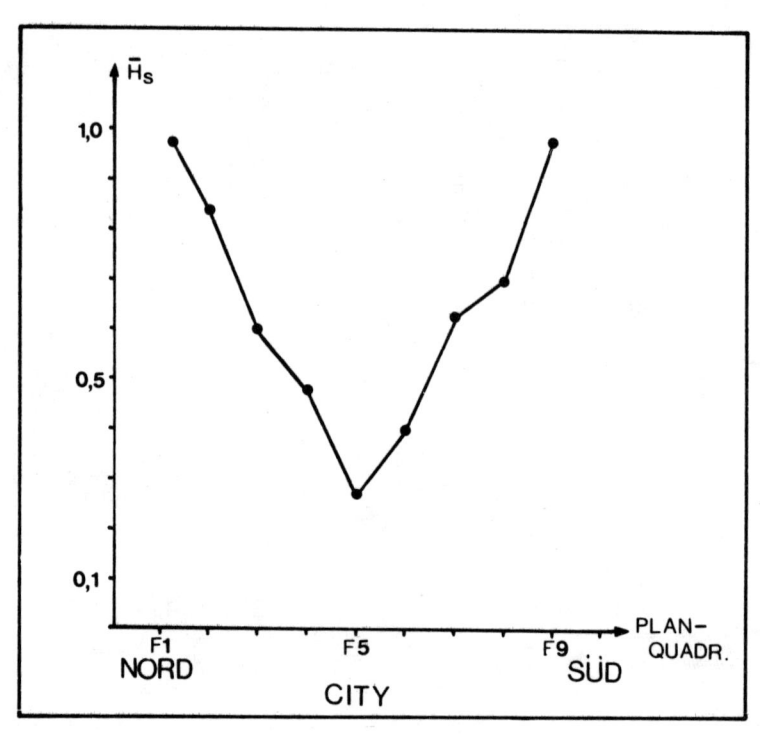

Abb. 9 Diversitätswerte eines N-S-Profils (Mittelwerte der Planquadrate des amtl. Stadtplanes)

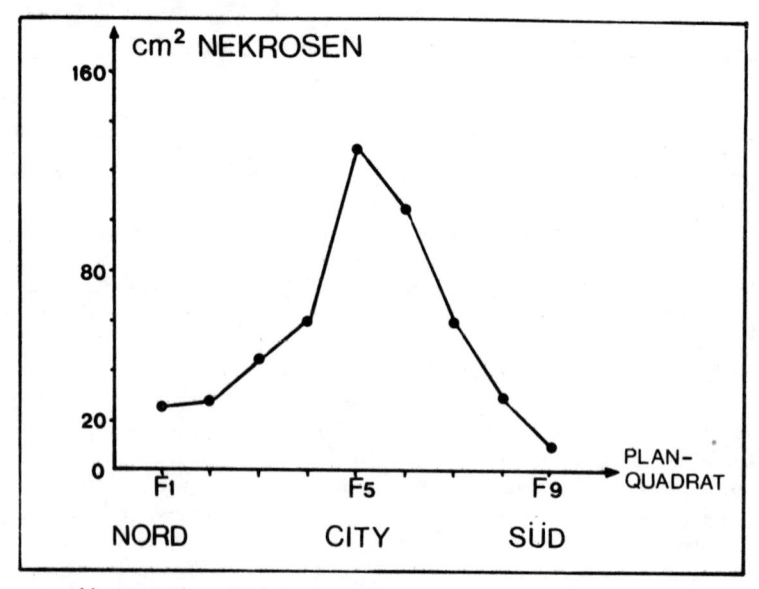

Abb. 10 Nekroseflächen an Lepidium-Exponaten in einem N-S-Profil

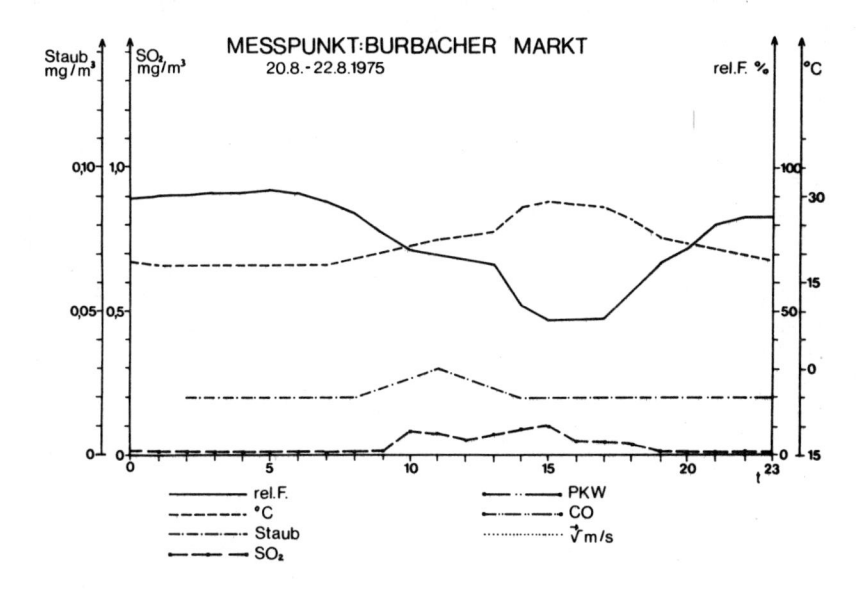

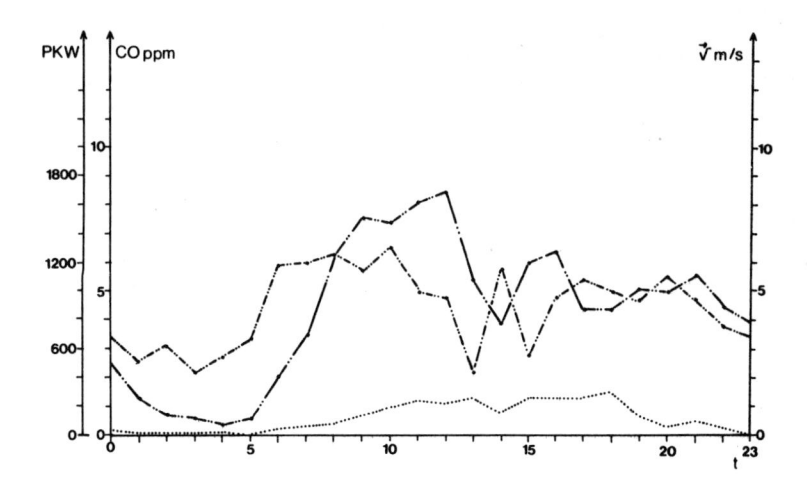

Ökologische Kriterien für die Raumbewertung von Saarbrücken 577

Abb. 11 Meßprogramm des Amtes für Umweltschutz der Stadt Saarbrücken

im dichtbebauten Talbereich. Standorte mit Werten zwischen 40–70 cm² Nekrosen liegen an exponierten Stellen der Süd- und Nordhänge im kernstadtnahen Bereich. Lediglich Standorte mit Nekrose-Werten unter 10 cm² der Fläche gehören den lufthygienisch unbedenklichen Zonen der Stadtrandlagen an. Während die Nekrosen und die biometrischen Parameter leicht erfaßbare qualitativ-physiognomische Merkmale von Pflanzenreaktionen auf Umwelteinflüsse sind, liefern chemische Blattanalysen quantitative Angaben über die Anreicherungsrate bestimmter Stoffe im Pflanzengewebe. Diese sehr kosten- und arbeitsintensive Methode ist für die kausale Interpretation verschiedener Reaktionsnormen unerläßlich. Weniger aufwendig, jedoch mit einer höheren statistischen Unsicherheit, sind punktuelle Messungen mit speziellen Analysegeräten wie SO_2-, CO-, Staub- etc. Meßgeräten (Abb. 11). Die ermittelten Werte hängen hierbei stark von Jahreszeit, Tageszeit, Wochentag etc. ab. Sie sollen lediglich erwartete Emissions- und Immissionsgrößenordnungen bestätigen bzw. in Frage stellen. Mit den aufgezeigten ökologischen Kriterien gelingt es in zunehmendem Maße, von der bisher subjektiven Raumbewertung aus anthropogener Sicht zur Anwendung objektivierbarer Methoden überzugehen und diese weiter zu entwickeln. Raumbewertung nach ökologischen Kriterien wird, wie die Gegenwart zeigt, ein wichtiges Arbeitsfeld der Geographie in der Zukunft sein.

Literatur

Bortenschlager, S. u. H. Schmidt (1963): Untersuchung über die epixyle Flechtenvegetation im Großraum Linz. Naturkdl. Jb. d. Stadt Linz
Cernuska, A. (1973): Einsatz mobiler Meßeinrichtungen in der Ökosystemforschung. – Ökosystemforschung (ed.) Ellenberg, H. S., 195–201
de Sloover, J. und F. LeBlanc (1968): Mapping of atmospheric pollution on the basis of lichens sensitivity. – Proceeding of the Symposium on Recent Advances in Tropical Ecology, S. 42–56
Eriksen, W. (1975): Probleme der Stadt- und Geländeklimatologie. – Erträge d. Forschung Bd. 35, Darmstadt
Hesse, R. (1924): Tiergeographie auf ökologischer Grundlage. – Jena
LeBlanc, F. und J. de Sloover (1970): Relation between industrialization and the distribution and growth of epiphytic lichens and mooses in Montreal. – Can. Journal of Botany 48, Nr. 7, S. 1485–1496
Müller, P. (1972): Probleme des Ökosystems einer Industriestadt, dargestellt am Beispiel von Saarbrücken. – Tagungsbericht d. Ges. f. Ökologie Gießen, S. 123–132
Ders. (1974): Ökologische Kriterien für die Raum- und Stadtplanung. – Umwelt-Saar
Ders. (1975): Biogeographie und Umweltplanung. – Aus Forschung und Lehre, Hochschule des Saarlandes 8, S. 1–40
Nagel, P. (1977): Speziesdiversität und Raumbewertung. – Verhdl. des 41. Geographentages, Mainz
Nylander, M. W. (1866): Les lichens du jardin du Luxembourg. – Bull. de la Soc. Bot. de France 13, S. 364–371
Schmithüsen, J. (1968): Allgemeine Vegetationsgeographie. – Lehrbuch der allgem. Geographie Bd. IV
Sorg, W. (1965): Grundlagen einer Klimakunde des Saarlandes nach den Messungen von 1949–1960. – Beitr. z. Landeskunde d. Saarlandes I, S. 7–36
Thomé, M. (1973): Flechten als Bioindikatoren im Stadtgebiet von Saarbrücken. – Saarbrücken, Staatsexamensarbeit, S. 1–76
Ders. (1976): Ökologische Kriterien zur Abgrenzung von Schadräumen in einem urbanen System – dargestellt am Beispiel der Stadt Saarbrücken. – Diss. Saarbrücken.

Diskussion zum Vortrag Thomé

Dr. B. Aust (Saarbrücken)

Haben Sie die mit biotischen Kriterien gefundenen Ergebnisse mit Ergebnissen ,,traditioneller Meßmethoden" (CO, SO_2, Staub usf.) verglichen; gibt es Unterschiede; welches sind die Vorteile/Verbesserungen bei der Verwendung biotischer Kriterien?

Räumliche Gliederungen sind erfolgt; Dr. Schäfer sprach heute vormittag z. B. von ,,Bewertungsmethoden für Raumqualitäten". Halten Sie es für möglich, daß aufbauend auf Ihren Ergebnissen planungsrelevante Aussagen gemacht werden können und würden Sie diese erläutern an Beispielen wie Flächennutzungsplanaufstellung, Saarausbau oder Wasserhaushaltsgesetz?

Dr. M. Thomé (Saarbrücken)

Die Ergebnisse der durch biologisch-ökologische Kriterien ermittelten Raumqualitäten stimmen mit den traditionellen physikalisch-chemischen Meßergebnissen überein und stützen diese. Ich habe selbst mit dem SO_2-Detektor (Typ PW 9700) von Philips die SO_2-Konzentrationen an mehreren Standorten innerhalb der Stadt über längere Zeiträume gemessen. Außerdem wurden von mir Staubanalysen und Mikroklimamessungen durchgeführt. Baumrinden-pH-Untersuchungen und die Bestimmung der Bodenacidität lieferten außerdem wertvolle Hinweise. Schließlich standen mir noch die Meßergebnisse des Staatl. Institutes für Hygiene und Infektionskrankheiten und des Amtes für Umweltschutz der Stadt Saarbrücken zur Verfügung. Das Amt für Umweltschutz mißt an zahlreichen Stellen folgende Parameter: Staub, SO_2, rel. Feuchte, Temp., Pkw-Aufkommen, CO-Gehalt der Luft, Windgeschwindigkeit etc. Die LIB in Essen hat mir zahlreiche chemische Blattanalysen gemacht, die die biologischen Meßergebnisse bestätigten.

Die Vorteile bei der Verwendung ökologischer Kriterien liegen darin, daß man mit Bioindikatoren arbeitet, deren ökologische Valenz man kennt. Die Pflanze oder das Tier ist ein weitaus besseres ,,Meßinstrument" als physikalisch-chemische Geräte, weil der Organismus auf einen Faktorensynergismus reagiert, dessen Einzelparameter meist nur sehr schwer zu quantifizieren sind.

Die Ergebnisse der Untersuchung in Saarbrücken haben eine Planungsrelevanz, da sie vom Stadtamt in die Flächennutzungsplanung aufgenommen worden sind. Anhand der aufgezeigten unterschiedlichen Raumqualitätszonen kann der Politiker und Stadtplaner entsprechende Konsequenzen ziehen.

W. Kuttler (Bochum)

Flechten reagieren sehr empfindlich auf Schwankungen der Luftfeuchte. Haben Sie diesen Einfluß bei Ihren Untersuchungen berücksichtigt?

Dr. M. Thomé (Saarbrücken)

Jawohl, und es hat sich dabei gezeigt, daß in Saarbrücken die Luftfeuchte von untergeordneter Bedeutung für die Entstehung einer sog. Flechtenwüste ist. Mikroklimamessungen haben gezeigt, daß im Stadtbereich durch die Saar und deren Nebenflüsse sowie durch die peripheren Waldgebiete eine ausreichende Luftfeuchtigkeit für gedeihlichen Lichenenwuchs vorhanden ist.

ÖKOLOGISCHE KRITERIEN FÜR DIE VERKEHRSPLANUNG

Mit 4 Abbildungen und 2 Tabellen

Von Lothar Finke (Dortmund) und Johann Fiolka (Bochum)

0 AKTUELLER ANLASS

Die Aktualität des angesprochenen Themas wird sehr deutlich in der großen Zahl von Bürgerinitiativen, die sich in den letzten Jahren in Zusammenhang mit Straßenplanungen gebildet haben. Allein entlang der geplanten A 31 (Bundesautobahn Emden – westliches Ruhrgebiet – Bonn) haben sich mehr als 200 000 Menschen in über 50 Bürgerinitiativen organisiert.

Trotz der Vielfalt der oft individuell sehr unterschiedlichen Motive des Engagements kann gesagt werden, daß den Straßenbaulastträgern zwei wesentliche Gründe vorgehalten werden:
– Die Betroffenen fühlen sich von den straßenbedingten Umweltauswirkungen in einem nicht mehr tolerierbaren Maß beeinträchtigt.
– Die Notwendigkeit der geplanten Trasse wird in Frage gestellt, aber die von seiten der Verkehrsplanung vorgelegten Bedarfsrechnungen können in der Regel nicht widerlegt werden.

In diesem Zusammenhang wird in letzter Zeit immer häufiger eine Umweltverträglichkeitsanalyse und/oder ein ökologisches Gutachten gefordert. Je nach Anspruch an ein ökologisches Gutachten kann dies beim heutigen Wissensstand bedeuten, daß sich das Planfeststellungsverfahren über mehrere Jahre hinzieht. Es ist deshalb verständlich, wenn eine Genehmigungsbehörde einer Bürgerinitiative mitgeteilt hat, daß verkehrsökologische Untersuchungen z. Z. überhaupt noch nicht durchführbar seien. Dieser Auffassung hat Finke in einem Schreiben an die Bürgerinitiative widersprochen und die Meinung vertreten, daß sehr wohl eine ökologische Analyse im Sinne einer Risikoanalyse möglich sei. Im folgenden soll daher darzulegen versucht werden, wie bereits heute bei noch höchst unvollkommener Informationslage ökologische Kriterien in die Verkehrsplanung einfließen können. Wir beschränken uns dabei auf die Straßenplanung, speziell auf die Fernstraßenplanung.

1 BISHERIGER STAND

Zunächst einmal gilt festzustellen, daß der Straßenbau seit jeher die natürlichen, landschaftlichen Voraussetzungen in seine Überlegungen mit einbezogen hat (s. z. B. Lorenz 1971). Dabei wurden mit den Faktoren Relief, Boden, Wasserhaushalt und Geländeklima durchaus solche des Geokomplexes erfaßt und bewertet – dies erfolgte aber nahezu ausschließlich aus fachspezifischer Sicht, d. h. aus Gründen der Verkehrssicherheit, der Minimierung der Bau- und Folgekosten etc. Es muß daher verwundern, wenn Lorenz (1971, S. 335) feststellt, Straßenbau und Naturschutz seien eines Sinnes und der Straßenbau wolle gemäß dieser seiner Gesinnung jede Landschaft so pfleglich wie möglich behandeln.

1.1 Bisher geübte Praxis

Es darf festgestellt werden, daß die bisherige Praxis vorwiegend darin bestand, durch ingenieurbiologische oder landschaftsgestalterische Maßnahmen die ökologisch negativen Wirkungen einer Straße zu verringern, d. h. an einer nach zunächst anderen Kriterien festgelegten Trasse wurde durch vorgenannte Maßnahmen versucht, das Bauwerk ökologisch und visuell in die jeweilige Landschaft einzubinden.

Hier wird die Auffassung vertreten, daß dieses defensive Verhalten der Landschaftspflege als der bestorganisierten Sachwalterin der planungsrelevanten Ökologie abzulösen ist durch eine offensive Planungsstrategie, deren Hauptanliegen darin zu sehen ist, im Rahmen des Linienbestimmungsverfahrens bzw. Raumordnungsverfahrens nach § 16 Bundesfernstraßengesetz, also zu einem sehr frühen Planungsstadium, Einfluß auf die Alternativenwahl und damit auf die Trassenführung zu nehmen. Auf den Bereich der Ökologie übertragen bedeutet dies, daß durch eine Trassenführung unter rechtzeitiger Berücksichtigung ökologischer Restriktionen die ökologischen Negativwirkungen zu minimieren sind.

1.2 Definition des Begriffes Ökologie im Problemfeld ‚Straße und Ökologie‘

Bei Kentner (1972) findet sich zwar der Begriff ‚Verkehrsökologie‘, was vermuten ließe, daß dadurch das Problemfeld ‚Straße und Ökologie‘ hinreichend definiert und abgegrenzt wäre. Leider geht Kentner unter Hinweis darauf, daß in der Tagespresse über die ökologischen Auswirkungen der verschiedenen Transportsysteme hinreichend berichtet würde, auf dieses inhaltliche und definitorische Problem überhaupt nicht ein, so daß die Darstellung Fielenbachs (1975) zu diesem Problem, trotz ihrer sehr allgemein gehaltenen Form, als die den letzten dokumentierten Forschungsstand repräsentierende anzusehen ist.

Da für den Teilaspekt der Verkehrsökologie wie für den Gesamtbereich der Ökologie noch keine allgemein anerkannten Definitionen vorliegen, wird hier zum besseren Verständnis der folgenden Ausführungen versucht, eine Abgrenzung des Problemfeldes Verkehrsökologie zu geben (s. Abb. 1).

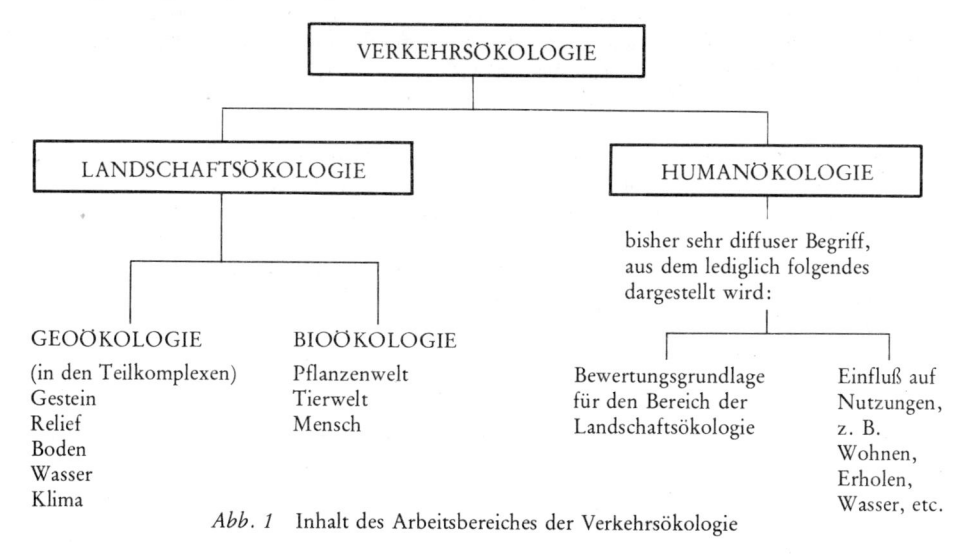

```
                    VERKEHRSÖKOLOGIE
                    ┌────────┴────────┐
            LANDSCHAFTSÖKOLOGIE    HUMANÖKOLOGIE
                                   bisher sehr diffuser Begriff,
                                   aus dem lediglich folgendes
                                   dargestellt wird:
         ┌──────┴──────┐           ┌──────┴──────┐
    GEOÖKOLOGIE    BIOÖKOLOGIE
    (in den Teilkomplexen)  Pflanzenwelt   Bewertungsgrundlage   Einfluß auf
    Gestein        Tierwelt                für den Bereich der    Nutzungen,
    Relief         Mensch                  Landschaftsökologie    z. B.
    Boden                                                         Wohnen,
    Wasser                                                        Erholen,
    Klima                                                         Wasser, etc.
```

Abb. 1 Inhalt des Arbeitsbereiches der Verkehrsökologie

Zum Verständnis der Abb. 1 folgendes:

Innerhalb des bisher noch nicht abschließend definierten Bereiches der umfassenden Gesamtökologie sowie der ökologischen Teilbereiche von Landschaftsökologie, Geoökologie, Bioökologie, Humanökologie etc. stellt sich die Verkehrsökologie als ein querschnittsorientierter, problembezogener Teilaspekt dar. Dieser beinhaltet Teile aller bekannten und in der wissenschaftlichen Literatur behandelten Teildisziplinen der Ökologie.

1.3 Bisheriger Forschungsstand

Direkt themabezogene Veröffentlichungen mit eigenem Lösungsansatz stammen von Buchwald, Harfst und Krause (1973), Krause (1976) und Tiefenthaler (1975 und 1976), denen allen gemeinsam ist, daß sie *nicht* versuchen, die ökologischen Auswirkungen *einer* Trasse absolut zu erfassen und zu bewerten, sondern daß aus mehreren Varianten mit Hilfe eines nutzwertanalytischen Bewertungsansatzes diejenige Variante ermittelt wird, die aufgrund des Bewertungsansatzes und der in die Bewertung eingegangenen Kriterien die insgesamt geringsten ökologischen Negativwirkungen verspricht. Dabei ist unter ‚ökologischen Auswirkungen' ein sehr weit gespannter Bereich zu verstehen, etwa im Sinne der Abb. 1. Die neueste den Verfassern bekannte einschlägige Veröffentlichung ist die von Rieper, Heyde und ter Huerne (1976), in der die A 31 im Bereich Mülheim-Heißen untersucht wird. Die äußerst allgemein gehaltenen Ausführungen zur Ökologie werden mit Hilfe eines von H. J. Bauer (1974) entwickelten Bewertungsansatzes einer Gesamtbeurteilung unterzogen, ohne daß hinreichend verdeutlicht wird, was eigentlich woraufhin bewertet worden ist.

Der Schwerpunkt unserer Untersuchung liegt im Bereich der landschaftsökologischen Auswirkungen, wobei der Bezug zur Humanökologie dadurch gegeben ist, daß die Grundzüge der Bewertung dieser Auswirkungen einer anthropozentrischen Sicht entstammen. Hierin dokumentiert sich ein Verständnis von Ökologie, hier Verkehrsökologie genannt, von grundsätzlicher Bedeutung zum Verstehen des gesamten, hier verfolgten Ansatzes.

Ein auf klassischer bioökologischer Grundlage beruhender Bewertungsansatz stammt von H. J. Bauer (Bauer 1974, auch in Rieper/Heyde/ter Huerne 1976). Obwohl dort nirgends explizit dargelegt, ergibt sich aus dem Kontext sowie aus der auffälligen Unterbewertung der Betroffenheit des Menschen, daß die Auswirkungen auf den ‚Naturhaushalt an sich' abgeschätzt und bewertet werden.

In dem Moment, wo Bauer nicht nur die mögliche Schädigung der einzelnen Geofaktoren auflistet, sondern diese graduell nach einer fünfstufigen Skala unterscheidet, gesellt sich zu der methodisch-fachlichen Sicht eine grundsätzliche, werttheoretische Bedeutung. Hier offenbart sich die Grundhaltung des klassischen Naturschutzes, für den jede Veränderung der natürlichen Umwelt bzw. Teilen davon einen Schaden darstellt. Der letzte Bewertungsmaßstab ist die Naturlandschaft, wie sie vor den entscheidenden Eingriffen des Menschen gegeben war. Vor dieser Grundhaltung erklärt sich, daß die Auswirkungen, die z. B. von straßenbedingten Erosionen stammen, den Menschen nach dem Bauerschen Bewertungsansatz nur gering betreffen, das Relief, den Boden, das Wasser und die Vegetation dagegen extrem hoch; die Tiere werden nach diesem Bewertungsansatz immerhin noch als einer hohen Belastung ausgesetzt gesehen.

Im Gegensatz zu einer solchen, rational nur schwer faßbaren Bewertung wird hier eine möglichst offene Bewertung angestrebt, die jederzeit nachvollziehbar ist.

Grundsätzlich steht der Mensch nach der hier vertretenen Grundhaltung im Mittelpunkt des Interesses. Daraus ergibt sich, daß Auswirkungen einer Straße auf die Landschaft, im engeren Sinne auf die physische Umwelt des Menschen, nur dann für *erheblich* erachtet werden, wenn dadurch der Mensch direkt oder indirekt über negative Auswirkungen auf Nutzungen betroffen ist. Um auf das bereits zitierte Beispiel der Erosion zurückzukommen, bedeutet dies, daß die erosionsbedingten Veränderungen des Reliefs als solche zwar konstatiert, aber nicht bewertet werden können. Massenverlagerung mit der Tendenz der Einpendelung des Festlandes auf Meeresspiegelniveau ist einer der natürlichsten Vorgänge überhaupt. Einer Bewertung durch den Menschen wird dieses Phänomen überhaupt erst dadurch zugänglich, daß sich Erosionsvorgänge negativ auf betroffene Nutzungen wie Land- und Forstwirtschaft etc. auswirken. Eine Bewertung der Erosion *an sich* wird von uns schlichtweg für unsinnig und unmöglich gehalten. In seinen Grundzügen entspricht der hier verfolgte Bewertungsansatz den von Bierhals, Kiemstedt und Scharpf (1974) veröffentlichten Zielvorstellungen, die sich problembezogen bei Krause (1976) sowie den dort eingeflossenen Vorarbeiten wiederfinden. Das Hauptziel ist dabei die ‚Minimierung von Nutzungskonflikten' (Krause 1976, S. 174), einem Grundsatz, dem angesichts des ökologischen Forschungsstandes als dem derzeit einzigen, sinnvoll praktikablen gefolgt werden muß. Ob es jeweils möglich sein wird, alle vorhandenen Ökosysteme flächenhaft in Form von Ökotopen zu erfassen und deren Belastbarkeitsgrenzen für einzelne Schadstoffe oder gar die Summe aller Schadstoffe zu ermitteln, ist stark anzuzweifeln.

Auf die damit zusammenhängenden theoretischen Probleme der Bedeutungserfassung einzelner Ökosysteme, z. B. für das übergeordnete regionalökologische System sowie auf die grundsätzlichen Probleme einer sinnvollen ökologischen Raumgliederung kann in diesem Zusammenhang nicht eingegangen werden (s. dazu z. B. Finke 1974).

2 DER HIER VERFOLGTE METHODISCHE ANSATZ

Anfänglich wurde versucht, auf der Grundlage aller verfügbaren Unterlagen eine problemorientierte ökologische Raumgliederung zu erstellen. Das Ziel bestand darin, Raumtypen auszuscheiden, die für die Aufnahme einer Straße in sich jeweils gleich geeignet sind. Es bestand die Hoffnung, die ermittelten Typen zumindest in eine Rangfolge bezüglich ihrer Eignung oder Nichteignung bringen zu können, so daß zumindest eine relative Aussage mit dem Ziel der Minimierung ökologischer Negativwirkungen möglich gewesen wäre. Dieses Ziel konnte wegen der methodischen Schwierigkeiten, insbesondere wegen der Bewertungsprobleme, bisher nicht erreicht werden. Vorgegangen wurde statt dessen wie folgt: Zunächst wurden alle Datenträger in bezug auf ihren problemrelevanten ökologischen Inhalt ausgewertet und für die weitere Verwendung kartographisch aufbereitet. An Datenträgern standen zur Verfügung: topographische Karten verschiedenster Maßstäbe, panchromatische Reihenmeßbilder 1:13 000, Hydrologische Karten (1:10 000 für Teilbereiche und 1:500 000), Bodenkarte 1:500 000, Lagerstättenkarte 1:500 000, Karten der Natur- und Landschaftsschutzgebiete, Bodenkarte auf der Grundlage der Bodenschätzung 1:5000, einzelne Bauleit- und Stadtpläne, Karten der naturräumlichen Gliederung, Vegetationskarte für Teilbereiche 1:200 000 und die Manuskriptkarten der Waldfunktionskarte. Daraus wurden folgende problemorientierte Karten erarbeitet:
- Karte der Bodengüte 1:25 000
- Karte der hydrologischen Situation 1:50 000
- Durchlässigkeit des Untergrundes 1:50 000
- Morphographische Karte 1:25 000
- Funktionen des Waldes, Natur- und Landschaftsschutz, Erholung 1:25 000
- Flächennutzung 1:13 000

Mit Hilfe dieser aufbereiteten Grundlagen ist es möglich, diejenigen Bereiche beiderseits der Trasse zu kennzeichnen, in denen mit Beeinträchtigungen von Nutzungen durch die Straße zu rechnen ist (s. Abb. 2). Die räumliche Abgrenzung der Beeinträchtigungsbereiche ist von uns mehrfach versucht worden, hat sich aber aus mehreren Gründen (z. B. zu ungenaue Grundlagenkarten, nur schwer abschätzbare Auswirkungsbereiche und Auswirkungsgrade einzelner Schadstoffkomponenten auf die ökologischen Systeme etc.) als nicht machbar erwiesen.

Deshalb wird hier generell der Frage nachgegangen, wie die geplante neue Nutzungsform Straße sich über ökologische Wirkungszusammenhänge auf die vorhandenen Flächennutzungen auswirkt, d. h. es erfolgt eine Analyse der ökologisch bedingten Nutzungskonflikte. In vorliegendem Fall stand die Trasse als solche nicht mehr zur Diskussion – lediglich Verschiebungen um 200–300 m erschienen noch möglich.

Um zu ermitteln, wo aus ökologischer Sicht zuallererst eine derartige Verschiebung zu fordern wäre, wurden mit Hilfe der Konfliktkarte A (s. Abb. 2) diejenigen Streckenabschnitte gekennzeichnet, wo innerhalb einer 300 m breiten trassenparallelen Zone überhaupt Nutzungskonflikte zu erwarten sind. Die Abb. 2 stellt dabei längentreu entlang der Trasse bis zu 300 m Seitenabstand alle zu erwartenden Nutzungskonflikte wertneutral nebeneinander dar. Auf diese Weise ist es möglich, Bereiche mit einer Vielzahl und Vielfalt von Nutzungskonflikten zu ermitteln, andere Streckenabschnitte stellen sich als relativ unproblematisch, gemessen an der Zahl der Konfliktarten und der Konfliktfälle, dar. Wir sind uns allerdings bewußt, daß eine derartige Information dem Entscheidungsträger das eigentliche Bewertungsproblem aufbürdet, da dieser jetzt entscheiden muß, welche Nutzung wo Priorität besitzt. Hierzu kann die Wissenschaft zwar auch noch Entscheidungshilfen bieten, letztlich ist aber die Präferenzstruktur der Schutzwürdigkeit von Nutzungen nicht mit wissenschaftlichen Methoden allein zu erstellen.

3 BEWERTUNGSPROBLEMATIK

3.1 Grundsätzliches

Wie oben bereits ausgeführt, ist zur Entscheidung über die Beibehaltung oder Verlegung einer Trasse die Gewichtung der Teilbelastungen und deren Aggregation zu einer ‚Gesamtbelastung' notwendige Voraussetzung. In Kap. 1.2 wurde die dieser Untersuchung zugrunde liegende anthropozentrische Sicht dargelegt – daraus ergeben sich für die Bewertung der Eignung oder Nichteignung einer Trasse insofern ganz wesentliche Voraussetzungen, als es unseres Erachtens nicht darum gehen kann, den ‚Landschaftshaushalt an sich' zu erfassen und zu bewerten. Im Rahmen einer verkehrsökologischen Eignungsbewertung geht es darum, ökologisch vermittelte Nutzungskonflikte zu minimieren. Zu einer ökologischen Analyse wird eine derartige Arbeit dadurch, daß die straßenbedingten Emissionen über die ökologischen Trägermedien Wasser und Luft räumlich verfrachtet werden und in der Nachbarschaft bei den dort vorhandenen Akzeptoren als Immissionen erscheinen. Die eigentliche Bewertungsproblematik kann an der Frage festgemacht werden, welche Akzeptoren als vorrangig schützenswert anzusehen sind, denn die totale Vermeidung ökologischer Negativwirkungen ist nicht möglich.

3.2 Verwandter Bewertungsansatz

Aus der grundsätzlich anthropozentrischen Sicht ergibt sich, daß die graduell unterschiedliche Betroffenheit des Menschen den Bezugsrahmen der Bewertung liefert. Danach lassen sich die Akzeptoren z. B. wie folgt typisieren:

Tab. 1

Akzeptoren	Bedeutung für den Menschen Betroffenheit des Menschen
Gestein	0
Relief	2
Boden	2
Wasser	2
Klima	2
Luft	2
Pflanzen	2
Tiere	2
Mensch	1

0 = keine Beeinträchtigung
1 = direkte Beeinträchtigung
2 = indirekte Beeinträchtigung

Aus dieser Typisierung ergibt sich zunächst, daß immer dann, wenn der Mensch *direkt* betroffen ist, ein Konfliktfall ersten Ranges vorliegt. Dies ist dann gegeben, wenn sich in unmittelbarer Nähe der Trasse folgende Nutzungen befinden:
Krankenhaus, Altersheim, Wohnbereiche, Schulen, Kindergärten, Sport- und Spielflächen, Schrebergärten u. a. Erholungsflächen. Die Reihenfolge der genannten Nutzungen spiegelt die Schutzwürdigkeit wider – wobei in Abhängigkeit vom jeweilgen Wertsystem auch durchaus andere Präferenzskalen gelten können. Auf jeden Fall gilt, daß mit naturwissenschaftlichen Kriterien allein dazu keine Aussage logisch abgeleitet werden kann. Neben der medizinisch-naturwissenschaftlichen Seite der Humanökologie spielen für die Bewertung solcher Fakten gesellschaftliche Wertvorstellungen eine entscheidende Rolle.

Weitaus schwieriger dürfte sich sowohl die Erfassung als auch die Bewertung des Gesamtkomplexes der ‚indirekten Auswirkungen auf den Menschen' gestalten. Hierzu liegen zunächst von seiten der Grundlagenforschung nur höchst lückenhafte Forschungsergebnisse vor (Einfluß auf einzelne Arten, Biozönosen oder ganze Ökosysteme sowie die sich daraus jeweils ergebenden Folgen für den Menschen), darüber hinaus fehlen oftmals primitivste Informationen über die räumlich differenzierte Ausprägung der Geofaktoren.

Andererseits ist zur Abschätzung dieser indirekten Auswirkungen das vorhandene naturwissenschaftlich-ökologische Wissen über die zu erwartenden ökologischen Wirkungszusammenhänge Voraussetzung. Die Berücksichtigung dieses Bereiches der Gesamtfrage wird um so besser möglich sein, je mehr Ergebnisse der Grundlagenforschung über die Wirkungszusammenhänge im System ‚Straße und Umwelt' planungsrelevant aufbereitet vorliegen.

In dieser Studie konnten die zu erwartenden Belastungen weder quantifiziert noch in ihren Auswirkungen graduell unterschieden werden. Es wurde davon ausgegangen, daß bis 300 m beiderseits der Trasse eine Beeinträchtigung vorliegt. Unter Berücksichtigung der vorhandenen Informationen über den Geokomplex und die Nutzungen wurde ermittelt, ob und wo mit Beeinträchtigungen zu rechnen ist. In Fortführung der Bewertung der Betroffenheit des Menschen wurden die kartierten Nutzungen wie folgt typisiert (s. Tab. 2).

Dieses Bewertungskonzept auf dem Geländeausschnitt der Abb. 2 angewandt, ergibt Abb. 4, wozu die Erstellung einer problembezogenen Nutzungskartierung (Abb. 3) Voraussetzung ist.

3.3 Beispiele für problematische Bewertungsfälle

– Im Bereich Vonderort-Borbeck ist eine hohe Gefährdung des Wassers festzustellen (hohe Durchlässigkeit der oberflächennahen Schichten, Gebiet mit ergiebigen Grundwasservorkommen), so daß hier generell eine Konfliktsituation ersten Ranges zu vermuten wäre. Die Kenntnis der spezifischen örtlichen Verhältnisse erlaubt jedoch, dieses zu vernachlässigen, da das Gebiet bereits zum Einzugsbereich der Emscher gehört und hier das oberste Grundwasserstockwerk seit langem zur Verunreinigung freigegeben ist, d. h. eine erhebliche Schädigung bereits vorhanden ist und entsprechende Auflagen an den Straßenbau hier deshalb überflüssig erscheinen.

– Im Bereich des Verdichtungsraumes befinden wir uns in einer Bördenlandschaft nördlich des Mittelgebirgsrandes. Die Böden sind hier bodentypologisch durch das Vorkommen von Lößparabraunerden gekennzeichnet, die in der Bodenschätzung mit Punktzahlen bis zu 80 Punkten eingestuft worden sind. Im südlich anschließenden Mittelgebirgsbereich des Bergischen Landes dünnt die Lößdecke mehr oder weniger schlagartig aus und es dominieren Verwitterungsböden (Vg-Böden). Diese Böden erreichen bei einer Lößauflage von nur wenigen Dezimetern nur noch Punkte um 30 bis 50. Dieses Beispiel möge zeigen, daß im nördlichen Lößbördebereich Ackerböden mit Punktzahlen um 50 als aus landwirtschaftlicher Sicht minderwertig zu gelten haben, in die man in dieser Region die Trasse verlegen sollte. Demgegenüber stellen Böden mit 50 Punkten im Mittelgebirgsraum bereits Spitzenböden dar, die in dieser Region unbedingt schützenswert sind.

– Aus der Sicht der Landwirtschaft sind Böden mit hohen Acker- oder Grünlandzahlen zu schützen. Aus der Sicht der Wassergütewirtschaft und vor dem Hintergrund der Frage nach der Belastbarkeit von Öko(teil)systemen sind Böden mit hoher Sorptionskapazität und hoher biologischer Aktivität am besten geeignet, verkehrsbedingte Belastungen abzupuffern.

– Ein gutwüchsiger, biologisch aktiver Laubmischwaldbestand ist aus der Sicht des Landschaftsschutzes, der Forstwirtschaft und der Erholungsplanung vorrangig zu schützen. Untersuchungen von Keller (1971) an schweizerischen Autobahnen ergeben, daß gerade solche Laubmischwälder am besten verkehrsbedingte Belastungen abpuffern und abbauen.

Die vorgenannten Beispiele sollten zeigen, daß es nicht sinnvoll erscheint, eine generelle Gewichtung der Betroffenheit bzw. der Schützwürdigkeit einzelner Nutzungen oder ökologischer Teilsysteme vorzunehmen – statt dessen ist dies je nach örtlichen Verhältnissen zu variieren. Weiterhin sollte verdeutlicht werden, daß es nicht *die* Bewertung eines beein-

Tab. 2

Beeinträchtigungstyp	Nutzungsart
1. Flächen, auf denen besonders gefährdete Menschen sich aufhalten müssen	Krankenhaus, Altersheim, Kindergarten, Schule
2. Flächen, auf denen Menschen sich lange aufhalten	Wohnen
3. Flächen zur Freizeitgestaltung, mit individuell intensiver Betätigung, gleichzeitig Massierung vieler Menschen pro Flächeneinheit	Spiel- und Sportflächen Kleingärten Naherholungsflächen (z. B. Parks, Revierparks etc.)
4. Flächen, die z. B. für die Erholung individuell periodisch aufgesucht werden	Friedhöfe, Wälder etc.
5. Flächen, auf denen sich Menschen sporadisch aufhalten	Gartenbau Landwirtschaftliche Nutzflächen Flächen für Wassernutzung
6. Flächen mit relativ hoher Grundbelastung. Wenn betroffen, dann viele Menschen	Gewerbegebiet Industriegebiet
7. Flächen mit hoher gleichartiger Belastung	Verkehrsflächen Verkehrsrestflächen

trächtigten Teilsystems gibt, sondern daß eine Bewertung nur aus der Sicht eines Nutzungsanspruches, d. h. eines Zieles möglich ist.

4 FAZIT

Im Rahmen dieser Sitzung zum Thema ‚ökologische und biogeographische Raumbewertung' könnte der Eindruck entstehen, als sei die Feststellung ökologischer Tatbestände mit Raumbewertung identisch – aus den Darlegungen ergibt sich, daß unseres Erachtens biologische, ökologische und/oder bioökologische Fakten *als solche* noch keine Raumbewertung darstellen. Nach unserem Verständnis gehört die Feststellung ökologischer Tatbestände mittels Apparaturen oder mit Hilfe von Bioindikatoren noch zum deskriptiven Analyseteil einer Planung, d. h. zum Rohmaterial (s. dazu Klein 1976). Erst im darauffolgenden Diagnoseteil wird dieses Rohmaterial einer Bewertung unterzogen. Planungsrelevante, hier verkehrsplanungsrelevante Bewertungskategorien für diese ökologischen und biogeographischen Fakten lassen sich aus den jeweiligen Fachdisziplinen allein nicht ableiten. Selbst dann, wenn Vertreter dieser Wissenschaften Werturteile über ihre empirischen Befunde abgeben, muß man sich bewußt sein, daß die Grundlagen dieser Werturteile im außerwissenschaftlichen Bereich, in der politisch-sozialen Sphäre liegen. Die Formulierung von Werturteilen über einen empirischen Befund, hier die verkehrsbedingte Veränderung eines Geofaktors oder Ökofaktors, setzt die Existenz von Zielen, z. B. landes- oder regionalplanerischen Zielen voraus, wobei dann die eigentliche Bewertungsgrundlage die Zielerfüllung oder -nichterfüllung ist. Diese Ziele nun werden formuliert im Bereich der Politik, z. B. im Umweltprogramm der Bundesregierung, in Landes-, Regional- und Stadtentwicklungsprogrammen.

Die quantitativ erfaßten Phänomene geben zwar Hinweise auf veränderte Raumqualitäten, diese sind damit aber noch nicht bewertet. Die in den Grundlagenwissenschaften häufig zu beobachtende Tatsache, daß an dieser Stelle die eigene Arbeit abgebrochen wird, bestenfalls noch ein vager Hinweis auf die Planungsrelevanz erfolgt (s. Müller 1976), ist zwar legitim, führt aber nur selten dazu, daß solche Ergebnisse auch tatsächlich in die Planung einfließen.

In diesem Beitrag sollte verdeutlicht werden, daß die mit Hilfe von Bioindikatoren festgestellten oder prognostizierten Änderungen von Raumqualitäten überhaupt erst das sind, was dem eigentlichen Bewertungsprozeß zugrunde zu legen ist.

Wer dem Schutz und der Entwicklung der natürlichen Lebensgrundlagen des Menschen, einem in vielen politischen Programmen verkündeten Ziel, Priorität einräumt, wird zu dem Schluß kommen, daß dann die beste Straße diejenige ist, die nicht gebaut wird. Wer Straßenplanung als einen notwendigen Teil der gesamten räumlichen Entwicklungsplanung begreift, der wird aus der Sicht der Umweltgüteplanung (s. Finke 1977) zustimmen, daß dann die beste Straße diejenige mit den geringsten ökologischen Negativwirkungen ist. Eine Straße ohne negative Auswirkungen gibt es nicht.

Ökologische Kriterien für die Verkehrsplanung

KONFLIKTKATEGORIEN

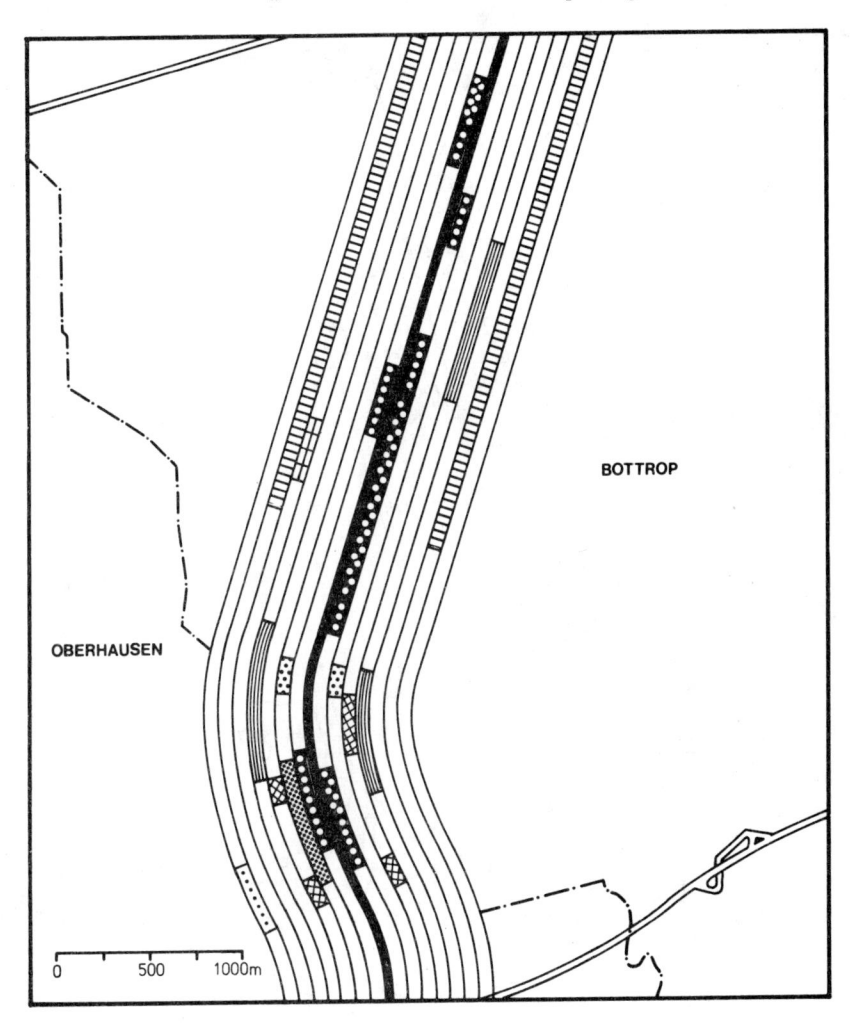

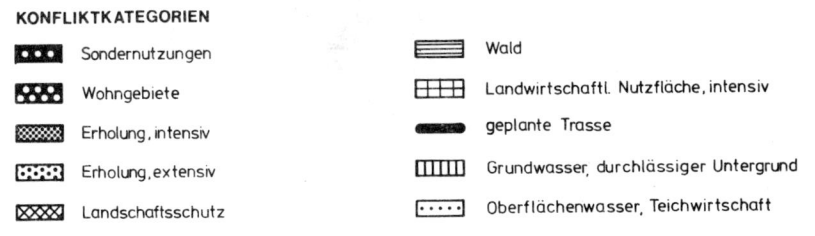

- Sondernutzungen
- Wohngebiete
- Erholung, intensiv
- Erholung, extensiv
- Landschaftsschutz
- Wald
- Landwirtschaftl. Nutzfläche, intensiv
- geplante Trasse
- Grundwasser, durchlässiger Untergrund
- Oberflächenwasser, Teichwirtschaft

Abb. 2 Konfliktkarte A

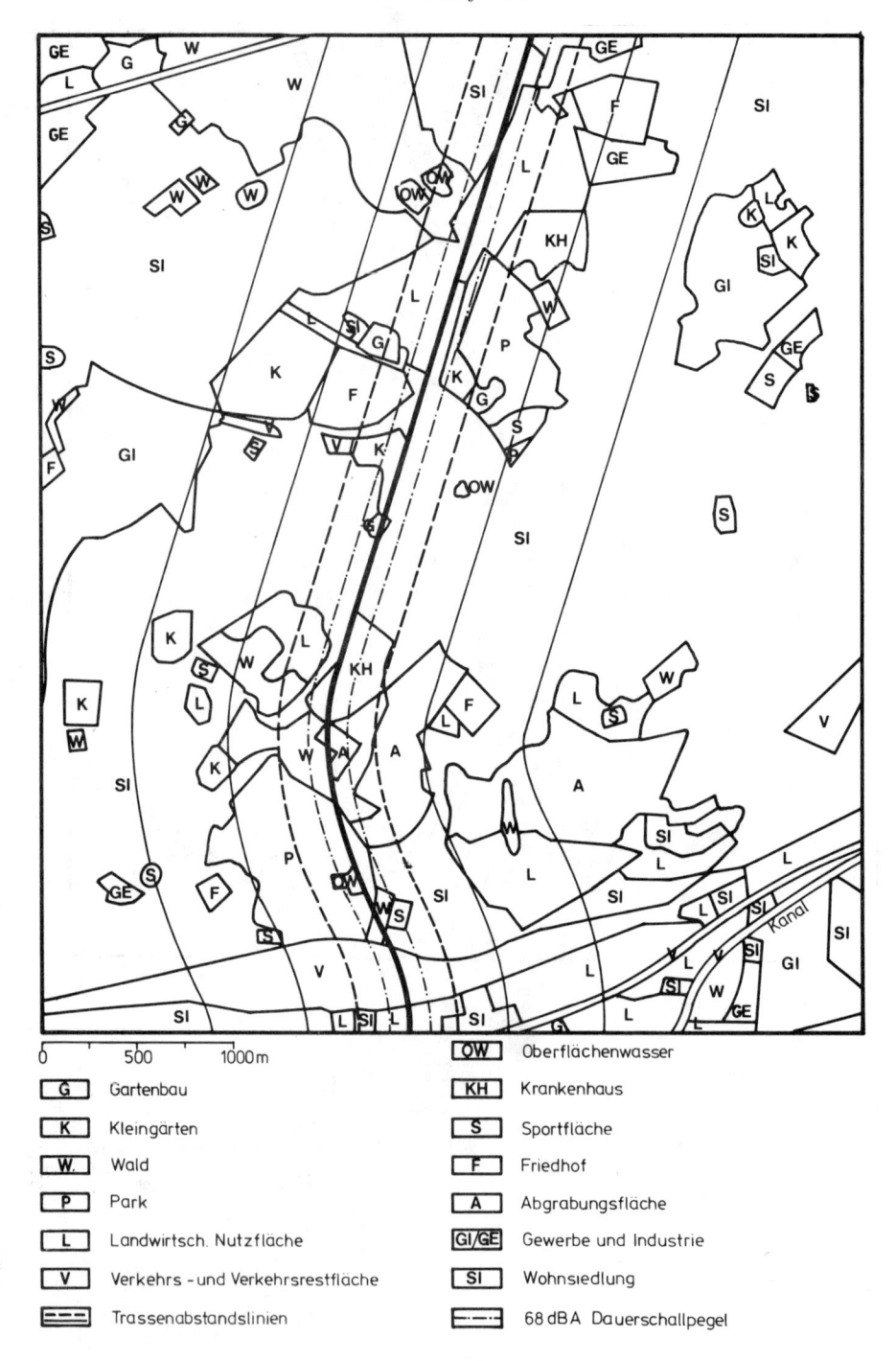

0 500 1000m		`OW`	Oberflächenwasser	
`G`	Gartenbau	`KH`	Krankenhaus	
`K`	Kleingärten	`S`	Sportfläche	
`W.`	Wald	`F`	Friedhof	
`P`	Park	`A`	Abgrabungsfläche	
`L`	Landwirtsch. Nutzfläche	`GI/GE`	Gewerbe und Industrie	
`V`	Verkehrs - und Verkehrsrestfläche	`SI`	Wohnsiedlung	
`===`	Trassenabstandslinien	`-·-·-`	68 dBA Dauerschallpegel	

Abb. 3 Flächennutzung

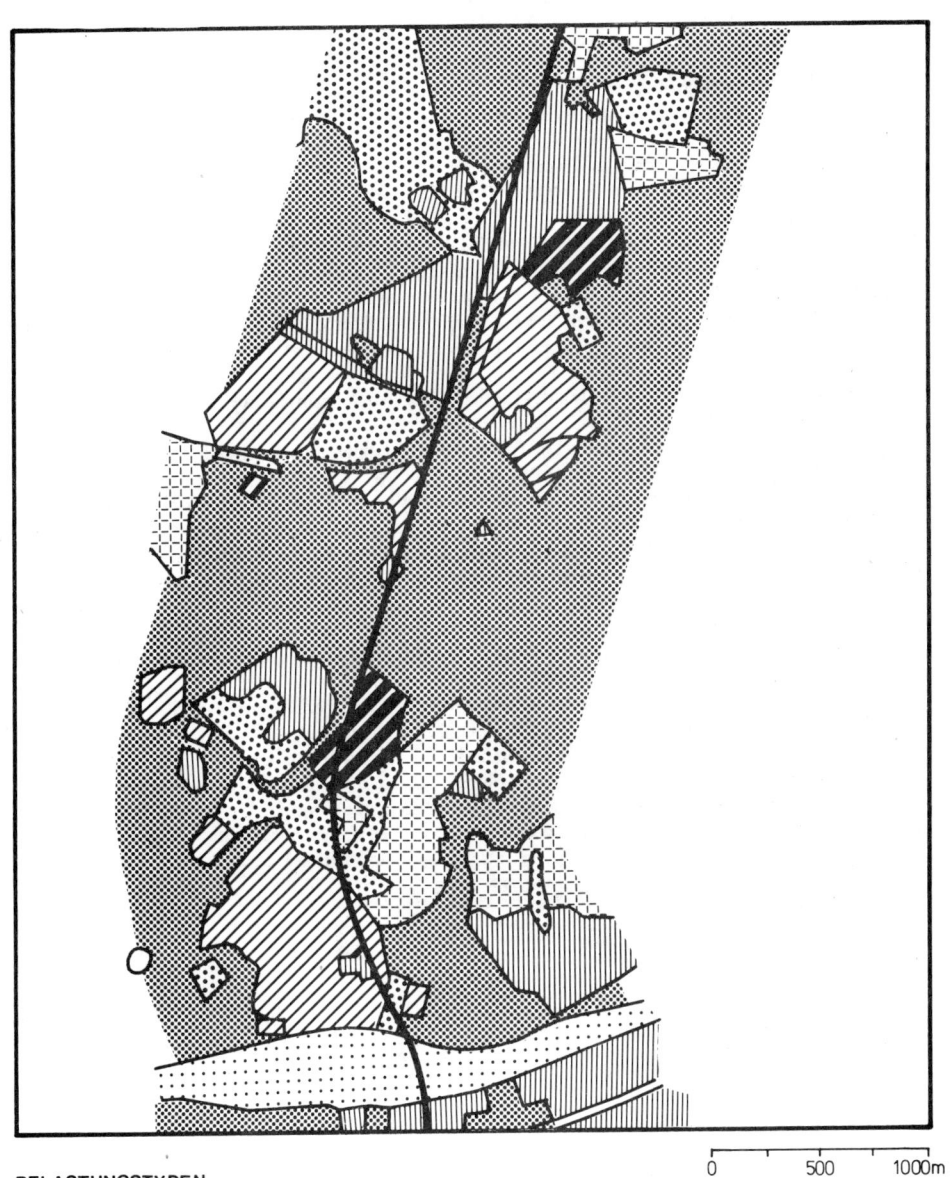

Ökologische Kriterien für die Verkehrsplanung   591

BELASTUNGSTYPEN

TYP I — Krankenhaus, Altersheim, Kindergarten, Schule

TYP II — Wohnen

TYP III — Spiel- u. Sportflächen, Kleingärten, Naherholungsflächen (z. B. Parks, Revierparks etc.)

TYP IV — Friedhöfe, Wälder

TYP V — Gartenbau, Landwirtschaftl. Nutzflächen, Flächen f. Wassernutzung

TYP VI — Gewerbegebiet, Industriegebiet

TYP VII — Verkehrsflächen, Verkehrsrestflächen

Abb. 4   Konfliktkarte B

Literatur

Bauer, H. J. (1974): Belastung der Landschaft durch den Straßenverkehr, in: Seminare 1974 der Landesstelle für Naturschutz und Landschaftspflege in Nordrhein-Westfalen, S. 29ff.

Buchwald, K., W. Harfst u. E. Krause (1973): Gutachten für einen Landschaftsrahmenplan Bodensee, Baden-Württemberg. Hannover und Stuttgart

Bierhals, E., H. Kiemstedt u. H. Scharpf (1974): Aufgaben und Instrumentarium ökologischer Landschaftsplanung, in: Raumforschung und Raumordnung 32, S. 76–89

Fielenbach, R. (1975): Straße und Ökologie, in: Straße und Autobahn 26, S. 52–54

Finke, L. (1974): Zum Problem einer planungsorientierten ökologischen Raumgliederung, in: Natur und Landschaft 49, S. 291–293

Finke, L. (1977): Der mögliche Beitrag der Geographie zur Umweltgüteplanung, in: Lob, E. und H.-W. Wehling (Hrsg.): Geographie und Umwelt, Festschrift für Prof. Dr. Peter Schneider, Frankfurt

Keller, Th. (1971): Die Bedeutung des Waldes für den Umweltschutz, in: Schweizerische Zeitschrift für Forstwesen 122, S. 600–613

Kentner, W. (1972): Verkehrsökologie – Die Lehre von den Beziehungen zwischen Verkehr und Umwelt = DVWG-Schriftenreihe, Reihe D 33, Köln

Klein, R. (1976): Nutzenbewertung in der Raumplanung. Voraussetzungen und Verfahren zur Erstellung einer umfassenden Grundlage für die Nutzenbewertung in der Raumplanung und Rückwirkungen auf den Planungs- und Entscheidungsprozeß, Dissertation Universität Dortmund

Krause, E. (1976): Zur Beurteilung alternativer Autobahn-Wahllinien durch die Landschaftsplanung. Landschaft und Stadt 4, S. 167–179

Lorenz, H. (1971): Trassierung und Gestaltung von Straßen und Autobahnen, Wiesbaden und Berlin

Müller, P. (1976): Faunistik und Landesplanung, in: Mitt. der Landesanstalt für Ökologie, Landschaftsentwicklung und Forstplanung NW 1, S. 149–156

Rieper, E., T. Heyde u. W. ter Huerne (1976): Abschirmung von Verkehrsstraßen. SchrR Landes- u. Stadtentwicklungsforschung des Landes NW, Bd. 2010, Dortmund

Tiefenthaler, H. (1975): Verkehrsimmissionen und Wirtschaftlichkeitsuntersuchungen. Bewertung und Auswahl von Hochleistungstrassen in Ballungsräumen unter dem Gesichtspunkt der Umweltqualität = SchrR des Instituts für Straßenbau und Verkehrsplanung der Universität Innsbruck

Tiefenthaler, H. (1976): Bewertung und Auswahl von Varianten städtischer Hochleistungstrassen unter dem Gesichtspunkt der Umweltqualität, in: Straße und Autobahn 27, S. 295–297

Diskussion zum Vortrag Finke

Dr. W. Knabe (Düsseldorf)
Das Gutachten zur A 31 hat nach Ihrer Aussage die Alternative einer Verschiebung der Trasse bis zu 200–300 m. Der Anspruch der Straßenbauer wird als gegeben angesehen. Notwendig wäre dagegen eine Erfassung anderer Lebensansprüche der Bevölkerung im westlichen Ruhrgebiet. Erforderlich wären Grünflächen, Ruheräume, bessere Luftqualität, darüber hinaus die Anlage von Wanderwegen, Radwegen und Sportflächen. Diese Ansprüche sind für das Überleben, d. h. zunächst Dortwohnenbleiben und Kinderhaben der Ruhrgebietsbevölkerung sehr wichtig.

Erst wenn man diese Ansprüche im Vergleich zum Ist-Zustand offenlegt, kann der Politiker angemessene Entscheidung fällen, ob eine solche Autobahn dort noch gebaut werden kann oder nicht. Die Belastungsanalysen zur Trassenfestlegung reichen dafür nicht aus.

Prof. Dr. L. Finke (Dortmund)
Die Tatsache, daß die Trasse der A 31 festlag und lediglich Verschiebungen um maximal 300 m möglich schienen, wurde von uns Gutachtern als Faktum hingenommen.

Im Gesamtgutachten werden die von Ihnen angesprochenen ‚Lebensansprüche der Bevölkerung' sehr ausführlich im Bereich Wohnumfeld und Naherholung untersucht. Ich bin allerdings der Meinung, daß auch eine noch so vertiefte Analyse bei Vorgabe nur einer einzigen Trasse z. Z. zu keiner Ablehnung einer Trassenführung gelangen kann – dazu fehlen für viele Belastungsarten noch allgemein anerkannte Grenzwerte.

Die von mir vorgestellte Methode verfolgt das Ziel, im Frühstadium einer Verkehrsplanung durch Berücksichtigung ökologischer Parameter aus mehreren Trassenvarianten diejenige herauszufinden, bei der die direkten sowie die ökologisch vermittelten Negativwirkungen am geringsten sind. Die grundsätzliche verkehrs- oder regionalplanerische Begründung einer Trasse läßt sich damit allerdings nicht widerlegen.

ÖKOLOGISCHE KRITERIEN ZUR BEWERTUNG VON KÜSTENBEREICHEN IM NÖRDLICHEN SCHLESWIG-HOLSTEIN

Mit 1 Abbildung und 3 Tabellen

Von Wolfgang Riedel (Flensburg)

1. REGIONALE SITUATION

Die Ermittlung des ökologischen Potentials und der Umweltbelastung im nördlichen Landesteil Schleswig gab den Anlaß zur Erstellung dieser Untersuchung. Hierbei handelt es sich um einen Forschungsauftrag aus Mitteln des Landes Schleswig-Holstein. Die Geländearbeiten wurden 1976 durchgeführt, die Untersuchungen im Frühjahr 1977 abgeschlossen.

Der Landschaftswandel hat diesen Raum noch nicht in dem Maße verändert, wie es vergleichsweise in anderen Regionen Mitteleuropas geschehen ist. Die Gefahr einer zunehmenden „Verplanung" der Landschaft im Landesteil Schleswig läßt es sinnvoll erscheinen, Naturpotential und Umweltbeeinflussung zu untersuchen, bevor irreversible Schädigungen und wirtschaftliche Zwänge in weit höherem Maße als bisher den landschaftspflegerischen Spielraum auf ein Minimum einschränken. Das gilt besonders für die Lösung des Zielkonfliktes zwischen Naturschutz auf der einen und Öffnung der Landschaft für den Freizeittourismus auf der anderen Seite.

Diese Arbeit ist der erste Versuch eines quantitativen Ansatzes auf geoökologischer Grundlage, im Landesteil Schleswig die wichtigsten Faktoren der Natur- wie Kulturlandschaft zu erfassen und zu einer planungsrelevanten Aussage über die Umweltqualität zu führen. Die küstennahen bzw. küstenangrenzenden Gebiete
– Halbinsel Holnis bei Glücksburg/Ostsee
– Bereich Habernis/Geltinger Bucht/Ostsee
– Bereich der Bordelumer Heide bei Bredstedt/Nordfriesland
– Forst-, Moor- und Dünenbereich bei Süderlügum/Nordfriesland
bringen einige typische Beispiele aus einer größeren Untersuchung (Riedel 1977).

Der vorliegenden Untersuchung kommt der Charakter einer pilot-study zu. Die Flächenauslegung der Untersuchungsgebiete erfolgte unter Anstrebung vergleichbarer Größen auf der Basis von ca. 8–12 Planquadraten (qkm) vor allem aufgrund ihrer geologischen, geomorphologischen, pedologischen und biogeographischen Repräsentanz. Naturschutzrelevante Landschaftsbestandteile sowie vorhandene bzw. potentielle Belastungen waren weitere Kriterien für die Auswahl gerade dieser Untersuchungsgebiete.

Grundsätzlich muß man die geoökologische Grundlagenforschung im Landesteil Schleswig als unterdurchschnittlich repräsentiert bezeichnen. Das gilt u. a. für die nahezu flächendeckend fehlenden geologischen, bodenkundlichen und geomorphologischen Karten im Maßstab 1:25 000. Als nicht unumstrittene planungsrelevante Unterlage fehlt nördlich der Linie Husum-Schleswig sogar die Naturräumliche Gliederung im Maßstab 1:200 000.

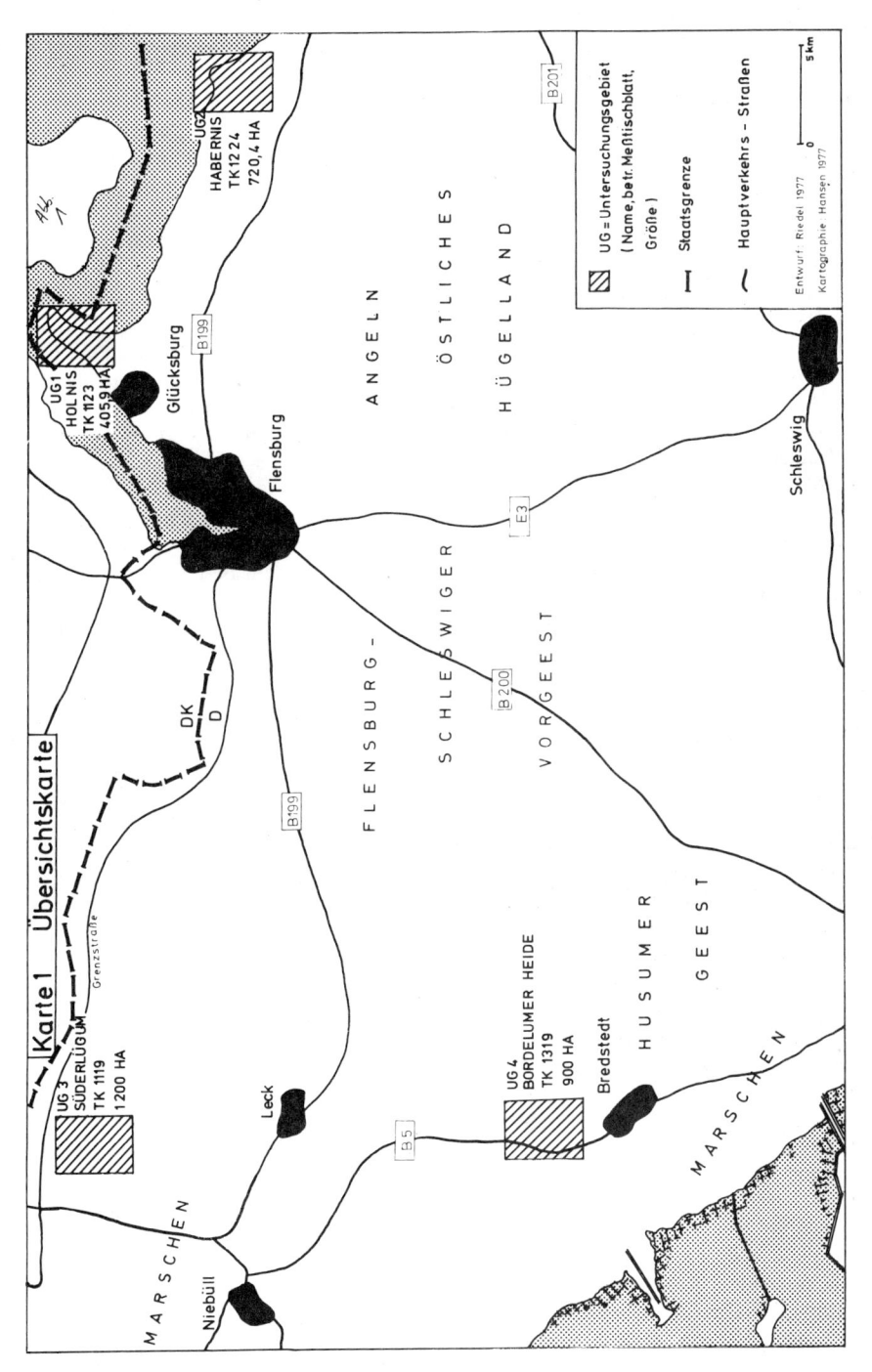

Ökologische Kriterien zur Bewertung von Küstenbereichen

Abb. 1 Übersichtskarte

2. LANDSCHAFTSERHEBUNG UND LANDSCHAFTSBEWERTUNG

Die grundlegende Darstellung der ökologischen Ausstattung der Landschaft erscheint im Rahmen der vorliegenden Untersuchung von großem Wert: Landschaftsökologisch orientierte Erhebungen, Messungen und Kartierungen sind hier als Beitrag zur Landschaftsbeurteilung und Landschaftspflege nutzbar gemacht worden. Für den praktischen Zweck der Arbeit erscheint an Stelle einer anzustrebenden ökologischen Systemanalyse eine Erhebung von Daten zur qualitativen und semiquantitativen Darstellung unter landschaftsökologischen Aspekten vorerst vorrangig.

Die Kartierung der Landnutzung bereitete methodisch verständlicherweise geringere Schwierigkeiten und wurde großenteils von Studierenden durchgeführt und vom Verfasser überprüft. Die Kartierung der Flächennutzungseinheiten wurde in einen Vergleich mit den Chronologen der jeweiligen topographischen Karten gestellt. Der Landschaftswandel stellt methodisch ein geeignetes Parameter zur Beurteilung der Landschaft dar, besonders in Hinsicht auf die Erhaltung ihrer Struktur. Neben physisch-geographischen bzw. ökologischen Aufnahmen und der Kartierung der Landnutzung wurden zahlreiche punktuelle, linienhafte bzw. flächenhafte Elemente der natürlichen wie der Kulturlandschaft zur Bewertung der natürlichen Umweltqualität als auch der Belastung kartiert. Die gewonnenen ökologischen Daten zur natürlichen Ausstattung der Landschaft, die jeweiligen Flächenanteile und Schwundraten und die verschiedenen Phänomene aus dem Bereich der Belastung gehen in den Versuch einer Landschaftsbewertung ein.

Die Bewertung von Landschaften ist methodisch in ständiger Weiterentwicklung und kann an dieser Stelle nicht Gegenstand von wissenschaftstheoretischen Erörterungen sein. Ein moderner, anspruchsvoller, quantitativer Ansatz auf geographisch-ökologischer Grundlage zur Erstellung der formalen Umweltqualität von Räumen liegt z. B. in der Arbeit von Bugmann (1975) vor. Eine Datenerstellung und Aufbereitung nach diesem Vorbild wäre anzustreben, benötigte aber höheren Aufwand, vor allem in zeitlicher Hinsicht. Diese Untersuchung hält sich im Rahmen von bisher in der Forschung üblichen Methoden, ermöglicht aber durch eine umfangreichere Datenbasis zusätzliche Aussagen, die über bisherige Ansätze zur Bewertung von Landschaftsräumen im Landesteil Schleswig – z. B. bestehende Landschaftspläne – hinausgehen. Es wird näherungsweise versucht, durch numerisch additive Wertung einen Ansatz zur Ermittlung der ökologischen Qualität der Räume auf der einen wie zu ihrer Belastung auf der anderen Seite zu gewinnen. Es ist klar, daß verschiedenartige Ansätze, Erhebungs- und Bewertungskriterien und Durchführungen dabei zu verschiedenen Ergebnissen führen können. Durch die Auswahl möglichst vieler meßbarer Erhebungskriterien ist ein ausreichender Umfang an objektiv überprüfbaren Fakten gegeben. Die nachprüfbare Subjektivität liegt dann in der Gewichtung und Auswahl, nicht aber in der Erhebung und Verarbeitung des Materials. Das zugehörige Berechnungsschema kann beim Verfasser abgerufen werden. Das Gesamtresultat bleibt somit überprüfbar und innerhalb der untersuchten Gebiete vergleichbar.

3. KRITERIEN FÜR ÖKOLOGISCHE SACHVERHALTE

3.1. Spezielle Kriterien

Die ausgewählten Kriterien lassen sich nachfolgenden zwei Gruppen zuordnen:
I. Erhebungskriterien aus dem Bereich der natürlichen Umwelt (25 Erhebungskriterien auf der Basis des erhobenen Datenmaterials)

II. Erhebungskriterien aus dem Bereich der Belastung sowie Schädigung der Landschaft (15 Erhebungskriterien auf der Basis des erhobenen Datenmaterials)

Die Erhebung der einzelnen Zahlen ist erforderlich unter dem Gesichtspunkt der Gewichtung ihrer Bedeutung für die Struktur der Gebiete, wobei in jedem Fall eine Größenordnung, ausgedrückt in einem Zahlenwert, erhalten wird (Kriterien der Gewichtung: Häufigkeit und Flächenverteilung der Objekte).

Von den 25 speziellen Erhebungskriterien aus dem Bereich der natürlichen Umwelt seien beispielhaft genannt:
- Geomorphologische Formen
- Pedologische Einheiten bzw. Verbreitungsmuster
- Natürliche bzw. kulturlandschaftsbedingte naturnahe Vegetationsgemeinschaften
- Landschaftsökologische Einheiten
- Waldauflösung („Waldrandeffekt")
- Anteil der Moore und Erhaltung ihres Habitus
- Fließgewässerdichte
- Gewässerqualität
- Knickanteil

Von den 15 Erhebungskriterien aus dem Bereich der Belastung sowie Schädigung der Landschaft seien beispielhaft genannt:
- Schwundrate bei Moor- und Heideflächen
- Verschmutzungsgrad der Landschaft durch Deponien
- Deutliche Landschaftsschäden
- Auskiesungsrate
- Frequentierung der Gebiete durch Besucher

Rechnet man die Werte aus dem Bereich der natürlichen Umwelt als Pluswerte gegen die Werte aus dem Bereich der Belastung als Minuswerte auf, ergibt sich eine deutliche Rangfolge der Untersuchungsgebiete, im Falle der genannten vier Untersuchungsgebiete:

Tab. 1 *Rangfolge der 4 Untersuchungsgebiete*

Gebiet	nach Fläche unbereinigt	flächenbereinigt
Holnis	+94,37	+150,44
Habernis	+81,50	+104,29
Bordelumer Heide	+61,91	+ 46,06
Süderlügum	−11,56	− 9,25

Eine weitergehende Verarbeitung des Datenmaterials nach anderen Methoden erfolgt nicht, denn es sollen relativ einfache, handhabbare Bewertungsrahmen für die kommunale Praxis erstellt werden. Die Geographie kann dieser Forderung, die hier an sie herangetragen wird, nur entsprechen, wenn die benutzten Näherungsmethoden auch in der kommunalen Praxis nachvollziehbar sind. Aus der Literatur bekannte Beispiele konnten in einem kritischen Vergleich mit den Geländebefunden bisher keine größere Aussagekraft erzielen.

3.2. Allgemeine Kriterien

Das umfangreiche Datenmaterial führte zur Erarbeitung von nachfolgenden Bewertungskriterien, die bei Planungsentscheidungen als zusätzliche bzw. weitergehende Hilfen An-

wendung finden können. Zusätzlich zur hier vorgestellten Bewertung der Untersuchungsgebiete auf der Basis von 40 Erhebungskriterien sollen an dieser Stelle erstmals Möglichkeiten zur Diskussion gestellt werden, aus der Ermittlung von Häufigkeiten in ihrem raumzeitlichen Spektrum Rückschlüsse auf die Charakteristika von Ökosystemen mit Hilfe allgemeiner Bewertungskriterien zu ziehen. Allgemeine Bewertungskriterien zur Beurteilung von Charakteristika beliebiger Ökosysteme aus der Ermittlung von Häufigkeiten in ihrem raum-zeitlichen Spektrum sind:
– Heterogenitätskriterien
– Homogenitätskriterien
– Singularitätskriterien
– Variationskriterien
– Komparativkriterien
– Stabilitätskriterien

Die obengenannten 40 allgemeinen Erhebungskriterien dienen als Ausgangsgrößen zur Ermittlung der vorgenannten sechs allgemeinen Kriterien.

Homogenitäts- bzw. Heterogenitätskriterium

40 Erhebungskriterien – wie oben vorgestellt – stellen die Grundgesamtheit dar, die Zahl 40 ist somit Normwert. 40 Sachverhalte, abzüglich der in einem Untersuchungsgebiet fehlenden Sachverhalte, ergeben einen Ausdruck für die Heterogenität eines Untersuchungsraumes innerhalb zu vergleichender Gebiete. Die Umkehrung weist auf die Homogenität des Untersuchungsgebietes hin.

Singularitätskriterium

Die 40 Erhebungskriterien stellen wieder die Grundgesamtheit dar, die Zahl 40 ist somit Normwert.

Ein einmaliges Auftreten eines Erhebungskriteriums ist Ausdruck der Singularität: Gebiete ohne Singularitäten unterscheiden sich von Gebieten mit Singularitäten. Die Berechnung der Singularität ist unabhängig von irgendwelchen Gesamteindrücken oder sonstigen Kriterien. Es kann vermutet werden, daß mit wachsender Zahl der Sachverhalte, die zur Kriterienbildung führen, in relativ ähnlichen Gebieten eine Verschärfung des Kriteriums Singularität denkbar ist.

Variationskriterium

Hier wird von der Spannweite der auftretenden Größen ausgegangen. Während die Heterogenität bzw. Homogenität die Anzahl der überhaupt auftretenden Sachverhalte in ihrer Verschieden- bzw. Gleichartigkeit festhält, beschreibt das Variationskriterium das mögliche Spiel in den vorhandenen Größen. Die Abweichung vom Mittelwert zwischen maximaler und minimaler Größe bezeichnet die Variation. Diese Variation basiert nicht auf dem Inhalt der einzelnen sachlichen Kriterien und deren Schwankungsbreite, was eine optimale Lösung des Problems wäre. In diesem praxisorientierten Ansatz werden vereinfachte Berechnungsmethoden vorgezogen und somit berechnet sich die Variation aus der additiven Summe aller Einzelvariationen (Mannigfaltigkeitswert).

Komparativkriterium

Möglich ist
I. der Vergleich von identischen Einzelgrößen;

II. der Vergleich von Gebieten, wenn vergleichbare Größen für die Gesamtheit eines Gebietes vorliegen.

Solche Größen sind nur indirekt ermittelbar und bedingen einen hohen Arbeitsaufwand aufgrund von quantitativen Messungen und liegen daher nur für wenige Gebiete der Erde vor.

Stabilitätskriterium

Hier gilt gleiches wie beim Komparativkriterium. Fast alle bisher in der Literatur genannten Kriterien für die Stabilität erfassen nur Einzelaspekte, aber nie den Gesamtzusammenhang eindeutig. Alle Kriterien, die die Stabilität von einem einzigen Einzelmerkmal her beurteilen, sind als vorläufige Schätzungen eines nicht sicher bekannten Zusammenhangs zu werten. Wir wissen noch zu wenig über die Systemzusammenhänge, um präzise Analysen dieser mit Hilfe kybernetischer Methoden durchzuführen (vgl. Fränzle, 1971; Martens, 1970).

Zeigen die beiden letztgenannten Kriterien die heute noch bestehenden methodischen Grenzen auf, so sei doch bemerkt, daß versucht wurde, unter Benutzung von Häufigkeiten einfache Aussagen über Zustand und Wandel von Ökosystemen zu erhalten. Dabei ist nicht zu vergessen, daß die Aussage der Bewertungskriterien abhängt von dem Umfang der Erhebungskriterien, was in der Praxis leider oft vernachlässigt wird. Für die Praxis werden die Kriterien in einem einfachen Bewertungsschema zusammengestellt. Bedingung ist die gemeindenahe Benutzbarkeit, wie sie hier in den vorgelegten Kriterien noch erfüllt wird. Die Nutzbarkeit in den Gemeinden kann durch fertig ausgeworfene Tabellen-Bewertungsrahmen – ohne aufwendige Rechnungen – erfolgen.

Festgehalten sei hier, daß es sich um vorläufige Ergebnisse handelt, an denen bemerkenswert ist:
I. die Breite der berücksichtigten Erhebungskriterien und der Umfang der Datenbasis;
II. die Tatsache, daß ein Versuch vorliegt, allgemeine Bewertungskriterien in der Ökologie zu konkretisieren.

Den Abschluß der Ausführungen sollen einige Aussagen über die betreffenden 4 Küstenbereiche bilden, die vor allem aufgrund der skizzierten Vorgehensweisen in der Herausarbeitung ökologischer Kriterien möglich waren.

4. ANWENDUNGEN

4.1. Ostseeküste: Halbinsel Holnis und Habernis

Die Bewertung zweier Küstenabschnitte gemäß des nachstehenden Bewertungsschemas (Tab. 2) zeigt deutlich auf, daß bei der Benutzung der Erhebungs- und Bewertungskriterien in öffentlichen Körperschaften zwei Gesichtspunkte berücksichtigt werden müssen:
I. der Vergleich von Teilflächen innerhalb einer Gemeinde;
II. der Vergleich von Gemeindeflächen untereinander.

Bei etwa gleicher Heterogenität der beiden Gebiete Holnis und Habernis und nur wenig abweichenden Singularitätsverhältnissen fällt der große Unterschied in der Variation dieser Gebiete auf, was auf beträchtliche Unterschiede in der Struktur rückschließen läßt. Nach den bisherigen Erfahrungen scheinen Gebiete mit geringer Strukturierung instabiler zu sein als Gebiete mit reicherer Strukturierung. Die wichtigste planerische Folgerung aus diesem Sachverhalt ist die Annahme, daß die Belastbarkeit des Gebietes von Holnis gegenüber dem Gebiet von Habernis größer ist. Das gilt für den Gesamtzustand der Landschaft, nicht für Einzelaspekte.

Tabelle 2 *Bewertungsschema Holnis – Habernis*

Areal	Gebiet A (Holnis)	Gebiet B (Habernis)
Kriterien	Stabilität ? Singularität 1 Variation 621,58 Heterogenität 35 Homogenität 0,125 Komparation ?	Stabilität ? Singularität 2 Variation 485,07 Heterogenität 32 Homogenität 0,2 Komparation ?
Datenbasis 1–40	Rohdaten: +94,37 bereinigt: +150,44	Rohdaten: +81,50 bereinigt: +104,29

Aufgrund der angewendeten Kriterien weist sich die Halbinsel Holnis als Gebiet von sehr hohem landschaftlichem Wert aus. Die Kunst der Ausweisung von Einrichtungen des Freizeittourismus in dieser Gegend wird darin liegen, ihre Massierung an sinnvollen Punkten zu vollziehen und daneben ausreichend „Ruheräume" für die Natur zu belassen. Der Naturschutz von Teilgebieten als ökologischer Schutzraum in dieser freizeittouristisch stark belasteten Landschaft ist besonders notwendig: An den Kriterien zur Ausweisung älterer Naturschutzgebiete kann aus heutiger Sicht deutlich Kritik geübt werden. Bei ihnen spielten früher vorwiegend botanische und zoologische, kaum aber geomorphologische und hydrologische Kriterien eine Rolle.

Aufgrund der angewendeten Kriterien weist sich Habernis als Gebiet von hohem Landschaftswert aus. In starker Abweichung vom Stand der topographischen Karte wird bemerkenswerterweise „Ödland" kartiert, das ökologisch – in diesen Anteilen noch (ca. 6% Flächenanteil) - positiv beurteilt wird. Es entwickelt sich in der Regel aus aufgelassenem minderwertigen Grünland oder aus in ihrem Charakter veränderten bzw. geschädigten Moorflächen in Sukzessionen weiter. Im Augenblick ist die naturnahe Belassung von „Ödland" eine „billige" Form der Landschaftspflege, zudem stellen diese Flächen wertvolle ökologische Zellen in einer ansonsten ausgeräumten Agrarlandschaft dar. Gerade Habernis ist aber auch signifikant für eine starke Verschmutzung der Landschaft durch zahlreiche größere und kleinere wilde Deponien. Beiden Sachverhalten, die miteinander in Wechselwirkung stehen könnten – Sozialbrache und Verschmutzung –, liegt vermutlich dieselbe geistige Haltung zugrunde. Es zeigt sich interessanterweise jedoch eine ambivalente Auswirkung:

– ökologisch positiv in bezug auf die Sozialbrache,
– ökologisch negativ in bezug auf die Verschmutzung.

4.2. Nordseebereich: Bordelumer Heide und Süderlügum

Im nachfolgenden wird das Bewertungsschema dieser beiden Gebiete vorgestellt:

Tabelle 3 *Bewertungsschema Bordelumer Heide – Süderlügum*

Areal	Gebiet C (Bordelumer Heide)	Gebiet D (Süderlügum)
Kriterien	Stabilität ? Singularität 2 Variation 338,82 Heterogenität 31 Homogenität 0,225 Komparation ?	Stabilität ? Singularität 1 Variation 311,55 Heterogenität 34 Homogenität 0,15 Komparation ?
Datenbasis 1–40	Rohdaten: +61,91 bereinigt: +46,06	Rohdaten: −11,56 bereinigt: − 9,25

Besonders deutlich fällt der jeweils relativ niedrige Wert der Variation auf, was erste Rückschlüsse auf die Belastbarkeit der Gebiete zuläßt (vgl. das unter 4.1 Gesagte).

Mittlerer Mannigfaltigkeitsgrad (nach dem Variationskriterium) weist das Gebiet der Bordelumer Heide aus. Der Wert des Raumes könnte u. a. durch ein Management für die letzten Heiden gesteigert werden, in diesem Falle bliebe auch ein Zielpunkt des Freizeittourismus erhalten. Die atlantischen Hochmoore als letzte Zeugnisse der ehemaligen Naturlandschaft sind weithin durch landeskulturelle Maßnahmen verändert und geschädigt, politische Maßnahmen erweisen sich als wirkungslos. Eindringlich muß auf ihre Erhaltung hingewiesen werden. Im letzten Augenblick vor der Vernichtung dieser Flächen – das gilt für Moore *und* Heiden – muß eindringlich auf ihre Erhaltungswürdigkeit hingewiesen werden:
– erhaltenswert als landschaftsgeschichtliche Reliktformen
– erhaltenswert als ökologische Zellen
– erhaltenswert als Initialflächen für neue Flächennutzungsformen (Ödlandmanagement, Naturschutzmanagement)

Aufgrund der angewendeten Erhebungs- und Bewertungskriterien weist sich das Gebiet um Süderlügum als Raum mit einer Reihe wertvoller Landschaftselemente aus, weist aber eine starke Veränderung seiner Landschaftsstruktur und Schäden (besonders in Nadelmonokulturen) auf, die landschaftspflegerische Maßnahmen dringlich erscheinen lassen. Die letzten wenigen verbliebenen Hektar an Heidefläche – in der Regel Singularitäten – sind in größter Gefahr, da sie sich durch Verbuschung und Vergrasung von der Heide weg entwickeln.

4.3. Vergleich Ostseeküste – Nordseebereich

Im Vergleich von Ostseeküste – Nordseebereich zeigt sich, daß unter unähnlichen Ausgangsbedingungen (u. a. verschiedenartige glazialmorphologische Situation) bei etwa ähnlichen Randbedingungen (etwa gleiche klimatische Verhältnisse) das Verhältnis der Gebiete Holnis und Habernis einerseits sowie Bordelumer Heide und Süderlügum andererseits untereinander unähnlich ist. Das bedeutet für die planerische Praxis im Landesteil Schleswig, verschiedene Denkansätze bei der Erstellung von Planungsunterlagen stärker als bisher berücksichtigen zu müssen. Hierzu gehört die Berücksichtigung von ermittelbaren Belastungsgrenzen und die politisch wirksame Stützung planerischer Zielvorstellungen durch präzisere ökologische Aussagen. Die eingesetzten Kriterien der Erhebung und Bewertung (Abschnitt 3) erleichtern und ermöglichen in vielen Fällen erst eine hinreichend genaue Bewertung der Landschaft.

5. ZUSAMMENFASSUNG

Ziel des vorliegenden Versuches ist die Aufstellung einer einfach handhabbaren Technik, die es Nichtfachleuten nach kurzer Anleitung gestattet, in ihren Gemeinden oder Gemeindeverbänden einen knappen Überblick und eine angemessene Beurteilung ihres Gebietes als Entscheidungshilfe in den Gemeinderäten und körperschaftlichen Gremien zu gewinnen. Dabei ist die räumliche Bemessung der jeweilig zu beurteilenden Gebiete je nach Bedarf auszulegen (Gemeindeflächenbasis, Basis von Planquadraten, naturräumliche Einheiten). Diese Landschaftsbewertung wird ausdrücklich als erster Versuch dargestellt. Es handelt sich um eine Kombination von ökologischen Daten mit Daten aus dem Bereich der Belastung und Schädigung der Landschaft in zeiträumlicher Sicht, wie sie in dieser Form im Landesteil Schleswig noch nicht durchgeführt worden ist. Diese Bewertung führte zu einer differenzierten semiquantitativen Beurteilung von Untersuchungsgebieten. Somit werden in der vorgestellten Untersuchung nicht nur Fakten gesammelt wie z. B. dänischerseits in der „landskabsanalyse" des vergleichbaren nordschleswigschen Raumes, sondern darüber hinaus der Versuch einer Findung ökologischer Kriterien zur Bewertung der Landschaft unternommen.

Literatur

Bugmann, E. (1975): Die formale Umweltqualität, Zürich 1975

Finke, L. (1971): Landschaftsökologie als Angewandte Geographie. Berichte zur Deutschen Landeskunde, Bd. 45, H. 2, Juli 1971, Bundesforschungsanstalt für Landeskunde und Raumordnung. Bonn-Bad Godesberg. S. 167–182

Fränzle, O. (1971): Physische Geographie als quantitative Landschaftsforschung. In: Stewig, R., Beiträge zur geographischen Landeskunde und Regionalforschung in Schleswig-Holstein, Kieler Geographische Schriften, Bd. 37, 1971, S. 297–312

Kiemstedt, H. (1967): Zur Bewertung der Landschaft durch die Erholung. Stuttgart 1967

Fredningsplanudvalget for Sønderjyllands Amt (1975): Landskabsanalyse over Sønderjylland. Apenrade 1975

Leser, H. (1976): Landschaftsökologie. Stuttgart, 1976

Martens, R. (1970): Probleme einer Messung der geographischen Landschaft. In: Geogr. Zeitschrift 58, 1970, S. 138–145

Riedel, W. (1977): Landschaftswandel und gegenwärtige Umweltbeeinflussung im nördlichen Landesteil Schleswig. Geländeuntersuchungen in ausgewählten Kartiergebieten im Jahr 1976 und die Darstellung der Ergebnisse. Forschungsauftrag des Deutschen Grenzvereins e. V. Flensburg (im Druck).

ZUSAMMENFASSUNG

Von P. Müller (Saarbrücken)

Die Qualität jeder Planung und damit jeder Raumbewertung hängt weitgehend von den eingesetzten ökologischen, sozialen und wirtschaftlichen Erhebungsdaten ab. Raum- und Regionalplanung besitzen die Aufgabe, in funktional zusammenhängenden Gebieten eine bestmögliche räumliche Ordnung im Hinblick auf Arbeit, Wohnen, Bildung, Erholung, Versorgung und Verkehr u. a. anzustreben. Diesen Aufgaben, die letztlich auf eine Verbesserung unserer Lebensbedingungen zielen, sind sie jedoch nur gerecht geworden, wenn sie die vorhandenen natürlichen Wirkungsfaktoren gebührend berücksichtigten. Das scheiterte an fehlenden oder nicht integrierbaren landschaftsökologischen oder biogeographischen Grundlagen und damit falschen, beziehungsweise idealisierten Vorstellungen über den „betroffenen" Raum. Deshalb konnten die erheblichen Anstrengungen der Bundes- und Länderregierungen nicht verhindern, daß Belastung und Verbrauch unserer natürlichen Existenzbedingungen zunehmend zum Schwächeglied der ökonomischen und gesellschaftlichen Zielvorstellungen wird.

Der Mensch ist *der* „Raumbewerter". Doch seine Bewertung – vor allem der Spielraum seiner Bewertungsfreiheit – hängt von der Qualität und der Reproduzierbarkeit der eingesetzten Informationen über den Raum ab. Bei mit ökologischen und biogeographischen Methoden arbeitenden Geographen führt dieser Weg über die Aufschlüsselung des Informationsgehaltes lebender Systeme in den Räumen. Für die BRD fehlen z. T. in vielen Bereichen diese in der Raumbewertung erst einsetzbaren ökologischen Kenntnisse, was vornehmlich daran liegt, daß
a) flächendeckende ökologische Informationen, die als Grundlage für eine gleichwertige Behandlung aller Teilräume der BRD verwandt werden könnten, nur lückenhaft vorliegen,
b) die Gründe für das Existieren und Reagieren von Lebewesen und Lebensgemeinschaften in Teilräumen der BRD unzulänglich bekannt sind,
c) ökologische „Beweissicherung" nur punktuell durchgeführt wird (im allgemeinen ohne „Probendeponie" für spätere Untersuchungen),
d) die Wirkungsforschung (u. a. Toxikologie, Resistenzuntersuchungen, Epidemiologie) noch erhebliche Lücken und/oder methodische Schwierigkeiten aufweist,
e) die Kausalzusammenhänge der wichtigsten Ökosysteme in der BRD noch nicht ausreichend untersucht sind,
f) Sukzessionskontrollen zur Kenntnis der Entwicklungstendenzen und -möglichkeiten bestimmter Räume weitgehend von einzelnen Wissenschaftlern abhängen (u. a. Universitätswechsel führt zum Erlöschen der Kontrollfläche) und
g) der Grad der Belastung lebendiger Systeme, ihre Belastbarkeit und Entlastungsfunktion nicht zufriedenstellend aufgeklärt ist.

Diese fehlenden Informationen erschweren naturgemäß die Quantifizierung von Kriterien für die Erstellung ökologisch-ökonomischer Nutzungsmodelle (u. a. Standortoptimierung; Verbesserung von Technologien und Produkten), die Voraussetzung für eine gemeinsame

Sprache zwischen Biogeographen, Technologen und Ökonomen sind. Die Situation wird verschärft durch eine bisher keineswegs ausreichend gesicherte biogeographische Fachausbildung und das Fehlen von Einsichten in bereits bekannte ökologische Zusammenhänge in weiten Bereichen des öffentlichen Lebens.

Die in der Sitzung „Ökologische und biogeographische Raumbewertung" auf dem Mainzer Geographentag gehaltenen Referate schließen einige dieser Lücken in drei wesentlichen Bereichen (Theoretische Grundlagen; einsetzbare Methoden; Raumbewertung).

Die Referate von Fränzle und Nagel verbinden ökologische Rauminformation mit den informationstheoretischen Grundlagen unseres Faches und schlagen die für eine Quantifizierung und Ordnung der einzelnen Befunde wichtige Brücke zur Informationstheorie und Thermodynamik. Die Ausführungen von H. E. Müller, Rump, Symader und Schäfer zeigen wichtige methodische Voraussetzungen für die Entschlüsselung des Informationsgehaltes lebender Systeme und verdeutlichen, daß auch ein mit exakten naturwissenschaftlichen Methoden arbeitender Geograph immer dann Geograph bleibt, wenn er bei seinen Analysen die Raumbewertung als Ziel im Auge behält. Gerade diese Referatengruppe zeigt, daß ohne entsprechenden apparativen Einsatz wichtige Informationen über unsere Landschaften nicht aufgedeckt werden können.

Die Referate von Knabe, Schrimpff, Thomé, Finke und Riedel beschäftigen sich mit der Verknüpfung von Wissenschaftstheorie, Methoden und der eigentlichen „Raumbewertung". Dabei wird sichtbar, daß je nach methodischer Kenntnis und Standort des Referenten eine „Bewertung" stärker aus naturwissenschaftlicher oder anthropomorpher Sicht befürwortet wird.

Die drei Referatengruppen bilden eine Einheit, was für den Zuhörer, der sich nur einzelne Referate anhörte, sicherlich weniger sichtbar wurde, als für den Leser. Die Ergebnisse der Sitzung unterstreichen nachhaltig, daß jedes lebendige System (Individuum, Population, Lebensgemeinschaft, ökologisches System) über die Kenntnis seiner Struktur, Funktion und Geschichte Informationen zu einem tieferen Verständnis des von ihm belebten Raumes zu liefern vermag. Deshalb muß jeder Suche nach „Belastungsindikatoren" oder „ökologischen Kriterien" auch die Frage nach dem Informationsgehalt von Organismen innerhalb eines lebendigen Systems und deren Reaktionen auf endo- und exogene Faktoren zugrunde liegen. Diese Informationen sind im allgemeinen sehr komplex, und ihre Aufschlüsselung erfordert experimentelle Untersuchungen zur ökologischen Valenz, die Erstellung von Wirkungskatastern mit Organismen im zu bewertenden Raum und Rückstandsanalysen von Schadstoffen in Freilandpopulationen. Sie führen dazu, daß eine ökologisch und biogeographisch arbeitende Geographie ohne einen erheblichen experimentellen Aufwand kaum noch betrieben werden kann.

GEOGRAPHIEDIDAKTISCHE FORSCHUNGSERGEBNISSE IN IHRER RELEVANZ FÜR DEN UNTERRICHT

Leitung: R. HAHN, G. KIRCHBERG und E. KROSS

EINFÜHRUNGSWORTE ZUR VORTRAGSSITZUNG

Von E. Kroß (Bochum)

Vorträge zur Geographiedidaktik haben auf deutschen Geographentagen eine lange Tradition. Neu ist hier in Mainz, daß erstmals ein ganzer Tag dafür zur Verfügung steht. Wir registrieren dankbar, daß die Aufgaben der Darstellung geographisch bzw. raumwissenschaftlich relevanter Sachverhalte für Schüler zunehmend anerkannt werden. Damit bietet sich die Möglichkeit, das Spektrum geographiedidaktischer Arbeit systematischer als bisher auszuleuchten. Neu ist hier in Mainz nämlich auch, daß zum erstenmal der Versuch gewagt wird, ausschließlich empirisch-analytische Forschungsergebnisse der Geographiedidaktik einer breiten Öffentlichkeit vorzustellen. Die Voraussetzungen für ein solches Unterfangen haben sich in jüngster Zeit erfreulich verbessert. Ich möchte stellvertretend für eine wahre Flut einschlägiger Publikationen nur auf das Freiburger Symposium über „Quantitative Didaktik der Geographie" vom Frühjahr 1976 verweisen. Die Sitzung heute hat die Funktion, Richtung und auch Ergiebigkeit dieses Forschungsansatzes durch eine breite und intensive Diskussion zu erproben. Gleichzeitig hoffen wir damit, Anschluß an die internationale Entwicklung zu finden.

Die letzte Triebfeder und das zentrale Anliegen der didaktischen Forschung sollte es sein, Erkenntnisse für die Unterrichtspraxis zu gewinnen, um sie zu verbessern. Wir haben immer davon auszugehen, daß Didaktik als handlungsorientierte Unterrichtsforschung zu betrachten ist, die ihre Erfüllung erst in einem geläuterten Vollzug des Unterrichts findet.

Der Weg zu einer empirisch-analytischen Geographiedidaktik führt über die aspekthafte Verengung der Problemstellung und die entsprechende Verfeinerung des Forschungsinstrumentariums.mah gehnsowohl der Aufbau einer spezialisierten Begriffssprache wie die Verwendung exakter Methoden – von der Theoriebildung bis hin zur Quantifizierung. Zwangsläufig werden damit neue Kommunikationsprobleme aufgeworfen – diesmal ausgerechnet unter Geographiedidaktikern, die entweder mehr in der Forschung oder mehr in der Praxis stehen. Wir sollten versuchen, im Dienste der Sache und zum Wohle der eigentlichen Bezugspersonen unserer Bemühungen, der Schüler, solche Verständigungsschwierigkeiten gering zu halten. So deutet die Formulierung des heutigen Sitzungsthemas bereits an, daß Problemstellung und Forschungsergebnisse der einzelnen Untersuchungen nicht Selbstzweck sein sollen, sondern in einen größeren unterrichtsrelevanten Fragehorizont eingeordnet und auf die Konsequenzen für die Praxis hin betrachtet werden müssen.

Nur wenn der theoretische Bezugsrahmen deutlich wird und die Praxisorientierung gewahrt bleibt, können die beiden bisher dominierenden, aber noch divergierenden geographiedidaktischen Arbeitsansätze sinnvoll miteinander verbunden und somit verbessert werden: die weitgehend spekulativ ansetzende Curriculumdiskussion und die weitgehend auf persönliche Erfahrungen und „common sense"-Erklärungen zurückgreifende Unterrichtstechnik. Es gilt, einen Schritt weiter in Richtung auf eine wissenschaftlich umfassender abgesicherte Theorie unterrichtlichen Handelns zu gehen. In diesem Sinne wünschen wir uns anregende Referate und eine engagierte Diskussion.

VOREINSTELLUNGEN VON SCHÜLERN ZU PLANUNGSPROBLEMEN

Mit 2 Abbildungen

Von Barbara Kreibich (München)

Schüler bringen in einen neu konzipierten Geographieunterricht, in dem Raumplanung eine große Rolle spielt, sicher einige Voreinstellungen mit. Welcher Art sind sie? Wie hängen sie zusammen? Wie könnte man sie im Unterricht aufgreifen und klären? Dies wären wichtige Ausgangsfragen für einen schülerzentrierten Unterricht.

1. ÜBERBLICK ÜBER DAS FORSCHUNGSFELD

Einstellungen sind erworbene Verhaltensdispositionen, auf eine Situation in einer konsistenten, spezifischen Weise zu reagieren. Sie lassen sich nicht direkt beobachten, aber aus ihrem Einfluß auf Wahrnehmung und Handeln rückblickend erschließen: Wir untersuchen
– welche Signale werden in der Umwelt vorwiegend wahrgenommen?
– nach welchem Kontextwissen werden sie geordnet?
– zu welchem Problembewußtsein wird dadurch die Wahrnehmung verarbeitet?
– welche Handlungsbereitschaft korrespondiert hiermit?

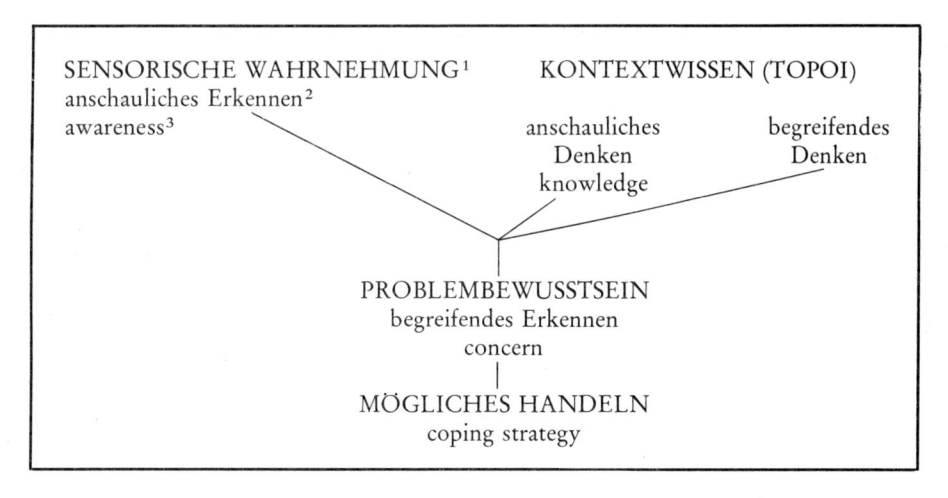

```
SENSORISCHE WAHRNEHMUNG[1]        KONTEXTWISSEN (TOPOI)
anschauliches Erkennen[2]
awareness[3]               anschauliches          begreifendes
                           Denken                 Denken
                           knowledge

                    PROBLEMBEWUSSTSEIN
                    begreifendes Erkennen
                          concern

                    MÖGLICHES HANDELN
                    coping strategy
```

Abb. 1   Analysebegriffe bei Kreibich[1], Kammermeier[2] (nach Holzkamp) und Swan[3]

Viele Arbeiten streifen das Thema randlich, indem sie beschreiben, wie Kinder ihre Umwelt sensorisch wahrnehmen: Straßen, Spielplätze, Wohnformen, Schulgebäude, Schulwege, Smog, Autofahrten usw. Sie untersuchen fast ausschließlich Kinder in städtischen Lebensräumen. Nur wenige Untersuchungen betreffen das Thema direkt, indem sie auch untersuchen, wieweit Kinder Probleme in ihrer Umwelt wahrnehmen, planende Veränderung vorschlagen und Beteiligung an Planungsprozessen zeigen (z. B. J. A. Swan, U. Weyland, K. Baumann u. I. Salzmann, B. Kreibich, A. Kammermeier).

Wichtigstes Ergebnis bisher war, daß offensichtlich keine allzu einfachen Beziehungen zwischen Wahrnehmung und Handlungsbereitschaft bestehen. Die Schüler, die nach der Untersuchung von J. A. Swan (1970) Luftverunreinigung deutlich wahrnehmen und – das korrelierte – als besonders schwerwiegendes Problem in Detroit einschätzten, waren keineswegs besonders bereit, etwas dagegen zu tun. Handlungsblockierend wirkten z. B. andere, näherliegende Probleme wie z. B. die Rassendiskriminierung für die Farbigen, und die pessimistische Einschätzung der eigenen Einflußmöglichkeit auf Planung. Quantitative Untersuchungen der Beziehungen zwischen sensorischer Wahrnehmung und möglichem Handeln sind verfrüht, solange man nicht weiß, welche Art des Wahrnehmens, des Wissens, des Problembewußtseins, des Handelns als zusammengehörig, sich gegenseitig verstärkend oder als sich blockierend anzusehen ist, so daß einmal aktives, ein andres Mal ein passives, nur Eindrücke konsumierendes Wahrnehmungsverhalten entsteht.

Diesem qualitativen Zusammenhang soll nun an meiner eigenen Untersuchung „*Stadtplanung aus Schülersicht*" nachgegangen werden, deren Anlage und Ergebnisse seit kurzem veröffentlicht vorliegen.

Mich interessierte vor allem die Wahrnehmung des Problems der Verdrängung von Wohnbevölkerung in einem Altbaugebiet am Innenstadtrand von München (Lehel, Maxvorstadt, Schwabing) durch die Ausweitung von Banken, Versicherungen, Verwaltung. Wieweit nehmen Kinder diesen Prozeß der Umstrukturierung ihres Wohnviertels wahr? Eine Schülerzeichnung aus Hamburg aus der Untersuchung von U. Weyland deutet an, daß Kinder dieses Problem durchaus sehen können: „Ich will nicht, daß Leute, die arm sind und ihre Miete nicht mehr bezahlen können, eines Tages auf die Straße gesetzt werden . . ." (Mädch. 12 J).

Das Untersuchungsgebiet ist zugleich im Flächennutzungsplan als Kerngebiet ausgewiesen. Diese planerische Entscheidung hat der Bodenspekulation entscheidenden Anstoß gegeben. In Teilen des Untersuchungsgebietes gab es sehr aktive Bürgerinitiativen zur Erhaltung des Wohngebietes.

2. ZUR METHODE

916 Schülern im Alter von 9 bis 16 Jahren wurde in diesem Gebiet ein Fragebogen vorgelegt. Sie fertigten eine Schulwegzeichnung an und ihre Aussagen wurden einer Problemsatzanalyse unterzogen.

Aus den Erfahrungen dieser und anderer Untersuchungen wurde ein verbesserter Fragebogen entworfen (vgl. Anhang). Er soll interessierte Lehrer in die Lage versetzen, sich vor einem Unterricht über Planungsprobleme einen ersten Überblick über Voreinstellungen ihrer Schulklasse zu verschaffen.

Der Fragebogen enthält Fragen zu den Aspekten: Sensorische Wahrnehmung, Problembewußtsein, Kontextwissen und mögliches Handeln. Zuerst sollten vor allem die offenen Fragen den Schülern vorgelegt werden. Die Auswertung kann mit den Schülern gemeinsam erfolgen. Die Fragen 2, 5, 7 und 10 sind für eine Folgestunde vorgesehen, um die Antworten auf die anderen Fragen nicht zu beeinflussen. Soweit möglich, ist der Fragebogen der örtlichen Situation anzupassen.

Im folgenden werden einige Fragen aus dem Fragebogen aufgegriffen und mögliche Ergebnisse dargestellt, vor allem am Beispiel von Antworten, die die Schüler am Innenstadtrand von München auf die Fragen gebracht haben.

3. ÜBERBLICK ÜBER DIE ERGEBNISSE

Sensorische Wahrnehmung (Signale)

(Vgl. Frage 1) Mögliche Anzeichen einer Verdrängung von Wohnfunktion wurden von den 9–16jährigen durchaus wahrgenommen, wenn auch nicht immer als Anzeichen für diesen Vorgang gedeutet: da werden große, neumodische Betonklötze neben alten, grauen Häusern genannt, zu viel Autos, Abgase, Schmutz und Staub, Lärm, Baustellen, zu viele Lokale, lauter Boutiquen, Gastarbeiter – selbstverständlich neben vielen weiteren Zeichen. Die Antworten auf Frage 3 bringen zusätzliche Details der Umweltwahrnehmung zum Vorschein. Nur eines der 916 Kinder nannte von sich aus die Wahrnehmung leerstehender Häuser, keines einen Wohnungswechsel, auch nicht, wenn er kurz zuvor selbst erlebt wurde.

(Vgl. Frage 2) Die Vorführung von Diapositiven zum Problem wurde von mir nicht angewandt. Sie bringt die Gefahr mit sich, daß künstlich sehr hohe Werte sensorischer Wahrnehmung durch die Methode produziert werden, wenn die Antwort aus den Bildern herausgelesen werden kann (vgl. A. Kammermeier, J. A. Swan).

Kontextwissen (Topoi)

Obwohl Signale des stadtstrukturellen Veränderungsprozesses bekannt sind, ist noch keineswegs gesagt, daß sie auch richtig gedeutet werden. Bei einem leerstehenden Haus könnten Kinder meinen, daß niemand darin wohnen wolle. Tatsächlich stellten Kinder z. B. bei Hausabbrüchen fest:

„Schräg gegenüber unseres Hauses wird ein Haus abgerissen. Das staubt sehr" (10 J.) oder „Man müßte alle Häuser, die man abreißen will, auf einmal abreißen, denn dann ist der Krach schnell vorbei und nicht auf Jahre verteilt" (14 J.).

Bei dem erstgenannten Fall handelt es sich um ein Wohnhaus, das vor dem Abbruch lange leer stand, einer der wenigen Fälle von Hausbesetzung in München wurde und in einer Polizeiaktion geräumt wurde. All dies ist hier nicht genannt, obwohl es auf der gegenüberliegenden Straßenseite stattfand. Es fehlt offensichtlich das Wissen um den stadtstrukturellen Zusammenhang, in dem das Phänomen „Hausabbruch" steht und eine Vorstellung von den damit verbundenen menschlichen Problemen z. B. für gekündigte Altmieter.

Statt dessen wird das Wahrgenommene in den sehr häufig angesprochenen Kontext „Die Straßen sollten sauberer gehalten werden" eingeordnet (vgl. Frage 6). In einer ausführlicheren Form lautet dieser Kontext als Antwort auf Frage 6 z. B.:

„Nicht soviele Häuser und Straßen bauen. Um so mehr Straßen gebaut werden, um so mehr Autos fahren, um so mehr Gift wird in unsere schon nicht mehr gesunde Luft geleitet . . . denn die Luft in der Stadt ist sehr schlecht, auf dem Land ist es schön, aber es wird alles zu Großstädten, wenn niemand etwas dagegen tut . . . Wenn zuviel gebaut wird, wird München später nur noch ein Berg von Schmutz, Häusern, Straßen, Unrat sein, doch kein grünes Gräslein wird mehr übrigbleiben . . . Mir gefällt die *Umweltverschmutzung* nicht . . . wir sollten etwas unternehmen. Die Stadt redet immer . . . aber sie baut doch immer . . ."

Diese Darstellung des Zusammenhangs – eine Art Trivialtheorie – trat bei den Kindern in fast wörtlicher Wiederholung der Formulierung als sprachliches Klischee auf. Nach H. Popitz kann man sie als Topos bezeichnen: hier werden Elemente einer Situation, von der man nicht weiß, von wem sie mit welchen Absichten so zugerichtet worden ist, umgangssprachlich in einen Zusammenhang gebracht. Das ist „anschauliches Denken" nach K. Holzkamp, es bleibt hier am Erscheinungsbild der Bautätigkeit in der Stadt hängen, die gleichsam naturwüchsig ist, und wird in eine eindeutige Polarität Stadt-Land gebracht.

Ein solcher Umweltverschmutzungstopos ist wahrscheinlich – wie die Beispiele der Reaktion auf Hausabbruch zeigten – äußerst wirksam im Verhindern der Eingliederung dieses Signals „Abbruch" in einen immerhin ansatzweise bei vielen Kindern vorhandenen Wissenskontext „Verdrängung der Wohnbevölkerung am Innenstadtrand". Dieser Topos (da wiederum verkürzt aufgenommen) schwebt dann allerdings kaum festgemacht an Signalen über dem täglichen Erfahrungshorizont:

„Das Problem mit dem *Mieter und Vermieter* ist im Lehel ein großes Problem . . . Garantiert setzen sie dort einen weißen Betonkasten hin, immer mehr Bürohäuser und Konzerne . . . Wohin sollen die ganzen Menschen hinziehen? Sie sollen in der Stadt wohnen . . . Die meisten Häuser in der Altstadt sind renovierungsbedürftig, man sollte sie aber nicht abreißen lassen, da man sonst die schönsten und ältesten Häuser Münchens nicht mehr hat . . . die Büros gehörten alle raus . . . Die Stadt will das so . . . Bessere und ausgeglichenere Stadtviertelsplanung."

Das einzige, wohl sehr deutliche Signal hierfür scheint meist der „weiße Betonkasten", das „Hochhaus" zu sein – ein sehr spät nach Kündigung, Gastarbeiter als Zwischenmieter, Leerstehen, Abbruch auftretendes Phänomen in diesem Umstrukturierungsprozeß. Dafür ist jedoch dieser Topos zumindestens ansatzweise „begreifendes" Denken im Sinne K. Holzkamps. Es ist mehrseitiges Denken, ganz deutlich z. B. am Beispiel der alten, zwar renovierungsbedürftigen Häuser, die man aber dennoch nicht in dieser Weise abbrechen sollte. Dieser Widerspruch wird nicht eingeebnet, sondern ausgehalten. Fragen tauchen im Topos auf, bleiben als Fragen stehen.

Allerdings ist dieser Topos erst bei älteren Kindern (12–16 J.) häufiger, besonders häufig war er in Stadtvierteln mit aktiven Bürgerinitiativen. Bei jüngeren Schülern und als Allgemeingut im ganzen Untersuchungsgebiet fand sich jedoch ein Topos, der *ihre* Erfahrung der Viertelsumstrukturierung an der Spielplatzsituation thematisierte und der ebenfalls ansatzweise die Form begreifenden Denkens hat:

„In meinem Stadtviertel ist alles schön und gut, aber es sind nur ein paar *Spielplätze*, wir dürfen nirgends rein zum Spielen . . . Ist das gerecht? Warum dürfen Kinder nicht laut sein? Die Großen müßten mehr Verständnis mit uns haben . . . Ich würde ein paar *alte Häuser* renovieren lassen und einen Spielplatz daraus machen . . . aber wir haben ja nichts zu melden, weil uns Kinder niemand ernst nimmt."

Dieser Topos ist wahrscheinlich weit über das Untersuchungsgebiet hinaus verbreitet. Möglicherweise hat er eine Schlüsselfunktion für begreifendes Denken über stadtstrukturelle Zusammenhänge. Er ist auch keineswegs sehr eng auf die Spielplatzfrage beschränkt, sondern bezieht auch Straßen, alte Häuser, Schulhöfe usw. in die Betrachtung ein, in allen möglichen Verhaltensräumen (Behavior Settings, R. Barker) der Stadt suchen Kinder nach mehr Spielraum.

Demnach wäre didaktisch zu folgern, daß der Unterricht über räumliche Planungsprozesse (zumindest bei Stadtkindern) bei dem relativ gut artikulierten Spielraum-Topos ansetzen sollte, Querverbindungen z. B. zum Topos „Verdrängung der Wohnbevölkerung am Innenstadtrand" über die Information über Bodenpreise, konkurrierende Nutzungen, Segregationsprozesse usw. herstellen sollte, die Sichtweise „auf dem Land aber ist es schön" relativieren sollte, und nicht zuletzt die Umweltwahrnehmung erweitern sollte, z. B. durch

Besichtigung leerstehender Häuser, Differenzierung alter Häuser nach dem Erhaltungszustand usw.

Zusätzlich ist zu berücksichtigen, daß das *Vorstellungsbild vom Stadtplaner* bereits bei 10jährigen wohl schichtspezifisch vorgeprägt ist (vgl. Frage 3). Der Stadtplaner gilt als „Städtebauer", wird schichtspezifisch unterschiedlich angeredet, z. B. bei Kindern aus kleinbürgerlichen Schichten mit „sehr geehrter Herr, ich bitte Sie um einen Gefallen . . .", Arbeiterkinder konfrontieren mit ihrer Lage, Kinder größerer Selbständiger bewerten die Lage, Mittelschichtkinder machen Vorschläge (vgl. Frage 9). Im Alterstrend zeichnet sich zusätzlich eine Verschiebung ab; weg von der Ansicht „Die Planer und Politiker sorgen schon für uns", die noch die meisten 10jährigen teilen und weg von der Vorstellung, daß es Aufgabe eines Planers sei, dafür zu sorgen, „daß vor allem Kinder und alte Leute und andere, die Hilfe brauchen, zu ihrem Recht kommen".

Ein sehr gutes Spielplatz-Unterrichtsprojekt von H. Freiberg sieht folgerichtig vor, daß die Schüler einmal in einem Planungsamt vorsprechen und erste eigene Erfahrungen mit Planern machen. Die Erfahrung eines eigenen gelegentlichen Informationsvorsprungs in der Spielplatzfrage beflügelte das Engagement der Schüler stark. Dagegen wirkt die Aussage „die Planer und Politiker sorgen schon für uns" offensichtlich als totale Blockierung aller Handlungsbereitschaft im Planungsprozeß.

Problembewußtsein

(Vgl. Frage 3) Besonders aufschlußreich für die Untersuchung von Voreinstellungen erwies sich die Frage 3. Schüler nennen hier recht spontan Probleme, die ihnen naheliegen. In etwa 10 bis 25% der Problemnennungen waren noch die dahinter liegenden Problemsignale, das Kontextwissen und Handlungsvorschläge wie in einem Spiegel in ihrer Verknüpfung zu erkennen. Mit linguistischen Methoden führte ich hieran eine Problemsatzanalyse durch. Allerdings braucht man hierzu viele Problemnennungen, da u. U. 75% der Antworten für eine Inhaltsanalyse zu verkürzt sind (z. B. „mehr Spielplätze").

Ganz vordergründig kann man feststellen, daß auf die Frage 3 Probleme wie
mehr und bessere Spielplätze,
eine saubere Umwelt,
mehr Parks und Grünanlagen,
mehr und bessere Freizeitheime,
mehr und bessere Schulen, weniger Unterricht,
billige öffentliche Verkehrsmittel, Kontroversen Fußgänger, Autofahrer, Radfahrer,
besserer Straßenausbau,
mehr Sportplätze,
alte und neue Häuser
überwiegen. Dies ergab sich an so unterschiedlichen Befragungsorten wie Hamburg, Oberammergau, München, Ahlen am Ruhrgebietsrand, Mühlhausen in Nettetal in einem Erholungsgebiet. Örtlich treten Schwerpunktverlagerungen und Sonderprobleme auf. Hinter diesen obengenannten Problemen deuten sich die Topoi „Spielraumsituation" und „Umweltverschmutzung" wieder an. Verkehrsprobleme spielen außerdem eine große Rolle. Allerdings ist eine solche Kategorisierung zu vordergründig. Bei einer genaueren Problemsatzanalyse wird erkennbar:
1. Ein Problem, in welchem von alten Häusern und Hausabbruch die Rede ist, kann ganz verschiedenen Topoi zuzuordnen sein, wie bereits ausgeführt.
2. Man kann einschätzen, wie bei Kindern bestimmter Altersstufen kreative und banale Lösungsvorschläge lauten können.

(Vgl. Frage 5) In Frage 5 sind jeweils charakteristische Antworten einander gegenübergestellt. Kreativität in Lösungsvorschlägen ist nur schwer zu „messen". Man kann sie operationalisieren als

„dissoziative Sprünge" – Beispiel „Spielplätze", Vorschlag B: die Lösung wird nicht am Spielplatz selbst gesucht, sondern alte Häuser, Schulhöfe, Straßen usw. werden zum Objekt der Vorschläge

„hohe Anzahl der Vorschläge" – Beispiel „schlechte Luft" Vorschlag B z. T. mit vielen zusätzlichen Details

„abweichende Antworten" – Beispiel „alte und neue Häuser" Vorschlag A, auch wenn solch ein Vorschlag nicht realistisch ist, ist er kreativ, indem er den vorgefundenen Widerspruch noch stärker verdeutlicht.

Kinder mit kreativen Lösungsvorschlägen nannten beim Problem Kündigung (vgl. Frage 10: Fall Kündigung, Abbruch, Auszug) am Innenstadtrand von München weniger private Lösungsmöglichkeiten (vgl. Frage 5, Problem Kündigung, Lösung A) als vielmehr politische Lösungsmöglichkeiten: vor allem Formen, das Problem als gemeinsames Problem zu begreifen und an die Öffentlichkeit zu tragen.

Mögliches Handeln

Kreative Problemlösungen korrelieren mit der Bereitschaft zu politischen Lösungen. Im Fall Kündigung (vgl. Frage 10) traten bei den Schülern z. B. folgende Handlungsvorschläge auf:

HANDLUNGSMÖGLICHKEITEN

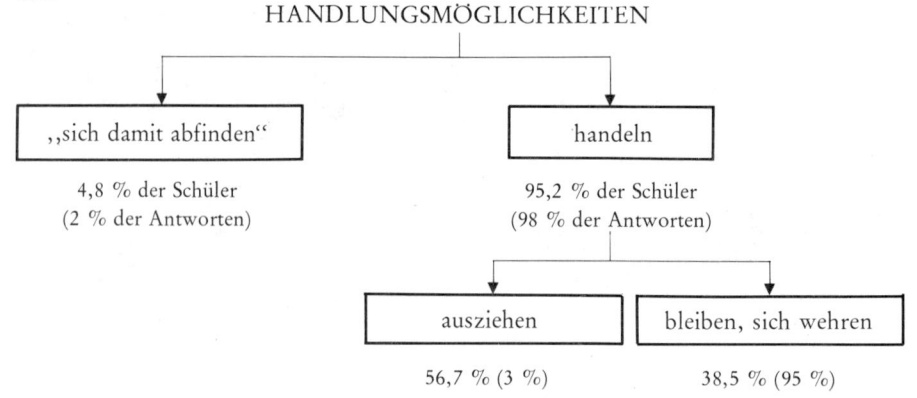

```
        ┌──────────────────────┴──────────────────────┐
        ▼                                             ▼
┌─────────────────────┐                     ┌─────────────────┐
│ „sich damit abfinden"│                    │     handeln     │
└─────────────────────┘                     └─────────────────┘
    4,8 % der Schüler                         95,2 % der Schüler
    (2 % der Antworten)                       (98 % der Antworten)
                                           ┌─────────┴─────────┐
                                           ▼                   ▼
                                    ┌─────────────┐    ┌──────────────────┐
                                    │  ausziehen  │    │ bleiben, sich wehren │
                                    └─────────────┘    └──────────────────┘
                                     56,7 % (3 %)         38,5 % (95 %)
```

Abb. 2 Handlungsmöglichkeiten im Fall Kündigung, Kl. 8 (und im Fall Schnellstraßenplanung durch das Wohnviertel, Kl. 8–10)
Quellen: Kreibich, S. 102 und Jungfer, S. 18

Ein Unterricht, der anläßlich konkreter Probleme der Schüler im Wohnviertel nur deren private Lösung – z. B. „wie ich meine Freizeit plane", „wie ich eine neue Wohnung suche" – betonen würde, ginge hinter die Vorschläge der kreativen Schüler weit zurück.

Korrelationen ließen sich außerdem zwischen dem Topos „Spielplatzsituation" sowie „Verdrängungsproblem" und „Kreativität der Problemlösung", und zwischen dem Topos „Verdrängungsproblem" und „Bevorzugung politischer Lösungsvorschläge" nachweisen. Begreifendes Denken (K. Holzkamp) steht im Zusammenhang mit der Art des möglichen Handelns.

4. AUSBLICK

Jeder Unterricht über Planungsprozesse greift in einen differenzierten, bereits ablaufenden Sozialisationsprozeß ein. Oft sind sicher die mitgebrachten Verhaltensdispositionen stärker als die im Unterricht angestrebten. Schüler wissen wohl sehr gut zwischen Schule und Leben zu unterscheiden und simulieren so manches Lernergebnis, das die sich gar nicht zu eigen gemacht haben. Um Verhaltensdispositionen beeinflussende Lernziele zu erreichen, müßte man die Voreinstellungen der Schüler besser kennen und berücksichtigen. Didaktische Folgerungen wären: Überwindung der Trennung von Schule und Lebensumwelt durch Projektunterricht, gezielte Erweiterung der sensorischen Wahrnehmung, Veränderung des Wissens über stadtstrukturelle Zusammenhänge durch qualitativ bessere Topoi begreifenden Denkens, Bewertung von Lösungsvorschlägen nach Kreativität und Angemessenheit und Auffüllung des Planerbildes durch differenziertere Erfahrungen.

Anhang zu B. Kreibich,
Anregungen zu einem Fragebogen „Voreinstellungen zu Planungsproblemen"
SENSORISCHE WAHRNEHMUNG

1. Zeichne eine Skizze .... (deines Schulweges, deines Stadtviertels, des Weges von A zur Stadtmitte z. B.) als Lageplan aus der Sicht von oben mit Angabe aller auffallenden Dinge, Straßennamen und häufig begangenen Wege. Erläutere die Skizze außerdem in Worten. Wir interessieren uns für dein Bild von den Dingen.

In Folgestunde

2. Hier zeige ich einige Diaspositive (Bilder) von .... Welche Probleme für die Stadtplanung sind auf den Bildern zu sehen? An welchen Anzeichen hast du sie erkannt?
Dia 1: Problem ....   Woran erkannt: .... usw.

PROBLEMBEWUSSTSEIN

3. Schreibe einen Brief an den Bürgermeister (einen Planer) deiner Stadt, was dir in deinem Wohnviertel nicht gefällt, was verändert werden soll. Nenne Beispiele! Schreibe das möglichst genau auf! Wichtigste Frage! ....

4. Glaubst du, daß es für dein späteres Leben wichtig ist, etwas darüber zu erfahren, wie solche Probleme gelöst werden könnten?
   ... sehr wichtig
   ... ziemlich wichtig, es gibt aber wichtigere Probleme wie z. B. ....
   ... ich weiß nicht, wofür ich das brauchen kann
   ... unwichtig
   ... völlig überflüssig

In Folgestunde

5. Ich nenne jeweils zu einem Problem zwei verschiedene Lösungsvorschläge. Kreuze bitte den Vorschlag an, den du für besser hältst!

Problem: ... Vorschlag A: es müßten mehr Spielplätze gebaut werden.
zu wenig Spielplätze
                  ... Vorschlag B: Ich würde ein paar alte Häuser renovieren lassen und einen Spielplatz daraus machen.

Problem: ... Vorschlag A: mehr Bäume
schlechte Luft in der ... Vorschlag B: Elektroautos, Fußgängerzonen, mehr
Stadt   Bäume, Autosperren

Problem: alte und neue Häuser	... Vorschlag A: Diese neumodischen Hauskästen, wo sich die Bürger nicht wohlfühlen, sollen abgerissen werden und alte Häuser hingebaut werden. Man soll Häuser mit Phantasie bauen ... Vorschlag B: alte Häuser abreißen, neue bauen
Problem: Kündigung	... Vorschlag A: sich eine neue Wohnung suchen ... Vorschlag B: mit Nachbarn gemeinsam die Lage besprechen, sich zusammenschließen und vielleicht in der Öffentlichkeit protestieren
Problem: Hausabbruch	... Vorschlag A: man müßte alle Häuser, die man abreißen will, auf einmal abreißen, denn dann ist der Krach und Staub schnell vorbei und nicht auf Jahre verteilt ... Vorschlag B: Ich finde, es werden zuviele Wohnhäuser abgerissen, damit man Ämter und Versicherungen bauen kann. Ich möchte daß die Häuser bleiben. Wohin sollen die ganzen Menschen hinziehen? Sie sollen in der Stadt wohnen.

KONTEXTWISSEN

6. Schreibe zusammenhängend auf, was du überhaupt und ganz allgemein an der Struktur dieser .... (Stadt, Stadtplanung) auszusetzen hast und was verändert werden soll!

In Folgestunde

7. Welche Gründe und welche Folgen kann es haben

wenn in der Stadt Wohnhäuser abgerissen werden?	Gründe: .... Folgen: ....
wenn in der Stadt viele neue Bürohochhäuser entstehen?	Gründe: .... Folgen: ....
wenn es immer weniger Spielmöglichkeiten in der Stadt gibt?	Gründe: .... Folgen: ....
wenn es immer mehr Umweltverschmutzungen in der Stadt gibt?	Gründe: .... Folgen: ....

8. Kennst du Planungsvorhaben in dieser Gemeinde oder anderswo?
.... nein   .... ja, wenn ja, welche? ....
Beschreibe an einem Beispiel, was hier vorgegangen ist!

9. Welche der folgenden Äußerungen über den Planer trifft deiner Meinung nach zu?

Die Planer und Politiker sorgen schon für uns   ....ja   ....nein   ....weiß nicht

Der Planer sorgt dafür, daß vor allem Kinder   ....ja   ....nein   ....weiß nicht
und alte Leute und andere, die Hilfe brauchen,
zu ihrem Recht kommen

Der Planer versucht, es allen gleichzeitig und in   ....ja   ....nein   ....weiß nicht
gleichem Maße recht zu machen

Der Planer läßt sich bei der Aufstellung seiner   ....ja   ....nein   ....weiß nicht
Pläne von den Bürgern beraten

In Folge-
stunde

MÖGLICHES HANDELN

10. In einem Stadtviertel in .... geschah folgender Vorfall ....
(z. B. Fall einer Zweckentfremdung von Wohnraum mit Kündigung und Abbruch usw. beschreiben!) – Was können Bürger in dieser Notlage tun? Nenne alle Möglichkeiten, die dir einfallen! Unterstreiche die, die du selbst ergreifen würdest!

RANDDATEN

11. Alter   12. Geschlecht   13. Beruf der Eltern   14. Autobesitz   15. Wohnadresse
16. Frühere Wohnungswechsel 17. Aktionsraum (z. B. als bekanntes Gebiet in einer Karte eintragen lassen)
18. Auf welche Weise hast du bereits von Planungsproblemen erfahren?
... aus Zeitung, z. B. ....
... in der Schule, z. B. ....
... in der Familie, z. B. ....
... in der Nachbarschaft, z. B. ....

An Versuchen mit diesem Fragebogen (auch mit der örtlichen Situation angepaßten Varianten) und Ergebnissen bin ich weiterhin sehr interessiert und bitte um Kontaktaufnahme: B. Kreibich, Liebigstraße 14, 46 Dortmund 1

Literatur

Appleyard, D.: Notes on Urban Perception and Knowledge. In: R. M. Downs, D. Stea (eds): Image and Environment. Chicago 1973, S. 109–114

Baehr, V. n J. Kotik: Zur Theorie der Bedürfnisse. Institut für Umweltplanung, Ulm 1972

Barker, R. G.: Ecological Psychology: Concepts and Methods for Studying the Environment of Human Behavior. Stanford 1968

Baumann, K., I. Salzmann: Stadtplanung im Unterricht. Planen und Wohnen als Umwelterfahrung und soziales Verhalten. 6 Beispiele ästhetischer Erziehung. Köln 1974

Becker, H., K. D. Keim: Wahrnehmung in der städtischen Umwelt – möglicher Impuls für kollektives Handeln. Berlin 1972

Böhm, W.: Kindliches Spiel und räumliche Umwelt. Diplomarbeit Geogr. Inst. TU München 1976 (unveröffentlicht)

Cooper Marcus, Cl., L. Rivlin: Children's-Environment Evaluation-Research: The State of the Art and – Where Do We Go from here? In: Suedfeld, P., Y. A. Russel (eds): The Behavioral Basis of Design, Book I. Proceedings of the 7th International Conference of the EDRA, Stroudsburg, Penn. (Dowden) 1976, S. 366

Freiberg, H.: Spielplätze – Analysen und Gegenmodelle (6. und 7. Schuljahr). In: H. Giffhorn (Hrsg.): Ästhetische Erziehung im politischen Bereich. Velber 1971, S. 123–131

Holzkamp, K.: Sinnliche Erkenntnis – Historischer Ursprung und gesellschaftliche Funktion der Wahrnehmung. Frankfurt 1973

Jungfer, H.: Standortprobleme der Verkehrsinfrastruktur im Geographieunterricht. Die Evaluation der RCFP-Unterrichtseinheit „Im Flughafenstreit dreht sich der Wind". In: Materialien zu einer neuen Didaktik der Geographie 6. RCFP (Selbstverlag) München 1977

Kammermeier, A.: Wahrnehmung städtischer Umwelt. Dargestellt am Beispiel der Umstrukturierungsprozesse im Innenstadtrandgebiet von München. Diplomarbeit Geogr. Inst. TU München 1976 (unveröffentlicht)

Kreibich, B.: Stadtplanung aus Schülersicht. In: Der Erdkundeunterricht, Sonderheft 5, Stuttgart 1977

Swan, J. A.: Response to Air Pollution – A Study of Attitudes and Coping Strategies of High School Youths. In: Environment and Behavior, Vol. 2, 1970, No. 2, S. 127–152

Weyland, U.: Wenn Kinder wählen dürften. In: Zeitmagazin, Nr. 46, 17. 11. 1972, S. 24–31

Diskussion zum Vortrag B. Kreibich

Dr. D. Stonjek (Osnabrück)

Im Vortrag wurde von den Schülerentscheidungen für private bzw. politische Lösungen gesprochen und Zahlen genannt, die darstellen, daß beim Bau von Schnellstraßen (bzw. der Landebahn eines Flughafens) der überwiegende Teil der Schüler die politische Lösung befürwortet. Gab es im Wohnumfeld der Schüler Bürgerinitiativen gegen Schnellstraßen und wenn ja, haben diese Einfluß auf die Schüleräußerungen?

H. Raidl (Überlingen)

Zuwenig ausgeteilte Materialien. Bitte um Nachdruck oder Nennung von Veröffentlichung des Materials.

Dr. B. Kreibich (München)

Die Frage, wie Bürger reagieren könnten, wenn durch ihr Wohnviertel eine Schnellstraße gebaut wird, wurde bei der Evaluation der RCFP-Unterrichtseinheit „Im Flughafenstreit dreht sich der Wind" gestellt, und zwar vor einer Behandlung der Frage im Unterricht. Da die Frage in 32 Schulklassen, gestreut über das ganze Bundesgebiet, gestellt wurde, ist nicht anzunehmen, daß im Wohnumfeld all dieser etwa 800 Schüler Bürgerinitiativen gegen Schnellstraßen tätig waren. In meiner Untersuchung in München ergab sich, daß in Vierteln mit aktiven Bürgerinitiativen der Anteil der Schüler, die das Verdrängungsproblem der Wohnbevölkerung kannten und die massiv protestieren wollten, signifikant höher war als in anderen Vierteln ohne solche Bürgerinitiativen.

Ein dem ausgeteilten Fragebogen ähnlicher Fragebogen ist in meiner Veröffentlichung B. Kreibich: Stadtplanung aus Schülersicht. Der Erdkundeunterricht, Sonderheft 5, 1977, im Anhang enthalten.

DIE BEDEUTUNG RÄUMLICHER VORSTELLUNGSFÄHIGKEIT DER SCHÜLER FÜR DEN UNTERRICHT MIT KARTEN

Mit 3 Abbildungen und 2 Tabellen

Von Helmut Schrettenbrunner (München)

1 ALLGEMEINE FRAGESTELLUNG DER UNTERSUCHUNG,

Das Fach Erdkunde wird im allgemeinen zu den typischen Lernfächern gerechnet, das von seiner Fachstruktur her wenig Ansätze bietet, beim Schüler die verschiedenen Dimensionen von Intelligenz zu fördern. Der überwiegend additive Charakter der Stoffdarbietung und ein weitgehend fehlender hierarchischer Aufbau der Fachstruktur führen dazu, daß geographische Informationen mehr mosaikhaft zusammengetragen und weniger deren logische Beziehungen erkannt werden. Ohne Zweifel kann man andererseits auch vermuten, daß durch den Erdkundeunterricht sehr wohl Intelligenzdimensionen angesprochen werden. Die Entwicklung psychologischer Forschung über die Intelligenz brachte ja relativ früh die Erkenntnis, daß es Intelligenzfaktoren gibt, die allgemein als „räumliche Vorstellung" und „Erkennen von Gestalten" bezeichnet werden[1] und die man durchaus auch geographisch interpretieren darf. Gerade beim Umgang mit Karten, Reliefs oder Luftbildern wird im Erdkundeunterricht auf die Entwicklung eines geographischen Orientierungsvermögens hingearbeitet.

Die Fragestellung für die zu referierende Untersuchung lautet deshalb, ob beim Unterricht mit topographischen Karten Intelligenz angesprochen wird, oder anders formuliert, ob die beim Lesen topographischer Karten benötigten Fähigkeiten verwandt mit den aus psychologischen Tests gewonnenen allgemeinen räumlichen Faktoren der Intelligenz sind. Insgesamt soll einmal überprüft werden, welchen Einfluß die Intelligenz auf die Leistungen der Schüler beim Kartenlesen hat und zum anderen, ob dieser Zusammenhang geschlechts- und/oder altersspezifisch ist. In der Literatur zur Didaktik oder Methodik des Erdkundeunterrichts finden sich viele Hinweise auf geschlechtsspezifische Unterschiede, besonders in bezug auf die Beliebtheit von Unterrichtsthemen. So scheinen Jungen für das Arbeiten mit Karten besser geeignet zu sein als Mädchen,[2] wobei nicht deutlich wird, ob es sich um deren stärkeres Interesse oder um deren höhere Leistungsfähigkeit handelt.

---

[1] Siehe etwa die Darstellung zu den Primärfaktoren der Intelligenz in K. Pawlik, Dimensionen des Verhaltens, Bern 1968, S. 335–338.

[2] Auf die Unbeliebtheit von Interpretationen topographischer Karten bei Mädchen im Gegensatz zu Jungen verweist z. B. M. Long, The interest of children in School Geography, in: Geography 56/1971, S. 177–190; siehe auch J. Birkenhauer, Aufgaben und Stand fachdidaktischer Forschung, in: G. Kreuzer (u. a., Hrsg.), Didaktik der Geographie in der Universität, München 1974, S. 114.

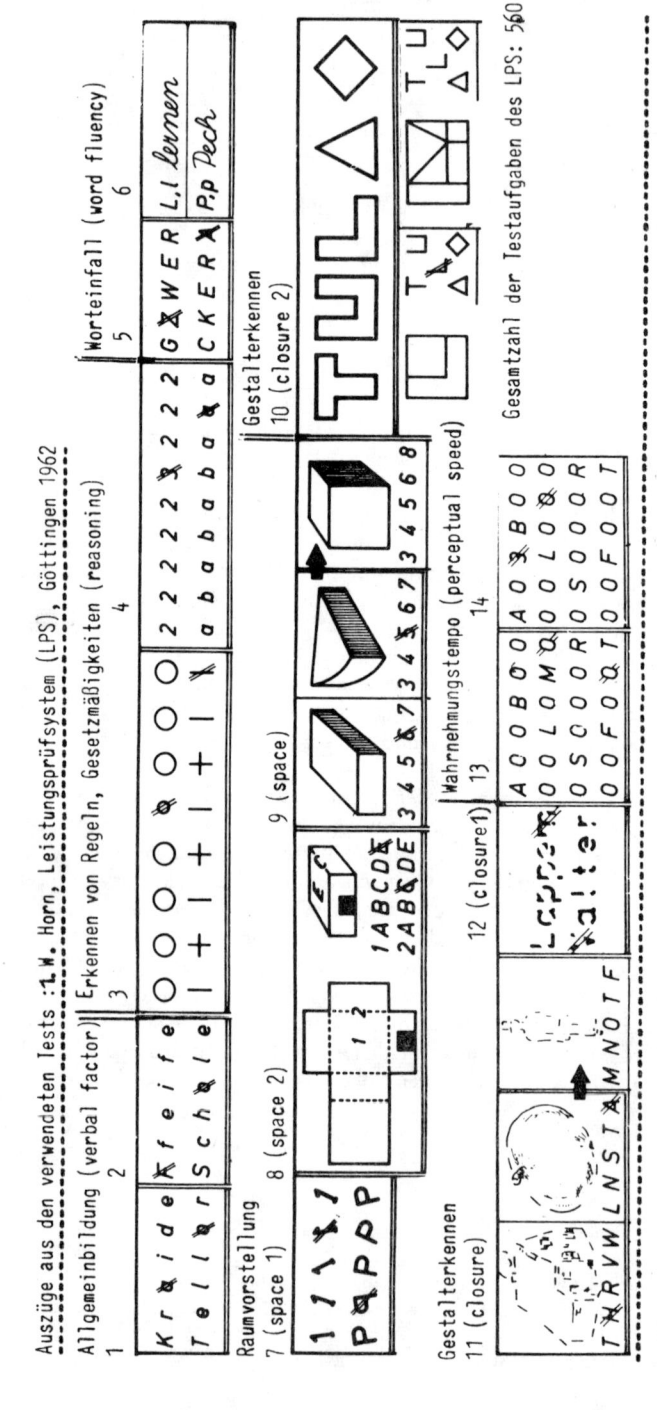

Abb. 1

2 VERSUCHSINSTRUMENTE

Bei der Auswahl von allgemeinen Intelligenztests wurde unter den auf dem deutschen Markt befindlichen das Leistungsprüfsystem von W. Horn ausgewählt, weil es einmal zu den besseren Tests gerechnet wird,[3] die gegenwärtig verfügbar sind und zum anderen, weil das Leistungsprüfsystem im Vergleich mit anderen Intelligenztests wesentlich mehr Untertests zu räumlichen Dimensionen der Intelligenz enthält (s. Abb. 1). Während normalerweise ein Intelligenztest sehr viele Untertests zur Allgemeinbildung, d. h. zur Ausdrucksfähigkeit oder Wortgewandtheit enthält (beim Leistungsprüfsystem [LPS] die Aufgaben 1, 2, 5, 6) und dazu noch eine Vielzahl von Untertests zum logischen Denken (beim LPS die Aufgaben 3 und 4), so bietet das LPS aus 14 Untertests eben 6 zu Bereichen an, die für das geographische Raumerkennen von Bedeutung sein können.

Im Untertest 7 wird das gedankliche Bewegen von Symbolen (space 1) überprüft, d. h. das Erkennen von grundsätzlich verschiedenartiger räumlicher Darstellung. Im Untertest 8 soll der Schüler zeigen, ob er die Abwicklung eines räumlichen Körpers und den dreidimensionalen Gegenstand identifizieren kann (räumliches Vorstellen, d. h. space 2). Ähnlich kann die Aufgabe 9 verstanden werden, in der angegeben werden muß, aus wievielen Seiten ein dreidimensionaler Gegenstand besteht (Raumvorstellung, space). Man kann von diesen geometrischen Aufgaben wohl nicht unmittelbar auf Fertigkeiten beim Kartenlesen schließen, aber es besteht die Vermutung, daß ähnliche Dimensionen beim Erkennen des Reliefs einer topographischen Karte benötigt werden könnten.

Die Subtests zur Intelligenzdimension Gestalterkennen verlangen vom Schüler, daß er Zeichen unter erschwerten Bedingungen, wie innerhalb komplexerer Figuren (Untertest 10) oder bei angedeuteten Umrissen (Test 11, 12) identifizieren kann. Es liegt die Vermutung nahe, daß die vielfach übereinandergelagerte Information einer topographischen Karte unter ähnlich erschwerten Bedingungen zu lesen ist und deshalb mit einem vergleichbaren Intelligenzaufwand dechiffriert werden muß.

Für die insgesamt 560 Aufgaben der 14 Subtests sind laut Testanleitung bestimmte Bearbeitungszeiten zulässig, die zusammen 1½ Schulstunden nicht überschreiten.

Für die Überprüfung der geographischen Fertigkeiten wurde vom Verf. ein Kartentest entwickelt, der seiner revidierten 3. Fassung verwendet wurde (s. Abb. 2). Im Untertest 1 wird die Kenntnis von Signaturen der topographischen Karte 1:25 000 überprüft; zu den Signaturen werden 5 Antworten angeboten, von denen die richtige anzustreichen ist. Für die folgenden Untertests gilt als Grundlage ein Ausschnitt (DIN A 5) der dreifarbig gedruckten topographischen Karte von Hösbach, in die nachträglich 41 Punkte eingetragen wurden. Im Untertest 2 wird erwartet, daß der Schüler die Himmelsrichtung von Strecken angeben kann, wobei die Nordrichtung abweichend (bei ca. 300°), aber sehr deutlich sichtbar eingetragen ist (bedingt durch die Übernahme der Karte aus einem älteren Schulbuch).[4] Im nächsten Untertest muß der Schüler angeben können, welche Steigung eine bestimmte Strecke hat, wobei 5 Möglichkeiten zur Wahl stehen (eben, aufwärts, abwärts, aufwärts und dann abwärts, abwärts und dann aufwärts). Im Untertest 4 wird geprüft, ob sich der Proband das Relief vorstellen kann. Dazu soll er aus einer Anzahl von 5 Strecken pro Zeile des Testbogens

---

[3] W. Horn, Leistungsprüfsystem, LPS, Göttingen 1962.
Als zusammenfassende Kritik zum LPS schreibt G. Weise, Psychologische Leistungstests, Göttingen 1975, S. 103: „In vielen Punkten kann das LPS als bester deutschsprachiger differentieller Intelligenztest gelten."
[4] Seydlitz/Bauer; Süddeutschland (Klasse 5), München 1966, S. 6.

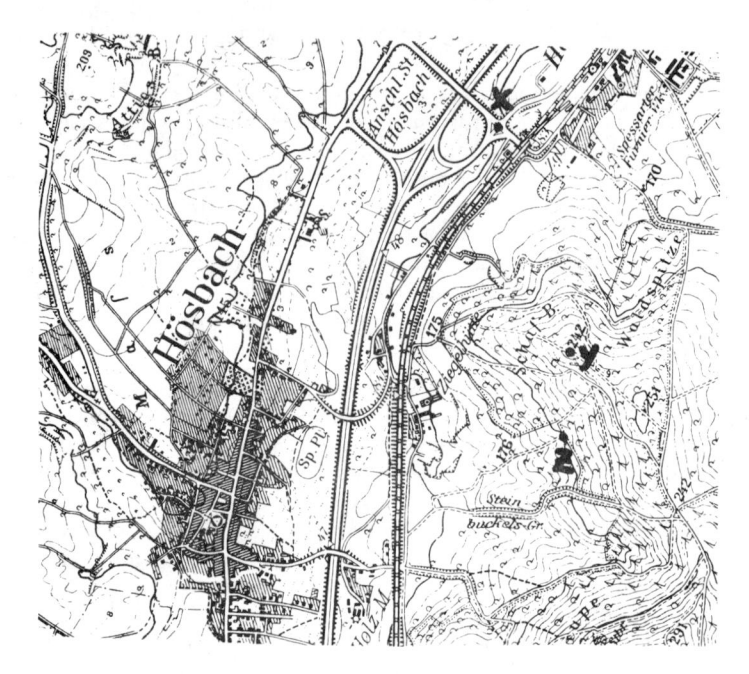

Abb. 2 H. Schrettenbrunner, Kartentest, MS 1976 (Anstelle der Testfragen werden hier nur die Lernzielbereiche angegeben)
1. Signaturen erkennen (zu einem Zeichen 5 Antwortmöglichkeiten mit einer richtigen Lösung)
2. Himmelsrichtungen von Strecken bestimmen (je 8 Richtungen)
3. Steigung einer Strecke erkennen (je 5 mögliche Steigungen)
4. Sichtverbindung zwischen zwei Punkten bestimmen (aus 5 Punktepaaren dasjenige heraussuchen, bei dem man vom ersten zum zweiten Punkt sehen kann)
5. Länge (in km) einer Luftlinie bestimmen
6. Einer Strecke ein Profil zuordnen (5 Skizzen zur Auswahl)
7. Ein Photo einem Punkt auf der Karte zuordnen (5 Punkte zur Wahl)
8. Punkte der Karte auf einem Luftbild wiedererkennen (5 zur Wahl)

insgesamt 159 Aufgaben; Gesamtdauer der beiden Tests: 3 x 40 Min.
Ausschnitt der Karte 1 : 25 000; dreifarbiger Druck; insgesamt sind über 40 Punkte eingetragen (hier nur Auswahl X, Y, Z)

diejenige Strecke herausfinden, bei der man vom ersten Punkt zum zweiten Punkt sehen kann. In dem nächsten Untertest muß aufgrund der Angabe des Maßstabes 1:25 000 berechnet werden, wie lange einzelne Luftlinienverbindungen sind.

Im Untertest 6 werden zu einzelnen Strecken fünf Querschnitte angeboten, von denen einer das richtige Profil wiedergibt. Im Untertest 7 erhält der Proband zusätzlich 19 Photos von Punkten auf der Karte und muß versuchen, aus einer Auswahl von 5 möglichen Punkten pro Photo die richtige Lösung zu finden. Im letzten Test erhält der Schüler ein Luftbild (Schrägaufnahme), das etwa ein Drittel der Karte wiedergibt; hier soll er erkennen, welche Punkte der Karte auch auf dem Luftbild zu finden sind.

Der Kartentest umfaßt 152 Aufgaben und erfordert die gleiche Testzeit wie das LPS, so daß der Versuch insgesamt 3 Unterrichtsstunden dauert. Zu beiden Testbatterien gibt es exakt ausformulierte Anweisungen für jeden Untertest, genaue Angaben zur Zeitdauer und Auswerteschablonen, so daß eine optimale Objektivität der Tests gewährleistet ist. Zum LPS liegen außerdem noch Vergleichswerte von bereits durchgeführten Untersuchungen vor, außerdem altersrelativierte Werte (Centil-Werte), die für jeden Probanden errechnet wurden.[5]

3 VERSUCHSANLAGE

Der Versuch wurde an vier Gymnasien im großstädtischen Bereich von München durchgeführt. Es nahmen ca. 360 Schüler daran teil, aber wegen der Vollständigkeit der Eintragungen gehen nur 280 Schüler in die Berechnungen ein. Im Hinblick auf die Fragestellung nach dem Einfluß von Klassenstufe und Geschlecht wurde eine varianzanalytische Anlage zugrunde gelegt; von jeder Klassenstufe wurden gleich viele Schüler ausgewählt und innerhalb jeder Klassenstufe die gleiche Anzahl von Mädchen und Jungen. Es handelte sich um vier Klassenstufen (Kl. 5, 7, 9, 11), so daß für beide Geschlechter je 4, insgesamt also 8 Gruppen (Zellen) mit jeweils 35 Personen existieren. Wegen des experimentellen Charakters der Untersuchung erübrigen sich Fragen nach der Repräsentativität: Es soll untersucht werden, welche Einflüsse bestimmte Variablen haben, nicht aber die Frage, welche typische Leistung Schüler verschiedener Schulstufen beim Kartentest zeigen.

4 METHODEN DER DATENVERARBEITUNG

Die Ergebnisse der 22 Subtests und der Gesamtpunktwerte wurden auf Normalität überprüft und bei einigen Subtests so transformiert, daß die Bedingung für Normalität als erfüllt gilt.[6] Die Gleichheit der Varianzen für die 8 Zeilen des Versuchsplans wurde überprüft (Cochran-Test: 0,23, nicht signifikant). Die Interitemreliabilität des LPS wurde mit $r_{tt} = 0{,}97$ (Formel 21) bzw. 0,99 (Formel 20) berechnet,[7] die Werte für den Kartentest betragen $r_{tt} = 0{,}93$ bzw. 0,99, so daß die innere Konsistenz der beiden Testbatterien als sehr hoch bezeichnet werden kann. Die Homogenität, d. h. das Mittel der Interkorrelationen der einzelnen Untertests beläuft sich auf $r = 0{,}47$ für das LPS und $r = 0{,}43$ für den Kartentest. Als interne Validität wurde das Mittel der Korrelationen der Untertests mit dem Gesamttest definiert, das beim LPS und ebenso beim Kartentest $r = 0{,}70$ beträgt. Als kriterienbezogene Validität wird für das LPS die Korrelation mit einem anderen Intelligenztest angeführt (mit dem IST), die 0,73 beträgt;[8] für den Kartentest wurde eine solche Korrelation zum Gesamtergebnis des LPS von 0,80 ermittelt.

---

[5] W. Horn gibt für das LPS die altersrelativierten Werte in Form von Centilwerten an; Umrechnungswerte finden sich z. B. in G. Lienert, Testaufbau und Testanalyse, Weinheim, 1969, S. 329. Dem Durchschnittswert von 100 auf der IQ-Skala entspricht der Centilwert von 5.

[6] Berechnung mit dem Programm TRAM, das Schiefe und Exzeß der einzelnen Variablen ermittelt und eine optimale Transformation auswählt; eine Flächentransformierung wurde nicht vorgenommen, weil die Interpretationsschwierigkeiten solchermaßen transformierter Variablen groß sind.

[7] s. G. Lienert, Testaufbau und Testanalye, Weinheim 1969, S. 227.

[8] Nach K. Groffmann, I. Schneevoigt, Vorläufige Ergebnisse einer Vergleichsuntersuchung an Studenten mit dem Leistungsprüfsystem (LPS) von Horn und dem Intelligenzstrukturtest (IST) von Amthauer, in: Schweizer Zeitschrift für Psychologie und ihre Anwendung, 23/1964, S. 246.

Als Ergebnis dieser als Qualitätsbestimmung gedachten Berechnungen läßt sich formulieren, daß die über das LPS bereits vorliegenden Werte bestätigt wurden[9] und daß der Kartentest nur geringfügig verschiedene Kennziffern erhält.

Zur Bestimmung der Intelligenzdimensionen wurden Faktorenanalysen gerechnet (SPSS, Version V, Leibniz-Rechenzentrum München) und zur Bestimmung des Einflusses verschiedener Variablen auf die Gesamtleistung im Kartentest eine Kovarianzanalyse (SPSS, Version VI, Gebietsrechenstelle 1 des Kultusministeriums München).

5 ERGEBNISSE DER UNTERSUCHUNG

5.1 Der Kartentest als Intelligenztest

Die Gesamtrohpunktwerte vom Leistungsprüfsystem und dem Kartentest korrelieren mit $r = 0{,}80$, also sehr hoch. Vergleicht man etwa die Korrelationen zweier Intelligenztests miteinander,[8] nämlich LPS und IST, dann ergibt sich ein r von 0,73. Daraus wird als Ergebnis abgeleitet: Der Kartentest ist als Intelligenztest zu interpretieren, wobei ergänzt werden kann, daß er sich nur über eine beschränkte Auswahl von Faktoren erstrecken kann. Anders ausgedrückt bedeutet dies, daß die Fähigkeiten, die beim Lesen von topographischen Karten benötigt werden, als verwandt mit solchen Fähigkeiten angesehen werden dürfen, die in den üblichen Intelligenztests ebenfalls überprüft werden. Ein Unterricht über das Kartenlesen ist deshalb für die intellektuelle Schulung durchaus von positivem Nutzen;[10] Aufgaben von Intelligenztests, die bisher aus der Raumlehre stammen (z. B. Würfel und andere Gegenstände in ihrer Dreidimensionalität erkennen), könnten durch speziellere Aufgaben des Kartenlesens ergänzt werden.

5.2 Unterschiedliche Schwierigkeiten der Untertests

Als Schwierigkeit eines Untertests wird *hier*[11] definiert der Anteil von insgesamt gelösten Aufgaben zur Gesamtheit der möglichen Lösungen (eine Schwierigkeit von $P = 1$ bedeutet, daß 100 % der möglichen Lösungen erreicht wurden; eine Korrektur nach der Menge von überhaupt in Angriff genommenen Aufgaben erfolgt nicht). Betrachtet man nur die Ergebnisse aller Schüler, so stellt sich heraus, daß fast alle Aufgaben, die das dreidimensionale Sehen voraussetzen, besondere Schwierigkeiten bereiten. Das Erkennen und Zuordnen von den gezeichneten Profilen und die Angabe ob man von einem Punkt zum anderen sehen kann stellen sehr hohe Anforderungen ebenso wie Aufgaben, die die Zuordnung von Photo und Luftbild zur Karte verlangen (P jeweils niedriger als 0,26). Mit einer weiteren Aufgliederung nach den Klassenstufen ließe sich zeigen, daß das Herauslesen von einem dreidimensionalen Kartenbild anhand von Isohypsen bis hinauf zur 11. Klasse eine äußerst schwierige Arbeit

---

[9] Vergleiche die Zusammenfassung der Testmerkmale in: R. Brickenkamp (Hrsg.), Handbuch psychologischer und pädagogischer Tests, Göttingen 1975, S. 154–156.

[10] Mit der Bedeutung des Kartenlesens für die intellektuelle Entwicklung von Jugendlichen beschäftigen sich z. B. J. Eliot, Children's spatial Visualization, in: Ph. Bacon (Hrsg.), Focus on Geography, National Council for the Social Studies, 40th Yearbook, Washington 1970, S. 263–290; J. Piaget, B. Inhelder u. a., Die Entwicklung des räumlichen Denkens beim Kinde, Stuttgart 1971; K. Sturzebecher, Raumvorstellung, in: Deutsche Schule 1972, S. 690–701; F. Stückrath, Kind und Raum, München 1968.

[11] Im Gegensatz zu G. Lienert, Testaufbau und Testanalyse, Weinheim 1969, S. 91.

ist, genauso wie die Zuordnung von Punkten, die in verschiedenen Medien (Photo-Karte) dargestellt sind. Kann man das dreidimensionale Sehen durch Geländeschummerung wohl vereinfachen, so läßt sich die Schwierigkeit der räumlichen Identifikation in verschiedenen Medien, d. h. das Überprüfen der Karteneintragung mit der Realität, nicht mehr wesentlich erleichtern. Gerade auf diese zwei Bereiche des Kartenlesens müßte ein Erdkundeunterricht wohl besonders achten. Dabei sind allerdings schon noch Abstufungen von Aufgabentypen beim dreidimensionalen Sehen möglich, die im Kartentest auch auftreten. Der Untertest 3 verlangt nämlich nur die verbale Aussage, welche grundsätzliche Steigung eine Strecke aufweist und wird deshalb häufiger richtig beantwortet als der wesentlich präzisere Test Nr. 6, der detaillierte Querschnitte anbietet ($P_3 = 0{,}36$, $P_6 = 0{,}26$).

Als relativ leichter Test stellt sich das Bestimmen der Himmelsrichtung heraus ($P = 0{,}53$), während das Maßstabrechnen, bei dem der Schüler nur von der Angabe 1:25 000 ausgehen muß, größere Probleme schafft ($P = 0{,}37$), die in der Klasse 5 kaum gelöst werden können, aber auch noch in Klasse 11 keineswegs zu guten Leistungen führt.

Insgesamt läßt sich feststellen, daß der Kartentest deutlich schwieriger als der Intelligenztest ist und bei einer Revision nochmals leichter gemacht werden müßte (wodurch sich dann die Reliabilität erhöhen würde). Es bleibt außerdem festzuhalten, daß der Kartentest anstrengend und ermüdend ist, was durch das Suchen der vielen Punkte auf der Karte bedingt wird.

5.3 Die Intelligenzdimensionen

Es wurden mehrere Faktorenanalysen gerechnet, die einmal nur das LPS, dann den Kartentest und schließlich die beiden Tests zusammen untersuchten.

Für das LPS wurde bereits in mehreren unabhängigen Untersuchungen die Faktorenstruktur ermittelt;[12] dabei ergaben sich 2 bis 5 empirisch festzustellende Faktoren. In der vorliegenden Analyse lassen sich zwei Faktoren nachweisen (Varimax-Rotation).[13]

---

[12] W. Horn gibt in einer späteren Veröffentlichung (Prüfsystem für Schul- und Bildungsberatung, PSB, Göttingen 1969) Hinweise auf Faktorenanalysen zum LPS, ohne jedoch ausreichend zu zitieren. Eine Faktorenanalyse zum LPS wurde erstellt durch: L. Tent, Die Auslese von Schülern für weiterführende Schulen, Göttingen 1969.

[13] Die Ergebnisse der gemeinsamen Faktorenanalyse (Varimax-Rotation) lauten folgendermaßen (die Nummern der Untertests stimmen mit denen der Anlage zu den Tests überein):

Untertests		Faktor 1	Faktor 2	Kommunalitäten h^2
LPS	1	0,38	0,66	0,70
	2	0,57	0,33	0,63
	3	0,31	0,45	0,44
	4	0,09	0,47	0,36
	5	0,23	0,38	0,54
	6	0,32	0,41	0,47
	7	0,35	0,16	0,52
	8	0,63	0,26	0,64
	9	0,82	0,20	0,84
	10	0,82	0,28	0,87
	11	0,25	0,71	0,70

Bei der Faktorenanalyse über *beide Testbatterien* ergibt sich, daß im ersten Faktor der Untertest „Himmelsrichtung-Angeben" und „Luftbild-Zuordnen" zusammen mit den LPS-Dimensionen „Raumvorstellung" und „Gestalterkennen (closure 2)" erscheinen; dies ist eine gewisse Bestätigung, daß sich die beiden Tests in einzelnen Teilen ergänzen bzw. die allgemeinen Faktoren space und closure bei Fähigkeiten des Kartenlesens benötigt werden.

Die Faktorenanalyse *des Kartentests* erbringt in der unrotierten Form einen sehr hoch geladenen Faktor, der darauf hinweist, daß die 280 Schüler im wesentlichen nur von *einer* Dimension ausgehen. Dies bedeutet, daß die Untertests sehr homogen sind und keine verschiedenartige und voneinander unabhängigen Dimensionen der Fähigkeiten, die zum Kartenlesen benötigt werden, erwartet werden können. Bei einer Rotation ergibt sich ein sehr starker erster Faktor, auf den die Tests Steigung-Erkennen, Sichtverbindung und Profil-Erkennen höher laden, also Untertests, die eine Fähigkeit des dreidimensionalen Sehens voraussetzen. Ein zweiter, aber wesentlich schwächerer Faktor faßt das Maßstabrechnen und das Erkennen von Punkten der Karte auf Photos zusammen.

Als erstes Ergebnis der Faktorenanalyse des Kartentests ergibt sich somit, daß nur ein bis zwei Faktoren nachweisbar sind. Dies entspricht nicht den Erwartungen, die bei der Zusammenstellung der Untertests gehegt wurden. Bei der Konstruktion der Tests bestand die Zielsetzung, so unterschiedliche Dimensionen wie das Kennen von Signaturen, das Maßstabrechnen, das dreidimensionale Sehen, das Erkennen von Himmelsrichtungen oder die Zuordnung von Photos zur Karte in eine Testbatterie aufzunehmen. Die empirischen Befunde bestätigen jedoch nicht die bei der Testkonstruktion gemachten theoretischen Annahmen, so daß als erstes Ergebnis festgehalten werden muß: Die beim Kartentest notwendigen Fähigkeiten des Schülers erweisen sich als ziemlich homogen.

Als eine mögliche Erklärung für dieses Ergebnis soll die in der Psychologie aufgestellte Differenzierungshypothese herangezogen werden.[14] Sie besagt, daß die Anzahl von Intelligenzfaktoren nicht unabhängig vom Alter der Probanden ist, sondern mit dem Alter

Untertests		Faktor 1	Faktor 2	Kommunalitäten h^2
	12	0,57	0,19	0,63
	13	0,31	0,24	0,36
	14	0,28	0,32	0,64
Kartentest	1	0,14	0,22	0,43
	2	0,42	0,47	0,61
	3	0,20	0,23	0,65
	4	0,28	0,24	0,48
	5	0,27	0,30	0,81
	6	0,09	0,13	0,45
	7	0,10	0,12	0,41
	8	0,32	0,22	0,52
Eigenwert		9,78	0,95	
% Varianz		48,9	4,8	

[14] s. z. B. G. Reinert u. a., Faktorenanalytische Untersuchungen zur Differenzierungshypothese der Intelligenz: Die Leistungsdifferenzierungshypothese, in: Psychol. Forschung, 28/1965, S. 246–300, über das Prüfsystem für Schul- und Bildungsberatung von W. Horn (Göttingen 1969), das auf Unteritems vom LPS zurückgreift.

zunimmt. Da beim Kartentest 10- bis 19jährige Schüler beteiligt waren, also gerade eine Altersgruppe, in der eine starke intellektuelle Entwicklung abläuft, könnte dadurch die Anzahl von Faktoren beeinflußt worden sein. Berechnet man nämlich die Faktorenanalyse des Kartentests nach den einzelnen Klassenstufen (4 Faktorenanalysen), so ergeben sich bis zu 4 Faktoren, die den theoretischen Vorstellungen entsprechen. Die Zusammensetzung der Faktoren wechselt aber von Klassenstufe zu Klassenstufe, so daß man annehmen darf, daß je nach Alter unterschiedliche Kombinationen von Fähigkeiten angesprochen werden. Das zweite Ergebnis der Faktorenanalyse lautet demnach, daß keine stabile Ausprägung der Intelligenzdimensionen für das Kartenlesen bei unterschiedlichen Altersgruppen angetroffen wurde. Es liegt die Vermutung nahe, daß der Erdkundeunterricht bisher auch wenig zur gezielten Ausbildung differenzierter Kartenlesefähigkeit beigetragen hat.

5.4 Der Einfluß von Intelligenz, Geschlecht, Klassenstufe auf das Kartenlesen

Durch die Kovarianzanalyse wird es möglich, die als Kovariate definierte Variable des Intelligenzquotienten zu isolieren, um die Effekte genau zu bestimmen, die von den Variablen Geschlecht und Klassenstufe ausgehen. Das Ergebnis der Kovarianzanalyse zeigt einmal, daß der Einfluß der Intelligenz auf die Leistung im Kartentest äußerst hoch ist (siehe F-Wert von 188,2; $p \leq 0,001$), so daß feststeht: je höher die Intelligenz, desto besser die Leistung. Wird dieser Einfluß ausgeklammert, so erweist sich die Variable „Klassenstufe" als von sehr großer Bedeutung (F-Wert von 113,9, $p \leq 0,001$). Aufgrund der Mittelwerte läßt sich somit formulieren, daß mit zunehmender Klassenstufe die Leistungen im Kartentest besser werden;[15] dies gilt jedoch nur von Klassenstufe 5 bis 9. Man kann dahinter den Einfluß des Erdkundeunterrichts vermuten, aber genauso auch die zunehmende praktische Erfahrung mit der Interpretation von räumlichen Informationen in Form von Karten. Erstaunen mag bei der Betrachtung der Abb. 3, daß die Rohwerte der Leistung im Kartentest von Klassenstufe 9 nach 11 zurückgehen. Als Erklärung hierfür ließe sich vielleicht vermuten, daß das Fehlen des Faches Erdkunde im 10. Schuljahr zu einer Reduzierung des geographischen Denkens führen könnte. Eine solche Interpretation ist jedoch fragwürdig; vielmehr handelt es sich um die bei Intelligenztests übliche Erscheinung, daß die Rohwerte bis zum Alter 15 stark ansteigen und dann langsam sinken. Bei der Altersrelativierung der Rohwerte zu Intelligenzquotienten wird gerade dieses Phänomen ausgeglichen, indem der Mittelwert einer Altersgruppe gleich 100 gesetzt wird.

Aus der Tabelle und der Grafik läßt sich weiterhin herauslesen, daß die Leistungen der Mädchen signifikant niedriger als die der Jungen sind. Es steht aber fest, daß die am Versuch beteiligten Mädchen keineswegs niedrigere Intelligenzquotienten besitzen als die Jungen.[16] Aus detaillierten Untersuchungen zur Intelligenzdimension „Raumvorstellung" bei allgemeinen Intelligenztests ist bereits bekannt, daß Mädchen bei Tests dieser Art signifikant niedrigere Werte erzielen.[17] Dies wird dadurch zu erklären versucht, daß sich hier geschlechtsspezifische Erziehungsunterschiede und Rollenerwartungen ausprägen, daß Tests

---

[15] Dabei wurde überprüft, ob nicht etwa der Mittelwert des Intelligenzwertes von den niedrigeren zu den höheren Klassen zunimmt.

[16] Vielmehr haben die Mädchen einen geringfügig höheren Mittelwert des Intelligenzwertes als die Jungen.

[17] s. etwa K. H. Wewetzer, Intelligenztests für Kinder, in: K. Gottschalt u. a. (Hrsg.), Handbuch der Psychologie, Göttingen 1969, Bd. 6, S. 205.

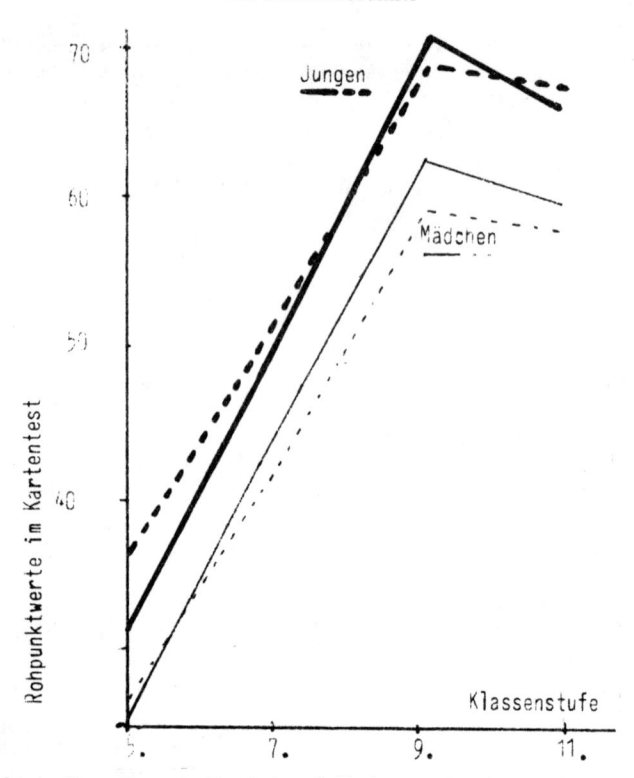

Abb. 3 Graphische Darstellung der Ergebnisse der Varianzanalyse (ohne Kovariate)
durchgezogene Linien: beobachtete Werte,
punktierte Linien: theoretische Werte

zu space und closure offensichtlich typisch männliche Fähigkeiten überprüfen, die etwa für die Berufe des Baumeisters, Architekten oder Ingenieurs wichtig sind.[18]

Tab. 1 *Ergebnisse der Kovarianz-Analyse*

Variabilität	Summe der Abweichungs- quadrate	Bestimmt- heits- maß r^2	Frei- heits- grade	Mittleres Quadrat	F- Wert	Signifikanz (p) des F-Werts
Kovariate:						
Intelligenz	27707,1	0,22	1	27707,1	188,2	0,001
Haupteffekte:						
Geschlecht	6331,7	0,05	1	6331,7	43,0	0,001
Klassenstufe	50324,8	0,40	3	16774,9	113,9	0,001
Interaktionen:						
Geschl. x Klasse	639,5	0,01	3	213,2	1,5	0,228
Rest	39902,9	0,32	271	147,2		
Total	124906,0	1,00	279			

[18] So W. Horn, Leistungsprüfsystem LPS, Göttingen 1962, S. 25.

Interaktionen zwischen Geschlecht und Klassenstufen, dergestalt daß etwa nur bei jüngeren Mädchen geringere Leistungen, bei älteren aber höhere Leistungen auftreten, bestehen nicht (F-Wert 1,5, nicht signifikant), so daß sich eine sehr einfache Beziehung ergibt, die in Abb. 3 dargestellt ist.

6 ZUSAMMENFASSUNG UND FOLGERUNGEN AUS DEN ERGEBNISSEN

1. Bei der Gestaltung von curricularem Unterrichtsmaterial ist zu beachten, daß die erkanntermaßen schwierigen Teilaspekte des Kartenlesens (Inbeziehungsetzen von Photo und Karte, Erkennen der Dreidimensionalität) durch vorbereitende Aufgaben entsprechend ausführlich eingeübt werden. Auf einer unteren Stufe der Hierarchie von Lernzielen können dagegen das Bestimmen von Himmelsrichtungen und das Maßstabrechnen angesetzt werden.

2. Die im Kartentest erreichten Leistungen hängen eng mit der allgemeinen Intelligenz zusammen, dergestalt daß Kinder mit höherem IQ auch bessere Leistungen beim Kartenlesen erzielen. Für das Fach Erdkunde kann damit unter anderem ein Bereich genannt werden, für den Lernziele aufgestellt werden können, die deutlich über den Rahmen eines *Lern*faches hinausgehen und im Zusammenhang mit der generellen Entwicklung von Intelligenz gesehen werden dürfen.

3. Zwischen Jungen und Mädchen besteht bei gleicher Intelligenz ein gesicherter Unterschied hinsichtlich der Leistung beim Kartenlesen. Akzeptiert man den bei vielen psychologischen Tests festgestellten niedrigeren Leistungswert der Mädchen bei Aufgaben zum Raumerkennen als gegebene Auswirkung einer geschlechtsspezifischen Rollenerwartung, so hat der Erdkundelehrer zu berücksichtigen, daß bei Prüfungen nicht ausschließlich Kartenlesen verlangt wird, wenn Mädchen und Jungen nach den gleichen Kriterien bewertet werden.

4. Je höher die Klassenstufe, um so größer ist die Leistung beim Kartenlesen, wobei gleiche Intelligenz vorausgesetzt wird. Dieser Zusammenhang wird bei den 5., 6. und 9. Klassen beobachtet, während sich die 11. Klassenstufe nicht von der 9. unterscheidet. Da diese Beziehungen auf den Rohwerten beruhen, ist zu berücksichtigen, daß bei Intelligenzaufgaben ein Maximum der Rohwerte bei den etwa 15jährigen konstatiert wird. Der Leistungsabfall zur Kollegstufe soll deshalb darüber hinaus keine weitere Interpretation erfahren.

ANALYSE GEOGRAPHISCHER PLANSPIELE

Mit 6 Abbildungen und 8 Tabellen

Von Hartwig Haubrich (Freiburg)

I. PROBLEMSTELLUNG

Arbeiten zur empirischen Unterrichtsforschung sind selten. Evaluationsberichte über Unterrichtserfahrungen bringen häufig einen Vergleich von Vorwissen und Nachwissen der Schüler bzw. eine Beschreibung des Lernerfolgs. Dieses Verfahren gleicht dem Input-Output-Modell. Im Input werden Ziele, Inhalte, Medien und Strategien beschrieben und angeboten und der Output wird mit Hilfe von Leistungs- und Situationstests gemessen. Die eigentlichen Unterrichtsprozesse bleiben die große unbekannte „Black Box".

M. E. fehlen uns Verfahren und Methoden zur direkten und indirekten Beobachtung, Beschreibung und Analyse des Geographieunterrichts. Meine Arbeit soll hierzu einen kleinen Beitrag leisten. Ich möchte mit Methoden der Verhaltensforschung und Handlungsforschung Geographieunterricht analysieren und verändern.

Mein Forschungsinteresse ist ein methodisches und ein inhaltliches:

Zum einen möchte ich mit Strichlisten-Protokollen, Tonband-, Videoaufzeichnungen, Wortprotokollen und Aktionsrekorder-Protokollen standardisierte Protokolle mit spezifischen Kategorien zur vielseitigen Analyse entwickeln. Zum anderen möchte ich damit Unterrichtsprozesse abbilden, strukturieren und bewußt machen, um damit dem Schüler und Lehrer eine Grundlage zur Modifikation des Verhaltens zu geben.

Zur Veranschaulichung meiner Überlegungen und Erfahrungen wähle ich einen Bericht über Erfahrungen mit dem Planspiel „Kernkraftwerk" von Nolzen.

Wenn ich von Planspielen spreche, meine ich offene Planspiele mit folgender idealtypischen Verlaufsstruktur:

Planspiele haben eine Vorbereitungsphase, in der in der normalen Klassensituation
a. das Planspiel-Problem geklärt,
b. der Spielverlauf vereinbart,
c. die Rollenverteilung vorgenommen wird.
Der eigentliche Spielverlauf gliedert sich in eine Informationsphase, in der die Interessengruppen
a. die Daten aufbereiten,
b. ihre Ziele festlegen,
c. ihre Strategien vereinbaren;
und in die Entscheidungsphase, in der in einer Plenumsdiskussion z. B. in einer Bürgerversammlung
a. Anträge vorgetragen und begründet,
b. Argumente ausgetauscht,
c. Entscheidungen per Abstimmung getroffen werden.
Nach der Entscheidung ist das Planspiel beendet.

Es folgt die Spielkritik
a. mit der Analyse des Rollenverhaltens und
der inhaltlichen Spielentscheidung,
b. mit einem Vergleich der Entscheidung und
des Entscheidungsprozesses mit der Wirklichkeit.

Mir geht es in diesem Vortrag nicht um einen detaillierten Bericht über den gesamten Spielverlauf des Planspiels „Kernkraftwerk", sondern um die Analyse der Plenumsdiskussion.

Mein Ziel ist demnach die Analyse der Kommunikations-, Verlaufs- und Informationsstruktur der Plenumsdiskussion zur Erfassung der sozialen, kommunikativen und fachlichen Kompetenz der Spieler. Damit sollen Grundlagen und Ansatzpunkte zur Verhaltensmodifikation geschaffen werden.

II. PROTOKOLLIERUNG DER VERBALEN INTERAKTIONEN

Mit Hilfe eines Aktionsrekorders wurden die Anzahl, Zeitdauer, der Zeitpunkt und die Abfolge der verbalen Äußerungen der einzelnen Rollenspieler protokolliert. Über einer rotierenden Walze mit einem solchen Protokollstreifen (Abb. 1) können 20 Kategorien protokolliert werden. 20 Stifte werden über ein Kabel von Beobachtern bedient. Tritt eine Beobachtungseinheit ein, so drückt der entsprechende Beobachter am Ende seines Kabels einen Knopf und die entsprechende Nadel verzeichnet das Eintreten, die Dauer und die Beendigung einer zu beobachtenden Aktion.

In diesem Fall leitet der Diskussionsleiter die Plenumsdiskussion ein, er spricht fast 3 Minuten, dann folgt ein Vertreter des E-Werks und so fort. Der Anfang der Bürgerversammlung ist durch langphasige Monologe ausgezeichnet, während das Protokoll ab der 15. Minute (Abb. 1) einen sehr kurzphasigen Dialog zwischen dem Wirtschaftsministerium und der Bürgerinitiative zeigt. Anschließend folgt wieder ein langes Statement eines Vertreters aus I-Ort.

Anzahl und Zeitdauer der verbalen Interaktionen:

Die Protokollstreifen erlauben eine Vielzahl von Auswertungsmöglichkeiten. So kann man z. B. leicht die Anzahl und die Zeitdauer der verbalen Äußerungen der einzelnen Gruppen errechnen und damit deren Partizipationsgrad messen.

Die Bürgerinitiative und das Wirtschaftsministerium haben sich in diesem Planspiel am meisten engagiert. Das Wirtschaftsministerium (Wi) verzeichnet die meisten Sprecheinsätze, diese sind aber sehr kurz, so daß die Sprechzeit bedeutend geringer ist. Die Bürgerinitiative (Bü) hat weniger Sprecheinsätze, jedoch einen höheren Sprechanteil als das Wi. Wie die semantische Analyse später noch zeigen wird, ist allein diese schlichte Feststellung schon sehr bezeichnend für das Rollenverhalten dieser beiden Gruppen.

Abfolge der verbalen Interaktionen bzw. das Kommunikationsmuster

Aus dem Aktionsrekorder-Protokoll ist auch die Reihenfolge der Sprecher ablesbar. Diese kann z. B. in eine Sitzordnung mit Pfeilen für verschiedene Sequenzen übertragen werden. Hier die 1. Sequenz von 9.15–9.20 (Abb. 3). Der Diskussionsleiter beginnt, anschließend spricht ein Vertreter des E-Werks. In der 2. Sequenz nehmen die Interaktionen zu. Sie laufen aber fast alle über den Diskussionsleiter. In der 4. Sequenz (Abb. 4) deutet sich schon ein Streitgespräch zwischen Wi. und Bü. an. Die Addition aller Interaktionen in einem

Interaktionsnetz ergibt ein interessantes Muster. Der Diskussionsleiter (D) hat zwar die Fäden in der Hand, doch dominieren die Interaktionen zwischen Bü. und Wi. E-Werk und I-Ort spielen hinsichtlich der Anzahl der Sprecheinsätze nur eine untergeordnete Rolle. Die Hauptkontrahenten waren Bü. und S-Ort auf der Seite der KKW-Gegner und Wi., I-Ort und E-Werk auf der Seite der KKW-Befürworter.

Semantische Analyse der verbalen Interaktionen in unmittelbarer Beobachtung

Während die Erfassung der bisherigen Beobachtungseinheiten sich relativ leicht gestaltet, bereitet die Protokollierung von Ereigniseinheiten große Schwierigkeiten insbesondere, wenn in unmittelbarer Beobachtung und nicht nach mehrmaligem Betrachten einer Videoaufzeichnung vom Beobachter sofort z. B. entschieden werden muß, ob eine verbale Äußerung eine Frage, eine Antwort, eine Meinung, einen Widerspruch, eine Information oder einen Vorschlag beinhaltet. Am jeweiligen Platz der Sprecher (Abb. 5) werden hier in der 9. und 10. Sequenz das jeweilige Kodezeichen vermerkt.

Die Tabelle I zeigt das Gesamtergebnis der unmittelbaren Beobachtung. Nach den genannten Ereigniseinheiten, d. h. die Anzahl der Kategorien in der jeweiligen Sequenz und insgesamt – von jeweils 2 Beobachtern parallel und gleichzeitig protokolliert. Die Beobachtungsübereinstimmung beträgt 0,95, obwohl in einzelnen Sequenzen sehr große Beobachtungsdifferenzen vorliegen. In der 17. Sequenz verzeichnet der Beobachter A insgesamt 25 und B 26 Ereigniseinheiten. Innerhalb einzelner Kategorien gibt es aber Differenzen von 10 bis 1. Ähnlich verhält sich das Ergebnis in der Vertikalen bei der Kategorie „Antwort". Trotz hoher Beobachterübereinstimmung insgesamt, große Differenzen in einzelnen Sequenzen. Diese heben sich z. T. gegenseitig auf, daher das relativ gute Gesamtergebnis.

Wir haben uns auf der Grundlage dieser Erfahrungen entschlossen, uns nicht mehr auf die Ergebnisse einer unmittelbaren Beobachtung zu verlassen. Selbst gut trainierte Beobachter machen noch immer Fehler.

Semantische Analyse der verbalen Interaktionen mit Hilfe des Wortprotokolls

Stattdessen fertigten wir mit Hilfe der Videoaufzeichnung ein Wortprotokoll an, um dann in aller Ruhe die einzelnen Sprechäußerungen den vereinbarten Kategorien zuordnen zu können. In diesem Falle benutzten wir dieses abgewandelte Balessche Kategorienschema (Tab. II), das für die Analyse eines Entscheidungsprozesses besonders gut geeignet sein soll.

In einem Entscheidungsprozeß gibt es Probleme der Orientierung:
Es werden Informationen erteilt,
Fragen nach Informationen gestellt
und Antworten gegeben.
Es gibt Probleme der Bewertung:
Erscheinungen und Prozesse müssen bewertet werden.
Dazu werden Meinungen geäußert und erfragt.
Es gibt das Problem, alternative Lösungsmodelle zu kennen:
Deshalb werden Lösungen vorgeschlagen bzw. erfragt.
Es gibt das Problem der Entscheidung:
Lösungsvorschläge erfahren Zustimmung, aber auch Widerspruch.
Der Entscheidungsprozeß erzeugt Spannung. Entspannung wird notwendig.

Nach diesen Kategorien wurde nun das Wortprotokoll von mehreren Beobachtern verkodet. Hier das Ergebnis (Tab. III): Entspannungsäußerungen gibt es 7mal, spannungserzeugende Äußerungen dagegen 24mal. Das Repertoire von Entspannungstechniken scheint nicht besonders umfangreich zu sein. 16 Vorschläge werden verzeichnet und nur ein Vorschlag wird erfragt. Anscheinend interessiert nur der eigene Vorschlag. Man kennt die eigene Lösung, diejenige der anderen Gruppen scheint uninteressant. Ähnlich verhalten sich Meinung und Frage nach Meinung. Trotz allem dominiert die Kategorie Information mit 71 Äußerungen, alles in allem eine Debatte, die nicht als unsachlich bezeichnet werden kann.

Semantische Analyse des Interaktionsprozesses

Auf wessen Konto die Interaktionen aus dem sozial-emotionalen Bereich und aus dem sachlichen Bereich zu verbuchen sind, möge ein Dialog zwischen einem Vertreter der Bü. und des Wi. ab der 35. Minute verdeutlichen (Tab. IV u. V). Die Bü. äußert eine ausführlich begründete Meinung, danach stellt das Wi. eine Frage. Die Bü. antwortet. Das Wi. kontert mit einer Aufforderung, die Bü. antwortet; darauf folgt eine unvollständige Aussage des Wi. Die Bü. ergänzt, orientiert und begründet seine Meinung. Das Wi. fordert eine Zeichnung. Die Bü. zeichnet, bemüht sich um Orientierung. Das Wi. unterbricht durch eine wertende Frage. Die Bü. gibt Antwort, die zu einem Gelächter der gegnerischen Gruppe führt – trotzdem orientiert die Bü. argumentativ weiter.

Dieser Dialog zeigt eine sachlich-orientierende Bü. und ein mit formalen Tricks arbeitendes Wi.

Ab der 40. Minute ändert sich die Struktur des Dialogs. Auch auf seiten der Bü. gibt es unvollständige Aussagen, unbegründete Meinungen, unbegründeten Widerspruch. Das Wi. bleibt bei seiner bewährten Technik, die Bü. kontert allmählich mit den Mitteln des Wi.

Die genannten Kategorien verteilen sich im Interaktionsprozeß charakteristisch über einzelne Sequenzen. In den Phasen, in denen z. B. Entscheidungsprobleme kulminieren, häufen sich auch Sprechäußerungen zur Orientierung. Die Spannung steigt mit der Annäherung an die Hauptentscheidung.

Analyse der kognitiven Struktur des Entscheidungsprozesses

Zur Analyse der kognitiven Struktur der verbalen Äußerungen wurde das Wortprotokoll nach folgenden Kategorien verkodet: Wissen, Verstehen, Werten und Anwenden sind zentrale Kategorien, die einen Planungs- bzw. Entscheidungsprozeß ausmachen. Die Hypothese könnte lauten: In Planspielen werden häufiger die Kategorien Werten bzw. Beurteilen und Anwenden bzw. Planen und Sich-Entscheiden beobachtet und damit auch Entscheidungsfähigkeit stärker trainiert als bei üblichen Unterrichtsformen. Hier einige erläuternde Beispiele zu den einzelnen Kategorien (Tab. VI). Die Protokollierung dieser Kategorien (Tab. VII) zeigt bei den Statements zu Beginn des Planspiels alle Kategorien bei jedem Diskussionsbeitrag. Anschließend treten die Kategorien Werten und Anwenden kaum noch auf. Im einsetzenden Streitgespräch wird um die sachlichen Grundlagen der Entscheidung gerungen. Normen-Äußerungen und Einsetzen für Ziele mehren sich wieder gegen Ende der Diskussion. Insgesamt ist der Anteil der Kategorien Werten und Anwenden beträchtlich. Planspiele sollen ja die Anwendung von Wissen und Können zum Erlebnis werden lassen und die Handlungs- und Entscheidungsfähigkeit trainieren.

Zur Analyse der fachlich-inhaltlichen Kompetenz wurden im folgenden Protokoll (Tab. VIII) zentrale Signalwörter der einzelnen Gruppen zusammengestellt. Allein quantitativ finden sich beim E-Werk, Wi. und I-Ort weniger Signalwörter als beim S-Ort und der Bü. Die Fachkompetenz, aber auch die Interessenlage kann recht gut aus den Signalwörtern der einzelnen Gruppen abgelesen werden. Hierbei muß man natürlich die Tatsache berücksichtigen, daß u. U. ein Wort mehr Gewicht haben kann, als unendlich viele Fachtermini.

Diese semantische Analyse zeigt, daß die KKW-Gegner sachkompetenter waren als die Befürworter.

Zur Synthese der Untersuchungsergebnisse

Das Kreisdiagramm der Abbildung 6 zeigt zur abschließenden Synthese noch einmal das Verhalten der Gegenspieler im Vergleich, d. h. soziale, kommunikative und fachliche Kompetenz. Im Innenkreis sind die Aktionen der KKW-Befürworter und im Außenkreis die Aktionen der Gegner prozentual nach den einzelnen Kategorien oder Problembereichen des Entscheidungs- oder Interaktionsprozesses eingetragen.

Die Gegner bemühten sich weit mehr um Information als die Befürworter. Bei den Befürwortern ist außerdem der Anteil der Fragen nach Information weit größer. Die Gegner waren eindeutig fachlich kompetenter. Sie rangen außerdem viel mehr um die Bewertung der Entscheidungsalternativen als die Befürworter. Die Befürworter haben einen viel größeren Anteil an unbegründeten Meinungen und Bewertungen.

Während sich bei der Kontrolle der Alternativen und bei den Äußerungen zur Entscheidung keine großen Unterschiede zeigen, dominieren bei den Befürwortern die Spannung erzeugenden Aktionen. Bei der Spannungsbewältigung zeigen sich beide recht hilflos.

Analyse geographischer Planspiele

Tab. 1. *Gegenüberstellung zweier unmittelbarer Beobachtungen*

1. Zahl = Beobachter A
2. Zahl = Beobachter B } Anzahl der kodierten Interaktionen

Sequenz:	Kategorien: Frage	Antwort	Meinung	Vorschlag	Widerspruch	Information	unkodiert	Zeilensumme:
1	–; –	–; –	2; 0	2; 0	–; –	1; 2	–;–	5; 2*
2	5; 4	1; 0	3; 2	0; 3	–; –	4; 3	–;–	13; 12
3	1; 1	1; 0	2; 1	1; 2	0; 1	1; 1	–;–	6; 6
4	7; 2*	4; 9*	3; 3	1; 1	3;12*	4; 3	–;–	22; 30*
5	3; 5	2; 7*	0; 1	0; 1	0; 2	2; 1	0;3*	7; 20*
6	8; 4*	10; 1*	2; 2	–; –	15;10*	3; 1	0;2	38; 20*
7	4; 2	1; 2	2; 5*	3; 3	5; 6	7; 3*	2;0	25; 20
8	4; 8*	3; 1	0; 3*	3; 2	5; 8*	5; 3	3;0*	23; 25
9	6; 3*	6; 5	2; 3	1; 2	4; 3	4; 3	3;0*	26; 19
10	7; 4*	3; 8*	1; 3	2; 1	5; 3	6; 3*	4;0*	28; 22
11	2; 1	1; 1	1; 5*	2; 1	2; 2	4; 0*	–;–	12; 10
12	9; 6*	6; 5	0; 1	1; 1	7; 4*	4; 3	2;0	29; 20*
13	3; 0	4; 5	1; 2	1; 2	6; 7	3; 2	2;0	20; 18
14	7; 9	2; 4	0; 2	1; 2	0; 1	1; 4*	3;0*	14; 22*
15	4; 2	3; 2	0; 1	–; –	5; 4	3; 2	1;0	16; 11
16	4; 4	3; 5	0; 1	1; 1	4; 1*	3; 1	1;0	16; 13
17	0; 2	1; 4*	0; 7*	1; 1	10;10	3; 1	10;1*	25; 26
18	3; 4	4; 3	0; 3*	1; 1	9; 8	4; 0*	4;1	25; 20
19	1; 0	–; –	0; 2	3; 2	1; 2	3; 1	–;–	8; 7
20	1; 1	1; 0	0; 5*	1; 1	0; 4*	5; 1*	2;0	10; 12
Spaltensumme:	79;62	56;62	19;52	25;27	82;87	70;38	37;7	368;335
Beob. übereinstimmg.	0.88	0.95	0.54	0.96	0.97	0.70	(0.32)	0.95

* = erhebliche Abweichung (über 30%; wenigstens aber um 3 Stellen)

Tab. 2. *Erweitertes Kategorienschema auf der Grundlage der Bales'schen Interaktionsprozeßanalyse*

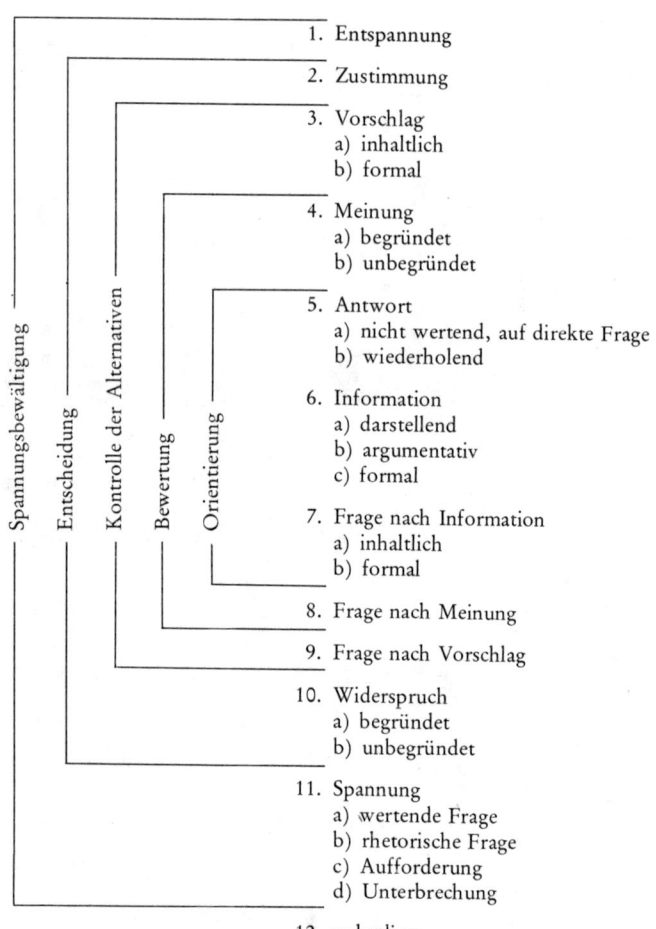

Spannungsbewältigung / Entscheidung / Kontrolle der Alternativen / Bewertung / Orientierung	1. Entspannung
	2. Zustimmung

	3. Vorschlag
	  a) inhaltlich
	  b) formal

	4. Meinung
	  a) begründet
	  b) unbegründet

	5. Antwort
	  a) nicht wertend, auf direkte Frage
	  b) wiederholend

	6. Information
	  a) darstellend
	  b) argumentativ
	  c) formal

	7. Frage nach Information
	  a) inhaltlich
	  b) formal

	8. Frage nach Meinung
	9. Frage nach Vorschlag

	10. Widerspruch
	  a) begründet
	  b) unbegründet

	11. Spannung
	  a) wertende Frage
	  b) rhetorische Frage
	  c) Aufforderung
	  d) Unterbrechung

	12. unkodiert
	  a) unvollständige Äußerung
	  b) keine geeignete Kategorie

Analyse geographischer Planspiele

Tab. 3. *Erweitertes Kategorienschema auf der Grundlage der Bales'schen Interaktionsprozeßanalyse*

Ergebniseinheit:	\multicolumn{9}{c	}{Sequenzen:}	Zeilensumme:
	1	2	3	4	5	6	7	8	9	
1. Entspannung	0	0	1	0	1	2	1	2	0	7
2. Zustimmung	0	2	0	1	1	0	1	0	0	5
3. Vorschlag										
a) inhaltlich	1	1	1	0	1	1	1	0	0	6
b) formal	2	1	2	1	0	0	2	2	3	13
4. Meinung										
a) begründet	0	0	3	1	3	0	5	3	1	16
b) unbegründet	1	4	1	2	0	4	1	2	1	16
5. Antwort										
a) nicht wertend	0	0	0	5	2	7	2	6	1	23
b) wiederholend	0	0	0	2	0	0	0	0	0	2
6. Information										
a) darstellend	1	4	1	0	1	3	0	2	2	13
b) argumentativ	1	1	1	3	0	1	1	1	1	10
c) formal	3	2	0	0	0	0	0	0	0	5
7. Frage nach Info										
a) inhaltlich	1	0	0	4	4	5	0	1	1	16
b) formal	1	1	2	0	0	2	4	1	1	12
8. Frage nach Meinung	1	2	0	0	1	0	1	0	1	6
9. Frage nach Vorschlag	1	0	0	0	0	0	0	0	0	1
10. Widerspruch										
a) begründet	0	0	0	7	1	11	0	2	2	23
b) unbegründet	0	0	0	5	1	0	4	2	1	13
11. Spannung										
a) wertende Frage	0	0	0	1	0	1	1	3	0	6
b) rhetorische Frage	0	0	0	1	0	0	3	1	0	5
c) Aufforderung	0	0	0	1	1	3	2	2	0	9
d) Unterbrechung	0	0	0	1	0	1	1	1	0	4
12. unkodiert										
a) unvollständig	0	0	0	0	0	0	0	2	0	2
b) keine Kategorie	1	0	2	0	0	1	0	0	2	6
Spaltensumme:	14	17	11	35	16	43	32	31	16	215

Tab. 4 *Typische Interaktionsabfolge zweier Kontrahenten (ab 35. Min.)*

Bürgerinitiative B8	Wirtschaftsministerium W3
ausführlich begründete Meinung	
	rhetorische Frage
Antwort	
	Aufforderung
Antwort	
	unvollständige Aussage
Orientierung	
begründete Meinung	
	Aufforderung (verlangt Zeichnung)
Orientierung (zeichnet)	
	(unterbricht durch) wertende Frage
Antwort, (die zum Gelächter der gegnerische Gruppe führt – trotzdem:) argumentative Orientierung	

Tab. 5 *Typische Interaktionsabfolge zweier Kontrahenten (ab. 40. Min.)*

Bürgerinitiative B8	Wirtschaftsministerium W3
unvollständige Aussage	
	unterbrechende Aufforderung
unbegründete Meinung	
	unbegründete Meinung
Aufforderung zur Sachlichkeit	
	unbegründeter Widerspruch
begründete Meinung	
	wertende Frage
Antwort	
	unbegründete Meinung
unbegründeter Widerspruch	
	Entspannung (Gelächter)

Tab. 6. *Beispiele zu den Kategorien*

Wissen:	„Das Kernkraftwerk besteht aus zwei baugleichen Blöcken mit je einem Reaktor der thermischen Leistung von 3800 MW." (EW/3. Min.)
Verstehen:	„Ja, also das radioaktive Jod setzt sich dann im Gras ab, und das kommt dann über Gras, Kuh, Milch zum Menschen." (S/13. Min.)
Werten:	„Also, außer dem Standort sprechen auch noch andere Gründe dafür, daß das Kernkraftwerk dort gebaut wird. Es sichert mehr Arbeitsplätze und außerdem muß die Stromversorgung auch für die Zukunft gesichert werden." (EW/5. Min.)
Anwenden:	„... also wir wollen kein Kernkraftwerk, hier nicht, und auch woanders nicht – und damit auch keine Industrieansiedlung ... Begründungen dafür sind: 1. Beeinträchtigung der Weinqualität ... 2. Gefährdung des Fischbestandes ...

Tab. 7. *Analyse der verbalen Äußerungen*

nach den Kategorien:

Min./Sprecher		*Wissen* Informieren über Fakten u. Methoden	*Verstehen* Erklären von Zusammenhängen	*Werten* Bewerten mit Hilfe von Normen	*Anwenden* sich für Ziele entscheiden u. einsetzen	Äußerungen zum formalen Verlauf
00	DL					f
03	EW	x	x	x	x	
05	DL					f
	EW	x	x	x	x	
	EW	x	x	x	–	
07	DL					f
	EW	x	x	x	x	
	DL					f

Analyse geographischer Planspiele

Min./Sprecher		Wissen Informieren über Fakten u. Methoden	Verstehen Erklären von Zusam- menhängen	Werten Bewerten mit Hilfe von Normen	Anwenden sich für Ziele entscheiden u. einsetzen	Äußerungen zum formalen Verlauf
09	W	x	x	x	x	
	DL					f
10	W	x	x	x	x	
	DL					f
	W	x	x	x	–	
	DL					f
11	S	x	x	x	x	
	DL					f
	S	x	–	–	–	
	DL					
13	S	x	x	x	x	
15	W	–	x?	–	–	
	B	–	x	–	–	
	W	x	–	–	–	
	B	x	–	–	–	
	W	x	–	–	–	
	B	x	x	–	–	
	W	x	x	–	–	
	B	x	x	–	–	
	W	x	x	–	–	
	B	x	x	–	–	
	W	x	x	–	–	
17	B	–	x	–	–	
	W					f
	B	x	–	–	–	
	W	x	–	–	–	
	B	x	x	–	–	
	W	x	–	–	–	
	B					f
	W	x	–	–	–	
	B	x	–	–	–	
18	W	x	x?	x	–	
	B	x	x	–	–	
	W					f
	B					f
	W					f
	DL					f
	B					f
	W					f
	B	x	–	–	–	
	W	x?	–	–	–	

Tab. 8. *Sach- und Signalwörter*
aus den Diskussionsbeiträgen der einzelnen Interessengruppen

E-Werk	W-Min.	I-Ort	S-Ort	B-Initiative
Atomgesetz, baugleiche Blöcke, Reaktor, thermische Leistung, MW, Nettoleistung, Frischwasserkühlung, Rückkühlungsbetrieb, Strombedarf, Bauzeit, Standort südl. Oberrhein, Kühlwasser, Wasserkraftwerk, Ballungsgebiet, Wärmekraftwerk, Stromverbrauch, Strahlenschutz, Umweltbelastung, Arbeitsplätze, Stromkosten, Mineralstoffe, chemische Verwendung, Todesopfer Kernenergieverbrauch 1985	Wirtschaftswachstum, Energiequelle, Ölimport, Arbeitsplatz, Kühlwasser, Stromversorgung, Industrienation, Wettbewerbsfähigkeit, Gemeinwohl, Umweltschutzgedanke Nebelbildung, Kühlturm, Jod 131, Reaktor, Wirtschafts- u. Sicherheitsexperte, Schwaden, Nebelbildung, Windrichtung, Unfall Wetterlage, Gras–Kuh–Milch-Kette Sicherheitsfaktor, Notkühlung, Heißwasser, Demokratie, Staat, Öffentlichkeit, Sabotage,	Auwaldgelände, Gewerbe- u. Lohnsteuer, Gemeinderat, soziale Einrichtungen, Sport-, Kur-, zentrum, Kindergarten, Tagesstätte, Hallen- u. Freibad, Angel-, Wassersport- u. Bildungszentrum, Verbindungswege, Umgehungsstraße, Autobahn, Eisenbahn, Rheinhafen, wirtschaftlicher Aufschwung Industrie, Binnenschiffahrt, Arbeitsplätze, Pendelverkehr, Kläranlage, Klima,	Industrieansiedlung Katastrophenfall, Ballungsgebiet, Risiko, Weinqualität, Absatzschwierigkeiten, Sonderkulturen, Nebelbildung, Kühltürme, Fischbestand, Wärmeeinleitung, Kühlwasser, Fischsterben, Wachstumsphasen, Frischwasserkühlung, Rückkühlung, Luftbewegung, reifeförderndes Wetter Grundremmingen, Kühlwasserdurchfluß, Sicherheitsvorkehrung, Würgassen, Kondensationskammer, radioaktives Wasser,	Kühlwasser, Nebelschwaden, Hauptwindrichtung, Rheintal, Schwarzwald Vogesen, Naßkühlturm, Kühlwasser, Wetterlage, Nebeltage, Spitzenweine, Gras–Kuh–Milch-Kette, Höchstbelastungsgrenze, Jod 131, Bürgerinitiative, Baustopp, Veröffentlichung der Katastrophenpläne, ungünstige Klimabeeinflußung, Existenzgrundlage der Winzer, Bauern und Fischer, Atommüllagerung, Sabotage- und Unfallschutz, Strahlenschutz, Klimasituation, Atommüll, Radioaktivität Abklingen-Jahrtausende, Lagern in Stahlfässern im Meer, Vergraben, Risiko, Salzbergwerk, Steinsalzformation, Sabotage- und Unfallschutz, Reaktorkern,

Tab. 8 (Forts.)

E-Werk	W-Min.	I-Ort	S-Ort	B-Initiative
	Schutz, Jumbo, Phantom, Krieg, Mißbildungen,	radioaktives Material, Kohle- und Wasserkraftwerk,	Reaktorüberwachung, Notkühlungssystem, Spätschäden, Panik, Spätfolgen, Öffentlichkeit, Demokratie, Bürgermeister, Verschwiegenheit, Politiker, Gemeinderat, Vertreter der Bürger,	Notschaltung, Kühlwasserpumpe, Hülle, Hiroshima-Bomben, Kühlturm, Turbinen, Stahlmantel, Sabotage, Nuklearwaffen, Mantel, Hiroshima-Bomben, Strahleneinwirkung, Säuglingssterblichkeit, Lungenkrebs, Zellmembranen, natürliche Abwehrkräfte, Wachstumsstörungen, grauer Star, Verminderung der Fruchtbarkeit, Fehlgeburten, Zeugungsunfähigkeit, Mißbildungen, Proffit, Leben, Gesundheit

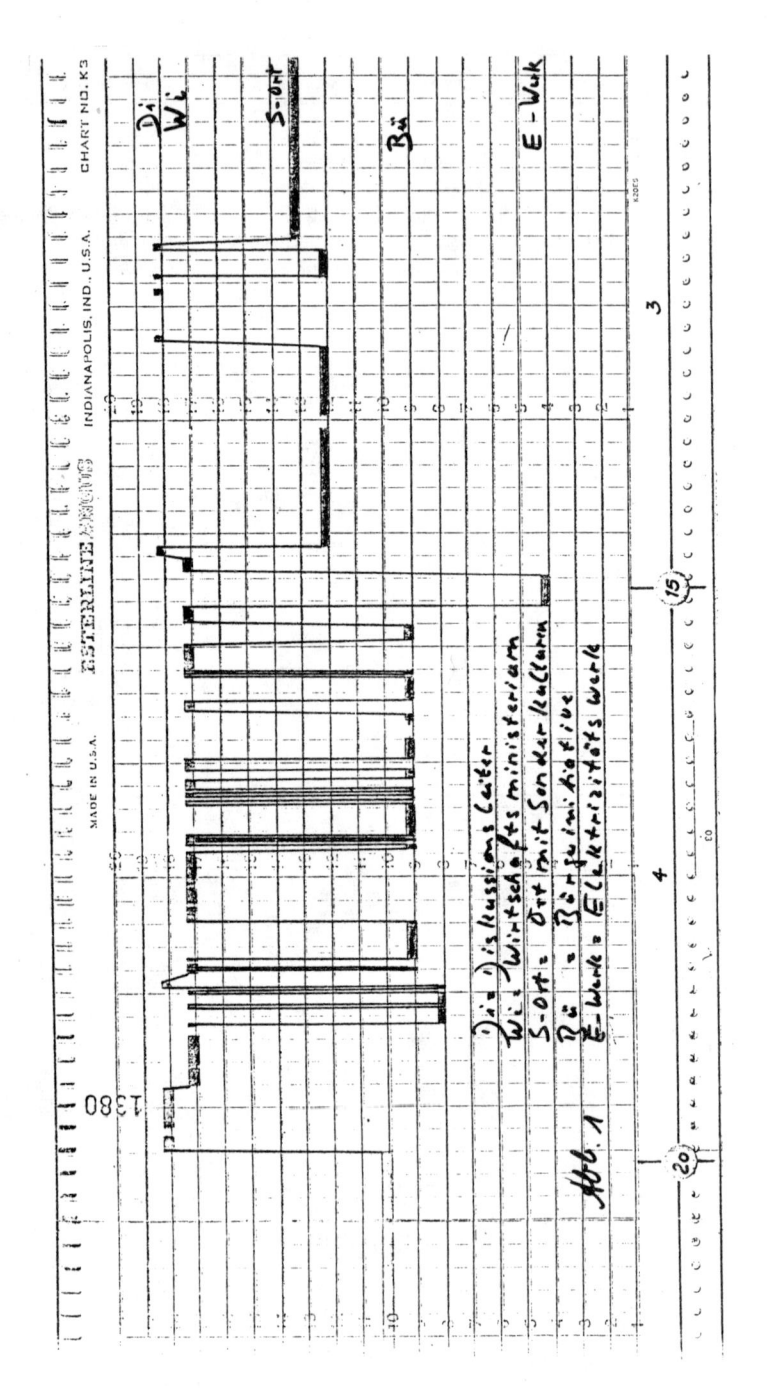

Abb. 1 Protokollstreifen verbaler Interaktionen

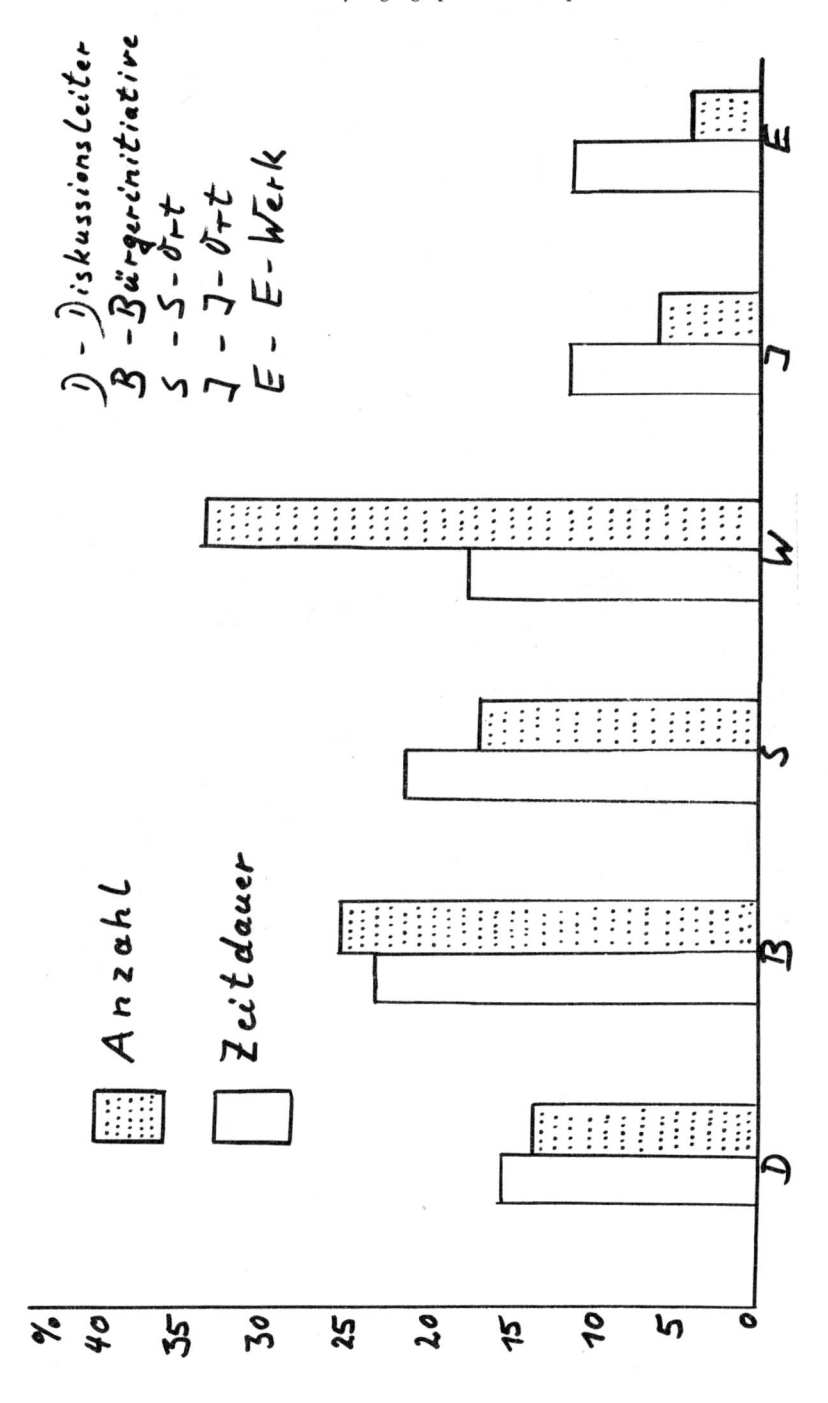

Abb. 2 Verbale Interaktionen

646 H. Haubrich

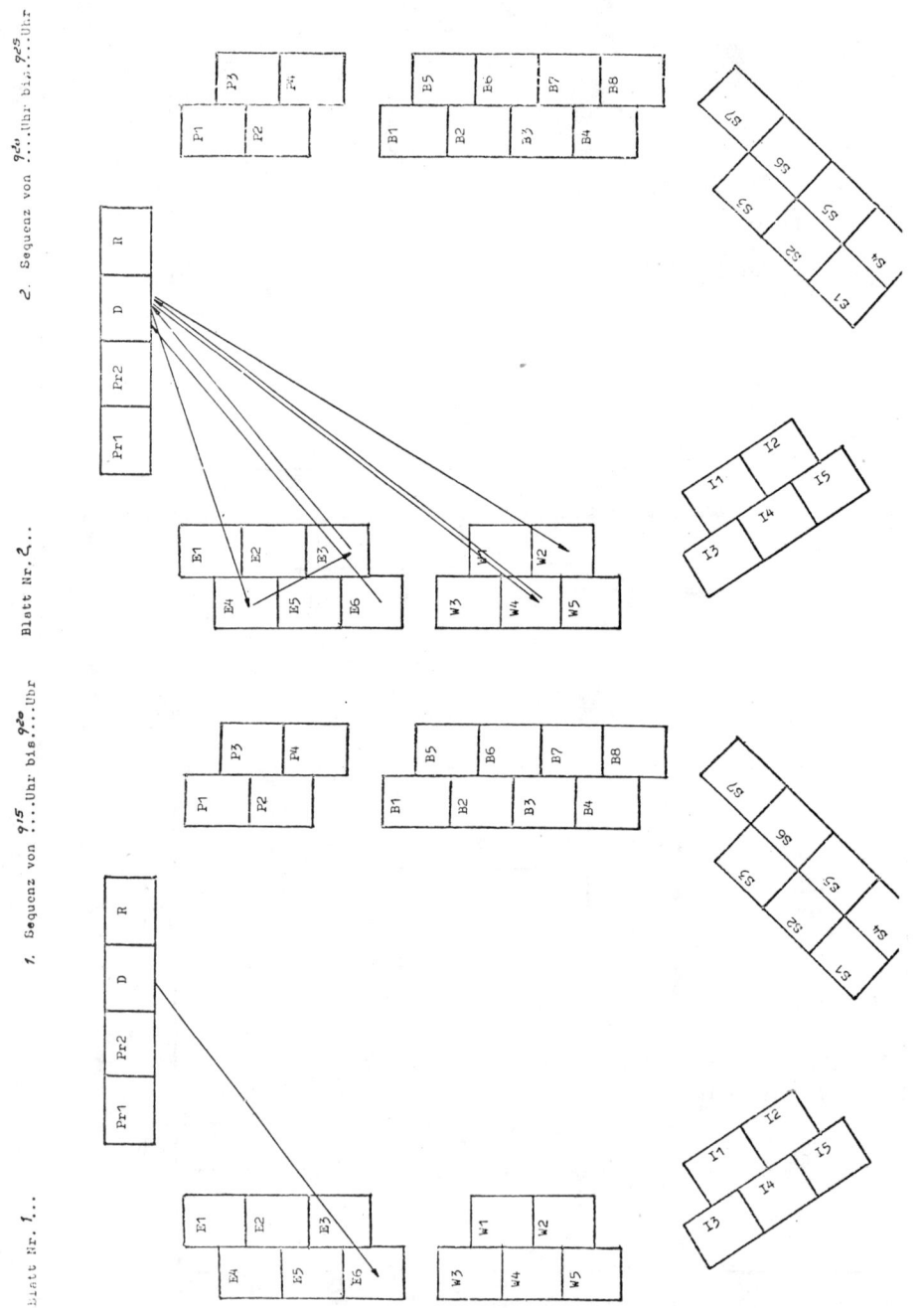

Abb. 3 1. und 2. Sequenz

Analyse geographischer Planspiele

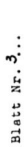

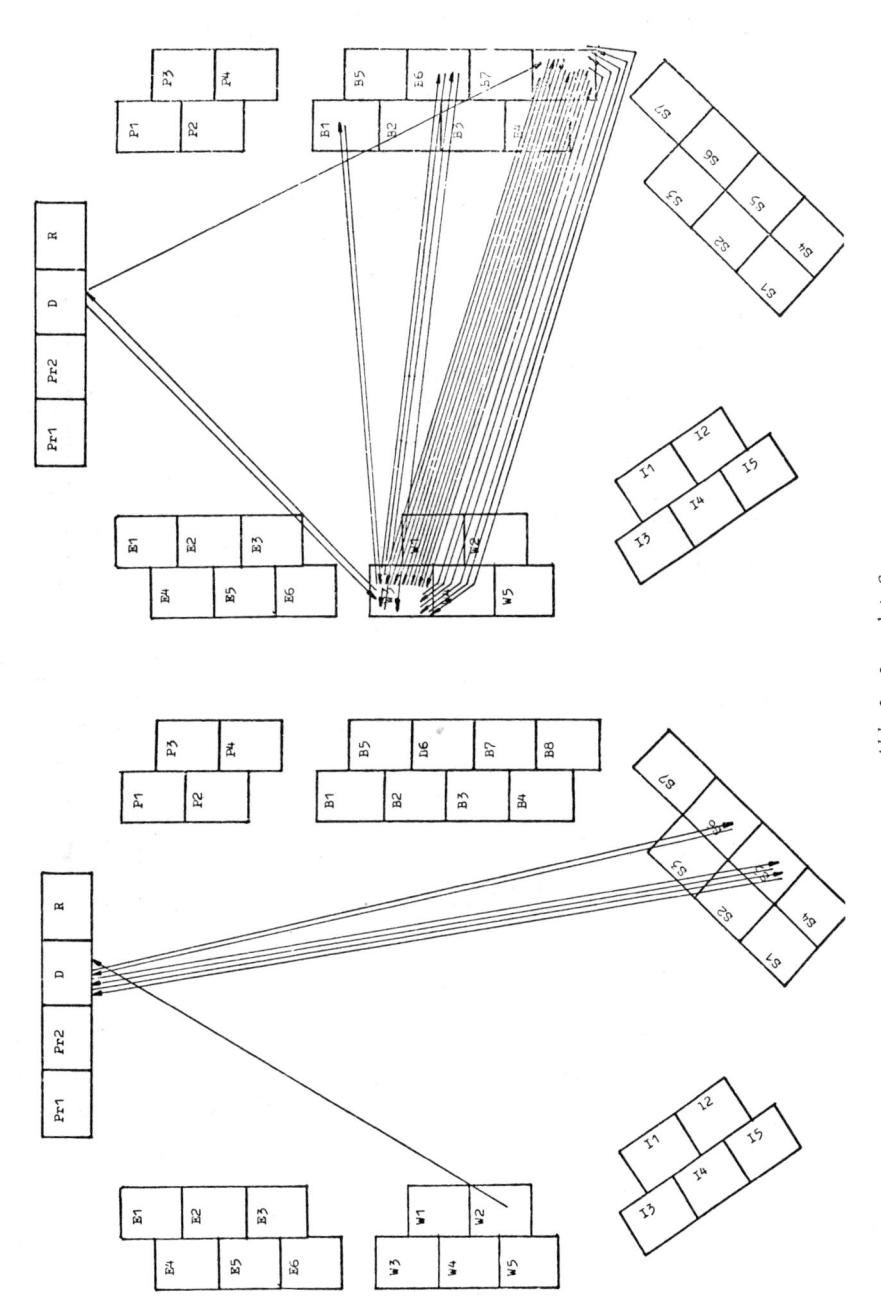

Abb. 3 3. und 4. Sequenz

648 H. Haubrich

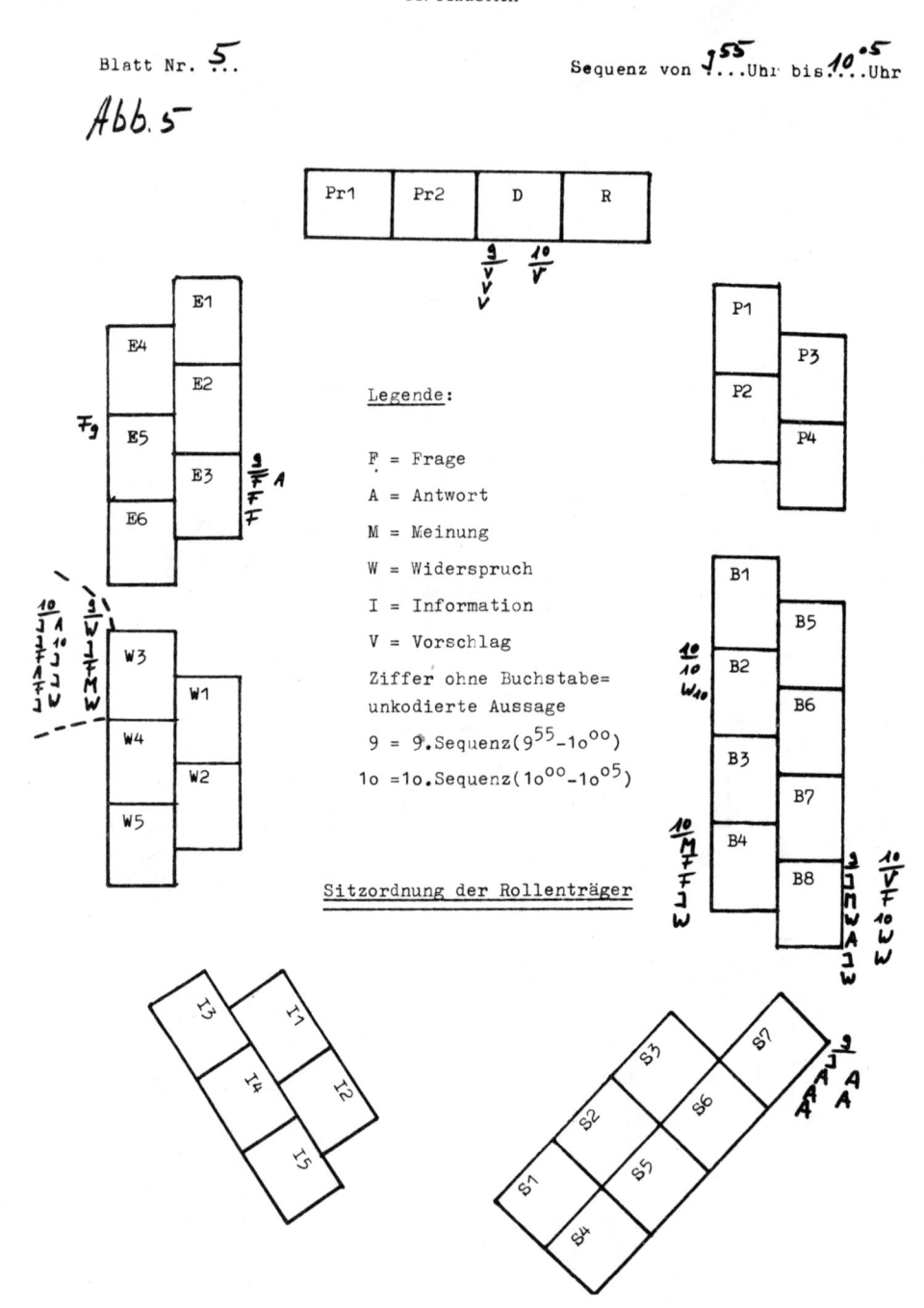

Blatt Nr. 5

Sequenz von 9:55 Uhr bis 10:05 Uhr

Abb. 5

Abb. 5 Sitzordnung der Rollenträger

Legende:

F = Frage
A = Antwort
M = Meinung
W = Widerspruch
I = Information
V = Vorschlag

Ziffer ohne Buchstabe = unkodierte Aussage

9 = 9. Sequenz (9^{55}–10^{00})
10 = 10. Sequenz (10^{00}–10^{05})

Sitzordnung der Rollenträger

Innenkreis: Kernkraftbefürworter

Außenkreis: Kernkraftgegner

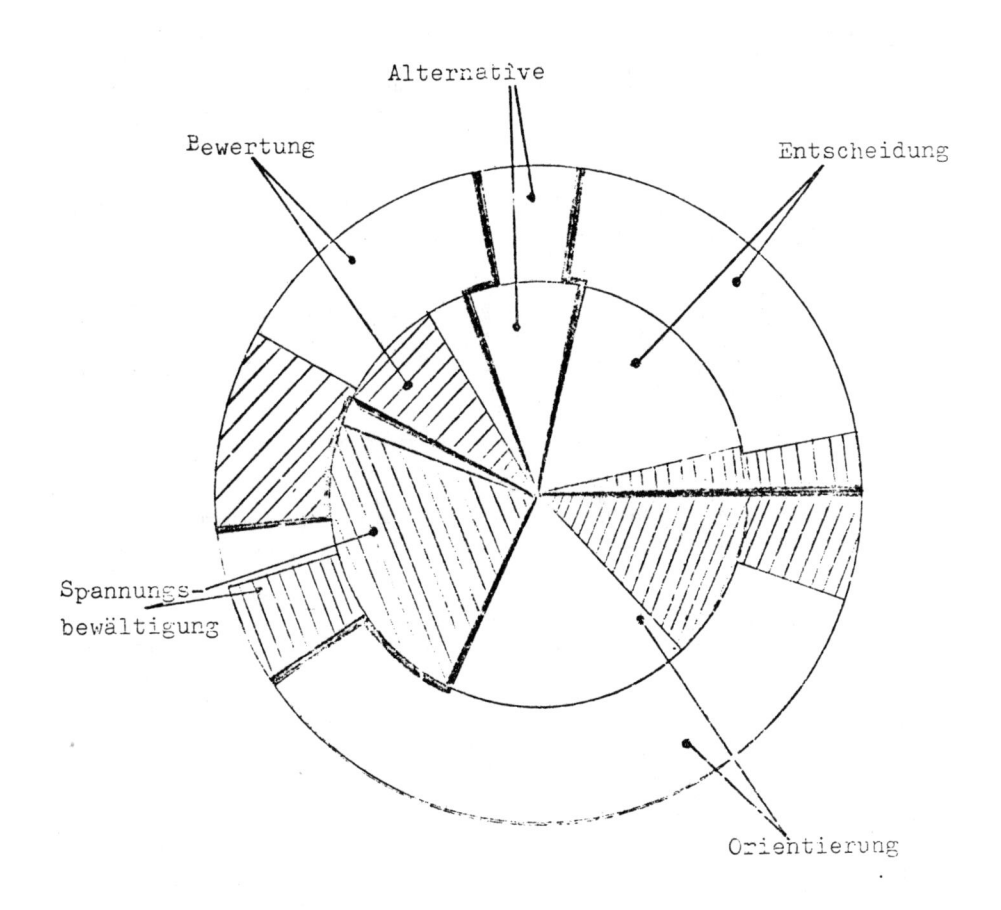

Alternative

Bewertung

Entscheidung

Spannungs-
bewältigung

Orientierung

Schraffierte Flächen bedeuten:
bei "Bewertung":   unbegründete Meinungen
bei "Entscheidung":   Zustimmungen
bei "Orientierung":   Fragen nach Informationen
bei "Spannungsbewältigung": Spannung erzeugende Äußerungen

Abb. 6 Vergleich der Gegenspieler anhand der Problembereiche

Diskussion zum Vortrag Haubrich

Prof. Dr. W. Schulze (Gießen)

In Ihrem Referat wurden die Kategorien „Wissen", „Verstehen", „Werten", „Anwenden" genannt. Erfahrungsgemäß ist die Einordnung von Schüleraktivitäten und -entscheidungen in diese Kategorien außerordentlich schwierig. Haben Sie zusätzlich zu den in den Beispielen angedeuteten Überlegungen weitere Kriterien verwendet, um diese Einordnung durchzuführen? Weiterhin wäre es von Bedeutung zu erfahren, wie weit bei Ihnen und Ihren Mitarbeitern Übereinstimmung bei der Einordnung in die vier Kategorien bestand bzw. welche Schwierigkeiten zu verzeichnen waren.

Dr. H.-C. Poeschel (Osnabrück)

Frage nach dem Zusammenhang von fachlicher Kompetenz und Anzahl der Signalwörter; d. h.: Inwiefern repräsentiert die Quantität genannter Signalwörter fachliche Kompetenz und Inkompetenz?

E. Ohlendorf (Freiburg)

Hängen nicht die Ergebnisse einer quantitativen Planspielanalyse sehr davon ab, welche Art von Informationsmaterialien an welche Schülergruppe ausgegeben wird? Muß nicht vermutet werden, daß sehr aktive Schüler auch Rollen in den Mittelpunkt der Diskussion verschieben können, die bei anderen Versuchen kaum in Erscheinung traten? Welche Ergebnisse von quantitativen Analysen lassen sich dann vergleichen und wie lassen sich objektive Aussagen finden über die Qualität der Unterrichtsmaterialien, über die Unterrichtsorganisation und über das Rollenverhalten der Schüler?

Prof. Dr. D. Neukirch (Gießen)

Bei der letzten Abbildung zur Schraffierung Bewertung – *un*begründete Meinungen. Wer stellt fest, was eine „*un*begründete Meinung" ist?

A. Weber (Bonn)

Was ist die Relevanz dieses Vortrags für den Schulalltag? Kann man auch im normalen Schulalltag diese Unterrichtsanalyse anwenden? Welche Hilfsmittel und welche Schulung der Mitarbeiter sind notwendig?

Dr. W. Puls (Hamburg)

Welches ist die Relevanz für den Erdkundeunterricht?

Prof. Dr. H. Haubrich (Freiburg)

Zur Frage von Herrn Willi Schulze:
Die Kategorien „Wissen", „Verstehen", „Werten" und „Anwenden" entsprechen den Bloomschen Kategorien. Da diese nicht durch Trennschärfe ausgezeichnet sind, d. h. Überlappungen aufweisen, wurde das Kategorienschema vereinfacht und damit eindeutiger definierbar gemacht. Trotzdem bedarf es eines Wortprotokolls – eine direkte Verkodung in unmittelbarer Beobachtung würde Fehler ergeben –, um von getrennt und parallel analysierenden Beobachtern in Ruhe eine Zuordnung vornehmen zu können. Bei Unstimmigkeiten, die sehr selten aufgetreten sind, wird nach einer ausführlichen Diskussion eine Entscheidung über die Zuordnung getroffen.

Zur Frage von Herrn Poeschel:
Die Anzahl der Signalwörter einer Gruppe steht nur ganz entfernt in einem Zusammenhang mit deren fachlicher Kompetenz. Ein einziges Signalwort bzw. ein einziger Satz kann von größerer fachlicher Bedeutung sein als alle anderen Aussagen. Hier findet die quantitative Analyse ihre Grenzen.

Zur Frage von Herrn Ohlendorf:
Das Informationsmaterial ist schon von großer Bedeutung. Trotzdem ist eine totale Information, d. h. eine Information über alle Bedingungen, Alternativen und Konsequenzen bei allen menschlichen Entscheidungen grundsätzlich nicht möglich. Deshalb beschreibt auch das Befriedigungsmodell und nicht das Optimierungsmodell alle menschlichen Entscheidungen am besten. Diese sind im günstigsten Fall suboptimal. Selbstverständlich sollte ein Planspielautor versuchen, wenigstens multiperspekti-

vische Informationen zusammenzustellen und anzubieten. Außerschulische Informationen sind jedoch nicht vorauszuberechnen. Deshalb wird jedes Planspiel von einem anderen Informationssystem aber auch von einem anderen sozialen System (siehe Gruppeneinteilung) gesteuert. Aus diesem Grunde wird das Planspielergebnis immer ein anderes sein. Einsicht in derartige Entscheidungsstrukturen zu gewinnen, dürfte ein sehr wichtiges Lernziel darstellen.

Zur Frage von Herrn Neukirch:
Eine unbegründete Meinung ist eine Meinungsaussage, deren Begründung nicht ausgesprochen wird. Eine sachliche Begründung könnte aber trotzdem objektiv vorliegen.

Zur Frage von Frau Weber:
Wie sie vereinfacht mit Schülern die soziale, kommunikative und fachliche Kompetenz der Rollenträger eines Planspiels analysieren können, kann ich Ihnen noch einmal mit den Abbildungen 4, 5 und 6 (siehe dort) demonstrieren. Außerdem finden Sie zahlreiche methodische Hinweise in: Haubrich, H., Quantitative Analyse geographischer Planspiele – in: Geographie im Unterricht 1976, 2, S. 39ff.

Zur Frage von Herrn Puls:
Zur Frage nach der Relevanz für den Erdkundeunterricht ist folgendes zu sagen:

Planspiele kommen dem Anliegen des modernen Geographieunterrichts entgegen. Dieser betrachtet den geographischen Raum als Verfügungsraum der Menschen. Soziale Gruppen treffen fortwährend Raumentscheidungen auf der Grundlage neuer Raumwertungen, die zur Veränderung und Umgestaltung des Lebensraumes der Menschen führen. Träger dieser räumlichen Prozesse sind die sozialen Gruppen. Sie stellen damit eine der wichtigsten raumwirksamen Kräfte dar. Will der Geographieunterricht es nicht bei der Deskription räumlicher Erscheinungen bewenden lassen und damit an der „Oberfläche" bleiben, sondern die räumliche Existenz der Gesellschaft erklären, sogar Verbesserungen der sozialräumlichen Gegebenheiten diskutieren, dann muß er die Ursachen und Kräfte aufdecken, die hinter den Raumprozessen stehen. Durch die Simulation und Analyse derartiger Raumentscheidungen wird der Schüler Sachkompetenz und Mitverantwortung zur Humanisierung unseres Lebensraumes erreichen können.

QUANTIFIZIERENDE METHODEN ZUR PROZESSANALYSE GEOGRAPHISCHEN UNTERRICHTS

Mit 2 Abbildungen und 1 Anlage

Von Friedrich Jäger (Gießen)

1. EINLEITUNG

Video-Aufzeichnungen von Unterrichtsstunden und danach vor dem Monitor niedergeschriebene Unterrichtsprotokolle erlauben es heutzutage ohne großen technischen Aufwand, Unterrichtsprozesse mit hinlänglicher Genauigkeit zu dokumentieren, um sie – mehr als es bisher geschehen ist – zum Gegenstand fachdidaktischer Untersuchungen zu machen. Wenn diese Möglichkeit, die Stufe der bloßen Unterrichtsbeschreibungen zu überwinden und statt dessen exakte, nachprüfbare Unterrichtsanalysen durchzuführen, noch so selten genutzt wird, dann liegt das wahrscheinlich nicht nur an dem dafür erforderlichen hohen Zeitaufwand, sondern auch an der erst in Ansätzen vorhandenen Methodologie einer Unterrichtsforschung (vgl. dazu Hoof, 1972, S. 20).

Ausführlich sind Beispiele quantifizierender Unterrichtsanalysen in jüngster Zeit von Himmerich und Mitarbeitern (1976) und Ricker (1976) dargestellt worden, doch berücksichtigen deren Analysen jeweils nur ausgewählte Gesprächsphasen von Unterrichtsstunden. Unterrichtsanalysen, die unter fachdidaktischem Aspekt durchgeführt werden, müssen meiner Meinung nach aber grundsätzlich zunächst einmal ganze Unterrichtsstunden erfassen, um die Stellung der dann eventuell genauer zu analysierenden Phasen innerhalb des gesamten Prozesses verstehen zu können. Ich habe deshalb aus den von Himmerich entwickelten Analysemethoden einzelne, mir als besonders aussagekräftig erscheinende ausgewählt und verändert, um die von mir intendierten Ziele zu erreichen.

Am Beispiel einer Unterrichtsstunde aus einem 5. Schuljahr sollen im folgenden zwei Methoden einer quantifizierenden Unterrichtsanalyse vorgestellt werden, deren Ziel es ist, die Verlaufsstruktur des Unterrichtsprozesses exakt zu erfassen, um dann feststellen zu können, ob und wie der vom Lehrer ausgewählte Unterrichtsgegenstand für die Schüler erziehungsrelevant geworden ist.

In der ausgewählten Stunde (Unterrichtsversuch 08–75–5 a), der ersten von zwei dafür vorgesehenen Stunden, sollten die Schüler erkennen, wie Wasser zur Energiegewinnung genutzt werden kann. Das Themenbeispiel war das Walchenseekraftwerk. Der Unterricht wurde von einem Studierenden im Rahmen des Modellversuchs der Gießener schulpraktischen Studien an der Comenius-Schule, einer Realschule in Herborn durchgeführt (vgl. dazu Jäger, 1976). Ich habe diese Stunde ausgewählt, weil ihr Gegenstand unter Geographen als bekannt vorausgesetzt werden kann und deshalb hier nicht beschrieben zu werden braucht.

2. DIE VORBEREITUNG DER ANALYSE

Die Aufnahme der Stunde erfolgte mit einer auf einem fahrbaren Stativ montierten TV-Kamera und einem in der Mitte des Klassenzimmers aufgestellten Spezial-Richtmikrophon. Bestimmend für die Kameraführung war der Grundsatz, möglichst jeden gerade Sprechenden im Bild zu erfassen, um ihn später beim Protokollieren identifizieren zu können. Dadurch sollte auch die Möglichkeit einer subjektiv beeinflußten, willkürlichen Bildauswahl eingeengt werden. Himmerich (1976, S. 459) bevorzugt wegen dieser Gefahr für eine sich um größtmögliche Objektivität bemühende Dokumentation für Forschungszwecke mehrspurige Tonbandaufnahmen.

Zur Vorbereitung der Unterrichtsanalyse wurde nach der Video-Aufzeichnung der Stunde ein wortgetreues Unterrichtsprotokoll – mit eingeschobenen Beschreibungen der auf dem Bildschirm sichtbar werdenden Unterrichtssituationen – niedergeschrieben (vgl. Anlage). Um den Dokumentationswert des Protokolls zu gewährleisten, haben zwei Personen, und zwar der Student, der unterrichtet hatte, und ich, die Unterrichtsstunde unabhängig voneinander protokolliert. Beide Male wurde nach der Fertigstellung des Manuskripts bei einer erneuten Wiedergabe der Bandaufzeichnung ein elektronischer Zeitmarkengeber (Kostorz/Köcher in Himmerich, 1976, S. 296) zwischengeschaltet, der alle 60 Sekunden einen Ton und ein Blinkzeichen gibt, nach denen im Protokoll Intervalle gekennzeichnet werden können. Diese Minuten-Intervalle bilden die Auswertungseinheiten der Prozeßanalyse.

Nach der so gewonnenen Gliederung des Prozesses in Intervalle sind unmittelbare Quantifizierungen – durch Zählen – und mittelbare Quantifizierungen – mit Hilfe von Kategorien – zur Darstellung der Prozeßstruktur möglich.

3. DIE SPRECHVERTEILUNG LEHRER/SCHÜLER

Von den unmittelbaren Methoden erscheint mir die Zählung der in jeder Minute gesprochenen Wörter als besondes aussagekräftig, weil die Verteilung der verbalen Aktivitäten, die Sprechverteilung Lehrer/Schüler die genaue Phasengliederung einer jeden Unterrichtsstunde erlaubt, auf der weitere Analysen aufbauen können.

In dem ausgewählten Beispiel (Abb. 1) dauerte die Unterrichtsstunde 36 Minuten. Im Diagramm ist als Säule von der Abszisse nach oben die Zahl der von den Schülern in jedem Intervall gesprochenen Wörter dargestellt, von der Abszisse aus nach unten die Zahl der vom Lehrer gesprochenen Wörter. Ein solches Diagramm einer beliebigen Unterrichtsstunde zeigt stets klar voneinander unterscheidbare Phasen. Bei einer zunächst formalen Gliederung des Prozesses können drei verschiedene Phasentypen vorkommen. Ich nenne sie in der Reihenfolge ihrer Häufigkeit und bezeichne sie als Dialog- oder A-Phasen, aufnahmetechnisch bedingte Leerphasen oder B-Phasen und Monolog- oder C-Phasen.

In dieser Stunde unterscheide ich drei Dialogphasen, eine Leerphase und eine Monologphase und erhalte so die Phasengliederung

$$A\,1 - B - C - A\,2 - A\,3.$$

Leerphasen sind eine unvermeidbare Folge, wenn man zur Tonaufnahme nur ein einziges Mikrophon verwendet. Sie kennzeichnen arbeitsteilige Unterrichtsverfahren, in deren Verlauf es vorkommen kann, daß gleichzeitig mehrere Schüler mit einem Partner oder in einer Gruppe sprechen. Solche Gespräche lassen sich mit mehreren Aufnahmemikrophonen durchaus erfassen, doch erhöht sich dabei der erforderliche technische Aufwand so sehr, daß die Aufnahmeapparatur nicht mehr rasch in jedem beliebigen Klassenraum installiert werden

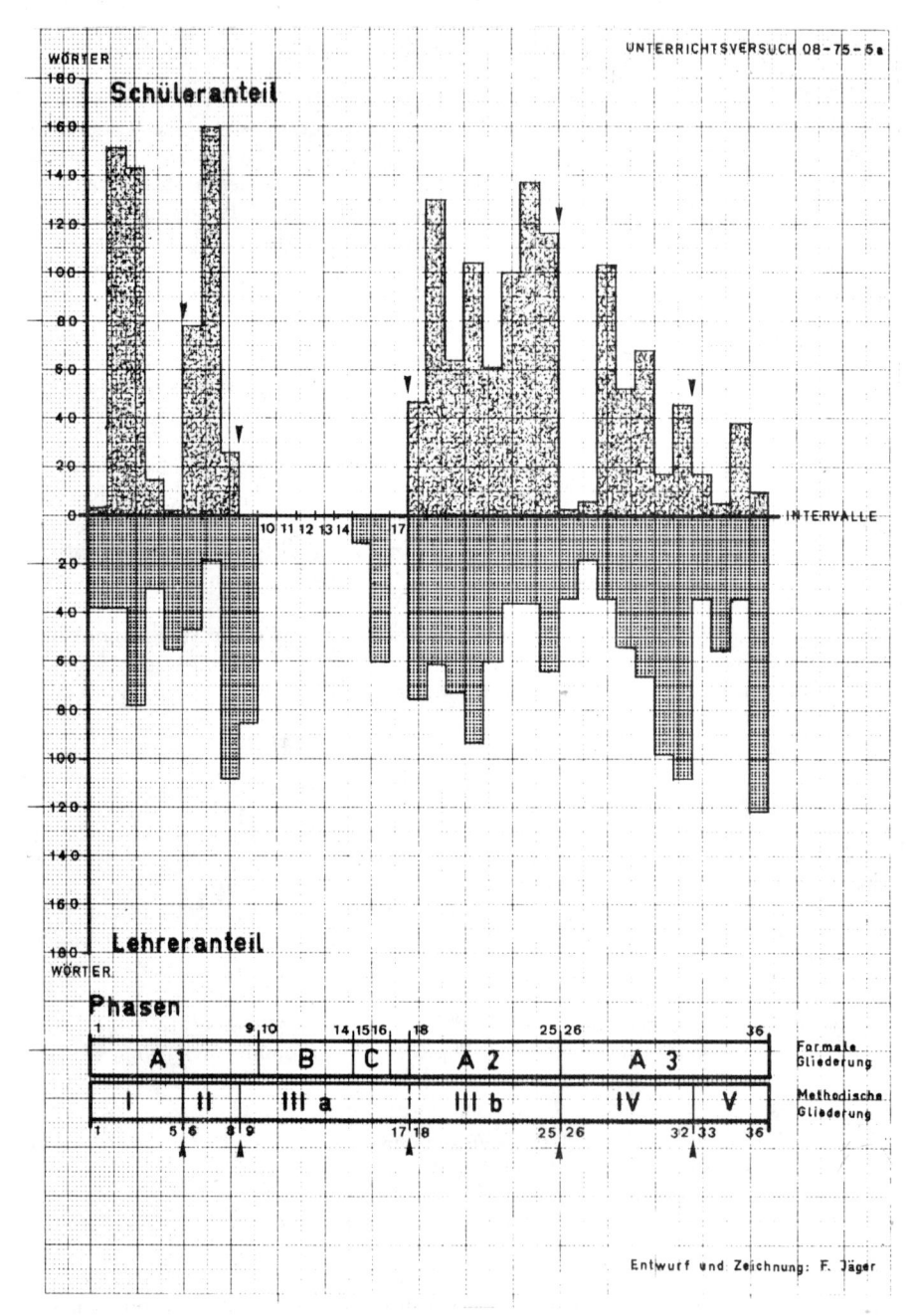

Abb. 1. Sprechverteilung Lehrer/Schüler

kann und derartige Aufzeichnungen nur in besonders dafür eingerichteten Studios sinnvoll sind. Von den Leerphasen können mit dem hier verwendeten Aufnahmeverfahren deshalb nur die Arbeitshaltungen der Schüler durch die Bildaufzeichnung dokumentiert werden.

Die 17. Minute, die zwar das eine Leerphase kennzeichnende Merkmal besitzt, ist nicht als besondere Phase ausgegliedert worden, weil mögliche meßtechnische Fehler sich erst nach zwei Minuten ausgleichen. Als Mindestdauer einer Phase sind deshalb zwei Intervalle festgesetzt worden.

Eine genauere Phasengliederung erhält man, wenn man nun im Unterrichtsprotokoll nachsieht und feststellt, was in den formal ausgegliederten Phasen geschehen ist. Um eine Vorwegnahme wertender Begriffe zu vermeiden und um eine Verwechslung mit der formalen Phasengliederung auszuschließen, numeriere ich diese Phasen fortlaufend mit römischen Zahlen.

Aus dem Unterrichtsprotokoll ist zu ersehen, daß der Lehrer am Anfang der Stunde ein Experiment demonstrierte, um die Schüler das Prinzip der Wasserkraftnutzung erkennen zu lassen (vgl. Anl.). Das Aufschreiben des Merksatzes ,,Je höher die Wassersäule, desto schneller dreht sich das Wasserrad" verursachte die verringerte Gesprächsintensität in der 4. und 5. Minute. Ich bezeichne diese Phase mit ,,I".

In der anschließenden, mit ,,II" bezeichneten Phase demonstrierte der Lehrer eine Profildarstellung Kochelsee – Walchensee, um die Schüler vom Prinzip zum konkreten Themenbeispiel zu führen und ließ danach die Lage der beiden Seen an der Wandkarte lokalisieren.

Die letzte Minute der Dialogphase A 1 brauchte der Lehrer, um eine von ihm konzipierte Partnerarbeit vorzubereiten. Die Schüler erhielten ein Blatt mit dem ihnen bereits bekannten Profil und sollten das Wasser des Walchensees zum Kochelsee leiten. Den dieser Aufgabenstellung gewidmeten Unterrichtsabschnitt, die Problemlösungsvorschläge bezeichne ich mit ,,III". Die Phase III.a enthält die Aufgabenstellung durch den Lehrer und die Lösungsversuche durch die Schüler. Dabei erweist sich die Monologphase C als eine vom Lehrer eingeschobene Erläuterung der Profildarstellung, nachdem er bemerkt hatte, daß das Verständnis dieser Darstellungsweise einigen Schülern Schwierigkeiten bereitete und sie bei ihrer Arbeit behinderte. In der Phase III.b wurden Lösungsvorschläge vorgetragen und diskutiert. Sie entspricht der Dialogphase A 2.

Weil die Schüler sich nicht einigen konnten, für welchen der drei an die Tafel gezeichneten Vorschläge sie sich entscheiden sollten, wollte der Lehrer von einem Bild die Antwort geben lassen. Er bereitete in der 26. Minute die Demonstration eines Diapositivs vor und zeigte in der 27. Minute eine Luftbildschrägaufnahme, auf der im Vordergrund der Kochelsee, im Hintergrund der Walchensee und im Mittelgrund das Wasserschloß und die von ihm zum Kochelsee hinunterführenden Druckrohre zu erkennen waren. Er zeigte damit den Schülern die tatsächlich realisierte Lösung und veranlaßte sie so zum Vergleich mit den von ihnen entwickelten Lösungsvorschlägen. Dabei zeigte sich auch hier wieder, daß einige Schüler die Darstellung mißdeuteten und wegen dieser Verständnisschwierigkeiten nicht gleich den vom Lehrer angestrebten Vergleich durchführen konnten. Er mußte sie deshalb zur Erfassung des Bildinhaltes anleiten und beanspruchte dadurch im Verlauf dieser Phase IV zunehmende Gesprächsanteile.

Den Rückgang der Gesprächsintensität nach der 33. Minute in der Phase V verursachte er durch seine Aufforderung, das Tafelbild in das Heft zu übertragen. Sein hoher Gesprächsanteil in der letzten Minute ist eine Widerspiegelung der von ihm gestellten Hausaufgabe.

Die Unterrichtsstunde wird so gegliedert in die Einleitungsphasen I und II, die Problemlösungsversuche III, die Problemlösung IV und die Ergebnisfixierung V.

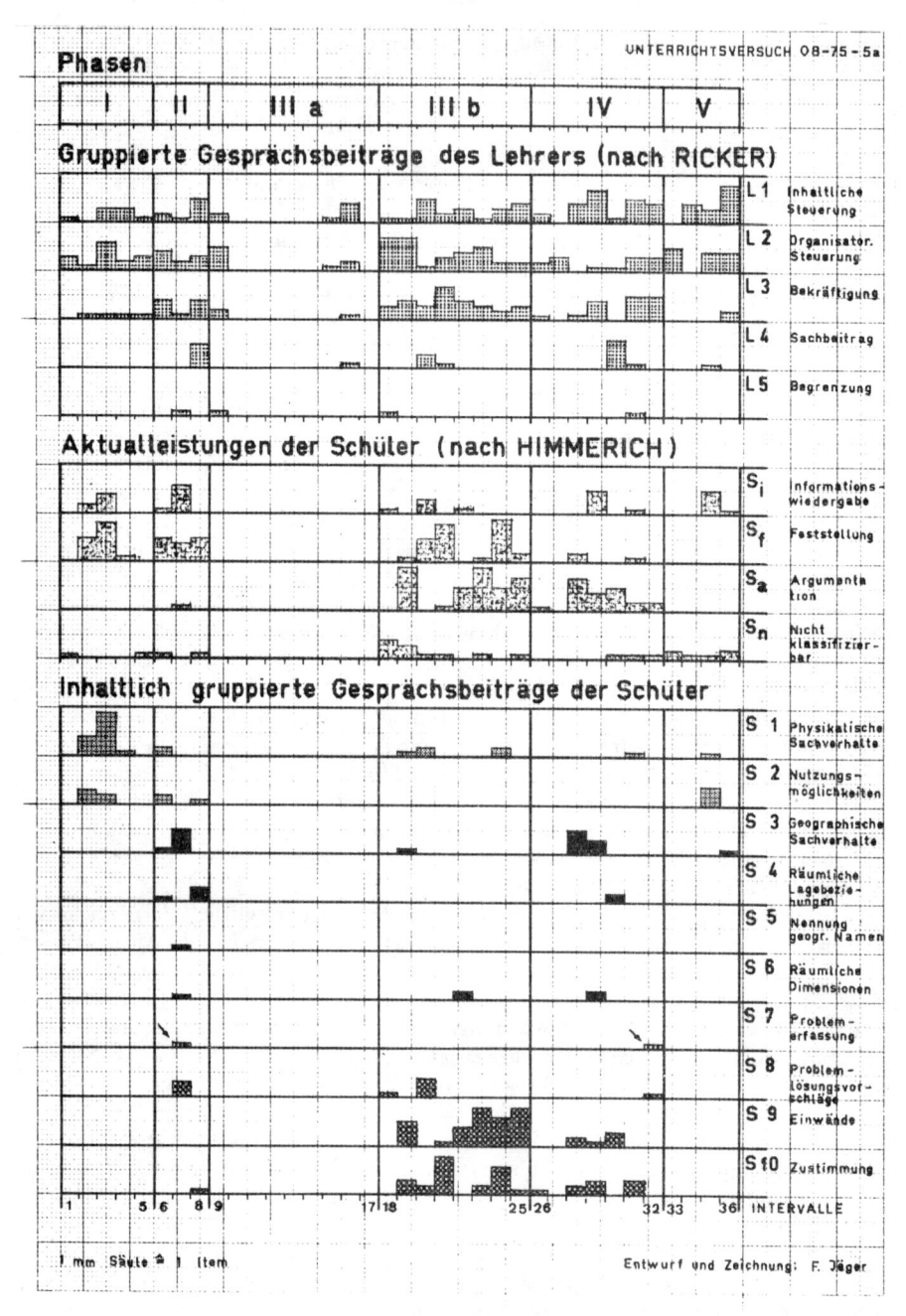

Abb. 2 Prozeßdiagramm der Gesprächsbeiträge

4. DAS PROZESSDIAGRAMM DER GESPRÄCHSBEITRÄGE

Die aus der Sprechverteilung abgeleitete methodische Phasengliederung gibt den Rahmen für das Prozeßdiagramm der Gesprächsbeiträge (Abb. 2). Zur Vorbereitung dieser mittelbaren Quantifizierung ist eine Aufbereitung des Dialogtextes erforderlich. Dabei wird jede Äußerung eines Gesprächsteilnehmers als eine Menge von Inhalten aufgefaßt und in diese Einzelinhalte, in Items zerlegt. Sie bilden bei diesem Verfahren die Quantifizierungselemente.

Zur Gruppierung der Lehrer-Items habe ich den von Ricker (in Himmerich, 1976, S. 364–378) entwickelten Kategorienrahmen übernommen. Er enthält fünf mit hoher Trennschärfe gegeneinander abgegrenzte Kategorien (Ricker, 1976, S. 253), die deshalb einfach anzuwenden sind und durchaus ausreichen, um zu erfassen, in welcher Weise der Unterrichtsprozeß durch Lehreräußerungen gesteuert worden ist.

Rickers erste Kategorie (L 1) enthält inhaltlich steuernde Gesprächsbeiträge des Lehrers, zum Beispiel ,,(Item 049.06) Ich habe Euch ein Arbeitsblatt mitgebracht." oder ,,(049.07) Ihr sollt den Walchensee mit dem Kochelsee durch eine Rohrleitung verbinden!" Die organisatorisch steuernden Lehrer-Items werden der Kategorie L 2 zugeordnet, ein Beispiel dafür: ,,(049.09) Es arbeiten jeweils zwei Mann zusammen!" Unter L 3 werden Bekräftigungen von Schülerbeiträgen zusammengefaßt, zum Beispiel ,,(064.03) Das ist sehr wichtig, was Du gesagt hast."

Die meisten Lehrerbeiträge in dieser Stunde lassen sich diesen drei Kategorien zuordnen. Die inhaltlich steuernden Gesprächsbeiträge nehmen in den Phasen IV und V zu, als sich der Lehrer gegen Ende der Stunde bemüht, das von ihm vorgesehene Ziel noch vor dem Klingelzeichen zu erreichen. Organisatorisch steuernde Beiträge und Bekräftigungen haben in der Phase III.b ihre höchsten Anteile, als die Schüler verschiedene Problemlösungsvorschläge vortragen und erörtern.

Von untergeordneter Bedeutung waren in dieser Stunde eigene Sachbeiträge des Lehrers der Kategorie L 4. Begrenzungen, die der Kategorie L 5 zuzuordnen sind, kamen viermal vor. Darunter sind disziplinierende Maßnahmen des Lehrers zu verstehen, ein Beispiel dafür: ,,(049.10) Arbeitet so, daß die anderen nicht gestört werden!" Die geringe Belegung der Kategorie L 4 ist kennzeichnend für einen Unterricht, in dem der Unterrichtsgegenstand den Schülern vorwiegend durch Unterrichtsmittel repräsentiert wird, Items in der Kategorie L 5 pflegen auf einen autoritären Unterrichtsstil des Lehrers hinzuweisen. Im vorliegenden Falle waren sie, wie es sich an Hand des Protokolls nachweisen läßt, eigentlich gar nicht notwendig und dürften eher als ein Zeichen der Unsicherheit des Studenten vor der Klasse anzusehen sein.

Mit den Beispielen, die eben zur Erläuterung der Kategorien angeführt worden sind, soll auch gezeigt werden, in welcher Weise eine Äußerung in semantische Einheiten zerlegt wird. In der von mir gewählten Kennzeichnungsart gibt die Kennziffer 049.09 an, daß es sich um den neunten Item in der neunundvierzigsten in dieser Stunde gesprochenen Äußerung handelt.

Zur Kennzeichnung des Gesprächsniveaus der Schülerbeiträge habe ich die von Himmerich (1976, S. 410–423) entwickelten drei Kategorien der Aktualleistungen übernommen. Er unterscheidet ,,Informationswiedergaben" (S_i), ,,Feststellungsleistungen" (S_f) und ,,Argumentationsleistungen" (S_a). Unter S_n sind alle mit den genannten Kategorien nicht klassifizierbaren Schülerbeiträge zusammengefaßt, etwa ,,(095) Darf ich es mal anzeichnen?"

Auffällig in dieser Stunde und eines ihrer konzeptionell bedingten charakteristischen Merkmale ist der verhältnismäßig geringe Anteil der Informationswiedergaben. Die drei

Demonstrationen in den Phasen I und II, und zwar **das** Experiment mit dem Wasserrad, das Profil Kochelsee – Walchensee und die Lagebestimmung an der Wandkarte veranlassen die Schüler wohl zu einigen Informationswiedergaben, in stärkerem Maße aber zu Feststellungen. In der Phase III.b, in der sie über ihre Problemlösungsvorschläge sprechen, treten die Informationswiedergaben zurück, bestimmend sind jetzt Feststellungs- *und* Argumentationsleistungen. In der Phase IV veranlaßt der Lehrer durch die von ihm geforderte Beschreibung des Bildinhaltes einige Informationswiedergaben, vorrangig sind in dieser Phase jedoch *nur* die Argumentationsleistungen, die sich aus dem Vergleich zwischen den von den Schülern entwickelten Problemlösungsvorschlägen und der im Bild gezeigten Problemlösung ergeben.

Wenn man die drei Kategorien der Aktualleistungen als Stufen einer Wertskala auffaßt, dann ist im Verlauf der Stunde ein steigendes Niveau der Gesprächsbeiträge der Schüler festzustellen. So könnte eine sich an diese Analyse anschließende wertende Aussage über den Unterricht lauten.

Bei dem Versuch, die Gesprächsinhalte der Schülerbeiträge quantifizierbar zu machen, habe ich zuerst mit einem deduktiv entwickelten Kategorienrahmen experimentiert, der für alle denkbaren geographischen Unterrichtsstunden anwendbar sein sollte. Bei Kategorisierungsversuchen mußte ich jedoch die Zahl der Kategorien von einer Unterrichtsstunde zur anderen erhöhen, um alle sinntragenden Schüleräußerungen erfassen zu können. Dadurch wurde die Zahl der Kategorien zu groß, um praktikabel zu sein. Deshalb bin ich dazu übergegangen, inhaltliche Kategorien induktiv aus vorliegenden Unterrichtsprotokollen zu entwickeln. Die so gewonnenen Kategorienrahmen sind nicht mehr für alle möglichen Geographie-Stunden anwendbar, sondern nur für ähnlich konzipierte.

Ich bin auch davon abgekommen, nur fachwissenschaftliche Kategorien zu verwenden, was ursprünglich meine Absicht war, weil manche Gesprächssequenzen eines Unterrichtsdialogs mit ihnen schlecht zu erfassen sind, mit didaktischen Kategorien aber besser erfaßt werden können. Ich scheue mich, sie „fachdidaktische" Kategorien zu nennen, denn bei jedem Versuch, die Inhalte eines situationsbezogenen Unterrichtsgeschehens quantifizierbar zu machen, wird mir bei den dazu erforderlichen Verallgemeinerungen bewußt, wie nahe Fachdidaktik und Allgemeine Didaktik einander sind.

Von Stunde zu Stunde wechseln im Geographie-Unterricht außerdem auch die inhaltlichen Beziehungen zu Nachbarfächern, die allein mit geographischen Kategorien ebenfalls nicht zu erfassen sind. Der hier vorgestellte Kategorienrahmen enthält deshalb drei Kategoriengruppen, und zwar physikalische, geographische und didaktische Kategorien. Sie sind im Diagramm durch die unterschiedlichen Raster der Säulen angedeutet.

Unter S 1 wurden alle Gesprächsbeiträge mit rein physikalischen Inhalten zusammengefaßt. Sie traten in dieser Stunde vorwiegend in der Phase I auf, in der die Schüler über die Beziehungen zwischen der Wassermenge, der Höhe der Wassersäule und der Drehgeschwindigkeit des Wasserrades sprachen.

In diesem Zusammenhang wurden von den Schülern Nutzungsmöglichkeiten angesprochen, so vollzogen sie den Analogieschluß vom Wasserrad zur Turbine und nannten den Fahrraddynamo als analoges Beispiel für eine Möglichkeit der Stromerzeugung. Derartige Gesprächsbeiträge wurden der Kategorie S 2 „Nutzungsmöglichkeiten" zugeordnet. Sie steht an der Grenze zwischen physikalischen und geographischen Sachverhalten. In dieser Stunde kennzeichnet sie die Hinwendung der Schüler zum geographischen Unterrichtsgegenstand.

Die Kategorien S 3 bis S 6 sind geographische Kategorien im engeren Sinne. Unter S 3 sind Wiedergaben geographischen Wissens zusammengefaßt. Dazu gehört beispielsweise die in der 6. Minute geäußerte Vermutung einer Schülerin, der Walchensee sei wahrscheinlich deshalb größer als der Kochelsee, weil er höher liege und es auf höheren Bergen mehr regne. In der 27. Minute ging es den Schülern bei der Betrachtung des Luftbildes um die Frage, ob die zum Kochelsee hinunterführenden grauen Linien Rohre oder Betonplatten seien, ob das Wasser vom Walchensee offen hinunterfließe oder nicht.

Die Kategorie S 4 kennzeichnet Schülerbeiträge, die sich mit der Erklärung räumlicher Lagebeziehungen befaßten. In dieser Stunde waren das die Lagebeziehungen zwischen Kochelsee, Walchensee und München sowie die unterschiedliche Höhenlage von Kochel- und Walchensee.

Die Nennung eines geographischen Namens ohne gleichzeitige Lagebestimmung – Kategorie S 5 – kam in dieser Stunde einmal vor, und zwar in der Äußerung eines Schülers, der über seine Beobachtungen in Kaprun sprach.

Eine stärkere Belegung der Kategorien S 4 und S 5 weist auf einen Unterricht hin, in dem entweder die Arbeit mit Landkarten oder topographische Inhalte im Vordergrund gestanden haben, ein auffälliges Übergewicht in der Kategorie 5 wäre ein Indiz für die Erörterung von Lagebeziehungen ohne Kartenarbeit, eine gleichzeitige Häufung von Items in den Kategorien S 3 und S 4 würde darauf hinweisen, daß geographische Sachverhalte an Raumbeispielen erklärt worden sind.

Räumliche Dimensionen – Kategorie S 6 – waren in dieser Stunde ebenfalls von untergeordneter Bedeutung. Bei manchen Stunden kann es erforderlich sein, hier außerdem demographische oder zeitliche Dimensionen als besondere Kategorien einzufügen.

Die geringe Belegung der geographischen Kategorien S 3 bis S 6 in dieser Stunde mag Anlaß geben zu der Frage, ob sie überhaupt eine Geographiestunde gewesen ist. Es gibt Stunden, in denen eine Untergliederung der Kategorie S 3 ,,Geographische Sachverhalte" erforderlich wird, zum Beispiel in ,,Nennung geographischer Begriffe", ,,Definition geographischer Begriffe", ,,Beschreibung physisch-geographischer Prozesse" usw. Eine solche Untergliederung wäre in dieser Stunde jedoch wenig aussagekräftig, deshalb wurden statt dessen die vier didaktischen Kategorien S 7 bis S 10 gebildet: S 7 ,,Problemerfassung", S 8 ,,Problemlösungsvorschläge", S 9 ,,Einwände gegen vorgebrachte Problemlösungsvorschläge" und S 10 ,,Zustimmungen und Ergänzungen zu vorgebrachten Problemlösungsvorschlägen". Mit ihnen wird es möglich, die speziellen inhaltlichen Schwerpunkte dieser Unterrichtsstunde hervorzuheben.

Es wird sichtbar, daß dem Lehrer die mit den Einleitungsphasen I und II beabsichtigte Hinführung der Schüler zum Unterrichtsgegenstand gelungen ist. Angesichts der Profildarstellung Kochelsee – Walchensee sagte ein Schüler in der 7. Minute: ,,(Äußerung 037) Ich hätte mal 'ne Frage. Wie kommt denn das Wasser überhaupt über den Berg?" Er zeigte damit, daß er durch die einleitenden Demonstrationen in der vom Lehrer beabsichtigten Weise zu einer bestimmten Fragestellung motiviert worden war und das Problem erkannt hatte, dessen Lösung den weiteren Verlauf der Stunde bestimmen sollte. Die dann in der Phase III.b vorgetragenen Lösungsvorschläge (S 8) lösten zunächst sowohl Einwände (S 9) als auch zustimmende Ergänzungen (S 10) aus, im zweiten Teil der Phase wurden die Einwände dominierend. Es entwickelte sich eine Konfliktsituation, die in der Phase IV zu einer Lösung geführt wurde. In der 30. Minute wurden die letzten Einwände vorgebracht, in der 31. Minute nur noch Zustimmungen.

Ein neues Problem sah eine Schülerin nach der Lösung des ersten, als sie in der 32. Minute die Befürchtung äußerte, das Wasser des Kochelsees könne nicht mehr abfließen, wenn er zuviel Wasser vom Walchensee erhielte.

Derartige Fragestellungen waren charakteristisch für diese Stunde, und sie erklären, weshalb die Kategorie S 3 so wenig belegt ist. Die Stoffmenge war klein, dafür überwogen aber in der Auseinandersetzung der Schüler mit dem Unterrichtsgegenstand diejenigen Momente, die Pollex in seinem Strukturschema für schulgeographische Inhalte (GR 12-72, S. 484-491) als gesprächspositiv, als gesprächsfördernd bezeichnet hat.

5. INTERPRETATIONSMÖGLICHKEITEN QUANTIFIZIERENDER UNTERRICHTSANALYSEN

Eine Gegenüberstellung von Diagrammen der Sprechverteilung mehrerer Unterrichtsstunden zeigt auf den ersten Blick Unterschiede in der Gesprächsintensität der Stunden. Wenn man auf Grund bestimmter curricularer Zielsetzungen einen Unterricht wünscht, in dem die Schüler starke verbale Aktivitäten entwickeln sollen, dann erlauben es solche Diagramme, den Erfolg entsprechender Bemühungen festzustellen. In gleicher Weise ermöglicht ein Vergleich von Phasengliederungen, die aus den Diagrammen der Sprechverteilung abgeleitet worden sind, das Erkennen konzeptionell bedingter Verlaufsstrukturen von Unterrichtsstunden. Danach kann man beurteilen, ob eine aus curricularen Gründen für erstrebenswert angesehene Stundengliederung mit einer bestimmten Unterrichtskonzeption erreicht worden ist oder ob sie überhaupt erreichbar ist.

Den wichtigsten Nutzen quantifizierender Unterrichtsanalysen sehe ich darin, daß durch sie Unterrichtsstunden graphisch darstellbar und damit objektiv vergleichbar gemacht werden können. Wie dann die Analyse-Ergebnisse zu beurteilen sind, wird jeweils von den Intentionen des Interpreten bestimmt werden.

Ein erster subjektiver Entscheidungsspielraum eröffnet sich bei mittelbaren Analysemethoden bereits in der Auswahl der Kategorien. Sie können so gewählt werden, daß die Analyse Antwort auf ganz bestimmte Fragen gibt, andere aber unberücksichtigt läßt. So ist beispielsweise durch die Bildung der Kategorie S 7 „Problemerfassung", die mit nur zwei Items belegt ist, eine Kennzeichnung derjenigen Schülerfragen möglich geworden, die von mir als besonders wichtig für die in dieser Stunde realisierte Unterrichtskonzeption angesehen worden sind.

Die mit unmittelbaren Methoden gewonnenen Analysen machen beliebig konzipierte Unterrichtsstunden miteinander vergleichbar und bieten den Vorteil, wertneutral zu sein. Ihr Nachteil ist es, daß sie nichts über den Unterrichtsinhalt aussagen können. Dies ist der Vorteil der durch mittelbare Methoden gewonnenen Analysen, wobei es als ihr Nachteil hingenommen werden muß, daß die Vergleichsmöglichkeit zwischen verschiedenen Stunden um so mehr eingeschränkt wird, je konkreter die Kategorien werden. Lästig ist bei allen quantifizierenden Unterrichtsanalysen der hohe Zeitaufwand, den sie erfordern, aber er ist nicht zu vermeiden, wenn man das Bedingungsgefüge rational erfassen will, das die Realisierung gesetzter Lernziele ermöglicht, wenn man nicht nur Lernerfolge messen, sondern auch wissen will, wie sie zustandegekommen sind.

Quantifizierende Methoden zur Prozeßanalyse geographischen Unterrichts

Anlage zu F. Jäger

Anlage: Protokollauszug

08 - 75 - 5 a
UP 01

Ur-Protokoll einer Unterrichtsstunde
Schule: Comenius-Schule Herborn (Realschule)
Klasse: 5 a (27 Schüler; 12 Jungen, 15 Mädchen)
Zeit: Montag, den 3.3.1975, 11.10-11.50 Uhr, 5. Stunde
Lehrer: Studierender, 5.Semester, 2.Schulpraktikum, 4.Praktikumswoche

Auszug aus der Unterrichtsvorbereitung

Voraussetzungen:
Vorangegangen ist der Themenkomplex "Gefahren im Hochgebirge". Bei der räumlichen und zeitlichen Einordnung des Vorkommens von Lawinen, Muren, Steinschlag und Hochwasser haben die Schüler gelernt, Merkmale der Höhenstufen in den Alpen zu beschreiben.

Thema der Stunde:
Die Nutzung der Wasserkräfte im Alpenvorland am Beispiel des Walchenseekraftwerkes

Lernziele:
1. Die Schüler sollen lernen, Erkenntnisse, die sie bei einem Experiment gewonnen haben, auf eine andere Situation zu übertragen.
2. Sie sollen an einem konkreten Beispiel üben, Lösungsmöglichkeiten für eine Wasserkraftnutzung zu diskutieren.
3. Sie sollen an einem konkreten Beispiel erkennen, wie Wasserkraft zur Energiegewinnung genutzt wird.

Niederschrift des Unterrichtsverlaufs nach einer Video-Aufzeichnung

L = Lehreräußerung
S = Schüleräußerung
(*) = Grenze eines 60 Sekunden-Intervalls

Zähl-werk	Lfd. Nr. der Äuße-rung	Kenn-zeich-nung des Spre-chers	Dialogtext oder - eingerückt - Erläuterung der Unterrichtssituation
			In der Pause ist vor der Wandtafel eine Versuchsanordnung aufgebaut worden. Auf dem Lehrertisch steht ein Stuhl und darauf ein Stativ, an dem ein Wasserrad und ein dünner Schlauch befestigt sind. Unter dem Wasserrad steht eine flache Plastikschale zum Auffangen des Wassers. Das eine Ende des Schlauches ist mit einem gläsernen Standzylinder verbunden, der neben dem Stuhl auf dem Tisch steht. Der Zylinder ist mit Wasser gefüllt, am Schlauch ist eine Schlauchklemme festgeklemmt.
			Die Schüler kommen in die Klasse und setzen sich, sie schauen dem Lehrer zu, der noch mit dem Aufbau der Versuchsanordnung beschäftigt ist. Als er damit fertig ist, wendet er sich zur Klasse:
000	001	L	(*0) "Beobachtet einmal ganz genau! Paßt mal auf!

08 - 75 - 5 a
UP 02

    Schaut mal gleichzeitig, ich weiß nicht, ob Ihr das könnt, aber vielleicht geht 's, schaut mal gleichzeitig auf das Wasserrädchen und auf diesen Behälter!"

    Er zeigt auf den Standzylinder.

	002	S 1	"Ich seh' nichts!"
006.	003	L	"Wenn Ihr nichts seht, dann kommt vor!"

    Einige der hinten sitzenden Schüler rücken mit ihren Stühlen weiter nach vorn, andere stellen sich hinter die vorn sitzenden.

    Der Lehrer beginnt, langsam den Standzylinder zu heben. Er hält ihn in der rechten Hand, mit der linken löst er die Schlauchklemme. Das Wasserrad beginnt, sich zu drehen. Es dreht sich schneller, als der Lehrer den Zylinder höher hebt.

    Man hört Ausrufe einzelner Schüler. Soweit sie zu verstehen sind, drücken sie entweder Staunen aus oder sind auf die Wiedergabe des Versuchsgeschehens gerichtet. Einzelne Äußerungen lösen Gelächter aus. Die Demonstration macht den Schülern offensichtlich Spaß.

    Der Lehrer hebt den Zylinder so hoch, wie es ihm möglich ist und senkt ihn dann, bis das Rad aufhört, sich zu drehen. Als er beginnt, den Zylinder langsam herunterzulassen, wird es in der Klasse beobachten, was nun passieren wird. Als das Rad zum Stillstand kommt sind von einigen Schülern Äußerungen des Bedauerns zu hören. (*1)

    Als der Lehrer den Versuch wiederholt, melden sich Schüler. Eine Schülerin beginnt zu sprechen:

026	004	S 1	"Äh - wenn - wenn man das höher hebt, dann kann das da - da ist der Schlauch - ist das so - ist das so rund nachher, und da - da kommt da mehr Wasser, und desto mehr Wasser auf die Dinger kommt, desto schneller dreht sich dann das Rad."

    Der Lehrer stellt den Standzylinder auf den Tisch und gibt einem anderen sich meldenden Schüler ein Zeichen.

032	005	S 2	"Also - äh - das Wasser, das ist immer gleich hoch, und wenn man das jetzt hochhebt, das Wasserglas, da ist das - da ist der Schlauch auch so hoch, da kommt das Wasser da vorn durch. Und wenn man das jetzt runterläßt, dann ist das Wasser in dem Schlauch, ist das überhaupt nicht da drin mehr."
037	006	L	"(ruft einen Schüler auf) Charles!"

08 - 75 - 5 a
UP 03

| | 007 | S 3 | "Das ist auch so wie 'ne Turbine, um so mehr Wasser da drankommt ... Das Wasser, das hat ja 'ne Geschwindigkeit, wenn das also so fließt, ne ..." |

Er macht mit dem Zeigefinger eine nach unten gerichtete Bewegung.

"... dann fließt das ja wie so 'ne Turbine um das Ding. Das sind wie so einzelne - also hier die Rädchen ..."

Er erhebt sich, um mit dem ausgestreckten Arm das Wasserrad erreichen zu können und zeigt mit dem Zeigefinger auf die Stelle, auf die das Wasser trifft.

"... da fließt das Wasser dann rein."

042   008   L   "Du hast eben den Begriff 'Turbine' gebracht. Ich weiß nicht, ob das - ob das jeder von Euch weiß. Das glaub' ich nicht. Kannst Du - kannst Du Deinen Mitschülern mal erklären, was das ist, was eine Turbine ist?"

045   009   S 3   (*2) "Turbine, damit wird Strom erzeugt."

Er hebt mit der linken Hand seinen Kugelschreiber hoch, hält ihn zunächst waagerecht und neigt dann dessen Spitze nach unten.

"Das kommt... Das liegt meistens an 'nem Staudamm. Da fließt das Wasser rein."

Er führt mit der rechten Hand rotierende Bewegungen aus.

"Da dreht sie sich ganz schnell. - Ich weiß dann nicht ..."

Er führt mit der rechten Hand eine schwungvolle, halbkreisförmige Bewegung aus.

"Da entsteht irgendwie Strom durch das Wasser."

Er läßt seine rechte Hand wieder rotieren.

         010   L   "Da kommen wir nachher noch drauf, ja?"
         011   S 3   "(fährt fort) ... durch die Drehung entsteht Strom."
050   012   S 4   "Wenn man den Wasserbehälter hochhält, dann - dann geht - dann ist der Schlauch - dann geht der so runter, und das Wasser fließt da schneller durch, wenn 's runterfließt, denn rauf kann 's Wasser ja nicht fließen."

053   013   L   "Gut. Wir wollen uns an dieser Stelle dann mal 'nen Merksatz formulieren. Den schreiben wir uns dann auf."

Diejenigen Schüler, die wegen des Versuchs ihre Stühle umgestellt hatten, setzen sich wieder an ihre Tische.

"Was meint Ihr, wie können wir das formulieren?"

Er wendet sich an eine Schülerin.

"Du hast das eben doch ganz treffend gesagt! Kannst Du es noch einmal wiederholen?"

Fortsetzung in der 21. Minute

08 - 75 - 5 a
UP 12

"... und dann - daß also die Turbine draufkommt."
Er zeichnet sie.
"Dann fließt das - also das Rohr wird hier so reingeleitet, und hier unten (zeigt die Stelle) muß man auch noch so was hinbauen, wo dann also das restliche Wasser hier so rausfließt."

	098	L	"Und das fließt dann in den Kochelsee hinein, ne!"

Er zeigt die Stelle in der Skizze.

099 S 3 "Ja." (*21)

Er legt die Kreide hin und setzt sich wieder auf seinen Platz.

100 L "Gut. Habt Ihr noch andere Vorschläge?"

101 S 14 "Ich wollte mal fragen, wo die Wasseroberfläche ist?"

Der Lehrer hat in der Profilskizze an der Tafel die Wasserkörper der beiden Seen gestrichelt dargestellt, die so schraffierte Fläche, die den Walchensee symbolisiert, oben aber nicht mit einem durchgezogenen Strich begrenzt.

102 L "Die Wasseroberfläche - welches Sees meinst Du?"

103 S 14 "(zeigt auf den Walchensee) Von da oben."

Der Lehrer zieht einen waagerechten Strich und begrenzt so im Profil den Walchensee, kennzeichdamit nachträglich die Wasseroberfläche.

104 L "Ist das klar jetzt? Ja? - (ruft auf) Thorsten!"

390 105 S 8 "Aber die Pumpstation braucht doch auch wieder Strom und dann - dann ist das ja jetzt - nachher wieder sozusagen das gleiche."

106 L "Gutes Gegenargument. Wehrt Euch dagegen! Was meint Ihr?"

107 S 7 "Ja - äh - äh - aber das andere ist ja auch keine gute Lösung. Wenn das jetzt so durch den Berg geht - das ist ja auch - dann hat das net so viel Geschwindigkeit."

396 108 L "Vielleicht hat jemand von Euch noch 'ne andere Lösung als die beiden hier? - (wendet sich an zwei Schülerinnen) Ich hab' bei Euch vorhin schon mal geschaut, ich glaub', das ist ein bißchen anders. Kommt! Zeigt 's mal vor! - Corinna! (*22)

Die angesprochene Schülerin geht zur Tafel und zieht im Profil dicht unter dem Gipfel des Berges, der Kochel- und Walchensee voneinander trennt, zwei waagerechte Striche durch den Berg. Das Rohr, das so den Berg durchquert, liegt unter dem Wasserspiegel des Walchensees und macht Freds "Pumpstation" überflüssig.

Auf der dem Kochelsee zugewandten Seite des Berges läßt Corinna das Rohr wie einen Wasserhahn aus dem oberen Teil des Hanges herauskommen.

08 - 75 - 5 a
UP 13

Sie zeichnet schweigend. Als sie mit dem Rohr
fertig ist, zieht sie drei Striche aus dem Ende
des Rohres heraus nach unten. Ihre Zeichnung
sieht nun aus wie ein großer Wasserhahn über dem
Kochelsee, aus dem in freiem Fall das Wasser des
Walchensees stürzt.

	109	L	"Das ist ein Rohr, ein dickes Rohr halt, ne."

Corinna zeichnet ihre letzten Striche.

"Ich glaub', da müssen wir noch 'n bißchen was
ändern! Was meint Ihr? - (ruft auf) Mary!"

	110	S 1	"Das ist ja auch nicht gelöst - gelöst - äh - das geht ja doch wieder durch den Berg durch. Das ist ja dann praktisch fast das gleiche."
	111	L	"(bestätigend) Hm, hm!"

Mehrere Schüler melden sich. Corinna geht von
der Tafel zu ihrem Platz zurück.

"(ruft auf) Charles!"

	112	S 3	"Darf ich 's mal zeigen?"
	113	L	"Ja, bitte!"

Charles tritt an die Tafel und zeigt.

410	114	S 3	"Das Wasser, das kann ja gar nicht hier durchfließen (er zeigt auf Corinnas Rohr), weil das hier gerade ist."

Er fährt mit der ausgestreckten Hand waagerecht
in dem Rohr hin und her.

"Wie soll das Wasser denn da durch kommen? Das kann
ja überhaupt nicht laufen! (etwa fünf Wörter unverständlich) ... keinen Strom erzeugen ... (etwa fünf
Wörter unverständlich) ... Kraftwerk."

Er untermalt seine Argumente durch Gesten.
Mehrere andere Schüler beginnen gleichzeitig zu
sprechen.

	115	L	"(zu Charles) Ja, ein Kraftwerk kann man ja hier unten hinbauen, gell!"

Er zeigt auf die Stelle, die Charles bereits
vorher gekennzeichnet hatte. Mehrere Schüler
sprechen gleichzeitig. Einer versucht, die anderen zu übertönen.

	116	S 8	"Aber, aber ..."
	117	L	"Aber?"
	118	S 8	"Da wenn man das so, da - das kann man ja trotzdem so machen, so neben. Das ist zwar neben, da muß man zwar neben dem Berg etwas sprengen, (*23) aber das ist dann nachher - die Wasseroberfläche ist ja höher als das Rohr, und der Druck preßt das ja direkt da rein. Dann kann das ja ruhig gerade liegen."

                              08 - 75 - 5 a
                              UP 14

415   119   L   "Was meint Ihr zu diesem Vorschlag von Thorsten?"
                        Einige Schüler melden sich.
                    "Markus!"
      120   S 11   "Das ist nämlich besser, wenn man das jetzt so
                    runterlegt, dann - wenn 's so gerade ist - dann
                    spart man viel mehr und so ..."
      121   L   "Was spart man? Was spart man?"
      122   S 11   "Von den Rohren."
      123   L   "Ganz konkret, was spar'n wir? - Es war richtig,
                    was Du sagtest!"
      124   S 15   "Rohre spart man erstens und Strom spart man. Dann
                    ja nicht mehr da zu pumpen."
      125   L   "Stimmt das? - Ja, man braucht die Pumpe nicht mehr."
                        Ein Schüler meldet sich.
                    "Charles?"
      126   S 3   "Ich hab' was dagegen, nämlich - das - ich glaub',
                    das wär' schlecht, wenn man das so ..."
                        Er deutet mit einer Geste Thorstens Lösungs-
                        vorschlag an, fährt mit einer Hand erst waage-
                        recht durch die Luft und dann schräg nach unten.
                    "... einfach runterführt. Also - nämlich, dann kriegt
                    das Wasser net soviel Geschwindigkeit, und wenn das
                    dann durch die Turbine läuft, dann dreht die sich
                    net, und es kann auch net so gut Strom erzeugt
                    werden. Also es wäre besser, man baute 'n Pumpwerk
                    hin, und das pumpt das also dann durch die Rohre."
                        Er macht mit der Hand eine Geste von oben nach
                        rechts unten und danach von oben nach links
                        unten, um seinen Vorschlag zu untermalen. (*24)
427   127   L   "Charles! Wenn Du ein Pumpwerk bauen willst, dann
                    wär' doch - das haben wir ja schon besprochen -
                    dann wär' doch das Problem, wo bekomm' ich den
                    Strom her für das Pumpwerk?"
      128   S 3   "Vielleicht, daß unten Strom erzeugt wird. - Ich
                    weiß es nicht. - Und daß der dann wieder hochgeleitet
                    wird."
                        Thorsten lacht über diese Äußerung.
      129   S 2   "Das ist ja überhaupt nicht möglich."
      130   L   "Wir wollen ja jetzt sparen, ne! Wir wollen sparen,
                    und das war schon ganz gut im Ansatz."
                        Ein Schüler meldet sich.
                    "Fred!"
      131   S 7   "Ich meine aber, daß das Rohr, was Corinna eben
                    angemalt hat, das geht auch net, weil da - so wie
                    Sie den See gemalt haben - der muß doch eines Tages
                    leer sein. Also, da ist ja noch so ein kleiner
                    Hügel ..."

Literatur

Himmerich, Wilhelm und Mitarbeiter: Unterrichtsplanung und Unterrichtsanalyse – ein didaktisches Modell. Band 2. Unterrichtsanalyse, Möglichkeiten der Darstellung und Interpretation von Unterrichtsverläufen. Klett. Stuttgart 1976

Hoof, Dieter: Unterrichtsstudien. Ergebnisse didaktischer Untersuchungen mit Videoaufzeichnungen. Schroedel. Hannover 1972

Jäger, Friedrich: Bericht über fachbezogene Schulpraktika in Geographie nach dem Modell der Gießener schulpraktischen Studien. In: Bauer/Hausmann: Geographie. Fachdidaktisches Studium in der Lehrerbildung. Oldenbourg. München 1976, S. 282–298

Kostorz, Herbert/Köcher, Gunter: Dokumentation von Unterrichtsprozessen. In: Himmerich a.a.O., S. 294–308

Pollex, Wilhelm: Ein Strukturschema für schulgeographische Inhalte. In: GR 12–72, S. 484–491

Ricker, Günter: Beispiele für die Gruppierung und Darstellung von Gesprächsbeiträgen des Lehrers. In: Himmerich a.a.O., S. 364–378

Ricker, Günter: Didaktische Theorie und Unterrichtsforschung. Zur Problematik modellorientierter und empiriegestützter Evaluation. Diss. Gießen 1976.

COMPUTERUNTERSTÜTZTE EVALUATION GEOGRAPHISCHER LERNZIELE

Mit 5 Tabellen

Von Günter Niemz (Frankfurt)

1. PROBLEMSTELLUNG

Im Vorwort zu den neuen Lehrplänen für den Geographieunterricht der Klassen 7–10 in Rheinland-Pfalz fordert Frau Dr. Laurien, jetzt Kultusminister dieses Bundeslandes, bei der Erprobung der Lehrpläne eine Art Evaluation auf breiter Basis unter vier Aspekten. In der vorliegenden Untersuchung werden Teilbereiche dieser Aspekte am Beispiel eines in der Bundesrepublik weit verbreiteten neuen Geographielehrwerks bearbeitet. Es geht dabei nicht um eine umfassende Evaluation des Lehrwerks Geographie, die bei der enormen Ausweitung der Evaluationsforschung (vgl. Wulf 1972, Frey 1975) und den z. Z. eng begrenzten Ressourcen ohnehin fast unmöglich ist, sondern es handelt sich um bestimmte Bereiche einer summativen Evaluation, für die nach der Fertigstellung neuer geographischer Curricula und vor ihrer Revision der Zeitpunkt günstig erscheint.

Für die hier interessierende Problemstellung wurden folgende Fragen ausgewählt:
– In welchem Ausmaß werden die aufgestellten geographischen Lernziele in der Schulpraxis wirklich erreicht?
– Wie groß sind die Unterschiede im Lernerfolg beim Vergleich verschiedener Schularten?
– Sind die Lernziele und Lerninhalte von ihrem Anspruch her der betreffenden Altersstufe bzw. Schulart angemessen?
– Gibt es Unterschiede hinsichtlich der Realisierung verschiedener Kategorien geographischer Lernziele?

Die Beantwortung dieser Fragen liegt vor allem im Interesse praxisorientierter Evaluationsuntersuchungen, die auf die Verbesserung des Unterrichts, des Lernerfolgs und der Curriculum-Materialien zielen (vgl. Wulf 1975, S. 588). Als Untersuchungsmedium wird der Lernerfolg herangezogen, weil sich die erste, zweite und vierte Frage direkt auf ihn beziehen, weil auch die dritte Frage am besten über den Lernerfolg beantwortet wird und weil ganz allgemein der Lernerfolg bei der Evaluation die wichtigste Variable überhaupt ist (vgl. Scriven 1972). Dabei kann man sich keineswegs nur auf die Analyse des Lernerfolgs weniger Klassen beschränken, die möglicherweise unter optimalen Bedingungen von besonders engagierten Lehrern unterrichtet werden. ,,Laboruntersuchungen, so originell sie auch angelegt sein mögen, helfen kaum weiter" (Tent, Fingerhut, Langfeldt 1976, S. 16). Vielmehr muß festgestellt werden, was an vielen Schulen bei ganz unterschiedlichen Bedingungen z. Z. tatsächlich in der Alltagspraxis erreicht wird.

Es unterliegt keinem Zweifel, daß gerade diese unterschiedlichen Bedingungen den Lernerfolg in gewissem, bisher noch nicht genau bekanntem Ausmaß beeinflussen und deshalb zu berücksichtigen sind. Heidenreich und Nägerl haben die den Unterrichtserfolg beeinflussenden Variablen in die Gruppen der Lernvariablen (Intelligenz, Vorwissen, biographische Daten) und der Umfeldvariablen (Lehrer, Unterrichtsmethoden, Medien, Zeit usw.) zusammengefaßt (1975). Tent, Fingerhut und Langfeldt unterscheiden zwischen Schülermerkmalen und Schulmerkmalen (1976), was inhaltlich den beiden genannten Variablengruppen entspricht. Die Einbeziehung dieser Variablen bringt jedoch große Schwierigkeiten mit sich und erfordert einen sehr hohen Aufwand. Die bisherigen Ergebnisse über den Einfluß solcher Variablen sind z. T. selbstverständlich, z. T. wenig aussagekräftig, z. T. auch widersprüchlich, so daß sich die Frage nach dem Verhältnis von Aufwand und Ertrag stellt (vgl. Alkin 1972, Bellack 1972, Heidenreich und Nägerl 1976, Niemz 1977 b). In der vorliegenden Untersuchung konnten bei der Überprüfung der Lernziele nur die Schularten und die Klassenstufen berücksichtigt werden (vgl. Abschnitt 2).

2. UNTERSUCHUNGSVERFAHREN

Um den Lernerfolg objektiv und nachprüfbar sowie möglichst valide und reliabel erfassen zu können, wurden die Ergebnisse der Erprobungsfassungen der Lernerfolgstests Geographie herangezogen, die von einem Team aus Testpsychologen, Lehrern und Fachdidaktikern für das Lehrwerk Geographie entwickelt worden sind. „Das verläßlichste Instrument, mit dem unterrichtliche Leistungsergebnisse erfaßt werden können, ist der Schulleistungstest" (Reischmann 1974, S. 42). Diese Lernerfolgstests Geographie sind in erster Linie auf die Belange der Schulpraxis ausgerichtet und gestatten die Computerauswertung (vgl. Informations- und Sammelmappe 1976). Für die hier interessierenden Fragen bieten sie viele Vorteile. Dazu gehören vor allem:
– Zeit- und kostensparende Erfassung vieler Daten über den geographischen Lernerfolg. Bei lediglich manueller Testauswertung bleiben die Ergebnisse meist bei den Lehrern, werden nicht zentral erfaßt und stehen damit für größere fachdidaktische Untersuchungen nicht zur Verfügung.
– Objektive Feststellung des Lernerfolgs. Die Auswertungsobjektivität ist sehr hoch, weil durch ausschließliche Verwendung von Mehrfachwahlaufgaben eindeutig feststeht, was als richtig gilt. Lesefehler der Belegleser hängen davon ab, wie sauber die Antworten markiert oder Änderungen radiert werden und liegen nach einer durchgeführten Vergleichsuntersuchung weit unter 1% (vgl. Küffner 1974, S. 54).
– Vielseitige Auswertungsmöglichkeiten der gespeicherten Daten. Mit Hilfe des Computers können diese Daten unter verschiedenen Aspekten zusammengestellt und auch aufwendige Berechnungen rasch durchgeführt werden.
– Laufende Ergänzung und Aktualisierung der Daten. Die zukünftig zur Computerauswertung eingeschickten Tests führen zu einer ständigen Vergrößerung des Datenmaterials, damit zu besseren und aussagekräftigeren Ergebnissen und gestatten auch Angaben über Veränderungen im Laufe der Zeit und den jeweils aktuellen Stand (Zeitwandeluntersuchungen; vgl. Weinnoldt 1975).
– Leichte Anpassung an revidierte Fassungen des Lehrwerks. Bei Revisionen des Lehrwerks werden – soweit wie möglich – die Ergebnisse der Lernerfolgsfeststellung berücksichtigt. Die Tests können dann durch Ersetzung oder Veränderung von Aufgaben der neuen Situation rasch angepaßt werden.

Aus der Ausrichtung auf die Belange der Schulpraxis ergeben sich für Auswertungen im Rahmen der fachdidaktischen Forschung, z. B. für Evaluationszwecke, aber auch Einschränkungen:
– Die Aufgaben und damit auch mögliche Aussagen beziehen sich zunächst nur auf die Lernziele dieses Lehrwerks (vgl. Niemz 1976). Da jedoch in anderen Lehrbüchern z. T. die

gleichen oder ähnliche Themen bzw. Raumbeispiele bearbeitet werden, sind in gewissem Ausmaß Analogieschlüsse möglich.
– Durch die Beschränkung der Aufgabenzahl und Aufgabentypen können nicht alle Lernziele überprüft werden. Das betrifft vor allem die affektiven und einen Teil der instrumentalen Lernziele. Dennoch können durch geschickte Aufgabenstellung z. B. Verständnis und Auswertung von Karten durchaus getestet werden.
– Es besteht z. Z. keine praktikable Möglichkeit, über Alter, Klasse und Geschlecht der Schüler sowie die Schulart hinaus weitere Daten zu erheben und auszuwerten. Damit kann eine Reihe von wesentlichen Evaluationsuntersuchungen, z. B. mit Hilfe varianzanalytischer Verfahren, nicht durchgeführt werden.

3. AUSGEWÄHLTE ERGEBNISSE DER LERNZIELEVALUATION

Die vorliegenden Untersuchungen beziehen sich auf die Auswertung der Ergebnisse der Erprobungsfassungen der Tests, die z. Z. für 13 von 18 konstruierten Tests vorliegen. Die Lehrer, die sich mit ihren Klassen an der Erprobung beteiligten, hatten sich freiwillig dafür zur Verfügung gestellt. Bis zum gegenwärtigen Zeitpunkt sind über 9000 Geographietests ausgewertet worden, die Schüler der 5. bis 8. Klassen der Hauptschule, der Realschule und des Gymnasiums bearbeitet hatten. Schon diese Zahl deutet an, welche Dimensionen – im Gegensatz zu den bisherigen, zahlenmäßig eng begrenzten, empirischen fachdidaktischen Untersuchungen – durch den Computereinsatz möglich sind. Zwar kann man auch die jetzigen Aussagen noch nicht als repräsentativ bezeichnen, weil aus verschiedenen Gründen weder echte Gebietsstichproben noch Quotenstichproben oder sekundäre Quotenstichproben erhoben werden konnten, sondern eine sogenannte anfallende Stichprobe vorliegt (vgl. Lienert 1969, S. 209 und 314f.). Dennoch zeigen die Ergebnisse deutliche Tendenzen an und besitzen einen Aussagewert, der über bisherige und zahlenmäßig sehr eng begrenzte fachdidaktische Untersuchungen weit hinausgeht.

3.1. Ausmaß der Realisierung aufgestellter geographischer Lernziele in der Schulpraxis

Der gewogene arithmetische Mittelwert richtiger Lösungen (vgl. Heller, Rosemann 1974, S. 110ff.) bei den bisher ausgewerteten Tests beträgt 19,42; das entspricht 64,73% bei 30 Aufgaben je Test. Natürlich konnten nicht alle Lernziele überprüft werden, und selbstverständlich kann man leichtere und schwerere Aufgaben stellen. Berücksichtigt man jedoch, daß fast alle, die an der Testkonstruktion beteiligt waren, über Lehrerfahrung verfügen, Geographie studiert haben und sich um eine mittlere, allen drei Schularten gerecht werdende Schwierigkeit bemühten, daß ferner alle Aufgaben durch Reviewing geprüft wurden, dann kann man mit den erforderlichen Vorbehalten etwa sagen, daß die Schüler der Erprobungsstichprobe im Durchschnitt rund zwei Drittel der aufgestellten Lernziele erreicht haben. Damit ist ein erster, ganz grober Richtwert gewonnen, der sicher noch der Überprüfung und weiterer Präzisierung bedarf. Vergleichswerte über den Unterrichtserfolg bei einer anderen Stichprobe und mit anderen Aufgaben bei anderen neuen geographischen Lehrwerken liegen auf der Basis ähnlich umfangreicher Erhebungen bisher nicht vor. Wenn man den genannten Wert mit dem Ergebnis einer Untersuchung von Anderson vergleicht, der bei einem Biologiecurriculum einen durchschnittlichen Erfolg von 43,5% feststellte (1972, S. 310), dann sind 65% eine sehr beachtliche Leistung. Der Schulpraktiker wird z. Z. damit im allgemeinen auch vollauf zufrieden sein. Ein Testpsychologe dagegen, der auf kriterienorientierte Tests spezialisiert ist, wird höhere Werte erwarten. Einschränkend sei noch hinzugefügt, daß die Bundesdurchschnittswerte möglicherweise etwas niedriger liegen, weil die Erprobungslehrer Freiwillige waren, die vermutlich mit Interesse und Engagement Geographie unterrichten und deren Klassen wahrscheinlich auch entsprechende Leistungen aufweisen. Bei einer Überprüfung des Lernerfolgs mit Hilfe offener Aufgaben ist ebenfalls mit etwas niedrigeren Werten zu rechnen (vgl. Horn 1974, S. 68 und Köck 1977).

3.2. Unterschiede im Lernerfolg beim Vergleich verschiedener Schularten

Hinsichtlich der Unterschiede im Lernerfolg beim Vergleich verschiedener Schularten wird allgemein angenommen, daß der Lernerfolg der Gymnasialschüler höher als der der Realschüler ist und die Realschüler wiederum bessere Lernerfolge aufweisen als die Hauptschüler. Für verschiedene Fächer sind solche Untersuchungen durchgeführt worden (vgl. Holzkamp, Samtleben, Ingenkamp 1968). Für Geographie liegen bisher noch keine Werte vor, was z. T. darauf zurückzuführen ist, daß mit Ausnahme der letzten Jahre fast immer verschiedene Lehrbücher in den unterschiedlichen Schularten verwendet wurden. Die neuen Geographielehrbücher dagegen sind sowohl in der Hauptschule als auch in der Realschule und im Gymnasium eingeführt. Damit konnte erstmalig für den Geographieunterricht festgestellt werden, in welcher Relation die Lernerfolge in den verschiedenen Schularten zueinander stehen, wenn mit dem gleichen Lehrbuch unterrichtet wird (vgl. Tabelle 1).

Tab. 1. *Lernerfolg der bisher ausgewerteten Erprobungsstichprobe, differenziert nach Schularten*

	Hauptschule	Realschule	Gymnasium
Durchschnittliche Zahl richtiger Lösungen (gewogener arithmetischer Mittelwert)	17,65	19,13	20,61
Durchschnittlicher Prozentsatz richtiger Lösungen	58,83%	63,77%	68,70%
Ausgewertete Tests	2105	3281	3926

Aus der Tabelle 1 ergibt sich, daß der Lernerfolg der Gymnasialschüler in der Erprobungsstichprobe um rund 10% über dem der Hauptschüler und um rund 5% über dem der Realschüler lag. Die Differenz der gewogenen arithmetischen Mittelwerte zwischen Hauptschule und Gymnasium ist signifikant auf dem 1% Niveau, die Differenz der Lernerfolgswerte zwischen Hauptschule und Realschule ist signifikant auf dem 5% Niveau, d. h., daß diese Differenzen mit 99% bzw. 95% Sicherheit nicht zufällig sind. Der für das Gymnasium angegebene Wert dürfte aufgrund der höheren Zahl ausgewerteter Tests dem wahren Lernerfolg näherkommen als der für die Hauptschule, bei dem die Zahl der zur Verfügung stehenden Daten geringer ist (vgl. auch Weinnoldt 1975, S. 94). Wie weit diese Prozentsätze korrigiert werden müssen, wird sich zeigen, wenn die Auswertungen der Tests vorliegen, die in der nächsten Zeit eingeschickt werden. Berechnet man aus den jetzt vorhandenen Daten einen gewogenen Gesamtwert (vgl. Mittenecker 1970, S. 29) für den Lernerfolg unter

Berücksichtigung der in der Bundesrepublik gegebenen Gesamtzahlen der Hauptschüler, Realschüler und Gymnasialschüler in den Klassen 5 bis 8, dann reduziert sich wegen des hohen Anteils der Hauptschüler der unter 3.1. genannte Wert durchschnittlichen Lernerfolgs auf 18,61 = 62,03%. Wie sich das Verhältnis der Lernerfolge in den einzelnen Schuljahren der verschiedenen Schularten ändert, läßt sich für die Erprobungsstichprobe aus der Tabelle 2 entnehmen.

Tab. 2. *Lernerfolge der Erprobungsstichprobe auf der Grundlage der bisher ausgewerteten Tests, differenziert nach Schularten und Klassenstufen (gewogene arithmetische Mittelwerte)*

Klassenstufe	Hauptschule	Realschule	Gymnasium
5/6	17,78 = 59,27%	19,50 = 65%	20,57 = 68,57%
7/8	17,28 = 57,60%	18,71 = 62,37%	20,67 = 68,90%

Die Unterschiede zwischen den Klassenstufen innerhalb der einzelnen Schularten sind allgemein gering. In der Erprobungsstichprobe ging der Lernerfolg in der Hauptschule und in der Realschule von der Klassenstufe 5/6 zur Klassenstufe 7/8 etwas zurück, während er im Gymnasium geringfügig zunahm. Ob der daraus mögliche Schluß, daß mit steigender Klassenstufe der Abstand im Lernerfolg zwischen Hauptschule und Realschule auf der einen Seite und dem Gymnasium auf der anderen Seite größer wird, verallgemeinert werden kann, müßte an weiteren Untersuchungen geprüft werden.

3.3. Angemessenheit der Lernziele und Lerninhalte

Zum Problem der Angemessenheit der Lernziele und Lerninhalte (vgl. Niemz 1977 a) läßt sich aufgrund der bisherigen Erprobungen sagen, daß im allgemeinen die aufgestellten Lernziele und Lerninhalte durchaus angemessen sind und von den Schülern der drei Schularten im normalen Geographieunterricht erreicht werden können. Zu den Bereichen, für die diese Aussage nicht gilt, zählt der Problemkreis des scheinbaren Sonnenlaufs in den verschiedenen geographischen Breiten und der daraus resultierenden Beleuchtungsverhältnisse. In einem Beitrag, der im Beiheft 3/1977 der Geographischen Rundschau erscheint (vgl. Niemz 1977 b), wird belegt, daß die Zahl richtiger Lösungen bei den zu diesem Themenkomplex gehörenden Aufgaben des Tests 323 wesentlich niedriger als bei den anderen Aufgaben ist und daß bei diesen Aufgaben zwischen den einzelnen Schularten besonders große Schwankungsbreiten im Lernerfolg auftreten. Die Tabelle 3 enthält eine Zusammenfassung dieser Daten, ergänzt durch einen Vergleich mit dem Test 313.

Die Aufgaben 13 bis 18 des Tests 323 und die Aufgabe 4 des Tests 313 betreffen den scheinbaren Sonnenlauf und die Beleuchtungszonen. Diese Aufgaben erweisen sich als wesentlich schwieriger im Vergleich zu den übrigen Aufgaben der beiden Tests. Im Test 323 lösten etwas mehr als die Hälfte der Gymnasialschüler, aber nur etwas mehr als ein Viertel der Hauptschüler diese Aufgaben richtig. Die mittlere Schwankungsbreite betrug durchschnittlich 30%, im Einzelfall bis zu 45%. Die Aufgabe 4 des Tests 313 wurde dagegen nur von rund einem Viertel der Hauptschüler und der Gymnasialschüler richtig gelöst. Aus den Ergebnissen dieser Aufgaben der beiden Tests läßt sich der Schluß ziehen, daß der Themenkreis der Beleuchtungszonen der Erde in den verschiedenen Breiten in der Klassenstufe 5/6

Tab. 3. *Ausgewählte Schwierigkeitsindices der Tests 323 und 313, ermittelt in der Erprobungsstichprobe*

	Hauptschule	Realschule	Gymnasium
Mittlere Schwierigkeit aller Aufgaben des Tests 323 (Kl. 7/8)	52	59	68
Mittlere Schwierigkeit der Aufgaben 13–18 im Test 323	27,6	38,6	56,6
Mittlere Schwierigkeit aller Aufgaben des Tests 313 (Kl. 5/6)	54	61	65
Schwierigkeit der Aufgabe 4 im Test 313	23,4	18,8	25,7

in allen drei Schularten zu schwierig ist. Im Gymnasium ist er frühestens im 7./8. Schuljahr mit Erfolg zu bearbeiten, wenn man nicht unverhältnismäßig viel Zeit darauf verwenden will. In der Hauptschule ist er auch da ungeeignet.

3.4. Unterschiede hinsichtlich der Realisierung verschiedener Kategorien geographischer Lernziele

Voraussetzung für die Bearbeitung dieser Thematik ist die Zuordnung der aufgestellten Lernziele zu bestimmten Kategorien. Dabei wurde nicht auf die häufig verwendete Lernzieltaxonomie von Bloom (1973) zurückgegriffen, weil es sich bei dieser Taxonomie um allgemeine und nicht um geographische Kategorien handelt und weil die Zuordnung der Lernziele und Testaufgaben zu den Kategorien von Bloom oft nicht eindeutig ist (vgl. Horn 1974, S. 34 und 1975, S. 172). Unter Berücksichtigung der teilweise heftigen Diskussionen bei der Entwicklung neuer geographischer Curricula und im Hinblick auf die geplante Verbesserung dieser Curricula erscheinen besonders die Relationen zwischen allgemeiner und regionaler Geographie, zwischen Kultur- und Naturgeographie sowie die anteilmäßige Bedeutung geographischer Fertigkeiten und der Topographie aufschlußreich. Außerdem besteht bei diesen geographischen Kategorien auch die Möglichkeit des Vergleichs zu einem vor der Curriculumreform konstruierten standardisierten Geographietest (vgl. Niemz 1972). Bei der Zuordnung zu diesen fachlichen Kategorien kommt es nicht auf genaue Prozentaufgaben an, sondern auf das Verhältnis der Gruppen zueinander. Da für die älteren und länderkundlich orientierten Curricula detaillierte Lernziele nicht vorliegen, sollen hier nur die Testaufgaben für die Schuljahre 5 bis 8 den genannten fachlichen Kategorien zugeordnet und dann untereinander sowie mit dem Test ETD 5–7 verglichen werden (Tabelle 4).

Für die Klassenstufe 9/10 sind die Tests bisher noch nicht entwickelt worden.

Das auffälligste Ergebnis des Vergleichs ist die sehr starke Verringerung topographischer Aufgaben. Im Vergleich zum Anteil der Topographie im länderkundlich orientierten Unterricht sind die topographischen Aufgaben im ETD 5–7 sicher weit überrepräsentiert. Aufgrund der geringen Zahl topographischer Testaufgaben in den Lernerfolgstests Geographie liegt andererseits die Vermutung nahe, daß die Topographie in den modernen Curricula unterrepräsentiert ist. Das Verhältnis kultur- und naturgeographischer Aufgaben im Bereich der allgemeingeographischen Kenntnisse und Erkenntnisse in den Klassenstufen 5/6 und 7/8

Tab. 4. *Zuordnung der Testaufgaben der Lernerfolgstests Geographie und des ETD 5–7 zu geographischen Kategorien*

Geographische Kategorie		5/6		7/8		ETD 5–7
Allgemeingeographische	kulturgeogr.	27%	45%	16	44%	9%
Kenntnisse und Erkenntnisse	naturgeogr.	18%		28%		
Regionalgeographische	kulturgeogr.	31%	36%	21%	28%	15%
Kenntnisse und Erkenntnisse	naturgeogr.	5%		7%		
Anwendung geographischer Kenntnisse und Fertigkeiten			8%		20%	13%
Topographie			11%		8%	63%

entspricht der Konzeption des Lehrwerks Geographie. Auch im inhaltlichen Anspruch der zugehörigen Lernziele und Themen erscheint die stärkere Berücksichtigung der physischen Geographie in der Stufe 7/8 sinnvoll. Die Zunahme der Aufgaben zu Anwendung und Fertigkeiten in 7/8 ist ebenfalls gerechtfertigt, weil in 5/6 das Kennenlernen der Vielfalt der Erdräume im Vordergrund steht und die Anwendung das Kennenlernen voraussetzt. Bei den topographischen Aufgaben kann man eine Abnahme in 7/8 vertreten, wenn in 5/6 das topographische Grundgerüst wirklich geschaffen wurde. Dies aber erscheint angesichts der geringen Zahl topographischer Aufgaben und der noch geringeren Zahl topographischer Lernziele zweifelhaft. Dagegen könnte man einwenden, daß zwar die Zahl der topographischen Lernziele und Testaufgaben gering ist, daß aber topographische Übungen im Lehrbuch in ausreichendem Maße vertreten sind und hinreichende topographische Kenntnisse erzielt werden. Zur Klärung dieses Sachverhalts wurden die Ergebnisse der topographischen Testaufgaben mit denen aller Testaufgaben verglichen (Tabelle 5).

Tab. 5. *Vergleich der Schwierigkeitsindices der topographischen Testaufgaben mit denen aller Testaufgaben bei den bisher ausgewerteten Erprobungsfassungen der Lernerfolgstests Geographie*

| | 5/6 | | | 7/8 | | |
	Hauptsch.	Realsch.	Gymn.	Hauptsch.	Realsch.	Gymn.
Durchschnittl. Schwierigkeit aller Aufgaben	60,23	65,30	68,33	56,43	63,13	69,27
Durchschnittl. Schwierigkeit aller top. Aufgaben	53,43	59,77	57,38	55,61	54,10	61,02

Obwohl topographische Aufgaben keine anspruchsvollen Problemlösungsstrategien, sondern fast immer nur einfaches topographisches Wissen verlangen und damit im Vergleich zu anderen Aufgabengruppen keineswegs besonders schwer sind, liegen ihre Schwierigkeitsindices (Prozentsätze richtiger Lösungen) in den beteiligten Schularten und Klassenstufen immer unter denen aller Aufgaben, d. h. sie wurden im Vergleich zu allen Aufgaben weniger häufig richtig gelöst. Es besteht also sowohl in 5/6 wie auch in 7/8 eine erhebliche topographische Unsicherheit. Als Ursachen dafür kommen in Frage, daß nach der Phase der Überbewertung der Topographie das Pendel mit der Durchführung der Curriculumreform zum anderen Extrem hin ausschlug, daß die Topographie in den Lernzielen nicht genügend betont wird und daß sie z. T. als „Briefträgergeographie" unterschätzt und abgelehnt wird. Gerade die gegenwärtige Konzeption geographischer Curricula verlangt aber weltweite topographische Orientierung schon in der Klassenstufe 5/6. Daraus muß die Forderung abgeleitet werden, bei der Revision dieser Curricula die Topographie stärker zu betonen.

Zusammenfassend lassen die bisherigen vorläufigen Ergebnisse folgende Aussagen zu: Für ein geographisches Curriculum konnte bestätigt werden, daß die meisten der aufgestellten Lernziele realistisch und auch der betreffenden Altersstufe angemessen sind. Bei einzelnen Themen und Lernzielen werden jedoch die Schüler – besonders die Hauptschüler – überfordert. Außerdem ist die Vermittlung des erforderlichen topographischen Wissens nicht gesichert. Für andere geographische Curricula fehlen z. Z. noch die entsprechenden Evaluationsinstrumente. Ein erster allgemeiner Vergleich legt die Vermutung nahe, daß die Verhältnisse bei anderen geographischen Curricula ähnlich liegen und teilweise sogar mit einer stärkeren Überforderung der Schüler zu rechnen ist. Bei der nächsten Revision unserer gegenwärtigen geographischen Curricula sollten diese Befunde durch entsprechende Kürzungen, Vereinfachungen oder Umstellungen der Lernziele und Lerninhalte sowie durch stärkere Betonung der Topographie Berücksichtigung finden.

Literatur

Alkin, M. C. (1972): Die Aufwands-Effektivitäts-Evaluation von Unterrichtsprogrammen. – In: Wulf, Ch.: Evaluation. München 1972, S. 146–165
Anderson, R. C. (1972): Eine vergleichende Felduntersuchung: Ein Beispiel vom Biologieunterricht in der Sekundarstufe. – In: Wulf, Ch.: Evaluation. München 1972, S. 288–312
Bellack, A. A. (1972): Methoden zur Beobachtung des Unterrichtsverhaltens von Lehrern und Schülern. – In: Wulf, Ch.: Evaluation. München 1972, S. 211–238
Bloom, B. S. (1973): Taxonomie von Lernzielen im kognitiven Bereich. – Weinheim 1973³
Frey, K. (Hrsg.) (1975): Curriculum-Handbuch. – München 1975
Heidenreich, W.-D., Nägerl, H. (1975): Evaluation eines Hochschulcurriculums – am Beispiel der Physikausbildung für Mediziner. – In: Frey, K.: Curriculum-Handbuch, München 1975, S. 663–675
Heller, K. (1975): Leistungsbeurteilung in der Schule. – Heidelberg 1975²
Heller, K., Rosemann, B. (1974): Planung und Auswertung empirischer Untersuchungen. – Stuttgart 1974
Holzkamp, Ch., Samtleben, E., Ingenkamp, K. H. (1968): Leisten Realschüler mehr als Hauptschüler? – Weinheim 1968
Horn, R. (1974): Lernziele und Schülerleistung. – Weinheim 1974⁴
Ders. (1975): Leistungsmessung und Lernzieldefinition. – In: Heller, K.: Leistungsbeurteilung in der Schule. – Heidelberg 1975², S. 169–181
Köck, H. (1977): Zur Problematik von Auswahlantwortaufgaben. – Geogr. Rdsch. 2/1977, S. 51–60
Küffner, H. (1974): Report zur Empirisch-Psychologischen Organisation und Realisation von Testverfahren. – Stuttgart 1974
Kultusministerium Rheinland-Pfalz: Entwurf eines lernzielorientierten Lehrplans. Erdkunde – Sekundarstufe I – Klasse 7–10
Lernerfolgstests Geographie. – Stuttgart 1976
Let Geographie. Informations- und Sammelmappe. – Stuttgart 1976
Lienert, G. A. (1969): Testaufbau und Testanalyse. – Weinheim 1969³

Mittenecker, E. (1970): Planung und statistische Auswertung von Experimenten. Wien 1970
Niemz, G. (1972): Objektivierte Leistungsmessung im Erdkundeunterricht. – Geogr. Rdsch. 3/1972, S. 102–107
Ders. (1976): Lehrwerkbezogene lernzielorientierte Tests zur Lernerfolgsmessung und Leistungsbeurteilung. – In: Schrettenbrunner, H.: Quantitative Didaktik der Geographie – Teil I. Der Erdkundeunterricht, Heft 24« Stuttgart 1976, S. 12–27
Ders. (1977 a): Zum Problem der Angemessenheit geographischer Lernziele und der Vergleichbarkeit des Lernerfolgs. – In: Reinhardt, K. H. (Hrsg.): Geographie zwischen Umbruch und Konsolidierung. Frankf. Beitr. zur Didaktik der Geographie. Heft 1, Frankfurt 1977, S. 103–113
Ders. (1977 b): Quantitative fachdidaktische Forschung und Curriculumevaluation. – Geogr. Rdsch. Beiheft 3/1977
Reischmann, J. (1974): Unterrichtskontrolle durch Tests. – Bad Heilbrunn 1974
Royl, W. (Hrsg.) (1975): Lernerfolgsmessung im Schulversuch. Braunschweig 1975
Schrettenbrunner, H. (1976): Quantitative Didaktik der Geographie – Teil I. – Der Erdkundeunterricht, Heft 24, Stuttgart 1976
Scriven, M. (1972): Die Methodologie der Evaluation. – In: Wulf, Ch.: Evaluation, München, 1972, S. 60–91
Tent, L., W. Fingerhut, H.-P. Langfeldt (1976): Quellen des Lehrerurteils. – Weinheim 1976
Weinnoldt, W. (1975): Analyse eines Deutsch-Eingangstests für 5. Klassen der Orientierungsstufe (D-E 500/501). In: Royl, W.: Lernerfolgsmessung im Schulversuch. Braunschweig 1975, S. 83–96
Wulf, Ch. (1972): Evaluation. – München 1972
Ders. (1975): Planung und Durchführung der Evaluation von Curricula und Unterricht (Kapitelkonzeption). In: Frey, K.: Curriculum-Handbuch, München 1975, Bd. 2, S. 567–579

Diskussion zum Vortrag Niemz

Prof. Dr. J. Birkenauer (Kirchzarten)
Diese erste schöne Bestandsaufnahme ist sehr anerkennenswert. Es muß aber zur Beurteilung der Ergebnisse folgendes berücksichtigt werden:
1. War der Text genügend abgesichert?
2. Wie kann die Lehrerabhängigkeit als wichtige Variable ausgeklammert werden?
3. In welcher Weise verschleiert die Ratenwahrscheinlichkeit gerade bei ,,multiple choice"-Aufgaben die wahren Ergebnisse?
4. Inwiefern ist für den Abfall der Ergebnisse in der Hauptschule zwischen Kl. 5/6 und 7/8 die Motivationslage (Schul- und Fachverdrossenheit z. B.) verantwortlich?
Abschließend sei auf die Erhebungen von Desesse-Arniset hinsichtlich des negativen Erfolgs der mathematischen Geographie (etc.) bei Untersuchungen in Frankreich 1968 hingewiesen.
Von den Ergebnissen bei Herrn Niemz werden sie bestätigt.

Dr. U. Mai (Bielefeld)
Arithmetische Mittel zur Wiedergabe von Lernerfolg lassen zwar Rückschlüsse zu bezüglich des Leistungsstandes der gesamten Klasse. Sie bergen allerdings auch die Gefahr in sich, daß das Leistungsgefälle innerhalb der Klasse verwischt wird.

N. Braumüller (Hannover)
Ich möchte die quantifizierten Ergebnisse stark relativieren, was die Aussage über den Lernerfolg von Haupt- und Gymnasiallehrer betrifft. Vor kurzem habe ich eine Untersuchung gelesen, in der nachgewiesen wird, daß es sehr wohl möglich ist, in der Hauptschule Inhalte zu vermitteln, die bisher gemeinhin dem Gymnasium, z. T. den oberen Klassen zugeschrieben wurden. Ich meine, daß ein Beispiel die Kernphysik war. Dies liegt eben an Bedingungen, die in Ihrer Arbeit außer acht gelassen wurden.

Z. B. die gesellschaftliche momentane Relevanz eines bestimmten Inhalts oder das Unterrichtsgeschehen, insbesondere die Motivierung durch den Unterrichtenden.

Eine zweite Bemerkung möchte ich hinzufügen: Wie schon bei anderen Vorträgen dieses Tages vermisse ich auch hier wieder eine Darstellung der gemachten Voraussetzungen und des beabsichtigten Zwecks.

Prof. Dr. G. Niemz (Frankfurt)

Die vorgetragenen Untersuchungsergebnisse basieren auf den Computerauswertungen der bisher eingeschickten Lernerfolgstests Geographie. Aus der Informations- und Sammelmappe zu diesen Tests sind die Einzelheiten der Konzeption und wesentliche Voraussetzungen dieser Untersuchung zu entnehmen, die aus Zeitgründen hier nicht detailliert dargestellt werden konnten.

Um möglichst viele Tests auswerten zu können, ist der Belegleser- und Computereinsatz notwendig, der wiederum die ausschließliche Verwendung der multiple choice-Aufgaben bedingt. Die einzelnen Aufgaben können durch mehrfaches Reviewing als genügend abgesichert gelten.

Das Computerauswertprogramm gestattet nur die Berücksichtigung weniger Variablen neben dem Lernerfolg. Das Ziel dieser Untersuchung kann deshalb nicht die Analyse der Auswirkungen vieler Variablen sein, die sicher den Lernerfolg erheblich beeinflussen. Es geht auch nicht darum, was in einzelnen Hauptschul- oder Gymnasialklassen unter besonders günstigen Bedingungen möglich ist, welchen Lehrerfolg einzelne Hauptschul- oder Gymnasiallehrer haben, welchen Lernerfolg einzelne Schüler aufweisen oder welches Leistungsgefälle innerhalb einzelner Klassen besteht. Vielmehr zielt die Untersuchung auf die nachprüfbare Feststellung, in welchem Umfang die vorgegebenen Lernziele z. Z. bei den in der Schulwirklichkeit bestehenden unterschiedlichen Bedingungen im Durchschnitt erreicht werden. Die Zahl der für dieses Ziel auszuwertenden Tests beträgt bereits mehr als 10 000. Will man nun noch die Abhängigkeit des Lernerfolgs vom Lehrer und anderen Variablen sowie deren Interdependenzen untersuchen, dann dürften dazu bei dem vorliegenden Curriculum weit über 100 000 bearbeitete Tests erforderlich sein, die z. Z. noch nicht zu beschaffen sind und für die auch ein neues Computerprogramm entwickelt werden müßte.

Der Zweck der hier dargestellten Untersuchung ist es, Aussagen darüber zu machen, ob die aufgestellten Lernziele realistisch sind, ob sie den richtigen Altersstufen und Schularten zugeordnet sind und wie das zugrundeliegende Curriculum bei der anstehenden Revision verbessert werden kann.

TRANSFER UND EIGENE URTEILSBILDUNG ALS ABITURBEZOGENE LEISTUNGSFORDERUNGEN IM FACH GEOGRAPHIE

Mit 2 Abbildungen, 4 Tabellen und 1 Anlage

Von Helmtraut Hendinger (Hamburg)

1. ABITURANFORDERUNGEN IN DER STUDIENSTUFE – ALLGEMEINE ZIELSETZUNGEN UND IHR NIEDERSCHLAG IN DEN KMK-VEREINBARUNGEN

Die Ausführungen zu dem vorliegenden Thema gehen zurück auf die praktische Auseinandersetzung um die Abituranforderungen in Grund- und Leistungskursen. Insbesondere besaßen die „Einheitlichen Prüfungsanforderungen in der Abiturprüfung/Fach Gemeinschaftskunde" auch für die Fachvertreter der Geographie herausfordernden Charakter, nachdem die Erdkunde mit der KMK-Vereinbarung vom Juli 1972 dem Gesellschaftswissenschaftlichen Aufgabenfeld der Studienstufe zugeordnet worden war.

Es erschien von Anfang an fragwürdig, ob die fächerübergreifend entworfenen Bewertungskriterien, gegliedert nach drei Ebenen, wirklich ein handhabbares Instrument für die Bewertung von Abituraufgaben und -arbeiten darstellen könnten. Die Überprüfung der Brauchbarkeit der Bewertungskriterien wies aber zugleich auch auf die Schwierigkeiten einheitlicher Anforderungen hin. Solange jedenfalls Leistungsforderungen des problemlösenden Denkens, wie sie sich im „Transfervollzug" und in der „Urteilsfindung" (Hypothesen bilden, Alternativen entwickeln) widerspiegeln, nicht operationalisierbar gemacht werden können, dürfte die Chancengleichheit über einheitliche Prüfungsanforderungen Illusion bleiben.

Diese hier sichtbare verschiedenartige Wertigkeit des modernen Abiturs ist nicht nur eine Folge der Studienstufenreform, sondern erscheint grundsätzlich im Bildungsprozeß angelegt, da Bildung stets an den persönlichen Bezug und die individuelle gedankliche Auseinandersetzung mit etwas Neuem, Unbekanntem, mit dem Lernstoff geknüpft ist. Die bereits jeweils entwickelte „kognitive Struktur" (Skowronek, 1972[4]) des Lernenden ist dabei ebenso wichtig wie die Fähigkeit des Lehrenden, Denkschritte angemessen aufzubereiten, so daß sie einen Beitrag zu problemlösendem Denken zu leisten vermögen. Abiturprüfungsaufgaben werden vom Lehrenden an den Prüfling unter stillschweigender Voraussetzung einer ganz bestimmten vorhandenen Lernstruktur gestellt. Die Frage ist nun, wieweit entspricht die Aufgabenstellung den erwarteten Denkschritten und Eigenleistungen zu problemlösenden Denken, vermag sie die notwendigen Denkketten auszulösen, die dann in eigenes Urteilen einmünden können? Andererseits ist aber ebenso wichtig, daß der Prüfling sich in der Lage sieht, auf den Denkanreiz der Aufgabenstellung angemessen zu reagieren, wobei auch die Motivation der Aufgabe selbst eine entscheidende Rolle spielen kann.

Genau hier setzt die Untersuchung an, deren Ergebnisse ich hiermit ausschnittweise vorlegen darf.

Es geht um die Problematisierung der 2. und 3. Ebene der Prüfungsanforderungen bei KMK. Sind Transfer und Urteilsbildung in unseren Prüfungsarbeiten in Geographie überhaupt angemessen enthalten? Sind hier echte Bezüge zu problemlösenden Denken zu erwarten? Wo liegen die Ursachen dafür, daß insbesondere das selbständige Urteilen trotz guter Absichten häufig zu kurz kommt und vom Schüler nicht in der erwarteten Form geleistet werden kann? Die Beantwortung dieser Fragen wird mit drei verschiedenen Untersuchungsansätzen angegangen, einerseits quantitativ, andererseits qualitativ.

2. ALLGEMEINE UNTERSUCHUNGSBEDINGUNGEN UND VERSCHIEDENE UNTERSUCHUNGSEBENEN

Da die einzelnen Bundesländer in Anlehnung an die allgemeinen Prüfungsanforderungen speziell fachgebundene Leistungskataloge entwickelt haben, war es notwendig, die Untersuchung auf ein Bundesland – hier Hamburg – zu beschränken. Um einen Einblick in die Gesamtsituation eines Bundeslandes zu geben, war es nötig, zumindest für einen Abiturjahrgang eine Bewertung der Forderungen hinsichtlich Transfer und eigener Urteilsbildung in den Abiturarbeiten vorzunehmen. Man entschied sich für die Gegenüberstellung der Abiturthemen von 1974 mit denen von 1977.

1973/74 bestanden in Hamburg im Fach Geographie des dritten Semesters 7 Leistungskurse und ca. 35 Grundkurse, insgesamt wurden zum Abitur 98 Themen eingereicht (Leistungskurs je 3 Themen, Grundkurs je 2 Themen). 1976/77 bestanden für das 3. Semester 40 Leistungskurse und 104 Grundkurse. Es wurden 330 Themen zur Begutachtung vorgelegt. Sämtliche Themen wurden im Rahmen der vorliegenden Untersuchung einer Bewertung unterworfen. Es wurden dabei folgende Gesichtspunkte bearbeitet:
- Art der Themenstellung
- Arbeitshinweise
- Materialumfang
- Struktur des Themas (Fallbeispiel, gemischtes Material, reine Textauswertung etc.)
- Transfer
- Urteilsbildung
- Spezielle Themeninhalte (naturgeogr., sozialgeogr., EG, Großmächte)

Die bei diesem übergreifenden, allgemein orientierenden Untersuchungsansatz sichtbaren Defizite hinsichtlich Transfer und Urteilsbildung führten zu einer Verfeinerung des Untersuchungsverfahrens unter Einbeziehung der Schüler als Objekte der Zielansprache der Prüfungsaufgaben. Die Untersuchung wurde bei diesem zweiten Ansatz eingeengt auf Arbeiten, die nachweislich nicht rein reproduktiv waren, so daß auch tatsächlich Aussagen zu Transfer und eigener Urteilsbildung zu erwarten sein konnten. Wichtig waren dabei die versuchten Rückkopplungen zwischen verschiedenen Fragen, um so ein klareres Bild über die Stimmigkeit der Aussagen zu gewinnen. Trotz der angegebenen Einschränkung in der Auswahl der untersuchten Arbeiten zeigt sich das Vorgehen der Rückkopplung vor allem dort erfolgreich, wo eben doch über das übliche Maß hinaus bereits die Problemstellung der Arbeit selbst vorbereitet worden war. Von den insgesamt 8 Fragen des Fragebogens sind für die vorliegende Abhandlung Frage 4 (Transfer) und Frage 8 besonders von Belang.

Die in den Fragebögen eingespeisten Informationen sollten dazu dienen, einen gleichen Wissensstand über die Norm von Abiturarbeiten als Vergleichsbasis aller Antworten vorzugeben. Auch bei der Stellungnahme zum Problem der Urteilsbildung wurde das Verfahren der Rückkopplung angewendet, indem zunächst die eigene Ansicht erfragt wurde und anschließend die Stellungnahme zu einer These verlangt wurde, um auf diesem Wege ein unterschiedliches Verständnis der Begriffe Urteilsbildung, Überprüfung etc. aufzuzeigen und bei Schülern einen Reflexionsprozeß in Gang zu setzen.

Frage 4
Information: Jede Arbeit soll so angelegt sein und durch Material ausgestattet werden, daß der Schüler einen Transfer, d. h. eine Anwendung seiner Erkenntnisse im Unterricht auf den neuen, bisher unbekannten Gegenstand in der Arbeit vornehmen kann.
F r a g e : Kann Ihrer Meinung nach eine Arbeit mit dem Thema:

....

ein geeigneter Transfer (Anwendung, Übertragung) für eine voraufgegangene Behandlung des Themas

....

sein?

sehr schlecht				angemessen			sehr gut
8	7	6	5	4	3	2	1

Begründung: ....

Welche Hauptaspekte des durchgeführten Unterrichts *müßte* ein Thema für die Leistungskontrolle Ihrer Meinung nach ansprechen, wenn das Transferbeispiel
(Thema ....)
optimal gewählt ist?
a) ....
b) ....
c) ....
d) ....
e) ....
(Aus: Fragebogen zur Erdkunde in der Studienstufe – Entwurf Hendinger.)

Besonders die Stellungnahme zu 8.2 ergab eine ungemein breite Streuung der Antworten, die im offenen Gegensatz zum Ergebnis von 8.1 zu stehen schienen. Das führte schließlich hin auf einen dritten Untersuchungsansatz, nämlich die Analyse der auf Transfer und Urteilen bezogenen Arbeitshinweise und der beim Vollzug von Transfer und Urteilen jeweils notwendigen Denkschritte. Sie müssen ihrerseits mit den nachweisbaren Schwierigkeiten der Schüler im Rahmen problemlösenden Denkens konfrontiert werden, um Lern- und Unterrichtsdefizite besser erkennbar und damit behebbar zu machen. Die Einsicht in den Lernprozeß erscheint in diesem Zusammenhang auch für den Schüler unerläßlich, nur auf diesem Wege sind Strategien für problemlösendes Denken beim Schüler zu entwickeln.

3. VERGLEICHENDE BEWERTUNG DER ERGEBNISSE VON ANALYSEN DER HAMBURGISCHEN ABITURTHEMEN 1974 MIT DENEN VON 1977 UNTER BESONDERER HERVORHEBUNG DER ERGEBNISSE ZU TRANSFER UND URTEILSBILDUNG

Die Tabelle 1 spiegelt deutlich die innovative Wirkung der Lehrpläne, der Abiturerlasse, der Veranstaltungen der Lehrerfortbildung, der Studienseminarausbildung und verschiedenartiger Veröffentlichungen zum Thema Geographie in der Studienstufe wider. Waren 1974 nur ein Drittel der Themenstellungen so abgefaßt, daß sie geeignet waren, auch das gesellschaftswissenschaftliche Aufgabenfeld angemessen abzudecken und dem Abiturniveau gemäß echte Denkleistungen zu fordern, gehörten unter die positiv zu wertenden Themenstellungen 1977 immerhin fast $7/8$ aller Themen von insgesamt 330. Hinsichtlich der Arbeitshinweise entsprach allerdings jedes dritte Thema nicht voll den Erwartungen, d. h.

Frage 8
Information: In jeder Arbeit unter Abiturbedingungen muß es möglich sein, Ergebnisse und Zusammenhänge selbständig zu *beurteilen*, nachdem zunächst die Zusammenhänge in der Arbeit vom Schüler eingehend untersucht und überprüft worden sind. (Auch das Aufzeigen von Hypothesen und Alternativen gehört hierher.)
Frage 8.1: Erscheint Ihnen in dieser Hinsicht die Fragestellung der Arbeitshinweise Nr. .... bzw. im gesamten Thema eine selbständige Beurteilung zu ermöglichen?

sehr schlecht							sehr gut
8	7	6	5	4	3	2	1

Begründung (wenn möglich):

....

....

Frage 8.2: Stimmen Sie der Behauptung zu, daß eine Beurteilung, wie sie unter Frage 8.1 in der Arbeit gefordert wird, im Grunde doch nur die Anwendung eines bereits im Unterricht vorgeprägten (vorgefaßten) Urteils darstellt? Es sei im wesentlichen lediglich Anwendung eines bereits aus dem Unterricht bekannten Urteils auf genauso strukturierte, nur von der Region her unbekannte Sachzusammenhänge, so wird argumentiert.
Die Stellungnahme ist ausschließlich auf das oben genannte Thema zu beziehen!

ja	mehr ja als nein	unentschieden	mehr nein als ja	nein
1	2	3	4	5

Begründung:

....

(Aus: Fragebogen zur Erdkunde in der Studienstufe – Entwurf Hendinger.)

es war zumeist die dritte Ebene des Beurteilens und Prüfens nicht in ihnen erkennbar oder aber der Umfang oder die Art der Gliederung im Sinne einer eigenständigen Leistung für den Schüler nicht hilfreich, zumeist aber fehlte eine Hinführung und Anregung zu problemlösendem Denken. Der Umfang der zu bearbeitenden Materialien, der 1974 als zu knapp bezeichnet werden mußte, zumal Materialien vielfach überhaupt fehlten, konnte 1977 mit einem Drittel der Arbeiten mit 1–2 Seiten und $3/7$ mit 3–5 Seiten als angemessen bezeichnet werden. Von 1974–1977 hatte der Anteil der Fallbeispiele eine erhebliche Zunahme erfahren, ebenso der Anteil der aktuellen, gemischten Materialien, reine Textinterpretationen und Aufgaben ohne Material – meist dementsprechend unstrukturiert – hatten einen starken Rückgang erfahren.

Relativ hoch ist noch immer der Prozentsatz derjenigen Themen, bei denen die Transferleistung nicht zu beurteilen ist (1974 und 1977 etwa je ein Drittel). Rein reproduktive Themenstellungen sind dahinter in den meisten Fällen zwar anzunehmen, aber nicht mit letzter Gewißheit auszumachen. Gut ein Drittel der Themen verlangte 1977 einen thematischen Transfer, $1/6$ nahm einen räumlichen Transfer vor und ein Achtel dürfte über das methodische Vorgehen die Forderung nach Transfer abdecken.

Die dritte Ebene der KMK-Prüfungsanforderungen – unerläßlich für problemlösendes Denken und daher auch in allen Erlassen der Bundesländer bereits ansatzweise enthalten – kommt bei der Beurteilung der Themen insgesamt weit schlechter weg. Allein in $2/5$ aller Themen fehlt sie 1977 überhaupt, oder aber die Begriffe „Urteilen, Beurteilen, Prüfen etc."

Tab. 1. *Bewertung von Abiturthemen im Bundesland Hamburg von 1974 und 1977*

	Jahr	Anzahl	Ja	Nein
Themen- stellung im Sinne von KMK	1974	91	31	60
	1977	330	284	46

	Jahr	Grundsätzlich brauchbar	Nicht brauchbar	Ohne Arbeits- hinweise
Arbeits- hinweise	1974	34	54	3
	1977	223	103	4

	Jahr	1–2 S.	3–5 S.	6–10 S.	10 S.	Ohne Mat.
Material- umfang	1974	49	18	5	–	17
	1977	119	136	51	7	16

	Jahr	Fall- beispiel	Sonst. akt. Mat. gemischt	Nur Text	Ohne Struktur
Struktur/Art des Themas	1974	14	31	9	26
	1977	90	185	12	40

	Jahr	Räumlich regional	Thematisch	Methodisch	Nicht zu beurteilen
Transfer	1974	8	14	23	30 + 17
	1977	64	113	41	99 + 19

	Jahr	Stand- ortent- scheid.	Raum- bewer- tung	Raum- erschlie- ßung	Sonst. wiss. Hypothese	Begriff falsch gebraucht	3. Ebene fehlt
Urteils- bildung	1974	–	9	8	7	10	56
	1977	15	91	73	15	38	95

werden falsch verwendet und meinen gar nicht diese Ebene eigenständiger Urteils- und Entscheidungsfindung. Über ein Viertel der Themen fordert eine methodisch begründete Raumbewertung, über ein Fünftel verlangt eine Entscheidung über Raumerschließung (Raumplanung, Stadtplanung, Sanierungsvorschläge etc.), und zu je 5% sind Aufgaben zur Standortentscheidung bzw. zur Auffindung und Beurteilung sonstiger wissenschaftlicher Hypothesen beteiligt.

Durch die Studienstufen-Lehrpläne, die Aufklärung in Lehrerfortbildungsveranstaltungen, durch Veröffentlichungen und nicht zuletzt durch die Diskussion um die KMK-Normen-Anforderungen konnten die Themen in ihrem Niveau erheblich verbessert und aneinander angeglichen werden. Inhaltlich entfiel sowohl 1974 als auch 1977 ein Drittel der Themen auf die Behandlung von Entwicklungsländern, ein Bereich, der sich bei den Schülern nach wie vor großen Interesses erfreut, in dem aber auch die übergreifende gesellschaftswissenschaftliche Fragestellung am leichtesten zu verwirklichen ist. Erheblich aufgeholt hat der Bereich sozialgeographischer Themen, insbesondere zur Stadtplanung und Stadtsanierung sowie zur Bevölkerungs-, Agrar- und Industriegeographie, hier häufiger mit der Zielsetzung der Regionalplanung im deutschen und europäischen Bereich. Mit über 35% steht der sozialgeographische Aspekt heute an der Spitze der Themenauswahl, während der Anteil naturgeographischer Themen von 22% auf 15% zurückgefallen ist. Darunter war aber auch immer eine Reihe rein naturwissenschaftlicher Themen, die nicht oder nur kaum den Bezug zur Gesellschaftswissenschaft aufzuweisen hatten. Die grundsätzliche Schwierigkeit, diesen Bezug angemessen herzustellen, dazu Fallbeispiele und strukturiertes Material zu finden, mag zur Vernachlässigung des naturgeographischen Ansatzes in der Geographie geführt haben. Es muß in diesem Zusammenhang allerdings festgehalten werden, daß der ökologische Ansatz im Rahmen der physischen Geographie den Ausblick auf Wirkungsweise und Maßnahmen des Menschen geradezu herausfordert. Es fehlt zur Zeit an genügend geeigneten Fallbeispielen in der didaktischen und wissenschaftlichen geographischen Literatur, die dem Lehrer diese integrative Betrachtungsweise, wie sie die Bestimmungen der KMK fordern, auch in der Praxis des Unterrichts ermöglichen.

4. BEWERTUNG EINER AUSWAHL VON THEMEN IM RAHMEN EINER SCHÜLERBEFRAGUNG HINSICHTLICH TRANSFER UND URTEILSBILDUNG (VGL. FRAGEBOGEN)

Wie sieht es nun hinsichtlich der allergischen Punkte der Abituranforderungen, Transfer und eigenständige Urteilsbildung, in den an sich äußerlich normengerechten Arbeiten nach Meinung der Schüler aus? Um diese Frage zu klären, wurden 14 verschiedene Abiturthemen bzw. Themen unter Abiturbedingungen an vier Hamburger Gymnasien mit Hilfe eines vorgegebenen Fragebogens und einer Analyse der Aufgabenstellungen untersucht.

Das Streuungsraster für Transfer und Urteilsbildung für insgesamt 116/106 Abiturarbeiten mit jeweils andersartig vorgegebener individueller kognitiver Struktur der Schüler und verschieden ausgeprägtem Problembewußtsein sowie unterschiedlich hohem Motivierungsgrad der Schüler zu Abiturarbeit und Befragung erscheint zunächst recht diffus. Das gilt vor allem für die Beurteilungsebene, während das Ergebnis für den verlangten Transfer etwas eindeutiger ausgefallen ist.

Von 116 Arbeiten sind hinsichtlich der Transferleistung (Frage 4) über $2/5$ als gut bewertet worden, weitere knapp $2/5$ als ziemlich gut bis angemessen, ca. 14% wurden als sehr gut beurteilt und nur etwa 7% als mehr oder weniger schlecht.

Auch die Frage nach selbständiger Beurteilungsmöglichkeit (Frage 8.1) im Rahmen der Arbeit wird bei den ausgewählten 14 Themen insgesamt recht positiv beantwortet:
– 35% mit gut und
– 40% mit angemessen bzw. ziemlich gut.
Bei 18% fällt die Bewertung mehr oder weniger schlecht aus und bei nur 7% treffen wir die Einordnung „sehr gut" (Bezug der %-Angaben bei 8.1 auf 101 Arbeiten).

Wie die Untersuchung des Profils einzelner Themen zeigt, spiegelt sich in dieser Streubreite natürlicherweise auch die individuelle Leistungsfähigkeit einer Schülergruppe wider, d. h. damit die „kognitive Struktur" jedes einzelnen Schülers. Von ihr hängt es ab, wie er mit den in der Arbeit enthaltenen selbständigen Denkanforderungen fertig werden kann.

Tab. 2 *Aussagen der Schülerbefragung zur Urteilsbildung.*
Frage 8.1: Selbständige Beurteilung
(Auswertung von 106 Fragebögen, von denen 5 keine Stellungnahme enthielten).

Anzahl	Thema	1	2	3	4	5	6	7	8
106	14 verschiedene	7	35	18	23	8	7	3	–
davon 14	Stadtsanierung	–	2	5	5	1	1	–	–
12	Stadtplanung	–	7	1	1	1	–	–	–
15	Industrialisierung	–	5	2	2	3	3	–	–
5	Entwicklungsländer Tragfähigkeit	1	2	–	2	–	–	–	–
5	Weinbau	1	3	–	1	–	–	–	–
14	Ökologie	2	5	3	3	–	1	–	–

Die Frage 8.2 ergibt dementsprechend ein sehr breites Raster und spiegelt die durch die beabsichtigte Rückkopplung ausgelöste Reflexion wider, was besonders aus den zusätzlichen Anmerkungen der Schüler ersichtlich ist.

Da es sich unter den gegebenen Befragungsbedingungen um eine ad-hoc-Entscheidung handelt, nehmen die unentschiedenen Stellungnahmen den größten Raum ein (35%), mit fast 30% und knapp 10% folgen die zustimmenden Äußerungen (mehr ja als nein und ja) und schließlich mit je 15% die Stellungnahmen mit „mehr nein als ja" und „nein".

Der Hinweis auf die vorher entwickelte kognitive Struktur des Schülers, auf die die Aufgabenstellung des Themas im Moment der Abiturprüfung stößt, legt es nahe, hier weiter zu bohren und nach der Problem- und Themenabhängigkeit der Streuung zu fragen. Infolge der individuellen Themenstellung – kein zentrales Abitur wie in einigen anderen Bundesländern –, der Vorgabe von zwei Themen für Grundkurse (3. Prüffach, evtl. nur für ein bis zwei Schüler des jeweiligen Kurses) und von drei Themen für Leistungskurse (im Schnitt 12 Schüler pro Kurs) ergibt sich nur eine sehr kleine Zahl von Probanden für jedes einzelne Thema.

Stellen wir dem Gesamtprofil von 106 bzw. 116 Befragungen ausgewählte Einzelprofile gegenüber, so zeichnen sich die besonderen Qualitäten, aber auch verschiedene Kursvoraussetzungen der einzelnen Themen ab. Zwar zeigt sich grundsätzlich bei 8.2 die größte Streubreite, aber wohl doch aus sehr verschiedenen Gründen. Es spiegeln sich in den Angaben:
– die Leistungsfähigkeit der Schüler,
– der Umfang des Vorwissens und der allgemeinen transferierbaren Kenntnisse zu dem gegebenen Problem,
– der Zugang zur Fragestellung und zu diesbezüglich verfügbarem Material.

Tab. 3. *Aussagen der Schülerbefragung zur Urteilsbildung.*
Frage 8.2: Transfer von Vor-Urteilen.
(Auswertung von 106 Fragebögen, von denen einer keine Stellungnahme enthielt).

Anzahl	Thema	1 Ja	2 Mehr ja als nein	3 Unent- schieden	4 Mehr nein als ja	5 Nein
106	14 verschiedene	10	30	36	15	14
davon 14	Stadtsanierung	1	8	4	–	1
12	Stadtplanung	2	4	5	–	1
15	Industrialisierung	3	3	3	4	1
5	Entwicklungsländer Tragfähigkeit	–	3	1	1	–
5	Weinbau	1	1	2	1	–
14	Ökologie	1	1	4	1	7

Es scheint so, als ob der Schwierigkeitsgrad eines Themas und das Ausmaß des intellektuellen Selbstvertrauens und Selbstbewußtseins dafür ausschlaggebend sind, daß entweder eine große Breite des Bewertungsprofils sichtbar wird oder aber das Pendel nach der einen oder anderen Seite ausschlägt. Es dürfte allerdings auch von Bedeutung sein, ob die Themenstellung als solche vorurteilsbelastet ist, d. h. ob aus einem Bereich des öffentlichen Lebens und der politischen Diskussion evtl. ein Urteil ohne genügende Prüfung übernommen werden kann, da seine Aussage evident zu sein scheint, der unkritische Schüler sich also nicht zu weiterer kritischer Reflexion veranlaßt sieht. Denn es ist auffällig, daß eine überwiegende Zustimmung zum Transfercharakter des Urteils- und Entscheidungsprozesses bei Themen der Stadtplanung und der Entwicklungsländerproblematik festzustellen ist. Ein Übergewicht der Stellungnahmen für eine echte eigenständige Entscheidung hingegen scheint – soweit sie überhaupt nachweisbar ist – bei ökologischen Fallbeispielen neuartiger Struktur aufzutreten.

Es zeigt sich bei diesen Gegenüberstellungen aber bereits deutlich, daß die Problematik nicht allein themenbereichsspezifisch, sondern auch gruppen- und individuenspezifisch sowie speziell themenrelevant zu sehen ist. Insofern erscheint die Einzelanalyse unumgänglich zu sein.

5. ANALYSE EINES EINZELTHEMAS AUS DEM ÖKOLOGISCHEN THEMENBEREICH: SONDERKULTUR WEINBAU/OBSTBAU MIT HERAUSARBEITUNG DER SPEZIFISCHEN BEWERTUNGSPROBLEMATIK

Es soll hier das Abiturthema: „Die Umschichtung in der Bodennutzung und Besitzstruktur am oberen Mittelrhein" als Transferbeispiel für die Behandlung der Sonderkultur Weinbau mit einem Exkurs in das Gebiet des Obstbaus herausgegriffen werden.

Abiturarbeit in der Studienstufe.
Leistungskurs Erdkunde Abitur 1977

Kursthema: *Sonderkultur Weinbau*
Abschlußarbeit unter
Abiturbedingungen: Rebflurbereinigung in Altenahr
(4stündig)
Materialien: aus W. Wendling, Sozialbrache und Flurwüstung in der Weinbaulandschaft des Ahrtals, Bad Godesberg 1966.

Abiturarbeit
Thema: *Die Umschichtung in der Bodennutzung und Besitzstruktur am oberen Mittelrhein*

Arbeitsmaterial: Abb. 1 Bodennutzung 1870/71
Abb. 2 Entwicklung der sozialökon. Struktur
Abb. 3 Reliefverhältnisse
Abb. 4 Bestand an Obstbäumen 1878
Abb. 5 Bestand an Obstbäumen 1965
Tab. 1 Bodennutzung 1879–1965
Tab. 2 Sozialökon. Struktur 1879–1965
2 Textauszüge
entnommen aus Erdkunde Bd. XXVII, S. 34ff.
E. Dege, Weinbau, Obstbau und Sozialbrache am oberen Mittelrhein.
Hilfsmittel: Diercke-Atlas, Relief Rheinland-Pfalz (List-Verlag)

Arbeitshinweise:
1. Untersuchen Sie die speziellen ökologischen Bedingungen des Weinbaus am oberen Mittelrhein, insbesondere für Filsen und Osterspai. Vergleichen Sie sie mit den ökologischen Ansprüchen des Obstbaus.
2. Erörtern Sie mögliche Zusammenhänge zwischen den vorliegenden Materialien über den Wechsel der Bodenkultur, über die ökologischen Voraussetzungen und den sozialen Strukturwandel in Osterspai und Filsen.
3. Deuten Sie die Kurven der Entwicklung der sozialen Struktur auf dem Hintergrund der verschiedenen Formen der Bodennutzung.
4. Prüfen Sie anhand des vorgelegten Materials, inwieweit die Entwicklung im Wein- und Obstbau in Osterspai und Filsen für den oberen Mittelrhein als typisch anzusprechen ist?
5. Beurteilen Sie anschließend die Möglichkeiten einer erneuten zukünftigen Ausweitung des Weinbaus aufgrund der ökologischen und sozialökonomischen Gegebenheiten in Osterspai und Filsen. Welche Aspekte würden Sie gegebenenfalls in einem Gutachten (im Rahmen der EG gesehen) besonders herausstellen?

Das Thema wurde bewußt so gestellt, daß es die mit dem ehemaligen Weinbau und heutigen Obstbau gegebene ökologische Problematik in den größeren Zusammenhang der sozialgeographischen Problematik des räumlichen Entscheidungsverhaltens des Menschen hineinstellt. 5 von 15 Schülern wählten dies Thema aus dem Angebot von insgesamt drei Themen aus, weil sie in der Bearbeitung dieser Problematik besonders erfreuliche Erfolge gehabt haben.
   Diese Übersicht über Arbeitshinweise, Bewertungszusammenhang nach KMK und Punkteverteilung im Rahmen von 5 Schülerleistungen macht sichtbar, daß für die Schüler doch offensichtlich Schwierigkeiten bestanden, die Ebene „problemlösenden Denkens" (Urteilen, Prüfen, Alternativen aufstellen) wirklich voll zu erreichen. Wider Erwarten

Transfer und eigene Urteilsbildung als abiturbezogene Leistungsforderung

Tab. 4. *Punkteverteilung und Bewertung einer Abiturarbeit zum Kursthema: „Sonderkultur Weinbau" im Rahmen des Leistungskurses Geographie.*

Arbeitshinweise		1	2	3	4	5	Darstellung	Note
Ebenen nach KMK-Prüfungs-Anforderungen		A I,1 A I,2 A II,1 A II,2	A II,2 B I B II	A II,2 A II,3 B II,2	A III,3 A III,5 B II,2	A II,2 A III,1 A III,5 B II,1		
Schü-ler	2. Kurs-arbeit	Kurs-note	\multicolumn{5}{c}{Sollpunkte der Abiturarbeit}		

Schü-ler	2. Kurs-arbeit	Kurs-note	14	9	8	7	10	12	
A	2+	1–	10	5+2	5	3+2	7	7	III+
B	2+	2–	12+2	8+1	6	–	6	9	II–
C	3–	2–	6+3	8	6+1	2+2	1	4	IV
D	2+	2–	10	8+3	3	1	7+1	6	III
E	3	2–	8	2	1	2	2	2	V

machte die Herausarbeitung des Typischen in der Entwicklung mehr Schwierigkeiten als die eigentliche Raumbewertung und zukünftige Nutzungsentscheidung. Doch auch die Raumbewertung ist von zwei Schülern fast überhaupt nicht geleistet worden.

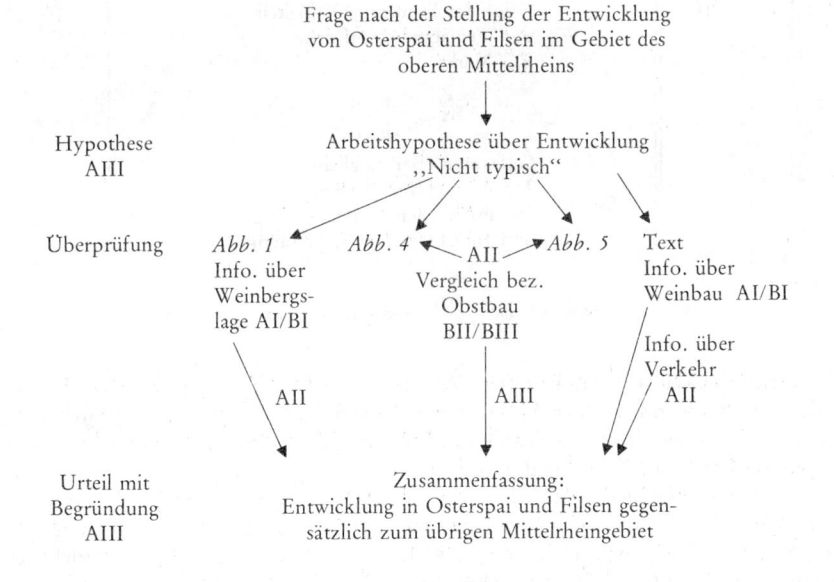

```
                    Frage nach der Stellung der Entwicklung
                    von Osterspai und Filsen im Gebiet des
                              oberen Mittelrheins
                                     ↓
      Hypothese          Arbeitshypothese über Entwicklung
        AIII                     „Nicht typisch"

     Überprüfung     Abb. 1      Abb. 4    AII   Abb. 5     Text
                     Info. über         Vergleich bez.    Info. über
                     Weinbergs-            Obstbau       Weinbau AI/BI
                     lage AI/BI            BII/BIII
                                                          Info. über
                                                           Verkehr
                         AII              AIII             AII
                          ↓                 ↓               ↓
      Urteil mit                Zusammenfassung:
      Begründung         Entwicklung in Osterspai und Filsen gegen-
        AIII              sätzlich zum übrigen Mittelrheingebiet
```

Abb. 1 Analyse von Arbeitshinweis 4

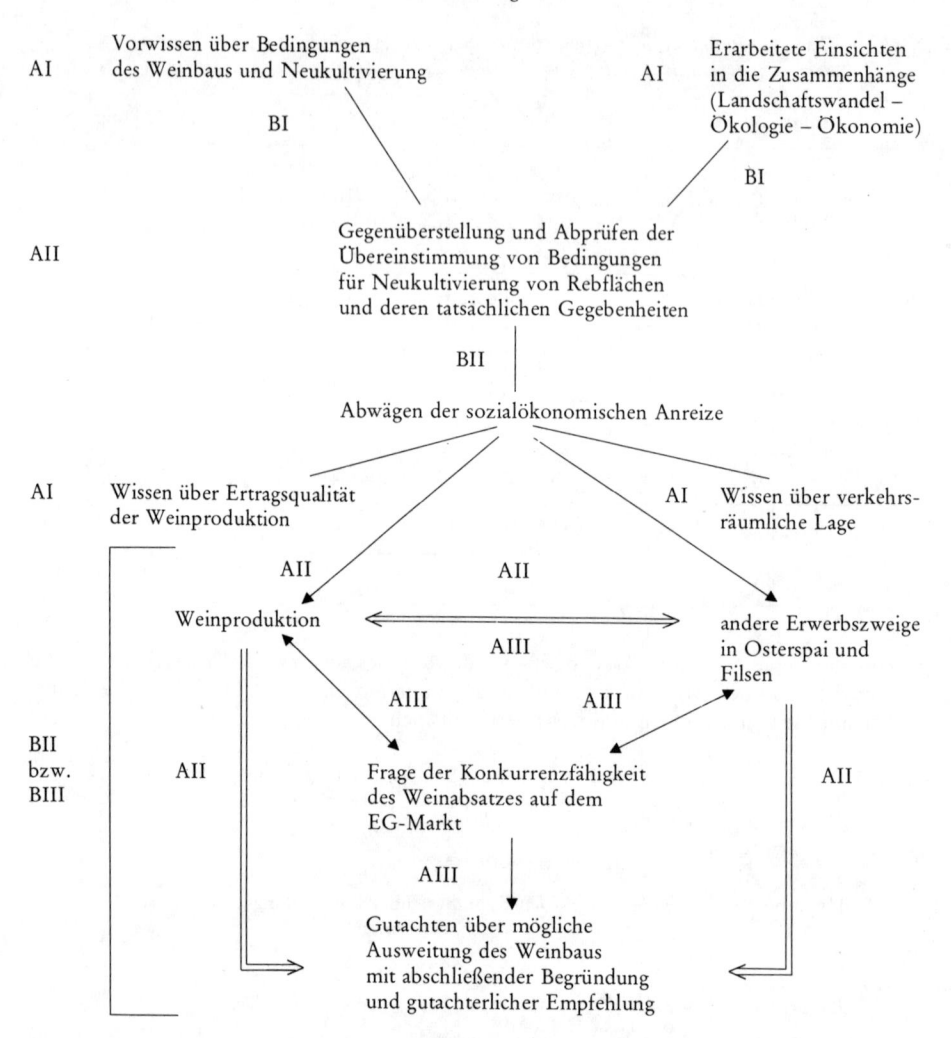

```
AI    Vorwissen über Bedingungen                          AI    Erarbeitete Einsichten
      des Weinbaus und Neukultivierung                          in die Zusammenhänge
                    BI                                          (Landschaftswandel –
                                                                Ökologie – Ökonomie)
                                                                     BI

AII         Gegenüberstellung und Abprüfen der
            Übereinstimmung von Bedingungen
            für Neukultivierung von Rebflächen
            und deren tatsächlichen Gegebenheiten
                          BII
            Abwägen der sozialökonomischen Anreize

AI   Wissen über Ertragsqualität              AI    Wissen über verkehrs-
     der Weinproduktion                             räumliche Lage
             AII              AII
        Weinproduktion   ⇔      andere Erwerbszweige
                        AIII    in Osterspai und
             AIII       AIII    Filsen
BII
bzw.  AII    Frage der Konkurrenzfähigkeit     AII
BIII         des Weinabsatzes auf dem
             EG-Markt
                    AIII
             Gutachten über mögliche
             Ausweitung des Weinbaus
             mit abschließender Begründung
             und gutachterlicher Empfehlung
```

Abb. 2 Analyse von Arbeitshinweis 5

Wir wollen uns klarmachen, was hier „Prüfen" und „Beurteilen" im jeweiligen Kontext eigentlich bedeutet und wo hier die eigentliche Leistung der 3. Ebene des selbständigen Denkens und Urteilens liegt. Zur Verdeutlichung der Problematik mögen die beiliegenden Schemata im Sinne von Prozeßanalysen dienen.

Interessant ist, daß in der Lösung des Arbeitshinweises 5 durchaus auch eine Kurzschlußlösung im Sinne des Tranfers eines vorgeprägten Urteils denkbar wäre. Ein derartiger Weg ist bei Arbeitshinweis 4 nicht möglich, jedenfalls nicht bei den gegebenen unterrichtlichen Voraussetzungen. Obwohl die Lösung bei 4) schneller erreichbar ist, ist sie für den Schüler dennoch schwieriger gewesen, weil sie eine Kurzschlußlösung über bloßen Transfer bei der bisher entwickelten kognitiven Struktur der Schüler nicht zuließ. Nach Ausfall des vorliegenden Ergebnisses ergibt sich sogar die Frage, ob hier im Sinne der Vorbereitung problemlösenden Denkens die kognitive Struktur nicht weit genug entwickelt worden war, als daß die gesuchte Lösung überhaupt hätte selbständig entwickelt werden können, jedenfalls auf den Durchschnittsschüler bezogen. Dem kann allerdings gegenübergestellt werden, daß die drei besten Schüler der Kursgruppe das ökologisch-sozialgeographische Thema nicht gewählt hatten, so daß die Chance für eine tatsächliche Lösung der Frage des Arbeitshinweises 4 auch relativ gering war.

6. BEDEUTUNG DER SPEZIFISCHEN PROBLEMATIK FÜR DEN AUSFALL DER BEFRAGUNGS- UND ERHEBUNGSERGEBNISSE UNTER 3. UND 4.

Es ist nicht von der Hand zu weisen, daß eine derartige Analyse der Arbeitshinweise über die Leistbarkeit eines Arbeitsauftrags neue Erkenntnisse bringt. Es kommen nicht nur die für Transfer und Urteilsbildung notwendigen Vorleistungen klarer in den Blick, sondern auch Art und Kombination von Denkstrategien, die mögliche Kurzschlüsse unter Umgehung der eigenen Leistung im Rahmen der Problemlösung mit umfassen. Je nachdem, welche Denkstrategie der Schüler aber bei Erfüllung des Arbeitsauftrages gewählt hat und von seiner Warte aus auch als Rechtens ansieht, wird er auch den Arbeitshinweis, der auf Urteilsfindung zielt, einordnen und bewerten. Wenn der Schüler angemessen auf 8.2 bzw. auch 8.1 antworten soll, müßte ihm eigentlich zuvor die notwendige Einsicht in die Analyse des im Grunde erforderlichen Denkprozesses vermittelt werden. Andernfalls bleibt eben, wie wir gesehen haben, ein gewisser Interpretationsspielraum für die Bewertung des Befragungsergebnisses offen.

7. KONSEQUENZEN FÜR DIE PROBLEMATIK DER BEWERTUNGSNORMEN NACH KMK UND FÜR DIE REALISIERUNGSMÖGLICHKEITEN EINES BESSEREN LERN- UND AUSBILDUNGSERFOLGES BEI TRANSFER UND SELBSTÄNDIGER URTEILSBILDUNG

Im Grunde will der Lehrer keine denkstrategischen Kurzschlüsse erzielen, sondern möchte vielmehr gezielte Denkprozesse in Gang setzen, die zu einem dezidierten, begründeten Urteil führen. Das heißt aber doch, die Schüler müssen die dazu notwendigen Denkstrategien beherrschen. Dieses Ziel ist nicht allein durch Nachahmung und Übung zu erreichen, sondern der Schüler muß Einsicht in den notwendigen Denkprozeß selbst gewinnen. Das würde bedeuten, daß die von KMK erhobene Forderung der eigenständigen Denkleistung auf der dritten Ebene vor allem eine Bewußtmachung und Durchdringung des Ablaufs von Denkprozessen verlangt. Nur dann wird es möglich sein, das problemlösende Denken auch in den Abiturarbeiten bei der Behandlung von bis dahin ungeübten Sachzusammenhängen und Problemstellungen zum Tragen kommen zu lassen. Nur dann aber ist nicht nur Transfer, sondern auch eigenständiges Urteilen und Entscheiden im Rahmen von Abiturarbeiten möglich. Ohne diese prozessual orientierte Denkschulung allerdings droht die Forderung nach eigenständigem Urteil zur Farce zu werden, da sie, wenn nicht im eigentlichen Sinne leistbar, Lehrer und Schüler dazu verführt, Kurzschlußleistungen zu propagieren und zu tätigen, die die Anwendung von Vor-Urteilen auf zwar ähnliche, aber dennoch regional und individuell sehr verschiedene Sachzusammenhänge bedeuten würden. Gerade hier aber hat die Geographie einen wichtigen Bildungsauftrag zu erfüllen, indem sie zeigt, daß Raumentscheidungen individuell in regionaler Orientierung, begründet auf dem jeweiligen Sachzusammenhang und nicht ausgerichtet an allgemeingültigen Theorien getroffen werden können. Es erscheint möglich dies zu lernen, doch nur, wenn die dazu notwendigen Denkprozesse Lehrern und Schülern genügend bewußt gemacht werden. Der Ort der Realisierung dieses Auftrages aber ist die Geographie auf der Studienstufe, insbesondere als Leistungs- und Prüffach.

Anlage

Fragebogen zur Erdkunde in der Studienstufe

1. Erscheint Ihnen das Thema der Arbeit unter Abiturbedingungen

   ....
   in einem sinnvollen Zusammenhang mit den Inhalten des Unterrichts (typische Kennzeichen, Aspekte und Probleme) zu stehen?

sehr gut	gut	ziem- lich gut	ange- messen	weniger ange- messen	ziem- lich schlecht	schlecht	sehr schlecht
1	2	3	4	5	6	7	8

   Begründung:
   ....
   ....

2. Wird dieser Zusammenhang auch durch die Materialien dokumentiert?

sehr gut	gut	ziem- lich gut	ange- messen	weniger ange- messen	ziem- lich schlecht	schlecht	sehr schlecht
1	2	3	4	5	6	7	8

   Begründung:
   ....
   ....

3. Information: Eine Arbeit unter Abiturbedingungen soll ein Thema stellen, das durch Arbeitshinweise gegliedert ist. Dabei soll für den Schüler Spielraum für eigene Überlegungen zu den Zusammenhängen und für die Art der Darstellung gegeben sein.
   Die Arbeitshinweise sollen die Bearbeitung ermöglichen, obwohl der Themengegenstand inhaltlich als solcher *nicht bekannt* und die Materialien für den Schüler *neu sein müssen*.

   Frage 1: Erscheinen Ihnen die Arbeitshinweise in dieser Hinsicht brauchbar?

sehr gut	gut	ziem- lich gut	ange- messen	weniger ange- messen	ziem- lich schlecht	schlecht	sehr schlecht
1	2	3	4	5	6	7	8

   Begründung:
   ....
   ....

   Frage 2: Wie beurteilen Sie im Hinblick auf die oben gegebenen Anforderungen einer Arbeit unter Abiturbedingungen Art und Umfang der Vorbereitung ähnlicher Fragestellungen im Unterricht?

sehr schlecht	schlecht	ziem- lich schlecht	weniger ange- messen	ange- messen	ziem- lich gut	gut	sehr gut
8	7	6	5	4	3	2	1

Begründung:

....
....

4. Information: Jede Arbeit soll so angelegt sein und durch Material ausgestattet werden, daß der Schüler einen Transfer, d. h. eine Anwendung seiner Erkenntnisse im Unterricht auf den neuen, bisher unbekannten Gegenstand in der Arbeit vornehmen kann.

Frage: Kann Ihrer Meinung nach eine Arbeit mit dem Thema:

....
ein geeigneter Transfer (Anwendung, Übertragung) für eine vorausgegangene Behandlung des Themas
....
sein?

sehr schlecht	schlecht	ziem- lich schlecht	weniger ange- messen	ange- messen	ziem- lich gut	gut	sehr gut
8	7	6	5	4	3	2	1

Begründung:

....
....

5. Welche Hauptaspekte des durchgeführten Unterrichts *müßte* ein Thema für die Leistungskontrolle Ihrer Meinung nach ansprechen, wenn das Transferbeispiel
(Thema: ....)
optimal gewählt ist?

a) ....
b) ....
c) ....
d) ....
e) ....

6. Information: Die Arbeit soll so angelegt sein, daß der Schüler, ausgehend von den Erkenntnissen des Unterrichts, entscheidende Denkschritte und Urteile für das spezielle Beispiel selbst vollziehen muß. Sie sollen nicht durch den Unerricht vorgegeben sein. Es besteht also gewissermaßen eine „Lücke" zwischen vorgefaßten Erkenntnissen (Wissen) und den in der Arbeit aufgrund bekannter Methoden (Denk- und Arbeitsverfahren) zu erschließenden neuen Ergebnissen (speziell auf das Beispiel der Arbeit und die vorgelegten Materialien bezogen).

Frage 1: War die übertragbare Problemstellung durch die Materialien hinreichend belegt und aus ihnen herauszuarbeiten?

sehr gut	gut	ziem- lich gut	ange- messen	weniger ange- messen	ziem- lich schlecht	schlecht	sehr schlecht
1	2	3	4	5	6	7	8

Begründung:
....

7. **Information**: Die Materialien sollen nicht bekannt sein. Der Umgang mit ähnlichen Materialien soll im Unterricht der Studienstufe geübt worden sein.

Frage 1: War für die vorgelegten Materialien Ihrer Meinung nach diese Voraussetzungen erfüllt?

sehr schlecht	schlecht	ziem-lich schlecht	weniger ange-messen	ange-messen	ziem-lich gut	gut	sehr gut
8	7	6	5	4	3	2	1

Begründung:
....

Frage 2: Waren die Statistiken/Karten/Grafiken für Sie interpretierbar?

sehr schlecht	schlecht	ziem-lich schlecht	weniger ange-messen	ange-messen	ziem-lich gut	gut	sehr gut
8	7	6	5	4	3	2	1

Begründung:
....

Frage 3: Hätte man Materialien, insbesondere Statistiken entbehren können, wenn andererseits erwartet wird, daß die Aussagen der Arbeit jeweils belegt und überprüfbar sein sollen?

sehr gut	gut	ziem-lich gut	ange-messen	weniger ange-messen	ziem-lich schlecht	schlecht	sehr schlecht
1	2	3	4	5	6	7	8

Begründung:
....

8. **Information**: In jeder Arbeit unter Abituranforderungen muß es möglich sein, Ergebnisse und Zusammenhänge selbständig zu *beurteilen*, nachdem zunächst die Zusammenhänge in der Arbeit vom Schüler eingehend untersucht und überprüft worden sind.
(Auch das Aufzeigen von Hypothesen und Alternativen gehört hierher.)

Frage 1: Erscheint Ihnen in diesem Sinne die Fragestellung im Arbeitshinweis Nr. .... bzw. im gesamten Thema eine selbständige Beurteilung zu ermöglichen?

sehr schlecht	schlecht	ziem-lich schlecht	weniger ange-messen	ange-messen	ziem-lich gut	gut	sehr gut
8	7	6	5	4	3	2	1

Begründung (wenn möglich):
....
....

Frage 2: Stimmen sie der Behauptung zu, daß eine Beurteilung, wie sie unter 8.1 in der Arbeit gefordert wird, im Grunde doch nur die Anwendung eines bereits im Unterricht vorgeprägten (vorgefaßten) Urteils darstellt?
Es sei im wesentlichen lediglich Anwendung eines bereits aus dem Unterricht bekannten Urteils auf genauso strukturierte, nur von der Region her unbekannte Sachzusammenhänge, so wird argumentiert.
Die Stellungnahme ist ausschließlich auf das oben genannte Thema zu beziehen!

ja	mehr ja als nein	unentschieden	mehr nein als ja	nein
1	2	3	4	5

Begründung:
....
....

Literatur

Hendinger, H. (1974): Erfahrungen zu geographischen Grund- und Leistungskursen in der Kollegstufe. In: Verh. des Dt. Geographentages Bd. 39, S. 155–169, Wiesbaden
Hendinger, H. und D. Neukirch (1971): Rentabilität und Sanierung von Weinbaugebieten. In: Geographische Rundschau 1971/12, S. 493–496
Kistler, H. (Hrsg.) (1974): Der Erdkundeunterricht in der Kollegstufe. München
KMK: Ständige Konferenz der Kultusminister der Länder in der Bundesrepublik Deutschland. Vereinbarungen zur Neugestaltung der gymnasischen Oberstufe in der Sekundarstufe II. 7. 7. 1972
KMK: Ständige Konferenz der Kultusminister der Länder in der Bundesrepublik Deutschland. Beschlüsse der Kultusministerkonferenz: 1975, Einheitliche Prüfungsanforderungen in der Abiturprüfung – Gemeinschaftskunde. Darmstadt
Rahmenrichtlinien Erdkunde im Vorsemester und in der Studienstufe. 1974. In: Richtlinien und Lehrpläne Bd. IV. – Oberstufe des Gymnasiums. Freie und Hansestadt Hamburg, Hamburg
Skowronek, H. (1972⁹): Lernen und Lernfähigkeit, München

WIRKSAMKEIT DES SCHULFUNKS IM GEOGRAPHIEUNTERRICHT

Mit 4 Abbildungen und 1 Tabelle

Von Diether Stonjek (Osnabrück)

Schulfunk ist ein seit langem gebräuchliches und bekanntes Medium im erdkundlichen Schulunterricht. Dennoch ist die Literatur dazu spärlich. Es gibt über die Wirkung von Schulfunk im Erdkundeunterricht bisher ebenso wenig Aussagen wie darüber, an welcher Stelle einer Lernsequenz der Schulfunk placiert werden soll. Dabei bestimmt sich der methodische Ort einer Schulfunksendung im Rahmen einer Lernsequenz naturgemäß nicht zuletzt auch aus der Wirksamkeit von Schulfunk. Die Wirkung von Schulfunk wird ihrerseits beeinflußt von der Gestaltung der einzelnen Sendungen. Diese aber unterliegen in ihrer Gestaltung in entscheidenden Wesenszügen den gleichen Bedingungen.

Sicher ist zunächst, daß Schulfunk von den Rundfunkanstalten nicht nur für den Einsatz im Unterricht konzipiert wird. Schulfunk soll auch isoliert von Unterricht als Informationsquelle dienen und zu Lernerfolgen führen. Bei der Produktion von Schulfunk geht man darüber hinaus davon aus, daß Schulfunk in erheblichem Maße auch von Erwachsenen gehört wird. Die Folge davon ist, daß jede Schulfunksendung einen wahren Informationsregen auf den Hörer niederrauschen läßt. So enthielten die untersuchten Schulfunksendungen im Schnitt pro Minute 3–6 Informationen. Dabei ist die Informationsdichte am Beginn der Schulfunksendung erheblich höher und erreichte in den untersuchten Schulfunksendungen bis zu 16 Informationen pro Minute.

Bei dieser Informationsfülle wird es fraglich, ob Schulfunk, wie es in der spärlichen Literatur dargestellt ist, tatsächlich nach Belieben an jedem methodischen Ort in der Lernsequenz eingesetzt werden kann. Es wird dadurch zumindest sehr fraglich, ob sich Schulfunksendungen in der heutigen Form der Informationsquelle dazu eignen, als Abschluß einer Lernsequenz zu dienen.

Im folgenden soll von Versuchen berichtet werden, die Wirksamkeit von Schulfunksendungen im Erdkundeunterricht zu erfassen und zu dokumentieren. Ausgehend von den obigen Überlegungen hinsichtlich des methodischen Ortes wurde bei den Untersuchungen Schulfunk regelmäßig an den Beginn von Lernsequenzen gestellt. Das hatte zudem den Vorteil, daß Schüler nicht durch einen gezielten Unterricht auf die Thematik der Schulfunksendung bereits vorprogrammiert waren, was die Untersuchungen über die Wirksamkeit der einzelnen Schulfunksendungen sicher beeinflußt hätte.

Bei der Arbeit wurden 2 Methoden angewandt: Bei der einen Methode dienten Vor- und Nachtest dem Ermitteln eines Lernzuwachses. Diese Methode erwies sich insgesamt gesehen als wenig geeignet zur Lösung des Problems. Bei den insgesamt 740 beteiligten Schülern eines 5. Schuljahres war der gemessene Lernzuwachs von 32,8% Wissen im Vortest auf 44,6% Wissen im Nachtest, d. h. von insgesamt 11,8% sehr gering. Benutzt wurde für diese Untersuchung eine Sendung des Norddeutschen Rundfunks über den Elbe-Seiten-Kanal. Daß der Lernzuwachs durch Schulfunk ohne nachfolgendes Unterrichtsgespräch relativ gering ist, mögen auch noch die folgenden Zahlen belegen: Die zwanzigminütige Sendung handelt vom Elbe-Seiten-Kanal, den im Vortest nur 2,7% der Schüler kannten. Man sollte annehmen, daß nach Anhören einer derartigen Sendung der Elbe-Seiten-Kanal der überwiegenden Anzahl der Schüler ein Begriff ist. Der Nachtest hingegen erwies, daß nur 50,2% der Schüler den Elbe-Seiten-Kanal nach Anhören der Sendung kannten.

Die zweite Methode bediente sich der Behaltensäußerungen von Schülern im Anschluß an das Anhören von Schulfunksendungen, d. h. die Schüler wurden aufgefordert, nachdem sie die Schulfunksendung angehört hatten, aufzuschreiben, was sie aus der Sendung behalten hatten. Dafür stand jeweils der Rest der Stunde (d. h. etwa 20 bis 25 Minuten) zur Verfügung. Diese Zeit reichte voll aus. Häufig waren die Schüler schon erheblich früher fertig.

Diese Behaltensäußerungen wurden den aufgelisteten Informationen der Schulfunksendung zugeordnet, so daß festgestellt werden konnte, welche Information der Schulfunksendung von wieviel Prozent der Schüler behalten worden ist. Diese jeder Information zugeordnete Prozentzahl wird im folgenden der Behaltenswert der Information genannt. Hier sollen jetzt Untersuchungen zur Abhängigkeit des Behaltenswertes einmal von der Placierung der Information im Ablauf der Sendung, dann aber auch von der Zuhörergruppe vorgestellt werden. Dabei werden die Ergebnisse im Vordergrund stehen, die bei der Überprüfung der Sendung „Pfirsiche aus Morro Redondo", einer Sendung des NDR im Herbst 1976, gesammelt wurden.

Die Sendung berichtet von einer Siedlung in Brasilien, in der deutsche Kolonisten seit dem vorigen Jahrhundert von Reis- und Bohnenanbau leben. Einkünfte und Lebensstandard werden verbessert dadurch, daß der junge Pastor des Ortes mit Unterstützung eines deutschen Entwicklungshelfers aus der nächst gelegenen Agrarschule die Bauern des Ortes zu einer marktwirtschaftlich gerichteten Innovation überzeugt: Pfirsiche für den Markt zu produzieren und, als es Absatzschwierigkeiten für die Früchte gibt, die Pfirsiche in einer eigenen Fabrik zu Konserven zu verarbeiten.

Diese 19minütige Sendung mit 62 Einzelinformationen wurde 320 Schülern vorgespielt. Von diesen 320 Schülern im 7. Schuljahr waren 78 Hauptschüler, 151 Realschüler und 91 Gymnasiasten. Die Ergebnisse zeigen in groben Zügen ein auch bei der Überprüfung anderer Schulfunksendungen erkennbares Bild, wenn man die Behaltenswerte derart in ein Achsenkreuz einträgt, daß auf der x-Achse die fortlaufend numerierten Informationen eingetragen werden und auf der y-Achse, wieviel Prozent der Schüler die einzelnen Informationen genannt haben (vgl. Abb. 1). Das Polygon wird etwas geglättet, um den Verlauf zu verdeutlichen, indem jeweils für 4 Informationen der durchschnittliche Behaltenswert eingesetzt wird. Als Ergebnis erhält man einen Polygonzug, der am Beginn und am Ende Maxima aufweist, d. h. zwei Höcker hat wie ein zweihöckriges Kamel. Diese Kamelhöcker fallen in ihrer Größe je nach Altersstufe und je nach geprüfter Schulfunksendung unterschiedlich aus, jedoch ist bei allen Überprüfungen des Behaltens aus Schulfunksendungen als Ergebnis ein solches Kamelpolygon festzustellen.

So sind auch bei dem Behaltensdiagramm zur Schulfunksendung „Industrie am Baikalsee" die zwei Kamelhöcker nicht zu verkennen (vgl. Abb. 2). Die Unruhe im Verlauf dieses Kamelpolygons hängt damit zusammen, daß die Grundgesamtheit der befragten Schüler niedrig war. Nur 30 Schüler einer Klasse haben aufgeschrieben, was sie behalten haben.

Die beiden vorgestellten Diagramme sind beliebig ausgewählt aus einer ganzen Reihe ähnlicher Diagramme, die nicht nur auf den Behaltensäußerungen von Schülern in unterschiedlichen Klassenstufen und Schularten basieren, sondern auch auf den Behaltensäußerungen von Studenten in Didaktikseminaren.

Dadurch ist gezeigt, daß nach einer hohen Anfangsaufnahmefrequenz ein Aufnahmetief

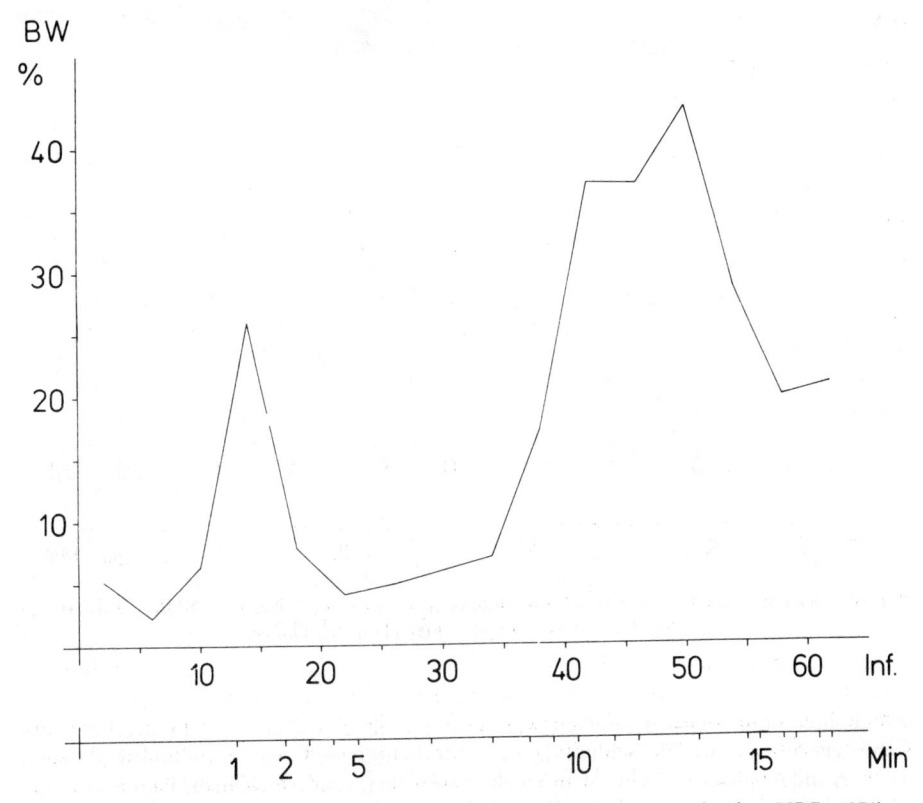

Abb. 1 Behaltensdiagramm zur Schulfunksendung „Pfirsiche aus Morro Redondo" (NDR, 1976) von 320 Schülern im 7. Schuljahr

folgt. Wenn man diese Tatsache noch dem zeitlichen Ablauf der Schulfunksendung zuordnet, so ist festzustellen, daß das Aufnahmetief etwa nach der 3. bis 5. Minute beginnt und etwa bis zur 8. bis 14. Minute reicht und etwa 5 bis 10 Minuten lang ist (vgl. Abb. 1 u. 2). Dieses empirische Ergebnis wird unterstützt durch Beobachtungen, die von Studenten und vom Referenten während des Anhörens der Schulfunksendungen durch die Schüler gemacht wurden. Danach war in der Regel den Schulfunksendungen in den ersten 3 bis 5 Minuten die Aufmerksamkeit der Schüler sicher. Danach fing eine allgemeine Unruhe an, die sich etwa um die 10. Minute wieder legte.

Insgesamt gesehen kann als Schlußfolgerung dieser Untersuchung festgehalten werden, daß die Information einer Schulfunksendung von den Schülern in Abhängigkeit von der zeitlichen Placierung im Ablauf der Sendung unterschiedlich gut aufgenommen werden. Die Schlußfolgerung von Schulfunkautoren sollte deshalb sein, daß sie hinfort Schulfunksendungen derart konzipieren, daß der Lehrer sie ohne jede Mühe in etwa 5-Minutenhappen zerlegen kann. Als Beispiel sei auf die Schulfunksendung „Industrie am Baikalsee" vom Norddeutschen Rundfunk hingewiesen, die im 2. Halbjahr 1974 ausgestrahlt wurde. Bei dieser Sendung waren Einzelteile durch Zwischenmusik voneinander getrennt, so daß es

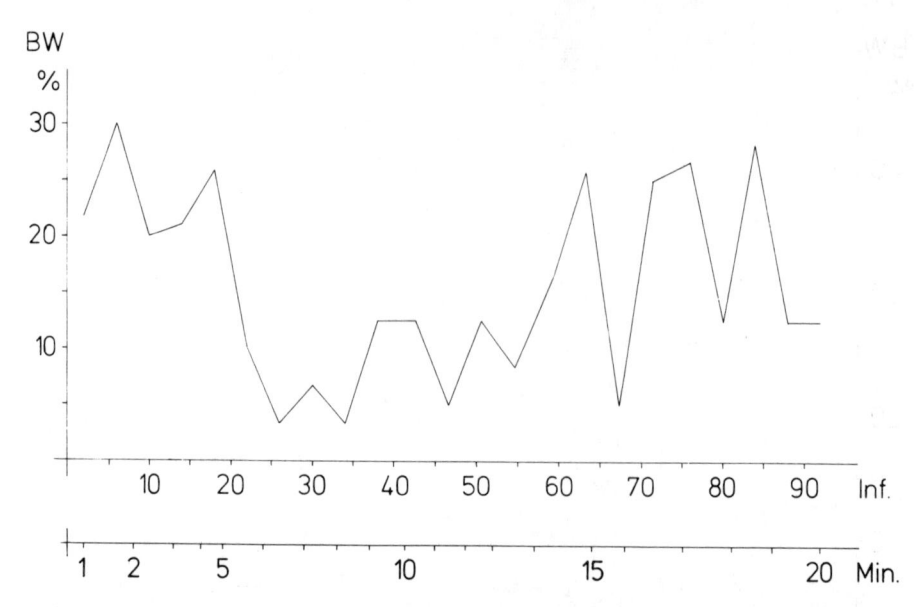

Abb. 2 Behaltensdiagramm zur Schulfunksendung „Industrie am Baikalsee" (NDR, 1974), von 30 Schülern im 9. Schuljahr einer Hauptschulklasse

dem Lehrer ohne weiteres möglich war, dort jeweils eine Pause zur Besprechung des Gehörten einzulegen. Die Schlußfolgerung für Lehrer muß sein, Schulfunksendungen, wenn irgend möglich, nicht in einem Stück abzuspielen, sondern vielmehr Pausen einzulegen, in denen das Gehörte rekapituliert wird.

Wie bereits erwähnt, waren an der Untersuchung Schüler aus der Hauptschule, aus der Realschule und aus dem Gymnasium beteiligt. Bei der Differenzierung der Behaltenswerte nach Schularten ergeben sich dabei Unterschiede. So haben die Hauptschüler insgesamt 15,4% der Informationen, die Realschüler 15,6% der Informationen und die Gymnasiasten 16,9% der Informationen behalten. Gleichwohl ist der Behaltenswert aller drei Schularten äußerst niedrig. Dies hängt aber sicherlich auch damit zusammen, daß für die Untersuchung alle Informationen der Schulfunksendung und nicht nur die relevanten aufgelistet wurden. Dennoch gibt es keine einzige Information, die von 100% der Schüler behalten und genannt worden wäre. Die höchste Behaltensquote weist die Information auf, daß der deutsche Entwicklungshelfer in Brasilien Bauern rät, eine Konservenfabrik zu bauen. Diese in der 14. Minute vorgelegte Information wird von immerhin 79,2% der Schüler in der Behaltensüberprüfung genannt. Dieser Behaltenswert wird nur überschritten, wenn man nach Schularten differenziert. Denn 84,6% der Hauptschüler haben behalten, daß, nachdem die Kolonisten beim Pastor den Erfolg des Pfirsichanbaus sahen, sie alle dann Pfirsiche anbauen.

Von der Aussage, daß Gymnasiasten mehr behalten haben als Realschüler und Realschüler mehr als Hauptschüler darf nicht abgeleitet werden, daß diese Relation bei allen Informationen in gleichem Maße gilt. So haben bei 25 Informationen die Gymnasiasten weniger behalten als die 320 Schüler im Durchschnitt, die Realschüler haben bei 31 Informationen weniger behalten als die 320 Schüler im Durchschnitt und schließlich die Hauptschüler bei

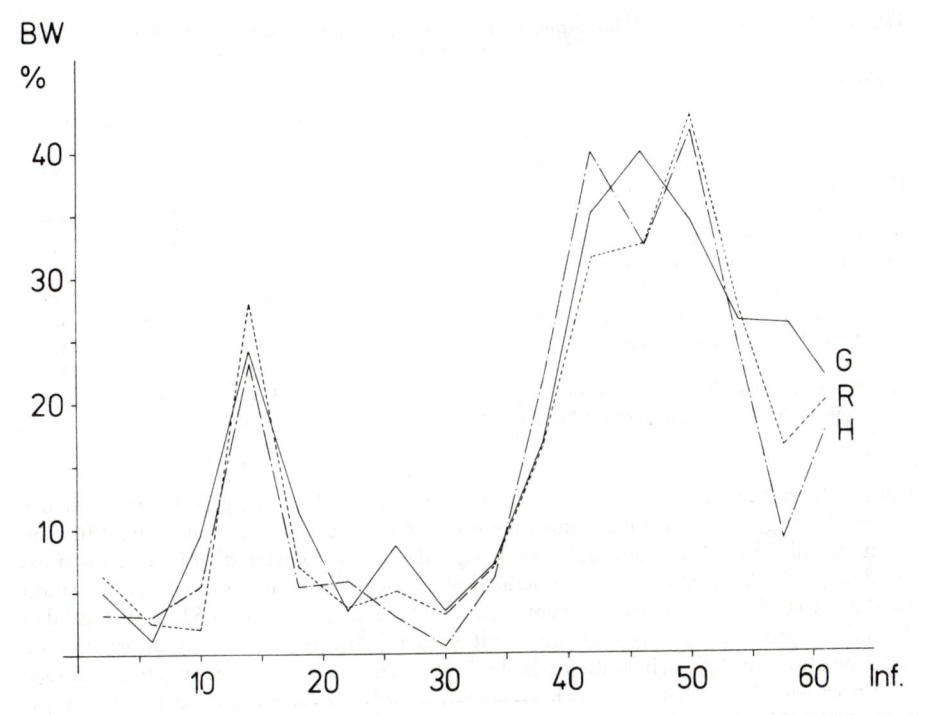

Abb. 3 Behaltensdiagramme zur Schulfunksendung „Pfirsiche aus Morro Redondo" (NDR, 1976) von 78 Hauptschülern (H), 151 Realschülern (R), 91 Gymnasiasten (G) im 7. Schuljahr

38 Informationen weniger als alle Schüler im Durchschnitt behalten haben. Diese Tatsache läßt es notwendig erscheinen, die Kamelpolygone für die einzelnen Schularten getrennt zu betrachten und miteinander zu vergleichen (vgl. Abb. 3). Dabei erweist sich, daß der grundsätzliche Verlauf dieser Polygone nicht voneinander abweicht. Wohl gibt es aber an bestimmten Stellen deutliche Unterschiede. So weichen die Polygone im Bereich der 40. bis 52. Information sehr deutlich voneinander ab, so daß es geraten erscheint, zu überprüfen, inwieweit hier schulart-typische Unterschiede zum Tragen kommen.

Im ersten Intervall der Informationen 41 bis 44 geht die erheblich höhere Behaltensquote der Hauptschüler vornehmlich zurück auf die Information 41 (vgl. Tab. 1), die besagt, daß der Pastor den Anbau von Pfirsichen den Bauern vorschlägt und auf die Information 42, die besagt, daß die Bauern keine Pfirsiche anbauen wollen. Die in diesem Intervall enthaltene Information, daß der Pastor als Beispiel selbst Pfirsiche anbaut, weist bei allen 3 Schularten eine Behaltensquote von etwa 74% aus. Im 2. Intervall mit den Informationen 45 bis 48 liegt die Behaltensquote der Gymnasiasten deutlich über denen der Realschüler und Hauptschüler. Dies geht zurück auf die Information 46, die besagt, daß der Pastor 7 Lastwagen voll Pfirsiche erntete, auf die Information 47, die besagt, daß der Pastor vom Ernteertrag ein Gemeindehaus bauen will sowie auf die Information 48, die besagt, daß in diesem Gemeindehaus eine eigene dörfliche Agrarschule eingerichtet werden soll. Beim 3. Informationsintervall mit den Informationen 49 bis 52 liegt die Behaltensquote der Hauptschüler und

Tab. 1. *Behaltenswerte von Informationen der Schulfunksendung „Pfirsiche aus Morro Redondo"*
(NDR, 1976)

		G	R	H
41	Bauern wollen keine Pfirsiche anbauen	51,6	45,0	60,3
42	Pastor holt sich Lehrbücher aus Pelotas	4,4	1,3	9,0
43	Bauern bewundern Tatkraft des Pastors	9,9	4,0	5,1
44	Pastor baut als Beispiel selbst Pfirsiche an	73,6	74,8	74,4
45	nach drei Jahren erste Ernte	50,5	53,6	53,8
46	sieben Lastwagen voll Pfirsiche	47,3	40,4	42,6
47	von Ernteertrag Gemeindehaus gebaut	40,7	21,2	17,9
48	im Gemeindehaus eigene Agrarschule	20,9	15,2	5,1
49	alle Kolonisten bauen Pfirsiche an	65,9	68,2	84,6
50	Pfirsichschwemme	33,0	55,0	28,2
51	Bauern wurden Pfirsiche nicht los	35,2	39,1	51,3
52	ohne Stadt in der Nähe verarmt Hinterland	3,3	9,9	2,9

Realschüler wieder erheblich über der der Gymnasiasten. Die höhere Behaltensquote der Hauptschüler geht zurück auf die Information 49, die besagt, daß alle Kolonisten Pfirsiche anbauen und auf die Information 51, die besagt, daß die Kolonisten die Pfirsiche nicht los wurden. Die hohe Behaltensquote der Realschüler dagegen geht zurück auf die Information 50, die besagt, daß eine Pfirsichschwemme war und auf die Information 52, die besagt, daß das Hinterland verarmt, wenn keine Stadt in der Nähe ist. Inwieweit dieser Befund schulspezifisch ist, läßt sich an dieser Stelle nicht sagen. Für eine allgemeingültige Aussage fehlt noch eine hinreichende Datenbasis. Deutlich aber scheint zu sein, daß Erfahrungshorizont und Interessenlage der Schüler zum Tragen kommen und die unterschiedlichen Behaltenswerte der Schüler der verschiedenen Schularten bewirken.

Um aber die Grundlage für Hypothesenbildung zu verbreitern, seien hier noch die Informationen genannt, bei der die Abweichung der Behaltensquote einer der 3 Schularten von der durchschnittlichen Behaltensquote absolut mehr als 5% beträgt (vgl. Abb. 4). Dies ist bei 18 der insgesamt 64 Informationen der Fall, wobei die stärkste positive Abweichung die Hauptschüler mit einer Behaltensquote von 23,8 bei der Information 40 aufweisen, die besagt, daß der Pastor den Anbau von Pfirsichen vorschlägt. Die größte negative Abweichung weisen wiederum die Hauptschüler mit einer Abweichung von minus 17,1 der Behaltensquote in der Information 59 aus, die besagt, daß die deutsche Entwicklungshilfe einen zinslosen Kredit gewährt.

Der Erfassung der unterschiedlichen Wirkung von Schulfunk im Erdkundeunterricht der verschiedenen Schularten kommt man vielleicht noch ein Stück näher, wenn man Behaltensquoten von Informationen miteinander vergleicht, bei denen der Informationsgehalt sehr ähnlich oder fast identisch ist. Dafür mögen die Informationen 36 und 37 ein Beispiel sein. Die Information 36 besagt, daß es ein Agrargutachten über die Anbaumöglichkeiten für Teile von Morro Redondo gibt derart, daß dort Pfirsichanbau möglich ist. Die Information 37 besagt, daß, da in Morro Redondo Wildpfirsiche wachsen, dort Pfirsichanbau möglich ist. D. h. die Information 37 gibt die im Gutachten (Information 36) genannte Begründung für die Möglichkeit von Pfirsichanbau in Morro Redondo wieder. Sieht man sich die Behaltensquoten an, so stellt man fest, daß bei der Information 36 die Realschüler mit 5,9% über der durchschnittlichen Behaltensquote und die Gymnasiasten mit 4,6% unter der durchschnittlichen Behaltensquote liegen. Bei der Information 37 hat sich das Bild grund-

Wirksamkeit des Schulfunks im Geographieunterricht 701

Information	
In allen Städten Brasiliens sind Konserven aus M.R. zu kaufen	
Leute in Morro Redondo sind alle altmodisch	
Anbau von Reis und Bohnen	
Raubbau auf Urwaldboden	
Bauern konservativ	
deutscher Entwicklungshelfer in der Agrarschule	
Agrarschule berät Kolonisten	
Gutachten über Pfirsichanbau in Teilen von M.R. vorhanden	
da Wildpfirsiche in M.R. vorhanden, dort Pfirsichanbau möglich	
Pastor schlägt Anbau von Pfirsichen vor	
sieben Lastwagen voll hat der Pastor geerntet	
vom Ernteertrag wird Gemeindehaus gebaut	
Einrichtung einer eigenen dörflichen Agrarschule	
alle Kolonisten bauen Pfirsiche an	
Pfirsichschwemme	
Bauern werden Pfirsiche nicht los	
Bau einer Konservenfabrik ist teuer	
deutsche Entwicklungshilfe gewährt einen zinslosen Kredit	

GYMNASIASTEN
REALSCHÜLER
HAUPTSCHÜLER

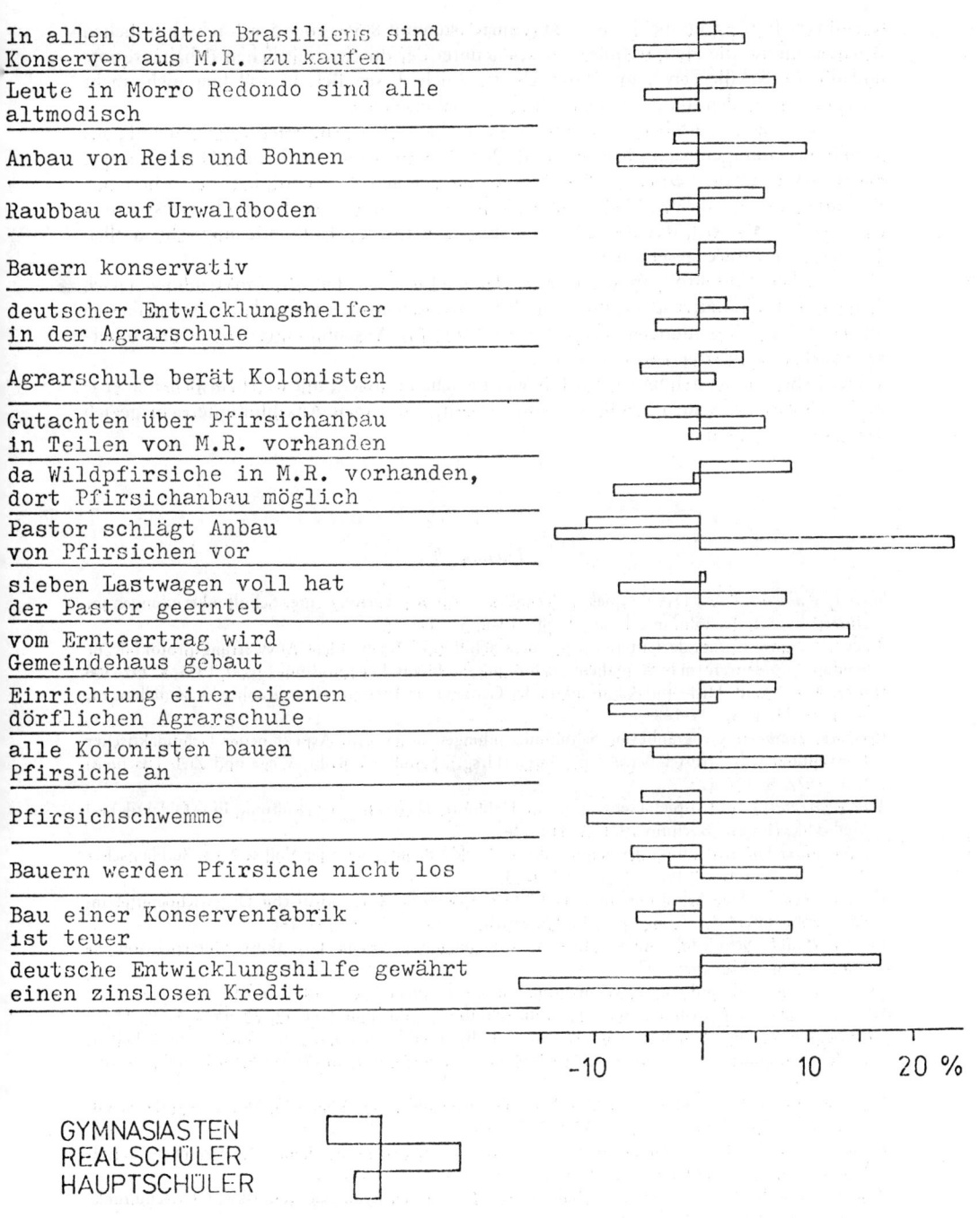

Abb. 4 Informationen der Schulfunksendung „Pfirsiche aus Morro Redondo" (NDR, 1976), bei denen der Behaltenswert der Hauptschüler und/oder der Realschüler und/oder der Gymnasiasten mehr als 5% vom Durchschnitt [(H+R+G):3] abweicht.

legend verschoben: diesmal liegen die Gymnasiasten mit 8,3% über der durchschnittlichen Behaltensquote, die Hauptschüler mit 7,8% unter der durchschnittlichen Behaltensquote und die Realschüler etwa im Durchschnitt. Auch dieser Befund soll hier nicht mehr interpretiert werden, da die Basis noch zu schmal erscheint.

Dennoch ist festzustellen, daß Schüler unterschiedlicher Schularten ganz eindeutig aus Schulfunksendungen nach Quantität und Qualität unterschiedlich lernen. Diese Aussage, die zunächst nur für Lernen aus Schulfunksendungen getroffen wird, hat aber sicher auch Bedeutung für alle übrigen Medien im Erdkundeunterricht und dürfte von Interesse sein in einer Zeit, in der sich das einheitliche Schülerbuch für den Erdkundeunterricht in allen Schularten fast durchgesetzt hat.

Eine sichere Schlußfolgerung jedoch ist, daß die Lernziele der Schulfunksendungen nach Schularten differenziert sein sollten und daß es wünschenswert wäre, daß in den Beiheften zu den Schulfunksendungen Alternativvorschläge für Anschlußunterricht in den unterschiedlichen Schularten skizziert wären.

Der Lehrer in der Schule wird sich bewußt machen müssen, mit welchem Behalten er je nach Schulart bei seinen Schülern rechnen kann, um seinen Anschlußunterricht gezielt ansetzen zu können.

Literatur

Bischof, Wilhelm: TVA. Das Beispiel am Tennessee. Zur Auswertung guter Schulfunksendungen im Unterricht, Schule, Film und Funk, 1. Jg., 1948, S. 233–236
Bruckner, Hans: Erdkunde-Unterricht mit dem Schulfunk. Nach einem Auswertungsprotokoll zur Sendung „Bodenreform in Süditalien", Schulfunk, Süddeutscher Rundfunk, Jg. 9, 1956, S. 292–306
Haubrich, Hartwig: Hör- und Schulfunk in der Geographie, Freiburger geographische Mitteilungen, Jg. 1975, H. 1, S. 129–148
Kersberg, Herbert: Geographische Schulfunksendungen unter dem Aspekt neuer fachdidaktischer Konzeptionen, in: Nestel-Begiebing, Marga (Hrsg.): Schulfunk Köln. Wege und Ziele (Bachem) Köln 1972, S. 107–124
Maurer, Armin: Zum Beispiel: Geographie, in: Dahlhoff, Theo (Hrsg.): Schulfunk. Eine Didaktik und Methodik, (Kamp) Bochum 1971, S. 112–124
Pregler, Max: Die Bedeutung des Schulfunks im Erdkundeunterricht der Volksschule, Süddeutscher Rundfunk, Schulfunk, Jg. 9, 1956, S. 289–291
Riedler, Rudolf: Der Schulfunk und das „Bild" der Welt. Das akustische Unterrichtsmittel im Geographieunterricht, Geographie im Unterricht, 1. Jg., 1976, S. 151–156
Riedler, Rudolf: Schulfunk und Schulpraxis. Anregungen zur Didaktik d. akust. Unterrichtsmittels (Oldenbourg), München 1976
Schmidt, Alois: Erdkunde in der veränderten Sozialwelt, Neue Wege, 1969, S. 412–437
Schumann, Diethard: Erdkundesendungen im Schulfunk, Film Bild Ton, Jg. 20, 1970, S. 30–33
Stenzel, Arnold: Die Thematik geographischer Schulfunksendungen und das exemplarische Arbeiten, in: Knübel, Hans (Hrsg.): Exempl. Arbeiten im Erdkundeunterricht (Westermann), Braunschweig 1960, S. 62–67
Granzow, Klaus: Entwicklungsland Brasilien – Pfirsiche aus Morro Redondo, Manuskript der Schulfunksendung des NDR v. 14. 2. 1975/17. 9. 1976
Huebner, Nikolai: Lebensräume verändern sich – Industriegasse Oberrhein, Manuskript der Schulfunksendung des NDR v. 1. 10. 1976
Möller, Achim D.: Wasserstraßen durch das Land – Der Elbe-Seitenkanal, Manuskript der Schulfunksendung des NDR v. 31. 1. 1976

9783515026253